Leichte Kohlenwasserstofföle

Technische Entwicklung

auf dem Gebiete der

Kohlenwasserstofföle und Fette

In 6 Bänden

An Hand der internationalen Patentliteratur

bearbeitet von

Prof. Dr. **Fritz Croner** u. Dipl.-Chem. Dr. **Max Naphtali**
Berlin

I. Band: Leichte Kohlenwasserstofföle

Verlag von M. Krayn, Berlin W

Leichte Kohlenwasserstofföle

Die neueren Verfahren zur Gewinnung von Benzin und einigen Ersatzstoffen

Bearbeitet von

Dr. Max Naphtali
Diplom-Chemiker

Mit 170 Abbildungen

M·KRAYN
BERLIN·W·
1928

Großdruckerei Paul Dünnhaupt, Cöthen i. Anh.

Vorwort
zur „Technischen Entwicklung auf dem Gebiete der Kohlenwasserstofföle und Fette".

Unaufhaltsam vollzieht sich der Fortschritt der Wissenschaft und der Technik. Die Erfolge beider dienen der Wirtschaft und diese wirkt wieder befruchtend auf die beiden Erstgenannten in glücklichem Wechsel. —

Der Techniker aber, der in diesem Getriebe steht, sieht sich gleichsam einem stetig anschwellenden Strom von Tatsachen gegenüber, der ihm in seinen Fachzeitschriften zugetragen wird und den er neben den schweren Aufgaben des Tagesbetriebes in seiner Gesamtheit kaum mehr zu meistern imstande ist. Seit dem Kriege, der unter anderen Übeln auch die für Deutschland gewiß nicht erwünschte Belebung der chemischen Industrie des Auslandes gezeitigt hat, ist dieser Tatsachenstrom noch stärker geworden und damit die Not des Technikers, mit der Entwicklung des Faches Schritt zu halten.

Das vorliegende Werk will nun diesen Schwierigkeiten entgegentreten, indem es den Tatsachenstrom in einzelne gut ausgebaute Kanäle leitet oder, ohne Bild gesprochen, das Material ordnet und sichtet etwa in der Art, wie das auf dem Farbstoffgebiete durch Friedländers Fortschritte der Farbenfabrikation und, auf dem Gebiete der anorganischen Chemie, durch das Werk von Bräuer-d'Ans geschehen ist. —

Hier handelt es sich also um die Fortschritte in der Technologie der Kohlenwasserstofföle und Fette.

Das Werk hat die Aufgabe, die internationale Patentliteratur dieser Zweige, im wesentlichen seit 1921, zu sammeln.

Während bei den eben erwähnten Werken nur die deutschen Patente Berücksichtigung fanden, ergab eine Überprüfung unseres Gebietes, daß das hier nicht genügte, daß man vielmehr daran gehen müßte, einen möglichst großen Ausschnitt aus dem ausländischen Patentschrifttum heranzuziehen, wenn man das Ziel, das uns vorschwebte, erreichen wollte, das Ziel, den Fachgenossen ein möglichst genaues Bild der technischen Entwicklung zu geben und zwar vom Standpunkte des technischen Chemikers.

Die Patentliteratur des Auslandes wurde unmittelbar bearbeitet, soweit es sich um die amerikanischen, englischen, französischen, kanadischen, belgischen, österreichischen und schweizer Patente handelt, die sonstigen, uns sprachlich nicht zugänglichen Patentschriften, soweit sie das Chem. Zentralblatt vermittelt. —

Als technische Umgrenzung haben wir die Stoffe vom Rohmaterial an berücksichtigt, daß heißt unter Ausschluß der Verfahren zur Gewinnung von Erdöl und Kohle oder allgemeiner Verfahren zur Destillation und Raffination, die in Spezialwerken zu finden sind.

Die Einteilung und Verarbeitung der Stoffe erfolgt nach Möglichkeit in der Weise, daß jeder Band für sich eine vollständige Wiedergabe des einschlägigen Gebietes enthält, ohne daß in erheblichem Maße Hinweise auf andere Bände nötig werden. Jeder Band stellt also ein selbständiges Werk und eine selbständige Zusammenfassung der technischen Entwicklung auf seinem Gebiete in den letzten 5 Jahren dar. Doch werden auch Patente aus früheren Jahren berücksichtigt, wenn das zur Abrundung der Darstellung erforderlich scheint.

Vorwort zum I. Band.

Leichte Kohlenwasserstofföle, Gasolin, Benzin, unter diesen Bezeichnungen faßt man die flüssigen Kraftstoffe zusammen, für die in den letzten Jahrzehnten ein ungeheures Absatzgebiet entstanden ist, in dem Maße, wie sich die Anwendung des Motors für Automobile, Luft- und Wasserfahrzeuge und für ähnliche Zwecke entwickelt hat. Der gewaltige Bedarf an Treibmitteln hat auf die Technik ungemein befruchtend gewirkt und so haben sich in den letzten Jahren zahllose neue Wege eröffnet, die diesem Bedarf Rechnung tragen wollen. Wer sich über dieses Gebiet in seiner Gesamtheit orientieren, wer auf ihm weiter arbeiten wollte, war bisher auf die Patentliteratur des In- und Auslandes angewiesen und auf einige Werke, die besondere Teilgebiete behandeln.

Es ergab sich daher die Notwendigkeit, die in den zahlreichen Verästelungen der Patentsysteme zerstreuten Verfahren, die vom Erdöl, von der Kohle und anderen organischen Produkten ausgehen, unter neuen einheitlichen Gesichtspunkten zu sammeln und zu ordnen.

Die Technologie der Kohlenwasserstofföle und Fette will in etwa fünfjährigen Wiederholungen die Fortschritte auf den einzelnen Gebieten aufzeichnen. Es fügt sich günstig, daß die im vorliegenden Bande zu besprechenden Verfahren zum größten Teil erst im Laufe des letzten Lustrums allgemeiner bekannt geworden sind und es bedurfte nur geringer Mühe, um auch die wichtigsten unter den älteren Verfahren hier mitzuverarbeiten, so daß in diesem Bande nicht nur eine Übersicht über die letzten Fortschritte, sondern auch die Grundlagen für die Entwicklung der Technologie der leichten Kohlenwasserstofföle geboten werden können.

Die Hauptquelle für das Benzin war und ist noch heute die Erdölindustrie. Hier sind es die Krackverfahren, die in den letzten Jahren umgestaltend auf den Betrieb der Raffinerien gewirkt haben. Aus der gewaltigen Zahl der Krackpatente heben sich praktisch einige heraus, die bereits zu umfassender technischer Anwendung gelangt sind. Der Wettbewerb auf diesem Gebiete hat aber Methoden in großer Mannigfaltigkeit gezeitigt, über deren Verwendbarkeit oder Mitverwendbarkeit das Urteil noch nicht abgeschlossen ist. Grade der deutschen Technik, die jetzt im Begriff steht, die andere Quelle der leichten Kohlenwasserstofföle, die Kohle, diesem Zwecke nutzbar zu machen, indem man sie auf dem Wege direkter oder indirekter Hydrierung „verflüssigt", dürften die Krackverfahren mit ihren mannigfaltigen Anwendungen von Druck, Hitze, Katalysatoren usw. nach vielen Richtungen Anregungen geben und umgekehrt: Die Verfahren zur Verflüssigung der Kohle, deren großtechnische Anwendung ja eben erst in die Wege geleitet wird, sollen nicht nur Deutschland, sondern auch anderen kohleführenden Ländern die Unabhängigkeit vom ausländischen Gasolin bringen.

Die Tieftemperaturteerverfahren haben in den letzten Jahren die fruchtbare Entwicklung, zu der der Krieg äußerer Ansporn war, fortgesetzt. Sie gehören nur mittelbar zum eigentlichen Thema dieses Werkes, insofern, als der nach diesem Verfahren entstandene Urteer erst weiterer Verarbeitung bedarf, um leichte Kohlenwasserstofföle zu liefern. Immerhin erschien es doch notwendig, die einschlägigen Patente mit aufzunehmen, jedoch im wesentlichen unter Beschränkung auf die deutschen Patente. Das war um so eher tunlich, als die wichtigsten ausländischen Verfahren auf diesem Gebiete auch durch deutsche Patente geschützt sind. Bei der ungeheuren Ausdehnung, welche die Literatur über Urteerverfahren in letzter Zeit gewonnen hat, mußte die Berichterstattung mit besonderer Vorsicht verfahren, um den Umfang des Bandes innerhalb der praktisch möglichen Grenzen zu halten. —

Neben diesen drei Hauptgebieten waren noch andere zu berücksichtigen, wie die Gewinnung von Gasolin aus Grubenkopfgasen, ferner aus Schiefern und Sanden, die für die Zukunft als Reserven in Betracht kommen. Es mußte auf die Gewinnung von anderen Motortreibmitteln aus der Kohle und Kohlengasen — insbesondere auf Alkohole eingegangen werden und schließlich auch der Fortschritt in der Raffination der zum Teil neuen Motortreibstoffe mit aufgenommen werden.

Durch das weitgehende Entgegenkommen des Verlages wurde es mir ermöglicht, die Angaben der Patentschriften in großem Umfang durch Abbildungen zu ergänzen. —

Das gewaltige Gebiet, das in diesem Bande zu verarbeiten war, kann bei einer erstmaligen Darstellung nicht restlos erschöpft werden. Manches, z. B. die unzähligen Verfahren, die sich lediglich mit der

Mischung von Treibstoffen befassen, ist mit Absicht nur in Kürze wiedergegeben worden. Andere Zweige sind vielleicht zu lang geraten und mancher Fachgenosse wird vielleicht ihm wichtig Erscheinendes vermissen.

So sind die Fortschritte auf den älteren Gebieten der Kokerei und Leuchtgasfabrikation, sowie auf dem Gebiete der üblichen drucklosen und der Vakuum-Destillation nicht berücksichtigt worden. Bei diesen handelt es sich zumeist nur noch um relativ weniger erhebliche Verbesserungen jahrzehntelang durchgearbeiteter und entwickelter Verfahren, die in zahlreichen Spezialwerken beschrieben sind, während auf dem im vorliegenden Bande umrissenen Gebiete eine Entwicklung in breitester Front stattfindet, bei welcher die Entscheidung, welche Abteilungen am erfolgreichsten sein werden, größtenteils noch im Schoße der Zukunft verborgen liegt. —

Im ganzen aber darf ich hoffen, den Erwartungen, welche die Techniker aus dem Gebiete von Erdöl und Kohle an die Behandlung meines Themas stellen können, entsprochen zu haben. Eine Unterstützung durch Ratschläge von Seiten der Technik für die in einigen Jahren beabsichtigte Fortsetzung werde ich mit aufrichtigem Dank begrüßen.

Berlin-Wilmersdorf, im Mai 1927.

Dr. Naphtali.

Inhaltsverzeichnis.

II. Teil. Leichte Kohlenwasserstoffe aus Kohle.

III. Teil. Raffination. Flüssige Kohlenwasserstoffe und dgl. aus Gasen.

Anhang mit Abbildungen.

Einleitung.

Flüssige Kraftstoffe, a) aus Erdöl, b) aus Kohle.

(Kurze Übersicht über das behandelte Gebiet.)

Es ist kaum ein Menschenalter her, daß man in Holländisch-Indien das Benzin als lästiges Nebenprodukt des Leucht-Petroleums ins Meer fließen ließ und anzündete. — Ähnlich wie einst beim Steinkohlenteer, nur in noch größerem Umfang, ist aus dem lästigen Nebenprodukt ein Material geworden, von dem die zivilisierte Welt gar nicht genug bekommen kann, ein Material, das Automobile, Flugzeuge, Schiffe und andere Motoren in von Tag zu Tag sich steigernder Menge gebrauchen, so daß die Technik, die schon vor etwa zwanzig Jahren begann, ihr Augenmerk auf eine Vergrößerung der Benzinausbeute zu richten, heute fieberhaft daran arbeitet, Verfahren zu entwickeln, die es gestatten, den Weltbedarf an Benzin und Benzinersatzstoffen für absehbare Zeit zu befriedigen. Von dieser fieberhaften Arbeit der Technik an der Gewinnung flüssiger Kraftstoffe soll in dem vorliegenden Buche die Rede sein. — Das Erdöl, als die Muttersubstanz des Benzins, bildet das eine Ausgangsmaterial für diese Bestrebungen, das andere Ausgangsmaterial bildet die Kohle. Durch eine ungeheure Zahl von Spalt- oder Krackverfahren haben insbesondere die Amerikaner versucht, die Ausbeute an Benzin, oder wie man jetzt wohl besser sagt, an Gasolin, zu erhöhen. —

Ursprünglich destillierte man ohne Druck und ließ die Dämpfe sich an heißen Kesselwänden zersetzen. Dann wurde mit Druck und wohl auch mit Wasserdampf gearbeitet, wobei die Höhe des Drucks und der Temperatur, die Art der Zuführung der Wärme, die Dauer der Einwirkung, die Unterstützung durch mechanische Mittel zur Durcheinanderwirbelung der Partikel die Möglichkeit zu zahlreichen Abänderungen ergaben. So etwa verliefen die Spaltprozesse in Dampfphase.

Ähnlich gestaltete sich das Krackverfahren in flüssiger Phase. Das Rohmaterial, teils in Kesseln, meist aber in Röhren erhitzt, unterliegt der Spaltung bald in diesen, bald erst nach dem Austritt in eine erweiterte Reaktionskammer oder dgl. Auch hier ergeben sich durch Druck und Temperatur, Wahl des Ausgangsmaterials, mehr oder minder „kreisförmige“ Gestaltung des Verfahrens, Wärmeökonomie und nicht zuletzt durch die Abscheidung des Kokses Abänderungsmöglichkeiten in großer Zahl. — Einige Verfahren heizen mittels geschmolzener Metalle, andere mittels elektrischen Stromes. — Wieder ein neues Moment bilden die Katalysatoren, die die Spaltung beschleunigen. Da ist es vor allem das Aluminiumchlorid, mit dem eine große Reihe von Verfahren arbeitet, sodann aber auch andere wie Eisen, Eisenoxydul, Kalk usw. Angeregt durch die mannigfaltigen Hydrierungsverfahren auf dem Gebiete der organischen Technik hat man auch beim Spalten der Erdölkohlenwasserstoffe Wasserstoff in vielen Modifikationen angewandt. Neben den Spaltprozessen erlangte auch die Gewinnung des Gasolins aus Naturgasen — Grubenkopfgasen und Erdgasen erhebliche Bedeutung.

Damit sind die Möglichkeiten zur Gewinnung des Gasolins und ähnlicher Treibstoffe aus E r d ö l erschöpft. Die kontinentale Technik hat andere Wege zur Gewinnung flüssiger Brennstoffe eingeschlagen. Da in absehbarer Zeit mit der Erschöpfung der Erdöllager der Erde bei dem stetig wachsenden Verbrauch zu rechnen ist und da die Einfuhr der Kraftstoffe aus Amerika die europäischen Länder an dieses in hohem Grade tributpflichtig macht, so suchte man nach Brennstoffen, die man im Inlande erzeugen kann. —

Da boten sich zunächst eine Reihe von Alkohol-Gasolinmischungen, mit welchen wenigstens eine Ersparnis an Gasolin erzielt werden konnte, aber entscheidende Resultate erhielt man erst, als man auf die K o h l e, die den europäischen Hauptindustriestaaten ja noch für eine Reihe von Jahrhunderten zur Verfügung steht, zurückgriff. — Und hier sind es fast ausschließlich die direkten und indirekten H y d r i e r u n g s v e r f a h r e n, mittels deren man zu den flüssigen Kraftstoffen der Zukunft gelangen will. — Einen gewissen Übergang von den benzolliefernden Verkokungsverfahren, die hier nicht mehr berücksichtigt werden konnten, bilden die T i e f t e m p e r a t u r v e r k o k u n g s p r o z e s s e, die in den letzten Jahren in großer Zahl patentiert wurden. —Bei ihnen war — besonders in England — das erste Ziel, einen rauchfreien Koks zu gewinnen, für Deutschland wurde der dabei anfallende Tieftemperaturteer von besonderer Wichtigkeit, wegen der Gewinnung von niedrig siedenden Brennstoffen, für deren Verarbeitung gegebenenfalls auch die Krackverfahren in Frage kommen. — Dasselbe kann für die

Schieferöle und Ölsande gelten, denen sich in der Alten und Neuen Welt das Interesse der Erfinder in hohem Grade zugewendet hat. In ihnen sieht man in erster Linie die Ersatzstoffe für das knapper werdende Rohöl. — Um aber die Kohle in ihren alten und jungen Formationen mit wirtschaftlichem Erfolge in Treibstoffe zu überführen, hat man sich, wie erwähnt, den Hydrierungsprozessen zugewandt.

Hier findet man zuerst die Verfahren, welche nach Art des Bergiusprozesses die Kohle als solche mittels Wasserstoffs verflüssigen. — Sodann werden die nicht minder wichtig und aussichtsreich erscheinenden Verfahren zur Hydrierung von Gasen, die Methanolverfahren, die Syntholprozesse und die neuesten Verfahren Franz Fischers und entsprechende Verfahren des Auslandes dargestellt. —*)

Auch die Verfahren zur Gewinnung von Alkohol aus Kohlengasen, insbesondere aus Äthylen mußten mit anderen bezüglichen, in diesem Zusammenhang erwähnt werden. — Schließlich wird noch eine Zusammenstellung der neueren Raffinationsverfahren gegeben, die im wesentlichen durch den Krackprozeß bedingt wurden. —

Jedem Abschnitt geht eine Einleitung meist unter Hinweis auf besondere neuere Literatur voraus. Dann folgt eine kurze nach technischen Gesichtspunkten geordnete Besprechung der Verfahren, und hierauf folgen diese selbst in der gleichen Anordnung bald sehr ausführlich, bald sehr kurz, sehr oft mit Abbildung, je nach der Bedeutung, die ihnen im Augenblick der Ausarbeitung beigemessen wurde. —

*) Eine nach der Aufstellung des Elfer-Ausschusses, der im Auftrage der Regierung der Vereinigten Staaten die Schätzung der Reserven an flüssigen Brennstoffen in der Union vornahm, wiedergegebene Übersicht möge zur Illustration des Gesagten dienen. (Erdöl und Teer 1927. 529).

	Milliarden Barrels	Prozent
Erdöl aus den bestehenden Bohrungen und nach den üblichen Methoden gewonnen	5	0,7
Erdöl, das hierbei im Boden bleibt und bergmännisch gewonnen werden müßte	26	3,5
Oel aus Schiefer	108	14,7
Oel aus Steinkohle	525	71,5
Oel aus Braunkohle	70	9,6
	734	100,0

I. Teil.

Leichte Kohlenwasserstofföle aus Erdöl.

Die Krackverfahren.

Allgemeine Einführung in die Technik der Krackverfahren.

I. Einteilung.
II. Die Zersetzung des Erdöls bei der drucklosen Destillation.
III. Die Druckdestillation.
IV. Über Druckspaltung in Dampfphase und in flüssiger Phase.

I. Einteilung der Krackverfahren.

Weitaus die größte Anzahl der in diesem Buche zur Behandlung kommenden Verfahren betrifft die Druckwärmespaltung, den Krackprozeß. — Das ist nur natürlich, wenn man berücksichtigt, daß es Amerika bzw. die Vereinigten Staaten sind, die hier bestrebt sind, eine der ergiebigsten Quellen ihres Reichtums auszubauen und ihren Wirkungskreis, wie ihren Wirkungsgrad immer noch weiter zu vergrößern. — Die Kohlenwasserstoffverbindungen, die diesem Krackprozeß unterworfen werden, sind aber nicht auf das Erdöl beschränkt. —

Bei den neueren synthetischen und Tieftemperaturprozessen fallen bekanntlich Öle an, die in mehr oder minder naher Beziehung zu den Petroleumkohlenwasserstoffen stehen. Und wenn ihre Zusammensetzung auch durch die betreffenden Verfahren bis zu einem gewissen Grade begrenzt werden kann, so erscheint es doch nicht ausgeschlossen, daß bei der Verarbeitung dieser Produkte Druckwärmespaltungsverfahren mit Nutzen herangezogen werden. — Es soll also hier durch ausführliche Zusammenstellung der Erdölspaltungsverfahren der Kohlenindustrie die Möglichkeit gegeben werden, auf Verfahren oder Erfahrungen der Erdölindustrie weiterzubauen.

Um das angesammelte Material übersehen zu können, war es zunächst notwendig, eine Einteilung zu schaffen, für die bis dahin wenig Anhaltspunkte vorlagen.

Ganz allgemein hat sich die Unterscheidung in Spaltungsverfahren in der flüssigen und in der Dampfphase ergeben, die in U. S. A. stets angewandt wird. Eine Einteilung von Tropsch (B. C. 1924. 97) sieht vor:

I. Verfahren ohne Katalysatoren.

a) bei Atmosphärendruck (altes Verfahren);

b) bei erhöhtem Druck
   1. In flüssiger Phase,
   2. in gasförmiger Phase,
   3. in flüssiggasförmiger Phase.

II. Verfahren mit Katalysatoren, wie Eisen, Aluminiumchlorid, $AlCl_3$.

Singer (Petrol. 1925. 1434) unterscheidet:

1. Verfahren, wobei die Flüssigkeit bestimmter Temperatur und bestimmtem Druck unterworfen wird;
2. Verfahren, wobei die Dämpfe mit oder ohne Anwendung von Druck erhitzt werden;
3. Verfahren, bei welchen man Flüssigkeiten oder Dampf mit Katalysatoren erhitzt.

Roy Cross (Bull. Kansas City Testing Laboratory Nr. 16) unterscheidet:

I. Dampfphase.

a) Atmosphärendruck	1. Hohe Temperaturen
	2. Nied. Temperaturen
b) Erhöhter Druck	1. Hohe Temperaturen
	2. Nied. Temperaturen

II. Flüssige Phase.

A. mit Destillation
   a) bei Atmosphären-Druck 1. ohne Chemikalien
      2. mit Chemikalien
   b) bei hohem Druck (Dewar-Redwood, Dubbs, Burton-Clark, Jenkins, Flemming). —
   c) bei sehr hohem Druck. (Destillation bei Druckverringerung.).

B. ohne Destillation
   a) unterbrochen,
   b) ununterbrochen, 1. Heiz- und Reaktionszone identisch;
      2. Heiz- und Reaktionszone getrennt.

Ich bin bei der Bearbeitung des Materials zu folgender Einteilung gelangt:

1. Kracken ohne Druck.	
2. Kracken in Dampfphase	A. in Kesseln
	B. in Rohren
3. Kracken in flüssiger Phase	A. in Kesseln
	B. in Rohren
4. Kracken unter Hydrierung	A. ohne Katalysator
	B. mit Katalysator
5. Kracken mit Katalysatoren	A. andere als $AlCl_3$
(ohne Hydrierung)	B. $AlCl_3$

6. Besondere Verfahren: A. zur Koksabscheidung bei Krackprozessen;
   B. Zum Kracken mit elektr. Strom;
   C. Zum Kracken in Metallbädern.

Soweit die „reinen" Krackverfahren. — Die weitere Einteilung des Stoffes ist aus der Inhaltsangabe ersichtlich.

Bei dieser Einteilung haben physikalische, chemische und mechanische vor allem aber praktische Prinzipien vorgewaltet. So kann es natürlich geschehen, daß ein Verfahren in zwei oder gar mehreren Kategorien Unterkunft finden mußte. Es wurde dann nach Möglichkeit die Kategorie gewählt, für welche die wichtigsten Merkmale zutrafen und in den anderen Kategorien entsprechend darauf verwiesen. —

II. Die Zersetzung von Erdölkohlenwasserstoffen bei der drucklosen Destillation.

Seitdem man im Jahre 1861 in Newark gefunden hatte, daß sich die Öldämpfe an den heißen Kesselwänden zersetzten und aus aus einem durch Unachtsamkeit des Heizers einige Stunden nicht genügend beheizten Kessel ein Destillat von erheblich niedrigerem spezifischen Gewicht überging, hat man versucht, die Bedingungen für die Zersetzungsdestillation zu ermitteln. Der Vorgang fand damals nicht viel Beachtung. Erst als am Ende des 19. Jahrhunderts der große Kampf um die Belieferung der Welt mit Leuchtpetroleum begann, griff man auf die Zersetzungsdestillation zurück und stellte in den Raffinerien die ersten Krackkessel auf, zu dem Zwecke, die Ausbeute an Leuchtpetroleum durch Zersetzung der Gasöl- und Paraffinölablauf-Fraktionen zu erhöhen. — Diese Krackkessel, die ohne jeden Druck nur mit Hilfe des Kontakts der überhitzten Kesselwände ihr Werk verrichteten und nach verhältnismäßig kurzer Betriebsdauer ausgeschaltet und repariert werden mußten, weil der Kesselboden, auf dem sich der Koks angesammelt hatte, durchgebrannt war, stellen den Anfang einer Entwicklung dar, wie sie mannigfaltiger kaum gedacht werden kann. — Als die Erzeugung von Benzin zur Hauptaufgabe der Krackdestillation wurde, als man die Abhängigkeit der erzeugten Produkte von Druck, Wärme und Katalysatoren erkannte, begann man sich eingehender mit den Bedingungen zu befassen.

Die Destillation der Erdöle ist stets mit einer mehr oder weniger bedeutenden Zersetzung verbunden, die bei der gewöhnlichen Destillation als recht unliebsame Erscheinung empfunden wird, da teilweise zersetzte Destillate sich schlecht raffinieren lassen und die Erzeugnisse auch in bezug auf Viskosität und Flammpunkt gegenüber untersetzten minderwertig sind.

Den allgemeinen Mechanismus des Zerfalls aliphatischer Kohlenwasserstoffe in der Hitze hat bereits Haber (J. Gasbel 1898, 377, 395, 435, 452, 799, 813, 830; Ber. *29*, 2691) eingehend erforscht. Er zeigte, daß bei der Erhitzung von mehr als 2-atomigen Kohlenwasserstoffen auf 600—800° C nicht direkt Kohlenstoff oder Wasserstoff abgespalten wird, sondern daß dabei eine Bindung von Kohlenstoff an Kohlenstoff zerbricht unter Bildung von Olefin und Paraffin. Und zwar wird bei der hohen Temperatur z. B. aus Hexan Methan und Amylen gebildet, während bei niedrigeren Temperaturen der Bruch mehr in der Mitte der Kette stattfindet.

Gurwitsch gibt in seinen „Wissenschaftlichen Grundlagen der Erdölverarbeitung" (Berlin 1924 S. 212) eine Reihe von Beobachtungen über das Verhalten der Erdölkohlenwasserstoffe bei der Destillation, denen folgendes entnommen sei:

Die Temperatur, bei der die Zersetzung beginnt, hängt von der Natur des Erdöls ab. Mabery (Proc. of Americ. academ. 37, 568) kochte fast ununterbrochen (unter völligem Luftabschluß!) 16 Monate lang eine zwischen 124° und 198° abdestillierte Fraktion pennsylvanischen Petroleums und konnte zum Schluß nur äußerst schwache Zersetzung konstatieren. Thorpe und Young*) (Petroleum 3. 894) destillierten bei etwa 255° ein Gemisch von Paraffinen und wenig Olefinen in einer geschlossenen Schenkelröhre hin und her und haben selbst nach 21 Destillationen keine Spur von Zersetzung bemerkt. Die Bromzahl nahm sogar von 31,2

*) S. a. S. 10.

auf 30,0 ab. — Kraemer (Lieb. Ann. 165,1) konnte bei der Destillation verschiedener Erdöle über freiem Feuer ohne Zufuhr von Wasserdampf unterhalb 270° keine Zersetzung beobachten, ebensowenig Rittmann und Dean (Journ. of industr. eng. chem. 1915, 754) beim Destillieren pennsylvan. Erdöls mit Hempelschem Dephlegmator unterhalb 325°. —

Andererseits fand Engler bei Destillation eines galizischen Erdöls, daß die Zersetzung bereits bei 200° begann (Engler und Halmai Ber. 1910, 397).

Soweit der Mechanismus der Spaltung aufgeklärt ist, kann man im allgemeinen sagen, daß im Anfange des Zersetzungsprozesses die Kohlenwasserstoffmoleküle sich wenigstens vorwiegend in größere Stücke spalten, daß sich mit steigender Temperatur aber immer kleinere leichter flüchtige Spaltstücke — und andererseits, durch sekundäre Polymerisation, hochmolekulare Reste bilden. — So z. B. fanden Engler und Jezioranski (Ber. 1897. 2911), daß eine ohne Vakuum aus einem galizischen Erdölrückstand von 200—221° abgetriebene Fraktion bei 130° zu sieden begann und 50 Prozent bis 200° siedende Anteile ergab! — Eine höhere von 295—304° abgetriebene Fraktion hatte aber einen Siedebeginn bereits bei 70°, ein Beweis, daß sich bei der höheren Fraktion schon viel kleinere Spaltstücke der ursprünglichen Moleküle gebildet hatten.

Auch folgende aus dem Bakuschen Laboratorium der Gebr. Nobel stammende Untersuchung der Zersetzungsöle einer ununterbrochen arbeitenden Ölbatterie (d. h. derjenigen Produkte der Zersetzung beim Abtreiben von Schmierölen, die leichter flüchtig als diese letzteren sind und sich daher erst in den Vakuumexhaustoren kondensieren lassen) gibt (nach Gurwitsch l. c.) ein Bild von der Abspaltung immer kleinerer Moleküle im Verlaufe der gewöhnlichen Dampfdestillation:

Zersetzungsöl vom	Spez.-Gew.	Viskos. E_{50}	Flammp. P. M.
Kessel Nr. 6	0,8959	1,91	66°
Kessel Nr. 11	0,8880	1,58	44°
Kessel Nr. 16	0,8452	1,38	unter 30°

Während die betreffenden Eigenschaften der Schmieröle vom ersten bis zum letzten Kessel der Batterie ständig zunehmen, ist bei den Zersetzungsölen gerade das Umgekehrte der Fall und das beweist wiederum, daß, je weiter die Destillation getrieben wird, um so kleiner die von den ursprünglichen Ölmolekülen abgespaltenen Stücke werden. —

Im ganzen verläuft also der Krackprozeß so, daß Wasserstoff und hochwasserstoffhaltige Kohlenwasserstoffe abgespalten werden und der Rückstand infolgedessen an Wasserstoff — bis zur Koksbildung — verarmt (J. Industr. Eng. Chemistry 7. 180. 1915.). —

Neuerdings haben Skraup und Nieten (Ber. 57. 1924) den Chemismus des Krackprozesses durch Krackung an einheitlichen Substanzen aufzuhellen begonnen. Sie haben n-Propyl-, n-Butyl-, n-Pentyl-, n-Hexyl-, n-Heptyl- und n-Nonyl-Anisol bei 300—320° zu spalten gesucht und konnten dabei die Bildung von n-Propylanisol aus n-Butyl-anisol und von n-Pentyl-anisol aus n-Hexylanisol konstatieren. — Sie schließen daraus, daß die aliphatischen Seitenketten mit gerader Kohlenstoffzahl in das nächst niedrigerere gesättigte Homologe übergeführt werden unter Abspaltung von CH_2-, das sich zu C_2H_4 polymerisiert. Die Homologen mit ungerader Kohlenstoffzahl in der Seitenkette werden unterhalb 320° nicht verändert, bei Überschreitung dieser Temperatur tritt aber allmählich Spaltung ein, die zur Abspaltung der ganzen Seitenkette (vermutlich als Olefin) und damit zur Bildung von Anisol führt. — Aus den Phenylestern der Stearin- und Palmitinsäure erhielten dieselben Autoren Pentadekan bzw. Tridekan. —

Schmitz (Erdöl und Teer 1927, S. 91) weist darauf hin, daß bereits bei der Destillation russischen Erdöls mit überhitztem Wasserdampf Zersetzung, spez. Oxydation eintritt, die bei Anwendung von Wasserstoff statt Wasserdampf ausbleibt.

III. Die Druckdestillation.

Die ersten Verfahren zum Kracken von Erdölprodukten gingen von der Beobachtung aus, daß die Dämpfe bei der Überhitzung in die gewünschten kleineren Spaltstücke zerfielen. Demgemäß benutzte man, wie erwähnt, hohe zylindrische Krackkessel, die etwa zur Hälfte mit Öl gefüllt wurden und deren Oberteil bis zur Rotglut erhitzt wurde, damit sich hier die Öldämpfe besser zersetzen könnten. Es wurde aber bereits gezeigt, daß die Ölmoleküle bei relativ niederen Temperaturen in entsprechende Spaltstücke zerlegt werden. Je tiefer die Temperatur, desto größer die Spaltstücke. Andererseits zeigte sich, wie zu erwarten, daß der Prozeß um so langsamer verlief, je niedriger die Temperatur war. Nun hatte sich Young bei der Verarbeitung der schottischen Schieferöle schon 1869, der Druckdestillation bedient. Der Effekt der Druckdestillation im Vergleich zum Krackingprozeß ohne Druck scheint nach

Gurwitsch loc. cit.) im allgemeinen der zu sein, daß die Spaltung der Moleküle symmetrischer verläuft, d. h., daß die Stelle, an der ein Molekül in zwei Stücke gesprengt wird, sich mehr nach seiner Mitte verschiebt.*) Die niedrig molekularen, gasförmigen und sehr hochmolekularen asphalt- und koksartigen Zersetzungsprodukte werden daher bei der Druckdestillation in kleinerer, die flüssigen Produkte von mittlerer Molekulargröße dagegen in größerer Menge erhalten als beim Spalten unter Atmosphärendruck. —

Gurwitsch führt hier die Versuche von Thorpe und Young (Lieb. Ann. 165,1) an, die ein bei 46° schmelzendes Paraffin unter Überdruck von 20 bis 25 Pfund (1,5—2 Atm.) destillierten und die neben kleinen Mengen Gas wesentlich zwischen 100 und 300° siedende flüssige Produkte erhielten — nur etwa 7% siedeten von 18 bis 100°. Beim Fraktionieren des erhaltenen Gemisches und näherer Untersuchung der einzelnen Fraktionen erwies sich nun, daß diese aus etwa gleichen Teilen von Paraffin- und entsprechenden Olefinkohlenwasserstoffen bestanden, also z. B. die Fraktion 65—68° aus gleichen Teilen Hexan und Hexylen, Fraktion 94—97 aus gleichen Teilen Heptan und Heptylen usw. Das weist darauf hin, daß die ursprünglichen Paraffinmoleküle sich gerade in der Mittte ihrer Ketten spalten ließen, z. B.:

$$CH_3-CH_2-CH_2-CH_2-CH_2-CH_2 \,\vdots\, CH_2-CH_2-CH_2-CH_2-CH_2-CH_3 =$$
$$\underbrace{CH_3-CH_2-CH_2-CH_2-CH_2-CH_3}_{\text{Hexan}} + \underbrace{CH_2=CH-CH_2-CH_2-CH_2-CH_3}_{\text{Hexylen}} . —$$

Ähnliche Resultate lassen sich in großer Zahl anführen. Das sowohl theoretisch wie praktisch interessanteste Moment an dem Druckdestillationsprozeß liegt nach Gurwitsch (loc. cit.) darin, daß hochmolekulare und schon bei Atmosphärendruck sehr hoch und nicht unzersetzt siedende Verbindungen bei gleich hohem Erhitzen unter Druck sich auf andere Weise als ohne Druck spalten lassen, daß also neben der Temperatur auch der Druck als solcher auf den Verlauf des Spaltungsvorganges einen bedeutenden Einfluß ausübt.

Durch den Druck wird die für die Umwandlung erforderliche Temperaturgrenze nach unten verschoben, sodann ändert er die quantitative Zusammensetzung der Zersetzungsprodukte. — Z. B. konnten Ipatiew und Dowgelewitsch (J. russ. phys.-chem.

---

*) Vgl. Haber S. 7.

Ges. 1911, 1431) Normal-Hexan in einem offenen Eisenrohr erst von 710° an zersetzen; unter Druck ging aber die Zersetzung schon bei 510° so energisch vor sich, daß Explosionen stattfanden. Ebenso erhielten Egloff und Twomey (Journ. of ind. eng. chem. 1915, 180) bei der Paraffinzersetzung unter Druck von 10 Atm. ziemlich große Mengen aromatischer Kohlenwasserstoffe, während beim gleichen Erhitzen unter gewöhnlichem Druck diese Kohlenwasserstoffe vollständig fehlten. — Im ganzen kann man sagen, daß durch den Einfluß des Drucks die Spaltung großmolekularer Paraffine in Gemische von Paraffinen und Olefinen bewirkt wird, daß die Paraffine in Gestalt leicht siedender Flüssigkeiten aus dem Verfahren hervorgehen, während die Olefine zum Teil durch den Druck zu komplexeren Verbindungen zusammentreten. — Diese komplexeren Verbindungen können nunmehr auch an anderer Stelle Spaltungen unterliegen. — Es liegt also eine große Reihe von Möglichkeiten vor. —*)

IV. Über Dampfphase und flüssige Phase.

Die Technik ist in diesen Fragen ihre eigenen Wege gegangen und hat die Verfahren der pyrogenen Zersetzung empirisch in zwei Hauptrichtungen verfolgt, nämlich in der Zersetzung der Kohlenwasserstoffe, in der dampfförmigen und in der flüssigen Phase. Der Sinn dieser Bezeichnungen ist ohne weiteres verständlich. Ist das Material, das gespalten werden soll, bereits in Dampfform übergegangen und wirkt die Spalttemperatur nun auf die Dämpfe ein, so spaltet man in Dampfphase. Wird das Material durch entsprechenden Druck bei der Spalttemperatur an der Verdampfung gehindert, so spricht man von der Spaltung in flüssiger Phase. — Es ist naturgemäß in vielen Fällen schwer zu unterscheiden, in welchem der beiden Medien der gewünschte Zersetzungsvorgang sich abspielt, und so darf man die Trennung mehr als eine praktische denn als eine absolute ansehen. —

Die Annahme, daß die Moleküle im Dampfzustand reaktionsfähiger als in flüssiger Phase sind, hat eine große Zahl von Verfahren gezeitigt. Und wenn auch die wirtschaftlich erfolgreichsten die Zersetzung in flüssiger Phase betreiben, so muß doch das große Material, das auch für die Dampfphase vorliegt, hier zur Darstellung kommen. —

Day (Handbook of Petroleumindustry, New York 1922) nennt als Vorteile der „Dampfphase“: 1. Geringe Ölmenge in der

---

*) S. Nachtrag S. 481. Leslie u. Potthoff.

Anlage bei ev. Feuer 2. Können Druck und Temperatur unabhängig voneinander geändert werden. Leichte Destillate, z. B. Kerosin — können mit Erfolg gekrackt werden. — 3. Die leichte Verwendbarkeit von Katalysatoren. — Als schweren Nachteil führt er besonders die Tatsache an, daß die Heizung von Dampf durch heiße Metallwände sehr kostspielig ist, daß der Koks, der an heißerem Metall besonders haftet, schwerer zu entfernen ist. Z. B. werden auch Rührwerke in der Dampfphase durch anhaftenden Koks schnell unbrauchbar. —

Roy Cross (Metallurg. and chem. Engin. 16, 643 17.) gibt als Vorteile der flüssigen Phase an: 1. Es wird ein besseres Produkt erzeugt. 2. Höhere Ausbeute. 3. Es findet eine selektive Wirkung auf die schweren Anteile des Öls statt und die verdampften Anteile werden nicht weiter gespalten. 4. Gasolin wird automatisch auf schnellstem Wege aus der Bildungszone entfernt. 5. Hohe Wärmeökonomie. 6. Bessere Abscheidung von Kohlenstoff, nicht an den Wandungen. 7. Hoher Durchsatz bei kleiner Anlage. 8. Genaue Temperaturkontrolle. 9. Schnelle und vollkommene Wärmeübertragung, siehe 5. 10. Möglichkeit kontinuierlich und diskontinuierlich zu arbeiten. —

Die Nachteile der Dampfphase seien folgende:

1. Mindere Qualität des Produkts. 2. Überproduktion an permanenten Gasen, wegen der nicht selektiven Wirkung. 3. Ansatz von Koks an den Gefäßwänden. 4. Geringere Ausbeute. 5. Hohe Temperatur notwendig, um große Mengen zu verarbeiten auf Kosten der Notwendigkeit schneller Reaktion. 6. Gefahr örtlicher Überhitzung wegen niedriger spez. Wärme der Dämpfe. 7. Große Heizflächen und Dimensionen der Anlagen bei geringerem Durchsatz.

1. Abschnitt.

Kracken ohne Druck.

Aisinmann gibt in seiner 1900 erschienenen Abhandlung über „die destruktive Destillation in der Erdölindustrie" eine Beschreibung der ältesten durchweg drucklosen Verfahren zum Kracken auf Petroleum. Neben dem stehenden Kessel mit nach unten gewölbtem Boden in verschiedenartiger Einmauerung finden sich auch Kessel mit flachem oder nach oben gewölbtem Boden, sodann die für die Spaltung auf Petroleum sehr beliebten Popelkakessel — liegende Kessel von ovalem Profil mit einem wegen der Dilatation teilweise gewellten Feuerrohr im unteren Teile. — Neuer ist die Zusammenstellung von Singer: (Engler, Das Erdöl. Bd. III. 390 ff.). — Die Erfindertätigkeit auf dem Gebiete der drucklosen Spaltung ist hier daher in den letzten Jahren (seit 1921) verhältnismäßig gering gewesen. —

Linton (1,484 513) hat einen komplizierten Apparat konstruiert, mit Hilfe dessen man dünne Schichten (Filme) von Ölen in schnellem Strom Temperaturen von 427—454° C bzw. 482—510° C aussetzt. — Der Apparat von Reilly (1,529 504) ist zwar anders angeordnet, im wesentlichen aber auf ein ähnliches Prinzip zurückzuführen. C. M. Alexander (Gulf Refining Co.) treibt die Öldämpfe in schnellem Tempo durch eine 500° C heiße Zone und hat das Verfahren auch als kontinuierliches ausgebildet. (1 404 725, 1,407 619). Derselbe Erfinder spaltet nach (1,573 532) Kohlenwasserstoffdämpfe durch Einblasen in hocherhitztes schweres Öl, wobei der aus den schweren und leichten KW entstehende Koks sich in einem Zwischenkessel absetzt, aus dem das entkokte Öl dann wieder in den Krackkessel befördert wird. — Die Kansas City Gasolin Cy. mischt z. B. Heizöl während der Destillation mit bituminösem Kohlenpulver, und fertigt aus dem Rückstand Briketts. — (Brit. P. 160 161.) Dieselbe Gesellschaft spaltet nach Brit. P. 162 269 in einem mit Koksfilter versehenen Kessel, in dem sich der bei der Spaltung entstehende Koks auf dem Filter ablagert. —

D a l l e y (brit. 168 335), läßt das Öl in einem Schacht auf porösen Verteilungskörpern herabrieseln, die unten angelangten Produkte werden verbrannt, und die heißen Verbrennungsgase bewirken im Gegenstrom spaltende Destillation des Öles. — Ähnlich, nur mit Umsteuerung, ist der doppeltwirkende Apparat von D. E. D a y (1,386 768) eingerichtet. In zwei konzentrischen Zylindern fließt umschichtig Öl über poröse feuerfeste evtl. auch katalytisch wirksame Verteilungskörper herab, das durch heiße Verbrennungsgase gekrackt wird. — Der zurückgelassene Koks wird bei der Umsteuerung mit verbrannt und dadurch die Verteilermasse wieder wirksam gemacht. Unter I. A. S t o n e als Anmelder ist dasselbe Verfahren unter D. R. P. 395 975 und f. 540 106 eingetragen. — W. E. T r e n t (f. 558 739) krackt bei gewöhnlichem (oder erhöhtem!) Druck unter Bewegung der Dämpfe mittels Düsensystemen. — Ein Verfahren, das zu Paraffinölen u. a. m. durch Spaltung schwerer Rückstände in einer Muffel führt, hat K r o u p a (österr. P. 79 714, 86 038/39) entwickelt.

Patente zum Abschnitt 1.

1 448 513[1]) E. O. L i n t o n übertragen auf die Linton Gasoline Proceß
26. 5. 1921[2]) Company, Chicago.
19. 2. 1924

Stetiges Verfahren zum Spalten von Kohlenwasserstoffölen.

A n s p r u c h :

1. Verfahren zum Spalten schwerer Kohlenwasserstofföle dadurch gekennzeichnet, daß man das Öl in dünner Schicht — als Film in stetigem Strome über erhitzte Oberflächen in einer von außen beheizten Retorte fließen läßt, wobei verdampfbare Anteile frei in den Retortenraum gehen, wo sie einer Spalttemperatur unterworfen werden; daß man die heißen Dämpfe sich in einer geheizten Expansionskammer ausdehnen läßt; daß man die Dämpfe darin noch weiterer Heizwirkung aussetzt, bei einer bestimmten Spalttemperatur; daß man die gespaltenen Dämpfe kondensiert und den flüchtigen Rückstand gesondert auffängt. —

Der etwas komplizierte Apparat, der o h n e D r u c k , bei hoher Temperatur arbeitet, ist in seinem Hauptteil in A b b. 1 und 2 (s. Anhang) dargestellt.

Durch das Rohr 4 (Fig. 2) rinnt das Material auf die durchlochte Platte 5 und über den Ring 7 aus dem oberen Entwässerungskessel in den unteren Verdampfungs- und Krackkessel, der ähnlich eingerichtet ist (s. T^2 Abb. 2), bei 800—850° F bis zu 900—950° (427—454° C bis zu 482—510° C). Die Kondensate der Spaltprodukte werden dann mittels einer Pumpe H in einen weiteren Kessel befördert und nochmals gekrackt. —

[1]) Die U. S. A. Patente sind durch die Millionennummer als solche gekennzeichnet. Bei anderen erfolgt der Zusatz D. R. P., F. P. Brit. P. oder E. P. usw.
[2]) Das obere Datum ist der Tag der Anmeldung, das untere der Tag der Erteilung des Patentes.

Aus einem schweren Asphaltrückstandsöl v. 12° Bé (0,980) wurden 64,5% Destillat von 43,7 Bé (= 0,865), 30 % Asphalt erhalten. Das Destillat ergab bei weiterer Destillation ein Gasolin von ca. 0,765, in einer Menge von 37,6% vom Ausgangsmaterial.

1 529 504 W. J. Reilly, Denver, Colorado.
12. 10. 1921
10. 3. 1925 **Apparat zum Raffinieren von Öl.**

Anspruch:

1. Ein Kessel zur Fraktionierung organischer Öle, gekennzeichnet durch einen Ofen, eine Ölvorratsanlage, die aus drei Ölkesseln besteht, die durch eine Reihe von Rohren zu einem Dreieck mit dem Scheitel nach unten

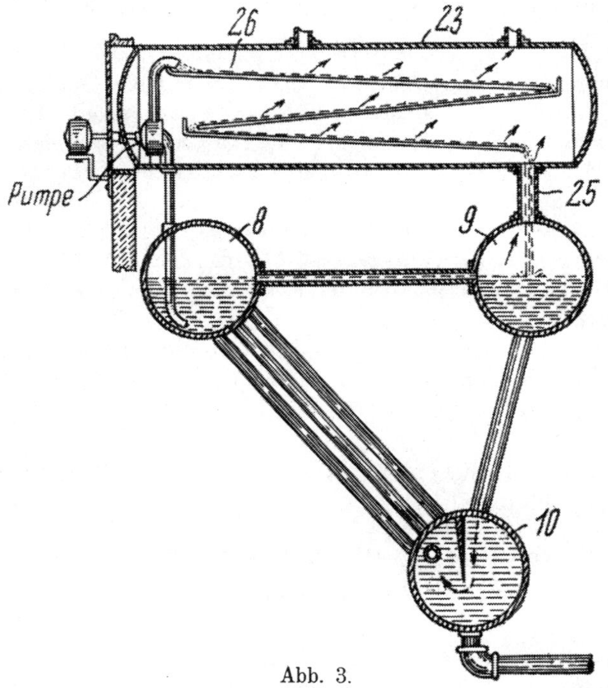

Abb. 3.

verbunden sind; durch eine Rohrreihe, die an der Front des Ofens und im Durchzugwege des Ofens liegt, während eine andere Rohrreihe an der Hinterseite des Ofens liegt und durch einen zwischen dem Ofen und den Rohren gelegenen Schutzwall gedeckt ist; durch einen Verdampfungszylinder über den oberen zwei Ölkesseln der an je einem Ende mit einem dieser beiden Kessel verbunden ist; horizontal geneigte Verdampfungsflächen in dem Verdampfungszylinder; durch Vorrichtungen, um heißes Öl aus einer der Öltrommeln auf den obersten Teil der höchsten Verdampfungsfläche zu heben, Vorrichtungen, um den unverdampften Teil des Öls in den anderen Ölkessel zurückfließen zu lassen und die in Freiheit gesetzten Dämpfe aus dem Verdampfungszylinder zu entfernen.

Es kann mit diesem Apparat durch die schnelle Zirkulation des Öles, die in einem großen und einem kleinen Kreislauf stattfinden kann, mit sehr günstiger Wärmeverteilung gearbeitet werden. — Auch Druckdestillation ist vorgesehen, jedoch über die Höhe des Druckes nichts gesagt. —

Der kleine Kreislauf findet im Dreieck zwischen den Kesseln 8, 9 und 10 statt; der große Kreislauf geht aus dem Kessel 8 mittels einer in der Verdampfungsretorte 23 angebrachten Pumpe auf die Rinne 26 und von da gelangt das in in 23 nicht verdampfte Öl durch 25 wieder nach 9 usw.

1 573 532 Clive M. Alexander, New York.
9. 10. 1919
16. 2. 1926

Verfahren und Apparat zur Zersetzung von Ölen.

Anspruch:

1. Verfahren zur Zersetzung von Öl, dadurch gekennzeichnet, daß man ein leichteres Öl in zerstäubter flüssiger Form unter die Oberfläche eines Bades von schwerem Öl einführt und zwar so tief, daß das leichtere Öl vor der Verdampfung gekrackt wird, daß man das aus dem Kracken resultierende Öl sammelt, daß man das schwere Öl aus dem Kessel abläßt, den Koks daraus entfernt und es in den Kessel zurückschickt.

Eine Zirkulationspumpe treibt das Öl aus dem Krackkessel in einen stehenden Kessel, in welchem sich der Koks absetzt, und wieder zur weiteren Krackung zurück. —

Als „leichtes Öl" wird „Mid-Continentöl" von 26° Bé verwandt. Das Öl im Kessel ist schwerstes Rückstandsöl. — Temperatur 700—800° F (370—421° C).

1 404 725 Clive M. Alexander, übertragen an Gulf Refining Company,
8. 3. 1916 Pittsburgh.
31. 1. 1922

Verfahren zur Herstellung niedrig siedender Kohlenwasserstoffe.

Ansprüche:

1. Verfahren zur Umwandlung von hochsiedenden in niedrig siedende Kohlenwasserstoffe, dadurch gekennzeichnet, daß man die Dämpfe der ersteren durch eine auf 500° oder höher erhitzte Zone mit einem Anteil wieder erhitzter und gekrackter Kohlenwasserstoffgase leitet.

5. Verfahren zur Herstellung .... von aromatischen Kohlenwasserstoffen — durch Erhitzung mit einem Überschuß an gekrackten Gasen bei 500° C oder höher. —

Das Verfahren macht von dem Umstand Gebrauch, daß die durch Krackgase reichlich verdünnten Öldämpfe eine bessere Ausbeute an leichten Kohlenwasserstoffen geben, als wenn sie in unverdünnter Form auf Kracktemperatur erhitzt werden. Je nach der Höhe der angewandten Temperatur kann man so aus Gasöl, Heizöl und anderen hohen Fraktionen entweder Gasolin oder aromatische Kohlenwasserstoffe wie Benzol und Toluol herstellen (s. 1,407 619). Abb. 4 und 5 (siehe Anhang).

1 407 619 C l i v e M. A l e x a n d e r, Port Arthur Texas. — Übertragungen auf Gulf Refining Company, Pittsburgh.

Herstellung von Motor-Brennstoff.

A n s p r u c h :

3. Ein Verfahren, niedrig siedende Petrolkohlenwasserstoffe, wie Gasoline, Benzin, Ligroin und dgl. aus hochsiedenden Petrolkohlenwasserstoffen wie Rohpetroleum, Petroldestillaten und Petrolrückstanden herzustellen, dadurch gekennzeichnet, daß man die Dämpfe von solchen hochsiedenden Ölen durch eine erhitzte Zone treibt, bei etwa 500° C, bei Atmosphärendruck und in einem genügend schnellen Tempo, so daß eine Gewähr dafür geboten ist, daß ein wesentlicher Teil dieser Dämpfe unverändert hindurch geht; — daß man die so behandelten Dämpfe fraktionsweise kondensiert, derart, daß die hochsiedenden und unveränderten Kohlenwasserstoffe von den gewünschten niedrig siedenden getrennt werden und kontinuierlich zurückfließen, um in gleichem Kreislauf wiederholt behandelt zu werden. —

Bei diesem Verfahren wird der Krackeffekt zwar in der üblichen Weise — durch Erhitzen der aus dem Kessel kommenden Dämpfe bei gewöhnlichem Atmosphärendruck (evtl. sogar mit leichtem Vakuum oder unter Einblasen sehr geringer Mengen Wasserdampf) erzielt. Jedoch unterscheidet sich der Prozeß dadurch von vielen anderen, daß die Destillation und damit auch die Zersetzung der Dämpfe in einem solchen T e m p o geleitet wird, daß nur ein T e i l der Dämpfe — je nach der Natur des Ausgangsöls — 30—70 % von diesem der Krackwirkung unterliegt. Dadurch wird zuweitgehende Zersetzung, Bildung von Koks und permanenten Gasen vermieden und die nicht zersetzten schweren Öle gelangen wieder in den Destillierkessel zurück, um nochmals den Prozeß durchzumachen. —

Die Ausführung des Verfahrens läßt sich in Verbindung mit der üblichen Destillation des Rohöls so durchführen, daß die leichteren Anteile, Gasolin und Leuchtöl abdestilliert werden, und daß dann das Krackrohr eingeschaltet wird.

Abb. 4 (siehe Anhang) stellt einen Aufriß einer einfachen Bauart des Apparats dar. 1 der Kessel, 2, 3 das Krackrohr, eingebaut in die Heizvorrichtung 4, das am Boden bzw. dem unteren Teile in den Luftkondensator 7 mündet, dessen Wirkung durch eine Kühlschlange 8 an seinem oberen Teile noch verstärkt werden kann.

Das weitere, der Rückfluß der schweren Kondensate (12) und die Abführung der leichten Anteile ist aus der Zeichnung ersichtlich.

Die Temperatur soll in der Krackröhre etwa 500° C (932° F) betragen und wird durch die Geschwindigkeit der Destillation geregelt. Es ist wünschenswert, daß möglichst trockene, d. h. in diesem Falle von schweren Ölpartikeln freie Dämpfe durch die Krackröhre gehen. — Praktisch wird etwa die Hälfte der aufsteigenden Dämpfe gekrackt. —

In der Abb. 5 (siehe Anhang) ist eine Anlage mit einer k o n t i n u i e r l i c h e n Batterie dargestellt, mit Vorrichtungen, die Dämpfe jederzeit über einen Krackapparat nach vorliegendem Verfahren zu leiten. —

Das Öl tritt durch das Rohr 53 in den Vorwärmer 54, von da nach dem Dephlegmator 56, seine Dämpfe gelangen in den Kondensator 57 und von da als Flüssigkeiten in das Reservoir 60. Das heiße Öl aus der Vorwärmersäule 56 wird durch 61 auf einen Kessel der Batterie geleitet, die parallel oder serienweise geschaltet ist. In diesen Kesseln findet die übliche Destillation statt, und Gasolin, Petroleum etc. entweichen durch einen der Kühler 62 zur Kondensation. Hiernach werden die schweren Öle durch das Rohr 64 in die (4) Krackkessel geleitet, die ebenfalls in Serien oder parallel geschaltet sein können. Die Dämpfe aus diesen Kesseln werden durch die Rohre 65 in die Krackapparate 66 geleitet und durch das Hauptrohr 67 darauf verteilt. Die Krackdämpfe gehen zu den Vorkondensatoren 68 und hierauf zu den Hauptkondensatoren 70. Die schweren Öle aus den Vorkondensatoren gehen durch die Rohre 71 zu den Krackkesseln zurück. Die kondensierten Endprodukte aus den Kühlern 70 gehen durch die Rohre 72 ebenfalls zum Reservoir 60. —

160 161 Brit. Kansas City Gasoline Co.
2. 3. 1920
11. 5. 1921

Kracken von Kohlenwasserstoffen.

Hochsiedende Kohlenwasserstoffe, wie Heizöl, werden mit gepulverter bituminöser Kohle gemischt und destilliert unter dauerndem Mischen (Rührwerk). Die Dämpfe gehen in einen Dephlegmator usw. Es wird bei 600 bis 1 000° F (316—540° C) destilliert bei gewöhnlichem Druck, und der Rückstand für Herstellung von Heizbriketts verwendet. —

162 269 Brit. Kansas City Gasoline Co.
23. 4. 1920
22. 2. 1921

Verfahren zum Kracken von Kohlenwasserstoffen.

Anspruch:

1. Verfahren zum Kracken von Kohlenwasserstoffölen, dadurch gekennzeichnet, daß man eine gewisse Menge Koks in zerkleinertem Zustand ohne Berührung mit den erhitzten Kesselwänden, aber innerhalb des zu spaltenden Öls, auf eine poröse Unterlage bringt und das Öl unterhalb der Koksmenge erhitzt, so daß das erhitzte Öl durch den Koks und um denselben zirkulieren muß. —

Auf einem Rost, der im Ölkessel aufgehängt ist, wird Koks ausgebreitet, um welchen das siedende Öl zirkuliert. Beispiel: Bei 100 Gallonen Füllung (Heizöl von 25° Bé) 150 Pfund Kohle und Koks, wurden 75 Gallonen Benzin erhalten. —

Dieses Benzin ergab: 14 % Gasolin, 17 % Kerosin, 69 % Gasöl. —

Der Zweck der Anordnung ist, daß sich der beim Spalten resultierende Koks auf der ins Öl eingetauchten Koksmasse ablagert. Ob und inwieweit das geschieht, und ob dadurch die Lebensdauer des Krackkessels wesentlich erhöht wird, ist in der Patentschrift nicht angegeben. —

168 335 Brit. Chr. Dalley, London.
26. 2. 1920
26. 8. 1921

Destillation oder Spaltung von Kohlenwasserstoffölen.

Anspruch:

1. Verfahren zur Destillation oder Spaltung von Kohlenwasserstoffölen, dadurch gekennzeichnet, daß man das Öl durch eine poröse säulenförmige

Schicht von heißem unverbrennlichen und nicht schmelzbarem Material (z. B. Schiefer- oder Klinkerbruch etc.) heruntersickern läßt, das sich in einer vertikalen Retorte befindet, in der es sich aufwärts bis in den Beschickungsschacht erstreckt, in welchen das Öl eintritt oder durch welchen das Ölzuführungsrohr geht, wobei das Kontaktmaterial durch Verbrennung am Fuße der Säule geheizt wird und zum Aufstieg der heißen Dämpfe und Gase dient. —

Das oben in die Säule aus Schieferbrocken etc. eintretende Mineralöl sickert durch die immer heißer werdenden Schichten herunter. Die unten anlangenden Rückstände des Öles werden verbrannt und die Verbrennungsgase liefern die Wärme zum Destillieren und Spalten des einfließenden Öles. Die Verbrennungsgase gehen durch seitliche Züge im oberen Teil der Retorte zur Kondensation. Dampf oder Wasser kann in den unteren Teil der Retorte eingeführt werden. — Es wird auf Patent Nr. 163 347 verwiesen.

1 386 768 David E. Day, Santa Maria, Californien.
5. 4. 1920
9. 8. 1921

Verfahren und Apparat zum Kracken von Öl.

Anspruch:

1. Ein Verfahren, niedrig siedende aus hochsiedenden Kohlenwasserstoffen zu gewinnen, dadurch gekennzeichnet, daß man hochsiedende Kohlenwasserstoffe durch einen Raum streichen läßt, der Material enthält, auf dem sich die Kohlenwasserstoffe ausbreiten und verteilen, daß man diesen Raum auf Kracktemperatur heizt, wobei hochsiedende Kohlenwasserstoffe zersetzt und dadurch niedrigsiedende ebenso wie Kohle gebildet werden, daß man diese Dämpfe fortleitet und kondensiert, daß man hierauf den Zufluß von hochsiedenden Kohlenwasserstoffen zu diesem Raum abstellt, die gebildete Kohle verbrennt, wobei man nun hochsiedende Kohlenwasserstoffe in einen zweiten Raum leitet, der gleichfalls Material zum Ausbreiten enthält und auf den die im ersten Raum erzeugte Hitze übertragen werden kann, wobei niedrigsiedende Kohlenwasserstoffe erzeugt werden, die in den Kondensator entweichen.

Der aus beistehender Zeichnung ersichtliche Apparat besteht in zwei konzentrisch gebauten Kesseln 1 und 2, die räumlich etwa gleich groß sind und ausbreitendes und verteilendes Material sowie katalytisch wirksame Stoffe enthalten, die in dem äußeren Kessel auch auf zickzackförmig angeordneten Platten verteilt sind. Beide Kessel, der innere wie der äußere, haben Zuleitungsröhren für Öl, Gas und Luft, und Abzugsröhren für die gebildeten Verbrennungsgase und Destillatdämpfe, deren Weg durch den Vierweg Hahn 19 bestimmt wird.

Der Vorgang verläuft nun so, daß erst in den inneren Kessel Öl eingelassen wird, nachdem der äußere Kessel durch die Brenner 8, 9, 10, 11 angeheizt ist, wodurch das Öl im inneren Kessel in leichte Kohlenwasserstoffe, die durch 18 entweichen und in Kohle bzw. Koks, der sich auf dem Verteilungsmaterial ansammelt, zersetzt wird. Sobald der Kessel aufhört, leichte Kohlenwasserstoffe abzugeben, wenn also höhersiedende unzersetzt zu entweichen beginnen, wird der Prozeß umgestellt, es wird der Zulauf von Öl zur Kammer 2 unterbrochen, die Brenner 8, 9, 10, 11 abgestellt, und der

Vierweghahn so gestellt, daß 7 mit 20 und 18 mit 21 verbunden ist. Die Brenner 3, 4, 5 am Boden von Kammer 1 werden dann in Gang gesetzt, wobei die Luft in derartigem Überschuß eingeblasen wird, daß die abgesetzte Kohle mit verbrannt wird und dadurch die Verteilermasse wieder wirksam gemacht und die Kammer zu neuen Zersetzung vorbereitet wird. Inzwischen wird durch die Hitze von Kammer 1 nunmehr Öl in Kammer 2 gekrackt,

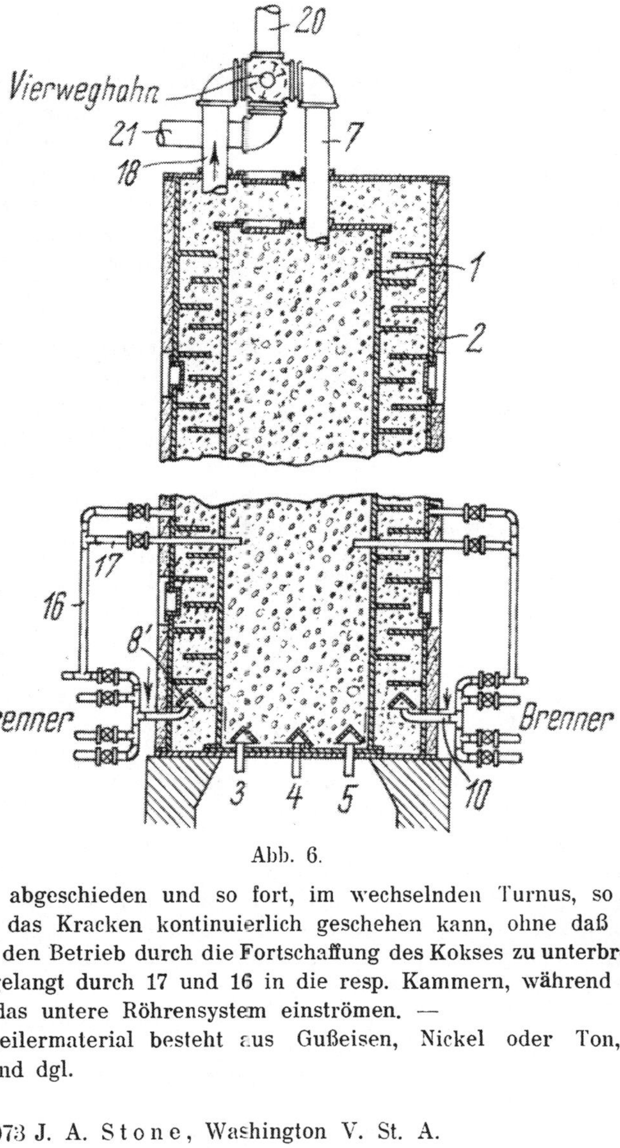

Abb. 6.

dabei Kohle abgeschieden und so fort, im wechselnden Turnus, so daß auf diese Weise das Kracken kontinuierlich geschehen kann, ohne daß man gezwungen ist, den Betrieb durch die Fortschaffung des Kokses zu unterbrechen. —

NB. Öl gelangt durch 17 und 16 in die resp. Kammern, während Gas und Luft durch das untere Röhrensystem einströmen. —

Das Verteilermaterial besteht aus Gußeisen, Nickel oder Ton, Ziegel, Fullererde und dgl.

D. R. P. 395 973 J. A. Stone, Washington V. St. A.
3. 9. 21
24. 5. 24 **Verfahren und Apparatur zum Kracken von Ölen**

Entspricht dem Vorigen.

558 739 Frz. W. E. Trent, V. St. A.

Verfahren zum Kracken der Kohlenwasserstoffe.

1. Nach dem Verfahren wird der Kohlenwasserstoff bzw. das Öl verdampft, die Dämpfe zwangsläufig einer heftigen Bewegung unterworfen, um die Zersetzung zu bewirken, die nicht kondensierten Dämpfe werden abgesaugt und wieder kondensiert.

2. In dem Verfahren nach 1: a) die Erhitzung des Kohlenwasserstoffs bis zur Kracktemperatur, die Absaugung der Dämpfe in eine „Bewegungskammer", in welcher das Kracken dadurch bewirkt wird, daß die Dämpfe durch aufeinander folgende kleine Öffnungen zu streichen gezwungen sind, wobei die kondensierten Produkte aus der Kammer entfernt werden und die Dämpfe beim Austritt kondensiert werden; b) die Verteilung von Hindernissen und Zwischenkammern, durch deren kleine Öffnungen die Dämpfe streichen müssen. —

Es ist das Prinzip, die Dämpfe in Bewegung zu bringen, und dadurch eine vollkommene Zersetzung herbeizuführen, ein Prinzip, das einmal durch die durch eine (hier nicht wiedergegebene) Zeichnung veranschaulichte Anordnung — aber auch auf jede andere geeignete Weise — erfolgen kann, wie der Erfinder betont.

Die Erhitzung erfolgt auf 315° C unter atmosphärischem Druck oder unter einem solchen von 23 kg oder mehr pro 6,45 cm^2.

Öster. P. 79 714 Ing. G. Kroupa, Wien.
15. 7. 1919
10. 1. 1920 **Kontinuierl. Verfahren und Apparatur zur vollständigen destruktiven Destillation von Erdölkw.*) und Kohlenteer.**

Die Kohlenwasserstoffe, z. B. Rückstände, werden von oben in eine von außen geheizte Muffel z. B. aus Schamotte, deren Sohle mit Wasserabschluß versehen ist, eingespritzt. Beim Fall durch die heiße Muffel werden die Produkte verdampft und gespalten.

Es werden hier keine leichten KW, sondern im wesentlichen Paraffinöle, Schmieröle und Koks aus schweren Rückständen erzielt.

In den Verfahren Öst. P. 86 038 und 86 039 ist diese Erfindung noch weiter entwickelt. Wir nehmen hier von der Wiedergabe Abstand, weil dieses drucklose Verfahren zwar auch ein Spaltprozeß ist, aber kein solcher, der zur Bildung leichter KW führt. —

*) Kw = Kohlenwasserstoff.

2. Abschnitt.

Kracken in Dampfphase.

A. Spaltung im Druckkessel.

Auf die einleitenden Sätze über Druckdestillation S. 9 ff. sei hier verwiesen. Man kann die Verfahren zur Spaltung in der Dampfphase unter Druck einteilen in solche, die nur mittels Wärme und Druck arbeiten, und solche, bei denen Wasserdampf zur Verwendung kommt.

a) Mit Wärme und Druck und zwar kontinuierlich arbeitet ein Verfahren, das der U. S. Gasoline Manufacturing Corporation, New York geschützt ist. (Engl. P. 207276). J. F. Monnet (Engl. 208 310) krackt bei 500° C in Gegenwart einer kleinen Menge Luft. Graefe und v. Walther arbeiten bei ca. 40 Atm. im von außen durch Bleibad erhitzten Kessel, geben aber an, daß sich die Spaltung in der Dampfphase vollzieht. (D. R. P. 303 883.) Zweimal in der Dampfphase spaltet W. Fourness (1 526 907) das erstemal die Dämpfe des von leichten Fraktionen befreiten Rohöls, das zweitemal, die kondensierten schwereren Fraktionen der ersten Spaltung in Mischung mit leichten Dämpfen. In der Dampfphase und in Mischung mit Naturgas spalten Kotzebue und Bowman (1 485 083). Mit Zumischung von Wasserdampf spalten Illing und Kelly 163 363 wobei die schweren Produkte auf Asphalt verarbeitet werden.

b) Mit Hilfe eines Kompressors arbeiten eine Anzahl Verfahren in der Weise, daß die heißen Dämpfe durch den erhöhten Druck des Kompressors zur Spaltung gelangen und die Spaltstücke dann in geeigneter kondensiert oder fraktioniert gekühlt werden. — So verfahren Price und Dietz (1 349 294) C. R. Burke (1 426 149, 1 487 438, 1 389 934), D. T. Day (1 422 038), L. C. Read (1 445 040), Canadian American Finance u. Trading Cy (frz. 523 146), Hall (D. R. P. 326 323 u. 1 285 136).

c) Mit Kompressor unter Zumischung von überhitztem Wasserdampf zu den Öldämpfen erstreben die Verfahren von

Gartlan und Gooderham die Spaltung, wobei der überhitzte Wasserdampf zur Mischung und Durchwirbelung der Dämpfe in der Reaktionskammer dient. (1 430 977/8. frz. 555 095; 1 445 433, engl. 197 494/5, frz. 531 089, oe. 97 925. Hierhin gehört auch das mit Kompressor arbeitende Verfahren von Snelling (1 371 268).

d) Der Wirkung von mehr oder minder überhitztem Wasserdampf bedienen sich V. L. Emerson in einer Reihe von Patenten (1 337 831 v. 20. 4. 1920 entsprechend f. 531 436, 533 314, 1 414 400, — Wasserstoffbildung!) 1 484 014 engl. 163 277, 168 573) und Schuyler-Davis (1 369 787). Diese Erfinder lassen Öldämpfe und überhitzten Wasserdampf gegeneinanderprallen, so daß durch die mechanische Wirkung des Zusammenpralls die Wirkung von Druck und Hitze noch gesteigert wird. Eckstrand (1 388 415) gibt dem Gemisch aus Wasser- und Öldämpfen durch Düsen und „Hindernisplatte" starke mechanische Impulse. Auch die überaus zahlreichen Patente von J. H. Adams (Texas-Company) lassen Öldämpfe mit überhitzten Wasserdämpfen zusammen gegen eine noch besonders (auf elektrischem Wege) erhitzte Kontaktplatte prallen. Das erste Patent (U. S. A. 976 975) datiert bereits vom 28. 11. 1910. Die Adams-Patente sind neuerdings Gegenstand zahlreicher Rechtsstreitigkeiten, in die sogar von seiten der Regierung eingegriffen wurde. (C. O. Wilson Oil and Gas Journal XXIV. Nr. 41., 4. 3. 1926; Erdöl u. Teer 1926. 309). Nach dem Datum der Anmeldung d. h. also im wesentlichen nach der technischen Entwicklung geordnet sind hier die folgenden Verfahren wiedergegeben: 1 433 519; 1 445 281; 1 477 860; 1 461 017; 1 455 376; 1 455 377; 1 428 311; 1 428 312; 1 506 877; 1 506 878. — Die Entwicklung hat auch hier, abgesehen von technischen Verbesserungen bei der Koksabscheidung und der elektrischen Ausrüstung, die Tendenz zur Herbeiführung eines Kreisprozesses, bei dem die noch nicht genügend gespaltenen KW[1]) immer wieder in den Spaltapparat zurückgelangen, so daß schließlich das Ausgangsmaterial in Koks oder kokshaltigen Teer und relativ leichte KW aufgeteilt ist. — Die Verfahren 1 462 677 und 1 462 678 desselben Erfinders arbeiten ohne Dampf. Fentons Patente erstrecken sich auch auf Teerprodukte und führen die Spaltung stufenweise nur mittels überhitzten hochkomprimierten Wasserdampfs durch. (1 394 481; 1 396 173; 1 396 174). Abgespaltene Aethylen-KW werden hinter den Kühlern mit konz. H_2SO_4 absorbiert. —

---

[1]) KW = Kohlenwasserstoff (e, en).

C. v. Woegerer (1 429 992) arbeitet mit überhitztem Dampf zerstäubtem Öl oder Öldämpfen unter Einwirkung von Kalk, bei ca. 260° C. Das Verfahren spaltet also wohl größtenteils in flüssiger Phase. Nach der technischen Anordnung scheint es aber hier besser Platz zu finden. — Bei höherer Temperatur ohne Kalkzusatz aber sonst ähnlich verfährt „The Canadian-American Finance and Trading Company", die den Wasserdampf auf 535° C überhitzt (frz. 521 629). Auch Allen Rogers (1 378 424) und Wheeler 1 387 876 arbeiten mit überhitztem Wasserdampf. Kormann (br. 164 529) und Hovey (br. 188 928, 197 372, f. 558 648) lassen Öl und überhitzten Wasserdampf auf heiße poröse Körper im Kessel stoßen. —

Mit überhitztem Dampf von anormalen Temperaturen und Drucken (1 000—2 000 Pfd. = 76—150 Atm. und 600—1000° F = 316—538° C) kracken Hancock und Boyle (1 576 742); bei sehr hohen Temperaturen, 1275—1500° F arbeiten auch Mahan und Lynch (engl. 197 576).

e) Mit schwachem Druck gewinnt Burke (190 751 engl.) leichte aus schweren KW.

Patente zum Abschnitt 2 A.

207 276 Brit. U. S. Gasoline Manufacturing Corporation, New York.
28. 8. 1922
28. 11. 1923

Verfahren und Apparat zur Herstellung niedrigsiedender Kohlenwasserstoffe aus hochsiedenden.

Ansprüche:

1. Verfahren zur Gewinnung von Kohlenwasserstoffverbindungen von niedrigem Siedepunkt aus höhersiedenden, dadurch gekennzeichnet, daß man die hochsiedenden Kohlenwasserstoffe, z. B. Petroleum, allein mit Kohlenwasserstoffgas — und — Dampf auf Temperaturen erhitzt, die zum Spalten von hohen in niedrigsiedende Kohlenwasserstoffe genügen, wobei Druck und Temperatur unabhängig voneinander — (wie dargelegt) erzeugt wird. —

7. Verfahren zur Gewinnung von Kohlenwasserstoffverbindungen nach 1—5 dadurch gekennzeichnet, daß man das Gas und den Dampf auf eine Temperatur erhitzt, welche zum Kracken der Dämpfe genügt; daß man das erhitzte Gas und die gekrackten Dämpfe mit dem flüssigen Kohlenwasserstoff zusammenbringt, um diesen zu kracken und aus ihm Dämpfe zu entwickeln und diese zu kracken, daß man die entwickelten Gase und gespaltenen Dämpfe benutzt, um flüssigen Kohlenwasserstoff in einer Gegenstrom-Einheit vorzuwärmen und zu kracken und daraus wieder neue Dämpfe zu entwickeln, daß man diese neuen Dämpfe mit heißem Kohlenwasserstoffgas und gekracktem Dampf vermischt, um die neuen Dämpfe zu kracken, daß man aus Gasen und

Dämpfen die hoch siedenden Fraktionen kondensiert, daß man die so entstehenden schweren Kondensate kontinuierlich in das System zurückführt, daß man die restierenden Gase etc. kühlt und kondensiert zwecks Gewinnung eines gewünschten Produkts, daß man die Rückstandsgase etc. komprimiert, indem man sie dabei durch das System treibt, um den gewünschten Überdruck zu erzeugen. —

208 310 Brit. John. F. Monnot, London
27, 10. 1922
20. 12. 1923

Verfahren und Apparat zum Kracken von Ölen.

Ansprüche:

1. Verfahren zur Spaltung von Ölen, darin bestehend, daß man das Öl durch Erhitzung auf hohe Temperatur und unter hohem Druck, z. B. 50—75 Pfund, 3,5—5 Atm., per Quadratzoll, verdampft und darauf die Öldämpfe krackt, indem man sie zusammen mit einer kleinen Menge Luft in einer Kammer expandieren läßt, die feuerfestes Material enthält und auf 500° C durch Erhitzen von außen gehalten wird.

2. Verfahren nach 1, wonach die durch Kracken des Öls erhaltenen Produkte als Kraftstoff für eine Gasmaschine, — z. B. eine Maschine mit innerer Verbrennung, verwendet werden und die heißen Auspuffgase dieser Maschine dazu gebraucht werden, um der Krackkammer, die das feuerbeständige Material enthält, Wärme zuzuführen, um sie auf der gewünschten hohen Temperatur zu halten. —

3. Ein Apparat nach 1 und 2, der eine innere Kammer mit feuerfestem Material, z. B. Feuertonkugeln enthält, eine äußere — die innere einschließende Kammer, und ein oder mehrere Schlangenrohre, in denen das Öl erhitzt wird und die so angeordnet sind, daß sie die innere Kammer im Zwischenraum zwischen ihr und der äußeren Kammer umgeben, — wobei die innere Kammer einen Zulauf hat, durch welchen ein gleichmäßiger Strom von verdampftem Öl und Luft eingeführt wird, und einen Ablauf, durch welchen die entstandenen Produkte entfernt werden.

Das Verfahren eignet sich besonders zum Kracken von Rohölen von 0,870 bis 0,920 spezif. Gewicht und die erhaltenen Produkte, die eine feinverteilte Mischung von permanenten Gasen und Öldämpfen darstellen, eignen sich für viele Zwecke, einschließlich Heizzwecken und zum Gebrauch in Kraftmaschinen. —

D.R.P. 303 883 Dr. E. Graefe u. Dr. Freiherr R. v. Walther, Dresden.

Verfahren zur Gewinnung von leichten Kohlenwasserstoffen aus schweren,

dadurch gekennzeichnet, daß die schweren Öle 1. in einem gleichmäßig temperierbaren Druckautoklaven durch hohe Erhitzung unter einen hohen eigenen Gasdruck von etwa 20—50 Atm. gebracht und bei einer zur Verdampfung gerade hinreichenden Temperatur der Flüssigkeit und Erhitzung des möglichst groß zu haltenden Dampfraums unter Erhaltung des hohen Gasdrucks kontinuierlich derart destilliert werden, daß die beabsichtigte Spaltung im wesentlichen erst im Dampfraum vor sich geht und die Dämpfe nach einer für die Umsetzung genügend langen Zeit entspannt und zur Kondensation gebracht werden.

2. Verfahren nach Anspruch 1, dadurch gekennzeichnet, daß die Umsetzung der unter hohem Gasdruck stehenden Gase und Dämpfe unter annähernd gleicher Temperatur im Flüssigkeits- und im Gasraum vorgenommen wird.

3. Verfahren nach Anspruch 1 u. 2, dadurch gekennzeichnet, daß die bekannte stufenweise Destillation auf die vorliegende Druckdestillation angewendet wird, indem eine Reihe von Zersetzungsdestillatoren hintereinander geschaltet werden, deren Inhalt jeweils dem Nächstfolgenden zuströmt, um eine bessere Konstanz der Drucke und Temperaturen zu erzielen. —

In der Patentbeschreibung, die einen historischen Überblick über die früheren derartigen Verfahren gibt, wird festgestellt, daß man 1. bereits Flüssigkeiten unter eigenem, wenn auch niederem Dampfdruck destilliert hat, daß man 2. schwere Kohlenwasserstoffe unter höherem Druck, der aber durch inerte Gase erzeugt wurde, gleichfalls destillierte; daß man 3. Kohlenwasserstoffe unter hohem Druck ohne gleichzeitige Destillation erhitzte. — Nach der vorliegenden Erfindung werden die Öle im Gegensatz zu den bisherigen Verfahren unter hoher Erhitzung auf einen eigenen hohen Gasdruck, z. B. von 20—50 Atm. gebracht und bei möglichst niedriger Temperatur der Flüssigkeit und Erhitzung des Dampfraums unter Erhaltung des erzielten Gasdrucks derartig destilliert, daß die Flüssigkeit nur soweit erhitzt wird, als zu ihrer Verdampfung nötig ist und die beabsichtigte Spaltung im wesentlichen erst im Gasraum vor sich geht.

Die Apparatur besteht im wesentlichen aus einem Kesselautoklaven, der in einem Bleibad — zwecks Erzielung gleichmäßiger Temperatur montiert ist, in den das Rohprodukt z. B. Wietzer Rohölrückstand mittels einer Druckpumpe eingeführt wird. Die entwickelten Dämpfe ziehen durch ein besonderes Rohr ab — gegebenenfalls in einen zweiten als Gasraum dienenden Apparat. — Sobald der innere Gasdruck 40 Atm. (560 Pfd./Quadratzoll) erreicht, wird das Destillationsventil geöffnet, die austretenden Gase und Dämpfe werden gekühlt, wobei sich das Druckdestillat verdichtet. Das Verfahren wird nun bei eine Temperatur von 420—440° und bei einem Druck von 30 bis 40 Atm. in der Weise kontinuierlich weitergeführt, daß man mittels Zupumpen die Ölmenge in Autoklaven ergänzt. Der Druck wird durch Einstellung des Destillationsventils geregelt.

Aus insgesamt 1700 g Wietzer Rückstand wurden 850 g Destillat von spezif. Gew. 0,780 gewonnen, hieraus bei frakt. Destillation 192 g Leichtbenzin 0,700 von 40—110° siedend, 166,5 g Schwerbenzin 0,760 v. 110—150°, insgesamt 358 g gleich 21% des Ausgangsmaterials. Abb. 7, s. Anhang.

1 526 907 — Wilfred Fourness, Pasadena, Kalifornien; zu zwei Dritteln
20. 4. 1920 — auf S. Hazard Halsted, E. S. Gosney und Guy R.
17. 2. 1925 — Mc. Comb übertragen.

Verfahren, Gasolin aus Rohöl zu gewinnen.

Anspruch:

1. Ein Verfahren, Mineralöl zu verarbeiten, dadurch gekennzeichnet, daß man Mineralöl soweit verdampft, daß die leichteren Produkte

abgetrennt sind, daß man dann das Mineralöl auf Kracktemperatur bringt, daß man die gemischten Dämpfe aus dem Mineralöl nahezu derselben Kracktemperatur unterwirft, daß man die gemischten dampfförmigen Produkte ausreichend kühlt, um die schwereren Fraktionen daraus zu kondensieren, daß man die beim Kühlen nicht kondensierten dampfförmigen Produkte und damit gemischte Fraktionen wiederum auf Kracktemperatur bringt und schließlich die schwereren und die leichteren Produkte kondensiert und getrennt auffängt, während die leichteren Produkte aus dem ursprünglichen Mineralöl direkt in einen Endkondensator geleitet werden, der getrennt von dem für die schwereren Produkte ist, — besagte leichtere Produkte, die durch den bei der Zwischenkühlung der gemischten dampfförmigen Produkte erzeugten Dampf verflüchtigt wurden. — —

Der wesentlichste Zug der Erfindung besteht darin, daß die aus der Spaltzone kommenden Dämpfe und Gase gekühlt werden und in der Kühlzone in Kontakt mit den kondensierten schweren Fraktionen kommen und daß die aus der Kühlzone kommenden Gase und Dämpfe, die nun mit den schweren Fraktionen beladen sind, nochmals der Temperatur der Krackzone unterworfen werden. —

Durch dieses Verfahren hat der Erfinder 52 % eines Destillats von 57,4° Bé (= 0,758) aus einem von den leichteren Fraktionen befreiten Mineralöl von 28° Bé (= 0,8915 erhalten.

Zunächst wird das Rohöl auf 200—400° F (93—177° C) erhitzt und unter 200 Pfund Druck in eine auf 600—1000° F (316—540° C) erhitzte Krackkammer gepreßt. — Aus dieser gelangen die Dämpfe in eine erste Reaktionskammer, die, vertikal in einer Feuerung montiert, der gleichen Temperatur wie die Krackkammer ausgesetzt wird, aus dieser in eine Kühlkammer, wo sie mit den kondensierten schwereren Fraktionen in Berührung kommen; worauf sie in einer zweiten Reaktionskammer abermals der Temperatur von 600 bis 1000° F unterworfen werden, worauf fraktionierte Kondensation erfolgt. S. Abb.8, Anhang.

1 485 083 Meinhard H. Kotzebue und Levi M. Bowman, Tulsa,
5. 5. 1921 Oklahoma.
26. 2. 1924

Apparat zum Spalten von Kohlenwasserstoffen und zur Gewinnung von Gasolin.

Anspruch:

Ein Apparat, ein Erhitzer, ein Spaltrohr, das durch den Erhitzer geht, abgeteilte Schichten von Stahlwolle in dem Rohr auf der Seite, wo es in den Erhitzer eintritt, zwischen den Schichten aus Stahlspänen grober Kies, durchbohrte Scheiben im Rohr, um Stahl und Kiesschichten in ihrer Lage festzuhalten, eine durchbohrte Anschlußplatte in dem Spaltrohr unmittelbar am Auslaßende, sonst hat die Röhre keinerlei Hindernisse, weder im noch am Erhitzer. — —

Kohlenwasserstoffe, die über 175° C sieden, werden unter einem Druck von 5—150 Pfund auf den Quadratzoll in Spaltrohren der oben beschriebenen Art gekrackt, die mit Reinigungsstäben versehen sind, um die Verstopfung durch Koksabscheidung in dem Durchgang 24 s. Abb. 9 Fig. 2. zu beseitigen. Die Krackdämpfe werden in der Mischkammer 30 mit Grubenkopfgasen oder dergleichen gemischt und darauf dem Dephlegmator zugeführt. Der Kompressor 50 drückt das Gemisch der Dämpfe durch den Kühler. Amerikanisches Petroleum und feuchtes Grubenkopfgas werden, um 0,750er bis 0,700er Benzin zu erzielen bei einer Temperatur von 125° C und 10 Pfund Druck in der Dephlegmatorkammer 40 gehalten. Abb. 9, s. Anhang.

163 363 Brit. V. C. Illing und J. Kelly.
18. 11. 1919
13. 7. 1921

Destillation von Petroleumöl und Asphalt.

Anspruch:

1. Ein Verfahren zur Behandlung von Petroleum und dergl. Ölen, nach welchem Bestandteile von verschiedener Flüchtigkeit gleichzeitig verdampft und darauf durch fraktionierte Kondensation der gemischten Dämpfe getrennt werden, dadurch gekennzeichnet, daß das Öl unter Druck erhitzt und das heiße Öl bei Unterdruck expandiert wird, zwecks gleichzeitiger Umwandlung der sämtlichen schwer- und leicht-flüchtigen Bestandteile des Öles im Dampfzustand und zur Gewinnung der Bestandteile ohne Zersetzung der hochsiedenden Fraktionen. —

Das Öl wird durch die Vorwärmer P in die Kühler N gedrückt und in dem Rohr A elektrisch erhitzt. Durch das Ventil C gelangt es in den Verdampfer D, der elektrisch oder auf andere Weise geheizt wird und in dem die Flüssigkeit über geneigte Platten in dünner Schicht läuft. Die Dämpfe werden mittels einer Vakuumpumpe durch die Kühler N abgezogen, die wieder durch die Rohre P (Ölzufluß) auf verschiedenen Temperaturen gehalten werden.

Das Rückstandsöl vom Verdampfer D geht durch einen Behälter L, aus welchem es durch eine ähnliche Heizvorrichtung R und dazugehörigem Verdampfer S gepreßt wird und in diesem mit Luft (nach 163 656) behandelt wird, zwecks Gewinnung von Asphalt. Die aus S entweichenden Dämpfe werden in einer Reihe von Kühlern X gekühlt, indem man Rohöl durch die darin befindlichen Rohre fließen läßt.

Durch das Ventil M kann man Wasserdampf in den Verdampfer D treten lassen. —

Durch Erhitzen der Öle auf 400° C erhält man Spaltprodukte.

In einer Modifikation des Apparates werden Gas oder Heizölbrenner verwandt.

In der Patentschrift wird auf die brit. Patente 1 706/82, 12 181/98, 27 615/12, 16 713/4, 117 372, 172 700, 145 894 Bezug genommen. Abb. 10, s. Anhang.

1 349 294 W. B. Price und Ernst Dietz, New Orleans.
6. 7. 1916
20. 8. 1920

Verfahren und Apparat zum kontinuierlichen Kracken von Ölen.

In einem Ofen ist ein Vorwärmer, in den das Öl strömt, und ein Zersetzungsapparat montiert (Reaktionskammer), in welchem die entstandenen Dämpfe über Metalloxyde (zwecks Befreiung vom Schwefel) aufsteigen und durch entsprechende Pumpvorrichtungen weiter in die Kühlanlage getrieben werden. — Je nach der Geschwindigkeit dieser Pumpen kann man Öl bzw. Öldämpfe längere oder kürzere Zeit unter den Krackbedingungen lassen. Die besten Resultate wurden mit Gasöldestillat von 40—42° Bé bei 1000° F bis 1150° F bei einem Strom von 2 Gallonen in der Minute erhalten, bei einem Druck von 75—85 Pfund p. Quadratzoll (= 5—6 Atm. —). Hier wird also besonders die Dauer der Behandlungszeit betont.

1 426 149 Charles R. Burke, Pittsburg, übertragen auf Lulu
16. 1. 1912 P. Burke.
15. 8. 1922

Verfahren zur Gewinnung leichter Kohlenwasserstoffe.

Anspruch:

4. Verfahren zur Gewinnung leichter Kohlenwasserstoffe aus schwerem Kohlenwasserstofföl, dadurch gekennzeichnet, daß dieses letztere destilliert wird, die entstehenden Dämpfe komprimiert und darauf kondensiert werden, wobei spezifisches Gewicht und Eigenschaften des Endprodukts durch den bei der Kompression der Destillatdämpfe angewandten Druck bestimmt werden. —

Die aus einem Kessel abdestillierten Dämpfe werden dem Druck einer Kompressionspumpe ausgesetzt, dessen Höhe sich nach dem Ausgangsmaterial und der Art der gewünschten Endprodukte richtet.

1 487 438 Charles R. Burke, Tulsa Oklahoma, übertragen auf Louise
20. 1. 1922 P. Burke.
18. 3. 1924

Verfahren und Apparat zur Raffination von Kohlenwasserstoffen.

Anspruch:

1. Ein Verfahren zur Behandlung von Kohlenwasserstoffölen, dadurch gekennzeichnet, daß man in einem Behälter eine gewisse Menge derartiger Öle sammelt, Kohlenwasserstofföl in einer Anzahl von Kesseln verdampft und krackt, diese Dämpfe durch verengte Leitungen in das erstgenannte Öl unter dessen Oberfläche leitet, daß man hierin die heißen Dämpfe frei aufsteigen läßt, die dabei das Öl erhitzen und höher siedende Anteile in diesem kondensieren, daß man die Dämpfe aus dem Behälter in einen Kühler leitet, daß man das erhitzte Kondensat aus dem Behälter in die Kessel durch die verengten Leitungsstücke zurückfließen läßt, und daß man einen Teil des Kondensats aus dem Behälter ohne Benutzung der verengten Leitungsstücke in einen der Kessel zurückleitet (s. a. Nr. 1 389 934 S. 53). Ein Kompressor drückt das Öl aus dem oberen Kessel wieder in den oder die unteren Kessel zurück; wobei der Rückweg durch den verbindenden Hals vermieden wird.

1 422 038 David T. Day, Washington.
17. 6. 1919
4. 7. 1922

Behandlung von Kohlenwasserstoffölen.

Anspruch:

1. Verfahren zur Gewinnung niedrigsiedender aus hochsiedenden Kohlenwasserstoffölen, dadurch gekennzeichnet, daß nur ein Teil des behandelten Öls verdampft wird und daß unmittelbar darauf das so behandelte Material in einem Zylinder durch die Wirkung eines gleitenden Kolbens zusammen-

gepreßt wird, dessen Bewegung augenblicklich genügend Druck und Hitze erzeugt, um das verdampfte Material auf die zur Umwandlung erforderliche Temperatur und den entsprechenden Druck zu bringen. — —

In einem Kessel oder einem Vorwärmer wird das zu behandelnde Öl in irgendeiner Weise erhitzt und mehr oder weniger in Dampfform gebracht. — Hierauf werden die Dämpfe im Kompressor, „Schnelldruckspalter" (beistehender Abbildung), komprimiert und durch den Druck ihre Temperatur auf Kracktemperatur gesteigert. Das Material — dampfförmig oder flüssig — gelangt

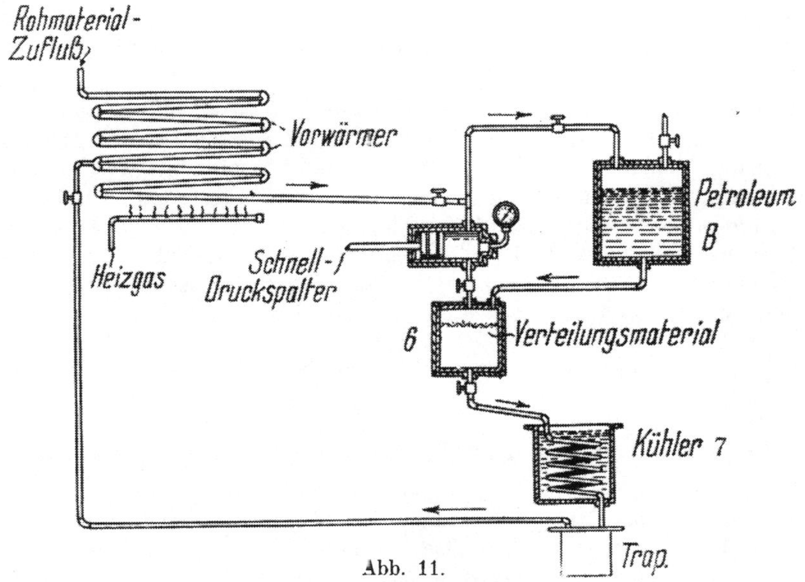

Abb. 11.

dann in die isolierte Kammer 6, in welcher dieselben Druck- und Temperaturbedingungen herrschen und wo sie bleiben, bis der gewünschte Umwandlungsgrad erreicht ist. —

Das gekrackte Material, Rückstände und leichte Produkte gehen aus der Kammer 6 in demselben Tempo wie der Zufluß dazu ab — durch einen Kühler 7 in den Recipienten 8 (Trap.).

Bei Anwendung von Petroleum als Rohmaterial wird dieses in Behälter B unter Druck gesetzt und fließt dann unmittelbar nach 6, wo es durch Druck und Hitze weiter zersetzt wird.

Der Kolben hatte z. B. folgende Maße: Bohrung 18" und Hub 2 Fuß. 3 Hübe per Sekunde gaben gute Resultate. Ein Öldestillat von 35—45° Bé ergab bei diesem Verfahren 10 % Gasolin mit einem Endsiedepunkt unter 150° C. —

1 445 040 L. Cabell Read, Los Angeles.
4. 4. 1917
13. 2. 1923

Verfahren zur Behandlung von Petroleum.

Ansprüche:

2. Verfahren zur chemischen Umwandlung von Kohlenwasserstoffen, dadurch gekennzeichnet, daß man eine gewisse Menge von Kohlenwasserstoffen

kontrollierten Bedingungen unterwirft, und zwar einer Temperatur von ca. 2000° F (= 1093° C) und einem Druck, geringer als der der Atmosphäre, um chemische Umwandlung zu bewirken, und daß man dann die gesamten umgewandelten Produkte gesteigertem Druck unterwirft.

14. Das hier beschriebene Verfahren zur chemischen Umwandlung von Kohlenwasserstoffen, welches umfaßt, daß man zunächst eine gewisse Menge von Kohlenwasserstoffen kontrollierten Bedingungen unterwirft, die relativ hoher Temperatur und einem den atmosphärischen im wesentlichen nicht überschreitenden Druck entsprechen, um chemische Umwandlung zu bewirken, daß man dann die Temperatur der gesamten umgewandelten Produkte verringert, aber immerhin bei einer Temperatur „über der atmosphärischen" hält, daß man den Druck steigert, während die Temperatur bis fast zur atmosphärischen sinkt und daß man schließlich auch den Druck bis zum atmosphärischen senkt. — —

Nach der Beschreibung wird auf 320—420° überhitzter Dampf gleichzeitig mit Öldämpfen durch eine doppelte Heizschlange, die in einem Heizofen von oben nach unten und wieder zurück geht, geleitet. Die hierbei erzeugten Produkte werden mittels eines Kompressors aus der Schlange gesaugt (Unterdruck) und in einen Kühler mit Austrittsventilen für die Gase und die Kondensate (Überdruck) gepreßt.

Beispielsweise wurde kalifornisches Heizöldestillat von ca. 26° Bé (= 0,900) bei einer Ofentemperatur von ca. 2000° F (= 1093° C) gespalten. Bei dieser Temperatur soll ausgeschiedener Kohlenstoff vom Sauerstoff des dissociierten Wasserdampfs zu CO_2 verbrannt werden und die Kohlenwasserstoffe durch den dabei frei gewordenen Wasserstoff hydriert werden, so daß bei richtiger Leitung dabei Abscheidung von Kohle ganz vermieden wird. — Die Zeit, in welcher sich die Dämpfe bei Ofentemperatur befinden, genügt, um sie bei auf 15" reduziertem Druck in niedrig siedende Produkte zu spalten. — Weitere Spaltung wird durch die unmittelbar anschließende Kühlung verhindert. Bei dieser Behandlung wurden 51 % des Ausgangsmaterials als Gasolin gewonnen. — Es wurden aus einem anderen Destillat so 47 % leichte Destillate bis 320° F (= 160° C) und 40 % Naphthalin und Anthracenöl erhalten!

523 146 Frz. The Canadian American Finance and Trading Company Ltd.

Verfahren zur Behandlung von Kohlenwasserstoffen.

Die Erfindung betrifft ein Verfahren zur Behandlung von Kohlenwasserstoffen, das darin besteht, daß man sie destilliert und die entweichenden Dämpfe unter einem höheren Drucke kondensiert als der, bei dem sie verdampft wurden. Im übrigen ist das Verfahren dadurch gekennzeichnet, 1. daß man die Dämpfe, die zwecks Erzeugung von gesättigten Kohlenwasserstoffen komprimiert wurden — kondensiert, 2. daß man die Dämpfe der Destillate unterschiedlichen und zwar höheren Drucken unterwirft als denen, die bei der Verdampfung auf sie wirkten und daß man die komprimierten Dämpfe derart kondensiert, daß sich dabei eine Sättigung und eine Art Fraktionierung vollzieht.

In einem Destillierapparat werden Kohlenwasserstoffdämpfe aus beliebigem Rohmaterial; aus Gasretorten, Koksöfen, Retorten für Ölschiefer aus Rohöl und Destillaten, raffinierten und unraffinierten Produkten aller Art, erzeugt. Diese Dämpfe werden mittels Kompressors einem höheren Druck unterworfen, als dem, der bei ihrer Erzeugung herrschte, die so komprimierten Dämpfe werden in einem Kondensator (Kühler) verflüssigt und gelangen in ein geeignetes Aufnahmegefäß. Die Leitung zwischen Kondensator und Aufnahmegefäß enthält ein Syphon sowie ein durch Ventil verschließbares Ableitungsrohr für nicht kondensierte Gase und ein Ventil vor dem Aufnahmegefäß zur Regelung des Druckes im Kondensator.

D.R.P. 326 323 Hall Motor Fuel Ltd. London.

Verfahren zur Umwandlung von höher siedenden Kohlenwasserstoffen in niedrig siedende.

Das Verfahren zur Umwandlung von höher siedenden Kohlenwasserstoffen in niedrig siedende besteht darin, daß man Gase und Dämpfe, welche aus der Spaltung und Vergasung von Kohlenwasserstoffölen herrühren, einem erhöhten Druck unter im wesentlichen adiabatischen Bedingungen aussetzt und zwar während die Gase und Dämpfe sich noch im erhitzten Zustande befinden, worauf man die so erhaltenen Produkte kondensiert. —

1 285 136 W. A. Hall, New York.
23. 1. 1915
Divided
2. 2. 1916
19. 11. 1918 **Apparat zur Gewinnung von Motorbrennstoff.**

Das in einem Schlangenüberhitzer vorgeheizte Öl wird in vertikale, auf etwa 540—600° C erhitzte, ca. 1½" im Durchmesser aufweisende Rohre unter Druck von 60—90 Pfd. = 4—6 Atmosphären gepumpt. Die durch ein Druckreduzierventil in 2 Dephlegmatoren entweichenden Dämpfe gelangen danach in einen Kompressor, wo sie nochmals auf etwa 7 Atm. komprimiert werden und dann zur Kühlung usw. —

Das Verfahren hat (nach Day, Handbook of Petrol. Industry) vielfach starke Beachtung gefunden. —

1 430 977 St. L. Gartlan, Toronto, Kanada.
17. 3. 1919
3. 10. 1922

Verfahren zur Behandlung von Petroleumölen.

Anspruch:

1. Ein Verfahren zur Umwandlung von Petroleumöl in Kohlenwasserstoffe von geringerem spezif. Gewicht als Kerosen oder Kerosen- (Petroleum-) Destillat, dadurch gekennzeichnet, daß man Öl nach und nach ansteigenden Wärmegraden unterwirft, in dem Maße, wie der Siedepunkt der Rückstandsöle ansteigt, daß man die abgegebenen Öldämpfe bei jeder erreichten Wärmestufe sich unter Minderdruck expandieren läßt, daß man diese Dämpfe ab-

pumpt, bevor die Temperatur auf die nächste Stufe gebracht wird, und daß man in dieser Weise fortfährt bis Kracktemperatur erreicht ist, worauf man Dampf in die Öldämpfe leitet, die bei verschiedenen Wärmestufen abgegebenen Dämpfe zu flüssigen Produkten komprimiert und alle diese Produkte in einem gemeinschaftlichen Reservoir sammelt und mischt. —

Das Verfahren und der dazugehörige Apparat sind im folgenden Patent 1 430 978 behandelt.

1 430 978 Stephan Louis Gartlan, Toronto, Kanada.
17. 3. 1919
erneuert 28. 1. 1922
pat. 3. 10. 1922

Apparat zur Behandlung von Petroleumölen.

Die Erfindung betrifft einen Apparat, durch den Petroleum in leichte Produkte verwandelt wird, dadurch, daß man das Öl allmählich steigenden Temperaturen unterwirft, die in demselben Grade, wie der Siedepunkt des jeweiligen Residuums ansteigen. Man expandiert diese Dämpfe (mittels Vakuumkompressors), entfernt die bei jeder Temperaturerhöhung abgegebenen Dämpfe, bevor die Temperatur weiter steigt und setzt diese Prozedur solange fort, bis eine Kracktemperatur erreicht ist. Hierauf gibt man (überhitzten) Dampf in die Öldämpfe, saugt die gebildeten Dämpfe ab, komprimiert und kühlt sie und fängt alle übergehenden Produkte gemeinschaftlich auf. Abb. 12, s. Anhang.

d ist ein Dampfkessel, aus dem normaler Dampf in den Mischapparat b tritt. Sobald die Temperatur auf 40° C und der Druck auf ca. 125 Pfund (= ca. 8,5 Atm.) steht, werden die Dämpfe in die Retorte a geleitet. Jetzt wird die Retorte auf 60° C erwärmt, wobei Leicht-Benzin abgegeben wird, das vom Kompressor f verflüssigt ins Reservoir j gelangt. In gleicher Weise werden bei 90° C Gasolindämpfe abgetrieben und kondensiert. Wenn Kerosindämpfe überzugehen anfangen, wird die Temperatur allmählich auf 300° C gebracht. Außer dem Anfangsdampf wird bis zur Temperatur von 300° in der Retorte der Dampfzufluß abgesperrt. Bis dahin muß noch genügend Dampf in der Masse sein, um die letzten Öldämpfe in Leicht-Benzindämpfe umzuwandeln. Sobald der Gasolin-Dampf-Austritt aus der Retorte nachläßt — also bei Temperaturen über 300° wird Dampf von gleicher Temperatur durch den Überhitzer O in die Retorte gelassen, solange, bis der Inhalt der Retorte in Naphthadämpfe verwandelt ist. Praktisch hat man auf diese Weise 75 % von dem Ausgangsmaterial (Mexiko-Rohöl) in Naphtha von 72° Bé (= ca. 0,705 spezif. Gew.) verwandelt.

F. P. 553 092 St. L. Gartlan u. A. E. Gooderham, Kanada.

Verfahren und Apparat zum Kracken von Kohlenwasserstoffen.

Die Erfindung betrifft: 1. Ein Verfahren zum Kracken von Kohlenwasserstoffen, darin bestehend, daß man flüssige Kohlenwasserstoffe verdampft und diese Dämpfe von der Verdampfungszone in eine von dieser getrennte Druckzone befördert und hier — die im Dampfzustand befindlichen Kohlenwasserstoffe sehr starkem Druck aussetzt. —

2. Eine Anwendungsform des Verfahrens nach 1, bei welchem a) die Kohlenwassertoffdämpfe in flüssigen Kohlenwasserstoff mit niedrigerem Siedepunkt überführt werden durch Anwendung von Druck mit nachfolgender plötzlicher Entspannung der Kohlenwasserstoffdämpfe — nach dem der Maximaldruck eingewirkt hat. —

b) Der Vorgang wird in getrennte, aber voneinander abhängige Phasen zerlegt, indem in der einen der Kohlenwasserstoff in Dampfform gebracht wird, während man in der zweiten Phase die Dämpfe aus dem Verdampfungsraum in den Druckraum überführt, wo sie durch hohen Druck mit nachfolgender plötzlicher Entspannung in niedriger siedende Kohlenwasserstoffe verwandelt werden. —

c) Der Wechsel von Druck und Entspannung wird nach Bedarf geregelt. Ebenso

d) die Temperatur der Dämpfe in der Druckperiode.

e) Die Dämpfe werden im Druckraum auf höhere Temperatur erhitzt.

f) Die Temperatur der Druckzone wird — nach Belieben — auf den für den Vorgang günstigsten Grad geregelt. —

g) Der Druck kann auf 100 Atmosphären und mehr gesteigert werden. —

h) Temperatur und Druck bei der Verdampfung werden unabhängig von denen der andern Phase und umgekehrt geregelt. —

i) Die Kohlenwasserstoffdämpfe werden wiederholtem plötzlichem Druckwechsel unterworfen.

j) Die Kohlenwasserstoffe werden ganz oder teilweise beim Austritt aus dem Verdampfungsraum auf eine für die Druckperiode günstige Temperatur erhitzt.

k) Die Temperatur der aus dem Verdampfer kommenden Dämpfe kann für die Druckphase vor oder während — oder auch vor und während dieser Phase geregelt werden.

l) Wasserdampf wird während der Verdampfung oder aber in die verdampften Kohlenwasserstoffe vor Einwirkung des Höchstdruckes eingeblasen.

3. Ein Apparat zum Kracken von Kohlenwasserstoffen nach 1, bestehend aus einem beliebig geeignetem Verdampfungsapparat, einem Kompressor, um die Dämpfe in den Druckraum überzuführen und zu komprimieren, und Vorrichtungen, die den komprimierten Dämpfen schnelle Expansion in eine Aufnahme-Vorlage ermöglichen. —

4. Ein Apparat nach 3., die Anwendung eines Überhitzers, um die Dämpfe ganz oder zum Teil zu überhitzen, der zwischen Kompressor und Verdampfer eingeschaltet wird und nach Bedarf mit dem Wasserdampfüberhitzer verbunden werden kann. —

5. Anwendung eines Kompressors mit „Mantel“, wodurch man die innere Temperatur nach Bedarf regulieren kann. Dieser Mantel kann mit überhitztem oder gesättigtem oder nassem Dampf nach Bedarf beheizt werden.

6. Aufstellung eines Apparates mit welchem die umgewandelten Produkte durch einen geeigneten Kühler in einen Abfüllbehälter transportiert werden.

1 445 433 Stephan Louis Gartlan, Toronto, abgetreten zur Hälfte
28. 10. 1922 an A. E. Gooderham, Toronto, Kanada.
13. 2. 1923

Apparat zur Behandlung von Kohlenwasserstoffen.

Anspruch:

(3). Der in der Patentschrift beschriebene Krackapparat zur Erzeugung von niedriger siedenden Kohlenwasserstoffen, gekennzeichnet durch Vorrichtungen zur Verdampfung der Kohlenwasserstoffmasse unter atmosphärischem Druck, Vorrichtungen, die Dämpfe stetig aus der Verdampfungszone während der Verdampfungsperiode abzuziehen und sie insgesamt unter regulierbarem Druck und Temperaturbedingungen zu komprimieren und durch Vorrichtungen, um den Druck nach der Kompression zur plötzlichen Expansion und Verflüssigung der Dämpfe aufzuheben, um ein Produkt zu bilden, das sich im spezif. Gewicht und Siedepunkten von dem verdampften Kohlenwasserstoff unterscheidet. —

Dadurch, daß man die Verdampfung bei etwa atmosphärischem Druck ausführt und die Dämpfe stetig aus der Verdampfungszone abzieht kann eine stetige Dampfentwicklung bei Temperaturen aufrecht erhalten werden, bei welchen diese Dämpfe nur eine sehr geringe molekulare Veränderung erleiden. Dadurch, daß man dann die Dämpfe auf eine geeignete Temperatur bringt, kann die Krackoperation in einem besonderen Apparat mit höchster Wirksamkeit unter regelbaren Temperatur- und Druckbedingungen ausgeführt werden — und durch das darauffolgende Nachlassen des Druckes zur plötzlichen Expansion der gepreßten Dämpfe erreicht man, daß alle entwickelten Dämpfe in das gewünschte Endprodukt zerlegt werden. —

Die Verdampfung geht in dieser Weise allmählich vor sich. Wenn die niedrig siedenden Dämpfe entwickelt und durch den Kompressor aus dem Verdampfer herausgezogen sind, wird bei etwa 200° C überhitzter Dampf eingeleitet und Wasserdampf und Öldampf vom Kompressor durch die Überhitzerschlange getrieben. Dabei wird der Druck im Hochdruckzylinder der zwischen 100 und 1500 Pfund schwankt, entsprechend geregelt. Wenn das zur Entwicklung der Dämpfe erhitzte Öl 400° C erreicht, wird das Wasser- und Öldampfgemisch nicht mehr durch den Überhitzer, sondern direkt zum Kompressor geleitet. —

Aus der Skizze zu 1, 430 987 Nr. 12 (Anhang) ist der Gang des Verfahrens ersichtlich.

197 494 }
197 495 } St. L. Gartlan und A. E. Gooderham, Toronto, Kanada.
4. 4. 1922 **Verfahren und Apparat zum Spalten von Kohlenwasserstoffen.**
17. 5. 1923 **s. U. S. A.-Patent 1 445 433.**

f. 531 089 St. L. Gartlan und A. E Gooderham.

Verfahren und Apparat zur Behandlung von Petrolölen.

Entspricht im wesentlichen den vorigen Patenten.

Ö. P. 97 925 St. L. Gartlan und A. E. Gooderham, Toronto, Kanada.
19. 2. 1921
15. 4. 1924

Verfahren und Vorrichtung zur Spaltung von Kohlenwasserstoffen.

Ansprüche:

1. Verfahren zur Spaltung von Kohlenwasserstoffen durch Kondensation ihrer Dämpfe unter Druck, dadurch gekennzeichnet, daß die ohne Zersetzung des Ausgangsmaterials durch Fraktionierung erhaltenen Dämpfe, einem im Verhältnis zur Destillationstemperatur jeweils gesteigerten Druck unterworfen werden, so daß ein im wesentlichen gleichförmiges Kondensat erhalten wird.

2. Verfahren nach 1., dadurch gekennzeichnet, daß die zur Fraktionierung erforderliche Verdampfungstemperatur solange bei jeder Stufe erhalten wird, bis im Verdampfungsgefäß ein Druckabfall eintritt.

3. Bezieht sich auf die Einrichtung: Vorwärmer, Retorte, Kompressor, Kühler, dadurch gekennzeichnet, daß der Vorwärmer durch die Einführung eines Rohres mit gekrümmten Armen, durch welche überhitzter Wasserdampf einströmt, als Mischvorrichtung ausgebildet ist.

1 371 268 W. O. Snelling, Pittsburgh, Pennsylvanien.
15. 10. 1913
15. 3. 1921

Spalten von Ölen.

Anspruch:

1. Verfahren zum Spalten von Ölen, dadurch gekennzeichnet, daß man eine Ölmenge bei Spalttemperatur in freie Berührung mit einer bestimmten Menge

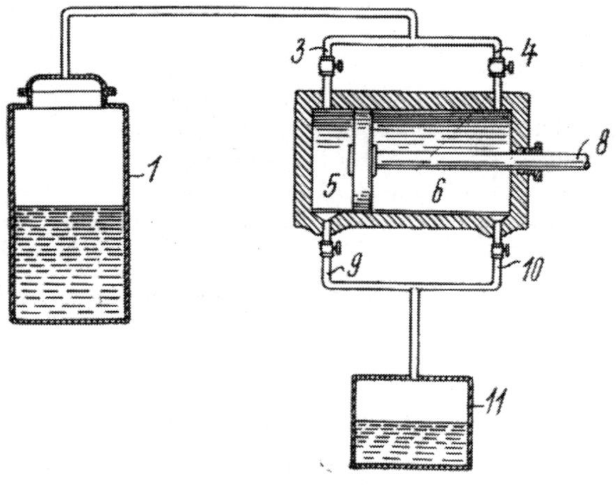

Abb. 13.

ihrer eigenen Dämpfe bringt und, daß man gleichzeitig bei Spalttemperatur von einer außerhalb liegenden Quelle aus auf diese bestimmte und eingeschlossene Dampfmenge Druck ausübt, derart, daß ihr Volumen reduziert wird und Ölanteile verflüssigt werden. Der Druck wird in einem Kolben mittels eines Stempels ausgeübt. Ein System, das aus einer flüssigen und einer Dampfphase besteht, wird hinsichtlich Druck und Temperatur im Gleichgewicht erhalten. Durch Herabdrücken eines Stempels oder durch Zuführung von neuem Öl auf den Boden der Ölmenge wird das Dampfvolumen verringert. Die schweren Öle aus dem Dampfraum werden dabei leichter vom Öl absorbiert als die leichten, an welchen sich daher der Dampfraum anreichert. Bei der darauffolgenden Wiederausdehnung sollen noch mehr abgespaltene leichte Dämpfe in den Dampfraum übergehen. Und so wird bei Aufrechterhaltung der Kracktemperatur durch wiederholte Kompressionen des Kolbens neue Abspaltung von leichten Kohlenwasserstoffen erzielt.

So wurde ein Gasöl von 0,85 spezif. Gew. mit einer Ausbeute von ⅓ seines Volumens in Gasolin von 0,70 übergeführt. — Es können vorteilhaft 15—20 alternierende Expansionen, während man das System bei Kracktemperatur hält, ausgeführt werden. —

In der Fig 13 ist der Kessel 1 die Quelle der heißen Öldämpfe, die in die Kammer 5 und 6 durch 3 und 4 treten und die während der Operation heiß gehalten werden müssen. Der Kolben 8 wird langsam hin und her bewegt, wobei die Ventile 3, 4, 9, 10 geschlossen bleiben. Nach einer Anzahl von Pressungen wird das in 5 komprimierte Öl in das Reservoir 11 abgelassen und dann in geeigneter Weise destilliert. Neuer Dampf geht nach 5 durch 3, der Dampf wird in 6 komprimiert und die Flüssigkeit abgelassen usw. —

Eine der zahlreichen Ausführungsformen ist in nebenstehender Skizze wiedergegeben.

1 337 831 V. Lee Emerson, Philadelphia.
13. 11. 1919
20. 4. 1920

Destillierapparat.

Ein Destillierapparat mit Röhrenkessel und Dom für hohe Drucke und Temperaturen. —

1 346 797 V. L. Emerson, Philadelphia.

Umwandlung von Kohlenwasserstoffölen.

Verbindung des obigen Kessels mit dem Dampf„anprall"apparat, Patent 1 484 014 (s. f. S.).

533 314 Frz. V. L. Emerson, V. St. A.

Verfahren und Apparat zur Umwandlung von Kohlenwasserstoffölen.

Die Erfindung (s. a. 531 436) betrifft dasselbe Verfahren zur Umwandlung von Ölkohlenwasserstoffen und legt ebenso wie das Verfahren 531 436 — Wert darauf, daß die Öle unter Druck und Hitze behandelt werden und daß die Zersetzung durch einen mittels geeigneter Apparatur bewirkten „Anprall" der heißen Öldämpfe bewirkt wird. Im übrigen betont die Beschreibung, daß dank der Erfindung die Gefahren der Zersetzung des im Rohöl enthaltenen Wassers in Wasserstoff und Sauerstoff und die Gefahren der Schwefel-Gase vermieden werden. s. Amerik. Pat. 1 337 831.

531 436 V. L. Emerson, V. St. A.

Verfahren und Apparate zur Umwandlung von Kohlenwasserstoffölen.

Aus der sehr umfangreichen Beschreibung geht hervor, daß die Umwandlung in einem entsprechenden Apparat unter Druck geschieht. Es wird auf das Amerik. Patent Nr. 1 337 831, vom 20. April 1920, Bezug genommen.

(Für das vorliegende Patent sind 2 Anmeldungen i. V. St. A. am 6. V. 1920 eingereicht. —)

1 484 014 Victor Lee Emerson, Philadelphia.
3. 11. 1919
19. 2. 1924

Verfahren zur Umwandlung von Kohlenwasserstoffölen und dergl.

Anspruch:

1. Ein Verfahren zum Umwandlung von Kohlenwasserstoffölen, dadurch gekennzeichnet, daß man einer gewissen Menge genügend kinetische Energie erteilt, um Spaltung durch mechanischen Stoß zu bewirken, daß man der mit Energie versehenen Masse solchen mechanischen Anstoß erteilt und die erhaltenen Produkte wiederholt diesen Bedingungen unterwirft, zugleich mit einem Teil frischen Kohlenwasserstofföls, daß man die so erzeugten Produkte der mechanischen Einwirkung in innige Berührung mit dem Kohlenwasserstofföl bringt und die gasartigen Produkte abzieht.

In Skizze 14 (Anhang) ist 1 ein Behälter, in welchen aus dem (nur mit „Still" angedeuteten) Kessel die Dämpfe durch die Rohre 24, 22, und die Düsen 21, eintreten. Diese Dämpfe, treffen scharf aufeinander, gehen durch die Rohre 11 und 12 in der Pfeilrichtung, und erhitzen so den Behälterinhalt und geben an diesen die schwerer flüchtigen Anteile ab, während die leichteren durch den Dom 26, 27, entweichen. Frisches Öl gelangt bei 4 in das System, während die Pumpe durch das Rohr 10 das Öl aus dem Behälter in den Kessel drückt. —

163 277 Brit. V. L. Emerson, Philadelphia.
8. 10. 1920
8. 2. 1922

Verfahren und Apparat zur Umwandlung von Kohlenwasserstoffölen.

Entspricht im wesentlichen dem Vorigen.

1 367 806 V. L. Emerson, Philadelphia.
8. 5. 1920
8. 2. 1921 **Apparat zur Umwandlung von Kohlenwasserstoffölen.**

1 367 807 V. L. Emerson, Philadelphia.
6. 5. 1920
8. 2. 1921 **Verfahren zur Umwandlung von Kohlenwasserstoffölen.**

Beide Verfahren s. 1 484 014.

168 573 Brit. V. L. Emerson, Philadelphia.
6. 5. 1920 U, S. A.
22. 12. 1920 England
22, 3. 1922 Complete

Verfahren und Apparat · zur Umwandlung von Kohlenwasserstoffölen.

Ansprüche:

1. Verfahren zur Umwandlung von schweren in leichte Kohlenwasserstofföle, darin bestehend, daß man die Dissociation der Kohlenwasserstoffmoleküle mittels erschütterndem Zusammenprall bewirkt. —

— oder nach 2 durch gegenseitigen Zusammenstoß von Kohlenwasserstoffstrahlen.

10. Ein Verfahren, — — — in welchem ein Teil der sofort entstehenden Kondensate der aus dem Zusammenstoß resultierenden Stoffe mit den in den Prozeß eintretenden frischen Kohlenwasserstoffmassen gemischt wird.

Das Verfahren ist eine Erweiterung von Patent 163 277 desselben Erfinders, und zwar wird die Wärmeökonomie der Vorgänge durch besondere Anordnung von Vorwärmungs- und Kühlungseinrichtungen weiter ausgebaut. Die Patentschrift führt aus, daß unter mechanischem Stoß, unter Hitze und Druck, wie aus beistehender Zeichnung ersichtlich, Absplitterung und Jonisation der abgesplitterten oder abgespaltenen Teile stattfindet. S. 1 484 014.

Abb. 15, s. Anhang.

1 414 400 V. L. Emerson, Philadelphia.
10. 5. 1920
2. 5. 1922 **Verfahren zur Umwandlung von Kohlenwasserstoffölen.**

Anspruch:

1. Verfahren zur Umwandlung von schweren in leichtere Kohlenwasserstoffe, darin bestehend, daß man eine Quantität schwerer Kohlenwasserstofföle unter Druck destilliert, fortschreitend die gasförmigen Produkte der Destillation durch Kondensation in einer Reihe von Zonen abfallender Temperatur abscheidet, einen Teil der Kondensate in Wärmeaustausch mit den frisch gebildeten gasförmigen Destillationsprodukten durch unmittelbaren Kontakt dieser mit den Kondensaten bringt, daß man ein neues Quantum Öl mit genannten Kondensaten mischt und die so entstehende Mischung zu dem Material, das der Druckdestillation unterworfen werden soll, hinzufügt und daß man schließlich diejenigen Kondensate, die man als Endprodukt wünscht, abzieht.

Das Verfahren bezweckt, daß durch Vorwärmung Wasser- und Schwefelverbindungen aus dem Rohöl entfernt werden, bevor es in den Krackkessel gelangt, sowie die Ausnutzung der Wärme der gasförmigen Produkte zur Vorwärmung des Öles, bevor es in den Krackkessel gepumpt wird. Bildung von Wasserstoff durch Reduktion zugefügten hocherhitzten Wasserdampfes ($H_2O + C = CO + H_2$) oder Einblasen von Wasserstoff selbst ist vorgesehen, zwecks Hydrierung der erhaltenen Produkte. —

1 369 787 C. Schuyler-Davis, zur Hälfte auf M. C. Ernsberger, Rochester, New York, übertragen.
30. 4. 1917
1. 3. 1921

Apparat zur Behandlung von Material in gasförmiger Phase.

Anspruch:

9. Apparat zur Behandlung von Kohlenwasserstoffen in gasförmiger Phase, gekennzeichnet durch eine Retorte, die an einem Ende mit einem Auslaß für

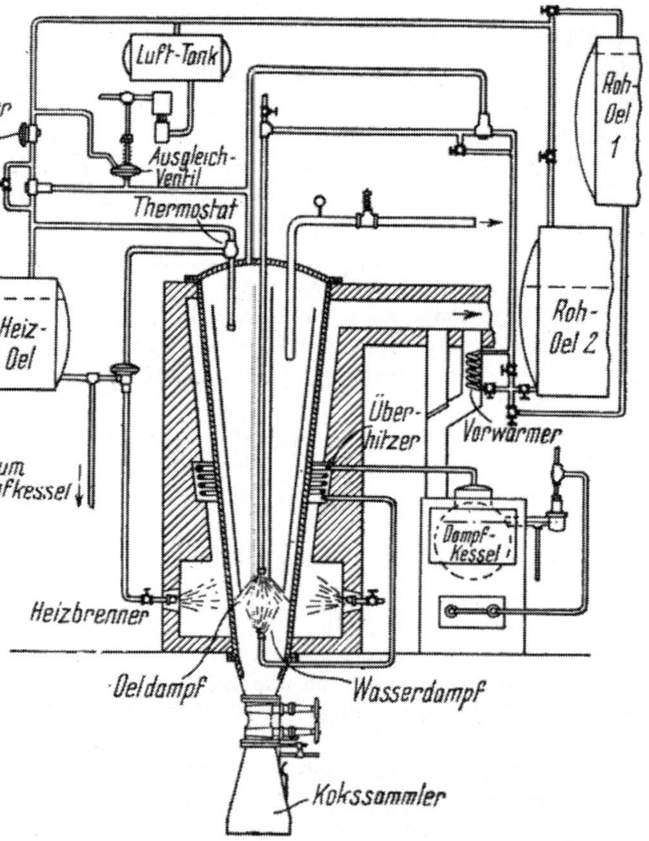

Abb. 16.

Gase und Dämpfe versehen ist, durch eine Trommel in dieser Retorte, deren äußere Oberfläche in einiger Entfernung von der inneren Wandfläche der Retorte liegt, so daß um die Trommel herum eine Kammer geschaffen wird und deren eines Ende derart angeordnet ist, daß die Kammer sich nach dem Auslaß hin öffnet, damit Gase und Dämpfe aus der Kammer durch den Auslaß abziehen, — durch Vorrichtungen am andern Ende der Retorte, um flüssigen Kohlenwasserstoff in verdünnter Form in dieses Ende der Retorte zu befördern, so daß es zum Auslaß zwischen Trommel und Retorte fließt. Vorrichtungen, die Retorte zu heizen, um eine Verdampfungstemperatur an dem Ende zu erzeugen, wo der Kohlenwasserstoff in verdünnter Form zutritt und Vorrichtungen, die Dämpfe und Gase auf ihrem Wege zum Auslaß durchzumischen. —

Das durch beistehende Zeichnung veranschaulichte Verfahren ist eine Ölspaltung in gasförmiger Phase, und der dazu bestimmte Apparat ist mit zahlreichen Vorrichtungen ausgestattet, die ein genaues Funktionieren gewährleisten sollen. Das Innere der Retorte wird durch Kratzvorrichtungen frei von Koks gehalten, das Öl, das in die Retorte gepreßt wird, unterliegt völliger Verdampfung. Durch die Anordnung der Wasserdampfdüse gegenüber der Öldampfdüse ist für weitere feinste Zerteilung und Durchwirbelung der Öldämpfe in der Reaktionszone gesorgt und durch eine weitgehende automatische Regelung von Druck, Temperatur, Dampf und Ölzulauf, ist ein gleichmäßiger Betrieb gesichert. —

1 369 788 Cornelius Schuyler-Davis, Rochester, New York, zur
30. 4. 1917 Hälfte auf M. C. Ernsberger, ebenda, übertragen.
geteilt 13. 7. 1920
erteilt 1. 3. 1921

Verfahren zur Behandlung von Material in gasförmiger Phase.

Das Verfahren ist im wesentlichen im vorhergehenden Patent beschrieben und durch die Zeichnung erläutert.

1 388 415 Charles Eckstrand u. Verwalterin Mabel Eckstrand.
21. 11. 1917
22. 8. 1921

Apparat zur Behandlung von Öl.

Anspruch:

1. Apparat zur Behandlung von Öl, gekennzeichnet durch eine Retorte, Vorrichtungen, Öl unter Druck durch die Retorte zu pressen, — eine Expansions- und Mischkammer, in welcher sich eine Hindernisplatte befindet, sowie zwei Düsen von verschiedener Weite mit Ventilen, um die Dämpfe aus der Retorte in die Kammer einzuführen, wobei die Düsen die Dämpfe gegen die Hindernisplatte ausstoßen. —

Durch diese Anordnung der Düsen werden die Dämpfe in wirbelnde Bewegung versetzt und erleiden in der Expansionskammer, die im Schornsteinfeuerzug liegt, — also bei unveränderter Temperatur, destruktive Zersetzung. Auf Einzelheiten der sehr eingehend durch Zeichnungen illustrierten Patentschrift kann hier aus Raummangel nicht eingegangen werden. —

Als Beispiel wird angegeben: Von Mexikorohöl wird ein Destillat von 28,4° Bé (= 0,890) aufgefangen, das folgende Analyse gibt:

Siedebeginn	303° F	
bis	338° F	2 %
bis	356° F	3 %
bis	400° F	7 %
bis	425° F	14 %

Dieses Destillat gibt nach vorliegendem Verfahren bei Temperaturen von 1150—1200° F (650° C) beim Auslaß der letzten Retortenröhre und bei einem

Durchschnittsdruck von ca. 80 Pfund auf den Quadratzoll in der Retorte unter einem Druck von 10—20 Pfund in Dephlegmatoren und Skrubbern ein Material von 38,5° Bé (0,835 ca.):

	Siedebeginn	93° F		(= 33° C)
	bis	160° F	7 %	
	bis	212° F	15 %	
	bis	302° F	30 %	
	bis	338° F	40 %	
	bis	356° F	45 %	
	bis	400° F	59 %	
(218° C)	bis	425° F	71 %.	

Diese 71 % haben 44,2° Bé = ca. 0,805.

1 433 519 J. H. Adams, Flatbush, übertragen auf die Texas-Company,
1. 12. 1909 Houston, Texas.
geteilt 5. 12. 1917
erteilt 24. 10. 1922

Verfahren zur Umwandlung von Ölen.

Ansprüche:

1. Ein Verfahren, hochsiedende Kohlenwasserstofföle in niedriger siedende umzuwandeln, dadurch gekennzeichnet, daß man das zu behandelnde Öl unter Druck nach und nach durch eine Anzahl von serienweise miteinander verbundenen Heizkammern treibt, in jeder Kammer die Öle unter Dampfdruck setzt und die Dämpfe aus jeder der genannten Kammern abzieht. —

Das Verfahren, die Öle in mehreren neben oder nacheinander geschalteten Kammern zu kracken, hat den Vorteil, daß die Krackeinheiten kleiner und deshalb relativ weniger gefährlich sind, daß die Krackung durch Verlängerung der Krackzeit und des Krackweges vollständiger wird. — (C. 1923 II, 367). (Petrol. 1925, 809). (Der Weg der Dämpfe ist durch Pfeile bezeichnet. Abb. 17, s. Anhang.)

Aus dem Tank A drückt die Pumpe 62 das Öl durch den Vorwärmer B in den Spaltapparat C, der hier elektrisch geheizt wird. Niedergeschlagener Koks wird entweder aus der Kammer 65 abgezogen oder mit dem Rückstandsöl durch das Ventil 17. Das gekrackte Öl verdampft in den Dom 15, aus welchem durch den Dampfabscheider 79 die leichten Dämpfe zur Kondenstation E F gelangen, während die kondensierten schweren Öle aus 79 durch 82 und 87 zur Wiederbehandlung mit frischem Öl durch die Pumpe 89 in den Tank A zurückgelangen.

1 445 281 J. H. Adams, Flatbush, New York; übertragen auf „The Texas
30. 9. 1915 Company", Houston, Texas.
13. 2. 1923

Apparat zur Umwandlung von Ölen.

Anspruch:

4. Ein Apparat, zur Umwandlung und Spaltung von hochsiedenden Kohlenwasserstoffen in niedrig siedende, — gekennzeichnet durch die Kombination: ein Ofen, eine Anzahl horizontaler Krackkammern, die,

in Reihen angeordnet, serienweise miteinander verbunden sind und durch die Wände des Ofens ragen, mit entfernbaren Verschlüssen für die Enden besagter Kammern, länglichen, beweglichen Sammelrinnen, die auf dem Boden der Kammern liegen, fein gelochte Dampfrohre, die durch die Köpfe der Kammern eintreten und sich der Länge nach über die Sammelrinnen erstrecken, Vorrichtungen für die Zuführung überhitzten Dampfes zu diesen Rohren, Vorrichtungen zur stetigen Zuführung von Öl unter Druck zu dem unteren Ende jener Kammerserie, Vorrichtungen zum Abziehen der Produkte am oberen Ende der Serien und Vorrichtungen zur Abscheidung der gespaltenen Dämpfe von den ungespaltenen Produkten, die auf diese Weise abgezogen wurden, ein Kühler für die gespaltenen Produkte in freier und offener Verbindung durch die Krackkammern hindurch und Vorrichtungen, den ganzen Apparat bis zum und durch den Kühler unter Druck zu halten.

Der Gang des Verfahrens: aus dem Öltank A durch den Vorwärmer B in den Converterofen C und den Dampfdom D ist aus Abb. 18 (siehe Anhang) ersichtlich.

1 477 860 J. H. Adams, Flatbush, New York; übertragen auf die Texas
6. 4. 1916 Company, Houston.
18. 12. 1923

Apparat zur Umwandlung und Spaltung von Öl.

Anspruch:

4. Apparat, bestehend aus einem Hauptölvorratstank, einem Apparat zum Verdampfen der Öle, Rohrverbindungen zwischen Tank und Verdampfapparat, darin eingeschaltet eine Pumpe zur Füllung des Verdampfers mit Öl, ein Vorwärmer zwischen der Pumpe und dem Verdampfer, ein Converter oder Spaltapparat, der eine Anzahl Retortenröhren in einem Heizofen für hohe Temperaturen enthält; einer Heißdampfpumpe, welche die Dämpfe aus dem Verdampfer in den Spaltapparat drückt, ein Koks- und Flüssigkeitsabscheider, der mit dem Austrittsende des Spaltapparates verbunden ist, aus einem Kondensator, der mit dem Dampfraum des Koks- und Flüssigkeitsabscheiders verbunden ist, aus Vorrichtungen, den Austritt von Flüssigkeiten und Gasen aus dem Kondensator zu kontrollieren; aus Vorrichtungen, die Dämpfe im Spaltapparat auf Umwandlungs- und Spalttemperaturen zu bringen und aus Vorrichtungen, den Dampfdruck im Konverter durch den Kondensator hindurch aufrechtzuerhalten. —

Der Apparat spaltet die Öle in der Dampfphase unter einem Druck, der durch die erzeugten Dämpfe und permanenten Gase erhöht und durch Kondensation der Dämpfe und Abziehen der Gase erniedrigt werden kann, mithin unter Benutzung dieser Umstände geregelt werden kann. —

1 461 017 J. H. Adams, Flatbush, New York, (Texas Company).
5. 12. 1917
3. 7. 1923 **Apparat zur Umwandlung von Ölen und dgl.**

Bei diesem Verfahren, das sich auch auf 1 327 263 bezieht, handelt es sich unter anderm um eine Vorrichtung zum Abschaben des Kokses von den Wänden der Spaltungsretorte, die in einem von außen durch Zahnradübertragung betätigten, auf einer durch die ganze Höhe der Krack- und Kondensationskammer gehenden Achse montierten Band mit Ansätzen besteht, welches einerseits zur intensiven Durchmischung der Krackdämpfe dient, andererseits den Ansatz von Koks verhindert. — Der abgeschabte Koks fällt in ein Sammelgefäß. — S. Abb. 19 (Anhang).

1 455 376 J. H. Adams, Flatbush, übertragen auf „The Texas Company",
29. 12. 1917 Houston, Texas.
15. 5. 1923

Verfahren zur Umwandlung von Ölen.

Anspruch:

5. Ein kontinuierliches Verfahren zur Umwandlung hochsiedender Kohlenwasserstofföle in niedriger siedende Produkte, dadurch gekennzeichnet, daß man Öl auf eine unterhalb der Verdampfung liegende Temperatur vorwärmt, daß man es kontinuierlich unter Druck in eine Kammer nach unten zerstäubt und zwar gegen einen Körper, der in dieser Kammer auf Kracktemperatur erhitzt ist, daß man stetig überhitzten Dampf in diese Kammer gegen den genannten Heizkörper sprühen läßt, daß man die erzeugten Dämpfe nunmehr aufwärts in einen weiten Dampfdom treibt, wobei unveränderte Teile abwärts in die Nähe des Heizkörpers fließen, daß man die Dämpfe aus dem Dom durch einen Kondensator treibt, der in offener Verbindung mit diesem steht, und daß man im wesentlichen denselben Druck in der Krackkammer, im Dom und im Kondensator hält. — —

Aus dem Vorratstank A fließt das Öl durch den Vorwärmer B in die Krackkammer C, in welcher heiße Öldämpfe und überhitzter Wasserdampf zerstäubt gegen die Platte 20 spritzen, die auch durch eine elektrisch geheizte Platte ersetzt werden kann. Aus dem Konverter oder der Krackkammer ziehen die Dämpfe in aus der Zeichnung ersichtlicher Weise zur Kondensation, während die unzersetzten Öle in das Reservoir H zurückgehen. — S. Abb. 20 zu 1 428 312.

Der Prozeß arbeitet kontinuierlich, da ein Aggregat von mehreren Krackkammern und Domen zur Anwendung kommt, so daß die Kammerböden im Turme vom Koks gereinigt werden können. —

Beispielsweise wurde ein Öl vom Anfangssiedepunkt von ca. 300° F (= 149° C) auf Kracktemperatur von 700—950° F (370—510° C) unter einem Druck von 50—100 Pfund (3,5—7 Atm.) auf den Quadratzoll genommen, für schwerere Öle werden Druck und Temperaturen entsprechend erhöht. —

1 455 377 desselben Erfinders betrifft eine für das vorstehende Verfahren zur Anwendung kommende Apparatur. —

1 428 311 J. H. Adams, Flatbush, übertragen auf „The Texas Company",
25. 6. 1918 Houston, Texas.
5. 9. 1922

Ölumwandlungsverfahren.

Ansprüche:

8. Verfahren, niedrig siedende aus höher siedenden Kohlenwasserstoffen herzustellen, darin bestehend, daß eine Mischung von heißem Öl und Dampf in eine Kammer gespritzt wird, wobei der Dampf derart überhitzt ist, daß er das Öl beim Zusammenmischen zersetzt, daß man die schweren Rückstände

im unteren Teile der Kammer sammelt und absondert und die entwickelten Dämpfe aus dem oberen Teile der Kammer abzieht und kondensiert. —

Nach Anspruch 7 wird in der Krackkammer durch eine elektrisch beheizte Platte die Kracktemperatur bei Bedarf gesteigert.

1 428 312 J. H. Adams, Flatbush, übertragen auf „The Texas Company, Houston, Texas.

Ölumwandlungsverfahren.

Die Abb. (Nr. 20, s. Anhang) illustriert den Apparat, der zum vorigen Verfahren gehört. Links A ein Dampf- und ein Ölkessel, deren Dämpfe in den Schlangen B unter Druck überhitzt werden, durch die Düsen 10 in die Kammer C austreten, in der die überhitzte Stahl- oder Nickelplatte 20 die Dämpfe nach dem Dome E reflektieren soll. —

1 506 877 J. H. Adams, Flatbush, übertragen auf die „Texas-Company“,
3. 3. 1919 Houston, Texas.
2. 9. 1924

Verfahren zur Umwandlung von Ölen und Flüssigkeiten.

Ansprüche:

1. Ein Verfahren zur Spaltung von Kohlenwasserstoffölen, darin bestehend, daß man örtlich einer Flüssigkeitsmenge Wärme zuführt, die sich in einer kombinierten Krack- und Verdampfkammer befindet, daß man die Dämpfe in jener Kammer örtlich auf Kracktemperatur erhitzt, daß man die Dämpfe der schweren und mittleren Produkte von den leichteren Produkten trennt, daß man die leichteren Produkte kondensiert, daß man die schweren Produkte in die Spaltkammer zurückgibt und die mittleren Produkte zur Rohstoffquelle des Systems. —

2. Ein Verfahren zum Spalten von Kohlenwasserstoffölen, darin bestehend, daß man in einer kombinierten Krack- und Verdampfungskammer eine Ölmenge unterhält, daß man einen örtlich begrenzten Anteil dieser Menge verdampft, daß man die entwickelten Dämpfe oberhalb jener Ölmenge einer Spalttemperatur aussetzt, daß man das in Behandlung befindliche Öl unter Überdruck hält und daß man die entwickelten Dämpfe abführt. —

1 506 878 J. H. Adams, Flatbush, übertragen auf „The Texas-Company“, Houston, Texas.

Apparat zur Umwandlung von Flüssigkeiten und Ölen.

Ansprüche:

7. Ein Apparat, welcher besteht aus einem Aufnahmebehälter, einem elektrischen Ölerhitzer im unteren Teil und einem elektrischen Öldampferhitzer im oberen Teil des Aufnahmebehälters und eine wärmebegrenzende Teilung, die eine Öleinlaßöffnung hat, die zwischen jenem unteren Erhitzer und der anliegenden Wand des Aufnahmebehälters liegt, zu dem Zweck, die Wärme aus dem unteren Erhitzer auf einen örtlich eng begrenzten Teil des Öles, das in der unteren Hälfte des

Behälters steht, zu übertragen, um es zu verflüchtigen und aus Vorrichtungen, den Ölzufluß in den unteren Teil des Behälters und den Abgang der Dämpfe aus dem oberen Teil desselben zu regulieren. —

10. Ein Apparat, gekennzeichnet durch eine kombinierte Krack- und Verdampfungskammer, Vorrichtungen zur Ölzufuhr in diese und zur Erhaltung einer bestimmten Oberflächenhöhe darin; durch Vorrichtungen, zur Erhitzung der Ölmenge in der Kammer zwecks ihrer Verdampfung und Vorrichtungen zur Herbeiführung einer Spalttemperatur, die örtlich auf die oberhalb der Ölmenge in jener Kammer entwickelten Dämpfe beschränkt ist, Vorrichtungen zur Erhaltung von Überdruck in der Kammer, Vorrichtungen, die schweren und mittleren Produkte von den leichteren zu trennen, Vorrichtungen, die schweren Produkte zur Flüssigkeitsmenge in der Kammer und die mittleren Produkte zur Rohstoffquelle des Systems zurückgehen zu lassen und Vorrichtungen, die leichteren Produkte von der gewünschten Flüchtigkeit zu kondensieren. —

Dieses Patent und das vorhergehende beziehen sich auf folgendes, durch die Abb. 21 und 22 (s. Anhang) erläutertes Arbeitsverfahren.

Das aus dem Behälter A, durch die Pumpe 8, in den Vorwärmer B gedrückte Rohmaterial geht in die Verdampfungskammern C (bzw. C_1 C_2 C_3) mit ihren oberen Verengungen D (D_1 D_2 D_3), welche mit starken Schaugläsern 18 versehen sind, durch welche die Farbe der Dämpfe beurteilt wird. — Bei C und D sind elektrische Heizkörper angeordnet, s. Fig. 3. In E findet die Absonderung der nicht zersetzten Produkte, die in die Verdampfungskammer C zurückgelangen, von den abgespaltenen leichten Produkten statt, die durch einen Abscheider F zum Kühler G usw. gefördert werden, wobei die in F kondensierten Anteile wieder nach A und damit wieder in den Anfang des Systems zurückgelangen.

Die elektrischen Heizkörper sind in der Patentschrift eingehend beschrieben.

Das Verfahren ist auch für Steinkohlenteerdestillate und dgl. anwendbar.

1 462 677 J. H. Adams, Flatbush, übertragen auf „The Texas-Company“, Houston, Texas.
15. 6. 1916
24. 7. 1923

Ölumwandlungsprozeß.

Ansprüche:

5. Ein Verfahren, hochsiedende in niedrigsiedende Öle in der Dampfphase umzuwandeln, dadurch gekennzeichnet, daß das Öl im Vorwärmer unter Überdruck auf seinen entsprechenden Siedepunkt erhitzt wird, wobei man das Öl in flüssigem Zustande hält, daß man das so vorgeheizte Öl in eine Kammer läßt und zwar unter einem überatmosphärischen, jedoch etwas geringeren Druck als vorher im Vorwärmer, so daß es sich in Dampfform verwandelt, und daß man die Dämpfe in der Kammer auf Kracktemperatur bringt, um sie in der Dampfphase umzulagern.

29. Ein Verfahren zur Umwandlung hochsiedender in niedriger siedende Kohlenwasserstofföle, dadurch gekennzeichnet, daß man das Öl vom Vorratstank, (nicht gezeichnet), zum einen Ende einer Anzahl vertikaler Krackretorten (C) treibt und es durch dieselben strömen läßt, so daß es beim

Durchgang gekrackt wird, daß man die Umwandlungsröhren zwischen ihren Enden einer Kracktemperatur unter Überdruck unterwirft, daß man das unveränderte flüssige Öl von den entgegengesetzten Enden der vertikalen Krackröhren abzieht und es zurückführt in den Vorratstank zur Mischung mit dem darin befindlichen Öl und damit zur wiederholten Behandlung; daß man die in den Umwandlungsrohren entwickelten Dämpfe entfernt und unterhalb der Heizzone Koks und schweren Rückstand, die sich in den Rohren gebildet haben, sammelt und am unteren Ende entfernt. —

Es wird also das Öl zunächst in flüssiger Phase im Vorwärmer erhitzt und sodann in Dampfphase bei höherer Temperatur in den senkrechten Krackrohren eine destruktive Behandlung vorgenommen. —

Zur Erläuterung sei auf Abb. 23 (s. Anhang) verwiesen.

1 462 678 desselben Erfinders betrifft eine für das vorstehende Verfahren geeignete Apparatur.

1 394 481 James T. Fenton, Salt Lake City, Utah.
1. 5. 1920
18. 10. 1921

Verfahren zum Spalten und Destillieren von Öl.

Anspruch:

2. Ein Verfahren, (wie beschrieben), zur Behandlung von Ölen, dadurch gekennzeichnet, daß man das Öl mit überhitztem Dampf unter Druck mischt, daß man das Öl in direkter Berührung mit dem Dampf unter Druck in einer Krackkammer fein zerteilt und in lebhafte Bewegung bringt; daß man die Produkte aus der ersten Kammer in eine ähnliche zweite Kammer treibt, wo es der direkten Einwirkung einer zweiten Dampfzufuhr bei höherer Temperatur und unter größerem Druck unterliegt; daß man Öl und Dampf stetig von einer Zufuhrquelle zum Kühler fließen läßt, daß man Hitze und Druck so einstellt, daß ein Teil der Ölbestandteile gespalten wird, daß man alle Bestandteile in einen Abscheider treibt und dort expandiert und die nicht gespaltenen Anteile von den anderen trennt und daß man dann die leichteren Fraktionen des Produkts kondensiert; daß Hitze und Druck zur Krackoperation nur durch den überhitzten Dampf geliefert werden. —

Aus der Abb. 24 (s. Anhang) ist der Verlauf des Verfahrens ersichtlich. Es kommt entsprechend vorgewärmtes Öl mit überhitztem Dampf erst in der Krackkammer 16, dann in der Krackkammer 21 unter höheren Druck und höherer Temperatur zur Spaltung und die Produkte gehen aus der Expansionskammer in die fraktionierte Kondensation. Statt Solaröl, Gasöl und dgl. kann auch Rohkreosot oder Rohnaphthalin — auf Benzol etc. verarbeitet werden. —

1 396 173 James T. Fenton, Salt Lake City, Utah.

Verfahren und Apparat zur Behandlung ölhaltiger, fester Stoffe, wie Schiefer und Ölsande mit überhitztem Dampf.

1 396 174 James T. Fenton, Salt Lake City, Utah.

Apparat zum Kracken und Destillieren von Öl.

Ansprüche:

1. Ein Apparat zum Kracken von Öl, bestehend aus einem Dampfüberhitzer, einem Ölreservoir, einer Krackkammer, einem Injektor, der mit dem Öl- und Dampfzulauf verbunden ist, von dem Öl und Dampf zuerst gemischt werden und dann in die Krackkammer befördert werden; einer Kammer zur Abscheidung und Ausdehnung von größerem Ausmaß als die Krackkammer, mit dieser verbunden, eine Kondensation, verbunden mit der Kammer zur Abscheidung und Ausdehnung, in welche die gekrackten Bestandteile durch den in die Krackkammer strömenden Dampf gedrückt werden und Vorrichtungen, um aus dem Separator die zurückbleibenden Bestandteile des Öles abzuziehen.

Nach 2. werden 2 Krackkammern hintereinander geschaltet. —

3. Vorrichtungen in der Krackkammer, um Öl und Dampf zu mischen.

Nach 5 können die weniger flüchtigen Bestandteile periodisch aus der Separationskammer abgezogen werden. — —

In Abb. Nr. 24, Fig. 1 (s. Anhang), wird das Öl durch Rohr 10 durch den Vorwärmer 11 in den Mischer 13 (s. Abb. 25), der als Injektor gebaut ist, geleitet

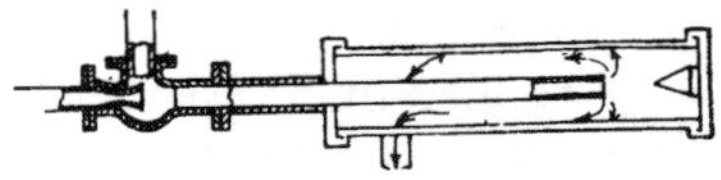

Abb. 25.

und da mit überhitztem Dampf in die erste Krackkammer befördert, in welcher das Öl sofort verdampft, mit Ausnahme seiner schwersten Bestandteile. In gleicher Weise wird das Öl- und Wasserdampfgemisch in der 2. Krackkammer mit überhitztem Dampf behandelt und die Zersetzung vollendet. Die entstandenen Gase und Dämpfe gelangen in die Trenn- und Absetzkammer 23, wo durch das Hindernis 24 die Dämpfe gemischt und die schweren Bestandteile zur Abscheidung gebracht werden. Die weitere Kondensation erfolgt, wie aus der Zeichnung ersichtlich ist, in 26 bis 33. Etwa entweichendes Aethylen etc. wird in den Absorbern 33, die mit Schwefelsäure gefüllt sind, festgehalten. 40a (Fig. 3 u. 4) ist ein geriffelter Konus, der zur besseren Mischung der Gase dient.

Das Verfahren hat nach der Patentschrift den wichtigen Vorteil, daß durch die Wirkung des Dampfes, Rohölbestandteile wie Harze etc. von den leichteren Fraktionen, (wie Gasolin), getrennt werden und daß die Gasoline nicht raffiniert zu werden brauchen. — Paraffin und Zylinderöl bleiben ungekrackt, und nur solche Bestandteile, die zur Zeit von geringerem Wert sind, werden bei diesem Verfahren gekrackt. —

Die Erfindung ist auch auf die Destillation von Roh-Kreosot, Roh-Naphthalin etc. für die Darstellung von Benzol anwendbar, ebenso auch auf Gasöl oder andere Petroldestillate. Die Temperatur in der ersten Krackretorte beträgt ca. 370° C, in der zweiten 370—540° C. Der Druck in der ersten Retorte beträgt 20—50 Pfund pro Quadratzoll, = 1,4—3,5 kg pro cm². in der zweiten 50—80 Pfund pro Quadratzoll, = 3,5—5,6 kg pro cm².

Das Öl soll höchstens auf 200° C vorgewärmt in die Krackkammer treten.

1 429 992 Carl v. Woegerer, übertragen je zur Hälfte an James R.
8. 5, 20 Clarke und William H. Clarke, New York.
16. 9. 22

Verfahren und Apparat zur Herstellung von leichten aus schweren Kohlenwasserstoffen.

Anspruch:

1. Verfahren zur Herstellung von Kohlenwasserstoffen von geringerem spezif. Gewicht aus solchen von höherem spezif. Gewicht, dadurch gekennzeichnet, daß man letztere Kohlenwasserstoffe in Gegenwart von Wasser und Kalk einem Zerstäubungsverfahren aussetzt, dann der Zerstäubungswirkung von Dampf unter Druck und bei einer Temperatur unter 500° F (260° C), daß man das Gemisch dann sich absetzen läßt unter höherem als Atmosphärendruck, um einen Teil des noch vorhandenen unveränderten Öls und Kalks abzuscheiden; und daß man schließlich die Dämpfe einer Kondensation unter höherem als Atmosphärendruck unterwirft (im wesentlichen, wie in der Patentschrift beschrieben wurde).

Der Schwerpunkt des Verfahrens liegt nach der Beschreibung in dem Zerstäubungs-Apparat, in welchem Öl und Kalklösung durch ein besonderes Düsensystem innig miteinander gemischt und fein zerteilt den Wirkungen des überhitzten Dampfes ausgesetzt werden.

Das Düsensystem mit der Mischungskammer wird durch die Abbildung No. 26 (s. Anhang) erläutert.

3 und 8 bzw. 3' und 8' sind Einlaßrohre für ein schweres Öl, z. B. Petroleum oder schwerere Fraktionen und Kalkwasser, die durch ein Düsensystem unter Druck in den kleinen Mischraum 11 gedrückt werden und aus diesen Mischräumen 11 durch die Mündung 16 in den großen Mischraum treten, wo sie mit dem aus dem Rohre 18 in die Leitungen 69 verteilten überhitzten Dampf zusammenströmen und hierbei nun einer Zersetzung unterliegen, die nach der Patentschrift nur durch ein besonderes Düsensystem von der Art des abgebildeten und in verstärktem Maße in Gegenwart von Kalk oder anderen Katalysatoren erreicht wird.

Die Dampftemperatur soll hierbei nur 220—280° F (104—138° C) betragen. — Der Druck beträgt nur 15—50 Pfund, d. h. (ca. 1—3½ Atm.). Im übrigen gehen die leichten abgespaltenen Kohlenwasserstoffe sowie die unzersetzten schweren den üblichen Weg zur Kondensation bzw. wieder in das System zurück. —

521 629 Frz. The Canadian-American Finance and Trading Company.

Verfahren zur Behandlung flüchtiger Verbindungen.

Resumé: Die Erfindung betrifft:

1. Das Verfahren zur Behandlung einer Substanz, die ein oder mehrere flüchtige Bestandteile enthält, dadurch gekennzeichnet, daß man diese Substanz innig mit einer geeigneten Flüssigkeit mischt in einem Verhältnis und

bei einer Temperatur, die geeignet ist, eine möglichst augenblickliche Verdampfung des oder der Bestandteile herbeizuführen und diese zu verdampfen.

2. Ein Verfahren nach 1, weiterhin durch einen oder mehrere der nachfolgenden Punkte gekennzeichnet:

a) Man läßt gleichzeitig die flüchtige Bestandteile enthaltende Substanz und die geeignete Flüssigkeit gemischt ausfließen.

b) Man verdampft die flüchtigen Teile der Substanz durch Druckerniedrigung, man schlägt die nichtflüchtigen Teile nieder, man läßt die flüchtigen Stoffe ausfließen und kondensiert sie.

c) Die geeignete Behandlungs„flüssigkeit" ist überhitzter Dampf.

d) Man entspannt die Mischung, verflüchtigt dabei die flüchtigen Teile und behält die nicht flüchtigen zurück.

e) Die Behandlungstemperatur gestattet die Erhitzung ohne Kracken oder merkbare chemische Umwandlung. —

Aus der Beschreibung: Das Öl (z. B. mexikanisches Petroleum v. 10,5° Bé) kommt kontinuierlich aus einem Vorratsreservoir und wird durch eine Saugpumpe in die Mischungskammer gedrückt, wo es unter einem Druck v. 7 kg p. cm^2 kommt. — Dort wird das Öl mit überhitztem Wasserdampf oder Gas (CO_2 oder SO_2) gemischt, die also einen Druck von ca. 7 kg und eine Temperatur von ca. 390° haben und möglichst schnell ihre Wärme an das Destillationsgut abgeben. —

Der Apparat besteht in dieser einerseits mit Öl (1—5), andererseits mit überhitztem Gas oder Wasserdampf (7—10) gespeisten Mischkammer (6), in der das Öl unter Druck auf hohe, aber Krackzersetzung ausschließende Temperatur gebracht wird. Aus der Mischkammer wird das Öl- und Dampf- (bzw. Gas-) Gemisch durch ein Regulierventil in die Dampfkammer (13) entspannt, wo sich infolgedessen die Verflüchtigung der leichter siedenden Bestandteile vollzieht, während die schweren Öldämpfe niedergeschlagen werden. Die flüchtigen Stoffe werden dann fraktionsweise oder im ganzen kondensiert. — Drei Gewichtsteile auf 353° C überhitzten Dampfes verdampfen bei diesem Verfahren fast augenblicklich alle flüchtigen Produkte aus einem Gewichtsteil kalten mexikanischen Petroleums von 10,5° Bé und man erhält aus diesem Petroleum mehr als 81% unzersetzten Destillates — das hauptsächlich aus Essenz (Benzinen) besteht, — während man nur 60% zersetzter, schlechter Produkte bei gewöhnlicher Destillation mit direktem Feuer erhält. — Eine lediglich schematische Zeichnung ist beigegeben (No. 27, s. Anhang).

1 378 424 Allen Rogers, Brooklyn.

Ölkrackverfahren.

Ansprüche:

1. Ein Verfahren zur Zersetzung von Öl, um Motorbrennstoff und dgl. zu gewinnen, darin bestehend, daß man dieses Öl mit der gerade richtigen Menge Dampf mischt, es damit bei 316° C (600° F) verdampft, was eine Dampfmischung ergibt, die im wesentlichen frei von Flüssigkeit ist. Diese Mischung wird allmählich von 316 auf etwa 427° C in einer dünnen ringförmigen Schicht erhitzt, die Dämpfe werden entfernt und die gebildeten Krackprodukte kondensiert.

Die Ofenkammer 1 wird durch den Brenner 2, Feuerbrücke 3 und Abgasauslaß 4 geheizt. Die 8 oder auch mehr Röhren in der Kammer erhalten entsprechende Hitze. Eine Mischung von Öl und Dampf wird bei 6 eingeleitet und tritt von T-stück zu T-stück geführt bei 16 aus. — Die Rohre gehen durch die Kesselwand und können von 7 bzw. 7' aus gereinigt werden. Im Innern der Röhre läuft ein Stab, so daß nur der ringförmige Raum zwischen Stab und Röhre für das Krackgut verbleibt. — Die bei 16 austretenden Dämpfe werden in üblicher Weise gekühlt und kondensiert. — Abb. 28 (s. Anhang).

1 387 876 W. Mc. B. Wheeler, Melbourne, übertragen zur Hälfte auf die
7. 8. 1918 Ozmo Oil and Refining Company, San Franzisko.
16. 8. 1921

Erniedrigung von Siede- und Flammpunkt von Petroleum und dgl. Kohlenwasserstoffölen.

Das Öl wird in Dampf verwandelt, der Öldampf mit Wasserdampf gemischt, die gemischten Dämpfe werden bei allmählich gesteigerter Temperatur unter Druck gebracht und dann auf gewöhnlichen Druck expandiert, nach der Expansion weiter erhitzt und schließlich die Dämpfe kondensiert.

164 529 Brit. F. A. Kormann, New York.
17. 3. 1920
16, 6. 1921

Verfahren zur Petroleumöldestillation.

In einem liegenden zylindrischen Kessel werden besonders weitporige Ziegelsteine in mehreren Schichten aufeinandergestellt, der Kessel mit überhitztem Dampf auf Destillationstemperatur und -Druck gebracht und Rohöl hinzugegeben, das sich über die Ziegelsteine in dünnen Strähnen verteilt. —

Anspruch:

1. Verfahren zur Umwandlung von hochsiedenden in niedrigsiedende Öle, dadurch gekennzeichnet, daß man das Öl in fadenartiger Zerteilung über Adsorptionsmaterial verteilt und es in dieser feinen Verteilung der Wirkung von Dampf und Hitze aussetzt. —

538 648 Frz. D. W. Hovey, V. St. A.

Verfahren, leichte Kohlenwasserstoffe aus schweren zu erhalten.

Zusammenfassung: Diese Erfindung betrifft ein Verfahren, leichte Kohlenwassertoffe, z. B. Gasolin und Kerosen, durch Destillation schwerer Öle oder Kohlenwasserstoffe zu erhalten und wird durch folgende Besonderheiten — einzeln oder zusammen charakterisiert:

1. Die Erzielung und Aufrechterhaltung eines Dampfdrucks von wenigstens 1¾ kg mittels von innen zugeführter Wärme.

2. Die Wirkung eines erhitzten porösen Körpers in der Retorte in dessen Zwischenräumen der Kohlenwasserstoff absorbiert wird.

3. Die Entfernung der auf diese Weise erzeugten Dämpfe aus dem oberen Teile der Retorte, während der Rückstand kontinuierlich oder von Zeit zu Zeit unten abgelassen wird.

Die Retorte, die lt. Beschreibung die besten Resultate bei einem Druck von 3,5—5 kg pro cm^2 gibt, ist zu ⅗ mit porösen Ziegelsteinen gefüllt, die mittels überhitztem Dampf durch Heizschlangen auf 450—500° C erhitzt werden. —

188 928 Brit. Dana Watson Hovey, Shreveport, Louisiana.
31. 10. 1921
23. 11. 1922

Gewinnung von leichten Destillaten aus schwereren Kohlenwasserstoffen.

Ansprüche:

1. Gewinnung von leichten Destillaten aus schwereren Kohlenwasserstoffen bei einem aufrechterhaltenen Dampfdruck im Kessel von 25 oder mehr Pfund auf den Quadratzoll — durch im Innern des Kessels betätigte Heizvorrichtungen mit oder ohne äußere Heizung, wobei der Kessel eine erhitzte poröse Masse enthält, in deren Zwischenräumen der Kohlenwasserstoff absorbiert wird.

2. Verfahren, nach 1 ferner gekennzeichnet, dadurch, daß man die so erzeugten Dämpfe kontinuierlich vom Dom des Kessels abzieht, während man den Rückstand kontinuierlich oder von Zeit zu Zeit vom Kesselboden entfernt.

197 372 Brit. Dana W. Hovey, Shreveport, Louisiana.
6. 2. 1922
7. 5. 1923

Gewinnung von leichten Kohlenwasserstoffdestillaten.

Ansprüche:

1. Verfahren zur Gewinnung von leichten aus schweren Kohlenwasserstoffen, dadurch gekennzeichnet, daß man die Kohlenwasserstoffe in einem Kessel mittels innerer Heizmittel, die geeignet sind, einen erheblichen Druck im Kessel zu erzeugen und zu halten, erhitzt und gleichzeitig die Kohlenwasserstoffe in lebhafte Bewegung setzt, indem man überhitzten Dampf oder ein anderes Gas bzw. Dampf in den Kessel einleitet, bei einer Temperatur, die derjenigen der Kohlenwasserstoffe mindestens gleich ist.

Ein Kessel, ähnlich dem in Patent 188 928 (s. oben) beschrieben, wird durch indirekte Heizrohre, durch welche Dampf von 800—1000° F geht, erhitzt. Der Dampf erhält seine Temperatur in geeigneten Überhitzern. —

Durch ein anderes Rohrsystem, das nahe den Heizrohren eingebaut ist und dessen Rohre perforiert sind, wird Heißdampf oder Kohlenwasserstoffdämpfe oder Wasserstoffgas eingeleitet, die entsprechend vorgewärmt sind. —

Die im Kessel unter Druck von 50—75 Pfund entwickelten Gase und Dämpfe gehen in einen Luftkondensator, an dessen Auslaß ein Ventil zur Regelung des Kesseldrucks angebracht ist.

Es wird so lange destilliert, bis 60—75 % vom Inhalt destilliert sind oder bis der Rückstand etwa 22—25° Bé schwer geworden ist. —

1 576 742 W. T. Hancock und M. Boyle, Kansas City.
8. 10. 1923
16. 3. 1926

Raffinierapparat für Öle.

Ein Krackkessel, der in Verbindung mit einem Dampfüberhitzer steht und in welchem das Öl nur mit überhitztem Dampf von anormalen Temperaturen und Drucken, 1000—2000 Pfund Druck bei 600—1000° F (= 316—540° C) gespalten werden soll. Der Dampf tritt durch eine Anzahl perforierter Rohre in das Öl.

197 576 Brit. A. J. M a h a n, Ruthland, Vermont und T. I. L y n c h, Holyoke,
26. 6. 1922 Massachusetts.
17. 5. 1923 (gehört zu 553861. S. S. 61.)

Verfahren und Apparat zum Spalten von Ölen.

A n s p r ü c h e :

1. Verfahren zur Gewinnung von gasolinähnlichen Kohlenwasserstoffen, dadurch gekennzeichnet, daß man Kerosen unter einem Druck von nur wenigen Pfunden in eine Vorwärmschlange einführt und von da bei etwa dem gleichen Druck in ein Krackrohr, daß man den verdampften Kohlenwasserstoff allein im Krackrohr auf Temperaturen von 1275—1500° F (695 bis 895° C) bringt und die entstehenden Dämpfe in einen Kühler überführt.

Als Beispiel wird ein Petroleum B umgewandelt in Motorbrennstoff C nach folgender Siedeanalyse gegeben.

	Es gingen über	10%	30	50	70	80	90	95	98
B spezif. Gew. 0,8095	T° F:	313*)	378	424	473	500	536	594	630*)
C spezif. Gew. 0,8099 →		273*)	352	399	434	458	483	525	535*)
	*) =	156° C							332° C
	=	128° C							279° C

190 751 Brit. Oh. R. B u r k e, Tulsa, Oklahoma, U. S. A. entspr. 1 389 934.
22. 8. 1921
20. 12. 1922

Verfahren zur Gewinnung von leichten aus schweren Kohlenwasserstoffen.

A n s p r ü c h e :

1. Das Verfahren zur Gewinnung von leichten aus schweren Kohlenwasserstoffen, dadurch gekennzeichnet, daß man die schweren Kohlenwasserstoffe destilliert und auf die daraus entstehenden Dämpfe einen Druck mittels eines aus diesen Dämpfen gebildeten Kondensats ausübt, welches zeitweilig nahezu 50% des in den Kessel gefüllten Materials darstellt, oder des Materials, das während der Destillation sich im Kessel befindet, und daß man die Dämpfe, welche durch das Kondensat streichen, kondensiert. —

Ein Kessel ist mit einem nahezu gleichgroßen Kessel, der über ihm angeordnet ist, durch weite Leitung verbunden. Im oberen Kessel kondensiert sich ein erheblicher Teil des Destillates und die weiteren Dämpfe gehen unter Druck dieser Flüssigkeitssäule in oder durch das Destillat im oberen Kessel zu weiterer Kondensation.

2. B. Spaltung in Dampfphase in Schlangenrohren oder dergl.

Einen Übergang zu dem jetzt zu behandelnden Dampfphasenverfahren i n S c h l a n g e n bilden die Verfahren von R i t t -

mann (1 565 602—604, 1 419 121—125, 1 462 247), der in einer vertikalen rohrförmigen Retorte krackt und z. T. auch aromatische KW (1 419 123/4) erhält.

Zu den Rittmann-Verfahren bemerkt Faber, (Petroleum 1923, 1005.): In Amerika haben mehr als 10 Gesellschaften Lizenzen erworben; der Erfinder hat auch Patente in England genommen. Die Vorversuche zur Durchführung des Verfahrens wurden vom Bureau of Mines unternommen.

Der an den Rohrwandungen sich absetzende Koks wird durch die reibende Schleuderwirkung einer an einer Stange im Rohrinnern bewegten Kette abgekratzt. Die günstigsten Betriebsbedingungen (nach Courrier des Petroles 4, 1923, Nr. 126) liegen bei 500—550° C und bei etwa 12 Atm. Überdruck. Sollen vorwiegend aromatisch-zyklische Kohlenwasserstoffe*) gewonnen werden, so arbeitet man bei 8 Atm. und 625—700° C.

Man faßte schließlich zur Benzol- und Toluolgewinnung aus Petrolrückständen und schwer verwendbaren früher nur für Heizzwecke gebrauchten Abfallölen 6 Öfen zu einer Einheit zusammen, die durch 22 Gasbrenner geheizt wurde.

Technische Nachteile: Die unzugängliche Anordnung der Röhren soll den Wiederinstandsetzungsarbeiten große Schwierigkeiten bereiten. Der Röhrendurchmesser soll zu weit sein, weshalb die Spaltung — wegen schlechter Wärmeleitung unvollständig bleibt. Die Handhabung der 700° heißen; unter 8—112 Atm. Überdruck stehenden Röhren ist natürlich sehr gefährlich, da die Festigkeit des Eisens bereits bei 500° geringer wird. — Manche Berichte sollen von einem völligen Mißerfolg des Verfahrens sprechen, wogegen andere behaupten, eine Ausbeute von 70 % Benzin aus schweren Erdölrückständen erhalten zu haben.

Infolge der widersprechenden Nachrichten ist ein abschließendes Urteil noch verfrüht.**) —

Greenstreet unterwirft ein Gemisch von Wasser- und Öldämpfen der Kirschrotglut (1 110 923).***) Ähnlich verfährt Young (1 378 307), der überhitzten Wasserdampf anwendet. Das frz. Verf. (553 861) erhitzt im Krackrohr ohne Wasserdampf auf 750—815° F (= 400—435° C), während Hoge (1 382 727 und 1 474 475 und 76) die Dämpfe in U-förmigen Rohren in einem Bleibad bei 650—1100° F (343—590° C) s. a. Bajligethy Kap. 6 C. spaltet. Auch hier spielt der „Anprall" s. Emerson etc. eine gewisse Rolle. —

Petroleum neben Gasolin stellt Frank Tinker (1393184 u. 1 535 507, engl. 195 164) durch Kracken in der Dampfphase her.

Ein außerordentlich kompliziertes Verfahren, das schon aus diesem Grunde technisch wenig aussichtsvoll erscheint, ist das von W. J. Knox (1 428 641). Es arbeitet unter Zumischung von Naturgas bei Temperaturen v. 400—800°. — L. de Florez ge-

*) Benzol und Toluol sind nur 89—93prozentig (Rest Paraffin-KW). —
**) Vergl. auch Leslie, Motor fuels. New York 1923. 341 ff.
***) Näheres über das Greenstreetverf. s. S. 60.

winnt Motorbrennstoff aus in Dampfphase gekrackten KW, die in bestimmter Weise während des Verfahrens raffiniert werden (1 437 045 brit. reissue 16 239). Auch ein Verfahren der Golf Refining Cy. (Abbott 1 547 191) sei hier erwähnt, die schweres Petroleum durch Generatorgas zerstäubt, krackt und dabei einen Motorbrennstoff neben anderen Produkten gewinnt.

Patente zum Abschnitt 2 B.

1 365 602 Walter F. Rittmann, Pittsburgh.
5. 2. 1917
2. 1. 1921

Behandlung von Kohlenwasserstoffen.

Beansprucht wird 1. Ein Apparat zum Kracken in der Dampfphase, bestehend aus einer am oberen Ende geschlossenen — röhrenförmigen Retorte, einer Vorrichtung, um den oberen Teil der Retorte auf eine über der Verdampfungstemperatur des Öles liegende Temperatur zu bringen, bestehend ferner aus einer Ölzulaufröhre, die im Innern der Retorte montiert ist und bis nahe an das obere Ende der Retorte reicht, wobei die Mündung der Röhre so hergerichtet ist, daß sie das Öl gegen die oberen Retortenwände spritzt, die auf einer über dem Kochpunkt des Öls liegenden Temperatur gehalten werden, bestehend endlich aus Vorrichtungen, um die Röhre zu speisen und Vorrichtungen, die Reaktionsprodukte aus dem Raum zwischen Röhre und Retorte zu entfernen. —

Die im Anspruch 1 geschilderten Vorrichtungen sind aus der Zeichnung (1 365 603) zu ersehen. In weiteren Ansprüchen geschützte Einrichtungen sind: die Vorrichtung, die Zuflußröhre als Welle für eine Rührvorrichtung zu gestalten, die den Koks von den Retortenwänden entfernt, sowie auch die Retorte zur Vergrößerung der Reaktionsfläche mit geeignetem Material zu füllen.

1 365 603 W. F. Rittmann u. Cl. B. Dutton, Pittsburgh, Pennsylvanien.
5. 2. 1917
11. 1. 1921

Behandlung von Kohlenwasserstoffen.

Das hier beschriebene Verfahren zur Erhitzung und Verdampfung eines flüssigen Kohlenwasserstoffs sowie zur Herstellung einer dauernd gleichförmig erhaltenen Mischung von Dämpfen sowie zum Erhitzen und Kracken dieser Dämpfe, darin bestehend, daß man aus einer gemeinsamen Quelle die zum Kracken der Dämpfe ausreichende Wärmemenge entnimmt, die genügend Kalorien haben muß, um das flüssige Rohmaterial zu erhitzen und diese Hitze einer senkrecht aufsteigenden Flüssigkeitssäule zu erteilen, durch welche die Dämpfe gekrackt werden, eine andere derartige Flüssigkeitsmenge auf Kracktemperatur vor ihrem Eintritt in die Krackzone zu bringen, die Flüssigkeit eines dritten Anteils zu verdampfen und die Flüssigkeit bis zur Verdampfungstemperatur zu erhitzen. —

Der Zweck des Verfahrens ist eine Anordnung, die nach wärme-ökonomischen Gesichtspunkten dasselbe in folgende Stufen teilt:

a) Erhitzung des flüssigen Materials zum Kochen;
b) Verdampfung desselben;
c) Erhitzung der Öldämpfe auf Kracktemperatur;
d) Zersetzung dieser hocherhitzten Öldämpfe. —

Die mittels einer geeigneten Wärmequelle erzeugte Hitze muß diese 4 Stufen in der umgekehrten Reihenfolge (Gegenstrom) durchlaufen. —

Nach der Zeichnung 29 (s. Anhang) wird in der Heizkammer 6 durch Verbrennung von Gasen die zur Krackung der in Retorte 1 einströmenden Kohlenwasserstoffe erforderliche Temperatur erzeugt, die Gase und Dämpfe verlassen die Retorte durch die Vorlage 7 an ihrem unteren Ende, wo sich feste und flüssige Produkte absetzen, während Gase und Dämpfe durch das Rohr 8 in die Kondensatoren 9 gehen, in welchen sie fraktioniert aufgefangen werden, um schließlich im Kondensator 10 auf atmosphärische Temperatur abgekühlt zu werden.

Die Verbrennungsprodukte treten aus der Kammer 6 nach 2 und durch das Rohr 4 nach dem Vorwärmer 11, in welchem die zur Retorte fließenden Rohöle bzw. Destillate auf Kracktemperatur vorgewärmt werden.

1 365 604 W a l t e r F. R i t t m a n n und C l a r e n c e B. D u t t o n, Pittsburgh, Pennsylvanien.
5. 2. 1917
Pat. 11. 1. 1921

Behandlung von Kohlenwasserstoffen.

A n s p r u c h :

Der hier beschriebene Prozeß besteht darin, hochsiedende Kohlenwasserstoffe zu verdampfen, diese Dämpfe eine gewisse Zeit lang solchem Druck und solcher Temperatur zu unterwerfen, daß sich das gewünschte niedrig siedende Endprodukt bildet, aus den gekrackten Dämpfen unerwünschte hochsiedende Kohlenwasserstoffe zu kondensieren und abzutrennen, sobald sie höher sieden als das gewünschte Endprodukt, worauf man die verbleibenden Dämpfe kondensiert und die abgetrennten hochsiedenden Kohlenwasserstoffe nochmals krackt. —

Das Wesentliche des Verfahrens besteht also darin, daß das Rohmaterial so lange im K r e i s p r o z e ß behandelt wird, bis alles in leichte Kohlenwasserstoffe oder Gase umgewandelt ist. —

Die Zersetzung verläuft bei 350° C oder höher unter einem Druck von mindestens 30 Pfund auf den Quadratzoll (= 2 Atm.). Einzelheiten in der Abb. 30 (s. Anhang).

1 419 122 W a l t e r F. R i t t m a n n und C l a r e n c e B. D u t t o n, Pittsburgh, Pennsylvanien.
5. 2. 1917
6. 2. 1922

Behandlung von Kohlenwasserstoffen.

A n s p r u c h :

1. Das Verfahren zur Umwandlung von hochsiedenden in niedriger siedende kondensierbare Kohlenwasserstoffe, dadurch gekennzeichnet, daß man die Kohlenwasserstoffe in flüssigem Zustand solchen Temperaturen und Drucken

unterwirft, daß eine wesentliche Zersetzung des Öles stattfindet, daß man dieses dann verdampft und die Dämpfe in einer vertikalen Retorte höheren Temperaturen als den beim Kracken angewandten und Druck, und zwar auf eine so lange Zeitdauer aussetzt, daß die Bildung des gewünschten niedrig siedenden kondensierbaren Endprodukts in der gewünschten Menge erfolgen kann. —

Hiernach wird also erst in flüssiger dann in gasförmiger Phase gekrackt. — Die Heizung erfolgt auf elektrischem Wege. —

Um wirtschaftlich zu arbeiten sollen wenigstens 100 Gallonen in der Stunde gekrackt werden. Vgl. dazu Abb. 31 (s. Anhang).

Weitere frühere Patente Rittmanns: 1 331 008, 1 329 852, 1 352 916, 1 352 917.

1 419 125 W. F. Rittmann, übertragen an Synthetic Hydrocarbon Company, Pittsburgh.

Verfahren zur Behandlung von Kohlenwasserstoffen.

Ansprüche:

1. Ein Verfahren zur Behandlung von Kohlenwasserstoffen, darin bestehend, daß man gewisse Anteile einer öligen Flüssigkeit an und nahe bei

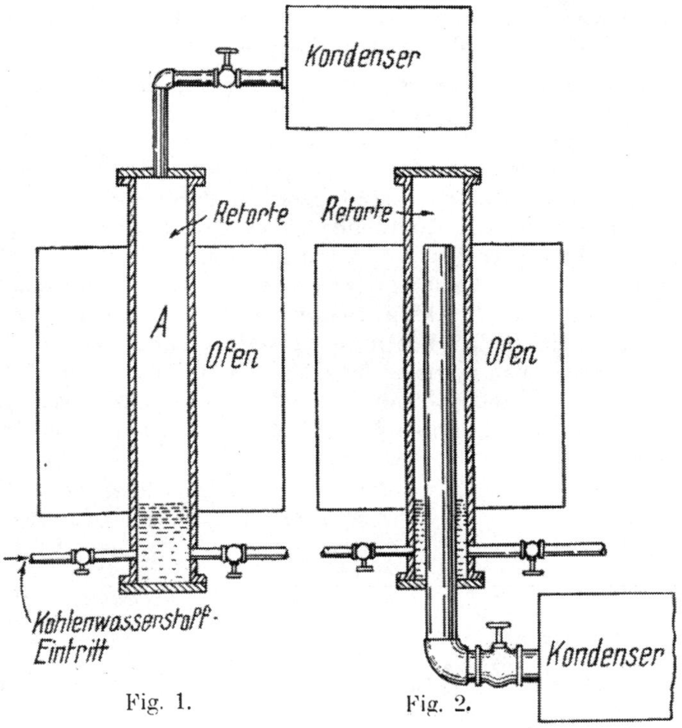

Fig. 1. Fig. 2.

Abb. 32.

der Oberfläche dieser Flüssigkeit verdampft, während andere Teile niedrigere Temperatur zeigen; daß man die Dämpfe der erhitzten Anteile auf Kracktemperatur bringt und die aus dieser Behandlung resultierenden Produkte kondensiert. —

4. Verfahren, wie beschrieben, zur Behandlung von Kohlenwasserstoffen, dadurch gekennzeichnet, daß man flüssige Öle in den unteren Teil einer vertikalen Retorte bringt, die Anteile des Öles zur Verdampfung bringt, derart aber, daß man Zirkulation des Öles infolge der Temperaturunterschiede im Öl vermeidet, daß man die Dämpfe, die aus den erhitzten Ölanteilen aufsteigen einer Kracktemperatur und Druck unterwirft und zwar solange, wie das für die Gewinnung des gewünschten Kohlenwasserstoffs-Endprodukts notwendig ist. —

A (Abb. 32) ist eine Retorte, deren oberer Teil in einen Ofen eingebaut ist. Der zu behandelnde Kohlenwasserstoff tritt unten durch ein Rohr ein und die Gase und Dämpfe verlassen entweder (Fig. 1) nach oben die Retorte und gehen zum Kondensator oder (nach Fig. 2) nach unten durch das Rohr zum Kondensator. 8—112 Atm. Druck und Temperaturen bis zu 700° kommen zur Anwendung.

1 419 123 Walter F. Rittmann, Pittsburgh, Pennsylvanien.
18. 5. 1915
erneuert 18. 12. 1917
erteilt 6. 6. 1922

Verfahren zur Herstellung von Benzol, Toluol und anderen aromatischen Kohlenwasserstoffen und dgl.

1. Das beschriebene Verfahren, darin bestehend, daß flüssiger Kohlenwasserstoff vom Petroleumtyp in eine vertikale im wesentlichen leere Retorte gebracht wird, daß man diesen Kohlenwasserstoff auf eine Verdampfungstemperatur nahe dem Punkt bringt, wo er sich wieder zu verflüssigen beginnt, daß man die Dämpfe während ihres Durchgangs durch die Retorte auf eine Temperatur nicht unter 600° C und unter einen Druck von 60 Pfund auf den Quadratzoll und höher bringt und daß man endlich die Dämpfe aus dem entgegengesetzten Ende der Kammer herausnimmt, wobei die Bedingungen von Druck, Temperatur und Durchflußgeschwindigkeit so geregelt werden, daß die Bildung von aromatischen Kohlenwasserstoffen gefördert wird. —

Die günstigsten Bedingungen für die Umwandlung von Petroleum-, Bitumen-, Schiefer-, Kohle-, Lignit- und Torfkohlenwasserstoffen und dgl. liegen bei Temperaturen zwischen 650 und 800° C und bei einem Druck von 250 Pfund auf den Quadratzoll und darüber. —

Die Apparatur ist schematisch dieselbe wie in der Skizze zu Nr. 1 419 121 (Abb. 31) dargestellt. — Die Heizung kann auch durch einen Ofen — also nichtelektrisch erfolgen. —

1 419 124 Walter F. Rittmann, Pittsburgh, Pennsylvanien.
7. 7. 1915
6. 6. 1922

Verfahren zur Behandlung von Xylol und anderen ähnlichen Kohlenwasserstoffen.

Anspruch:

5. Ein Verfahren zur Umwandlung hochsiedender aromatischer Kohlenwasserstoffe in niedriger siedende, dadurch gekennzeichnet, daß die Dämpfe

dieses Materials durch eine auf Kracktemperatur zwischen 600 und 900° erhitzte Zone streichen unter einem Druck von nicht über 200 Pfund per Quadratzoll und daß man die so behandelten Dämpfe kondensiert.

Die Apparatur wird durch die Skizze zu Nr. 1 419 122 (Abb. 31) illustriert Bei ca. 800° C und einer halben Atmosphäre Druck wurde aus Xylol 30 % Toluol mit 1 % Kohle erhalten. — Bei höherer Temperatur und gleichem Druck (½ Atm.) wird die Ausbeute an Toluol geringer zugunsten der, au Benzol. —

1 462 247 Walter F. Rittmann, Pittsburgh, Pennsylvanien.
5. 2. 1917
17. 7. 1923

Behandlung von Kohlenwasserstoffen.

Anspruch:

Das Verfahren zur Bildung niedrig siedenden Kohlenwasserstoffs aus hochsiedendem — darin bestehend, daß man den hochsiedenden Kohlenwasserstoff spaltet, daß man das gewünschte Endprodukt von den Krackprodukten trennt und daß man darauf die übrigbleibenden Kohlenwasserstoffe krackt, wobei die eine der Krackoperationen darin besteht, daß man die Kohlenwasserstoffe in einer verhältnismäßig großen Flüssigkeitsmasse der Hitze und dem Druck, die zur Erzielung des erwünschten Endprodukts notwendig sind, unterwirft und daß man dieses Endprodukt absondert, während die andere Krackoperation darin besteht, daß man das nach der Absonderung zurückbleibende Material verdampft und diese Dämpfe nun der Wirkung von Druck und Wärme und zwar so lange aussetzt, wie es zur Bildung des gewünschten Endprodukts notwendig ist.

Der vorliegende Prozeß umfaßt 2 unterschiedliche Krackstufen. In der ersten Stufe wird das Öl als Flüssigkeit in Gegenwart großer Gasmengen, die eben aus der Spaltung dieser Flüssigkeit herrühren — Temperaturen über 300° und einem Druck von 30 Pfund oder mehr ausgesetzt. Auf der zweiten Stufe wird relativ niedrig siedender Kohlenwasserstoff (aber nicht niedrig genug, um als Handels-Gasolin zu dienen), der bei der ersten Stufe zurückblieb, in rein gasförmiger Phase, in einer Retorte einer Temperatur von 400° C und einem Druck von 30 Pfund auf den Quadratzoll ausgesetzt.

1 110 923 Charles J. Greenstreet, Denver.
15. 3. 1911
15. 9. 1914

Verfahren zur Behandlung schwerer Kohlenwasserstofföle.

Öldampf wird mit Wasserdampf gemischt durch eine lange und verhältnismäßig weite Schlange, die auf Kirschrotglut erhitzt ist, gedrückt. — Die richtige Mischung von Öldampf und Wasserdampf muß aus entsprechend angebrachten Versuchsbrennern blau herausbrennen. —

Die Patente von Greenstreet liegen vor 1921: 1 110 024 und 25 (1914), 1 166 982 (1916) und 1 299 172 (1919). Der Prozeß ist (nach Leslie, Motor Fuels, New-York 1923) in mehreren großen Raffinerien in Anwendung.

Es wird so verfahren, daß das Öl in die Krack-Schlangen gepumpt und dort mit einer bestimmten Menge Dampf gemischt wird. Die Krackschlange besteht aus 20 2″igen Rohren aus gezogenem Stahl von je 19—20 Fuß Länge, eins über dem andern, die miteinander durch Gußstahlverbindungsstücke zu einer fortlaufenden Schlange von etwa 425 Fuß verbunden sind. Die Schlangen hängen an einem I-Träger, so daß sie (infolge der Ausdehnung durch die Wärme) etwas beweglich sind. — Aus der Schlange gelangt das heiße Dampfgemisch in eine „Expansionskammer“, in welcher weniger eine Expansion als vielmehr eine Minderung der Dampfgeschwindigkeit stattfindet, eine Art Reinigung und Abkühlung und demzufolge — Teerabscheidung. Diese Kammer gestattet eine bessere Regulierung der Druckverhältnisse. Die Druckreduzierventile liegen zwischen ihr und dem Kühler. Die Kapazität eines Ofens mit 6 Schlangen von 425 Fuß beträgt 1500 Barrels Gasöl pro Tag, d. h. 3,5 Gallonen pro Schlange und Minute. Die Dämpfe verlassen den Ofen mit 900—1200° F. Der Druck beträgt 75—150 Pfund und die Dampfmenge ⅛—⅕ vom Gewicht des behandelten Öls. Die Ausbeute an Gasolin beträgt je nach dem Material 25—40% vom Schweröl mit 450° F Endsiedepunkt bei einmaligem Durchgang. „Synthetisches Rohöl“*) ergibt beim Wiederkracken der schwereren Fraktionen 50—60 Vol.-% Gasolin von 52—54° Bé. —

Zwecks Reinigung der Rohre vom abgesetzten Kohlenstoff wird wöchentlich einmal Preßluft durch die Anlage geblasen.

1 378 307 W. H. Young, Los Angeles, Kalifornien.
5. 11. 1917
17. 5. 1921

Apparat zum Kracken und Raffinieren von Petroleumprodukten.

Ansprüche:

1. Verbesserungen in der in der Patentschrift dargelegten Art und zwar ein Ofen mit Heizkammer, ein paar übereinander angeordnete Heizschlangen, die in der Heizkammer liegen und unter welchen sich Brenner befinden. Vorrichtungen zur Zuführung von Petroleum und Dampf zu der oberen Schlange, eine Ablaßvorrichtung für die untere Schlange, Verbindungsrohre zwischen der oberen und unteren Schlange, wobei Schlangen und Verbindungen derart angelegt sind, daß das Öl durch die obere Schlange abwärts, bei mäßiger Hitze, läuft und dann zum untersten Teil der unteren Schlange, wo es intensiv erhitzt wird wonach es durch diese aufwärts läuft. —

Zur Erhöhung des Baumé-Gewichtes, (also zur Erniedrigung des spezif. Gew.), von frischem schweren Rohöl, wird das Öl durch das Rohr 3 und 5 (s. Abb. 32 E, Anhang) in die obere Schlange eingeführt unter gleichzeitigem Einlaß von überhitztem Dampf durch das Ventil 18, der je nach der Schwere des Öles geregelt wird, derart, daß sich während des Durchströmens durch die beiden Schlangen in der im Anspruch 1 geschilderten Weise möglichst kein Koks absetzt. Aus der unteren Schlange gehen die Öldämpfe in den Separator E, wo sich die schwersten und dunkelgefärbten Anteile kondensieren und durch 17 abgelassen werden. In den folgenden Kondensator F setzen sich die hellerfarbigen Öle von höherem Bé-Gewicht und niederer Viskosität ab. — Das Verfahren erfordert sehr geringe Wärmezufuhr. —

---

*) Gespaltenes aber nicht destilliertes Rohmaterial.

553 861 Frz. Mahan u. Lynch, Holyoke, Massachusetts.
11. 7. 1922

Verfahren und Apparat zur Gewinnung von Gasolin und ähnlichen Brennstoffen für Explosionsmotoren.

Kerosin läßt man unter einem den Atmosphärendruck um 1,5—3 kg pro cm^2 überschreitenden Druck durch Passieren einer Schlangenvorrichtung sich allmählich erhitzen und dann unter gleichem Druck in einem daran anschließenden Krackrohr, in welchem die Kohlenwasserstoffdämpfe auf 750—815° C erhitzt werden, spalten. Hierauf kommen die Spaltprodukte in den Kondensator, wo sie gekühlt werden. Serpentine und Krackrohr erhalten keinerlei Füllung.

1 382 727 D. W. Hoge, Chicago. Übertragen an Bash Oil and
25. 8. 1916 Refining Comp., Chicago.
28. 6. 1921

Verfahren und Apparat zur Behandlung von Petroleum. —

Anspruch:

1. Ein Verfahren zur Behandlung von Petroleum nach dem erstens, Petroleum, aus dem freies Gasolin entfernt ist, in einem Kessel erhitzt wird, um das Petroleum zu verdampfen, zweitens, der Dampf einem Krackapparat zugeführt wird und dabei die Kohlenwasserstoffe von höherem Siedepunkt in niedriger siedende Produkte zerlegt, drittens, der hoch erhitzte gekrackte Dampf aus dem Krackapparat in einen besonderen Behälter überführt wird, der Petroleum mit freiem Gasolin enthält, wobei der Dampf das Petroleum erhitzt und das darin enthaltene freie Gasolin entbindet, viertens, der Dampf und das freie Gasolin aus dem Behälter entfernt und kondensiert werden und fünftens der Rückstand aus dem genannten Behälter in den Destillierkessel zurückbefördert wird. —

Es wird in dem Kessel 1 (vgl. Abb. 33, Anhang) eine gewisse Menge Heizöl erhitzt, dessen Dampf unter geringem Druck in den Krackapparat gelangt, der aus einer Anzahl Röhren 9 besteht, die in einem Bad von geschmolzenem Blei liegen und dort auf 750—1250° F (400—610° C) je nach Art der Dämpfe erhitzt werden.

Die Krackdämpfe gelangen in den Behälter 13, der durch die Leitung 15 frisches Rohöl erhält. Das Gasolin aus diesem tritt zusammen mit dem aus den Krackdämpfen, sobald die Temperatur entsprechend gestiegen ist, aus 13 in die Destillations- und Kondensationsanlage. — Der gasolinfreie Rückstand von 13 wird durch die Pumpe 24 in den Kessel 1 zurückgeführt. Aus diesem überdestillierende Flüssigkeit — (schwerere Öle) — wird durch die Leitungen 6/27 in den Behälter 13 geleitet.

Der sich nach einiger Zeit im Kessel 1 ablagernde Koks muß hin und wieder entfernt werden. Abgesehen davon, ist das Verfahren kontinuierlich. —

Besonders wärmesparend wirkt nach Patentschrift die Verdampfung des Gasolins aus dem Frischöl durch die Krackdämpfe. —

1 474 475 D a n i e l W. H o g e, Chicago, übertragen auf die B a s h O i l a n d
24. 6. 1916 R e f i n i n g C o m p a n y, Chicago.
20. 11. 1923

Verfahren zur Behandlung von Petroleum.

A n s p r u c h :

1. Ein Verfahren zur Gewinnung von Gasolin, dadurch gekennzeichnet, daß man schwere Kohlenwasserstofföle verdampft und die Dämpfe langsam u n t e r n i e d r i g e m D r u c k in Berührung mit den Wandungen einer Leitung fließen läßt, die im Verhältnis zu ihrem Querschnitt eine nicht unbeträchtliche Länge hat; daß man die Dämpfe häufig und plötzlich ihre Richtung durch obige Leitung wechseln läßt, um Koksbildung zu verhindern und daß man die Wandungen genügend hoch erhitzt, um die hochsiedenden Bestandteile der Dämpfe bei ihrem Gang durch die Leitung in Berührung mit ihren erhitzten Wandungen zu spalten. —

Es werden aus sonst unbrauchbarem Material 25 % Gasolin gewonnen.

1 474 476 D a n i e l W. H o g e, Chicago, übertragen auf die B a s h O i l a n d
25. 5. 1916 R e f i n i n g C o m p a n y, Chicago. —
20. 11. 1923

Verfahren zur Behandlung von Petroleumdampf.

A n s p r u c h :

2. Ein Verfahren zur Behandlung von Petroleumdämpfen aus schwereren Fraktionen, dadurch gekennzeichnet, daß man diese Dämpfe unter einem Druck, der lediglich genügt, um sie vorwärts durch eine Reaktionszone zu treiben die von großer Länge und kleinem Durchmesser ist, durch diese Zone führt; daß man die Dämpfe dabei dauernd auf 650—1100° F (343—590° C) hält, einer Temperatur, die genügt, um hochsiedende in niedrig siedende Verbindungen zu spalten, daß man den Dampfstrom in der Heizzone gewissen mechanischen Erschütterungen aussetzt und ihn unbehindert durch die Teile der Reaktionszone fließen läßt, die zwischen den „Erschütterungspunkten" liegen.

U-förmige Rohre, die oben paarweise durch ein gemeinschaftliches Kopfstück verbunden sind, tauchen s e n k r e c h t in ein Bad aus geschmolzenem Blei. Die Dämpfe werden in diesen Rohren bei 650—1100° F gespalten. —

Die Erschütterung geschieht durch den Anprall der Dämpfe an das Kopfstück. —

195 465 (brit.) F r a n k T i n k e r, Birmingham.
7. 1. 1922
5. 4. 1923 **Herstellung von Petroleum und dgl.** (Entspr. ebenso wie D. R. P 382 431 den folgenden Verfahren.)

1 393 184 F r a n k T i n k e r, Erdington bei Birmingham, England.
18. 2. 1920
11. 10. 1921 **Petroleumerzeugung.**

A n s p r ü c h e :

1. Herstellung von Petroleum aus Kohlenwasserstoffölen, gekennzeichnet durch einen Kessel, eine Vorrichtung zum Kracken oder Überhitzen und eine Fraktionierkolonne, durch Mischung von überhitztem Dampf mit dem Hauptstrom

des Ausgangsmaterials an einer Stelle zwischen Krackvorrichtung und Fraktionierkolonne, durch Überführung der entstandenen Dämpfe in die Fraktionierkolonne und des entstandenen Öls in den Kessel, durch Entwicklung von Dämpfen in diesem Kessel und Überhitzung dieser Dämpfe im Überhitzer mit dem Hauptölstrom wie beschrieben.

Nach 2. werden die Dämpfe aus dem Kessel durch von außen geheizte konzentrische Rohre zwecks Überhitzung der Dämpfe getrieben.

S. die folgenden Verfahren. —

1 535 507 F. Tinker, Erdington, Birmingham, England.
28. 3. 1922
28. 4. 1925

Herstellung von Petroleum.

Anspruch:

1. Verfahren zur Herstellung von niedrig siedenden aus hochsiedenden Kohlenwasserstoffen, dadurch gekennzeichnet, daß man überhitzte Kohlen-

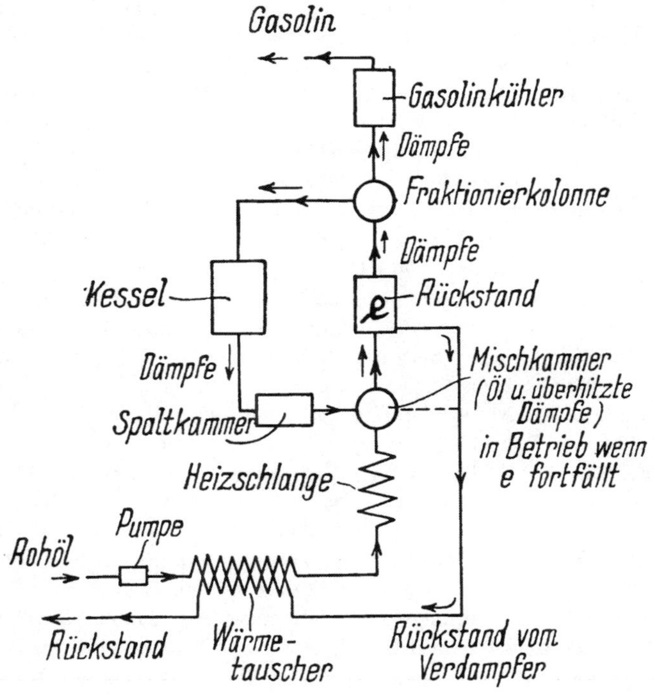

Abb. 34.

wasserstoffdämpfe mit dem Hauptzufluß von vorerhitzten rohen Kohlenwasserstoffen in einer Mischkammer mischt, daß die Mischung in verengtem Rohr zu einer erweiterten Trommel strömt, daß man wenigstens einen Teil des Kondensats aus der Trommel entnimmt und die Dämpfe in eine Fraktionierkolonne treibt, daß man das Kondensat aus dieser Kolonne in den Kessel führt, im Kessel Dämpfe erzeugt und diese Kesseldämpfe überhitzt in entsprechender Vorrichtung zur darauffolgenden Mischung mit dem Hauptzufluß von vorerhitzten rohen Kohlenwasserstoffen in einem kontinuierlichen Verfahren. —

Das Verfahren, das sich an des Erfinders Patent 1 393 184 anschließt, erreicht mittels der vor der Fraktionierkolonne eingeschalteten Trommel, daß sich die schwersten Anteile bereits vor der Fraktionierkolonne ausscheiden und nicht in den Kessel zurückkehren, sondern mit allen in ihnen enthaltenen Unreinigkeiten zum Rückstandsöl gehen. — Das übersichtliche Schema sei hier wiedergegeben. (Abb. 34.)

1 428 641 W. J. Knox, New York, übertragen auf Erskine D. Warren.
24. 3. 1919
12. 9. 1922

Verfahren und Apparat zur Behandlung und Umwandlung vornehmlich von kohlenwasserstoffartigen Verbindungen.

Anspruch:

1. Ein Verfahren zur Gewinnung von Kohlenwasserstoff-Verbindungen, dadurch gekennzeichnet, daß man, erstens — Kohlenwasserstoffdampf aus flüssigen Kohlenwasserstoffen entwickelt, zweitens, den entwickelten Dampf auf Temperaturen erhitzt, bei welchen sich die Kohlenwasserstoffe zersetzen, daß man diesen zersetzten Kohlenwasserstoffdampf benutzt — indem man ihn mit der Oberfläche von flüssigen Kohlenwasserstoffen in Berührung bringt, um drittens, die letzteren zu erhitzen und Dämpfe aus ihnen zu entwickeln, daß man das so entstehende Dampfgemisch dazu benutzt, weiteren Dampf — wie unter „erstens" geschildert, zu entwickeln und den so entstandenen gemischten Dampf darauf der Kondensation zu unterwerfen. — —

Das Verfahren wird durch Abb. 35 (s. Anhang) veranschaulicht. Rechts tritt das flüssige Kohlenwasserstoffmaterial in die Absorptionskammer 1, wo es über Verteilungskörper heruntertropft und dabei durch die heißen Gase, die bei 67 eintreten, von leichtflüchtigen Bestandteilen befreit wird. — Der Rückstand fließt durch das Ventil 6 in das Reservoir 7 und wird durch die Pumpe 13 in den Drucktank 15 gepreßt. Aus diesem gelangt das erwärmte Öl durch das Rohr 16 (unter Umgehung des Kühlers 47) in den Wärmeaustauschzylinder 19, der am unteren Ende mit einem gleichen Apparat 21 verbunden ist. Der obere Teil von 21 ist durch 22 mit Krackretorte 23 verbunden, in welcher die Flüssigkeit den vorher im Überhitzer 25 erhitzten bzw. entwickelten heißen Gasen und Dämpfen begegnet, die den Apparat in umgekehrter Richtung durchlaufen. Durch 26 und das Ventil 27 werden dem Überhitzer (25) über 28, 29, 30 — Gase, z. B. Naturgas, Grubenkopfgas unter Druck zugeführt, so daß das Material in 23 gekrackt wird und die Krackdämpfe und Gase durch 36 in den Verdampfer und Wärmeaustauscher 21 gelangen. Das hierbei entstandene Kondensat geht durch 53 in den Tank 52. Der andere Wärmeaustauscher (19) wirkt in gleicher Weise. Von ihm ziehen Gase und Dämpfe in den Kondensator (Kühler) 47, in welchem Wasser aus der Düse 49 über Verteilungskörper rieselt, die Kondensate gehen ebenfalls nach 52, von wo sie durch die Pumpe 55 wieder in den Kreislauf zu nochmaliger Krackung gedrückt werden. — Die Dämpfe werden in 59 weiter gekühlt und kommen zur Kondensation im Reservoir 62. Die Gase gehen dann weiter durch 67 wie eingangs beschrieben und gegebenenfalls durch 73 in den Kreislauf zurück. — Das Ventil 67 regelt den Druck im System, der auf ca. 250 Pfund auf den Quadratzoll gehalten wird.

Weitere Einzelheiten — z. B. ein selbsttätiger Niveauregler usw. müssen in der 14 Seiten langen Patentschrift (44 Ansprüche) nachgelesen werden. —

Hierzu bemerkt Petr. Times v. 10. 3. 23, nach Petrol. 1923, 809:

Der Burtonprozeß verlangt als Ausgangsmaterial ein Gasöl, welches — selbst in Ausbeuten von 10—15% aus Rohöl erhältlich etwa 35% Benzin gibt. Das Knoxverfahren, welches in einer Versuchsanlage in Bolivar N. Y. durchgeprobt wurde, gestattet die Verwendung von Heizöl und liefert 60% Benzin. Krackgase werden in einem Chamottewindüberhitzer, wie er in der Hochofenindustrie üblich ist, erwärmt und unter Druck gebracht und gelangen in 2 serienweise geschaltete Krackzylinder, die durch Chamottemauern geschützt und Chamotteringspiralen enthalten, wodurch eine große Oberfläche geschaffen wird. — Die Gase werden nach Befreiung vom erzeugten Benzin immer wieder in den Prozeß zurückgeführt. Es genügt ein Druck von 50—150 Pfund und eine Temperatur von 800—1500° F (427—815° C)! —

Reissue 16239 L. de Florez, Pomfret, Konnektikut, übertragen auf
angemeldet 4. 12. 1917 „The Texas-Company".
erneuert 29. 6. 1922 Wiederaufnahme
Original Nr. 1437045 beantragt 10. 10. 1924
25. 11. 1922 erteilt 29. 12. 1925

Verfahren zur Herstellung von Motor-Brennstoff.

Ansprüche:

3. Verfahren zur Herstellung von Motorbrennstoff, darin bestehend, daß man einen gekrackten flüssigen Kohlenwasserstoff, der keine erheblichen Mengen über 200° C siedender Bestandteile enthält und ein gekracktes Kohlenwasserstoffgas (und zwar enthalten Flüssigkeit und Gas beträchtliche Mengen von ungesättigten Kohlenwasserstoffen) bei gewöhnlicher Temperatur und einem Überdruck von 5—7 Atmosphären in Abwesenheit eines Katalysators zusammenbringt und die Mischung nachher kühlt.

Nach 4. wird der flüssige Kohlenwasserstoff vor dem Zusammenbringen mit dem gasförmigen raffiniert. —

Mit solchen olefinhaltigen Kraftstoffen wird das „Klopfen" vermieden. —

1437045 Luis de Florez, Short Hills, New Jersey, übertragen an
4. 12. 1917 Motor Petrol Company, New York.
28. 11. 1922

Verfahren zur Gewinnung von Motor-Brennstoff.

Anspruch:

1. Ein Verfahren zur Herstellung von Motorbrennstoff, dadurch gekennzeichnet, daß (a) strömendes Kohlenwasserstoffmaterial, das Anteile enthält, die sich wegen mangelnder Flüchtigkeit nicht zur Herstellung von Motorbrennstoff eignen, unter einem Druck von einigen Atmosphären und bei erhöhter Temperatur gekrackt wird, daß man (b) aus den Gasen und Dämpfen, im wesentlichen die über 200° siedenden Fraktionen entfernt und zwar bei einem

Druck der unterhalb des Krackdrucks liegt, wobei man den bei dieser Temperatur flüchtigen Anteil noch in Dampfform beläßt, daß man (c) die so übrig bleibende Mischung von Gasen und Dämpfen auf die atmosphärische Temperatur abkühlt und so den größeren Teil der Dämpfe als leichte Flüssigkeit kondensiert (d), daß man die hier zurückbleibenden Gase auf einen 10 Atm. nicht überschreitenden Druck komprimiert und (e), daß man sie unter nahezu diesem Druck in der genannten leichten Flüssigkeit absorbiert. — Nach weiteren Ansprüchen wird die leichte Flüssigkeit vorher raffiniert.

Das vorliegende Verfahren, das auf frühere Patente von William A. Hall Nr. 1 175 910, 1 242 795 und 1 242 796 zurückgreift, umfaßt im wesentlichen den Vorgang einer Kondensation der Krackgase und Dämpfe unter hohem Druck und Absorption des Kondensats in den leichten bis 200° siedenden Anteilen unter nahezu gleichem Druck. —

Dadurch, daß die „leichte Flüssigkeit“ vor der Mischung raffiniert wird — werden die kondensierten Olefine aus den komprimierten Gasen vor der Absorption in Schwefelsäure bewahrt, die Ausbeute also verbessert. —

Die Anwendung von Katalysatoren unmittelbar nach dem die Dämpfe die heißen Rohre des Krackapparates verlassen haben, ist weiterhin günstig für das Verfahren. —

1 547 191 L. S. Abbott, River Edge, übertragen auf Gulf Refining
20. 9. 1920 Company, Pittsburgh.
28. 7. 1925

Verfahren zur Verbesserung von Öl.

Anspruch:

2. Verfahren zur Verbesserung niedriggrädiger Petroleumöle durch Kracken, dadurch gekennzeichnet, daß man derartiges Öl in einen heißen Strom von Generatorgas zerstäubt, bei einer Temperatur, die genügt, Öl und Gas auf eine Kracktemperatur zu bringen, die zur Herstellung von Gasolin geeignet ist, daß man die Mischung kühlt, alle gebildeten Kondensate entfernt und die zurückbleibenden Gase und Dämpfe mit hochsiedendem Öl wäscht. —

Durch die Kombination von heißen Generatorgasen mit den Dämpfen eines reduzierten mexikanischen Rohöls von 15° Bé (= 0,961) wurden z. B. folgende Resultate erzielt:

15 % gutgrädiger Asphalt, der 15,8 % festen Kohlenstoff enthielt und der vollständig in Schwefelkohlenstoff löslich war. Spezif. Gew. 1,1041. Temperatur in der Reaktionszone 1100° F (591° C). 35% Kondensat 1 von 22,7° Bé (0,920), das bei der Redestillation gutes Schmieröl ergab. 47 % Kondensat 2 wurden mit Hilfe des Scrubbers erhalten, die 16,5% Motorbrennstoff ergaben.

3. Abschnitt.

Kracken in flüssiger Phase.

Die weitaus größte Zahl von Spaltverfahren arbeitet nach dem Prinzip der Zersetzung in flüssiger Phase. — Es hat sich mehr und mehr gezeigt, daß die Zersetzung der heißen Öle als solche ein schonenderes Vorgehen gestattet, daß der sich dabei ausscheidende Koks in feinerer Verteilung im Öle suspendiert bleibt und nicht wie bei der Dampfphase an den überhitzten Metallteilen festbackt. — Er ist demnach also auch aus den Gefäßen, seien es nun Kessel, Rohrschlangen, Reaktionskammern, Dephlegmatoren leichter zu entfernen. Als weitere Vorteile der flüssigen Phase nennt Day (Handbook of Petroleumindustry) die allmähliche Erhitzung, da die Wärmeleitung in Flüssigkeiten gleichmäßiger als im Dampf ist. — Daher ist auch bei Flüssigkeiten die Überhitzungsgefahr geringer.

Man kann nun bei den zahlreichen Verfahren solche, die im Kessel verlaufen, und solche, die sich in Rohrschlangen, Reaktionskammern, Expansionskammern, Dephlegmatoren usw. abspielen, unterscheiden.

Bei Verwendung von Rohren treten alle Vorteile und einige Nachteile der flüssigen Phase in Erscheinung: Kontinuierliche Zuführung des Materials, kontinuierliche Entfernung von Koks. — Wasser erzeugt in den Rohren kein „Schwarzlaufen" (im Gegensatz zum Kessel). Man kann alle Arten Öl unter jedem Druck behandeln und — ein sehr wesentlicher Umstand — bei geringerer Feuersgefahr (weil in der Rohrschlange gleichzeitig nur verhältnismäßig geringe Mengen der Verarbeitung unterworfen sind).

Wir befolgen die oben gegebene Einteilung und bringen zunächst die Verfahren im Kessel (**A**), unter denen sich eine Reihe der bekanntesten Prozesse befinden, (Burton, Clark, Coast) und dann die Verfahren in der Schlange (**B**), die neuerdings in immer stärkerem Maße erscheinen (vor allem der Dubbsprozeß).

A. Verfahren zum Spalten in Kesseln.

Als Erste haben James Dewar und Boverton Redwood in einem langgestreckten horizontalen Kessel unter Druck von Luft oder einem andern Gas Petroleum destilliert und kondensiert. (S. Zeichnung z. D. R. P. 53 552 vom 31. 8. 1889.) — Eines der ersten zu größerer Anwendung insbesondere bei der Standard Oil Co. gelangten Verfahren war der Palmer-Prozeß (1.187 380), dessen Besonderheit darin besteht, den Vorgang des Krackens von dem der Destillation zu trennen. — Vom Jahre 1912 datiert der bisher wohl am meisten ausgeübte Burtonprozeß, der in seiner ersten Form (1 049 667, D. R. P. 358 299) unter dem Druck der entwickelten Dämpfe (4 Atm.) die flüssigen Bestandteile von Gas- und Heizölen in Produkte derselben (Paraffin-) Reihe mit niedrigerem Siedepunkt überführt und der von der Standard Oil Co. of Whiting ausgeführt wurde. Besondere Ausführungsarten dieses Prozesses sind von H. P. Chamberlain (Engl. 164 358, Frz. 521 655, 1 400 419) angegeben worden, nach welchem die Destillation im wesentlichen so geregelt wird, daß 2 % Destillat pro Stunde übergehen — bzw., daß ein Druck von 5¼ Atm. während der ganzen Operation herrscht. — E. M. Clark ergänzte das Burton-Verfahren durch die Röhrenkessel. In den „Siederohren" findet schnellere Zirkulation statt, wodurch der Koks am Absetzen gehindert wird (1 388 514, 1 405 286, 1 578 802, 1 566 828). Lewis und Cooke (1 392 584) verbessern den Burtonprozeß durch einen geeigneten Dephlegmator. Humphreys, Rogers und Paulus gründen ihr Verfahren (1 553 861) auf genaue Verfolgung der Spaltungsvorgänge bei bestimmten Temperaturen. Nach D. R. P. 380 332 wird das in einer Rohrschlange vorgeheizte Öl durch eine Pumpe in schnelle Bewegung gebracht, um den Kohlenstoff in der Schwebe zu erhalten. D. R. P. 391 234 regelt Druck, Temperatur und Kesselheizung automatisch (165 197 Engl. entspricht vorstehendem Verfahren)*) 385 763. Unter ähnlichen Bedingungen arbeitet Dr. P. Schwarz (D. R. P. 319 049), der aber den Krackvorgang räumlich und zeitlich vom Destillationsvorgang trennt, Zeller und Gmelin (D. R. P. 303 235) kracken in 2 Stufen, erst unter 1 Atm. zur Entfernung der am leichtesten zur Koksbildung neigen-

*) Day (Handbook of Petroleum Industry) sagt vom Burtonprozeß: Das ist der einzige Krackprozeß, der einen deutlichen Effekt auf die Gewinnung von Gasolin hatte. Nach Boyd (Ind. Eng. Chem. 1924, 1004) wurden täglich in Amerika im Jahre 1924 bereits 710 500 Barrels nach Burton erzeugt.

den Bestandteile, dann kontinuierlich unter hohem Druck. Die Gasoline Products Cy. (e. 232 283, f. 575 720) krackt getrennte Anteile von Heizöl, die einen bei 300, die anderen bei 100 Pfd. Druck, vereinigt die leichten Produkte und läßt die schwereren in den Prozeß zurückgehen. Lincoln Clark hat eine Anordnung zur Erhitzung dünner Ölfilme getroffen. (1 418 621.) Diesem ähnlich ist das Verfahren von Yates (1 395 075).

Cosden und Coast (1 258 196, 1 261 215) vollenden den Krackprozeß, der im Kessel begonnen wurde, mit in die Dämpfe und drei besondere Wärmetauschkammern geleitetem Naturgas. Coast (1 388 629) erhitzt in Schlangen niedrig siedende Öle, die er in hochsiedende Öle im Kessel treibt. Dadurch wird der Koksabsatz verringert. In weiterer Entwicklung filtriert er das Öl durch ein Asbestsieb im Kessel, in das es mit einer Pumpe gedrückt wird. (1 370 881). — In 1 572 937 und 1 379 335 gibt er weitere maschinelle Verbesserungen zur Koksentfernung an, 1 374 357 bringt eine Anordnung zur Verlängerung des Weges der Dämpfe. Nach den Coastverfahren arbeitet die „Prozeß Company of Tulsa" s. a. 1 400 800. Ähnlich dem vorerwähnten Clarkprozeß läßt auch Pyzel (1 506 444) gekracktes Öl in Form einer dünnen Schaumschicht unter Abstellung des Druckes expandieren und destillieren.

Mittels Einleiten heißer Öle oder Öldämpfe in hocherhitztes Öl arbeiten mehrere Verfahren. Fleming (1 324 766) läßt kontinuierlich leichte Destillate in hocherhitzte Rückstandsöle eintreten. — Auf Flemings Raffinationsverfahren (1 225 688) wird im Kapitel Raffination (11) eingegangen. — Die Gulf Refining Company läßt Krackgase in verschieden konstruierten Apparaten heißes Öl passieren (Engl. 174 085 — 174 088 und greift (174 086) auf den Clarkschen Wasserrohrkessel zurück, wobei sie die Zirkulation noch durch eingeblasene Gase verstärkt. — Manley läßt das kondensierte schwere bzw. Gasöl immer wieder in den Krackkessel, der unter bis 300 Pfund Druck steht, zurücklaufen. (1 428 338 u. 339). Ähnlich auch R. D. George (1 420 832) bei 86 Pfd. — Mit Druckentspannung des gekrackten Öles bewirken eine Fraktionierung Pyzel, der bereits oben erwähnt wurde, The Motor Fuel Corporation (Engl. 235 564, frz. 600 168). Lewis, der eine kontinuierliche Anlage konstruiert hat, (Atlantic Refining Company 1 364 443) und W. F. Muehl 1 485 565. Im Kessel mit besonderer Koksabscheidung und wärmetauschenden Dephlegmatoren spaltet Setzler (National Refining

Cy. 1 449 452). Kontinuierlich durch Anwendung zweier abwechselnd betriebener Kessel, die vorkracken, während in weiterer Stufe die Spaltung im Autoklaven darauf beendigt wird, verfährt Münder (1 431 246). Das Verfahren von Jenkins (1 440 996) arbeitet kontinuierlich bei 9 Atm. Druck, ebenso W. E. und H. W. Wilson (1 546 055), die Kessel mit besonderen Heizschlangen anwenden, und Isom (1 553 168), der das zirkulierende Öl in einem Heizapparat auf Kracktemperatur bringt — nach dem Prinzip durch Erhitzen außerhalb des Krackkessels Feuersgefahr, Kohlenstoffabsatz etc. zu verringern (Sinclair Refining Company). Auch der kontinuierliche Apparat von Bensiman (1 429 622) sei hier genannt. —

Als Übergang zu den Verfahren in Schlangen sei das Verfahren von Bryant (1 403 145) erwähnt, der erst im Kessel auf Kracktemperatur in Gegenwart von Dampf unter Rührung (zwecks Verhinderung von Koksabscheidung) erhitzt und dann in Rohren spaltet. Den umgekehrten Weg gehen Reilly und Mc. Lain, die erst in einer Rohrschlange unter dem Kessel und dann im Kessel unter geringem Überdruck spalten (1 501 371).

Ein Verfahren von Dubbs (Universal-Oil Cy.) krackt in 4 Kesseln in kontinuierlichem Betrieb. (1 582 585). Egloff und Benner von derselben U. O. Cy. kracken emulgierte Öle in einer Art Flammrohrkessel (1 550 892). Die Emulsion zerstört er nach 1 535 654. Muehl (1 444 128) bedient sich eines Digestors, in dem das vorher unter Hochdruck erhitzte Öl ohne weitere Wärmezufuhr ausreagiert und Koks abscheidet — ähnlich wie beim Dubbs röhrenverfahren —. Die Erhitzung geschieht aber bei Muehl im Kessel. — Ein weiteres Verfahren desselben Erfinders bezieht sich auf die Absorption krackender Kohlenwasserstoffe durch dünne Lagen (Filme) gemischter Kohlenwasserstoffe im Gegenstrom (1 484 958). Auch die V. L. Oil Prozesses Ltd. heizen auf Kracktemperatur in Röhrenkesseln und leiten die Dämpfe in eine Umwandlungskammer (e. 248 115, f. 599 311, 572 104). Evans (1 366 643) krackt in einem kegelförmigen Kessel mit elektrischem Strom in eigenartiger Anordnung. —

Patente zum Abschnitt 3 A. Druckspaltung in Kesseln.

D. R. P. 53 552 James Dewar und Boverton Redwood.
ab 31. 8. 1889

Verfahren zum Destillieren von Mineralöl u. dgl.

Es wird unter hohem Druck, z. B. von Luft oder einem anderen Gas, destilliert und kondensiert. — S. Abb. 36, Anhang.

1 187 380 Charles S. Palmer, Upper Montclair, New Jersey.
2. 3. 1907
13. 6. 1916

Verfahren zur Behandlung von Petroleumrückständen.

Schwere Rückstände vom Siedepunkt über 300° werden in einem Digestor, der mit einem durch überhitzten Dampf geheizten Mantel umgeben ist, auf einen mit der Länge der Wirkungsdauer sich steigernden Druck erhitzt. Die dabei gewonnenen flüchtigen Produkte gehen in einen besonderen Kessel und werden redestilliert. — Es wurde festgestellt, daß nicht besonders hohe Temperatur, sondern eher eine relativ niedrige Temperatur und hoher Druck, über 5 Atmosphären, die günstigste Ausbeute an leicht flüchtigen Zersetzungsprodukten liefert. —

D. R. P. 358 299 Standard Oil Company, Whiting V. St. A. (entspricht
29. 7. 1911 U. S. A. P. 1 049 667, Burton 7. 1. 1913).

Verfahren zum Behandeln der bei der Petroldestillation sich ergebenden flüssigen Bestandteile der Paraffinreihe, deren Siedepunkt über 260° liegt.

Anspruch:

Verfahren zum Behandeln der bei der Petroldestillation sich ergebenden flüssigen Bestandteile der Paraffinreihe, deren Siedepunkt über 260° liegt, dadurch gekennzeichnet, daß die Flüssigkeit bei einer Temperatur von 340—450° C destilliert wird und die sich ergebenden Dämpfe zur Kondensation gebracht werden in der Weise, daß diese Dämpfe auf die Flüssigkeit, aus welcher sie entwickelt werden und während ihrer Kondensation auf das Destillat einen Druck von ungefähr 4—5 Atm. ausüben, wodurch die flüssigen Bestandteile in einen niedrigen Siedepunkt besitzende Produkte derselben Reihe übergeführt werden. —

Durch den Druck werden die Siedepunkte der Destillate von 260—315° C auf 340—450° C erhöht. — Die Arbeitsweise kann fortgesetzt werden bis der Boden des Destillierapparates infolge des sich niederschlagenden Kokses rotglühend wird. S. Abb. 37, Anhang. (Das Ventil 11 reguliert den Druck im System.)

Brit. 164 358 Standard Oil Company, New York und Horace Peleg
20. 10. 1913 Chamberlain, Buffalo City.
5. 7. 1920
7. 11. 1921

Verfahren zur Druckdestillation von Petroleum und anderen Kohlenwasserstoffölen.

Anspruch:

1. Verfahren zur Destillation von Petroleum oder ähnlichen Kohlenwasserstoffölen unter Druck, dadurch gekennzeichnet, daß man sie in geeigneter Form Zersetzungstemperaturen unter Überdruck von 30—75 Pfund aussetzt — und gegebenenfalls auch darüber, daß man die entstandenen Dämpfe auf Tempera-

turen herunterkühlt, die 75—350° F unter der gleichzeitigen Öldestillationstemperatur liegen, so daß Dämpfe übrigbleiben, die einen beträchtlichen Gehalt an über 518° F siedenden Kohlenwasserstoffen aufweisen, sonst aber hauptsächlich aus niedriger siedenden Kohlenwasserstoffen bestehen, — daß man das so gebildete Kondensat in das destillierende Öl zurückfließen läßt, daß man die zurückbleibenden Dämpfe in Kühler leitet, wo sie bis zur Bildung eines Kondensates gekühlt werden, das als Destillat abgezogen wird und daß man die Dämpfe auf ihrem Wege zum Kühler durch eine dauernd geöffnete Drosselungsvorrichtung schickt, deren Weite so bemessen ist, daß die Destillat in einer Menge von nicht mehr als 2 % pro Stunde vom Ursprungs-Volumen der Kesselbeschickung aufgefangen wird, oder (wenn es in etwas höherer Menge aufgefangen wird) innerhalb 0,024 Einheiten, um welche sich das spezifische Gewicht aufeinanderfolgender Proben bei jener Rate von 2% pro Stunde erhöhen würde. —

Petroleumdestillate, schweres Paraffindestillat, Rohöl, Rückstandsöle, Gasöl, Heizöl etc. werden unter 30—75 und mehr Pfund pro Quadratzoll (= 2—6 und mehr Atm.) destilliert und zwar wird zwischen Kesseldom und Kühler ein besonderes Drosselventil eingeschaltet oder auch hinter dem Kühler angebracht, vermittels dessen die Destillation so geregelt wird, daß nur 2 % Destillat in der Stunde übergehen. (Siehe auch 1 400 419 f. S.). Das Verfahren liefert Naphtha und Leuchtöl. Der Asphaltrückstand wird oxydiert und als Pflasterasphalt oder für Dachpappe verwendet, oder in Naphtha gelöst als Lack. —

Frz. 521 655 Standard Oil Company of New York.

Verbessertes Verfahren zur Gewinnung von Petroleumderivaten durch Zersetzung seiner Kohlenwasserstoffbestandteile.

Resumé: Die Erfindung betrifft 1. ein Verfahren, nach dem die zwischen dem Kerosin und den Schmiermitteln mittleren Grades übergehenden Kohlenwasserstoffe zersetzt werden, wobei sich diese Kohlenwasserstoffe in natürlicher oder künstlicher Mischung mit viskoseren Kohlenwasserstoffen und Paraffin oder einem von beiden befinden. Das Verfahren besteht darin, daß man das Öl, welches diese Kohlenwasserstoffe enthält und das in geschilderter Weise von schweren und zähen Bestandteilen oder Koks befreit ist, der Destillation bei Temperaturen unterwirft, die seiner Zersetzung unter dem betreffenden Drucke — der eine Atmosphäre übersteigt — entsprechen; — ferner darin, daß man die zu kondensierenden Dämpfe als Destillationsprodukt durch ein regulierbares ständig geöffnetes Ventil von solchem Querschnitt leitet, daß man ein Destillationsprodukt von entsprechend niedriger Dichte erhält; — ferner darin, daß man zu dem destillierenden Öle diejenigen Produkte zurückgehen läßt, die sich durch teilweise Kondensation der Dämpfe beim Durchgang durch das besagte regulierbare Ventil niedergeschlagen haben. —

2. Die Erfindung betrifft die Abänderungen obigen Verfahrens z. B. a), indem man mit einem Öl von bestimmten mittleren Viskositäten arbeitet und mit wenig oder überhaupt keinen Kohlenwasserstoffen von höherer Viskosität, weder flüssigen noch paraffinartigen;

b) indem man die Dämpfe solange unter Kesseldruck hält, bis sich die Zusammensetzung des Destillationsprodukts entsprechend ändert. —

3. Die Erfindung betrifft bei der Anwendung obigen Verfahrens die Erhitzung des Öles während der Druckdestillation in einem Kessel, dessen oberer Teil durch die Luft gekühlt wird, dessen unterer Teil durch die Flammengase des Ofens beheizt wird, während die mittlere Zone gegen die Einwirkung von Luft und Hitze geschützt ist und zwar in dem Grade, daß sich wenigstens etwa die Hälfte des Kesselinhalts in der geschützten Zone befindet.

Die Erfindung betrifft 4. die Apparate zur Ausführung des Verfahrens,

5. bei dem angegebenen Verfahren die normalen Kohlenwasserstoffprodukte wie Naphtha, Leuchtöl (Kerosin), schwerere Öle, die als Produkte der Druckdestillation erhalten werden, und eine bituminöse Masse, die im Kessel nach beendeter Destillation zurückbleibt. —

Aus der Beschreibung:

Es werden in einem oben von der Luft, unten von Flammengasen umspülten, in der Mitte isolierten Kessel unter Druck schwere Destillate allmählich erhitzt, indem man den Druck von 5¼ kg pro cm² durch Regulieren eines Hahnes herstellt, der im Destillationsrohr zwischen Kesseldom und Kühler angebracht ist. Dieser Druck von 5¼ kg soll während der ganzen Operation durch Regulierung der Heizung aufrechterhalten werden. — Ein jeweils nach Destillation von 2 Vol. % gezogenes Muster gilt als Probe der Destillatdichte. Die Abweichungen der aufeinanderfolgenden Proben untereinander sollen — ohne Schaden für das Destillat nicht mehr als 0,024 betragen. —

Die abgelassenen Dämpfe werden 42—194° C unter die Temperatur des destillierenden Öles gekühlt, das schwere Kondensat geht nach abermaliger Abdestillation in den Destillierkessel zurück.

Vergleichende Übersicht über die Destillation.

	a) bei atmosph. Druck			b) bei 5,25 kg am Manometer		
Öltemperatur . . .	350—410°	Mittel	384,7°	402—450°	Mittel	421° C.
Dampftemperatur am Domausgang . .	305,5—369°	„	343,2°	266—290°	„	280° „
Dichte der Destillate bei 14 aufeinanderfolgenden Probenahmen (nach 5%)	0,8236—0,8586	„	**0,8514**	0,7669—0,8299	„	**0.7873**
Mittl. Destillatmenge in der Stunde . .	7½%			8½%		

1 400 419 **Horace P. Chamberlain**, Buffalo, übertragen auf **Standard Oil Company**, New York.
17. 8. 1916
13. 9. 1921

Gewinnung von Motorbrennstoff und Leuchtöl aus höher siedendem Petroleum.

Anspruch:

1. Eine Verbesserung bei der Gewinnung von Produkten aus Petroleum, bei welcher über 518° F (= 270° C) siedende Kohlenwasserstoffe mit solchen unter 518° F siedenden gemischt als Leuchtöldestillat bei der Rohöl-

destillation unter etwa atmosphärischem Druck anfallen, und darauf von den leichteren Anteilen des Leuchtöldestillates durch teilweise Destillation des letzteren unter verhältnismäßig niedrigem Druck abgesondert werden und noch weiter bei Zersetzungstemperaturen unter Druck von mehr als 30 Pfd. auf den Quadratzoll (= mehr als 2 Atm.) destilliert werden — eine Verbesserung, welche darin besteht, daß man das Rückstandsöl von der teilweisen Destillation des genannten Leuchtöldestillates unter verhältnismäßig niedrigem Druck destilliert und dabei das über 518° siedende Destillat auffängt und dieses letztgenannte Destillat bei Kracktemperaturen unter Druck von mehr als 30 Pfund auf den Quadratzoll destilliert, — wie in der Patentschrift dargelegt. —

Als Apparat dient ein liegender 15 000 Gallonen fassender, zu einem Drittel der Oberfläche aus dem Mauerwerk ragender (luftgekühlter) zylindrischer Druckkessel, nebst Dephlegmatoren und Kühlern.

Der Gang des Verfahrens wird in nachstehender Weise veranschaulicht:

1. Rohpetroleum wird durch Destillation von Benzin, Leuchtöl und Gasöl befreit, das Gemisch siedet bis 518° F (270° C).

2. Das Destillat bis 518° F wird nochmals destilliert und in Produkte, die a) unter bzw. b) über 518° F sieden, gespalten.

3. Das schwerere dieser doppelt destillierten Öle b) wird bei Zersetzungstemperaturen unter Druck von mehr als 30, am besten bei 75 Pfd. auf den Quadratzoll behandelt — bei Temperaturen von ca. 378° C (713° F).

4. Die Destillation findet in einem liegenden Kessel statt, dessen Oberteil zu etwa ⅓ seines Umfangs frei liegt, so daß die Dämpfe, die sich entwickeln, Temperaturen haben, die 100—200° F unter den gleichzeitigen Öltemperaturen liegen. Der Kessel hat mehr als 3000 Kubikfuß und die Füllung beträgt zweckmäßig mehr als 15 000 Gallonen.

5. Das im Dampfraum so gebildete Kondensat fließt in das destillierende Öl zurück.

6. Die nicht kondensierten Dämpfe passieren eine schrägaufwärts gehende 80 Fuß lange und 4" weite Leitung.

9. Ein Muster dieser Dämpfe nach dem Eintritt aus der Leitung in den Luftkühler läßt bei der Versuchsdestillation bei 410° F (= 210° C) mehr als 35 % zurück und bei 518° F (= 270° C) weniger als 25 %. Wenn der Prozeß so geleitet wird, vollzieht sich die Destillation unter geringster Koksbildung und den sich daraus ergebenden weiteren günstigen Bedingungen. —

Erzeugnisse dieses Verfahrens sind leichte Motorbrennstoffe und Leuchtöl. Ein Gasöl von 0,848 spezif. Gew. gibt bei dieser Behandlung:

Motorbrennstoff 0,7389	24,9 %
Leuchtpetroleum 0,8109	21,9 %
Druckkesselfüllung 0,8762	12,4 %
Koks- und Arbeitverlust bei der Hochdruckdestillation	1,5 %
Hochdruck destillat total	60,7 %
Rückstand im Hochdruckkessel	36,3 %
Gesamter Krackverlust	3,0 %
	100,0 %

Die besonders inhaltreiche Patentschrift umfaßt 16 Seiten mit 18 Ansprüchen. —

1 388 514 Edgar M. Clark, übertragen an die Standard Oil Company of Whiting, Indiana.
14. 6. 1915
23. 8. 1923

Destillation von Petroleumkohlenwasserstoffen.

Ansprüche:

Ein Verfahren zur Behandlung von Petroleumkohlenwasserstoffen von relativ hohem Siedepunkt zur Erzeugung von solchen von niedrigerem Siedepunkt, dadurch gekennzeichnet, daß eine Ölmenge von hohem Siedepunkt

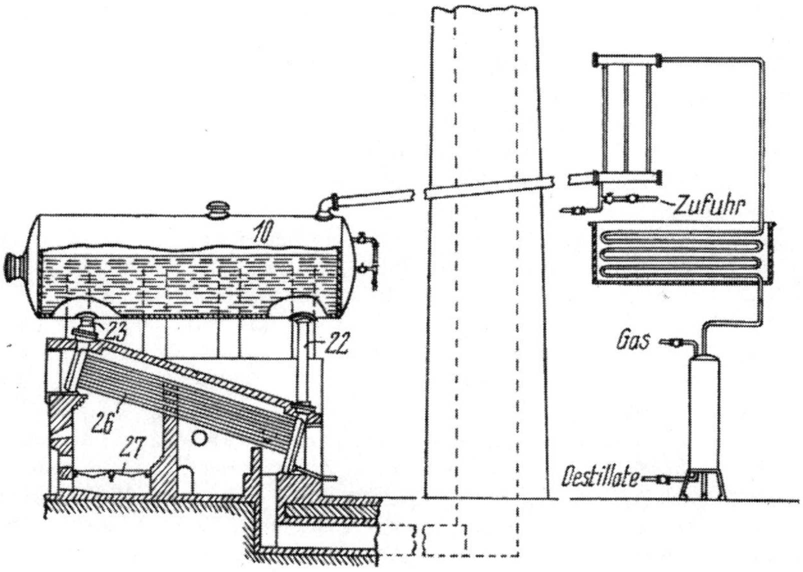

Abb. 38.

unter einem zu ihrer Zersetzung genügenden Druck destilliert wird, daß die Destillatdämpfe unter diesem Druck durch eine zweckmäßig ungeheizte weite Leitung aus dem Kessel entfernt werden, daß frisches Öl durch diese Leitung in den Kessel eingeführt wird und die besagten Dämpfe kondensiert und aufgefangen werden.

Nach 2. sollen besonders Gas- und Heizöle in Gasolin verwandelt werden.

Nach 3. soll die zugeführte Menge Frischöl geringer als die der abgehenden Destillate sein. —

Nach 4. sollen Kohlenwasserstoffe, die unter Atmosphärendruck über 450° F sieden, unter einem Druck von mehr als 4 Atmosphären behandelt werden.

In beistehender Zeichnung No. 38 ist 10 ein Destillierkessel, der durch die Röhren 22 und 23 mit einem schräg liegenden Röhrensystem 26 verbunden ist.

Dieses Röhrensystem wird von einem Rost 27 aus geheizt und durch den Auftrieb der erhitzten Teile wird damit auch der Kesselinhalt geheizt und gelangt so in eine verhältnismäßig schnelle Zirkulation, die genügt, um die

Ablagerung suspendierten Kohlenstoffs in den Röhren zu verhindern. — Die Patentschrift nimmt Bezug auf W. M. Burtons Patent 1 049 667 und E. M. Clarks Patent 1 119 496. — S. a. 1 526 010 unter Abschnitt 6. A.

1 405 286 Edgar M. Clark, New York, übertragen an Standard Oil
31. 3. 1919 Company of New York.
13. 1. 1923

Verfahren zur Druckdestillation.

Ansprüche:

1. Verbesserung in der Druckdestillation schwerer Öle zur Herstellung von leichteren Ölen aus denselben, dadurch gekennzeichnet, daß man die ganze Menge der im Kessel erzeugten Öldämpfe unter dem bei der Gewinnung ausgeübten Druck in innige Berührung mit einem großen, relativ unverändert bleibendem Ölquantum bringt, dieses Ölquantum bei einer konstanten Temperatur erhält, die wesentlich unter der Kesseltemperatur liegt, wobei die entweichenden Dämpfe fraktionsweise kondensiert werden, — daß man Öl kontinuierlich von diesem Quantum in den Kessel fließen läßt und daß man die Bestandteile der Dämpfe, die sich in besagtem Quantum nicht kondensieren, abzieht, getrennt auffängt und sammelt.

Nach 2. werden die aus dem Kessel entweichenden Dämpfe gezwungen, ein großes Ölvolumen zu durchsprudeln.

Nach 3. wird frisches Öl kontinuierlich in die Ölmenge eingeführt.

Nach 4. kann die obere Ölmenge kleiner als die volle Charge sein, dann ist die Menge des zuströmenden frischen Öls größer als die Menge der Destillate, so daß die zu behandelnde Ölmenge während des Verfahrens bis zum Volumen der vollen Charge ansteigt.

Nach 7. sind Vorrichtungen vorgesehen, um überschüssige Ölmengen aus der oberen Kammer durch ihre Schwere in den unteren Kessel zu befördern.

Der Kessel (1 in Abb. 39, Anhang), der durch Ansatz von 13 000 Gallonen faßt, wird mit dem Rohöl oder mit dem zu krackenden Material beschickt, z. B. Gasöl aus Mischkontinent-Rohöl von 32° Bé (0,870). Jetzt wird der Kessel auf 400° F (204° C) unter gewöhnlichem Druck angeheizt, wobei Spuren von Wasser und leichten Ölen in den (nicht gezeichneten) Kondensator übergehen. — Bei 400° F (204° C) wird Druck durch das Hochdruckgasrohr 22 gegeben. — Der Kessel 1 ist unten mit einem System von Rohren 5 verbunden, in welchen das Öl während des Prozesses zirkuliert. Nach oben entweichen die Dämpfe durch den Ansatz 8 in die Trommel 7. Diese Trommel ist durch die Doppelwand 10, 15 in zwei Teile geteilt. Der größere Teil erhält den Zufluß von frischem Öl durch das Rohr 19. Durch die bei 16 offene Doppelwand 10, 15 strömen die Dämpfe aus dem Kessel 1 ein und gelangen durch die perforierten Rohre 11, 12 als Sprudel in das Öl, das sie erhitzen und dessen Volumen sie vermehren, bis es schließlich durch den Überlauf 17 in den Kessel 1 zurückgelangt. Die nicht kondensierten Bestandteile der Dämpfe entweichen durch 22 und werden in üblicher Weise aufgefangen.

Die Inbetriebsetzung des Apparates verläuft etwa wie folgt: Temperatur des Öles im Kessel 725° F (385° C), Temperatur des Öles in der Dampftrommel 510° F (266° C). Die durch die Rohre 11 und 12 strömenden Dämpfe werden fraktioniert kondensiert und entweichen als Gasolin. Jetzt wird der

Kessel derart geheizt, daß ca. 320 Gallonen pro Stunde abdestillieren mit 57° Bé (0,756) und bis 500° F (260° C) übergehend. Nun kann der Zufluß von frischem Öl durch 19 beginnen und zwar soll dasselbe in gleicher Menge eintreten wie Destillat abläuft, so daß das Volumen im Kessel konstant bleibt.

Normalerweise ist der Vorgang in 60 Stunden beendet. — Bei der Destillatgeschwindigkeit von 320 Gallonen pro Stunde werden in 60 Stunden 13 000 (Kesselfüllung) + 6000 (Trommelfüllung) + 18 600 (Zulauf) = 37 600 Gallonen verarbeitet, davon 19 200 oder ca. 50 % abdestilliert. Am Ende des Vorgangs bleiben im Kessel 13 000 Gallonen „Teer" von 18° Bé (0,946) in der Trommel 6 000 Gallonen von etwa 38° Bé (0,840). Der Damm 6' dient zur Zurückhaltung des Kokses. — Der Hahn 21 dient zum Ablassen des Systems.

Bei Verarbeitung von Rohmaterial, das leichtere Fraktionen enthält, darf die Trommel nur mit kleinen Mengen Öl beschickt werden. Sie dient dann zur Abdestillation der leichteren Anteile („zum Abschäumen".) —

1 566 828 Edgar M. Clark, New York, übertragen auf die Standard
24. 4. 1920 Development Company. —
22. 12. 1925

Verfahren zur Destillation von Petroleumölen.

Ansprüche:

1. Verfahren, die in einem befeuerten Kessel mit Röhrenansatz am Ende der Druckdestillation eines schweren Öles zwecks Gasolingewinnung aufgespeicherte Hitze zur Weiterbehandlung der Destillationsrückstände mit einer Dichte von etwa 20° Bé nutzbar zu machen, dadurch gekennzeichnet, daß man das Kesselfeuer herauszieht, darauf Dampf durch den Rückstand bläst und die entwickelten Dämpfe kondensiert, bis etwa 60 % von dem Rückstandsöl abgetrieben und kondensiert sind, worauf man den Rückstand aus dem Kessel zieht.

Nach 2. läßt man die Rückstände auf einem begrenzten Wege im Kessel mit Hilfe des eingeblasenen Wasserdampfes oder eines anderen gasförmigen Mediums zirkulieren.

Siehe entsprechende Zeichnung zu 1 405 286 No. 39 (Anhang) bei 6, wo in dem Verbindungsstück der geneigten Rohrbatterie mit dem horizontal liegenden Kessel eine nach oben gerichtete Dampf- bzw. Gasdüse eingebaut ist, welche die Zirkulation in Gang bringt.

Heizöl, das bis auf eine Rückstandsdichte von 20° Bé (0,935) abdestilliert wurde, kann, nach diesem Verfahren behandelt, noch 60 % Gasöl von 35° Bé (0,850) liefern, während aus dem Kessel ein teeriger Rückstand entfernt wird.

1 578 802 E. M. Clark, Standard Development Company,
3. 7. 1919 New York.
30. 3. 1926

Krackdestillation von Petroleum.

Das Verfahren stellt eine Weiterentwicklung der Apparatur des auf der vorigen Seite beschriebenen Pat. 1 405 286 vom 31. 3. 1919 dar. Der untere schrägliegende Röhrenkessel fällt fort, dagegen ist der obere Kessel 7 (s. Abbildung zu 1 405 286) nochmals wiederholt, so daß sich der Destillations- und Kondensationsprozeß zweimal abspielt. — Aus dem zweiten Kessel ziehen dann die Dämpfe in einen wassergekühlten Dephlegmator, der bei Gewinnung schwererer Destillate auch ausgeschaltet werden kann, zur Kondensation.

Man läßt die permanenten Gase nicht entweichen bis der Druck auf etwa 300 Pfund auf den Quadratzoll gestiegen ist. —

Im obersten Kessel findet sich dann eine beträchtliche Menge Petroleumkohlenwasserstoffe, die unter 450° F (= 232° C) sieden, z. B. 60—70%. Im zweiten Kessel finden sich 30 und im untersten Kessel noch etwa 7 %. —

1 392 584 F. B. Lewis und Th. S. Cooke, übertragen auf die Standard
7. 5. 1917 Oil Company of Whiting, Indiana. —
4. 10. 1921

Verfahren zur Destillation von Petroleumölen.

Anspruch:

1. Verbessertes Verfahren zum Spalten von Petroleumölen durch Destillation unter Druck, dadurch gekennzeichnet, daß man die Mischung von genügend und nicht genügend gekrackten Dämpfen, die im Kessel kontinuierlich erzeugt wird durch eine Anzahl Pfannen mit Petroleumöl leitet, die in Reihen angeordnet sind und auf solche Temperaturen eingestellt, daß sich alle nicht genügend gekrackten Fraktionen kondensieren, während die genügend gekrackten sich nicht kondensieren und dadurch, daß man die genügend gekrackten Fraktionen, die sich in jenen Pfannen nicht kondensieren, kühlt und auffängt.

Das Verfahren, das auf das Burton-Patent 1 049 667 sowie auf das Clark-Patent 1 129 034 Bezug nimmt, ist durch Zeichnung No. 40 (Anhang) erläutert.

Aus dem Druckkessel 1 gelangen die Dämpfe in eine Fraktionierkolonne 4, die Pfannen (6) enthält, in deren jede Dämpfe strömen.

Durch ein unter entsprechendem Druck in den Kessel eingeführtes inertes Gas (Clark-Patent) wird bewirkt, daß die Destillation erst beginnt, wenn die gewünschte Spalttemperatur im Kessel erreicht ist. Die in der Fraktionierkolonne kondensierten Dämpfe sammeln sich in den Pfannen, fließen von den obersten zu den untersten und schließlich in den Kessel zurück; und zwar findet diese Dephlegmation bei einer Temperatur statt, welche der Kesseltemperatur entspricht. —

Ein Kessel von 200 Barrels Fassung wird mit einer Fraktionierkolonne (lt. Zeichnung) versehen von 6 Fuß Durchmesser und 30 Fuß Höhe. Dieser Kessel wird mit einem Material beschickt, das zwischen 450—750° F (230 bis 400° C) siedet und etwa 30° Bé schwer ist. Es wird unter 5½ Atmosphären Druck destilliert. —

1 553 861 R. E. Humphreys, F. M. Rogers, M. G. Paulus, Whiting,
21. 7. 1919 Indiana, übertragen auf die Standard Oil Company,
15. 9. 1925 Chicago.

Verfahren zur Gewinnung niedrig siedender Kohlenwasserstoffe.

Anspruch:

1. Die Verbesserung im Verfahren, hochsiedende Petroleumfraktionen in flüssiger Phase zu spalten, darin bestehend, daß man Petroleum in einem geschlossenen Behälter in flüssiger Phase behandelt, daß man im Dampfraum über der Flüssigkeit eine Atmosphäre unterhält, die

etwa 4% oder mehr an Dämpfen eines bestimmten Endprodukts enthält, das einen Höchstsiedepunkt zwischen 250 und ca. 400° F aufweist, indem man auf den Behälter Druck wirken läßt, der die Umwandlung von Teilen der flüssigen Petroleumhauptmasse in Naphthafraktionen, die bei und unter 250° F sieden, in Anteilen bewirkt, die von 1,2 % bis zu 17,7 % vom Kesselinhalt in einer Stunde betragen, indem man die flüssige Hauptmasse bei den (beschriebenen*)) Umwandlungstemperaturen von 740° F bis 810° F (393—432° C) erhält, wobei die Temperatur für jede Rate einer bestimmten Höhe entspricht; — daß man aus dem Behälter die bei der Umwandlung erzeugten Gase entfernt und kühlt, um daraus die Dämpfe des gesuchten Produkts zu kondensieren. —

Eine einfache Anlage — etwa vom Burtontyp — besteht aus einem liegenden Krackkessel, aus dessen Dampfraum man Proben des jeweiligen Dampfgemisches entnehmen kann, ein schrägaufsteigendes weites Abzugsrohr für die Dämpfe, das in die Kondensation (Kühler und Rezipient) mündet, am Rezipienten ein Druckregulierventil. —

Der Kessel wird beispielsweise mit einem Mid-Kontinent-Heizöl von 33,2° Bé (= 0,864) beschickt, das wie folgt, destilliert:

10 %	bis	478° F	=	248° C
20 %	„	510° F	=	265° C
30 %	„	532° F	=	278° C
40 %	„	554° F	=	290° C
50 %	„	574° F	=	301° C
60 %	„	610° F	=	321° C
70 %	„	632° F	=	333° C
80 %	„	668° F	=	353° C
90 %	„	712° F	=	378° C
98 %	„	800° F	=	427° C.

Diese Charge wird in leichte Produkte, einschließlich Naphtha, mit einem Höchstsiedepunkt von 250° F (= 121° C) umgewandelt in derartigen Stufen, daß sich z. B. 1,2 % der Charge und mehr in einer Stunde in Naphtha umwandelt und zwar dadurch, daß man die Charge ständig Temperaturen von 740° F (= 393° C) und höher unterwirft, wobei sich die umgewandelten Mengen mit der Temperatur verändern.

Durchschnitts-Temperatur . . .	740°	750°	760°	770°	780°	790°	800°	810°
Bildung von Naphtha mit 250° F Höchstsiedepunkt in Prozenten pro Stunde	1,2	1,8	2,4	3,4	5,8	8,5	12	17
Bildung von Gasolin mit 400° F Höchstsiedepunkt in Prozenten pro Stunde	2,2	3,8	5,0	7,5	12	17	24	35

Bei der destruktiven Destillation in flüssiger Phase scheinen sich die verschiedenen Fraktionen in ziemlich konstanten, relativen Verhältnissen zu bilden und daher ist jede Fraktion, die man als Probe erhält, ein Anhaltspunkt für den Fortgang des Prozesses. —

*) Siehe Tabelle.

Durch Aufrechterhaltung bestimmter Temperaturen kann man also bei dem für die flüssige Phase erforderlichen Druck nach obiger Tabelle Naphtha oder Gasolin in größerer oder kleinerer Ausbeute erhalten, je nachdem der Kessel sich für die Anwendung höherer Temperaturen eignet. — Mit dem Fortschreiten des Prozesses ändert sich die Zusammensetzung der Füllung allmählich derart, daß man, um ein gleichmäßiges Destillat zu erzielen, entweder mit dem Druck nachlassen oder vorteilhafter die Temperaturen etwas erhöhen muß. —

D. R. P. 380332 Standard Oil Company in Whiting, Indiana, V. St. A.
K 23 b
v. 1. 9. 1921 ab
4. 9. 1923

Verfahren zur Druckwärmespaltung von hochsiedenden Ölen. —
(Priorität in V. St. A. ab 20. IV. 1914.).

Ansprüche:

1. Verfahren zur Druckwärmespaltung von hochsiedenden Ölen, bei welchen das schwersiedende Ausgangsöl unter einem Druck von 3 Atm. und mehr bei einer Temperatur von 340—450° C (Kracktemperatur) destilliert und kondensiert wird und wobei das Ausgangsöl ständig durch eine beheizte Rohrschlange und einen unbeheizten, mit einem Kondensator verbundenen Behälter in Umlauf gesetzt wird, dadurch gekennzeichnet, daß dieser Behälter eine Destillierblase ist, in der das in der Rohrschlange gespaltene Öl destilliert wird, um durch eine nach aufwärts gerichtete Fraktionierungsleitung nach dem Kondensator zu gehen, so daß die niedrig siedenden Bestandteile in den unter Druck stehenden Kondensator gelangen, während die höher siedenden in die Destillationsblase zurückfließen, um wiederum durch die beheizte Rohrschlange zu zirkulieren. —

2. Petroleumdestillationsverfahren nach 1., dadurch gekennzeichnet, daß der auf die zu behandelnde Flüssigkeit einwirkende Druck von ungefähr 3—7 Atm. sowohl in der beheizten Rohrschlange für die Spaltung, wie auch in Destillierblase und Kondensator aufrechterhalten wird. — —

Aus der Beschreibung: Bei der in Abb. 41 (Anhang) dargestellten Anlage wird die zu destillierende Flüssigkeit in den Behälter 1 eingefüllt. Befindet sich die Pumpe 3 und die Feuerung 5 in Betrieb, dann wird bei geschlossenen Ventilen 9 und 12 der Inhalt des Behälters 1 in Umlauf gesetzt, indem derselbe von dem Behälter 1 durch die Leitung 2 in die Pumpe 3 gelangt, welche die Flüssigkeit in Form eines verhältnismäßig feinen Stromes durch die Schlange 4 drückt, von wo aus sie in erhitztem Zustand durch die Leitung 6 in den Behälter 1 zurückkehrt. Durch Fortsetzung dieser Zirkulation erhitzt die in den Behälter 1 zurückkehrende heiße Flüssigkeit den Inhalt dieses Behälters 1, während die sich entwickelnden Dämpfe durch die ansteigende Fraktionierungsleitung 7 in die Kühlschlange 8 entweichen, die höher siedende Flüssigkeit aber in die Destillierblase zurückfließt. Die Dämpfe entwickeln nun einen auf den Behälterinhalt einwirkenden Druck von ca. 3—7 Atm. und steigern die Temperatur desselben auf ungefähr 343° C und während des weiteren Verlaufs der Destillation auf ungef. 454° C. Man kann die sich im Kondensator ansammelnden Gase von Zeit zu Zeit durch Öffnen des Ventils 12 zwecks Herabsetzung des Gasdrucks — entweichen lassen. Von Zeit zu Zeit wird das Destillat durch Ventil 9 in den Sammelbehälter 10 entleert. Dieses Destillat stellt Rohbenzin besserer Qualität dar, das in bekannter Weise raffiniert wird.

Der ausgeschiedene feine Kohlenstoff kann sich wegen der Stromgeschwindigkeit in Schlange 4 nicht ansammeln und wird nach 1 zurückgeführt.

3—7 Destillationsvorgänge werden nach diesem Verfahren ohne Demontierung und Reinigung der Anlage durchgeführt. —

D.R.P. 391 234 Standard Oil Company, Indiana, Chicago.
ab 31. 4. 1920

Verfahren zur Druckdestillation.

Patent-Ansprüche:

1. Verfahren zur Druckdestillation schwerer Petroleumöle, um daraus leichtere Öle zu gewinnen, bei dem die entwickelten Dämpfe in einem durch Ventil abgeschlossenen Rückflußfraktionskondensator übergehen, der in freier Verbindung mit der Destillierblase steht, wobei in der Blase und dem Rückflußkondensator ein Druck von über 4 Atm. aufrecht erhalten wird, dadurch gekennzeichnet, daß außer dem beliebig einstellbaren Ventil noch eine durch den im Destillationskessel herrschenden Dampfdruck sich automatisch betätigende Regelungsvorrichtung für die Heizung vorgesehen wird. —

2. Einrichtung zur Ausführung des Verfahrens nach 1., dadurch gekennzeichnet, daß die Regelung des Dampfdrucks in Destillierblase und Rückflußkondensator durch Drosselung des Dampfauslasses aus dem Rückflußkondensator 14 (s. Abb. 42, Anhang) nach dem endgültigen Kondensator 16 mittels eines von Hand einstellbaren Nadelventils 25 erfolgt, das hinter dem am oberen Ende des schrägen Übergangsrohres 13 angeschlossenen Rückflußkondensators 14 eingeschaltet ist.

3. Einrichtung nach 2., dadurch gekennzeichnet, daß der in der Destillierblase und in dem Rückflußkondensator herrschende Dampfdruck auf eine Membran 33 wirkt, welche mittels regelbar belasteten Gewichtshebels das Steuerventil 39 für einen Servomotor 41 verstellt, der auf das Steuerorgan der einen mechanischen Schürer der Feuerung antreibenden Kraftmaschine 50 einwirkt.

4. Einrichtung nach 3., dadurch gekennzeichnet, daß von dem Servomotor 41, der das Steuerorgan der Schürmaschine beeinflußt, gleichzeitig auch das Regelungsorgan 52 für die Zuführung der Verbrennungsluft zur Feuerung verstellt wird. —

165 197 Brit. Standard Oil Company, Whiting, Indiana.
20. 3. 1920
20. 6. 1921 **Verfahren zur Gewinnung von leichten — aus schweren Ölen.**
Entspr. D. R. P. 391 234.

D. R. P. 385 763 Standard Oil Company, Whiting, Indiana.
Kl. 23 b, G. 5
ab 1. 9. 1921
29. 11. 1923

Verfahren und Anlage zur Druckdestillation von Brennölen.

Ansprüche:

1. Verfahren zur Druckdestillation von Brennölen oder anderen Kohlenwasserstoffen der Paraffinreihe bei einem durch die entwickelten Gase er-

zeugten Überdruck von über 4 Atm., dadurch gekennzeichnet, daß behufs Vermeidung der Destillation der schwerer siedenden Kohlenwasserstoffe vor Erreichung der Spaltungstemperatur die frischbeschickte Blase einer Gruppe mehrerer Blasen nach dem Anheizen mit den anderen unter sich verbundenen Blasen verbunden wird, in denen die Druckdestillation unter Spaltungstemperatur (340—450° C) und dem hierfür nötigen Druck (4 Atm. und darüber) im Gange ist, so daß dieser Druck der nicht kondensierbaren Gase aus den anderen Blasen in der frisch beschickten Blase bereits herrscht, ehe die Spaltungstemperatur erreicht wird.

2. Verfahren nach 1., dadurch gekennzeichnet, daß der Anschluß der frisch beschickten Blase an die anderen Blasen erfolgt, sobald die Temperatur die Verdampfungstemperatur des Wassers und der am leichtesten siedenden Kohlenwasserstoffe (etwa 120° C) überschreitet. —

Vier oder mehr solcher Anlagen, wie sie durch Abb. 43 Anhang dargestellt werden, sind zu einer Batterie verbunden durch Querrohre, die bei 10, 10 a oder 10 b und 14, 14 a oder 14 b die Verbindung der Aggregate untereinander in der jeweils erforderlichen Weise herstellen.

Im übrigen ist der Gang dieses erweiterten Burtonverfahrens aus Anspruch 1 und 2 und dem eben Gesagten an Hand der Abbildung zu ersehen.

D.R.P. 319049 Dr. Paul Schwarz, Berlin. —

Verfahren zur Gewinnung von niedrigsiedenden Kohlenwasserstoffen aus hochsiedenden Kohlenwasserstoffen, Teeren u. dgl.

Anspruch:

Verfahren zur Gewinnung von niedrigsiedenden Kohlenwasserstoffen aus hochsiedenden Kohlenwasserstoffen, Teeren u. dgl. bei höherer Temperatur und höherem Druck, gegebenenfalls in kontinuierlichem Betriebe, dadurch gekennzeichnet, daß die Zersetzung in einem besonderen, völlig gefüllten Druckbehälter (Blase) vorgenommen wird, aus dem die gesamte Flüssigkeit mit allen Zersetzungsprodukten durch ein am tiefsten Punkte befindliches Ableitungsrohr zur Destillation in ein zweites, räumlich getrenntes, Gefäß unter dem im Druckbehälter herrschenden Eigendruck gedrückt wird.

Kl. 23b, G. 5 Zeller und Gmelin, Eislingen.
D. R. P. 303235

Verfahren zur ununterbrochenen Gewinnung von leichten Kohlenwasserstoffen aus schweren Kohlenwasserstoffen und deren Abfallprodukten durch Destillation unter Druck;

1. dadurch gekennzeichnet, daß die Ausgangsprodukte zunächst einem Krackverfahren von geringem Überdruck zwecks Befreiung von den zur Koks- und Pechbildung neigenden Stoffen und alsdann in einem Autoklaven einer kontinuierlichen Druckdestillation unter hohem Überdruck unterworfen werden.

2. Verfahren nach 1., dadurch gekennzeichnet, daß die Ausgangsstoffe unter eigenem Überdruck von etwa 1 Atm. zwei wechselweise in Benutzung kommenden Krackkesseln zulaufen, die dem Autoklaven abwechselnd und kontinuierlich die von den zur Koks- und Pechbildung neigenden Stoffen befreiten Kohlenwasserstoffe zuführen. —

Bei der Behandlung der in Frage kommenden Rohprodukte — wie: schwere Mineralöle, Petrolpech, Seifenöle wird bei der Krackbehandlung unter geringem Überdruck von etwa 1 Atm. ein asphalt- und wasserfreies Produkt erzeugt, das auch schon fast schwefelfrei ist, weil die S-Verbindungen als H_2S entweichen, während die asphalthaltigen Körper in Form von Koks im Reaktionsgefäß zurückbleiben. —

Bei der zweiten unter etwa 15 Atm. Druck stattfindenden Behandlung bei 360—400° C werden die letzten S-Verbindungen gespalten. Die Ausbeute an leichten schwefel-, asphalt- und wasserfreien Kohlenwasserstoffen beträgt etwa 90 % des Ausgangsmaterials, von denen der größte Teil von 40° C bis 200° C siedet, der Rest zwischen 200° C bis 280° C.

575 720 Frz. Gasoline Products Company, U. S. A.
22. 12 1923
5. 8. 1924 **Verfahren zum Spalten von Kohlenwasserstoffen.**
(Siehe das folgende brit. Patent.)

Brit. 232 283 Gasoline Products Company Inc., New York.
10. 12. 1923
14. 4. 1925 **Verfahren zur Umwandlung schwerer Kohlenwasserstoffe in Gasolin und leichte Kohlenwasserstoffe.**

Ansprüche:

1. Verfahren zur Behandlung von Kohlenwasserstoffen mit folgenden Arbeitsstufen: Die zu behandelnden Öle werden einmal auf eine Temperatur gebracht, bei welcher ein Teil davon abdestilliert. In der anderen Arbeitsstufe wird das Öl unter Druck- und Temperaturverhältnissen, die ein Kracken des Öles zur Folge haben, behandelt; das aus diesen beiden Vorgängen Resultierende wird gemischt und die flüchtigen Produkte aus der Mischung abdestilliert. —

8. Verfahren zur Behandlung von Kohlenwasserstoffen nach 1., darin bestehend, daß man Heizöl in 2 Öfen behandelt, in deren ersten das Heizöl auf Kracktemperatur unter einem Druck, der im wesentlichen mehr als 300 Pfd. auf den Quadratzoll beträgt, gebracht wird, worauf es sich in einen Verdampfer unter viel geringerem Drucke entladet, während in einem anderen Ofen das Heizöl unter einem Druck von weniger als 100 Pfund auf den Quadratzoll auf über 700° F (= 370° C) erhitzt wird und bei dem gleichen oder geringeren Druck in denselben Verdampfer entladen wird, wobei die Produkte gleichzeitig in diesem Verdampfer destilliert und gemischt werden. — —

Man geht aus von schwerem Öl, z. B. Heizöl, und behandelt verschiedene Portionen desselben nach in den Ansprüchen beschriebenen verschiedenen Verfahren. Man mischt dann die bei ca. 300 Pfd. Druck und bei ca. 100 Pfd. Druck behandelten Öle miteinander. Die leichten Krackprodukte destillieren ab, während die schweren Rückstände zum Teil mit frischem Öl gemischt zu neuer Behandlung in den Kreislauf zurückkehren. —

1418621 Lincoln Clark, Pasadena, Kalifornien.
14. 3. 1918
6. 6. 1921

Apparat zur Behandlung von Petroleum.

Anspruch:

2. Ein Apparat zur Fraktionieren von Ölen oder zur Behandlung von Rückständen, bestehend aus einem Ofen, einer darin eingebauten Retorte, deren unterer Teil über die untere Heizzone des Ofens herausragt, einem Mantel, der in der Retorte aufgehängt ist, von kleinerem Durchmesser als diese, um einen ringförmigen Durchgangsweg zu schaffen, und der in ein konisches Mantelende ausläuft, einem Heißgaszuführungsrohr, das in der Mitte des Mantels angeordnet ist, einem Stromablenker in der Retorte, der in einer Ebene mit der Mündung des genannten Rohres liegt und einem mit Ventil versehenen Dampfabzugsrohr. —

In der Skizze No. 44 (Anhang) sieht man den Ofen 2 und in diesem die Retorte 1 mit dem bei 10, 11 beweglich aufgehängten Mantel 8. In dem ringförmigen Raum B zwischen Mantel und Retortenwand werden die Öle gekrackt, die Dämpfe verlassen die Retorte bei 15, die entstandenen Koksmengen sammeln sich bei 6 an und werden durch 7 entfernt, während weitere Verunreinigungen sich auf der Siebplatte 13 ablagern, so daß der Raum zwischen dem Konus 9 und dem Dampf- oder Heißgaszuleitungsrohr 5 rein gehalten wird.

Es findet also ein Kracken in verhältnismäßig dünner Schicht statt, unter stetem Zufluß von Öl (14) und nach Bedarf von Dampf oder erhitzten Gasen, wobei die Oberfläche bei 8 möglichst in gleicher Höhe bleiben soll. Die durch 5 eingeführten heißen Gase halten das Öl im Raum B dauernd in Bewegung, so daß sich an den Wänden keine Ablagerungen bilden. — Druck und Temperatur werden nach der Art des behandelten Materials in weiten Grenzen geregelt.

1395075 Robert Yates, Passaic, New-Jersey.
14. 8. 1920
25. 10. 1921

Verfahren und Apparat zur Behandlung von Petroleumölen zwecks Gewinnung von Gasolin.

Anspruch:

1. Ein Verfahren zur Umwandlung von hochsiedenden in niedrig siedende Öle, dadurch gekennzeichnet, daß man das Öl zwecks Zersetzung durch vertikale Zylinder schickt, in welchen sich rotierende Trommeln befinden, in die Öl und Dämpfe unter Druck eingeführt werden, wobei die Dämpfe die Trommel erfüllen und das Öl aus einem offenen Gefäß in den ringförmigen Raum zwischen Trommel und Retortenwandung drücken, daß man das Öl durch diesen ringförmigen Raum zirkulieren läßt und es in Berührung mit der Heizfläche der Zylinder auf 650—850° F (343—454° C) erhitzt, daß man auch die Dämpfe im Innern der Trommel auf diese Temperatur bringt, wobei sie vor Überhitzung durch die umgebende Ölschicht in dem ringförmigen Zwischenraum geschützt sind. — —

1 258 196 und 1 261 215 v. 26. 12. 1916 erteilt 5. 3. 1918 bzw. 2. 4. 1918
J. L. Cosden u. I. W. Coast, Tulsa, (Prozeß Company).

Apparat und Verfahren zum Kracken von Petroleumkohlenwasserstoffen.

Anspruch:

3. besagt: Verfahren zur Behandlung hochsiedender Kohlenwasserstoffe zwecks Gewinnung von Ersatz für Gasolin, gekennzeichnet durch Spalten und Verdampfen solcher Kohlenwasserstoffe, ferner dadurch, daß man die Dämpfe unter Druck von mehr als 50 Pfd. (3,5 Atm.) bringt, daß man Naturgas höher als die genannten Dämpfe erhitzt und es in diese preßt, so daß die Dämpfe überhitzt werden, daß man ein relativ kaltes hochsiedendes Kohlenwasserstofföl in diese heiße Mischung preßt, wodurch dieses Öl gekrackt wird, und dadurch, daß man die Dämpfe kondensiert. —

In den Dampf des im Druckkessel gekrackten Öles wird auf 900° F (= 482° C) erhitztes Naturgas geleitet und die Mischung in drei weitere Kammern übergeführt, in denen ein Teil von dem zugeführten frischen Öl gekrackt wird, ein Teil von den gekrackten Dämpfen aus dem Kessel kondensiert wird und der Teil des frischen Öles, der in den 3 Kammern nicht gekrackt wird, vorgeheizt wird. S. Abb. 45 (Anhang).

1 388 629 27. 9. 1917 23. 8. 1921
John W. Coast jr., Oklahoma, s. a. voriges Patent.

Verfahren zum Kracken von Kohlenwasserstoffen.

Es hat sich gezeigt, daß hochsiedende Kohlenwasserstofföle, z. B. Gas- und Heizöle, bei niedrigeren Temperaturen der Krackzersetzung unterliegen als niedrig siedende, z. B. Leuchtöle.

Beansprucht wird: ein Verfahren zum Kracken von hochsiedenden und niedrig siedenden Kohlenwasserstoffölen, dadurch gekennzeichnet, daß hochsiedendes Öl in einem Krackkessel 1 und niedriger siedendes Öl in einer Krackschlange 11 erhitzt werden und daß der Inhalt der Schlange in das hochsiedende Öl des Kessels abgelassen wird, wobei das niedriger siedende Öl unter relativ hohem Druck und hoher Temperatur und das hochsiedende Öl unter niedrigerem Druck und niedrigerer Temperatur gehalten wird. —

Der besondere Vorzug des Verfahrens besteht darin, daß durch diese Arbeitsweise störende Ablagerung von Koks vermieden werden soll. — S. Abb. 46 (Anhang).

1 370 881 27. 9. 1917 8. 3. 1921
J. W. Coast jr., Tulsa, Oklahoma; übertragen auf die „Process Company", Tulsa. —

Verfahren zum Spalten von Kohlenwasserstoffen.

Anspruch:

Verfahren zum Spalten von Petroleumkohlenwasserstoffen, dadurch gekennzeichnet, daß man Kohlenwasserstofföl in einen Krackkessel einschließt, den Boden des Kessels zwecks Verdampfung des Öles erhitzt, den Dampf kondensiert, den Kesselinhalt unter Druck hält, daß man einen Strom von Öl und koksbildender Materie aus den erhitzten unteren Partien des Kessels absaugt, daß man diesen Strom filtriert, um koksbildendes Material vom Öl zu trennen, daß man gleichzeitig den Strom von Öl und koksbildender Materie auf der Temperatur des Kesselinhalts hält und das filtrierte Öl in denselben Ölkessel ablaufen läßt, wobei der zirkulierende Strom völlig im Kessel eingeschlossen ist, um Abkühlung des Öles zu vermeiden.

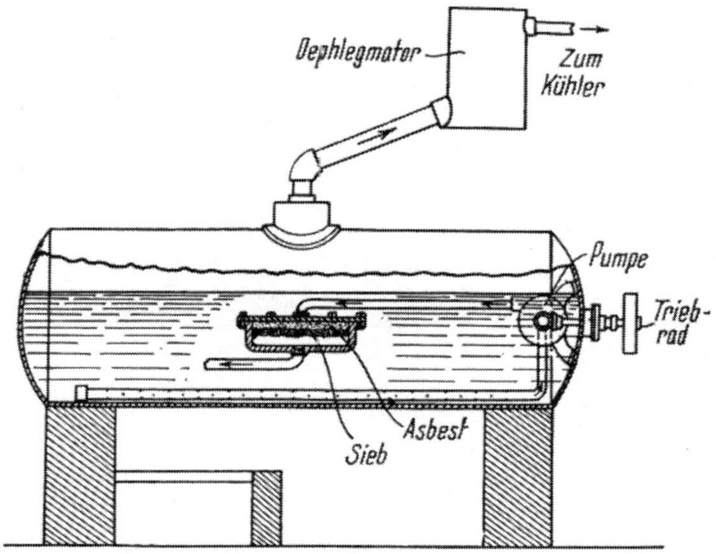

Abb. 47.

Wie aus der Abbildung 47 ersichtlich, wird das Öl von einer Pumpe durch ein perforiertes Rohr vom Boden des Kessels angesaugt und durch ein Filter aus Fullererde, Asbest etc., das unter der Oberfläche der Ölmasse des Kessels angeordnet ist, wieder in den Kessel zurückgedrückt. — Dadurch soll der Kesselboden von Koksansammlung befreit und die Lebensdauer des Kessels verlängert werden. Indessen geht der Krackprozeß unter Druck in der bekannten Weise von statten: Durch ein schrägaufsteigendes, in einem Rückflußkondensator mündendes Rohr steigen die Destillatdämpfe auf, um nach Passieren des Kondensators durch den Kühler verflüssigt in die Vorlagen zu treten. —

Das Filter bewirkt, daß sich keine nennenswerten Mengen von Koks auf dem Kesselboden absetzen. —

1 374 357 J. W. Coast jr., Tulsa, Oklahoma; übertragen auf die „Process
31. 5. 1917 Company“, Tulsa. —
12. 4. 1921

Apparat zur Behandlung von Kohlenwasserstoffen.

An einen Krackkessel ist ein Kondensator angeschlossen, der eine Anzahl Hindernisse enthält, welche die Dämpfe zwingen, an luftgekühlten Röhren hinauf und hinunter zu streichen, so daß der Weg der Dämpfe erheblich verlängert wird.

In Fig. 2 der Abb. No. 48 (Anhang) wird der Gang der durch das Rohr 3 eintretenden Dämpfe durch Pfeile angedeutet, während aus Fig. 3 die Anordnung der luftgekühlten Röhren ersichtlich ist. Die Fraktionierung der Dämpfe geht aus Fig. 1 hervor.

1 372 937 J. W. Coast jr., Tulsa, Oklahoma; übertragen auf die „Process
22. 5. 1917 Company", Tulsa. —
pat. 29. 3. 1921

Apparat zum Kracken von Kohlenwasserstoffen.

Eine Vorrichtung, um zu verhindern, daß der gebildete Koks sich am Boden eines horizontalen zylindrischen Krackkessels ansammelt, durch ein entsprechend konstruiertes, horizontales Rührwerk gekennzeichnet, das mit Kratzern versehen ist, die den Koks in Bewegung erhalten und die Flüssigkeit durchrühren. Nach Beendigung des Prozesses kann der abgesetzte Koks leicht entfernt werden.

1 379 333 J. W. Coast jr., Tulsa, Oklahoma; übertragen auf die „Process
22. 5. 1917 Company", Tulsa. —
24. 5. 1921

Kracken von Kohlenwasserstoffen.

Anspruch:

Ein Verfahren zur Entfernung von flüssigen und festen Rückständen aus zylindrischen Krackkesseln, dadurch gekennzeichnet, daß man die frei fließenden Anteile vom Rückstand entfernt, daß man eine feuchte Masse von kokshaltigem Rückstand im Kessel beläßt, daß man darauf den Koks oder Kohlenstoff trocknet und gleichzeitig durchrührt, indem man ihn quer zum runden Boden hin und her bewegt, und darauf den trockenen Koks aus dem Kessel entfernt.

Es ist eine von außen zu betätigende, an einer Längsachse, die durch den Kessel geht, angeordnete Schabe- oder Kratzvorichtung angebracht, die, wie im Anspruch dargelegt, wirkt. —

1 400 800 J. W. Coast jr., Tulsa, Oklahoma; übertragen auf die „Process
27. 9. 1917 Company", Tulsa. —
20 12 1921

Verfahren zum Kracken von Kohlenwasserstoffen.

Anspruch:

Verfahren zur Herstellung von Gasolin, derart, daß man Kohlenwasserstoffe krackt und destilliert, die erzielten Destillate unter Vakuum setzt, so daß die leichtesten und flüchtigsten Fraktionen dampfförmig abgezogen werden, daß man danach das dabei zurückbleibende Destillat raffiniert und hierauf das obige Dampfgemisch wieder zum raffinierten Destillat hinzugibt, indem man die Komponenten unter Druck mischt, so daß man die raffinierten Kohlenwasserstoffe mit den flüchtigen Fraktionen vereinigt. —

Hierdurch wird verhindert, daß sich die leichtesten Anteile während der Raffination und der darauf folgenden Behandlung verflüchtigen.

1 506 444 D. Pyzel, Piedmont, Kalifornien.
18. 5. 1921
26. 8. 1924

Raffination von Öl.

Anspruch:

Verfahren zum Kracken von Öl, dadurch gekennzeichnet, daß man Öl auf Kracktemperatur unter Druck bringt, davon kontinuierlich Dämpfe abläßt und ebenso kontinuierlich frisches Öl zuführt, um das Volumen des zu krackende Öles zu erhalten, daß man ebenfalls stetig Öl der Hauptmenge entzieht, um zu verhindern, daß sich diese zu sehr an freiem Kohlenstoff anreichert; daß man in dieses so entzogene Öl Dampf einbläst, um einen Schaum zu bilden, und daß man danach diesen Schaum als dünnen Film nach Aufhebung des Druckes ausbreitet, solange er noch die Kracktemperatur der Hauptmenge des Öles hat, und daß man kontinuierlich die Dämpfe, die aus diesem so abgezogenen Öle nach Aufhebung des Druckes entstehen, abläßt. — —

Die Entfernung des Öles aus dem Krackkessel dient dazu, die Ansammlung von Kohlenstoff zu verhindern. Das abgelassene Öl wird durch überhitzten Dampf in Schaum verwandelt und durch fast völlige Aufhebung des Druckes zur Destillation gebracht. Durch Regelung von Zu- und Abfluß des Öles gestaltet sich der Vorgang kontinuierlich. —

Unten am Krackkessel, der sonst eine der üblichen Konstruktionen zeigen kann, befindet sich der Ölauslaß, der durch ein Ventil entsprechend regulierbar ist und der in eine Apparatur führt, welche bezweckt, daß der durch den eingeführten überhitzten Dampf gebildete Schaum sich über konische Verteilungskörper ausbreitet und dabei die leichten Dämpfe in üblicher Weise entweichen läßt, die dann kondensiert werden, während die schweren Anteile, an Kohlenstoff angereichert, besonders aufgefangen werden.

1 324 766 Richard Fleming, Massachusetts.
17. 11. 1916
9. 12. 1919

Umwandlung von Kohlenwasserstoff.

Anspruch:

5. Ein Verfahren zum Spalten, darin bestehend, daß man einen Kohlenwasserstoff, der zwischen 180 und 350° C destilliert, verdampft und die Dämpfe unter einem Druck von 75—100 Pfd. (5—7 Atm.) durch einen andern Kohlenwasserstoff leitet, der auf 350° C oder darüber erhitzt ist. —

Der obere und untere Kessel (Abb. 49 Anhang) sind mit schweren Residuen von 12—20° Bé gefüllt, die durch 7 in vorgeheiztem Zustand eintreten, während leichte Destillate durch 8 eintreten. — Der Prozeß geht kontinuierlich. Das „Bad“ von schwerem Öl wird auf konstanter Temperatur erhalten unter mäßigem Druck. Dadurch soll auch die Bildung von ungesättigten Verbindungen beschränkt werden. — Eine Redestillation des Produkts aus Pechrückstand und Water-White-Destillat von 43° Bé ergab 64% Rohgasolin. —

Brit. 174088 **Gulf Refining Company** und **W. F. Faragher** und **W.**
15. 1. 1921 U. S. A. **A. Gruse**, Pittsburgh.
14. 1. 1922 England
15. 2. 1923 Compl. Acc.

Verfahren und Apparat zum Spalten von Kohlenwasserstoffölen und dgl.

Ansprüche:

1. Verfahren zum Spalten von Ölen in einem horizontal-gelagerten Kessel, in dem Öl auf Kracktemperatur und Druck erhitzt wird, gekennzeichnet durch die Einführung von Gasströmen in den Kessel, die nach dem Prinzip der aufsteigenden Luft wirken, derart, daß die Ölmasse in eine Reihe von Abteilungen geteilt wird und eine longitudinale und vertikale Zirkulation bewirkt wird. —

Die in Abb. 50 Fig. 2 (Anhang) abgebildeten Hindernisse lassen den Zweck der Erfindung ohne weiteres erkennen. —

174085 Brit. **Gulf Refining Company**, Pittsburgh u. **W. F. Faragher**
15. 1. 1921 U. S. A. u. **W. A. Gruse**, Mellon Institute Pittsburgh of
14. 1. 1922 England Industrie Research.
15. 2. 1923 Compl. Acc.

Verfahren und Apparat zum Spalten von Kohlenwasserstoffölen, Steinkohlenteer und dgl.

Ansprüche:

1. Verfahren zum Kracken von Ölen in einer geschlossenen Kammer mit heizbaren Wandungen, dadurch gekennzeichnet, daß man das Öl an diesen Wandungen in Zirkulation setzt, indem man einen Strom oder Ströme von Gas, das nach dem „air lift" Prinzip — (Prinzip der aufsteigenden Luft) wirkt, einleitet.

Nach 2. wird das Verfahren in einem vertikalen Rohrkessel unter Kracktemperatur und Druck ausgeführt.

Nach 4. werden die erforderlichen Gase während des Krackprozesses erzeugt.

In vertikale Krackretorten wird Gas — z. B. Krackgas, eingeblasen, um das Öl zu lebhafter Zirkulation zu bringen und Ansetzen von Koks an den Wandungen zu verhindern. Das Gas wird entweder mittels einer Düse am Fuße der Retorte eingeblasen oder es wird durch Einsetzung eines Hohlkörpers in die Retorte zwischen Hohlkörper und Retortenwand ein ringförmiger Raum geschaffen, in welchem das Gas aufwirbelt. — **S. Abb. 50 und 51 (Anhang).**

174086 Brit. **Gulf Refining Company**, Pittsburgh mit **W. F. Faragher**
15. 1. 1921 U. S. A. und **W. A. Gruse.**
24. 1. 1923 England
22. 3. 1923 Compl. Acc.

Verfahren und Apparat zum Spalten von Kohlenwasserstoffölen, Kohlenteer und dgl.

Ansprüche:

1. Verfahren zum Spalten von Ölen in einem Kessel vom Wasserrohrkesseltyp, dadurch gekennzeichnet, daß ein Strom oder Ströme von Gas,

das nach dem Luftaufstiegprinzip wirkt, eingeleitet werden, um Zirkulation des Öles auf einem bestimmten abgeschlossenen Weg durch die erhitzten Rohre zu befördern. —

Nach 4. werden die Gase oder Dämpfe, welche die Zirkulation befördern, durch Anwendung elektrischer Heizvorrichtungen erhalten.

Es können Krackgase, Grubenkopfgase, Naturgas etc. oder Dampf zur Anwendung gelangen. —

In Zeichnung No. 51 (Anhang) ist der Kessel abgebildet und die Zirkulation durch die Pfeile angedeutet.

Im Rohre 5 kann das Öl durch einen besonderen elektrischen Widerstand zum Kracken gebracht werden, nach dem das Öl vorher in den Rohren 6 bis nahe an die Kracktemperatur erhitzt wurde, unter einem Druck von 60—500 Pfd. pro Quadratzoll. Es sei auf die Ähnlichkeit mit dem Clark-Prozeß (Abb. 38) verwiesen. —

174 087 Brit. Gulf Refining Company, Pittsburgh mit W. F. Faragher
15. 1. 1921 U. S. A. und W. A. Gruse.
24. 1. 1922 England
22. 3. 1923 Compl. Arr.

Verfahren und Apparat zum Spalten von Kohlenwasserstoffölen, Kohlenteer und dgl.

Ansprüche:

1. Verfahren zum Kracken von Ölen in einem horizontal gelagerten Kessel, der durch äußere Wärme geheizt wird, dadurch gekennzeichnet, daß

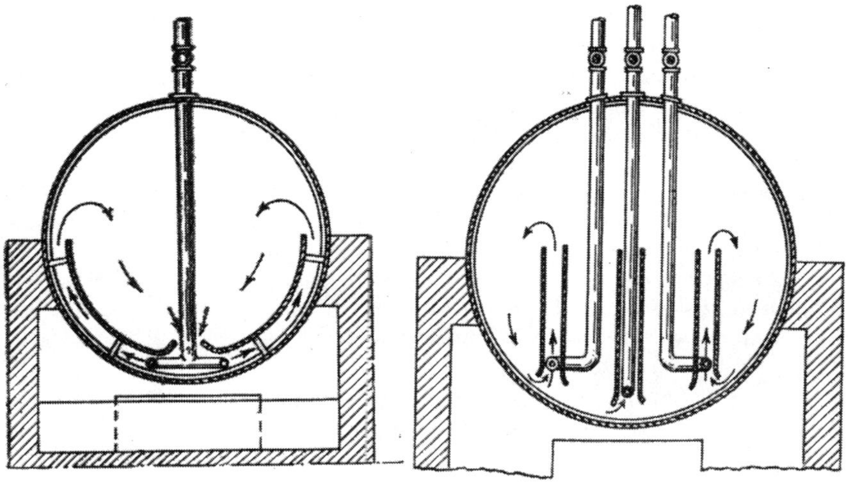

Fig. 1. Fig. 2.

Abb. 52.

Gasströme, die nach dem Prinzip der aufsteigenden Luft wirken, eingeleitet werden, die bewirken, daß das Öl längs der Bodenwände des Kessels, in entgegengesetzten Richtungen, zur Mittellinie des Kessels hin und von ihr fort, fließt.

Nach 2. ist das Verfahren durch längliche Vorrichtungen charakterisiert, welche die Ölmasse teilen, so daß sie auf verschiedenen Wegen zirkulieren muß. Fig. 1 und 2 Abb. 52 veranschaulichen diese Vorrichtungen.

Die Patente schützen die Einführung von Gasen in vertikale, gemischte und horizontale Kessel.

1 428 338 F. T. Manley, Houston, Texas; übertragen an Texas Oil Comp.
10. 10. 1917 of New York.
5. 9. 1922

Apparat zum Kracken von Kohlenwasserstoffölen.

Anspruch:

9. Ein Apparat zum Kracken von Kohlenwasserstoffölen, gekennzeichnet durch einen Krackkessel, der unter Druck gehalten wird, Vorrichtungen um ihn — mit Ausnahme der beiden Enden — auf Kracktemperatur zu bringen, durch ein Rohr, welches einen Strom des zu verarbeitenden Öles unter Druck dem unteren Ende des Krackkessels zuführt, — durch Vorrichtungen zum Auffangen der entwickelten Dämpfe und zum Abscheiden der schwereren Verbindungen daraus — wobei ein Rücklaufrohr direkt die Abscheider und das obige Zuflußrohr verbindet, um das Kondensat wieder in den unteren Teil des Kessels zurückzuführen, und durch Vorrichtungen, mittels welcher man das Kondensat zwingt, in das zu verarbeitende Öl, das durch jenes Zuflußrohr geht, einzutreten. — —

Aus Skizze 53 (Anhang) ist der Gang des Verfahrens ohne weiteres ersichtlich.

Der stehende Krackkessel 4 ist mit einer Vorrichtung (Fig. 2) versehen, um den an den Wänden abgesetzten Kohlenstoff zu entfernen. Der Prozeß soll bei 650—800° F ausgeführt werden, bei einem Druck von 100—300 Pfd./Zoll².

Nach Leslie (Motor Fuels, New York 1923, S. 368) arbeiten seit 1920 bei der Raffinerie der Texas Company zu Port Arthur 24 Batterien Holmes-Manley-kessel*), eine jede Batterie zu 4 Kesseln; jeder Kessel hat 3 Fuß Durchmesser und ist 40 Fuß hoch. 27% der Charge werden in „Navy Gasolin" umgewandelt.

1 428 339 F. T. Manley, Houston, Texas; übertragen an Texas Oil
10. 10. 1917 Comp. of New York.
5. 9. 1922

Verfahren zum Kracken von Kohlenwasserstoffölen.

Anspruch:

1. Kontinuierliches Verfahren zum Kracken von Kohlenwasserstoffölen von vergleichsweise niedrigen Siedepunkten, dadurch gekennzeichnet, daß man diese Öle in Berührung mit höher siedenden Kohlenwasserstoffölen in einer horizontalen länglichen Schicht bringt, die auf einer Temperatur gehalten werden, welche Verdampfung und Zersetzung des niedrig siedenden Öles bewirkt, daß man die erzeugten Dämpfe in Kontakt mit der langgedehnten Oberfläche des genannten höher siedenden heißen Kohlenwasserstofföles bringt und die Überhitzung der Dämpfe, während sie über jene längliche Fläche streichen, verhindert, aber eine möglichst gleichmäßige Temperatur aufrechthält, hoch genug, um das Kracken der Dämpfe weiter zu bewirken. —

Das Verfahren ähnelt dem vorigen, nur ist der vertikale Krackkessel durch einen horizontalen ersetzt.

*) s. L. Singer Chem. Ztg. 51. 170.

Es wird ein hochsiedendes Öl von 26° Bé (0,900) Siedebeginn 445° F (232° C) im Kessel zum Sieden erhitzt, bis die Temperatur im Öl 700° F (370° C) beträgt. Ein niedriger siedendes Öl z. B. ein Destillat, aus dem alle leichten Produkte, Gasolin etc. abgetrieben sind, von 39° Bé (0,835) wird dann in den Kessel eingeführt.

Ein gewisser Druck wird ständig im Kessel gehalten, was durch Regelung des Ventils hinter dem Kondensator erzielt wird. — Das Destillat wird also auf diese Weise in Berührung mit dem heißen Öl gekrackt und die Dämpfe sollen dann noch weiter an den heißen Kesselwandungen in gasolinartige Produkte und Gase zerlegt werden. —

Der gebildete Koks wird von Zeit zu Zeit abgezogen.

Die Länge des Krackkessels soll 25—50 Fuß (7—14 m) betragen.

Nach der Auseinandersetzung in Patent 1 429 910 (Berry)*) gehen die Zersetzungspunkte mit wachsendem Molekül des Kohlenwasserstoffs herunter. Nach dem in diesem Patente beobachteten Prinzip sollen sich leichte Kohlenwasserstoffe (die also höhere Zersetzungstemperatur haben) bei einer Temperatur zersetzen, bei welcher die schwereren im wesentlichen stabil bleiben. — Das ist ein Widerspruch, dessen Aufklärung wünschenswert erscheint. Allerdings handelt es sich in 1 429 910 nur um reine Aliphaten. Naphthene dürften etwas beständiger sein.

1 420 832 R. D. George, Boulder, Colorado.
14. 9. 1921
27. 6. 1922

Verfahren zum Kracken von Öl.

Anspruch:

2. Verfahren, darin bestehend, daß man schwere Kohlenwasserstofföle, in kontinuierlichem Strom durch einen vertikalen Kessel begriffen, auf Kracktemperatur erhitzt, daß man das heiße Öl vom oberen Teil des Kessels in eine Abscheidekammer bringt, in der ein gewisser Vorrat heißen Öles auf einem Niveau oberhalb des Kessels gehalten wird, wo sich die Dämpfe vom Öl trennen und gesammelt und kondensiert werden, daß man das heiße Öl aus jenem Vorrat in einen Kohlenabscheider bringt und das gereinigte Öl aus dem Kohlenabscheider in den unteren Teil des Kessels zurückgehen läßt, wobei man den Gehalt an freiem Kohlenstoff im gereinigten Öl unter 1% hält. — —

Das Verfahren sei an Hand der Abb. 54 (Anhang) erläutert.

St. (links) ist ein vertikaler mit einer Rührschnecke versehener Krackkessel, der in seinem oberen und unteren Teile nicht von der Heizung umgeben ist, und in den durch den Injektor und das Rohr I aus dem Heißöltank C das Rohmaterial eingeführt wird. A, A sind Rohölreservoire, aus denen das Öl, durch die Schlangenvorwärmer d, e, f erwärmt, in das genannte Reservoir C fließt. — Aus St gelangt das gekrackte Öl in den Separator S, wo Dämpfe entbunden und z. T. wieder kondensiert werden und mit dem Ölvorrat 14 in den Kohlenabscheider K gelangen. — Der ausgeschiedene Koksschlamm wird also sowohl im Kessel bei 12 als auch im Kohlenabscheider K bei 16 abgezogen. Das in K auf diese Weise gereinigte Öl geht durch das Rohr n wieder in den Krackkessel zurück. —

*) s. S. 156.

Der Separator enthält ein kompliziertes System von Hindernissen sowie eine Streudüse m und ist mit Isolierplatten versehen. Durch die Isolierung und die Geschwindigkeit, mit der das kühlere Öl durch die Schlangen läuft, wird die Wärme im Separator und damit die Wirkung des Krackprozesses geregelt. —

Als Beispiel wird die Destillation eines „Burkbarnett-Texas-Öles" angeführt. Dasselbe hat 39—41° Bé (ca. 0,830) und liefert 40 % Gasolin bis zum Endsiedepunkt 410° F (210° C) und ca. 16 % Petroleum von 42—44° Bé (ca. 0,814). Nach dem diese wie üblich abgetrieben sind, werden die folgenden 20 % als Gasöl oder Paraffin für den vorliegenden Prozeß als Ausgangsmaterial verwendet. Unter einem Druck von 86 Pfund wird die Temperatur im Kessel auf 745° F (ca. 400° C) gehalten. Am Fuße des Separators herrschen 670° F (ca. 354° C): Gasverlust ist weniger als 1%, Gasolinausbeute: 78—79%. Koks als Schlamm 20%, wovon die Hälfte Öl ist. —

Das Verfahren ist lt. Beschreibung nahezu in allen Patente erteilenden Staaten angemeldet bzw. erteilt.

Brit. 235 564 — Motor Fuel Corporation, Franklin, Pennsylvanien.
16. 6. 1924
9. 6. 1925

Kracken von Kohlenwasserstoffen.

Schwere Kohlenwasserstoffe, wie Heizöl oder Kerosindestillat werden zwecks Gewinnung leichter Öle auf Kracktemperatur bei einem Drucke, der ausreicht, um die flüssige Phase aufrecht zu erhalten, erhitzt. Noch unter Druck wird auf normale Temperatur heruntergekühlt, darauf der Druck abgestellt, so daß die permanenten Gase entweichen können. Das dabei zurückbleibende Öl wird destilliert und zwar, indem es mit dem erhitzten Öl in Wärmeaustausch gebracht wird. — —

600 168 Frz. P — The Motor Fuel Corporation, U. S. A.; s. vorstehendes Brit. 235 564.
12. 6. 1925
1. 2. 1926

Verfahren und Anlagen zum Kracken und Destillieren schwerer Öle.

1 364 443 — J. W. Lewis, Philadelphia; übertragen auf die Atlantic Refining Company, Philadelphia. —
19. 4. 1917
4. 1. 1921

Verfahren und Apparat zur Behandlung von Petroleum. —

Anspruch:

1. (30 Ansprüche) Verfahren zur Gewinnung leichterer Öle aus schwerem Petroleum, dadurch gekennzeichnet, daß man letzteres einer Kracktemperatur unter Überdruck unterwirft, den Druck der entstandenen Dämpfe auf einen wesentlich geringeren Grad — der aber noch über dem atmosphärischen Druck liegt — senkt, und daß man diese Dämpfe unter diesem mittleren Druck zur Flüssigkeit kondensiert. —

Das Verfahren ist in der Patentschrift ausführlich beschrieben und durch 8 Abbildungen erläutert, die hier aus Raummangel nicht wiedergegeben werden können. Technische Fortschritte sind im einzelnen nicht ersichtlich, abgesehen von einem automatisch den Druck in jedem der 4 Kessel regelnden Ventil. Ein Schema für die Arbeitsweise sei hier wiedergegeben.*)

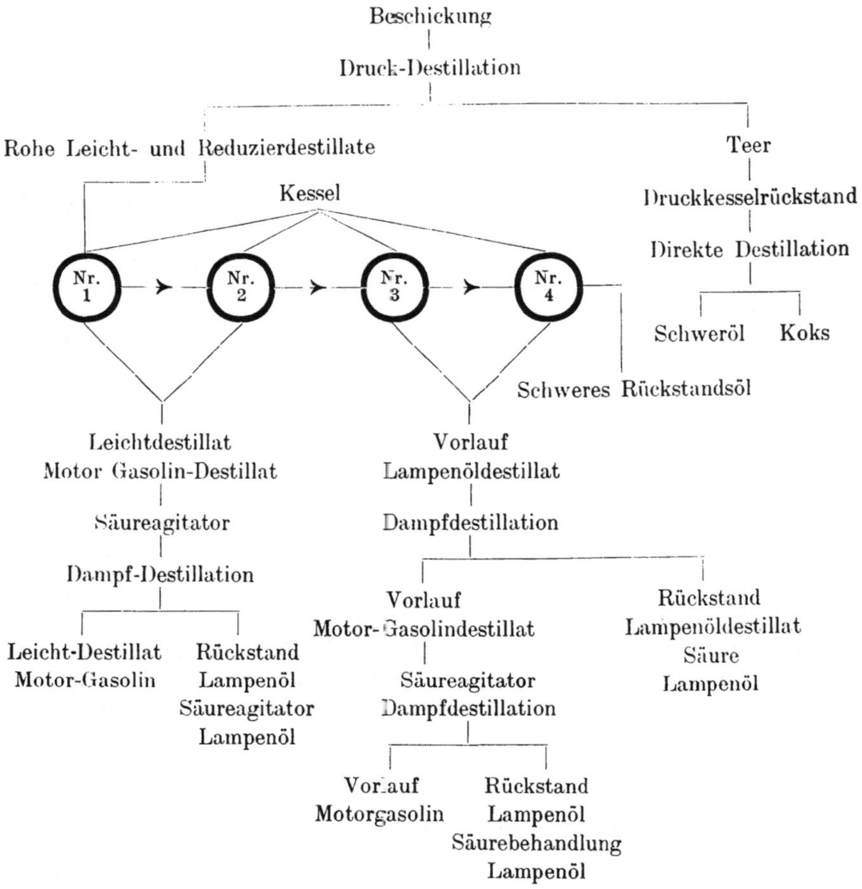

1 485 565 — 17. 3. 1921 — 4. 3. 1924

William F. Muehl; übertragen auf Interstate Refineries. Inc., Kansas City.

Apparat zur Umwandlung von schweren in leichtere Kohlenwasserstoffe.

Anspruch:

1. Ein Apparat zur Umwandlung von schweren in leichtere Kohlenwasserstoffe, gekennzeichnet durch einen Kessel, Vorrichtungen um den Kessel auf Verdampftemperatur zu heizen, ein Apparat zur Trennung nach dem spezif. Gewicht (Separator), Vorrichtungen zur Überführung von Rückstandsöl zu jenem Apparat, einen Behälter, eine Leitung, durch die Öl vom Separator zu diesem Behälter fließen kann, um heißes Öl dahin zu führen, eine Vorwärmerschlange

*) Leslie rechnet diesen Prozeß, ohne dafür Gründe anzugeben, zu den wichtigeren Krackverfahren. (Motor Fuels 381). Nach einem dort citierten Aufsatz v. Dr. Delbridge soll er Gasolin in beträchtlicher Menge liefern.

in dem Behälter, Vorrichtungen, um Rohöl in diese Schlange zu bringen, — ein Turm mit Vorwärmer und dem Kessel verbunden, an dessen einem Ende der Ölzutritt vom Vorwärmer und an dessen anderen Ende der Ölaustritt zum Kessel befindlich ist, ein Dampfauslaß am anderen Ende des Turmes, mit welchem ein Kühler verbunden ist, und Vorrichtungen, in dem Turm einen Gegenstrom von Öl und Dampf zu bewirken. —

Aus dem Vorratstank 1 (Abb. 55 und 56, Anhang) wird Rohmaterial durch die Pumpe 3 in Kessel 6 gefördert. Das Material wird unter einem Druck von 100 Pfd. (7 Atm.) auf etwas über 750° F (400° C) erhitzt, wobei die Dämpfe durch 12, 13 in den Turm 14 treten, aus diesem in den Kühler 17, usw.

Durch die Pumpe 21 wird das Öl durch die Meßapparat 23 in den Wärmeaustauscher 25 gefördert, in welchem eine Vorwärmschlange 26 aufsteigt. In diesen Behälter tritt Rückstandsöl aus Kessel 6 bei etwa 600° F (316° C) unter 100 Pfd. Druck und expandiert darin, da 25 nicht unter Druck steht, so daß die leichteren Anteile des Öles in den Kühler entweichen und dort zu flüssiger Phase, etwa zu Gasöl, kondensiert werden und als frisches Öl wieder in das System zurückgelangen. Das Gasöl geht durch die Schlange 26, die Leitung 27 und hat dabei etwa 300° F (= 149° C). So kommt es im Turm 14 durch eine Verteileranlage in direkte Berührung mit den aus Kessel 6 aufsteigenden Dämpfen von 750° F (= 400° C). Die Dämpfe nehmen alle bis zu 500° F(260° C) siedenden Anteile mit. Das im Turm 14 kondensierte Öl fließt in eine innerhalb des Kessels 6 angeordnete röhrenförmige Kammer 29 durch das Rohr 30. Die Kammer ist gleichzeitig die Achse für die im Kessel rotierenden Koksabkratzer und dient zur weiteren Vorwärmung des vom Turm kommenden Öles, bevor es durch das Rohr 32 auf den Boden des Kessels gelangt.

Im Tank 25 wird Koks und Teer durch den Druckabfall — bei welchem die flüchtigeren Anteile verdampfen — angesammelt und kommt, durch eine Kühlschlange 55/56 abgelassen, als Heizmaterial für die Anlage zur Verwendung. —

1 449 452 Horace B. Setzler, Coffeyville, Kansas; übertragen auf die
14. 1. 1918 „National Refining Company", Cleveland.
27. 3. 1923

Apparat zur Behandlung von Kohlenwasserstoff-Derivaten.

Anspruch:

Ein Apparat zur Behandlung von Kohlenwasserstoffen, gekennzeichnet durch die Verbindung eines Druckkessels mit einem zweigliedrigen Kondensapparat, der direkt über dem Kessel angeschlossen ist und von dem das erste Glied sich in den Kessel entleert, während das andere im Kühlschlangen mündet; durch weitere Schlangen, die durch die genannten 2 Glieder gehen und durch ein Zuführungsrohr, das mit den letztgenannten Schlangen verbunden ist, das zur Speisung von Kohlenwasserstoffen durch den Kondensapparat in den Druckkessel dient, wobei die Temperatur in beiden Gliedern gleichmäßig hochgehalten und Wärmeverlust vermieden wird. —

Aus dem Druckkessel (s. Abb. 57, Anhang) steigen die Dämpfe durch die Kondensatoren c, c^1 und werden im Wasserkühler verflüssigt. Auf umgekehrtem

Wege wird frisches Öl mittels der Pumpe f durch die Kondensatorschlangen in den Druckkessel gepumpt, der außerdem mit einem Rührwerk versehen ist.

Es wird z. B. Gasöl bei 700—750° F (370—400° C) und einem Druck von 60—100 Pfd. auf den Quadratzoll gekrackt. —

1 494 191 Horace B. Setzler, Coffeyville, Kansas; übertragen auf die
22. 10. 1915 „National Refining Company", Cleveland.
13. 5. 1924

Verfahren zur Behandlung von Petroleum und Petroleum-Derivaten.

Anspruch:

1. Ein Verfahren zur Behandlung von Petroleum oder seinen Derivaten, darin bestehend, daß man diese in eine geschlossene Retorte einführt, Temperatur und Druck zum Abspalten des Gasolins daraus herstellt und gleichzeitig das Innere der Retorte der Wirkung einer beweglichen Vorrichtung zum Abschaben und Rühren unterwirft, wodurch Koks abgesondert und suspendiert erhalten und die Reaktion gefördert wird. — —

Gasöl wird in einer mit besonderen Vorrichtungen zum Abschaben und Durchrühren entstandenen Kohlenstoffs versehenen Retorte dem Krackdruck (100 Pfd.) und entsprechender Temperatur (730° F = 388° C) unterworfen. Der so sich ausscheidende fein verteilte Kohlenstoff wirkt wie ein Katalysator auf die Spaltung des Gasöls und erzeugt Verbindungen mit Siedepunkten von 80—350° F (26,6—176,6° C) ca. 0,755 spezif. Gew.

Als Rührvorrichtung dienen schraubenförmig angeordnete Glieder, die mit Ketten versehen sind, die an den Wänden des Kessels schleifen (vgl. Abb. 57).

Das Verfahren ist eine Vorstufe des vorigen. —

1 431 246 Wilhelm Münder, Eislingen, Württemberg; übertragen auf
31. 12. 1915 Chemical Foundation Inc., A. Corporation of Delaware.
10. 10. 1922

Verfahren und Apparat zur Gewinnung von Kohlenwasserstoffen.

Anspruch:

1. Verfahren zur Gewinnung von leichten Kohlenwasserstoffen, frei von Schwefel, Asphalt und Wasser, dadurch gekennzeichnet, daß man schwere Kohlenwasserstoffe und ihre Rückstände einer ersten Destillation, etwa unter Atmosphärendruck, unterwirft, die Dämpfe kondensiert und dann mit kontinuierlicher Destillation im Autoklaven unter höherem als Atmosphärendruck erhitzt.

Durch Erhitzen von Rohöl oder anderem Rohmaterial unter leichtem Überdruck wird ein Destillationsprodukt erzeugt, daß nur noch geringe Mengen von Schwefel und keinen Asphalt mehr enthält. Der Schwefel wird in der Hauptsache als Schwefelwasserstoff abgespalten, der Asphalt bleibt in dem Destillierkessel bzw. als Koks zurück. — Die Destillate werden in einen Autoklaven gepumpt, der zweckmäßig unter einem Drucke von 15 Atmosphären bei einer Temperatur zwischen 300 und 400° C die Primärdestillate weiter krackt in Kohlenwasserstoffe, die frei von Schwefel und Asphalt zum größten Teil zwischen 40 und 200° C destillieren, während der Rest bis 280° übergeht.

Die Ausbeute an diesen Kohlenwasserstoffen beträgt 90 % vom Ausgangsmaterial. Durch wechselweisen Betrieb, von 2 primären Krackkesseln, wird der Gang des Verfahrens kontinuierlich. — Im Autoklaven soll sich kein Koks weiter absetzen. — (Patentschrift S. 2 Z. 29. 30: „a segregation of coke in the autoclave no longer takes place in consequence of the preliminary treatment".) —

1 440 996 — U l y s s e s S. J e n k i n s und S t e p h a n S c h w a r t z, Arkansas City.*)
4. 11. 1918
2. 1. 1923

Verfahren zur Behandlung schwerer Kohlenwasserstoffe.

A n s p r u c h :

7. Ein Verfahren zur k o n t i n u i e r l i c h e n destruktiven Destillation von Rohölfraktionen, welches darin besteht, daß man Öl einer Anzahl von Druckkesseln zuführt, die in Serien geschaltet sind, daß man das erste Druckdestillat entfernt bis das (spezif.) Gewicht des zurückbleibenden Öles nach und nach in den verschiedenen Kesseln auf höhere — vorherbestimmte Grade kommt; daß man das spezif. Gewicht im ersten Kessel wesentlich konstant hält, dadurch, daß man frisches Öl niederen spezif. Gewichtes zugibt, daß man die allmählich entsprechend zunehmenden Dichten der übrigen Kessel in jedem relativ konstant erhält durch Zufügung von leichterem Öl, aus dem vorhergehenden Kessel und daß man das Öl aus dem letzten Kessel entfernt, dessen Gewicht so hoch ist, daß es keine günstige Ausbeute an Gasolin mehr gibt. —

In der Abb. Nr. 58 (Anhang) sind 4 miteinander verbundene Kessel, die nach Patent 1 226 526 und 1 247 883 gebaut sind, gezeigt, die aus den Trommeln 2 und 3 durch Rohre 6 miteinander verbunden, aus den Verbindungsstücken 4 und 5, die in den Hauptkessel 1 münden, bestehen und in denen das Öl in einem Kreislauf gehalten wird.

Die Kessel werden mit einer schweren Rohölfraktion von 500° F und 34° Bé beschickt, dann auf 700° F unter 135 Pfd. (9 Atm.) Druck gebracht. Man erhält ein Druckdestillat von 50° Bé (0,785), das zu 75 % in Gasolin umgewandelt ist. Hierbei hat das Rückstandsöl im Kessel 28—29° Bé (0,885). Dann wird 34° Bé — Öl zugefüllt und soviel Öl abgezogen durch 10, daß der erste Kessel konstant auf 28—29° Bé gehalten wird. In dieser Weise wird weiter, wie in Anspruch 7 auseinandergesetzt, verfahren. —

Bei der praktischen Anwendung erhielt der Erfinder ein Druckdestillat, von dem 35 % als Gasolin gewonnen werden konnten. —

Nach W. C. B l a c k (Petr. Magazin 1921, 80) ist die besondere Eigenschaft des Jenkinsverfahrens die schnelle Hitzeübertragung auf das Öl und dementsprechend seine große Leistungsfähigkeit in der Zeiteinheit. Während eine Charge von 250 Barrels in einem gewöhnlichen Druckkessel in 48 Stunden abläuft, bewältigt ein Jenkinskessel von 235 Barrels in der üblichen halbkontinuierlichen Betriebsweise 1000 Barrels in 24 Stunden und arbeitet in dieser Weise weiter bis er behufs Reinigung abgekühlt werden muß. 10 Jenkinskessel ersetzen so 50 gewöhnliche Druckkessel.

*) Frühere Patente 1 226 526; 1 247 883; 1 321 749.

Jenkins (Chem. Met. Eng. 23. 1920, 524) gibt folgende Daten:

Naturgas zur Heizung bei 2½ Pfd. Druck	175 975	Kubikfuß.
Zeit zum Anheizen und Destillieren:	56½	Stunde.
Gesamtfüllung von Gasöl 33,4° Bé	44 467	Gallonen.

Produkte:

Gasolin	56—58° Bé	Siedegrenzen 130—450° F,	29,2	%
Naphtha	48° Bé	—470° „	9,1	„
Kerosin	39,4° Bé		32,—	„
Gasöl	35° Bé		3,7	„
Druckkesselrückstand			20,7	„
Koks			1,5	„
Gas und Verlust			3,8	„

1 546 055 W. E. und H. W. Wilson, San Pedro bzw. El Segundo,
1. 2. 1922 Kalifornien.
14. 7. 1925

Apparat zur Behandlung von Kohlenwasserstoffen.

Anspruch:

1. Apparat zur Behandlung von Kohlenwasserstoffen, gekennzeichnet durch eine Kammer mit Zugangs- und Abgangsöffnungen, die in eine Anzahl von Abteilungen geteilt sind, wobei die Scheidewände nahe dem Boden mit Öffnungen versehen sind und jede Abteilung mit einem Dampfauslaß; durch Vorrichtungen das Niveau in den verschiedenen Abteilungen konstant zu halten, durch eine Anzahl serienweise übereinander liegender Rohre in den Abteilungen, um das Öl darin auf steigende Temperaturen zu erhitzen.

Die Anordnung ist im wesentlichen aus der Zeichnung (59, Anhang) ersichtlich. Als Vorzüge der Anordnung kommen ökonomische Wärmewirtschaft und gute Fraktionierung sowie die Möglichkeit, mit oder ohne Druck zu destillieren, in Betracht.

1 553 168 Eduard W. Isom, Locust Valley, New York; übertragen auf
Original 4. 11. 1918 die Sinclair Refining Company, Chicago.
geteilt 4. 10. 1924
erteilt 8. 9. 1925

Verfahren zum Spalten von Kohlenwasserstoffen.

Ansprüche:

1. Verfahren zum Spalten von Öl in Zirkulations-Druckkesseln, gekennzeichnet durch mechanische Zirkulation des Öles von und zu einem Hauptvorratstank durch einen Heizapparat, dadurch, daß man das Öl in diesem Heizapparat auf Kracktemperatur erhitzt, daß man frisches Öl in das zirkulierende, während des Fortschreitens der Destillation einfließen läßt, und daß man das frische Öl dazu benutzt, die mechanischen Kühlvorrichtungen vor seinem Eintritt in den Kessel zu kühlen. —

Die Zirkulationspumpe, welche das Öl in der Anlage zirkulieren läßt, wird durch eine besondere Vorrichtung gekühlt und öldicht gehalten, nämlich dadurch, daß man frisches Öl durch die meist beanspruchten Teile der Pumpe leitet. —

1 429 622 William B. D. Bensimann, Baltimore.
25. 4. 1917
19. 9. 1922 **Apparat zum Kracken von Ölen.**

Kontinuierliche Kesselkrackanlage.

1 429 623 William B. D. Bensimann, Baltimore.

Apparat zum Kracken von Ölen.

Sei der Vollständigkeit halber erwähnt.

1 403 145 W. T. Bryant, Shreveport, Louisiana.
16. 11. 1917
10. 1. 1922

Behandlung von Petroleum.

Anspruch:

1. Ein Verfahren zur Umwandlung von Ölen in niedriger siedende Kohlenwasserstoffe, darin bestehend, daß man in einem Kessel eine Ölmenge erhitzt, sie unter Druck bei Kracktemperatur verdampft, Dampf unter Druck einführt, und das Öl in heftige Bewegung bringt, um erheblicheres Kracken zu verhindern, daß man dann die Dämpfe durch eine Krackzone treibt, mit einer Geschwindigkeit, die genügt, um wesentlichen Ansatz von Kohlenstoff zu verhindern, und unter wesentlich demselben Druck, wie bei der Verdampfung, daß man dann den Druck auf die gekrackten Dämpfe verringert und dadurch den mitgerissenen Kohlenstoff zum Absetzen bringt und daß man schließlich die kondensierbaren Dämpfe verflüssigt. —

Ein liegender Kessel ist mit einem horizontalen Rührwerk versehen und dadurch das auf Kracktemperatur unter Druck erhitzte Öl in Bewegung gehalten. Hierdurch und durch Einblasen von Dampf wird Kracken verhindert, das erst in der darauffolgenden Überhitzungszone, bei 850—920° F, erfolgt.

1 501 371 Eugene A. Reilly und Robert M. Mc. Lain, Fort Worth,
19. 10. 1921 Texas.
15. 7. 1924

Apparat zum Kracken und Raffinieren von Öl.

Unterhalb eines Kessels zieht sich in mehreren Windungen eine weite, durch mehrere Brenner beheizte, Rohrleitung hin, die in dem Kessel sich in einigen Windungen fortsetzt, und in ein Düsensystem mündet, das durch Sicherheitsventile kontrolliert wird. Eine Pumpe preßt das Öl in die Leitung aus der es durch die Düsen in den Kessel gesprüht wird. Der Druck wird auf 30 Pfund pro Quadratzoll gehalten.

1 582 585 C. P. Dubbs. — Universal Oil Products Company, Chicago.
16. 4. 1917
geteilt 11. 10. 1919
erneuert 15. 7. 1925
erteilt 27. 4. 1926 **Apparat zur Behandlung von Kohlenwasserstoffölen.*)**

Unter den besonderen Merkmalen der Erfindung ist zunächst zu erwähnen ein Apparat, in welchem die teilweise gekrackten Dämpfe beim Austritt aus

*) Die meisten Dubbspatente spalten in Rohren (s. S. 119 ff.) das Vorliegende macht davon eine Ausnahme.

den Kesseln kondensiert und in die Kessel zurückgeleitet werden, wo sie von neuem gekrackt werden, derart, daß die übergehenden Dämpfe von gleichem spezifischen Gewicht sind. — Ferner ein Apparat, in welchem das eintretende frische Öl kontinuierlich durch eine Batterie von Kesseln gepumpt wird, und so steigenden Temperaturen ausgesetzt ist, wobei das eintretende Öl sich an der Rückflußkondensation beteiligt und endlich ein Apparat dieser Art, in welchem das Öl jederzeit unter dem Drucke der von ihm erzeugten Dämpfe destilliert und kondensiert wird.

Die Kessel 2, 3, 4, 5 (Abb. 61, Anhang) sind miteinander verbunden. Auf jedem Kessel ist ein Wärmeaustauschapparat und Kondensator angeordnet, darüber ein Luftkondensator, der mit einem Mantel umgeben ist, dessen Öffnungen 12 nach Bedarf zur Verstärkung der Luftzufuhr dienen. — Das frische Öl tritt durch die Pumpe 37 in die Apparatur und gelangt vorgewärmt in den Kessel.

1 550 892 G. Egloff und H. P. Benner; übertragen auf Universal
20. 8. 1920 Oil Products Company, Chicago.
25. 8. 1925

Verfahren zum Kracken von Petroleumöl.

Anspruch:

2. Verfahren zum Kracken emulgierten Petrolöls, dadurch gekennzeichnet, daß man das Öl einer Oberflächenheizung unterwirft, um es unter Kracktemperatur und Druck zu verdampfen und daß man die erhaltenen Dämpfe kondensiert und auffängt. —

Um das Schäumen bzw. Überschäumen zu verhindern, wird das Öl von der Oberfläche aus in einem Kessel, der eine Anzahl Heizrohre (nach Skizze 62, Anhang) enthält, erhitzt.

1 535 654 G. Egloff und H. P. Benner; übertragen auf Universal
18. 9. 1920 Oil Products Company, Chicago.
29. 4. 1925

Verfahren zur Behandlung von Petroleumöl.

Anspruch:

Ein Verfahren zur Entwässerung und darauf folgender Spaltung von Kohlenwasserstofföl, darin bestehend, daß man eine Ölemulsion in einen Kessel bringt, dieses Öl im Kessel einer Temperatur unter 0° C unterwirft, dadurch, daß man eine Kühllösung durch eine im Kessel liegende geschlossene Röhre fließen läßt, und hierdurch bewirkt, daß sich Wasser und Öl absetzen, daß man das Wasser vom Öl abzieht und daß man das Öl nunmehr durch ein die geschlossene Röhre durchziehendes Heizgas erhitzt, während man es unter Überdruck setzt, um es in diesem Kessel zu spalten.

So kann man ein schweres, emulsioniertes, mexikanisches oder kalifornisches Rohöl auf 0° bis —32° F abkühlen, wodurch die Emulsion gebrochen wird, und das Wasser abziehen. — Dann wird das Öl z. B. auf 750° F unter etwa 150 Pfd. Druck erhitzt und ein wesentlicher Anteil in Gasolin verwandelt.

1 444 128 William F. Muehl, Kansas City, Missouri.
17. 8. 1922
6. 2. 1923 **Apparat zur Umwandlung von Kohlenwasserstoffölen.**
(Siehe das folgende Patent.)

1 444 129 William F. Muehl, Kansas City, Missouri.
17. 8. 1922
6. 2. 1923 **Verfahren zur Umwandlung von Kohlenwasserstoffölen.**

Anspruch:

1. Ein Verfahren zur Umwandlung hochsiedender in niedriger siedende Kohlenwasserstoffe, dadurch gekennzeichnet, daß man das hochsiedende Öl in einen heißen Raum bringt, um es auf Kracktemperatur zu erhitzen, daß man das Öl durch den heißen Raum in senkrecht aufsteigendem Strome hindurchführt, indem man die Durchflußgeschwindigkeit so stark steigert, daß das Öl beim Durchgang durch den heißen Raum nicht gekrackt wird, daß man das so erhitzte Öl aus dem heißen Raum in das Eintrittsende eines horizontalen, länglichen, isolierten Reaktionsbehälters (Digestors) bringt und diesen mit dem Öl bis zum anderen Ende füllt, wobei sich ein beträchtliches Volumen Öl ansammelt, das einen großen Ölkörper in ruhendem Zustand darstellt, längere Zeit ohne weitere Wärmezufuhr bei Kracktemperatur gehalten werden kann und in welchem die Geschwindigkeit des einlaufenden Öles soweit gemindert wird, daß sich Koks abscheiden kann; daß das Öl gekrackt wird und daß die Verdampfung des Öles im Reaktionsbehälter vor sich geht, wobei es dauernd unter Überdruck gehalten wird, daß der Koks am Boden des Digestors nach einem bestimmten Punkt hin zusammengekratzt und entfernt wird, alles, ohne das Öl im Digestor in Bewegung zu bringen; daß man das unverdampft weiterfließende Öl aus dem Digestor in die Heizzone zurückführt und die Dämpfe aus dem Digestor ableitet. —

Das Verfahren will den Krackprozeß kontinuierlich gestalten. Durch die Anordnung mehrerer Vorhitzer, die das Öl auf Kracktemperatur bringen und von denen stets einer bei Bedarf ausgeschaltet werden kann, sowie durch eine Krackkammer oder Digestor, die mit Vorrichtungen versehen ist, die den Koks zur Abscheidung bringen und ihn stetig zu entfernen gestatten, soll dieses Ziel erreicht werden. — Die Spalt- oder Krackkammer, soll im Verhältnis so groß sein, daß sich der Ölstrom erheblich verlangsamt. —

Die im Digestor angebrachten Vorrichtungen zum Festhalten des gebildeten Kokses bestehen aus einer Anzahl in Nähe der Öloberfläche gespannter Siebe mit nach oben ständig abnehmender Maschenweite und einem Kratzer, der den Koks nach einer Vertiefung zu zusammenkratzt, aus welcher der Koks dann kontinuierlich oder intermittierend abgezogen werden kann.

1 484 958 William F. Muehl; übertragen auf „Interstate Refineries Incorp., Kansas City.
8. 7. 1921
26. 2. 1924

Apparat zur Umwandlung von schweren in leichtere Kohlenwasserstoffe.

Zur Ausführung der Erfindung werden schwere Kohlenwasserstoffe gleichzeitig mit leichteren in flüssiger Phase vorgewärmt, dadurch, daß sie etwas von der Wärme der leichten Kohlenwasserstoffe in Dampfphase aufnehmen. Das wird dadurch erreicht, daß dünne Lagen (Filme) von gemischten, schweren und leichten, Kohlenwasserstoffen im Gegenstrom auf vorher abgesonderte, leichte Kohlenwasserstoffe in Dampfform stoßen, wobei die leichteren wieder auf solche flüssigen Stufen zurückkondensiert werden, daß sie wirtschaftlich verwertbar werden. —

Die Bildung der dünnen Schichten oder Filme geschieht in besonders konstruierten Dephlegmationstürmen, die auf die Türme 14 (Abb. 55, s. Patent 1 485 565) aufgesetzt sind.

Der Muehl-Prozeß, der unter einem Druck von 100 Pfund und bei etwa 750° F (= ca. 400° C) verläuft, ist nach Leslie (loc. cit.) vielfach in praktischer Anwendung.

1 366 643 Jewett G. P. Evans, Handley, Texas.
15. 10. 1919
25. 1. 1921 **Rohölraffinationsverfahren.**

Anspruch:

1. Das Verfahren zur Raffination von Ölen oder Flüssigkeiten, dadurch gekennzeichnet, daß man die zu destillierende Flüssigkeit in der Form eines von unten nach oben spitz zulaufenden Kegels erhält, daß man nun die Flüssigkeit verdampft, indem man den oberen Teil auf höhere Temperatur als die unteren Teile bringt, indem man die so erhaltenen Dämpfe abwärts unter die Oberfläche der Flüssigkeit führt, nahe an diese Flüssigkeit, und so Wärmeaustausch zwischen Dämpfen und Flüssigkeit bewirkt, daß man Teile der Dämpfe in verschiedener Höhe in der Nähe der Flüssigkeit durch den Wärmeaustausch kondensiert und daß man die an den Stellen in verschiedener Höhe kondensierten Dämpfe getrennt sammelt und auffängt.

Der Erfinder füllt ein doppelt ummanteltes, konisches Gefäß mit Rohöl, erhitzt die Spitze dieses kegelförmigen Flüssigkeitskörpers mittels elektrischer Widerstände, läßt die Dämpfe nach unten streichen und ordnet in bestimmten Höhen Ablaufvorrichtungen für die Kondensate an. Das nähere ist aus der Abb. 63 (Anhang) ersichtlich.

Brit. 248 115 V. L. Oil Processes Ltd., O. D. Lucas und E. L. Lomax,
9. 12. 1914 London.
4. 3. 1926

Spalten flüssiger Kohlenwasserstoffe.

Ansprüche:

1. Verfahren zur Gewinnung von leichten aus schweren Ölen durch Spalten in flüssiger Phase, in einer Umwandlungskammer, in welcher die im Röhrenkessel schnell auf Kracktemperatur vorgeheizten Öle in einer großen Masse auf Kracktemperatur erhalten werden, wobei die leichteren Öle zusammen mit den entwickelten permanenten Gasen in Dampfform in eine Dampfdruck- oder Rückflußkammer geleitet werden, die gewissermaßen eine Verlängerung der Umwandlungskammer darstellt, die zwar eine geringere Temperatur als die Umwandlungskammer hat, die aber immer noch hoch

genug ist, um zu verhindern, daß unter dem angewandten Drucke sich Öle unterhalb einer bestimmten Dichte kondensieren, während sich schwere übergetriebene Öle in der Rückflußkammer kondensieren und dann ohne Wiedererhitzung und unterhalb der Kracktemperatur durch eine Zweigleitung direkt zurück in die Umwandlungskammer zu weiterer Behandlung zurückgehen. —

Nach der Beschreibung können auch Wasserstoff, oder inerte Gase wie Stickstoff oder Kohlenoxyd durch die Krackkammer geleitet werden. —

599 311 Frz. V. L. Oil Processes Ltd., England.
10. 6. 1925
9. 1. 1926 **Kracken von flüssigen Kohlenwasserstoffen.**
(Siehe das vorstehende brit. Patent.)

572 104 Frz. V. L. Oil Processes Ltd., England.
20. 10. 1923
30. 5. 1924 **Kracken von Ölen.**
(Siehe das vorstehende brit. Patent.)

Vgl. ferner brit. 219 403/4, 244 875, f. 595 598/600, 577 969, brit. 223 066.

(Abschnitt 3.) B. Verfahren zum Spalten in flüssiger Phase in Schlangen und Rohren.

Mehr und mehr hat sich die junge Technik des Krackens der Spaltung in Schlangen und Rohren zugewandt und zwar hauptsächlich wegen der leichteren Regelung von Temperatur und wegen der geringeren Feuersgefahr gegenüber den Kesselverfahren, da stets nur verhältnismäßig kleine Ölmengen die Rohre in der Zeiteinheit durchströmen. In Rohren hat Benton 1865 bereits bei 350—500° C und 70 Atm. gekrackt*). Dann haben Testelin und Renard nach diesem Prinzip gearbeitet (D. R. P. 226 958, 268 176). Sie benutzten zwecks gleichmäßiger Erhitzung der Schlangen ein Bad aus geschmolzenem Blei.

Die Standard-Oil-Co., die im Burton-Verfahren bereits einen hervorragenden Krackprozeß besaß, hat dennoch ihr Augenmerk auch auf die Verfahren in Schlangen gerichtet. Auf diese Gesellschaft wurde ein bereits 1913 von Carleton Ellis angemeldetes Verfahren (1 415 232) übertragen, nach welchem die vorher in Heizrohren auf Spalttemperatur erhitzten Öle in langsamem Tempo durch eine Reaktionskammer und schließlich die Dämpfe durch einen Dephlegmator getrieben werden, aus welchem die kondensierten Anteile wieder in die Krackschlangen zurücklaufen. — Dieses unter dem Namen „Tube und Tank" bekannte Verfahren hat der Erfinder (im Patent 1 545 947) noch weiter entwickelt. Den Umstand, daß manche — besonders wohl an Aromaten und Naphthenkohlenwasserstoffen reichere Öle erst bei sehr hohen Temperaturen gespalten werden, hat R. W. Hanna (Standard Oil Co.) in einer Anzahl Verfahren benutzt, um solche Öle als Lösungsöle für bei niedrigerer Temperatur spaltbare Öle zu verwenden. (1 408 698; 1 419 378; Engl. 195 422, 199 766; Schweiz 106 219, 106 783; Frz. 544 049, 545 905; Engl. 174 089). Weitere Verfolgung dieses Prinzips findet sich in den von Hanna, Mason und Hamilton

*) Day (Handbook of Petrolindustry, Bd. II. 428).

ausgearbeiteten Verfahren, (1 449 226; 1 449 227). — Auch D. T. Day (1 373 591) benutzt „Lösungsöle“ zum Kracken, und zwar von Säureteeren. Am meisten ist der Spaltprozeß in Schlangen und Rohren von den Chemikern der Universal Oil Company durchgearbeitet worden. Dubbs senior und jr., Egloff, Morrell, Benner usw. haben das unter dem Namen Dubbs-Prozeß bekannte Verfahren zu seiner heutigen Bedeutung entwickelt.

Nach dem ersten Verfahren von I. A. Dubbs (sen.) (1 135 506) wird Petroleum mit Wasser gemischt und unter Druck in eine erhitzte Kammer zerstäubt, in der eine Temperatur von 300—600° F und Druck von 50—600 Pfd. herrscht. In dem Verfahren 1 440 771 von 1916 bedient sich C. P. Dubbs noch stehender Retorten. Später sind es meist liegende Rohre, in denen sich die Spaltung unter Druck vollzieht. In der Reaktionskammer, die sich daran schließt, vollendet sich die Spaltung; die Öldämpfe passieren den Dephlegmator, in welchem sie frisches Öl im Gegenstrom vorwärmen, wobei die kondensierten hochsiedenden Öle wieder zurück in die Krackrohre — gemischt mit frischem Öl — gelangen, (Egloff 1 537 593). Die Rückstände aus der Reaktionskammer, die, je vollkommener der Prozeß sich gestaltet, desto mehr als Kohlenstoffbrei erscheinen, gelangen zur Verbrennung, (1 392 629, 1 488 325; Engl. 160 236, D. R. P. 370 470). Die Regelung der Geschwindigkeit des Ölstroms durch Pumpen (1 534 927), die beim Versagen, infolge zu hohen Gegendruckes, automatisch eine Umlaufleitung freimachen (1 555 976), die Verlangsamung des Ölstromes durch allmähliche Erweiterung der Rohre (1 540 934 Egloff, Benner), die Anordnung zweier Expansionskammern, (1 561 799 Egloff), sind Etappen in der Entwicklung des Prozesses; ebenso das Patent 1 551 090 (Dubbs), das in der Reaktionskammer einen nicht fließenden kokshaltigen Rückstand hinterläßt, der nach besonderen Verfahren entfernt wird, während andere Reaktionskammern eingeschaltet werden. (Non Residuum-run) s. a. 1 546 634.

Einen etwas veränderten Typ dieses Verfahrens finden wir in 1 522 425, bei welchem die Spaltung so geleitet wird, daß sich der Koks erst im Dephlegmator absetzt; — s. a. 1 525 281 u. 1 550 607. Die Verfahren 1 543 831 u. 32 und 1 568 400, beschleunigen durch Zentrifugalpumpen die Bewegung des Öles. —

Nach dem Dubbs-Verfahren lassen sich Öle aller Art kracken, besonders sonst schwer krackbare schwere Gasöle. Es arbeitet kontinuierlich und hat den besonderen Vorzug, daß der gebildete Koks außerhalb der Feuerzone sich absetzt, daher leicht entfernbar ist. Die Kammern werden je nach Kohlenstoffgehalt in 5 bis 20 Tagen entleert. Die Unkosten pro Tonne betragen ca. 3 Dollar. (Petroleum 20, 1031.) Im ganzen System befinden sich gleichzeitig 25 Faß, davon nur ⅛, also ca. 440 l, im Heizraum. Die Zersetzungstemperatur ist im Durchschnitt etwa 465° C. Eine Einheit hat 500 Faß täglichen Durchsatz. (E g l o f f Petr. 21, 227 u. 383.)

Das Verfahren von K o o n t z (1 567 062) hat vieles mit dem D u b b s - Verfahren gemeinsam, ebenso das von R o y u n d W. M. C r o ß , auf welches wir unten eingehen.

Unter Mitwirkung von mehr oder weniger überhitztem Dampf arbeitet W. Mc C o m b (1 337 144; 1 374 858; 1 579 554; frz. 537 571).

Das T e m p o , die Geschwindigkeit, mit welcher das Öl durch die erhitzte Zone strömt, ist im besonderen Gegenstand einiger Patente geworden. H e r m a n n W o l f (frz. Patent 580 791), A u l d und G e n. (Engl. 220 664, 228 661, 577 485/6). — J. C. B l a c k stellt aus „getopptem" (von Benzin- und Petroleumfraktionen befreitem) Rohöl durch langsames Kracken ein „Rohöläquivalent" her. (1 426 813, 1 431 772, 1 456 419).

Auch nach dem wichtigen C r o s s - Prozeß wird ein „Synthetisches Rohöl" erzeugt. R. C r o ß , (1,423 500 u. brit. 191 318) und W. M. C r o ß (240 339 brit., 1.540 764 u. a. m.) haben dadurch einen wesentlichen Fortschritt erzielt, daß sie durch h o h e n Druck im horizontalen Stahlzylinder, in dem sie kracken, zunächst die Destillation verhindern. Dann findet durch Verringerung des Druckes — ohne weitere Wärmezufuhr! — die Destillation statt, wobei eben die im gekrackten Öl aufgespeicherte Hitze ausgenutzt wird. — (B o y d , Ind. Eng. Chem. 1924, 1004).

Über Anwendung von Röhrenblasen (F o s t e r - Elementen) bei den Verfahren von C r o s s , I s o m und D u b b s berichtet Oil and Gas, J. 1925, 118 nach Petrol. 1926, 181:

Der Vorgang vollzieht sich derart, daß Dampfpumpen 16×6×12 direkt aus den Rohölkesseln durch eine 6" Leitung das Öl absaugen und durch eine gleichstarke Leitung in die Röhrenblasen drücken. — Mit beinahe 475° F (247° C) gelangt es in zwei 4" Rohre verteilt in die Blase, welche sich dann bei den Rohren wieder zu einer 6" Auslaufsleitung vereinigen, die von oben weg in die Expansionstrommel führt. Der Rückstand wird in die Expansionstrommel abgelassen, die Dämpfe gelangen in die Expansionskolonnen. Aus der Blase tritt das Öl mit 800° F (427° C), der Betriebsdruck beträgt etwa 60—80 Pfd., der Austrittsdruck 20—30 Pfd. Die eigentliche Blase besteht aus 308 Rohren, 8 Fuß lang und 20 Rohren 28 Fuß lang, alle 4"ig., (also für ein Blasenelement über ½ Meile 4" Rohr). Man erhält aus dem behandelten

Material von 26—27° Bé (ca. 0,900) „Benzin", ferner das als Ausgangsmaterial für das Krack-Verfahren dienende Kerosin und Gasöl. (Ausgangsmaterial für Dubbs-Verfahren.) Über eine Kombination von Cross- und Gray-Verf. s. Oil and Gas Journ. 1925, 135, (s. Petroleum 1926).

Faber gibt im Petroleum 1924/1766 einen Bericht der Gasolin Products Cy über den Croß-Prozeß wieder. Die Gesellschaft betont als besondere Vorzüge dieses von ihr angewandten Verfahrens: Seine allgemeine Verwendbarkeit für verschiedene Ölsorten, große Durchsätze je Einheit, kleine Mengen des gleichzeitig gekrackten Öls, dadurch verringerte Verlust- und Brandgefahr, dauerhafte Apparatur ohne Niet- und Schweißverbindung und äußere Beheizung, einfache Überwachung, geringe Feuerungs- und Bedienungskosten. Gegenüber anderen Druckverfahren, z. B. Burton u. Dubbs, die bei 5—18 Atm. Kracken und Destillation vereinigen, arbeitet das Croßverfahren in einem Arbeitsgang mit zehnfach höherer Gasolinausbeute ohne Rücklaufkondensation. — Das wird jedoch von V. Henny London*) (Petrol. 1924 1976) nachdrücklich bestritten mit dem Hinweis darauf, daß nach Burton 30%, nach Dubbs sogar 45—50% Gasolin in einem Arbeitsgange regelmäßig erreicht werden.

Ein anderes Verfahren vom „Cross-Typ" hat Gömôry angegeben. (1 534 164; frz. 548 861).

Durch die Einschaltung eines Hochdruckkompressors zwischen Krackschlange und Krackkammer ist im wesentlichen das Verfahren von E. W. Clark (Standard Development Company, 1 525 916) charakterisiert. —

Die Texas Company, deren früher erwähnte Adams-Patente die Spaltung in Dampfphase bewirkten, verfügt auch über solche in flüssiger Phase im Schlangenrohr. (Engl. 200 534; Frz. 547 602), bei welchen das Öl im Kreislauf kontinuierlich in einer oder einer Anzahl von Krackkammern zersetzt wird, aus denen der Koks unten entfernt wird.

Die genannten Verfahren, wie auch die von Wellmann 1 390 002; 1 581 895; 1 478 413 ähneln in mancher Beziehung den Dubbs-Prozessen.

W. I. M. Jackson spaltet mit Dampf — und sieht eine Vorbehandlung des Materials mit Formaldehyd und Schwefelsäure vor. (Engl. 159 774).

Besondere Anordnungen bieten bei der Spaltung in Schlangen und Rohren noch die nachfolgenden Verfahren:

*) Universal Oil Cy.

Seeger verlegt die Krackrohre in einen Wasserdruckkessel, so daß ähnlich wie bei den Bergius-Verfahren die Wandstärke der Krackrohre in Folge des innen und außen herrschenden annähernd gleichen Druckes, relativ gering zu sein braucht. (1 394 688). Hoxie (1 478 713) verlegt ein Krackrohr ringförmig um das in einem Ölkessel schräg aufsteigende Feuerrohr. — Die Internationale Gasoline Proceß Corporation (D. R. P. 357 770) wärmt die Krackrohre indirekt mit Kesseldampf vor und krackt dann weiter mit entsprechend hoch überhitztem Dampf. R. B. Day (1 437 932/33) wendet zur gleichmäßigen Durcharbeitung, Wärmeverteilung und zur Verhinderung von Koksansatz Rührschnecken in den Krackrohren an, deren Wirkung noch durch Metallkugeln unterstützt wird. Die Sinclair Refining Company hat durch Bell und Isom (1 574 546/7; 1 575 031; 1 578 035) Verfahren zur automatischen Regulierung des Druckes im System sowie zur ökonomischen Ausnutzung der Heizgase schützen lassen. Die Verfahren der Simplex Refining Company (1 583 746; 1 574 935; D. R. P. 417 138) sind durch besondere Konstruktion der Krackdampfseparatoren (Dephlegmatoren) ausgezeichnet.

Patente zum Abschnitt 3. B.
Spalten in flüssiger Phase in Schlangen und Rohren.

D. R. P. 226 958 A. Testelin und G. Renard, Brüssel.

Verfahren zur Umwandlung von Petroleum und anderen Kohlenwasserstoffen in leichter siedende Produkte.

Anspruch:

Verfahren zur Umwandlung von Petroleum und anderen Kohlenwasserstoffen in leichter siedende Produkte, darin bestehend, daß diese Flüssigkeiten unter einem Druck überhitzt werden, der die der angewandten Erhitzung von ungefähr 400—450° C entsprechende Spannung ihrer Dämpfe überschreitet, so daß die Kohlenwasserstoffe, die zur Ausführung des Verfahrens benutzte Vorrichtung in flüssigem Zustande durchströmen. —

Das Verfahren wird, beispielsweise wie folgt, ausgeführt: Die das Petroleum eindrückende Pumpe A (Abb. 64 Anhang), welche mit Rückschlagventil B, Luftkammer C und Manometer D ausgerüstet ist, wird in Tätigkeit gesetzt und das an die Mündung der Kühlschlange angeschlossene Druckregelventil G ein wenig gelüftet, um das Entweichen der Luft und das Anfüllen der ganzen Vorrichtung mit Petroleum zu erleichtern. — Die Überhitzerschlange liegt in einem Bad E aus flüssigem Blei, welches eine gleichmäßige gut verteilte Erhitzung gewährleistet, die zweite Schlange — in den Wasserbottich F getaucht bewirkt die Abkühlung des in E überhitzten Flüssigkeitsfadens. —

Das Ventil wird derart eingestellt, daß das Manometer ungefähr 40 Atm. anzeigt. Bei diesem Druck und einer Hitze von ca. 400—450° läßt man das Petroleum fortgesetzt durch die Vorrichtung strömen. — Beim Austritt aus derselben wird das Umwandlungsprodukt des Petroleums vollständig kalt gewonnen. Durch nachfolgende Destillation werden die Fraktionen verschiedener Dichte des Umwandlungsproduktes erhalten.

Die Dauer der Einwirkung ist bestimmt durch die größere oder geringere Strömungsgeschwindigkeit der Flüssigkeit. Die Länge des Überhitzerrohres kann bei der gewerblichen Verwendung 300 m betragen. Als neue technische Wirkung des vorliegenden Verfahrens wird hervorgehoben, daß man nach diesem Terpenkohlenwasserstoffe in einem fortlaufenden Prozeß erhält. Ein weiteres charakteristisches Merkmal ist, daß das so behandelte Petroleum, wenn man es einige Wochen ruhig stehen läßt, eine gummiartige schwere Masse abscheidet und daß die Dichte der darüber schwimmenden Flüssigkeit gleichzeitig abnimmt, entsprechend dem Grad ihrer Klärung. Ein besonderes Kennzeichen dieser Vorrichtung besteht darin, daß im Verhältnis zu dem kleinen Volum der im Rohr strömenden Flüssigkeit eine sehr große Heizfläche geschaffen ist. — Diese Oberfläche beträgt 1 qm für ungefähr 1177 ccm. — Das Nickelstahlrohr der Versuchsvorrichtung des Erfinders hat einen inneren Durchmesser von 10 mm, bei einer Gesamtlänge von 60 m. —

D. R. P. 268 176 Auguste Testelin und Georges Renard, Brüssel.

Verfahren zur Behandlung von Petroleum zwecks Umwandlung in Produkte anderer Art.

Anspruch:

Verfahren zur Behandlung von Petroleum zwecks Umwandlung in Produkte anderer Art, gekennzeichnet durch die gleichzeitige Anwendung von überhitztem Wasserdampf und Druck auf das Petroleum, zweckmäßig in der Weise, daß man das Gemenge über eine Schicht rotglühender Tonsubstanz o. dgl. leitet. —

Nach dem Verfahren der Erfindung werden, wie festgestellt wurde, im besonderen erhebliche Mengen Benzine als Umwandlungsprodukt des Petroleums erhalten, während die Bildung von aromatischen Kohlenwasserstoffen nur sehr gering ist. —

1 415 232 Carleton Ellis, Montclair; übertragen auf die Standard
4. 10. 1913 angemeldet Oil Comp. of New-Jersey (Tube and Tank).
26. 11. 1920 geteilt
9. 5. 1922 Pat. erteilt

Verfahren zum Kracken von Ölen unter Druck.

Anspruch:

1. Verfahren zur Herstellung von Gasolinersatz, dadurch gekennzeichnet, daß man Petroleum oder ein schwereres Öl durch eine erhitzte Zone treibt, in der das Öl bei einmaligem Durchgang auf Zersetzungstemperatur gebracht

wird, daß man die Produkte in langsamerem Tempo durch einen erweiterten Raum gehen läßt, ohne sie weiter zu erhitzen, ohne die Temperatur unter den Zersetzungspunkt fallen zu lassen, wobei man einen höheren als den atmosphärischen Druck auf das Öl beim Durchgang durch die erhitzte Zone und den erweiterten Raum aufrecht hält. — —

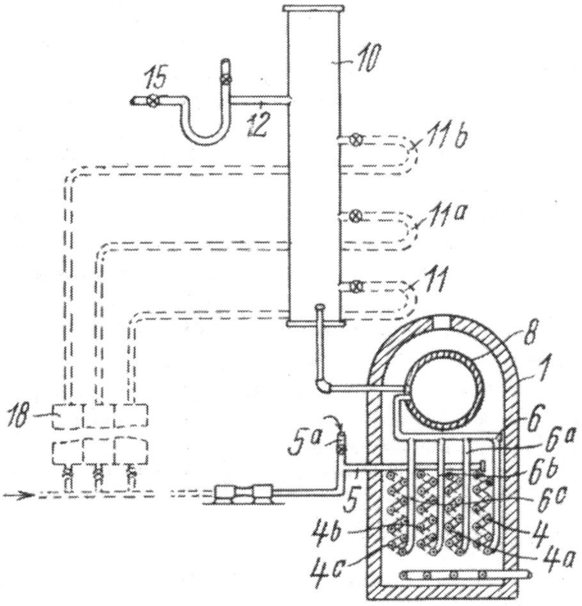

Abb. 65.

Der Ofen 1 (Abb. 65) enthält eine Batterie von Heizrohren 4, 4a, 4b, 4c, die miteinander so verbunden sind, daß das Öl von den oberen zu den niederen Rohren herabfließt und die mit Heizgas oder in anderer Weise erhitzt werden. — Das Öl tritt durch das Rohr 5 ein, ebenso etwaige Öldämpfe oder Wasserdampf, der bei 5a eintritt. Durch 6, 6a, 6b, 6c, steigen die gekrackten Mischungen in die liegende Trommel 8, den „erweiterten Raum", — in dem weitere Krackung erfolgt. — Die Dämpfe steigen dann in den Dephlegmator 10, aus dem die leichten Produkte bei 12 durch das Druckventil 15 entweichen, während die schwereren durch 11, 11a oder 11b in die Rezipienten 18 gelangen und gegebenenfalls wiederholt gekrackt werden. —

Die leichten Produkte bedürfen keiner weiteren Raffination, wenn sie eine Hydriervorrichtung passiert haben, wie sie in einem Teilpatent (Serien-Nr. 793 377, 1 545 949 siehe unten) beschrieben wird.

F. A. Howard macht über das Verfahren in Nat. Petrol. News v. 22. 11. 1922 folgende Angaben*): Das Öl wird auf 750—950° F auf dem Wege durch 130 4"ige Rohre erhitzt. Die Rohre münden in einen Druckkessel von 6 Fuß Durchmesser und 40 Fuß Länge, dessen Stahlwände 1½—2" stark sind und der unter einem Druck von 250 bis 350 Pfund steht. Der Tube- und Tank-

*) Nach Leslie, Motor Fuels.

Prozeß soll dem Burtonverfahren überlegen sein. Die Ausrüstung kostet 50 000 bis 110 000 $ für jede Einheit von 1000 Barrels, je nach der bereits vorhandenen Apparatur, während eine Burton-Anlage gleicher Größe 250 000 $ kostet. Auch die Lizenzabgabe pro Barrel beträgt nur 10 cts. gegen 16⅔ cts. beim Burtonprozeß.

1 545 949 Carleton Ellis, Montclair; New-Jersey; übertragen auf die
4. 10. 1913 Standard Development Company.
geteilt 28. 11. 1920
erteilt 14. 7. 1925

Apparat zum Spalten von Ölen unter Druck.

Anspruch:

1. Apparat zur Herstellung von Gasolin durch Spalten von schwererem Öl, gekennzeichnet durch einen liegenden Ofen mit Feuerkammer; über der Feuerkammer ein Netz von Heizrohren, die fortlaufend mit ihren Enden verbunden sind und so einen kontinuierlichen gewundenen Weg darstellen, durch eine Trommel, die über den Heizrohren gelagert ist und mit ihnen verbunden, wobei der Querschnitt der Trommel relativ sehr viel weiter als der Querschnitt der Heizrohre ist, — durch einen einzelnen Ausgang aus der Trommel an den sich ein Kühler anschließt, der an seinem Ausgang mit einem Ventil versehen ist, durch welches der ganze Apparat unter Druck gehalten werden kann, und der mit Vorrichtungen, die das Öl durch die Heizrohre in die Trommel treiben, versehen ist. —

In der Beschreibung wird noch gesagt, daß eine gewisse Dampfmenge gleichzeitig mit dem Öl die Spaltrohre passiert, so daß sich etwa 20—50 % vom angewandten Öle als Wasser kondensieren. —

Die Expansionskammer (Trommel) befindet sich über den Krackrohren im Ofengewölbe. —

Früheres Patent 1 249 278. S. a. 1 396 999 S. 182.

1 408 698 Richard W. Hanna, Richmond; übertragen auf Standard
22. 12. 1919 Oil Comp. of California, San Francisco.
7. 3. 1922

Verfahren zur kontinuierlichen Gewinnung niedrig siedender Kohlenwasserstoffe aus Petroleumölen.

Anspruch:

1. Ein Verfahren zur Gewinnung einer niedrig siedenden Fraktion aus Petroleumöl von relativ höherem Siedepunkt, darin bestehend, daß man durch ein geschlossenes System gemeinschaftlich mit dem zu krackenden Öle ein Lösungsöl von niedrigerem Siedepunkt — als das zu krackende Öl kontinuierlich zirkulieren läßt; daß besagtes Lösungsöl praktisch bei der Temperatur und dem Druck, die zum Kracken des ersteren Öles nötig sind, nicht angegriffen wird; daß in dem genannten System die zum Kracken nötige Temperatur und der betreffende Druck erhalten wird, und daß man die Dämpfe von niedrigem Siedepunkt kontinuierlich aus dem System abtreibt, wobei die schweren Derivate des gekrackten Öles in dem Lösungsöl gelöst werden; daß

man dieses Lösungsöl mit gelösten Anteilen nach Bedarf abläßt, um das Absetzen von Kohlenstoff im System zu verhindern. —

Neben dem zu krackenden Öle kreist also ein anderes nicht krackbares in einer Weise durch das System, die aus der im folgenden Patent Nr. 1 419 378 (s. f. S.) gegebenen Beschreibung und Zeichnung hervorgeht.

Als solches unkrackbares Öl wird sogenanntes „widerstandsfähiges Californiaöl" bezeichnet, das bei relativ niedrigen Siedepunkten einen ungewöhnlich hohen Gehalt an Naphthenen und aromatischen Kohlenwasserstoffen hat. — Beispielsweise soleln auf 1 Volumen Kracköl 3—5 Volumen „unkrackbares" Öl im Systeme kreisen. —

195 422 Brit. Richard W. Hanna, (St O C.)
21. 11. 1921
2?. 3. 1923 **Spaltverfahren.**

(Siehe U. S. A. - Patent 1 408 698.

199 766 Brit. Richard W. Hanna, Richmond, Kalifornien.
27. 2. 1922
27. 1. 1923 **Kontinuierliche Gewinnung von niedrig siedenden Kohlenwasserstoffen aus Petroleumölen.**

(Siehe U. S. A. - Patente 1 408 698 u. 1 419 378.)

106 219 Schweiz Standard Oil Company, San Francisco.
2. 12. 1921 angem.
1. 8. 1924 publiz.

Herstellung einer niedrig siedenden Petroleumfraktion aus einem höher siedenden Öl.

Anspruch:

Verfahren zur Herstellung einer niedrig siedenden Petroleumfraktion aus einem höher siedenden Öl durch Kracken, dadurch gekennzeichnet, daß zusammen mit dem zu krackenden Öl ein Lösungsöl, das einen niedrigeren Siedepunkt als das zu krackende Öl besitzt, und das im wesentlichen ungekrackt und unverdampft bleibt, bei Kracktemperatur und Krackdruck beständig durch ein geschlossenes System zirkuliert und daß dabei in diesem System der zum Kracken erforderliche Druck und die erforderliche Temperatur aufrechterhalten wird, und daß die Dämpfe der durch das Kracken entstandenen niedrigsiedenden Petroleumfraktion aus dem System entfernt und die schweren Rückstände aus dem gekrackten Öl von dem Lösungsöl aufgenommen und in Lösung gehalten werden.

Unteranspruch 1. Verfahren nach Patentanspruch, dadurch gekennzeichnet, daß die Lösung aus Lösungsöl und schweren Krackderivaten durch Verdünnung mit mehr Lösungsöl und durch Ableitung davor bewahrt wird, so hoch konzentriert zu werden, daß Niederschlagsbildung erfolgt. — S. das folgende Patent.

1419378 Richard W. Hanna; übertragen auf Standard Oil
19. 1. 1920 Company of California, San Francisco.
13. 6. 1922

Verfahren zur kontinuierlichen Gewinnung von niedrig siedenden Kohlenwasserstoffen aus Petroleumölen.

Ansprüche:

1. Verfahren zum Kracken von Petroleumöl, um niedrig siedendes Destillat aus einer höher siedenden Fraktion zu gewinnen, dadurch gekennzeichnet, daß man ein Öl unter vermindertem Druck destilliert, wodurch Zersetzung im wesentlichen vermieden wird und daß man dann eine so erhaltene, verhältnismäßig hochsiedende Fraktion auf eine Temperatur und einen Druck bringt, die ausreichen, diese Fraktion zu kracken und daraus ein niedrig siedendes Destillat herzustellen.

6. Verfahren zum Kracken eines hochsiedenden Kohlenwasserstoffs zur Gewinnung eines im wesentlichen einheitlichen niedrig siedenden Destillates, darin bestehend, daß man ein relativ hochsiedendes Destillat kontinuierlich und schnell durch ein geschlossenes System treibt, wobei der Wasserstoffgehalt dieses hochsiedenden Destillates im wesentlichen demjenigen der entsprechenden Fraktion des Ursprungsöles gleicht — und zwar zusammen mit einem als Lösungs (Verdünnungs-) mittel wirkenden Öle; — daß man dieses System im wesentlichen bei konstantem Volumen, Druck und Temperatur hält, wobei Druck und Temperatur so gehalten werden, daß sie das erwähnte hochsiedende Destillat zersetzen, wodurch die höher siedenden Anteile dieses Destillates durch das Lösungsöl weitergeführt werden, während die Dämpfe kontinuierlich abgetrieben werden, wobei man die (im Lösungsöl) resultierende Lösung durch Verdünnung und rechtzeitiges Ablassen in solcher Konzentration hält, daß sich keine Kohle im System absetzt. —

Das Verfahren bezweckt ein kontinuierliches Zersetzungsdestillat in 2 Phasen zu schaffen.

In der ersten Phase wird aus einem geeigneten Rohöl, Petroleum etc., eine entsprechend große Fraktion unter Vakuum abdestilliert und dieses Destillat D wird in der zweiten Phase mit einem hochsiedenden Rückstandsöl oder Destillat gemischt. Der Siedepunkt dieses Rückstands- oder Lösungsöles liegt höher als die Zersetzungstemperatur des Destillates D und so wird das Destillat D in der flüssigen Phase gekrackt, die Dämpfe der leicht siedenden Anteile kontinuierlich abdestilliert und die zurückbleibenden schwereren Anteile und etwa gebildete kleine Kohlenabscheidungen werden kontinuierlich durch das Lösungsöl weitergeführt bzw. entfernt.

Abb. 66 (siehe Anhang) veranschaulicht das Verfahren.

Aus den Tanks 101 und 112 wird Vakuum Destillat D bzw. Lösungsöl durch das Rohr 103 in den Verdampfer 105 gepumpt. 106 stellt eine Zirkulationspumpe dar, die mit ihrem Sauganschluß durch Rohr 107 mit 105 verbunden ist; und mit ihrem Druckanschluß durch Rohr 108 mit der Heizschlange 109 im Ofen 110, die wieder durch Rohr 111 mit dem Evaporator (Verdampfer) verbunden ist. Die Dämpfe entweichen durch das Rohr 116 in den Dephlegmator 117 und gelangen, im Kondensator 118 niedergeschlagen, in das Reservoir 119. Das Ventil 120 regelt den Druck in dem System. Durch 121 bis 124 wird der Weg zur Abkühlung des angereicherten Lösungsöls dargestellt. —

Als widerstandsfähiges Lösungsöl wird kalifornisches Rohöl, ein an Naphthenen und aromatischen Kohlenwasserstoffen besonders reiches Produkt angeführt.

106 783 Schweiz Standard Oil Company, San Francisco.
15. 3. 1922 angem.
16. 9. 1924 veröffentl.

Verfahren zur Gewinnung eines niedrigsiedenden Kohlenwasserstofföles durch Destillation eines höher siedenden Öles.

Betrifft Kracken eines Destillates in nicht krackendem Lösungsöl, siehe auch Schweizer-Patent 106 219. —

544 049 Frz. Standard Oil Company, V. St. A. (entspricht 1 419 378).

Gewinnung eines Kohlenwasserstoffs von niedrigem Siedepunkt, ausgehend von Kohlenwasserstoff mit relativ hohem Siedepunkt oder einer Fraktion dieses Kohlenwasserstoffs.

Resumé: Verfahren zur Herstellung einer Petrolfraktion mit niedrigem Siedepunkt, ausgehend von einer solchen mit hohem Siedepunkt, dadurch gekennzeichnet, daß man gleichzeitig mit dem zu krackenden Öle ein Verdünnungsöl mit niedrigerem Siedepunkt kontiunierlich durch ein geschlossenes System zirkulieren läßt, wobei das Verdünnungsöl bei der Temperatur und dem zur Zersetzung des angewandten Öles praktisch nicht verändert werden soll, daß man ferner die aus dem zersetzten Öl stammenden Dämpfe niedrig siedender Öle dauernd abzieht, so daß dessen schwere Bestandteile in dem Verdünnungsöl gelöst bleiben, daß man diese Lösung nach Bedarf entfernt um den Absatz von Koks in dem System zu verhindern.

Das Verfahren umfaßt ferner eins oder mehrere der folgenden Kennzeichen:

1. Die Lösung des Verdünnungsöles wird kontinuierlich aus dem System entfernt.
2. Die Benutzung einer Fraktion des zu dissoziierenden Öles als Verdünnungsöl.
3. Druck und Temperatur im System sollen nahezu unverändert bleiben.
4. Das Volumen des Öles im System bleibt nahezu konstant.
5. Die Lösung des Verdünnungsöles wird nach Bedarf entweder weiter verdünnt oder abgelassen, um zu verhindern, daß sie sich konzentriert und dann Koks im System absetzt.

Der Druck beträgt etwa 47—54 kg pro cm^2 und die Temperatur 400—428° C nach der Natur der Öle variierend. —

174 089 Brit. Standard Oil Company, Bayonne, New Jersey; U. S. A.
15. 1. 1921 Holland
14. 1. 1922 England
16. 2. 1923 Compl. Arr.

Verfahren zur Umwandlung von schweren Kohlenwasserstoffölen in leichtere. —

Ansprüche:

1. Verfahren zur Umwandlung von schweren Kohlenwasserstoffölen in leichte, dadurch gekennzeichnet, daß man einen Strom schwerer Kohlenwasser-

stofföle durch den Apparat fließen läßt, daß man dieses Öl in eine Krackleitung bei einer Temperatur von 700° F (370° C) einführt, daß man die Leitung derart heizt, daß dasselbe eine Temperatur von 750—900° F (404 bis 482° C) annimmt, daß man die Zeit der Einwirkung der heißen Leitung auf das Öl derart regelt, daß sich nicht mehr als 10 % der schweren Kohlenwasserstofföles in Gasolin von 60° Bé verwandelt, daß man die Geschwindigkeit des Öles in der Leitung derart hält, daß man wesentlichen Absatz von Koks darin verhindert; daß man dann das erhitzte Öl in eine erweiterte Kammer treibt, daß man das flüssige Öl in dieser Kammer bei wenigstens 700° F hält, während die Wandung nicht mehr als 900° F haben darf und zwar in einem Zeitraum, der genügt, um die vorgenannte Ausbeute an 60° Bé Gasolin wenigstens zu verdoppeln, daß man Druck ausübt, um in der Leitung und in der Expansionskammer die unveränderte Beschickung in flüssiger Phase zu erhalten und daß man kontinuierlich die gemischten Umwandlungsprodukte aus der Kammer abzieht.

Nach 3. wird der Zufluß aus der Krackleitung abwechselnd in 2 Verdampfungskammern überführt zwecks abwechselnder Entfernung des abgesetzten Kokses. —

4. — die Umwandlung schweren Rohöles mit Asphaltbasis, tunlichst frei von leichten Bestandteilen, von der Art schweren mexikanischen Rohöles von 12° Bé in ein leichtes Öl mit mindestens 20 % Bestandteilen von 48° Bé. —

Pumpe 1 (Abb. 67, Anhang) treibt das Öl durch den Wärmeaustauscher 3 in die Krackleitung 5 im Ofen 6 mit solcher Geschwindigkeit, daß es beim Austritt 800° F (427° C) hat und im Rohr kein erheblicher Absatz von Koks bleibt.

Durch Einblasen von Dampf, Ölgas, Essengasen etc. oder durch Zumischung leichterer Fraktionen zum Rohöl kann die Geschwindigkeit erhöht werden. — Aus der Krackleitung geht das Öl (abwechselnd) in die Trommeln 7, 7', die auf 900° F erhitzt sind. Das Öl gelangt dann durch das Rohr 8 in den Wärmeaustauscher 3; es bleibt zweckmäßig bis 1½ Stunden in den Kesseln. Das Ventil 9 regelt den Druck in der Anlage. Durch dasselbe wird das behandelte Öl weitergeleitet zu Kühlern und Sammelgefäßen oder direkt in die Destillierkessel.

545 905 Frz. Standard Oil Company of New Jersey. V. St. A.

Verfahren zur Behandlung von Kohlenwasserstoffen.

Resumé: Die Erfindung betrifft ein Verfahren durch welches man schwere Kohlenwasserstoffe in der Wärme in leichte umwandeln kann, unter Anwendung eines Druckes der hinreicht, die behandelte Masse trotz Vergrößerung ihres Volumens in flüssigem Zustande zu erhalten. Das Verfahren ist dadurch gekennzeichnet, daß das Öl bei einer Temperatur unter 371° in eine Heizschlange gedrückt wird, in welcher die Temperatur des Öles von 398 bis 492° steigt, ohne daß mehr als 10 % des Öles in Essenz von 60° Bé umgewandelt werden, wobei es den Apparat mit einer derartigen Schnelligkeit durchläuft, daß Ablagerungen von Koks vermieden werden, daß man darauf das heiße Öl in eine größere Kammer überführt, deren Temperatur auf nicht unter 382° gehalten wird, während man die Wände dieser Kammer auf nicht über 482° hält und zwar solange, bis die vorher erhaltene Menge an Essenz von

60° Bé sich wenigstens verdoppelt hat. Die Flüssigkeit läßt man am besten solange in der großen Kammer, daß mindestens 5 % des Materials in Essenz von 60° Bé umgewandelt wird. Das aus der Heizschlange tretende Öl kann in eine zweite große Kammer geleitet werden, nach dem sich in der ersten genügend Koks abgesetzt hat. Das Verfahren eignet sich zur Umwandlung von schwerem Petroleum mit Asphaltbasis, das im wesentlichen frei von leichten Fraktionen ist, wie Mexicaïba-Rohöl von 12° Bé in leichtes Öl, von dem 20 % auf eine Dichte von etwa 48° Bé kommen. —

Von der Pumpe 1 (s. Abb. 67) wird das Rohprodukt in den Vorwärmer 3 gedrückt und gelangt aus diesem gegebenenfalls unter Zugabe überhitzten Dampfes durch das Rohr 6 in die Heizschlange 5, in welcher ein Druck von ca. 68 kg pro cm² herrscht. Die Geschwindigkeit beträgt im vorliegenden Beispiel 9086 Liter in der Stunde. Die Dimensionen sind 101 mm ⌀ und eine Gesamtlänge von 487 m. — Das weitere ist aus vorstehendem „Resumé" ersichtlich. — Die beiden großen Kammern werden alternierend benutzt. — Aus den beiden Kammern geht das heiße Öl, aus dem sich der Koks abgelagert hat, durch den Vorwärmer und durch ein Druckregulierungsventil weiter in die Kühler und von da in die Reservoire und Destillierapparate. (Entspricht dem brit. Patent 174 089). —

1 449 226 — Richard W. Hanna, W. D. Mason, W. G. Hamilton;
29. 8. 1921 — übertragen auf die Standard Oil Co., San Francisco,
20. 3. 1923 — Kalifornien.

Verfahren zum Spalten von Kohlenwasserstoffölen unter Druck zum Zwecke der Gewinnung einer niedrig siedenden Fraktion aus einem Öl oder einer Fraktion von höherem Siedepunkt.

Anspruch:

4. Ein stetiges Verfahren zum Kracken, dadurch gekennzeichnet, daß man zuerst eine Petroleummenge in Bewegung, die in bestimmten Intervallen siedet, auf eine Temperatur vorwärmt, die über dem Siedepunkt einer oder mehrerer Fraktionen des angewandten Öles liegt, während man das Öl unter genügend hohen Druck setzt, um es in flüssigem Zustand zu erhalten; daß bei diesem Vorwärmen ein wesentlicher Teil der fühlbaren Wärme, welcher erforderlich ist, das Öl auf Spalttemperatur zu bringen, durch Mittel erzielt wird, die unabhängig von der Heizquelle für das Spaltsystem selbst sind; daß durch diese Vorwärmung das Öl auf nahezu die Temperatur der eigentlichen Krackreaktion der höher siedenden Teile dieses Öles gebracht wird; daß man diese vorgeheizte Charge in ein Spaltsystem bringt, das heißt — in eine Heizzone, eine Verdampfungskammer und Kondensationsvorrichtungen — und daß es in diesen stetig zirkuliert und einer im wesentlichen konstanten Kracktemperatur und ebensolchem Druck unterworfen bleibt; daß der Heizzone dieses Systems nur die Hitze zugeführt wird, welche notwendig ist, die (exotherme) Reaktionswärme zu ergänzen und die Hitzeverluste durch Verdampfung, Rückfluß und Strahlung zu ersetzen; daß es von da in die Verdampfungsretorte getrieben wird, wobei durch diese Art der Vorerhitzung die Möglichkeit der lokalen Überhitzung des Öles in der Heizzone oder über-

mäßige Zersetzung des Öles in dieser im wesentlichen vermieden wird; daß man stetig die niedrig siedenden Anteile so wie sie erzeugt werden abzieht; daß man stetig die hochsiedenden Produkte solcher Spaltung aus dem System entfernt und daß man stetig diesem System neue Mengen vorerhitzter Beschickung zuführt. —

Die Patentschrift besagt, daß die Erfinder im Gegensatz zu anderen bekannten Verfahren, die gesamte Ölmenge, die gespalten werden soll, auf die erforderliche Kracktemperatur bringen, ohne daß Teile übermäßig erhöhter Temperatur ausgesetzt werden und daß sie dadurch erreichen, daß das gesamte Öl eine gleichförmige Spaltdestillation erleidet. —

Das Rohmaterial wird zunächst unter hohem Druck (in flüssiger Form) auf die Kracktemperatur erhitzt, wobei Verdampfung verhindert wird. Als Beschickung wird ein Gemisch aus der zu spaltenden, hochsiedenden Fraktion und einem relativ niedriger siedenden Produkt — (sogenanntem „Solventöl" oder Lösungsöl) angewandt, welches bei den anzuwendenden Drucken und Temperaturen unangegriffen bleibt, das aber höher siedet als das zu erzielende Produkt. — Diese Beschickung wird einer derartigen Vorerhitzung (primary heating) unterworfen, daß die Temperatur so nahe an die eigentliche Kracktemperatur herankommt, daß die Zusatzwärme, die zur Zersetzung und der daraus resultierenden Verdampfung nötig ist, nicht so groß ist, als daß der Teil der Beschickung, der in Berührung mit der Metalloberfläche des Heizelements (Kessel oder Schlange) kommt, übermäßig zersetzt wird. — Aus der Vorerhitzung, die also nahezu der Kracktemperatur entspricht, gelangt das Öl in die etwas höher erhitzte und erweiterte Krackkammer. —

Einzelheiten über die Apparatur werden nur beispielsweise gegeben und sind nicht Gegenstand der Erfindung sondern nur das im Anspruch und weiterhin erläuterte Verfahren.

Beispielsweise wird kalifornisches Rohöl, das im Hochvakuum abdestilliert wurde, bis 500° F (260° C) vorerhitzt (s. a. das folgende Patent).

1 449 227 Richard W. Hanna, W. D. Mason, W. G. Hamilton;
20. 9. 1921 übertragen auf die Standard Oil Co., San Francisco;
20. 3. 1923 Kalifornien.

Verfahren zur Spaltung von Kohlenwasserstoffen unter Druck.

Anspruch:

1. Ein zyklisches Verfahren zur Spaltung von Petroleum unter möglichst konstanter Kracktemperatur und — Druck, die im ganzen Kracksystem, das eine Heizzone und eine Verdampfungsretorte enthält, möglichst gleichmäßig sind, dadurch gekennzeichnet, daß man die gesamte Ölmasse im System unter den Bedingungen von Temperatur und Druck der Spaltreaktion hält und daß man die Spaltreaktion möglichst auf die Verdampfungsretorte beschränkt, ferner dadurch, daß man zwangsläufig das Öl aus der Verdampfungsretorte zu der Heizzone — und durch die Heizzone und zurück zur Verdampfungsretorte kreisen läßt und zwar mit einer derartigen Geschwindigkeit und einer derartigen Umlaufsmenge, daß diese etwa dem Durchlauf der gesamten Ölmenge durch die Heizzone in nicht mehr als 10 Minuten gleichkommt, wobei kon-

stanter Druck und konstante Temperatur im ganzen System aufrecht erhalten werden. —

Diese Erfindung ist ebensowenig wie die vorige an irgendeine besondere Form des Apparates gebunden. —

Dadurch, daß das Öl stetig auf Spalttemperatur gehalten wird, erfolgt eine gleichförmigere Spaltung, so daß der Grad der Zersetzung und die Art der zu erzielenden Produkte kontrolliert werden können, wobei ein Minimum von Koks, inerten Gasen und von polymerisierten und ungesättigten Produkten entsteht. —

Aus einer Verdampfungsretorte zirkuliert das Öl durch eine Heizschlange oder dergleichen zurück zur Hauptmasse in der Verdampfungsretorte. Man stellt die günstigste Geschwindigkeit für diese Zirkulation durch die quantitative und qualitative Ausbeute an leicht siedenden Produkten fest. —

Das Öl, das durch die Heizschlange zirkuliert, wird durch die äußere Erhitzung um etwa 15° über seine Temperatur in der Verdampfungsretorte erhitzt. —

In Abb. 68 (Anhang) strömt das Öl aus Vorratstank 1 mit dem „Solventöl" aus 12 vereinigt in den Vorerhitzer 7 in den Erhitzer 16 durch das Druckregulierungsventil 27' in den Verdampfer 9, aus welchem die Dämpfe durch den Dephlegmator 17 entweichen, während das unzersetzte Öl durch 11 wieder nach 16 zurückgelangt und weiter zersetzt wird. 4, 5 und 6 wirken als Vorwärmer.

1 373 391 D. T. Day, Washington.
30. 4. 1918
29. 3. 1921

Behandlung von Kohlenwasserstoffölen.

Ansprüche:

1. Verfahren zur Gewinnung von niedrig siedenden aus hochsiedenden Kohlenwasserstoffölen, dadurch gekennzeichnet, daß man eine Lösung aus einer Mischung des ursprünglichen hochsiedenden Behandlungsmaterials mit solchen Petroleumrückständen herstellt, die höhere Spaltungstemperaturen haben, — daß man diese Mischung auf 600° F (316° C) erhitzt, um die Spaltung des Rohmaterials zu erzielen — d. h. bei einer Temperatur, die niedriger ist als die zum Spalten größerer Mengen des Lösungsmaterials erforderliche, — daß man die niedrig siedenden Produkte, die aus dem Rohmaterial erhalten wurden, entfernt und die Rückstände zwecks Mischung mit zugesetztem, hochsiedendem Material in den Betrieb zurückgehen läßt.

Nach 2. und folgenden handelt es sich um Petroleumrückstände, wie Säureteer.

Dieser Säureteer wird also in nicht bzw. erst bei höherer Temperatur zu krackenden Ölen gelöst und bei niedrigeren Temperaturen, selbst bei Anwesenheit von Schwefelsäure, gekrackt, wobei Gasolin und aromatische Kohlenwasserstoffe, z. B. Benzol und Toluol erhalten werden. Die Gegenwart von Schwefel wirkt nach des Erfinders Patent 1 221 698 günstig, gleichsam als Katalysator auf den Krackprozeß. —

1 440 772 Carbon P. Dubbs, Wilmette, Illinois; übertragen auf Universal Oil Products Company, Chicago.
27. 11. 1916
geteilt 23. 6. 1917
2. 1. 1923

Apparat zur Behandlung von Petroleum und anderen Kohlenwasserstoffen.

Anspruch:

3. Ein Apparat zum Spalten von Öl, gekennzeichnet durch Vorrichtungen zum Erhitzen des Öles, durch eine Anzahl einzelner, serienweise verbundener, stehender Retorten und durch Vorrichtungen, jede Retorte auf Spalttemperatur zu erhitzen; durch Vorrichtungen, erhitztes Öl einer Anfangretorte zuzuführen, um es danach durch die folgenden Retorten zu treiben; Dephlegmatoren und Vorrichtungen zur Überführung der in verschiedenen Retorten erzeugten Dämpfe durch andere Retorten in eine besondere Retorte, die zu Aufnahme und Abgabe von Dampf eingerichtet ist; Vorrichtungen, welche die Dämpfe aus der genannten Retorte entfernen und sie einer erstmaligen Rückflußbehandlung unterwerfen, und Vorrichtungen, um die Ölbestandteile aus den Dephlegmatoren zur Wiederbehandlung in die genannten Retorten zurückzuführen; ein Kondensator in Verbindung mit den Dephlegmatoren und Vorrichtungen, das Öl während der Destillation unter Überdruck zu halten. — —

Das vorliegende Dubbs-Verfahren ist ein kontinuierlicher Spaltprozeß, der auf intensivster Wärmeausnutzung aufgebaut ist, indem das eintretende Rohöl im Gegenstromprinzip durch Dephlegmatoren, Wärmeaustauscher und Destillatvorwärmer vorgeheizt in die vertikalen Spaltretorten geführt wird, die durch elektrische Heizung, Ofenheizung oder mittels überhitzten Dampfes auf die Spalttemperatur gebracht werden. Eine hintereinander geschaltete Batterie von beispielsweise 6 Retorten wird in der Weise geheizt, daß die Rückstände aus der ersten, kältesten Retorte in die zweite und so fort bis in die letzte, heißeste, Retorte gelangen, aus der sie durch Wärmeaustauscher weiter geleitet und z. B. mit frischem Material gemischt der Behandlung in der ersten Retorte wieder zugeführt werden können.

Die Gase und Dämpfe werden im Gegenstrom, also von der heißeren Retorte zur minder heißen Retorte geleitet und auf diese Weise von ihren schweren Bestandteilen befreit, die im Öl gelöst mit diesem zu höher erhitzten Retorten weitergehen. — Die Temperaturen der Retorten variieren im Minimum zwischen 200—500° F, im Maximum zwischen 500 und 2000° F. der Druck von 50 bis 100 Pfd. auf den Quadratzoll.*)

1 537 592 G. Egloff, Independence, Kansas; übertragen auf Universal Oil Products Company, Chicago.
9. 12. 1920
12. 5. 1925

Verfahren zum Spalten von Öl.

Das Dephlegmatorkondensat, das vom Spaltprozeß herrührt, wird wieder in Spaltrohre überführt und mit gleichfalls auf Kracktemperatur erhitztem frischen Öl zusammen in die Expansionskammer geleitet. —

Z. B. wird Heizöl von 25° Bé (0,907) auf 700° F (370° C) bei einem Druck von 135 Pfd. in der Spaltschlange erhitzt, gelangt in die Expansionskammer,

*) Vergl. S. 105 über Dubbs-Verfahren.

die auch unter 135 Pfd. Druck steht. Das Rückflußkondensat aus dieser, wie das aus dem Dephlegmator wird nochmals auf 770° F (ca. 400° C) erhitzt, unter 175 Pfd. und gelangt so nochmals in flüssiger Phase gespalten zur Expansionskammer.

1 392 629 Carbon P. Dubbs, Wilmette, Illinois. (Universal Oil Products
19. 3. 1919 Company.)*)
4. 10. 1921

Verfahren zur Umwandlung von Kohlenwasserstoffen.

Ansprüche:

1. Verfahren zur Umwandlung schwerer in leichtere Kohlenwasserstoffe, darin bestehend, daß man einen Ölstrom durch eine Zone streichen läßt, in der das Öl auf Kracktemperatur erhitzt aber nicht verdampft wird, es von da durch eine Zone, wo Verdampfung stattfindet, leitet, die Dämpfe abführt und sie der Rückflußkondensation unterwirft, wobei das Kondensat zum weiteren Kracken zurückgeleitet wird, daß man ferner den Rückstand bei obiger Verdampfung aus dem System entfernt, ohne, daß sich ein irgendwie wesentlicher Teil dieses Rückstands mit dem erhitzten Öl mischt und daß man das Material während der Destillation unter Druck hält. —

Nach 2. soll das Material der Destillation und Kondensation unter Dampfdruck gehalten werden.

Nach 3. sollen die Rückstände kontinuierlich aus der Verdampfungskammer abgezogen werden.

Nach 4. werden die Rückstände in dem Maße abgezogen, wie Öl der Erhitzungszone zufließt. —

Nach 5. wird ein Teil des Kondensats (die schwersten Anteile) dem Ölstrom wieder zugesetzt. —

Nach 6. wird der Ölstrom durch ein horizontales Röhrensystem geleitet, das er ganz ausfüllt, in welchem er auf Kracktemperatur gebracht wird und von da in ein 2. System von größerem Durchmesser, in welchem das Öl verdampft.

Nach 7. führt man das erste Kondensat der Krackdämpfe den Krackröhren an der Eintrittsseite wieder zu.

Nach 8. entfernt man den kohlehaltigen Rückstand aus dem System und verhindert, daß er mit dem eintretenden Öl in Berührung kommt. —

Mittels der Pumpe I (s. Abb. 69 z. D. R. P. 370 470, Anhang) wird das Öl in die Röhren B gedrückt und darin der Kracktemperatur und dem Krackdruck unterworfen, in den Röhren C wird es von den Dämpfen befreit, die durch die Röhren D, E entweichen, durch den Luftkondensator G^1, das Rohr G^2, den Wasserkühler G^3 kondensiert werden und durch den Druckregulierhahn H austreten.

Diejenigen Dämpfe, die in E, G u. G' (Fig. 1) kondensiert wurden, werden automatisch durch die Röhren F, F', I' mittels der Pumpe I in die Heizröhren B

*) Nach Leslie (Motor Fuels) behauptet die Universal Oil Prod. Company, daß der Burton-Prozeß eine Verletzung eines Patents von J. A. Dubbs (1 123 502 angemeldet am 20. 11. 1909) sei. — Auf die zahlreichen Patentstreitigkeiten bezüglich der Krackverfahren kann hier nur ausnahmsweise eingegangen werden.

zurückgepumpt. Der im System C zurückgebliebene Rückstand wird durch K und den Druckregulierhahn H^1 abgezogen. —

1 488 325 C. P. D u b b s, Wilmette; übertragen auf die U n i v e r s a l O i l
21. 6. 1919 P r o d u c t s C o m p a n y, Chicago.
25. 3. 1924

Verfahren zur Behandlung von Petroleum.

A n s p r u c h :

1. Ein Verfahren zur Umwandlung von Öl, dadurch gekennzeichnet, daß man Kohlenwasserstofföl durch eine kontinuierliche längere Strecke, auf welcher das Öl einer Kracktemperatur unterworfen wird, treibt, daß man das hocherhitzte Öl in eine erweiterte Kammer führt, mit welcher die genannte Strecke verbunden ist, daß man die Dämpfe aus der Kammer in einen Dephlegmator gehen läßt; daß man frisches Öl in den D e p h l e g m a t o r einführt, zwecks inniger Mischung mit jenen Dämpfen, wobei die schwereren kondensiert und das frische Öl erwärmt werden, daß man die nicht kondensierten Dämpfe weiterführt, — daß man zum Eintritt in die längere Strecke Kondensat und frisches Öl in Mischung miteinander führt, um sie dadurch zu leiten, daß man kohlenstoffhaltigen Rückstand aus der erweiterten Kammer abzieht, ohne daß auch nur ein Teil davon wieder in die längere Krackstrecke gelangt, und daß man das System unter Überdruck hält. — (S. 1 546 634 C. P. D u b b s, S. 125.)

160 236 Brit. U n i v e r s a l O i l P r o d u c t s C o m p a n y, Chicago.
12. 12. 1919
11. 5. 1921

Kracken von Kohlenwasserstoffen.

A n s p r u c h :

1. Verfahren zur Behandlung von Kohlenwasserstoffölen unter Druck der aus ihnen erzeugten Dämpfe, dadurch gekennzeichnet, daß man einen Strom von Öl unter Druck durch eine Heizzone treibt, von da in eine Verdampfungskammer, aus welcher man den Rückstand abzieht; daß man die Dämpfe, die aus der Kammer treten, kondensiert, einen Teil des Kondensats unter Zufuhr von frischem Öl zur Heizzone zurücklaufen läßt, derart, daß man eine Mischung der Kondensate mit dem Rückstand verhindert, — daß man den zurückbleibenden Teil der Dämpfe weiter kondensiert und die letzten Kondensate durch den Kessel, der zur Druckhaltung dient, fließen läßt.

Aus 4zölligen Krackrohren gelangt das Öl in 10zöllige Verdampfungsrohre, aus denen der Rückstand durch das Rohr K entfernt wird, während die Dämpfe in den Kühlern E, G^1 und weiterhin in G^2 kondensiert werden, wobei der Druck durch das Ventil H gehalten wird. Das Kondensat aus E, G^1 gelangt durch F, F^1, L^1 entweder direkt zur Heizzone oder zum Rohöltank L, aus dem es durch eine Pumpe I. zur Heizzone getrieben wird.

Die Operation verläuft bei einem Druck von 100 Pfd. pro Quadratzoll und die Heizzone wird auf 750—860° F gehalten (404—460° C). Die Anlage besteht aus je 4 nebeneinanderliegenden Krack- und Verdampfrohren. (Vgl. hierzu Abb. 69.

DRP. 370 470 Universal Oil Products Company, Chicago.
23 Gr. 5

Verfahren zur Umwandlung der schweren Kohlenwasserstoffe im Rohöl in spezifisch leichtere, unter Anwendung von Spaltungs- und Verdampfungsrohrzonen.

Ansprüche:

1. Verfahren zur Umwandlung der schweren Kohlenwasserstoffe von Rohöl in spezifisch leichtere, indem das Rohöl in einer Zone auf Spaltungstemperatur erhitzt wird, ohne Verdampfung herbeizuführen, um nachher in einer anschließenden Zone verdampft zu werden, der im Kondensator verdichtete Rücklauf aber einer nochmaligen Behandlung unterworfen wird, dadurch gekennzeichnet, daß die Rückstände aus der Verdampfungszone entfernt werden, ohne daß es ihnen möglich gemacht ist, sich mit dem Öl in der ersten Zone zu vermischen.

2. Verfahren nach 1, dadurch gekennzeichnet, daß die Entfernung der Rückstände unmittelbar aus den Verdampferrohren, d. h. vor dem Eintritt der Dämpfe in den Kondensator stattfindet, und daß der Rücklauf aus dem Kondensator, ohne mit der Rückstandsableitung in Verbindung zu treten, in die Frischölleitung einmündet. —

3. Verfahren nach 1. und 2., dadurch gekennzeichnet, daß die Entziehung der Rückstände aus den Verdampfungsrohren ein ununterbrochene ist und auch die Verdampfung und Verdichtung sowie die Rückleitung des verdichteten Rücklaufs zur Zersetzungszone des Frischöles eine ununterbrochene ist. —

Ausführungsbeispiel: Gasöl von 32—36° Bé aus amerikanischem Rohöl wird durch eine Pumpe I (Abb. 69, Anhang) den Zersetzungsrohren zugeleitet und dort auf 400—460° C erhitzt. Diese Rohre sind ganz —, die Zersetzungsrohre C jedoch nur zum Teil gefüllt, um die Verdampfung zuzulassen. Ein Druck von ungefähr 7 kg auf den cm² wurde auf das Öl während der ganzen Behandlung ausgeübt und da dieser Druck durch das Ventil H — reguliert wird, so befindet sich die ganze Anlage unter gleichem Druck. Das bei H abfließende Druckdestillat beträgt etwas mehr als die Hälfte des der Behandlung unterworfenen Gasöles und hat ein spezif. Gewicht von 0,777 bis 0,760.

1 534 927 Carbon P. Dubbs, Wilmette; übertragen auf die Universal Oil Products Company, Chicago.
20. 10. 1922
21. 4. 1925

Verfahren zur Behandlung von Kohlenwasserstoffölen.

Anspruch:

1. Verfahren zum Spalten von Öl, dadurch gekennzeichnet, daß man einen Ölstrom in einem Rohr auf Kracktemperatur unter Überdruck erhitzt, daß man das Öl in eine erweiterte Kammer austreten läßt, daß man den Druck in dieser Kammer erheblich reduziert, ihn aber noch über Atmosphärendruck hält, daß man die erzeugten Dämpfe zur Rückflußkondensation führt, daß man das Rückflußkondensat in die erweiterte Kammer zurückführt, daß man Rückflußkondensat und leichtes unverdampftes Öl aus der erweiterten Kammer in das genannte Rohr zurückführt, um es zusammen zu durchströmen; — daß

man während des Betriebes schweres, kohlenstoffhaltiges Residuum aus der erweiterten Zone abzieht und ebenso während des Betriebes frisches Öl dem System zuführt. —

Ein Verfahren, bei welchem das Öl durch eine bzw. zwei Pumpen in Bewegung erhalten wird. Das in horizontalen Rohren bei 400—2400° (?) F (204 bis 1315° C) gespaltene Öl wird in erweiterte Vorwärmkammern gedrückt, wo die Geschwindigkeit geringer ist, aus denen der kokshaltige Rückstand kontinuierlich abgezogen wird und in denen gleichzeitig frisches Öl vorgewärmt wird.

Geschwindigkeit des zirkulierenden Öles, ebenso wie Temperatur und Druck müssen dem jeweiligen Rohmaterial angepaßt werden. Dadurch, daß der Druck im Absetzgefäß niedriger als in den Spaltrohren gehalten wird, wird der Siedepunkt erniedrigt und ein entsprechend größerer Teil in Dampf verwandelt.

1 555 976 Lyman C. Huff, Chicago; übertragen auf die Universal
14. 4. 1923 Oil Products Company, Chicago.
6. 10. 1925

Apparat zur Behandlung von Öl.

Anspruch:

1. Ein Apparat zur Behandlung von Öl, gekennzeichnet durch eine Heizschlange, durch welche man ein Öl strömen läßt, das auf Spalttemperatur erhitzt werden soll, durch eine erweiterte Umwandlungskammer, in welche das erhitzte Öl eintritt und in der ein wesentlicher Teil desselben verdampft, durch einen Dephlegmator, der mit der „Umwandlungskammer" verbunden ist, durch ein Rücklaufrohr, um das Rückflußkondensat in die Erhitzungsrohre zur Wiederbehandlung zu führen, durch eine in der Rücklaufleitung eingeschaltete Pumpe, durch eine Umlaufleitung um diese Pumpe und ein Rückschlagventil in dieser Leitung, wodurch die Zirkulation automatisch weitergeht, wenn die Pumpe infolge Überdrucks aussetzt.

1 540 934 G. Egloff und H. P. Benner; übertragen auf Universal
10. 2. 1921 Oil Products Company, Chicago.
9. 6. 1925

Apparat zum Spalten von Öl.

Anspruch:

1. Ein Apparat zum Spalten von Öl, gekennzeichnet durch einen Ofen, eine Anzahl Heizrohre, um das Öl auf Spalttemperatur zu bringen, durch Ausdehnungsvorrichtungen in Verbindung mit jenen Heizrohren, die aus einer Anzahl miteinander verbundener Rohre von wachsendem Durchmesser bestehen und durch Vorrichtungen zum Austritt der Dämpfe und durch besondere — zum Austritt des Rückstands aus der Expansionszone. —

Nachdem das Öl in flüssiger Phase auf Spalttemperatur gebracht ist, gelangt es (s. Abb. 69a, Anhang) durch Rohre, die sich von 8" allmählich auf 30" erweitern, in die Expansionskammer. Zwischen den Krackrohren, den erweiterten Rohren und der Expansionskammer sind Ventile vorgesehen, die den Druck entsprechend regeln. — Z. B. werden 2800 Gallonen

Eldorado-Heizöl von 26° Bé in einer Stunde durch den Apparat geführt und auf 890° F (ca. 477° C) erhitzt, unter einem Druck von 150 Pfd. auf den Quadratzoll. 60% des behandelten Materials werden im Druck-Destillat von 50° Bé verwandelt, die 32% auf Basis des behandelten Rohöls an Gasolin von 57° Bé = 0,756 enthalten.

1 561 779 G. Egloff; übertragen auf die Universal Oil Products
19. 10. 1923 Company, Chicago.
17. 11. 1925

Verfahren zum Spalten von Petroleumöl. —

Anspruch:

1. Ein Verfahren zum Spalten von Öl, dadurch gekennzeichnet, daß man das Öl durch eine Heizschlange treibt, in der es Spaltbedingungen ausgesetzt ist (Druck und Hitze), daß man einen Teil des Öles von dieser Heizschlange in eine erste Expansionskammer überführt, daß man die sämtlichen Ölbestandteile aus jener ersten in eine zweite Kammer leitet und daß man den zurückbleibenden Teil des erhitzten Öles aus der Heizschlange direkt in das flüssige Öl in der zweiten Expansionskammer einführt, um die Spaltwirkung in dieser zu verstärken. —

Die Anwendung zweier Expansionskammern ermöglicht, das Öl mit größerer Geschwindigkeit durch den Apparat zu treiben. — In der Hauptsache wird also der Reaktionsraum vergrößert. —

(Siehe die Abb. 74, Anhang.)

1 551 090 C. P. Dubbs; übertragen auf Universal Oil-Products
24. 5. 1924 Company, Chicago. —
25. 8. 1925

Verfahren zur Behandlung von Kohlenwasserstoffölen.

Anspruch:

1. Ein Verfahren zur Umwandlung von Kohlenwasserstoffölen in niedriger siedende Kohlenwasserstoffprodukte, dadurch gekennzeichnet, daß man einen Strom von Rückflußkondensat und frischem Öl durch eine Heizröhre treibt, wo die Mischung auf Kracktemperatur erhitzt wird, ohne jedoch die Temperatur des Öles so hoch zu treiben, daß sich wesentliche Mengen von Koks im Rohre absetzen, — daß man die heiße Mischung aus dem Krackrohr in eine erweiterte Reaktionskammer treibt, wo die Ölmischung infolge ihrer Erhitzung im Rohre sich ohne wesentliche Temperatursteigerung in Dämpfe und einen nichtfließenden Koksrückstand scheidet, der weitgehend frei von Rückstandsöl ist, und daß man einen Überdruck auf das Öl in den Rohren und der Reaktionskammer ausübt, daß man das Verhältnis von Rückflußkondensat zu frischem Öl und die Menge der den Rohren zugeführten Wärme derart regelt, daß sich die Scheidung der Ölmischung in nichtfließenden Koksrückstand und Dämpfe in der Reaktionskammer vollzieht. —

Das frische Öl geht durch die Spaltrohre in die Reaktionskammer und aus dieser zum Dephlegmator, der wieder mit frischem Öl gekühlt wird und aus dem das Gemenge von kondensierten Dämpfen und erwärmtem frischen Öl wieder in die Spaltrohre gelangt. Nun soll der Prozeß derart geregelt werden, daß das Öl aus den Spaltrohren in die erweiterte Reaktionskammer unter solchen Mischungs-, Druck- und Temperaturbedingungen gelangt, daß sich alsbald in der Reaktionskammer eine Abscheidung eines nicht fließenden kokshaltigen Rückstands vollzieht. —

Während sonst aus der Reaktionskammer Rückstandsöl abgezogen wurde, wird bei diesem rückstandsfreiem Betriebe (Non-Residuum-run) nur nichtflüssiger Koksrückstand erzeugt, der evt. nach anderen Dubbs-Verfahren aus der ausgeschalteten Kammer entfernt wird, während eine neue Reaktionskammer eingeschaltet wird.

Während das „Rückstandsverfahren" 55 % Krackdestillat lieferte, werden nach dem vorliegenden Verfahren, z. B. aus konzentriertem, d. h. von Benzin- und Petroleumfraktionen befreitem Smackover-field-Rohöl von 17,7° Bé (=0,945) ca. 80% des frischen (konzentrierten) Öles in Krackdestillat verwandelt.

1 546 634 Carbon P. Dubbs, Wilmette; übertragen auf Universal
21. 6. 1919 Oil Products Company of Chicago.
geteilt 6. 9. 1921
erteilt 21. 7. 1925

Apparat zur Behandlung von Petroleum.

Anspruch:

1. Apparat zur Umwandlung von Öl, gekennzeichnet durch einen Ofen, darin eine Heizschlange, eine erweiterte, isolierte Kammer außerhalb des Ofens, ein Isoliermauerwerk um die Kammer, ein Verbindungsrohr zwischen Heizschlange und Kammer, ein Dephlegmator über der Heizschlange erhöht angeordnet, ein Dampfrohr von der Kammer zum Dephlegmator, ein Rückstandsabflußrohr aus der Kammer, duch Vorrichtungen, frisches Öl dem Dephlegmator zwecks Wärmeaufnahme aus den hindurchgehenden Dämpfen zuzuführen und gleichzeitig das frische Öl vorzuwärmen, durch Vorrichtungen, eine Mischung aus diesem frischen Öl und Rückflußkondensat zu sammeln, durch eine Verbindung zwischen diesen Vorrichtungen und den Heizschlangen, durch die man frisches Öl und Rückflußkondensat den letzteren zuführen kann und Vorrichtungen, daß umzuwandelnde Öl unter Überdruck zu halten.

Nach diesem Verfahren läuft das frische Öl nur durch den Dephlegmator in das System. (Vergl. Patent 1 488 325.)

1 522 425 Carbon P. Dubbs, Wilmette, Illinois; übertragen auf
12. 12. 1923 Universal Oil Products Company, Chicago.
6. 1. 1925

Verfahren zur Behandlung von Ölen.

Anspruch:

1. Kontinuierliches Verfahren zur Umwandlung von Öl, dadurch gekennzeichnet, daß man Öl in gedrosseltem Strome durch eine lange, gleichmäßige Strecke treibt, in der es seine Spalttemperatur erhält, daß man dieses hocherhitzte Öl in im wesentlichen flüssigen Zustand in eine erweiterte Kammer überführt, wo die Verdampfung eines Teiles des Öles stattfindet, daß man das nicht verdampfte Öl vollständig aus der Kammer entfernt und vorsorgt, daß es nicht in die verlängerte Durchgangsstrecke zurückgelangt, daß man die aus der Kammer austretenden Dämpfe zu einem Rückflußkühler

führt, daß man Rohmaterial zu diesem Rückflußkühler führt, um die Kondensation der unvollständig gekrackt hindurchgehenden Dämpfe zu unterstützen und das Rohmaterial vorzuwärmen, daß man die nichtkondensierten Dämpfe aus dem Rückflußkühler entfernt, daß man Kondensat und Rohmaterial aus dem Rückflußkühler entfernt und zusammen mit einem besonders zufließenden Rohmaterial dem Einlaß jener verlängerten kontinuierlichen Strecke zuführt, um diese zu durchströmen und daß man einen Überdruck in dem umzuwandelnden Öl erhält. —

Durch die Pumpe 4 (Abb. 70, Anhang) wird das Rohmaterial (z. B. ein auf 17,3° Bé abdestilliertes Smackoverfield-Rohöl) durch 3 in die Überhitzungsschlange 2 gefördert, von wo die Dämpfe in die Expansionskammer 7 (15 Fuß hoch, 10 Fuß Durchmesser) und den Dephlegmator 13 gelangen, der sowohl mit hierhin abgezweigtem Rohmaterial (4,28) wie mit gekühltem Druckdestillat (24, 26) gekühlt wird, aus dem die Dämpfe durch 16 zur Kondensation gelangen, während die kondensierten Anteile mit dem vorgewärmten Rohmaterial in die Schlange 2 zurückgelangen. Kohle setzt sich in den Pfannen 13 ab und wird durch 14, 15, 31, abgelassen, — ebenso von Zeit zu Zeit der Rückstand in den Schlangen durch 35, 34 und in der Expansionskammer durch 29, 30.—

So wird bei 120 Pfd. Druck und 880° F (471° C) 80 % Druckdestillat von 47—48° Bé (0,798 spezif. Gew.) erhalten, aus welchen bei weiterer Destillation 48—50 % (von der ursprüngl. Füllung) handelsübliches Gasolin erhalten werden. —

Nach dieser Erfindung kann man einen sehr erheblichen Teil des freien Kohlenstoffs, der gewöhnlich in den Krackröhren und Dephlegmatoren zurückbleibt, während des Betriebes entfernen. —

1 525 281 Carbon P. Dubbs, Wilmette, Illinois; übertragen auf Universal Oil Company.
25. 12. 1919
3. 2. 1925

Verfahren zur Behandlung von Petroleum.

Anspruch:

1. Verfahren zur Behandlung von Petroleum, darin bestehend, daß man einen Strom Öl in einem einzigen Gange durch eine kontinuierliche Krackschlange leitet, wo dieses Öl seine Kracktemperatur empfängt, — daß man das erhitzte Öl in eine erweiterte Kammer leitet, wo die Verdampfung zum größten Teile stattfindet, — daß man die Dämpfe aus der Kammer entfernt und in einen Dephlegmator führt, — daß man die Kondensation der ungenügend gespaltenen Dämpfe, die durch den Dephlegmator gehen, dadurch unterstützt, daß man in den Dephlegmator Rohmaterial führt, das sich mit dem Rückflußkondensat in einzelnen Teilmengen im Dephlegmator ansammelt, — daß man unverdampften Rückstand aus der erweiterten Kammer entfernt, ohne die Rückstände aber wieder in die Krackschlange zurückfließen zu lassen, — daß man unter besonderem, mechanischem Druck Rückflußkondensat mit Rohmaterial gemischt aus dem Dephlegmator in den Einlaß der Krackschlange preßt, um es durch dieselbe zu treiben und daß man das der Umwandlung unterliegende Öl unter Überdruck hält. —

Rohmaterial, (z. B. Gasöl von einem Kansasölfeld von 32° Bé (0,870) wird durch das Rohr K (Abb. 71) in den Dephlegmator (oder Wärmetauscher) geführt, wo es durch die aus der Zeichnung ersichtliche Anordnung (BB) in Berührung mit aufsteigenden Dämpfen aus der Expansionskammer D gelangt und einen Teil der Dämpfe kondensiert. Von Absatz zum nächst tieferen Absatz immer heißer werdend gelangt es schließlich durch die Leitung J^4 in die Krackschlange B und von da nach D, von wo es als Dampf durch E^4 in die unterste Kammer des Dephlegmators tritt. Das ganze System liegt unter 135 Pfd. Druck. 50 % des Gasöls werden in Druckdestillat von 50° Bé umgewandelt, das 65 % Gasolin von 58° Bé (ca. 0,750) enthält.

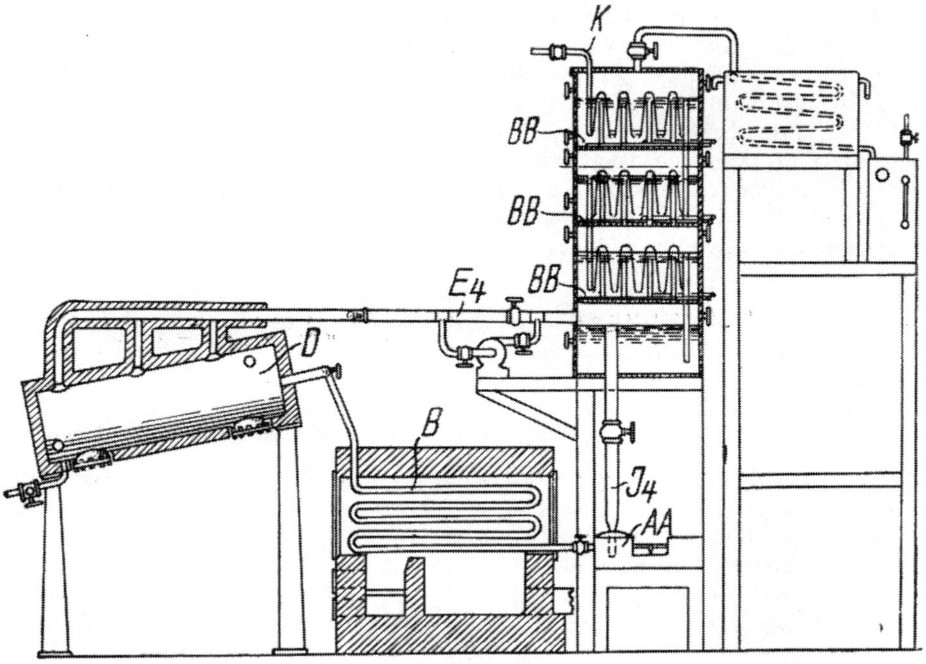

Abb. 71.

Die Temperaturen der verschiedenen Absätze im Dephlegmator können durch die Rohrschlangen BB eingestellt werden, z. B. kann das Öl in der Dampfkammer DD' 800° F (427° C) das Öl im unteren Absatz 600° F (316° C) im nächst höheren Absatz bzw. 550, 500 und 400° F (288°, 260 und 204° C) haben. Die Menge des zur Krackschlange zugelassenen Rohmaterials wird durch die Pumpe AA geregelt. Durch sie wird auch der Druck im System bestimmt. —

1 550 607 C. P. Dubbs, Wilmette; übertragen auf Universal Oil
8. 4. 1923 Products, Chicago.
15. 8. 1925

Verfahren zur Behandlung von Ölen.

Anspruch:

2. Ein Ölumwandlungsverfahren, das darin besteht, daß man einen Ölstrom durch eine Heizschlange treibt, in welcher das Öl Spalttemperatur annimmt, wäh-

rend es unter Überdruck steht, daß man das hocherhitzte Öl durch eine erweiterte Reaktionskammer treibt, aus der unverdampftes Öl abfließt, das nicht mehr in die Heizschlange zurückkehren darf; daß man die entwickelten Dämpfe aus der Reaktionskammer zum Dephlegmator führt, daß man einen Strom des zur Anwendung kommenden Öles in wärmeaustauschende Berührung mit den Dämpfen im Dephlegmator bringt, wodurch das Öl gleichzeitig vorgewärmt und die schweren Fraktionen der Dämpfe kondensiert werden; daß man einen zweiten Ölstrom direkt in die genannte Heizschlange führt — und daß man das vorgewärmte Beschickungsöl und das Rückflußkondensat aus dem Dephlegmator in einem Strom unter mechanischem Überdruck in den zur Heizschlange gehenden zweiten Ölstrom führt, mit dem er darauf durch die Heizschlange läuft. —

Es wird hierbei das in der Expansionskammer unverdampfte Öl aus dem System ins Reservoir oder zur Wiederbehandlung geführt, dagegen das im Dephlegmator kondensierte Öl wieder in den Kreisprozeß eingeführt und zwar zur Beschleunigung des Stromes durch einen im Ablaufrohr vom Dephlegmator eingebauten von außen angetriebenen Propeller (s. Abb. 71, vor. S. bei E).

1 543 831		C. P. Dubbs; übertragen auf Universal Oil Products Company, Chicago.
Anmeldung	30. 11. 1917	
geteilt	12. 12. 1918	
erneuert	16. 6. 1923	
patentiert	30. 6. 1925	

Apparat zur Behandlung von Kohlenwasserstoffölen.

Anspruch:

1. Ein Apparat zur Behandlung von Kohlenwasserstoffen, gekennzeichnet durch eine Heizschlange, durch eine Verdampfungsschlange von größerem Durchmesser als die Heizschlange, die bis auf oder über die Temperatur der Heizschlange erhitzt werden kann; durch eine Pumpe und Verbindungen zur Heizschlange, um eine örtliche Zirkulation in dieser zu bewirken, und durch eine andere Pumpe, die mit der Verdampfungsschlange verbunden ist, um in dieser eine örtliche Zirkulation zu bewirken. —

Siehe das folgende Verfahren. —

1 543 832 C. P. Dubbs; übertragen auf Universal Oil Products Company, Chicago.
3. 6. 1922
30. 6. 1925

Verfahren zur Behandlung von Kohlenwasserstoffölen

Anspruch:

9. Ein Verfahren zur Umwandlung von schweren Kohlenwasserstoffen in leichtere, dadurch gekennzeichnet, daß man Kohlenwasserstofföl in verhältnismäßig dünnem Strom durch eine Heizzone fließen läßt, daß man das Öl aus dieser in eine Destillierzone von entsprechend größerem Querschnitt entladet, wobei man örtliche Zirkulation des Öles, zeitweilig in der Heiz- und in der Destillier-Zone veranlaßt, und zwar läßt man möglichst auf dem gleichen Niveau in der gleichen Ebene zirkulieren —, daß man die in der Destillierzone entwickelten Dämpfe kondensiert und während der Destillation das Öl unter Dampfdruck hält. — —

Aus einem System paralleler in gleicher Höhe des Ofens belegener Krackrohre, in welchem eine besondere Zentrifugalpumpe F 6 (Abb. 72, Anhang) das Öl in schnelle Kreisbewegung bringt, gelangt es in ein System erweiterter Destillationsrohre, in welchem gleichfalls Kreisbewegung durch eine Zentrifugalpumpe F 1 veranlaßt wird und die gleiche oder etwas höhere Temperatur gehalten wird.

Durch die schnelle Bewegung des Öles kann der Ofen auf beträchtlich höherer Temperatur ohne schädlichen Einfluß auf das Öl gehalten werden. Die Grenzen müssen für jedes zu behandelnde Öl bestimmt werden.

Als Druck kommen 50 bis 500 Pfd. per Quadratzoll, als Temperatur etwa 500—1000° F zur Anwendung.

Aus dem gleichen Niveau der Rohrfüllung soll eine gleichmäßigere Erhitzung und ein gleichmäßigeres Destillat resultieren.

Die Abb. 72 zeigt die Anordnung der Krack- und Destillationsrohre im Ofen, mit den dazu gehörigen Pumpen.

1 568 400 C. P. Dubbs; übertragen auf Universal Oil Products
4. 2. 1925 Company, Chicago.
5. 1. 1926

Apparat zum Kracken von Kohlenwasserstoffölen.

Apparat zur Umwandlung von Öl mit verlängertem Heizrohr, gekennzeichnet durch einen Ofen, in welchem das Heizrohr angeordnet ist, eine vergrößerte Reaktionszone, Vorrichtungen, das erhitzte Öl aus der Heizschlange in die Reaktionszone zu leiten, einen Dephlegmator, entfernt von der Heiz-

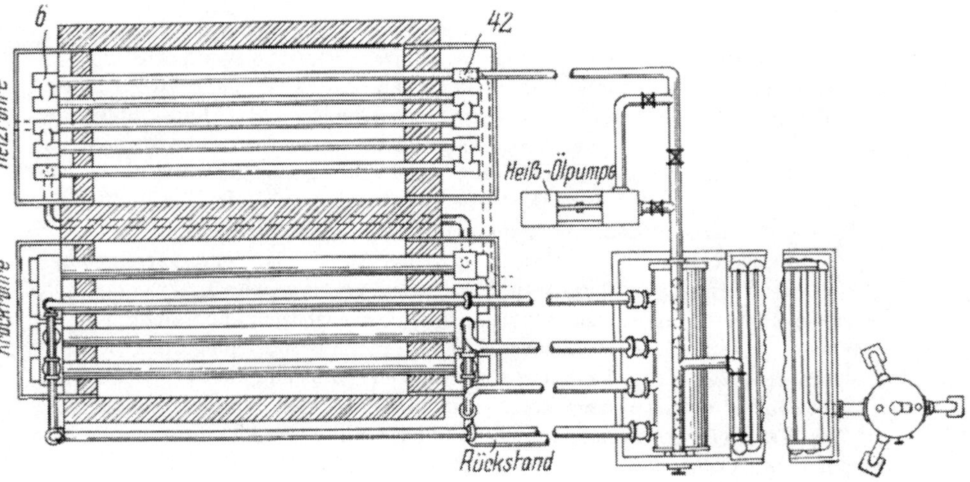

Abb. 73.

schlange, Leitungen für die erzeugten Dämpfe zum Dephlegmator, Vorrichtungen unverdampftes Öl aus der Reaktionszone zu entfernen, ohne daß es wieder in die Heizschlange fließt, durch eine aus dem Dephlegmator führende Leitung und eine mit dieser Leitung verbundene Pumpe, durch eine Verbindung zwischen Pumpe und Heizschlange, um Rückflußöl unter Druck in die Heizschlange zu führen, und durch Vorrichtungen, Rückflußöl aus dem Dephlegmator direkt kontinuierlich in die Heizschlange zu bringen, für den Fall, daß die Pumpe ausgeschaltet ist. —

Das Besondere an der Ausführung ist, daß die in den weiten Reaktionsrohren gespaltenen Dämpfe, die in den Dephlegmator weitergeleitet werden und die im Dephlegmator sich kondensierenden Öle nun nicht zurück in die weiten Reaktionsrohre fließen und dort die Reaktionstemperatur herabsetzen, sondern, daß diese Kondensate mit dem Frischöl zusammen in die engen Heizrohre 6 bei 42 eintreten und so wieder in den Kreislauf gelangen (Abb. 73 s. vorige Seite.)

Das unverdampfte Öl aus den Reaktionsrohren wird als Rückstand abgelassen. Um die Geschwindigkeit des Öles in den Heizrohren zu vergrößern und so die Festsetzung von Koks in den Rohren zu vermeiden ist eine Heißöl-Pumpe angeordnet, die aber ausgeschaltet werden kann, so daß die Anlage dann unter dem Überdruck des Öles vom Luftkondensator steht.

Statt mehrerer erweiterter Rohre kann auch eine große Reaktionskammer Anwendung finden.

Beispiel: Kansas-Gasöl von 32—34° Bé wurde bei einem Druck von 100 bis 150 Pfd. per Quadratzoll im System destilliert mit einer Ausbeute von 50—60 % Destillat, das bei Redestillation 50 % vom Siedepunkt bis 400° F (204° C) lieferte. —

D. R. P. 429052 Universal Oil Products Company, Chicago.
16. 3. 1921
17. 5. 1926

Vorrichtung zur Spaltung von Öl.

Ansprüche:

1. Vorrichtung zur Spaltung von Öl, dadurch gekennzeichnet, daß die Verdampfungsräume als verhältnismäßig große und weite Kammern (80.81) ausgebildet sind, die unter demselben Druck stehen wie die Heizröhren und deren Reinigung in beliebigen Zwischenräumen dadurch erleichtert wird, daß im Innern der Kammern keine Verteilungskegel oder dgl. angeordnet sind, während am Bodenende der Kammern ein Auslaßstutzen (90) die Entfernung der in diesen Verdampfungskammern angesammelten Rückstände erleichtert.

2. Vorrichtung nach 1, dadurch gekennzeichnet, daß von verschiedenen Höhen der Verdampfungskammern ausgehende Leitungen (127, 126, 125) während des Betriebes eine Ablassung der noch verwertbaren Rückstände aus den Kammern gestatten, bis bei Ansammlung von Teer bis zum Spiegel der höchsten Ablaßröhre (125) eine Abstellung der Kammer notwendig wird.

Abbildung No. 74 (Anhang) veranschaulicht das Wesen der Erfindung. Der in den Kammern 80.81 angesammelte Rückstand wird mit Hilfe von Schürstangen, die durch das obere Mannloch 91 eingeführt werden, durch 90 abgelassen und in geeigneten Wagen entfernt.

1594093 C. P. Dubbs, Universal Oil Products Co., Chicago.
21. 10. 1922
27. 7. 1926

Krackverfahren.

Aus der Zersetzungskammer (s. Abb. 74a, Anhang) gehen die Dämpfe in den Dephlegmator, wo sie durch einen Rohölspray gekühlt werden. Die leichten Anteile von Krackdämpfen und Rohöl gelangen von da, unter atmosphärischem oder geringerem Druck, in 2 hintereinandergeschaltete Fraktioniertürme, während die schweren Anteile zurück zur Krackanlage gehen, wohin auch die schweren Kondensate aus den Fraktioniertürmen mittels einer Pumpe gedrückt werden. Diese letzteren können aber auch in den Dephlegmator zurückgedrückt werden, so daß eine kreisläufige Behandlung nach verschiedenen Methoden — je nach Art des Öles — möglich wird.

Nachstehend geben wir einige neuere Resultate aus dem Dubbs-Betriebe der Universal Oil Prod. Cy. (nach Petrol. 1926. 606):

G. Egloff u. Henny, Universal Oil Prod. Cy. Chicago.

Direkte Produktion von Endkochpunkt-Benzin aus schweren Ölen.

Resultate des Krackens von Heizöl in einer einzelnen Dubbs-Anlage mit Reaktionskammer 10 Fuß × 30 Fuß und Heißölpumpe.

Kerosin Sunburgh Heiz-Öl.

Druck in lbs	190	200	200
Betriebstage	2,83	3,17	3,33
Betriebsstunden	68	89	80
° Bé Material	26,5	26,5	27,2
Barrels total	1869	2534	2191
Barrels pro Betriebstag	660	683	657

Krackresultate:

	Druckdestillat			Koks		
Fässer	1493	2091	1806	339	391	359
° Bé	50	49,5	49,—	—	—	—
% vom Rohmaterial	79,9	82,5	82,4	18,1	15,4	16,3

Gase, unkondensierbar:			
% vom Rohmaterial	2,—	2,06	1,21
Feuerung tot. brls.	57	48	59
% vom Rohmaterial	3,—	1,9	2,7
Ausbeute von Druckdestillatbenzin:			
Total	1107	1561	1307
brls pro Betriebstag	391	421	392
% vom Rohmaterial	59,56	61,6	59,66
% vom Druckdestillat	74,2	74,7	72,4
Siedegrenzen ° F	—	98—437	101—433
° Bé	52,—	53,3	52,6
Gasöl brls. tot.	269	428	397
% vom Rohmaterial	14,4	16,9	18,1
% vom Druckdestillat	18,—	20,4	22,—

1 567 062 Frederik B. Koontz; übertragen auf Cosden & Com-
8. 5. 1924 pany, Tulsa, Oklahoma.
29. 12. 1925

Verfahren und Apparat zum Kracken von Kohlenwasserstoffen.

Anspruch:

6. (30 Ansprüche). Verfahren zum Kracken von Kohlenwasserstoffen, dadurch gekennzeichnet, daß man einen Strom von Kohlenwasserstoffen durch

eine Krackzone führt, in der eine Kracktemperatur herrscht; daß man den entstandenen hocherhitzten Strom in eine Abscheidungskammer führt und den kokshaltigen Rückstand in dieser Kammer zum Absetzen bringt, — daß man den Inhalt dieser Abscheidungskammer auf einer Temperatur erhält, die hoch genug ist, um die freie Verdampfung relativ niedrig siedender Anteile in dem kokshaltigen Rückstand zu bewirken, — daß man diesen Rückstand, sobald er sich in jener Kammer anhäuft, entfernt und aus dem Prozeß heraus bringt, daß man die Dämpfe aus der Abscheidungskammer in aufwärtssteigender Richtung entläßt und zwar langsam genug, damit in den aufsteigenden Dämpfen

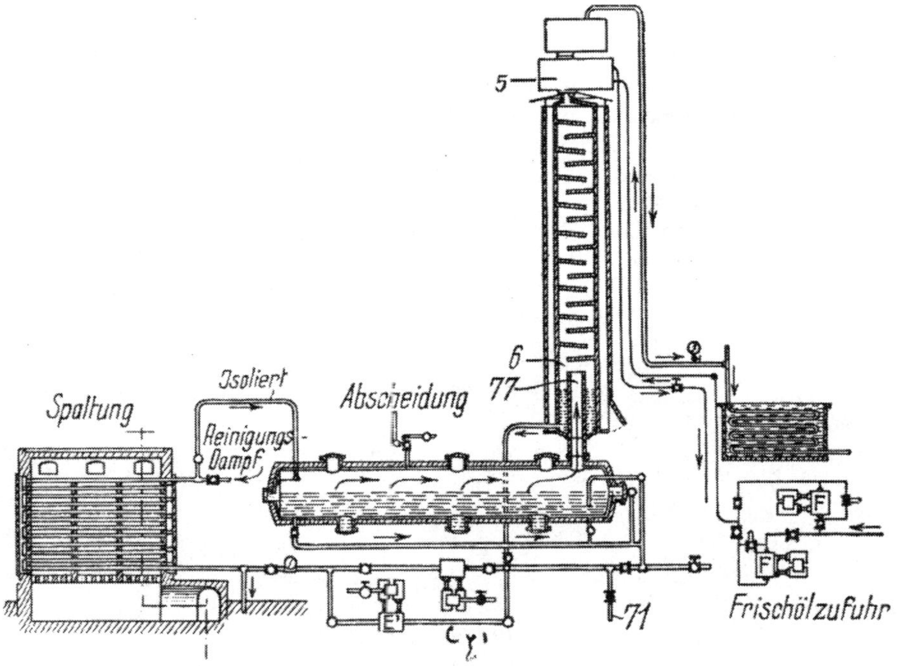

Abb. 75.

kokshaltiges Material sich frei niederschlagen kann, daß gleichzeitig dieses kokshaltige Material aus dem aufsteigenden Dampfstrom in die Abscheidungskammer gelangt; daß man dann die relativ reinen Dämpfe zur Rückflußkondensation bringt, um reines vom kokshaltigen Material befreites Kondensat zu gewinnen, daß man gleichzeitig die frische Beschickung erhitzt und niedrigsiedende Anteile daraus abdestilliert; daß man die Rückflußkondensation derart regelt, daß sich mehr als 70 % der Dämpfe kondensieren, daß man die zurückbleibenden Dämpfe besonders kondensiert; daß man den Zufluß neuen Materials im Einklang mit der Rückflußkondensation regelt, derart, daß sich ein Anfall von frischem Material und Rückflußkondensat im Verhältnis von weniger als 25 % Frischmaterial und mehr als 75 % Rückflußkondensat ergibt, daß man den flüssigen Anteil des Frischmaterials mit dem heißem Rückflußkondensat mischt, die heiße Mischung in die Krackzone und genannte Abscheidungskammer pumpt und die Pumpe derart regelt, daß sich ein möglichst gleichmäßiges Kracken in der Krackzone ergibt. —

Das vorliegende Verfahren zeigt die typischen Einrichtungen des Dubbs-Verfahrens, Heißöl-Pumpe, Krackschlange, Verdampfungskessel, einen Dephlegmator, in welchen, gleichzeitig mit den heißen Öldämpfen, das Rohmaterial tritt, so daß infolge der stufenweisen Mischung im Gegenstrom das Rohöl seine leichten Bestandteile abgibt und die Krackdämpfe soweit gekühlt werden, daß nur die Gasolinfraktionen in den Endkühler abziehen.

Als wesentlicher Unterschied ist eine besondere Ausgestaltung der Dephlegmationskammer und vielleicht auch die Regulierung der Zusammensetzung der in die Krackrohre eintretenden Mischung anzuführen. —

Beim Dubbs-Verfahren soll sich der Koks völlig in der Expansionskammer niederschlagen, hier scheint er mit den Dämpfen noch etwas höher mitgerissen zu werden. —

Das Verbindungsstück zwischen Abscheidungskammer und Dephlegmator 77 ist von besonderer Länge (12 Fuß) und 20 Zoll weit und es wird betont, daß gerade diese besondere Höhe es ist, welche die Dämpfe von ihrem Koksgehalt beim Aufsteigen befreit. — Die Temperatur in der Abscheidungskammer scheint bei diesem Verfahren auch höher gehalten zu werden, als die in der Expansionskammer beim Dubbsprozeß, was auch daraus hervorgeht, daß der Erfinder von der Gefahr spricht, die eine Fortsetzung des Krackens im Rückflußkondensator mit sich bringen würde. —

Der Gang des Verfahrens wird durch beistehende Abb. 75 erläutert. In 71 tritt das Rohmaterial zu Beginn des Verfahrens ein, wenn der Betrieb im Gange ist, bei 5 (Rückflußkondensator). Bassin 6 im Dephlegmator unten dient der Reserverohstoffmischung, die durch Pumpe E' in die Krackschlangen gedrückt werden kann. — In der Abscheidungskammer herrscht eine Temperatur von 875° F am Eingang und von 820° am Ende (468—438° C). Der Rückflußkondensator soll mehr als 70 % der Dämpfe kondensieren, sogar 80 bis 90 %, die in den Kreisprozeß mit frischem Rohöl gemischt zurückgehen. Die Pumpe soll 90 Gallonen pro Minute zur Krackschlange fördern.

1 579 554 W. Mc. Comb., New York.
2. 3. 1921
6. 4. 1926

Apparat zur Umwandlung hochsiedender in niedriger siedende Kohlenwasserstoffe.

Ein Krackapparat mit einer Schlange, deren untere Windungen wachsenden Neigungswinkel zeigen — wie in Pat. e. 160 907 und 1 374 858 (s. S. 181) abgebildet. An den Ringen der Spirale sind elektrische Heizvorrichtungen angeordnet, mittels deren die Temperatur genau geregelt werden kann.

537 571 Frz. William Mc. Comb, V. St. A.
(Entspr. d. amerikan. Patent 1 374 858.)

Verfahren zur Umwandlung schwerer hochsiedender Kohlenwasserstofföle in leichte von niedrigem Siedepunkt.

Zusammenfassung:

1. Durch eine Heizschlange, die zwischen ihrem Eintritts- und Austrittsende in ansteigendem Maße erhitzt wird, passiert eine Mischung schwerer Öle mit einer geringen Menge Dampf und zwar soll die Temperatur des Öles beim

Eintritt in die Schlange etwa dem Siedebeginn und kurz nach Austritt aus der Schlange etwa der höchsten Destillationstemperatur des Materials entsprechen und die Temperatur in der Schlange sich allmählich entsprechend der Gesamtlänge der Schlange steigern, in derselben Weise, wie sich die Siede-Temperaturen der einzelnen Fraktionen bei der fraktionierten Destillation einer Probe des Öles steigern würden. —

2. Die Anbringung eines Brennners unter der Schlange.

3. Die fraktionierte Destillation einer Ölprobe im Bereich ihrer Siedegrenzen und die Aufstellung einer entsprechenden Kurve.

4. Die Eigenschaften der Bestandteile der schweren Kohlenwasserstoffe und ihre Siedegrenzen und Mengen werden festgestellt.

5. Nachdem so die Eigenschaften, Siedegrenzen etc. bestimmt sind, wird das Öl in der in 1 beschriebenen Weise in der Schlange erhitzt, schließlich das Material in einer Zone gesteigerter Hitze umgewandelt, hierauf über einen Metallkörper von hoher spezifischer Wärme geleitet, (wobei die eigentliche Zersetzung vor sich gehen soll) und schließlich das erhaltene Produkt kondensiert. —

Des weiteren geht aus der Beschreibung hervor, daß das Öl mit einer entsprechenden Menge Wasser (22 Teile Öl zu 7 Teilen Wasser) in die Schlange unter einem Druck von ca. 40—45 kg m pro cm^2 gepreßt wird.

Die Schlange ist in einem Schachtofen derart montiert, daß die Windungen aus der oberen kälteren Zone nach unten sich progressiv verengen..

Die Heizung kann sowohl durch Brenner wie auf elektrischem Wege erfolgen. — S. Abb. 97, S. 181.

580 791 Frz. Hermann Wolf, Deutschland.
26. 4. 1924
15. 11. 1924

Umwandlung von Kohlenwasserstoffen aus Mineralölen mit hohem Siedepunkt in Kohlenwasserstoffe mit niedrigerem Siedepunkt. —

Resumé: Verfahren zur Umwandlung hochsiedender in niedriger siedende Kohlenwasserstoffe, darin bestehend, daß man mittels einer Pumpe die nach bekannten Verfahren zu zersetzenden hochsiedenden Kohlenwasserstoffe durch eine direkt oder indirekt geheizte Stahlrohrschlange schickt, wobei man vorteilhaft Drucke über 20 Atm. mit Temperaturen von 400—450° C hält, derart, daß die Reaktionszeit, die aus der Geschwindigkeit des Öles in der Schlange und der Oberfläche und Länge der Schlange resultiert, eine Minute nicht merklich überschreitet.

Beispiel: Rohpetroleum, von der Essenz befreit, vom spezifischen Gewicht 0,835 wurde nach folgender Tabelle zersetzt:

Ölverbrauch in Stunden-Litern	115	56	34
Essenzausbeute: Liter bis zum Sdp. 150°	33	14	9
% ungesättigte KW in der Essenz	4	7	7,5
Gasentwicklung in Litern pro Stunde	300	1800	3000
Sek.-Geschwindigkeit des Öles in der Schlange in Metern	2,5	1,25	0,75
Reaktionstemperatur	430°	430°	430°
Zersetzungsdruck Atm.	300	300	300
Reaktionsdauer, (Sekunden)	50″	100″	167″

Bezugnahme auf Schuchow und Gawryloff. Z. ang. Chem. 1923. — D. R. P. 226 958 (Testelin u. Renard) und Österr. P. Nr. 61 081, H. A. Kittle. London. —

220 664 Brit. Sam. J. M. Auld, London und A. E. Dunstan und P. H.
20. 2. 1923 Herring, Sunbury on Thames.
20. 8. 1924

Behandlung flüssiger Kohlenwasserstoffe.

Ansprüche:

Verfahren zum Spalten flüssiger Kohlenwasserstoffe, in welchem, nach vorheriger Erhitzung auf eine bestimmte Temperatur, zum Beispiel nicht wesentlich tiefer als 25° C unterhalb der eventuellen Kracktemperatur — der Strom der Flüssigkeiten in eine Anzahl Ströme von geringem Querschnitt geteilt wird, die in direktem und relativ kurzem Laufe zum Reaktionsgefäß mit relativ geringer Geschwindigkeit fließen und in ihrem Lauf allmählich und gleichmäßig erhitzt werden.

Das Öl wird im Vorwärmer a (Abb. 77, Anhang) vorgewärmt und geht dann durch die Hochheizrohre b, die 1—1½ Zoll Durchmesser haben und die im Gegensatz zu anderen Verfahren nicht im Zickzack und nicht in Schlangenform, sondern gerade aufsteigen und zwar strömt das Öl mit relativ geringer Geschwindigkeit, so daß die Kracktemperatur einige Zeit auf das Öl wirkt, das sich dann im „Reaktor“ c zersetzt.

Bei der Behandlung eines zähen asphaltischen Rückstands wird das Öl im Vorwärmer auf 350—370° C erhitzt. Hierauf fließt es in mäßiger Geschwindigkeit (etwa 2 Fuß pro Minute) durch die Hochheizrohre, in welchen es gleichförmig und allmählich auf 400—410° C erhitzt wird, — unter Bedingungen, bei welchen noch nicht in erheblichem Maße Spaltung stattfindet, — und das Öl fließt dann bei etwa der Temperatur weiter in den „Reaktor“, bei welcher diese Temperatur die Tendenz erhält, wegen einiger sich dabei abspielender endothermischer Reaktionen zu sinken. — Die Temperatur im Reaktor, in dem das Öl etwa 2 Stunden bleibt, wird auf etwa 390° C gehalten, der Druck auf 350—450 Pfd. per Quadratzoll (28 Atm.).

Unter diesen Bedingungen wurden aus dem asphaltischen Rückstandsöl 10 % Gasolin vom Endsiedepunkt 175° C erhalten, zugleich mit einer entsprechenden Menge von Kerosin. Der Rückstand nach Entfernung dieser leichterflüchtigen Fraktionen hatte bei 30° F im Redwood-Viskosimeter Nr. 2 eine Ausflußzeit von 340", das ursprüngliche Öl über 2000" unter gleichen Bedingungen.

577 485 6 Frz. S. I. M. Auld, A. E. Dunstan, P. H. Herring, England.
20. 2. 1924
5. 9. 1924 **Behandlung flüssiger Kohlenwasserstoffe.**

(Siehe das vorstehende engl. Patent 220 664.)

228 661 Brit. S. J. M. Auld, London; A. E. Dunstan und P. H. Herring,
29. 11. 1923 Sunbury on Thames.
12. 2. 1925

Apparat zur Behandlung flüssiger Kohlenwasserstoffe.

Der Apparat ist identisch mit dem in Patent 220 664 beschriebenen zur Ausführung der Spaltung von Kohlenwasserstoffen.

1 426 813 John C. Black, Beverly Hills, Kalifornien.
22. 12. 1919
22. 8. 1922

Verfahren zur Gewinnung niedrig siedender Kohlenwasserstoffe.

Ansprüche:

5. Bei dem Verfahren zur Gewinnung niedrig siedender Kohlenwasserstoffe eine Anzahl von Vorgängen, dadurch gekennzeichnet, daß man die Kohlenwasserstoffe direkt auf eine zum Kracken genügende Temperatur erhitzt, unter einem Druck von mindestens 35 Atmosphären — um die Verdampfung zu verhindern, daß man dann ihre Durchflußgeschwindigkeit verringert und darauf den Druck, und daß man die Kohlenwasserstoffe verdampft, wobei man die Fraktionen, die schwerer als Gasolin sind, absondert und sie in den Krackapparat zurückgehen läßt.

16. Beim Verfahren zur Gewinnung niedrig siedender Kohlenwasserstoffe eine Anzahl von Vorgängen, dadurch gekennzeichnet, daß man die Kohlenwasserstoffe in einer Schlange auf eine zum Kracken genügende Temperatur erhitzt, unter einem Druck von mindestens 35 Atmosphären — um die Verdampfung zu verhindern, daß man dann die Kohlenwasserstoffe in ein Rohr oder eine Kammer von größerem Querschnitt bringt, das Rohr oder die Kammer völlig mit diesen Kohlenwasserstoffen in flüssiger Phase füllt und die Kohlenwasserstoffe durch die Kammer treibt, wobei man sie noch unter Druck hält, um die Kohlenstoffausscheidungen niederzuschlagen und schließlich die von den Ausscheidungen befreiten Kohlenwasserstoffe aus der Kammer zu treiben. — —

Das Verfahren zersetzt die Kohlenwasserstoffe — Rohmaterial sind von Benzin und Petroleum befreite Rückstande und ähnliche Stoffe — in flüssiger Phase, dadurch, daß genügend Druck auf das die Heizschlange passierende Rohmaterial gegeben wird, um seine Verdampfung zu verhindern.

Es strömt dann in eine weitere Kammer, in der sich die Kohlenstoffabscheidungen infolge des langsameren Fließens absetzen, schließlich gelangt das gekrackte Öl, nachdem es gekühlt wurde, in Vorratsreservoire. Es enthält die gesamten leichten Spaltprodukte und wird vom Erfinder als „Rohöläquivalent“ bezeichnet. Die weitere Verarbeitung dieses Rohöläquivalents erfolgt in üblicher Weise.

1 431 772 John C. Black, Destrehan, Louisiana.
15. 8. 1921
10. 10. 1922

Verfahren und Apparat zur Behandlung von Kohlenwasserstoffen, um niedrigsiedende zu gewinnen.

Anspruch:

21. Verfahren zur Behandlung von Kohlenwasserstoffen, dadurch gekennzeichnet, daß man Kohlenwasserstoffe auf Kracktemperatur bringt, dann ihre Durchflußgeschwindigkeit verringert, wobei der auf sie ausgeübte Druck zur Verhinderung der Verdampfung genügen muß, daß man sie hierauf verdampfen läßt, indem man schrittweise mit dem Druck auf die flüssigen Kohlenwasserstoffe nachläßt, wodurch dann getrennte Verdampfung von Kohlenwasserstoffen nach ihren Siedepunkten und deren Kondensation erfolgt.

Eine Erweiterung des vorhergehenden Patentes, das die Krackprodukte unter gleichbleibendem Druck erst kühlte, und dann fraktioniert destillierte, während das Vorliegende unter gradweise fallendem Druck die Krackprodukte fraktionsweise verdampft.

1 456 419 John C. Black, Destrehan, Louisiana. —
20. 6. 1922
22. 5. 1923

Verfahren und Apparat zur Gewinnung niedrig siedender Kohlenwasserstoffe.

Ein Verfahren zum Kracken in flüssiger Phase, entspr. Pat. 1 431 772 u. 1 426 813, bei welchem die durch die endotherme Krackreaktion latent gewordene Wärme durch Zuführung entsprechender weiterer Wärmemengen ergänzt wird, wodurch die Ausbeute an Gasolin entsprechend vergrößert wird. Die Temperatur der Heizschlangen wird ständig durch Thermoelemente kontrolliert. —

Nach Leslie (Motor Fuels) ist der **Cross-Prozeß** das Werk der Brüder Dr. W. M. und Dr. Roy Cross. Die beim Burton-Prozeß und ähnlichen angewandten Drucke von 75—100 Pfd. auf den Quadratzoll (5—7 kg pro cm^2) genügen nach Ansicht von Dr. R. Cross, die zu schnelle Verdampfung der schweren Bestandteile zu verhindern, aber Gasolin, Kerosin und selbst die leichteren Fraktionen von Gasöl werden verdampft unter entsprechender Wärmeaufnahme aus der Reaktionszone. Das bedingt die Zuführung von bedeutend mehr Wärme, als zur thermischen Zersetzung der schweren Kohlenwasserstoffe notwendig ist. Der Cross-Prozeß arbeitet mit Drucken von 600 Pfd. (42,2 kg pro cm^2) und mehr. Das genügt, um den größten Teil des Kohlenwasserstoff-Materials in flüssiger Phase zu erhalten und Wärmeaufnahme, die Verdampfung zur Folge hätte, zu vermeiden. Nach einer Reaktionsdauer von 15 Minuten wird das Reaktionsgemisch in eine Kühlschlange abgelassen, wobei sich der Druck auf 40 Pfd. (2,8 kg/cm^2) ermäßigt. So entsteht ein „synthetisches Rohöl", das in üblicher Weise weiter behandelt wird.

Zur Veranschaulichung des Cross-Prozesses sei auf Abbildung No. 78 (Anhang) (Brit. P. 240 339) hingewiesen und besonders betont, daß die Spaltung im gut isolierten Hochdruckzylinder ohne Wärmezuführung von außen erfolgt (vergl. auch S. 106).

1 423 500 Roy Cross, Kansas City; übertragen an Gasoline Products Comp., New York.
11. 1. 1918
erneuert 2. 5. 1921
patent. 18. 7. 1922

Anspruch:

2. Ein kontinuierliches Verfahren zur Behandlung von Ölen unter Druck ohne wesentliche Destillation, dadurch gekennzeichnet, daß man das Öl in einem relativ dünnen Strom durch eine Heizzone treibt, wo es auf Kracktemperatur erhitzt wird, daß man das Öl aus der Heizzone im wesentlichen in flüssiger Phase und bei Kracktemperatur in eine größere isolierte Reak-

tionskammer überführt, die außerhalb der Heizzone liegt und in der der weitere Krackprozeß erfolgt, daß man das Öl sowohl in der größeren isolierten Reaktionskammer, wie in der Heizzone unter dem Druck der entwickelten Gase hält, deren kritische Temperatur unter der Kracktemperatur der Hauptmasse des Öles liegt, daß dieser Druck stets genügt, um jede wesentliche Verdampfung des Öles zu verhindern und daß man die Hauptmasse des Öles in flüssiger Phase sowie die Druckgase kontinuierlich aus der Reaktionskammer entfernt. — —

Das Öl, z. B. Kansas-Gasöl, wird in einer Heizschlange auf 750° F (404° C) erhitzt und der Druck allmählich in Heizschlange und daran schließender isolierter und größerer Reaktionskammer auf 750 Pfd./Zoll² = ca. 52 Atm. durch die aus dem Öl entwickelten Gase gesteigert. — Die Hauptmasse des Öles bleibt unverdampft und verläßt so nach einer gewissen Zeit die Krackkammer. Der Ölzulauf ist kontinuierlich. 30 % etwa werden in Gasolin verwandelt — je nach der Art des Rohmaterials mehr oder weniger.

Kohlenstoff scheint sich bei diesem Verfahren nur in geringer Menge abzusetzen, und zwar an den Wänden der Heizschlange.

191 318 Brit. Roy Cross, Kansas City.
21. 3. 1922
11. 1. 1923

Verfahren zur Umwandlung von Kohlenwassertoffölen in Öle von niedrigerem Siedepunkt.

Ansprüche:

1. Verfahren zur Umwandlung von Kohlenwasserstoffen von höherem in solche mit niedrigerem spezifischen Gewicht und tieferem Siedepunkt, dadurch gekennzeichnet, daß man das Öl in schwachem Strome durch eine Heizzone treibt, wo es auf Kracktemperatur erhitzt wird, und daß man das Öl in flüssiger Phase bei Spalttemperatur in eine isolierte Reaktionskammer außerhalb der Heizzone treibt; daß man die Spaltung in dieser Reaktionskammer fortsetzt, während Kammer und Heizzone unter einem Druck gehalten werden, der genügt, um eine erhebliche Destillation der Masse zu verhindern; daß endlich das in flüssiger Phase behandelte Öl kontinuierlich oder zeitweise aus der Reaktionskammer entfernt wird. — S. vorst. U. S. A.-Patent 1 423 500.)

240 339 Brit. Walter M. Cross, Kansas City.
24. 12. 1924
1. 10. 1925

Verfahren zur Behandlung von Kohlenwasserstoffen.

Ansprüche:

1. Verfahren zur Gewinnung leichter Kohlenwasserstoffe aus schwereren, das zu der Reihe von Verfahren gehört, in denen eine bedeutende Ölmenge unter Krackdruck und -Temperatur gehalten wird, wobei das Öl kontinuierlich oder mit Unterbrechungen aus der Hauptmenge entfernt wird — inbegriffen den weiteren Schritt, daß man das Öl ohne Kühlung in eine Zone führt, in welcher es unter reduziertem Druck steht, wodurch dann die leichteren Fraktionen abdestillieren und inbegriffen den weiteren Schritt, diese leichteren Fraktionen zu kondensieren und aufzufangen. —

Nach 2. werden Teile der schwereren Fraktionen zur Wiederbehandlung in den Kreislauf zurückgeführt und ein anderer Teil des schweren Rückstands aus dem System entfernt. —

Das in flüssiger Phase gekrackte Öl wird vom Druck befreit. Durch die vorhandene Wärme werden die leichten Fraktionen abdestilliert. Schweres Öl — hocherhitzt, wird mit dem gekrackten Öl in der Druckminderungskammer gemischt, um die Verdampfung der leichten Fraktionen zu unterstützen und um den Gehalt des Rückstands, der entfernt und als Heizöl verwendet wird, an freiem Kohlenstoff zu reduzieren.

In dem beschriebenen Apparat geht das frische Öl durch den Wärmeaustauscher 5 (Abb. 78, Anhang) im Dephlegmator 6, durch die Vorwärmschlange 9 und die Heizschlange 10 zur Reaktionskammer 12. Die in der Reaktionskammer gebildeten Dämpfe werden durch das Rohr 16 zum Kondensator 25 geleitet. Die gekrackte Flüssigkeit wird kontinuierlich oder von Zeit zu Zeit in die Druckminderungskammer 21 überführt, wo sie mit schwerem Öl, z. B. Heizöl, das im Röhrenkessel 41 (rechts) hoch erhitzt wurde, zusamentrifft. Die entwickelten Dämpfe passieren den Dephlegmator 6 zum Kühler 25. Rückflußkondensat aus dem Dephlegmator geht wieder in den Kreislauf des Systems zurück, während der nicht verdampfte Rückstand durch den Kühler 32 abgezogen wird.

Zwei Operationsarten werden ermöglicht.

Einmal wird durch das Kracken „synthetisches Rohöl“ erzeugt und dasselbe in leichtflüchtiges Gasolin und Rückstand getrennt, der entfernt wird, oder wieder in den Betrieb zurückgeht.

Zweitens wird dem „synthetischen Rohöl“ in einem besonderen Röhrenkessel hocherhitztes, schweres Öl beigemengt, die leichten Destillate werden als Gasolin abgetrieben, der Rest als Heizöl verwendet.

Ö. P. Walter M. Cross, Kansas City.
22. 9. 1916
15. 7. 1924

Verfahren zum Spalten von schweren Kohlenwasserstoffen.
(Siehe Engl. 240 329.)

Verfahren zum Spalten von schweren Kohlenwasserstoffen bei welchem die Kohlenwassertoffe in einer mit einem erweiterten Teil (Behälter) versehenen Zirkulationsleitung unter Druck erhitzt werden, dadurch gekennzeichnet, daß die Kohlenwasserstoffe in flüssigem Zustande aus dem Behälter abgezogen und in einem Wiedererhitzer einer fraktionierten Druckdestillation unterworfen werden. —

1 540 764 W. M. Cross, Kansas City; übertragen auf Gasoline Products Company, New York.
20. 7. 1922
9. 6. 1925

Apparat zur Behandlung von Petroleumölen.

Anspruch:

1. Ein Apparat zur Behandlung von Petroleumölen, gekennzeichnet durch Vorrichtungen zur fraktionierten Destillation des Öles mit besonderen Auffangvorrichtungen für die Kondensate, Anlagen zur Raffination der leichteren, gasolinartigen Fraktionen, durch eine Ablaßleitung für teerige Rückstands-

produkte aus den Fraktionierkesseln und Vorrichtungen, um die teerigen Rückstände mit den hochsiedenden Fraktionen von der Destillation zu vereinigen; — durch eine Druckdestillationsanlage, um diese vereinigten Produkte zu spalten, die ein Heizelement (Schlangenrohr), anschließend eine Reaktionskammer enthält, durch welche die genannten vereinigten Produkte der umwandelnden Wirkung von Drucken und Temperaturen unterworfen werden, die derart reguliert werden, daß die Umwandlung im wesentlichen in flüssiger Phase erfolgt; durch Vorrichtungen, die Spaltprodukte aus der Krackanlage in die anfängliche Destillieranlage zur Redestillation zu bringen. —

Das Verfahren besteht in einem zweimaligen Krackprozeß. Zunächst werden die Öle in gasförmiger Phase gespalten und fraktioniert destilliert und darauf die Rückstände der Destillation und aus den Dephlegmatoren vereinigt werden die Öle (etwa dem Burtonverfahren entsprechend) in gasförmiger Phase gespalten und fraktioniert destilliert und darauf die Rückstände der dem Krackverfahren in flüssiger Phase bei mehr als 500 Pfd. Druck und Temperaturen von 600—900° F (316—482° C) mittels Schlange unterworfen. — Unter Einschaltung einer Expansionskammer gelangen diese Krackprodukte in die anfängliche Destillieranlage zurück. —

Die technisch wichtigsten Momente des Crossverfahrens seien hier nochmals zusammengefaßt, wobei wir L e s l i e ' s Werk (Motor Fuels) folgen: Eine hydraulische Pumpe mit Regulator ausgerüstet preßt Gasöl oder anderes Destillat durch die Heizschlange. Der obere Teil dieser Schlange, „Vorwärmer" genannt, besteht aus achtundzwanzig je 20 Fuß langen Rohren von etwa 4" lichter Weite und ½" Wandstärke. Die Rohrenden sind durch Gußeisenplatten vor den heißen Ofengasen geschützt. —

Vom Vorwärmer fließt das Öl zur tiefsten Rohrreihe im eigentlichen Erhitzer. Die Lebensdauer dieser Rohre beträgt etwa 18 Monate. Ein Rohr kann in einem Tag ausgewechselt werden. — Die Ofentemperatur wird auf höchstens 1350° F (= 732° C) gehalten.

Aus dem Erhitzer tritt das Öl in die Reaktionskammer. Dieselbe hat 40" inneren Durchmesser und 40 Fuß Länge bei 3" Wandstärke und ist in einem Guß hergestellt. — Die Reaktionskammer wird nicht erhitzt, ist aber gut isoliert.

Das Öl durchfließt Vorwärmer und Erhitzer in 1¾ Minuten, ist aber nur 20—25 Sekunden über der Reaktionstemperatur (675° F), was die geringe Zersetzung, die in den Heizschlangen stattfindet, erklärt. Die Reaktionskammer ist so groß, daß in einem Zeitraum von 15—60 Minuten (je nach der Menge des abgesetzten Kokses) die chemische Umwandlung bei 875—925° F vor sich gehen kann. Der Dampf über dem Öl besteht hauptsächlich aus permanenten Gasen. Gas und Öl verlassen die Kammer durch ein 1". Rohr, das derart angebracht ist, daß die Reaktionskammer zur Hälfte mit Öl gefüllt bleibt. — Das Druckventil ist auf 600 Pfund eingestellt. Unter einem Druck von 40 Pfund treten Gase und Öl in einen Kühler, das Gas wird zur Heizung der Anlage verwandt, die es zur Hälfte deckt. —

Gasöl liefert bei einem Durchgang durch die Anlage etwa 30% Gasolin. Kerosin liefert dabei 40—45%.

Wird das Gasöl einmal gekrackt, das „synthetische" Rohöl destilliert und seine schweren Anteile wieder gekrackt usw., so beträgt die höchste Ausbeute an Gasolin 65%, während 25% als Heizöl und 10% als Koks und Gasverlust gerechnet werden.

Die Kosten für eine Cross-Einheit für 500 Barrels Öl täglich betragen 40 000,— $, für 750 Barrels 47 500,— $.

548 861 W. L. Gömöry, V. St. A. (S. a. 1 537 164.)

Verfahren und Vorrichtung, um schwere Kohlenwasserstofföle und Rückstände in leichte Kohlenwasserstoffe zu überführen.

Anspruch:

1. Verfahren zum Kracken schwerer Kohlenwasserstoffe und von Rückständen und ihre Umwandlung in leichte Kohlenwasserstoffe, dadurch gekennzeichnet, daß man das Rohmaterial kontinuierlich und bei hoher Temperatur unter erhöhtem Druck und in flüssiger Phase behandelt. —

1 537 164 W. L. Gömöry; übertragen auf A. M. Leonard, Chicago.
24. 2. 1920
12. 5. 1925

Verfahren zum Kracken von Kohlenwasserstoffen.

Anspruch:

Ein kontinuierliches Verfahren zum Spalten von Kohlenwasserstoffen, darin bestehend, daß man Dampf mit dem zu krackenden Öl mischt, die Mischung kontinuierlich unter Druck von etwa 150 Pfd. durch eine Leitungsstrecke preßt, die auf 1000° F (540° C) geheizt ist, und zwar sollen Temperatur und Druck derart sein, daß 15—20 % der Kohlenwasserstoffe in flüssiger Phase zurückbleiben, daß man sämtliche Produkte aus der erhitzten Strecke in eine nicht direkt erhitzte, erweiterte Kammer gibt, in der man die schweren nicht verdampften Kohlenwasserstoffe ohne Temperaturerhöhung sich absondern läßt, die weniger oder mehr flüchtigen Kohlenwasserstoffe besonders kondensiert und die ersteren in das Heizsystem zurückgeführt, indem man diese Arbeitsweise vorteilhaft derart ausführt, daß man das Material schnell durch eine von außen geheizte Schlange fließen läßt, es außerhalb der Schlange unter gleicher Temperatur und gleichem Druck läßt, solange, bis es den gewünschten Zersetzungsgrad erreicht hat, wobei sich ausgeschiedener Kohlenstoff als Koks auf dem Boden des Apparates (Digestors) abscheidet. —

2. Trennung der gewonnenen leichten Kohlenwasserstoffe nach — oder ohne Abkühlung — vom zersetzten Rohmaterial durch Verminderung des Druckes, sobald der gewünschte Zersetzungsgrad erreicht ist, unter Verdampfung der leichten Zersetzungsprodukte. —

3. Vorrichtung zur Ausführung des Verfahrens, bestehend aus:

a) Einem Schnellerhitzer — vorzugsweise eine Schlange L, die in einem Ofen M eingebaut ist, und durch eine Hochdruckpumpe P, die mit dem Vorratsmagazin N verbunden ist, gespeist wird und durch eine Wasserdampfzuführung mit Rückschlagventil.

b) Ein Zersetzungsapparat I, Abb. 79 (Anhang), der das Rohmaterial aus der Schlange aufnimmt und dessen hohen Druck und hohe Temperatur aufrechterhalten soll und gleichzeitig die Absonderung des Kokses gestattet. —

4. Vorrichtung nach 3, eine Verdampfungskammer, die mit dem Zersetzungsapparat durch ein Entspannungsventil verbunden ist — mit oder ohne

Zwischenschaltung eines Kühlers, und die durch mit geeigneten Ventilen versehene Rohre mit Kühlern verbunden ist, zwecks Verflüssigung der Kohlenwasserstoffe und Abkühlung des Rückstandes.

1 525 916 Edgar W. Clark; übertragen auf Standard Development Company, New York.
19. 12. 1921
10. 2. 1925

Verfahren zur Umwandlung von Ölen.

Anspruch:

1. Verfahren zur Umwandlung von Kohlenwasserstoffölen in niedriger siedende, dadurch gekennzeichnet, daß man das umzuwandelnde Öl auf 680 bis 700° F (360—370° C) erhitzt, in derartigem Tempo, daß sich die gewünschten niedrig siedenden Produkte dabei in nicht wesentlicher Menge bilden; daß man das erhitzte Ölmaterial unter einem Druck komprimiert, bei welchem das nicht umgewandelte Öl nahezu vollständig in flüssigem Zustand bleibt und daß man dann das heiße Ölmaterial unter solchem Druck und ohne Senkung der Temperatur unter 680—700° F (360—370° C) hält, um seine möglichst vollständige Umwandlung zu bewirken.

Durch eine Pumpe wird das Öl unter einem Druck von 25—50 Pfd. auf den Quadratzoll in eine Heizschlange gedrückt, in welcher es auf 680—700° F erhitzt wird. Durch die bei dem schwachen Druck nicht zu vermeidende teilweise Dampfbildung wird der Durchfluß des Öles beschleunigt und derart geregelt, daß kein wesentlicher Absatz von Koks in der Schlange stattfindet. Nur schwach gekrackt verläßt das Öl mit 800° F die Schlange, um durch eine Kompressionspumpe in eine Druckkammer befördert zu werden, wo es unter einen Druck von bis zu 200 Pfd. per Quadratzoll kommt. Die Kammer ist z. B. durch Abgase schwach geheizt und gegen Wärmeverluste isoliert, so daß die Temperatur — infolge des adiabatischen Druckes auf etwa 850° F steigt. Hier findet die Spaltung der schweren Kohlenwasserstoffe in leichtere statt, wobei sich der Koks in leicht entfernbarer Form am Boden der Kammer absetzt.

Die Größe der Kammer muß derart sein, daß die Öle darin eine gewisse Zeit, z. B. 1—1½ Stunden, verbleiben. In dieser Zeit vollzieht sich die Zersetzung und die Dämpfe entweichen durch ein Druckreduktionsventil in eine Absetzkammer, in welcher sich die flüssigen schweren Produkte absetzen, während die leichteren zur Kondensation weiter gehen. —

Die Apparatur besteht also — wie statt einer schematischen Skizze kurz zusammengefaßt sei, aus Druckpumpe, Krackschlange, Hochdruckpumpe, Krackkammer, Reduktionsventil, Absetzkammer, Kondensation. —

200 534 Brit. The Texas Company.
12. 1. 1922
12. 7. 1924

Verfahren und Apparat zur Herstellung leichter Öle, wie Gasolin.

Ansprüche:

1. Verfahren zur Ölumwandlung von jenem Typ, nach welchem Öl nur einmal durch den Apparat fließt, dadurch gekennzeichnet, daß man zunächst frisches Öl so hoch erhitzt, daß die Bedingung für den Zersetzungsbeginn ge-

geben ist, aber ohne tatsächliche Zersetzung, und daß man dann das hocherhitzte Öl in eine Krack- und Destillierzone befördert, wo Krack-Druck und -Temperatur herrschen, wodurch die Umwandlung zum größten Teile in der Krackzone bewirkt wird, — und daß man die entstandenen Dämpfe von dem behandelten Öl trennt und mittels Destillation aus der Krack- und Destillierzone entfernt.

Ein Apparat mit getrennter Heizung und Verdampfung. Das Material wird dadurch erhitzt, daß es in sehr schnellem Strome eine Heizschlange 1 (Abb. 80a, Anhang) passiert und in einer daran anschließenden Krackkammer 11 bei 750—850° F (399—454° C) unter 100—400 Pfd. Druck gesetzt wird. Die Dämpfe gehen dann in den Separator 15, von da durch 16 zum Kondensator 18. Die schweren Fraktionen aus dem Separator 15 werden mittels Injektors 7a mit dem Strom des durch die Schlange 1 zulaufenden frischen Öles vereinigt. — Rückstandsöl wird aus der Krackkammer unten abgezogen.

Das heiße Öl kann auch durch eine Anzahl von solchen Krackkammern geschickt werden, wobei es zur ersten Kammer unten eintritt und in die Zweite überfließt, in welcher der Koks sich absetzt usf. (S. Abb. 80b, Anhang.)

547 602 Frz. The Texas Company. U. S. A. (Entspricht dem Vorigen.)
1922

Vervollkommnete Apparatur zur Fabrikation leichter Öle, z. B. Gasoline. —

Ansprüche:

1. Verfahren zur Umwandlung von Öl, dadurch gekennzeichnet,

a) daß man das Frischöl einer Vorerhitzung auf hohe Temperatur unterwirft, so daß die Zersetzung eben eingeleitet wird; hierauf überführt man das heiße Öl in eine Krackzone, wo man es einem den Druck der Atmosphäre übersteigenden Druck und einer Temperatur unterwirft, die gestattet, die Umwandlung des Öles in der flüssigen Phase zu bewirken;

b) daß man das Öl in eine Heizschlange oder einen entsprechenden Apparat mit geradem Querschnitt überführt, indem es der Krackhitze ausgesetzt wird, wobei die Strömungsgeschwindigkeit derart geregelt wird, daß das zirkulierende Öl allmählich an Temperatur zunimmt und die Kracktemperatur in dem Augenblick erreicht, wo es die Schlange verläßt, daß man dieses hocherhitzte Öl in eine Ölmenge fließen läßt, die sich in einer geschlossenen Krackzone befindet, und die besonders durch das hineinfließende Öl auf der Kracktemperatur erhalten wird, wobei sich die Umwandlung des Öles in der flüssigen Phase abspielt.

c) Aus der Krackzone, der während des Prozesses keine wesentliche Wärmemenge zugeführt wird, (die Krackretorten sind zur Vermeidung von Verlusten in einen Ofen eingebaut, aus dem sie zu etwa $^1/_5$ herausragen) zieht man Rückstände und entwickelte Dämpfe ab, die schweren Bestandteile dieser Dämpfe werden in die Schlange zurückgeführt und die leichteren Bestandteile unter Druck kondensiert.

d) Der Rückstand, der den bei der Umwandlung des Öles sich bildenden Kohlenstoff enthält, wird aus der Krackzone entfernt, um zu vermeiden, daß er in den Kreislauf zurückgeht.

e) Eine Anzahl serienweise verbundener Kammern ist vorgesehen, in deren erste das gerade auf Umwandlungstemperatur erhitzte Öl fließt, wobei die

Temperatur hauptsächlich durch das Öl selbst auf der Höhe gehalten wird, und wobei die Kammern zugleich die Regulierung des Krackens gestatten, indem man sowohl den Rückstand aus der letzten Kammer, wie die Abführung der entwickelten Dämpfe aus allen Kammern oder aus jeder besonders bewirken kann.

f) Die schwersten Anteile der beim Kracken entwickelten Dämpfe werden abgesondert und mit dem zuströmenden Frischöl vermischt, so daß sie mit diesem gemeinsam vorgewärmt werden.

g) Die in der Krackzone entwickelten Dämpfe unterliegen allmählicher Abkühlung in Abschnitten, so daß das in jedem Kühlabschnitt kondensierte Produkt mit dem Dampf des vorhergehenden Abschnitts in Berührung kommt, wodurch dieser abgekühlt und das Kondensat redestilliert wird, wobei das letzte Kondensat aus den Kühlabschnitten zweckmäßig wieder der Anfangserhitzung zugeführt wird.

2. Apparat für dieses Verfahren, dadurch gekennzeichnet, daß er

a) eine Schlange oder dergl. zum Erhitzen des strömenden Öles bis zur beginnenden Umwandlung und eine Kammer, in welche dieses Öl einfließt und gekrackt wird, enthält;

b) eine Anzahl von Krackkammern enthält, in welche das heiße Öl überführt wird, um diese Kammern nacheinander zu passieren bei Kracktemperatur (410—450° C) und unter Druck, so daß das Öl beim Durchfließen gekrackt wird, während die Dämpfe aus den Kammern abgelassen werden, und der Rückstand aus der letzten Kammer entfernt wird.

c) Die Krackkammern sind durch Niveaurohre und Dampfrohre verbunden, haben Vorrichtung zur Entfernung der Dämpfe und der Rückstände. —

d) Die Serie der Krackkammern 50, 51 stellt gleichsam ein Dampfrohr vor, das zu einem Separator führt, aus dem das schwere Kondensat entfernt wird, um wieder in den Anfangsprozeß überführt zu werden, während die aus dem Separator entweichenden Dämpfe in geeigneter Weise kondensiert werden.

e) Der Apparat besitzt mehrere Separatoren, 81, 82, von denen jeder aus einem oberen und einem unteren Zylinder besteht, die durch eine Anzahl vertikaler Rohre verbunden sind, während Dampfrohre serienweise die Separatoren verbinden, so zwar, daß sie vom oberen Zylinder des einen Separators zum unteren Zylinder des nächsten gehen, — Rohre für das Kondensat verbinden die Abschnitte, wobei jedes Rohr vom oberen Zylinder eines Abschnitts zum unteren Zylinder des nächsten geht —, ferner je eine Vorrichtung, Dampf in den ersten Abschnitt einzuführen und ihn aus dem letzten abzulassen. — Hierzu Abb. 80b (Anhang).

1 478 413 — Frank E. Wellman; übertragen auf „Kansas City Gasoline Company“, Kansas City.
21. 4. 1920
25. 12. 1923

Apparat und Verfahren zum Kracken von Kohlenwasserstoffen.

Ansprüche:

1. Ein Apparat, gekennzeichnet durch Krackrohre und Absetzrohre, die in aufeinanderfolgender Schlange serienweise miteinander verbunden sind, wobei die Krackrohre Kracktemperaturen ausgesetzt und von kleinerem Durchmesser und Inhalt als die Absetzrohre sind; durch Vorrichtungen, die zu krackenden Kohlenwasserstoffe schnell durch die Krackrohre, langsamer

durch die weiteren Absetzrohre und dann wieder durch die Krackrohre zu treiben, wobei die Rohre so angeordnet sind, daß sie vom Eintritt in die Krackrohre bis zum Austritt aus den Absetzrohren einen gleichmäßig abwärts geneigten Kanal für die Kohlenwasserstoffe bilden, und durch Vorrichtungen die Absetzrohre zwischen den Operationen auszublasen. —

3. Krackverfahren für Kohlenwasserstoffe, darin bestehend, daß man dieselben in schnelle Zirkulation durch eine enge Zone, die auf Kracktemperatur erhitzt ist, bewegt, sie dann in eine weniger enge Zone zum Entspannen und zum Absetzen (von suspendierten Teilen) bringt, daß man dann das Material aus dem sich der Kohlenstoff abgesetzt hat, sammelt und in die enge Krackzone zurückbringt, die Krackprodukte aus dieser Zone abzieht und schließlich wenn der gewünschte Grad der Umwandlung erreicht ist, den Inhalt der Absetzrohre ausbläst. —

Enge Krackrohre von 3½" lichte Weite und weite Absetzrohre von 8" Weite wechseln in dem (auf Abb. 81 gezeigten zu 1 581 895 gehörigen) Krackofen ab. Das Öl wird durch die Pumpe 2 im Kreise herumgedrückt, wobei durch 10 frisches Rohmaterial, durch 19 Dampf zugeführt wird. — Früheres Patent Nr. 1 362 160 v. 14. 12. 1920 (nicht wiedergegeben).

1 390 002 Frank E. Wellman; übertragen auf „Kansas City
27. 11. 1917 Gasoline Company", Kansas City.
6. 9. 1921

Verfahren zur Raffination von flüssigen Kohlenwasserstoffen.

Anspruch:

Verfahren zur Raffination von Öl, dadurch gekennzeichnet, daß man zuerst das ganze Öl bei niedrigem oder atmosphärischem Druck destilliert, alle Destillationsprodukte ohne besondere Kondensation zusammen auffängt, und alles Kondensierbare kondensiert, darauf die so in ihrer Gesamtheit kondensierte Flüssigkeit — ohne Absonderung irgendeiner Fraktion — unter derart hohen Druck bei so hoher Temperatur setzt, daß man in flüssiger Phase spaltet, daß man dann die schweren Produkte absondert und in den Betrieb zurückgibt zur wiederholten Destillation und Spaltung, und daß man schließlich das entstandene leichte Produkt kondensiert. —

Das wesentliche bei diesem Verfahren ist, daß das Öl in seiner Gesamtheit gespalten wird, — ähnlich wie beim Cross-Prozeß. —

1 581 895 Frank E. Wellman; übertragen auf „Kansas City
21. 4. 1920 Gasoline Company", Kansas City.
erneuert 12. 2. 1926
erteilt 20. 4. 1926

Apparat zum Spalten von Kohlenwasserstoffen.

Zwei übereinanderliegende, durch einen aufsteigenden Rohrstutzen miteinander verbundene Krackrohre, deren oberes schwache Steigung gegen das zum Dephlegmator führende Ende zeigt, sind mit einer Zirkulationspumpe derart verbunden, daß der Ölkreislauf in den Rohren geregelt werden kann.

Anspruch:

Ein System mit verbundenen Krackrohren, die mit einer Zirkulationspumpe 2 (Abb. 81, Anhang) verbunden sind, deren Auslaß zu einem Verteiler 9 für das Rohgut führt, von welchem die Verteilungsrohre zu den Krackrohren führen, wobei besagte Pumpe eine Förderleistung hat, die größer ist als die der Verteilungsrohre; — gleichzeitig mit einem Koksauslaß 11 von einem tiefliegenden Punkt des Systems an der Zulaufseite der Pumpe und einem Zufluß für frisches Öl 10 an der Druckseite der Pumpe, wobei die genannten Verteilungsröhren und Krackrohre mit einer Neigung in der Richtung des zirkulierenden Öles angeordnet und so verbunden sind, daß der gesamte bewegliche Inhalt der Rohre direkt zur Pumpe oder zum (Koks-) Auslaß befördert wird. —

159 774 Brit. W. I. Mellersh. Jackson, (Internat. Gasoline Pro-
14. 4. 1920 Applic. ceß Corporation), Philadelphia.
20. 3. 1921 Compl. Arr.

Apparat zur Destillation von Ölen und anderen Flüssigkeiten.

Anspruch:

1. Apparat zur Destillation von Ölen und anderen Flüssigkeiten, gekennzeichnet durch eine Reihe von fortlaufend miteinander verbundenen Rohren, die eine Schlange mit oberen und unteren Abteilungen bilden, durch welche das Material strömt, wobei jede Abteilung mit besonderen Dampfrohren ausgerüstet ist, um unabhängig von den anderen Dampf durchzuleiten, wodurch die Temperaturen der einzelnen Abteilungen unabhängig voneinander geregelt werden können. —

Es handelt sich um eine Destillier- und Krackanlage vom Heizschlangentyp, in welchem Rohmaterial in Gegenwart von Dampf gespalten und der Abdampf zum Vorwärmen des Rohmaterials benutzt wird. Das Öl tritt in eine Verdampfungstrommel usw.

In der Patentbeschreibung — nicht in den Ansprüchen — wird gesagt, daß eine Vorbehandlung des Öles mit Formaldehyd und Schwefelsäure ein leichteres Aufspalten der Moleküle bewirkt. —

1 394 688 R. Seeger, St. Louis, Missouri; übertragen auf „New Process
15. 9. 1917 Oil Company".
25. 10. 1921

Apparat zur Behandlung von Kohlenwasserstoffen.

Anspruch:

1. Eine Krackretorte, bestehend aus einem Kessel und Krackrohren darin, die aber nicht mit dem Innern des Kessels kommunizieren, Vorrichtungen, um den Inhalt der Rohre unter Druck zu halten und Vorrichtungen, den Kessel mit Flüssigkeit oder Gas unter einem Druck zu halten, der nahezu dem Druck in den Krackrohren gleich ist. —

Der in beistehender Zeichnung 82 dargestellte Apparat zeigt die in die Retorte 5 eingebauten Rohre 8 und 9 zur Überhitzung von Öl bzw. Wasser. Der überhitzte Wasserdampf tritt durch 15, 16 gemischt mit dem im Vorwärmer 20 vorgewärmten Öl — durch 13, 14 in die Krackrohre 8, unter einem Druck von 5—10 Atmosphären. Der Dampf der Spaltprodukte geht durch 23 in die Expansionskammer 19 und zur Kondensation. Wasser wird durch die Rohre 9, die am Ende perforiert in die Retorte 5 münden, zugeführt und in der Retorte in Dampf verwandelt, der durch den Dampfdom 11 den Krackrohren zugeführt wird. Der Erfinder sieht vor, in die Retorte 5 statt Wasser auch Stickstoff oder geschmolzene Metalle als Wärmeübertrager auf die Krackrohre zu füllen. Durch die Angleichung des Druckes außerhalb und innerhalb der Krackrohre können diese aus dünnerem Material hergestellt werden und halten länger. —

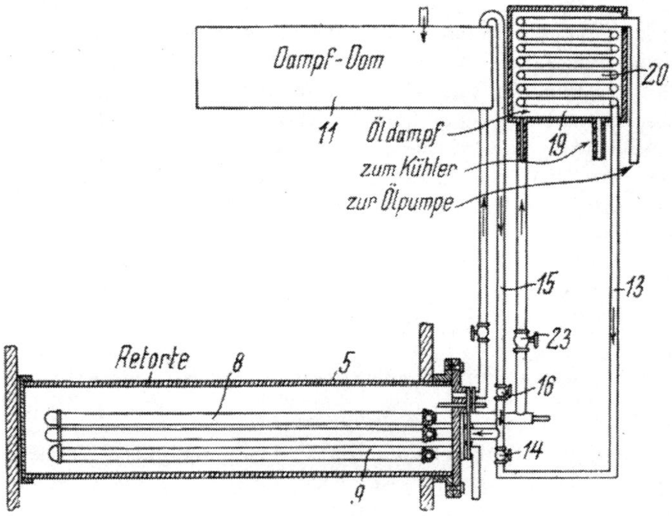

Abb. 82.

1 418 713 George L. Hoxie, Upper Montclair, New Jersey.
9. 8. 1918
6. 6. 1922

Verfahren und Apparat zum Kracken von Öl.

Anspruch:

2. Verfahren zum Behandeln von Kohlenwasserstoffen, darin bestehend, daß man eine relativ kleine Menge flüssigen Kohlenwasserstoffs auf eine zum Kracken ausreichende Temperatur erhitzt, daß man diese heiße Flüssigkeit, unmittelbar und ohne die leichteren dadurch erzielten Produkte von ihr zu trennen — mit einer relativ großen Menge flüssigen Kohlenwasserstoffs mischt, dessen Temperatur beträchtlich unterhalb derjenigen der kleinen Menge gehalten wird — und daß man die leichten Produkte aus der Mischung durch Destillation derselben entfernt.

Ein Kessel ist in mehrere Kammern geteilt, durch eine jede von denen ein — mit Öl geheiztes — Flammrohr geht, das von einem weiteren Rohre aus Ton, Porzellan oder einer anderen nicht wärmeleitenden Masse umgeben wird. Das Flammrohr steigt durch den Kessel schräg aufwärts. Das umgebende Rohr hat am unteren und oberen Ende Öffnungen, so daß das Öl in dem schmalen Ringe zwischen Flammrohr und Porzellanrohr aufsteigt und dabei auf Kracktemperatur erhitzt wird. Die gekrackten Produkte lösen sich in der Hauptmasse des Öls im Kessel und gelangen dann in diesem Kessel oder, in einen anderen übergeführt, zur Destillation.

D. R. P. 357 770 International Gasoline Process Corporation.
ab 6. 5. 1920 Philadelphia. V. St. A.

Vorrichtung zum Spalten von Mineralölen. —

Anspruch:

Vorrichtung zum Spalten von Mineralölen und anderen Flüssigkeiten, bei der die Öle durch ein beheiztes Rohrsystem gedrückt und einer unterschiedlichen Erwärmung ausgesetzt werden, dadurch gekennzeichnet, daß das beheizte Rohr aus 2 Abschnitten (a, b) besteht (s. Abb. 83, Anhang), von denen der untere Abschnitt a mittels innerhalb des Rohrsystems angeordneter Heizrohre 23 durch Kesseldampf von normaler Temperatur beheizt wird, während die Rohre des oberen Abschnitts b ebenfalls mittels innerhalb des Rohrsystems angeordneter Heizrohre 31 durch überhitzten Dampf beheizt werden. Praktische Beispiele fehlen. —

1 437 932 Roland B. Day, Swarthmore; übertragen an Day's Petro-
15. 12. 1920 leum Process Co., Arizona.
5. 12. 1922

Verfahren zur Behandlung von Kohlenwasserstoffölen.

Anspruch:

1. Verfahren zur Gewinnung niedrig siedender aus hochsiedenden Kohlenwasserstoffölen, darin bestehend, daß man das Ausgangsmaterial einer kontinuierlich rührenden Bewegung in einer geschlossenen Retorte unterwirft, daß man das Öl durch eine Förderschraube oder dergl. in der Kammer bewegt und frei bewegliche metallische Körper durch die Kammer laufen läßt und daß man das Öl in der Kammer einer zum Kracken ausreichenden Temperatur aussetzt. —

Als metallische Körper werden Stahlkugeln angewandt.

1 437 933 Roland B. Day, Swarthmore; übertragen auf Day's Petro-
15. 12. 1920 leum Process Co., Arizona.
5. 12. 1922

Verfahren zur Behandlung von Kohlenwasserstoffölen.

Anspruch:

1. Apparat zur Behandlung von Kohlenwasserstoffen, gekennzeichnet durch eine röhrenförmige Reaktionskammer, Vorrichtungen, zur Heizung der Kammer, eine Anzahl Reinigungskörper, die in dieser Kammer frei beweglich sind und Fördermittel in der röhrenförmigen Kammer, um die Reinigungskörper der Länge nach herauszubewegen, wobei diese sich frei rollen oder drehen. —

Aus der für beide Patente im wesentlichen gleichen Zeichnung No. 84, Anhang, ist ersichtlich, daß drei horizontale und eine schrägliegende Krackröhre, durch welche das Öl unter Druck wandert, mit Förderschnecken versehen sind, die das Öl ständig mischen, so daß die Überhitzung verringert wird und die außerdem kleine Stahlkugeln hin und her bewegen, die das Ansetzen von Koks an den Wänden verhindern und auch zur gleichmäßigen Wärmeübertragung auf das Öl dienen. Schließlich gelangen die Öle in eine Expansionskammer und dann in bekannter Weise zur Kondensation.

1 574 546/7 J o h n E. B e l l, Sinclair Refining Company, Chicago.
28. 7. 1922
23. 2. 1926

Ölheizofen.

Ein Ofen zum Kracken von Ölen, bei dem ein Teil der heißen Abgase aus dem Kamin wieder in die Feuerung zurückgeführt wird und so die unmittelbare Wirkung der Feuergase mäßigt. — Das sogenannte „Recycling"-System der Sinclair Cy.

1 575 031 J o h n E. B e l l, Sinclair Refining Company, Chicago.
1. 4. 1924
2. 3. 1926

Verfahren und Apparat zum Spalten von Ölen unter Druck.

A n s p r ü c h e :

1. Verfahren zum Spalten von schwereren Kohlenwasserstoffen, dadurch gekennzeichnet, daß man die Kohlenwasserstoffe auf Kracktemperatur unter Druck bringt, daß man die entstehenden Dämpfe unter Druck einer geregelten Kondensation unterzieht, daß man die nichtkondensierten Dämpfe durch eine bestimmte Öffnung entweichen läßt und daß man die Kondensation bei jener geregelten Kondensation vermehrt oder vermindert mit Vermehrung bzw. Verminderung des Druckes. —

Die Öffnung (Orifice) 21 (Abb. 85, Anhang) läßt eine bestimmte Menge Dämpfe passieren. Der Druck wird mit der Kondensation im Kondensator 70 geregelt. Steigt der Druck, so wird der Zufluß von Kühlflüssigkeit so erhöht, daß sich die Menge der Kondensate erhöht, wobei dann der Druck wieder fällt usf.

Vier Konstruktionen sind abgebildet, von denen hier die erste Platz findet.

1 578 035 E. W. I s o m, Locust Valley, Sinclair Refining Company, New York.
19. 6. 1925 (Fortsetzung v. Serial Nr. 584 711 v. 28. 8. 1922.)
23. 3. 1926 30 404 desgl. v. 15. 5. 1925.)

Kracken von Kohlenwasserstoffölen.

A n s p r u c h :

1. Verfahren zum Kracken von Kohlenwasserstoffölen, dadurch gekennzeichnet, daß man ein Öl in einmaligem Lauf (single paß), durch eine Heizleitung führt und es auf Kracktemperatur bringt, indem man darüber im Gleichstrom mit dem Öl heiße Gase zirkulieren läßt, daß man die Dämpfe des gekrackten Öles, die aus der Heizleitung treten, in eine Rückflußvorrichtung gehen läßt, daß man den dabei erzielten Rückfluß in die Heizleitung an eine Stelle zurückführt, die nahe an d e m Ende der Leitung (im Ofen) liegt, über welches die heißen Gase zuerst zirkulieren, und daß man der Leitung an einem dazwischen liegenden Punkt frisches Öl zuführt. —

Das Öl (s. Abb. 86, Anhang) durchläuft den Erhitzer nur einmal. Im Verdampfer trennen sich die flüchtigen Produkte von den schweren, die abgeschieden werden, während die in den Rückflußtürmen kondensierten Produkte wieder gemeinsam mit frischem Öl in den Erhitzer zurückgehen. D u r c h A b z u g d e r a b g e h e n d e n H e i z g a s e (Recycled Heating Gases) hinter dem „Erhitzer“ und Wiedereinführung dieser relativ kühlen Gase in die Heizkammer ermäßigt man die Temperatur, so daß Überhitzung der Krackprodukte, insbesondere übermäßige Koksabscheidung vermieden werden kann. —

1 583 746 D. Pyzel, Simplex Refining Company, San Franzisko.
26. 10. 1921
4. 5. 1926

Apparat zur Ölraffination.

Ein besonders für Kracksysteme geeigneter Destillierkessel, aus einer Heizschlange und einem Dampfseparator bestehend. Aus dem Separator gelangen die Dämpfe auf den Boden eines Dephlegmators (s. Abb. 87, Anhang).

1 574 935 Daniel Pyzel, Simplex Refining Company, San Franzisko.
13. 3. 1922
2. 3. 1926

Druckkessel.

An diesem Druckkessel sind Pyrometer an den Wandungen angeordnet, mit Hilfe deren man die Ablagerung von Koks bzw. eine lokale Überhitzung wahrnehmen kann. —

D. R. P. 417 138 Simplex Refining Company in San Franzisko. V.St.A.
ab 14. 11. 1915
ausg. 7. 8. 1925

Verfahren und Vorrichtung zum Spalten von Erdöl.

Ansprüche:

1. Verfahren zur Umwandlung von schweren Kohlenwasserstoffen, inbesondere des Erdöles, in leichte, wobei das Öl beständig im Kreislauf durch ein geschlossenes Rohr geleitet wird, dadurch gekennzeichnet, daß die Erhitzung des Rohres an einem verengten Teile desselben stattfindet, so daß das Öl auf dem Wege durch den erhitzten Teil unter höherem Druck steht, und in Schaum verwandelt, diesen Teil mit großer zunehmender Geschwindigkeit durchströmt, während an einer andern erweiterten Stelle des Rohres die gebildeten leichteren Öle in Dampfform entnommen und die Rückstände, welche Verunreinigungen enthalten, die nach dem Verdampfen zurückbleiben, entweder ganz oder teilweise in den Kreislauf zurückgepumpt zu werden.

2. Verfahren nach 1., dadurch gekennzeichnet, daß Öl, nachdem es die verengte und erhitzte Stelle des Rohres passiert hat, in einem erweiterten Raum über breite Flächen fließt, die Öldämpfe abgibt und sich unten absetzt, um nach Abgabe der Verunreinigungen und Rückstände in die erhitzte verengte Stelle des Rohres zurückgepumpt zu werden.

3. Verfahren nach 1. und 2., dadurch gekennzeichnet, daß in das Rohr ein besonderes Sammelgefäß eingeschaltet ist, in dem sich das rückfließende Öl absetzt.

4. Vorrichtung zur Ausübung des Verfahrens nach 1., dadurch gekennzeichnet, daß eine mit regulierbarer Feuerung und Speisepumpe ausgerüstete

Rohrschlange ein daran anschließender, erweiterter, im Innern breite Flächen bietender Raum und ein an die Speisepumpe anschließender Abscheideraum zu einem Ringsystem vereinigt sind.

5. Vorrichtung nach 4., dadurch gekennzeichnet, daß zwischen die Rohrschlange (1, 11 s. Abb. 88, Anhang) und den Dampfscheider 2 ein Regulierventil 22 (auf der Abbildung nicht sichtbar) eingeschaltet ist.

6. Vorrichtung nach 4., dadurch gekennzeichnet, daß zwischen dem Setzkessel 3 bzw. dessen Schlammsammler und den Brennern 16 eine Verbindung besteht, so daß der Rückstand verfeuert werden kann.

7. Vorrichtung nach 4., dadurch gekennzeichnet, daß der Schlammfang des Abscheiders mit einem besonderen Vorratsbehälter verbunden ist.

8. Vorrichtung zur Ausübung des Verfahrens nach 1., dadurch gekennzeichnet, daß die Dephlegmatoren 4 für die Öldämpfe an das Ringsystem angeschlossen sind, so daß darin abgeschiedenes Schweröl in den Kreislauf zurückgeführt werden kann.

240 201 Brit. T. A. Smith, R. Pitkethly u. Beale, Sunbury on Thames;
22. 5. 1924 Middlessex.
18. 11. 1925

Kracköfen.

Ein Ölkrackkessel oder Zweistufenheizapparat, bei welchem die heißen Ofengase in 2 Teile geteilt werden, der eine wird in ein System von Zügen geführt, in dem die Gase zirkulieren, um eine Heizoperation durchzuführen, während der andere Teil mit den kühleren Gasen, die aus dem Kreislauf austreten verdünnt wird und in die anderen Züge tritt, um die andere Heizoperation durchzuführen. Auf 220 664 brit. (Auld S. 135) wird Bezug genommen.

4. Abschnitt.

Spalten von Kohlenwasserstoffen aus Mineral- und Teerölen unter Hydrierung.

Seit den Entdeckungen von Sabatier und Senderens lag der Gedanke nahe, leichte Kohlenwasserstoffe durch Anlagerung von Wasserstoff an schwerere oder deren Spaltungsprodukte zu gewinnen. Das war entweder in Gegenwart von Katalysatoren zu erreichen, oder auf dem zuerst von Bergius eingeschlagenen Wege ohne Katalysatoren und unter hohem Druck und schließlich noch durch eine Reihe von weiteren Kombinationen, wobei die Zersetzung von Wasserdampf oder auch Schwefelwasserstoff in „nascierenden" Wasserstoff eine wesentliche Rolle spielt. Als Ausgangsmaterial kommen hier ebenso Mineralöle wie Teeröle in Betracht. (Die Hydrierung der Kohlen als solche — wird in einem besonderen Abschnitt besprochen werden.) Im Anschluß hieran werden die Hydrierungen von Teerprodukten ohne Spaltung also im wesentlichen die Tetralinprozesse besprochen. — Katalytische Verfahren ohne Wasserstoffzufuhr bzw. -Entwicklung findet man im 5. Abschnitt.

A. Spaltung mit Wasserstoff ohne Katalysator.

Die Patent Hydrocarbon Ltd. (D. R. P. 226135) hat bereits 1908 Öl und Wasser über hocherhitzte Eisenspäne geleitet, zwecks Gewinnung von Treibmitteln. — F. Bergius hat 1913 das D. R. P. 304348 zum Spalten hochsiedender Kohlenwassersoffe in Benzin unter gleichzeitiger Überführung der ungesättigten Kohlenwasserstoffe in gesättigte erhalten. — Er arbeitet bei Drucken von 20 bis 100 Atmosphären ohne Katalysator, da Schwefelverbindungen und andere Verunreinigungen, die meisten Katalysatoren nach kurzer Zeit unbrauchbar machen. H. R. Berry hat die „konstruktive Umwandlung" von Kohlenwasserstoffen zum Gegenstand mehrerer sehr interessanter Patentschriften gemacht. 1 429 910; 1 569 532; 1 571 994; f. 569 659, e. 202 317. Es werden darin die chemisch-physikalischen Grundlagen des Prozesses eingehend untersucht, wobei auf die erstgenannte Patentschrift besonders verwiesen sei. Technisch vollzieht sich die Spaltung bei Gegenwart wasserstoffhaltiger Gase in der Regel unter Druck. Die späteren Verfahren erzeugen den Wasserstoff durch Überhitzung von Wasserdampf mit Kohlenwasserstoffdämpfen. 1 571 994 arbeitet mit Wassergas im wesentlichen ohne Druck. — Mit dem Wassergas ähnlichen Gemischen unter Benutzung von Druck und dem „Erschütterungsmoment" durch Prallkörper arbeitet J. L. Murie (1 492 305). Auch Plauson (e. 182 852) benutzt Wasser oder Wasserstoff unter sehr hohem Druck über 50 Atmosphären, ebenso Engelke (e. 165 230 und f. 529 621), der kontinuierlich mit Naturgas nach (e. 170 140) hydrieren will. Forwood 1 440 286, 1 523 942 u. Forwood und Tapley, (United Kingdom Oil Co.) 1 541 697, e. 190 284, 197 069, f. 547 424 D. R. P. 434 420 führen die Dämpfe oder Nebel von Teeröl, Schieferöl, Mineralölen unter hohem Druck gemischt mit Dampf bei hohen Temperaturen (600° C) über Holzkohle oder Schieferabbrände. In späteren Verfahren benutzte die United Kingdom Oil Co. Katalysatoren. — Ein älteres Verfahren der Ges. f. Verwertung von Kohlenstoffverbindungen (D. R. P. 284 118) ist dadurch merkwürdig, daß man nach den in der Patentschrift gegebenen Beispielen mit H_2 unter Druck ähnliche Resultate erhält wie mit N_2. Egeland (1 553 839) mischt durch einen Ejektor das Rohöl mit Wasserstoff oder Methan, welches letztere bei der angewandten hohen Temperatur etc. Wassersoff abgibt. — Auch Vandewater und Sunderman (Petrol. Laborator. of Newburgh, 1 575 663) hydrieren mit Wasserstoff, der beim Durchgang von Wasserdampf durch glühende Eisenrohre „nasciert". Hier reiht sich das Verfahren von Baurier (f. 606 900) ein, der Wasserstoff aus Wasserdampf, der bei 300—450° C über pyrophores Eisen, Nickel u. a. geleitet wird, zur Hydrierung von Brennstoffen verwendet. Knibbs spaltet (nach 1 459 156 u. e. 165 863) in einem Schachtofen, der nur unten feuerbeständiges Verteilungsmaterial enthält. Öldämpfe von oben begegnen Luft und Wasserdampf von unten. Dabei kann durch Bildung von Wassergas etc. Hydrierung eintreten. Die Verfahren des Chemical Research Syndicate (D. R. P. 398 487, e. 210 131) lassen Dämpfe von aliphatischen oder aromatischen Kohlenwasserstoffen mit einer bestimmten Menge Wasserdampf über Eisenoxydul bei 550—700° streichen. A.

S. Ramage (1 403 194, 1 409 404) arbeitet ähnlich unter Verwendung von Eisenoxyd, das bei 500—550° C durch abgespaltenes C_2H_4 reduziert wird. — Das entstandene Oxydul reduziert Wasserdampf. — Wasserstoff, der aus Kohlenwasserstoff auf nicht näher angegebenem katalytischen Wege abgespalten wird, soll nach dem Verfahren der Canadian Finance and Trading Cy. (f. 523 147) mit Hilfe eines Kompressors zur Sättigung ungesättigter Kohlenwasserstoffe benutzt werden. Black (1 510 918) läßt Wasserstoff auf in Zersetzung begriffene höhere Kohlenwasserstoffe wirken. Rostin (D. R. P. 372 663) sättigt mit katalytisch aus H_2S abgespaltenem Wasserstoff. (S. auch Fohlen f. 566 254 im folgenden Abschnitt „Mit Katalysator".) — Hervorzuheben ist der Weg, den M. Brutzkus einschlägt (D. R. P. 405 974, e. 217 747, f. 590 208, 594 336, 592 255). Er spaltet Kohlenwasserstoffe aus Erdölen oder Steinkohlenteer im Innern von Kolbenmaschinen in Gegenwart von Wasserdampf und Wasserstoff und vermeidet gegebenenfalls eintretende Polymerisation der Bruchstücke durch kontinuierlich sinkenden Druck. 217 747 und 592 255 sieht Anwendung von Katalysator vor. — Auch zur Hydrierung von Naphthalin ist das Verfahren geeignet. —

In einem sehr komplizierten Verfahren, bei dem auch Quecksilberdampf mitwirkt, vollzieht W. E. Shore die „aufbauende Umwandlung" schwerer in leichte Kohlenwasserstoffe (e. 231 625).

Patente zum 4. Abschnitt.

A. Hydrierende Spaltung ohne Katalysatoren.

D. R. P. 226 135 Patent Hydrocarbon Limited, London.
1908

Verfahren zur Umwandlung von höhersiedenden Petroleumkohlenwasserstoffen in leicht flüchtige, die insbesondere als Treibmittel für Explosionsmotoren verwendbar sind.

Anspruch:

Verfahren zur Umwandlung von höhersiedenden Petroleumkohlenwasserstoffen in leicht flüchtige, die insbesondere als Treibmittel für Explosionsmotoren verwendbar sind, dadurch gekennzeichnet, daß das zu behandelnde Öl zusammen mit Wasser über hocherhitzte Eisenspäne o. dgl. unter Luftabschluß geleitet wird und die dabei entstehenden Dämpfe kondensiert und fraktioniert destilliert werden. —

Die Mengenverhältnisse des Öles und Wassers zur Erzielung des besten Ergebnisses richten sich nach dem gewählten Öle und können in der

Praxis leicht festgestellt werden. — Z. B. werden bei sogenanntem Solaröl von etwa 0,853 spezif. Gewicht etwa 2 Teile Öl zu einem Teil Wasser in die mit Eisenspänen gefüllte, geschlossene Retorte eingeführt. Das Verfahren soll gegenüber den bekannten Verfahren, bei denen die Kohlenwasserstoffe gemeinsam mit überhitztem Wasserdampf über hocherhitztes Eisen geleitet werden, den Vorteil besitzen, daß ein bedeutend höherer Prozentsatz. d. h. praktisch die ganze Menge des Öles in flüchtige Produkte von wesentlich niedrigeren Siedepunkten umgewandelt wird. Auch verhindert das Verfahren die Bildung von größeren Mengen permanenter Gase, sowie von Koks. —

D. R. P. 304 348 Dr. F. Bergius, Hannover und A.-G., für Petroleumindustrie, Nürnberg.
6. 5. 1913
17. 9. 1919

Verfahren zum Spalten hochsiedender Kohlenwasserstoffe, in Benzin, unter gleichzeitiger Überführung der ungesättigten Kohlenwasserstoffe in gesättigte.

Anspruch:

Verfahren zum Spalten hochsiedender Kohlenwasserstoffe, in Benzin, unter gleichzeitiger Überführung der ungesättigten Kohlenwasserstoffe in gesättigte durch Erhitzen unter einem durch komprimierten Wasserstoff erzeugten Druck von mindestens 20 Atm., dadurch gekennzeichnet, daß in Abwesenheit von Katalysatoren gearbeitet wird. —

Aus der Patentschrift:

Nach bisher vorliegenden Beobachtungen konnte eine Spaltung hochsiedender Kohlenwasserstoffe in Benzine unter gleichzeitiger Überführung der ungesätttigten Kohlenwasserstoffe in gesättigte nur in Gegenwart eines Katalysators, wie Eisen, Nichel, Nicheloxyd, Nichelsalzen, Palladium und ähnlichen Wasserstoffkatalysatoren durchgeführt werden. Eine technische Anwendung dieser Hydrierungen ist kaum möglich, weil das unreine Petroleum ein schnelles Nachlassen der katalysierenden Wirkung bedingt. —

Bei der Zersetzung von Mineralölen in schwer kondensierbares Ölgas wird, wie bekannt, eine Hydrierung mit gasförmigem Wasserstoff bei 500° durchgeführt, wobei keine benzinartigen sondern bei Zimmertemperatur gasförmige Verbindungen erhalten werden. Der Wasserstoff wird hierbei unter atmosphärischem Druck angewandt und vermag auch wegen der hohen Temperatur in diesem Zustand zu reagieren. —

Bei ca. 450° wird nach vorliegender Erfindung bei einem Druck von mindestens 20 Atm. Wasserstoff von dem Ausgangsstoff aufgenommen und die Zersetzungsprodukte haben einen nahezu völlig gesättigten Charakter.

Diese Produkte, die im Gegensatz zu den bei der Spaltung ohne gleichzeitige Hydrierung entstehenden ungesättigten Verbindungen farblos und geruchsschwach sind, haben natürlich einen wesentlich höheren Handelswert.

Beispiel. In 10 kg galizisches Gasöl, das zwischen 270 und 300° siedete, wurden in einem druckfesten Gefäße 100 Atm. Wasserstoff gepreßt, das Gefäß geschlossen und dann auf ca. 400° erhitzt. Nach 12 Stunden wurde der Inhalt fraktioniert. Er betrug an Gewicht 9,7 kg. Es destillierten

bis	60°	1,2 kg
„	120°	1,5 kg
„	150°	0,9 kg
„	180°	0,9 kg
„	250°	1,9 kg
„	300°	1,2 kg
„	360°	1,8 kg
>	360°	0,3 kg

Die Benzinfraktionen waren geruchschwach, farblos und dunkelten bei langer Aufbewahrung nicht nach.

569 659 Frz. Harold R. Berry. U. S. A.
10. 8. 1923
16. 4. 1924 **Verfahren zur synthetischen Umwandlung von Kohlenwasserstoffen.**
(Siehe Pat. 1 429 910.)

202 317 Brit. Harold R. Berry.
10. 8. 1922 U. S. A.
10. 8. 1923 England **Verfahren zur Umwandlung von hochsiedenden Kohlen-**
10. 12. 1924 Compl. Acc. **wasserstoffen in niedriger siedende.**

(Siehe Pat. No. 1 429 910.)

1 429 910 Harold R. Berry, Brooklyn.
10. 8. 1922
19. 9. 1922 **Verfahren zur konstruktiven Umwandlung von Kohlenwasserstoffen.**

Anspruch:

5. Ein Verfahren zur konstruktiven Umwandlung von hochsiedenden Kohlenwasserstoffen und wasserstoffhaltigem Gas in flüssige Kohlenwasserstoffe von niedrigerem Siedepunkt, dadurch gekennzeichnet, daß in einer begrenzten Zone ein Gegenstrom von heißem wasserstoffhaltigem Gas, das Kohlenwasserstoffdämpfe mit sich führt, gegen relativ kaltes Öl, das in dünnen Schichten fließt, erzeugt wird, so daß Öl in höhere und Gas und Dämpfe in niedere Temperaturen fließen, wobei man Hitze und Druck so regelt, daß durch die aufgenommene Wärme die Ölverbindungen genügend molekular labil werden, um ihren Wasserstoffgehalt zu vermehren und ihre molekulare Umorientierung zu erleichtern. Hierdurch werden die Siedepunkte erniedrigt und die Kohlenwasserstoffdämpfe, werden auf diese Weise nicht derart überhitzt, um molekularen Zerfall zu erleiden, noch scheiden sie Kohle ab. —

In einer ungemein reichhaltigen und gründlichen Patentschrift wird ausführlich auf die wissenschaftlichen Grundlagen der „konstruktiven Umwandlung" der höheren Kohlenwasserstoffmoleküle in solche von anderer Zusammensetzung und niedrigerem Siedepunkt eingegangen.

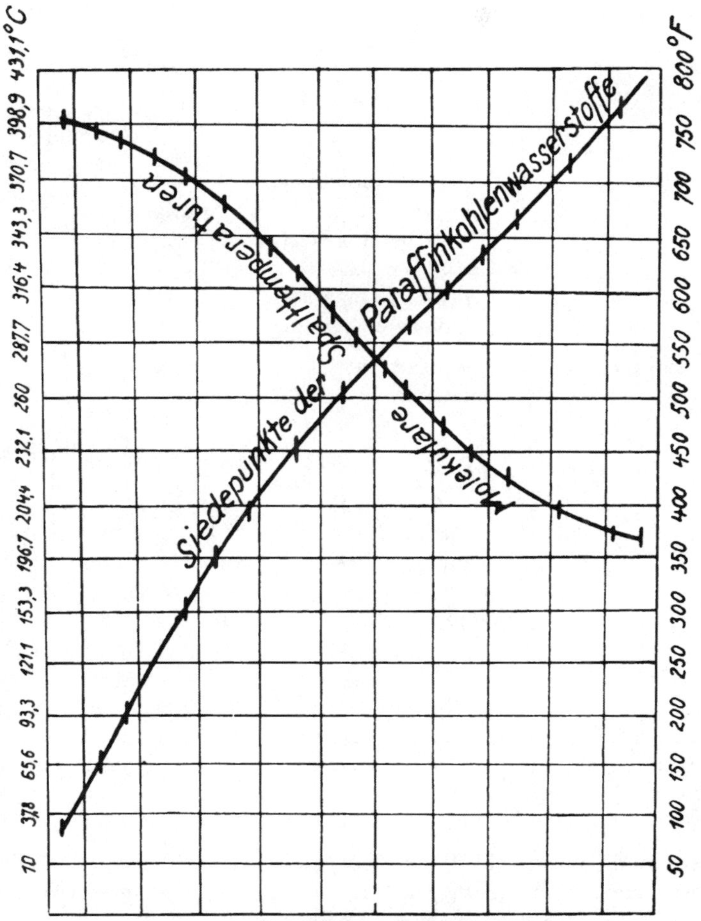

Abb. 89.

Gas- und Heizöl, Kerosin und Gasolin

Name	Symbol	Mol. G.
Pentan	C_5H_{12}	72
Hexan	C_6H_{14}	86
Heptan	C_7H_{16}	100
Octan	C_8H_{18}	114
Nonan	C_9H_{20}	128
Decan	$C_{10}H_{22}$	142
Undecan	$C_{11}H_{24}$	156
Dodecan	$C_{12}H_{26}$	170
Tridecan	$C_{13}H_{28}$	184
Tetradecan	$C_{14}H_{30}$	198
Pentadecan	$C_{15}H_{32}$	212
Hexadecan	$C_{16}H_{34}$	226
Heptadecan	$C_{17}H_{36}$	240
Octadecan	$C_{18}H_{38}$	254
Nonadecan	$C_{19}H_{40}$	268
Eicosan	$C_{20}H_{42}$	282
Heneicosan	$C_{21}H_{44}$	296
Docosan	$C_{22}H_{46}$	310
Tricosan	$C_{23}H_{48}$	324
Tetracosan	$C_{24}H_{50}$	338
Pentacosan	$C_{25}H_{52}$	352

Die Kurven schneiden sich zwischen Penta- und Hexadecan.

Nach einer von F. S. Mortimer (im Journ. Americ. Chem. Soc. 1922. 1429) aufgestellten Gleichung läßt sich der Druck bestimmen, der erforderlich ist, um die Temperatur eines Kohlenwasserstoffs von der Siede- bis zur Zersetzungstemperatur zu steigern.

Die Formel lautet:

$$\log. P. c. = \frac{1{,}1673 + 4\,S\,(t_c - t_b)}{9\left[(273 + \frac{4}{9}t_c)(273 + \frac{4}{9}t_b)\right]}.$$

Dabei bedeutet:

Pc = den Krackdruck.
S = eine für jedes Gas gültige, aus der Siedetemperatur berechnete Konstante.
S = $1267 + 2{,}849\,t_b + 0{,}00015\,t^2_b$.
tc = Kracktemperatur.
tb = Siedetemperatur.

Die erforderlichen Drucke sind aus Spalte 5 beistehender Tabelle in Pfunden auf den Quadratzoll zu entnehmen.

Name	Formel	Mol.-Gew.	Sdp. ° [1]	Zersetzungs.-temp. ° [2]	Zer-.setzungsdruck [3]	Spez. Gew.
Pentan	C_5H_{12}	72	97	750	5815	0,6365
Hexan	C_6H_{14}	86	156	731,8	3175	0,6494
Heptan	C_7H_{16}	100	209	713,6	1760	0,6619
Octan	C_8H_{18}	114	258	695,2	1065	0,6740
Nonan	C_9H_{20}	128	302	678	530	0,6838
Decan	$C_{10}H_{22}$	142	342	661	320	0,6943
Undecan	$C_{11}H_{24}$	156	381 194	642	216	0,6939
Dodecan	$C_{12}H_{26}$	170	419 214	628	119	0,7025
Tridecan	$C_{13}H_{25}$	184	453 234	590,7	51,6	0,7114
Tetradecan	$C_{14}H_{30}$	198	486 252	565	20,8	0,7187
Pentadecan	$C_{15}H_{32}$	212	518 270	545	14,6	0,7252
Hexadecan	$C_{16}H_{34}$	226	549 287.5	515	—	0,7319

Daraus ergibt sich, daß, sobald der Siedepunkt über 525° F (274° C) beträgt, kein Druck mehr erforderlich ist, da derartige Verbindungen den labilen Zustand schon vor der Siedetemperatur erreichen. —

Aus dem Diagramm (Abb. 89, vorig. S.) ist ersichtlich, daß die Siedepunkte vom Pentan bis zum Pentacosan von 96—785° F (38—420° C) ansteigen, während die Temperaturen der molekularen Zersetzung (nach Mortimer s. obige Tabelle und Diagramm) von 750° (400°) beim Pentan bis zu 376° F (191° C) beim Pentacosan zurückgehen. — Je niedriger der Siedepunkt eines gesättigten Kohlenwasserstoffes, desto höher seine Zerfallstemperatur, und umgekehrt. —

Der Zerfall eines Kohlenwasserstoffes wird hintangehalten oder verhindert, wenn er bei der Zerfallstemperatur von einer Wasserstoffatmosphäre unter Druck umgeben ist.

In diesem Prozeß ist nun vorgesehen, die Kohlenwasserstofföle unter Druck und im Gegenstrom mit heißen Gasen zu behandeln.

---

[1]) Nach B. T. Brooks, die nicht benzolartigen Kohlenwasserstoffe. U. S. Bureau of Mines, Redwood, letzte Auflage, Bd. 1, 304—12.

[2]) Abgeleitet nach Engler-Höfer, das Erdöl.

[3]) Druck-Temperatur-Gleichung nach F. S. Mortimer. J. Amer. Chem. Soc. Juli 1922 s. 1429.

Die besten Bedingungen für die Reaktion können in folgender Weise ermittelt werden:

Die Untersuchung beginnt

a) mit einer Siedeanalyse des Ausgangsmaterials. Danach werden Tabellen entsprechend obigem Diagramm aufgestellt und hieraus der Druck ermittelt, der notwendig ist, um den Siedepunkt der leichtesten Ölanteile auf Zersetzungstemperatur zu bringen.

Derjenige Druck, der die leichtesten Anteile zur Zersetzung vor der Verdampfung bringt, wird auch die übrigen Anteile vor der Verdampfung zersetzen. Bei schweren Fraktionen oder Rückständen, deren Siedebeginn über 525° F (= 274° C) liegt, braucht man überhaupt keinen Druck, denn solche Stoffe erreichen die Zersetzungstemperatur noch vor dem Sieden. —

Der Zweck der Regelung besteht also darin, Bedingungen festzulegen, bei denen das Öl in derart labilem Zustand verdampft, daß es zur Aufnahme des Wasserstoffs aus den umgebenden Gasen befähigt ist. Der Druck aber, der den Siedepunkt der leichtesten Anteile erhöhte, bewirkt dies auch mit den übrigen Kohlenwasserstoffen. Ohne weitere Wärmezufuhr können diese nicht sieden.

Es müssen also die Maxima und Minima des Vorgangs festgelegt werden, um die Bedingungen sämtlicher Faktoren in der gesuchten Gleichung zu berücksichtigen.

b) Die Höhe des Druckes ist gegeben durch die Pfunde per Quadratzoll (Atmosphären), die notwendig sind, um die leichteste im Gemisch vorhandene Verbindung bei der Temperatur zu komprimieren, bei der die Zersetzung beginnt.

c) Die Temperatur ist gegeben dadurch, daß man den Siedepunkt derjenigen Verbindung feststellt, die die größte Wärmemenge zur Verdampfung unter obigem Druck benötigt.

Die Formel lautet:

$$T = \frac{S - 212}{\text{spec. Gew. d. schwerst. Verb.}} + \text{b.p.}$$

Dabei ist: b. p. = Siedepunkt der schwersten Verbindung unter dem Druck P.
S = Siedepunkt des Wassers unter dem Druck P.
P = der Druck (Pfund/Quadratzoll), der nötig ist zur Zersetzung der leichtesten Verbindung. (Aus der Tabelle zu ermitteln.)
T = die höchste erforderliche Temperatur.

Die Formel ist annähernd genau und gibt einen Anhalt für die zur Durchführung des Prozesses benötigte Temperatur.

Beispiel: a) Siedeanalyse:

bis	350° F	= 0 %
„	400° F	= 19 %
„	500° F	= 23 %
„	600° F	= 40 %
„	700° F	= 15 %
über	700° F	= 3 %

b) Druck: für Fraktion 350—400° (vergl. Tabelle) Undekan Sdp. 381,2° F, Zersetzungstemperatur: 642,1. Erforderlicher Druck, um Siede- auf Zersetzungstemperatur zu bringen: 250 Pfd.

c) Temperatur (höchste Fraktion lt. Analyse): über 700° F Docosan Sdp. 714° F. Spezif. Gewicht 0,7553.

S (lt. entsprechender Tabelle bei 250 Pfund) = 407.8.

Die Formel lautet also:

$$T = \frac{407{,}8 - 212}{0{,}7553} + 714^0 = 960^0 \text{ F}$$

Danach wären 960° F oder 516° C die höchste zur Zersetzung erforderliche Temperatur.*) —

Die Ausführung des Verfahrens ist an Hand beistehender Zeichnung (No. 90) die folgende. In dem Überhitzer A werden wasserstoffhaltige Gase und Dämpfe (auch Abgase dieses Prozesses) überhitzt und treten in den „Generator" B

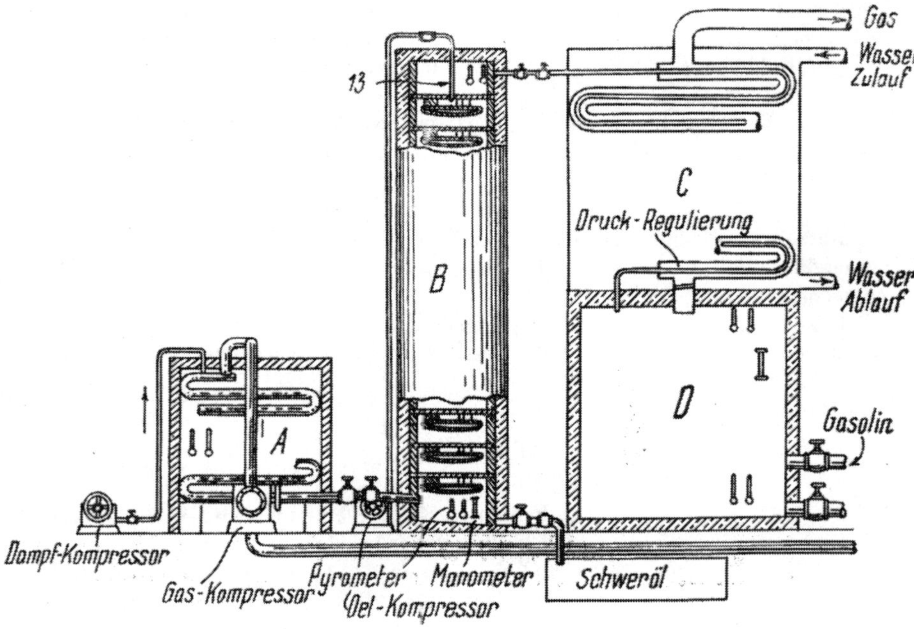

Abb. 90.

ein, in welchen auf geeigneten Verteilungskörpern Öl, das durch 13 eintritt, herunterrieselt. Die Gase, die von den schweren, schon unter ihrem Siedepunkt zur Zersetzung und Addition neigenden Ölen absorbiert werden und so aus diesen leichter flüchtige Verbindungen erzeugen, treten mit leichter verdampfenden neugebildeten Kohlenwasserstoffen in den Kühlapparat C und aus diesem nach der Kondensation in den Sammeltank D. — Der Druck wird durch einen Kompressor vor dem Überhitzer A erzeugt. Dampf kann zur Unterstützung herangezogen werden. — Die Temperatur richtet sich nach dem Druck, der, wie oben ausgeführt, berechnet werden muß.

*) Ob und wieweit die praktischen Ergebnisse sich mit diesen wertvollen theoretischen Ableitungen decken ist uns zur Zeit nicht bekannt. —

1 571 994 H. R. Berry, Brooklyn.
16. 9. 1922
9. 2. 1926

Konstruktive Umwandlung von Kohlenwasserstoffen.

Unter Benutzung einer Apparatur, die im wesentlichen aus den früheren Patenten des Erfinders z. B. Nr. 1 429 910, bekannt ist und sehr eingehender theoretischer Darlegungen, die zum Teil auch bereits in früheren Patentschriften enthalten und auch vorstehend wiedergegeben sind, wird ein Verfahren geschildert, um heißes Wassergas und relativ kalte Petroleumfraktionen, die einander in geeigneten Apparaten im wesentlichen ohne Druck im Gegenstrom durchdringen, umzuwandeln.

Die Petroleumfraktionen ergeben leichtere Kohlenwasserstoffe, deren Spaltungstemperaturen (oder Temperaturen des molekularen Zerfalls) nicht unter ihren Siedepunkten liegen, bzw. damit zusammenfallen, wobei sich der Wasserstoff des Wassergases mit einem Teil der schwereren Ölfraktionen verbindet und umgekehrt. — Die nicht verdampften Anteile gehen in den Prozeß zurück. Auf der andern Seite entweicht ein angereichertes Wassergas. Der Verlauf des Verfahrens entspricht etwa dem in Pat. 1 569 532 (s. u.) geschilderten. —

1 569 532 H. B. Berry, Brooklyn; übertragen auf „Dynamics Corporation of America", New York.
6. 12. 1924
12. 1. 1926

Hitzebehandlung von Kohlenwasserstoffen.

Anspruch:

1. Ein Verfahren zum Kracken und Umwandeln von Kohlenwasserstofföl, darin bestehend, daß man kontinuierlich Kohlenwasserstofföl in eine erweiterte Zone führt und kontinuierlich und gesondert in diese Zone gespannten Wasserdampf von solchem Volumen und solcher Temperatur einführt, daß der durch das Kracken ausgeschiedene Kohlenstoff in Kohlenoxyde durch Verbindung mit dem Sauerstoff aus dem Wasserdampf verwandelt wird, bevor sich der Kohlenstoff an der Wandung der Zone absetzt, wobei Kohlenwasserstoffe von niedrigerem spezifischem Gewicht entstehen. —

Mittels der Rohre H und D wird in einen geeigneten Druckkessel C Öl eingeführt, während Wasser (praktisch wohl Wasserdampf!) durch das Spiralrohr zu der Verteilungsstelle am Kesselboden geleitet wird und auf diesem Wege durch die Heizflammen überhitzt einmal an den inneren Wandungen des Druckkessels eine Art Dampfmantel bildet, sodann dem Öldampf in starkem Strahle entgegenbläst. Der Wasserdampf ist so stark überhitzt, daß der aus dem Öl infolge von Krackdruck und Temperatur abgeschiedene Kohlenstoff mit dem Wasserdampf unter Bildung von Kohlenoxyd und Wasserstoff reagiert. Dieser Wasserstoff findet wieder zur Hydrierung der Spaltstücke der gekrackten schweren Kohlenwasserstoffe Verwendung, wie in weiteren Ansprüchen dargelegt wird. — Das Gas tritt unten bei Wa. aus. Abb. umstehend.

Als Beispiel wird ein Öl gewählt vom spezif. Gew. 0,8594, das zu 79% von 432—700° F (222—370° C) destilliert, mit einem Rückstand von 21% einem

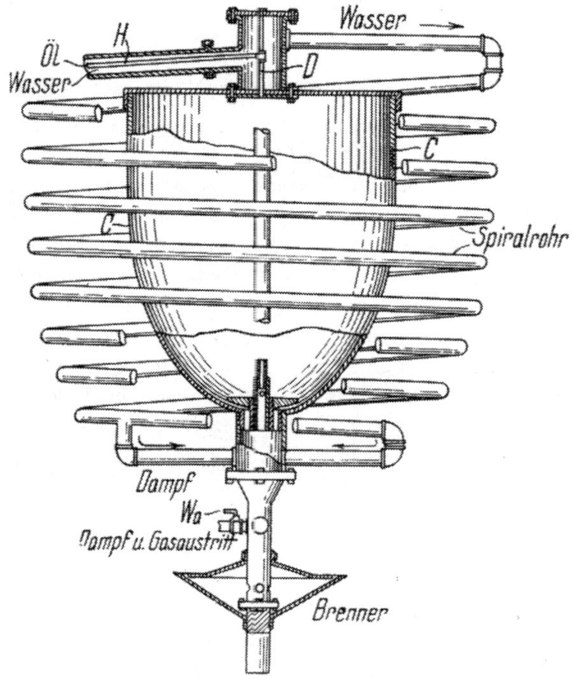

Abb. 91.

Schwefelgehalt von 0,039%; — Wasserstoffgehalt ca. 12% und Kohlenstoffgehalt 85%. — Von diesem Öl ergeben 85 Pfd. (ca. 12 Gallonen) mit 18 Pfd. Wasser nach diesem Verfahren behandelt das folgende Resultat:

Produkte	Pfd.	Volumen Kubikfuß	B. t. u.*)
Kohlenoxyd	28,00	378	132 304
Methan	20,34	480	484 865
Äthan	4,00	50	88 894
Äthylen	3,71	50	78 565
Butylen	15,11	100	315 995
Propylen	7,78	70	164 313
Benzol	12,37	60	228 189
Toluol	10,00	40	186 990
Wasserstoff	0,69	129	42 450
Öldampf	1,00	30	18 302
Sa.:	103,00	1 387	1 730 907

per Kubikfuß = 1 250 B. t. u.

Das Ausgangsöl hatte 20 180 B. t. u. per Pfd. 85 Pfd. = 1 715 300 B. t. u.

*) Britische Wärmeeinheiten. 1 B. t. u. = 0.252 Kalorien.

1 492 305 John Lester Murrie, New York.
27. 3. 1922
29. 4. 1924 **Verfahren und Apparat zur Zersetzung von Kohlenwasserstoffölen und Wasser und zur Wiederzusammensetzung der daraus entstandenen Produkte.**

Anspruch:

1. Ein Verfahren, dadurch gekennzeichnet, daß man Wasser unter Druck überhitzt, darauf das überhitzte Wasser mit Öl zusammenbringt, die Mischung dann in eine Verdampfkammer überführt und sie unter Druck gegen einen Hinderniskörper in der Verdampfkammer prallen läßt; daß man die entstandenen Dämpfe unter Druck durch eine besonders erhitzte Krackschlange leitet und das Produkt kondensiert und entfernt.

Es gehört dieses Verfahren zu denjenigen, die durch die Wirkung des dissociierten Wassers — Wasserstoffanlagerungen an die Spaltprodukte der schweren Kohlenwasserstoffe erzielen. Als Temperatur der Heizschlangen wird 1200—1400° F (650—760° C) angegeben. — Durch mechanisches Aufeinanderprallen von Öl- und Wasserdampf soll — wie auch bei anderen Verfahren die chemische Wirkung verstärkt werden.

182 852 Brit. Hermann Plauson, Hamburg und F. A. Vielle, London.
5. 3. 1921 Applic.
5. 12. 1921 Compl. Arr.
5. 7. 1922 Compl. Lfd.

Verfahren und Apparat zur Gewinnung von Kohlenwasserstoffen aus kohlehaltigen Substanzen wie Kohle und ihre Destillationsprodukte.

Anspruch:

1. Ein Verfahren zur Behandlung kohlehaltiger Substanzen und Öle mit Wasser oder Reduktionsmitteln, wie Wasserstoff, bei außerordentlich hohen Drucken von 50 Atmosphären und darüber und bei hoher Temperatur, dadurch gekennzeichnet, daß Druck und Temperatur unabhängig regulierbar sind und so eingestellt werden, daß das eine Agens höher, wenn das andere niedriger ist und dadurch, daß kleine Mengen des Ausgangsmaterials kontinuierlich in einen Reaktionsraum gedrückt werden, der mit einem Auslaßventil versehen ist, das mit einem bestimmten Druck belastet wird.

165 230 Brit. E. F. Engelke, Tampico, Mexiko.
27. 3. 1920
27. 6. 1921 **Destillation von Kohlenwasserstoffölen, Teeren, Asphalten u. dgl.**

Anspruch:

1. Verfahren zur Behandlung von Kohlenwasserstoffölen, Asphalten und dgl. dadurch gekennzeichnet, daß man diese Materialien kontinuierlich, unmittelbar oder nach geeigneter Vorwärmung durch Wärmeaustauscher, Röhrenvorwärmer oder Kessel auf Pfannen oder auf die oberste Pfanne in einem Verdampfungskessel von entsprechender Konstruktion bringt, daß man das Material von der untersten Pfanne auf den Boden des Kessels fließen läßt, wobei die Pfanne oder Pfannen in ähnlicher Weise wie der Boden durch eine geeignete Anzahl von Querwänden in Abteilungen zerlegt werden, durch welche die zu verdampfende Flüssigkeit gezwungen wird, jeden entsprechenden Weg über die

Oberfläche zu nehmen, daß man alle oder eine Anzahl von diesen Abteilungen mit perforierten Röhren versieht, durch welche kalte oder überhitzte oder, wenn nötig, komprimierte Gase, die freien Wasserstoff enthalten, wie Naturgas, Destillationsgase, Ölgas, Wassergas oder irgendein Industriegas ähnlicher Art in das flüssige Material eingeleitet werden, wodurch es dem Wasserstoff oder anderen chemisch aktiven Bestandteilen jener Gase ermöglicht wird, auf die Dämpfe der verflüchtigten Kohlenwasserstoffe bei höherer Temperatur während eines Zeitraums, den man durch Vergrößerung des Weges der Gas- und Kohlenwasserstoffdampfmischung mittels geeigneter Hindernisse noch verlängern kann, — einzuwirken, daß man das Gas von den kondensierbaren Anteilen der Kohlenwasserstoffdämpfe in einem geeigneten Kühlsystem trennt, daß man das Gas durch geeignete Vorrichtungen in einen Gasbehälter leitet, aus dem es, wenn nötig, im ständigen Kreislauf zurückkehren kann, — und daß man das reduzierte Material vom Boden des Verdampfungskessels entweder direkt in ein Aufnahmereservoir oder durch einen geeigneten Wärmeaustauscher in dieses Reservoir überführt. —

Es wird Rohöl in großer Oberfläche mit Wasserstoff und solchen enthaltenden Gasen unter Druck behandelt.

529 621 Frz. Fr. Engelke, Mexiko.

Verfahren und Einrichtungen zur Behandlung von Mineralölen aller Art.

Das Verfahren bewirkt eine drei- oder mehrmalige Mischung der das System passierenden Rohöle mit freiem Wasserstoff unter Druck ohne Katalysator und soll so ebenso eine gute Ausbeute an leicht flüchtigen Bestandteilen wie auch an Schmierölen von entsprechend höherem spezifischen Gewicht, Viskosität und Flammpunkt geben.

Das Resumé besagt im wesentlichen: Die Erfindung betrifft ein Verfahren zur Behandlung von Rohölen, Teerölen u. dgl., darin bestehend, daß man diese Materialien in geeigneten Apparaten vorwärmt, die erhitzten Produkte mittels eines freien, wasserstoffhaltigen Gases in einen Entspannungsapparat überführt, die verdampften Stoffe in ein Kondensatorsystem bringt, wo die Kohlenwasserstoffdämpfe vom Gas getrennt werden, daß man die flüssigen Teile in einer Abteilung des Rezipienten sammelt, daß man diese Teile nun wieder mit wasserstoffhaltigen Gasen behandelt — und diese Behandlung noch ein (drittes) mal wiederholt. — Man kann die Behandlung so oft wiederholen bis die gewünschten Viskositäten erreicht sind.

Eine entsprechende Apparatur wird beschrieben.

Das Verfahren wird für Rohöle in Pennsylvanien und Oklahoma und deren Destillationsprodukte, für entparaffinierte Öle etc. empfohlen, die hiernach gute Schmieröle und Zylinderöle von hohem Flammpunkt und hoher Viskosität ergeben.

170 140 Brit. E. F. Engelke, Tampico, Mexiko.
27. 7. 1920
20. 10. 1921

Destillation von Kohlenwasserstoffölen, Asphalten und dgl.

1. Kontinuierliches Verfahren zur Destillation von Kohlenwasserstoffölen, Asphalten, Steinkohlenteeren oder dgl., gekennzeichnet durch folgende Punkte:

Kontinuierliche Zuführung dieser Stoffe kalt oder in getrennten Einheiten vorgewärmt zur ersten Betriebseinheit einer Anzahl getrennt befeuerter Kessel, die kaskadenförmig als eine Batterie zur kontinuierlichen Destillation angeordnet sind; Zuleitung von wasserstoffhaltigem Gas, kalt oder auf eine wesentlich über dem Siedepunkt des Kesselinhalts liegende Temperatur vorgewärmt und durch diesen Kesselinhalt komprimiert. Kondensation der Dämpfe aus jedem Kessel durch ein Kühlersystem und Trennung des Gases von den kondensierbaren Kohlenwasserstoffen.

5. Verfahren, wie oben — dadurch gekennzeichnet, daß das aus dem Kühler kommende Gas in einer Reihe von Gefäßen behandelt wird, die zum Beispiel konzentrierte H_2SO_4, Wasser, alkalische Bleiglätte oder feuchte oder trockene Entschwefelungsmasse und schließlich Wasser enthalten, — daß das Gas ferner seiner kondensierbaren Gasolindämpfe entweder durch Absorption in einem geeigneten Mittel oder durch Kompression und daraufolgende Kühlung beraubt wird, daß die nicht kondensierbaren Anteile der Gas-Dampfmischung entweder wieder in den Destillationsprozeß in kontinuierlichem Kreislauf eingeführt oder anderweitig nutzbar gemacht werden.

1 440 286 George F. Forwood, United Kingdom Oil Company
20. 12. 1917 Ltd., London.
26. 12. 1922

Behandlung von Kohlenwasserstoffen.

Anspruch:

3. Verfahren zur Hydrierung von Ölen, dadurch gekennzeichnet, daß man das Öl unter Druck zerstäubt und das zerstäubte Öl sofort mit Dampf mischt und dieses Gemisch durch auf unterhalb 600° C erhitzte Holzkohle

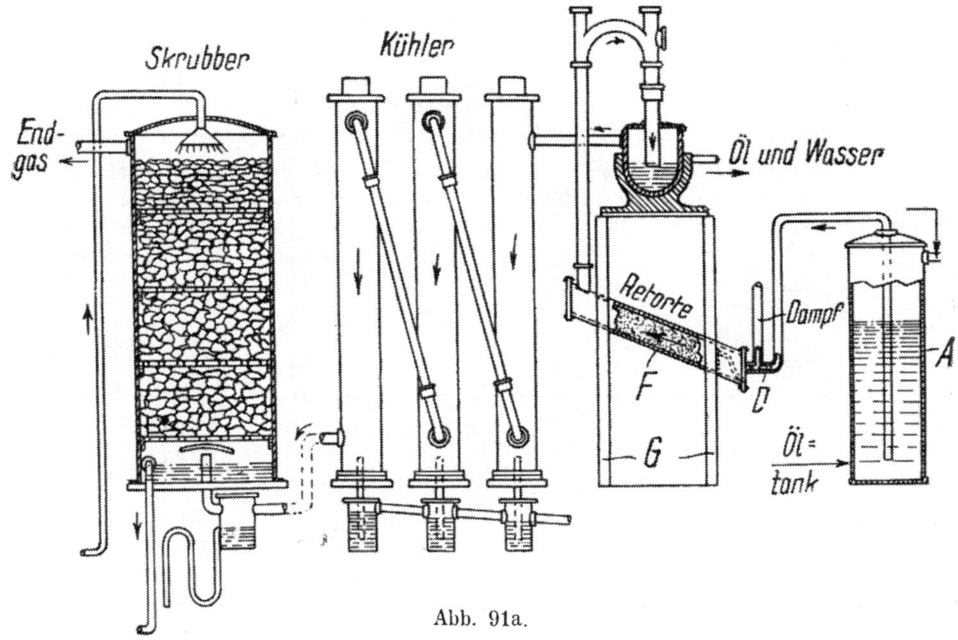

Abb. 91a.

leitet, wodurch der Dampf zersetzt wird — und daß man mit dem so erzeugten nascierenden Wasserstoff im Moment seiner Bildung eine Verbindung mit den ungesättigten Verbindungen im gekrackten Öl herbeiführt und sie in gesättigte umwandelt.

In dem Vorratstank (Abb. 91a) wird Teeröl, Schieferöl, Petroleum unter Druck gesetzt und durch die Düse D mit Dampf gemischt und zerstäubt und so in die mit Holzkohle gefüllte Retorte F im Ofen G gebracht, wo der im Anspruch beschriebene Prozeß vor sich geht. Die entwickelten Dämpfe gehen in der aus der Zeichnung ersichtlichen Weise durch die Kühler und den Skrubber weiter.

Die Temperatur zwischen 500 und 600° C ist am günstigten.

Der Skrubber wird mit schwerem Öl gespeist, um die letzten flüchtigen Anteile zu absorbieren.

1 523 942 G. F. Forwood, London; übertragen auf United Kingdom
11. 7. 1921 Oil Company Ltd., London.
20. 1. 1925

Behandlung und Gewinnung von Kohlenwasserstoffen.

Anspruch:

1. Verfahren zur Behandlung von Kohlenwasserstoff enthaltendem Schiefer, darin bestehend, daß man eine mit Schiefer gefüllte Retorte auf etwa 400° C im oberen Teile und auf 600° C im unteren Teile erhitzt, daß man Dampf durch die Retorte treibt, daß man das Öl aus dem oberen Teile der Retorte zusammen mit dem Dampf durch den teilweise erschöpften Schiefer abwärts treibt, um es zu kracken und dann durch den erschöpften Schiefer im unteren Teile der Retorte, um den Dampf durch den Kohlenstoff im erschöpften Schiefer zu zersetzen und dadurch Wasserstoff zu erzeugen, daß man den Wasserstoff verwendet um die ungesättigten Bestandteile im Schieferöl zu hydrieren und daß man die Produkte vom unteren Ende der Retorte abzieht. — —

Das Verfahren wirkt durch aus zersetztem Wasser stammenden Wasserstoff hydrierend. — Als Beispiel für die Wirkung wird die folgende Tabelle angeführt:

a) Schieferöl durch gewöhnliches Erhitzen des Schiefers in der Retorte auf 420—450° C hergestellt.

Siedebeginn bei	70° C
bis 150° C	3,50 %
„ 180° C	9,50 %
„ 190° C	19,00 %
„ 200° C	23,00 %
„ 220° C	27,50 %
„ 240° C	32,00 %
„ 260° C	39,00 %
„ 280° C	46,00 %
„ 300° C	54,00 %
„ 350° C	76,50 %
Rest, Pech.:	28,50 %.

b) Öl bei der Behandlung von Schiefer in der Retorte bei 420° C und darauffolgendes Kracken und Hydrieren bei 580—600° C hergestellt.

Siedebeginn bei	38° C
bis 100° C	18,00 %
„ 110° C	29,50 %
„ 120° C	39,50 %
„ 130° C	53,00 %
„ 140° C	71,00 %
„ 150° C	86,00 %
„ 160° C	91,00 %
„ 170° C	93,00 %
„ 180° C	95,00 %
„ 190° C	97,50 %
„ 200° C	99,00 %
Rest, Pech.:	1,00 %.

1 541 697 G. F. Forwood und J. G. Tapley; übertragen auf die
5. 7. 1921 „United Kingdom Oil Company, London.
9. 6. 1925

Behandlung von Kohlenwasserstoffen.

Anspruch:

1. Verfahren zur Behandlung von Kohlenwasserstoffölen vom Siedepunkt 140° und darüber zur Gewinnung eines Kraftöles, das als Motorbrennstoff geeignet ist, dadurch gekennzeichnet, daß man das Öl in eine Retorte zerstäubt, daß man es mit Wasserdampf, der in die Retorte in einer anderen Richtung eintritt, mischt, daß man die Mischung über eine leichte poröse Form von Kohle bei 500—950° C leitet, je nach dem Siedepunkt des Öles, dessen Dampf behandelt wird.

Es findet bei den hohen Temperaturen (550—950° C) Zersetzung des Wasserdampfes durch die Kohle statt, der entstehende Wasserstoff dient zur Hydrierung der ungesättigten Spaltungsstücke der Öle. Als Kohle kommt Holz, Torf oder andere pflanzliche oder tierische Kohle zur Anwendung.

Paraffinöl	von	140—320° C	siedend	wird	bei	550—600° C	hydriert
Petroleum	„	180—350° C	„	„	„	600—630° C	„
Solaröl	„	230—370° C	„	„	„	650—700° C	„
Kreosotöl	„	180—270° C	„	„	„	650—750° C	„
Anthracenöl	„	270—400° C	„	„	„	750—800° C	„
Heizöl, schweres Paraffinöl				„	„	850—950° C	„

Vgl. obiges Patent 1 440 286, bei welchem die Temperatur von 600° als günstigste gilt. — Daselbst auch eine Skizze. —

190 284 Brit. George Fr. Forwood und John G. Tapley, London.
7. 10. 1921
21. 12. 1922 **Spalten und Hydrieren von Kohlenwasserstoffen.**
(Entspricht U. S. A. - Pat. 1 440 286, 1 523 942, 1 541 697.)

197 069 Brit. The United Kingdom Oil Company Ltd. und G. Fr.
16. 2. 1921 Forwood und J. G. Tapley, London.
(Zusaz zu 128 255)
10. 5. 1923 **Herstellung von Kohlenwasserstoffen.**
(Siehe U. S. A.-Patente.)

Anspruch:

1. Abänderung in der Herstellung von Kohlenwasserstoffen, dadurch, daß man miteinander verbindet: Schieferdestillation und Spaltung und Hydrierung der entstehenden Schieferöldämpfe, wie in Patent 128 255 dargelegt, derart, daß man Wasserstoffgas anwendet, das bei der Kondensation gewonnen, und von Schwefelwasserstoff, in manchen Fällen auch von Kohlensäure, befreit wurde, und es mit Öldämpfen und Wasserdampf durch die Retorte treibt. —

Frühere Patente: 190 284, s. oben und 145 198. — S. das folg. frz. Patent.

547 424 Frz. The United Kingdom Oil Company, England.
18. 2. 1922

Verfahren zur Behandlung von Kohlenwasserstoffen.

Resumé: Die Erfindung betrifft ein Verfahren, um Dämpfe hochsiedender Kohlenwasserstoffe in niedrig siedende und in höherem Grade mit Wasserstoff gesättigte Kohlenwasserstoffe überzuführen, dadurch gekennzeichnet, daß man die hochsiedenden Kohlenwasserstoffe in Verbindung mit Wasserdampf in eine erhitzte Retorte einführt und sie durch oder über Koks streichen läßt (der von erschöpften Schiefern, Holz, Torf oder anderem pflanzlichen oder tierischem Material herrühren kann), der sich in der Retorte befindet und auf eine Temperatur erhitzt ist, die zwar die Kohlenwasserstoffe nicht verändert, aber den Wasserdampf derart zersetzt, daß das Öl gespalten und hydriert wird. Dieses Verfahren kann ferner durch die folgenden Punkte einzeln oder zusammen gekennzeichnet werden:

1. Das vom Wasserdampf herrührende Kondenswasser wird fortgesetzt wieder in Wasserdampf verwandelt und dieser in der Retorte wieder verwendet, derart, daß er sich an Ammoniak anreichert, so daß man schließlich das vorhandene Ammoniak dabei gewinnt.

2. Man läßt die mit Wasserdampf gemischten Kohlenwasserstoffe bei Temperaturen zwischen 450 und 1000° C über Koks streichen, der geeignet ist, den Wasserdampf bei diesen Temperaturen zu zersetzen, wobei die Temperaturen je nach dem Siedepunkt des Öles variieren.

3. Leichte und schwere Öle können wechselweise verwendet werden, derart, daß die Schweröle Koks niederschlagen, der dazu dient, den durch die Leichtöle absorbierten Kohlenstoff zu erneuern.

4. Vorteilhaft befreit man das zur Hydrierung verwendete Gas von Schwefelwasserstoff ebenso auch in bestimmten Fällen von seinem Gehalt an Kohlensäure.

Aus der Beschreibung ergibt sich des weiteren, daß das Öl gegebenenfalls auch vor Eintritt in die Retorte mit Hilfe einer Schlange unter Druck erhitzt wird. Als Beispiel sei angegeben:

Petroleumfraktion	von	140—320° C	wird	bei	550—600° C	behandelt
Kerosin	„	180—350° C	„	„	600—630° C	hydriert
Solaröl	„	230—370° C	„	„	650—700° C	„
Kreosotöl	„	180—270° C	„	„	650—750° C	„
Anthracenöl	„	270—400° C	„	„	750—800° C	„

Zeichnung der Apparatur ist nicht gegeben.

D. R. P. 434 420 The United Kingdom Oil Company Ltd., London.
23. 12. 1921
23. 9. 1926

Verfahren zur Behandlung von Mineralölen, Teerölen oder ihren Destillaten in Dampfform mit Wasserdampf und Kohle bei Glühtemperaturen.

Das Verfahren entspricht den durch Verwendung besonders poröser Kohle und Wasserdampf gekennzeichneten vorstehenden Patenten.

Hier nur noch das folgende Beispiel:

Kerosinöl vom spezif. Gew. 0,810—0,820 und Sdp. 180—350° wird in einer Retorte von 45 cm Länge und 7,5 cm Durchmesser, die mit Holzkohle gefüllt ist, behandelt. Die Holzkohle wird bei einer 600° C nicht übersteigenden Temperatur hergestellt. — Die Retorte wird auf 600—630° erhitzt und Wasserdampf mit einem Druck von 1,3 kg/cm² eingeführt, während das Öl mit einem Druck von 2,15 kg/cm² in zerstäubter Form eingepreßt wird. Für die Ausnutzung der in der Retorte enthaltenen Kohlenstoffmenge sind 140 ccm Öl erforderlich, die in 60—70 Minuten die Retorte passieren. Die Dämpfe werden in eine wassergekühlte Vorlage geleitet, das Kondensat gesammelt, die nicht kondensierten Gase durch einen Skrubber geführt. Sie können unter Umständen in die Retorte zurückgeleitet werden. Die durch Abdestillieren der Skrubberöle gewonnenen Leichtöle gelangen mit dem Kondensat in der Vorlage zur Redestillation. — Aus 100 Raumteilen Rohöl erhält man 48 Raumteile Leichtöl (Motorbenzin) und 40 Raumteile unzersetztes Öl, während 12 Teile in CO_2, CH_4, N_2 und NH_3 verwandelt sind. Schwefelwasserstoff wird durch Eisendioxyd oder Weldonschlamm, Kohlendioxyd durch Kalk in den Skrubbern gebunden. Das erhaltene Leichtöl siedet zwischen 28 und 180° und hat ein spezif. Gew. von 0,720—0,730.

D. R. P. 284 118 Gesellschaft für Verwertung von Kohlenstoffverbindungen m. b. H., Düsseldorf.

Verfahren zur Überführung von höher siedenden Kohlenwasserstoffen in niedriger siedende.

Verfahren zur Überführung von höher siedenden Kohlenwasserstoffen in niedriger siedende unter einem bestimmten, durch ein im Kreislauf geführtes, indifferentes Gas erzeugten Druck und gleichzeitiger Bewegung der Flüssigkeit, dadurch gekennzeichnet, daß die aus dem Destilliergefäß aufsteigenden Kohlenwasserstoffdämpfe zunächst durch ein Gefäß, dessen Temperatur regelbar und unabhängig von der Erwärmung des Destilliergefäßes ist, und dann erst zum Kühler geleitet werden.

Das Einsatzmaterial verdampft nach dem Anheizen aus einer mit Rührwerk versehenen Blase, die Dämpfe steigen durch besondere Leitung in eine Spaltkolonne, die durch Dampfrohrleitungen auf eine bestimmte Temperatur erhitzt werden kann, deren Höhe sich nach den Rohprodukten richtet. — Mittels besonderer Pumpe wird durch die gesamte Apparatur ein indifferentes Druckmittel, wie Stickstoff, Kohlensäure, Wasserstoff o. dgl., durchgetrieben und so gelangen die in der Spaltkolonne zersetzten Kohlenwasserstoffe in den Dephlegmator, wo sich unzersetzte, schwere Kohlenwasserstoffe abscheiden und durch eine Rohrleitung wieder in die Blase zurückfließen. Die zersetzten, niedriger siedenden Kohlenwasserstoffe, gelangen durch den Kühler zu einem Sammelgefäß, aus dem sie abgelassen werden.

Beispiel: 10 000 g Wietzer Rückstände vom spezif. Gew. 0,937 wurden bei einem Druck von 6 Atm. und 335° C im Zersetzungsgefäß unter Verwendung von Wasserstoff als Druckmittel behandelt. Der Versuch ergab 5375 g Öl vom spezif. Gew. 0,820 und einen Blasenrückstand in Form eines dickflüssigen Öles 3400 g, Pech 400 g — während der Rest als Gas oder durch Undichtigkeit entwich.

Bei Verwendung von S t i c k s t o f f ergaben 10 000 g wie oben: 5765 g Öl spez. Gew. 0,820 und 169 g spez. Gew. 0,890. Blasenrückstand 3250 g. Der Rest: Gase und Verlust. — Temperatur bis 360°, Druck 6 Atm.

Bei dem niedrigen Druck von 6 Atm. kommt die hydrierende Wirkung des Wasserstoffs noch nicht zur Geltung. —

1 533 839 R. E g e l a n d , Chicago.
17. 10. 1921
14. 4. 1925

Verfahren und Apparat zum Kracken von Kohlenwasserstoffen.

A n s p r u c h :

1. Verfahren zum Spalten von Kohlenwasserstoffen, dadurch gekennzeichnet, daß man zirkulierenden Kohlenwasserstoffen ein Gas zumischt, die Mischung erhitzt, die hierdurch entstehenden verdampften mit den unverdampften Kohlenwasserstoffen in einen Kessel führt und wiederum Gas und Kohlenwasserstoffe durch einen Ejektor den unverdampften Kohlenwasserstoffen zuführt und wiederum diese, das Gas und die neu zugeführten Kohlenwasserstoffe erhitzt.

Rohöl wird mittels Ejektors mit Gas, z. B. Methan oder Wasserstoff, gemischt und gelangt durch vertikale Krackrohre in eine Expansionskammer, aus welcher die verdampften Anteile in die Kondensation, die unverdampften zurück zum Ejektor gehen und mit Gas und frischem Öl wieder in den Kreislauf gelangen.

Durch den Ejektor wird eine energische Bewegung und Mischung der Agentien erzielt, durch die vertikalen Krackrohre die Absetzmöglichkeit für Koks verringert. Als Spalttemperatur kommen 600—1500° F (316—815° C) in Betracht und ein Druck von 60—150 Pfd.

1 575 663 F r a n k C. V a n d e w a t e r, F. B. S u n d e r m a n, P e t r o-
16. 1. 1923 l e u m L a b o r a t o r i e s o f N e w b u r g h , New York.
9. 3. 1926

Apparat zur Behandlung von Öl.

Die schwereren Krackdestillate, die vom Dephlegmator zurück in den Kessel — und zwar mittels perforierter Rohre — auf den Kesselboden gelangen, verdampfen dort wieder und kommen im Kesseldom als Dämpfe mit W a s s e r s t o f f zusammen, der durch Leiten von Wasser d a m p f durch glühende Eisenrohre, die durch die Kesselfeuerzone gehen, soeben entstanden ist. — Angaben über Betriebsresultate fehlen.

606 900 Frz. P. J. H. B a u r i e r , Frankreich.
25. 2. 1925
22. 6. 1926

Verfahren zur Gewinnung petroleumähnlicher Stoffe.

Man läßt Steinkohlen-, Braunkohlenteer oder Ölschiefer und ähnliche Produkte, die vergast oder auch pulverisiert werden können, bei 300—450° in Gegenwart von überschüssigem Wasserdampf und fein verteilter Metalle, und zwar solcher, die Wasserdampf unter Wasserstoffentwicklung zersetzen, reagieren.

Derartige Metalle sind z. B. Zink und Kadmium oder Nickel, Kobalt und Kupfer, besonders in pyrophorischem Zustande, in welchem man sie durch Reduktion der Oxyde oder Zersetzung ihrer Salze bei 300—450° mittels reduzierender Gase oder Dämpfe gewinnen kann. —

165 863 Brit. N. V. S. Knibbs.
24. 9. 1919
11. 7. 1921

Destillation und Spaltung von Mineralölen und anderen kohlenstoffhaltigem Material.

(U. S. A. - Pat. 1 459 156 v. 5. 10. 1920 u. 19. 6. 1923.)

Ansprüche:

1. Verfahren zur Destillation und Spaltung von Mineralölen und dgl., dadurch gekennzeichnet, daß man das zu behandelnde Material zweckmäßig in feiner Verteilung innerhalb einer Kammer herabführt, die keinen Koks oder andere Füllung enthält, die das Herabfallen des zu behandelnden Materials hindern könnte, — in unmittelbarer Berührung mit einem durch Verbrennung der weniger flüchtigen Bestandteile, die bei der Behandlung des Materials abfallen, erzeugten Gase. —

Nach 2. wird Luft in Mischung mit Wasserdampf durch eine Schicht feuerbeständigen Materials unten in die zylindrische Kammer eingeführt. —

Die Temperatur wird durch Veränderung des Luftzutritts derart geregelt, daß unten Temperaturen von 600—1200° C und im oberen Teil solche von 200—400° C bei gewöhnlichem Druck und von 350—650° C beim Kracken unter Druck von 50—500 Pfd. auf den Quadratzoll gehalten werden.

Zutritt von Dampf oder Wasser dient zur Gewinnung von Wasserstoff, der die Reaktion oder die Qualität der erzeugten Produkte beeinflussen soll.

210 131 Brit. Chemical Research Syndicate, Detroit.
17. 10. 1922
17. 1. 1924

Gewinnung von Kohlenwasserstoffen mit niedrigem Siedepunkt.

Ansprüche:

1. Verfahren zur Gewinnung niedrig siedender Kohlenwasserstoffe, die als Motortriebsstoffe verwendbar sind, dadurch gekennzeichnet, daß man Benzol und ähnliche aromatische Kohlenwasserstoffe in Dampfform, gemischt mit Wasserdampf, der Wirkung von Ferrooxyd oder einer ähnlichen Substanz unterwirft, die Wasserdampf bei hoher nicht wesentlich unter 550° C liegender Temperatur zersetzt, und daß man das Verhältnis von Wasserdampf zu Kohlenwasserstoff derart reguliert, daß das Oxyd im wesentlichen im Oxydulzustand erhalten bleibt.

Nach 2. kann ein nicht aromatischer Kohlenwasserstoff in der Mischung nach 1. zugegen sein.

Dämpfe von aromatischen und nichtaromatischen Kohlenwasserstoffen werden zugleich mit Wasserdampf über Eisenoxydul bei 550—700° C geleitet. Als solche Dämpfe kommen die, die bei der Verwendung der Öldestillate aus Koksofenteeren entstehen, zur Anwendung. Bezugnahme auf 174 574.

D. R. P. 398487 Chemical Research Syndicate Ltd. in Detroit,
23 b. 5 Michigan.
ab 30. 11. 1921
ausgeg. 9. 7. 1924

Verfahren zum Spalten von schweren Kohlenwasserstoffen.

Anspruch:

Verfahren zur Umwandlung von schweren Mineralölen, besonders Rohöl mit hohem Asphaltgehalt, in im wesentlichen gesättigte, als Brennstoff für Verbrennungsmaschinen geeignete, niedriger siedende Kohlenwasserstoffe, durch Überleiten von Dämpfen der Schweröle über Eisensauerstoffverbindungen, dadurch gekennzeichnet, daß die Öldämpfe in Mischung mit Wasserdampf, der Einwirkung einer im wesentlichen im Oxydulzustand befindlichen Eisensauerstoffverbindung bei einer nicht wesentlich unter 550° liegenden Temperatur unterworfen werden, und daß das Mischungsverhältnis zwischen Kohlenwasserstoff und Wasserdampf so geregelt wird, daß der Oxydulzustand der Eisenverbindung dauernd erhalten bleibt.

Beispielsweise erhitzt man, um aus Kerosin ein Leichtöl zu gewinnen, ein mit Eisenoxydul gefülltes Rohr auf 500° C am Einlaß, derart, daß die Temperatur bis zum Auslaß auf 620° steigt und leitet die Kerosindämpfe durch das Rohr. Um sehr leicht siedende Produkte in sehr großer Ausbeute zu erzielen, sollen die betr. Temperaturen auf 600 bzw. 700° gesteigert werden. — Außerdem wird Wasserdampf durchgeleitet und zwar muß das Mischungsverhältnis sorgfältig geregelt werden — z. B. 15 Teile Dampf zu 100 Teilen Öl. —

Die mittlere Ausbeute an Treiböl beträgt etwa 80 %.

Auf 100 Liter behandelten Kohlenwasserstoff wurden bei 620° C 20 cbm fixen Gases gebildet, welches ca. 50—70 % H_2, 20 % C_2H_4 und 10 % CO enthielt.

1403194 Alexander S. Ramage; übertragen an Chemical
28. 1. 1921 Research Syndicate Ltd. Detroit, Michigan.
10. 1. 1922

Verfahren zur Herstellung niedrigsiedender gesättigter Kohlenwasserstoffe aus schweren Kohlenwasserstoffölen.

Ansprüche:

1. Verfahren zur Herstellung niedriger siedender Kohlenwasserstoffe aus höher siedenden, dadurch gekennzeichnet, daß man die letzteren in Dampfform und mit Wasserdampf gemischt der Wirkung einer Eisenverbindung, die sich im wesentlichen im Oxydzustande befinden soll, bei hoher Temperatur, nicht erheblich unter 550° C, unterwirft.

Nach 2. wird das Verhältnis von Dampf zu Kohlenwasserstoff so geregelt, daß die Sauerstoffverbindung möglichst im Oxydulzustande gehalten wird.

Äthylen etc. gibt mit Fe_2O_3 bei 500—550° C FeO, Wasser und Kohle;

Kohle reduziert Fe_2O_3 bei 550—600° C zu FeO und CO;

Kohlenmonoxyd reduziert Fe_2O_3 zu FeO unter Bildung von CO_2;

Wasserdampf reagiert mit FeO bei ca. 600° C unter Bildung von Fe_2O_3 und „nascierenden“ Wasserstoff.

Nascierender Wasserstoff hydriert ungesättigte Kohlenwasserstoffe.

Dies ist der chemische Gedankengang der Patentschrift. (S. a. 1 409 404 desselben Erfinders.)

1 409 404 Alexander S. Ramage, Detroit; übertragen auf Chemical
27. 10. 1921 Research Syndicate Ltd. Detroit, Michigan.
14. 3. 1922

Motorbrennstoff.

Ansprüche:

1. Eine neue Mischung von flüssigen Kohlenwasserstoffen, geeignet zum Gebrauch als Motorbrennstoff, dadurch gekennzeichnet, daß sie hauptsächlich aus Polymethylenen von höherem Siedepunkt als Cyklohexan besteht, Siedegrenzen zwischen 40 und 180° C, ein spezif. Gewicht von 0,780—0,800 und einen Refraktionsindex von ca. 1,44 hat und bei der Fraktionierung Fraktionen gibt, welche das spez. Gewicht, Refraktionsindices und Destillationsmerkmale zeigen, die auf beistehenden Karten veranschaulicht sind.

Nach 2. ist das Verfahren zur Gewinnung dieser Mischung dadurch gekennzeichnet, daß man schwere Kohlenwasserstoffe in Dampfform und mit Wasserdampf gemischt der Wirkung einer Eisenverbindung aussetzt, die im wesentlichen im Zustande von Ferrooxyd gehalten wird, bei einer Temperatur nicht erheblich unter 550° C.

Das in Anspruch 2 mitgeteilte Verfahren hat der Erfinder bereits weitgehend durch das Patent 1 403 194 geschützt.

Die durch das Verfahren hergestellten Gasoline aus kalifornischen und Midcontinent-Rohölen zeichnen sich durch niedrige Siedepunkte bei verhältnismäßig hohem spez. Gewicht aus (s. Diagramm Abb. 92, Anhang).

Aus den Refraktometerzahlen (s. Abb. 93, Anhang) soll hervorgehen, daß die entstandenen Kohlenwasserstoffe hauptsächlich aus Polymethylenen bestehen.

523 147 Frz. The Canadian American Finance and Trading Company.

Verfahren zur Sättigung ungesättigter Verbindungen.

Resumé: Die Erfindung betrifft ein Verfahren zur Sättigung von Kohlenwasserstoffen, darin bestehend, daß man die flüchtigen Bestandteile eines Kohlenwasserstoffproduktes verdampft, daß man Wasserstoff mit den dampfförmigen Hydrocarbüren unter Druck verbindet und das Produkt kondensiert. ein Verfahren, daß ferner gekennzeichnet wird,

1. dadurch, daß man Wasserstoff aus einer wasserstoffhaltigen Verbindung abspaltet und daß man diesen mit den dampfförmigen Hydrocarbüren mischt, komprimiert und kondensiert,

2. dadurch, daß man dem bei der Verdampfung flüchtiger Verbindungen erhaltenen ungesättigten Produkt zur Sättigung eine Substanz zufügt, die sich mit ihm unter Druck verbinden kann, worauf man die Mischung komprimiert und kondensiert.

Nach einer hier wiedergegebenen schematischen Skizze, Abb. 94, die zum Teil auch der zu Pat. 523 146 entspricht, werden in einem Destillierapparat 1 Kohlenwasserstoffdämpfe erzeugt und durch das Rohr 2 abgeführt. — Ein Wasserstoffspaltungsapparat 3, der Wasserstoff auf katalytischem oder anderem Wege aus geeigneten Substanzen abscheidet — z. B. aus Naturgas oder Destillationsgasen. — Aus ihm tritt der Wasserstoff durch entsprechende Ventile in den Apparat 1 oder das Rohr 2. Mittels des Kompressors 8 werden sie gemischt und komprimiert und durch 9 in den Kondensator übergeführt, von wo die kondensierten Flüssigkeiten in das Reservoir 12 gelangen, während die Gase durch 13 und 14 wieder in den Wasserstofferzeuger zurückgeführt werden. —

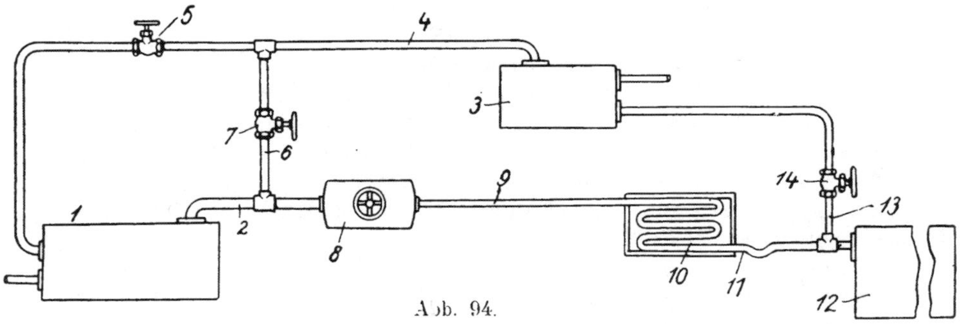

Abb. 94.

1 510 948 Robert I. Black, Kansas City, Kansas.
30. 4. 1921
7. 10. 1924

Verfahren zur Druckdestillation.

Anspruch:

Verfahren zur Herstellung von Gasolin und dgl., dadurch gekennzeichnet, daß man eine gewisse Menge schwerer Kohlenwasserstoffe auf Kracktemperatur unter Druck in einem von außen beheizten Mantelkessel erhitzt und kontinuierlich hochkomprimierte Kesselgase, die besonders reich an verwertbarem Wasserstoff sind, gegen die am höchsten erhitzten Teile der Kesselwandung, die mit der Flüssigkeit in Berührung steht, einströmen läßt, d. h. in die Region heftigster Zersetzung, ebenso auch in den ganzen erhitzten Umkreis davon.

Es wird also hier durch Anlagerung von Wasserstoff an die in Zersetzung begriffenen höheren Kohlenwasserstoffverbindungen die Gewinnung gesättigter Spaltstücke erstrebt.

D. R. P. 372 663 Dr. Heliodor Rostin, Vallo, Norwegen.
ab 13. 8. 1916
ausgeg. 31. 3. 1923

Verfahren zur Überführung ungesättigter in gesättigte Kohlenwasserstoffe.

Ansprüche:

1. Verfahren zur Überführung ungesättigter in gesättigte Kohlenwasserstoffe, dadurch gekennzeichnet, daß ungesättigte Kohlenwasserstoffe bei höheren Temperaturen, evtl. in Dampfform, mit Schwefelwasserstoff oder schwefelwasserstoffhaltigen Gasen, wie sie z. B. durch Erhitzen von Ölen oder ihren Zersetzungsgasen mit Sulfiden erhalten werden, bei Gegenwart von Stoffen, die aus dem Schwefelwasserstoff Wasserstoff frei machen, z. B. Kupfer, behandelt werden.

2. Ausführungsform des Verfahrens nach 1., dadurch gekennzeichnet, daß über erhitztes Kupfer abwechselnd schwefelwasserstoffhaltige Dämpfe schwerer Öle und wasserstoffreiche Gase geleitet werden.

Das Verfahren stellt also eine Hydrierung mittels Schwefelwasserstoff dar, bei welchem abwechselnd einmal das Kupfer als Schwefelabspalter zur Gewinnung des Wasserstoffs dient und sodann beim Überleiten wasserstoffreicher Gase an diese den Schwefel wieder abgibt.

Z.B. werden Dämpfe schwerer Kohlenwasserstoffe gemischt mit H_2S durch ein Rohr geleitet, das mit Kupfer oder einem anderen geeigneten Stoff gefüllt und auf 500° erhitzt ist. Die Dämpfe der schweren Kohlenwasserstoffe unterliegen bei Berührung mit dem hocherhitzten Kupfer der Spaltung; der Schwefelwasserstoff gibt Schwefel an das Kupfer ab und der freiwerdende Wasserstoff tritt an die ungesättigten Kohlenwasserstoffe.

Hierbei wird etwa ⅓ des schweren Öles in leichte Kohlenwasserstoffe umgewandelt. Man verbraucht auf etwa 1 Liter Kohlenwasserstoff der Olefinreihe etwa 130 Liter H_2S, um sie in Kohlenwasserstoffe der Paraffinreihe umzuwandeln.

Die Gewinnung des Schwefelwasserstoffes erfolgt z. B., indem man die bei der Spaltung schwerer Kohlenwasserstoffe sich ergebenden wasserstoffreichen Gase über Schwefelkupfer leitet oder Öle in Gegenwart von Sulfiden spaltet. (Entspricht dem U. S. A. P. 1 451 052.)

D. R. P. 405 974 Markus Brutzkus, Zürich.
ab 5. 8. 1919
ausgeg. 9. 2. 1925

Verfahren zur Spaltung von Kohlenwasserstoffen.

Ansprüche:

1. Verfahren zur Spaltung von Kohlenwasserstoffen, z. B. von Erdölen und Steinkohlenteeren, dadurch gekennzeichnet, daß die Spaltung im Innern von Kolbenmaschinen vorgenommen wird.

2. Verfahren nach 1., dadurch gekennzeichnet, daß exothermische Spaltungen bei kühlenden, endothermische Spaltungen dagegen bei heizenden Einwirkungen vorgenommen werden.

3. Verfahren nach 1. und 2., dadurch gekennzeichnet, daß der Vorgang in komprimiertem Wasserdampf vorgenommen wird.

4. Verfahren nach 1. und 2., dadurch gekennzeichnet, daß zwecks Erhaltung hydrierter Spaltungsprodukte der Vorgang in Wasserstoff oder in Gasen vorgenommen wird, die Wasserstoff enthalten.

5. Verfahren nach 1. und 2., dadurch gekennzeichnet, daß der Vorgang in solchen Kolbenmaschinen vorgenommen wird, bei denen die Einführung des Kohlenwasserstoffes in der den Dieselmotoren eigenen Weise geschieht.

590 208 Frz. M. Brutzkus, Paris.
12. 11. 1924
12. 6. 1925

Verfahren zur Gewinnung von Wassergas aus flüssigen Kohlenwasserstoffen.

Im Innern von Kolbenmaschinen, ähnlich den Dieselmotoren, vollzieht sich eine Verbrennung von leichten Kohlenwasserstoffen aus Naphtha,

Braun- oder Steinkohle. Man erhält auf diese Weise ein an Wasserstoff sehr reiches Wassergas.

592 255 Frz. Markus Brutzkus, Paris (rue St. Didier 25).
23. 12. 1924
30. 7. 1925

Synthese leichter Öle für Automobilmotoren bei der man vom Wassergas oder ähnlichen Gasen ausgeht.

Resumé: Die Erfindung ist besonders durch folgendes gekennzeichnet:

1. Verfahren zur Synthese leichter Automobilmotorkraftöle, ausgehend vom Wassergas oder dgl., dadurch gekennzeichnet, daß während der Reaktion Temperatur, Druck und Konzentration der Gase oder nur 2 dieser Faktoren für das chemische Gleichgewicht von außen verändert werden, in einem den durch die gewünschte Reaktion hervorgerufenen Veränderungen entgegengesetzten Sinne.

2. Für die von außen bewirkte Veränderung der Faktoren des chemischen Gleichgewichts die Anwendung eines Kompressors, insbesondere eines Kompressors, in Form des Dieselmotors.

3. Die Ausführung der Synthese:

a) In einer Temperaturzone, in der das ohne Anwendung eines Katalysators geschehen kann,

b) im Innern eines Kompressors unter Benutzung eines Katalysators, der in der Kompressionskammer angeordnet ist,

c) im Innern eines Kompressors mittels Umwandlung der kinetischen Energie der Gase und Dämpfe, die mit mechanischer Energie gewonnen werden. — (Weiteres ist bei dem folg. Patent 594 336 v. M. Br. einzusehen.)

594 336 Frz. M. Brutzkus, Paris. (Entspr. 217 747 brit.)
23. 12. 1924
10. 9. 1925

Verfahren zur Gewinnung leichter Öle aus flüssigen oder festen organischen Körpern.

Aus dem Resumé: Die Erfindung erstreckt sich unter anderem auf die Ausführung der Spaltung und Hydrierung in einem einzigen Kolbengang oder in 2 verschiedenen Gängen oder in 2 verschiedenen Zylindern.

Die Einführung des behandelten Stoffes in den Zylinder geschieht auf dieselbe Weise, wie man den Brennstoff in den Dieselmotor einführt.

Die Einführung von festen organischen Körpern in den Zylinder geschieht in Lösung in einem Kohlenwasserstoff oder in Suspension.

Die Unterdrückung der Polymerisation der während des Krackens gebildeten Bruchstücke von Molekülen durch Ausführung des Prozesses bei kontinuierlich sinkendem Drucke.

Die Synthese organischer Körper geschieht mittels des in der Abb. 95 (Anhang) dargestellten Apparates, wie folgt:

Erstes Tempo: Der Kolben 7 wird ausgestoßen und das im Reservoir 6 befindliche Wassergas füllt den Zylinder 1 des Kompressors. Das Gas hat z. B. eine Temperatur von 62° C und einen Druck von 4 Atm.

Zweites Tempo: Der Kolben geht nach innen und komprimiert die während dreier Viertel seines Rücklaufs eingeschlossenen Gase. In diesem Augenblick öffnet sich das Ventil 4 und ein Strahl abgekühlten Gases tritt unter einem Druck von 100 Atmosphären in den Zylinder, der das eingeschlossene Gas abkühlt, während der Gasstrahl gleichzeitig die Konzentration des Wassergases im Zylinder erhöht.

Wenn der Kolben sich dem toten Punkt nähert, öffnet sich das Ventil 3 und die Mischung von Gasen und Dämpfen entweicht in das Reservoir 8, wo die Mischung mit Wasser oder anderer Flüssigkeit weiter gekühlt wird. Die verflüssigen Dämpfe verlassen den Apparat durch Rohr 9, während die Gase zu neuer Behandlung durch 11 zurück nach 6 gehen.

Beispiel: Spalten und Hydrieren der schweren Destillate aus pennsylvanischem Rohöl, (über 200° C siedend), das bekanntlich aus Paraffinen $C_n H_{2n+2}$ besteht. — Zersetzungsreaktionen sind meist endothermischer Natur, Hydrierungsreaktionen meist exothermisch. Führt man beide gleichzeitig aus, so kann die resultierende Reaktion exothermisch oder endothermisch sein.

Eine exothermische Reaktion, unter Vermehrung der Anzahl der vorhandenen Moleküle, verläuft in einem Viertaktmotor folgendermaßen: Erste Phase: Der Kolben hebt sich und der Zylinder füllt sich mit hydrierendem Gas aus dem Reservoir 6 unter dem Anfangsdruck und der Anfangstemperatur und gelangt durch die Kompression auf den gewünschten Enddruck und die Endtemperatur. — Zweite Phase: Der Kolben geht zurück und komprimiert das Gas bis zu den notwendigen Druck- und Temperaturbedingungen. — Dritte Phase: Wenn der Kolben sich zu heben beginnt, öffnet sich Ventil 4 und die behandelte Flüssigkeit wird durch den äußeren Gasdruck, der höher als der im Zylinder ist, eingepreßt. Die Flüssigkeit tritt unter diesen Bedingungen als ein Nebel fein verteilter Tröpfchen in den Zylinder. Infolge der Berührung mit dem heißen Gase und infolge der Verringerung von Druck und Temperatur zersetzen sich jetzt die schweren Kohlenwasserstoffe und die ungesättigten Trümmer sättigen sich mit dem im Zylinder vorhandenen komprimierten Wasserstoff und das um so mehr als die Konzentration durch den Eintritt des Gasstrahles wächst. — Vierte Phase: Der Kolben senkt sich wieder und die gebildeten Produkte entweichen in das Reservoir 8.

Der praktische Verlauf ist nun der, daß sich eine Kohlenwasserstoffmischung mit einem erheblichen Gehalt an unter 200° siedenden Bestandteilen bildet, die für Automobilmotoren verwendungsfähig sein soll. — Führt man die gleiche Reaktion unter starker Erhitzung des Gases aus, so erhält man Azetylen.

(Auch Zucker kann in Form von Syrup in diesem Apparat zu einem leichten Öl reduziert werden.)

217 747 Brit. Markus Brutzkus, Viroflay; Frankreich.
30. 5. 1923
26. 6. 1924 **Verfahren zur Ausführung chemischer Reaktionen im Innern eines Kompressors.**

Ansprüche:

1. Verfahren zur Ausführung chemischer Reaktion im Innern eines Kompressors, dadurch gekennzeichnet, daß Druck, Temperatur und Konzentration

oder nur Druck und Temperatur kontinuierlich von außen im entgegengesetzten Sinne zu denjenigen Veränderungen dieser Faktoren, die durch die gewünschte Reaktion entstehen, verändert werden.

2. Verfahren zur Ausführung chemischer Reaktionen im Innern eines Kompressors unter Anwendung eines Katalysators.

3. u. 4. bezieht sich auf Gewinnung von Ammoniak.

5. Verfahren zur Hydrierung von Naphthalin oder von Pflanzenölen zu Fettsäuren oder Hydrierung von anderen Kohlenwasserstoffen ohne Katalysator im Innern eines Kompressors, dadurch gekennzeichnet, daß die Reaktion sich während der Kompressionsstufe in einem Kompressor vollzieht, unter Kühlung und Erhöhung der Konzentration durch Einleitung eines Wasserstoffstromes.

6. Verfahren nach 5 unter Anwendung eines Katalysators.

7. Bezieht sich auf Oxydationsverfahren.

Die Hydrierung von Naphthalin: Der Kompressor saugt Wasserstoff aus dem Behälter 6 (s. Abb. 95) und komprimiert ihn während ⅔ des Kolbenhubs auf eine Temperatur von ca. 400° C und einen Druck von 15 Atm., wobei entsprechende Anfangstemperaturen und Druck im Behälter 6 herrschen müssen. Nach ⅔ des Hubes wird geschmolzenes Naphthalin fein verteilt mittels Wasserstoff in den Kolben injiciert. Dadurch wird der Druck weiter erhöht und es bilden sich Tetrahydro- und Dekahydronaphthalin, die durch Ventil 3 in den Behälter 8 gepreßt, dort gekühlt und entspannt werden. Der überschüssige Wasserstoff wandert durch 11 nach 6 zurück. — Statt Wasserstoff kann Wassergas verwendet werden. — Die Anwendung eines Katalysators ermöglicht die Temperatur auf 200° C herabzusetzen.

231 625 Brit. William E. Shore, New York
13. 2. 1924
9. 4. 1925

Aufbauende Umwandlung von schweren in leichte Kohlenwasserstoffe.

Ansprüche:

1. Verfahren zur Umwandlung schwerer in leichte Kohlenwasserstoffe, dadurch gekennzeichnet, daß man die schweren Kohlenwasserstoffe spaltet, indem man sie in Gegenwart geeigneter wasserstoffhaltiger Gase durch einen mechanischen Zerstäuber schickt, dann die Temperatur der nebelartig zerstäubten Mischung durch weitere Zuführung mechanischer Energie steigert und schließlich die Dämpfe kühlt und niederschlägt.

7. Apparat zur Umwandlung schwerer in leichte Kohlenwasserstoffe, gekennzeichnet durch den Ölvorwärmer, einen mechanischen Apparat zur Nebelerzeugung, der mit einem Heizmantel umgeben ist, Vorrichtungen, Gase mit dem Öl zu mischen und zum Nebelapparat zu befördern, durch einen Kompressor, und Leitungen des „vernebelten" Öles zum Kompressor, Heizvorrichtungen für diese Leitungen, durch Expansion der komprimierten Dämpfe und darauffolgende stufenweise Kondensation derselben.

Der Kompressor 2 (Abb. 96, Anhang) wird durch eine Maschine mit innerer Verbrennung betrieben, deren Abgase in den Heizapparat 15 gehen. — Schweres Öl gelangt durch die Pumpe 5 in den Zylindermantel 6 und durch den Mantel 7 des

Kompressors 2 in das Reservoir 9, aus welchem die Dämpfe durch das Rohr 11 in das Einlaßrohr 30 des Kompressors gehen. — Die heiße Masse aus Reservoir 9 geht durch den Heizapparat 15 in das Rohr 17, wo sie mit wasserstoffhaltigen Gasen aus den Rohren 38/39 gemischt wird und aus dem sie in den rotierenden Nebelapparat 3, der von der Maschine 1 angetrieben wird, gelangt. Der Apparat ist umgeben von einem Mantel 18, durch welchen zur Erzielung einer gleichmäßigen Temperatur Quecksilberdampf, der im Behälter 20 erzeugt wird, streicht. Die vernebelte Mischung von 250° F (121° C) wird in der Schlange 23 im Heizapparat 15 und durch Schlangen 25 in den Trommeln 26, 27, 29 weiter erhitzt, nachdem sie im Kompressor 2 komprimiert wurde. (Die Pfeile zeigen die Stromrichtung an.)

Die auf 400° F (204° C) erhitzte Mischung geht durch das Rohr 30 in den Kompressor und verläßt diesen mit 800—1200° F (427—650° C) durch das Rohr 31 und durch die Trommeln 29, 27, 26 um in den Kühlern 32—34 nach und nach kondensiert und getrennt zu werden. Diese Kühler enthalten Flüssigkeiten von der Schwere, die gerade aufgefangen werden soll. — Die Dämpfe treten durch die Expansionsventile 32' und Rohre 33' in die Flüssigkeiten. Nicht kondensierte Gase oder Dämpfe aus der Trommel 26 können durch 38 oder 39 in den Nebelapparat gelangen.

Die recht komplizierte Anlage, die zudem noch Quecksilberdämpfe benötigt, dürfte kaum praktische Resultate geben. Auch in der Beschreibung hat man von der Mitteilung von Ausführungsbeispielen Abstand genommen.

(Abschnitt 4.) B. Hydrierende Spaltung mit Katalysatoren.

Mc. Comb (1 337 144, e. 160 907) krackt unter Hydrierung durch zersetzten Wasserdampf in Gegenwart von Nickel, Molybdän, Platin oder von Legierungen. Auch C. Ellis zersetzt Wasserdampf und Öldampf gemischt über Kupfer- und Nickelkatalysatoren unter vorangehender Entschwefelung mit Kupferoxyd und anschließender „Gaskrackung" (1 396 999). Ebenso krackt Lamplough (D. R. P. 326 282) mit Wasserdampf über Nickelstäben. G. W. Wallace (e. 233 395) zersetzt Wasserdampf mit Koks und krackt Erdöl- und Teerprodukte in Gegenwart von Nickel. Auch Reilly arbeitet so mit Eisen, Kupfer oder Aluminiumspänen (1 494 375). Desgl. Lamperière f. 541 701. Eben dahin gehört auch das Verfahren von Linnmann (f. 565 632, e. 214 940) und ein älteres österr. Patent (76 302) von Porges, Stransky und Strache.

Die folgenden Verfahren sind durch Einleiten von Wasserstoff oder wasserstoffhaltigen Gasgemischen gekennzeichnet.

Engelke (e. 166 989), benutzt als Füllmaterial von katalytischer Wirkung Holzkohle, Koks, Eisen, Kupfer, Nickel usw. Auch de Dampierre (f. 590 616) benutzt Ni-Katalysatoren. Lewis (e. 213295) mischt Kohlenwasserstofföle mit feingemahlener Kohle oder mit Alkalien, Metallchloriden u. a. m.

H. Goldschmidt und Neuß (D. R. P. 401 355) gewinnen benzinartige Flüssigkeiten aus relativ wertlosen Produkten mit Wasserstoff und Nickel bei 200—300° bei relativ niedrigem Druck. Ähnlich verfährt Wöhler (D. R. P. 362 470).

Hierher gehören die wichtigen und technisch bereits ausgeführten Patente von M. Melamid. Teeröle (e. 171 567) und Mineralöle (e. 171 390) werden mit Zinn oder einem anderen bei der Reaktionstemperatur flüssigen Metall bzw. mit einer Legierung, z. B. v. Wismut (180 625), in Gegenwart von Wasserstoff auf Rotgluttemperatur erhitzt. Man zerstäubt z. B. Öl auf verzinnte Eisenplättchen. (174 321). Nach e. 193 922 wird ohne Druck bei 600° C, und bei 900° C ohne Wasserstoff und ohne Druck in Gegenwart von flüssigem Metall gekrackt. Das brit. Pat. 221 559 erweitert den Kreis der Rohstoffe auf Braunkohlenteer usw.; eine weitere Modifikation bildet e. 231 190. — Auch Th. M. Davidson (220 732) krackt in Gegenwart von geschmolzenem Zinn, eine Operation, die auch in Gegenwart von Wasserstoff vor sich gehen „kann". — Forwood und Tapley (United Kingdom Oil Co.) verwenden eine Reihe von Katalysatoren, Metallen und Alkalien, sowie wasserstoffhaltige oder -erzeugende Gase (e. 239 556, f. 594 604). Fohlen (f. 566 254) gewinnt gesättigte Kohlenwasserstoffe aus Braunkohle, Holz, Teerprodukten, mit H_2-haltigen Gasen in Gegenwart von Metallen und Legierungen, die gleichzeitig schädlichen H_2S absorbieren und dadurch wieder H_2 freimachen. — Die V. L. Oil Prozesses Ltd., (Lucas und Lomax) benutzen Ammoniak und Wasserstoff in Gegenwart von Katalysatoren (e. 219 403, 219 404, 244 875, frz. 604 361). S. J. Auld (e. 208 569) benutzt die adsorptiven Eigenschaften von aktiver Kohle, Silicagel etc. über die er Öldämpfe in Gegenwart von Wasserstoff leitet. — Die „Benzonaphthène", eine italienische Gesellschaft, krackt ohne Zufuhr von Wasserstoff mit Katalysatoren. (Siehe Abschnitt 5 A.)

Die Tetralinverfahren, die auch hierher gehören, werden im Abschnitt 8 C im Zusammenhang behandelt. —

Patente zum Abschnitt 4 B. Hydrierung mit Katalysatoren.

160 907 W. M. Mc. Comb, New York.
24. 12. 1919
24. 3. 1921 **Verfahren zur Umwandlung flüssiger Kohlenwasserstoffe in niedrig siedende.**

Anspruch:

1. Verfahren zur Umwandlung flüssiger Kohlenwasserstoffe in solche von niedrigerem Siedepunkt, dadurch gekennzeichnet, daß man die höher siedenden

Kohlenwasserstoffe auf eine bestimmte Temperatur erhitzt, sie mit Wasserdampf mischt und das resultierende Gemisch in das obere Ende einer geschlossenen, konisch nach unten verengten, Heizschlange bringt, deren Neigung nach unten wächst, je mehr sie sich der Heizquelle nähert, daß man die gespaltene Masse kondensiert und fraktioniert destilliert.

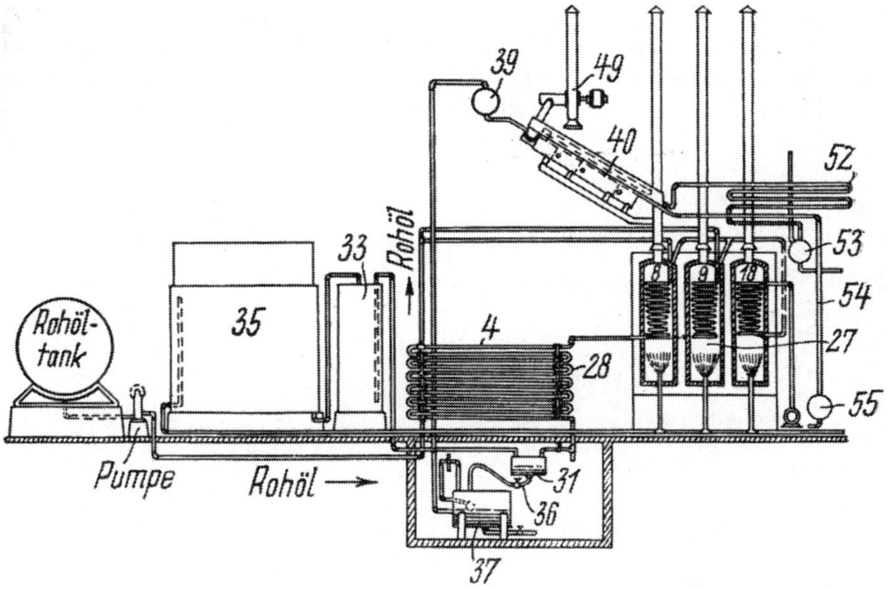

Abb. 97.

Die durch die Schlangen 8 und 9 abwärts strömenden und erhitzten Ölmassen, die mit Wasserdampf aus der Schlange 18 gemischt sind und sich, infolge besonderer Vorrichtungen, in einer wirbelnden Vorwärtsbewegung befinden, gehen am unteren Ende der Schlangen über fein verteiltes Nickel, Molybdän oder eine Legierung (27). Die Produkte gehen durch den Wärmeaustauscher 4, der dabei als Vorwärmer für das Rohöl funktioniert, die unkondensierten Produkte gehen durch den Skrubber 33 in einen Gasbehälter 35. Die Kondensate gelangen mittels einer Pumpe durch 31, 36, 37, nach 39 und von da in einen fraktionierenden Destillierapparat 40, in welchem die Kondensate in dünnen Lagen über eine Anzahl Querrippen nach unten fließen. Dieser Apparat wird durch Abwärme aus den Öfen, welche die Schlange 8 und 9 umgeben, in besonderer Weise erwärmt, so daß in ihm eine Fraktionierung der Kondensate z. B. bei 90, 120, 140 und 160° C stattfinden kann.

Die Operation findet für Kohlenwasserstoffe von 0.795 spezif. Gew. zweckmäßig bei 65 Pfund/Quadratzoll Druck statt und steigert sich entsprechend auf 90 Pfund für 0,88 spezif. Gew. —

Das bei der ersten Operation nicht umgewandelte Material kann wiederholt gekrackt werden.

1 396 999 Carleton Ellis, Montclair, New Jersey.
4. 10. 1913
15. 11. 1921 **Herstellung von Gasolin-Ersatz.**

Anspruch:

8. Verfahren zur Gewinnung gasolinartigen Materials aus schwererem Öl, dadurch gekennzeichnet, daß man es auf die Zersetzungstemperatur seiner Hauptbestandteile erhitzt, daß man die resultierenden Zersetzungsprodukte weiter behandelt, indem man wesentlichen Wärmeverlust vermeidet, so daß sie aufeinander einwirken und daß man das erhaltene gasolinartige Material hydriert.

Die nachfolgenden Aufstellungen zeigen den Gang des Verfahrens:

1.

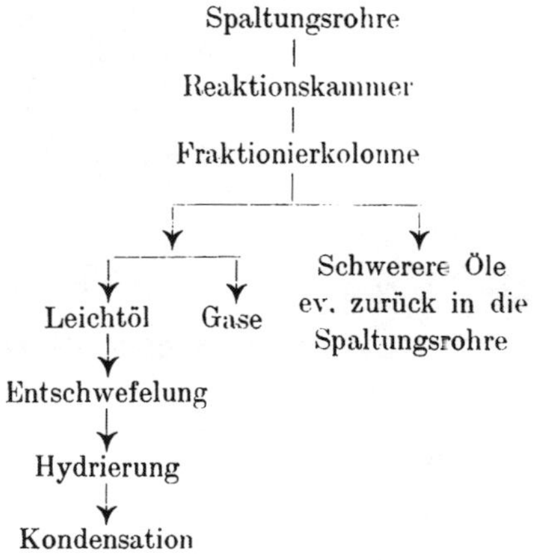

2.

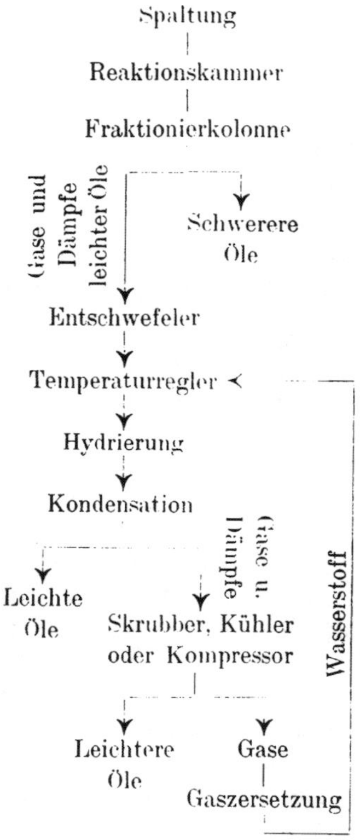

Die Spaltungsrohre werden auf 400—600° C erhitzt und Wasserdampf im Verhältnis von 20—50 % vom Öldampf durchgeschickt. Die Rohre werden mit Kupfer und Nickelkatalysatoren in geeigneter Form gefüllt. Je nach der Natur des Öles werden bei einmaligem Durchgang 20—40 % vom Ausgangsmaterial als Gasolinersatz erhalten.

Die Entschwefelung geschieht in einem Rohr mit Kupferfeile oder Kupferoxyd vor der Hydrierung, weil sonst die Katalysatoren durch den Schwefelgehalt schnell unbrauchbar werden. — Die Hydrierung wird wiederum mittels Wasserstoff und Nickelkatalysatoren bewirkt.

D. R. P. 326 282 Frederik Lamplough, London.

Verfahren zum Überführen schwerer in leichtere Kohlenwasserstoffe.

Anspruch:

Verfahren zum Überführen schwerer in leichtere Kohlenwasserstoffe, bei dem die schwereren Kohlenwasserstoffe zusammen mit Wasser oder

Dampf in eine Retorte, die etwa bei dunkler Rotglut gehalten wird, gebracht werden, wobei, falls erforderlich, Druck in der Retorte und in der Kondensiervorrichtung aufrechterhalten wird, gekennzeichnet durch die Anwesenheit von Nickel in kompakter Form, beispielsweise in Form langer Stangen, die in Röhren enthalten sind, durch welche die Mischung von Öl und Dampf hindurchgeht. (U. S. A. P. 1 557 478.)

233 395 Brit. George W. Wallace, San Francisko.
1. 2. 1924
1. 5. 1925

Spaltung und/oder Hydrierung flüssiger Kohlenwasserstoffe.

Ansprüche:

1. Verfahren zum Spalten flüssiger Kohlenwasserstoffe, bei welchem das zu behandelnde Material in flüssigem, zerstäubtem oder gasförmigem Zustand in zeitweiligen Kontakt oder in enge Berührung mit einer abwärts gerichteten, von verbrennenden Gasen gebildeten Feuerzone gebracht werden, die von dem höchsten Punkt einer geschlossenen Kammer aus betrieben wird, während die resultierenden Produkte vom Boden dieser Kammer abgezogen werden.

2. Verfahren zum Spalten und/oder Hydrieren flüssiger Kohlenwasserstoffe, wonach die zu behandelnden Materialien in flüssigem, staub- oder gasförmigem Zustand mit fein verteilten festen Stoffen und/oder Dämpfen und Gasen oder Mischungen derselben in zeitweiligen Kontakt oder in enge Berührung — usw. wie 1.

Bei der Behandlung von Kohlenwasserstoffen aller Art, — Schieferölen, Naphthalin und Anthracenölen werden die Öle in fein verteiltem Zustand von oben in eine mit Koks oder dgl. gefüllte Reaktionskammer zerstäubt, wobei Gase und Dämpfe, die hydrierend wirken, mit eingeleitet werden. Es wird gerade genügend Luft zugeführt, um die Verbrennung dieser Gase zu bewirken. Die Reaktionskammer kann mit Briketts, Bimstein, Koks etc., die mit katalytischem Material bedeckt oder imprägniert sind, ausgefüllt werden. Es kann mit Nickel imprägnierter Bimstein mit den Kohlenwasserstoffen vor der Behandlung gemischt werden. Das Verfahren kann unter erhöhtem oder verringertem Druck ausgeführt werden. — Die Reaktionsprodukte, Verbrennungsprodukte und leichte Destillate gehen in einen Dephlegmator usw.

Auf Abbildung 98 (Anhang), sei verwiesen.

1 494 375 W. I. Reilly, Denver, Colorado.
1. 8. 1921
20. 5. 1924

Apparat zum Raffinieren von Öl.

Anspruch:

1. Eine Vorrichtung zur Zersetzung von Kohlenwasserstoffölen, gekennzeichnet durch eine röhrenförmige Kammer, die am einen Ende geschlossen und am andern Ende mit einer Öffnung versehen ist; Vorrichtungen, Öl in die Kammer nahe dem geschlossenen Ende einzulassen, Vorrichtungen, erhitzte Dämpfe in die Kammer zwischen dem geschlossenen Ende und dem Ölzulauf einzulassen, eine gewundene Mischungsstrecke zwischen dem Ölzulauf

und dem offenen Ende der Kammer, eine Eweiterung der Kammer zwischen der Mischstrecke und dem Ende der röhrenförmigen Kammer, in der Erweiterung ein Katalysator und Vorrichtungen zur Kontrolle des Druckabfalls längs der röhrenförmigen Kammer.

Durch die (s. Zeichnung 99, Fig. 2, Anhang) mit T bezeichnete Röhre gehen Öldämpfe und Wasserdampf, gegebenenfalls auch Luft und Kohlenoxyd unter starkem Druck bei Kracktemperatur über als Katalysatoren wirkende Eisen-, Kupfer- oder Aluminiumspiralen und expandieren bei 22 in die Kammer A, Fig. 1 und gehen durch 3 in die Kammer B, in welcher sich schwere Bestandteile und Koks absetzen. Gase und Dämpfe treten durch 34 und 35 in das Abzugsrohr 36 und durch den Kühler 42 in die Sammelreservoire.

In dem Druckrohr soll zur Erzeugung von Gasolin eine Temperatur von 750—1000° F (404—540° C) bei einem Druck von 300 Pfd. herrschen.

591 701 Frz. M. Lamperière, Frankreich.

Verfahren zur gleichzeitigen Herstellung von flüssigen und gasförmigen Brennstoffen.

Zusammenfassung:

Dieses neue Verfahren zur gleichzeitigen Herstellung von flüssigen und gasförmigen Brennstoffen ist dadurch gekennzeichnet, daß stark überhitzter Wasserdampf das Molekül gewisser, schwerer und billiger Kohlenwasserstoffe spaltet, die — wenn sie leicht flüchtig sind — im Dampfzustande, sonst in flüssiger Form, aber bei hoher Temperatur, angreifbar sind.

Je nach der Menge des angewandten Wasserdampfes, der Temperatur und dem ausgeübten Druck, ist die Spaltung mehr oder weniger vollständig und man erhält neben Wasserstoff leichte Kohlenwasserstoffe, von denen einige bei gewöhnlicher Temperatur flüssig sind.

In der dazu gehörigen Zeichnung sind lediglich je 1 Kessel für Wasserdampf und Rohmaterial, Überhitzungsschlangen und Reaktionsröhren, in denen das Wasserdampf-Kohlenwasserstoffdampfgemisch über Metallgaze streicht, gezeigt. Die Metallgaze soll als Temperaturausgleich oder auch katalytisch wirken.

214 940 Brit. G. Linnmann, Hamburg.

24. 4. 1923 Deutschland
24. 8. 1923 England
31. 7. 1924

Verfahren und Apparat zur Gewinnung wertvoller Kohlenwasserstoffe aus minderwertigen Stoffen.

565 632 Frz. G. Linnmann, Deutschland.

Verfahren und Apparat zur Erzielung von hochprozentigen Kohlenwasserstoffen aus minderwertigen Stoffen.

Anspruch:

Das Verfahren zur Gewinnung hochprozentiger Kohlenwasserstoffe aus minderwertigen Stoffen, indem man dieses verdampft und die Dämpfe durch metallische Stoffe, z. B. Eisen, bei hoher Temperatur streichen läßt, ist dadurch gekennzeichnet, daß man in diese Dämpfe, bevor oder während sie die Metallmassen durchstreichen, Wasserstoff eintreten läßt, der durch Einblasen von Wasserdampf in Metall, z. B. Eisenspäne, bei hoher Temperaur in einem besonderen Kessel erzeugt wurde.

Der Apparat zur Ausführung des Verfahrens besteht aus einem Ofen, in welchem eine Retorte mit auswechselbarem Einsatz, der katalytisch wirkt, und zur Aufnahme des Rohmaterials dient, eingebaut ist, neben der wenigstens 2 andere Retorten Aufnahme finden, die mit metallischen Massen, z. B. Eisenspänen, gefüllt sind und deren eine mit Wasserdampf gespeist werden kann.

3. Die Retorten sind aus Eisen, innen emailliert, außen mit widerstandsfähigem Material umkleidet.

4. Der in der mit Wasserdampfeinlaß versehenen Retorte entwickelte Wasserstoff kann nach Belieben in jede der beiden anderen Retorten oder in beide zusammen geleitet werden.

5. Zum Apparat gehört ein Aufsatz, der entweder direkt mit den beiden, nicht mit Wasserdampf gespeisten, Retorten verbunden werden kann oder derart mit einer von beiden, daß die Rohstoffdämpfe erst nach Durchstreichen der anderen Retorten in den Aufsatz gelangen.

6. Über diesem Aufsatz ist unmittelbar ein Filter montiert, zweckmäßig turmartig gestaltet, das zum Teil mit fein zerteilten Metallmassen, zum Teil mit einem geeigneten, porösen, nicht sinternden Material, angefültt ist.

Als Rohmaterial werden genannt: Teeröle, fettige, ölige Rückstände aus der Benzingewinnung, aus der Industrie der Lacke und Farben, Terpentin, Linoleum usw. Eine halbe Stunde nach Füllung ist die Charge einer Retorte vergast. Man erhält mit Hilfe von Wasserstoff aus 25 kg Braunkohlenteer 20 kg Schwerbenzin, ½ kg Koks, das im Apparat zurückbleibt und 5 cbm schweres Gas, während man unter Ausschluß von Wasserstoff aus 25 kg Braunkohlenteeröl 10 kg Schweröl, 15 cbm schweres Gas und 2 kg Kohle erhält.

Österr. P. 76302 — Ph. Porges, Dr. S. Stransky und Dr. H. Strache. Wien.
1. 6. 1915
10. 5. 1919

Verfahren und Apparat zur Umwandlung schwerflüchtiger Kohlenwasserstoffe in leichterflüssige.

Aus einer Destillierblase gehen die Kohlenwasserstoffdämpfe mit Wasserdampf gemischt über einen auf nicht über 600° C geheizten Katalysator, der aus den Oxyden des Eisens, Nickels oder anderer Metalle mit mehreren Oxydationsstufen, die als Sauerstoffüberträger dienen, besteht. Es wird Luft bzw. Sauerstoff zwecks Regenerierung des Katalysators zu- bzw. abgeleitet, weil sich derselbe mit Kohlenstoff überzieht und dadurch unwirksam wird. Die Wirksamkeit steigert sich bei Wiederholung der Regeneration durch Auflockerung der Oberfläche. Das im Prozeß auftretende Gas enthält große Mengen von Kohlensäure, was beweist, daß auch der Dampf bei der Reaktion beteiligt ist, indem der Sauerstoffgehalt desselben einen Teil der Produkte zu CO_2 verbrennt, während der Wasserstoff sich an die gespaltenen Moleküle anlagert, indem er so Kohlenwasserstoffe von niedrigem Molekulargewicht bildet.

(Bekanntlich wirkt der überhitzte Wasserdampf schon bei relativ niedrigen

Destillationstemperaturen etwas oxydierend auf Kohlenwasserstoff ein. Bei Gegenwart der Katalysatoren und höheren Temperaturen wird diese Wirkung natürlich noch verstärkt.*)

166 989 Brit. E. F. Engelke, Tampico, Mexiko.
27. 4. 1920
21. 9. 1921

Destillation von Kohlenwasserstoffölen.

Das vorgewärmte Öl läuft in einem Turme abwärts, der ein Füllmaterial von katalytischer Wirkung enthält, Holzkohle, Koks, Eisen-, Kupfer- oder Nickelringe, auf welche ein freien Wasserstoff enthaltendes Gas strömt. Der Turm wird mittels eines Mantels von heißen Ofen- oder Vorwärmegasen geheizt. Wasserstoffhaltiges Gas, das in einer besonderen Heizschlange vorgewärmt ist, wird in den Turm unten eingeleitet und vorgewärmtes Öl läuft von oben herunter auf die Füllung. Die Dämpfe gehen in einen, durch heißes Rückstandsöl auf konstanter Temperatur erhaltenen, Dephlegmator und von da in den Kühler. Die nicht kondensierten Gase können, wenn sie Wasserstoff enthalten, in den Kreislauf zurückkehren oder werden verbrannt.

590 616 Frz. M. A. H. de Dampierre, Paris.
19. 12. 1924
19. 6. 1925

Behandlung schwerer Öle, besonders von Leuchtpetroleum, zur Gewinnung von flüchtigeren Ölen daraus.

In einen Kessel strömt Wasserstoff durch eine besondere Vorrichtung am Boden ein, verteilt sich im destillierenden Öl und geht mit diesen über eine Katalysatorschicht aus Nickelstücken mit großer Oberfläche z. B. Nickelschnitzel oder gelochte Nickelscheiben. Die Anlage wird bei 400° und unter einem Druck von 20 kg pro cm^3 im Kessel und 10—15 kg im ersten Kühlapparat gehalten. Beispiele fehlen. Als Ausgangsmaterial werden schwere Öle, Rohöl, Leuchtöl und Destillationsrückstände genannt.

213 295 Brit. G. P. Lewis, New Denham, Uxbridge.
27. 9. 1922
27. 3. 1924

Krackprozeß und Apparatur.

Kohlenwasserstofföle werden unter Druck von 100—300 Pfd. auf den Quadratzoll auf Temperaturen von 350—550° C erhitzt und nach teilweiser Abkühlung durch eine Reihe von Verdampfungs- oder Reaktionskammern von nach und nach sinkendem Drucke und bei Temperaturen von 160—300° C geleitet, wobei Dämpfe und Flüssigkeiten zusammen durch die Kammern und nachher durch einen Kühler gehen. Die Erhitzung geschieht, indem das Öl durch enge, von außen erhitzte Rohre geleitet wird. Das Öl kann mit feingemahlenem Kohlenstoff oder dgl. gemischt werden oder mit Alkalien, alkalischen Erden, Metallchloriden, Borax, Bauxit, Tonerde, die nach dem Erhitzen entfernt werden.

*) P. M. E. Schmitz, Erdöl u. Teer 1927 S. 91.

Wasserstoff wird in die Reaktionskammer eingeleitet. Ebenso können elektrische Hochspannungsströme durch dieselbe geleitet werden.

Die entstandene Mischung wird vor der Fraktionierung gereinigt, indem man sie mit gekörnten Materialien, z. B. Bauxit, oder mit Katalysatoren, z. B. getrocknetem, gefälltem Aluminiumhydroxyd oder mit einer Lösung von Natriumhypochlorit, behandelt.

D. R. P. 401 355 Dr. Hans Goldschmidt, Berlin und Oscar Neuss,
ab 21. 4. 1920 Charlottenburg.
ausgeg. 1. 9. 1924

Verfahren zur Gewinnung benzinartiger Flüssigkeiten.

Ansprüche:

Verfahren zur Gewinnung benzinartiger Flüssigkeiten, dadurch gekennzeichnet, daß hochmolekulare Kohlenwasserstoffgemische der pyrogenen Zersetzung bei Temperaturen zwischen 550—750° unterworfen, von dem Destillate die niedriger siedenden Fraktionen bis etwa 159° Siedepunkt abgetrennt und diese bei Gegenwart von Katalysatoren und bei Temperaturen, die über ihrem Siedepunkt liegen, mit Wasserstoff behandelt werden.

2. Bei dem Verfahren nach 1 die Maßnahme, daß die Behandlung mit Wasserstoff bei Gegenwart von Katalysatoren bei Temperaturen nicht unter 200° geschieht.

3. Bei dem Verfahren nach 1. die Verdünnung der bei der pyrogenen Zer setzung entstehenden flüchtigen Produkte durch Zuführung inerter Gase.

4. Die Ausführung der Verfahren nach 1—3 unter mäßigem Druck.

Nach der Patentschrift werden bei den angewandten hohen Temperaturen (550—750°) unter Vermeidung der Anwendung hoher Drucke aus wertlosen oder geringwertigen Materialien benzinartige Produkte andersartiger Zusammensetzung als die Krackbenzine erzeugt, nennenswerte Wasserstoffaddition findet nicht statt, da die Jodzahl fast unverändert bleibt. Aber auch die Eigenschaften nachzudunkeln und zu verharzen haben die Destillate der pyrogenen Zersetzung bei der vorliegenden Behandlung verloren.

Beispiel 1: Hochsiedende wertlose Torfgasöle (Siedegrenzen v. 250—350°) werden durch Erhitzen auf etwa 650° der Zersetzungsdestillation unterworfen. Aus dem Destillat werden die Anteile, die bis etwa 150° sieden, durch Destillation abgeschieden. Je nach Ausgangsmaterial ca. 20—25 %. — Die Dämpfe dieser Öle werden nun im Gemisch mit Wasserstoff über geeignete Metallkatalysatoren, z. B. Nickel, geleitet, und zwar bei Temperaturen, die bei etwa 200° beginnen und bis oder sogar über 300° gesteigert werden können.

Zweckmäßig hält man die Temperatur erheblich über dem Siedepunkt der gerade übergehenden Fraktionen, jedoch stets unterhalb der Grenze, bei der sich die betreffende Ölfraktion unter Gasbildung und Teerabscheidung zersetzt. — Während die bis 150° siedenden Bestandteile des Rohdestillats vor der Behandlung zur Braunfärbung und zum Verharzen neigten, ergibt die Behandlung mit Wasserstoff nunmehr etwa 90 % des Destillates als klare, farblose und beständige Flüssigkeit, deren Jodzahl gegenüber dem Destillat vor der Behandlung mit Wasserstoff kaum verschieden ist, die aber in ihren physikalischen Eigenschaften, also Siedepunkt, spezif. Gewicht, Flammpunkt usw. dem üblichen Benzin außerordentlich ähnlich ist.

Beispiel 2: Roheröl von Wietze mit etwa 1% unter 150° siedenden Anteilen und im wesentlichen von 250° aufsteigenden Siedepunkten wurde, wie im Beispiel 1 beschrieben, der pyrogenen Spaltung unterworfen. Die niedrig siedenden Fraktionen bis 150° wurden abdestilliert und die Dämpfe des Destillates im Gemisch mit Wasserstoff über einen Nickelkatalysator geführt. Auch hier wurde wieder die Temperatur des Nickelkatalysators über dem jeweiligen Siedepunkt der übergehenden Fraktion gehalten. Die obere Grenze für die Katalysatortemperatur ist darin gegeben, daß man den weiteren pyrogenen Zerfall der betreffenden Fraktion unter Gasbildung vermeidet. — Über Ausbeute und Eigenschaften wird in diesem Beispiel nichts Näheres angegeben.

D. R. P. 362 470 Alfred Wöhler, Hamburg.
ab 16. 8. 1916
ausgeg. 31. 10. 1922

Verfahren zur Herstellung von hochwertigen Kohlenwasserstoffen aus fettigen oder öligen Rückständen.

Anspruch:

Verfahren zur Herstellung von hochwertigen Kohlenwasserstoffen aus fettigen oder öligen Rückständen der Benzin-, Lack-, Farben-, Terpentin-, Linoleumfabrikation u. dgl., dadurch gekennzeichnet, daß man die Ausgangsstoffe mit dem in ihnen enthaltenen Wasser, z. B. in auswechselbaren, in Retorten einzusetzenden Pfannen verdampft und das Öl-Wasser-Dampfgemisch durch a Glühtemperatur, zweckmäßig auf Hellrotglut, erhitzte, gegebenenfalls in auswechselbaren Patronen befindliche Metallmassen, z. B. Eisendrehspäne, hindurchleitet.

Dabei werden sehr leichte Kohlenwasserstoffe, z. B. bei Anwendung von schwarzen, schweren, öligen Rückständen der Benzinfabrikation vom spezif. Gewicht 0,940—0,980, solche von 0,540—0,600 spezif. Gew. erhalten, außerdem ein komprimierbares Leuchtgas.

171 367 Brit. Dr. M. Melamid, Freiburg i. B.
11. 11. 1920 Deutschland
10. 10. 1921 England
11. 1. 1923 Compl.

Verfahren zur Gewinnung von niedrig siedenden Ölen aus Teerölen.

Anspruch:

1. Verfahren zur Gewinnung von Kohlenwasserstoffen von relativ niedrigem Siedepunkt aus Teerölen, dadurch gekennzeichnet, daß man das Rohmaterial unter Druck erhitzt — in Gegenwart von Zinn und Wasserstoff.

Beispiel: 15 kg Teeröl, wie es bei der üblichen Destillation gewonnen wird, mit etwa 20 % Phenol wird in ein mit Zinn ausgekleidetes Druckgefäß gefüllt, 1 kg Zinn hinzugefügt und Wasserstoff unter 15—20 Atmosphären Druck zugelassen, dann wird der Inhalt 3 Stunden auf 320° C erhitzt. Nach Verlauf von 8 Stunden wird der Inhalt fraktioniert. Es gehen bis 180° C etwa 82 %

über, der Rückstand ist ein Öl, das sich für Schmierzwecke eignet. Der Gehalt dieser Produkte an Phenol beläuft sich auf kaum 2 %. Während bei den üblichen Spaltungsprozessen Kohlenstoff in für die Lebensdauer der Kessel bedenklicher Form, abgeschieden wird, gelangt bei diesem Verfahren kein freier Kohlenstoff zur Abscheidung und die Ausbeute an leichten Ölen sowie besonders die Haltbarkeit des Kessels übersteigt diejenigen anderer Verfahren.

171 390 Brit. Dr. M. Melamid, Freiburg i. B.
11. 11. 1920 Deutschland
9. 11. 1921 England
25. 1. 1923 Compl. Acc.
Zusatz zum vor. Patent 171 367

Verfahren zur Gewinnung von niedrig siedenden Kohlenwasserstoffen.

Anspruch:

1. Eine Verbesserung bzw. Veränderung des Verfahrens zur Gewinnung von relativ niedrig siedenden Kohlenwasserstoffen wie mit dem Patent 171 367 beansprucht, darin bestehend, daß die heiße Behandlung unter Druck in Gegenwart von Zinn und Wasserstoff auch auf andere Mineralöle und Kohlenwasserstoffe als Teeröle angewandt wird.

Beispiel: 15 kg amerikan. Gasöl zwischen 250 und 300° C siedend, wird in ein mit Zinn ausgekleidetes Druckgefäß gefüllt, 1 kg Zinn zugefügt und dann Wasserstoff unter 15—20 Atmosphären eingepumpt. Nach Schließung des Gefäßes wird auf 300° C erhitzt. Nach 6 Stunden wird der Inhalt fraktioniert. Bis 180° C destillieren etwa 70 %; der Rückstand ist ein blaßgelbes Öl, das sich noch gut als Schmieröl verwenden läßt.

180 625 Brit. Dr. Meilach Melamid, Freiburg i. B.
25. 5. 1921 Deutschland
10. 11. 1921 England
Zusatz zu 171 367 s. d.
12. 2. 1923 accepted

Gewinnung von niedrig siedenden aus hoch siedenden Kohlenwasserstoffen.

Anspruch:

Veränderung des Verfahrens zur Gewinnung von Kohlenwasserstoffen von relativ niedrigem Siedepunkt aus höher siedenden, wie in Nr. 171 367 nachgesucht oder wie in Nr. 171 390 und 174 321 beansprucht, darin bestehend, daß man andere Metalle und Metallegierungen anwendet als metallisches Zinn, die einen unter 700° C liegenden Schmelzpunkt haben und bei der Temperatur, bei welcher die Behandlung stattfindet, flüssig werden, jedoch mit Ausnahme von Zink und Blei und solchen Metallen, die leicht Karbide bilden.

Als solche Legierungen werden die des Wismuts erwähnt. — (S. d. genannten Verfahren.)

174 321 Brit. Dr. M. Melamid, Freiburg i. B.
15. 1. 1921 Deutschland
1. 11. 1921 England
Zusatz zu 171 368 s. d.
8. 3. 1923 Compl. Acc.

Gewinnung von relativ niedrig siedenden Kohlenwasserstoffen.

Ansprüche:

1. Veränderung des Verfahrens zur Gewinnung von relativ niedrig siedenden Kohlenwasserstoffen, wie in Patent Nr. 171 367 oder 171 390 beansprucht, dadurch gekennzeichnet, daß man die Kohlenwasserstoffe in Dampfform oder zerstäubt in Gegenwart eines großen Überschusses von Wasserstoff und in Gegenwart von Zinn auf Rotgluttemperatur erhitzt.

2. Verfahren zur Gewinnung relativ niedrig siedender Kohlenwasserstoffe nach 1., bei welchem die Einrichtung zur Überführung des Materials in fein verteilten Zustand derart ist, daß dadurch innigster Kontakt zwischen Material und Katalysator herbeigeführt wird.

Es werden Platten aus verzinntem Eisen, die etwa 1 cm Abstand voneinander haben, auf Rotglut erhitzt und Öl in fein zerstäubtem Zustand zugegeben. Es verdampft und die Dämpfe prallen gegen diese Platten, gleichzeitig mit Wasserstoff. Die Reaktion verläuft in dieser Weise ohne Anwendung von Überdruck.

193 922 Brit. Dr. M. Melamid, Freiburg i. B.
10. 10. 1921
8. 3. 1923 Compl. Acc.
Zusatz zu Nr. 171 367
Modifiz. Nr. 171 390, 174 321, 180 625

Darstellung relativ niedrig siedender Kohlenwasserstoffe aus hoch siedenden.

Ansprüche:

1. Darstellung relativ niedrig siedender Kohlenwasserstoffe aus hoch siedenden, wie in den Patenten 171 367, 171 390, 174 321 und 180 625 beansprucht, darin bestehend, daß man die Behandlung ohne Anwendung von Druck aber bei Temperaturen über 600° C ausführt.

2. Verfahren nach 1. in welchem die Behandlung in Abwesenheit von Wasserstoff und bei Temperaturen nahe bei oder über 900° C geschieht.

Mineralöle, Teeröle etc. werden in Gegenwart von Zinn bei Temperaturen von ca. 600° C mit Wasserstoff ohne Druck und bei Temperaturen von ca. 900° C ohne Wasserstoff und ohne Druck in leichter siedende Produkte umgewandelt.

221 559 Brit. Dr. M. Melamid, Freiburg i. Br.
12. 6. 1923
12. 9. 1924 **Kracken oder Zersetzen von kohlenwasserstoffhaltigen oder Kohlenwasserstoffe liefernden Stoffen.**

Ansprüche:

1. Verfahren zum Spalten oder Zersetzen von Material, das Kohlenwasserstoffe enthält oder ergibt, d. h., daß man Rohpetroleum, Teere, Kohle und

dgl. hochkomplexe Materialien in fein verteiltem Zustand, bei hohen Temperaturen und in Gegenwart eines Schutzgases der Wirkung katalytischen Materials aussetzt, das unter diesen Bedingungen keine Karbide bildet.

Nach 2. enthält das Schutzgas Wasserstoff.

Nach 4. wird katalytisches Material, das bei den fraglichen Temperaturen sich verflüssigt, angewandt.

Nach 5. werden Gasgemische, die aus Gaserzeugern, Generatoren, Gasretorten, Koksöfen, Karburatoren und dgl. kommen, direkt der obigen Behandlung unterworfen.

Nach 6. werden paraffinhaltige Materialien vom Paraffin befreit und der Rückstand dann nach vorstehenden Ansprüchen behandelt.

Es wird auf Patente Nr. 171 367, 171 390, 174 321, 180 625 und 193 922 Bezug genommen.

Es wurde gefunden, daß nach vorliegendem Verfahren, die behandelten Stoffe vollständig in flüchtige Produkte umgewandelt werden, ohne einen Rückstand wie Pech, Koks, Asphalt und dgl. zu hinterlassen, sondern nur niedrig siedende Kohlenwasserstoffe und Schmieröle.

Beispiel: Braunkohlengeneratorteer, Kohlenmischungen etc. werden bis zur Verflüssigung erhitzt und in den Apparat durch Düsen oder Druckpumpen eingeführt, mit ihren mechanischen Verunreinigungen und in Gegenwart eines Schutzgases. — Im Apparat ist eine flüssige Legierung bezeichneter Art enthalten. — In den wenigen Augenblicken wo sich die nebelartige Mischung mit dem Kontaktmaterial bei hoher Temperatur berührt, findet der erste Teil der Reaktion statt. Die Behandlung wird dann in ähnlichen Apparaten in ähnlicher Weise fortgesetzt. Dabei werden Olefine, Paraffine und aromatische Kohlenwasserstoffe, sowie Gas gebildet und in üblicher Weise getrennt. — Sauerstoffhaltige in Ätznatron lösliche Stoffe werden entweder in stabilere Phenole und Kresole oder in niedrig siedende Kohlenwasserstoffe mit azetonhaltigen Fraktionen zersetzt. An leicht siedender Fraktion werden 30—50 % je nach dem Material erhalten.

Die nach der Vorbehandlung im Apparat z B. aus Braunkohlen erhaltenen Paraffine werden in Form sehr großer Kristalle isoliert.

231 190 Brit. M. Melamid, Berlin-Zehlendorf.
22. 3. 1924 Deutschland
20. 3. 1925 England
6. 5. 1926

Kracken von Kohlenwasserstoffölen.

1. Verfahren zum Kracken von Mineralölen und dgl. durch Erhitzen des Materials in Reaktionskammern in Gegenwart von Kontaktsubstanzen wie Zinn, dadurch gekennzeichnet, daß die Operation bei Temperaturen stattfindet, die zu niedrig sind, um hochsiedende Bestandteile zu spalten, während die niedriger siedenden Anteile in niedrig siedende Kohlenwasserstoffverbindungen gespalten werden — und dadurch, daß die unzersetzten hochsiedenden Anteile kontinuierlich während des Verfahrens entfernt werden. —

Die Reaktion wird bei 300—400° C ausgeführt, so daß ihr nur die niedriger siedenden Öl- bzw. Teerbestandteile unterliegen. Die Öle oder Teere werden mit Wasserstoff oder Wasserstoff enthaltenden Gasen zerstäubt, in Gegenwart eines bei der Reaktionstemperatur flüssigen Katalysators.

220 732 Brit. Thomas Malcolm Davidson, Hatch End, Middlesex,
26. 5. 1923 G. P. Lewis, New Denham, England.
26. 8. 1924

Kracken von Kohlenwasserstoffölen und Behandlung fester kohlenhaltiger Materialien.

Ansprüche:

1. Verfahren zur Behandlung von Kohlenwasserstoffölen und dgl., zwecks Gewinnung von Körpern von niedrigem Siedepunkt, nach welchem die zu behandelnde Substanz in der Retorte in innigen Kontakt mit geschmolzenem Zinn oder einem anderen Metall mit relativ niedrigem Schmelzpunkt gebracht wird, welches in der Retorte in Zirkulation gehalten wird und zwar in der Richtung nach unten, im mittleren Teile der Retorte, — in der Richtung nach oben, nahe den Retortenwänden, wobei die zu behandelnde Substanz so eingeführt wird, daß sie durch den ringförmig aufsteigenden Strom geschmolzenen Metalles nach oben mitgenommen wird.

Nach 2. befindet sich gleichzeitig in der Mitte der Retorte ein oben offenes, engeres Rohr, in das das geschmolzene Metall oben hineinfließt und aus dem es unten durch Schlitze in das äußere Rohr gelangt. —

Das Öl wird unten in das innere Rohr eingeführt. Die Temperatur sei in der Nähe von 400° C, der Druck z. B. 600 Pfd. je Quadratzoll auch höher oder tiefer. — „Die Operation kann in Gegenwart von zugefügtem Wasserstoff vor sich gehen."

594 604 Frz. G. F. Forwood und J. G. Taplay, England.
5. 3. 1925
16. 9. 1925

Umwandlung flüssiger Kohlenwasserstoffe in niedrig siedende Flüssigkeiten.

(Siehe das folgende engl. Pat. 239 556.)

Verfahren zur Umwandlung flüssiger Kohlenwasserstoffe in niedrig siedende Flüssigkeiten, gekennzeichnet durch Anwendung von einem oder mehreren Katalysatoren, um den Kohlenstoff zu aktivieren oder seine Aktivität zu vergrößern, in der oder den Reaktionsretorten, dadurch gekennzeichnet, daß man 1. eine Flüssigkeit oder ein Gas mit den Katalysatoren zusammenbringt. Nach 2. sind die Katalysatoren in pulvrigem Zustand und mit dem zu behandelnden Öl und/oder mit Wasser gemischt. Man gibt die Mischung in Retorten, wo Flüssigkeiten und Gase auf sie wirken. — —

239 556 Brit. George Fr. Forwood, Ingenieur und J. G. Tapley,
15. 3. 1924 Chemiker, London.
15. 9. 1925

Umwandlung von Kohlenwasserstoffölen in niedriger siedende Flüssigkeiten.

Ansprüche:

1. Verfahren zur Umwandlung flüssiger Kohlenwasserstoffe in niedriger siedende Flüssigkeiten, bei welchem ein oder mehrere Katalysatoren zur Aktivierung oder Erhöhung oder Beschleunigung der Aktivierung des in der Retorte oder den Retorten im Prozeß gebrauchten Kohlenstoffs angewandt werden.

Nach 2. soll neben dem oder den Katalysatoren eine Substanz angewendet werden, die sich unter Bildung atomaren Wasserstoffs zersetzt.

Nach 3. soll das Öl vor dem Eintritt in die Retorte mit Wasser gemischt werden. — —

Es werden die schweren Kohlenwasserstoffe in leichte verwandelt, indem man sie als Dampf oder fein zerstäubt über heiße tierische oder pflanzliche Kohle leitet, oder über kohlehaltigen Rückstand von Ölschiefer oder Mineralölkoks und zwar leitet man sie über die genannten Substanzen zusammen mit einem Gas oder Dampf, der Wasserstoff erzeugt, z. B. Wasserdampf, Ammoniak oder andere Stickstoffverbindungen, Schwefelwasserstoff, Wassergas, (Kohlenoxyd, Wasserstoff), Nickelkarbonyl, Ameisensäure usw., wobei ein Katalysator, der die Kohle aktiviert oder ihre Aktivität vergrößert, zugesetzt wird. — Geeignete Katalysatoren sind: Alkalikarbonate, Nickel, Kobalt, Aluminium, Magnesium als Metalle oder Oxyde, Silicagel, Eisenhydroxydgel, Schwefeleisen oder andere adsorptive Substanzen.

Das Verfahren vollzieht sich in einer Doppelretorte mit einer engeren und einer weiteren Abteilung. Erhitzt wird der engere Teil der Retorte. Als Temperaturen werden 300—1000° C und als Drucke solche über oder unter dem Atmosphärischen angegeben. — Auf 185 624 wird Bezug genommen. Besondere Beispiele werden nicht angegeben.

566 254 Brit. J. L. Fohlen, Frankreich.

Verfahren zur Gewinnung von gesättigten Kohlenwasserstoffen, der aliphatischen oder zyklischen Reihe und saurer Schwefelverbindungen durch Destillation von Kohle und Brennstoffen jeder Art, — —

z. B. Braunkohle, Torf, Holz, Teer, Naphthalin, Anthracen etc., dadurch gekennzeichnet, 1. daß die Reinigung des Gemisches aus diesen Stoffen, oder ihrer Destillate mit einem wasserstoffhaltigen oder schwach wasserstoffhaltigen Gase geschieht, indem man das Gemisch durch Apparate mit gewissen Metallen, z. B. Kupfer und Legierungen, Blei, Zinn etc., streichen läßt, die erhitzt werden und in denen die Schwefel- und Arsenverbindungen, die dem Katalysator schaden könnten, durch Bildung von Metallsulfiden und gleichzeitig von Wasserstoff zersetzt werden;

2. daß die beschriebenen Reinigungsapparate paarweise derart abgesperrt werden können, daß in der einen Hälfte Luft oder Sauerstoff die Reinigungsmasse regeneriert, während in der anderen Hälfte die Entschwefelung unter gleichzeitiger Bildung von Wasserstoff stattfindet;

3. daß das aus den Reinigern kommende wasserstoffhaltige Gemisch über Katalysatormetalle geleitet wird, um die Hydrierung nach der Methode von Sabatier zu vollenden;

4. daß die hierbei erhaltenen Sauerstoffverbindungen des Schwefels (SO_2) in der Fabrikation selbst zur Raffination von Ölen und Phenolen und zur Herstellung von Ammoniumsulfat Verwendung finden;

5. daß der vorliegende Prozeß ohne wesentliche Abänderung in Gasfabriken und Kokereien Anwendung finden kann.

219 403 Frz. V. L. Oil Prozesses Ltd. und Owen David Lucas,
26. 4. 1923 London.
28. 7. 1924

Verfahren zum Kracken von Ölen.

Ansprüche:

1. Verfahren zum Kracken von Ölen, derart, daß der durch Destillation der Öle gewonnene Öldampf durch ein permanentes Gas in die Krackretorte befördert wird, bei welchem Verfahren in die Krackretorte zugleich mit dem den Öldampf mit sich führenden Gase eine kleine Menge Ammoniak oder eine Mischung von Ammoniak und Wasserstoff (zu dem dargelegten Zwecke) eingeführt wird.

2. Verfahren nach 1., bei welchem das übertragende Gas, dem Ammoniak oder eine Mischung von Ammoniak und Wasserstoff zugefügt wurde, permanente Gase enthält, die in der Krackretorte gewonnen und in den Kessel zurückgeleitet werden. — —

Das Öl wird im Kessel verdampft und die Dämpfe werden mit Dampf oder inerten Gasen in die Krackretorte überführt.

Das beim Kracken entstandene Gas wird ganz oder teilweise in den Kessel zurückgeleitet, um unter entsprechendem Druck die Öldämpfe aus dem Kessel in die Retorte zu führen.

Ammoniak oder eine Mischung von Wasserstoff und Ammoniak wird mit den permanenten Gasen unmittelbar in die Retorte geleitet, die einen geeigneten Katalysator enthält.

Geeignete Mischungsverhältnisse sind: Für 100 Gallonen Öl ca. 500 Kubikfuß übertragendes Gas mit 10 Kubikfuß Ammoniak mit oder ohne eine kleine Menge Wasserstoff.

Bezug wird genommen auf Pat. 20 470 v. 1913 und 12 653 v. 1914 sowie 108 019 (Lucas, Palmer und Perkin).

219 404 Brit. V. L. Oil Prozesses Ltd. und Ernst L. Lomax, London.
26. 4. 1923
28. 7. 1924

Verfahren zum Kracken von Ölen.

Ansprüche:

1. Verfahren zum Kracken von Ölen, die Bestandteile von verschiedenen Siedepunkten enthalten, bei welchem die Öle, bevor sie in die Krackretorte eingeführt werden, auf eine Temperatur erhitzt werden, die beträchtlich über dem Siedepunkt der höchst siedenden Fraktion liegt, unter einem Druck, der genügt, die Verdampfung der leichteren Fraktionen zu verhindern und bei welchem Verfahren die so erhitzten Öle plötzlich in die Krackretorte expandiert werden, wobei die Temperatur der vorwärmenden Hitzebehandlung genügend hoch sein muß, um die vollständige Verdampfung im Augenblick der Expansion zu bewirken.

Nach 2. werden die Dämpfe im Augenblick der Expansion mit einem Anteil der permanenten Gase, die bei der Krackreaktion gebildet und in die Krackretorte zurückgeleitet wurden, gemischt.

Nach 3. werden die permanenten Gase (nach 2.) mit einer geringen Menge Ammoniak oder Wasserstoff oder einer Mischung beider versetzt.

Nach 4. werden die permanenten Gase über die Temperatur erhitzt, bei welcher sich die Öle kondensieren, um die Möglichkeit einer Kondensation dieser Öle bei der plötzlichen Entspannung auszuschließen. — —

Der Apparat setzt sich zusammen aus den Vorheizrohren, die in üblicher Weise horizontal in mehreren Lagen von unten nach oben den Ofen durchziehen und der Expansions- und Reaktionskammer, die unter den Rohren im heißesten Teil angeordnet ist und in welcher „ein geeigneter Katalysator" die Krackoperation erleichtert.

Mehr wird über diesen Katalysator nicht angegeben.

244 875 Brit. V. L. Oil Prozesses Ltd. und Owen David Lucas,
31. 10. 1924 London.
31. 12. 1925

Kracken und Trennen von Mineralölen.

Ansprüche:

1. Verfahren zum Spalten von Ölen oder Kohlenwasserstoffen, bei welchem a) das zu spaltende Öl in Dampfform in einer für die erste Erhitzung und Spaltung bestimmten Retorte behandelt wird und in der der Kohlenstoff bei der ersten Spaltungsreaktion niedergeschlagen wird, und bei welchem b) dann die Dämpfe in eine zweite erhitzte Krackkammer geführt werden, die mit Katalysator versehen ist und in der die Spaltung ohne wesentliche Ausscheidung von Kohle vor sich geht.

Frz. P. 604 361 V. L. Oil Prozesses Ltd.
7. 10. 1925
3. 5. 1926
Engl. Prior 31. 10. 1924

Kracken von Mineralölen.

Mineralöle werden in Dampfform in einer Retorte einer vorläufigen Krackung unterworfen, wobei sich Kohlenstoff abscheidet. Die Dämpfe strömen alsdann in eine zweite Krackkammer, die erhitzt ist und einen Katalysator enthält. Hier wird das Kracken vollendet.

208 569 Brit. Samuel James M. Auld, London.
20. 7. 1922
20. 10. 1923

Umwandlung von Kohlenwasserstoffölen in niedriger siedende Öle.

Ansprüche:

Verfahren, um in der Dampfphase Kohlenwasserstofföle in niedriger siedende umzuwandeln, dadurch gekennzeichnet, daß man den Dampf durch eine adsorbierende Substanz von sehr hoher Adsorptionskraft schickt, die mindestens so groß sein muß, daß 10 gr dieser Substanz unter normalen Temperatur und Druckbedingungen 1 ccm flüssiges Benzin als Dampf aus Luft oder einem anderen Gase von niedriger kritischer Temperatur adsorbieren, daß solche adsorbierenden Substanzen sind: Aktivierte Kokosnußschalenkohle und die hochgradig adsorptionsfähigen Formen von Eisen- und Siliciumoxyden, also Silicagel und Eisenhydroxydgel und daß die adsorbierende Substanz während der Behandlung auf Temperaturen zwischen, z. B. 400 und 700° C gehalten werden. —

Nach 2. wird das Verfahren unter Druck ausgeführt.

Die Erfindung macht von der Adsorptionsfähigkeit hoch aktiver Kohle, Silicagel und dgl. Gebrauch. Man leitet die Dämpfe bei den genannten Temperaturen und Drucken in Gegenwart von Wasserstoff über diese Katalysatoren.

Z. B. wurde ein Gasöl von den Siedegrenzen 210—275° C zu etwa 70 % in ein Produkt von den Siedegrenzen 40—200° C bei einem Druck von 30 Pfd. per Quadratzoll mittels gekörnter Kokosnußschalenkohle bei 536—540° C erhalten. Die Kohle war vorher durch Behandlung mit überhitztem Dampf bei 500° C hochaktiv gemacht worden.

D. R. P. 336 334 Robert Tern, Berlin-Schöneberg.
ab 24. 12. 1918
ausgeg. 29. 4. 1921

Verfahren zur Hydrierung von Kohlenwasserstoffen.

Verfahren zur Hydrierung von Kohlenwasserstoffen in der Wärme, und unter Druck, dadurch gekennzeichnet, daß als Katalysator elektrolytisch gewonnenes metallisches Eisen verwendet wird. —

Das so gewonnene Eisen soll eine schnelle Wirkung und vollkommene Widerstandsfähigkeit gegen alle Kontaktgifte aufweisen.

5. Abschnitt.

Kracken mit Katalysatoren (ohne Hydrierung).

A. Katalysatoren außer Aluminiumchlorid.

Die Wirkung des Aluminiumchlorids kann man nicht eigentlich als katalytische bezeichnen. Es sind nicht Reaktionen, die sich auf der Oberfläche des Beschleunigers vollziehen, sondern das $AlCl_3$ nimmt offenbar an der Reaktion teil, bildet Zwischenkörper, die sich zersetzen und zum Teil $AlCl_3$ regenerieren.

Auch der verhältnismäßig große Prozentsatz von $AlCl_3$ (teilweise 5—10% vom Rohmaterial) unterscheidet diese Reaktion von anderen katalytischen Prozessen.

Aus diesen Gründen und auch, weil es für die Gliederung der Darstellung zweckmäßiger erscheint, sind die Verfahren mit Aluminiumchlorid im 2. Teil dieses Abschnittes zusammengestellt.

Bei methodisch durchgeführten Versuchen zum Spalten von Braunkohlenteer in Gegenwart von Katalysatoren verschiedener Art übten diese nach F. Fischer (Umwandlung der Kohle (S. 188) keinen wesentlichen Einfluß aus.

Dennoch beschäftigen sich eine Anzahl von Erfindern mit dem Problem der Spaltung von Teerprodukten, fetten und mineralischen Ölen mittels Katalysatoren, und manche der Verfahren können sich als praktisch verwertbar erweisen. wenn man die Resultate in Betracht zieht, die neuerdings Herbst in Jena (Z. a. Ch. 39. 194, 1926) erreichte, dem es gelungen ist, Paraffin mit Hilfe von „Aktiver Kohle" ohne Druck weitgehend in leichte Kohlenwasserstoffe umzuwandeln*). — Übrigens hat die Erdöl- u. Kohlever-

*) Unter Benutzung von aktiver Kohle, die von Fr. Bayer & Co., Leverkusen, nach D. R. P. 290 656 hergestellt war, wurden aus 4000 g Hartparaffin (Smp. 50—52°) mit 675 g Kohle in 42 Std. bei 300—400° Innentemperatur und 315—450° Metallbadtemperatur in kontinuierlichem Betrieb gewonnen: 26,79% Leichtbenzin (—150° siedend), 16,32% Schwerbenzin (150—210°), 25,82% Petroleum (210—300°), 3,10% Gasöl, Rückstand: paraffinhaltiges Spindelöl 10,79%. Abgase und Verluste 17,18%. Die Ergebnisse sind mindestens theoretisch von hohem Werte.

wertungsgesellschaft bereits Patente (f. 554 680, e. 204 458) auf die Anwendung chem. indifferenter Katalysatoren — vorzugsweise aktive Kohle, aber auch Koks, Kieselgur und $AlCl_3$. — Mit Hydrosilikaten haben schon vor mehreren Jahren Cordes und Thiele (f. 520 322, D. R. P. 373 060, 378 004, 379 895) beträchtliche Erfolge an Oklahomarohöl und Boryslawrückständen sowie Braunkohlenteerölen und Schieferölen erzielt. — Mittels Eisen und Kupfer unter Druck hat Gané (Société a. des procédés Gané) Verbesserungen in der Ausbeute bei der Destillation von schweren Kohlenwasserstoffen erreicht (e. 206121, f. 557847, schwz. 105487). Mittels metallischer, stromleitender Katalysatoren spaltet A. Fürth (Werschen-Weißenfelser Braunkohlen A.G. D. R. P. 439010, 439520.) Eine ganze Reihe von Katalysatoren haben die Chemischen Fabriken Worms A.-G. durchprobiert, wobei sie mit Kieselgur die besten Resultate bei Teeröl erhielten (e. 156 255, 156 540). Seigle hat eine sinnreiche Apparatur zum Kracken von Kohlenwasserstoffdämpfen über Katalysatoren wie Eisen, Aluminium oder Bronzespäne unter Druck und besonderen Wärmeregelungsvorrichtungen entwickelt (e. 185140, 216150, 1572691, s. a. e. 190723). Plauson hat mehrere Verfahren dieser Art angegeben, bei denen er Chlorzink, gebrannten Kalk und andere Katalysatoren verwendet (e. 193 071, f. 554 494, schwz. 108 280, D. R. P. 382 090). Das letztgenannte Verfahren ist eingehend wiedergegeben. — Mit gebranntem Kalk arbeitet auch Lightenhome (1 434 000), mit Tonerde und Calciumchlorid Isomura (Japan) 1 590 640. — H. Mony (f. 563 204, 564 550, 575 543) benutzt Eisen- und Antimonsulfide, Kaliumkarbonat, Calciumchlorid u. a. m. Clancy (1 423 709) hat mit Quecksilberdämpfen katalytische Spaltungen erzielt.

Koks, als Katalysator im Öl suspendiert, dient der Kansas City Gasoline Cy. (f. 531 216) zur Verbesserung der Ausbeute. Byrnes (e. 173 750, f. 543 189, e. 209 128) braucht komplexe Metalloxyde saurer oder basischer Natur. — Die Internationale Bergin Compagnie verwendet alkalisches Eisenoxyd (f. 561 497) und Kieselgur. — Trotter krackt ein leichtes Kohlenwasserstofföl z. B. Kerosin unter Druck, wobei ein Kupferrohr katalytisch wirkt (e. 165 167). Die „Benzonaftène“, eine italienische Gesellschaft, behandelt Öle und Fette bei hoher Temperatur mit besonders hergestellten Katalysatoren, z. B. aus Natriumsilikat, Ceroxyd, Thoroxyd, Cu. Ni. u. a. m. (f. 592 195, 592 196, e. 251 459, 231 157). Westermann (schwz. 114288) erhitzt

Petrolfraktionen auf 500—1000° C in Gegenwart öllöslicher Katalysatoren wie Nickelcarbonyl und Jod. Gray reinigt Kohlenwasserstoffe katalytisch nach e. 222 481. Ferner finden noch kurze Erwähnung (f. 574 760, 602 694, 1 552 698 u. e. 169 182). Eine katalytische Synthese v. Teeröl aus Azetylen liefert Urfer (f. 572 661), die Synthese von Petroleum aus Fetten etc. beschreibt A. Mailhe (579 601) mittels anorganischer Zusatzstoffe. — Synthese von Petroleum aus Kohlenwassergemischen und Azetylen beansprucht Soc. Anon. „Le Pétrole Synthetique" (f. 589831), s. a. Lacombe und Picaut (f. 524 622).

Patente zu Abschnitt 5 A.
Kracken mit Katalysatoren (außer Aluminiumchlorid).

554 680 Frz. Erdöl- und Kohleverwertungs-Gesellschaft.

Verfahren zur katalytischen Zersetzung schwerer Kohlenwasserstoffe, Mineralöle, Ölrückstände, Goudron und dgl.

Verfahren zur katalytischen Zersetzung schwerer Kohlenwasserstoffe, Mineralöle, Ölrückstände, Goudron und dgl., dadurch gekennzeichnet, daß man diese Stoffe in Gegenwart chemisch indifferenter Katalysatoren — vorzugsweise aktiver Kohle — auf Temperaturen zwischen 200 und 400° erhitzt; das Verfahren kann weiterhin dadurch gekennzeichnet sein, daß man das zu zersetzende Öl wiederholt die Katalysatorschicht durchdringen läßt, indem man dem Öl diese schnelle Kreisbewegung vorzugsweise durch Ansaugen mittels einer Pumpe oder dgl. erteilt. S. das folgende brit. Patent. —

204 458 Brit. Erdöl- und Kohleverwertung, Aktiengesell-
1. 8. 1922 schaft, Berlin.
4. 10. 1923

Verfahren zur katalytischen Spaltung schwerer Kohlenwasserstoffe, Mineralöle, Ölrückstände, Teere oder dgl.

Anspruch:

1. Verfahren zur katalytischen Spaltung schwerer Kohlenwasserstoffe, Mineralöle, Ölrückstände, Teere und dgl. in einem Kessel, dadurch gekennzeichnet, daß man zur Vermeidung von Koksbildung die Anfangssubstanz wiederholt einer Pumpe oder dergl. durch eine Katalysatorschicht zirkulieren läßt, die auf einer durchlochten Scheibe im Kessel angeordnet ist.

Ein stehender Kessel, durch einen Ofen geheizt, trägt in seiner Mitte einen Siebboden, auf dem eine Katalysatorschicht, z. B. Holzkohle, ruht. Mittels einer Pumpe wird die Flüssigkeit in Zirkulation gebracht, indem die Pumpe sie vom unteren Teile des Kessels ansaugt und auf die Katalysatorschicht im oberen Teile entleert. Oben geht der Kessel in den Dephlegmator über. Ein besonderer Zufluß für frisches Öl ist gleichfalls im oberen Teil des Kessels vorgesehen.

Als Katalysatoren kommen zur Anwendung aktive Kohle, Aluminiumchlorid, Kieselsäure, Verbindungen wie Bimsstein, Kieselgur, Hydrosilikat. Eine

Charge von ca. 4000 kg Paraffin, Schmelzpunkt 51° wird in den Kessel mit 675 kg aktiver Holzkohle, die auf dem Siebe in Schichten liegt gegeben. Unter atmosphärischem Druck wird das Paraffin auf 350—380° C erhitzt und wiederholt über den Katalysator geschickt. Frisches Paraffin wird im selben Maße, wie Destillate entweichen, zugegeben — also im kontinuierlichen Verfahren. — Ein klares Destillat von 0,755 spezif. Gew. mit niedrigem Siedepunkt wird in Ausbeuten von 50—80 % des angewandten Paraffins erhalten. Der Rückstand besteht nach der Kühlung aus einem viskosen, öligen Anteil und einem festen Teil mit höherem Erstarrungspunkt.

D.R.P. 373 060 F. C. Thiele, Oklahoma, V. St. A. u. C. Cordes, Magdeburg.
Kl. 23 b. 5

ab 20. 7. 1914
ausgeg. 3. 4. 1923

Verfahren zur Umwandlung schwerer Kohlenwasserstoffe in niedriger siedende, spezifisch leichtere Produkte.

Anspruch:

Verfahren zur Umwandlung schwerer Kohlenwasserstoffe in niedriger siedende, spezifisch leichtere Produkte, dadurch gekennzeichnet, daß man als katalytisch wirkende Substanz solche Hydrosilikate verwendet, die mehr als 5 % freie Hydrokieselsäure enthalten.

Als Beispiel für Hydrosilikate werden Floridaerde, Georgiaerde etc. angegeben, die in geologischer, physikalischer, chemischer und katalytischer Hinsicht scharf von Fullererde und anderen Tonen zu unterscheiden sind.

Zur Ausführung des Verfahrens wird das Erdöl etc. in einen mit Dom versehenen Destillierkessel gebracht, welcher mit dem grob zerkleinerten Hydrosilikat beschickt ist. — Die Wärmezufuhr wird nach Siedebeginn so geregelt, daß die Temperatur nur langsam steigt. Beim Destillatgewicht von 0,780—0,800 wird wenig trockener Dampf zugelassen und die Temperatur auf 270° im Kesseldom geregelt. — Nach jeder siebenten Destillation wird das Hydrosilikat herausgenommen, mit Petroleum und Dampf gereinigt. Man kann es so immer wieder benutzen — in einem Falle 40mal also zu 7 × 40 = 280 Destillationen, ohne daß es in seiner Wirkung merklich nachgelassen hätte.

Die Rückstandsöle können nach Abdestillation von Petroleum oder Gasöl als hellfarbige Schmieröle verwandt werden, ohne weitere Behandlung mit H_2SO_4, da durch das Hydrosilikat die asphaltartigen Verbindungen entfernt sind. —

Einige Ausführungsbeispiele sollen die Überlegenheit jener Hydrosilikate über Fullererde beweisen.

Ein Oklahomarohöl vom spezifischen Gewicht 0,820/15 gab

bei einfacher Destillation ohne Zusatz, ohne Dephlegmation		bei Zusatz von gepulverter Fullererde		
65—120°	11,26 %	53—120°	13,16 %	0,705
120—164°	10,00 %	120—164°	10,95 %	
164—196°	10,00 %	164—196°	7,36 %	
196—210°	3,15 %	196—210°	3,15 %	
Gasolin 0,743 =	34,41 %	Gasolin 0,742 =	34,62 %	

Hydrosilikat			Hydrosilikat mit Rückfluß	
60—120°	22,30 %	0,723	65—120°	30,59 %
120—164°	5,00 %		120—164°	11,95 %
164—196°	7,00 %		164—175°	10,93 %
196—210°	1,00 %		175—181°	9,62 %
Gasolin 0,738 =	35,80 %		Gasolin 0,747 =	63,09 %

D.R.P. 378 004 F. C. Thiele, Oklahoma, V. St. A. u. C. Cordes, Magdeburg.
23 b. 5
ab 7. 6. 1921

Verfahren zur Spaltung und Umwandlung schwerer Kohlenwasserstoffe.

Ansprüche:

1. Verfahren zur Spaltung und Umwandlung schwerer Kohlenwasserstoffe, wie Rohöl oder Erdölrückstände, durch Destillieren in Gegenwart von katalytisch wirkenden Substanzen, wie Hydrosilikat, dadurch gekennzeichnet, daß der Katalysator in körniger Form und in Mengen von 25 % und darüber angewendet wird.

2. Verfahren nach 1., dadurch gekennzeichnet, daß das zu spaltende Öl im Kreislauf wiederholt durch die Hydrosilikatschicht bezw. Schichten hindurchgeführt wird, wobei zweckmäßig ein rasches Umlaufen des Öles durch Absaugen mittels einer Pumpe oder dgl. stattfindet.

In Verbindung mit dem vorhergehenden ohne weiteres verständlich.

D.R.P. 379 895 F. C. Thiele, Oklahoma und C. Cordes, Magdeburg.
ab 27. 5. 1921

Verfahren zur Umwandlung schwerer Kohlenwasserstoffe in niedriger siedende Produkte. — Zusatz zum Patent 373 060.

Anspruch:

Abänderung des Verfahrens des Hauptpatents 373 060 zur Spaltung und Umwandlung schwerer Kohlenwasserstoffe in niedriger siedende, spezifisch leichtere Produkte bezw. in Zylinderöl, dadurch gekennzeichnet, daß man an Stelle von Erdöl, Braunkohlenöl, Schieferöl oder dgl. in Gegenwart von Hydrosilikat als katalytische Substanz destilliert bzw. am Rückflußkühler erhitzt. —

Aus der Beschreibung: Die Hydrosilikate wirken in der Hitze auf die ungesätttigten Kohlenwasserstoffe der Braunkohlen- und Schieferöle etc. in der Weise, daß sich die ungesättigten Verbindungen zunächst polymerisieren. Bei weiterer Einwirkung des Hydrosilikats, bei erhöhter Temperatur zerfallen die entstandenen Polymerisationsprodukte in gesättigte und ringförmige Kohlenwasserstoffe der Naphthenreihe, die beständige Verbindungen sind. Die aus Braunkohlen- und Schieferöl auf diese Weise erhaltenen Kohlenwasserstoffe stellen ein vorzügliches Motoren- und Leuchtöl dar.

Wenn man aus denselben Ausgangsstoffen Schmier- und Zylinderöle herstellen will, so erhitzt man das Braunkohlenöl etc. gleichfalls in Gegenwart von Hydrosilikat, und zwar am Rückflußkühler, destilliert also in diesem Fall nicht über. — Die Anwendung des Katalysators, der in ungefähr gleichen Gewichtsmengen wie das Rohöl angewandt wird, erspart fast immer die Behandlung mit Schwefelsäure oder dgl.

520 322 Frz. C. Cordes, Deutschland.

Verfahren zur Zersetzung und Umformung schwerer Kohlenwasserstoffe in spezifisch leichtere und niedriger siedende.

Verfahren zur Zersetzung und Umformung schwerer Kohlenwasserstoffe in spezifisch leichtere und niedriger siedende, — z. B. von Mineralrohölen und deren Rückständen, dadurch gekennzeichnet, daß diese Öle in Gegenwart von Hydrosilikat als Katalysator destilliert werden. —

Als analytische Belege werden angeführt:

Oklahomarohöl 0,8536 b. $\frac{15^0}{15^0}$ C.

	altes Verf.	neues Verf.	
Naphtha (Benzine) . .	14,46%	33,00%	
Petroleum	32,73%	21,00%	
Gasöl und Schmieröl .	11,60%	6,33%	Gasöl
Paraffinöl u. Schmieröl	20,30%	31,90%	Schmieröl
Zylinderöl und Asphalt	17,91%	5,00%	Paraffinöl
Gase und Verluste . .	3,00%	2,77%	

Boryslawrückstände 0,919 $\frac{15^0}{15^0}$ C.

altes Verf.	neues Verf.	
Nur	16%	Benzin
Schmieröl	23%	Petroleum
und	12%	Gasöl
Asphalt	49%	Schmieröl

105 487 Schwz. Société anonyme pour l'exploitation des
15. 9. 1923 Deposée proc. Gané, Paris, Deposée.
1. 7. 1924 publié

Verfahren zur Behandlung von Essenzmischungen mit schwereren Kohlenwasserstoffen zwecks Erzielung einer größeren Menge von Essenzen als anfangs in der Mischung enthalten waren.

Man erhitzt eine Mischung von Essenzen und schweren Kohlenwasserstoffen unter Druck. Dabei zersetzen sich die schwereren zu ungesättigten Spaltstücken von Kohlenwasserstoffen, die durch die Zersetzung der leichteren wieder hydriert werden und zwar in Gegenwart eines Katalysators, wie Eisen oder Kupfer.

Nach Unter-Anspruch 2: Ein Verfahren, dadurch gekennzeichnet, daß die von der unter Druck erhitzten Mischung schwerer Kohlenwasserstoffe mit Essenzen entwickelten Dämpfe während der Destillation der Einwirkung eines hydrierenden Katalysators unterworfen werden.

Beispiel: Ein rumänisches Rohöl (das einer solchen Mischung von leichten und schweren Kohlenwasserstoffen entspricht) vor und nach der Behandlung:

	vor Behandlung	nach Behandlung	vor Behandlung	nach Behandlung
	D 15	D 15	Vol. %	Vol. %
Leichtbenzin	0,728	0,727	7,50	9,00
Schwerbenzin	0,765	0,765	8,60	13,80
Leuchtöl	0,825	0,825	32,70	29,20
Rückstand (u. Verlust)	0,925	0,925	51,20	48,00

Das bedeutet eine Zunahme der Benzine um 6,70%.

557 847 Frz. G e o r g G a n e, Rumänien.

Verfahren zur Erhöhung der Ausbeute an Petrolessenzen aus Rohölen oder Essenzgemischen mit schwereren Kohlenwasserstoffen.

Die Erfindung erstreckt sich 1. auf ein Verfahren, leichte Petroldestillate zu gewinnen, durch Umwandlung schwerer in leichte und flüchtige Kohlenwasserstoffe, dadurch gekennzeichnet, daß man Rohöl oder Rohöl mit Zusatz von Petroläther oder dgl. sehr flüchtigen Kohlenwasserstoffen auf eine geeignete Temperatur unter Druck erhitzt, wodurch die Möglichkeit gegeben wird, die Ausbeute an leichten Kohlenwasserstoffen auf Kosten der schwereren zu erhöhen. Diese leichten Kohlenwasserstoffe sind gesättigter Natur und physikalisch und chemisch den leichten Essenzen ähnlich, die man der obigen Behandlung unterworfen hat;

2. Auf die Anwendung eines Katalysators, der entweder im Druckkessel selbst, oder in einem Rohr oder Gefäß, durch das die Kohlenwasserstoffdämpfe bei der Destillation streichen untergebracht ist, um so die Hydrierung der ungesättigten Kohlenwasserstoffe, die sich während der Zersetzung der schwereren Kohlenwasserstoffe nach 1. bilden, zu befördern und zu begünstigen.

Nach den angegebenen zahlreichen Versuchen kann man leicht eine V e r m e h r u n g von 5—6% Leichtbenzinen, die unter normalem Druck bis 160° C abdestillieren, erreichen, wenn man ein Petroleum, das von Natur oder durch Beimengung 10—15% obiger Leichtbenzine enthält, einem Druck von 8 bis 10 Atmosphären aussetzt, unter Verwendung von reduziertem E i s e n oder K u p f e r als Katalysator.

206 121 Brit. G e o r g e s G a n e, Bukarest.
26. 10. 1922 Frankreich
14. 9. 1923 England
16. 3. 1925

Verfahren zur Behandlung von Roh-Petroleum und anderen Kohlenwasserstoffen zur Vergrößerung der Ausbeute an leichteren Produkten.

A n s p r ü c h e :

1. Verfahren zur Erhöhung der Ausbeute an Petroleum aus petroleumhaltigen Rohpetrolen dem Petroleum zugesetzt wurde, wie aus Mischungen von leichten Kohlenwasserstoffen mit schwereren Kohlenwasserstoffen, die Kerosinfraktionen enthalten, dadurch gekennzeichnet, daß man eines der oben erwähnten Produkte unter einem Druck, der 10 Atmosphären nicht übersteigt, bei Temperaturen von 100—300° C erhitzt und destilliert.

2. Verfahren nach 1., nach welchem die durch die auf obige Weise behandelten Produkte entwickelten Dämpfe der Einwirkung eines hydrierenden Katalysators ausgesetzt werden, w o b e i d i e g a n z l e i c h t e n G a s o l i n d ä m p f e die Rolle des W a s s e r s t o f f e s spielen.

Der Erfinder setzt z. B. Rohpetroleum, das 13 %, bei 160° destillierendes Petroleum enthält, einem Druck v o n 10 A t m o s p h ä r e n aus, und konstatiert eine Mehrausbeute an Petroleum von 5 %.

Ein Kochkessel von 7000 Liter Inhalt, mit dem in 24 Stunden etwa 20 000 Liter behandelt werden können, hat eine Mehrausbeute an Petroleum von

13 % geliefert. — Als Vorteile werden angegeben: 1. Anwachsen der Ausbeute an leichten gesättigten Kohlenwasserstoffen. — 2. u. 3. Einfache Reaktion, die in den entsprechenden — vorhandenen Apparaturen durch die Destillate selbst den notwendigen Druck erzeugt. 4. Keine Bildung von Gas, Koks oder unbrauchbaren Produkten.

Durch die Zumischung von leichtem Petroleumdestillat zu Rohpetroleum und Destillation der Mischung in Gegenwart eines geeigneten Katalysators, werden Spaltungs- und gleichzeitig Hydrierungsreaktionen ausgelöst. Bekanntlich wirken Katalysatoren auch Wasserstoff abspaltend (z. B. bei der Dehydrogenisationskatalyse von Zelinsky, Kaffer u. a.). Dieser abgespaltene Wasserstoff kann im Laufe der während der Destillation wechselnden Druck- und Temperaturbedingungen wieder an ungesättigte Spaltprodukte angelagert werden.

D. R. P. 439 010 Werschen-Weißenfelser Braunkohlen A. G.
12. 12. 1922 Dr. A. Fürth. Halle-Webau.
31. 12. 1926

Vorrichtung zum Spalten von Mineralölen.

Anspruch:

Vorrichtung zur Umwandlung von Mineralölen und ähnlichen, vorwiegend aus Paraffinkohlenwasserstoffen bestehenden hochsiedenden Ölen in leichtsiedende Benzine oder benzinartige Stoffe durch Druckdestillation in Gegenwart im Dampfraum befindlicher Katalysatoren unter Rücklauf der höher siedenden Kondensate in den Verdampfer und Vermeidung der Berührung des Rücklaufs mit dem Katalysator, dadurch gekennzeichnet, daß letzterer sich in einem ringförmigen durch konzentrische Zylinder gebildeten Raum in einem auf einen Autoklaven aufgedichteten Zersetzungsaufsatz befindet. —

Auf einen stehenden Autoklaven von üblicher Form ist ein Zersetzungsaufsatz aufgedichtet. Im Innern, zwischen der Wandung des Aufsatzes und einem kleineren konzentrischen Zylinder, ist der Katalysator angeordnet. In die Mitte des vom kleineren Zylinder gebildeten Raumes ragt das Rohr herunter, aus welchem die Kondensate vom Dephlegmator in den Autoklaven zurückfließen. Der Druck beträgt nicht über 20 Atm.

D. R. P. 439 520 (Zusatz zum vorigen Patent.)
12. 12. 1922
31. 12. 1926

Das Verfahren bringt besondere Anordnungen für die Stromzuführung für den vorgesehenen Fall, daß die Heizung der Katalysatorschicht auf elektrischem Wege erfolgt.

156 255 Brit. Chemische Fabriken Worms Akt.-Ges., Frankfurt
4. 1. 1921 am Main
(Deutschland 23. 1. 1917)

Herstellung niedrig siedender Produkte aus Teeren, Harzen, Mineralölen und dgl.

Ansprüche:

1. Herstellung niedrig siedender Produkte aus Teeren, Harzen, Mineralölen und dgl., indem man das Material mit einem anderen Katalysator als Sauerstoffverbindungen des Phosphors, Bors oder deren Salze behandelt.

2. Herstellung niedrig siedender Produkte aus Teeren, Harzen, Mineralölen und dgl. in Verbindung mit der Anwendung eines Katalysators nach 1. mit Einschluß der genannten Phosphor- und Borverbindungen, indem man das Material mit dem Katalysator vor der Destillation erhitzt.

3. Wie 2. unter Ausführung der Destillation unter Druck.

Bei der Behandlung von 100 kg Teeröl, die auf 200° C mit dem nachstehenden Material erhitzt wurden, ergab sich folgendes:

1.	Ohne	Katalysator	4,2 kg	Leichtes Öl
2.	mit	25 % $CaCl_2$	18,4 „	„ „
3.	„	25 % NaOH fest	18,2 „	„ „
4	„	25 % $AlCl_3$ cryst.	30,0 „	„ „
5.	„	25 % Na-Acetat	12,0 „	„ „
6.	„	25 % Wasserglas	23,0 „	„ „
7.	„	5 % H_2SO_4	19,1 „	„ „
8.	„	5 % Kupferpulver	10,0 „	„ „
9.	„	10 % Aluminiumpulver	9,0 „	„ „
10.	„	20 % Oxalsäure	12,0 „	„ „
11.	„	20 % Kieselgur	39,0 „	„ „
12.	„	25 % SiO_2 gefällt	18,3 „	„ „

156 540 Brit. Chemische Fabriken Worms Akt.-Ges.
Deutschland 23. 1. 1917
erteilt 5. 1. 1921

Herstellung niedrig siedender Produkte aus Teeren, Harzen, Mineralölen und dgl.

Ansprüche:

1. Die in Pat. 156 255 beschriebene Behandlung wird mit einem Katalysator in Gegenwart eines Lösungsmittels ausgeführt.

Nach 2 ferner in Gegenwart indifferenter oder reduzierender Gase oder Dämpfe.

Nach 3 unter vermindertem Druck.

Nach 4 setzt man die Produkte, die mit dem Katalysator behandelt wurden, einer wiederholten Wirkung desselben für eine längere Zeit oder im Zirkulationsprozeß aus.

185 140 Brit. Ad. Ant. F. M. Seigle, Paris.
24. 2. 1921
24. 8. 1922

Apparat zum Spalten von Kohlenwasserstoffen oder anderen Ölen.

Anspruch:

3. Apparat zum Spalten flüssiger Kohlenwasserstoffe gemäß einer Reihe von Vorgängen und zwar Heizung mit oder ohne Druck, zwecks Verdampfung und Spaltung der Kohlenwasserstoffe und eine oder mehrere aufeinanderfolgende Expansion- und Kühlungsstufen, dadurch gekennzeichnet, daß die aus dem Heizapparat strömenden Dämpfe in einen oder eine Reihe von Kühler-Expansionskammern geleitet werden, in denen man Wasser unter bestimmtem Druck, der gleich, geringer oder höher als der atmosphärische

sein kann, kochen läßt, wobei jede Kühler-Expansionskammer eine äußere ringförmige Kammer und eine Zentralkammer, die mit einander verbunden sind und das kochende Wasser enthalten, und ferner eine mittlere Kammer, zwischen den beiden vorerwähnten Kammern enthält, die von den vergasten oder verdampften Kohlenwasserstoffen durchströmt wird, welch' letztere Kammer mit perforierten Platten versehen ist, die ein katalytisches Material tragen.

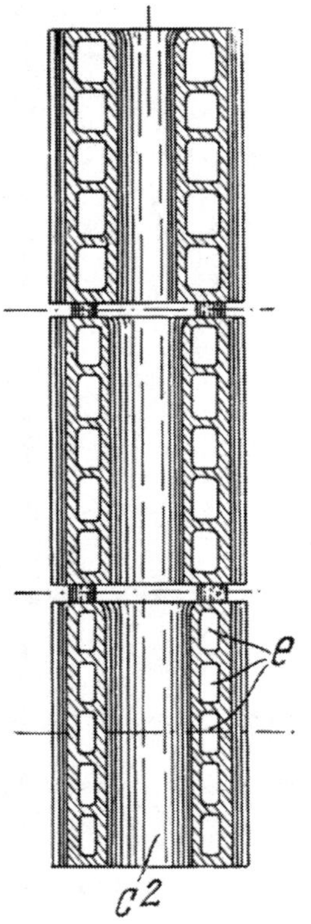

Abb. 100.

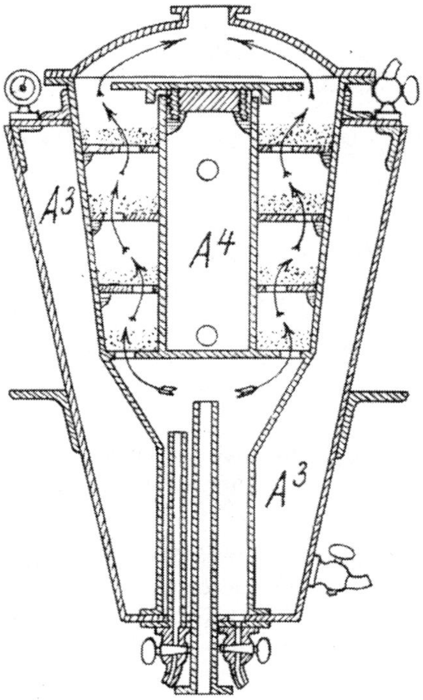

Abb. 101.

Das wesentliche an diesem Verfahren wird durch die beistehenden 2 Zeichnungen erläutert.

Abb. 100 zeigt eine Retorte, durch deren Mittelrohr C_2 Heizgase strömen, während durch die Öffnungen e das vorgewärmte Öl zirkuliert. Es nimmt dabei Spalttemperatur an und seine Dämpfe gelangen in die 2 nacheinander geschalteten Kühlexpansionskammern, deren Konstruktion aus Abb. 101 ersichtlich ist.

Die Öldämpfe sollen schnell auf eine gleichmäßige, aber nicht zu tiefe, Temperatur heruntergekühlt werden, daher werden sie gezwungen, zwischen Wänden zu streichen, die auf die Temperatur von siedendem Wasser gebracht sind. Dadurch, daß Wasser bei Hochdruck, Unterdruck und atmosphärischem Druck zum Kochen gebracht wird, kann die Temperatur variiert werden. In der äußeren Kammer A 3 und der mittleren A 4 befindet sich Wasser, während die Öldämpfe mit oder ohne Zumischung von Wasserstoff durch die mittleren Kammern in der Pfeilrichtung streichen, in welchen außerdem durch Katalysatormassen — die aus Eisen- oder Aluminiumspänen bestehen, die Spaltung während der Kühlung und gleichzeitigen Expansion begünstigt werden soll.

Die Kohlenwasserstoffdämpfe werden beim Durchgang durch die Dephlegmatoren von etwa 650° C auf 160° C heruntergekühlt. Während nun Eisen und Aluminium bei der Sprengung des chemischen Gleichgewichts bei Temperaturen von 650—450° C wirksam sind, haben Kupferdrehspäne wieder eine Affinität für Wasserstoff bei 300—500° C und Ferronickel hat doppelte Affinität, für Kohlenstoff und Wasserstoff bei 200—350° C.

Der Druck in der Retorte soll 12 Hektogramme pro cm^2 betragen und im ersten Kühler 4 Hektogramme.

Die aus den Expansionskühlern mit 160° C entweichenden Gase und Dämpfe werden in üblicher Weise in Gasbehältern und Tanks aufgefangen.

Es bilden sich leichte, als Motorbrennstoffe geeignete, Produkte.

Außer Rohöl und Rückstandsölen (Mazut) kann der Apparat Steinkohlenteer und Teeröle sowie Torf, Schiefer, Braunkohlenprodukte verarbeiten.

216 150 Brit. Adolphe A. F. M. Seigle, Paris.
16. 5. 1923 Frankreich
15. 5. 1924 England
9. 7. 1925 Compl. Acc.

Flüssiger Brennstoff.

Anspruch:

Verfahren zur Behandlung von schweren Kohlenwasserstoffölen, bestehend aus einer Verdampfungsstufe, einer Überhitzungsstufe in Gegenwart von katalytischen Metallkörpern und aufeinanderfolgenden Stufen intensiver und gleichzeitiger Kühlung und Expansion mittels kochenden Wassers unter bestimmten Drucken, dadurch gekennzeichnet, daß die während der letzten Stufe intensiver und gleichzeitiger Kühlung und Expansion kondensierten Kohlenwasserstoffe in die vorhergehende Behandlungsstufe zurückgeführt werden.

Die vorliegende Erfindung nimmt Bezug auf die Verfahren laut Patent Nr. 185 140 und 190 723. — Während bei diesen Verfahren das Endprodukt in 2 Fraktionen von etwa je 50 % aufgefangen wurde, von denen die leichtere 0,72—0,76 spezif. Gew. zeigte, wird hier das Produkt zu 95—100 % in einer Fraktion vom spezif. Gew. 0,735—0,780 erfaßt.

Die Apparate B und C wirken dann als Dephlegmatoren, das Kondensat geht wieder in den Betrieb zurück, während die Dämpfe in dem Wasserkühler verdichtet und als fertiges Produkt aufgefangen werden. — Siehe Zeichnung zu 190 723.

1 572 691 Adolphe A. F. M. Seigle, Paris.
16. 7. 1920
9. 2. 1926

Apparat zur Umwandlung und Destillation von Kohlenwasserstoff und dgl.

Kohlenwasserstoffe gehen spiralförmig im Gegenstrom um die äußere Wandung eines Heizrohres. Die Spirale erweitert sich um so mehr (s. a. Abbildung

z. Pat. Nr. 190 723), je heißer die Wandung und mit ihr die Kohlenwasserstoffdämpfe werden. Zur Unterstützung der Heizwirkung werden Eisen-, Aluminium- oder Bronzespäne in die Spiralen gegeben, wodurch auch der Spalteffekt erhöht wird.

190 723 Brit. Ad. A. F. M. Seigle, Paris.
22. 12. 1921 Frankreich
20. 12. 1922 England
20. 3. 1924 Compl. Acc.

Apparaturen und Vorrichtungen zur Destillation und Depolymerisation von flüssigen oder flüssig zu machenden Kohlenwasserstoffen.

Ansprüche:

Eine Einrichtung zur Destillation und Depolymerisation von flüssigen oder flüssig zu machenden Kohlenwasserstoffen, gekennzeichnet durch eine oder mehrere Vertikalretorten, in welchen die zu behandelnden Kohlenwasserstoffe verdampft werden und, wenn nötig, überhitzt werden, wobei diese Kohlenwasserstoffe zum unteren Teile der genannten Retorte geleitet werden, bei etwa atmosphärischem Druck, wobei die Retorten in ihrem oberen Teil mit Heizvorrichtungen versehen sind, an welchen die Flamme abwärts gerichtet ist, und durch Gruppen von Kühlexpansionskammern, in welchen die von den Retorten abgegebenen Dämpfe aufeinander folgenden Expansions- und Kühlperioden unterworfen werden, wobei die Kühlexpansionskammern jeder Gruppe hochgelegt werden und die unteren Teile der Kühlexpansion über der oder den Retorten liegt, wodurch die Zirkulation der Gase und Dämpfe durch ihren natürlichen Anstieg durch die ganze Anlage herbeigeführt wird. —

Das Verfahren unterscheidet sich von dem unter 185 140 geschützten desselben Erfinders dadurch, daß Überdruck völlig vermieden wird — oder wenigstens niemals den Druck von 15—20 mm Wassersäule übersteigt. — Die beiden Überhitzungsretorten bestehen aus 2 konzentrischen Metallrohren, welche gegebenenfalls voneinander getrennt werden können.

In erster Linie maßgebend war dem Erfinder die Verringerung der Betriebsgefahr und der beim Überdruck resultierenden Verluste.

Die Konstruktion der Retortenringe veranschaulicht Fig. 5 (siehe Abb. 102, Anhang).

193 071 Brit. Dr. Hermann Plauson, Hamburg.
16. 8. 1921
16. 2. 1923

Verfahren zur Gewinnung niedrig siedender Kohlenwasserstoffe aus hoch siedenden Kohlenwasserstoffen.

Ansprüche:

1. Bei der Destillation von hoch siedenden Ölen: die Anwendung einer Mischung von Kalk und einer Zinkverbindung, die mit Schwefelwasserstoff reagiert für den in der Überschrift angegebenen Zweck.

Z. B. werden 100 Teile mexikanischer Mazut mit 30 Teilen wasserfreiem Zinkchlorid und 40 Teilen wasserfreiem Kalk destilliert und daraus ein leichtes, gelbes Öl von den Siedegrenzen 55—260° in einer Ausbeute von 60 % erhalten. — Das Destillat bis 200° ist farblos.

Das Verfahren wird zweckmäßig in einer heizbaren Drehtrommel ausgeführt. Das Material wird mit inerten Substanzen wie Sand, Glas, Koks, verdünnt. Eine Reinigung mit Schwefelsäure erübrigt sich für die gewonnenen Produkte.

554 494 Frz. Plauson's Institut, England.

Verfahren zur Gewinnung von niedrig siedenden Kohlenwasserstoffen aus höher siedenden.

Man läßt die Kohlenwasserstoffdämpfe über wasserfreies Chlorzink und gebrannten Kalk streichen, am besten in einer drehbaren Trommel, die mit Hindernissen versehen ist, so daß Gasdämpfe und feste Substanzen dauernd in Bewegung sind.

Beispielsweise erhält man aus 100 Teilen dunklen bayerischen Schieferöles von 130—350° Siedegrenzen, die mit 10 Teilen Chlorzink, 5 Teilen Chlormagnesium und 40 Teilen gebranntem Kalk behandelt wurden, ein schwach gelbliches Öl von 60—260° C Siedegrenzen in 90 %iger Ausbeute.

Destillation: 60—140° C = 58 %
140—260° C = 42 %.

108 280 Schwz. Plauson u. Miedel, Bern.
3. 10. 1923
2. 1. 1925

Brennstoff für Explosionsmotoren.

Ansprüche:

1. Verfahren zur Herstellung eines Brennstoffes für Explosionsmotore, dadurch gekennzeichnet, daß hochsiedende Kohlenwasserstoffe mit Alkohol zusammen in Anwesenheit von Katalysatoren bei erhöhter Temperatur zur Reaktion gebracht werden, worauf die erhaltenen Reaktionsprodukte in Kondensationsvorrichtungen durch bereits kondensierten Brennstoff kondensiert werden.

2. Das Reaktionsgefäß ist mit einem automatisch wirkenden und auf beliebige Drucke einstellbaren Ventil versehen, durch das die Reaktionsdämpfe von gewissen Siedepunkten entweichen können.

D.R.P. 382 090 Plausons Forschungsinstitut, G. m. b. H., Hamburg.
ab 26. 4. 1919
ausgeg. 28. 11. 1923

Verfahren zur Herstellung niedrig siedender oder gasförmiger Stoffe.

Anspruch:

Verfahren zur Herstellung niedrig siedender oder gasförmiger Kohlenwasserstoffe, dadurch gekennzeichnet, daß höher siedende Kohlenwasserstoffe in Gegenwart von fein gemahlener Kohle oder bituminösen Stoffen, Pech oder dgl. in ununterbrochenem Arbeitsgange bei Anwesenheit von Wasser und gegebenenfalls von Alkali in kleinen Teilmengen unter hohem Druck, der z. B. durch zugeführte, gespannte, reduzierend wirkende Gase gebildet werden kann, durch einen erhitzten Reaktionsraum geführt werden, in der Weise, daß der Druck durch Ein- und Austrittsventile zwecks Vermeidung zu hoher Drucke unabhängig von der Temperatur geregelt wird.

Beispiel 1. Durch allmähliche Zugabe von 100 kg fein gemahlener Braunkohle zu 100 kg leichtem Teeröl und 100 kg 20 %iger Natronlauge wird in einem Rührkessel oder besser in einer Schlagmühle unter allmählichem Hinzufügen weiterer Mengen Wasser (etwa 100 Ltr.) eine vollkommen flüssige Emulsion hergestellt, die in einen mit Rührwerk versehenen Vorratsbehälter gelangt und durch eine Pumpe in ein aus Nickelstahl bestehendes Reaktionsrohr gedrückt, (das in geeigneter Weise auf 4—500° und 150—250 Atm. Druck gebracht werden kann), gleichzeitig werden in das Rohr 175—200 Atm. Stickstoff mittels Pumpe und Rückschlagventil eingepreßt. Die Durchlaufgeschwindigkeit durch das Rohr beträgt bei einer Temperatur von 400—450° etwa 4—3 Stunden. Die Reaktionsprodukte, die durch ein entsprechend eingestelltes Sicherheitsdurchlaßventil abgelassen werden, werden in einer Kühlanlage, die aus einem Expansionsgefäß, drei Wasserkühlern und einem mit Kühlsole umgebenen Kühler bestehen, kondensiert. Die unkondensierbaren Gase gehen nach Trocknung wieder in das Reaktionsrohr zurück. Von der Kohle-Alkali-Teerölemulsion werden nicht nur die hoch siedenden Kohlenwasserstoffe in leicht siedende benzinartige Stoffe umgewandelt, sondern es wird auch die Kohle selbst größtenteils in flüssige organische Verbindungen übergeführt. — Die Ausbeute auf Teeröl berechnet, beträgt etwa 80—84 % leicht siedende Produkte und, auf Braunkohle berechnet, etwa bis 60 % dickflüssige oder feste Substanz, diese können in einem zweiten Arbeitsgange auch noch in leichter siedende Produkte umgewandelt werden. — Statt Alkalilösung kann Ätzkalkaufschlämmung angewandt werden.

Beispiel 2. In 200 Teilen Solventnaphtha, über 130° siedend, werden 50 Teile Pechrückstände von der Erdöldestillation oder Goudron oder Asphalt gelöst und diese Lösung mit 100 Teilen Wasser emulgiert.

Bei der Bearbeitung bei 400° unter Druck von 100 Atm., der z. B. auch durch hochkomprimiertes Kohlenoxyd erzeugt werden kann, erzielt man eine Ausbeute von 60—70 Teilen unter 120° siedender Stoffe, 120—140 Teile von 120—200° und 50—60 Teile über 200° siedende Öle. Arbeitet man mit Alkali, so erzielt man erstens eine völlig homogene Emulsion und zweitens bei einmaligem Durchlauf schon 100—120 Teile unter 120° siedender als Lösungsmittel sehr geeigneter Stoffe.

1 434 300 Charles L. Lightenhome, New York.
14. 9. 1917
31. 8. 1922

Verfahren zur Gewinnung von Kohlenwasserstoffen.

Anspruch:

1. Verfahren zur Gewinnung von leichten aus schweren Kohlenwasserstoffölen, dadurch gekennzeichnet, daß man dem Öle Kalk zufügt und es zur Austreibung der leichten Kohlenwasserstoffe der zerstäubenden Wirkung von

Dampf unterwirft unterhalb der Temperatur, bei welcher sich permanente Gase entwickeln würden, und darauf die leichten Kohlenwasserstoffe in geeigneter Weise vom Rückstand trennt.

In einem Rührkessel werden z. B. 30 Gallonen Rohpetroleum vom spezif. Gew. 0,809 (44,5° Bé) mit 6 Pfund Ätzkalk gemischt und das Gemisch durch ein Düsensystem mittels eines Dampfinjektors unter einem Druck von 10—25 Pfund in 2 nacheinander geschaltete Absetzkammern geleitet, aus denen die unkondensierten, leichten Krackprodukte durch einen Kühler in einen gekühlten Vorratstank gehen. Der Erfinder meint, daß durch die katalytische Wirkung des Kalkes ein Krackeffekt erreicht werde, der, wie praktische Versuche erwiesen haben, aus so behandeltem Kerosin 50—55 % leichte Kohlenwasserstoffe ergibt. Das Kerosin hatte z. B. Siedegrenzen von 320—580° F (160—304° C) und gab dann mehr als 50 % Produkte mit den Siedegrenzen 260—420° F (126—216° C).

1 590 960 Kataro Isomura (Tsugoyoshi Mii) Japan.
19. 1. 1923
29. 6. 1926 **Herstellung von niedrig siedenden Ölen.**

Herstellung von niedrig siedenden Ölen mittels Erhitzung hochsiedender auf 220° mit einem Katalysator, der durch Imprägnieren von Tonerde mit Kalziumchlorid erhalten wird.

563 204 Frz. H. Mony. Frankreich.

Verfahren zum Kracken von Petroleum zwecks Herstellung von Brennstoffen.

Verfahren zum Kracken von Petroleum zwecks Herstellung von Brennstoffen, das im wesentlichen darin besteht, Petroleumrohöl oder Destillate einer erstmaligen langsamen Destillation zu unterwerfen, nachdem man geeignete Substanzen, die die Zersetzung erleichtern sollen, zugefügt hat. Diese Destillation kann fraktionsweise geschehen, wenn die erhaltenen Destillate das gewünschte spezif. Gewicht überschreiten; ferner besteht es in einer zweiten, ebenfalls langsamen Destillation der bei der ersten erhaltenen Produkte, nachdem man wieder die oben genannten Substanzen zugefügt hat. Als solche Substanzen werden in der Patentschrift angegeben: Eisensulfid, Antimonsufid, Kaliumkarbonat und Kalziumchlorid, entweder alle zusammen oder einzeln in Mengen von 1—5 %.

564 550 Zusatz zu obigem Patent von H. Mony (563 204), darin bestehend, daß man Essigsäure oder eine andere schwache, organische Säure oder auch Chlorwasserstoffsäure (!) zusetzt oder Eisensulfat, gegebenenfalls auch Ätznatron oder Ätzkalium.

575 543 Frz. Henry Mony, Frankreich.
22. 3. 1923
1. 8. 1924

Verfahren zum Kracken von Braunkohlenölen zwecks Gewinnung von Kraftstoffen.

Die Braunkohlenöle werden einer langsamen Destillation mit einer Reihe katalytisch destruktiv wirkender Stoffe unterworfen, gegebenenfalls auch einer zweiten und dritten Destillation. Solche Stoffe sind: Eisensulfid, Eisensulfat, Schwefelantimon und eine ganze Reihe von sauren, neutralen, oder basischen Stoffen.

1 423 709 J. C. Clancy, Niagara Falls; übertragen auf Nitrogen Corporation of Providence, Rhode Island.
31. 7. 1919
25. 7. 1922

Verfahren zur Gewinnung von Gasolin und dgl.

Ansprüche:

1. Verfahren zum Spalten von Kohlenwasserstoffen, dadurch gekennzeichnet, daß man ein Kohlenwasserstofföl in Dampfform der katalytischen Wirkung von Quecksilberdampf aussetzt.

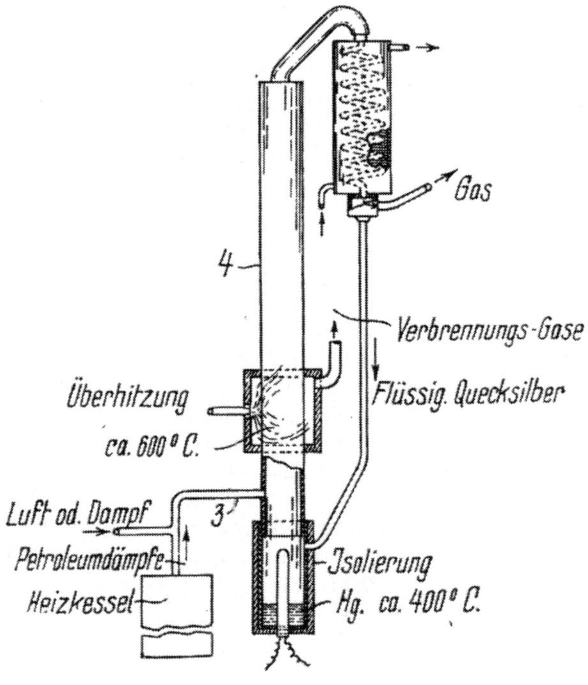

Abb. 103.

14. Verfahren zur molekularen Umwandlung eines Kohlenwasserstoffes, indem man ihn in Gegenwart von Wasserstoff und Quecksilberdampf erhitzt.

Die Abbildung 103 zeigt einen Apparat zur Umwandlung von Kerosin, das aus dem Heizkessel in Dampfform durch ein Rohr in die Reaktionskammer 4 gelangt. Durch 3 wird Luft oder besser Wasserdampf beigemischt, der eine höhere Ausbeute an hochgradigem Gasolin liefert, die Bildung von Olefinen und von Koks reduziert besonders, wenn eine angemessene Menge Sauerstoff zugegen ist, die mit überschüssigem Kohlenstoff Kohlenoxyd bildet. Das weitere ist aus der Abbildung ersichtlich.

Es wird bei Temperaturen oberhalb des Quecksilbersiedepunkts (357° C) bis 600° unter Druck wie unter Vakuum gearbeitet, besser wohl mit Druck. Die Ausbeute an leichten Kohlenwasserstoffen beträgt bis zu 60 %. — Das so erhaltene Gasolin ist frei von dem üblen Geruche des Krackbenzins und bedarf im allgemeinen keiner weiteren Raffination.

531 216 Frz. The Kansas City Gasoline Company.; V. St. A.
22. 2. 1921

Verbesserungen beim Kracken von Kohlenwasserstoffen.

Das Verfahren besteht darin, daß das Rohöl in Gegenwart von Kohle auf Kracktemperatur erhitzt wird und zwar, indem man das Öl mit der Kohle in ständiger Bewegung erhält, beispielsweise durch einen Agitator, der durch Elektromotor in bekannter Weise angetrieben wird. — Eine andere Methode besteht darin, die Kohle oder Koks im Öl zu suspendieren (ev. lediglich diejenige, die sich beim Kracken ausscheidet) und zwar durch die Bewegung, die beim Sieden des Öles entsteht.

Es werden dreierlei Arten von solchen Siedeagiteuren abgebildet. 1. mit mechanischer Rührung; 2. horizontale Apparatur ohne Rührung; 3. vertikale Apparatur ohne Rührung, aber ebenso wie bei 2. mit Vorrichtung, die Kohle aufzufangen. Im übrigen zeigt die Apparatur sehr ähnliche Einrichtungen, wie die des Burton-Verfahrens, nur soll der Druck laut Beschreibung den atmosphärischen „nicht erheblich" überschreiten.

Allerdings sieht die Beschreibung auch ein Sicherheitsventil am Rezipienten — hinter dem Kühler vor — für den Fall, daß man mit Druck arbeitet.

Beispiel: Ein Apparat von 1 000 ccm wurde mit 500 ccm Zylinderöl und 100 ccm bitumin. Kohle gefüllt. Man erhielt 480 ccm Destillat, wobei der Kessel bis zur Trockene erhitzt wurde. Der Rückstand: Koks von guter Qualität zur Herstellung von Briketts. Das Destillat lieferte 10% Gasolin von 62° Bé. Der Boden der Retorte war am Ende des Versuches dunkelrotglühend. Der Druck betrug nur wenig mehr als 1 Atmosphäre.

2. Beispiel: 450 Liter Rohöl, 70 kg bituminöse Kohle gaben 340 Liter „synthetisches" Rohbenzin und 95 kg Koks. Das Rohbenzin bestand aus: 22 % = 75 Liter Gasolin, 26 % = 88 Liter Kerosin, 52 % = 177 Liter Gasöl. Die Temperatur 330—550°. Druck etwas höher oder gleich dem atmosphärischen.

209 128 Brit. Clarence P. Byrnes V. St. A.
1. 8. 1922
1. 1. 1924

Gewinnung von flüssigem Brennstoff.

Ansprüche:

1. Ein Verfahren nach Pat. 173 750, bei welchem der leichtere Teil des Produktes getrennt wird und der schwerere in Gegenwart eines basischen Oxyds erhitzt wird und der Dampf erneut der teilweise oxydierenden Behandlung unterworfen wird.

Nach 2. soll sich das Karbonat des basischen Oxydes bei relativ niedriger Temperatur zersetzen. —

Die Erfindung basiert auf **Patent 173 750**. — Nach diesem wird eine Mischung von Mineralöldämpfen und Luft durch katalytisches Material unter bestimmten Temperaturbedingungen geschickt. Dabei erfolgt teilweise Verbrennung und das Kondensat enthält: Aldehyde, Fettsäuren, Alkohole, leichte Kohlenwasserstoffe und Wachse. — Das katalytische Material wird in Form einer starken Schicht oder einer ganzen Anzahl von Schichten angewandt. Als Verdünnungsmaterial können Dampf oder Abgase dem Material zugefügt werden. Als Katalysatoren werden komplexe Metalloxyde empfohlen, von welchen als saure Radikale Titan usw. und als basische Radikale Eisen, Kupfer, Nickel und insbesondere wohl Magnesia genannt werden. —

Auf eine entsprechende Apparaturzeichnung kann hier nur verwiesen werden. Die leichteren Teile der erhaltenen Produkte sollen nach 209 128 als Motorbrennstoff Verwendung finden.

546 188 Frz. Clarence P. Byrnes, V. St. A.

Verbesserungen im Verfahren teilweiser Verbrennung bei der Behandlung aliphatischer Kohlenwasserstoffe.

Entspricht dem obigen Verfahren.

Als Katalysatoren werden beispielsweise angegeben: Uranyl-Uranat, Kobaltmolybdat, Diuranylvanadat usw.

561 497 Frz. Internationale Bergin-Compagnie voor Olje en Kolenchemie.

Verfahren zur molekularen Spaltung schwerer Mineralöle, Kohlendestillate und Suspensionen von Kohle in Teeren.

Die Erfindung umfaßt ein Verfahren zur molekularen Spaltung schwerer Mineralöle usw. in Teeren und ähnlichen Substanzen mit Hilfe von Wärme und Druck, dadurch gekennzeichnet, daß man als Absorbentien Verbindungen basischer Natur insbesondere alkalisches Eisenoxyd anwendet.

Das Verfahren kann ferner durch Berücksichtigung nachstehender Punkte — gemeinschaftlich oder einzeln — charakterisiert werden:

1. Man nimmt als Adsorbens bituminösen Schiefer oder Rückstände davon.
2. Man fügt Elektrolyten, wie Kochsalz, Magnesiumsulfat u. dgl. hinzu, entweder mit den unlöslichen Absorptionsmitteln oder allein.
3. Man behandelt die zur molekularen Zersetzung unter Druck und Wärme verwandten Absorptionsmittel, die Vanadin oder ähnliche Substanzen aus den angewandten Ölen enthalten, in geeigneter Weise zur Gewinnung dieser Substanzen.

Beispiel 1. Man behandelt Panuko-Rohöl mit Hitze und Druck und setzt während des Prozesses eine Paste hinzu, die man aus Panuko-Rohöl mit einer alkalischen Eisenoxydmasse gewann, wie sie als Nebenprodukt bei der Behandlung von Bauxit bei der Aluminiumfabrikation abfällt.

Beispiel 2. Bei der Behandlung von Pakura (rumän. Rohölrückstand) unter hohem Druck und hoher Temperatur fügt man 5 % einer Paste hinzu, die man aus Holzkohle oder Koksstaub mit einer Salzlösung aus eingedampftem Meerwasser bereitet hat.

Beispiel 3. Um das in manchen Rohölen in äußerst geringer Menge enthaltene Vanadin und ähnliche seltene Metalle zu gewinnen, fügt man zu mexikanischem Rohöl während der Behandlung durch Druck und Hitze 5 % Kieselgur hinzu. Als Rückstand erhält man eine grobkörnige Masse, die in Brikette geformt im Generator vergast wird. Die daraus gewonnene Asche enthält neben der zugefügten Diatomeenerde die mineralischen Bestandteile aus dem Rohöl. Diese Asche immer wieder — ohne Zugabe neuen Kieselgurs — angewandt, ist nach 5—10maliger Benutzung so weit angereichert, daß sich die Gewinnung der wertvollen Bestandteile lohnt.

165 167 Brit. J. W. T r o t t e r , Birmingham, Alahama.
17. 3. 1920
17. 6. 1921

Erzeugung von Gasolin aus Kerosin und dgl. Kohlenwasserstofföleu.

A n s p r u c h :

1. Verfahren zur Umwandlung eines teilweise raffinierten l e i c h t e n Kohlenwasserstofföls in Gasolin, dadurch gekennzeichnet, daß man das Öl durch ein perforiertes, katalytisch wirkendes, kupfernes Zerstäubungsrohr in einen Kessel spritzt, der ein Ölbad unter mindestens 75 Pfund Druck und von Kracktemperatur enthält, wobei der Rückstand ohne ihn aus dem Kessel zu entfernen, der Wirkung überhitzter Gasolindämpfe und überhitzten Wasserdampfes unterworfen wird.

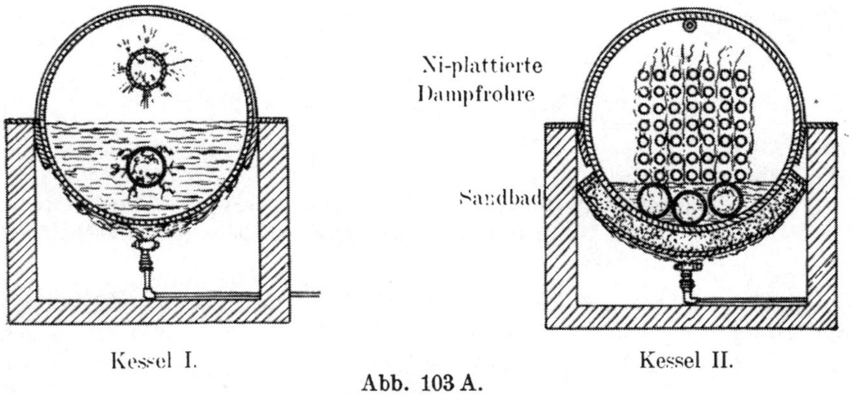

Abb. 103 A.

Gasolin wird aus leichten Kohlenwasserstoffen, z. B. aus Petroleum oder anderen partiell raffinierten Paraffinölen dadurch gewonnen, daß man das Öl durch ein katalytisch wirkendes perforiertes Kupferrohr in einen Kessel spritzt, der unter 45—100 Pfund Druck und bei 500—700° F gehalten wird.

Kerosin wird n a c h v o r h e r g e h e n d e r R a f f i n a t i o n mit rauchender Schwefelsäure durch Zumischung heißer G a s o l i n dämpfe auf 1100 bis 1200° F (595—650° C) erhitzt und durch das Kupferrohr (s. Abb. 103a) in einen liegenden zylindrischen Kessel gepumpt. Die Dämpfe dieses Kessels gehen entweder zum Kühler oder in einen zweiten Kessel zur weiteren Behandlung.

Der Rückstand im ersten Kessel wird mit überhitztem Wasserdampf, der in den Dampfraum eintritt, und mit heißen Gasolindämpfen, die tiefer in den Flüssigkeitsraum eintreten, behandelt. — Die weitere Behandlung der Dämpfe im 2. Kessel, dessen Boden durch ein Sandbad geschützt wird, geschieht in der Weise, daß die Dämpfe durch perforierte weite Rohre, die längs des Kesselbodens im Kessel verlaufen, eintreten und im Kontakt mit nickelplatierten Dampfschlangen aufsteigen. Dieser zweite Kessel wird unter Druck von 50—60 Pfund und 800—850° F (427—454° C) gehalten. Die Dämpfe aus dem 2. Kessel können in einem dritten gleichen Kessel bei 40—50 Pfund und 900—950° F (482—511° C) weiter behandelt werden.

592 195 Frz. Benzonaftène, Italien.
25. 9. 1924
28. 7. 1925

Katalysatoren, ihre Herstellung und Anwendung.

Ansprüche:

1. Katalysatoren, gekennzeichnet durch Zufügung von Natriumformiat zu einem oder mehreren der üblichen Katalysatoren.

2. Anwendung der Katalysatoren, darin bestehend, daß man aus Natrium-Silikat und dem nach 1. gebildeten Katalysator eine Paste formt, mit der die Wandung der Reaktionskammer überzogen wird, eine Paste, die beim Trocknen eine harte und schwammartige, poröse Bekleidung bildet.

Auf 592 214 und 592 215 (Gewinnung sehr niedrig siedenden Rhigolens u. dgl. durch Abkühlung des Gases) kann hier nur verwiesen werden.

592 196 Frz. Benzonaftène, Italien.
26. 3. 1924
28. 7. 1925

Behandlung von Ölen und Fetten zwecks Gewinnung eines brennbaren Gases und flüssiger, Petroleum oder Naphtha ähnlicher Produkte.

Resumé: Gegenstand der Erfindung ist eine Einrichtung zum Behandeln von Mazut oder anderen schweren Ölen oder festen oder flüssigen Fetten zwecks Gewinnung der oben genannten Produkte. Dieselbe besteht aus einem Reservoir für das Ausgangsmaterial, einem Reservoir mit konstantem Niveau, einer Retorte, die auf 450—600° C erhitzt wird, in der sich die hauptsächlichen katalytischen Reaktionen abspielen, drei auf bestimmte Temperaturen eingestellte Kühler, zwei erhitzte, innen nach 592 195, Anspr. 2, überzogene Rohre, die die Katalysatoren enthalten und in denen sich Polymerisationen und entsprechende Hydrierungen vollziehen, die zwischen dem ersten und zweiten, bzw. zweiten und dritten Kühler angeordnet sind. Das Gas aus dem letzten Kühler und die kondensierten Flüssigkeiten aus den anderen werden in Reservoiren getrennt aufgefangen.

Katalysatorzusammensetzung: Ceroxyd 50, Thoroxyd 10, reduz. Kupfer 30, reduz. Nickel 10.

Bezug wird auf Nr. 592 184 genommen, wo Einzelheiten über Katalysatoren und Temperaturen gegeben sind.

231 459 Brit. Benzonaphtène, Mailand.
26. 3. 1924 Italien
10. 3. 1925 England

Gewinnung von Kohlenwasserstoffölen und Gasen.

Ein Apparat zur Ausführung des Verfahrens nach 231 157 (s. u.), dessen wesentlichste Teile die folgenden sind:

Ein Vorratsbehälter, eine horizontale Retorte, auf deren Innenseite oben eine Katalysatorschicht angebracht ist, die aus einer Paste besteht, welche man durch Mischen der Lösungen von Natriumsilikat, Natriumformiat, mit Cer- und Thoroxyden, reduziertem Kupfer und Nickel erhält. Die Dämpfe werden auf 30° C gekühlt. Die nicht kondensierten Dämpfe gehen in eine Eisenkammer mit Kupferstücken, die mit Eisenoxyd und reduziertem Nickel ausgekleidet ist und auf 200° C erhitzt wird. Die Dämpfe werden in einem 2. Kühler auf 15° C gekühlt und die hierbei restierenden Dämpfe werden nochmals in ähnlicher Weise mit reduziertem Eisen bei 250—300° C behandelt und auf 10° gekühlt.

Als Material kommen Heizöle, schwere Öle, Fette, tierische und pflanzliche Öle, auch Mineralöle zur Verwendung, die in der Retorte auf 450—600° C erhitzt werden, bei Gegenwart von Ceroxyd und reduziertem Kupfer.

Es werden flüssige z. T. sehr leicht flüchtige Kohlenwasserstoffe gebildet.

231 157 Brit. Benzonaphtène, Mailand.
24. 3. 1924 Italien
10. 3. 1925 England
Not yet accepted

Gewinnung von flüssigen und gasförmigen Kohlenwasserstoffen.
(S. vorst. Pat. 231 459.)

D.R.P. 432 745 (17. 9. 24, 10. 8. 26) und 434 426 (18. 9. 24, 30. 9. 26) (beide Kl. 26a, Gr. 10) der Firma Benzonaftène in Mailand erstrecken sich auf denselben Gegenstand wie die vorgenannten Verfahren. —

114 288 Schwz. E. I. Westermann, Zürich.
9. 12. 1924

Umwandlung hochsiedender in niedrig siedende Kohlenwasserstoffe.

Hochsiedende Kohlenwasserstoffe, z. B. oberhalb 250° C siedende Petroleumfraktionen, werden sehr schnell auf hohe Temperaturen, z. B. 500—1000° C, erhitzt und sofort wieder rasch abgekühlt. Man führt z. B. Öl in ein auf die genannte Temperatur vorerhitztes Rohr ein und leitet das entstandene Gasgemenge sofort in einen stark wirkenden Kühler. Mitverwendung von Katalysatoren, besonders öllöslicher, wie Nickelcarbonyl oder Jod ist zweckmäßig; saure und basische Anteile sind zu entfernen. (Chem. Ztg. Ch. T. Übersicht 1926. 250.)

222481 Brit. Thomas T. Gray, Elisabeth, New Jersey.
26. 9. 1923 U. S. A.,
23. 9. 1924 England
23. 12. 1925 Compl. Acc.

Reinigung von Kohlenwasserstoffen.

Ansprüche:

1. Verfahren zur Entfernung unbeständiger Bestandteile aus Mineralölen, ihren Destillaten und ähnlichen Kohlenwasserstoffen, dadurch gekennzeichnet, daß man diese Substanzen in Form heißer Dämpfe um einen Katalysator herum leitet, um diesen Katalysator auf etwa die Temperatur der Dämpfe zu bringen, und daß man dann die Dämpfe durch den Katalysator leitet und die Dämpfe von den Flüssigkeiten sondert, die sich im Katalysator gebildet haben.

Nach 2. hat der Katalysator eine Temperatur unterhalb des Siedepunktes der Polymerisationsprodukte, die beim Leiten der heißen Dämpfe über den Katalysator entstanden, auf diese Weise werden die Polymeren kondensiert und in flüssiger Form von den Dämpfen getrennt.

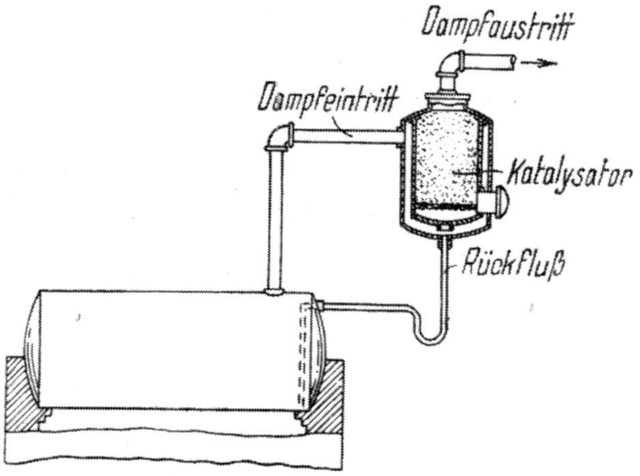

Abb. 104.

3. Ein Apparat zur Ausführung des Verfahrens nach 1. und 2., bestehend aus einem Verdampfer für das Material und ein Behälter zur Aufnahme der Dämpfe, der mit einer Katalysatorkammer versehen ist, die mit dem Behälter an einen Punkte in Verbindung steht, der von dem Eintritt der Dämpfe aus dem Verdampfer entfernt ist, und mit einer Austrittsöffnung zum Kühler.

Der Apparat wird durch Abb. 104 veranschaulicht.

574760 Frz. Naamlooze Venootschap Handelsonderneming
19. 12. 1923 „Feynald", Holland.
18. 7. 1924

Verkokung und Vergasung von Torf, Braunkohle, Sapropel und dgl. bituminösen Brennstoffen.

Man mischt — feucht oder trocken — Katalysatoren mit den Brennstoffen zusammen.

602 694 Frz. Société de Recherches et d'Exploitations Petro-
9. 12. 1924 lifères, Paris.
24. 3. 1926

Zusammengesetzter Körper von hoher absorbierender und katalytischer Wirkung und Herstellung desselben.

Auf feingepulverte Kohle wird Salz aus organischen Verbindungen in besonderer Weise niedergeschlagen, so daß sich eine harte Umhüllung um den Kontaktkörper bildet, die ihn vor mechanischen Zerstörungen bewahrt.

1 552 698 F. M. Hess, Whiting, Indiana.
20. 11. 1922
8. 9. 1925

Kessel zur Destillation von Kohlenwasserstoffen.

Anspruch:

1. Ein zickzackartig durch einen Kessel herabführendes sehr weites Rohr enthält eine Rinne, in der sich auf einem Sieb katalytisches Material (wie Nickel, Silber, Fullererde usw.) befindet. Es wird unter Druck, Hitze und Katalysator-Wirkung destilliert. — Auf Patent Nr. 1 443 743 wird Bezug genommen.

169 182 Brit. E. Barbet, Söhne & Comp., Paris.
22. 6. 1917 Frankreich
17. 6. 1918 England

Verfahren zur Dissociation schwerer Öle zur Herstellung von „Light Spirits" (Gasolin).

Das Verfahren besteht darin, daß man Kohlenwasserstoffdämpfen, die über einen Katalysator gehen sollen, trocknen Wasserdampf beimischt. — Das Öl wird auf 250—350° C erhitzt.

579 601 Frz. Alphonse Mailhe, Toulouse.
28. 6. 1923
20. 10. 1924

Gewinnung von Petroleum aus pflanzlichen und tierischen Ölen und sämtlichen Glyzeriden.

Resumé: Verfahren zur Gewinnung von künstlichem Petroleum, das aus leichten, mittleren, schweren und viskosen Ölen, analog den aus natürlichem Petroleum erhaltenen, besteht, dadurch im wesentlichen gekennzeichnet, daß man pflanzliche und tierische Öle aller Art und allgemein alle flüssigen oder festen Glyzeride und die höheren Fettsäuren — in Gegenwart eines geeigneten Metallchlorids oder einer Mischung solcher Chloride, eines Metalloxyds oder einer Mischung solcher Oxyde oder einer Mischung von Oxyden und Chloriden erhitzt, wobei die genannten Verbindungen eine wasserentziehende und polymerisierende Rolle oder nur die erstere spielen, während die zweite letzten Endes, wenn nötig, durch ein energisches polymerisierendes Chlorid ausgeführt wird. Die Reaktion wird bei 350—450° C, nötigenfalls auch bei 500°, durchgeführt, und zwar bei gewöhnlichem Druck oder Überdruck von einigen Atmosphären.

2. Als Substanzen die zu dieser Umwandlung dienen können: Geschmolzenes Chlorzink oder Chlorkalzium, trockenes Bariumchlorid oder Strontiumchlorid, Natrium-, Kalium-, Magnesiumchlorid, wasserfrei, Zinnchlorid, gebrannter Kalk, Bariumoxyd, Strontiumoxyd, Mischungen von 2 oder mehreren dieser Stoffe.

3. Polymerisierende Wirkung von geschmolzenem Chlorzink oder Chlorkalzium auf die im Prozeß erhaltenen schweren Öle, indem man sie von neuem einige Stunden auf 200—350° erhitzt, um sie viskoser zu machen.

10—20 % der Zusatzstoffe ergeben Öle, aus welchen farblose Fraktionen unter 150° mit $D_{15} = 0,73$, Fraktionen bis 270° von der Art des Leuchtpetroleums $D_{15} = 0,78$ und Schweröle bis 400° von dunklerer Farbe, die sich bei weiterer Behandlung in viskose bis vaselinartige Stoffe verwandeln. Die Ausbeuten sollen 50—65 % und mehr von den Ausgangsölen erreichen.

572 661 Frz. Charles Urfer, Schweiz.
5. 11. 1923
11. 6. 1924

Verfahren zur Herstellung synthetischen Teeröles aus Azetylen.

Durch Leiten von Azetylen über eine Reihe von nachstehend genannten Katalysatoren bei Temperaturen unter 750° C wird ein an Benzol reiches Teeröl erhalten. Über 500° enthält das Öl Anthracenöl.

Katalysatoren nach Anspruch 2. a) Zinkpulver, b) Mischung von Wismut, Kadmium, Antimon mit Kalk oder Magnesia, c) Silber auf Asbest oder Kalk niedergeschlagen, d) Th, Wo, Ce als Oxyde auf Asbest oder Magnesia, e) Oxyde von Cer, Titan, Silicium etc. etc. Germanium, f) Kohle in allen Formen.

598 831 Frz. Le Petrole Synthétique, Soc., Frankreich.
28. 11. 1923
5. 6. 1925

Katalysator und Adsorber, besonders zur Gewinnung von petroleumähnlichen Kohlenwasserstoffen, und Verfahren zu seiner Herstellung.

Resumé: 1. Katalysator und Adsorber, besonders zur Gewinnung von Kohlenwasserstoffen — ähnlich dem Petroleum und seinen Derivaten, der aus einer Mischung von Kohlenstoff, einem aktivierenden Agens wie Nickel, Kobalt, Eisen, Mangan, Kupfer, Bor, Kalzium, Natrium, Titan, Uran, Vanadium und einem festen Carbid der genannten aktivierenden Stoffe besteht.

2. Verfahren, das Produkt nach 1. herzustellen, gekennzeichnet durch die pyrogene Zersetzung reinen oder mit Wasserstoff oder anderen Kohlenwasserstoffen gemischten Azetylens in Gegenwart der unter 1. genannten aktivierenden Metalle.

524 622 Frz. P. Lacombe und A. Picaut, Frankreich.

Apparat zur Gewinnung von synthetischen, brennbaren Kohlenwasserstoffen, die den Mineralölen entsprechen.

Nicht näher bezeichnete kohlenwasserstoffhaltige Materialien werden in einen Kessel getropft, in dem aus Eisen und Wasserdampf Wasserstoff entwickelt wird und die heißen Gase über einen Katalysator geleitet, wo sie gesätttigt werden. Nach erfolgter Kühlung gelangen die flüssigen Produkte in ein Reservoir, während die gasförmigen mit verheizt werden.

(Abschnitt 5.) B. Kracken mit Aluminiumchlorid.

Im Jahre 1877 entdeckten Friedel und Crafts (s. a. Brit. Pat. 4769 v. 1887), daß man aus Benzol und Chlormethyl unter Einwirkung von Aluminiumchlorid Toluol erhält. Diese Reaktion hat sich weiterhin außerordentlich fruchtbar gezeigt, da man mit ihrer Hilfe die Wasserstoffe des Benzols durch Radikale bis zur Cetylgruppe hinauf ersetzen kann.

Weiterhin hat sich nun gezeigt, daß das Aluminiumchlorid auch auf die Kohlenwasserstoffe des Erdöles einwirkt und zwar in der Weise, daß es Spaltungen der Ketten herbeiführt, so daß man aus schweren Ölen durch Einwirkung von $AlCl_3$ eine erhebliche Ausbeute an leicht siedenden erhält. Im wesentlichen vollzieht sich die Reaktion in der Weise, daß durch Wasserstoffverschiebung leichte Fraktionen neben schweren bis koksartigen wasserstoffarmen Rückständen gebildet werden.*) — Bevor wir die nach dieser Methode verlaufenden Spaltungsverfahren besprechen, seien zwei besondere Prozesse hier hervorgehoben, um ihre weitgehende Verwendbarkeit auf dem Gebiete der Kohlenwasserstoffe zu illustrieren. R. Allen et u. Cie. (D. R. P. 402 990) wandeln gasförmige, ungesättigte, aliphatische Kohlenwasserstoffe, wie Äthylen und Butylen, die in eine Suspension von $AlCl_3$ in Benzin eingeleitet werden, in flüssige Kohlenwasserstoffe um.**) — Franz Fischer gewinnt mit $AlCl_3$ nach dem D. R. P. 299 134 aus Naphthalin flüssige Kohlenwasserstoffe.

Das Kracken von Erdölkohlenwasserstoffen mit $AlCl_3$ ist in U. S. A. vor allem durch den Gray-Prozeß (1193540 u. 1476219) der Texas Cy. und durch die Gulf Refining Cy. Pittsburgh und deren Ingenieure besonders von A. M. Mc. Afee entwickelt worden. Das erste Patent trägt die Nr. 1 127 465. — Wir beginnen die Reihe mit dem bereits 1913 angemeldeten aber erst 1922 erteilten

*) Zelinsky und Smirnow haben neuerdings (Brennstoff-Chemie 6. 249) bei der Einwirkung von $AlCl_3$ auf Heptanaphthen bei 140° in der Hauptmenge Isobutan neben einer Verbindung $AlCl_3 C_4H_8$ erhalten.

**) Einen weiteren und vielversprechenden Schritt in dieser Richtung bedeutet die gegen Ende der Drucklegung dieses Buches von Dr. Otto (Schles. Kohlenforschungsinstitut) auf der Hauptversammlung des Vereins deutscher Chemiker mitgeteilte Umwandlung von Äthylen mit BF_3 unter Druck in hochviskose Öle.

1 424 574, nach welchem schwere Öle mit 2—5% $AlCl_3$ unter Rühren behandelt werden und das bereits die Temperatur von 175° C als Kriterium für die normale Destillation vorschreibt. Das Verfahren nach 1 478 444 arbeitet bei Überdruck. D. R. P. 391 379 und 394 445 entsprechen diesem Verfahren. — 1 381 098 von Alexander und Faber auf die „Gulf Ref. Cy." übertragen, vollzieht sich in der Dampfphase. Außer $AlCl_3$ können $FeCl_3$ und $ZnCl_2$ Verwendung finden (s. a. e. 193 188). 1 405 054 (Mc. Afee) gestattet kontinuierlichen Betrieb. Nach 1 476 091 (Mc. Afee) knetet man die bröcklig werdende Masse mit Metallkugeln und anderen Mitteln. Auch King (1 478 438) Prichard und Henderson (1 473 316 und 1 476 219) geben mechanische und heiztechnische Verbesserungen.

Nach neueren Patenten ist die Reaktion in den Dephlegmator verlegt (1 482 438, 1 578 049—52). Auch für die Wiedergewinnung von $AlCl_3$ ist hier ein Weg angegeben, ebenso bereits in 1 534 130, ferner von der Standard Oil Co. in 1 582 131. Eine Herstellungsmethode für $AlCl_3$ wird der Gulf Co. in 1 544 328 geschützt. Prichard und Henderson haben in 1 577 871 wieder ein kontinuierliches Verfahren geschaffen.

Louis Burgess (Standard Oil Co.) behandelt die Rückstände von der $AlCl_3$-Einwirkung bei 700° C (s. 1 401 113). Das D. R. P. 365 595 beschreibt ein Verfahren mittels $AlCl_3$ oder $FeCl_3$, das der Texas Cy. geschützt ist. Paul Danckwardt (1 373 653 u. 54) behandelt in diesen beiden Patenten eine ganze Reihe von technischen Möglichkeiten, die sich aus der Anwendung von Aluminium, Nickel und anderen Metallen neben $AlCl_3$ ergeben. Es sei hier auf die sehr inhaltreiche Beschreibung verwiesen. Eine technische Besonderheit ist ein Elevator zur Beförderung der heißen Reaktionsmasse.

Die Hoover Company (brit. 189 200, 192 106, 1 430 109) treibt hocherhitztes Öl mit $AlCl_3$ durch ein Rohrsystem und leitet Chlorwasserstoffgas in die erschöpfte Reaktionsmasse, wobei die zähe Masse wohl nicht selten zu Rohrverstopfungen Anlaß geben dürfte. Auch nach Verfahren 1 460 110 dieser Firma kann Aluminiumchlorid regeneriert werden. —

Die A.-G. für Petroleumindustrie (Dr. Rosner und Dr. Ing. Hermann) verwendet neben $AlCl_3$ — Metallpulver (Al) und erhält besonders gesättigte Kohlenwasserstoffe, von der Jodzahl = 0, da auf diese Weise Wasserstoff in statu nascendi (durch die Wirkung von HCl auf das Metall) hydrierend wirkt. — Die Hugo Stinnes-Riebeck-Montan A.-G. krackt Steinkohlenteerschweröl mit $AlCl_3$ in 2 Stufen und erhält so aus einem von etwa 240—270° destillierenden Produkt noch etwa 10 % Benzol und Homologe (D. R. P. 394 372).

Downs (1 568 812) leitet bei 260° Dämpfe über $AlCl_3$ in Mischung mit inaktiven Substanzen zur Gewinnung besonders reinen Gasolins.

Das „Dispersoid-Syndicat" Ltd. läßt Kohlenwasserstoffdämpfe durch eine Schmelze aus $CaCl_2$ und $AlCl_3$ gehen, wodurch sie die Produkte gleichzeitig raffiniert (f. 569 123). — Die Soc. Anon. Huiles, Goudron et Dérivés raffiniert Krackprodukte durch Destillation mit 1—2 % $AlCl_3$ oder anderer Choride (f. 601 172). Die Allg. Ges. f. chemische Industrie wendet auf vorher mit SO_2 raffiniertes Gasöl das durch Einwirkung von $AlCl_3$ auf dasselbe entstehende Produkt als Katalysator an (e. 244 697). Schließlich sei noch das Verfahren v. Parsons und Peacock zur Gewinnung von Aluminiumchlorid (1 525 041) erwähnt. —

Vergl. auch G. Grisard (111 354 Schwz.).

Über die Erzeugung von Aluminiumchlorid in U. S A. im Jahre 1924 berichtet die „Chemische Industrie" 1927. 262 (nach Chem. and Metall. Engineering), daß von 8 Unternehmungen insgesamt 4 700 t. in Lösung, krystallisiert und wasserfrei hergestellt wurden, — außer zur Erdölbehandlung auch zwecks Reinigung der Wolle. Der Verbrauch an $AlCl_3$ ist also noch nicht sehr erheblich.

Patente zum Abschnitt 5 B. Kracken mit $AlCl_3$.

D. R. P. 402 920 Ricard Allenet & Cie., Melle, Frankreich.
ab 6. 7. 1923
ausgeg. 19. 10. 1924

Verfahren zur Umwandlung von aliphatischen Kohlenwasserstoffen der Äthylenreihe in flüssige Kohlenwasserstoffe.

Anspruch:

Verfahren zur Umwandlung von aliphatischen Kohlenwasserstoffen der Äthylenreihe in flüssige Kohlenwasserstoffe durch Polymerisation oder Kondensation in Gegenwart von Katalysatoren, gekennzeichnet durch Anwendung in Petroläther verteilten Aluminiumchlorids als Katalysator, gegebenenfalls in der Wärme und unter Druck.

Es wurde gefunden, daß in Petroläther oder Benzin suspendiertes wasserfreies $AlCl_3$ ein Katalysator von beträchtlicher Aktivität ist und insbesondere dann sehr energisch wirkt, wenn man in diese Suspension gasförmigen Kohlenwasserstoff geleitet hat und das Aluminiumchlorid in eine klebrige, an den Wänden haftende, Flüssigkeit verwandelt hat.

Beispiel 1: In einem mit Rückflußkühler versehenen Behälter, der ungefähr 500 l faßt, bringt man 100 kg Petroläther mit einem Gehalt von 20 kg darin verteiltem, wasserfreiem pulverförmigen Aluminiumchlorid.

In die zweckmäßig umgerührte Mischung leitet man Butylen in raschem Strom ein. Das Gas wird gebunden, das $AlCl_3$ verwandelt sich nach und nach in eine klebrige braune Flüssigkeit. Man erhöht nun die Geschwindigkeit des Gasstromes. Da bei der Reaktion Wärme frei wird, kommt die Flüssigkeit ins Sieden; nötigenfalls kühlt man.

Die Flüssigkeitsmenge vergrößert sich allmählich und nach einigen Stunden ist das Reaktionsgefäß voll. Die Absorptionsgeschwindigkeit bleibt immer gleich groß. Man kann den Vorgang weiter fortsetzen, wenn man zunächst einen Teil der klaren Flüssigkeit herausnimmt. Man kann aber auch die ganze Masse zur Abscheidung der entstandenen Öle mit Wasser behandeln. Die Flüssigkeit wird gewaschen und getrocknet und zwecks Trennung von der ersten Fraktion des als Lösungsmittel benutzten Petroläthers rektifiziert. Man erhält eine ölige klare leicht strohgelb gefärbte Flüssigkeit von schwachem eigenartigen Geruch.

Die braune klebrige Masse, die am Boden des Reaktionsgefäßes haftet, wird durch Wasser unter heftiger Reaktion zersetzt. Dabei bildet sich eine ölige Schicht von schöner grünblauer Fluorescenz, die nach Aussehen und Geruch an Rohpetroleum erinnert.

Beispiel 2: In ein emailliertes Druckgefäß, das 500 l faßt und einen mit Kühlschlangen versehenen Rückflußkühler besitzt, bringt man 100 kg Benzin und 20 kg pulverförmiges Aluminiumchlorid.

Man leitet unter Druck einen Strom Äthylen ein und rührt um. Der Druck wird während der Dauer des Vorganges auf 3 Atm. gehalten. Das Äthylen wird gebunden und die Flüssigkeitsmenge vergrößert sich allmählich. Wenn das Druckgefäß voll ist wird die Flüssigkeit mit Wasser etc., wie im Beispiel 1 angegeben, behandelt.

Die erhaltenen Kohlenwasserstoffe stellen ein Gemisch von Polymeren dar, sie weisen keinen scharfen Siedepunkt auf und enthalten Doppelbindungen, als deren Folge sich im besonderen leicht ihre Hydrierung nach den bekannten Methoden in Gegenwart der üblichen Katalysatoren durchführen läßt. Man kann sie auch dem Krack-Verfahren unterwerfen, zwecks Gewinnung von niedrig siedenden Produkten, die als Betriebsstoffe für Explosionskraftmaschinen Verwendung finden können.

D.R.P. 299134 Dr. Franz Fischer, Mülheim (Ruhr).

Verfahren zur Gewinnung flüssiger Kohlenwasserstoffe aus Naphthalin.

Verfahren zur Gewinnung flüssiger Kohlenwasserstoffe aus Naphthalin durch Einwirkung von Aluminiumchlorid auf Naphthalin (z. B. im Autoklaven bei 10 Atm. und 330°).

1 193 540 George W. Gray, Houston Texas.
23. 1. 1913
8. 8. 1916

Verfahren zur Umwandlung von hochsiedenden in niedrig siedende Petroleumkohlenwasserstoffe.

Ansprüche:

1. Verfahren zur Umwandlung von Kohlenwasserstoff in Naphtha, dadurch gekennzeichnet, daß man hochsiedende Kohlenwasserstoffe in Gegenwart von wasserfreiem Aluminiumchlorid auf eine Temperatur erhitzt, daß sich Dämpfe bilden, deren Temperatur nicht erheblich über dem Endsiedepunkt der Naphtha liegen und daß man sie bei dieser Temperatur erhält.

2. beansprucht das, was nach 1 für Naphtha (also etwa bis zum Endsiedepunkt von 180° C) in Betracht kam, für Leuchtöl. —

Es wird bei der Temperatur in einem mit Rühr- und (indirekten) Heizvorrichtungen versehenen Kessel gespalten, bis zu welcher das gewünschte Spaltprodukt überdestillieren soll (Endsiedepunkt).

1 424 574 A. M. Mc. Afee, Bayonne; übertragen auf die Gulf Refining
30. 9. 1913 Company, Pittsburgh.
1. 8. 1922

Verfahren zur Umwandlung von Ölen.

Ansprüche:

5. Verfahren zur Umwandlung von hoch- in niedrig siedende Öle, dadurch gekennzeichnet, daß ein hoch siedendes Öl mit wasserfreiem Aluminiumchlorid zum Sieden erhitzt wird, die gebildeten Dämpfe von niedrig siedendem Öl — aus hoch siedendem entstanden, abscheidet und kondensiert.

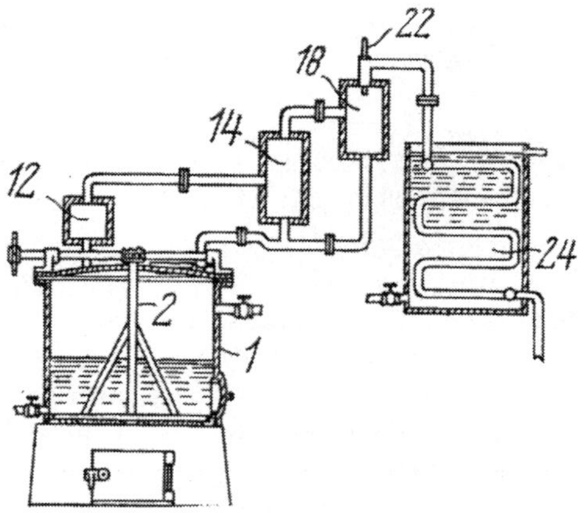

Abb. 105.

Nach 7. gibt man die kondensierten hoch siedenden Öle wieder zum Ausgangsmaterial zur Destillation zurück.

Nach 29. destilliert man kontinuierlich niedrig siedende Dämpfe aus einer siedenden Masse hoch siedenden Öles, das Aluminiumchlorid enthält, ab und fügt kontinuierlich hoch siedendes Öl zu der Masse.

Nach 60 verwandelt man hochsiedende Petroleumkohlenwasserstoffe in Leichtbenzin (Naphtha) durch Erhitzen mit Aluminiumchlorid auf eine Temperatur, bei welcher Dampf von niedriger siedendem Öl entsteht, dessen Endsiedepunkt nicht erheblich über dem Endsiedepunkt der Naphtha liegt und erhält das Gemisch auf solcher Temperatur.

In der beistehenden Skizze 105 ist 1 ein Kessel, der mit einem Rührwerk 2 versehen ist. 12, 14, 18 sind Dephlegmatoren, aus denen die Kondensate in den Kessel zurückfließen, während die Dämpfe im Kühler 24 verflüssigt werden.

Aluminiumchlorid wird in Mengen von 2—5 % zum Rohmaterial zugefügt. Die Ölmasse im Kessel soll etwa 260° C (500° F) haben. Wichtig für die Betriebsführung ist die Temperatur am Thermometer 22, welche 350° F (176,7° C) nicht überschreiten soll. Man erhält dementsprechend Gasolin-Petroleum-Gemische, die redestilliert werden.

Bei 300° F (149° C) erhält man reines, marktfähiges Gasolin von gesättigtem Charakter.

Der Prozeß geht unter Rühren so lange fort, bis die Wirkung des Aluminiumchlorids nach 2—3 Tagen erschöpft ist. Durch Einleiten von etwas Chlor wird die Wirksamkeit des Katalysators verlängert.

Etwa gegen Ende des ersten Tages, nach Zufügung einer neuen Menge $AlCl_3$ zeigt der Kesselinhalt eine merkwürdige Erscheinung: Die Zähigkeit des Kesselinhalts wächst ziemlich plötzlich, so daß der Rührer nur noch mit Schwierigkeit betrieben werden kann. Man soll aber das Rühren in diesem Augenblick nicht abstellen, denn nach etwa einer Stunde wird die Masse wieder leicht rührbar.

Sobald das Aluminiumchlorid sich in Körnern zusammenballt beginnt seine Aktivität schnell nachzulassen. Es wird dann entfernt und durch neues Material ersetzt. Der Zeitfaktor ist bei dem Prozeß von großer Bedeutung. Es soll in der Stunde etwa 10—12 % vom Kesselinhalt übergehen.

Praktisch wurden bis zu 85 % vom hoch siedenden Öl in niedrig siedendes verwandelt.

1 478 444 Almer Mc Duffie, Mc Afee, Port Arthur, Texas; über-
30. 9. 1913 tragen auf Gulf Refining Company, Pittsburgh.
geteilt 13. 1. 1922
pat. 25. 12. 1923

Destillation von Öl mit Aluminiumchlorid.

Anspruch:

Verfahren für die Umwandlung von Ölen in niedrig siedende Produkte, darin bestehend, daß man ein hoch siedendes Öl mit wasserfreiem Aluminiumchlorid bei Überdruck destilliert.

Durch den Überdruck wird Wärme gespart und die Ausbeute an Gasolin vergrößert.

D.R.P. 394 443 Gulf Refining Company in Pittsburgh, V. St. A.
ab 16. 12. 1914
ausgeg. 25. 4. 1924

Verfahren zur Umwandlung von hoch siedenden Ölen in niedrig siedende.

D. R. P. 391 379 Gulf Refining Company in Pittsburgh, V. St. A.
23 b. 5
ab 22. 12. 1914
ausgeg. 4. 3. 1924

Verfahren zur katalytischen Umwandlung von hoch siedenden Ölen in niedrig siedende.

1 381 098 C. M. Alexander, Port Arthur, Texas und G. Faber, übertragen auf die Gulf Refining Company, Pittsburgh.
14. 3. 1916
14. 6. 1921

Verfahren und Apparat zur katalytischen Umwandlung von Öl.

Anspruch:

1. Verfahren zur Umwandlung von hoch siedenden in niedriger siedende Kohlenwasserstoffe, dadurch gekennzeichnet, daß man eine Mischung aus Dämpfen eines reaktivierenden Metallhaloids mit Dämpfen eines hoch siedenden Öles erhitzt.

Es wird ein Metallchlorid wie $FeCl_3$ oder $ZnCl_2$ vorzugsweise $AlCl_3$ in Dampfform mit den Öldämpfen in einer stehenden Retorte zusammen erhitzt. Die Retorte ist mit Vorrichtungen zum Reinigen der Wände mittels Ketten und dgl. versehen. Je nach dem angewandten Katalysator erleidet der Apparat entsprechende Veränderungen. Es kann unter beliebigem Über- oder Unterdruck nach Maßgabe der angewandten Materialien gearbeitet werden, die Temperatur kann zwischen 200 und 800° C schwanken.

1 405 054 Almer Mc. Afee, Port Arthur, Texas; übertragen auf Gulf Refining Company, Pittsburgh, Pennsylvanien.
12. 7. 1918
22. 1. 1922

Herstellung von Gasolin.

Anspruch:

1. Ein kontinuierliches Verfahren zur Erzeugung von Gasolin durch Destillation hoch siedender Petroleumöle in einem Kessel in Gegenwart von Aluminiumchlorid, dadurch gekennzeichnet, daß man zu einer stets wieder ergänzten Menge Öl, die unter Rühren im Sieden gehalten wird, von Zeit zu Zeit Aluminiumchlorid zusetzt und vor jeder Zugabe den Bodensatz an erschöpftem Aluminiumchlorid abzapft, ohne den Rührprozeß zu unterbrechen. —

Eine Anzahl gleichartiger Kessel sind nebeneinander geschaltet. Jeder ist mit Rührwerk und Vorrichtungen zum Einpressen einer Aluminiumchloridpaste versehen. Die Paste wird durch Rühren von trockenem Aluminiumchlorid in warmem Öl erhalten. — Von Zeit zu Zeit wird Aluminiumchlorid zugesetzt und der Schlamm entfernt. So werden aus schweren Ölen gute handelsfähige Gasoline erzeugt, ohne den Gehalt an ungesättigten Kohlenwasserstoffen und den schlechten Geruch, den Krackbenzine zuweilen haben.

1476091 A l m e r Mc. A f e e, übertragen auf G u l f R e f i n i n g C o m p.,
15. 12. 1919 Pittsburgh, Pennsylvanien.
4. 12. 1923

Verfahren und Apparat zur Gewinnung niedrig siedender Kohlenwasserstoffe aus hoch siedenden Kohlenwasserstoffen.

A n s p r ü c h e :

6. Verfahren zur Destillation von Ölen mit Aluminiumchlorid, dadurch gekennzeichnet, daß man während der Destillation die gummiartigen Massen, die aus Aluminiumchlorid gebildet werden, knetet und daß man, sobald diese Massen zu bröckelig zum Kneten werden, ihre mechanische Zerkleinerung bewirkt.

12. Bei einem Apparat zur Umwandlung höher siedender Öle in niedriger siedende mit Hilfe von Aluminiumchlorid: einen Kessel, der Rühr- und Hebevorrichtungen und eine Anzahl Stahlkugeln enthält, die durch die Hebevorrichtungen gehoben werden können. —

Das Verfahren und die Apparatur bestehen darin, daß ein liegender Destillierkessel mit Rührwerk und Metallkugeln versehen ist, wodurch die zähen Aluminiumchlorid-Kohlenwasserstoffverbindungen durchgeknetet werden und so fortdauernd neue Reaktionsoberflächen darbieten.

Das Rühr- und Hebewerk wirkt derart, daß das Aluminiumchlorid auch in der Dampfzone mit Kohlenwasserstoffdämpfen in Berührung kommt, wodurch die Reaktionsmöglichkeiten vergrößert werden.

1478438 G e o r g e H. K i n g, übertragen auf G u l f R e f i n i n g C o m p a n y, Pittsburgh.
12. 11. 1921
25. 12. 1923

Verfahren zum Mischen und Fortbewegen von Öl und Aluminiumchlorid.

A n s p r u c h :

1. Ein Verfahren zum Mischen und Fortbewegen von Aluminiumchlorid und Öl, darin bestehend, daß man Kohlenwasserstofföl und Aluminiumchlorid in einem geschlossenen Behälter mischt, den Behälter mit dem Raum, für den die Mischung bestimmt ist, verbindet und sie dahin treibt, indem man gleichartiges Öl in den Behälter drückt. Durch Anwendung einer ölspeisenden Druckpumpe wird vermieden, daß die Öl-Aluminiumchloridmasse die Pumpe passiert, die in diesem Falle durch die Feuchtigkeit (HCl-Bildung) schnell corrodiert.

1473316 G e o r g e L. P r i c h a r d und H e r b e r t H e n d e r s o n, Port
19. 11. 1921 Arthur; übertragen auf die G u l f R e f i n i n g C o m p a n y, Pittsburgh.

Verfahren zur Herstellung niedrig siedender Öle.

Verfahren zur Umwandlung hoch siedender Öle in niedriger siedende, dadurch gekennzeichnet, daß man eine siedende Hauptmasse aus hoch siedendem Öl und Aluminiumchlorid herstellt und beibehält, daß man entstandene Dämpfe niedriger siedender Öle aus der Hauptmasse entfernt und daß man neues hoch siedendes Öl vorwiegend in flüssiger Form der Hauptmasse zufügt, bei einer Temperatur, die höher ist als der Siedepunkt der Hauptmasse. —

Die Apparatur ist auf indirekte Heizung des Hauptkesssls eingestellt. Sie besteht aus einem Vorratstank für Gasöl oder Kerosin, einem Vorwärmer, in welchem die Öle auf 500—700° F (Gasöl) oder 450—600° F (Petroleum) erhitzt werden, aus einem Rührkessel, in welchem die Mischung aus Gasöl und Aluminiumchlorid im Sieden erhalten wird. Die Rührerflügel tragen Ketten, um die Wände des Kessels zu scheuern, am konischen Boden liegt die Heizschlange, durch welche überhitzter Dampf geht. Mit einem Gasöl, das bei ca. 600° F (316° C) siedet und Zusatz von 5 % Aluminiumchlorid im Konverter muß die Mischung, um im Konverter zu Kochen, auf 500—550° F (260—280° C) erhitzt werden.

Aluminiumchlorid in Öl gelöst und auf höhere Temperaturen als das Öl im Kessel gebracht, wird dauernd zugespeist. Verbrauchtes Aluminiumchlorid wird unten abgezogen.

Die Abb. 106 (Anhang) mag den Apparat des Näheren veranschaulichen.

1 476 219 G. L. Prichard und H. H. Henderson, Gulf Refining
21. 11. 1921 Company, Pittsburgh.
4. 12. 1923

Destillation mit Katalysatoren.

Ansprüche:

1. Verfahren zur Umwandlung hoch siedender in niedriger siedende Öle, darin bestehend, daß man eine Mischung aus katalytischem Material vom Typ des Aluminiumchlorids und einem höher siedenden Öle herstellt, kontinuierlich einen Teil dieser Mischung entfernt, erhitzt und kontinuierlich der Hauptmenge wieder zuführt, wobei man kontinuierlich die aus der Mischung entstehenden Dämpfe abdestilliert.

Eine geeignete Apparatur: Stehender, mit Isoliermaterial umgebener Destillierkessel (mit Rührwerk versehen), aus dessen unteren Teil das Öl, mittels Pumpe abgezogen, durch einen Röhrenvorwärmer erhitzt und dem Destilierkessel wieder zugeführt wird.

Aluminiumchloridschlamm muß von Zeit zu Zeit unten aus dem konischen Ende des Destillierkessels oder besser Destillieragitators entfernt werden. Die Destillate entweichen durch geeignete Kondensatoren, die die $AlCl_3$-Dämpfe wieder in den Kessel zurückgehen lassen, in die übliche Kühlanlage.

193 188 Brit. Gulf Refining Company, Port Arthur, Texas.
7. 12. 1921
22. 2. 1923

Herstellung von tiefer siedenden Ölen.

Ansprüche:

1. Verfahren, tiefer siedende Öle aus höher siedenden Petroleumölen mit Hilfe von wasserfreiem Aluminiumchlorid herzustellen, dadurch gekennzeichnet, daß man das höher siedende Öl in einen oder mehrere Kessel füllt, eine besondere Mischung von Aluminiumchlorid und hoch siedendem Öl bereitet und die Zufuhr von Aluminiumchlorid in einen oder mehrere Kessel durch Zufügung dieser Mischung zu dem in diesen befindlichen heißen Öl ergänzt.

1 482 438 A. Mc D. Mc Afee, Port Arthur, Texas; übertragen an Gulf
19. 3. 1922 Refining Cy., Pittsburgh, Pennsylvanien.
5. 2. 1924

Verfahren zur Umwandlung von Ölen.

Anspruch:

10. Verfahren, hoch siedende Petroleumöle in niedriger siedende überzuführen, dadurch gekennzeichnet, daß man dieselben in Mischung mit wasserfreiem Aluminiumchlorid erhitzt unter gradweise gesteigerter Temperatur, daß man die dabei entstehenden niedriger siedenden Kohlenwasserstoffe sammelt und kondensiert und daß man, wenn die Temperatur so weit gestiegen ist, daß das Aluminiumchlorid im wesentlichen frei von Öl aus der Mischung abgetrieben wird, dieses sammelt und kondensiert, das Rückstandsmaterial aus der Heizzone entfernt und das gesammelte Aluminiumchlorid dahin zurückbringt. —

Man destilliert nach diesem Verfahren die durch Aluminiumchlorid umgewandelten leichten Kohlenwasserstoffe ab, bis zu einer Temperatur von 350° F (177° C). Bei weiterer Erhitzung fließt das verdampfende Aluminiumchlorid zunächst mit schweren Ölen aus der Kühlkammer in den Kessel zurück. Die Kühlkammer, die unmittelbar über dem Kessel angeordnet ist, enthält eine Anzahl Teller in zickzackförmiger Anordnung, die als Dephlegmatoren wirken. Sobald das Öl im Kessel in Koks umgewandelt ist, bleibt das Aluminiumchlorid allein in der Kühlkammer zurück und kann dann, nachdem der Kessel vom Koks befreit ist, bei der nächsten Operation durch die aufsteigenden Öldämpfe heruntergewaschen werden.

In Zeichnung 107 (Anhang) ist der Kessel 3, darüber die Kühlkammer 9, die während der Entfernung des Kokses aus dem dazu gekühlten Kessel durch den Stopfen 12 geschlossen wird. 24 dient zur Kontrolle der abziehenden Gase und zur Abführung des gebildeten Chlorwasserstoffs. Der Kessel hat 3 Mannlöcher zur schnelleren Reinigung 5, 6, 7.

1 578 049 A. Mc D. Mc Afee, — Gulf Refining Company, Pitts-
20. 1. 1922 burgh.
23. 3. 1926

Verfahren zur Destillation von Ölen mit flüssigen Katalysatoren.

Ansprüche:

1. Verfahren zur Destillation höher siedender Öle mit Metall-Haloiden, dadurch gekennzeichnet, daß man eine Mischung von Metallchlorid und besagten Ölen zwecks Destillation erhitzt, daß man die Dämpfe, die aus leichter siedendem Öl bestehen, abführt, diese Dämpfe kondensiert und sie vor der Kondensation in innige Berührung mit zugesetzten Petrolkohlenwasserstoffölen bringt.

Die Petroleumkohlenwasserstofföle treffen, indem sie in einem Dephlegmator herabfließen im Gegenstrom auf die Kohlenwasserstoffdämpfe, die mit Aluminiumchloriddämpfen gemischt sind. Das Aluminiumchlorid wird dabei herausgewaschen und in den Kessel zurückgeführt. — Verschiedene Ausführungsformen sind auf Skizze 107a (Anhang) gezeigt.

1 578 050 A. Mc D. Mc Afee, — Gulf Refining Company, Pittsburgh.
20. 1. 1922
23. 3. 1926

Destillation mit Aluminiumchlorid.

Anspruch:

1. Verfahren zum Herabsetzen des Siedepunktes von Petroleum, das man mit Aluminiumchlorid destilliert, dadurch gekennzeichnet, daß man die Dämpfe teilweise kühlt, um Aluminiumchlorid und Petroleum zu kondensieren, daß man die niedriger als Petroleum siedenden Dämpfe besonders kondensiert, daß man das Aluminiumchlorid vom Petroleum durch Absetzenlassen trennt, wobei man zugleich das Aluminiumchlorid in den Kessel zurückführt und das gesammelte Petroleum getrennt abzieht.

Ziel der Erfindung ist, den Wärmeverbrauch des Verfahrens zu verringern. Deswegen fließen die mit Aluminiumchlorid zugleich kondensierten Anteile nicht in den Kessel zurück, wo sie nochmals Wärme verbrauchen würden, sondern werden getrennt aufgefangen.

Dazu dient ein Luftkondensator, an dessen Boden sich Aluminiumchlorid und darüber (z. B. wenn Gasöl das Zersetzungsgut ist) Petroleum ansammelt. Aluminiumchlorid läßt man dann nach dem Absetzen durch eine Verbindungsleitung in den Kessel zurücklaufen.

1 578 052 A. Mc D. Mc Afee, — Gulf Refining Company, Pittsburgh.

Verfahren zur Gewinnung von Aluminiumchlorid.

Bei der Herstellung von Aluminiumchlorid aus Bauxit mittels Chlor, werden Abgase aus der Reaktion, die auf ihrem Wege über glühenden Koks reduziert und erhitzt wurden, gleichzeitig mit Chlor mit Vorteil verwendet.

1 534 130 A. Mc D. Mc Afee, übertragen auf Gulf Refining Company, Pittsburgh.
26. 1. 1922
21. 4. 1925

Verfahren zur Wiedergewinnung von Aluminiumchlorid.

Aus erschöpften Rückständen wird Aluminiumchlorid durch Kochen derselben in Öl, Kühlen der entweichenden Dämpfe und Absondern des Aluminiumchlorids aus den kondensierten Dämpfen gewonnen.

Wenn z. B. bei Gasöl die Entwicklung von Gasolin aufgehört hat, wird weiter gekocht, Aluminiumchlorid sammelt sich in einem geeigneten Dephlegmator, das Öl geht in den Kessel zurück.

1 582 131 Standard Oil Comp. (Philip L. Danner), San Franzisko.
19. 5. 1925
27. 4. 1926

Gewinnung von Metallhalogeniden aus den Rückständen der Kohlenwasserstoffbehandlung.

Gewinnung von Metallhalogeniden aus den Rückständen der Kohlenwasserstoffbehandlung durch gleichzeitiges Kracken und Hydrieren der ungesättigten schwereren Kohlenwasserstoffe der Rückstände der $AlCl_3$-Behandlung unter inniger Berührung dieser mit erhitztem Wasserstoff. Hierbei wird $AlCl_3$ frei (nach Zbl. 1926. II. 310).

1 544 328 Almer Mc Duffie. Mc Afee, Port Arthur, Texas; über-
25. 1. 1922 tragen auf Gulf Refining Company, Pittsburgh.
30. 6. 1925

Verfahren zur Herstellung von Aluminiumchlorid.

Anspruch:

Ein Verfahren zur Herstellung von Aluminiumchlorid aus Aluminiumhydrat, (insbesondere aktiver) Kohle und Chlor — — —, bei einer Temperatur, bei der Aluminiumchlorid nicht sintert.

1 577 871 G. L. Prichard, Herbert Henderson, Gulf Re-
14. 2. 1922 fining Company, Pittsburgh.
23. 3. 1926

Verfahren zur kontinuierlichen katalytischen Destillation.

Ansprüche:

1. Verfahren, niedriger siedende aus hoch siedenden Kohlenwasserstoffen zu gewinnen, dadurch gekennzeichnet, daß man die höher siedenden Kohlenwasserstoffe in Gegenwart eines katalytischen Materials von der Natur des Aluminiumchlorides destilliert, die Dämpfe der höher siedenden Kohlenwasserstoffe und des katalytischen Materials kondensiert, daß man in einen zweiten Kessel hoch siedende Kohlenwasserstoffe und katalytisches Material destilliert und das Kondensat aus dem ersten Kessel in diesen zweiten Kessel leitet und daß man die Dämpfe niedrig siedender Kohlenwasserstoffe, die bei der ersten Destillation entstanden, der Endkondensation zuführt.

Nach den weiteren (23) Ansprüchen kann man diesen kontinuierlichen Prozeß in einer größeren Anzahl von Kesseln fortsetzen.

In der hier nicht wiedergegebenen Abbildung sind 9 Kessel dargestellt, in denen schweres Öl mit Aluminiumchlorid destilliert wird. Dabei gehen die abgespaltenen leichten Kohlenwasserstoffe zur Endkondensation, während die schweren Kohlenwasserstoffe und $AlCl_3$-Dämpfe jeweils dem nächsten Kessel zufließen, wo sich der Prozeß von neuem abspielt. — In den letzten 4 Kesseln ist das Aluminiumchlorid bereits erschöpft. Es wird abgelassen und in einer besonderen Anlage regeneriert.

(Siehe a. Pat. 1 476 219 und Anmeldung Serien-Nr. 518 197 v. 28. 11. 1921.)

1 585 263 G. L. Prichard and H. Henderson, Gulf Refining Co.,
28. 2. 1922 Pittsburgh.
18. 5. 1925

Katalytische Behandlung von Ölen.

Eine Lösung oder Suspension von Aluminiumchlorid und Öl wird beim Passieren einer Heizschlange, die zweckmäßig durch ein Bleibad auf gleichmäßig hoher Temperatur gehalten wird, zur Reaktion gebracht, die Reaktionsprodukte werden in einem anschließenden Turmdephlegmator zur Entspannung bzw. Verdampfung gebracht. Die aus der Kondensation entweichenden Gase werden überhitzt und in die zur Reaktion gelangende Mischung mittels Injektor eingepreßt und erhöhen so die Wirkung.

1 401 113 L o u i s B u r g e s s, übertragen auf die S t a n d a r d - O i l
15. 1. 1918 C o m p a n y o f N e w J e r s e y.
20. 12. 1921

Verfahren zur Behandlung der Rückstände aus der Einwirkung von Aluminiumchlorid auf Kohlenwasserstoffe.

Die Rückstände von der Behandlung von Kohlenwasserstoffen mit Aluminiumchlorid (die nach der Abdestillation der gebildeten Produkte etwa auf eine Temperatur von 400° erhitzt im Kessel verbleiben) werden nach diesem Verfahren weiter erhitzt, vorteilhaft bis etwa 700° C. Dabei entweichen trockene gasförmige Salzsäure, Kohlenwasserstoffe, Aluminiumchloridämpfe und Dämpfe flüchtiger Aluminiumchlorid-Kohlenwasserstoffverbindungen.

Diese Dämpfe durchstreichen zwei über dem Kessel angebrachte, mit Aluminium k a r b i d gefüllte, Absorptionskammern, in welchen das Aluminiumkarbid in geeigneter Zerkleinerung mit dem heißen trockenen Chlorwasserstoffgas unter Bildung von Aluminiumchlorid und Methan (vgl. Pat. 1 218 588 von B a r n e t t u. B u r g e s s vom 6. 3. 1917) in Berührung kommt.

Aus diesen Absorptionskammern treten die genannten Gase und Dämpfe in einen Kondensator, der unter der Verflüchtigungstemperatur des Aluminiumchlorids gehalten wird und in dem sich die Aluminiumchlorid-Verbindungen und das flüchtige Aluminiumchlorid von den Kohlenwasserstoffgasen trennen, welche letzteren zu beliebiger Verwendung weiter geleitet werden. — Über das Material, aus dem die Apparate bestehen, ist nichts gesagt. Heißes Salzsäuregas bedingt sowohl während wie nach dem Prozeß nach dieser Richtung besondere Aufmerksamkeit.

D. R. P. 356 595 T h e T e x a s C o m p a n y G. m. b. H., Houston, Texas, V. St. A.
ab 9. 8. 1913

Verfahren zur Spaltung von hoch in niedrig siedende Petroleumkohlenwasserstoffe.

Verfahren zur Spaltung von hoch in niedrig siedende Petroleumkohlenwasserstoffe, (mittels wasserfreien A l u m i n i u m c h l o r i d s, Eisenchlorids oder dgl., dadurch gekennzeichnet, daß man bei 163—175° C arbeitet, evtl. bei 200—300° C

1 373 653 P a u l D a n c k w a r d t, Denver, Colorado.
27. 8. 1917
5. 4. 1921

Verfahren zur Herstellung von Gasolin aus Rohöl.

A n s p r ü c h e :

1. Ein Verfahren zur Herstellung von Kohlenwasserstoffen von relativ niedrigem Siedepunkt aus solchen von relativ hohem Siedepunkt, darin bestehend, daß man derartig hoch siedendes Material mit einem heißen Gemisch aus Kohle, einem Halogensalz und einem Metall reagieren läßt, die gebildeten Dämpfe entfernt und alle Öle von relativ niedrigen Siedepunkten getrennt von den höher siedenden kondensiert.

Nach 2. ist das Halogensalz ein Metallchlorid.

Nach 3. wird zunächst das Gemisch aus Kohle, Metallchlorid und Metall bis zur Zersetzung der Chloride erhitzt, das resultierende Produkt bei einer niedrigeren Temperatur, bei welcher durch Einwirkung von Chlorwasserstoff auf Metall Wasserstoff entwickelt wird, mit Öl zusammengebracht.

Nach 4. wird Rohöl mit dem Produkt aus einem erhitzten Gemisch von großem Kohlengehalt und geringem Gehalt an Aluminiumoxyd, einem Metall und einem Halogensalz entsprechend erhitzt.

Nach 5. werden 85 % Kohle, 5—10 % Metallchlorid und 5—10 % Metall erhitzt. In der heißesten Zone wird das Chlorid zersetzt und Chlorwasserstoffsäure mit dem Wasserstoff des im Öl enhaltenen Wassers gebildet, wodurch wieder das Chlorid in der kühleren Zone regeneriert wird. Dabei wird Wasserstoff frei, der sich an das Öl unter Einfluß der Kontaktsubstanz anlagert.

6. bezieht sich auf die abwechselnde Zersetzung und Wiederbildung von Metallchlorid, wobei das Öl durch die Wärme der Mischung unter Einfluß der Kontaktsubstanzen abdestilliert, wobei seine Dämpfe durch Vorerhitzung frischen Öles derart abgekühlt werden, daß die bis 150° siedenden Öle kondensiert und die über 150° siedenden in das System zurückgeleitet werden.

Zur Ausführung des Verfahrens bringt man (s. Abb. 108, Anhang) durch 21 die Charge in den Kessel 1, der bis zum Rohransatz 20 derart gefüllt wird. Sie besteht aus einem Gemisch aus Metallchlorid, Aluminiumoxyd (Bauxit), Koks, Graphit und Metallen oder Oxyden. Dann wird mit Holz und Holzkohle, die durch 21 eingeführt werden, auf der Charge durch Einblasen von Luft durch 20 ein Feuer entzündet. Sobald das in Glut ist, wird 21 geschlossen und der Elevator 6—7 in Gang gesetzt. Dadurch wird Rohr 4 mit der Charge gefüllt. Die Abgase gehen durch den Behälter 24, der vorher mit Öl gefüllt wurde. Da die Gase durch eine hohe Schicht von glühendem Koks streichen, sind sie frei von Sauerstoff, der evtl. gefährlich werden könnte. Wenn die Ladung in 1 rotglühend und das Öl in 24 zum Sieden gebracht ist, wird elektrischer Strom gegeben mittels der Elektroden 13/14, so daß die Zersetzung der Chloride beginnt. Zur gleichen Zeit reduziert der elektrische Strom das Aluminiumoxyd zu Metall oder auch zu Aluminium-Eisen-Legierungen.

Jetzt wird durch die Pumpe 26 durch das Rohr 27 Öl auf die heiße Charge gebracht, die vom Elevator angehoben und wieder durch 4 in den Kessel 1 zurückgebracht wird. Die Charge, die hauptsächlich Chloride und Salzsäure enthält, wird von dem Öl gekühlt. Der Wasserstoff in statu nascendi wirkt in Gegenwart von Aluminiumchlorid als Katalysator auf das Öl ein, wobei ein großer Teil desselben bereits in niedriger siedende Verbindungen umgewandelt werden soll. Das Öl wird mit feinen Teilen der Charge durch die Pumpe 23 in den Behälter 24 gesaugt, die groben Teile der Charge werden durch das Metallsieb 28 zurückgehalten. Die Ölmengen, die durch den Elevator in den Kessel 1 gelangen, verdampfen durch 4 und 5 und gelangen nach 24, wo die Öldämpfe zum Teil kondensiert wieder durch 27 zurück in den Kessel bei 3 gelangen, während die flüchtigen Teile durch 31 entweichen und kondensiert werden.

Nach weiterer Angabe der Patentschrift sind aus dem Rohöl, wenn der Prozeß so lange durchgeführt wird, bis alles Öl übergetrieben ist, 70—90 % bis 150° siedende Kohlenwasserstoffe zu erhalten.

Im andern Falle kann das zurückbleibende Öl als Schmieröl verwandt werden.

1373654 Paul Danckwardt, Denver, Colorado.

Verfahren zur Erzeugung von niedrig siedenden — aus hoch siedenden Kohlenwasserstoffen.*)

Ansprüche:

1. Ein Verfahren zur Herstellung niedrig siedender Kohlenwasserstoffe, darin bestehend, daß man eine Charge aus Haloidsalz, Nickel und einem großen Überschuß von Kohle entzündet, die Verbrennung in der Charge durch Einführung eines Windstromes unterhält, daß man gleichzeitig Öl und Wasserdampf durch die Charge leitet und die Kohlenwasserstoffe von niedrigem Siedepunkt getrennt von den höher siedenden kondensiert.

2. Man mischt einen großen Prozentsatz Kohle mit einem kleinen Prozentsatz von Nickelchlorid und Nickel und bringt die Teile der Charge, die mit dem Öl in Kontakt kommen aus der höchsten Temperatur in eine niedrigere, wobei dann das Öl unter dem Einfluß der Kontaktsubstanzen der Charge abdestilliert.

3. schützt die Vorwärmung des zufließenden Öles durch die Abdämpfe.

Nach 4. zieht man kontinuierlich einen Teil der Charge unterhalb des Windeintritts ab, mischt ihn mit dem zu behandelnden Öl, bringt diese neue Mischung (mittels Elevators) oben auf die Charge, von wo sie wieder allmählich bis zu dem und unter den Lufteintritt herabsinkt, sich dort wieder mit frischem Öl mischt und so fort, wobei die Öldämpfe, die sich dabei gebildet haben, eine neue Ölmenge durchstreichen und sich schließlich, wie in 1 angegeben, kondensieren.

5. schützt die abwechselnde Zersetzung und Neubildung von Metallchlorid in Mischung mit Kohle und Nickel in Gegenwart von Dampf und ist dadurch gekennzeichnet, daß man die Mischung abwechselnd durch Zonen von hoher und gemäßigter Temperatur befördert und bei der gemäßigten Temperatur das zu behandelnde Öl mit der Mischung des Nickels nach den Gleichungen reagiert:

I. $$NiCl_2 + H_2O + C = Ni + 2\,HCl + CO$$

II. $$Ni + 2\,HCl + C_nH_{2n} = Ni\,Cl_2 + C_nH_{2n+2}$$ und

III. $$(Ni) + H_2O + C + C_nH_{2n} = (Ni) + C_nH_{2n+2} + CO.$$

Ein Teil des Wasserdampfes wird auch nach der Wassergasgleichung $C + H_2O = CO + H_2$ zersetzt.

Der Wasserstoff hydriert unter der katalytischen Wirkung des Nickels die ungesättigten Kohlenwasserstoffe.

Das nach Gleichung II entstandene $NiCl_2$ wird nach Gleichung I wieder in Nickelmetall zurückverwandelt und so geht der Prozeß kontinuierlich weiter.

Die Hydrierung findet aber nicht nur in der oberen Hälfte statt. Die herabsinkende Charge wird mit metallischem Nickel, aus der Zersetzung des Chlorides stammend, angereichert und wird bei 9 (s. Abb. 109, Anhang) mit Öl aus dem Behälter 18 besprüht (durch das Rohr 20). Hier findet dann wieder nach Gleichung II! Kohlenwasserstoffreduktion statt. Die gebildeten Gase und Dämpfe entweichen durch den Elevator und Rohr 6 und gelangen mit den Gichtgasen vom Kessel 1 durch 7 auf den Boden von Behälter 18. Unter dem Druck des (nicht ge-

*) Steht mit dem Vorigen in organ. Zusammenhang, s. a. Nachtrag.

zeichneten) Gebläses bei 17 gehen die Dämpfe durch die Ölschicht des Behälters 18.

Hier wird auch die mitgegangene HCl durch feine Teilchen der Charge, die das Sieb 29 und das Rohr 27 passiert haben, (also durch NiO und andere Metalloxyde) absorbiert.

Unter einem Druck von 50—100 lbs per Quadratzoll beträgt die Temperatur am Kesselboden zwischen 300 und 225° C, die des Öles auf dem Boden von Behälter 18 150° C.

Das Gebläse bei 17 soll derart eingestellt werden, daß am Auslaßrohr 30 eine Temperatur von ca. 150° erhalten wird. Die bei höherer Temperatur kondensierenden Dämpfe in Kontakt bringt. Dabei entweichen die durch Katalyse und chemische Reaktionen gebildeten Dämpfe — wie nach 1.

Nach 6. werden die Öldämpfe durch den gebildeten Wasserstoff hydriert.

7. schützt ein Verfahren, wonach eine Charge aus einem Chlorid, Nickel und Kohle bestehend, deren Verbrennung durch ein Gebläse unterhalten wird, mittels nascierenden Wasserstoffes ein Chlorid reduziert und so Chlorwasserstoff und Metall bildet, worauf dann der Chlorwasserstoff mit einem anderen Teil der Charge unter Einwirkung auf das Metall wieder Wasserstoff bildet, wobei die Öle hydriert werden usf.

Der Kessel 1 wird mit einer Charge von Koks, Nickel (85 %) oder Nickeloxyd (5—10 %) und Nickelchlorid (5—10 %) bis zur Hälfte bei 17 gefüllt und dann mit Holzspänen, die durch 5 eingebracht werden, unter Windzufuhr entzündet. Dann wird Holzkohle zugegeben und der Ofen mit der Charge bis oben gefüllt. — Unter der Wirkung des Gebläses bei 17 gerät die Masse ins Glühen und durch die heißen Abgase wird das Öl im Behälter 18 erhitzt.

Beim Gebläseeintritt, wo die größte Hitze herrscht, wird das Nickelsalz nach der Gleichung:

I. $NiCl_2 + H_2O + C = Ni + 2HCl + CO$ zersetzt.

Das Wasser rührt von der Koksfeuchtigkeit her, kann aber auch als Dampf durch 32 zugegeben werden.

Die mit überschüssigem Dampf aufsteigende Salzsäure trifft die Mischung von Kohle, Nickel und Öl, die durch den Elevator 14/15 aus dem Raum 9 kontinuierlich in den oberen Teil des Kesselschachtes entladen wird.

Salzsäure und Dampf reagieren auf das von oben kommende Öl mittels des in der Charge enthaltenen Produktes, verlassen den Behälter 18 durch die Pumpe 21 und kehren mit frischem Öl gemischt durch das Rohr 31 in das System zurück.

Ein Apparat, der 3 000 Gallonen in 24 Stunden bei kontinuierlicher Arbeitsweise erzeugt, hat folgende Ausmaße:

Der Kesselraum 1 hat einen Durchmesser von 3½ Fuß, Höhe 13 Fuß. Das Elevatorrohr 12, in welchem Elevator 13 arbeitet, hat 15 Zoll Durchmesser und der Behälter 18 ist 15 Fuß hoch und 2 Fuß im Durchmesser.

Die Kohlenmenge in der Charge wird durch Bildung von CO, besonders beim Arbeiten unter Druck, gemindert, bis zu einem gewissen Grade aber durch Öl, das Kohlenstoff ablagert, ergänzt. Zu weiterer Ergänzung kann aus dem Vorratsgefäß 23 eine Mischung von Öl und zerkleinertem Koks durch 21 zugepumpt werden.

Hinter dem Behälter 18 werden die Gase und Dämpfe durch einen Kühler kondensiert und zur Rückgewinnung der leichtflüchtigsten Gasolinbestandteile wird ein Wäscher (Skrubber) mit frischem Rohöl angeschlossen, in welchem diese dem Prozeß wieder zugeführt werden.

Die technischen Schwierigkeiten, einen Elevator in einer HCl-Atmosphäre zu konstruieren, dürften recht erheblich sein.

192 106 Brit. The Hoover Company, Chicago.
22. 8. 1921
22. 1. 1923

Verfahren zur Wiedergewinnung von Aluminiumchlorid, das bei der Umwandlung von hoch siedenden in niedrig siedende Kohlenwasserstoffe verbraucht wurde.

Anspruch:

1. Verfahren zur Wiedergewinnung von Aluminiumchlorid aus schwerem flüssigem Aluminiumchlorid-Kohlenwasserstoff, dadurch gekennzeichnet, daß man den flüssigen Aluminiumchlorid-Kohlenwasserstoff in einem Raume fein verteilt, der auf eine Temperatur über dem Verdampfungspunkt des Aluminiumchlorids erhitzt wurde und daß man das Aluminiumchlorid sich absondern läßt, indem sich der schwere Kohlenwasserstoff absetzt.

Nach 2. wird das verflüchtigte Aluminiumchlorid zu flüssigem Kohlenwasserstoff gefügt und dadurch frischer Katalysator erzeugt. — (S. a. U. S. A.-Patent 1 426 081 derselben Comp. und Brit. Pat. 189 200.)

Der im Reaktionsraum gebildete Schlamm wird, solange er noch flüssig ist und bevor der darin befindliche Katalysator völlig erschöpft ist, abgezogen und in eine heiße Kammer gespritzt, um die Verdampfung des Aluminiumchlorids zu bewirken. — Die Dämpfe können mit Kohlenwasserstofföl gewaschen werden, um das Aluminiumchlorid zu absorbieren und in die Reaktionskammer zurückzuführen. Das Verfahren wird in dem bei 189 200 abgebildeten Apparat ausgeführt.

189 200 Brit. The Hoover Company, Chicago.
22. 8. 1921
22. 11. 1922

Verfahren zur Umwandlung von hoch siedenden in niedrig siedende Kohlenwasserstofföle.

Ansprüche:

1. Ein Verfahren zur Umwandlung von hoch siedenden in niedrig siedende Kohlenwasserstofföle, nach welchem das Öl zuerst auf eine für die Katalyse geeignete Temperatur gebracht und dann in der Weise destilliert wird, daß es sich zusammen mit einem Katalysator über eine größere Anzahl von Flächen ausbreitet, und daß man schließlich die Destillsatz auffängt. —

Als Katalysator dient Aluminiumchlorid, das mit dem Öl gemischt in der Kammer 7 (s. Abb. 110, Anhang) durch die Rohre 12 abwärts fließt. Diese Rohre werden durch heiße Essengase oder durch heißes Öl, das im Kessel 1 erhitzt wird und im äußeren Gefäß 7 zirkuliert, auf die nötige Temperatur gebracht. — Das Gemisch gelangt dann mittels der Pumpen 22 und 18 in den oberen Teil der Kammer und kommt dort in Berührung mit frisch erhitztem Öl, das aus dem Kessel mittels der Pumpe 6 durch das Rohr 5 dort eintritt.

Ein Teil des frischen Öles wird durch die Düse 24 zerstäubt, um die Öldämpfe vom Aluminiumchlorid zu trennen. Die Dämpfe steigen durch die mit Hindernissen versehene Kammer 25 zum Rückflußkondensator 27. Die nicht kondensierten Dämpfe gehen zum Kühler und Gasbehälter.

Der schwere Schlamm, der sich am Boden 9 der Kammer 7 absetzt, wird zeitweilig durch 31a und 31 abgezogen und mit heißen Gasen gemischt, die sich während des Prozesses gebildet haben, oder auch mit Chlor oder Chlorwasserstoffgas, die in 35a erhitzt in die Kammer 32 eintreten, in welche auch der Schlamm durch die Düse 33 gespritzt und die auf eine Temperatur von 400° F erhitzt wird (204° C). Die Dämpfe von Aluminiumchlorid und Kohlenwasserstoffen ziehen in die Kammer 43 und werden da mit einem Sprühregen von heißem Öl aus der Düse 44 gewaschen.

Die Ölmischung aus 43 wird nun mit der Mischung in Kammer 7 durch die Pumpe 46 zusammengemengt, die leichten Dämpfe gehen durch 47a zum Rückflußkondensator. — Durch den Kessel 39, der mit 32 verbunden ist und metallisches Aluminium enthält, läßt man Chlor oder Chlorwasserstoff zwecks Bildung von neuem Aluminiumchlorid streichen.

1 430 109 Ernest V. Owen, Chicago; übertragen auf die Hoover
21. 1. 1922 Company, Chicago, Illinois.
26. 9. 1922

Verfahren zur Trennung von Kohlenwasserstoff und Aluminiumchlorid.

Ansprüche:

1. Verfahren zur Trennung von schwerem Kohlenwasserstoff und Aluminiumchlorid, darin bestehend, daß man die Aluminiumchlorid-Kohlenwasserstoffverbindung in ein Bad aus flüssigem Material laufen läßt, das bei einer Temperatur gehalten wird, die unter dem Siedepunkt des Kohlenwasserstoffs aber über dem Verdampfungspunkt des Aluminiumchlorids liegt, wobei das Letztere verflüchtigt und in Dampfform entfernt wird.

Nach 2. muß das Bad ein von dem Aluminiumchlorid-Kohlenwasserstoff verschiedenes spezifisches Gewicht haben.

In einem durch Dampfmantel geheizten Kessel wird die Aluminiumchlorid-Kohlenwasserstoffverbindung, zweckmäßig durch eine Sprühvorrichtung, in ein Bad auf dem Boden dieses Kessels gespritzt, das aus einem Kohlenwasserstoff, z. B. Paraffin oder einem geschmolzenen Salz oder einem Metall bestehen kann und das über die Verdampfungstemperatur des Aluminiumchlorides erhitzt wird, so daß sich dieses verflüchtigt und in einem geeignet ausgerüsteten turmartigen Aufsatz kondensiert wird. Aus diesem Turm wird es durch frisches Öl zu neuer Verwendung herausgespült.

1 460 110 E. V. Owen und The Hoover Company, Chicago.
3. 3. 1922
26. 6. 1923

Rückgewinnung von Katalysatoren aus Rückständen.

Die Mischung von Kohlenwasserstoffen und Aluminiumchlorid wird in noch flüssigen Zustande in feiner Verteilung auf eine Oberfläche gespritzt, die so hoch erhitzt ist, daß das Aluminiumchlorid verdampft, bzw. sublimiert mit leichten Kohlenwasserstoffen in Vorlagen entweicht, während der Kohlenwasserstoffrückstand zurückbleibt.

D. R. P. 411 228 ab 11. 8. 1923 ausgeg. 28. 3. 1924

Aktiengesellschaft f. Petroleumindustrie und Dipl. Ing. Ludwig Rosner, Berlin und Dr. Ing. Max Herrmann, Nürnberg.

Verfahren zum Spalten von Kohlenwasserstoffen.

Anspruch:

Verfahren zur Umwandlung von Mineralölen und daraus gewinnbaren Kohlenwasserstoffen in solche von niedrigerer Siedetemperatur, dadurch gekennzeichnet, daß die Ausgangsstoffe mit Aluminiumchlorid bei Gegenwart metallischen Aluminiums oder gleichwirkender Metalle, wie Eisen, erhitzt werden.

Laut Patentschrift wurde gefunden, daß die Ausbeute an niedriger siedenden Kohlenwasserstoffen aus höheren unter Anwendung von Aluminiumchlorid ganz erheblich gesteigert werden kann, wenn man nicht nur wasserfreies Aluminiumchlorid, sondern daneben noch metallisches Aluminium anwendet und zwar bis um annähernd 50 %, während gleichzeitig die Bildung von Koks in entsprechendem Grade herabgesetzt wird.

Beispiel: Ein Gasöl wird mit 5 % entwässertem, pulverisiertem $AlCl_3$ und mit ca. 1 % Al-Pulver genügende Zeit unter kräftigem Rühren erhitzt, wobei dafür gesorgt wird, daß nur die bis 180° siedenden Anteile in den Kühler übergehen. Es wurden dabei 22,4 % Benzin neben Petroleum und Schmieröl und 9,2 % Koks erhalten.

Bei einem Kontrollversuch, der genau unter den gleichen Bedingungen vorgenommen wurde und bei dem nur mit 5 % Aluminiumchlorid allein gearbeitet worden war, ergaben sich nur 15 Gewichtsprozente Benzin neben den gleichen Mengen Petroleum und Schmieröl und 17,4 % Koks. — Der Zusatz des Aluminiumpulvers hat demnach die Ausbeute an Benzin um 50 % erhöht.

Das nach dem vorliegenden Verfahren erhaltene Benzin weist nur gesättigte Kohlenwasserstoffe auf und zeigt eine Jodzahl von 0, während das ohne Aluminiumpulver erzeugte Benzin eine Jodzahl von 2 hat. Augenscheinlich wirkt die bei der Reaktion abgespaltene Salzsäure auf das Aluminiumpulver unter Entwicklung von Wasserstoff ein, der im Entwicklungszustand die ungesättigten Kohlenwasserstoffe zu gesättigten reduziert. — Bei Anwendung von Eisenpulver wird die Ausbeute an viskosen Schmierölen erhöht.

Die Regeneration des Aluminiums im Rückstand kann durch Behandlung mit HCl und Verdampfung des gebildeten $AlCl_3$ im Vakuum erfolgen, gegebenenfalls unter nachfolgender Sublimation.

D. R. P. 394 372 ab 27. 10. 1920 ausgeg. 17. 4. 1924

Hugo Stinnes—Riebeck, Montan- und Ölwerke, Akt.-Ges., Halle a. S.

Verfahren zur Gewinnung leicht siedender Kohlenwasserstoffe der Benzolreihe aus Teerölen.

Anspruch:

Verfahren zur Gewinnung leicht siedender Kohlenwasserstoffe der Benzolreihe aus Teerölen unter gleichzeitiger Reinigung durch Behandlung mit Kondensationsmitteln, wie Aluminiumchlorid, dadurch gekennzeichnet, daß das Teeröl nach Entfernung der Phenole und sauren Bestandteile zunächst mit dem Kondensationsmittel auf eine Temperatur über 100° und alsdann unter erneutem Zusatz von Kondensationsmitteln unter Erwärmung auf höhere Temperaturen destilliert wird. —

Die Erfindung besteht darin, daß man durch Einwirkung des Aluminiumchlorids in 2 Phasen besonders gute Ergebnisse erzielt.

Ausführungsbeispiele: 1. 10 kg Steinkohlenteerschweröl vom spezif. Gewicht über 1, das durch Behandlung mit Natronlauge von Phenolen und sauren Bestandteilen befreit ist, werden mit 0,5 kg zerkleinertem $AlCl_3$ eine halbe Stunde lang auf 150° erwärmt. Hierbei scheiden sich zähteerige Massen ab. Das überstehende Öl wird von den Ausscheidungen getrennt und nunmehr mit nochmals 0,5 kg $AlCl_3$ auf etwa 200° erwärmt. Hierbei destillieren unter starker Entwicklung von Schwefelwasserstoff und anderen brennbaren Gasen leichte Öle über. Die Ausbeute beträgt etwa 10% Benzol und benzolartige Stoffe von einem Siedepunkt unter 100° und einem spezif. Gewicht zwischen 0,88 und 0,90, während als Rückstand reines Teeröl zurückbleibt.

2. 10 kg Braunkohlenteeröl werden nach Entfernung der sauren Bestandteile mit 0,5 kg Aluminiumchlorid oder der gleichen Menge eines Gemisches von Aluminium- und Eisenchlorid auf eine Temperatur über 150° erwärmt. Im übrigen genau wie Beispiel 1.

1 568 812 W. F. Downs, Chatam, New Jersey.
6. 5. 1922
5. 1. 1926 **Behandlung niedrig siedender Kohlenwasserstoffe.**

Nach dem Verfahren vergrößert sich die Ausbeute und Qualität des Gasolins dadurch, daß man die auf 500° F (260° C) abgekühlten Dämpfe von Kohlenwasserstoffölen über Aluminiumchlorid leitet, im Gegensatz zu den früheren Verfahren, die das Öl mit Aluminiumchlorid erhitzten. — Das Aluminiumchlorid befindet sich in Mischung mit einer unwirksamen Substanz wie Graphit, Kieselsäure oder einem Gemisch beider auf einem geeignet konstruierten Filter, das die Dämpfe von oben nach unten durchströmen.

569 123 Frz. Dispersoïd Syndicat Ltd., England.
27. 7. 1923
7. 4. 1924

Verfahren zum Kracken von Ölen mit gleichzeitiger Raffination.

Ansprüche:

Resumé: 1. Verfahren zum Kracken von Ölen mit gleichzeitiger Raffination, dadurch gekennzeichnet, daß das Öl in Dampfform oder in einem sehr dünnen Strahl der Einwirkung von geschmolzenen Salzen der Alkalien und Erdalkalien oder Mischungen davon unterworfen wird.

1. Verfahren nach 1., dadurch gekennzeichnet, daß man den geschmolzenen Salzen Katalysatoren zufügt, um die Bestandteile mit hohem Siedepunkt abzusondern oder auf die Verunreinigungen chemisch zu reagieren.

Beispiel: Man läßt 100 Teile Kalziumchlorid mit 1—5 Teilen Aluminiumchlorid in einem geeigneten Gefäße schmelzen und führt in die Schmelze Dämpfe von Teeröl, z. B. Mittelöl, mittels eines Rohres ein. Um längere Berührung mit der Schmelze zu vermeiden, werden die Dämpfe durch eine

Vakuumpumpe unter einem Druck von ca. 40 mm angesogen. Die Dämpfe werden dann gut gekühlt und man erhält ein klares Öl, das man direkt als Kraftstoff verwenden kann. Selbst wenn man von stark gefärbten Ölen ausgeht, erhält man ein Produkt, dessen Siedepunkt sehr viel einheitlicher ist und 80—120° unter dem des Ausgangsmaterials liegt.

601 172 Frz. Société anonyme Huiles, Goudron et Dérivés,
22. 10. 1924 Frankreich.
24. 2. 1926

Verfahren zur Raffination flüssiger ungesättigte Verbindungen enthaltender Kohlenwasserstoffe, besonders von Krackbenzin und Petroleum.

Resumé: Gegenstand der Erfindung ist ein Raffinationsverfahren für gefärbte und mit ungesättigten, schwefelhaltigen Podrukten verunreinigte Essenzen, besonders von Krackessenzen, ein Verfahren, das sie farb- und geruchlos macht und sie von ungesättigten und schwefligen Produkten befreit, und das darin besteht, daß man in einem üblichen mit Rührwerk versehenen Apparat mit 1—2 % eines wasserfreien Metallchlorids destilliert. Als chlorierte Metalle werden Eisen. Zink, Magnesium und Aluminium verwendet.

246 697 Brit. Allgemeine Gesellschaft für chemische Industrie, Berlin.
19. 12. 1924 Deutschland
6. 5. 1925 England
4. 3. 1926

Verfahren zur Gewinnung leichter Kohlenwasserstoffe.

Ansprüche:

1. Verfahren zur Gewinnung niedrig siedender Kohlenwasserstoffe aus höher siedenden, dadurch gekennzeichnet, daß als Katalysator das Produkt verwendet wird, das durch Einwirkung von Aluminiumchlorid auf höher siedende Bestandteile von Mineralölen entsteht, die von den in flüssiger, schwefliger Säure löslichen Stoffen befreit wurden.

Beispiel. 100 Teile kalifornisches Gasöl, dem durch vorangehende Behandlung, die in schwefliger Säure löslichen Anteile entzogen wurden, wird mit 10 Teilen wasserfreiem $AlCl_3$ auf 30—90° C unter Rühren erwärmt. Es bildet sich ein braungelbes Öl, von welchem nach kurzer Zeit das nicht zur Reaktion gelangte Gasöl abgelassen wird.

Das braungelbe Öl wird dann mit dem zu spaltenden Kohlenwasserstoff sofort oder nach einiger Zeit auf Kracktemperatur erhitzt.

Statt mit schwefliger Säure kann man das Material auch mit andern Mitteln vorbehandeln: z. B. mit Methyl- oder Äthylalkohol und dgl. oder mit aktiver Kohle, Silika Gel oder schließlich auch mit Schwefelsäure.

111 354 Schwz. G. Grisard, Basel.
30. 7. 1924
1. 9. 1925

Herstellung eines Katalysators zur Gewinnung leichter Kohlenwasserstoffe aus schweren Mineralölen und Schieferölen.

Aluminiumchlorid wird mit einem Alkali oder Erdalkali, einem Silikat und einem Mineralöl von hohem Gehalt an Schwefel und ungesättigten Kohlenwasserstoffen bis zur Bildung einer pechartigen, wenig hygroskopischen, zum Transport und zur Lagerung geeigneten Masse innig vermischt. Beim Stehenlassen setzt sich die Masse ab, während Öl obenaufschwimmt, das wieder zum gleichen Zwecke oder auch als Schmieröl oder für pharmazeutische Zwecke benutzt werden kann.

1 525 041 Ch. E. Parsons and L. Peacock (Metal Research Corporation
29. 3. 1924 of New York).
3. 2. 1925

Verfahren zur Gewinnung von Aluminiumchlorid.

Durch Einwirkung von Carbonylchlorid (Phosgen) auf Aluminiummetall bzw. -Silikat bei Hochofentemperatur wird Aluminiumchlorid erhalten. Das Phosgen bildet sich bei 1400 ° C aus Kochsalz im Kontakt mit Kohle und Kohlenoxyd.

6. Abschnitt.

Besondere Krackverfahren.

A. Abscheidung und Entfernung von Koks.

Die meisten Krackverfahren sehen die Abscheidung und Entfernung der gebildeten Koksmassen in der einen oder anderen Weise vor. In diesem Abschnitt sind nun eine Reihe von Verfahren zusammengestellt, die sich besonders mit diesem Problem befassen und dies durch eine Anzahl meistens mechanischer Vorrichtungen bewirken. Dabei wird auf die allgemeineren Verfahren, zu welchen dieselben gehören, Bezug genommen.

Die Universal Oil Products Company (Dubbs-Prozesse) hat sich besondere Verfahren zur Reinigung vertikaler oder horizontaler Krackkammern unter (engl.) 185 459, 1 509 819, 1 584 004, engl. 248 332, 1 524 818, 1 535 178, 1 540 986, 1 541 210, 599 169 (frz.), 1 543 833, 1 549 352, 1 569 855 schützen lassen. Als Erfinder werden Pollock, Egloff. Benner, Halle, Dubbs und Huff genannt. Vorrichtungen um den Koks bzw. kokshaltiges Öl aus verschiedener Höhe des Kesselniveaus abzuziehen, Vorrichtungen, den Koks durch aus Düsen strömendes Öl am Absetzen an den Kesselwänden zu hindern, Vorrichtungen, zur leichten Reinigung der Spaltelemente durch seitliche Reinigungsöffnungen, Vorrichtungen, das Absetzen des Kokses in leicht entfernbarer Form auf spiralig angeordneten Flächen im Innern des Kessels (das der Hitze weniger ausgesetzt ist) zu bewirken, Vorrichtungen, durch schnelle Kühlung Heizschlangen und Expansionskammern zu reinigen, Vorrichtungen, durch biegsame Metallkörper die Koksmassen zu zerbrechen und Vorrichtungen durch Umschalten von Expansionskammern zwecks Reinigung einen stetigen Betrieb zu erzielen, sind die wesentlichsten Kennzeichen dieser Verfahren. — Brownlee und Ganahl (173 242 engl.) hindern den Koks durch Metallkugeln am Festbrennen. Durch in rotierender Retorte bewegte Koksstücke erreicht die V. L. Oil Prozeß Co. Ltd. (579 905) dasselbe. — Das Festbrennen hindern Plauson und Miedel (108 708 Schweiz u. D. R. P. 412 877 durch geschmolzenes Zinn oder anderes Metall. Ähnliches bezwecken auch Gebr. Wells (1 433 052). Kittredge (1 561 169) heizt die Kessel von oben bzw. von der Mitte aus, so daß Koks auf kühlere Wandungen herabfällt. Bagwill verhindert durch Dampfdüsen und besondere Kesselform den Ansatz von Koks (1 560 891). Mechanische Vorrichtungen wie Ketten, Rührwerke in Kesseln und Rohren, Filter mit Zentrifugen, drehbare Retorten, rotierende Schieber, die den Koks nach den kühleren Teilen der Retorte bringen, Schabe- und Kratzvorrichtungen, rotierende Bürsten haben angegeben: Fraser (1 561 428), Steinschneider (D. R. P. 417606), Wyant (1563818), R. B. Day (1570131), G. W. Wallace (1 561 758), Buerger (1 401 310), A. D. Smith (1374402, 1550115), A. H. Heller (1541140), Litzinger, Snodgrass und Gen. (1 551 410), J. B. Kirk (1 546 285), Holmes und Manley (engl. 160 200), Manley (1 462 143). Stilson (1 564 984) fängt den Koks im Dampfrohr durch besondere T-Rohre.

Die Standard Oil Co. (M. O. Paulus 1 526 010) setzt das Öl zur Verhinderung der Koksabscheidung in den Rohren mittels Düsen, aus denen Kohlensäure oder dgl. strömt, in Bewegung. Ein Verfahren, die Abscheidung von Koksmassen auf dem Kesselboden durch siebartige Doppelböden zu verhindern, ist derselben Gesellschaft durch D. R. P. 306 282 geschützt. Ähnlich verfahren Dr. A. Sommer (D. R. P. 333 216) und W. D. Rial (1 390 386).

D. A. Dean (1 398 587) läßt den Koks in drehbarer Retorte auf lose Stücke von Ton absetzen, von denen er nach beendetem Prozeß wieder abgebrannt wird. L. H. Manning nutzt die Wirkung beweglicher Metallkörper, verbunden mit einem Rührwerk aus (1 462 068, 1 462 069). C. Kroll umgibt ein Flammrohr im Krackkessel mit rotierenden Kratzvorrichtungen (D. R. P. 420 192, frz. 561 553, 1 448 128, engl. 210 972). Die Sinclair Refining Company erhitzt nach D. R. P. 428 392 in engen, senkrecht aufsteigenden Rohren oder sie reduziert die Koksabscheidung dadurch auf ein Minimum, daß sie das Öl im Kessel durch Schichten mit Fullererde etc. treibt (engl. 232 178,

241 886, 246 116). Auch R. D. George (frz. 524 681) arbeitet mit Filtervorrichtungen.

Adams D. R. P. 385 762 entfernt den an den Wänden des vertikalen Spaltrohrs abgesetzten Koks kontinuierlich. Auch E. V. Stone (1 403 457, 1 403 458) ordnet ein Abreibrohr in einer rotierenden Krackkammer an. — Erhebl. Überdruck kann hierbei nicht in Frage kommen.

Patente zum Abschnitt 6 A. Abscheidung und Entfernung von Koks.

185 439 Universal Oil Products Company, Chicago.
11. 3. 1921
11. 9. 1922

Verfahren und Apparat zur Gewinnung gekrackter Petroleumprodukte.

Anspruch:

1. Verfahren zum Kracken schwerer Petroleumöle, dadurch gekennzeichnet, daß das Öl solchem Druck und solcher Temperatur ausgesetzt wird, daß dieselbe im Durchschnitt, wenn das Öl die erste Heizkammer verläßt, im Minimum 875° F (468° C) beträgt, so daß sich nicht weniger als 45 % des Öles in Druckdestillat von nicht weniger als 45° Bé Schwere verwandeln.

Nach 2. wird das Öl in Krackrohren erhitzt und im wesentlichen in flüssiger Phase in die Expansionskammern und Verdampfungskammern zwecks Zirkulation getrieben, wobei die Verdampfungskammern, die weiter als die Krackrohre sind, so eingerichtet sein müssen, daß sie von beiden Enden aus leicht zugänglich und daher von Zeit zu Zeit leicht zu reinigen sind.

Nach 3. sollen die Expansionskammern in Form relativ großer Tanks konstruiert sein, die senkrecht aufgestellt, durch Mauerwerk isoliert, übermäßige Strahlung und vorzeitige Kühlung der Dämpfe verhindern, oben und unten bewegliche Verschlüsse haben und daher von Zeit zu Zeit leicht zu reinigen sind.

Zweck der Erfindung ist das Absetzen und Entfernen des Kokses, der sich nach dem Verfahren 160 236 hinderlich bemerkbar machte zu bewirken. Das geschieht entweder dadurch, daß die erweiterten Verdampfungsrohre zum Reinigen von beiden Seiten eingerichtet werden oder dadurch, daß statt der Verdampfungsrohre senkrechte Verdampfungskammern eingerichtet werden, die von oben und unten leicht zugänglich sind.

Die Apparatur ist dieselbe wie im D. R. P. 429 052 (Abb. 74, Anhang).

Z. B. wurde „Wayside“-Heizöl von 25,4° Bé (0,900) angewandt, das 80 % des Rohpetroleums ausmachte. Normale Destillation des Rohöls bei gewöhnlichem Druck ergab 11 % Gasolin von 58° Bé (0,753). Durch einmalige Behandlung unter Druck und Hitze wurden 20,6 % von obigen 80 % in Gasolin von 58,6° Bé verwandelt, d. h. auf das Rohöl umgerechnet, weitere 16,5 % Gasolin oder 150 % mehr, als im Rohöl vorhanden ist. (11 % : 11 + 16,5 %).

1 509 819 Robert T. Pollack, Brooklyn; übertragen auf Universal
25. 6. 1924 Oil Products Company, Chicago.
23. 9. 1924

Apparat zur Behandlung von Ölen.

Anspruch:

1. Ein Apparat zur Umwandlung von Ölen, gekenzeichnet durch einen Ofen, eine kontinuierliche Heizschlange darin, durch welche Öl geht, um es auf Spalttemperatur zu erhitzen; durch eine erweiterte, senkrechte isolierte Expansionskammer, die außerhalb jenes Ofens liegt; durch Vorrichtungen, um die erhitzten Umwandlungsprodukte aus der Heizschlange in den oberen Teil der Expansionskammer zu überführen; durch eine Dampfausstoßleitung, die aus der Expansionskammer nahe ihrem oberen Ende hinausführt; durch eine Anzahl unabhängig voneinander absperrbaren Abzugsleitungen, die aus der Expansionskammer in verschiedenen Höhenlagen führen; durch von einander unabhängige Vorrichtungen, jede Auslaßleitung zu kontrollieren und durch einen Koksauslaß am Boden besagter Kammer, sowie Vorrichtungen den Koksauslaß zu kontrollieren.

Das Öl gelangt durch einen Destillatvorwärmer durch eine in einen Ofen eingebaute Heizschlange in die vertikale Krackkammer, die isoliert ist und aus der die Rückstände je nach der Anreicherung des Kokses aus verschiedenen Höhenlagen durch besondere Hähne abgezogen werden können, während der abgelagerte Koks von Zeit zu Zeit durch ein weite (verschließbare) Öffnung am Boden entfernt werden kann. Die Anlage arbeitet bei 850° F (454° C) unter Druck.

1 524 818 G. Egloff und Harry P. Benner, Independence, Kansas;
15. 7. 1920 übertragen auf Universal Oil Products Company,
erneuert 16. 7. 1924 Chicago.
erteilt 3. 2. 1925

Apparat zur Behandlung von Kohlenwasserstoffölen.

Anspruch:

1. Bei einem Apparat zur Behandlung von Öl, in Verbindung mit einem Kessel ein ringförmiges Heizelement, das sich durch den Kessel erstreckt; Vorrichtungen, Öl in diesen Kessel zu führen, die aus einem Verteilungskörper mit einer Anzahl Düsen bestehen, die im Kreise um das Heizelement herumliegen und in dessen Nähe eine Zufuhrpumpe und Verbindungen zwischen der Pumpe und dem Verteilungskörper.

Ein Flammrohrkessel, das durch Öl- oder Gasbrenner geheizte Rohr in der Mitte des Kessels, kreisförmig um das Flammrohr die Ölzuflußdüsen, die durch kräftige Spülung den Kohlenstoff am Absetzen auf den heißen Teilen hindern. Er setzt sich lose auf den Boden des Kessels und kann durch ein besonderes Ölzuflußrohr von Zeit zu Zeit herausgespült werden.

1 535 178 R. T. Pollock; übertragen auf Universal Oil Products
16. 2. 1920 Company, Chicago.
28. 4. 1925

Apparat zur Umwandlung von Kohlenwasserstoffölen.

Anspruch:

1. Eine Expansionskammer, bestehend aus einer schwach geneigten, länglichen Dampfkammer, einem Einlaßrohr nahe dem tieferliegenden

Ende, um das Öl bei Kracktemperatur in die Kammer zu leiten, einem Rückstandsauslaßrohr, einem zum entgegengesetzten Ende der Kammer austretenden Dampfauslaßrohr, wobei sich kondensierbare Dämpfe und niedergeschlagener Kohlenstoff in der Kammer sammeln, nach dem geneigten Ende hin flutend, wobei sie ihre größte Tiefe gegenüber dem Öleinlaß erreichen und die Kammer durch das Rückstandsauslaßrohr verlassen.

Eine sehr einfache, sehr wirksame und leicht zu reinigende Apparatur, die in einer schwach geneigten, länglichen Expansionskammer besteht (s. Abb.111),

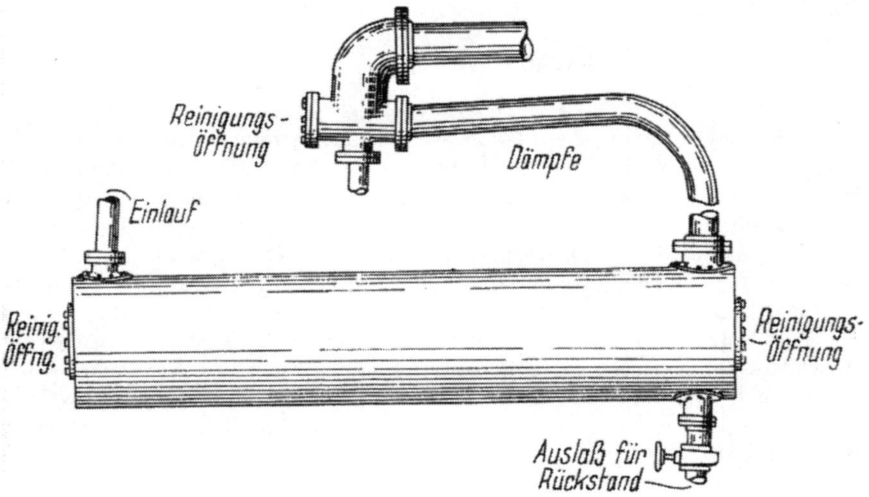

Abb. 111.

an deren seitlichen Einlaß das auf Kracktemperatur erhitzte Öl eintritt. Die kondensierbaren und nicht kondensierbaren Dämpfe passieren eine nicht unbeträchtliche Schicht von Rückstandsölen, unmittelbar nach Verlassen der Krackrohre, dadurch werden die entweichenden Destillate einheitlicher in ihrer Zusammensetzung. Sodann kann der kokshaltige Rückstand leicht abgelassen werden.

1540 986 H. J. Halle; übertragen auf Universal Oil Products
17. 9. 1920 Company, Chicago.
9. 6. 1925

Verfahren und Apparat zur Destillation von Ölen.

Ansprüche:

1. Verfahren zur Destillation von Ölen, gekennzeichnet dadurch, daß man das Öl auf Spalttemperatur erwärmt, dasselbe in eine Dampfkammer leitet, wobei man das Öl einen spiralenförmigen Weg über in dieser Kammer angeordnete Flächen gehen läßt, bevor es austritt, und dadurch daß man die Dämpfe aus der Kammer abführt, daß man die Öle nach dem sie jene Flächen passiert haben aus der Kammer entfernt und daß man durch Regelung der austretenden Ölmengen die Tiefe des in der Kammer verbleibenden Öles regelt.

Nach 4. wird eine Verdampfungskammer beansprucht, die mit einer spiralförmigen Führung, die allmählich von der Peripherie zum Zentrum der Kammer leitet, versehen ist. —

Durch den mittels der spiralförmigen Anordnung verlängerten Weg der Öldämpfe in der Verdampfungskammer soll die Spaltreaktion verbessert und eine Ansammlung von Koks vermieden werden.

1 541 210 C. P. Dubbs; übertragen auf Universal Oil Products
12. 8. 1920 Company, Chicago.
9. 6. 1925

Apparat zur Destillation von Flüssigkeiten.

Anspruch:

2. Ein Apparat zur Destillation von Kohlenwasserstoffölen, bei welchem das Öl durch eine Heizvorrichtung auf Verdampfungstemperatur erhitzt wird, in Verbindung mit dieser Heizvorrichtung eine Dampfkammer, aus welcher ein Dampfrohr führt, ebenso ein Rückstandsablaßrohr; in dieser Kammer ist eine Injektordüse angeordnet, die unmittelbar vor dem Rückstandsablaßrohr mündet, ebenso Vorrichtungen, frisches Öl der Düse zuzuführen, um den Auslaß aus der Verdampfungskammer frei von Koks zu halten.

Eine Vorrichtung zur Freihaltung der Apparatur von abgesetztem Koks, besonders für kontinuierlich arbeitende Apparate, die in der Anordnung einer Düse über dem Beginn des Rückstandsaustrittsrohr besteht, durch welche frisches Öl geht, welches das Abzugsrohr durchspült und lästige Verstopfungen verhindert.

1 541 553 G. Egloff und H. P. Benner; übertragen auf Universal
23. 3. 1921 Oil Products Company, Chicago.
9. 6. 1925

Apparat zur Behandlung von Öl.

Anspruch:

2. Ein Apparat zum Spalten von Öl, gekennzeichnet durch eine Heizschlange in einem Ofen, eine Expansionskammer in Verbindung mit der Heizschlange, aus der ihr heißes Öl zufließt, durch einen Vorratstank für kaltes Öl und durch Ventil geregelte Verbindungen zwischen Schlange, Expansionskammer und Vorratstank, durch welche der Zufluß von Öl zur Expansionskammer unterbrochen werden kann und ein begrenzter Kreislauf des Öles durch Schlange und Vorratstank hergestellt werden kann, um die Heizschlange zu kühlen.

Gegenstand der Erfindung ist, die Heizschlangen schnell zu kühlen, um sie, ebenso wie die Expansionskammer von Koks zu reinigen.

599 169 Frz. Universal Oil Products Company.
6. 6. 1925
13. 10. 1925

Apparate zur Entfernung der Koksmassen aus den Krackgefäßen.

Mit Hilfe eines entsprechend angeordneten biegsamen Metallkörpers werden die Koksmassen nach Beendigung des Krackprozesses zerbrochen.

1 548 004 Lyman C. Huff, Chicago; übertragen auf Universal Oil
26. 1. 1923 Products Company, Chicago.
28. 7. 1925

Apparat zur Entfernung kokshaltigen Materials aus Ölapparaten, mechanische Entfernung mittels Ketten etc.
(Entspr. engl. 248 232 v. 2. 6. 1925 bzw. 4. 3. 1926.)

1 543 833 G. Egloff und H. P. Benner; übertragen auf Universal
10. 2. 1921 Oil Products Company, Chicago.
30. 6. 1925

Koksartiger Brennstoff und seine Gewinnung (aus Krackrückstand.)

1 549 352 C. P. Dubbs, Wilmette; übertragen auf Universal Oil
9. 12. 1920 Company, Chicago.
11. 8. 1925

Verfahren zum Spalten von Öl.

Verfahren zum Spalten von Öl, dadurch gekennzeichnet, daß man das Öl in der Heizschlange erhitzt und es daraus in eine von mehreren Verdampfkammern treibt, wo also Verdampfung und Niederschlagung von Koks stattfindet, daß man periodisch diese Kammer zwecks Reinigung aus dem System ausschaltet und gleichzeitig eine Zweite in das System einschaltet, die im Augenblicke ihrer Einschaltung unter bestimmtem Öldruck und Temperaturbedingungen gehalten wird, die möglichst gleich denen in der ersten Kammer zur Zeit, da sie ausgeschaltet wird, sein sollen und indem man nun das Öl in dieser zweiten Verdampfkammer erhitzt.

Die Expansionskammern können durch besondere Brenner geheizt werden und werden wechselweise zum Zwecke der Reinigung ein- und ausgeschaltet.

1 569 855 G. Egloff und H. P. Benner; übertragen auf Universal
20. 8. 1920 Oil Products Company, Chicago.

Verfahren zur Behandlung von Öl.

Durch Filtration der bei 740° C gekrackten Dämpfe im Kessel selbst vor dem Aufstieg zum Dephlegmator, z. B. eines kalifornischen Gasöles von 24° Bé, unter einem Druck von 105 Pfund per Quadratzoll, der auf 200 Pfund (14 Atm.) in gewissen Fällen steigen kann, werden 55 % des Gasöles in Druckdestillat von 52° Bé verwandelt, die 32 % vom Gasöl an Gasolin von 58° Bé ergeben mit Siedegrenzen von 110—435° F (43—224° C).

Das Filter besteht aus Sieben, auf denen Fullererde und dgl. aufgeschichtet wird.

173 242 Brit. Roy H. Brownlee, Pittsburgh u. Charles Fr. de Ganahl,
21. 6. 1920 New York.
8. 12. 1920 Compl. Left
21. 12. 1921

Kracken von Ölen.

Anspruch:

2. Verfahren zur Behandlung von Kohlenwasserstoffölen, dadurch gekennzeichnet, daß man sie in eine drehbare Retorte einführt, die eine größere

Anzahl wärmeleitender Metallkörper enthält, daß man die Retorte in Drehung bringt, gleichzeitig heizt, so daß vom Inhalt die leichteren Ölbestandteile abdestillieren, daß man die minder flüchtige Flüssigkeit ablaufen läßt und Heizung und Drehung der Retorte fortsetzt, so daß die in der Retorte zurückbleibenden Teerbestandteile verkokt und gepulvert werden.

In einer horizontalen drehbaren Retorte sind grössere Metallkugeln, die das Material zerkleinern, die Wärme gleichmässig verteilen und den Koks am Festbacken hindern.

579 905 Frz. V. L. Oil Prozeß Ltd., England.
7. 4. 1924
27. 10. 1924

Destillation schwerer Kohlenwasserstoffe.

Zur Vermeidung der Schwierigkeiten, die beim Kracken schwerer Öle durch die Koksabscheidung entstehen, wird das Öl in der Retorte auf Koks gegeben, und destilliert. Es wird in einer rotierenden Retorte gearbeitet, durch welche sich der Koks kontinuierlich bewegt.

Resumé: Ein Verfahren zur Destillation schwerer Kohlenwasserstoffe, nach welchem die Destillation mittels eines in fortschreitender Bewegung befindlichen Trägers bewirkt wird, eines festen kohlehaltigen Stoffes in einer Retorte, in welcher er vom Eingang nach dem Ausgang hin sich steigernden Temperaturen unterworfen ist, wobei die zu destillierenden Kohlenwasserstoffe zugeführt oder in den festen Träger eingeführt werden, usw.

108 707 Schweiz Plauson und Miedel.
15. 11. 1923
2. 2. 1925

Verhindern des Anhaftens von Kohle an den Wandungen von Destillierblase und Krackgefäßen.

In ein verzinntes Gefäß wird ein Metall oder eine Metallegierung von entsprechend niedrigem Siedepunkt gegeben, so daß während der Destillation der Boden mit geschmolzenem Metall bedeckt ist.

D.R.P. 412 877 Hans Miedel, Bern und Hermann Plauson, Hamburg.
ab 14. 11. 1923
ausgeg. 28 4. 1925

Verfahren zum Verhindern des Anhaftens von Kohle in Verkrackungsgefäßen.

Anspruch:

Verfahren zum Verhindern des Anhaftens von Kohle, Koks usw. an den Wandungen von verzinnten Gefäßen, die zum Erhitzen, Verdampfen, Destillieren usw. von hoch siedenden Ölen dienen, dadurch gekennzeichnet, daß deren Boden mit einer an sich bereits benutzten Schicht von geschmolzenem Zinn oder anderen Metallen oder Metallegierungen, deren Schmelzpunkt niedriger liegt als der Siedepunkt der zu bearbeitenden Öle bedeckt ist (entspr. dem Vorigen).

1 433 052 W. C. Wells und Fr. E. Wells, Columbus, Ohio.
27. 10. 1919
24. 10. 1922

Verfahren zum Raffinieren von Petroleum, Schieferöl, Kohle und dgl.

Anspruch:

1. Verfahren zur Behandlung von Öl, dadurch gekennzeichnet, daß man das Öl in einem Kessel erhitzt, dessen Boden mit einem schweren indifferenten, bei den angewandten Temperaturen schmelz- aber nicht verdampfbaren Material bedeckt ist, daß man ein neutrales permanentes Gas hindurchführt, daß man die entstehende Dampfmischung aufwärts durch ein Filtermaterial von der Wirkungsart der Fullerde treibt, indem dadurch Farbe und Bitumengehalt entfernt werden, wobei das Filtermaterial von niedrigerer Temperatur als das Öl ist und daß man dann die Dämpfe kondensiert. —

Ein Verfahren, das den Absatz von Koks am Kesselboden dadurch zu verhindern sucht, daß geschmolzenes Metall den Koks auf seiner Oberfläche hält, von der er leicht entfernt werden kann.

Nach der Patentschrift erübrigt sich der Gebrauch der zwei über dem Kessel angebrachten Filter durch eine weiterhin beschriebene fraktionierte Kondensation mit Hilfe des eingeleiteten indifferenten Gases.

Die Filtration der Dämpfe wird durch das Patent 1 433 050 noch besonders geschützt.

1 561 169 H. G. W. Kittredge, Toledo, Ohio.
13. 8. 1919
10. 11. 1925

Kohlenwasserstoffdestillation.

Eine Kesselanlage, die aus einem Gewölbe und einem Ofen besteht, einem ersten Reservoir, das eine gewölbte Decke hat, die der Heizwirkung des Ofens unterliegt und eine untere Abteilung, die eine Ablagerung aufnehmen kann, die durch das Gewölbe vor der Ofenwirkung geschützt ist, und einem zweiten Feuerrohrkessel, der neben dem ersten Reservoir montiert ist und durch den die Heizgase streichen, nach dem sie das obere Gewölbe des ersten Reservoirs passiert haben.

Durch diese Anordnung (s. Abb. 112 u. 112a, Anhang) läuft das schwerere kokshaltige Öl in die unteren Kesselteile 23 und 24, aus denen der Koks durch ein Mannloch von Zeit zu Zeit entfernt werden kann und nicht an den Kesselwänden festbrennt.

Eine Pumpe 6 in Verbindung mit dem Steigrohr 9 dient zur Zirkulation des Öles.

1 560 891 W. L. Bagwill, Long Beach, Kalifornien.
27. 12. 1923
10. 11. 1925

Krackkessel für Mineralöle.

Anspruch:

9. Ein Krackkessel für Öl in Verbindung mit einem Mantel, so daß ein Kesselkörper von ovalem Querschnitt entsteht, mit flachen Seiten und der Spitze nach unten, fortlaufende Verbrennungsrohre, die sich längs des Kessels,

vom einen zum anderen Ende erstrecken, wobei der oberste Zug der weiteste ist, während die folgenden ihren Durchmesser allmählich verringern, wobei die Züge derart im Kessel angeordnet sind, daß das Öl zwischen den Seitenwänden des Kessels und den Zügen einen im wesentlichen gleich breiten Durchgang hat.

Die ovale Form des Kessels (s. Abb. 113, Anhang), die Anbringung der Feuerzüge bietet sowohl eine hohe Ausnutzung der Wärme, wie auch eine günstige Möglichkeit, die Koksablagerung zu entfernen und sie von gefährdeten Teilen der Kesselwandung fern zu halten. — Geeignete Dampfdüsen unterstützen diese Möglichkeit.

D.R.P. 417 606 L e o S t e i n s c h n e i d e r, Brünn.
11. 12. 1920
15. 8. 1926

Vorrichtung zum Ausbringen der bei der Destillation von flüssigen Kohlenwasserstoffen entstehenden festen Rückstände (Koks) aus stehenden Retorten.

Die Reißkörper, die bei weiteren Retorten zweckmäßig mit Flügeln versehen werden und frei in die Retorte herabhängen, wirken in Form einer verkürzten Kette, so daß die Kettenglieder durch Zugwirkung in vorher bestimmbaren Zeiträumen ihre Brechwirkung nacheinander auf den Koks ausüben. —

1 561 428 W. M. F r a s e r, Bristow, Oklahoma.
11. 6. 1923
10. 11. 1925

Destillierapparat.

Ein Krackkessel, in welchem eine Kette ohne Ende den ausgeschiedenen Koks vom Boden abkratzt und an eine außerhalb der Feuerzone gelegene Stelle befördert, von wo er leicht entfernt werden kann. Die Kette wird durch einen im Inneren des Kessels befindlichen Motor in Bewegung gesetzt, der durch das von einer Druckpumpe von außen eingeführte frische Öl angetrieben wird.

1 563 818 L. D. W y a n t, Tulsa, Oklahoma.
20. 3. 1922
1. 12. 1925

Verfahren und Apparat zum Spalten von Öl und zum Entfernen des Kokses.

Ein horizontaler Kessel, von unten geheizt, der zu etwa ⅓ seiner Länge außerhalb der Heizzone liegt. Im beheizten Teile wird der Koks durch ein geeignetes Rührwerk mittels Ketten, die an den Wandungen schleifen, etc. in Suspension erhalten und gezwungen, sich in dem a u ß e r h a l b der Heizzone liegenden Teil abzusetzen. Von dort kann er ohne erhebliche Betriebsunterbrechung durch einen konischen Auslaß entfernt werden.

1 570 131 R. B. Day, Lansdowne, Pennsylvanien.
5. 8. 1921
19. 1. 1926

Behandlung von Petroleumölen.

Die Abscheidung von Koks an den Wandungen der Krackkammern wird durch schnellgehende Rührvorrichtungen vermieden.

1 561 758 George W. Wallace, East St. Louis, Illinois.
20. 5. 1922
17. 11. 1925

Apparat zur Destillation von Öl.

Anspruch:

4. Ein Ölspaltkessel, gekennzeichnet durch eine Anzahl von Rohrreihen zur Aufnahme von zu spaltendem Öl, quer liegende Verbindungsrohre an den Enden dieser Rohre, die mit den Rohren der betreffenden Reihen verbunden sind, ein Ofen, in welchem diese Rohre angeordnet sind, Vorrichtungen, mittels deren die Verbrennungsgase durch den Ofen längs der Rohre zu ziehen gezwungen sind, endlose Ketten, die in entgegengesetzt stehenden Rohren der respektiven Reihen angeordnet sind und Scheiben oder dgl. in den Verbindungsrohren, um welche sich die Ketten bewegen, Vorrichtungen, mittels deren die Ketten den im Innern der Rohre sich ansammelnden Koks entfernen, eine Kokssammelkammer am Boden des einen Verbindungsrohrs, ein Auslaß auf der Kammer und Vorrichtungen, die von außen zu bedienen sind, um den Koks durch den Auslaß zu entfernen.

Aus Abb. 114 (Anhang) ist das Wesentlichste der Kesseleinrichtung ersichtlich. Der Antrieb geschieht durch die Transmission 26.

1 401 310 Charles R. Buerger; übertragen auf die Atlantic Refining Company, Philadelphia.
7. 2. 1918
geteilt 11. 5. 1919
erteilt 27. 12. 1921

Apparat zur Entfernung von Koks aus Ölkesseln.

Ansprüche:

1. Ein horizontaler zylindrischer Ölkessel mit einer Öffnung an dem einen Ende, dadurch gekennzeichnet, daß die untere Einfassung dieser Öffnung bogenförmig ist und mit dem bogenförmigen Boden des Kessels zusammenfällt, durch eine Mannlochkonstruktion, die einen bogenförmigen Teil hat, der die untere Einfassung der Öffnung umgibt, wobei die innere gebogene Wand des Mannlochs unter der inneren Oberfläche des bogenförmigen Kesselbodens liegt.

6. Ein Apparat zur Entfernung der Koksablagerungen aus einem Ölkessel bestehend, aus einer Anzahl rechtwinkliger starrer Rahmen mit biegsamen Verbindungen an den Ecken dieser Rahmen, die sie als Kette verbinden.

Um die Zeit zur Entleerung der Koksablagerungen abzukürzen, ist ein besonderes Mannloch an der seitlichen Kesselwand, unmittelbar an den Kesselboden grenzend, angeordnet. Das Mannloch wird nach Beendigung der Operation geöffnet und der Koks, der sich an und zwischen steifen mit einer Kette verbundenen kleinen Rahmen abgelagert hat, durch eine Kette, die an den ersten Rahmen angebracht wird, durch mechanische oder Handarbeit schnell herausgerissen.

1 374 402 A. D. S m i t h, Arkansas City, Kansas.
13. 3. 1917
12. 4. 1921

Apparat zur Petroleumdestillation.

Ein zylindrischer Kessel mit schrägem Boden (s. Abb. 115, Anhang), der mit einer gleichfalls schrägen Rohrbatterie, nahezu von der Länge des Kessels, an Stirn- und Rückwand verbunden ist, die unterhalb dieses Kessels in der Feuerzone angeordnet ist. Die im Öl durch diese schräge Anordnung hervorgerufene Zirkulation wird durch die mechanische Wirkung einer rotierenden Vorrichtung noch verstärkt, die den K o k s vom Kesselboden fernhält und ihn einer Filtervorrichtung zuführt, aus der das gereinigte Öl wieder in das System zu weiterer Behandlung zurückgelangt.

1 550 115 A r t h u r D. S m i t h, Arkansas City.
7. 4. 1920
18. 8. 1925

Verfahren, Gasolin und andere niedrig siedende Destillate aus schwereren Kohlenwasserstoffen zu gewinnen.

A n s p r u c h :

1. Verfahren zur Behandlung schwerer Kohlenwasserstoffe, darin bestehend, daß man sie spaltet, die zurückbleibende Flüssigkeit f i l t r i e r t, um größere Teilchen freien Kohlenstoffs daraus zu entfernen, daß man diese Flüssigkeit z e n t r i f u g i e r t, um einen Teil des kolloidalen Kohlenstoffs zu entfernen, und daß man dann diese Flüssigkeit in die Krackzone zurückbringt. —

Es wird z. B. ein unter 140 Pfund Druck arbeitender Kessel bei 725° F mit 300 Quadratfuß Eisenoberfläche, die den Verbrennungsgasen ausgesetzt ist, mit 80 Barrel Öl, die 3—4 % kolloidalen Kohlenstoff enthalten, beschickt. — Unter solchen Bedingungen erhält man eine Naphtha von 53° Bé mit einem Siedebeginn von 108° F (42° C) von gleichmäßigen Eigenschaften und in gleichmäßiger Ausbeute.

1 541 140 A. H. H e l l e r, Berkeley.
21. 8. 1922
9. 6. 1925

Verfahren und Apparat zum Destillieren und Spalten von Kohlenwasserstoffölen.

A n s p r u c h :

3. Ein Verfahren zur Gewinnung von niedrig siedenden aus hoch siedenden Kohlenwasserstoffölen, dadurch gekennzeichnet, daß man das zu behandelnde Öl durch eine größere Anzahl serienweise mit einander verbundener Rohre laufen läßt, die d r e h b a r sind und eine f r e i b e w e g l i c h e S t a n g e in jedem Rohre haben, wodurch der in den Rohren gebildete K o h l e n s t o f f l o s g e l ö s t und mit dem Ölstrom f o r t g e f ü h r t wird und dadurch, daß

man das Öl einer Hitzebehandlung, die unmittelbar die Außenwände der Rohre trifft, unterzieht, um Krackbedingungen wenigstens in einigen der Rohre zu erreichen. —

Aus dem Anspruch ist das Wesen der Erfindung ersichtlich.

1 551 410 L. F. Litzinger, und Peter F. Conerty, Butler und
2. 5. 1921 W. Snodgrass, Bruin, Pennsylvanien.
25. 8. 1925

Verfahren und Apparat zur Destillation von Heizöl und Gasöl.

Der entstehende Koks wird durch eine am Boden eines Kessels rotierende Vorrichtung nach einer Stelle im kühleren Teile des Kesselbodens bewegt, wo er nach Beendigung des Prozesses entfernt wird.

1 546 285 Jay Buchan Kirk, Zola, Kansas.
2. 7. 1920
14. 7. 1925

Apparat zur Destillation kohlenstoffhaltigen Materials.

Der Apparat besteht im wesentlichen aus einer Anzahl mit einander und mit Vorwärmern usw. verbundenen vertikalen Retorten, die in einem Ofen stehen und mit besonderen mechanischen Vorrichtungen zum kontinuierlichen Abschaben des Kokses versehen sind.

160 200 Brit. R. Clinton Holmes, New York und Fr. Th. Manley,
8. 10. 1919 Houston, Texas. (The Texas Company).
24. 3. 1921

Kracken von Kohlenwasserstoffölen.

Ansprüche:

1. Verfahren zum Kracken von Ölen unter Druck, dadurch gekennzeichnet, daß die Öle durch eine Anzahl mit einander verbundener Krackretorten nach einander hindurchgeführt werden, die, jede besonders, von außen auf eine möglichst gleichmäßige Spalttemperatur geheizt werden, wodurch das Öl in jeder Retorte gespalten wird, und daß man die in jeder Retorte entwickelten Dämpfe abzieht, kühlt und auffängt.

Nach 12. enthält jede Retorte einen beweglichen Schaber, dessen Achse aus der Retorte herausragt und soweit sie heraussteht von einem Gehäuse mit Stopfbüchsen umgeben ist, durch welches frisches Öl zirkuliert, das unter gleichem oder größerem Druck als das Öl in den Retorten gehalten wird.

Eine Anzahl z. B. 4 stehende Retorten werden von im Rückstandsvorwärmer angeheiztem Öl durchflossen; das Öl wird verdampft und gespalten und zur Kondensation gebracht.

Als Druck werden 150—200 Pfund per Quadratzoll angegeben. Die in den ersten Kühlern kondensierten Öle fließen zur Wiederbehandlung in die erste Retorte zurück.

Durch Einstellung von Schiebern wird die Temperatur der Krackretorten auf gleicher Höhe gehalten. Die Koksansammlung ist in der ersten Retorte gering und vergrößert sich in den folgenden.

1 462 143 F r e d e r i k T. M a n l e y, Houston, Texas; übertragen auf
10. 10. 1917 „T h e T e x a s C o m p a n y", New York.
17. 7. 1923

Verfahren zum Spalten von Kohlenwasserstoffölen.

A n s p r u c h :

2. Kontinuierliches Verfahren zum Spalten von Kohlenwasserstoffölen, dadurch gekennzeichnet, daß man das Öl in eine lange vertikale Retorte füllt, darin eine hohe Säule von flüssigem Öl erhält, daß man diese Ölsäule unter Drucken und Temperaturen hält, die zum Spalten genügen; daß man Rückstände und Dämpfe aus der Retorte entfernt, um darin ein möglichst gleichmäßiges Niveau zu halten, daß man die schwereren Bestandteile der Dämpfe absondert und diese Bestandteile im Kreislauf unmittelbar zurückkehren läßt und zwar in den unteren Teil der Retorte, so daß sie die Ölsäule in ihrer ganzen Ausdehnung passieren müssen.

Durch die Retorte geht zentral eine Achse, an welcher Bürsten zur Entfernung des Kokses von den Wänden befestigt sind. (S. a. Zeichnung zu Pat. 1 428 338 Abb. 53, Anhang.)

1 564 984 W. H. S t i l s o n : übertragen auf die „S t i l s o n P r o z e ß
20. 1. 1920 C o m p a n y o f D o v e r", Delaware.
8. 12. 1925

Apparat zur Raffination von Petroleum.

Am Dampfrohr, das die Dämpfe aus dem Krackkessel im wesentlichen horizontal weiter führt, sind mehrere T-Rohre angeordnet, in welchen sich der Koks und kokshaltiges Öl sammeln und durch welche diese Produkte entfernt werden.

1 526 010 M a x O. P a u l u s, Whiting, Indiana; übertragen auf die S t a n-
28. 7. 1920 d a r d O i l C o m p a n y o f W h i t i n g.
10. 2. 1925

Apparat zur Destillation von Kohlenwasserstoffölen.

A n s p r u c h :

1. Eine Kesselanlage, ein Hauptvorratsbehälter darauf montiert, abwärts geneigte Zirkulationsrohre in der Heizzone der Anlage angeordnet, Kopfstücke an beiden Enden der Rohre, Verbindungsstücke zwischen den Kopfstücken und dem Hauptbehälter und V o r r i c h t u n g e n, u m G a s d u r c h d i e u n t e r e n E n d e n d e r R o h r e a u f w ä r t s e i n z u l e i t e n.

In das schräg liegende Röhrensystem, das man bei vielen Verfahren der S t a n d a r d O i l C o. zum Zwecke des besseren Umlaufs des Öles im Krackdestillationskessel angeordnet findet, wird am unteren Ende der Röhren durch Düsen, Kohlensäure oder ein entsprechendes inertes Gas unter Druck eingeleitet, um die Zirkulation des Öles zu beschleunigen. Vgl. Pat. 1 388 514 und 1 405 286 der St. O. C. of Whiting (Abb. 38 und 39).

D. R. P. 306 282 Standard Oil Co. in Whiting, Indiana.
23 b. 5
ab 18. 12. 1914

Verfahren zur Umwandlung höher siedender in niedrig siedende Kohlenwasserstoffe.

Verfahren zur Umwandlung von Kohlenwasserstoffen von einem über 260° C liegenden Siedepunkt in solche von niedrigerem Siedepunkt, indem nur ein Teil dieser Kohlenwasserstoffe bei einer Temperatur von 343—454° C unter einem Drucke von mindestens 4 Atmosphären abdestilliert und das Destillat verdichtet wird, dadurch gekennzeichnet, daß die Destillation in Gegenwart von eine große Ausdehnung besitzenden, katalytisch wirkenden Flächenkörpern aus Metall oder Asbest vorgenommen wird, welche entweder in die Flüsigkeit eingetaucht oder oberhalb des Flüssigkeitsspiegels angeordnet sind.

S. a. brit. Patentschrift 29 862/1912.

Bei der Erhitzung von Kohlenwasserstoffen unter Druck von 4—5 Atm. müssen Temperaturen von 343—454° C zur Destillation angewandt werden, bei welcher so starke Koksabscheidung stattfindet, daß der Boden des Destillierkessels, der 32 000 l oder mehr Rohstoff faßt, derart bedeckt ist, daß nach 26 Stunden die Destillation unterbrochen werden muß, und die Rückstände zu entfernen. Nach vorliegender Erfindung wird durch katalytische Flächenkörper, die aus Metall, z. B. Stahl, Messing oder Kupfer oder aber aus Asbest, in Form von Platten oder Geweben bestehen und die entweder im Dampfraum oder aber in der unteren Hälfte des Kesselraums derart angeordnet sind (s. Abb. 116, Anhang), daß sie in einem gewissen Abstand von den Kesselwandungen eine Art doppelten Boden bildend, die Leistungsfähigkeit des Kessels derart erhöht, daß 65—70 % der Beschickung des Destillierkessels in Produkte niedrigen Siedepunkts umgewandelt werden können, während ohne diese Einrichtung nur etwa ⅓ des Inhalts umgewandelt werden kann.

D. R. P. 333 216 Dr. A. Sommer, Dresden.
21. 10. 1915
19. 2. 1921

Blase zum Spalten bzw. Destillieren von Kohlenwasserstoffen, Teeren u. dgl.

Anspruch:

Blase zum Spalten bzw. Destillieren von Kohlenwasserstoffen, Teeren u. dgl. bestehend aus einem äußeren, lediglich als Heizmantel dienenden Gefäß und einem auswechselbaren, der Form dieses Gefäßes sich eng anschließenden Einsatz aus dünnwandigem Metall, das allein zur Aufnahme des Erhitzungsgutes bestimmt ist.

1 390 386 Wirt D. Rial; übertragen auf Marland Refining Com-
13. 11. 1919 pany, Ponca City, Oklahoma.
13. 9. 1921

Krackkessel.

Der Kessel ist mit einem im Innern des Kessels hängenden doppelten Boden versehen und mit einer Zentrifugalpumpe verbunden, welche das heiße Öl in dauernder Zirkulation erhält und es schließlich durch Düsen auf den Kesselboden spritzt. Durch diese beiden Vorrichtungen wird der Ansatz von Koks hintangehalten.

1 398 587 Daniel A. Dean, Enid, Oklahoma.
11. 4. 1919
29. 11. 1921

Öldestillierapparat.

Anspruch:

1. Ein Öldestillierapparat, der aus einer drehbaren Retorte besteht, aus Vorrichtungen diese Retorte zu lagern, zu drehen, zu heizen, aus losen Elementen in der Retorte mit scharfen Kanten, die sich frei nach allen Richtungen bewegen, wodurch diese Elemente, wenn die Retorte rotiert, sich in der beschriebenen Weise, betätigen. —

In einer drehbaren Retorte befinden sich lose Elemente aus Ton oder dgl. von bestimmter Form mit scharfen Kanten, die bei der Drehung der Retorte den beim Kracken ausgeschiedenen Koks von den Wandungen der Retorte abschaben. Der Koks sammelt sich zwischen diesen Elementen an und wird nach verhältnismäßig langer Zeit mit ihnen aus der Retorte in einen dazu bereitgestellten Wagen entfernt. Diese Schabevorrichtungen kommen dann in einen Ofen, wo der Koks abgebrannt wird, so daß die Stücke gereinigt wieder in die Retorte zurückgelangen.

Die Füllung der Retorte mit Öl und der Abzug der Dämpfe geschieht in geeigneter Weise durch die hohle Achse der Retorte. — Die Achse steht fest und die Retorte wird von außen mittels eines an ihrem Mantel befestigten Zahnradkranzes um diese Achse gedreht.

1 462 068 Levi H. Manning, Tucson, Arizona.
16. 4. 1921
17. 7. 1923

Verfahren zur Behandlung von Kohlenwasserstoffölen.

Ansprüche:

1. Ein Verfahren zur Behandlung von Kohlenwasserstoffölen, dadurch gekennzeichnet, daß das zu behandelnde Öl in einer festliegenden geschlossenen Retorte einer stetigen durchmischenden Bewegung unterworfen wird, daß es in Berührung gebracht wird mit frei beweglichen Metallkörpern, die in bestimmten Grenzen in dieser Retorte bewegt werden und daß man das Öl in der Retorte, einer Behandlung durch Hitze aussetzt, die auf die äußeren Retortenwände wirkt.

11. Ein Verfahren zur Gewinnung niedrig siedender Kohlenwasserstofföle aus hoch siedenden, dadurch gekennzeichnet, daß man das zu behandelnde Öl einer schlagenden und durchrührenden Bewegung unterwirft, in einem geschlossenen, röhrenförmigen Behälter und es einer Hitze von wenigstens 700° F (370° C) aussetzt, die unmittelbar auf die Außenwand des Behälters wirkt*).

---

*) Siehe das folgende Patent.

1 462 069 L e v i H. M a n n i n g, Tucson, Arizona.
16. 4. 1921
17. 7. 1923

Apparat zur Behandlung von Kohlenwasserstoffölen.

A n s p r u c h :

1. (50 Ansprüche). Ein Apparat zur Heißbehandlung von Kohlenwasserstoffölen, bestehend aus einer zylindrischen Reaktionsretorte, Vorrichtung zur Erhitzung der Außenwand der Retorte, eine drehbare, zentral belegene Achse, die durch die ganze Retorte geht, eine Reihe von Flügeln, die an der Achse befestigt mit ihr rotieren, wobei die breitere Fläche jedes Flügels quer und in einem schiefen Winkel zur Achse steht.

In diesem und dem vorigen Patent wird ein Verfahren und der dazu gehörige Apparat beschrieben, mittels dessen man Gasöle, z. B. kalifornische Öle, bei Temperaturen über 370° C in einer liegenden Röhre spaltet, die 10 Fuß lang und ca. 6 Zoll weit ist und die mit einem Rührwerk mit schrägen Flügeln versehen ist, die den entstehenden Koks von den Wänden der Retorte abkratzen. Dabei werden sie von Stahlkugeln unterstützt, die mit den Flügeln in der Retorte bewegt zugleich als Hitzeüberträger wirken.

Das Rührwerk macht etwa 75 Umdrehungen in der Minute.

D.R.P. 420 192 C o r n e l i u s K r o l l in Tulsa. V. St. A.
ab 9. 2. 1923
ausgeg. 19. 10. 1925
23 b. 5

Verfahren zur Druckwärmespaltung von Kohlenwasserstoffen.

Verfahren zur Druckwärmespaltung bei dem, bei Anwendung direkter Innenbeheizung, die auf den Heizrohren sich absetzenden festen Produkte kontinuierlich durch rotierende Schaber entfernt werden. (Entspr. d. Folgend.)

561 553 Frz. C. K r o l l, Amerika.

Verbesserungen in Verfahren und Apparatur beim Kracken der Petroleumprodukte.

A n s p r ü c h e :

Die Erfindung umfaßt 1. einen Krackprozeß, der im wesentlichen darin besteht, den Kohlenwasserstoffölen mittels eines weit dimensionierten Flammrohres Wärme zuzuführen, das von der Masse umgeben ist. Während des Vorganges, der sich ohne Unterbrechung (kontinuierlich) vollzieht, wird das Reaktionsgleichgewicht dadurch gestört, daß die Krackprodukte ebenso wie die Rückstände, aus der Reaktionszone (an den Wänden des Heizrohres) entfernt werden, während das Öl andauernd unter geeignetem Druck und Hitzegrad gehalten wird. Die (koksigen) Rückstände werden durch einen Schaber mechanisch von der Außenwand des Heizrohres abgekratzt und an eine Stelle des Reaktionskessels befördert, wo die Reaktion sich nur wenig oder gar nicht mehr vollzieht.

2. Eine Apparatur für dieses Verfahren bestehend aus einer Reaktionskammer mit äußerer Isolation, die von einem weiten Heizrohr durchzogen wird, das völlig von der flüssigen Masse umgeben ist. (Die Heizung der

Kammer geschieht durch Strahlung von der Außenwand des Rohres aus.) Um das Rohr herum beweglich sind eine Anzahl Schaber montiert, die die Außenwand des Rohres abkratzen und die Rückstände auf den Boden der Reaktionskammer fallen lassen. Die Kammer hat ferner einen Dampfauslaß, der gestattet, die gekrackten dampfförmigen Produkte mittels entsprechender Ventile heraus zu befördern und ein Ventilsystem, um die Rückstände aus der Kammer zu entfernen.

Der Druck wird auf 5½ kg pro cm² im Mittel gehalten, die Temperatur in der Kammer zwischen 371 und 426° C bei Anwendung eines Heizöles von weniger als 238° Sdp. Die Länge der Kammern wird mit 6 Metern, der Durchmesser mit 2 m, die Weite des Heizrohres mit 50 cm angegeben.

S. Abb. 117, Anhang.

210 972 — Cornelius Kroll, Tulsa, Oklahoma.
29. 1. 1923
14. 2. 1924 — **Verfahren und Apparat zum Kracken von Petroleumprodukten.**

(Siehe das Vorige.)

1 448 128 — Cornelius Kroll, Tulsa, Oklahoma.
9. 2. 1920
13. 3. 1923

Verfahren und Apparat zum Spalten von Petroleumprodukten.

Anspruch:

12. Ein Apparat zum Spalten von Petrolkohlenwasserstoff, gekennzeichnet durch eine weite zylindrische, horizontal gelagerte Reaktionskammer, in der eine gewisse Menge flüssiger Kohlenwasserstoff unter Druck gehalten wird, durch Wärmeisoliermaterial das diese Kammer umgibt, einen offenen Zugkanal, der von einem Ende dieser Kammer zum anderen geht, und der ziemlich horizontal unter der Flüssigkeitsoberfläche und über dem Boden der Reaktionskammer liegt, um die Anhäufung des ganzen ausgeschiedenen Kokses unterhalb des Zugkanals zu bewirken, wobei die Außenfläche des Zugkanals direkt von der umgebenden Flüssigkeit umspült wird, durch eine Heizquelle von der die heißen Verbrennungsprodukte durch den Kanal ziehen um die Flüssigkeit auf Kracktemperatur zu halten, durch eine Dampfzuführung, mittels welcher die gespaltenen Produkte aus der Reaktionskammer entfernt werden; durch eine Kratzvorrichtung, **die die Außenfläche des** Kanals vom Koks reinigt und Vorrichtungen, diesen Kratzer um den Zugkanal rotieren zu lassen, um den Koks kontinuierlich von der Stelle zu entfernen.

(Die Erfindung ist identisch mit den Vorigen.)

D. R. P. 428 392 — Sinclair Refining Company, Chicago.
20. 4. 1922
1. 5. 1926

Verfahren zum Spalten von Kohlenwasserstoffen.

Ansprüche:

1. Verfahren zum Zersetzen von Kohlenwasserstoffen, wobei diese rasch durch auf Spaltungstemperatur erhitzte, aufwärts gerichtete Röhren geschickt

und zu einem Speisebehälter zurückgeführt werden, dadurch gekennzeichnet, daß Kohlenstoffablagerungen u. dgl. verhindert werden, indem man die Kohlenwasserstoffe durch enge Rohre rasch aufwärts hindurchschickt, welche in an sich bekannter Art senkrecht oder annähernd senkrecht angeordnet sind.

Nach 3 wird der Kreislauf durch eine Pumpe beschleunigt.

Nach 9 sind Kammern im System vorgesehen, in welchen sich der Kohlenstoff absetzen kann.

232 178 Brit. Sinclair Refining Company, New York, E. C.
8. 4. 1924 U. S. A. Herthel und H. L. Pelzer, Chicago.
16. 2. 1925 England
12. 11. 1925 Compl. Acc.

Kracken von Kohlenwasserstoffen.

Ansprüche:

1. Verfahren zum Kracken von Kohlenwasserstoffölen durch Destillation unter Druck, dadurch gekennzeichnet, daß man Öl von außen auf Kracktemperatur erhitzt, daß man im Öl eine Filtrationsvorrichtung anordnet aus porösem oder fein verteilten absorbierenden Material, wie Fullererde und daß man das Öl wiederholt durch diese Vorrichtung hindurchführt, dadurch ferner, daß man frisches Öl zuführt und teerhaltiges abzieht, wobei die zufließende Menge und die ablaufende Menge so geregelt werden, daß die Konzentration des Peches im Öl unterhalb des Sättigungsgrades gehalten werden. —

Beim Spalten schwerer Öle, z. B. Gasöl, zwecks Gewinnung von Gasolin etc. wird der Gehalt von Pech (Asphalt) im Öl so geregelt, daß die Koksausscheidung auf ein Minimum reduziert wird, indem man das Öl durch eine Lage von Fullererde oder dgl., z. B. Silica Gel, treibt, die im Kessel angeordnet ist.

Es wurde z. B. der Kessel mit 8 000 Gallonen Gasöl und ca. 7 t Olmsteads Fullererde beschickt (Körnung 16—30), so daß die Schicht etwa 18 Zoll tief war. Die Erde lagerte auf einem Sieb von geeigneter Größe. Die Kessel hatte 9 Fuß Durchmesser und ca. 31,6 Fuß Länge. Die Anheizperiode dauerte 12 Stunden und der Kessel wurde 173 Stunden im Laufen gehalten, bei 95 Pfund Druck je Quadratzoll.

Während der ersten 3 Stunden war der Zufluß gleich der Destillatmenge. Dann wurde Teer abgezogen und der Zufluß entsprechend vergrößert.

Das Tempo der Destillation betrug 600 Gallonen stündlich, der Teerausstoß 900 Gallonen stündlich, der durch den Rückflußdephlegmator zugeführte und vorgewärmte Zufluß betrug 900 Gallonen und der durch die Pumpe zugeführte Zufluß 600 Gallonen stündlich.

Die Zirkulationsgeschwindigkeit in den Heizrohren betrug 2 000 Gallonen minutlich. Es wurde eine Gesamtcharge von 250 000 Gallonen behandelt, die 100 000 Gallonen (40 %) Destillat von 50° Bé (0,785) ergaben. Nach Betriebsablauf wurden aus den Rohren 167 Pfund Koks entfernt. Mit dieser Koksmenge vergleiche man die von 250 Pfund Koks, die man in einem ähnlichen Kessel bei einem Betrieb von nur 29 Stunden erhielt, aber ohne Fullererde.

241 886 Brit. Sinclair Refining Company, New York.
24. 10. 1924 U. S. A.
26. 8. 1925 England
25. 2. 1926
Zusatz zu 232 178

Verfahren zum Kracken von Kohlenwasserstoffölen.

Ansprüche:

1. Verbesserung beim Kracken von Kohlenwasserstoffölen mittels Druckdestillation, dadurch gekennzeichnet, daß man eine Ölmenge auf Spalttemperatur erhitzt, in der Ölmenge fein verteiltes Filtermaterial anordnet, durch die das Öl zirkuliert, frisches Öl zur Ölmenge fügt und teerhaltiges entfernt, wobei die Menge an frischem Öl, das zugeführt und teerhaltigem, das abgeführt wird, derart geregelt wird, daß die Konzentration des Pechs im Öl sich unterhalb der Sättigung hält.

Wie im Hauptpatent beschrieben, wird das Öl durch einen Filterkörper aus fein verteiltem Material filtriert. Das Material kann aus Asbestfasern zerkleinerten Ziegelsteinen, Sand, Kieselgur, Bimsstein, Glaswolle oder dgl., Eisenspänen oder anderen Metallspänen, Eisenerzen, Eisenoxyd, entwässertem Bauxit, Koks, Holzkohle usw. bestehen.

246 116 Brit. Sinclair Refining Co., New York, E. C. Herthel und
17. 1. 1925 und H. L. Pelzer, Chicago.
22. 12. 1925

Kracken von Kohlenwasserstoffen.

Öle werden während des Krackens über Eisenoxyd oder Kupferoxyd im Kreislauf geführt, um Stoffe, die zur Koksbildung auf den Heizflächen neigen, abzusondern. Die Oxyde können als Schicht auf einem Bett von Filtermaterial liegen. Als solches wird genannt: Asbest, Sil-o-Cell oder Klinker, Sand, Kieselgur, Bimsstein, Glas, Fullererde, säurebehandelte Tone, Silica Gel etc.

524 681 Frz. Russel D. George; V. St. A.
21. 11. 1920

Verfahren und Apparat schwere Kohlenwasserstofföle in leichtere zu zersetzen.

Das Verfahren geht davon aus, daß die Produkte der Krackdestillation dann gleichmäßig gut und zwar frei von ungesättigten, übelriechenden, durch chemische Mittel mit Verlusten zu entfernenden Stoffen ausfallen, wenn dafür gesorgt wird, daß der Gehalt an freiem Kohlenstoff 0,6 % des Öles nicht überschreitet. Zu diesem Zwecke wird das Öl ständig durch eine Filtervorrichtung von ausfallenden Kohleteilchen befreit. — Das in einer mit Schweröl gefüllten Retorte unter Druck erhitzte Öl gelangt aus der Retorte in eine Absetzkammer, die auf etwas tieferer Temperatur gehalten wird. In dieser trennen sich die flüchtigen Dämpfe und Gase von dem kondensierten Öle, das durch eine Filtervorrichtung von Kohle befreit in die Retorte zurückkehrt, wo es mit einer entsprechenden Menge frischen Öls im Kreislauf weiter verarbeitet wird. S. Abb. 118.

D. R. P. 395 972 | R u s s e l D. G e o r g e in Boulder, Colorado, V. St. A.
ab 26 9. 1920 | (gelöscht).
ausgeg. 24. 5. 1924

Verfahren und Vorrichtung zum Spalten von schweren Ölen.
(Entspricht dem Vorigen.)

1 370 881 J. W. C o a s t.

Dieses Verfahren, das in ähnlicher Weise mit Filtervorrichtung arbeitet, wurde S. 85 besprochen.

D. R. P. 385 762 J. H. A d a m s, Brooklyn, U. S. A.; übertragen auf die T e x a s - C o m p a n y.
25. 4. 1920
28. 11. 1923

Verfahren und Apparat zum Spalten von Kohlenwasserstoffen.

A n s p r ü c h e :

1. Verfahren zum Spalten von Kohlenwasserstoffen beliebiger Art durch Erhitzen unter Druck in einem geschlossenen Raum, wobei ständig in diesem Raum Kohlenwasserstoffe zugeführt und die Öldämpfe kondensiert werden, dadurch gekennzeichnet, daß das flüssige Öl vorzugsweise in Form einer dünnen Schicht gegen die erhitzten Wände der stehend angeordneten Zersetzungsretorte getrieben und der sich an den heißen Wänden des Arbeitsraumes absetzende Kohlenstoff während des Arbeitens kontinuierlich entfernt wird.

Nach 2. ist die Arbeitskammer mit einer umlaufenden V o r r i c h t u n g*) versehen, d i e d e n K o h l e n s t o f f v o n d e n W ä n d e n e n t f e r n t und gleichzeitig Trennung von Flüssigkeit und gespaltenem Dampf durch Schleuderwirkung herbeiführt.

Nach 3. enthält die zylindrische Arbeitskammer einen zylindrischen Körper, der den größten Teil der Heizzone ausfüllt, so daß nur ein dünner ringförmiger Ölkörper der Spaltungstemperatur ausgesetzt wird.

1 403 457 E. V. S t o n e, Taft, Kalifornien.
27. 5. 1920
10. 1. 1922

Apparat zur Behandlung von Mineralölen.

A n s p r ü c h e :

1. Ein Apparat zur Behandlung von Mineralölen, gekennzeichnet durch eine rotierende Krackkammer und ein Abreibrohr, das in der Kammer drehbar ist, wobei die Drehung der Kammer und des Rohres in gleichem und entgegengesetztem Sinne erfolgen kann und

nach 2. auch mit verschiedener Geschwindigkeit.

Die drehbare horizontale Krackkammer wird in ihrer h a l b e n Länge durch einen Ofen erhitzt. In ihr dreht sich die A b r e i b e r ö h r e, die verhindert, daß sich Koks an den Wänden festsetzt.

Die Anlage wird durch Abb. 119 (Anhang) veranschaulicht.

---

*) Diese Vorrichtung ist aus Abb. 19 (Anhang) Fig. 2 (U. S. A. P. 1 461 017) ersichtlich. Das vorliegende Verfahren entspricht im wesentlichen dem genannten Patent.

Die Krackkammer wird durch das perforierte Wasserrohr 25/26 gekühlt. Die Dämpfe gelangen durch die Auslässe 27 in eine feststehende äußere Kammer 29, aus der sie nach Kondensation in die Vorlage 31 fließen.

Die Pumpe 35 treibt gegebenenfalls die Destillatöle zum Ausspülen der Krackkammer bei 44 in die Kammer zurück.

1 403 458 E. V. Stone, Taft, Kalifornien.
27. 5. 1920
10. 1. 1922

Apparat zum Kracken von Kohlenwasserstoffen.

Der Erfinder erweitert hier sein Verfahren dadurch, daß die Krackkammern vertikal aufgestellt sind und die Abreibrohre in denselben derart rotieren, daß die Wandungen abgerieben werden.

B. Umwandlungsverfahren von Erdöl und Kohle mittels Elektrizität.*)

Außer wirtschaftlichen Erwägungen steht theoretisch der Anwendung von Elektrizität bei den meisten mit flüssigen, festen oder gasförmigen Brennstoffen betriebenen Spaltungsverfahren kaum ein wesentliches Hindernis entgegen. — Da eine Anzahl solcher Verfahren als Patente ausgebildet sind und da ferner einige Erfinder nicht nur die durch den Strom erzeugte Wärme, sondern auch die Wirkung von Funkenstrecken, Hochfrequenzströmen usw. zur Umwandlung der Kohlen und Kohlenwasserstoffe heranziehen, so geben wir hier eine Zusammenstellung solcher Verfahren.

A. v. Groeling (1 578 066) hat einen Apparat, der zur kontinuierlichen, diskontinuierlichen und destruktiven Destillation dient, konstruiert, ohne jedoch auf Ölheizung zu verzichten. W. Rittmann (1 419 121) hat seine anderweitig bereits mitgeteilten Verfahren mit Widerstandsheizung versehen. Dasselbe gilt von J. H. Adams, Texas Company, (1 435 519 u. 1 568 016). Zur Entwässerung, Destillation und Spaltung mittels von parabolischen Wänden auf Ölfilme ausgestrahlter, elektrisch erzeugter Hitze führt das Verfahren der Société Anonyme des Pétroles, Houilles et Dérivés (e. 224 497, D. R. P. 430 902). B. v. Steenberg (e. 198 071) destilliert Mineralöle destruktiv. G. E. Heyl, D. R. P. 397 747, 398 925, entwickelte ein Tieftemperaturverfahren mit

*) Abweichend von unserer Einteilung finden in dieser Rubrik elektr. Verfahren Erwähnung, die sich auch auf die Behandlung der Kohlen erstrecken. Nach Krauch (Erdöl u. Teer 3. 56) scheinen bei den neuen Verfahren der I. G. Farbenindustrie zur Verflüssigung der Kohle elektrische und katalytische Einwirkungen eine wesentliche Rolle zu spielen.

elektrischer Heizung (s. Abschnitt 9). O. P. Amend (Hydrocarbon Corporat. of New York 1 553 300), Behimer, Texas Company, 1 582 893, und Page 1 494 125, kracken elektrisch, Egloff desgleichen nach 1 478 559, während er nach 1 579 601 sich des elektrischen Lichtbogens im Kessel bedient. J. G. Davidson (1 479 776 u. 1 541 905) arbeitet mit elektrischen Widerständen und mehrphasigem Wechselstrom im Kessel. Peder Farup (1 414 401) erstreckt seine Erfindung auf die destruktive Destillation von Kohle und anderem Material. Meschkoff und Sabatier verkoken Torf und Braunkohle unter Zugabe von Elektrolyten mit elektrischem Strom (f. 579 469). Nach Wickersham sollen elektrische Entladungen in strömenden Ölen die Spaltung bewirken (1 376 180). — Kohlenstoff und Kohlenstoffverbindungen werden nach K. Wilkens (D. R. P. 369 367) durch den elektrischen Lichtbogen in Gegenwart von Wasserstoff verflüssigt. Mittels Katalysatoren, an deren Oberfläche Funken überspringen erzeugt die Chemical Fuel Company of America (e. 160 466, 1 374 119) Spaltwirkungen an Petroleum etc. in Gegenwart von Wasserstoff und Naturgas. Mc. Cabe (1 376 713) u. L. B. Cherry (e. 169 063) kracken mit Hochfrequenzströmen, der letztere ebenfalls bei Gegenwart von Wasserstoff. Pensimann (1 459 515) reguliert Thermostaten zur fraktionierten Kondensation von Spaltprodukten auf elektrischem Wege. Diver (e. 162 337) destilliert an der Lagerstätte von Schiefern oder aus dem Bohrloch heraus mittels elektrisch heizbarer Zylinder.

1 378 066 A. F. G. v. Groeling, New York; übertragen an „National
21. 12. 1918 Refining Corporation“, New York.
17. 5. 1921

Apparat für Erhitzung flüssiger Kohlenwasserstoffe bei Destillationen und anderen Prozessen.

Als solche Prozesse werden angegeben: 1. Kontinuierliche Destillation; 2. Diskontinuierliche Destillation; 3. Kracken; 4. Gasolinrektifikation.

Beansprucht wird: 1. Ein Apparat bestehend in einem Kessel für flüssige Kohlenwasserstoffe, darin ein elektrischer Heizwiderstand, Vorrichtungen zur Stromzuführung für diesen Heizwiderstand und automatische Einrichtungen zur Regelung der Temperatur im Kessel, d. h. für die Kontrolle des Stromes im Heizwiderstand, damit die erforderliche Temperatur im Kessel aufrecht erhalten werden kann.

Nach weiteren Ansprüchen kann dem Kessel auch außer der Erwärmung durch den Widerstand von außen Hitze zugeführt werden.

Durch die elektrische Innenheizung soll bei diesem Verfahren die Innehaltung und genaue Kontrolle der Temperatur im Innern des Kessels erleichtert werden. — Auf beistehende Abb. 120 sei verwiesen.

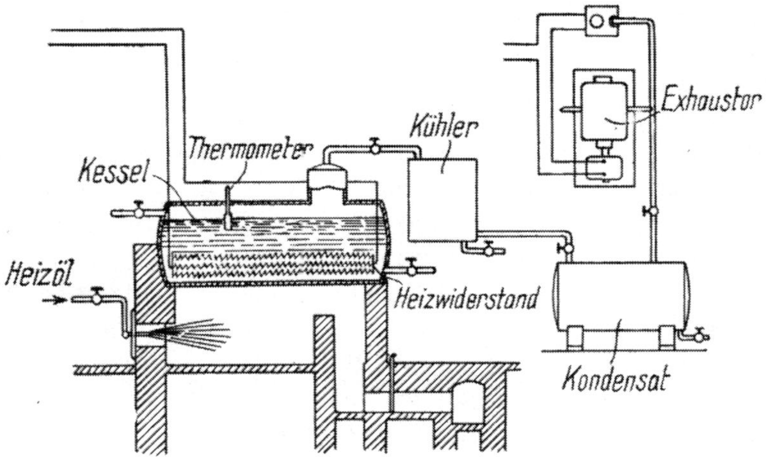

Abb. 120.

1 419 121 Walter F. Rittmann; übertragen auf „Synthetic Hydrocarbon Company", Pittsburgh.
28. 5. 1915
6. 6. 1922

Herstellung leichter Kohlenwasserstoffe und dgl.

Ansprüche:

1. Die Verwandlung von hoch siedenden in niedriger siedende Kohlenwasserstofföle, darin bestehend, daß man hoch siedende Öle abwärts fließen läßt, durch eine vertikale, von außen geheizte, nicht mit Hindernissen versehene Kammer, unter einem höheren als Atmosphärendruck und bei Kracktemperatur, wobei die Bedingungen in der Retorte derart sind, daß das eingeführte Material frei hindurchfallen kann.

Nach 2. werden die erzeugten Gase und Dämpfe aus dem unteren Teile der Reaktionskammer abgezogen.

Nach 4. soll das Kracken im dampfförmigen Zustande vor sich gehen.

Nach 5. soll die Temperatur nicht unter 400° betragen, während nach 6. auch Temperaturen zwischen 500 und 700° C und ein Druck von mehr als 300 Pfund auf den Quadratzoll (ca. 21 Atm.) in Anwendung kommen.

In der Kammer A (s. Abb. 31, Figur 1, Anhang), in deren oberen Teile die Verdampfung, und in deren unteren Teile die Zersetzung des Kohlenwasserstofföles stattfindet, ist a ein nach außen gut isolierter Widerstandsdraht, der in Berührung mit der Retorte A steht und durch b und d mit der Stromquelle verbunden ist. Der Rheostat B dient zur Kontrolle und Regulierung des Stromes. Die Temperatur wird durch ein bei e eingeführtes Pyrometer beobachtet. Im oberen Teile wird metallisches Verteilungsmaterial g auf einer Scheibe m gehalten und wirkt nicht nur als Verteiler, sondern auch als Wärmezuleiter für das durchgehende Öl. C ist ein Vorratsreservoir. D ist ein Kondensator, der kondensierbare Dämpfe durch H nach dem Reservoir E leitet, wo sich die flüssigen

Destillate sammeln und weiter fraktioniert destilliert werden, oder auch, wie Fig. 2 zeigt, fraktioniert kondensiert werden. — Der Hahn G dient zur Regulierung des Druckes.

Druck, Temperatur und Dauer des Krackens sind nach diesem Verfahren unabhängig voneinander regulierbar.

1 433 519 J. H. Adams, Flatbush, New York; übertragen auf die Texas Company, Houston.
1. 12. 1909
geteilt 5. 12. 1917
erteilt 24. 10. 1922

Verfahren zur Umwandlung von Ölen.

Dieses Verfahren, das die Spaltungstemperatur auf elektrischem Wege erzielt, wurde bereits i. Abschnitt 2 A (S. 42) geschildert.

1 568 016 J. H. Adams, Brooklyn.
5. 12. 1917
geteilt 12. 10. 1922
erteilt 29. 12. 1925

Verfahren zur Umwandlung von Kohlenwasserstoffölen.

Anspruch:

1. Verfahren zur Umwandlung von Kohlenwasserstoffen, gekennzeichnet dadurch, daß man das Öl in unmittelbaren Kontakt mit einen Kohlenwiderstand bringt, der darin eingetaucht ist, und der elektrisch auf Spalttemperatur erhitzt wird und daß man das zu behandelnde Öl unter Überdruck hält.

In einer vertikalen Retorte ist eine elektrische Heizvorrichtung in Gestalt eines gegen Kurzschluß sorgfältig gesicherten Kohlenwiderstands eingebaut, wodurch das Öl, das in geregeltem Strome zugeführt wird, auf Kracktemperatur gebracht wird. Im übrigen lehnt sich der Apparat an frühere Verfahren des Erfinders an, insbesondere an 1 320 354 vom 28. 10 1919 (angemeldet 1. 12. 1909) und 1 433 519 vom 24. 10. 1922. (S. oben.)

224 497 Brit. Société Anonyme des Pétroles, Houilles et Dérivés, Paris.
10. 11. 1923 Frankreich
4. 6. 1924 England
20. 8. 1925 Compl. Acc.

Entwässerung, Destillation und Spaltung von Kohlenwasserstoffen.

Ansprüche:

1. Apparat zur Behandlung von Kohlenwasserstoffen, mit welchem schwere Öle sowohl erhitzt, destilliert und gespalten werden können, wie auch deren Destillate gleichzeitig entwässert, entschwefelt und geklärt werden können, in welchem die Heizquellen als die Brennpunkte gekrümmter, reflektierender Oberflächen angeordnet sind und die reflektierten Wärmestrahlen auf Kohlenwasserstoffe projiziert werden können, die in fein verteiltem Zustande zirkulieren.

2. Apparat nach 1. in welchem parabolische Flächen am inneren Umkreis eines Turmes angebracht sind, so daß die heißen Ströme ihre kalorische

Wirkung auf Kohlenwasserstoffe konzentrieren können, die im Turme in fein verteiltem Zustand herabfallen.

3. Das Material fließt auf einen Kegel im oberen Teil des Turmes und von diesem fällt es wie ein dünner Schleier durch den Turm herab.

4. — — Zum Zwecke konstanter Durchrührung im unteren Teil des Reservoirs werden durch die fließenden Kohlenwasserstoffe in einem Gehäuse zwei Flügelräder in Bewegung gesetzt.

5. — — Im oberen Teil des zirkulierenden Systems sind Metallsiebe angebracht, die als Katalysatoren und Filter wirken.

6. — — Auf dem Boden des Apparates befindet sich ein Sieb zum Festhalten von Kokspartikeln.

Nach 7. sind ferner Differentialmanometer zur Kontrolle des Prozesses vorgesehen.

Das Wesentliche der Erfindung ist die Einwirkung der von parabolischen Wänden zurückgestrahlten elektrischen Hitze auf den Ölfilm, der in dem Turm herabfällt.*)

198 071 Brit. Burhans van Steenbergh, Goshen, U. S. A.
27. 2. 1922
28. 5. 1923

Apparat zum Spalten von Mineralöl, zwecks Gewinnung von Gasolin.

Ansprüche:

1. Apparat zur Gewinnung von Gasolin, gekennzeichnet durch eine Verdampfungskammer, eine Anzahl Heizflächen in gewissen Zwischenräumen, die von innen elektrisch geheizt werden können, Vorrichtungen, sie auf die Ölspalttemperatur zu heizen, Spritzrohre in den Wandungen der Kammer, Vorrichtungen zum Vorwärmen des Öles und Vorrichtungen, das Öl durch diese und die Spritzrohre zu treiben und es auf die Heizflächen zu bringen.

1 553 300 Otto P. Amend; übertragen auf die Hydrocarbon Corporation of New York.
9. 8. 1919
15. 9. 1925

Apparat zur Spaltung und Umwandlung von Ölen.

Anspruch:

Ein Apparat zum Spalten von Öl, bestehend aus einem Kessel, der eine relativ stationäre Ölmenge enthält, einen elektrischen Widerstand, der eine ausgedehnte Heizfläche hat, die im Kessel angeordnet ist und zwar unter dem normalen Flüssigkeitsniveau, einen Kondensator und Verbindungen, um die Dämpfe vom Kessel zum Kondensator zu leiten, Vorrichtungen hinter dem Kondensator angeordnet, um in diesem nicht kondensierte Gase aufzufangen, einen Vorwärmer für die Zuführung des Öles zum Kessel und Vorrichtungen. den Vorwärmer durch Verbrennung von Gasen zu heizen, ebenso Vorrichtungen, um Gas zu diesem Zwecke aus den Gasauffangeapparaten herzuleiten.

*) D. R. P. 430 902 v. 11. 5. 1924; 29. 6. 1926. Franz. Prior v. 10. 11. 1923.

Ein Krackkessel mit innerer elektrischer Kohlenwiderstandsheizung, der nach der Patentschrift Kerosin (130—260° C) vorteilhaft spaltet, während das Burton-Verfahren nur auf über 260° siedende Paraffine und der Palmer-Prozeß nur auf Paraffinrückstände, die über 300° sieden, anwendbar sein soll.

1 582 893 O. Behimer, Texas Company of New York.
15. 2. 1924
4. 5. 1926 **Apparat zur Behandlung von Kohlenwasserstoffenölen.**

Elektrische Heizvorrichtungen im Krackkessel.

1 494 125 Carl M. Page; übertragen auf George Fabyan, Geneva, Illinois.
22. 3. 1922
13. 5. 1924

Elektrisch beheizter Ölkrackapparat.

Anspruch:

1. Ein Ölkessel, eine Heizvorrichtung dafür, Zusatzheizkörper im Dampfraum des Kessels angeordnet, von denen jeder ein paar konzentrische Zylinder, eine elektrische Heizvorrichtung im innern Zylinder enthält und Vorrichtungen, die Hitze von jener Vorrichtung nahe der Mitte des Durchgangs zwischen den beiden Zylindern zu lokalisieren.

1 478 559 Gustav Egloff, New York.
17. 9. 1917
25. 12. 1923

Verfahren zur Behandlung von Kohlenwasserstoffen.

Ein Verfahren zur Umwandlung schwerer Kohlenwasserstoffe in leichtere, indem man das Öl von außen auf Destilliertemperatur erhitzt und die Umwandlung fortsetzt, indem man nun das Öl von innen mittels einer elektrischen Widerstandseinheit erhitzt, wobei ein gewisser Teil der erzeugten Dämpfe dazu dienen muß um einen gleichmäßigen Druck von 20 Pfund auf den Quadratzoll während der Behandlung aufrecht zu erhalten.

1 579 601 G. Egloff, Chicago.
26. 4. 1917
erneuert 27. 3. 1922
erteilt 6. 4. 1926

Verfahren zur Behandlung von Öl.

Das Öl wird mittels eines im Kessel erzeugten elektrischen Licht-Bogens auf Kracktemperatur erhitzt, die Dämpfe werden in üblicher Weise dephlegmiert und kondensiert.

Unter 85 Pfund Druck wurde aus Gasöl von 36° Bé 50 % Druckdestillat von 53° Bé erhalten. Dasselbe enthielt 63 % Gasolin von 58,5° Bé bzw. 31 % Gasolin vom angewandten Gasöl.

1 479 776 Joseph G. Davidson, Pittsburgh; übertragen an Charles
23. 8. 1920 H. Conner, New York.
1. 1. 1924

Apparat zum Kracken und Destillieren von Ölen.

Ansprüche:

1. Ein Apparat zum Kracken und Destillieren von Öl, bestehend in einem größeren Ölkessel, in dem ein oder mehrere massive elektrische Widerstände angeordnet sind, die in das Öl getaucht werden können und Vorrichtungen zur Zuführung von mehrphasigem Wechselstrom zu obigen Widerständen.

Nach 2. passieren die Stromleitungen die Kesselwand sämtlich an einer Stelle.

Nach 4. sind die Widerstände an dem einen Ende miteinander verbunden und die Leitungszuführungen, — eine für jede Phase des mehrphasigen Stromes —, mit dem anderen Ende der Widerstände.

Nach 5. und 6. sind Vorrichtungen zur zeitweiligen Entfernung niedergeschlagenen Kohlenstoffs von den Widerständen vorgesehen, die von außen zu bedienen sind.

Nach 7. soll die Kesselwand an der Stelle, wo die Leitungen hindurchgeführt werden, aus einem anderen Metall als Eisen bestehen.

Der Kessel 1 (s. Abb. 121, Anhang), der zweckmäßig 9 Fuß lang und 3 Fuß im Durchmeser gebaut wird, erhält durch das Einlaßrohr 2 das vorgewärmte Öl; durch den Schieber 3 wird der Rückstand abgelassen. 4 ist ein Rückflußturm, 5 sind Mannlöcher; die drei Widerstände 6 bestehen aus Kohle; sie sind miteinander an einem Ende durch Klemme 25 und am anderen Ende durch Klemme 27 mit der Leitung 26 verbunden. Zweckmäßig werden für einen Kessel obiger Konstruktion Widerstände für 20 000 Ampère gewählt, wobei die Krackoperation mit 200—350 Gallonen pro Stunde ausgeführt werden kann. Durch Einführung der Leitungen von ein- oder mehrphasigem Wechselstrom an einer Stelle wird Verlust an elektrischer Energie vermieden. In Fig. 3 (hier nicht gezeigt) wird die Einführung des Stromes durch die Kesselwand 30 durch das angeschweißte Rohr 31 gezeigt. Dieses hat am oberen Ende ein Außengewinde. Die Kupferleitung 26 ist eng mit dünnen Lagen von Micanit oder Glimmer umwickelt, die nach innen und außen überragen, so daß die Leitung gegen Kessel und Verschraubung gleichmäßig isoliert ist, wobei noch eine Asbestpackung in die Vertiefung einer Buchse eingelegt wird. Im Kessel 1 ist das Thermometer 7 angeordnet.

Aus Fig. 1 ist der weitere Lauf des Destillats durch 4, 8, 9 usw. ersichtlich. Die bei 13 noch entweichenden Gase dienen zur Heizung des Vorwärmers 24 durch den Brenner 18.

Die besten Resultate sind bei einem Druck von 100—200 Pfund erzielt worden. Der Druck wird durch die Ventile 8, 11, 13 etc. geregelt. Das Rohöl wird mittels der Pumpe 21 durch den Destillatvorwärmer 9 in den Vorwärmer 24 gedrückt.

Die elektrische Krackdestillation mittels der Widerstände im Kessel gestattet Ausübung höherer Drucke, die Wahl dünneren Kesselmaterials, weil die Überhitzung der Wandungen, die bei der Außenheizung besonders auch durch die Koksablagerung entsteht, hier vermieden wird. Wichtig ist, daß die Kohlenabscheidungen von Zeit zu Zeit beseitigt werden, damit keine leitende Verbindung zwischen Widerständen und Kesselwänden entsteht und zu Kurzschluß führt. Auch die auf den Widerständen sich ablagernden, deren Abstände überbrückenden, Kohlenabscheidungen müssen beseitigt werden. Die Reinigung der Widerstände erfolgt nach Stillegung des Kessels durch die Mannlöcher 5. Bei guter Vorwärmung soll der Verbrauch an Strom durchaus in wirtschaftlichen Grenzen liegen.

Nach weiterer Angabe der Patentschrift entstehen nur in sehr geringem Ausmaße, etwa 1 %, permanente Gase. Auch der Gasverlust wächst nicht in gleichem Maße wie die Ausbeuten an Gasolin wachsen, sondern hält sich auf geringer Höhe, selbst wenn diese Ausbeuten 35—40 % des ursprünglichen Öles betragen.

Pat. 1 479 653 stellt eine Vorstufe des vorigen dar, die nur den Krackprozeß zum Ziele hatte, während nach 1 479 776 auch die Destillation geschützt ist.

1 541 905 J. G. Davidson, Pittsburgh; übertragen auf C. H. Conner,
30. 11. 1921 New York.
16. 6. 1925

Verfahren und Apparat zum Spalten von Ölen.

Anspruch:

1. Verfahren zum Spalten von Ölen mit innerer elektrischer Heizung des Öles, dadurch gekennzeichnet, daß man den Strom anfänglich mit Kernwiderständen einführt und durch die Widerstände mittels der Koksablagerungen, die sich während des Spaltprozesses darauf niederschlagen, den elektrischen Strom regelt indem man mit der Stromstärke herabgeht, wenn der Querschnitt der Widerstände wächst.

Nach 2. kann man mit einer Mehrzahl von Kernwiderständen arbeiten, in welchen mehrphasiger Wechselstrom den Widerständen zugeführt wird.

Z. B. kann ein Anfangsstrom von 2 000 Amp. 100 Volt im Laufe des Prozesses in einen solchen von 4 000 Amp. 50 Volt reduziert werden.

Man kann das Verfahren auch zur Gewinnung von Kohlenwiderständen benutzen.

1 414 401 Peder Farup, Slemdal bei Oslo.
4. 11. 1920
2. 5. 1922

Verfahren zur destruktiven Destillation von Kohle und anderem Material.

Ansprüche:

1. Verfahren zur destruktiven Destillation von Kohle etc., dadurch gekennzeichnet, daß man das genannte Material der teilweise destruktiven Destillation durch indirekt ausstrahlende elektrische Wärme unterwirft und die destruktive Destillation dieses Materials durch direkte Erhitzung weiter führt.

Das Material gelangt durch 11 (siehe Zeichnung 122, Anhang) in den elektrischen Schachtofen 1, wird in 1 durch Strahlung vom Mauerwerk und die heißen durchziehenden Gase erhitzt. 9 (Fig. 1 u. 2) sind die Elektroden. Durch die Kolbenstange 6 wird das Material weiter befördert und fällt in die Sammelkammer 4 und durch den Schieber 15 in die Kammer 5, aus der es durch den Schieber 17 entfernt wird, ohne daß Luft in den Ofen tritt.

Die Kammer 5 hat einen Gaseinlaß 13 und Auslaß 16 um mittels eingeblasener Gase die Luft aus der Kammer zu entfernen. Durch den Gaseinlaß 7 wird ein nicht rußendes Gas in den Ofen eingeführt. Die Destillation und Zersetzung findet zum größten Teile schon im Schacht 1 statt und wird unter der strahlenden Hitze in Kammer 2 vollendet.

Als nicht rußende Gase kommen Abgase des Reduktionsofens, oder Dampf, Wassergas, Generatorgas in Betracht.

Durch weitere Ansprüche ist die Anordnung mehrerer Schächte vorgesehen, die in einer gemeinsamen Heizkammer durch indirekte Hitze und Heizgase betrieben werden.

579 469 Frz. Serge Meschkoff und Louis Sabatier, Frankreich.
12. 3. 1924
17. 10. 1924

Verkokung pflanzlicher kohlearmer Stoffe, wie Torf, Braunkohle etc. und Apparat dazu.

Verfahren zur Verkokung obiger Stoffe, dadurch gekennzeichnet, daß man sie in einem Autoklaven mit geeigneten Chemikalien, die den Prozeß exothermisch gestalten und eine Polarisation vermeiden sollen, mischt und einen elektrischen Strom durch den Autoklaven schickt.

Die Chemikalien bestehen in einer Mischung von Zinkchlorid und Natriumbikarbonat. Die Reaktion der Verkokung geht bei 400—450° C. Die Stromstärke hängt vom behandelten Material ab, liegt aber etwa in der Größenordnung von 300 Watt per Tonne. Eine Vakuumpumpe entfernt die Luft aus dem Apparat und dient zur Gewinnung der entwickelten Gase und Teeröle.

1 376 180 Elmer C. Wickersham, Stockton, Kalifornien.
29. 6. 1920
26. 4. 1921

Verfahren zur Behandlung von flüssigem Brennstoff.

In 20 Ansprüchen wird die Behandlung durch Röhren strömender flüssiger Brennstoffe — Kohlenwasserstoffe — mittels durchschlagender elektrischer Funken und elektrischer Entladungen zwecks Erzielung niedriger siedender Produkte auseinandergesetzt. Die Apparatur wird mit dem Brennstoff-Motor verbunden, so daß die Siedepunktserniedrigung bzw. Spaltung unmittelbar vor der Verbrennung stattfindet. Bei dem Durchschlagen der Funken durch den Brennstoff entwickeln sich Gase; hauptsächlich Wasserstoff (86 Vol. %), Sauerstoff (5½ Vol. %), Kohlenoxyd (5 Vol. %), Kohlendioxyd (3½ Vol. %).

Es findet hier also keine Spaltung in leichtere Kohlenwasserstoffe statt, sondern eine Zerlegung des Triebstoffs in Gase unmittelbar vor der Verbrennung im Motor.

D. R. P. 369 367 Karl Wilkens, Berlin-Wilmersdorf.
ab 17. 8. 1921
ausgeg. 17. 2. 1923

Verfahren zur Verflüssigung von Kohlenstoff oder von Kohlenstoffverbindungen mit Hilfe des elektrischen Lichtbogens.

Patent-Ansprüche:

1. Verfahren zur Verflüssigung von Kohlenstoff oder Kohlenstoffverbindungen, dadurch gekennzeichnet, daß Kohlenstoff oder Kohlenstoffverbindungen gemeinsam mit Wasserstoff unter Anwendung von Druck der Einwirkung eines unter einer Wassersäule von bestimmter Länge brennenden elektrischen Lichtbogens unterworfen werden, wobei kondensierbare Kohlenwasserstoffe entstehen.

2. Abänderung des Verfahrens gemäß 1., dadurch gekennzeichnet, daß der benötigte Wasserstoff nicht dem Lichtbogen von außen zugeführt wird, sondern durch Elektrolyse im Druckgefäß selbst erzeugt wird, wobei durch diese Wasserzersetzung gleichzeitig der gewünschte Druck im Reaktionsraum erzeugt wird.

Es wurde gefunden, daß die Zusammensetzung der mittels elektrischen Lichtbogens gewonnenen Kohlenwasserstoffe von der Temperatur und noch mehr vom Druck beeinflußt wird und daß die so gebildeten Kohlenwasserstoffe sofort nach der Bildung kondensiert werden müssen. Ausgangsmaterial sind Wasserstoff und Kohlenstoff von den Kohlenstiften oder Kohle oder Naphthalin oder andere Abfallstoffe der Kohlendestillation. Die Zuführung dieser Stoffe zum Lichtbogen muß in einem vom gewünschten Endprodukt abhängigen Verhältnis erfolgen. Damit die im Lichtbogen gebildeten Kohlenwasserstoffe sofort kondensiert werden, wird der Lichtbogen unter Wasser unterhalten und zur Erreichung des Druckes wird entweder die über dem Lichtbogen stehende Wassersäule entsprechend hoch gemacht, oder aber das Wasser befindet sich in einem allseits geschlossenen Druckgefäß, und der Druck wird entweder durch komprimierten Wasserstoff oder besser durch Elektrolyse erzeugt. (S. a. Chem. Ztg. 1918, S. 428.) Durch entsprechend belastete Ventile am oberen Teil des Druckgefäßes werden alsdann die gebildeten Stoffe abgenommen, auch kann mit Hilfe einer Zirkulationspumpe für Kühlung des Wassers Sorge getragen werden.

160 466 Brit. Chemical Fuel Company of America, Louisville,
18. 3. 1920 Kentucky.
11. 5. 1921

Katalytische Verfahren mit gas- und dampfförmigen Kohlenstoffverbindungen.

Ansprüche:

1. Ausführung katalytischer Prozesse mit gas- oder dampfförmigen Kohlenstoffverbindungen, dadurch gekennzeichnet, daß man an der Oberfläche des Katalysators während seiner Wirksamkeit Funken überspringen läßt.

Nach 2. werden die Gase mit Naturgas oder einem wasserstoffreichen Gas gemischt.

Nach 3. treten die Gase durch ein Diaphragma aus katalytischem Metall, in welchem Hochspannungsfunkenentladung stattfindet.

Kohlenoxyd oder hoch siedende Kohlenwasserstoffe werden in Kontakt mit einem Katalysator gebracht, auf dem sich gewöhnlich Koks niederschlägt, und der während des Prozesses elektrischen Hochspannungsfunkenentladungen unterliegt. Hierdurch wird die Absetzung von Kohlenstoff verhindert und der Katalysator bleibt wirksam. Es werden Gase oder Dämpfe mit Wasserstoff oder Naturgas durch ein Katalysatorrohr dieser Art geleitet, wodurch die Kohlenwasserstoffe in niedriger siedende gespalten werden. Als Katalysatoren werden Nickel, Eisen, Kobalt, Platin, Palladium, genannt.

Zur Gewinnung von Wasserstoff wird eine Mischung von Blaugas oder Wassergas durch ein Netz oder Diaphragma von Drahtgaze etc., geleitet, durch welche hoch gespannter Wechselstrom geht.

Ein Funkenstrom von 10 000—20 000 Volt und einer Frequenz von 100 000 kommt zur Anwendung. Zur Spaltung von Petroleum dient eine Temperatur von 425° C (800° F), für Gasöl 370°. — Verwiesen wird auf E. W. Stevens Amerik. P. 1 374 119.

1 376 713 John R. Mc Cabe, Wichita, Kansas.
27. 10. 1919
3. 5. 1921

Verfahren zur Erzeugung von Motorbrennstoff.

Anspruch:

1. Verfahren zur Herstellung von Motorbrennstoff aus Kohlenwasserstoffölen, dadurch gekennzeichnet, daß man Kohlenwasserstofföle erhitzt, die entstehenden Dämpfe durch Metallrohre treibt, in welchen sie elektrischen Hochfrequenzentladungen unterworfen werden.

169 063 Brit. Louis Bond Cherry, Kansas City. U. S. A.
20. 7. 1920
22. 9. 1921 Complete

Elektrische Apparatur zur elektrochemischen Behandlung von Kohlenwasserstoffdämpfen.

Ansprüche:

1. Apparat zur Behandlung von Kohlenwasserstoffen, gekennzeichnet durch folgende Kombination: Einen Kessel zur Verdampfung der flüssigen Kohlenwasserstoffe, einen Kühler und eine Leitung zur Überführung der verdampften Anteile aus dem Kessel zum Kühler, wobei diese Leitung eine verlängerte Reaktionskammer, getrennt von dem Kessel, darstellt; Vorrichtungen, die Wandung dieser Kammer auf hoher Temperatur zu halten, zum Beispiel nahezu auf Rotglut, und Vorrichtungen, die verdampften Stoffe beim Durchgang durch diese Kammer elektrischen Hochfrequenzentladungen auszusetzen, während diese Stoffe unter dem Einfluß der heißen Gefäßwand stehen.

Nach 2. kann der Reaktionskammer die Wärme auch durch ein Solenoid (Drahtspirale) zugeführt werden, die sie außen umgibt.

Es sollen praktisch nach 3. mehrere derartige in Serien verbundene Reaktionskammern Anwendung finden. —

Das Verfahren kann auch in Gegenwart von Wasserstoff und Wasserdampf vor sich gehen. Es wird auf Patent 104 330 Bezug genommen.

1 459 515 W. B. D. Pennimann, Baltimore.
10. 3. 1917
19. 6. 1923

Apparat zum Spalten von Ölen.

Anspruch:

1. Bei einem Apparat zum Spalten von Ölen unter Druck: Ein geschlossener Behälter für das Öl, Vorrichtungen, denselben zu heizen, ein Kühler, Vorrichtungen, Gase und Dämpfe aus dem erhitzten Öl in den Kühler zu leiten, Vorrichtungen in Form einer Dampfschlange, um die Gase und Dämpfe auf dem Wege aus dem Behälter auf eine gleichmäßige vorher bestimmte Temperatur zu bringen, Vorrichtungen, für den Dampfeintritt und thermostatische Vorrichtungen, die in Verbindung mit dem Temperaturwechsel der Gase, die mit der Heizschlange in Wärmeaustausch stehen, ausgelöst werden, um die Zufuhr von Dampf zu der Schlange zu kontrollieren. —

Beim Austritt der Dämpfe aus dem Destillierkessel wird eine Rohrschlange eingeschaltet, durch die eine Masse von bestimmter Wärmemenge (Dampf oder Wasser) in regelbarer Menge und Temperatur strömt. Die Temperatur wird so gewählt, daß sich die schwereren Kohlenwasserstoffe kondensieren, während die leichteren von bestimmten Eigenschaften in den Kühler gehen.

Zur Regelung der Temperaturen in den Thermostaten dienen die in des Erfinders früheren Patenten 902 600 und 933 577 beschriebenen elektrischen Vorrichtungen.

162 337 Brit. Daniel Diver, Calgary, Kanada.
23. 12. 1919
25. 4. 1921

Gewinnung von Öl aus Bitumen, Schiefer und dgl. an der Lagerstätte.

Es wird ein elektrisch heizbarer Zylinder in das Bohrloch versenkt und die Dämpfe aus einem unmittelbar neben diesem befindlichen zweiten Bohrloch aufgefangen und kondensiert.

6 C. Kracken im Metallbade.

Eine Anzahl Verfahren nutzt die Vorteile aus, die durch Bäder von geschmolzenem Metall, meist Blei, erzielt werden. Die Temperatur kann in solchen Bädern genau geregelt werden, Koks kann sich nicht ansetzen, sondern bleibt meist auf der Metalloberfläche schwimmend, von wo er leicht entfernt werden kann, ferner werden schwefelhaltige Verunreinigungen vom heißen Blei absorbiert, so daß man durch dieses Verfahren auch eine Art Raffination erzielt und schließlich werden dabei auch die katalytischen Eigenschaften des Badmetalls ausgenutzt. —

Geordnet nach dem Anmeldungsdatum sind hier folgende Verfahren zu erwähnen: A. J. Paris (1 367 828, 1 392 788), J. Nelson (1 391 568/569, 1 412 540, engl. 116 304, D. R. P. 345 477). Die Öldämpfe passieren eine Reihe von Kammern die unten hydraulisch durch ein Bleibad abgeschlossen sind. Da die Höhe der zu durchströmenden Bleischicht geregelt werden kann, wird so die Krackdauer und damit der Krackeffekt geregelt. E. A. Billow (1 507 659), J. E. Gray (1 474 147), 1 464 918, 1 312 467, C. B. Watson (1 474 395). Diese Verfahren unterscheiden sich durch unwesentliche Besonderheiten. J. L. Murrie (1 435 652) hat eine besondere Apparatur zusammengestellt um durch gleichzeitige Zuführung permanenter Kohlenwasserstoffgase weitere Zersetzung des Krackmaterials zu vermeiden. Die Thermal Industrial and Chemical Research Company unter Mitwirkung von Duckham, Morgan, Rider und Watts hat eine Reihe von Verfahren ausgearbeitet, die sich allgemein auf die Behandlung fester und flüssiger Stoffe in Metallbändern beziehen (1 527 847, 1 536 908, 1 568 886, D. R. P. 386 803, engl. 230 223). F. G. Niece läßt in eine hohe Säule, die mit flüssigem Blei gefüllt ist, und verschiedene feste Hindernisse in verschiedener Höhe enthält, die zur besseren Durchmischung dienen, Öl eintreten (1 565 326, 1 565 327, 1 566 341, 1 566 416, D. R. P. 426 881, frz. 540 721, 585 071, engl. 230 339). Am besten scheint sich von dieser Art Verfahren das Blümner-Verfahren bewährt zu haben, das durch die Anwendung von Raschig-Ringen zur Durcharbeitung von Öl und Metall das Problem einer vollendeten Mischung in glücklichster Weise gelöst hat (1575370, D. R. P. 338846, 439712)*) Plauson und Miedel nehmen Wasserdampf zu Hilfe und arbeiten bei 400-1000° C (Schweiz. 108 279). Zum Schluß sei noch ein Verfahren der Th. Goldschmidt A.-G. erwähnt, die auf diese Weise Ölgas, Kohlenwasserstoffe mit offener Kette und Ruß erhält (frz. 595 529, br. 232 568). T. M. Davidson krackt im Zinnbad in Gegenwart von Wasserstoff (s. Kap. Hydrierung e. 220 732 S. 192).

Indirekt, mittels Metallbades, in einem von geschmolzenem Metall umgebenen Rohrsystem, zersetzt Bajligethy (1 542 864, 1 562 690, 1 521 601) Kohlenwasserstoffe.

Ein Verfahren der Standard Development Co. (1 586 954), das indirekte gleichmäßige Erwärmung mit Quecksilberdampf vorsieht, gehört auch hierher.

---

*) Nach Lohmann (Petrol. 22. 1247) Ref. Brennst. Chem. 8 S. 79 ist eine Blümner-Anlage bei der Firma Borsig im Bau und inzwischen fertiggestellt.

Patente zum Abschnitt 6 C.

1 367 828 August Jean Paris, Bradford, Pennsylvanien.
27. 12. 1916
8. 2. 1921

Verfahren zum Destillieren und Kracken von Petroleum und dgl.

Das Verfahren ist dadurch gekennzeichnet, daß Petroleumöle mit Kohlenwasserstoffgas gemischt und vor oder nach der Mischung erhitzt in einen tiefen Kessel mit geschmolzenem Blei gepreßt werden, in welchem sich der Krackprozeß vollzieht, und zwar sowohl durch den Druck und die Temperatur des Metalls als auch gegebenenfalls durch weiteren Gasdruck, der auf die Oberfläche des Bleies wirkt.

1 392 788 Auguste J. Paris jr., Bradford, Pennsylvanien.
3. 5. 1915
4. 10. 1921

Verfahren zur Destillation von festen und flüssigen — sowie zum Kracken von festen, flüssigen und gasförmigen Stoffen.

Anspruch:

10. Verfahren zur Änderung der Zusammensetzung von Petroleumdestillaten, darin bestehend, daß man sie durch geschmolzenes Metall schickt und danach die Produkte der Krackoperation komprimiert und kühlt.

Um zu vermeiden, daß der ausgeschiedene Koks an den Wandungen des Kessels anbackt, leitet der Erfinder die Dämpfe in ein Bleibad. Der Apparat mit Thermostat und Gasbrennern ist zunächst in Laboratoriumsdimensionen ausgeführt.

1 391 568 John Nelson, Glasgow.
2. 3. 1918
geteilt 27. 10. 1919
erteilt 20 3. 1921

Verfahren zum Spalten von Kohlenwasserstoffölen und dgl.

Anspruch:

6. Verfahren zum Kracken von Kohlenwasserstoffölen und dgl., dadurch gekennzeichnet, daß man den Kohlenwasserstoff in eine flüssige Kontaktsubstanz einführt, und zwar in aufeinanderfolgenden kurzen Kontaktperioden, und daß man das Ausmaß der Spaltung durch Veränderung der Tiefe, bis zu welcher der Kohlenwasserstoff unter die Oberfläche der Kontaktsubstanz gedrückt wird, variieren kann.

Als Kontaktsubstanz findet z. B. geschmolzenes Blei Verwendung. (S. a. D. R. P. 345 477.

1 391 569 Apparatur dazu, die aus Abb. 123 (Anhang) in Verbindung mit den folgenden Patenten verständlich wird.

1 412 540 John Nelson, Glasgow, Schottland.
2. 3. 1918
11. 4. 1922

Apparat zum Kracken von Kohlenwasserstoffölen und dgl.

D.R.P. 345 477 John Nelson, Glasgow.
ab 13. 3. 1918
ausgeg. 13. 12. 1921

Verfahren und Vorrichtung zum Spalten von Kohlenwasserstoffen.

Ansprüche:

Verfahren und Vorrichtung zum Spalten von Kohlenwasserstoffen, insbesondere kohlenwasserstoffhaltigen Mineralölen aller Art, bei welchem nach 1. die Kohlenwasserstoffe oder deren Dämpfe ununterbrochen unterhalb der Oberfläche in ein geschmolzenes Kontaktmittel, z. B. geschmolzenes Blei, eingeleitet werden, dadurch gekennzeichnet, daß die Spaltung in einer Reihe von Stufen stattfindet, in deren jeder die unmittelbare Berührung zwischen dem Kohlenwasserstoff und dem Kontaktmittel nur kurze Zeit dauert.

2. Vorrichtung zur Ausführung des Verfahrens nach 1., bei der das das flüssige Kontaktmittel enthaltende Gefäß mit einem Zuflußrohr für die Dämpfe versehen ist, dadurch gekennzeichnet, daß das Gefäß durch eine Anzahl von oben mit Durchlaßöffnungen versehenen Querwänden in eine Reihe von Zellen geteilt ist, in deren jeder eine weitere, von oben her ein wenig in das flüssige Kontaktmittel eintauchende, vorzugsweise an ihrem unteren Ende gekrümmte Trennungswand angeordnet ist.

3. Vorrichtung nach 2., dadurch gekennzeichnet, daß das das flüssige Kontaktmittel enthaltende Gefäß, durch eine Anzahl senkrechter, oben geschlossener, unten offener und oben durch Röhren verbundener Zylinder in eine Anzahl von Zellen geteilt ist, wobei in jedem Zylinder eine senkrechte Trennungswand von oben her eine kurze Strecke in das flüssige Kontaktmittel eintaucht, oder das den oberen Teil des Zylinders mit dem nächsten verbindende Rohr, innerhalb des letzteren, eine kurze Strecke eintaucht. —

Wie aus der Patentschrift hervorgeht, wird durch die wiederholten kurzen Erhitzungen des Rohmaterials der hauptsächliche technische Fortschritt erzielt. So wurde einmal durch Eintauchen des Zuführungsrohres 37,5 cm tief in das Bleibad kein besseres Ergebnis erzielt, als wenn man es nur 7,5 cm tief eintaucht. Dagegen wurde durch 5 mal (d. h. in 5 Kammern) wiederholtes Eintauchen des Rohres, und dementsprechend der Dämpfe, eine um 20 % gegen die einmalige Tauchung erhöhte Ausbeute erzielt.

Beispiel I: Badarpuröl vom spezif. Gewicht 0,943, das keine nachweisbaren Mengen von leichtem Kohlenwasserstoff enthält, wurde in vier hintereinander geschalteten Spaltungskammern bei einer mittleren Temperatur von etwa 613° gespalten. Die Ausbeute betrug 22,25 % des angewandten Öles an leichtem Motorbenzin, dessen Entflammungspunkt unterhalb — 8° im geschlossenen Abel-Apparat liegt.

Beispiel II: Ein von leichten Kohlenwasserstoffen freies Marineheizöl D = 0,904 wurde durch eine Reihe von 5 Kammern, einschließlich des Verdampfers, geleitet, wobei die mittlere Spaltungstemperatur etwa 560° betrug. Es wurden etwa 28,79 % Motorbenzin und über 40 % bis 250° siedender Kohlenwasserstoffe erhalten. In allen fünf Kammern fand sich innen kein Kohlenstoff, abgesehen von zu vernachlässigenden Mengen.

Die in beiden Fällen erhaltenen leichten Kohlenwasserstoffe ließen sich leicht reinigen und zeigten nach Entfernung der stärker ungesättigten Bestandteile keine Neigung zum klebrig werden.

1 507 659 Elmer A. Billow, Evanston, zur Hälfte übertragen auf A. M.
29. 5. 1918 Allen, Chicago.
9. 9. 1924

Apparat zur Destillation von Mineralölen.

Anspruch:

2. Ein Apparat zur Destillation von Mineralöl, bestehend aus einem oben offenen Gefäß, das eine gewisse Menge geschmolzenes Blei enthält, eine Heizquelle, die das Blei auf hoher Temperatur erhält, ein Turm, der sich über dem Blei erhebt, geschlossen, um die Luft abzusperren, eine Streudüse zur Zerstäubung und Einführung des Öles, die in der Wandung des Turmes in wesentlicher Entfernung oberhalb des Bleies liegt, und eine Auslaßvorrichtung, die aus dem oberen Teil des Turmes herausführt. —

Durch Düsen wird Öl in einen Turm gespritzt, der mit seinem unteren Teil in ein Bad aus geschmolzenem Blei von größerem Durchmesser als der Turm eintaucht.

Es wird im wesentlichen ohne Druck destilliert mit Hilfe der vom geschmolzenen Blei ausstrahlenden Wärme. Der auf der Bleioberfläche sich absetzende Kohlenstoff wird mechanisch mit einem durch das Bleibad unter den Turm gesteckten Werkzeug herausgezogen.

1 474 147 John L. Gray, Elizabeth, New Jersey.
25. 10. 1918
13. 11. 1923

Destillieren und Spalten von Petroleum.

Anspruch:

2. Apparat zur Raffination von Petroleum, bestehend aus einer Reihe von senkrechten Rohren, die mit einer Füllung aus geschmolzenem Material zu versehen sind, Injektoren für Petroleum, die an den unteren Enden der Rohre münden und eine Fortsetzung derselben mit relativ kleiner lichter Weite bilden, Vorrichtungen, um denjenigen Teil des geschmolzenen Materials, der in die Injektoren gelangt, erstarren zu lassen, Vorrichtungen, um dieses Material wieder aufzuschmelzen, und Vorrichtungen, um einen Petroleumdruck in dem System hinter den einzelnen Injektoren zu erzeugen, so daß beim Wiederaufschmelzen das Petroleum sofort in die Injektoren und weiter in den Hauptteil des geschmolzenen Materials darüber stürzt.

Es handelt sich hier um einen Krackprozeß nach Art des Blümnerverfahrens, bei dem das Rohöl durch geschmolzenes Blei blasenförmig aufsteigt und gleichzeitig gekrackt und entschwefelt wird.

1464 918 Benjamin Andrews, Houston, Texas.
13. 9. 1919
14. 8. 1923

Apparat zur Behandlung von Kohlenwasserstoffen.

Anspruch:

Ein Apparat, und zwar ein Turm, der eine Leitung zum Heben von Flüssigkeit enthält, deren unterer Teil in die Flüssigkeit am Boden des Turmes taucht, Vorrichtungen, um den zu behandelnden Öldampf in das untere Ende jener Leitung zu treiben, und eine Vorrichtung in diesem Turm, auf welche die durch die Leitung geförderte Flüssigkeit fällt und die bewirkt, daß die Flüssigkeit in fein verteiltem Zustand fällt und dabei in innige Berührung mit den Dämpfen im Turm gebracht wird.

Es handelt sich um die mittels eines Bleibades (nach des Erfinders Patent 1 312 467) gekrackten Dämpfe, die durch einen Kompressor in einen zur feinen Verteilung und Absorption der Dämpfe und besonders ihrer leichtesten Bestandteile in vorgeschalteten flüssigen Kohlenwasserstoffen eingerichteten Turm geleitet werden.

1 474 395 Cornelius B. Watson, Columbus, Ohio.
2. 4. 1920
20. 11. 1923

Petroleum-Raffinierapparat.

Anspruch:

5. Ein Petroleumkessel, der eine Trommel in horizontaler Lage darstellt, mit einem flachen Boden, zur Aufnahme einer gewissen Menge geschmolzenen Bleies eingerichtet, ein Dom, der auf diese Trommel gesetzt ist, eine Düsenkonstruktion, in diesem Dom angeordnet. Vorrichtungen, um das Metall vom Boden des Kessels durch die Düsenkonstruktion zirkulieren zu lassen, Vorrichtungen, Petroleum zentral durch dieses Düsensystem zu treiben und in enge Berührung mit dem Metall zu bringen im Augenblick, da es aus dem Düsensystem austritt, ein Hilfsbehälter, in dem Kessel angeordnet, unterhalb der Düsenkonstruktion, um das Metall aufzufangen, und Vorrichtungen, das Niveau des Metalls im Hilfsbehälter auf einer bestimmten Höhe zu halten.

Mit Hilfe einer Zentrifugalpumpe wird geschmolzenes Blei aus einem Kessel gehoben und durch ein Düsensystem gleichzeitig mit dem zu krackenden Petroleum in den Kessel getrieben, wobei innige Berührung, gleichmäßige Erhitzung und der Vorteil erreicht wird, daß sich der ausgeschiedene Koks nicht auf dem Boden des Krackkessels festsetzen kann.

1 435 652 John L. Murrie, Yonkers, New York.
12. 5. 1920
14. 11. 1922

Verfahren zum Kracken von Kohlenwasserstoffölen, die aus Rohpetroleum, Schieferöl und aus Gilsonit oder ähnlichen kohlenwasserstoffhaltigen Stoffen abdestilliert wurden und Apparat dazu.

Anspruch:

2. Ein Verfahren zum Kracken von Kohlenwasserstoffölen, darin bestehend, daß man das zu behandelnde Material in Verbindung mit einem permanenten Kohlenwasserstoffgas in den unteren Teil eines Metallbades, das sich in einer Retorte befindet, einführt, die entweichenden Gase und Dämpfe im oberen Teil der Retorte sammelt, sie hinausläßt und kondensiert, daß man kontinuierlich auf die Oberfläche des Bades eine Schicht von schweren Fraktionen und unverdampften Kohlenwasserstoffen bringt und wieder abzieht, welche den Kohlenstaub und ähnliche Unreinigkeiten suspendiert hält und die Dicke bzw. Tiefe dieser Schicht nach Bedarf reguliert.

Dieses Verfahren unterscheidet sich vom Blümnerverfahren (s. S. 284 f.) besonders durch die Mitwirkung von permanenten Kohlenwasserstoffgasen, die zwar bei dem genannten Verfahren auch auftreten, aber auf Kosten des zu krackenden Materials. — Derartige Zersetzungen werden nach der Patentschrift durch die Gegenwart solcher Gase vermieden.

Im übrigen sei auf die Abb. 124 (Anhang) verwiesen, in der 22 das Bleibad, 8 die dazu gehörige Retorte bedeutet und 19 eine Mischkammer, in der frisches vorgewärmtes Material mit Kondensat aus dem Dephlegmator 5 und dem Kohlenwaserstoffgas gemischt werden, und aus der diese Mischung unter Druck in die Retorte, bzw. unter die Oberfläche des Bleibades gelangt. Das schwere Öl mit den kohlenstoffhaltigen Verunreinigungen verläßt bei 10 die Retorte und geht in das Absetzreservoir 13, aus dem das gereinigte Öl wieder in den Krackkessel gelangt. — Die Eintauchtiefe der Rohre 21 in das Metallbad ist regulierbar und damit die Krackzeit und die Krackwirkung.

1 527 847 A. M. Duckham und J. S. Morgan, London; übertragen auf
21. 6. 1921 die Thermal Industrial and Chemical Rese-
24. 2. 1925 arch Company, London.

Erhitzen von Flüssigkeiten durch Einleiten in geschmolzenes Metall.

Beschreibung der Apparatur.

1 536 908 J. S. Morgan; übertragen auf die Thermal Industrial
8. 8. 1921 and Chemical Research Company, London.
5. 5. 1925

Verfahren zum Eintauchen fein verteilter fester oder flüssiger Substanzen in Flüssigkeiten.

Ein Verfahren zum Eintauchen von festen oder flüssigen Massen in geschmolzenes Metall. Das wird entweder durch eine in dem Metallbad sich drehende offene Trommel mit geeigneten Zwischenabteilungen oder durch ein endloses Band bewirkt. Das Verfahren kommt also für Prozesse vom Blümner Typ in Betracht, dient aber auch für andere chemische Prozesse.

1 568 886 A. M. Duckham und J. St. Morgan, London; übertragen
9. 8. 1921 auf Thermal Industrial Chemical Research
5. 1. 1926 Company, London.

Erhitzung von Stoffen auf stufenweise steigende Temperaturen.

Eine Anzahl von Metallbädern, in deren erstem Dämpfe von Holz, Mineralöl etc. entwickelt werden, gestatten die eintretenden Dämpfe auf beliebige, durch die Art des Materials gegebene Temperaturen zu erhitzen, bzw. das Destilliergut fortlaufend auf bestimmte gleichmäßige Temperaturen zu erhitzen zwecks fraktionierter Destillation.

D. R. P. 386 803 Thermal Industrial and Chemical Research
10 a 22 Company Ltd. und John Stanley Morgan in
ab 11. 11. 1922 London.

Verfahren und Vorrichtung zum Austragen des Rückstandes von mittels eines schmelzflüssigen Metallbades behandelten Stoffen.

230 223 Brit. **Thermal Industrial and Chemical Research**
17. 1. 1924 Company Ltd. und Sir A. Mc. Dougall Duckham,
12. 3. 1925 D. Rider und J. L. Watts, London.

Hitzebehandlung von Stoffen zwecks ihrer Destillation, Trocknung und Verkokung.

Verkokung mittels eines Bades aus geschmolzenem Metall.

1 565 326 Fred. G. Niece, Cleveland, Ohio; übertragen auf die International Holding Company, Cleveland.
7. 7. 1921
15. 12. 1925

Verfahren zum Spalten von Kohlenwasserstoffen.

1 565 327 Fred. G. Niece, Cleveland, Ohio; übertragen auf die International Holding Company, Cleveland.
7. 7. 1921
geteilt 13. 7. 1921
erteilt 15. 12. 1925

Apparat zum Spalten von Kohlenwasserstoffen.

1 566 341 Fred. G. Niece, Cleveland, Ohio; übertragen auf die International Holding Company, Cleveland.
1. 7. 1922
22. 12. 1925

Apparat zur Behandlung von Kohlenwasserstoffen.

1 566 416 Fred. G. Niece, Cleveland, Ohio; übertragen auf die International Holding Company, Cleveland.
17. 7. 1922
22. 12. 1925

Apparat zur Behandlung von Kohlenwasserstoffen.

Die vorstehenden 4 Verfahren sind im D. R. P. 426 881 behandelt.

D. R. P. 426 881 Fred Gerald Niece, Cleveland. V. St. A.
23b Gr. 5
15. 7. 1924
20. 3. 1926

Vorrichtung zur Umwandlung schwerer Kohlenwasserstoffe in leichte.

Ansprüche:

1. Vorrichtung zur Behandlung von Kohlenwasserstoffen durch ein aus geschmolzenem Metall bestehendes Bad, dadurch gekennzeichnet, daß zwei konzentrisch zu einander angeordnete, in der Längsrichtung verschiebbare Zuleitungsröhren (33, 48 s. Abb. 125, Anhang) in das Bleibad eintauchen, wobei infolge der durch die durchgeleiteten Kohlenwasserstoffe eintretenden Wärmeisolation eine Abscheidung von Kohlenstoff in den Röhren vermieden wird.

2. Vorrichtung nach 1., dadurch gekennzeichnet, daß das zu behandelnde Rohmaterial in die innere der beiden Röhren 33 eingeleitet wird, während durch die äußere gleichfalls in das Bad mündende Röhre 48 Material zugeführt wird, das die innere Röhre abkühlt, um den Ansatz von Rückständen an diesen Röhren zu verhindern und um diese Zuleitungsröhren gegen Beschädigung bei Erkalten des Bades zu schützen.

3. Vorrichtung nach 1. und 2., dadurch gekennzeichnet, daß die beiden Röhren in dem Bad in Längsrichtung beweglich sind.

Nach 4. wird bei Anhub der inneren Röhre die äußere mit gehoben und bei Senkung mitgesenkt.

Nach 5. ist ein Verteilungskörper 34 am Fußende der inneren Röhre angeordnet, der sich unter der Außenröhre 48 hinweg erstreckt.

Nach 6. steht die Zuleitungsröhre 33 oben (30) in beweglicher Verbindung mit einem Stutzen 29, der in der Abschlußplatte für die Vorrichtung befestigt ist.

Nach 7. trägt die Zuführungsröhre 33 zur Herstellung einer gleitenden Verbindung mit dem Stutzen 29 an ihrem oberen Ende einen Zylinder 30 der den Stutzen 29 umschließt.

Nach 8. trägt auch die äußere Zuleitungsröhre 48 einen Zylinder 45, der auf einem Zylinder 43, der mit der Abschlußplatte 22 verbunden ist, gleitet.

Nach 9. wird die äußere Zuleitungsröhre 48 mit Gasen unter Druck durch eine Pumpe 53 versorgt, die an einen Sammelbehälter 56 angeschlossen ist, in dem das Kondensat gesammelt wird, wobei jedoch die zur Pumpe führende Leitung vom Oberteil des Behälters ausgeht, um die nicht kondensierten Anteile der Kohlenwasserstoffe abzuführen.

Es hat sich herausgestellt, daß bei anderen Vorrichtungen, die ein Bleibad benutzen, (Blümner etc.), die ins Bleibad führende Zuleitungsröhre für die Kohlenwasserstoffe sehr bald durch Kohlenstoff, Ruß und dgl., die sich ansetzen, unbrauchbar wird. Hitzeisolierendes Material, z. B. ein Asbestmantel, wird im Bade zerstört. Daher hat man nach vorliegender Erfindung das innere Rohr durch ein äußeres isoliert, durch welches diejenigen Kohlenwasserstoffgase gehen, die bereits durch einen Kühler gegangen sind und mithin als leichte und beständige übrig geblieben sind. Durch diese Einrichtung wird auch eine Überhitzung der Öldämpfe vermieden.

Die zweite äußere Röhre ist in Längsrichtung verschiebbar und kann während des Betriebes in ihrer Tieflage festgehalten werden während die innere Leitungsröhre sich mit der äußeren nach oben bewegt und mit ihr festgehalten wird.

Die Beweglichkeit der Röhren ineinander und miteinander dient dazu, Verzerrungen und Verbiegungen infolge von Druck und Hitze auszuschließen.

540 721 Frz. F. G. Niece, V. St. A.

Verfahren und Apparat zum Kracken von Kohlenwasserstoffen.

Nach der Beschreibung kann die Kracktemperatur je nach dem behandelten Material zwischen 400 und 750° C schwanken. Der Betriebsdruck im Bleibehälter liegt bei 10 kg pro cm^2 und steigt am Boden desselben auf 13 kg pro cm^2.

230 339 Brit. F. G. Niece, Cleveland, Ohio, U. S. A.
11. 7. 1924
29. 4. 1925 **Kracken von Kohlenwasserstoffen, s. D. R. P.**

85 071 Frz. Fred Gerald Niece, U. S. A.
22. 7. 1924
20. 2. 1925 **Apparate zur Behandlung von Kohlenwasserstoffen, s. D. R. P.**

1 573 370 E r w i n B l ü m n e r , Charlottenburg.
11. 4. 1921
16. 2. 1926

Verfahren und Apparat zur kontinuierlichen Destillation von Teeren und Ölen.

A n s p r u c h :

Man setzt Teere und Öle der Hitze des unteren Teils einer Säule geschmolzenen Metalls aus und verzögert den Aufstieg, indem man das Gut in

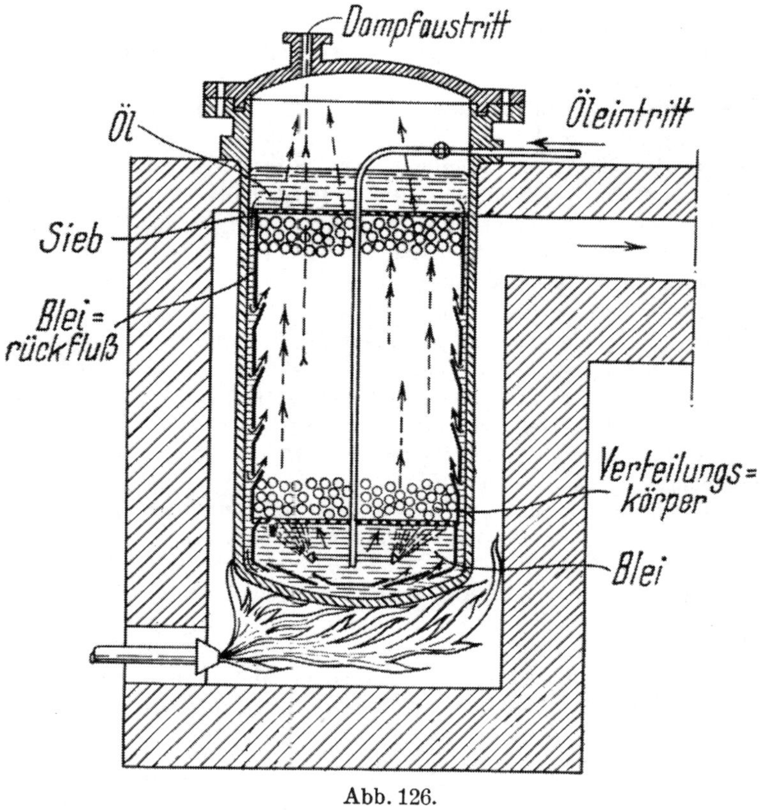

Abb. 126.

fein verteiltem Zustand hält, wobei durch die Teere und Öle auch eine Aufwärtsbewegung des Metalls bewirkt wird, das im Kreislauf wieder herabfließt, und zwar außerhalb der Aufstiegszone von Teer und Öl. —

Die Ausführung des Verfahrens ist aus Skizze 126 ersichtlich.

Blei, gewöhnlich von Raschigringen überschichtet, wird durch das eingepreßte Öl hochgewirbelt und fließt an der Wandung wieder zurück.

Ö. P. Dr. E r w i n B l ü m n e r , München.
4. 3. 1921 angemeldet

Verfahren zur Spaltung von schweren Kohlenwasserstoffen.

W i s c h i n bemerkt über das Blümnerverfahren (Petrol. 1924. 1949):

Ideale Wärmeübertragung. Ein Autoklav von 1000 l Inhalt ermöglicht die

Heizung von ca. 50—60 t Öl auf 450° C in 24 Stunden. — Die Spaltreaktion verläuft — wie sich besonders in der Blümner-Anlage bemerkbar macht — stark exotherm, da die Heizung sofort nach eingetretener Benzinbildung (d. h. einige Stunden nach Inbetriebsetzung) stark gedrosselt werden muß. — 2 Autoklaven kalt auf mehrere 100 at abgedrückt, praktisch unter 40 at Druck, liefern zusammen 8 t Benzin pro Tag, d. h. 60—70 % des angewandten Rohöls. —

D. R. P. 439 712 Dipl. Ing. Dr. E. Blümner, München.
31. 7. 1921
17. 1. 1927

Verfahren zur kontinuierlichen Destillation von Mineralölen und dergleichen. Zusatz zu D. R. P. 338 846, das im wesentlichen dem vorstehenden 1 573 370 entspricht.)

Anspruch:

Verfahren zur stetigen Destillation und gleichzeitiger chemischen Umsetzung von Mineralölen und ähnlichen Flüssigkeiten, dadurch gekennzeichnet, daß die zu destillierenden Flüssigkeiten im Gemisch mit Gasen, z. B. mit Wasserstoff durch eine von außen beheizte Metallschmelze in fein verteiltem Zustande hindurchgeleitet und dabei mit Katalysatoren in Berührung gebracht werden, die in der Metallschmelze als verteilend wirkende Füllkörper oder als Einsatz enthalten sind. —

Ein besonderer Vorteil des Verfahrens liegt auch darin, daß das Badmetall die schwefelhaltigen Verunreinigungen aufnimmt, so daß die Katalysatoren vor Vergiftung geschützt sind. S. a. Abb. 126a*).

108 279 Schweiz H. Plauson und I. F. Miedel.
3. 10. 1923 angem.
2. 1. 1925 publ.

Brennstoff für Explosionsmotoren aus hochsiedenden Kohlenwasserstoffen.

Die Kohlenwasserstoffdämpfe werden mit Wasserdampf unter Durchleiten durch auf 400° bis 1000° C erhitzte geschmolzene Wärmeüberträger zur kontinuierlichen Reaktion gebracht und die entstandenen leichten Kohlenwasserstoffe in Kondensatoren, die mit Kondensationsölen kontinuierlich durch eine Pumpe berieselt werden, kondensiert, dann abdestilliert und raffiniert.

In einem Bleibad von 500—900° ergaben 100 Teile galizisches Petroleum vom Siedepunkt 220—300° — 85—90 Teile Benzin von 60—180° 10 Teile Schmieröl und 3—5 Teile Verlust. Benzin ist hellgelb und enthält 90 % gesättigte Kohlenwasserstoffe.

595 529 Frz. Theodor Goldschmidt-Akt.-Ges.
20. 3. 1925
5. 10. 1925

Verfahren zur kontinuierlichen Gewinnung von Gasen von hohem Gehalt an ungesättigten Kohlenwasserstoffen.

Öle, die ein Metallbad, z. B. Bleibad, von ca. 600° passieren, verwandeln sich darin in ungesättigte und gesättigte Kohlenwaserstoffe mit mittlerem Molekulargewicht. Nebenprodukt: Ruß. Z. B. gab pensylvanisches Gasöl (1 kg) 460 l Gas, 190 gr Benzin und 200 gr unzersetztes Öl.

*) Schematische Darstellung einer Krack-Anlage nach dem Blümnerverfahren, für deren Überlassung ich der Firma A. Borsig, Berlin-Tegel, auch an dieser Stelle verbindlichst danke.

232 568 Brit. Th. Goldschmidt Akt.-Ges., Essen.
15. 4. 1924 (Deutschland).
19. 3. 1925 (England).
17. 6. 1925 (Not yet accepted).

Kohlenwasserstoffe. (Entspricht dem Vorigen.)

1 542 864 M. F. de Bajligethy, Houston, Texas.
5. 7. 1924
23. 6. 1925

Ölkessel.

Anspruch:

Ein Kessel, der aus einem Boiler, einem in den Boiler führenden Eintrittsrohr, das zu einer erweiterten Reaktionskammer im Boiler und zu einer Heizschlange außerhalb des Boilers ausgebildet ist, ein weiteres Rohr, das in einigem Abstand den Windungen der Heizschlange angepaßt ist und das ein Zirkulationssystem für eine Flüssigkeit um die Heizschlange herum darstellt, Vorrichtungen zur Zirkulation einer Flüssigkeit durch dieses System, ein Ablaßrohr, das aus dem System herausführt, das mit einem Flüssigkeitsrücklauf versehen ist. —

Nach Anspruch 5 ist die zirkulierende Flüssigkeit ein geschmolzenes Metall. In Zeichnung 127 (Anhang) stellt 1 einen kleinen Kessel oder Boiler im Ofen 2 dar, von welchem die Reaktionskammer 7 umschlossen ist und zu welchem das Öl durch die Pumpe 4 und das Schlangenrohr 3 gelangt, das von dem weiteren Rohr 15 umgeben wird. Dieses Rohr 15 bildet mit der Pumpe 18, dem Rohr 19 und dem Behälter 17 ein Zirkulationssystem für geschmolzenes Blei oder eine Legierung davon mit Wismut oder dgl., welche dem Öl in der Heizschlange eine gleichmäßige Hitze zuführt und für den Fall eines Bruches der Heizschlange eine gefahrlose Ableitung der Produkte durch 17 usw. gestattet. Das Gefahrmoment bildet überhaupt den Anlaß zu vorstehender Erfindung. — Die Abschlüsse der Reaktionskammer, in welcher sich der Hauptteil des Kokses absetzt und so den Boden des Kessels 1 davon freiläßt, sind zur Entfernung des Kokses leicht abnehmbar. — Durch 11 und 12 gelangen die Dämpfe zur Kondensation.

1 562 690 M. de Bajligethy, Houston, Texas.
20. 1. 1922
24. 11. 1925

Kessel.

Anspruch:

Ein Kessel, mit einem Boiler, eine Anzahl Reaktionstrommeln, darin angeordnet, deren eines Ende aus dem Boiler hervorragt, ein abstellbares Hauptrohr, das mit den äußeren Enden der Reaktionstrommeln verbunden ist, ein Einlaßrohr, zur Heizschlange ausgebildet, das zu einem Ende der Trommel eintritt und eine Auslaßdüse, die aus der Trommel in den Boiler führt.

1 521 601 M. F. de Bajligethy, Houston, Texas.
7. 4. 1922
6. 1. 1925 **Kessel.**

A. P. 1586954 Standard Development Cy. (Frank A. Howard).
16. 8. 1922
27. 5. 1926

Kracken von Kohlenwasserstoffölen.

Man unterwirft die Kohlenwasserstofföle der Einwirkung der indirekten Hitze von Quecksilberdampf, welcher durch Erhitzen von Hg in einem geschlossenen System auf 700—1000° F (370—540° C) erzeugt wird und kondensiert die dadurch aus den Ölen entwickelten Dämpfe. (Z. 1926 II. 1360.)

7. Abschnitt.

Leichte Kohlenwasserstofföle aus Erdgas und Grubenkopfgasen, aus Schiefern und Ölsanden.

A. Gasolin und andere Produkte aus Erdgas und Grubenkopfgasen.

Diese Gase kommen vorwiegend in Erdölgebieten vor, doch sind auch einzelne Stellen bekannt, wo Erdgas zu Tage tritt, ohne daß bisher dort Erdölquellen erbohrt sind. — Die Zusammensetzung ist sehr schwankend. Während das Erdgas meistens 90 Prozent Methan neben schweren Kohlenwasserstoffen enthält, zeigen Grubenkopfgase (Casingheadgas), die aus den Petroleumbohrlöchern strömen, erheblich geringere Mengen Methan neben den höheren Homologen. Aus dem Erdgas wird an einigen Stellen in Amerika Helium (zur Ballonfüllung) gewonnen, größtenteils wird es zur Heizung und Beleuchtung verwendet. Aber in noch immer wachsendem Maße werden die Gase seit mehr als 20 Jahren (1918 gewann man bereits ca. 700000 Tonnen Gasolin aus Gasen) zur Gewinnung von Gasolin herangezogen, und aus diesem Grunde ist hier eine Übersicht über die neueren Verfahren gegeben, die das bezwecken. —

Zur Gewinnung gasolinartiger Produkte aus solchen Gasen dienen Absorption, Kompression, Abkühlung oder eine Kombination dieser Bedingungen. —

Als Absorptionsmittel dienen Rohöl oder seine Fraktionen, ferner aktive Kohle und dergleichen, z. B. Silikagel, Floridaerde.

Die Verfahren sind zum großen Teil nur in ganz kurzem Auszuge beschrieben, da die obengenannten technischen Bedingungen bei fast allen wiederkehren und so kann hier auch auf eine Besprechung von Einzelheiten verzichtet und nur eine Übersicht gegeben werden. Gulf Refining Company (Taber) 1 590 472 (Alexander) 1 411 255, Allgemeine Vergasungsgesellschaft, Berlin, D. R. P., 384 106, E. d'Yarmatt, 1 376 925, Chadwick brit. 224 688, A. J. Paris jr.

1 405 153—156, J. de Brey 1 465 598/99, K. Kelley 1 480 808. T. A. Stancliff 1 493 871. F. E. Hosmer 1 510 433/4. Ikeda u. Gen. e. 202 795.

H. Thompson (Carbid and Carbon Chemicals Corpor.) 1 507 634, 1 523 313/4 e. 245 860. H. Cooney 1 543 750. Bernard (Sinclair Oil and Gas Cy) 1 560 137/8. Newton, 1 567 457/8. H. A. Mossor, 1 565 749 (1 546 345 W. G. Laird). Mackenzie und Steenbergk (Bataafsche Petroleum Maatschappij) 1 569 433.

Die Hope Natural Gas Company (D. R. P. 398 788) gewinnt Propan und Butan aus Erdgas — W. J. Knox (1 433 956) 1 484 768 gewinnt leichte Kohlenwasserstofföle nach einem interessanten Verfahren direkt aus dem Ölbrunnen. — A. N. Kerr's Verfahren (1 571 427) bezweckt, leichtflüchtige Anteile für Wintergasolin aufzustapeln. —

Patente zu Abschnitt 7 A.

1 390 472 G. H. Taber, Pittsburg, übertragen auf die Gulf Refining
6. 4. 1917 Company, Pittsburg.
13. 9. 1921

Gewinnung von Gasolin.

1. Verfahren zur Gewinnung von Gasolin, dadurch gekennzeichnet, daß man Luft durch Grubenkopfgasolin leitet zwecks Erzeugung von gemischten, relativ leichten und schweren Gasolindämpfen, daß man die schweren Bestandteile dieser Dämpfe mittels Lösung in einem schweren Mineralöl gewinnt, indem man danach die schweren Dämpfe von dem schweren Mineralöl durch Destillation trennt und damit ein anderes Mineralöl mischt.

2. Verfahren zur Behandlung von Grubenkopfgasolin, dadurch gekennzeichnet, daß man Mineralöl im Kreislauf durch einen Absorptionsturm schickt, durch einen Kessel und einen Kühler, die das Grubenkopfgasolin derart anwärmen, daß seine leichteren Bestandteile verdampfen und dadurch, daß man die Dämpfe der leichteren Bestandteile in Berührung mit dem zirkulierenden Mineralöl in die Absorptionsvorrichtung bringt, wobei die Menge dieser Dämpfe im Verhältnis zur Menge des Öls in solcher Höhe gehalten wird, daß nur ein Teil dieser Dämpfe durch das Öl absorbiert werden kann. —

Das Grubenkopfgasolin enthält sehr leichte, flüchtige (sogenannte wilde) Bestandteile, die für den Transport, wie für andere Anwendungen unzweckmäßig bzw. verlustbringend sind — eben wegen ihrer Flüchtigkeit. Nach dem vorliegenden Verfahren werden die schwereren Bestandteile in Mineralöl absorbiert und durch Destillation als handelsfähige Ware wieder gewonnen, während die leichten Anteile als Gase zur Wärmeerzeugung für den Betrieb oder anderweitig Verwendung finden.

1 411 255 14. 3. 1916 4. 4. 1922 Clive M. Alexander, übertragen an Gulf Reformy Company, Pittsburgh.

Verfahren zur Gewinnung niedrig siedender Kohlenwasserstoffe.

Anspruch:

1. Verfahren zur Gewinnung niedrig siedender Öle, dadurch gekennzeichnet, daß man permanente Gase — aus einer Petroleumquelle — durch eine auf 500—1000° C erhitzte Zone treibt, unter hohem Druck, unter Kühlung der austretenden Dämpfe und der gebildeten verflüssigbaren Kohlenwasserstoffe.

Grubenkopfgas, Ölgas etc. werden auf 500—1000° C unter Druck von wenigstens 50—100 Pfund und darüber erhitzt unter Mitwirkung von Katalysatoren und geben dabei — worauf das Verfahren hauptsächlich zielt — vorwiegend Benzol und Toluol. —

D.R.P. 384 106 Allgem. Vergasungs-Gesellschaft m.b.H., Berlin-Wilmersdorf.

Verfahren zur Gewinnung niedrig siedender Kohlenwasserstoffe aus sie enthaltenden Gasen.

Anspruch:

Verfahren zur Gewinnung niedrig siedender Kohlenwasserstoffe aus Naturgasen, beispielsweise Erdgas oder anderen gereinigten Gasen, durch künstliche Kühlung des Gasstromes ohne Kompression, dadurch gekennzeichnet, daß das im Gegenstrom vorgekühlte Gas mit seinem Kondensat oder einer chemisch gleichartigen Verbindung erst ein oder mehrmals gewaschen und dann gekühlt wird, wobei zwischen der Kältemaschine und dem die Gaskühlung bewirkenden Oberflächenkühler das eigene Kondensat oder eine chemisch gleichartige Verbindung als Zwischenträger für die Kälte zwischengeschaltet wird. —

Es hat sich als praktisch erwiesen, das Kühlen des Gases mit einem gleichzeitigen Waschen zu verbinden und für das Waschen und als Kühlflüssigkeit im Röhrenkühler eine Flüssigkeit zu verwenden, die mit den Kohlenwasserstoffen, wie sie aus den Gasen gewonnen werden, gleichartig ist, so daß bei entstehenden Schäden die Kondensate nicht verunreinigt werden. Die Einrichtung ist aus Zeichnung 128 (Anhang) ersichtlich.

Die Wirkungsweise ist folgende: Das durch 1 dem Röhrenkühler 2 zuströmende Gas wird durch das kalte Endgas, welches durch die Rohrleitung 4 im Gegenstrom durch den Apparat geht, vorgekühlt Das Endgas verläßt den Apparat, wie durch den Pfeil angedeutet. Die in diesem Austauschkühler 2 niedergeschlagenen Anteile werden aus 3 abgelassen. Durch 4 geht nun das Gas zum Zentrifugalwäscher 5. Hier wird die im Kühler 18 — mittels des Ammoniakkompressors 16 stark heruntergekühlte Flüssigkeit z. B. Benzin durch das Rohr 21, 23 eingespritzt und das Gas mit der gekühlten Flüssigkeit gewaschen. Die abfließende Flüssigkeit mit dem herausgewaschenen Kondensat fließt durch das Rohr 28 durch die Rückflußleitung zum Kühler 18 zurück. Das nun zum Teil von den Kondensaten befreite Gas gelangt durch 6 in den Kühler 7. Hier wird das Gas durch die gekühlte Flüssigkeit, welche von 21 zu- und durch 27 abströmt, heruntergekühlt. Das weiterhin gekühlte Gas gelangt durch das Rohr 9 in den zweiten Zentrifugalwäscher 10, wo es wieder mit gekühlter Flüssigkeit z. B. Benzin gewaschen wird. Dieses Benzin strömt durch 24 zu und durch 26 ab. Das Gas gelangt dann in den Röhrenkühler 11. Hier strömt Kühlflüssigkeit durch 25 zu. In diesem Kühler sind Stoßflächen oder Glaswollfilter oder dergl. 13 angebracht, welche die letzten Reste der sich kondensierenden Bestandteile aus dem Gas zurückhalten. Pumpe 30 pumpt die gekühlte Flüssigkeit, die sich inzwischen wieder erwärmt hat, in den Kühler 18 und der Kreislauf beginnt von neuem.

1 376 925 Edward D'Yarmatt, Muskogee, Oklahoma.

Verfahren zur Erzeugung von Brennstoff.

Anspruch:

1. Ein Verfahren, darin bestehend, daß man Naturgas unter Druck in eine gewisse Menge heißen, flüssigen Kohlenwasserstoffs leitet, daß man die Dämpfe der Flüssigkeit und das Gas sich über dieser Flüssigkeit mischen läßt, und zwar unter erheblich höherem als Atmosphärendruck, und daß man dann alle kondensierbaren Anteile aus dem hieraus hervorgehenden Gemisch kühlt und kondensiert. —

Es wurde gefunden, daß, wenn das Naturgas aus relativ wasserstoffreicheren Anteilen bestand als die Moleküle des verdampften Petroleums, die Kombination dieser beiden einen sehr hochwertigen Brennstoff ergab. —

224 688 Brit. J. W. Chadwick, Kansas City, Missouri.
18. 10. 1923
20. 11. 1924

Verfahren und Apparat zur Trennung von Gasolin von Naturgas oder Kohlenwasserstoffdämpfen. —

Gasolin wird von Kohlenwasserstoffdämpfen, von Naturgas etc. durch Waschen der Dämpfe mit einem Lösungsmittel (z. B. Rohöl) getrennt. Das Gasolin wird abdestilliert und das Lösungsmittel zur Behandlung frischer Dampfmengen wieder benutzt. —

1 405 153 A. J. Paris jr., Bradford, Pennsylvanien.
9. 7. 1914
31. 1. 1922

Verfahren zur Behandlung von Rohöl und Gasen.

Rohöldämpfe und Gase verschiedenster Art sollen gemischt werden und durch entsprechende Erhitzung, Kompression, Absorption und Kühlung flüssige Kondensationsprodukte ergeben. Als Gase kommen alle möglichen — wie Naturgas, H_2 etc. — in Frage.

1 405 154 A. J. Paris jr., Bradford, Pennsylvanien.
25. 5. 1916
31. 1. 1922

Verfahren, Kohlenwasserstoffdämpfe aus Gasen abzuscheiden.

Aus Naturgas wird durch Kompression unter Zustrom eines abgekühlten, schweren Kohlenwasserstofföls leichter Kohlenwasserstoff abgeschieden und dann wieder (durch Destillation) von dem Absorptionsmittel befreit. —

1 405 155 A. J. Paris jr., Bradford, Pennsylvanien.
27. 12. 1916
31. 1. 1922

Verfahren zur Absonderung der leichteren Öle aus Rohöl oder Kohlenwasserstoffölen.

Durch Kompression werden aus einer Mischung von Rohöl mit vorher gekühlten oder erwärmten Gasen die Gase mit leichten Öldämpfen beladen, während die schweren Dämpfe sich kondensieren. — Aus dem Gemisch von Gasen und leichten Öldämpfen werden dann durch Kühlung die flüchtigen Kohlenwasserstoffe kondensiert. —

1 405 156 A. J. Paris jr., Bradford, Pennsylvanien.
28. 9. 1917
31. 1. 1922

Reinigen und Raffinieren von Petroleumdestillaten.

Ein Gas wird mit Destillatdämpfen zusammen komprimiert in Gegenwart eines ölreinigenden Mittels — wie Glyzerin oder Türkisch-Rotöl —. Darauf werden die gereinigten Destillate von dem reinigenden Mittel — durch Destillation — getrennt.

1 465 598 }
1 465 599 } J. H. C. de Brey, Der Haag, Holland.
1. 6. 1919 **Apparat und Verfahren zur Behandlung von Kohlenwasserstoffen.**
21. 8. 1923

1 480 808 Kork Kelley. Zur Hälfte übertragen an Thomas C. Kerr, Bartlesville, Oklahoma.
15. 8. 1921
15. 1. 1924

Herstellung von flüssigem Motorbrennstoff.

Beansprucht ist: ein Verfahren, welches besteht in der Destillation von Grubenkopfgasolin (Casinghead gasoline), der fraktionierten Destillation von Petroleum, Mischung der Destillatdämpfe und in der Kondensation der gemischten Dämpfe. —

Auf diese Weise wird, gegebenenfalls auch unter Druck, ein Kohlenwasserstoffgemisch hergestellt, in welchem die Flüchtigkeit des Grubenkopfgasolins durch schwerere Anteile herabgesetzt wird. — Diese schwereren Anteile entsprechen den ersten Petroleumfraktionen.

Als besondere Charakteristika des entstandenen Produktes werden seine Destillationskurve, die Abwesenheit von unangenehm riechenden Bestandteilen und schweren Kohlenwasserstoffen und die relative Beständigkeit hervorgehoben. —

1 493 871 Thomas A. Stancliff, Breckenridge, Texas.
11. 3. 1922
13. 5. 1924 **Apparart zur Gewinnung von Gasolin.**

Anspruch:

2. Ein Apparat, leichte, flüssige Kohlenwasserstoffe aus Naturgas abzuscheiden, gekennzeichnet durch zwei röhrenförmige Behälter, der eine in

dem andern gelagert, der innere Behälter mit Hindernisplatten und geriffelten Gliedern zwischen den Platten, mit Öffnungen für den Durchgang der Flüssigkeit von einem Glied zum nächsten, eine Verbindung zwischen beiden Behältern mit einem Expansionsventil, wodurch das expandierte Gas im äußeren Behälter das Gas im inneren Behälter, das über die Hindernisplatten streicht, abkühlt.

1 510 433 F r e d E. H o s m e r, Shreveport, Louissiana.
4. 5. 1923
30. 9. 1924 **Gewinnung von Gasolin.**

1 510 434 F r e d E. H o s m e r, Shreveport, Louissiana.
6. 6. 1923
30. 9. 1924 **Verfahren zur Gewinnung von Gasolin.**

A n s p r u c h :

Verfahren zur Gewinnung von Gasolin aus Naturgas und dgl., indem man das Gas in Ölskrubbern behandelt und das Gasolin aus dem damit beladenen Öl wiedergewinnt, dadurch gekennzeichnet, daß man das Öl auf großen Oberflächen verteilt bei oder nahezu bei atmosphärischem Druck, daß man die entwickelten Dämpfe und Gase sammelt, daß man die Verteilung des Öls auf große Oberflächen unter leichtem Vakuum wiederholt und die zuerst entwickelten Dämpfe und Gase im Gegenstrom durch das der wiederholten Behandlung unterworfene Öl ziehen läßt.

Engl. Pat. 202 795 K. I k e d a, H. I s o b e und T. O k a z a w a, Tokio.
27. 6. 1922
30. 8. 1923

Verfahren zur Gewinnung flüchtiger Öle aus Kohlengas, Naturgasen oder ähnlichen Gasen.

Die Gase werden in einem mit Tonstücken gefüllten heizbaren Zylinder von ihrem Gehalt an flüchtigen Ölen befreit, der von dem porösen Ton (Fuller-Erde oder Florida Erde etc.) absorbiert wird. Durch indirektes Erhitzen mit Dampf und Durchblasen eines schwachen Gasstromes durch den Absorptionszylinder werden die leichten Öle wieder verflüchtigt und in einem Kühler kondensiert.

1 507 644 H a r o l d E. T h o m p s o n, Clendenin, West-Virginia, übertragen
29. 8. 1921 auf Carbide and Carbon Chemicals Corporation, New York.
geteilt 8. 9. 1922
patent. 9. 9. 1924

Verfahren zur Gewinnung von Gasolin.

A n s p r u c h :

1. Verfahren zur Herstellung von Gasolin, dadurch gekennzeichnet, daß man aus N a t u r g a s ein Konzentrat seiner schwereren Kohlenwasserstoffe herstellt, daß man aus diesem Konzentrat eine flüchtigere und eine minderflüchtige Fraktion abscheidet, daß man die minderflüchtige Fraktion in einer

Rektifizierkolonne fraktioniert, so daß man eine Flüssigkeit und Dämpfe erhält, daß man die leichtflüchtige Fraktion komprimiert und sie abkühlt durch Wärmeaustausch mit den Dämpfen aus der minder flüchtigen Fraktion, und daß man das so gekühlte Material in der Rektifizierkolonne expandiert an einer Stelle oberhalb der Einführung jener minder flüchtigen Fraktion.

1 523 313 Harold E. Thompson, Clendenin, West-Virginia, übertragen
31. 5. 1923 auf Carbide and Carbon Chemicals Corporation, New York.
13. 1. 1925

Herstellung von Naturgasgasoline.

Anspruch:

1. Verfahren zur Herstellung von Gasolin von bestimmtem Dampfdruck aus Naturgas, dadurch gekennzeichnet, daß man das Gas mit einem aktiven, festen Absorber behandelt derart, daß der größere Tei des Butans und möglichst die ganzen minderflüchtigen Kohlenwasserstoffe absorbiert werden; daß man das absorbierte Material aus dem Absorber in Freiheit setzt und es rektifiziert, so daß man eine dampfförmige und eine flüssige Fraktion erhält, welch letztere keine wesentliche Menge eines Kohlenwasserstoffs mit der andern gemeinsam hat.

Nach 2 ist der feste Absorber „aktive Kohle".

1 523 314 Harold E. Thompson, Clendenin, West-Virginia, übertragen
13. 1. 1925 auf Carbide and Carbon Chemicals Corporation, New York.

Naturgas-Gasolin.

Anspruch:

1. Als neues Produkt: propanfreies Naturgasgasolin, das mehr als 25 % Butan enthält. —

1 543 750 H. Cooney, Sugar Grove, Ohio.
16. 1. 1920
30. 6. 1925

Verfahren zum Mischen leichter Kohlenwasserstoffe.

Anspruch:

Verfahren zur Gewinnung gemischter Gasoline, dadurch gekennzeichnet, daß man Naturgas, welches Gasolin enthält, zunächst schwach komprimiert, es darauf genügend kühlt, um ein Niederdruckkondensat zu erhalten, daß man dann die zurückbleibenden Gase und Dämpfe auf eine wesentlich höhere Kompressionsstufe bringt, die Gase und Dämpfe genugsam kühlt, um ein zweites Kondensat zu verflüssigen, daß man wenigstens einen Teil des zweiten Kondensats und die Restgase, nachdem man den Druck stark verringert hat, mit einer Mischung in wärmeleitende Berührung bringt, die richtiges Gasolin und wenigstens einen Teil vom ersten Kondensat enthält, und daß man alle restlichen Dämpfe aus der letzterwähnten Operation in das Gaskompressionssystem zurückführt. —

1 560 137 H. B. Bernard, Tulsa, Oklahoma, übertragen auf die Sinclairs
8. 5. 1924 Oil and Gas Company, Tulsa.
3. 11. 1925

1 560 138
27. 5. 1824 **Gewinnung von Gasolin und dgl.**
3. 11. 1925

Anspruch:

Die Gewinnung von Naturgasgasolin und dgl. wird hiernach in der Weise ausgeführt, daß man das Gas durch ein flüssiges Absorptionsmittel führt, das einen bestimmten Teil der Gasolinbestandteile absorbiert und das Absorptionsmittel hernach destilliert. Das so von den leichten absorbierten Bestandteilen befreite Mittel wird entsprechend gekühlt und wieder zur Absorption verwendet. —

Durch Erhöhung des Druckes über den atmosphärischen wird die Absorption, durch Anwendung von Unterdruck die Destillation in ihren Ergebnissen verbessert. —

Ein Gas, das etwa 0,10 Gallonen Gasoline in 1000 Kubikfuß enthält, kann bis auf 0,010—0,015 Gallonen je 1000 Kubikfuß absorbiert werden, und zwar unter 300 Pfund Druck pro Quadratzoll — ein Gas, das 2,25 Gallonen in 1000 Kubikfuß enthält auf 0,10—0,15 Gallonen per 1000 Kubikfuß unter einem Druck von 40 Pfund. —

Auf die Einzelheiten des Verfahrens, sowie die umfangreichen Zeichnungen kann hier nur verwiesen werden. —

1 546 345 W. G. Laird, New York.
25. 3. 1920
14. 7. 1925 **Verfahren und Apparat zur Behandlung von Substanzen mit Wärme** (betrifft Grubenkopfgasolin).

1 565 749 Homer A. Mossor, Stoffel, übertragen auf die South Penn
12. 12. 1922 Oil Company, Pittsburgh.
15. 12. 1925

Gewinnung von Gasolin aus Naturgas.

Ansprüche:

1. Verfahren zur Gewinnung von Gasolin aus Naturgas, dadurch gekennzeichnet, daß man die Gasolinanteile aus dem Gas entfernt, indem man es unter erhöhtem Druck einem absorbierenden Lösungsmittel aussetzt, welches Gasolinbestandteile vom Gas trennt, indem man die Dichte des Lösungsmittels, gemäß seiner fortschreitenden Anreicherung an Bestandteilen aus dem Gas, um nicht mehr als 1° Bé anwachsen läßt und darauf aus dem Lösungsmittel durch Druckreduktion und, ohne seine Temperatur zu erhöhen, die vorher absorbierten Bestandteile absondert. —

1 567 457 D. L. Newton, Fullerton, Kalifornien.
19. 7. 1924
29. 12. 1925 **Verfahren zum Destillieren und Einstellen von Kohlenwasserstoffmischungen.**

Ansprüche:

1. Kontinuierliches Verfahren zum Destillieren und Einstellen von Kohlenwasserstoffmischungen aus einem absorbierenden Lösungsmittel, welches

Kohlenwasserstoffe aus Grubenkopfgas gelöst enthält zur Erzeugung eines gleichförmigen, handelsüblichen Gasolins.

1 567 458 Apparat usw. desselben Erfinders.

1 569 433 H. J. Mackenzie und A. W. Steenbergh, Tjepoe, Java.
26. 9. 1923 übertragen auf die Bataafsche Petroleum Maatschappij, Haag.
12. 1. 1926

Handelsgasolin aus Naturgasgasolin.

Durch Komprimieren und Kühlen von Naturgas, Mischen des erhaltenen Gasolins mit Mischgasolin usw.

D.R.P. 398 778 Hope Natural Gas Company, Pittsburg, V. St. v. A.
ab 6. 12. 1916
ausgeg. 15. 6. 1924

Verfahren zur getrennten Gewinnung von Propan und Butan aus Gasen, wie z. B. Erdgas. —

Patent-Anspruch:

1. Verfahren zur getrennten Gewinnung von Propan und Butan aus Gasen, die wie Erdgas noch verwandte Stoffe enthalten unter Benutzung des an sich bekannten Verfahrens, daß das Gas unter Druck einem absorbierenden Lösungsmittels ausgesetzt wird, das dann destilliert wird, um die absorbierten Kohlenwasserstoffe abzutreiben, dadurch gekennzeichnet, daß als absorbierendes Lösungsmittel mit Naphtha gesättigte Kohlenwasserstoffe verwendet werden, deren anfängliches spezifisches Gewicht bei 16° zwischen 32° bis 55° Bé schwankt, worauf das Lösungsmittel destilliert und die abgetriebene dampfförmige Mischung von Propan und Butan durch Druck einer fraktionierten Kondensation unterworfen wird.

2. Verfahren nach 1. dadurch gekennzeichnet, daß die gasförmige Mischung von Propan und Butan von der fraktionierten Kondensation mit einer Naphtha absorbierenden Flüssigkeit gewaschen wird.

1 433 956 William John Knox, übertragen an Erskine D. Warren,
15. 5. 1919 New York.
31. 10. 1922

Verfahren zur Gewinnung und Raffination leichter Kohlenwasserstofföle und Gase aus Ölbrunnen.

Ansprüche:

11. Verfahren zur Gewinnung leichterer Kohlenwasserstoffe aus Ölbrunnen, darin bestehend, daß man das Öl aus einer Anzahl Brunnen durch eine Heizvorrichtung streichen läßt, die außerhalb des Brunnens liegt, daß man das erhitzte Öl in einen der Brunnen fließen läßt, wobei das Öl eine genügend hohe Temperatur hat, um die gewünschten leichteren Kohlenwasserstoffe aus dem Öl und aus dem Brunneninhalt zu verflüchtigen, daß man den erhitzten Ölbrunnen als Fraktionierkolonne verwendet, indem man das aufsteigende flüchtige Produkt in Berührung mit dem absteigenden heißen Öl bringt, daß man das verflüchtigte fraktionierte Produkt und das Gas abzieht und die ge-

wünschten leichteren Kohlenwasserstoffe vom Gas durch Kondensation trennt. — Auf das Verfahren desselben Erfinders 1 428 641 (S. 64) sei hier verwiesen.

1 484 718 W. J. Knox, zur Hälfte übertragen auf A. H. Spier, Broux-
15. 5. 1919 ville, New York.
geteilt 30. 10. 1922
patent. 26. 2. 1924

Apparat zur Gewinnung und Raffination leichter Kohlenwasserstofföle und Gase aus Ölbrunnen.

1 371 427 Arthur Neal Kerr, übertragen auf die Transcontinental
5. 9. 1918 Oil Company, Pittsburgh.
15. 3. 1921

Apparat zur Verbesserung von leichtem Grubenkopfgasolin.

Anspruch:

1. Apparat zur Verbesserung von leichtem Naturgasgasolin, gekennzeichnet durch einen Kompressor und Kühler zwecks Verflüssigung des verdampften Gasolins, einen gegen Hitze isolierten Vorratstank, dem das Gasolin aus dem Kompressor zufließt, durch ein Rücklaufrohr vom obersten Teil des Tanks zum Kompressor, das einen Druckregulator erthält. —

Es handelt sich darum, die leichtesten Anteile des Naturgasolins für die kältere Jahreszeit aufzubewahren. —

7. B. Gewinnung von Kohlenwasserstoffen aus Schiefern, Ölsanden und dergl.

Mit der zunehmenden Erschöpfung der Ölquellen gewinnt die Frage nach Ersatzstoffen immer größere Bedeutung. Da sind es nun in erster Linie die gewaltigen Lager von Ölschiefern, die sich noch mehr oder weniger ungenutzt in allen Weltteilen und insbesondere in den Vereinigten Staaten finden. Diese letzteren sollen schätzungsweise imstande sein, bei richtiger Ausbeutung den Bedarf an Kraftstoffen für 150 Jahre zu sichern. —

Da aus diesem Grunde die Verfahren zur Gewinnung von Ölen aus Schiefer technisch von großem Interesse sind, so haben wir hier die seit 1921 patentierten Verfahren mit möglichster Vollständigkeit zusammengestellt und eine Anzahl davon ausführlicher wiedergegeben. Die Technik bedient sich vielfach hier der Verfahren aus der Braunkohlenschwelerei. Auf die nahe Verwandtschaft dieser beiden Gebiete miteinander sei besonders hingewiesen.

D. T. Day hat in einer Reihe von Patenten ein Verfahren entwickelt, um die Schiefer mit Öl, das aus naheliegenden Erdölgebieten stammt, aber auch im Betriebe selbst erzeugt sein kann, destruktiv zu extrahieren. 1 467 757/8, 1 447 296/7 e. Reissue 16127,

208 586. Der mit Öl vollgesaugte Schiefer leitet die Wärme besser als der trockene. — Für manche Schiefer, aber auch für andere Fossilien und Produkte daraus, kommt ein Apparat und Verfahren v. Plauson in Betracht, der mittels heißer inerter Gase auch überhitzten Wasserdampf unter Druckverminderung oder Erhöhung extrahiert. e. 188 686, 198 705, D. R. P. 389 059. Roy Dundas und Howes schaffen die zur Destillation erforderliche Wärme durch Verbrennung der Schieferöldämpfe selbst in einem besonderen Apparat 1,469 628. Thompson und Beeler (1,592 055) bewegen Ölschiefer und Ölsande mit einer Förderschraube durch den Apparat. Mit mechanischen Krackungsvorrichtungen arbeitet M. D. Johns 1 423 527. — Die Julius Pintsch A.-G. (Hans Rosenthal) benutzt die Schiefergase als Wärmeüberträger (1 538 954). Nach dem Verfahren von Lamplough (br. 216 922, 1 557 478) wird die Ausbeute besonders an gesättigten Kohlenwasserstoffen aus schottischen Schiefern wesentlich verbessert. — H. Mony (frz. 580 603) krackt Schieferöle mit Katalysatoren, die in 575 543 (Abschn. 5A.) angegeben sind. Auf einen Apparat v. H. Preller, Berlin (1 567 583) und das Verfahren von Hinselmann (e. 217 174), sowie auf die Anordnung einer Drehtrommel von Zeller & Gmelin (D. R. P. 303 803) sei verwiesen. Eine große Reihe weiterer Verfahren und Apparate sind hiernach in der Reihenfolge der Anmeldungsdaten genannt, ebenso die D. R.-Patente in besonderer Zusammenstellung.

Patente zum Abschnitt 7 B.

1 467 757 David T. Day, Washington.
12. 7. 1919
11. 9. 1923 **Verfahren und Apparat zur Gewinnung von Kohlenwasserstoffölen aus Schiefern.**

1 467 758 David T. Day, Washington.
22. 8. 1919
11. 9. 1923 **Verfahren zur Gewinnung von Kohlenwasserstoffen.**

Anspruch:

1. Ein Verfahren zur Umwandlung hochsiedender in niedrigsiedende Kohlenwasserstofföle und zur Verhinderung von Kohlenstoffabsatz im Innern des Apparats, dadurch gekennzeichnet, daß man das zu behandelnde Öl zu einem ölhaltigen Schiefer gibt, der mit den nichtflüchtigen Ölrückständen eine trockene, nicht backende Masse liefert, daß man Schiefer und Öl kontinuierlich einer Retorte zuführt, das Material in der Retorte Kracktemperaturen aussetzt, daß man den Schiefer in der Retorte als Scheuermaterial benutzt, um das Innere der Retorte frei von Ablagerungen zu halten.

daß man genanntes Material nach dieser Behandlung aus der Retorte befördert und die so ausgetriebenen niedrigsiedenden Öle kondensiert. —

Schiefer und Öle werden durch einen Apparat getrieben, der aus drei horizontalen, untereinander in einem Ofen liegenden, miteinander verbundenen und mit Förderschnecken versehenen Retorten besteht. Durch einen doppelt verschließbaren Trichter wird der Schiefer stetig der obersten Retorte zugeführt. —

Statt Schiefer können auch andere poröse Materialien benutzt werden. —

Aus kalifornischem Öl und kalifornischen Schiefern hat man bei Temperaturen von 700—1200° F gute Ausbeuten erhalten. —

Es kann mit Unterdruck, aber auch mit Überdruck bis zu 200 Pfund gearbeitet werden. —

1 447 296 David T. Day, Washington.
7. 12. 1920
6. 3. 1923

Apparat zur kombinierten Behandlung von Schiefer mittels lösender und zersetzender Destillationen.

Anspruch:

1. Ein Apparat zur Extraktion von Kohlenwasserstoffmaterial aus ölhaltigen Schiefern, bestehend aus Retorten zur Schieferdestillation, einer Reaktionskammer, zur Aufnahme eines Ölbades geeignet, die eine Öffnung zum Einbringen von frischem Schiefer, eine Öffnung zum Ausbringen des behandelten Schiefers, eine Austrittsöffnung für das gebildete gasförmige Material und eine Austrittsöffnung für das extrahierte Ölmaterial hat, ferner Vorrichtungen, den Schiefer aus der Kammer zu entfernen und ihn zu der genannten Austrittsöffnung zu befördern, und ein Rohr, das die genannte Kammer mit den erwähnten Retorten direkt verbindet, um das in der Retorte aus dem Schiefer abdestillierte Material unmittelbar in jene Kammer zu überführen. — In den Rohren 11, 5, 6 und 7 laufen Förderschnecken. (s. Abb. 129, Anhang.)

1 447 297 David T. Day, Washington.
7. 12. 1920
bezw. 30. 8. 1922
6. 3. 1923

Verfahren zur kombinierten Behandlung von ölhaltigen Sanden und dgl. durch Lösung und zersetzende Destillation.

Anspruch:

1. Verfahren zur Gewinnung von kohlenwasserstoffölhaltigem Material aus ölhaltigen Sanden und dgl., dadurch gekennzeichnet, daß man das zu behandelnde Material mit Öl in einem Behälter tränkt, daß man das erdige Material aus dem Ölbade entfernt, daß man das so behandelte erdige Material erhitzt, um dadurch alle flüchtigen Stoffe auszutreiben, und daß man das so ausgetriebene Material in den Behälter desselben Ölbades bringt und die so ausgetriebenen Kohlenwasserstoffe als Material für dieses Ölbad benutzt.

Der mit Öl vollgesaugte Schiefer ist ein besserer Wärmeleiter als der trockene, darum geht nach diesem Verfahren die Destillation erheblich schneller. — (S. Figur zu Patent 1 447 296.)

Reissue 16127 D. T. D a y, Washington und E l i z a b e t h E. D a y, Testa-
7. 12. 1920 mentsvollstreckerin.
geteilt 20. 8. 1922
reissued 28. 7. 1925 **Verfahren zur kombinierten lösenden und destruktiven Destillationsbehandlung von Öl, das erdiges Material enthält.**

208 586 Brit. D a v i d T. D a y, Washington.
18. 9. 1922
18. 12. 1923 **Verfahren und Apparat, um Kohlenwasserstofföle aus ölhaltigen Erden zu extrahieren.** —

188 686 Brit. Dr. H. P l a u s o n.
17. 5. 1921
17. 11. 1922
Gewinnung von Kohlenwasserstoffen aus Holz, Schiefer oder dgl.

A n s p r u c h :

1. Verfahren zur Extraktion von Kohlenwasserstoffen aus Schiefer oder Holz, nachdem man das Material der Wirkung eines nicht oxydierenden Gases unter vermindertem Druck und bei hoher Temperatur ausetzt, bei welcher die Kohlenwasserstoffe entfernt werden unter Vermeidung äußerer Erhitzung. —

Nach 3 besteht der Extraktionsapparat aus einer Extraktionskammer mit Förderschnecke, einem zylindrischen aus Metallkörpern aufgebauten Filter, Vorrichtungen, heißes, nicht oxydierendes Gas einzuleiten, und aus Kühlvorrichtungen, um das extrahierte Material aus dem filtrierten Gase zu kondensieren. —

Mittels auf etwa 350—450° C überhitzten Wasserdampfs, dem zweckmäßig 0,1—1% W a s s e r s t o f f oder gereinigtes Wassergas zugeführt werden, unter Druck von etwa $^1/_{10}$ Atmosphäre, wird z. B. aus 20% Öl haltigem englischen Schiefer das Öl extrahiert, geht durch ein aus Metallkörpern aufgebautes Filter und wird in entsprechenden Kondensationsgefäßen aufgefangen. Es werden aus englischem Schiefer etwa 14% eines beweglichen, klaren, schwefelfreien Kohlenwasserstofföls — von 80—170° destillierend — gewonnen. —

198 705 Brit. Dr. H. P l a u s o n (Plausons Ltd. London), Hamburg.
2. 12. 1921
4. 6. 1923 **Verfahren und Apparat zur Gewinnung von Ölen und bituminösen Stoffen, Teer und Harz aus bituminösen Sanden, Bleicherden, Torf, Braunkohlen, Steinkohlen und Holz.**

A n s p r ü c h e :

1. Verfahren zur Extraktion flüchtiger Stoffe aus geeignetem Material, dadurch gekennzeichnet, daß man diese Stoffe durch die Wirkung heißer, inerter Gase entfernt, die sich mit hoher Geschwindigkeit relativ zum Material bewegen, das bedeutet mit einer Geschwindigkeit von 100 m und mehr in der Sekunde. —

Z. B. wird bayerischer Ölschiefer, der 6—8% bituminöse Stoffe enthält, in einem vertikalen Zylinder — wie Fig. 1 Abb. 130 (Anhang) — mit überhitztem Dampf von 6 — 8 Atmosphären, der aus 350° bis 380° C überhitzt wurde, behandelt. Die entweichenden Dämpfe haben eine Temperatur von 120 bis 160° C im Kondensationsraum. Es wird hierbei ein leicht bewegliches Rohöl vom Siedepunkt 140—300° C erhalten, der Rückstand ist fast oder völlig frei von Schwefel. Das erhaltene Rohöl kann leicht entschwefelt und in niedrigsiedende, wasserhelle Kohlenwasserstoffe übergeführt werden, die als Motorbrennstoffe (Kraftöle) Verwendung finden. —

Das bituminöse Material wird in einer vertikalen Retorte mit überhitztem Dampf behandelt, der unter Druck von 10 Atmosphären steht. Durch eine besondere Düse wird der Dampf entspannt und dringt durch die in der Retorte aufgeschichtete Masse — abwärts, gibt im konischen unteren Teil der Retorte das mitgerissene Öl ab, das durch Kühler in ein Reservoir läuft, während der Dampf, durch eine zweite Anlage weiter vom Öl befreit, einen Überhitzer passiert und zur Pumpe und damit in den Kreislauf zurückgeht.

Das erhaltene Rohöl läßt sich leicht entschwefeln und in leichtsiedende Kohlenwasserstoffe verwandeln. Dieselben sind wasserhell und stellen einen vorzüglichen Kraftstoff dar.

Beispiel 2 handelt von der Gewinnung des Harzes aus Wurzelholz u. dgl. unter 10 Atm. Druck und 250° C. Nach Expansion unter Anwendung von Vakuum wird das gesamte Terpentin, wie auch das Harz, in den Kondensationsraum übergetrieben. Die Ausbeute

an Terpentin	beträgt	4—5 %	gegen	2—3 %	bei anderer Arbeitsweise
„ Harzöl	„	1—1,5%	„	4—5 %	„ „ „
„ Harz	„	ca. 17%	„	12—13%	„ „ „

Beispiel 3. Ölsande, Bleicherde aus den Ölindustrien usw. werden am besten in den wagerechten Zylindern bearbeitet. Das Öl wird dadurch fast völlig aus dem ölhaltigen Gut gewonnen. —

D. R. P. 389059 Plausons Forschungsinstitut G. m. b. H., Hamburg.
10a. 30
ab 6. 11. 1921
ausgeg. 25. 1. 1924

Verfahren und Vorrichtung zur Gewinnung von Ölen, Bitumina, Teer, Harzen, usw. aus Ölschiefer, Ölsanden, Bleicherde, Torf, Braunkohle, Steinkohle, Holz.

Anspruch:

1. Verfahren und Vorrichtung zur Gewinnung von Ölen, Bitumina, Teer, Harzen usw. aus Ölschiefer, Ölsanden, Bleicherde, Torf, Braunkohle, Steinkohle, Holz durch unmittelbare Einwirkung von überhitztem Dampf auf das Gut, dadurch gekennzeichnet, daß der überhitzte Waserdampf mit oder ohne Beimischung inerter Gase bei Temperaturen, die unterhalb der Zersetzungstemperatur des zu bearbeitenden Stoffes liegen, mit hoher Geschwindigkeit durch das Gut hindurchgeführt wird, indem man ihn aus Düsen, wie sie bei Dampfturbinen verwendet werden, treten läßt. —

2. Ausführungsform des Verfahrens nach Anspruch 1, bei der Lösungsmittel auf das Gut zur Einwirkung gelangen, dadurch gekennzeichnet, daß die Lösungsmittel, wie Benzin, Benzol usw., in geringen Mengen dem Dampf beigemischt werden. —

3. Vorrichtung zur Ausführung des Verfahrens nach Anspruch 1 mit stehenden oder liegenden Retorten, durch welche das Gut in ununterbrochenem Arbeitsgange langsam gefördert wird, dadurch gekennzeichnet, daß eine oder mehrere Düsen, wie sie bei Dampfturbinen verwendet werden, in der Mitte oder ringförmig am Umfang angebracht sind, während für die Ableitung der Dämpfe und der ausgetriebenen organischen Bestandteile ein oder mehrere Sammelringe mit einer Schutzvorrichtung für die Zurückhaltung von Staubteilchen vorgesehen sind. —

Die Vorteile des Verfahrens bestehen nach der Patentschrift unter anderem darin, daß das Öl etc. aus den Rohstoffen fast ohne jede Zersetzung gewonnen werden kann, daß der Wärmeverbrauch ein geringer, daß die organischen Bestandteile, ohne bemerkenswerte Gasbildung, mit guter Ausbeute an leichtsiedenden Ölen gewonnen werden können.

Beispiel 1. Bayerischer Ölschiefer wird in einem senkrechten Ofen mit expandiertem Dampf von 8 Atm., der auf 350—380° überhitzt ist, behandelt. Die ausströmenden Dämpfe haben im Kondensationsraum eine Temperatur von 120—160°. Man erhält ein leichtbewegliches Rohöl vom Siedepunkt 140—300°. Der Rückstand ist frei oder nahezu frei von organischen Bestandteilen. 100 Teile Ölschiefer mit 8% Wassergehalt ergeben einen Rückstand von 79 Gewichtsteilen.

1 469 628 Roy Dundas, Los Angeles u. R. T. Howes, Santa Maria.
23. 12. 1921
2. 10. 1923 **Behandlung von Ölschiefern.**

Anspruch:

2. Verfahren zur Destillation von Ölschiefer oder dgl., darin bestehend, daß man eine abgeschlossene Retorte mit Ölschiefern beschickt, die Oberschicht der Beschickung anzündet, Luft abwärts durch die Füllung streichen läßt, wodurch eine Zone innerer Verbrennung geschaffen wird, die man langsam abwärts durch die Beschickung fortschreiten läßt, daß man das Gas mit der Luft eintreten läßt, um deren oxydierende Wirkung zu mäßigen, daß man die Öle, die sich auf dem Boden der Retorte kondensiert haben, sammelt und die aus der Retorte abgezogenen Gase kondensiert.

1 529 095 Carey W. Thompson, New York und H. C. Beeler
29. 9. 1921 Denver.
10. 3. 1925

Verfahren zur Behandlung von Kohlenwasserstoffen.

Anspruch:

Ein Verfahren zur Umwandlung von Kohlenwasserstoffen, dadurch gekennzeichnet, daß man Kohlenwassertoff mit beweglichem Sand mischt, diese Mischung bei gewöhnlichem Druck erhitzt, unabhängig davon die leichtesten Fraktionen aus der Retorte entfernt und nach und nach die schwereren Fraktionen aus der gemischten Masse, die in aufeinanderfolgenden Abschnitten des Apparates von steigender Temperatur destilliert wird; — daß man diese Dämpfe im Dampfraum der Retorte mischt und die Fraktion, die sich in der Gegend des Dampfaustritts im Dampfraum kondensiert, zur Sandmasse zurücklaufen läßt, bevor der Sand in die erhitzte Zone gelangt.

Es handelt sich um ein Verfahren vorwiegend zur Behandlung von Ölschiefern und Ölsanden, die mit einer Förderschraube durch den Apparat bewegt werden. —

1 423 527 George M. D. Johns, St. Louis, übertragen an die Industrial
16. 7. 1920 Prozeß Enjincering Comp, Delaware.
25. 7. 1922

Methode oder Verfahren zur Destillation von Material, das einen gewissen Gehalt an flüchtigen Stoffen enthält.

Anspruch:

Verfahren zur Destillation von ölhaltigem Material, wie Schiefer und dgl. zur Gewinnung ihrer flüchtigen Anteile, dadurch gekennzeichnet, daß man das Material in feinpulverisiertem Zustand in das obere Ende einer Retorte einfüllt, die eine oder eine Anzahl kommunizierender Kammern enthält, die einen gleichmäßig erhitzten, geneigten, ebenen und im wesentlichen fortlaufenden d. h. nicht unterbrochenen Unterteil hat, daß man dann durch hin- und hergehende Vorrichtungen das Material eben und gleichmäßig und in einer Lage ohne Zwischenräume und Brüche und in im wesentlichen gleichmäßiger, aber mit Rücksicht auf die Höhe der genannten Kammer flachere Schicht über den heißen ebenen, schrägen Boden dieser Kammer vorwärtstreibt, wobei man gleichzeitig die durch die Hitze verflüchtigten Stoffe auffängt. —

Der Schiefer wird in fein pulverisiertem Zustand in einer schrägliegenden Kammer mit erhitzten Bodenplatten durch mechanische Krückvorrichtungen vorwärtsgetrieben, wobei die flüchtigen Anteile allmählich entweichen. —

1 538 954 Hans Rosenthal, übertragen auf Julius Pintsch Aktiengesellschaft, Berlin.
Anmeld. 24. 3. 1922
geteilt 4. 2. 1925
erteilt 26. 5. 1925

Verfahren zur Destillation von Schiefern und dgl.

Anspruch:

Verfahren zur Destillation von Ölschiefern und dgl. durch innere Heizung, dadurch gekennzeichnet, daß man das aus der Vergasung des Schiefers resultierende Gas ganz oder teilweise in einem besonderen Vorwärmer verbrennt, wobei dieses Gas im Vorwärmer die aus seiner Verbrennung stammende Wärme an ein Gas abgibt, das kontinuierlich durch das Material geht und als Wärmeüberträger wirkt. —

Aus Zeichnung 131 (Anhang) ist der Gang des Verfahrens zu ersehen. —

1 557 478 F. Lamplough, Highfield, Feltham, England, übertragen auf
22. 11. 1923 F. Lamplough & Co., Ltd. London.
13. 10. 1925

Apparat zur Behandlung von Kohlenwasserstofföldämpfen. —

Anspruch:

1. Apparat zur Behandlung von Kohlenwasserstofföldämpfen, gekennzeichnet durch einen Kühlturm, der unten einem Dampfeinlaß und oben einen Dampf-

auslaß hat, durch Vorrichtungen, die eintretenden Dämpfe seitlich in einer Anzahl von Öffnungen gegen die innere Wandfläche des Turms zu lenken und das Kondensat abwärts zu führen an der genannten Wand herunter, auf welche die unkondensierten Dämpfe aufprallen müssen.

Besondere Kondensationsvorrichtungen bewirken eine Kondensation der aus dem (Öl, Schiefer etc.) Kessel kommenden Dämpfe, und zwar soll durch diese Kondensation die Ausbeute an gesättigten Kohlenwasserstoffen verbessert werden.

Im Turm ist ein mit feinen Löchern versehener Einsatz, durch welche die Dämpfe gegen die Innenwand strömen. Die Dämpfe müssen den heißen Turm um 150—200° kühler als beim Eintritt verlassen. — Die Abkühlung der Kondensate wird durch Verteilung der kondensierten Dämpfe über konische Flächen im Turm erzielt. — S. Abb. 132 (Anhang) Fig. 2, 3, 4.

Durch die Behandlung ist die Ausbeute an Öl aus schottischem Schiefer von 25 Gallonen pro Tonne auf 40—50 Gallonen erhöht worden.

216 922 Brit. Fr. Lamplough, Highfield, Feldham, Middlesex.
1. 3. 1923
2. 6. 1924 **Verfahren und Apparat zur Behandlung von Kohlenwasserstoffen.** (S. das Vorige.)

580 603 Frz. Henry Mony, Frankreich.
13. 7. 1923
12. 11. 1924

Kracken von Schiefern zwecks Gewinnung von Kraftölen.

Résumé:

Krackprozeß zur Gewinnung von Kraftölen aus Ölschiefern, im wesentlichen darin bestehend, daß man rohe Schieferöle oder Fraktionen, die bereits destilliert wurden, einer ersten langsamen Destillation unterwirft, nachdem man bestimmte geeignete Stoffe zugefügt hat, die die Zersetzung oder Spaltung während der Destillation begünstigen, und daß man auf diese erste eine oder mehrere weitere Destillationen folgen lassen kann, bis man die gesuchte Dichte erhält.

Als die Zersetzung begünstigende Stoffe kommen die in 575 543, S. 211 genannten und eine große Anzahl weiterer chemischer Verbindungen in Betracht. —

1 567 983 Heinrich Preller, Berlin-Friedenau.
9. 12. 1922
29. 12. 1925

Apparat zur Absonderung und Extrahierung von Mineralölen aus Ölsand, Bitumen aus bituminösem Kalkstein, Ölschiefern, Kohlen und dgl.

Anspruch:

1. Vorrichtung, Mineralöle und Bitumina aus damit imprägnierten Stoffen zu gewinnen, bestehend aus einem Reservoir für eine entsprechende Flüssig-

keit und einer Anzahl von Trommeln in diesem Reservoir, die sich abwechselnd in entgegengesetzten Richtungen drehen, wodurch das zu behandelnde Material in einem Zickzackweg vorwärtswandert.

Nach 2 sind Rohre vorgesehen, aus welchen die betreffenden Waschmittel u. dgl., während das Material von einer zur folgenden Trommel bewegt wird, auf diese entladen werden.

Nach 3 wachsen die Durchmesser der aufeinanderfolgenden Trommeln von oben nach unten.

Das Verfahren bezweckt in erster Linie, die in den aus den Gruben beförderten Ölsanden vorhandenen Ölmengen wiederzugewinnen, die man häufig in die Erde versickern läßt.

Zu diesem Zwecke werden die Sande in einer aus zwei Kammern und einer Drehtrommelanlage bestehenden Vorrichtung mit heißem Wasser oder Salzlösungen behandelt und das herausgesaigerte Öl mittels des spezifischen Gewichts vom Waschmittel getrennt.

217 174 Brit. Ernst Hinselmann, Königswinter.
6. 6. 1923 Deutschland
8. 2. 1924 England
27. 11. 1924 Compl. Acc.

Verfahren und Apparat zur Gewinnung von wertvollen Substanzen aus Heizstoffen, Ölschiefer und anderen kohlehaltigen Substanzen.

Ansprüche:

1. Verfahren zur Gewinnung wertvoller Substanzen aus Heizstoffen, Ölschiefern oder bituminösen Stoffen durch Trocknung und Destillation oder durch Trocknung und Destillation in Verbindung mit folgender Vergasung, wobei die Destillation mittels indifferenter heißer Gase oder Dämpfe bei verschiedenen Temperaturen ausgeführt wird, dadurch gekennzeichnet, daß die flüchtigen Destillationsprodukte aus dem Aufnahmegefäß von der Trockenstufe, direkt in einen Wärmeaustauscher gehen und darin überhitzt werden, wobei der Wärmeaustauscher direkt auf dem Wege der aus der Destillationsstufe abgezogenen Produkte liegt. —

2. Ausführungsmethode des Verfahrens nach 1, dadurch gekennzeichnet, daß die flüchtigen Destillationsprodukte von der Destillieranlage durch eine Anzahl Öffnungen, die durch verstellbare Schieberventile geregelt werden, die im Receiver der Destillieranlage liegen, direkt in den Wärmeaustauscher geleitet werden, der aus Abteilungen, Kammern oder Rohren besteht, und der gleichfalls im Receiver der Destillieranlage liegt.

Ölschiefer oder dergl. befinden sich in einem aus 2 konzentrischen Rohren gebildeten Schachtofen, mit den bei Schmelzöfen üblichen bienenkorbartigen Auslässen für die Dämpfe. Die obere Hälfte des Schachtes dient zur Trocknung, die untere zur Destillation. Die Heizung erfolgt in der Weise, daß die Gase und Dämpfe aus der Trockenstufe durch einen besonderen Überhitzer geführt werden und dann wieder in die Trockenabteilung als Heizmedium zurückgelangen. In ähnlicher Weise wird Heißgas auch zur unteren Destillierzone geleitet, nachdem es auf 450—550° C überhitzt wurde. —

D.R.P. 303 803 Zeller & Gmelin, Eislingen.
1. 3. 1917
2d. 9. 1919

Verfahren zur Gewinnung von Schieferölen in rotier. Schwelretorten.

Anspruch:

1. Verfahren zur Gewinnung von Schieferölen in rotierenden Schwelretorten, dadurch gekennzeichnet, daß der Schiefer in kontinuierlichem Betriebe dem oberen Ende einer Drehtrommel zugeführt, während des Durchgangs durch die Trommel eine allmählich gesteigerte Erhitzung erfährt und am anderen Ende abgeführt wird, wobei die entstehenden Dämpfe in bekannter Weise abgesaugt werden.

Die Trommel ist mehrteilig gegliedert und jeder Teil von einer besonderen Heizkammer umgeben.

Zur Verhinderung des Eintritts von Luft in die Trommel wird diese durch ein Doppelsilo mit gemeinsamer Förderschnecke derart beschickt, daß, während der Trommel aus einem Silo unter Luftabschluß Schiefer (oder dgl.) zugeführt wird, das andere Silo mit frischem Schiefer durch Becherwerk beschickt wird.

Man kann, nach Anspruch 5, die Luft durch ein indifferentes Gas verdrängen.

1 433 051 W. C. und Fr. E. Wells, Columbus, Ohio.
30. 8. 1919
24. 10. 1922 **Verfahren zur Gewinnung von Öl, Pech und dgl. aus Schiefer, Kohlen, Holz und anderem Material.**

156 396 Brit. W. W. Hoover und T. E. Brown, New York.
10. 12. 1919
9. 3. 1921 **Schieferdestillation.**

1 451 575 G. E. Holms, Salt-Lake City, Utah.
27. 12. 1919
10. 4. 1923 **Ölschieferretorte.**

1 487 541 Jesse Coogan, Salt-Lake City, Utah.
16. 4. 1920
18. 3. 1924 **Apparat und Verfahren zur Extraktion von Petroleum aus petroleumhaltigem Sand oder Schiefer.**

1 563 271 C. L. Fogh, Philadelphia, übertragen auf die Ore Roasting
26. 11. 1920 Development Company, Philadelphia.
24. 11. 1925

Verfahren zur Gewinnung von Öl aus Schiefer.

1 541 135 J. H. Ginet, Denver.
1. 10. 1920
9. 6. 1925 **Apparat zur Behandlung von bituminösem Schiefer und dgl.** (Eine Schaufel, die den Schiefer vorwärtsbewegt.)

1 493 880 J a m e s B. J e n s o n, Salt-Lake City, Utah.
18. 7. 1921
13. 5. 1924 **Ölschieferretorte.**

1 546 659 E. W. H a r t m a n n, Miami, Florida.
6. 9. 1921
21. 7. 1925 **Schieferdestillierapparat** (mit besonderen Bewegungsvorrichtungen).

1 538 796 G. M. G o r d o n, übertragen auf American By-Products Corporation, Washington.
22. 11. 1921
19. 5. 1925
Apparat mit mehreren Retorteneinheiten.
Apparat zur kontinuierlichen Destillation von Ölschiefern u. dgl.

1 529 505 W. J. R e i l l y, Denver, Colorado.
17. 2. 1922
10. 3. 1925 **Apparat, um Öl von ölhaltigen Sanden oder Gesteinen zu trennen.**

1 501 881 P h i l a n d e r L. B e n n e l t, Chicago, Illinois.
12. 4. 1922
15. 7. 1924 **Schieferretorte.**

1 562 541 S. H. C o s f i e l d, San Diego, Kalifornien.
10. 5. 1922
24. 11. 1925 **Ölschieferretorte.**

568 959 Frz. J. P i e t e r s, Frankreich.
23. 7. 1923
4. 4. 1924 **Ofen zur kontinuierlichen Destillation von Braunkohlen. Torf, Schiefern, Sägespähnen.**

1 508 923 N i c h o l a s St. C l a r k e, übertragen auf Athabasca Oil Products Ltd., Edmonton, Alberta, Canada.
5. 7. 1923
16. 9. 1924
Apparat zur Abscheidung von Öl aus Ölsanden.

1 551 941 R. H. C r o z i e r, Rangoon, Birma.
5. 9. 1923
1. 9. 1925 **Ölschieferretorte.**

585 554 Frz. A. M. M e r l e und E. A. B a r b e t, Frankreich.
6. 11. 1923
3. 3. 1925 **Destillation von Petrolschiefern.**

584 785 Frz. S o c i é t é d e s É t a b l i s s e m e n t s B a r b e t, Frankreich.
26. 8. 1923
13. 2. 1925 **Destillation von Petrolschiefern.**

Die zerkleinerten Schiefer werden einem Dampfdruck von 5—6 kg ausgesetzt, der plötzlich entspannt wird, wodurch eine Art Explosion der Mineralien herbeigeführt wird, die in Sand zerfallen und das Öl freigeben, das dann mit Dampf fortgeführt werden kann. Ein Apparat zur Ausführung wird beschrieben.

224 907 Brit. G. Gröndel, Djursholm und L. Carlson, Stockholm.
13. 11. 1923
14. 1. 1925 **Destillation von Schiefer oder Kohle.**

1 536 831 G. A. Eckstedt und N. Schmueser, de Beque, Colorado.
28. 7. 1923
5. 5. 1925 **Retorte zur Schieferölgewinnung.**

231 453 Birt. Sociéte Lyonnaise des Schistes bitumineux, Paris.
26. 3. 1924 Frankreich
6. 3. 1925 England
20. 5. 1925 **Destillation bituminöser Schiefer.**

238 723 Brit. Catlin Shale Products Co., New York.
22. 9. 1924 **Destillation kohlehaltiger Stoffe.**

248 014 Brit. N. H. Freeman, London.
4. 9. 1924
angem. **Extraktion von Schiefern** (mit Petroleum in gemahlenem Zustand).

239 364 Brit. Rekford-Zement-Industrie-Gesellschaft, Frankfurt a. Main und Tetens, Oerlinghausen.
16. 9. 1924

Destillation von Ölschiefer.

239 094 Brit. Jackson Research Corporation, New York.
13. 9. 1926 **Destillation kohlehaltiger Stoffe.**

236 420 Brit. Jackson Research Corporation, New York.
23. 9. 1924 **Ölschieferdestillation.**

568 871 F. Jackson Research Corporation, New York.
6. 10. 1925 **Gewinnung von Petroleum aus petroleumhaltigen Sanden und dgl.**

587 047 F. Jackson Research Corporation, U. S. A.
8. 10. 1924

Verfahren zur Destillation kohlehaltiger Stoffe.

Anspruch:

1. Erhitzung der Stoffe in einer Atmosphäre inerter Gase von geringer Dampfspannung.

1 558 671 W. Guy Pell, London.
17. 7. 1924
27. 10. 1925 **Retorte zur Behandlung von Schiefer, Kohle u. dgl.**

1 549 623 E. G. Stone, Devonport, Tasmanien.
22. 9. 1924
geteilt 12. 3. 1925 **Retorte** (zur Ölschieferdestillation).
erteilt 11. 8. 1925

241 382 Brit. E. G. Stone, Hobart, Tasmanien.
16. 10. 1924 **Retorten für Schieferverkohlung und dgl.**

589 710 Frz. G. Baume und Société de Recherches et de Perfectionnements industriels, Paris.
16. 1. 1924
4. 6. 1925

Extraktion von Petroleum aus Sanden und Gestein.

Die Gewinnung von Petroleum aus Sanden mit Hilfe von reinigenden Substanzen, die die Oberflächenspannung herabsetzen (s. folg. Verf.).

Zusatz 29 373/589 710 G. Baume und Société de Recherches et de Perfectionnements industriels, Frankreich.
11. 6. 1924
25. 7. 1925

Gewinnung von Petroleum aus Sanden, Schiefern und dgl.

Das Bad (s. vorsteh. 589 710) besteht in einer verdünnten (schwefel-) sauren oder basischen Lösung.

589 600 frz. L. M. de Hernandez, Argentinien.
24. 11. 1924
2. 7. 1925 **Apparat zur Destillation von Schiefern.**

247 658 engl. L. M. de Hernandez, Argentinien.
24. 11. 1924 **Schieferdestillation.**

244 275 Engl. A. L. Mond, London (American Shale Reduction Co., New York).
22. 12. 1924 **Schieferdestillation.**

D. R. Patente Kl. 10a *Gruppe 37.* Verschwelen bituminöser Schiefer.

346 459 Plausons Forschungsinstitut G. m. b. H., Hamburg.
22. 8. 1920
30. 12. 1921 **Aufarbeitung von Ölschiefer.**

Plauson läßt den gemahlenen Schiefer unter 1—50 Atmosphären kürzer oder längere Zeit auf 450—200° C erhitzen und dann mit großen Mengen Wasser gegebenenfalls in Gegenwart emulsionbildender Stoffe in schnellaufenden

Schlagmühlen schlagen bis das Öl oder Bitumen möglichst vollständig ausemulgiert ist, worauf die Emulsion in geeigneter Weise durch Filterpressen oder Zentrifugen getrennt und weiterverarbeitet wird. —

368 088 J u r a - Ö l s c h i e f e r w e r k e, Stuttgart.
13. 4. 1920
31. 1. 1923 **Anlage zur Gewinnung des Öls aus Posidonienschiefer u. dgl. sowie zum Abbrennen der Kokse.**

369 061 J u r a - Ö l s c h i e f e r w e r k e, Stuttgart.
7. 5. 1920
14. 2. 1923 Zusatz zu 368 088.

380 830 Dr. L u d w i g K e r n, München.
28. 7. 1921
7. 9. 1923 **Verfahren zur Steigerung der Ausbeute an Ölen beim Verschwelen bituminöser Gesteine.** — Beimischung von Chloriden z. B. $MgCl_2$ vor dem Pressen, die Salzsäure in der Hitze abspalten und so aufschließend wirken. —

407 541 C h e m o t e c h n i s c h e G e s e l l s c h a f t, Berlin-Halensee.
1. 5. 1921
23. 12. 1924 **Verschwelung bituminöser Gesteine.** —

409 002 Frau K ä t e J a n k und Gen., Zerbst, Anhalt.
11. 9. 1920
27. 1. 1925 **Trockendestillieren und Ausbrennen von Ölschiefer u. dgl.**

415 847 J u r a - Ö s c h i e f e r - W e r k e A.-G., Stuttgart.
20. 8. 1920
2. 7. 1925 **Verfahren und Ofen zur Gewinnung von Öl aus Ölschiefer u. dgl.**

421 085 A l l g. V e r g a s u n g s - G e s. m. b. H., Berlin-Halensee.
15. 9. 1923
5. 11. 1925 **Verschwelung und Vergasung von Ölschiefer.**

424 183 J u r a - Ö l s c h i e f e r - W e r k e A.-G. und Dipl.-Ing. K. N a g e l, Stuttgart.
20. 11. 1921
19. 1. 1926
Verfahren und Anlage zum Abschwelen von Ölschiefer u. dgl. — Kreislauf der Gase zwecks Wärmeaustausch.—

424 192 S t e t t i n e r C h a m o t t e A.-G. v o r m. D i d i e r, Stettin.
8. 11. 1917
18. 1. 1926 **Schwelverfahren für bituminöse Schiefer u. dgl.**

427 781 Jura-Ölschieferwerke A.-G. und Dipl.-Ing. K. Nagel,
29. 11. 1921 Stuttgart.
15. 4. 1926
Verfahren zum Schwelen so heizarmer bituminöser Stoffe wie Schiefer.

435 210 Dr. Alfred Pfaff, Charlottenburg.
6. 3. 1920
9. 10. 1926 **Verfahren zur Gewinnung von Urteer aus bituminösen Schiefern durch Innenheizung.**

Alle diese hier angeführten D. R. Patente zeichnen sich durch die eine oder andere Besonderheit in der Ofenkonkonstruktion aus. Da eine Wiedergabe auch stets eine Abbildung nötig gemacht hätte, so mußte hier aus Raummangel darauf verzichtet werden.

8. Abschnitt.

Motorbrennstoffe.

Eine kaum übersehbare Anzahl von Erfindungen haben die letzten Jahre auf diesem Gebiet gezeitigt.

Wenn man die Jahresberichte der technischen Zeitschriften überblickt, so kommen die Referenten einmütig zu dem Bekenntnis, daß ein näheres Eingehen auf all diese Zusammenstellungen weder räumlich möglich, noch i. a. durch technischen Wert zu rechtfertigen ist. Nach der Durchsicht mehrerer Hundert deutscher, amerikanischer, französischer, englischer und schweizer Patente haben auch wir uns entschlossen, auf eine eingehendere Berichterstattung auf diesem Gebiete zu verzichten.*) Wir begnügen uns damit, kurz die allgemeinen Linien der Erfindertätigkeit anzudeuten, und gehen nur auf die sogen. „Antiklopftreibmittel" ein, als auf diejenigen Stoffgemische, welche das „Klopfen" der Motore verringern bzw. verhindern sollen.

Zu Treibstoffgemischen hat man die verschiedenartigsten Verbindungen herangezogen. Außer Benzin, Petroleum, Benzol, Alkohol, die, gewissermaßen als Grundstoffe, immer wiederkehren, kommen zur Anwendung: hydrierte aromatische Kohlenwasserstoffe**), Äther, Azeton, um die Zündung zu erleichtern, Azetylenlösungen von ähnlicher Wirkung, ferner Zusatzstoffe, die teils dazu dienen, Gemische von Benzol, Benzin und Spiritus in Lösung zu erhalten, wie hydrierte Phenole, Kresole, Butylphenol, Xylenol, teils dazu, den Erstarrungspunkt ähnlicher benzolhaltiger Mischungen herabzusetzen, z. B. Amylalkohol, ferner werden als sogenannte Doppings Kampher und Nitroverbindungen von Nitrobenzol bis zur Pikrinsäure zugesetzt. Als Petroleumersatz kommen auch Tieftemperaturöle bei diesen Mischungen in Anwendung. Eine Reihe

*) Eine sehr übersichtliche Zusammenstellung dieser Verfahren gibt Sedlaczek, die Treibmittel des In- und Auslandes, Berlin 1926.

**) Die besonders wichtigen hydrierten Naphthaline (Tetralin, Hexalin etc.) s. i. Abschnitt 9 C. S. a. Nachtrag S. 312.

schwer- oder nichtflüchtiger Stoffe wie Rizinusöl, Harzöl, Naphthensäuren werden in der Absicht, den Motor vor Abnützung zu bewahren, in Mengen von ca. 1% hinzugesetzt. Schließlich kommen noch alle möglichen anderen Stoffe wie Ammoniak, Triäthylamin, Salpeteräther, weißer Phosphor usw. aus den angeführten und anderen Ursachen zur Anwendung. Die Alkoholentwässerung und Brennstoffverbesserung mittels Kalziumkarbids (Azetylen) ist besonders häufig patentiert.

„Antiklopftreibmittel", im Motor nicht klopfende Kraftstoffe, sind in nachstehenden Verfahren patentiert worden. (Hier muß die Frage unerörtert bleiben, ob das Klopfen durch mechanische Verbesserungen im Explosionskolben, wie sie in Frankreich gemacht wurden, beseitigt werden kann*).)**)

Die General Motors Corporation (Th. Midgley) hat nach 1 571 862 und D. R. P. 422 701 Anilin und Homologe zu ungesättigtem Gasolin gemischt. Auch 1 578 201 benutzt die zweifellos günstige Wirkung der ungesättigten Krackbenzine im Gemisch mit Alkohol. Nach 1 573 846, br. 196 237 und 224 102 ist der Zusatz von ¼% Bleitetráthyl zum Gasolin geschützt; nach 1 575 437—444 sind Telluräthyl und eine Reihe anderer metallorganischer Verbindungen geschützt. Brit. 254 281 mischt zum Teträthylblei organische Halogenverbindungen (entsprechend frz. 592 383). Auch die Standard Development Cy verwendet nach D. R. P. 428 637 Blei-Alkylverbindungen. Die Fabrique de Produits Organiques (frz. 559 677, Zusatz 28 414) nimmt ⅓% Azetaldehyd als Antiklopfmittel, während die Allg. Ges. f. Chem. Industrie (br. 245 072) und Edeleanu (1 585 473) die durch SO_2 extrahierbaren Fraktionen zwischen 150—300° bzw. 120—300° C hierfür verwendet. Dunstan u. Gen. (250 701 brit.) benutzen gleichfalls den SO_2-Extrakt, wandeln ihn aber durch Druck und Hitze zu aromat. Kohlenwasserstoffen. J. D. Riedel benutzt (nach br. 246 049) hydrierte Phenole. Babb (Waverly Oil Works) 1 579 801—3 mischt diverse Bleiseife bildende Stoffe zum Gasolin.

Die Badische Anilin- u. Sodafabrik verwendet nach 218 622 u. 229 714 (brit.) aus der katalyt. Reduktion von CO ent-

*) Dumanois, Cpt. rend. de l'Acad. 182, 1526. Über den Effekt der Entzündungsverzögerung: Die Entflammungstemperatur eines künstlichen Gemisches wird durch Antiklopfmittel nicht erhöht, wohl aber wird die Entflammung verzögert. —

**) S. a. Nachtrag „Gasin".

standenen i-Butylalkohol und hat ferner im Eisenkarbonyl ein Antiklopfmittel gefunden, das ohne die giftigen Eigenschaften des Tetraäthylbleis den Zweck in vorzüglicher Weise erfüllt und als Motyl bzw. in Mengen von 5‰ im Gasolin gelöst als Motalin in den Handel kommt. Hierüber liegen folgende Patente vor: frz. 583 027, Zusatz dazu 29 723, 597 517, 598 751; br. 226 731 und die Zusatzpatente der I. G. Farbenindustrie 251969, 252018/19. Die Asiatic Petrol Co. Ltd. benutzt Nickelkarbonyl (br. 259 514). D. Annarantone (frz. 579 052) verbessert die thermische Wirkung von Brennstoffgemischen durch Einschiebung verschiedener Stoffe mit gestaffelten Siedepunkten und dürfte dabei auch den Antiklopfeffekt beabsichtigt haben.

Hier muß auch das klopffeste Motorbenzin aus Braunkohle genannt werden, über das Faber (Autotechnik, nach Brstff. Chem. 8.79) berichtet: Man unterscheidet 1. Gasbenzin, von dem 30—35 g pro cbm Schwelgas = ca. 1 % der grubenfeuchten Kohle erhalten werden, 2. Braunkohlenteerbenzin und 3. Spaltbenzin. Das Gasbenzin ist sehr reich an Schwefel und ungesättigten Verbindungen. Die Riebeck-Montan-A. G. raffiniert es mit 6 % H_2SO_4 und laugt nach dem Waschen mit Wasser mit 1—2 % NaOH v. 38° Be. Nach Rektifikation bis 180° wird das Destillat mit 0,2—0,4 % Paraldehyd und 2 % H_2SO_4 behandelt und nochmals bis 160° rektifiziert. Dabei geht der Schwefelgehalt von 2—3 % auf 1 % zurück. Verluste ca. 5 %. Der Preis beträgt 28 M. (Benzol 94 M., Motorbenzin verzollt ab Hamburg 34 M.) Vgl. auch F. Frank Vortrag (Z. a. Ch. 40. 872. 1927).

Endlich sei noch auf die im Abschnitt 9 C. referierten frz. u. brit. Patente: 532 748, 532 948, 184 785, 202 805 verwiesen.

Patente zum Abschnitt 8. Antiklopfmittel.

1 571 862 Th. Midgley, jr., General Motors Corporation, Detroit.
26. 10. 1920 Anm.
18. 9. 1923 Forts.
2. 2. 1926 Ert.

Verhinderung des „Klopfens“ von Kraftölen.

Zusatz eines Gemisches von 6 Teilen Anilin, 3 Teilen „zu 38—40% ungesättigtes“ Gasolin und 2 Teilen eines Lösungsmittels für beide, z. B. Ortho-Toluidin etc.

D. R. P. 422 701 derselben Corporation schützt einen Motorbrennstoff aus Kerosin und 3½ % Anilin, wodurch der kritische Verdichtungsdruck bedeutend gesteigert wird.

1 578 201 Th. Midgley, jr., General Motors Corporation.
28. 2. 1920 Detroit.
23. 3. 1926

Brennstoff.

Ein Brennstoff aus 50% käuflichem Alkohol, 42% gesättigten und 8% ungesättigten (olefinischen) Kohlenwasserstoffen. Bei Gegenwart entsprechender Mengen ungesättigter Kohlenwasserstoffe mischt sich Alkohol leichter mit gesättigten Kohlenwasserstoffen Daher lassen sich Krackgasoline besser als andere Gasoline mit 95% Alkohol mischen.

1 573 846 Th. Midgley, General Motors Corporation, Detroit.
15. 4. 1922
23. 2. 1926

Verfahren und Mittel zum Gebrauch von Motorkraftstoffen.

Anspruch:

1. Kraftstoff für Maschinen mit innerer Verbrennung, gekennzeichnet durch einen Niederdruckmotorbrennstoff und eine flüchtige Metallverbindung, welche geeignet ist, den kritischen Druck des Brennstoffs zu erhöhen.

21. Kraftstoff für Maschinen mit innerer Verbrennung, bestehend aus Gasolin, und Tetraäthylblei. Als Antiklopfmittel dient z. B. ein Zusatz von ¼ % $Pb(C_2H_5)_4$ zum Gasolin. — Während Gasolin einen kritischen Druck von 75 Pfund hat, wird durch diesen Zusatz der Druck auf etwa 160 Pfund erhöht.

196 237 Brit. General Motors Research Corporation, Dayton,
15. 4. 1922 U. S. A. Ohio, U. S. A.
23. 6. 1922 England
27. 12. 1923 Compl. Acc.

Kraftöle für Maschinen mit innerer Verbrennung.

Ansprüche:

1. Verfahren zur Umwandlung der chemischen Energie, die in einem Kraftöl von hoher Tension vorhanden ist — in mechanische Energie —, darin bestehend, daß man das Öl in einer Maschine mit innerer Verbrennung in einer gasförmigen Mischung verbrennt, die einem Drucke ausgesetzt ist, der größer als der kritische Druck des Kraftöls bei hoher Tension ist und in Gegenwart einer Metallverbindung.

Nach 3 soll sich die Verbrennung in Gegenwart einer Phenyl- oder Alkyl-, vorzugsweise Aethylverbindung eines Metalls — nach 4 insbesondere von Tetraäthylblei — vollziehen.

Nach 5 soll der kritische Druck eines Kraftöls für Maschinen mit innerer Verbrennung durch Zumischung von Metallverbindungen erhöht und dadurch das „Klopfen" verhindert werden.

Beispielsweise wird 1 Vol. Tetraäthylblei in 399 Vol. Gasolin gelöst, wodurch der kritische Druck von 75 auf 160 Pfund pro Quadratzoll erhöht wurde.

Ähnliche Wirkungen sollen mit Methyl-, Isopropyl-, Triäthylhydroxyd- und anderen Bleiverbindungen erzielt werden, ferner mit Bleiazetat, -oleat und entsprechenden Alkyl- oder Phenylverbindungen von Selen, Tellur, Zinn, Arsen, Antimon oder anderen Metallen der Gruppen 4, 5, 6 des Mendelejeffschen Systems.

224 102 Brit. General Motors Research Corporation, Dayton,
1. 12. 1923 Ohio, U. S. A.

Kraftöle für Maschinen mit innerer Verbrennung.

Ansprüche:

1. Verfahren zum Betreiben einer Maschine mit innerer Verbrennung, welches darin besteht, daß man einen Kohlenwasserstoff in der Maschine verbrennt, der Blei enthält und eine chemische Substanz, die während der Verbrennung eine Verbindung mit dem Blei bildet von nicht flüssigem Charakter.

4. Ein „Antiknock"- (Gegenklopf-) Brennstoff für Maschinen mit innerer Verbrennung, das besteht aus einem Kohlenwasserstoff und einer Bleiverbindung, ferner aus einer Verbindung mit einem Bestandteil, der mit dem Blei während der Verbrennung des Brennstoffs eine nichtflüssige Bleiverbindung bildet, oder eine Bleiverbindung, die eine geringere Wirkung als Flußmittel hat als Bleioxyd.

Nach 5 kommt als jene zweite Verbindung vorzugsweise Tetrachlorkohlenstoff in Betracht.

Nach 8 kommt als Bleiverbindung vorzugsweise Tetraäthylblei in Betracht. Das Antiklopfmittel nach diesem Verfahren besteht z. B. aus 2 Gewichtsteilen Tetrachlorkohlenstoff, 3 Teilen Tetraäthylblei oder dgl. 5 ccm dieses Gemisches auf 1 Gallone Gasolin oder Kerosin gestatten eine Verstärkung der Motorkompression um mehr als 25 Pfund ohne „Klopfen".

Der Tetrachlorkohlenstoff setzt bei der Verbrennung gebildetes Bleioxyd in Bleichlorid um, das die inneren Motorteile nicht verschmutzt und leicht entfernt werden kann.

1 575 437 Th. Midgley jr., Dayton, General Motors Corpora-
18. 9. 1923 tion, Detroit.
2. 3. 1926

Verfahren und Mittel zur Anwendung von Druckkraftstoffen.

Niederdruckkraftstoff mit flüchtiger Tellurverbindung gemischt, die den kritischen Kompressionsdruck des Kraftstoffs erhöht, z. B. Telluräthyl.

1 575 438—44 desselben Erfinders haben dasselbe Ziel, aber an Stelle der flüchtigen Tellurverbindung treten in der Reihenfolge: Arsen-, Antimon-, Phosphor-, Kadmium-, Wismut-, Titan- und Zinnverbindungen.

Hauptgegenstand ist die Verhinderung des „Klopfens".

245 281 Brit G e n e r a l M o t o r s C o r p o r a t i o n , Detroit.
20. 1. 1925
7. 6. 1926

Verbesserung der Brennstoffe.

A n s p r ü c h e :

1. Verfahren zum Betreiben einer Maschine mit innerer Verbrennung, welches darin besteht, daß man den üblichen Brennstoff wie Gasolin oder Kerosin in Gegenwart eines das Klopfen verringernden Mittels verbrennt, wie Metallverbindungen (z. B. Tetraäthylblei) und gleichzeitig in Gegenwart einer Halogenverbindung und eines besonderen hochsiedenden Schmiermittels als Zusatz zu dem in der Maschine gewöhnlich gebrauchten.

In weiteren Ansprüchen wird als Halogenverbindung Aethylenbromid etc. und als Schmiermittel Monochlornaphthalin .u ä. genannt.

Beispiel. Bleitetraäthyl 3 Teile, Aethylenchlorbromid 2 Teile, Monochlornaphthalin 1 Teil. Davon kommen 2 ccm auf eine Gallone n a p h t h e n - basisches Gasolin oder Kerosin. P a r a f f i n basische Kraftöle erfordern 5 ccm, und zwar Aethylenbromid statt des Chlorbromids.

592 383 Frz. G e n e r a l M o t o r s C o r p o r a t i o n , U. S. A.
28. 1. 1925
1. 8. 1925

Flüssige Brennstoffe.

Gegenstand der Erfindung ist laut Resumé der Betrieb eines Motors mit innerer Verbrennung mittels Gasolin, dem ein „Antiklopfmittel"; z. B. Bleitetraäthyl, zugesetzt ist unter Zufügung eines Hilfsschmiermittels, das das F e s t k l e b e n d e r V e n t i l s i t z e verhindert. Dieses Hilfsschmiermittel besteht z. B. aus Monochlornaphthalin oder einer ähnlichen Substanz.

Das Antiklopfmittel wird im Motor gleichzeitig mit einer organischen Halogenverbindung, z. B. Aethylendibromid, verbrannt. Als Ersatz für Bleitetraäthyl wird Titan- oder Zinntetrachlorid genannt.

Das Antiklopfmittel und die mit dem Brennstoff gemischten Substanzen sind entweder in diesem löslich oder flüchtig oder beides unter den im Motor obwaltenden Bedingungen.

Vorschrift: 3 Teile Bleitetraäthyl, 2 Teile Aethylenchloridbromid, davon 2 ccm auf 5 Liter Gasolin. Zum ganzen fügt man 10% Monochlornaphthalin.

1 592 955 Th. M i d g l e y (General Motors Research Corp.).
22. 1. 1926
20. 7. 1926

Verbesserung flüssiger Brennstoffe.

Verbesserung flüssiger Brennstoffe durch Anwendung von T e t r a p h e - n y l b l e i.

D. R. P. 428 637 S t a n d a r d D e v e l o p m e n t C o.

Alkylverbindungen des Bleies.

Alkylverbindungen des Bleies werden aus Alkylchloriden oder -Bromiden und Blei-Natrium-Legierung unter Druck oberhalb der Siedepunkte der Halogenide gegebenenfalls mit Katalysator erhalten.

28414 Frz. Prodor (Fabrique de Produits Organiques),
(Zusatz zu 559677) Schweiz.
16. 11. 1923
27. 2. 1925

Gemischte Brennstoffe.

Resumé:

Verfahren zur Gewinnung gemischter Brennstoffe, darin bestehend, daß man zu Kohlenwasserstoffen, insbesondere zu schwereren Kohlenwasserstoffen als das übliche Benzin, eine Mischung von Aethylalkohol und Azetaldehyd mit oder ohne Paraldehyd, setzt, um den so präparierten Brennstoffen die nötige Flüchtigkeit zu geben und das Klopfen des Motors zu verhindern.

Die Azetaldehydmischung wird durch Leiten von Alkoholdämpfen über einen Katalysator erhalten.

Eine Mischung von 20% Petroleum, 60% Benzin und 20% Aethylalkohol (mit ⅓ Azetaldehyd) klopft nicht

245072 Brit. Allgem. Ges. f. Chemische Industrie, Berlin.
27. 12. 1924
23. 10. 1925

Kraftöle für Maschinen mit innerer Verbrennung.

Um das Klopfen in derartigen Motoren zu verringern, wird das Kraftöl mit einer kleinen Menge — z. B. 10% — der Kohlenwasserstoffe versetzt, die man aus kohlenwasserstoffhaltigem Material wie Mineralölfraktionen, Stein- und Braunkohlenteerdestillaten vom Siedepunkt zwischen 150 und 300° C durch Extraktion mit flüssigem Schwefeldioxyd erhält.

1585473 L. Edeleanu, Berlin.
2. 12. 1925
18. 5. 1926

Motortreibmittel.

Motortreibmittel bestehend aus einem SO_2 freien Extrakt aus zwischen 120—300° C siedendem Mineralöldestillat, das man mit SO_2 extrahiert hat. —

250301 Brit. A. E. Dunstan, R. Pitkethly u. E. S. L. Beale, Sunbury
29. 1. 1925 on Thames.
13. 5. 1926

Spalten von Kohlenwasserstoffen.

Als Motortreibmittel geeignete aromat. Kohlenwasserstoffe werden durch Kracken des Rückstands erhalten, welcher bei der Reinigung von Mineralölen mit schwefliger Säure verbleibt. Man neutralisiert den Rückstand nach Verdampfung der SO_2 mit Alkali und erhitzt ihn dann auf 420—44° C unter einem Druck von 400—1000 Pfund/Quadratzoll. Aus dem so behandelten Rückstand werden die leichteren Kohlenwasserstoffe dann durch Destillation gewonnen. (Z. 1926, II, 1360.)

246 097 Brit. J. D. Riedel, A.-G., Berlin-Britz.
19. 1. 1925 Deutschland
7. 5. 1925 England
18. 2. 1926

Verbesserung an Brennstoffen für Maschinen mit innerer Verbrennung.

Ansprüche:

1. Verfahren, das „Klopfen" bei Maschinen mit innerer Verbrennung, die mit einem wasserfreien Brennstoff arbeiten, weitgehend zu verhindern, das darin besteht, dem Brennstoff 5% oder mehr hydriertes Phenol zuzumischen.

Man hat gefunden, daß die hydrierten Phenole — vermöge ihrer ringförmigen Konstitution — als chemische Bremse bei der Verbrennung wirken und so das Klopfen verhindern.

1 579 802 J. E. Babb. Waverly Oil Works, Pittsburgh, Pennsylvanien.
14. 2. 1925
6. 4. 1926

Explosiver Brennstoff.

Eine zum Motorgasolin gegebene Bleiverbindung, die nicht gefährlich für Leben und Gesundheit der bei der Gewinnung Beschäftigten ist und aus 20% Harz, 7,45% Bleiglätte, 27,30 % Ölsäure und 44,84% Paraffinöl besteht. Statt Paraffinöl kann auch Benzol oder Petroleum angewendet werden.

1 579 801 J. E. Babb. Waverly Oil Works, Pittsburgh, Pennsylvanien.
15. 12. 1924
6. 4. 1926

Explosiver Brennstoff.

Brennstoff, der aus Motorbrennstoff und einem in Gasolin löslichen Gummi in Verbindung mit Bleioxyd besteht. Es werden etwa 10% einer Bleiseife in Gasolin gelöst. — Antiklopfmittel.

Destillierte Harzsäure wird bei 140° C mit Bleioxyd neutralisiert. — Praktisch soll Blei im Verhältnis von 1 : 1000 in Brennstoff zugegen sein.

1 579 803 J. E. Babb. Waverly Oil Works, Pittsburgh, Pennsylvanien.
22. 4. 1925
6. 4. 1926

Explosiver Brennstoff.

Brennstoff aus 39,4% Harzöl; 5,92% PbO; 25,6 Ölsäure; 22,4 Xylol; 6,6 Nitrobenzol. Mischung im fertigen Brennstoff wie im vorigen Verfahren.

583 027 Frz. Badische Anilin- und Sodafabrik, Ludwigshafen.
21. 6. 1924
5. 1. 1925 **Flüssiger Brennstoff.**

Resumé:

1. Verfahren zur Verbesserung der Eigenschaften flüssiger Brennstoffe durch Zufügung von Eisenkarbonyl.

0,1—1% genügt im allgemeinen.

29 723 Frz. Badische Anilin- und Sodafabrik, Ludwigshafen.*)
(Zusatz zu 583 027)
18. 10. 1924
21. 9. 1925 **Flüssiger Brennstoff.**

Resumé:

Ausführungsverfahren der Erfindung des Hauptpatents, darin bestehend, flüssige Brennstoffe, die Eisenkarbonyl enthalten, zum Betriebe von Maschinen mit innerer Verbrennung zu verwenden.

597 517 Frz. Badische Anilin- und Sodafabrik, Ludwigshafen.
1. 5. 1925
23. 11. 1925

Mischungen von Eisenkarbonyl.

Eisenkarbonyl ist selbstentzündlich und seine Dämpfe haben giftige Wirkungen. Diese Nachteile werden leicht behoben bzw. weitgehend verringert, wenn man ihnen Schwerbenzin vom spezifischen Gewicht 0,75 oder Benzol zusetzt. Die Lichtempfindlichkeit des Eisenkarbonyls wird gleichfalls durch Zusätze (0,01—0,001 %) von Lösungen organischer Farbstoffe oder anderer hochmolekularer Verbindungen, z. B. 0,1 % Kautschuck — oder von beiden — aufgehoben. —

Resumé:

Objekt der Erfindung sind Mischungen von Eisenkarbonyl.

1. Lösungen in Kohlenwasserstoffen oder Derivaten mit wenigstens 10% Eisenkarbonyl.

2. Gekennzeichnet durch eine stabilierende Substanz oder Mischung von solchen.

3. Durch Anwesenheit von Farbstoffen oder anderen hochmolekularen organischen Verbindungen in gelöstem Zustand. —

226 731 Brit. Badische Anilin- und Sodafabrik, Ludwigshafen a. Rh.
14. 1. 1924 Deutschland
23. 5. 1925 England
1. 1. 1925 Compl. Acc.

Herstellung von Kraftölen.

Ansprüche:

1. Verfahren zur Herstellung von Kraftölen, das in der Zugabe einer Eisenkarbonyl zu dem Kraftöl besteht.

2. Herstellung von Kraftöl, wie Gasolin oder Alkohole, die zwischen $^1/_{10}$ und 1 % Eisenkarbonyl enthalten. —

Der 6-Zylindermotor eines Autos mit einer Kompression von 1 : 5,8 mit gewöhnlichem Gasolin von 0,72 betrieben, zeigte starkes Klopfen, besonders, wenn er mit voller Last und verringerter Motorandrehung, z. B. bergauf fuhr; dieses Klopfen wurde nach Zufügung einer kleinen Menge Eisenkarbonyl zum Brennstoff völlig verhindert.

*) S. Nachtrag, 3 brit. Patente der I. G. Farbenindustrie.

579 052 Frz. Duilio Annarantone, Italien.
20. 3. 1924
9. 10. 1924

Verfahren zur Gewinnung von Brennstoffen für Explosionsmotore.

Nach dem Resumé besteht das Verfahren darin, daß man zwischen sehr flüchtige und hochsiedende Brennstoffe eine Reihe oder Kette von Stoffen einschiebt, die bei gradweise ansteigenden Zwischen-Temperaturen sieden, wodurch die thermische Wirkung verbessert und Selbstzündung vermieden wird.

Nach 3 wird das Verfahren auch angewendet für Motoren, bei welchen Brennstoff oder karburierte Luftmischung vorgewärmt wird, ebenso für Hochkompressionsmotoren vom Typ der Dieselmotoren.

Als solche eingeschobenen Stoffe, die gewissermaßen eine „Kette" bilden, werden Heptan (Kp. 98° C) Toluol (111° C) Fuselöl (116 — 137° C) Xylol (138—143° C) Methylcyclo-Hexanol (160—170° C) Dekalin (185° C) etc. genannt*).

---

*) S. Nachtrag zu S. 321.

II. Teil.

Leichte Kohlenwasserstofföle aus Kohle.

9. Abschnitt.

Hydrierung von Kohle.

Die Umwandlung von Kohle in Öl ist ein Ziel, dessen Bedeutung für die Wirtschaft und insbesondere für die deutsche Wirtschaft gar nicht hoch genug geschätzt werden kann. — Wenn es gelingt, den Kraftbedarf — Wärme und Licht — von Industrie, Verkehr und Haus durch Kraftöle und Heizöl aus heimischer Kohle zu decken, wenn es gelingt, die Kraftstoffe unter Umgehung der Frachten durch Röhrenleitung von den Stätten der Kohlenbergwerke bis zu den Verbrauchern im Lande zu verteilen, so bedeutet das eine vollständige Umstellung der ganzen Wirtschaft. — Die Erreichung dieses Zieles, der Verölung der Kohle, erstreben eine Anzahl Verfahren, von denen vor allem drei zu nennen sind, deren technische Verwirklichung im Großbetriebe teils schon erfolgt ist, teils in absehbarer Zeit in Aussicht steht. Diese Verfahren sind: das Methanol-Verfahren der Badischen Anilin- und Sodafabrik, die Syntholprozesse von Franz Fischer und das Verfahren von Friedrich Bergius. —

Bergius geht unmittelbar auf das Ziel zu, indem er Wasserstoff unter Hochdruck und Hitze in die wasserstoffarmen Moleküle der festen Kohle einzuführen sucht.

Die beiden anderen Verfahren wählen den indirekten Weg über den Koks und seine Vergasungsprodukte. — Im wesentlichen werden dabei die Komponenten des Wassergases CO und H_2 unter Mitwirkung von Katalysatoren bei verschiedenartigen Drucken und Temperaturen teils zu Methanol, teils zu Synthol und neuerdings sogar zu beliebigen leichteren oder schwereren erdölartigen Kohlenwasserstoffen synthetisiert. Natürlich hat sich auch das Ausland, insbesondere Frankreich und England, mit der Hydrierung der Kohle beschäftigt. — Wir behandeln hier demnach

A: die direkte Hydrierung (Bergius) und
B: die indirekte Hydrierung. Hieran schließt sich
C: die Hydrierung von Kohlenwasserstoffen und Phenolen.

A. Direkte Hydrierung der Kohle.

Die erste Hydrierung der Kohle versuchte Berthelot 1869 mit gesättigter Jodwasserstoffsäure (Bulletin 2. 11. 278), die er bei 270° 24 Stunden einwirken ließ, und er bekam dabei Flüssigkeiten, die 60% des Gewichtes der ursprünglichen Kohle ausmachten, während die Kohle bei trockener Destillation nur 4—5% Teer lieferte. Er erhielt dabei bereits ein wenig Hexan. — Diese Versuche, denen natürlich nur historisches Interesse zukommt, sind von F. Fischer und Tropsch (Abh. z. K. d. Kohle 2. 154 [1917]) später erweitert worden. Der Erfolg der Hydrierung mit Jodwasserstoffsäure und Phosphor zeigte sich deutlich durch das Anwachsen des mit Chloroform extrahierbaren Anteils, der bei Anthrazit, halbfetter Esskohle, Fettkohle und Gasflammkohle bzw. 0,52; 0,55; 0,71 und 1,5% betrug und nach der Hydrierung auf 12,1; 17,7; 54,6 und 70,3% angestiegen war. Während diese bei 200° ausgeführten Versuche nur hochmolekulare, chloroformlösliche, bitumenartige Produkte ergaben, erzielten die genannten Autoren bei 280° Flüssigkeiten von petroleumartigen Charakter. Die Hydrierung erfolgt um so leichter, je jünger die Kohle ist. — Diese instruktiven Hydrierungsversuche wurden dann weiter vornehmlich an rheinischer Braunkohle weitergeführt, und zwar mit Natriumformiat, das in der Hitze bekanntlich leicht Wasserstoff abgibt, und ferner mit einem Gemisch von CO und H_2O, das dieselbe Wirkung hat ($CO + H_2O = CO_2 + H_2$). In beiden Fällen wurden nur verhältnismäßig wenig ölige Produkte erhalten. Die Hauptmenge ist lediglich ätherlöslich, aber bei Zimmertemperatur salbenartig fest, so daß sich leichte Kohlenwasserstoffe hierbei nicht in erheblichem Maße gebildet haben

Steinkohle bei höheren Wasserstoffdrucken bis zu 200 Atm. hatten auch F. Fischer und Keller (Abh. z. K. d. Kohle *1.* 148 1915/16) schon Ende 1914 destilliert und dabei konstatiert, daß die Teer- bzw. Ölausbeute eine vielfache gegenüber der bei gewöhnlichem Druckverfahren ist, und daß schon bei 500° der Koksrückstand unter sonst gleichen Bedingungen immer kleiner wird, je höher der Wasserstoffdruck ist, daß also mit steigendem Wasserstoffdruck immer mehr flüchtige Bestandteile — in der Hauptsache Methan — entstehen, übereinstimmend mit Ergebnissen von Pring und Fairlie (Journ. Ind. Engin.-Chemistry 4. 812, 1912) (s. Umwandlung der Kohle in Öle, F. Fischer).

Das erste Patent von Bergius und Billwiller „zur Herstellung von flüssigen oder löslichen organischen Verbindungen aus Steinkohle u. dgl.“ D. R. P. 301 231 ist datiert vom 9. August 1913. Seine Ansprüche sind gekennzeichnet durch Anwendung von Wasserstoff bei hohem Druck und hoher Temperatur, gegebenenfalls durch die Gegenwart eines Lösungsmittels (z. B. Benzin). Seit 1910 war Bergius mit Versuchen über die Entstehung der Kohle beschäftigt und kam dabei zu der Arbeitshypothese, daß die Substanz der Kohle mit Wasserstoff unter Bildung von kohlenwasserstoff-phenolartigen Körpern reagieren müsse. Nach D. R. P. 303272 wird statt Benzin ein hochsiedendes Verteilungsmittel wie Teer, Mineralölrückstände u. dgl. angewandt. 305893 nimmt statt der Kohle den Teer als Ausgangsmaterial. 303 901 schützt die Erzeugung der hohen Temperatur mittels eines hocherhitzten Hydrierungsgases, das im Kreislauf die Apparatur passiert. — Direkte Erhitzung der Apparatur kommt wegen des hohen Druckes und der Schwächung der Festigkeit des Eisens durch Wasserstoff bei den fraglichen Temperaturen nicht in Betracht. 307 671 zeigt, daß als Verteilungsflüssigeit eine durch Kohlehydrierung gewonnene Flüssigkeit den Vorgang wesentlich begünstigt. — 1 391 664 schützt im wesentlichen dieselben Verfahren in U. S. A. 299 783 D. R. P. begrenzt die Hydrierbarkeit auf Kohlen, deren Kohlenstoffgehalt unter 85% bezogen auf trockene aschefreie Substanz liegt. 389 946 der E. V. A. G. (Erdöl- und Kohle-Verwertungs-A.-G., unter welcher Firma Bergius das Verfahren weiter entwickelte) bringt eine technische Erleichterung zur Entfernung erschöpfter Rückstände aus dem „Verflüssiger“. 395 566 schützt der E. V. A. G. die sehr wichtige Einrichtung zur Regelung der Arbeitstemperatur durch Gase, die durch Kompression auf solche Dichten und auf solche Temperaturen gebracht werden, welche sie befähigen, die erforderlichen Wärmemengen von außen auf den Arbeitsraum zu übertragen. — Dem inneren Druck wird also durch die Heizgase von außen ein gleich großer entgegengesetzt, so daß die Gefäßwandung des „Verflüssigers“ nur in geringem Maße beansprucht wird. — 192 849/50 (Internationale Bergin Compagnie etc.) sind entsprechende englische Patente. e 213 661 u. f. 559 787 schützen die Anwendung von metallischem Natrium bei dem Komplex der bisherigen Verfahren — sowohl bei der Hydrierung von Kohlensuspensionen wie von Mineralölen u. dgl. — zum Zwecke einer gleichzeitigen Entfernung bzw. Zersetzung der Schwefelverbindungen. — Zur besseren Verteilung dient ferner ein Zusatz von Fullererde oder dgl. Auch die direkte Hydrierung von Stoffen wie Anthracen und Naphthalin wird hier inbegriffen. Durch e 216 882 derselben Gesellschaft wird ein für die Ökonomie des ganzen Verfahrens sehr wichtiger Prozeß geschützt: die Gewinnung des Wasserstoffs durch Kracken von Methan und anderen aus der angewandten Kohle entweichenden Kohlenwasserstoffgasen nach entsprechender Wäsche, wobei die entsprechenden flüssigen Kohlenwasserstoffe zurückbleiben. e 242 876 ermöglicht eine bessere Ausnutzung des Gefäßraums durch Kompression der eingeführten Paste und gibt eine Anordnung, um die ausreagierte Paste gleichförmig aus dem Verflüssiger in einen zweiten Apparat (Vorlage zu überführen.*)

Wie sich aus den weiter unten wiedergegebenen Patenten ergibt, arbeitet das Verfahren kontinuierlich.

Eine Tonne trockene Kohle mit 4% Aschengehalt gibt bei Verwendung von 5% Wasserstoff: 455 kg Öle, 210 kg Gas, 75 kg Wasser, 5 kg Ammoniak und 350 kg öl- und kohlehaltigen Rückstand, der bei Verkrackung noch 80 kg Öl, 240 kg Koks und 25 kg Gas liefert, zusammen also 535 kg Öl. Das Öl besteht aus 150 kg Benzinen (raffinierte Motortreibstoffe, die wegen ihres hohen Benzolgehaltes für den Kraftwagenbetrieb besonders geeignet sind), 200 kg Dieselöle, 60 kg Schmieröle und 125 kg Heizöle. Um 1 kg Öl zu erzeugen, verbraucht man an Material 2 kg Kohle und zur Krafterzeugung, zur Spaltung der Kohlenwasserstoffgase und zur Heizung weitere Kohlenmengen, so daß 2½—3 kg Kohle erforderlich sind, um 1 kg Öl herzustellen. Natürlich schwankt die Menge erzielbaren Öles bei verschiedenen Kohlensorten beträchtlich. Durchschnittlich hat man Resultate von 40—75% erhalten. Es kann aber unter Umständen sogar Abfallkohle mit 30% Ölausbeute wirtschaftlich verarbeitet werden. Manchmal erhält man aus quantitativ unergiebigen Kohlen quantitativ wertvolle Schmierölprodukte. Dieses günstige Ergebnis hebt auch **Spilker** (Z. a. Ch. *39*, 686 f.) hervor (vgl. a. Naphtali, Chem. Umschau 32, 198 ff. Auch F. Fischer und Frey konnten aus einer ganzen Reihe untersuchter Stein- und Braunkohlen nach dem Bergiusverfahren Öle in größerer Menge als bei

*) D. R. P. 435 588 zeigt die Gewinnung von Hydriergas aus Methan und Wasserstoff enthaltenden Gasen.

der Urteerbildung erzielen, so erhielten sie insbesondere aus Braunkohlenhalbkoks 30—40% destillierbare Öle. (S. Brennstoff-Chemie 1925, 69—79.) Soviel vom Bergiusverfahren, das einer besonders eingehenden Betrachtung bedurfte. Seine Übertragung in den Großbetrieb*) ist von der I. G. Farbenindustrie, die dabei auch ihre eigenen umfassenden Erfahrungen auf dem Gebiet der Hydrierung ausbeutet, in Angriff genommen worden. Als besonderer Nachteil wird der hohe Phenolgehalt der Produkte angesehen, doch besteht begründete Aussicht, daß man auch diese, z. B. nach Fischer (s. S. 377), mit Nutzen zu Benzolen reduzieren kann.

Die Patente von Bergius werden in gewisser Hinsicht ergänzt durch die Verfahren von Löffler D. R. P. 301 683, 303 332 und 306 356.

Die D. R. Patente 307 580, 307 989, 352 459, 362 143, 378 806 der Badischen Anilin- und Sodafabrik haben als aktivierende Körper zur Hydrogenisation oder Dehydrogenisation Kieselsäure in aus Verbindungen (durch Fällung u. ähnl. Verf.) hergestellter Form oder Alkalisilikate, sowie Sauerstoffverbindungen des Chroms und Bors zum Gegenstand. Nach D. R. P. 391 673 benutzt die B. A. S. F. auch die Lithium- oder Erdalkalisalze der Phosphor-, Molybdän-, Wolfram- und ähnlicher Säuren. Nach D. R. P. 408 811 (B. A. S. F.) kommen Legierungen zur Hydro- bzw. Dehydrogenisation organischer Verbindungen zur Anwendung, die bei der Darstellung des Kontakts oder seiner Verwendung zerfallen, z. B. Kupfer-Magnesium oder Nickel-Magnesium. D. R. P. 415 686 (B. A. S. F.) v. 24. 7. 23 bzw. 27. 7. 1925 führt organische Katalysen, insbesondere Hydrierungen mittels Gemischen schwer reduzierbarer Oxyde von Metallen aus verschiedenen Gruppen des periodischen Systems mit überwiegendem basischen Bestandteil aus, z. B. $ZnOCrO_3$; ZnO V_2O_5, N_2O_5; CdO CrO_3 usw. Die vorstehenden Verfahren der B. A. S. F. werden nur an dieser Stelle erwähnt. Sie bilden gleichsam eine der Vorstufen zu den weiterhin angeführten und ausführlich referierten Verfahren der I. G. Farbenindustrie (s. f. S.).

Sehr allgemein gehaltene Verfahren, deren kurze Wiedergabe sich aus diesem Grunde verbietet, sind die franz. P. P. 596 191 G. Baume und 602 007 E. Legé. Gault und Fuchs (f. 589 189) erhitzten Kohle mit $Ca(OH)_2$. Entbundenes Wasser entwickelt Wassergas, wodurch die übrige Kohle hydriert werden soll.

*) Unter Verwendung von Braunkohle als Rohmaterial. Vgl. auch Fußnote S. 264.

Vielle und Plauson (e 160 789) hydrieren unter mit zunehmender Temperatur jeweils abnehmenden Drucken in Gegenwart von Alkali.

F. Fischer u. H. Schrader (D. R. P. 370 975) benutzen Formiate zur Hydrierung, desgleichen T. Ulke 1 455 423, der Na-formiat verwendet. — Die Wirkung des aus Wasserdampf und aktiver Kohle nascierenden Wasserstoffs dient A. Fürth und Hildenbrand (Werschen-Weißenfelser Braunkohlen A.-G. D. R. P. 441 164) zur Hydrierung organischer Verbindungen. — H. Macaux, Soc. Lyonnaise des Eaux et de l'Eclairage (1 567 967) bläst Kohlenstaub mit Wasserstoff in rotglühende Kammern. Nach frz. 604 903 der Soc. Internationale des Combustibles Liquides wird H_2 zur Hydrierung aus CH_4-haltigen Gasen gewonnen.

Die Interessengemeinschaft Farbenindustrie, A.-G., hat am 9. 2. 1925 sechs Patente in England angemeldet und inzwischen erhalten (242 582—587), die zum Gegenstand die Hydrierung von Kohle haben. Sie arbeitet in Gegenwart von Katalysatoren, wie Eisen oder Kobalt, sowie mit Zuziehung von Stickstoffverbindungen verschiedenster Art, Ammoniumsulfid, Ammoniak, Nitride usw. Das in Frage kommende Katalysatormaterial wird noch auf Molybdän und seine Verbindungen ausgedehnt. Nach 247 584 soll das Verfahren in Gegenwart von Sulfiden und anderen wirksamen oder inerten Stoffen ausgeführt und nach 247 585 auch auf Destillationsprodukte, z. B. Kresole, angewandt werden, auf die sich übrigens auch 247 586 u. 87 erstrecken. Nach frz. 598 751 werden die Gase von für die Katalysatoren schädlichem Eisenkarbonyl befreit.

Die Verfahren der I. G. sind in ihren Ansprüchen so umfassend, besonders auch in Verbindung mit den Bergin-Patenten, die ja auch dem Konzern angehören, daß wohl die Annahme berechtigt erscheint: Hier sind die Quellgebiete, denen das „synthetische Benzin" in absehbarer Zeit entspringen wird.*)

Patente zum Abschnitt 8 A. Direkte Hydrierung der Kohle.

D. R. P. 301 231 Dr. Friedrich Bergius in Hannover und Dipl.-Ing.
9. 8. 1913 John Billwiller in Essen, Ruhr.
26. 11. 1919

Verfahren zur Herstellung von flüssigen oder löslichen organischen Verbindungen aus Steinkohle und dgl.

Die Gewinnung technisch wertvoller organischer Verbindungen aus der Kohle geschieht bisher ausschließlich durch Destillation oder Vergasung: hier-

*) S. a. Nachtrag z. S. 344. Verf. v. Melamid.

bei wird die Kohle auf Temperaturen erhitzt, bei denen die meisten Kohlenstoffverbindungen unstabil sind und unter Kohlenstoffabscheidung zerfallen. Man kann daher nur wenige Hundertstel vom Kohlengewicht in Form von Teer gewinnen, aus dem nachher die organischen Verbindungen isoliert werden, die man entweder chemisch verarbeitet oder für Feuerungs- oder motorische Zwecke verbrennt.

Das vorliegende Verfahren zeigt einen neuen Weg, auf welchem es möglich ist, ohne Verkokung oder Vergasung flüssige, organische Verbindungen aus der Kohle zu gewinnen, und zwar in einer weit größeren Menge.

Das Verfahren besteht darin, daß man die Kohle unter hohen Druck und bei erhöhter Temperatur mit Wasserstoff zur Reaktion bringt. Hierbei wird der größte Teil der angewendeten Kohle — und zwar ist es gegenwärtig schon bis zu 85 Prozent gelungen — je nach den Arbeitsbedingungen in lösliche oder flüssige Verbindungen übergeführt, die neben Kohlenstoff hauptsächlich Wasserstoff, teilweise auch Sauerstoff, enthalten.

Es ist bereits bekannt, Kohlenstoff, wie z. B. Bogenlampenkohle, bei hohen Temperaturen von etwa 1 200° mit Wasserstoff zur Reaktion zu bringen. Dieses geschieht aber bei Atmosphärendruck und es entstehen dabei keine flüssigen Verbindungen, sondern vielmehr Gase, wie Azetylen und Methan. Es ist ferner bereits vorgeschlagen worden, während des Vergasungsprozesses Wasserstoff einzuleiten, aber unter Bedingungen, die dem Wasserstoff die Rolle eines inerten Gases zuweisen.

Nach dem vorliegenden Verfahren wird der Wasserstoff unter erhöhtem Druck, z. B. mit 200 Atm., bei einer Temperatur von etwa 300 bis 400° zur Reaktion gebracht. An Stelle von Wasserstoff kann man auch wasserstoffhaltige Gase oder Substanzen und Gemische benutzen, die Wasserstoff abgeben.

Als Ausgangsmaterial kommt neben Steinkohle, Braunkohle, Torf, Holz und ähnliche Stoffe in Betracht, die entweder als solche mit dem Wasserstoff unter gleichzeitigem Fortschritt der Verkohlung zur Reaktion gebracht werden können, oder die nach vorheriger Umwandlung in der Kohle nahestehende Produkte der Hydrierung unterworfen werden können.

Kennzeichnend für den wirklichen Eintritt der Hydrierungsreaktion ist die Beobachtung, daß eine Verflüssigung der Kohlensubstanz nicht eintritt, wenn man an Stelle des Wasserstoffes ein inertes Gas, wie z. B. Stickstoff, unter denselben Druck- und Temperaturbedingungen zur Einwirkung kommen läßt. Es entstehen dann nur die kleinen Mengen von Destillationsprodukten, die man auch bei der Erhitzung der Kohle für sich gewinnen kann.

Der in der Kohle enthaltene Stickstoff tritt während des Hydrierungsprozesses in Form von Ammoniak und Ammoniumverbindungen aus und kann in dieser Form nahezu quantitativ gewonnen werden.

Die bei der Hydrierung entstehenden organischen Verbindungen sind teilweise noch etwas sauerstoffhaltig und haben Phenolcharakter; zum anderen Teil werden sie als Kohlenwasserstoffe von verschiedenem Siedepunkt ähnlich den Petroleumkohlenwasserstoffen gewonnen.

Der nicht verflüssigte Rest ist eine dunkel gefärbte Substanz, die im wesentlichen aus Kohlenstoff und Wasserstoff besteht und mit den Aschenbestandteilen vermischt ist.

Man kann die Reaktionszeit abkürzen, wenn man einen Stoff, wie Benzin, hinzusetzt, der imstande ist, die entstehenden Produkte zu verdünnen. Diese Beschleunigung ist vielleicht auf die dickflüssige Beschaffenheit eines Teiles der entstehenden Produkte zurückzuführen.

Beispiele.

1. Man füllt 400 kg gepulverte Kohle in ein druckfestes Gefäß von ungefähr 400 l Inhalt, verbindet das Gefäß mit einem Behälter, in dem Wasserstoff von 200 Atm. gehalten wird und erhitzt auf 400°. Nach 15 Stunden wird die Verbindung nach dem Wasserstoffbehälter abgeschlossen und das Gefäß entleert. Es sind dann je nach der Qualität der angewendeten Kohle 10—15 kg Wasserstoff verbraucht worden. Von dem Gefäßinhalt läßt sich mehr als die Hälfte der Kohle als Flüssigkeit direkt von dem festen Rückstand abtrennen. Der dem festen Rückstand noch anhaftende Teil flüssiger Produkte wird durch Extraktion gewonnen.

2. 150 kg gepulverte Kohle werden mit der gleichen Gewichtsmenge von Schwerbenzin in ein druckfestes Gefäß von etwa 400 l Rauminhalt gebracht und mit dem Wasserstoffreservoir verbunden. Zwecks besserer Durchmischung wird das Gefäß in Rotation versetzt oder gerührt und auf 400° erhitzt. Nach 12 Stunden wird geöffnet und die entstandene Flüssigkeit vom festen Rückstand abgetrennt. Es sind dann nur noch 15 Prozent vom angewandten Kohlengewicht als fester Rückstand übriggeblieben. Der Rest von 85 Prozent ist in dem Benzin gelöst. Der Wasserstoffverbrauch beträgt etwa 5 kg.

3. Man füllt 400 kg gepulverte Kohle in ein druckfestes Gefäß von etwa 400 l Inhalt und verbindet das Gefäß wie bei den anderen Beispielen mit einem Reservoir, das Wasserstoff von 200 Atm. Druck enthält, und erhitzt auf etwa 400°. Nach 2 Stunden wird die Operation unterbrochen und das Material aus dem Gefäß herausgenommen. Es enthält dann nur eine geringe Menge flüssiger Substanz, die von dem festen Material abgetrennt wird. Das feste Material wird in einem Extraktionsapparat mit einem organischen Lösungsmittel, wie Benzin, extrahiert. Nach Abtreiben des Benzins können die im Benzin gelösten Hydrierungsprodukte gewonnen werden.

Patent-Ansprüche:

1. Verfahren zur Herstellung von flüssigen oder löslichen organischen Verbindungen aus Steinkohle und dgl. dadurch gekennzeichnet, daß diese Ausgangsstoffe unter hohem Druck und bei erhöhter Temperatur mit Wasserstoff zur Reaktion gebracht werden.

2. Verfahren nach Anspruch 1, dadurch gekennzeichnet, daß die Reaktion mit Wasserstoff in Gegenwart eines die entstehenden organischen Verbindungen lösenden Mittels (z. B. Benzin) herbeigeführt wird.

D. R. P. 303 272 Dr. Friedrich Bergius in Essen, Ruhr.
25. 12. 1914
22. 8. 1922

Verfahren zur Herstellung von flüssigen oder löslichen organischen Verbindungen aus Steinkohle und dgl.

Die Erfindung bezieht sich auf ein Verfahren zur Herstellung von flüssigen oder löslichen organischen Verbindungen aus Steinkohle u. dgl., bei welchem die Ausgangsstoffe in Gegenwart eines Verteilungsmittels bei hohem Druck und erhöhter Temperatur mit Wasserstoff zur Reaktion gebracht werden. Sie besteht in der Wahl von hochsiedenden Mineralölen oder von Teer und den daraus gewonnenen hochsiedenden Destillaten oder Destillationsrückständen als Verteilungsmittel für die zu hydrierenden Stoffe.

Es hat sich gezeigt, daß es für die Erzielung einer guten Ausbeute auf die besondere Art des Verteilungsmittels für die Reaktionsteilnehmer ankommt, und daß der Erfolg im großen und ganzen um so besser wird, je höher das benutzte Verteilungsmittel siedet, wobei jedoch immer darauf zu achten ist, daß es von der Art ist, daß keine dem Prozeß wesentlich fremden Produkte dadurch eingeführt werden. Gute Ergebnisse sind beispielsweise erzielt worden mit über 300° siedenden Anteilen von Erdöl und Teer.

Der Wert der Anwendung von Verteilungsmitteln von hohem Siedepunkt beruht zum mindesten zu einem erheblichen Teil darauf, daß nur der hohe Siedepunkt der benutzten Verteilungsmittel Gewähr dafür bietet, daß das Verteilungsmittel seine Aufgabe während des Prozesses dauernd zu erfüllen vermag, die einerseits darin besteht, schädliche örtliche Überhitzungen auszuschließen, und anderseits sich bildende Umsetzungsprodukte möglichst bald nach dem Entstehen in Lösung überzuführen. . . . . .

Man kann allgemein sagen, daß ein Verteilungsmittel um so geeigneter ist, je mehr es unter den Reaktionsbedingungen seinen flüssigen Zustand beibehält, und je größer seine Fähigkeit ist, entstehende Umsetzungsprodukte der Kohle zu lösen. . . . . .

In ein Druckgefäß von etwa 40 l Inhalt werden 10 kg Teeröl und 5 kg zerkleinerte Flammkohle eingefüllt und das Gefäß darauf geschlossen und Wasserstoff bis auf etwa 100 Atm. aufgepreßt. Das Gefäß wird darauf in Bewegung gesetzt und gleichzeitig auf etwa 400° erhitzt. Nach etwa neun Stunden wird gut abgekühlt und der Inhalt des Gefäßes unter Vermeidung von Verdampfungsverlusten durch ein geeignetes Filter gegossen. Der Filterrückstand wird mit einer bekannten Menge Äther extrahiert und darauf der verbleibende feste Rückstand ermittelt. Dieser feste Rückstand entspricht dem nicht zersetzten Anteil an Kohle. Dieser nach der Behandlung mit Äther verbleibende Rückstand beträgt etwa 600 g. Es werden also rund 88 Prozent der Kohle in flüssige bzw. lösliche Form übergeführt.

Im Sinne des hier in Frage kommenden Verfahrens sind unter Berücksichtigung der im vorstehenden gegebenen Darlegungen als schwer siedende Mineralöle alle schwer siedenden flüssigen kohlenwasserstoffartigen Produkte zu verstehen, wie z. B. Gasöl, Goudron und die schwer siedenden flüssigen Umsetzungsprodukte der hydrogenisierten Kohlen.

Patent-Anspruch:

Verfahren zur Herstellung von flüssigen oder löslichen organischen Verbindungen aus Steinkohle und dgl. durch Druck- und Hitzebehandlung in einer Wasserstoffatmosphäre in Gegenwart eines unter den Reaktionsbedingungen flüssigen Verteilungsmittels, dadurch gekennzeichnet, daß als Verteilungsmittel für die zu hydrierenden Ausgangsstoffe hochsiedende Mineralöle oder Teer oder daraus gewonnene hochsiedende Destillate oder Destillationsrückstände benutzt werden.

D.R.P. 303 893 Dr. Fr. Bergius und Dipl.-Ing. John Billwiller,
ab 3. 4. 1914 Essen.
ausgeg. 4. 12. 1919

Verfahren zur Herstellung von flüssigen organischen Verbindungen u. dgl. Zus. z. Patent 301 231.

Anspruch:

Abänderung des durch das Patent 301 231 geschützten Verfahrens zur Herstellung von flüssigen organischen Verbindungen aus Steinkohle u. dgl., dadurch gekennzeichnet, daß man an Stelle von Steinkohle und dgl. deren Destillationsprodukte mit Waserstoff unter hohem Druck und bei erhöhter Temperatur zur Reaktion bringt.

Beispiel: 1 kg Teer wird mit Wasserstoff von 100 Atm. Druck in einem Autoklaven auf 400° erhitzt. Nach 4 Stunden wird die Masse abdestilliert, 60% des Teers gehen bis 250° über und können durch Rektifikation weiter verarbeitet werden.

303 901 Dr. Friedrich Bergius, Essen.
ab 25. 12. 1914
ausgeg. 27. 12. 1922

Verfahren zur Hydrierung von Kohle und Kohlenwasserstoffen.

Anspruch:

Verfahren zur Hydrierung von Kohle und Kohlenwasserstoffen bei hohem Druck und erhöhter Temperatur, dadurch gekennzeichnet, daß zum Zweck der Temperaturregelung das hochkomprimierte Hydrierungsgas im Kreislauf durch das Druckgefäß hindurchgeführt wird und außerhalb des Druckgefäßes beheizt wird.

Beispiel: In ein Druckgefäß von 40 l Inhalt wurden 20 kg Petroleumrückstände heiß eingefüllt. Der zur Hydrierung nötige Wasserstoff wurde in einem Bleibadofen auf 550° erhitzt und unter einem Druck von 150 Atm., unter dem das ganze System steht, in das Druckgefäß geleitet. Die bei der Hydrierung entstehenden leichten Produkte wurden durch das kreisende Gas aus dem Hochdruckbehälter entfernt und durch Abkühlung kondensiert. Der von der Pumpe angesaugte Wasserstoff wurde von neuem durch den Bleibadofen geschickt, auf 550° erhitzt und wieder in das Druckgefäß geleitet. Die Geschwindigkeit des Gases betrug 12 l in der Minute. Es ließ sich auf diese Weise eine gleichbleibende Temperatur von 400° im Reaktionsraum erzielen.

D.R.P. 307 671 Dr. Friedrich Bergius, Essen.
ab 18. 7. 1915
ausgeg. 16. 8. 1922

Verfahren zur Herstellung von flüssigen oder löslichen organischen Verbindungen aus Steinkohle o. dgl. durch Hydrierung bei hohem Druck und erhöhter Temperatur.

Verfahren zur Herstellung von flüssigen oder löslichen organischen Verbindungen aus Steinkohle o. dgl. durch Hydrierung bei hohem Druck und erhöhter Temperatur, dadurch gekennzeichnet, daß die der Hydrierung unterworfene Masse aus einer Aufschwemmung von Kohle usw. in einer durch Kohlehydrierung gewonnenen, selbst noch hydrierungsfähigen, unter der Arbeitstemperatur flüssigen Verbindung besteht.

Bei der Ausführung des Verfahrens in dieser Art wird durch die Flüssigkeit, in der die festen Kohleteilchen aufgeschwemmt sind, jede lokal entstehende größere Temperaturerhöhung abgeleitet.

Der günstige Einfluß der Anwendung eines flüssigen Kohlehydrierungsproduktes, gegenüber z. B. einem gewöhnlichen Gasöl, zur Aufschwemmung der durch Hydrierung zu verflüssigenden Kohle ist aus nachstehenden Vergleichsversuchen ersichtlich:

Versuch 1. In einer 5-Literbombe wurden 500 g Flammkohle mit 1 kg Gasöl 5 Stunden unter einem Anfangsdruck (Wasserstoff) von 60 Atm. auf 400° erhitzt. Nach dem Erkalten wurde das Produkt, das aus einem koksartigen und einem flüssigen Teil bestand, durch ein geeignetes Filter gegossen. Der Filterrückstand wurde mit Äther extrahiert. Es waren 220 g in flüssige oder lösliche Form übergeführt, d. h. 44% der angewandten Kohle.

Versuch 2. In einer 5-Literbombe wurden 500 g der gleichen Flammkohle, wie bei Versuch 1, mit 1 kg einer Fraktion einer früheren Kohle-Teeröl-hydrierung (Siedegrenze 203—223°) 5 Stunden unter einem Anfangswasserstoffdruck von 60 Atm. auf 400° erhitzt. Nach dem Erkalten wurde das erhaltene Produkt, das aus einer homogenen schweren Flüssigkeit bestand, durch ein geeignetes Filter gegossen. Der Filterrückstand wurde mit Äther extrahiert. Es waren 355 g in flüssige oder lösliche Form übergeführt, d. h. 71% der angewandten Kohle.

1 391 664 Friedrich Bergius, Essen, übertragen auf die Chemical
18. 4. 1916 Foundation Inc.
27. 9. 1921

Verfahren zur Hydrierung von Kohlenstoffverbindungen unter hohem Druck und erhöhter Temperatur.

Ansprüche:

Ein Verfahren zur Hydrierung von Kohlenstoffverbindungen unter hohem Druck und hoher Temperatur, dadurch gekennzeichnet, daß man geeignete Kohlenarten in einer wasserstoffhaltigen Atmosphäre unter geeignetem Reaktionsdruck und geeigneter Temperatur in einem Hochdruckgefäß, das zum Teil mit dem zu behandelnden Material gefüllt ist, zusammenbringt, daß man die gasförmige Mischung im Reaktionsraume über der Beschickung zirkulieren läßt, wobei die Menge des kreisenden Gases im Überschuß — gegenüber dem durch die Reaktion verbrauchten — ist, und dadurch, daß man das zirkulierende Gas in der Kreisleitung zum Wärmeaustausch bringt und so die Temperaturbedingungen im Reaktionsgefäß regelt.

Nach Anspruch 2 wird das bei der Kondensation gekühlte Gas vor seinem Wiedereintritt in das Reaktionsgefäß entsprechend erhitzt.

Nach 4 werden stickstoffenthaltende Kohlenarten den Temperatur- und Druckbedingungen unterworfen in Gegenwart von Wasserstoff und basischem Material z. B. Kalk.

Nach 6 geschieht der Vorgang kontinuierlich.

D.R.P. 299 783 Dr. Fr. Bergius, Essen.
ab 23. 8. 1916
ausgeg. 14. 8. 1922

Verfahren zur Herstellung von flüssigen oder löslichen organischen Verbindungen aus Kohle.

Anspruch:

Verfahren zur Herstellung flüssiger oder löslicher organischer Verbindungen aus Kohle durch Reaktion mit Wasserstoff bei hohem Druck und erhöhter Temperatur, dadurch gekennzeichnet, daß als Ausgangsmaterial eine solche Kohle gewählt wird, deren Kohlenstoffgehalt, bezogen auf trockene, aschenfreie Substanz nicht mehr beträgt als 85%.

Bei der Hydrogenierung von Kohle unter hohem Druck bei erhöhter Temperatur zeigen die verschiedenen Arten von Kohle ein verschiedenes Verhalten dergestalt, daß die Hydrogenierung bei gewissen Kohlen leichter vonstatten geht als bei anderen. Es hat sich gezeigt, daß dies mit dem größeren oder geringeren Kohlenstoffgehalt der Kohlen zusammenhängt. Kohlen, welche einen Kohlenstoffgehalt haben, der bezogen auf trockene, aschenfreie Substanz, mehr als 85% beträgt, sind überhaupt schwer zu hydrogenisieren. Vorliegende Erfindung macht Gebrauch von dieser Tatsache und besteht darin, daß als der Hydrogenierung zu unterwerfendes Material eine Kohle gewählt wird, welche einen geringeren Kohlenstoffgehalt besitzt, als 85%.

D.R.P. 389 946 Erdöl- und Kohle-Verwertungs-A.-G., Berlin und
ab 4. 11. 1920 Arno Debo in Mannheim-Rheinau.
ausgeg. 12. 2. 1924

Verfahren zur ununterbrochenen Behandlung von Kohle oder Kohlenwasserstoffen zwecks Hydrierung oder Destillation.

Anspruch:

Verfahren zur ununterbrochenen Behandlung von Kohle und Kohlenwasserstoffen zwecks Hydrierung mittels Wasserstoffes oder Destillation in der Wärme und unter Druck, dadurch gekennzeichnet, daß der erschöpfte, von dem neu hinzufließenden Rohgut getrennt abgeführte, nicht flüchtige Teil des Behandlungsgutes durch Kühlung zähflüssig gemacht wird, um auf diese Weise seine Austrittsgeschwindigkeit regelbar zu gestalten.

Bei der Behandlung von Kohle und Kohlenwasserstoffen unter hohem Druck und hoher Temperatur (vgl. Patente 201 231, 303 893, 304 348, 303 883) tritt der Übelstand auf, daß der erschöpfte Teil des Behandlungsgutes bei zu langem Aufenthalt im Reaktionsgefäß der Zersetzung unter Bildung von Klumpen oder krustigen Massen ausgesetzt ist, und daß das neu hinzufließende Rohgut sich mit diesen erschöpften Teilen vermischt. Diese Übelstände können dadurch verhindert werden, daß Zufluß des Rohgutes und Abfluß der erschöpften Teile so geleitet werden, daß der erschöpfte Teil den Reaktionsraum verläßt, bevor seine Zersetzung beginnt, und ohne daß er sich mit dem neu zufließenden Rohgut mischt. Dabei stößt aber die Regelung der Ausflußgeschwindigkeit des erschöpften Teiles auf Schwierigkeiten, weil die Temperatur des Rückstandes zu hoch und dieser zu dünnflüssig ist, als daß bei dem hohen Druck, der die

Geschwindigkeit bestimmt, die gebräuchlichsten Abschlußorgane die Regelung mit Sicherheit übernehmen konnten. Diese Regelung wird aber möglich, wenn man durch Kühlung die innere Reibung des erschöpften Teiles erhöht. In diesem zähflüssigen Zustand läßt sich die Ausflußgeschwindigkeit leicht nach Belieben ändern. Durch diese Arbeitsweise wird ein ununterbrochener Betrieb erreicht.

Zur Ausführung des Verfahrens dient ein Reaktionsgefäß, (s. Abb. 133, Anhang), bei welchem die Durchmischung des zufließenden Frischgutes mit dem erschöpften Teil in der Längsrichtung des Reaktionsraums durch Querwände vermieden wird. —

Im Reaktionsgefäß 1 ist eine Rührvorrichtung angeordnet, die aus der Welle 2, einer Anzahl Rührflügel 3 und den Scheiben (Querwänden) 4 besteht. Diese lassen an der Wand des Reaktionsgefäßes ringförmige Spalten 5 frei, durch welche die Kammern a bis f miteinander in Verbindung stehen. Die Stopfbüchse 6 dient zur Durchführung der Welle 2. — Durch die Leitung 7 wird das vorgeheizte Rohgut der Kammer a des zu etwa drei Viertel gefüllten Reaktionsgefäßes zugeführt. Das Gut durchläuft nacheinander die Kammern, wobei die abdestillierenden flüchtigen Reaktionsprodukte durch den obersten Teil der Ringspalten 5 jeweils in die folgende Kammer übertreten und schließlich durch 8 zur Kondensation 12 gehen. Die durch den unteren Teil der Ringspalten unter stetigem Fortschreiten der Reaktion von Kammer zu Kammer strömenden nichtflüchtigen Anteile fließen aus der letzten Kammer f, bis zu dem gewünschten Grade aufgearbeitet, durch die Rohrleitung 9 einem Kühler zu, wo ihre Viskosität durch Herabsetzung der Temperatur so weit erhöht wird, daß die Abflußgeschwindigkeit mit Hilfe des Drosselventils 11 bequem geregelt werden kann.

395 566 Erdöl- und Kohle-Verwertungs-A.-G., Berlin.
ab 4. 11. 1920
ausgeg. 13. 5. 1924

Verfahren zur Verflüssigung oder Spaltung von Kohle, Kohlenwasserstoff u. dgl. bei hohem Druck und erhöhter Temperatur.

Patent-Anspruch:

1. Verfahren zur Verflüssigung oder Spaltung von Kohle, Kohlenwasserstoffen u. dgl. bei hohem Druck und erhöhter Temperatur, dadurch gekennzeichnet, daß die Regelung der Arbeitstemperatur und die Entlastung der Arbeitsräume durch Gase, z. B. Kohlensäure, gereinigte Verbrennungsgase, herbeigeführt werden, die durch Kompression auf solche Dichten gebracht werden, welche sie befähigen, die zur Regelung der Arbeitstemperatur notwendigen Wärmemengen einer äußeren Wärmequelle zu entnehmen und sie von außen auf den Arbeitsraum zu übertragen.

Der zur Ausführung des Verfahrens dienende Apparat ist schematisch in der Zeichnung dargestellt.

1 ist der Öltank, aus welchem das Rohöl mittels der Druckpumpe 2, Rohrleitung 3, in welche die Doppelrohrheizschlange 4 eingeschaltet ist, nach dem Hochdruckbehälter 5 gedrückt wird. Die Heizschlange 4 wird von dem Heizofen 6 (Bleibad) beheizt, dem das Heizmittel durch die Pumpe 7 zugeführt

wird. Das Heizmittel durchläuft in der Rohrleitung 8, welche als Mantel 9 die Rohrleitung 3 und die Heizschlange 4 umgibt, einen Kreislauf. Der Hochdruckbehälter 5 wird von außen durch das in dem Ofen 10 erwärmte Gas (z. B. Verbrennungsgas) beheizt, das mittels der Pumpe 11 und Rohrleitung12 dem Mantel des Hochdruckbehälters im Kreislauf zuströmt. Der Wasserstoff wird dem Hochdruckbehälter 5 aus dem Behälter 13 zugeführt, nachdem er in dem Ofen 14 (Bleibad) erhitzt worden ist. 15 sind Kondensatoren, denen die aus dem Hochdruckbehälter 5 durch das Rohr 16 entweichenden Gase und Dampf zuströmen. S. Abb. 134 (Anhang).

192 849 Brit. Dr. Friedrich Bergius und Dr. Stephan Löffler,
30. 11. 1921 Berlin.
15. 2. 1923

Verfahren zur Gewinnung leichter Kohlenwasserstoffe aus Kohle, Mineralölen und schweren Kohlenwasserstoffen mittels Druck und Hitze mit oder ohne Wasserstoff.

Anspruch:

Verfahren zur Gewinnung leichter Kohlenwasserstoffe aus Kohle, Mineralölen und schweren Kohlenwasserstoffen mittels Druck und Hitze, mit oder ohne Wasserstoff, dadurch gekennzeichnet, daß die Regulierung der Arbeitstemperatur und der Ausgleich des Drucks auf die Wandungen des Hochdruckgefäßes gleichzeitig durch ein Heizmedium bewirkt werden, das gleichfalls unter hohem Druck und hoher Temperatur steht.

192 850 Brit. Dr. Fr. Bergius und Dr. St. Löffler, Berlin.
30. 11. 1920
15. 2. 1923 **Verfahren zur Behandlung fester kohlehaltiger Stoffe, Mineralöle und schwerer Kohlenwasserstoffe mit Hitze und Hoch druck, mit oder ohne Wasserstoff.**

533 036 Frz. Friedrich Bergius.

Verfahren zur Gewinnung von Kohlenwasserstoffen und ihren Derivaten.

559 787 Frz. Internationale Bergin Compagnie voor Olie- en Kohlenchemie.

Verfahren zur Behandlung schwerer Mineralöle, Steinkohlenteerdestillate oder Flüssigkeiten, die Kohle suspendiert enthalten mittels Wärme und Druck.

Die Erfindung umfaßt 1. ein Verfahren zur Behandlung schwerer Mineralöle, Steinkohlenteerdestillate, Flüssigkeiten, die Kohlenstoff suspendiert enthalten, oder Rohprodukte, die sich daraus herleiten, mittels Wärme und Wasserstoff unter Druck, dadurch gekennzeichnet, daß diese Behandlung in Gegenwart von metallischem Natrium oder von Metallen gleicher Wirkung geschieht. Man erzielt dann gleichzeitig mit der Hydrogenisation eine Reinigung. Das Verfahren kennzeichnet sich ferner dadurch, daß die Behandlung gleichzeitig mit Natriummetall und mit porösen Massen, wie Fullererde(Walkerde), Holzkohle, Koksasche und dgl. vorgenommen wird.

2. Die Anwendung des Verfahrens auf Naphthalin mit dem Zwecke, Hydronaphthalin, ohne vorherige Entschwefelung herzustellen, unter besonderer Hervorhebung des Umstandes, daß bei dieser Anwendung Metalle, z. B. gepulvertes Eisen, oder Metallverbindungen, z. B. Magnesiumoxyd, zugegen sind.

Beispiel: 100 kg Anthrazen (65%ig) wird mit 3% Natriummetall und 3% „Walkerde" im Autoklaven auf ca. 300° erwärmt bei einem Anfangsdruck von 100 Atmosphären Wasserstoff. Sofort entsteht eine lebhafet Reakion, bei welcher Schwefel gebunden und Wasserstoff chemisch absorbiert wird, was einerseits durch den Druckrückgang, andererseits durch Temperaturanstieg zu erkennen ist. Nach wiederholter Ergänzung des Wasserstoffdruckes ist die Reaktion beendet. Man erhält als Hauptprodukt bei der Destillation des Autoklaveninhalts ein reines Dekahydrür des Anthrazens.

Beispiel 2. 100 kg mexikanisches Panukorohöl wird mit 5% Natriummetall im Autoklaven auf ca. 420° C unter 50 Atmosphären Wasserstoffdruck erhitzt. Bei dieser Behandlung verwandelt sich das sehr zähflüssige Rohöl mit einem Gehalt von ca. 3,5% Schwefel in ein flüssiges Öl, dessen Benzin- und Petroleumfraktionen gesättigten Charakter zeigen und höchstens noch Spuren von Schwefel enthalten.

Beispiel 3. 50 kg grobstückige schlesische Steinkohle werden gut getrocknet, mit 50 kg Teeröl und 3 kg metallischem Natrium im Autoklaven auf 430° unter 100 Atmosphären Wasserstoffdruck erhitzt. Nachdem der Wasserstoffdruck mehrfach erneuert wurde, ist die Kohle angegriffen, d. h. in flüssige und lösliche Verbindungen übergeführt, und zwar in einem so hohen Grade, daß nur noch ca. 8% der Kohle, ca. 3,6 kg als unangegriffener Rückstand zurückbleiben. Durch Destillation des erhaltenen Öles erhält man Brennstoff für Motoren und Heizöl von guter Beschaffenheit.

213 661 Brit. Internationale Bergin Compagnie voor Olie-
2. 1. 1923 en Kolenchemie, Haag, und Dr. Hofsäß, Mannheim.
2. 4. 1924

Verfahren zum Reinigen und Hydrieren von schweren Mineralölen, Kohlendestillaten, Kohlenschlamm oder anderen schweren Kohlenwassertoffen und Rohprodukten daraus.

216 882 Brit. Internationale Bergin Compagnie voor Olie-
31. 5. 1923 Deutschland en Kolenchemie s' Gravenhage, Holland.
28. 5. 1924 England
9. 4. 1925 Compl. Acc.

Herstellung von niedrigsiedenden Kohlenwasserstoffen aus Kohlenwasserstoffen und Kohle.

Ansprüche:

1. Ein Hitze- und Druckverfahren zur Hydrierung und Herstellung von niedrigsiedenden Kohlenwasserstoffen aus Kohlenwasserstoffen und Kohle, dadurch gekennzeichnet, daß ein hydrierend wirkendes Gas in einem Kreislauf angewandt wird, wobei besagtes Gas aus Wasserstoff besteht, der von Methan durch Waschen mit Petroleumöl oder Teeröl unter hohem Druck befreit wurde, und aus Wasserstoff, der von der Spaltung dieses Methans herrührt.

2. Verfahren nach 1, dadurch gekennzeichnet, daß Koksofengase, wenn nötig, in den Kreislauf eingeführt werden, indem man sie in den Methanwäscher oder den Methanspalter einleitet.

Der bei der Reaktion in der Druckretorte nicht verbrauchte Wasserstoff tritt mit Kohlenwasserstoffen verdünnt aus der Kammer und ist zu verdünnt, um weiter im Prozeß mitwirken zu können, daher wird er im Kreislauf des vorliegenden Verfahrens erst durch Waschen von Methan und leichten Kohlenwasserstoffen befreit und geht in den Prozeß zurück. Das Methan wird aus dem Waschöl durch Druckverminderung oder Erhitzung befreit, gelangt in eine Krackkammer, und der abgespaltene Wasserstoff geht gleichfalls in den Prozeß zurück.

242 876 Brit. Internationale Bergin Compagnie voor Olie-
27. 4. 1925 en Kolenchemie, Haag.

Kracken und Hydrieren von Kohlen und Ölen.

Anspruch:

1. Verfahren zur dauernden Erhaltung eines bestimmten Flüssigkeitsstandes im Innern eines Hochdruckbehälters bei der Spaltung von Kohlen, Ölen und anderen Kohlenwasserstoffen durch Erhitzung dieser Ausgangsmaterialien mit Wasserstoff unter Hochdruck, dadurch gekennzeichnet, daß die Paste, die eingepreßt werden soll, unter niedrigen Druck gesetzt wird, bevor sie in den Hochdruckbehälter gepreßt wird, und daß die gasförmigen, flüssigen und festen Produkte der Reaktion gleichzeitig aus dem Hochdruckkessel abgezogen werden an einer Stelle, die zwischen dessen höchsten und tiefsten Punkt liegt.

Je dicker die Paste ist, desto besser wird der Raum des Reaktionsgefäßes ausgenutzt. Mittels eines Schraubenförderers (worm-conveyer) wird die Paste unter einem Druck von 3—5 Atmosphären vorgepreßt. Dadurch wird es möglich, eine dickere Paste der hydraulisch betriebenen Presse zuzuführen, die die Masse ins Reaktionsgefäß befördert. Für steife Pasten wird die Saugöffnung der Pumpe so groß, daß dadurch der Spielraum übermäßig groß würde, wodurch der Nutzeffekt herabgesetzt wird. Durch diese Anordnung kann man Pasten von erheblich mehr als 1,4 Teilen Pulverkohle auf 1 Teil Öl einfüllen.

Im Reaktionsgefäß soll die Pastenmenge möglichst gleich bleiben. Um das zu erreichen, dient ein Tauchrohr, das die Reaktionsprodukte automatisch in eine Vorlage befördert. Dieses Rohr ist zur Erhaltung des Druckes mit einem Federventil versehen. In der Vorlage werden die gasförmigen von den anderen Reaktionsprodukten getrennt und besonders abgelassen.

D. R. P. 435 588 Dr. F. Bergius, Heidelberg.
19. 12. 1924
13. 10. 1926

Gewinnung von Hydriergas für die Hydrierung von Kohle und Kohlenwasserstoffen aus Methan und Wasserstoff enthaltenden Gasen.*)

Zu dem Gemisch von Methan und Wasserstoff tritt Wasserdampf zunächst bei hoher Temperatur (ca. 1100°): $CH_4 + H_2O = 3H_2 + CO$;
dann bei niederer Temperatur (ca. 300—500°): $CO + H_2O = H_2 + CO_2$.

Die Entfernung der CO_2 geschieht jeweils vor oder nach der Hydrierung.

*) Vgl. F. P. 604 903 S. 342.

D. R. P. 301 683 Stephan Löffler, Charlottenburg.

Verfahren zur Verflüssigung oder Spaltung von Kohle, Kohlenwasserstoffen u. dgl. bei hohem Druck und erhöhter Temperatur.

Verfahren zur Verflüssigung oder Spaltung von Kohle, Kohlenwasserstoffen u. dgl. bei hohem Druck und höherer Temperatur, dadurch gekennzeichnet, daß in dem den Hochdruckbehälter aufnehmenden Gefahrenraum umkapselte Feuerungen angeordnet sind, denen Brennstoff und Luft in regelbarer Menge durch Leitungen von außen zugeführt werden.

303 332 D. R. P. Stephan Löffler, Charlottenburg.

Verfahren zur Gewinnung von Kohlenwasserstoffen und deren Derivaten.

Patent-Ansprüche:

1. Verfahren zur Gewinnung von Kohlenwasserstoffen und deren Derivaten durch Erhitzen von Kohle, Kohlenwasserstoffen u. dgl. mit Wasserstoff bei hohem Druck und hoher Temperatur, dadurch gekennzeichnet, daß sowohl das Hydrierungsgas als auch die zu hydrierenden Stoffe vor Eintritt in das Reaktionsgefäß bis auf die zur Reaktion erforderliche oder eine nur wenig davon verschiedene Temperatur durch einen Wärmeträger, Heizgas, Heizflüssigkeit o. dgl. gebracht werden, dessen höchste Temperatur nicht wesentlich größer ist als die im Reaktionsgefäß herrschende Temperatur.

2. Verfahren nach Anspruch 1, dadurch gekennzeichnet, daß feste Reaktionskörper fein zerkleinert und mit flüssigen Reaktionskörpern gemischt erwärmt werden, bevor sie in das Reaktionsgefäß eingeführt werden. —

D. R. P. 306 356 Dr. Stephan Löffler, Charlottenburg.
ab 24. 1. 1915
ausgeg. 29. 6. 1922

Verfahren zur Verflüssigung oder Spaltung von Kohle, Kohlenwasserstoffen und dgl. bei hohem Druck und erhöhter Temperatur.

Anspruch:

1. Verfahren zur Verflüssigung oder Spaltung von Kohle, Kohlenwasserstoffen und dgl. bei hohem Druck und erhöhter Temperatur, dadurch gekennzeichnet, daß die Regelung der Arbeitstemperatur und die Entlastung der Arbeitsräume durch eine Flüssigkeit (z. B. Öl) herbeigeführt wird, welche, mit ihrer kritischen Temperatur über der Arbeitstemperatur liegend, ebenfalls unter hohem Druck und erhöhter Temperatur steht (Hochdruckflüssigkeit).

2. Verfahren nach Anspruch 1, dadurch gekennzeichnet, daß die Hochdruckflüssigkeit unter anderen Druck gesetzt wird, als in den Arbeitsräumen herrscht, damit an dem Druckausgleich Beschädigungen, Risse usw. der Wandungen der Arbeitsräume festgestellt werden können.

3. Verfahren nach Anspruch 2, dadurch gekennzeichnet, daß der Druckunterschied zwischen Hochdruckflüssigkeiten und Arbeitsräumen so gering gewählt wird, daß die Wandungen der Arbeitsräume möglichst entlastet sind und dünn ausgeführt werden können.

4. Verfahren nach Anspruch 4, dadurch gekennzeichnet, daß als Hochdruckflüssigkeit eine zum Vorgang im Reaktionsraum verwendbare Flüssigkeit (z. B. hochsiedende Kohlenwasserstoffe) benutzt wird.

5. Verfahren nach Anspruch 1—4, dadurch gekennzeichnet, daß die Hochdruckflüssigkeit in Strömung versetzt wird, um bei der Verwendung zersetzbarer Flüssigkeiten die zersetzten Teile abführen zu können.

6. Vorrichtung zur Ausführung des Verfahrens nach Anspruch 1—5, dadurch gekennzeichnet, daß doppelwandige Räume mit besonderen Druckmeßvorrichtungen für Hochdruckflüssigkeit und Arbeitsräume versehen sind.

Die zur Verflüssigung oder Spaltung von Kohle u. dgl. notwendige Arbeitstemperatur liegt etwa bei 400° C und der Druck beträgt etwa 100 Atm. Wenn dafür gesorgt wird, daß bei normalem Betrieb eine Druckdifferenz zwischen Innen- und Außenraum (Mantelraum) herrscht (siehe Anspruch 6) so zeigt ein Druckausgleich den Bruch oder die Beschädigung der Innenwand infolge mechanischer Verletzung an.

596 191 Frz. Georges Baume, Paris.
11. 7. 1924
17. 10. 1925

Verfahren, das gestattet, ausgehend von Mischungen fester und flüssiger wenigflüchtiger Brennstoffe, gleichzeitig Koks von großer Härte und flüssige Kohlenwasserstoffe zu gewinnen.

Resumé:

Vorliegende Erfindung besteht darin, eine sehr homogene Mischung von festen, pulverisierten Brennstoffen, mit flüssigen oder viskosen Brennstoffen, die als Bindemittel dienen, unter atmosphärischem oder höherem oder niederem Drucke, in Koksöfen, Generatoren oder anderen Apparaten zu destillieren; in Gegenwart verschiedener Katalysatoren: wie porösen Substanzen, Bimsstein, Erden oder Tone, Holzkohle, Zuckerkohle, Tierkohle, Ruß, Koks und dgl., feinverteilte Metalle, Oxyde, Salze von Metallen, organische Verbindungen wie Phenole, Pyridinextrakte aus Steinkohlen, wobei die in Rede stehende Destillation mit oder ohne vorherige oder gleichzeitige Zufügung von Wasserstoff oder Wasserstoffverbindungen, wie Wasser oder Wasserdampf, vor sich geht.

Dieses Verfahren ist noch besonders gekennzeichnet durch die Anwendung der folgenden Mittel, entweder zusammen oder einzeln oder in Verbindung mit allen anderen bekannten Mitteln:

1. Völlige Homogenisierung auf jede geeignete Weise, besonders durch feinste Rührung und durch die zur Anreicherung von Brennstoffen und Mineralien üblichen Verfahren, Mischung von festen gepulverten mit flüssigen oder viskosen Brennstoffen, Katalysatoren und gegebenenfalls Bindemitteln, die der Destillation unterworfen werden.

2. Anwendung irgendwelcher poröser Substanzen, entweder allein oder in Verbindung mit allen anderen Katalysatoren, wie verteilte Metalle, Oxyde usw. als Katalysatoren zum Kracken und Hydrieren.

Das Patent ist so umfassend, daß die Patentschrift auf besondere Beispiele verzichtet.

602 007 Frz. Edouard Legé, Frankreich.
17. 11. 1924
11. 3. 1926

Synthetische Gewinnung von Petroleum.

Die Patentschrift geht von recht anregenden geologischen Erwägungen über den Ursprung des Petroleums aus und legt ihre Anwendung auf die Synthese nieder in folgendem Resumé: Das Verfahren ist dadurch gekennzeichnet, daß man einerseits in einer entsprechenden Umhüllung unter geeigneten Druck- und Temperaturbedingungen (Temperatur der [Metall-] Karbürbildung) zusammenbringt und aufeinander wirken läßt: kohlenhaltige Substanzen, Salze und Karbonate von Alkalien und alkalischen Erden und Wasser; daß man andererseits, je nach der Natur der gewünschten Produkte, die in der ersten Phase gebildeten Gase (naszierender Wasserstoff, Kohlenoxyd, Kohlengase, CH_2-Gruppen und ihre Verbindungen und [andere?] Kohlenwasserstoffe, nach und nach in der genannten Ordnung einer oder mehreren der folgenden Behandlungsweisen unterwirft:

1. Alle diese Produkte gelangen in ein Gefäß, das, und zwar in geschmolzenem Zustand, ein Alkalichlorid oder das Chlorid einer alkalischen Erde, z. B. Seesalz, enthält, eine Substanz, bei deren Berührung die genannten Gase eine Anzahl der mitgeführten Elemente verlieren und einer Durcharbeitung und Einwirkung chemischer und physikalischer Art unterliegen, die ihre weitere Umwandlung vorbereiten.

2. Nach dieser Durcharbeitung läßt man die betreffenden Gasprodukte durch abgeteilte Kammern streichen, die Krack-Katalysatoren enthalten, wie Eisen und andere Metalle und Metalloxyde, Aluminium, Siliziumdioxyd, Chloride usw., deren Temperatur so gehalten wird, wie es der Spaltprozeß erfordert.

3. Schließlich werden nach Bedarf die erhaltenen Gasprodukte durch eine zweite Serie von Kammern geleitet, welche Hydrierungskatalysatoren enthalten — Nickel, Kobalt, Eisen, Kupfer etc. bei einer günstigen Hydrierungstemperatur.

Die Petrolsorten werden erhalten, indem man auf die übliche Weise die Kondensation derjenigen unter den entstandenen Kohlenwasserstoffen bewirkt, die sich in flüssigem oder festem Zustande abscheiden lassen.

Die Erfindung sieht auch eine Apparatur vor und die verschiedenen Anlagen, die zur Durchführung des Verfahrens, das den Hauptgegenstand der Erfindung darstellt, notwendig sind.

Praktische Beispiele werden nicht gegeben.

589 189 Frz. H. Gault, Carlos A. Fuchs, Frankreich.
21. 1. 1924
25. 5. 1925

Verfahren zur Hydrierung von Brennstoffen.

Diese Hydrierung geschieht durch Erhitzung der Kohle etc. mit Kalkhydrat. Das entbundene Wasser wird zu Wasserstoff und Kohlenoxyd umgesetzt. Der Wasserstoff hydriert die übrige Kohle. Der kalkhaltige Rückstand kann zur Karbidfabrikation dienen.

160 789 Brit. A. Vielle, London und H. Plauson, Hamburg.
24. 3. 1920
24. 3. 1921

Herstellung von Kohlenwasserstoffen aus kohlehaltigem Material oder aus Destillationsprodukten daraus.

Derartiges Material wird unter Druck mit einem Alkali in Gegenwart von Wasserstoff zwecks Gewinnung niedrigsiedender Kohlenwasserstoffe erhitzt. Die Bildung flüssiger Kohlenwasserstoffe kann in Gegenwart von Wasser und Wassertoff stattfinden, und zwar je höher der angewendete Druck desto niedriger die Temperatur. Z. B. bei 700° C 15—25 Atm., bei 400° C 150—200 Atm. Natürlich ist die Dauer der Behandlung von großem Einfluß auf die Ausbeute.

D. R. P. 370 975 Dr. F. Fischer u. Dr. H. Schrader, Mülheim a. d. Ruhr.
22. 8. 1920
9. 3. 1923

Verfahren zur Reduktion oder Hydrierung.

Verfahren zur Reduktion oder Hydrierung mit Formiaten, dadurch gekennzeichnet, daß diese bei Gegenwart von Wasser oder Feuchtigkeit unter Druck bei Temperaturen über 100° verwendet werden.

D. R. P. 441 164 Werschen Weißenfelser Braunkohlen A.-G. Dr. Arthur Fürth u. Dr. G. Hildenbrand, Kopsen bei Webau.
18. 1. 1924
25. 2. 1927

Verfahren zur Hydrierung organischer Verbindungen.

Verfahren zur Hydrierung organischer Verbindungen mittels nascierenden Wasserstoffs, dadurch gekennzeichnet, daß die zu hydrierenden Substanzen mit Wasserdampf über aktive Kohle geleitet werden, die auf Temperaturen nicht über 400° erhitzt wird. Z. B. wird Braunkohlenteerbenzin mit der Jodzahl 90 mit Wasserdampf bei 350° über aktive Kohle geleitet. Nach dem ersten Überleiten ist die Jodzahl auf 50 gefallen, nach dem dritten Überleiten ist die Jodzahl so niedrig, daß sie praktisch nicht mehr in Betracht kommt.

1 445 423 Titus Ulke, Washington.
23. 2. 1922
3. 2. 1923

Verfahren und Apparatur zur Hydrierung von kohlehaltigem Material.

Torf und dgl. werden mit Na-formiat behandelt, und das Na-formiat regeneriert nach den Gleichungen

$$2\,NaHCO_2 = H_2 + Na_2CO_3 + CO;\quad Na_2CO_3 + 2\,CO = 2\,NaHCO_2 + CO_2 + H_2O$$

1 567 967 Henri Macaux, übertragen auf Société Lyonnaise des
3. 10. 1922 Eaux et de l'Eclairage, Paris.
29. 12. 1925

Verfahren zur Vergasung und Verkokung von Kohle und ähnlichen Brennstoffen.

Anspruch:

Verfahren zur Vergasung von Kohle und ähnlichen Brennstoffen, dadurch gekennzeichnet, daß man kontinuierlich feinverteilte Kohle (Kohlenstaub) in auf Rotglut erhitzte Kammern bläst, während man gleichzeitig, während des ganzen Prozesses dauernd ein Hilfsgas, das Wasserstoff enthält, in solchen Mengen in diese Kammer einleitet, daß der Partialdruck des Wasserstoffs dauernd höher gehalten wird als der Druck, der aus der pyrogenen Zersetzung der in der Kohle enthaltenen Kohlenwasserstoffe resultiert, und daß man die erzeugten Gase absaugt, wobei sie nicht mehr mit den rotglühenden Koksschichten in Berührung kommen dürfen.

Zur Gewinnung eines guten marktmäßigen Kokses und eines Gases, das reich an **gesättigten** Kohlenwasserstoffen ist.

F. P 604 903 Soc. Internat. des Combustibles Liquides.
21. 10. 1925
17. 5. 1926

Gase, die zur Hydrierung von Kohle und Kohlenwasserstoffen dienen.

Rohes CH_4 und H_2 enthaltendes Gas wird nacheinander bei verschiedenen Temperaturen der Einwirkung von Wasserstoff ausgesetzt. Die sich bildende CO_2 wird ausgeschieden. C. Blatt 1926 II. 680.

247 582—587 Brit. I. G. Farbenindustrie Akt.-Ges., Frankfurt a. M.
6 Patente
14. 2. 1925 Deutschland
11. 2. 1926 England

Hydrierung von Kohle und dgl.

Das Verfahren zur Gewinnung flüssiger Produkte aus festen kohlehaltigen Substanzen, wie Kohle, Torf, Braunkohle oder Holz durch die Einwirkung von Wasserstoff oder reduzierenden Gasen, die freien oder gebundenen Wasserstoff enthalten, bei hoher Temperatur und vorteilhaft auch bei hohem Druck, wird in Gegenwart von Stickstoffverbindungen ausgeführt, denen auch indifferente, feste Körper oder andere Katalysatoren, wie Eisen oder Kobalt beigemischt sein können.

Geeignete Verbindungen sind Ammoniak und seine Derivate, z. B. Ammoniumsulfid, Nitride, die vergleichsweise gegen Wasser beständig sind, z. B. Silizium- oder Titannitrid oder deren Mischungen. Ammoniak kann im Reaktionsraum aus Stickstoff, Wasserstoff und einem geeigneten Katalysator, z. B. aktivem Eisen, gebildet werden. Der Wasserstoff kann im Reaktionsgefäß durch die Einwirkung von Dampf auf Kohle, Kohlenoxyd oder Kohlenwasserstoffe gebildet werden. — Wassergas, Ammoniak, Schwefelwasserstoff oder Mischungen von Wasserstoff mit Kohlendioxyd oder Schwefelwasserstoff oder Dampf oder Methan oder anderer Kohlenwasserstoff kann den Wasserstoff ersetzen.

In einem Beispiel wird lufttrockene Braunkohle allein oder als Paste mit Produkten des Verfahrens kontinuierlich in ein Reaktionsgefäß gefüllt, das auf 500° C geheizt ist, und unter 100 Atm. Druck mit einem Wasserstoffstrom behandelt, der 1% Ammoniak enthält. Die entstehenden Gase werden gekühlt und setzen ein dünnes Öl ab, das Spuren von Phenolen enthält. In einem weiteren Beispiel wirkt eine Mischung von Stickstoff und Wasserstoff mit etwas Ammoniak auf Braunkohle bei 500° C und 200 Atm.

247 583

Als Katalysatoren für das in 247 582 angegebene Verfahren werden hier ferner Molybdän oder seine Verbindungen, z. B. Molybdänsäure, Ammoniummolybdat, Molybdänsulfid genannt.

Ebenso können inerte Stoffe und andere Katalysatoren wie Ammoniak, Eisen, Kobalt, Zinkoxyd, Magnesia, aktive Kohle, Koks, Kieselsäure, Aluminiumhydroxyd, Kalziumkarbonat und Ton zugegen sein.

In einem Beispiel wird eine Mischung von 100 kg Braunkohle mit 1 kg Molybdänsäure bei 500° C und 150 Atmosphären Druck einem Wasserstoffstrom ausgesetzt.

247 584

Das Verfahren wird in Gegenwart von chemisch gebundenem Schwefel durchgeführt. Ein Sulfid oder mehrere, besonders aus der Eisengruppe, mit oder ohne Zusatz von Metallen, Metalloiden, aktiver Kohle, Koks, Oxyden, Hydroxyden, Karbonaten oder anderen Hydrierungskatalysatoren oder inerten Stoffen sind besonders geeignet. Auch Sulfate und Sulfite können Verwendung finden.

In einem Beispiel wird eine Mischung von Lignit mit 5—10% Schwefeleisen bei 500° und 200 Atmosphären mit einem Wasserstoffstrom behandelt. Das Schwefeleisen wird am besten durch Behandlung von Eisen mit Schwefelwasserstoff bei hoher Temperatur gewonnen.

247 585, Zusatz zu 247 584.

Das Verfahren unter Einwirkung gebundenen Schwefels nach dem vorigen Verfahren wird auf die Destillations- und Extraktionsprodukte der Kohle ausgedehnt und auf die Bestandteile, Destillationsrückstände und Umwandlungsrückstände und Umwandlungsprodukte von Teeren, z. B. Kresole, Braunkohlenwachs und Kumaronharze.

Im Beispiel wird rohe Kresolsäure (aus Steinkohlenteer) mit Wasserstoff bei 400—500° C und 150 Atmosphären über gepreßtes, gefälltes Kobaltsulfid geleitet und die Gase zur Kondensation der flüssigen Kohlenwasserstoffe gekühlt. Kobaltsulfid kann mit Nickel-, Eisen- oder Mangansulfid gemischt werden und durch Zink- oder Aluminiumsulfid ersetzt werden.

247 586, Zusatz zu 247 583.

Das im Hauptpatent beschriebene Verfahren in Gegenwart von Molybdän etc. wird auf die Behandlung der Destillations- oder Extraktionsprodukte von Kohlen aller Art oder ähnlichem Material tierischen oder pflanzlichen Ursprungs oder auf die Bestandteile, Rückstände und Umwandlungsprodukte der Teere ausgedehnt. Andere Katalysatoren und inerte Stoffe, wie Bimsstein Feuerton, Magnesium- oder Aluminiumsilikate usw. können mit Molybdän und seinen Verbindungen gemischt werden.

In einem Beispiel wird Wasserstoff und Braunkohlengeneratorteer kontinuierlich bei 500° C und 150 Atm. über eine Kontaktmasse geleitet, die man durch Pressen einer Mischung von Molybdänsäure mit 20% Aluminumhydroxyd erhält.

Das dünne Öl vom spezifischen Gewicht 0,83, das man beim Kühlen des entstandenen Gases erhält, ist geeignet zur Verwendung als Motorkraftstoff und zur Darstellung von Schmiermitteln. Der Wasserstoff kann 1% Ammoniak oder 300% Stickstoff enthalten.

247 587, Zusatz zu 247 582.

Auch das in 247 582 beschriebene Verfahren wird auf die Destillations- und Extraktionsprodukte der dort genannten festen Brennstoffe oder auf die Fraktionen, Bestandteile, Rückstände, Umwandlungsprodukte solcher Teere usw. übertragen.

Das Reaktionsgefäß wird mit katalytischem oder chemisch unwirksamem Material, wie Tonscherben, Quarz, Asbest, Bimsstein, aktive Kieselsäure, Metalle, Metalloide, aktive Kohle usw. gefüllt. Als Beispiel werden 79 l Wasserstoff, 20 l Stickstoff und 1 l Ammoniak gemischt und, mit den Dämpfen von entwässertem Braunkohlengeneratorteer beladen, durch ein Reaktionsgefäß getrieben, das auf 500 ° C und unter einem Druck von 200 Atm. gehalten wird. Aus dem austretenden Gase scheiden sich beim Kühlen dünne Flüssigkeiten ab. Titannitrid und Wasserstoff mit oder ohne Stickstoff können an Stelle des Aluminiumhydroxyds und der genannten Gasmischung verwendet werden.*)

598 751 Frz. Badische Anilin- und Sodafabrik, Ludwigshafen a. Rh.
25. 5. 1925
24. 12. 1925 **Verfahren, Eisenkarbonyl aus den begleitenden Gasen zu entfernen.**

Resumé:

Ein Verfahren, um Eisenkarbonyl aus Gasmischungen abzusondern, besteht im wesentlichen darin, daß man diese Gase mit solchen Gasen, die auf Eisenkarbonyl reagieren, wie O, Cl, HCl, $COCl_2$ etc., über poröse aktive Massen leitet.

(Abschnitt 9.) B. Indirekte Hydrierung von Kohle. Hydrierung von Gasen.

Hier eröffnet sich neuerdings mit den Methanol-Verfahren der Badischen Anilin- und Sodafabrik, sowie mit den Verfahren, die Franz Fischer mit seinen Mitarbeitern im Kaiser-Wilhelm-Institut für Kohlenforschung in Mülheim (Ruhr) entwickelt hat, eine Reihe von Möglichkeiten zur Gewinnung flüssiger Brennstoffe, denen — allein oder in Verbindung mit den Bergiusprozessen — die Zukunft gehören dürfte.

Es ergibt sich hier die für die Gesamtheit wichtige Duplizität, daß, ausgehend von denselben Grundstoffen und hinstrebend nach demselben Ziel, einmal die Großindustrie und zum andern ein

*) s. Verfahren v. Melamid im Nachtrag.

Forschungsinstitut ihre Versuchsergebnisse in Patenten und in wissenschaftlichen Darstellungen veröffentlichen, so daß man aus den Publikationen Franz Fischers*) auch einige Klarheit über den Methanol-Prozeß gewinnt. Einige Resultate von Fischers Versuchen, die vom Halbkoks und Wassergas zum Prosynthol, Synthol, Synthin und schließlich zur Erdölsynthese führen, sollen zunächst hier wiedergegeben werden.

Bei der Leitung von Wasserdampf über glühenden Koks entsteht bekanntlich Wassergas ($C + H_2O = H_2 + CO$). Dieses Wassergas, oder richtiger, die Componenten des Wassergases, wie sie technisch in den Gichtgasen der Hochöfen oder den Abgasen der Karbidfabriken vorkommen, bilden das Ausgangsmaterial für eine Reihe von Reaktionen, die, ähnlich der Reduktion der Kohlensäure in der Pflanze, zunächst zum Formaldehyd führen. Der Formaldehyd kondensiert sich zu höheren Aldehyden, zu Alkoholen. Durch weitere Aufnahme von Kohlenoxyd werden Säuren, Ester, Ketone usw. aufgebaut, die wiederum mit Wasserstoff schließlich bis zu Kohlenwasserstoffen reduziert werden.

Die ersten derartigen katalytischen Versuche von Bedeutung waren die von Sabatier, der unter gewöhnlichem Druck 3 Vol H_2 und 1 Vol CO bei 230—250° über Nickel schickte und dabei eine praktisch vollständige Umwandlung in Methan und Wasser erreichte. Über 250° tritt die Zersetzungsreaktion $2\,CO = C + CO_2$ auf, wobei der ausgeschiedene Kohlenstoff für die Reaktion verlorengeht, während CO_2 durch den Wasserstoff wieder zum Teil reduziert wird. Bei 380° verläuft die Reaktion so, daß nur noch 67,9% CH_4 neben 21,6% H_2 und 10,5% CO_2 entstehen.

Andre Versuche von Orloff (Ber. *42.* 893. 1909), Breteau (Sabatier, die Katalyse, s. 105) und Fester (Brennstoff-Chemie 3. 244. 1922) führten ebensowenig zu flüssigen Brennstoffen. Medsforth (J. of the chem. Soc. *123.* 1468. 1923) arbeitete mit Zusätzen von Thoriumoxyd und Aluminiumoxyd als Beschleuniger zum Nickel und erörtert die Möglichkeit, die Reaktion durch Zugabe geeigneter Substanzen zum Katalysator vor der Erreichung des Methanstadiums zum Halten zu bringen, aber seine diesbezüglichen Versuche verliefen negativ. — Winkelmann im Mülheimer Institut erhielt beim raschen Durchleiten von

---

*) Ges. Abhandl. z. Kenntnis der Kohle 1915—1921. Die Umwandlung der Kohle in Öle, Berlin 1924.

Wassergas durch enge Quarzröhren bei 450° ganz geringe Mengen Formaldehyd.

Erst die Anwendung von Druck führte zu praktisch brauchbaren Resultaten.

So beanspruchen die ältesten Patente der B. A. S. F. auf diesem Gebiete (D. R. P. 293 787 und Zusätze 295 202 und 295 203) die Gewinnung von Kohlenwasserstoffen (und deren Derivaten) durch Behandlung von Kohlenstoffoxyden (CO, CO_2) mit H_2 unter höheren Drucken in Gegenwart von Katalysatoren — von hoher Wärmeleitfähigkeit — bzw. von kohlenstoffhaltigen Metallen als Katalysatoren.

Fr. Fischer, Tropsch und Schellenberg schlugen zum Zwecke der Darstellung von Methylalkohol und Ölen aus Kohlenoxyd zunächst den Weg über das Kalziumformiat ein (Abh. z. K. d. Kohle *6*. 330. 355. 1921 s. a. D. R. P. 370 975) und erzielten im Aluminiumschwelapparat bei 420—430° in Wasserdampfstrom Ausbeuten an Methylalkohol bis zu 53% der Theorie, neben geringen Mengen sauerstoffhaltiger Öle.

Versuche, durch Leiten von technischem CO (mit 5,1% CO_2 und 8.5% H_2) unter 80 Atm. Druck über Kalikalk intermediär Kalziumformiat und daraus Methylalkohol zu erhalten, ergaben nur Spuren davon, ebenso war der Erfolg negativ, als man Kalk durch Zink, bzw. Kupfer, bzw. Manganoxyd ersetzte. Erst die Anwendung von Eisenfeilspänen mit KOH (215 g Späne mit 5fach normalem KOH benetzt, getrocknet und schwach geglüht) ergab nach mehrstündigem Durchleiten der Gase zunehmende Ölausbeute.

Stickstoff z. B. bei Anwendung von Gichtgasen in Mengen von etwa 60% vorkommend, beeinträchtigt die Reaktion insoweit, als der Partialdruck des Kohlenoxyds sinkt. Der Gesamtdruck müßte in dem Falle entsprechend erhöht werden.

Während ein Versuch über einen nach Patent 293 787 bereiteten Zinkkatalysator ohne Ergebnis blieb, wurden bei Anwendung eines geglühten Gemisches aus Kalziumazetat und Ferriazetat stündlich 10 ccm einer schwach sauren alkoholhaltigen Flüssigkeit erhalten. Als Kontaktform sind Eisenspäne gegenüber Eisenpulver von ganz wesentlichem Vorteil.

Eisenpulver setzt zwar mit seiner Wirkung sofort ein, jedoch erhitzt sich der Kontakt dabei derart, daß die Nebenreaktion 2 CO $= C + CO_2$ eintritt, wodurch das Eisen eingehüllt und dadurch unwirksam wird. Der Spänekontakt kommt langsam in Gang und erreicht erst allmählich seine Maximalwirksamkeit.

Während des Versuches findet eine Auflockerung der Oberfläche der Späne statt, die (Umw. d. K. i. Öl. S. 299) auf einer intermediären Bildung und dem Wiederzerfall von Eisenkarbonyl beruhen mag. Spänekontakte begünstigen auch die Kohlenstoffabscheidung nicht so, wie feinverteiltes Metall, und in diesem Punkte stimmen Fischers Erfahrungen mit den Hinweisen überein, die durch das D. R. P. 295 202 gegeben sind, daß nämlich Kontaktmassen von hoher Wärmeleitfähigkeit verwendet werden sollen.

Aus weiteren Versuchen ergab sich, daß die Kontaktlänge von Bedeutung ist, und zwar erhielt man bei kurzer Kontaktschicht vorwiegend Alkohole und wenig Öl, während bei längerer Schicht aus den Alkoholen sich Öl bildet. Natürlich stehen diese Verhältnisse auch in engem Zusammenhang mit der Geschwindigkeit.

Eisen ohne Kali ist ebenso unwirksam wie Alkali ohne Eisen. In all diesen Fällen verringert sich die Wirksamkeit der Alkalien hinsichtlich der Ölbildung in der Reihenfolge Rubidium. Kalium. Natrium. Hinsichtlich der Alkoholbildung lautet die Reihenfolge Lithium, Rubidium, Natrium, Strontium, Kalium.

Cäsium, das auch sehr günstig wirkt, kommt technisch wohl nicht in Betracht. (S. Umwandl. d. Kohle, S. 302*).)

Je mehr Alkali sich auf dem Katalysator befindet, desto mehr wird in gewissen Grenzen die Ölbildung begünstigt — auf Kosten der Alkoholausbeute.

Der Einfluß der Zusammensetzung des Wassergases tritt derart in Erscheinung, daß sich mit wachsendem CO-gehalt die Öle (z. B. 55,7% CO; 29,9% H_2) vermehren, während bei entsprechend steigendem Wasserstoffgehalt (z. B. 30,7% CO, 62% H_2) die alkoholisch wässrigen Reaktionsprodukte ansteigen.

Wichtig ist die Entfernung von Schwefelwasserstoff aus dem Wassergase durch Gasreinigungsmasse, sowie die Entfernung anderer Schwefelverbindungen, die man mit Erfolg durch Zusatz von Sauerstoff und Katalysierung durch aktive Kohle unschädlich macht. Fischer und Tropsch haben bei Durchführung ihrer neuesten Synthese zur Entfernung der Schwefelverbindungen ein katalytisches Verfahren gefunden, dessen Einzelheiten jedoch nicht veröffentlicht wurden. — Bezüglich Druck, Temperatur und Gasgeschwindigkeit sagt Fischer (loc. cit.

*) Über Verwendung von Rubidium, Cäsium etc. handelt D. R. P. 411 216 (3. 11. 1922; 26. 3. 1925) v. Fischer u. Tropsch.

S. 314), daß die günstigste Temperatur etwa 410° beträgt bei einem Drucke von 150 Atm., daß der Druck am besten möglichst hoch genommen wird, und daß die Geschwindigkeit, wenn man Ölbildung bezweckt, so lange reduziert werden muß, bis die günstigste Ölmenge, bezogen auf das abströmende Gas, erreicht wird. Es ist selbstverständlich, daß das abströmende Gas nach Ausscheidung der flüssigen Reaktionsprodukte im Kreislauf immer wieder über denselben Kontakt unter entsprechender Ergänzung von CO und H_2 gepumpt werden kann. Ein solcher Zirkulierapparat gab auch mit CO_2 und H_2 Alkohol- und Ölausbeuten, dagegen ergab Methan weder mit CO noch mit CO_2 eine Reaktion.

Aus 10 cbm (= 7 kg) Wassergas wurden rund 1 kg flüssiger Brennstoff erhalten, bei einer Heizwertausbeute von 29%. Das so erhaltene Produkt besteht aus etwa 10% Säuren von der Ameisensäure bis zu höheren Fettsäuren C_9, 29% wasserlöslichen Alkoholen, Aldehyden und Ketonen, darunter allein 14,5% Methylalkohol, 11% teilweise mit Wasser mischbarem Öl (nicht näher untersucht), 48% wasserdampfflüchtigem Öl aus höheren Aldehyden, Alkoholen, Ketonen, Estern und kleinen Mengen von Kohlenwasserstoffen bestehend und 2% nicht wasserdampfflüchtigem Öl.

Fahrversuche mit dem öligen Anteil, dem sogenannten Synthol ergaben, daß es in bezug auf die geleisteten Strecken dem Benzol gleichzustellen, wenn es nicht durch gewisse Eigenschaften, wie das Vermögen, Wasser zu binden, ihm sogar überlegen ist.

Durch Erhitzen im Autoklaven auf 420° wird das Synthol in Synthin, ein an Kohlenwasserstoffen reicheres Produkt zu etwa 70% umgewandelt. Dieses Synthin destilliert bis 300° zu 84%.

Während bei den Syntholreaktionen sauerstoffreiche Verbindungen entstehen, und das praktische Interesse an den mitgeteilten Versuchsbedingungen vielleicht in höherem Grade der Alkoholphase als der Ölphase gilt, ist es Fischer und Tropsch bei ihrem neuesten Verfahren (s. Brennstoff-Chemie 7. 97., Ber. 59. 830. 1926) gelungen. zu Kohlenwasserstoffen zu gelangen vom leichtesten Benzin bis zu weißkrystallisierenden Paraffinen, die unter Umständen die Versuchsapparatur verstopften. Das Wesentlichste aber an dieser „Erdölsynthese" ist, daß sie ohne Druck verläuft. Der ganze Prozeß erscheint gegenüber dem Syntholverfahren nunmehr ganz unvergleichlich vereinfacht. Nach langem Suchen hat man endlich Kontakte gefunden, welche die Synthese des Wassergases zu Kohlenwasserstoffen nicht nur ohne Druck, sondern auch bei der relativ niedrigen Temperatur von 270° bewirken.

Voraussetzung ist allerdings, daß man mit einem von Schwefelverbindungen befreiten Wassergas arbeitet, und diese Reinigung konnte, wie bereits erwähnt, auch auf katalytischem Wege durchgeführt werden.

Als Katalysator für die Kohlenwasserstoff-Synthese kann ein Eisen-Zinkoxydgemisch oder auch ein Kobalt-Chromoxydgemisch Anwendung finden. Man stellt sich nach Fischer vor, daß sich aus dem Kohlenstoff des CO zunächst kohlenstoffreiche Karbide von großer Unbeständigkeit auf der Oberfläche der Metallkontakte niederschlagen, und daß sich aus diesen sekundär durch den Wasserstoff des Gases mehr oder minder langkettige Kohlenwasserstoffe bilden, daß also gewissermaßen das Kohlenstoffgerüst auf der Kontaktoberfläche bereitliegt und durch den Wasserstoff nur abgehoben zu werden braucht. Es treten bei dieser Arbeitsweise im Gegensatz zur Hochdruckkatalyse stets Kohlenwasserstoffe und niemals Sauerstoffverbindungen auf. Als Katalysatoren kommen ganz allgemein die Metalle der achten Gruppe des periodischen Systems in Betracht, ferner Cr_2O_3, ZnO, BeO, UO_2, SiO_2, Al_2O_3, MgO, MnO_2, aktive Kohle und FeO.

Während man früher bei hohen Temperaturen stets zum Methan gelangte, kann man jetzt durch genaue Innehaltung der Temperaturbedingungen die Ausbeute an niedrigen oder höheren Methanhomologen nach Wunsch lenken.

Aus 1 cbm Wassergas erhält man mit Eisenkobaltoxydkontakt 100 g flüssige, zum Teil auch schon feste Kohlenwasserstoffe. Mit dem Ausbau der Synthese für die praktische Ausnutzung ist zurzeit die beim Kaiser-Wilhelm-Institut für Kohleforschung gebildete Studien- und Verwertungsgesellschaft m. b. H. beschäftigt. Gegen das Verfahren zur drucklosen Synthese wird der Einwand erhoben, daß die notwendige Vergrößerung der Apparatur die Kosten der Anlage erhöht und daher die Wirtschaftlichkeit in Frage stellt. Demgegenüber ist zu bemerken, daß beim drucklosen Verfahren hinsichtlich der Qualität des apparativen Materials Ersparnisse gemacht werden können. Letzten Endes ist das Ergebnis der Großversuche abzuwarten. —

Nachdem wir versucht haben, durch Wiedergabe der Fischerschen Mitteilungen die Reaktionen, die sich bei wassergasartigen Mischungen über Katalysatoren unter Druck abspielen, zu schildern, kommen wir nunmehr zur üblichen Wiedergabe der auf diesem Gebiete in den letzten Jahren gewonnenen Patente.

Von den ältesten Patenten der Badischen Anilin- und Soda-Fabrik wurde schon gesprochen. Die Entwicklung, welche die Methanolsynthese genommen, ist aus den neueren englischen Patenten derselben Firma zu ersehen, während die älteren D. R.-Patente (293 787, nebst Zusätzen 295 202 und 295 903) die Herstellung von Kohlenwasserstoffen und Derivaten bezwecken.

Das britische Patent (e 229 714) zur Herstellung von Methanol gibt eingehend über die Katalysatoren und sonstigen Reaktionsbedingungen Auskunft. Auch hier soll der Wasserstoff gegenüber den Kohlenoxyden überwiegen. Aus (e 218 622) geht hervor, daß nach dem vorigen Verfahren, neben Methanol auch andere sauerstoffhaltige flüssigorganische Produkte entstehen, die gegebenenfalls mit Methanol oder dgl. als Kraftöle dienen können. e 237 030 erweitert den Kreis der Katalysatoren, ebenso e 238 319, nach welchem durch Mäßigung der Gasgeschwindigkeit sich vorwiegend höhere Alkohole als Methanol bilden. Auch e 240 955 betrifft die synthetische Gewinnung höherer Alkohole wie Propyl-, Butyl-, Amylalkohol neben Methanol. Nach e 244 830 gewinnt man durch Behandlung der nach 238 319 erhaltenen Flüssigkeit mit kochender conc. Salzsäure ein dem Terpentinöl sehr nahestehendes Öl. Durch die französischen Patente 580 949 (entspr. e 218 622) und 581 816 werden die Beispiele teilweise ergänzt. Nach f 594 199 werden aus Gasmischungen, die Aethylen oder andere Olefine enthalten, flüssige Kohlenwasserstoffe, die etwa von 50—80° sieden, erhalten. Soweit die Patente der B. A. S. F.*)

Ein katalytisch wirkender Zinnüberzug ist Fr. Fischer durch D. R. P. 421 152 (23. 10. 1919; 6. 11. 1925) geschützt. —

In Frankreich sind nun von Patart einerseits und von Prudhomme andererseits Verfahren zur Gewinnnung von Alkoholen oder flüssigen Brennstoffen aus Steinkohlengasen entwickelt worden, deren Ähnlichkeit mit den bisher beschriebenen Prozessen nicht zu verkennen ist, und die zum Teil Gegenstand von Patentstreitigkeiten geworden sind. Patart geht bei seinem englischen Patent 247 176 von Methan aus, das er gleichzeitig mit Sauerstoff bei 1000° über Kohlen verschiedener Art oder feuerbeständiges Material leitet und so ein Gemisch von etwa 1 Vol CO zu H_2 erhält. Dieses wird nach e 247 177 über Katalysatoren

*) zu denen sich neuerdings noch D. R. P. 441 433 der I. G. Farbenindustrie gesellt.

geleitet, die auch in den Verfahren der B. A. S. F. genannt sind, jedoch bei Drucken von 100—500 Atm. (B. A. S. F. scheint nicht über 150 Atm. zu gehen) zwecks Gewinnung von Alkoholen u. dgl. Nach e 247 178 bewirkt Einführung ungesättigter Kohlenwasserstoffe die Bildung flüssiger Kohlenwasserstoffe neben Methylalkohol. Ebenfalls nach e 247 178 und 247 932 dient basisches Zinkchromat als Katalysator. Weitere Ausführungen finden sich in den französischen Patenten 575 178, 579 555, 594 121, 597 836, 598 966, 599 588, 599 589.

Prudhomme katalysiert erst CO und H_2 über Ni zu Methan und gewinnt aus Methan-Kohlenoxyd-Wasserstoffgemischen über anderen Katalysatoren (BF_3, $AlCl_3$, kolloidem Palladium) Kohlenwasserstoffe verschiedener Art, oder er führt Methan mittels Ni-Vd-Katalysatoren in ein Gemisch aus Azetylen und Wasserstoff über, das durch weitere Katalysationsprozesse zu petroleumähnlichen Kohlenwasserstoffen kondensiert wird. f 554 529, e 238 931, ferner f 577 699 und 600 482.

Erdölprodukte und Kohlengase werden von der Société Lyonnaise des Eaux et de l'Eclairage über Katalysatoren zu einer Essenz „O-140" synthetisiert (f 589 239).

Das Verfahren von Plauson und Tischenko (D. R. P. 346 065) behandelt Carbide, die Azetylen, Methan, Aethylen etc. geben, bei 500—700° mit überhitztem Wasserdampf und gewinnt dabei Pentine, evtl. auch Terpene. Das Verfahren gewinnt durch die Erdölsynthese von Fischer, die ja durch Einwirkung von Wasserstoff auf Carbide besonderer Art erklärt wird, an Interesse.

H. Nielsen und Bryan Laing (e 198 385) gewinnen aus methanhaltigem Gas oder Wassergas etc. Ameisensäure über Katalysatoren, neben leichten Kohlenwasserstoffen.*)

*) Dieselben Erfinder verwerten in der L. and N. Coal Destillation, Ltd. ein Verfahren, das nach der „Chem. Industrie 1927. 280. 387" ein Tieftemperaturverkokungsverfahren darstellt, zu dessen wichtigsten Faktoren die Ölgewinnung gehört. Die Öle, die in der Kohle vorhanden sind, werden als solche extrahiert, wobei ölfreie Kohle zurückbleibt, die besser, d. h. rauchschwächer, brennbar sein soll als die ursprüngliche Kohle. Im Gegensatz zu anderen Verfahren vermeidet das neue Verfahren auch das Kracken und produziert ein Primaröl, aus dem Petroleum, Paraffin, Gasöl, Dieselöl, Phenole und vor allem äußerst hochwertige Schmieröle abgeschieden werden, die nach Befund des National Physical Laboratory den besten am Markt befindlichen (amerikanischen) gleichwertig sein sollen. Außer 90 Liter Öl per t liefert das neue Verfahren etwa 700 kg feste Brennstoffe per t. Das produzierte Gas wird im Betriebe selbst verbraucht.

Patente zum Abschnitt 9 B. Indirekte Hydrierung.

D. R. P. 293 787 Badische Anilin- und Sodafabrik, Ludwigshafen.
12 o Gr. 1
ab 8. 3. 1913
ausgeg. 23. 8. 1918

Verfahren zur Herstellung von Kohlenwasserstoffen und deren Derivaten.

Anspruch:

Verfahren zur Darstellung von flüssigen oder leicht zu verflüssigenden Kohlenwasserstoffen bzw. von Kohlenwasserstoffderivaten, dadurch gekennzeichnet, daß man die Oxyde des Kohlenstoffs mit Wasserstoff oder wasserstoffreichen Verbindungen oder mit Gemischen beider in Gegenwart von Katalysatoren unter höheren Drucken behandelt.

Die Patentschrift besagt: Es ist bekannt, daß man aus Kohlenoxyd oder Kohlensäure und Wasserstoff, bei erhöhter Temperatur mittels Katalysatoren, insbesondere Nickel, Methan darstellen kann, auch finden sich Angaben, daß man unter veränderten Versuchsbedingungen geringe Mengen Formaldehyd und Aethylen erhalte.

Es wurde nun gefunden, daß man Kohlenwasserstoffe und Derivate, namentlich O-Derivate, leicht aufbauen kann, wenn man die Oxyde des Kohlenstoffs mit Waserstoff oder wasserstoffreichen Verbindugen wie z. B. Methan (!) oder mit Gemischen beider untereinander oder mit anderen Gasen in Gegenwart von Katalysatoren unter Drucken von vielen Atmosphären behandelt. Als Katalysatoren kann man die verschiedenartigsten Elemente verwenden z. B. Cer, Chrom, Kobalt, Mangan, Molybdän, Osmium, Palladium, Titan, Zink, bzw. deren Oxyde oder Verbindungen. Man kann auch Gemische anwenden und dem Katalysator andere, z. B. vorteilhaft basischere Stoffe wie Alkalihydroxyd, beigeben.

Verwendet man statt Kohlenoxyd Kohlensäure, so treten im allgemeinen die höheren bzw. flüssigen Kohlenwasserstoffe zurück.

Beispiel I. Über mit reinem Kobaltoxyd oder Osmiumoxyd und etwas Ätznatron imprägnierten, reinen Asbest wird bei 100 Atm. und 300—400° ein Gemisch von zwei oder mehr Teilen reinem CO und einem Teil H_2 geleitet. — Bildung von H_2O, CO_2 neben C-Abscheidung, ferner von CH_4 und höheren Kohlenwasserstoffen, sowie von Sauerstoffderivaten. Es scheidet sich in der kalten Vorlage eine wässerige Lösung von Aldehyden u. dgl. sowie eine leichtere, ölige Flüssigkeit ab, die hauptsächlich aus gesättigten und ungesättigten Kohlenwasserstoffen besteht, die bis ca. 250° sieden. Ist das angewandte Gasgemisch N-, NH_3- oder S-haltig, so können entsprechende organische Verbindungen mitentstehen.

Analog verfährt bei Verwendung von CO_2 statt CO Beispiel II. Ein geeigneter Träger, wie gebrannte Magnesia, Schwemmstein u. dgl. wird mit K_2CO_3-Lösung getränkt und getrocknet; hierauf bringt man die Masse in eine konzentrierte Zinknitratlösung, gießt ab, trocknet und erhitzt. Über diese Kontaktmasse leitet man im Hochdruckapparat bei 120 Atm. und 360—420° ein Gasgemisch, bestehend aus z. B. 62% CO, 28% H_2, 4% CO_2, 2% CH_4, 4% N_2. Es bilden sich in der Hauptsache höhere

Kohlenwasserstoffe sowie deren Derivate. C wird in der Regel nicht oder nur in geringer Menge abgeschieden. Der größte Teil der zu verflüssigenden bzw. absorbierbaren Produkte kann schon bei gewöhnlicher Temperatur abgeschieden werden, wobei das Restgas in der Regel noch einen Gehalt von Olefinen (Aethylen, Propylen usw.) aufweist.

Die Analyse ergab z. B. a) in der öligen Schicht hauptsächlich Kohlenwasserstoffe mit Siedepunkten von ca. 20° bis über 200°, und zwar etwa zu ⅔ gesättigten und zu ⅓ ungesättigten Charakters, daneben insbesondere gelöste organische Sauerstoffverbindungen; durch besondere Reinigungsoperationen kann man hieraus ein Produkt gewinnen, das erdölartigen Charakter hat.

b) In dem entstandenen bzw. vorgelegten Wasser einen schwankenden Gehalt organischer Verbindungen gesättigter und auch ungesättigter Natur, bestehend je nach Umständen aus Alkoholen, Ketonen, Aldehyden, Säuren und Kondensationsprodukten.

Im Falle, daß die verwendeten Gasgemische nicht genügend rein sind, sondern Spuren hemmender Stoffe enthalten, schaltet man zwecks Reinigung der eigentlichen Kontaktmasse einen erwärmten Vorkontakt vor. Das den Abscheidungsapparat verlassende Restgas kann nach Korrektur seiner Zusammensetzung (z. B. Abscheidung von CO_2, Zuführung von H_2) von neuem für die Umsetzung verwendet werden. (S. auch Fr. Fischer Ges. Abh. z. K. d. K. Bd. 4, S. 8.)

D. R. P. 295 202 Badische Anilin- und Sodafabrik, Ludwigshafen.

Verfahren zur Darstellung von Kohlenwasserstoffen und Derivaten (Zusatz zu 293 787).

Anspruch:

Ausführungsform des Verfahrens nach 293 787, dadurch gekennzeichnet, daß dabei Kontaktmassen von hoher Wärmeleitfähigkeit verwendet werden.

D. R. P. 295 203 Badische Anilin- und Sodafabrik, Ludwigshafen.

Verfahren zur Herstellung von Kohlenwasserstoffen und deren Derivaten.

Besondere Ausführungsform des Verfahrens nach 293 787 und 295 202, darin bestehend, daß als Katalysatoren kohlenstoffhaltige Metalle verwendet werden.

229 714 Brit. Badische Anilin- und Sodafabrik, Ludwigshafen.

Herstellung von Methanol und anderen Alkoholen.

Methylalkohol wird mit anderen sauerstoffhaltigen Verbindungen dargestellt, indem man Mischungen von Kohlenoxyd oder/und Kohlendioxyd mit Wasserstoff bei erhöhtem Druck und erhöhten Temperaturen über ein katalytisches Material leitet, das nicht reduzierbare Metalloxyde oder Verbindungen davon enthält. Hierunter fallen bei 550° C unter gewöhnlichem oder gesteigertem Druck durch H_2 oder CO nicht reduzierte Oxyde. Eisen, Nickel, Kobalt sind auszuschließen. Angewendet werden: Oxyde, Hydroxyde oder Karbonate der Alkalien, der alkalischen Erden, der Erden und seltenen

Erden; Mischungen von Magnesia oder Tonerde mit Oxyden von Blei, Wismuth, Thallium, Zink, Kadmium, Kupfer, Zinn; Antimon; Silizium; Bor; Titan, Kalikalk, oder eine Mischung von kaustischer Pottasche und Aluminium, oder Magnesiumchromat; eine Mischung von Bleichromat mit Aluminium, dazu eine kleine Menge Ätzkali; Magnesium- oder Zinkoxyd mit Kalium oder Rubidiumhydroxyd oder -karbonat; das Produkt, das man an der Luft oder in einem inerten Gase beim Entzünden einer Mischung von Kupferoxyd und Aluminiumpulver erhält; Mischungen von Kalium- etc. -verbindungen mit Oxyden von Uran, Aluminium, Chrom, Mangan oder der seltenen Erden; Mischungen oder Verbindungen von Zinkoxyd mit den Oxyden von Aluminium, Barium, seltenen Erdmetallen, Chrom, Magnesium, Mangan, Tantal, Titan, Wolfram, Vanadium, Antimonoxyd gemischt mit Berylliumoxyd; Wolframdraht (thorhaltig), Molybdän oder Thallium (tonerdehaltig); ein beim Schmelzen von Kaliumchromat unter Zusatz von Zinkoxyd oder anderen Oxyden erhaltenes Produkt, das nach der Abkühlung zerbrochen wird und reduziert werden kann. W a s s e r s t o f f s o l l dem Volumen nach gegenüber den Kohlenoxyden ü b e r w i e g e n. Der Druck soll 50 Atmosphären übersteigen und bei Temperaturen von 300—600° C gearbeitet werden. Die Gasgeschwindigkeit kann zwischen 5 und 200 cbm auf atmosphärischen Druck berechnet in der Stunde pro Kilogramm Kontaktmasse betragen.

A n s p r ü c h e :

1. Neues Verfahren zur Herstellung von Methanol oder anderen Alkoholen, dadurch gekennzeichnet, daß man Kohlenoxyd oder Kohlenhydroxyd oder beide mit Wasserstoff reagieren läßt, wobei das Volumen des letzteren das Volumen der Kohlenoxyde übertrifft, unter erhöhten Druck- und Temperaturbedingungen und unter dem Einfluß von Katalysatoren, die nicht reduzierte Metalloxyde oder Verbindungen davon enthalten, wie beschrieben, aber ganz oder im wesentlichen frei von Eisen, Nickel und Kobalt.

B e i s p i e l (4). Kupferoxyd wird mit gepulvertem Aluminium innig gemischt und die Masse in Luft oder inertem Gas angezündet. Es entsteht eine innige Mischung von Kupfer und Tonerde, die beim Überleiten einer Mischung von 9 Vol.-Teilen Wasserstoff und 1 Teil Kohlenoxyd vorzügliche Ausbeuten an Methanol liefert Die Geschwindigkeit des Gasstroms kann in weiten Grenzen, z. B. zwischen 5—200 cbm und mehr schwanken, berechnet auf Atmosphärendruck in der Stunde für jedes Kilogramm Kontaktmasse. Der Prozeß vollzieht sich nach den Gleichungen:

$$CO + 2H_2 = CH_3OH \text{ und}$$
$$CO_2 + 3H_2 = CH_3OH + H_2O.$$

218622 Brit. B a d i s c h e A n i l i n - u n d S o d a f a b r i k , Ludwigshafen.
8. 5. 1924
20. 8. 1925

Betrieb von Maschinen mit innerer Verbrennung.

A n s p r u c h :

Abänderung nach 229714, darin bestehend, daß man als Motorbrennstoff für Maschinen mit innerer Verbrennung, die sauerstoffhaltigen, flüssigen organischen Produkte, und n i c h t den synthetischen -Methylalkohol, verwendet, die bei der katalytischen Behandlung der Kohlenstoffoxyde mit Wasserstoff gemäß Verfahren 229 714 entstehen, oder die Fraktionen solcher Produkte oder Mischungen dieser Produkte mit Methylalkohol oder anderen Kraftölen.

237 030 Brit. Badische Anilin- und Sodafabrik, Ludwigshafen.
28. 4. 1924
23. 7. 1925 **Verfahren zur Umwandlung von Kohlenoxyden in sauerstoffhaltige organische Verbindungen.**

Anspruch:

1. Verfahren zur Umwandlung von Kohlenoxyden in sauerstoffhaltige organische Verbindungen, und insbesondere in Methanol, dadurch gekennzeichnet, daß man Kohlenmonoxyd oder-dioxyd, oder beide mit Wasserstoff, bei erhöhter Temperatur und erhöhtem Druck über eine Kontaktmasse leitet, die zwei oder mehr Metalle, deren Oxyde reduzierbar sind, enthält — wie (unten) dargelegt — mit Ausnahme von Eisen, Nickel oder Kobalt — und die Mischungen der obigen zwei oder mehr Metalle mit Metallen von der vierten bis zur siebenten Gruppe des periodischen Systems oder mit Bor.

2. Verfahren zur Herstellung von Methanol oder anderen sauerstoffhaltigen organischen Verbindungen im Einklang mit Anspruch 1 nach dem (unten) gegebenen Beispiel.

Beispiel. Eine verdünnte, wässerige Lösung, die 10 Molekulargewichtsteile Kupfernitrat auf einen Gewichtsteil Zinknitrat enthält, wird in der Hitze mit einer Lösung von Kaliumkarbonat gefällt. Die gebildeten Karbonate werden abfiltriert, sorgfältig gewaschen und getrocknet. Die pulverige Masse wird dann zu einer Paste geformt unter Zusatz von 5 Gewichtsprozenten Zucker und 30 Gewichtsprozenten einer 30- oder 40-prozentigen Formaldehydlösung, und wenn erforderlich, ein wenig Wasser. Die Paste wird dann getrocknet, in Stücke gebrochen und mit trockenem Wasserstoff bei 250—300° C reduziert. Über die so präparierte Kontaktmasse wird eine trockene Mischung von etwa 1 Volumen reinen Kohlenmonoxyd mit etwa 9 Volumen Wasserstoff geleitet, mit einer Geschwindigkeit, die 5—200mal das Volumen der Kontaktmasse ausmacht, berechnet auf komprimiertes Gas, in einer Stunde, bei etwa 300° C und bei einem Druck von etwa 150 Atmosphären.

Die den Apparat verlassenden Reaktionsgase werden unter Erhaltung des Druckes gekühlt. Es scheidet sich flüssiges Methanol in guter Ausbeute ab. — Auch andere Kontaktmassen können zur Verwendung kommen, z. B. solche, die zwei oder mehr der Metalle Kupfer, Silber, Blei, Zink, Kadmium oder andere in wechselnden Anteilen enthalten. Kohlenmonoxyd kann ganz oder teilweise durch Kohlendioxyd mit sehr guten Resultaten ersetzt werden, auch können andere Gase, z. B. Stickstoff, zugegen sein.

238 319 Brit. Badische Anilin- und Sodafabrik, Ludwigshafen.
24. 5. 1924
20. 8. 1925 **Herstellung oxydierter organischer Verbindungen** (Methanol, Homologe).

Ansprüche:

1. Verfahren zur Herstellung sauerstoffhaltiger organischer Verbindungen von höherer Ordnung als Methanol, dadurch gekennzeichnet, daß man eine

Mischung aus einem Kohlenoxyd mit einem wasserstoffhaltigen Gas bei erhöhten Druck- und Temperaturbedingungen über eine Kontaktmasse leitet, die mit der Gasmischung unter Bildung von Methanol reagieren kann, und zwar vorzugsweise über solche Massen, die wesentliche Mengen von nicht reduzierbaren Metalloxyden enthalten, die aber im wesentlichen frei von Eisen, Nickel und Kobalt sind, wobei die Geschwindigkeit der Operation derart gemäßigt wird, daß sich vorwiegend oxydierte organische Produkte von höherer Ordnung als Methanol bilden, hauptsächlich höhere Alkohole.

Nach 2 soll außer dem Katalysator in der Kontaktmasse noch eine Kaliumverbindung anwesend sein.

Nach 3 soll die Temperatur bei Ausführung des Verfahrens nach 1 und 2 350—500° betragen.

240 955 Brit. Badische Anilin- und Sodafabrik, Ludwigshafen.
26. 2. 1925
15. 8. 1925

Synthetische Gewinnung von Methanol und höheren Alkoholen.

Ansprüche:

1. Verbessertes Verfahren zur synthetischen Darstellung von Methanol, entweder rein oder mit anderen organischen sauerstoffhaltigen Verbindungen, insbesondere höheren Alkoholen gemischt, durch katalytische Hydrierung Kohlenmonoxyd bei erhöhten Temperatur- und Druckbedingungen, gekennzeichnet durch die Ausführung der Reaktion in Abwesenheit von Eisen.

3. Methanol oder andere organische Verbindungen, die Sauerstoff enthalten, besonders höhere Alkohole oder Mischungen derselben, die nach den (unten) gegebenen Beispielen hergestellt wurden.

Beispiel 1. Ein Hochdruckrohr wird innen mit Kupfer überzogen und mit körniger Kontaktmasse aus gleichen Molekülen Chrom- und Manganoxyd bestehend gefüllt. Eine Gasmischung mit etwa 80 Vol% Wasserstoff und 20 Vol% Kohlenmonoxyd, die sorgfältig von allen flüchtigen Eisenverbindungen und suspendiertem Eisen befreit wurde, wird durch das Hochdruckrohr bei einem Druck von 220 Atm. und 450° C geleitet. Das Reaktionsgas wird ohne Druckminderung durch einen Kühler geführt, wobei sich große Mengen Methanol abscheiden. Das Rückstandsgas kann nach Zufügung entsprechender Mengen der benötigten Frischgase in das Druckrohr zurückgeleitet werden.

Beispiel 2. Eine Gasmischung von 70% Kohlenmonoxyd, 25% Wasserstoff und 5% Stickstoff, die sorgfältig von Eisenkarbonyl befreit wurde, wird bei 400° C und 200 Atm. Druck über eine Kontaktmasse geleitet, die aus einer innigen Mischung von Chromoxyd und Zinkoxyd besteht. Die Masse befindet sich in einem rohrförmigen Reaktionsgefäß, das mit Aluminium überzogen und druckbeständig ist. Bei der Kühlung unter unvermindertem Druck werden große Mengen von fast reinem Methanol erhalten. — Das Verfahren kann auch wie beim ersten Beispiel kontinuierlich erfolgen.

Unter anderen Bedingungen z. B. mit einer Kontaktmasse, die außer schwer reduzierbaren Metalloxyden einen kleinen Zusatz von Kalziumkarbonat enthält, vorteilhaft mit größeren Mengen von Kohlenmonoxyd und geringerer Geschwindigkeit des Gasstroms, werden höhere Alkohole wie Propyl-, Butyl-, Amylalkohol neben Methanol erhalten.

Die Mengen variieren je nach den genauen Bedingungen, insbesondere nach der Versuchstemperatur.

244 830 Brit. Badische Anilin- und Sodafabrik, Ludwigshafen.
24. 9. 1924
24. 12. 1925

Gewinnung wertvoller organischer Verbindungen.

Ansprüche:

1. Verfahren zur Gewinnung wertvoller organischer Verbindungen, das darin besteht, daß man die öligen Flüssigkeiten, die bei der katalytischen Hydrierung von Kohlenoxyden unter Druck gemäß den Verfahren 227 147, 229 714, 237 030, 238 319 entstehen, und die sauerstoffhaltige organische Verbindungen, hauptsächlich Alkohole von höherer Ordnung als Methylalkohol enthalten oder Fraktionen solcher öligen Flüssigkeiten der Behandlung mit kondensierenden Mitteln unterwirft. So entsteht z. B. aus den nach 238 319 erhaltenen Flüssigkeiten durch Abdestillieren eines Teils unter Vakuum und Redestillation unter gewöhnlichem Druck aus der Fraktion von 66—72% durch Behandlung mit dem doppelten Volumen kochender konzentrierter Salzsäure ein leicht gelbgefärbtes Öl, das von 140—155° C destilliert und in seinen Eigenschaften dem Terpentinöl sehr nahesteht.

580 949 Frz. Badische Anilin- und Sodafabrik, Ludwigshafen*).
1. 5. 1924
19. 11. 1924

Motorbrennstoff.

Resumé:

Gegenstand der Erfindung ist ein Motorbrennstoff, der besteht:

1. aus rohem Methylalkohol, der durch katalytische Einwirkung von Wasserstoff auf die Kohlenoxyde allein oder in Mischung mit anderen geeigneten Brennstoffen oder 2. aus anderen flüssigen Gemischen, die bei der katalytischen Einwirkung von Wasserstoff auf die Oxyde des Kohlenstoffs besonders in zusammengesetzten Mischungen öliger Stoffe oder in Gegenwart solcher entstehen, wobei diese Mischungen allein oder unter Zufügung von Methylalkohol oder anderen Brennstoffen verwendet werden können.

Bezugnahme auf franz. Patent 468 427 v. 13. 2. 1914 u. D. R. P. Anm. 109 722 IV. 12. v. 22. 5. 1923.

581 816 Frz. Badische Anilin- und Sodafabrik, Ludwigshafen.
19. 5. 1924
6. 12. 1924

Verfahren zur Gewinnung von dem Methylalkohol entsprechenden Ölen.

Resumé:

1. Verfahren zur Gewinnung von dem Methylalkohol entsprechenden Ölen durch Einwirkung der Oxyde des Kohlenstoffs, insbesondere des Kohlenmonoxyds, auf Wasserstoff bei hoher Temperatur und hohem Druck in Gegen-

*) Ältere französ. Patente: 571 354 bis 356.

wart eines Katalysators, welches wesentlich darin besteht, daß man die Mischungen von Wasserstoff mit den Oxyden des Kohlenstoffs in schwachem Strome über den Katalysator leitet.

2. Ausführung des Verfahrens nach 1, darin bestehend, daß man Kontaktmassen anwendet, die sauerstoffhaltige Verbindungen des Kaliums enthalten.

Beispiel: Man leitet bei ca. 480° unter etwa 200 Atm. in einem Tempo von 300 Litern in der Stunde eine Mischung von Kohlenoxyd und Wasserstoff, die 25—30% des ersteren Gases enthält, auf 100 g einer Kontaktmasse, die aus 5 Teilen Wolframsäure, 2 Teilen Kupferoxyd und 3 Teilen Bleioxyd besteht. Man erhält neben Methylalkohol beträchtliche Mengen öliger Produkte, welche höhere Alkohole und andere Verbindungen enthalten. Wenn man dagegen das Tempo der Gasmischung auf 5000 Liter in der Stunde bringt, erhält man praktisch nur Methylalkohol.

In drei weiteren Beispielen werden Verfahren geschildert, die gleichfalls Mischungen von höheren (wasserlöslichen) Alkoholen mit Methylalkohol liefern.

So liefert ein mit Kupfer ausgekleideter Hochdruckofen mit einer Kontaktmasse aus Zinkoxyd in geschmolzenem Kaliumbichromat (Pat. 571 354), die mit Wasserstoff reduziert wurde, aus einem derartigen „Wassergasgemisch", das etwa 5—10% Kohlenoxyd, Methan und Stickstoff enthält, bei 200 Atm. und 20—30 cbm pro Stunde (Gasgeschwindigkeit) höhere Alkohole, Aldehyde, Amine, geringe Mengen Kohlenwasserstoffe usw.

Ein anderer Katalysator besteht aus 10 Teilen Chromoxyd, 8 Teilen Zink und 8 Teilen Bariumhydrat. Eine „Wassergasmischung" mit 25—30% Kohlenmonoxyd bei 450—500° unter 180 Atm. Druck und 1000—1500 Liter pro Stunde Gasgeschwindigkeit liefert mit diesem Katalysator nach Entfernung des Methanols ein Öl, das 8% in Wasser schwer- oder unlösliche Produkte — vorwiegend höhere Alkohole — enthält.

594 199 Frz. Badische Anilin- und Sodafabrik, Ludwigshafen.
27. 2. 1925
8. 9. 1925

Katalytische Gewinnung von hochwertigen organischen Verbindungen.

Resumé:

Gegenstand der Erfindung ist 1. ein Verfahren, das darin besteht, daß man bei erhöhter Temperatur Wasserstoff oder wasserstoffhaltige Gase auf reduzierbare organische Verbindungen mit wenigstens zwei Atomen Kohlenstoff im Molekül in Gegenwart schwer reduzierbarer Metalloxyde und in Abwesenheit erheblicher Mengen von Metall einwirken läßt. — Nach 2 arbeitet man unter erhöhtem Druck; nach 3 mit Olefinen, um daraus flüssige Kohlenwasserstoffe herzustellen; nach 4 verwendet man wasserstoff- und kohlenoxydhaltige Gase.

Beispiel: In einem druckfesten Behälter befindet sich als Katalystor reines, gekörntes Zinkoxyd. Man drückt in diesen Behälter eine Gasmischung aus 35% C_2H_4, 60% H_2 4% CH_4 und 1% N*) bei 300—400° unter 30—100 Atm. Es

*) Man vgl. D. R. P. 293 787 S. 352.

bilden sich große Mengen flüssiger Kohlenwasserstoffe, die größtenteils von 30—80° sieden und deren Natur nach den Reaktionsbedingungen wechselt. Kupfer, Nickel und andere Metalle bzw. deren Oxyde würden unter gleichen Bedingungen Aethan liefern.

D.R.P. 441 433 I. G. Farbenindustrie A.-G., Frankfurt a. M.
27. 9. 1923 (Dr. A. Mittasch, Dr. R. Winkler, Dr. M. Pier.)
7. 3. 1927

Verfahren zur Gewinnung organischer Verbindungen durch katalytische Gasreaktionen.

Verfahren zur Gewinnung organischer Verbindungen durch katalytische Gasreaktionen insbesondere zur katalytischen Hydrogenisation der Oxyde des Kohlenstoffs, dadurch gekennzeichnet, daß man Kontaktmassen benutzt, die außer den Oxyden des Zinks oder Kadmiums schwer reduzierbare Sauerstoffverbindungen von mindestens zwei den höheren Gruppen des periodischen Systems angehörenden Metallen enthalten.

Nach Beispiel 1 wird über ZnO, CrO_3, MnO bei 400—420° ein Gasgemisch aus 70 H_2 und 30 CO unter 200 Atm. geleitet, dabei entsteht praktisch reines Methanol. Durch Verringerung der Strömungsgeschwindigkeit oder Erhöhung der Temperatur und insbesondere Beigabe von Alkaliverbb. namentlich K, Rb oder CsOH können auch höhere Alkohole u. a. O-haltige Produkte erhalten werden. Die Patentschrift gibt noch weitere Einzelheiten.

597 836 Frz. M. G. Patart, Paris.
11. 9. 1925
30. 11. 1925

Verfahren zur Behandlung von Brennstoffen behufs Gewinnung von Nebenprodukten.

Resumé:

1. Verfahren zur Behandlung von Brennstoffen und organischem Material behufs Gewinnung ihrer Nebenprodukte oder Devriate, das im wesentlichen darin besteht, daß man sie mit Gasen oder Flüssigkeiten behandelt, wie sie in komprimiertem heißen Zustand bei den exothermischen Gassynthesen erhalten werden, insbesondere bei denen Kohlenwasserstoffe, Alkohole, Aldehyde, Ketone usw. mittels katalytischer Reaktion auf Kohlenoxyde unter Druck gewonnen werden.

2. Ausführung des Verfahrens, darin bestehend, daß man die zu behandelnden organischen Stoffe (Stein- oder Braunkohle, Torf, Holz, mineralische oder pflanzliche Öle usw. usw.) in einem oder mehreren Autoklaven, die nebenoder nacheinander geschaltet sein können, von heißen Reaktionsdämpfen aus der Katalysierkammer durchströmen läßt. Aus diesen Dämpfen können die Reaktionsprodukte vorher ganz oder teilweise kondensiert werden oder auch nicht. Zur Durchströmung der organischen Stoffe kann auch nur ein Teil der gasförmigen oder flüssigen Reaktionsprodukte verwendet werden.

Beispiel 1. Die hauptsächliche Synthese besteht in der Fabrikation von Kohlenwasserstoffen und Sauerstoffderivaten derselben unter den Bedingungen des Franz. Pat. 468 427, 18. 3. 1914, entsprechend dem D. R. P. **293 787** vom 8. 3. 1913. Die Gase folgen einem bestimmten Kreislauf unter der Wirkung einer Pumpe, welche die nicht zur Reaktion gelangten Gase, die nicht kondensiert wurden, als solche in die Katalysatorkammer zurückführt, bei einem Druck von 250 Atmosphären im System. Nach der vorliegenden Erfindung schaltet man zwischen der letzten Katalysierkammer und der Kondensation einen oder mehrere Autoklaven ein, mit Steinkohle (z. B. solche mit 22% flüchtigen Substanzen). Die Gase verlassen die Katalysierkammer bei 420—450° C unter 250 Atmosphären Druck. Nach 3 Stunden dieser Behandlung wird die Kohle auf 60% ihres Anfangsgewichtes reduziert sein und eine poröse glänzende Struktur aufweisen, während die kondensierte Flüssigkeit an flüchtigen Produkten von hohem kalorischen Wert stark angereichert ist, ebenso an Ammoniak und einem reinen Goudron; und die Gase an Methan und besonders an Olefinen. — Durch Erhitzung der aus der Reaktionskammer kommenden Gase auf 750—800° C vor ihrem Eintritt in den Autoklaven kann man die Ausbeute an flüchtigen Stoffen stark erhöhen, wobei man bei ihrem Austritt die Wärme zugunsten der eintretenden Gase wiedergewinnt. —

Der erzeugte Koks liefert dann wieder das Wassergas. —

247 176 Brit. G. Patart, Paris.
7. 2. 1925 Frankreich
28. 1. 1926 England

Wasserstoff, Kohlenmonoxyd, Methylalkohol.

Mischungen von Kohlenmonoxyd und Wasserstoff zur katalytischen Gewinnung von Methylalkohol und dgl. werden durch unvollständige Verbrennung von Methan erhalten.

Methan wird mit der Hälfte seines Volumens an Sauerstoff gemischt und die Mischung in eine Koksmasse eingeblasen, die auf die hohe Temperatur von etwa 1000° erhitzt ist. Statt Koks kann Holzkohle, Kohle oder ein feuerbeständiges Material angewandt werden. Die Gase streichen am besten horizontal durch zwei Düsen, die symmetrisch im unteren Teil der Kammer (mit Koks etc.) angeordnet sind. Die eingeblasenen Gase werden vorgewärmt, vorteilhaft mittels der Wärme der abziehenden Gase. Die Düsen werden durch Wasserkühlung geschützt. Die abgehenden Gase bestehen wesentlich aus Kohlenmonoxyd und Wasserstoff im Verhältnis 1 : 2 Volumteilen. Ein Defizit an Wasserstoff kann durch Frischgas ergänzt werden. Gewöhnlich genügt die Verbrennungshitze, um die Reaktionstemperatur zu halten; wenn nicht, kann die Sauerstoffmenge etwas vergrößert werden, um die Verbrennung eines Teils des Brennstoffs zu bewirken.

Die Asche von der Verbrennung wird entweder vom Gasstrom mitgerissen oder durch zeitweiligen Zulaß von Sauerstoff im Überschuß, vorteilhaft in Gegenwart eines Flußmittels geschmolzen und so abgelassen. Das Methan kann aus Naturgas oder Kohlendestillationsgas entnommen werden oder es kann aus den bei der Methylalkoholsynthese selbst erhaltenen Produkten isoliert verwenden.

247 177 Brit. G. Patart, Paris.
7. 2. 1925
28. 1. 1926 **Alkohole und dgl.**

Die katalytische Einwirkung auf Kohlenoxyd und Wasserstoff unter Druck wird hinsichtlich der Gewinnung höherer oxydierter organischer Verbindungen.

besonders von Alkoholen höheren Molekulargewichts als Methylalkohol, geleitet, indem man von dem Produkt die Verbindungen mit niedrigem Molekulargewicht abtrennt und sie erneuter katalytischer Behandlung unterwirft. Die abgetrennten Produkte werden abwechselnd mit frischen Reaktionsgasen oder einem anderen Gasgemisch in eine andere Reaktionskammer geleitet, die denselben oder einen anderen Katalysator enthält. Die abgetrennten Produkte müssen in jedem Falle auf gleiche und höhere Temperatur wie die der Reaktionskammer erhitzt werden, etwa dadurch, daß man sie kontinuierlich durch einen Behälter leitet, der etwas höher als der kritischen Temperatur entspricht, erhitzt wird. Es wird die Anwendung von Mischungen von Zinkoxyd mit Kaliumoxyd Kupferoxyd oder Kupfer als Katalysatoren für die Reaktion erwähnt, ebenso die Anwendung von Drucken von 100—500 Atm.

247 178 Brit. G. Patart, Paris.
7. 2. 1925
28. 1. 1926

Methylalkohol, Kohlenwasserstoffe.

Bei der katalytischen Gewinnung von Methylalkohol aus Kohlenmonoxyd und Wasserstoff unter hohem Druck und bei hoher Temperatur bewirkt die Einführung von ungesättigten Kohlenwasserstoffen in die Reaktionsgase die Bildung von flüssigen Kohlenwasserstoffen neben Methylalkohol. Die ungesättigten Kohlenwasserstoffe können im Verhältnis von 10—40% zugegen sein und aliphatischer Natur: z. B. Äthylen, Azetylen oder ihren Homologen, oder aromatischer Natur: z. B. Benzol, Toluol usw. oder Mischungen von beiden sein. Im allgemeinen sind die Bedingungen hinsichtlich Druck, Temperatur und Katalysator derart, wie sie bei der Produktion der Höchstausbeute an Methylalkohol aus einer von Kohlenwasserstoffen freien Gasmischung zur Anwendung kommen, aber der Druck soll so hoch wie möglich und die Temperatur so niedrig wie möglich sein.

In einem Beispiel wird eine Mischung von Äthylen, Kohlenmonoxyd und Wasserstoff im Verhältnis von etwa 1:1:2 kontinuierlich im Kreislauf über einen Katalysator geführt, der in der Reaktionskammer vorher bereitet wurde, indem man Körner aus basischem Zinkchromat mit reinem Wasserstoff oder der zu behandelnden Gasmischung bei 300° C reduzierte.

Das kondensierte Produkt scheidet sich in zwei Schichten, deren obere aus einer fluoreszierenden Kohlenwasserstoffmischung, und deren untere aus Methylalkohol besteht. Der Kohlenwasserstoffanteil dient als Brennstoff für Maschinen mit innerer Verbrennung. Frische Gasmischung wird kontinuierlich in den Kreislauf eingeführt, während etwaige gesättigte, gasförmige Kohlenwasserstoffe wie Methan und Aethan, die sich in kleinen Mengen bilden können oder in den Gasen anwesend sind, zeitweilig neben angesammeltem Stickstoff abgelassen werden. Aethylen wird durch katalytische Wasserentziehung aus Alkohol oder durch Kracken von Petroleum, Pflanzenölen oder Fischölen, oder aus Steinkohlengas gewonnen, dessen Aethylengehalt angereichert wird, indem man die Kohle vor der Destillation mit schweren Petrolöfen oder deren Destillationsrückständen tränkt.

247 932 Brit. G. Patart, Paris.
25. 2. 1925 Frankreich
28. 1. 1926 England

Methylalkohol, Kohlenwasserstoffe.

Eine Mischung von Wassergas normaler Zusammensetzung mit Gasen von der Destillation der Steinkohlen und dgl. liefert, wenn man sie über einen aus Kohlenoxyd und Wasserstoff Methylalkohol bildenden Katalysator leitet, ein Produkt, das aus Methylalkohol und flüssigen Kohlenwasserstoffen besteht.

Die Mischung von Wassergas mit Leuchtgas oder Koksofengas in gleichen Mengen wird bei 150—250 Atm. über einen auf 300° C gehaltenen Zinkoxyd-Chromoxydkatalysator geleitet. — Es kommen jedoch auch Drucke von 800—1000 Atm. in Betracht. Der Katalysator wird durch Reduktion zusammengeballten basischen Zinkchromats bereitet. Der zur Reaktion kommende Teil des Gases wird periodisch durch frische Gasmischung ergänzt.

Das Kondensat scheidet sich nach der Verdünnung mit Wasser in zwei Schichten, deren obere aus Kohlenwasserstoffen, deren untere aus Methanol und Wasser besteht. Das nicht verdünnte Produkt kann ohne weitere Behandlung als Heizflüssigkeit benutzt werden. Das Rückstandsgas läßt man zur Verflüssigung des Methans expandieren. Das Methan kann dann durch partielle Verbrennung mit Sauerstoff eine Mischung von Kohlenoxyd und Wasserstoff als Zusatz zum Reaktionsgemisch liefern. Der in dem nicht verflüssigten Rückstandsgas noch verbleibende Wasserstoff kann auf bekannte Weise abgesondert und ebenfalls zum Reaktionsgemisch zugefügt werden. Hierdurch kann man die Verwendung von Wassergas reduzieren oder sogar ganz ausschalten und nur mit Kohlen-Destillationsgas arbeiten, wenn der Prozeß eingeleitet ist.

575 178 Frz. G. L. E. Patart, Paris.
2. 1. 1924
25. 7. 1924

Isolierung von Kohlenoxyd aus Gasgemischen.

Durch geeignete Anwendung von flüssigem Stickstoff wird Kohlenoxyd aus einer entsprechend kalten komprimierten Gasmischung befreit.

579 555 Frz. G. L. E. Patart, Paris.
13. 2. 1924
20. 10. 1924 **Verfahren zur Trennung der Bestandteile gasförmiger Mischungen durch Verflüssigung und Rektifikation.**

594 121 Frz. G. Patart, Paris.
23. 2. 1925
7. 9. 1925

Gleichzeitige Herstellung von Methanol und flüssigen Kohlenwasserstoffen.

Resumé:

Gegenstand der Erfindung ist:

1. Ein Verfahren zur gleichzeitigen Gewinnung von Methanol und flüssigen Kohlenwasserstoffen, im wesentlichen dadurch gekennzeichnet, daß man eine

Mischung von etwa gleichen Teilen Steinkohlendestillationsgasen von üblicher Zusammensetzung und Wassergas normaler Zusammensetzung mit den höchsten praktisch erreichbaren Drucken unter der Einwirkung katalytischer Massen behandelt.

2. Ausführungsreform des obigen Verfahrens, wonach man die Gasmischung zu wiederholten Malen stufenweise der Druckkatalyse unterwirft und die in Reaktion getretenen Produkte kondensiert, bis der Partialdruck des nicht in Reaktion getretenen Wasserstoffs auf 25—35 Atm. gegenüber einer um die Hälfte geringeren Menge von Kohlenoxyd gesunken ist.

3. Ausführungsform, dadurch gekennzeichnet, daß man das Wassergas nur als zeitweiligen Zuschuß benutzt, der fast ganz oder auch nach einer gewissen Betriebszeit ganz fortfallen kann und durch eine Mischung von Sauerstoff und Kohlenoxyd ersetzt werden kann, die man durch unvollständige Verbrennung von Methan in Sauerstoff erhält, und zwar von dem Methan, das sich in den rückständigen Gasen findet, die der wiederholten Katalyse nach 2 unterworfen wurden.

598 966 Frz. G. L. E. Patart, Paris.
25. 5. 1925
30. 12. 1925

Apparatur und Anlagen zur Ausführung der katalytischen Gassynthese unter hohem Druck und bei erhöhter Temperatur.

Resumé:

Gegenstand der Erfindung ist 1. eine Apparatur, gekennzeichnet durch ein horizontales Katalysatorrohr, das die Reaktionsgase von einem Ende zum andern in einer Richtung durchlaufen.

2. Ausführungsformen der Apparatur mit nachstehenden einzelnen oder kombinierten Besonderheiten:

a) Es besteht keine Vorrichtung zur Wiedergewinnung von Wärme zwischen aus- und eintretenden Gasen, weder im Innern noch außen am Katalysatorrohr.

b) Das Katalysatorrohr wird von außen durch eine Reihe von Gasbrennern in ganzer Länge oder zu einem bestimmten Teil geheizt.

c) Die Zuführung der Reaktionsgase umgibt das Katalysatorrohr vollständig von außen in engen Windungen, so daß es allein den Flammen der Gasbrenner ausgesetzt ist. Sie ist so angelegt, daß die Gase zuerst um die Austrittszone der Gase aus dem Katalysatorrohr zirkuliern.

d) Die Reaktionsgase streichen, bevor sie um das Katalysatorrohr zirkulieren, durch eine Schlange, die im Innern des Abzugrohres der Heizgase angeordnet ist.

e) Die Kontaktmasse ist in einer entfernbaren Hülse angeordnet, die sich mit schwacher Reibung in das Katalysatorrohr einfügt und derart zwischen die Verschlußdeckel am Ende geklemmt, daß die Gase im Innern der Hülse und nicht außerhalb derselben zirkulieren müssen.

599 588 Frz. Georges Patart, Paris.
25. 5. 1925
15. 1. 1926

Gewinnung und Regenerierung von Kontaktmassen zur Hydrierung von Kohlenoxyden.

Das Verfahren besteht im wesentlichen in der Anwendung bestimmter basischer Zinksalze, die wenigstens zwei Äquivalente Zink auf ein Äquivalent saurer Oxyde enthalten. Solche sauren Oxyde sind: Chromate, Wolframate, Vanadate, Manganate etc.

Die Regeneration erfolgt durch Kalzinierung, bis die Hauptmenge der Verunreinigungen ausgetrieben ist. Gleichzeitig werden die Oxyde auf ihre höhere Oxydationsstufe zurückgeführt.

599 589 Frz. G. Patart, Paris.
25. 5. 1925
15. 1. 1926

Kontinuierliche Erzeugung von Wassergas mittels pulverisierten Brennstoffs und Sauerstoff.

1. Sauerstoff, Wasserdampf und irgendein pulverisierter Brennstoff wird einem Gasgenerator von üblichem Typ zugeführt.

2. Durch Schmelzen mit einem Sauerstoffgebläse werden die Schlacken zeitweilig geschmolzen und durch eine Öffnung am unteren Teile des Apparats entfernt.

Nach der vorliegenden Erfindung wurde gefunden, daß die für Herstellung von Sauerstoff aufzuwendenden Kosten durch die Reduktion der Ausgaben für Generatorkoks ausgeglichen werden, indem an dessen Stelle eine gewisse Menge minderwertigen Brennstoffs (schlackenreiche Kohle, Braunkohle, Sägespäne etc.) in pulverisiertem Zustand verwendet werden. Man realisiert dabei nahezu die Gleichungen

$$C + O = CO + 29{,}4 \text{ cal. und } C + H_2O = CO + H_2 - 28{,}9 \text{ cal.}$$

554 529 Frz. E. A. Prudhomme.

Verfahren zur Herstellung eines flüssigen, dem Petroleum ähnlichen Brennstoffs. (S. auch engl. 238 931.)

Die Generatorgase Kohlenoxyd und Wasserstoff läßt man über einen Nickelkatalysator gehen und erhält ein sehr reines Methan. Das Nickel wird dabei unter 250° C nicht merklich verändert. Das erhaltene Methan kann nach zwei Methoden weiterbehandelt werden:

1. Polymerisation des Methans.

Methan, gegebenenfalls mit Zusätzen von Kohlenoxyd oder Wasserstoff geht durch Katalysierrohre, die durch den Generator geheizt werden und nach Bedarf Borfluorid (BF_3) oder kolloidales Palladium, oder Antimonchlorid oder Aluminiumchlorid enthalten. Die aus den Katalysatorrohren tretenden flüssigen Produkte werden in Kondensationskühlern aufgefangen. Sie bestehen aus wasserhellen oder mehr oder weniger gefärbten Kohlenwasserstoffen wie Toluol, Xylol, Zyklohexan, Benzin, Heptan.

2. Überführung des Methans in Azetylen und Wasserstoff und Gemische daraus.

Mit Nickel- und Vanadiumkatalysatoren bei 300° findet Dehydrogenisation und Überführung in Azetylen und Wasserstoff statt. Diese Gase passieren nun andere Katalysierröhren bei 290—300°, die feinverteiltes Nickel, Kobalt oder Eisen enthalten. Je nach Temperatur und Katalysator wechseln die Eigenschaften der hierbei durch Kondensation erhaltenen flüssigen Produkte. Sie ähneln bald amerikanischen, bald russischen, bald galizischen Petrolen. Sie destillieren größtenteils unter 150° und sind für Heizung und Verbrennung in Motoren und zu allen Zwecken wie Petroleum und Petrolessenz zu gebrauchen.

238 931 Brit. Eugène Albert Prudhomme, Antibes, Frankreich.
23. 5. 1924
24. 8. 1925

Herstellung eines petroleumähnlichen flüssigen Brennstoffs.

Ansprüche:

1. Verfahren zur Herstellung von flüssigem Brennstoff mit den Eigenschaften von Petroleum und Benzolen, dadurch gekennzeichnet, daß man zu Wassergas oder Dowsongas aus einem Generator kohlenwasserstoffreiche Gase, besonders solche der Azetylenreihe, fügt, und das gesamte Gasgemisch über einen hydrierenden Katalysator, dann über einen dehydrierenden Katalysator und schließlich über die (unten) beschriebenen Katalysatoren leitet, um Polymerisation der Azetylen-Kohlenwasserstoffe zu bewirken.

Nach 2 stammen die kohlenwasserstoffreichen Gase von der Destillation eines festen Brennstoffs, wie sie in den oberen Schichten des festen Brennstoffs im Generator über der reduzierenden — wasser- bzw. Dowsongasbildenden — Zone entstehen.

Nach 3 geht ein Strom heißer Gase — aus der Vergasung fester Brennstoffe stammend — durch eine heiße Kohlenmasse, in der er eine Tieftemperaturdestillation bewirkt.

Nach 5 wird die Gasmischung vor der Einwirkung der Katalysatoren über eine Reinigungsmasse (Lamingsche Masse*) geleitet.

Beispiel. Wassergas wird durch eine Heizschlange geleitet, dann abwärts durch Retorten, die mit Lignit gefüllt sind, und durch einen Reiniger; das Gas wird dann bei 180—200° C über nickelimprägnierten Bimsstein geleitet, wodurch eine erhebliche Menge Methan gebildet, welche durch Leiten über mit Nickel und Vanadium getränkten Bimsstein bei 200—230°C dehydriert wird, unter Bildung von Azetylen; schließlich werden die Azetylenkohlenwasserstoffe

*) Kalk und Eisenoxyd.

zu flüssigen Kohlenwasserstoffen polymerisiert durch mit Nickel und Kobalt oder Eisen getränkten Bimsstein bei 180° C.

Der in den Retorten zurückbleibende Koks dient zur Erzeugung von Wassergas.

577 669 Frz. Studiensyndikat für Prudhomme-Verfahren,
30. 4. 1923 Frankreich.
9. 9. 1924

Kontinuierliche, synthetische Gewinnung von Aethylen oder Azetylen oder eines flüssigen Brennstoffs von Art der Benzole oder Petrole ausgehend von Industriegasen, die man den katalytischen und elektrischen Einwirkungen unterwirft.

Industriegase, wie üblich gereinigt, werden an Methan angereichert und kontinuierlich elektrischer Einwirkung ausgesetzt zwecks größtmöglichster Umwandlung (mittels Druck und Wärme) von Methan in Aethylen, Azetylen und Wasserstoff, wobei man nach Bedarf die kombinierten Gase durch neue Gase ersetzt und die Reaktionsprodukte entfernt.

Nach 2 führt man nach Abkühlung der Gase aus der Reaktionskammer das entstandene Aethylen in Aethylschwefelsäure „oder andere Produkte" über, das Azetylen wird ab- oder adsorbiert und die restierenden Gase gehen in den Kreislauf zurück oder dienen zur Heizung der Reaktionskammern oder anderen Zwecken.

Nach 3 können mittels Katalysatoren auch flüssige Kohlenwasserstoffe erhalten werden.

Nach 4 bilden das Ausgangsmaterial: Naturgase, Destillationsgase irgendwelcher Art (Holz, Kohle, Schiefer, Torf etc.) oder Generatorgase oder solche von der Krackung oder Hydrierung oder andere Wasserstoff führende Gase und Kohlenstoff mit Sauerstoff oder Wasserstoff verbunden wie CO und CH_4 (s. a. 600 482).

600 482 Frz. E. Albert Prudhomme, Frankreich.
3. 10. 1924
8. 2. 1926

Verfahren zur Fabrikation petroleumähnlicher Brennstoffe aus festen Brennstoffen durch Umwandlung des gesamten aus der Vergasung und der Destillation stammenden Gases.

Resumé:

Verfahren wie oben, mittels katalytischer Behandlung, ohne daß die zur Teerbildung neigenden Stoffe die Möglichkeit haben, sich, bevor sie im Katalysierapparat in Reaktion treten, zu kondensieren.

Die aus den Destillierapparaten tretenden Gase und Dämpfe passieren Reinigungsapparate von gleicher Temperatur, über deren Einrichtung nichts gesagt wird, und treten dann in die Katalysierapparate ein. — Praktische Beispiele fehlen.

589239 Frz. Société Lyonnaise des Eaux et de l'Éclairage.
30. 1. 1924
25. 5. 1925

Verfahren zur Herstellung der Essenz O-140. (Erfindung von I. Versepuy.)

Diese Essenz O-140 wird hergestellt, indem man bei etwa atmosphärischem Druck die organischen Bestandteile der Steinkohle unterhalb 400° in einem Gaskreislauf aus hydrierenden mit Öldämpfen beladenen Gasen behandelt. Hydrierendes Gas, z. B. Wassergas, geht durch eine Vorlage mit zum Sieden erhitztem Öl, streicht mit diesem über einen heißen Katalysator, als welcher Kupferpulver oder jeder andere geeignete Stoff in Frage kommt. Die so katalysierten Dämpfe gehen in eine rotierende Trommel, die wiederum einen Katalysator in einem Korbe enthält, den die Dämpfe durchstreichen müssen, und eine gewisse Menge zerkleinerter Steinkohle. Durch die Erhitzung der Kohle in der Trommel und die heißen eintretenden wasserstoffhaltigen Dämpfe werden nun weitere Destillationsprodukte gebildet, die in der üblichen Weise kondensiert und rektifiziert werden.

Vorwiegend Saarkohlen und Öle aus Pechelbronn wurden mit diesem Verfahren erprobt, das von den Bergiusschen Verfahren sich besonders durch die Anwendung von Katalysatoren und die Nichtanwendung von Druck unterscheidet.

D.R.P. 346065 Hermann Plauson, Hamburg und G. v. Tischenko, Paris.
ab 25. 10. 1912
ausgeg. 23. 12. 1921

Verfahren zur Herstellung von Kohlenwasserstoffen.

Verfahren zur Herstellung von Kohlenwasserstoffen, dadurch gekennzeichnet, daß solche Karbide, die mit Wasser behandelt Azetylen, Methan, Aethylen oder dgl. oder Gemische dieser Gase geben, entweder einzeln oder gemischt bei einer Temperatur von 500—700° mit überhitztem Wasserdampf behandelt werden.

Z. B. bildet sich 1. aus Kalziumkarbid bei 600—700° Benzol in einer 60% übersteigenden Ausbeute;

2. 100 Kalziumkarbid und 75 Aluminiumkarbid, unter Vakuum von 8—10 mm auf 600° C erhitzt und mit überhitztem Dampf behandelt, ergibt Pentine ($2\ C_2H_2 + CH_4 = C_5H_8$). Dasselbe Gemisch bei Atmosphärendruck und höher liefert durch Polymerisation Terpene $C_{10}H_{16}$;

3. aus CaC_2 und Al_4C_3 in solchem Verhältnis, daß bei Einwirkung von Wasser gleiche Volumina der verschiedenen Gase entstehen, bildet sich bei 600—700° mit überhitztem Wasserdampf Propylen, ($CH_3 - CH = CH_2$) und seine Polymeren.

Beim Durchlassen der gebildeten Dämpfe durch Halogenwasserstoffsäure entstehen Äther des Isopropylalkohols und durch $KMnO_4$ oder CrO_3 Kohlen-, Ameisen-, Essig- und Oxalsäure;

4. CeC_2 (Cerkarbid) wird wie oben erhitzt. Beim Durchlassen von überhitztem Wasserdampf entstehen Pentane C_5H_{12}, etwa nach der Formel $C_2H_2 + C_2H_4 + CH_4 + H_3 = C_5H_{12}$.

198 385 Brit. Harald Nielsen, London und Bryan Laing, Hatfield.
3. 12. 1921
4. 6. 1923 **Herstellung und Anwendung von Ameisensäure.**

Ansprüche:

1. Die Herstellung freier Ameisensäure direkt aus Methan oder einem methanhaltigen Gas in Gegenwart eines Metalloxyd-Katalysators oder Sauerstoffträgers.

2. Die Herstellung von Ameisensäure aus Kohlenoxyd oder dessen Mischungen, z. B. Luftgas in Gegenwart von Wasserdampf und Katalysator.

Nach 3 soll der Katalysator aus Cu_2O bestehen.

Nach 4 und 5 wird der Katalysator aus Kupfersulfatlösung im Überschuß mit Zink niedergeschlagen, getrocknet und geröstet.

Nach 8 soll das Volumen der kondensiblen Kohlenwasserstoffe, die durch destruktive oder andere Destillation gewonnen wurden, dadurch vergrößert werden, daß man freie Ameisensäure in Dampfform in die Destillierblase gibt, wobei die Ameisensäure aus einem Gas, das Methan oder Kohlenoxyd enthält, durch einen geeigneten Katalysator gewonnen werden kann.

Nach 9 kann man die Ausbeute an flüssigen Kohlenwasserstoffen nach 8 durch Zugabe einer geringen Menge Alkalikarbonat oder Kalziumkarbonat vergrößern.

Nach 10 wird Ameisensäure durch Überleiten von CH_4 oder CO über einen geeigneten Katalysator hergestellt — in Gegenwart von Wasserdampf —, wobei das aus einem benachbarten Generator kommende CO die für die Katalyse notwendige fühlbare Wärme mitbringt. Die Ameisensäure soll besonders zur Erhöhung der Ausbeute an flüssigen Kohlenwasserstoffen dienen.

Nach 12 soll geschützt werden: ein Krackverfahren oder Umwandlungsverfahren, bestehend in der Erhitzung von Kohlenwasserstoffen in einer geeigneten Kammer bis zur Verflüchtigung und die Zuführung von freier Ameisensäure in die Kammer, zwecks Erzeugung einer größeren Ausbeute an leichten, flüssigen Kohlenwasserstoffbestandteilen.

Nach der Patentschrift vollzieht sich beim Überleiten von Methan über den oxydierenden Kupferkatalysator die Gleichung:

$$2CH_4 + 3O_2 = CO_2 + 2H_2O + H_2 + HCOOH.$$

Bei der nach 9 geforderten Gegenwart von K_2-, Na_2- oder $CaCO_3$ bildet sich ameisensaures Alkali, das bei der Erhitzung weiter unter Wasserstoffabspaltung zerfällt.

Als zu hydrierendes Material kommt Steinkohle, Lignit, Torf, Schiefer, Holz und dgl. zur Anwendung.

Der bei der Bildung und Zersetzung der Ameisensäure in Freiheit gesetzte Wasserstoff wirkt hydrierend und ergibt eine größere Ausbeute an leichten Kohlenwasserstoffen.

(Abschnitt 9.) C. Hydrierung von Zwischenprodukten, insbesondere von Kohlenwasserstoffen und Phenolen.

Wir geben hier eine Übersicht über die Verfahren, welche vom Naphthalin und ähnlichen Kohlenwasserstoffen zum Tetralin etc.

führen, sowie über diejenigen Prozesse, nach welchen man Phenole und Homologe in Kohlenwasserstoffe überführen kann. Diese letzteren sind besonders darum von Bedeutung, weil beim Urteerverfahren und dem Berginprozeß Phenole in weit größerer Menge anfallen, als dem Bedarf entspricht, so daß ihre Überführung in Kohlenwasserstoffe für die Wirtschaftlichkeit der Prozesse wesentlich ist.

1. *Hydrierung von Kohlenwasserstoffen* (Tetralin etc.).

In kurzem Auszug werden auf den nächsten Seiten folgende D. R. Patente, die größtenteils schon mehrere Jahre zurückliegen, besprochen: Akt.-Ges. für Anilinfabrikation (Agfa) 298 541, 298 553, 301 275, 369 947, 383 540.

Tetralin G. m. b. H., D. R. P. 299 012, 299 013, 305 104, 324 861—63, 329 833.

J. D. Riedel, brit. 246 182, D. R. P. 414 245, brit. 208 904 und Dr. W. Schrauth, D. R. P. 395 627, 402 617 beziehen sich auf die technische Anwendung der hydrierten Produkte.

Chem. Fabrik Griesheim-Elektron, D. R. P. 350 429, 370 974.

Karl Wimmer, Bremen, D. R. P. 500 052.

Auch das Chemical Research Syndicate hat unter fr. 557 749 ein hierher gehöriges Verfahren.

Ein Kraftstoff aus Furfurol ist der Maschinenbauanstalt Humboldt geschützt. D. R. P. 413 091.

II. *Reduktion von Phenolen.*

C. H. Borrmann, D. R. P. 403 192 reduziert Urteerphenole mit Wasserstoff bei genau 745—755° C.

Die Oberschles. Kokswerke u. Chem. Fabr. A.-G. und Dr. A. Supan destillieren Urteerphenole mit überhitztem Wasserdampf über auf 650° erhitzte Eisendrehspäne (D. R. P. 422 035).

G. L. Stadnikow (e 225 885) reduziert Kresole und dgl. im Wasserstoffstrom über metallisiertem Kohlenstoff zu Toluol.

Fr. Fischer (D. R. P. 431 479) benutzt hierzu die katalytische Wirkung von Sulfiden.

III. *Einige Kraftstoffe aus hydriertem Benzol und Naphthalin.*

532 748 f. Farbwerke Meister, Lucius und Brüning.
532 948 f. A.-G. f. Anilinfabrikation.
184 785 brit. und 202 805 brit. J. D. Riedel.

Patente zum Abschnitt 9 C.

D. R. P. 298 541 A.-G. für Anilinfabrikation, Berlin.

Verfahren zur Darstellung von Tetrahydronaphthalin.

Verfahren zur Darstellung von Tetrahydronaphthalin aus Naphthalin und Wasserstoff mittels Katalysator aus Ni_2O_3 und CaO (ohne Überdruck).

D. R. P. 298 553 Zusatz zum vorigen, indem man Naphthalindampf mit Wasserstoff (ohne Überdruck) über Katalysator aus Ni_2O_3, CuO und MnO leitet.

301 275 A.-G. f. Anilinfabrikation, Zusatz zu 298 541 (s. oben).

Verfahren zur Darstellung von Tetrahydronaphthalin nach 298 541 und D. R. P. 298 553 indem man Nickel-, Kupfer- und Manganoxyd ganz oder teilweise durch ein Oxyd der seltenen Erden, insbesondere durch Thorium- oder Ceriumoxyd ersetzt.

D. R. P. 369 944 A.-G. für Anilinfabrikation, Berlin.

Tetrahydronaphthalin.

Abänderung der durch die Kriegspatente 258 541, 298 553 geschützten Verfahren zur Darstellung von Tetrahydronaphthalin, dadurch gekennzeichnet, daß Naphthalin in flüssigem Zustande und unter Überdruck mit Wasserstoff behandelt wird.

D. R. P. 383 540 A.-G. für Anilinfabrikation, Berlin.

Verfahren zur Darstellung hydrierter aromatischer Kohlenwasserstoffe und deren Substitutionsprodukte (Zusatz zu 298 541).

Verfahren zur Darstellung hydrierter aromatischer Kohlenwasserstoffe und deren Substitutionsprodukte, dadurch gekennzeichnet, daß in Erweiterung des durch Patent 298 541 und seine Zusätze geschützten Verfahrens an Stelle von Naphthalin andere aromatische Kohlenwasserstoffe oder deren Substitutionsprodukte mit Wasserstoff in Gegenwart von Katalysatoren behandelt werden, die aus Nickeloxyd und Kupferoxyd mit oder ohne Zusatz von Manganoxyd bestehen.

Z. B. wird in einem Autoklaven Xylol mit einem Katalysator, der durch Niederschlagen von Manganoxyd, Kupferoxyd und Nickeloxyd auf Kieselgur hergestellt werden kann, unter starkem Rühren bei 180—200° unter Wasserstoffdruck von 15—30 Atmosphären zusammengebracht, bis keine Druckabnahme mehr stattfindet. — Ergebnis: reines Hexahydroxylol.

D. R. P. 299 012 Tetralin G. m. b. H.

Verfahren zur Darstellung hydrierter Naphthaline.

Verfahren zur Darstellung hydrierter Naphthaline, dadurch gekennzeichnet, daß man Naphthalin in Dampfform mit feinverteilten oder leichtschmelzbaren Metallegierungen etc. (z. B. Na bei 150°) allein oder im Gemisch mit Fullererde u. dgl. behandelt und das so vorgereinigte Produkt unter Zusatz von Katalysatoren hydriert.

299 013 Zusatz zu 299 012.

Abänderung, indem man die Vorreinigung mit in organischen Mitteln z. B. Benzol, Benzin und dgl. gelöstem Naphthalin vornimmt.

D. R. P. 305 104 Tetralin G. m. b. H.

Verfahren zur Hydrierung des Benzols sowie der homologen Kohlenwasserstoffe der Benzol- und Naphthalinreihe.

Entsprechend 299 012, das auf Benzol und Homologe erweitert wird.

D. R. P. 324 861 Tetralin G. m. b. H.

Verfahren zur Herstellung hydrierter Naphthaline.

Verfahren zur Herstellung hydrierter Naphthaline, dadurch gekennzeichnet, daß technisches Naphthalin in geschmolzenem Zustande, nach Vorreinigung durch Verrühren mit geeigneten, feinverteilten oder porösen Materialien, mit Katalysatoren versetzt, mit der theoretisch erforderlichen Menge Wasserstoff unter Druck behandelt wird.

324 862 Zusatz zu 324 861.

Bewirkt die Reinigung des technischen Naphthalins, indem das geschmolzene Naphthalin mit feinverteilten und porösen Materialien im Gemisch mit feinverteilten oder leichtschmelzbaren Metallen oder auch mit den letzteren allein bei Temperaturen über 100° behandelt wird.

324 863 Weiterer Zusatz.

Abänderung des durch die Patente 324 861 und 324 862 geschützten Verfahrens zur Reinigung von Naphthalin, insbesondere für die katalytische Hydrierung, daß man an Stelle der dort genannten Metalle usw. solche Metallverbindungen allein oder im Gemisch mit feinverteilten oder porösen Materialien verwendet, welche das Metall nur locker an einen nicht sauren Rest gebunden enthalten. — Als solche kommen Natriumamid, Metallkarbide und ähnliche Verbindungen zur Anwendung.

329 833

Tetralin G. m. b. H. stellt danach ein bei niedriger Temperatur flüssiges Benzolgemisch her, indem sie Dekahydronaphthalin und Gemische von Hydronaphthalinen zusetzt (wirkt stärker als Toluol).

246 182 Brit. J. D. Riedel A.-G., Berlin-Britz.

19. 1. 1925 Deutschland

19. 1. 1926 England

Brennstoff, Kracken.

Motorbrennstoff entsteht durch Erhitzen von Tetrahydronaphthalin mit oder ohne Wasserstoff, oder von Naphthalin mit einem Überschuß von Wasserstoff in Gegenwart von Tonerde, mit oder ohne andere Metalloxyde auf 400° C und Destillation des Produktes zur Gewinnung der niedrigeren bis 200° C siedenden Fraktion. Alkohol, Benzin oder dgl. kann dann zugefügt werden.

D. R. P. 414 245 J. D. Riedel A.-G., Berlin-Britz.

Betriebsstoff für Explosionsmotoren.

Ansprüche:

1. Betriebsstoff für Explosionsmotoren, gekennzeichnet durch die gemeinsame Verwendung hydrierter mit wenigstens teilweise unter 100° siedenden aliphatischen Kohlenwasserstoffen.

2. Betriebsstoff nach 1, gekennzeichnet durch Zusatz weiterer bekannter Motorenbetriebsstoffe.

Beispiel: 50 Gewichtsteile Tetrahydronaphthalin, 50 Teile Motorenbenzin 0,725 oder 50 Teile Tetrahydronaphthalin, 40 Teile Schwerbenzin 0,760 und 10 Teile Gasolin 0,650 ergeben Gemische vom spezifischen Gewicht 0,850, die bei ihrem sehr tiefliegenden Entflammungspunkt in jedem normalen Kraftwagen besser als Leichtbenzin verwendet werden können. Auch die Explosionsgeschwindigkeit eines solchen Gemisches ist wesentlich geringer als die des reinen Benzins, wodurch die bei Verwendung von Leichtbenzin mitunter auftretenden Kompressionszündungen vermieden werden. — Beispiel für weitere Mischungen:

Man kann zu einer Mischung von 50 Teilen Tetrahydronaphthalin und 50 Teilen Motorenbenzin vom spezifischen Gewicht 0,725 noch 50 oder 100 Teile Motorenbenzol geben, ohne daß merkliche Änderungen im Verhalten des Motors auftreten.

Statt Tetrahydronaphthalin kann auch Dekahydronaphthalin verwendet werden.

208 904 Brit. J. D. Riedel A.-G., Berlin-Britz.
16. 12. 1922
3. 1. 1924

Verfahren zur Herstellung homogener Mischungen.

Ansprüche:

1. Verfahren, homogene Mischungen von organischen wasserunlöslichen mit organischen wasserlöslichen, wasserhaltigen oder in Wasser gelösten Substanzen herzustellen, dadurch gekennzeichnet, daß man ihnen hydroaromatische Alkohole oder Ketone einzeln oder gemischt zusetzt.

Z. B. 50 Teile Benzin, 50 Teile Spiritus (96proz.), 3—5 Gewichtsteile Terpen oder Zyklohexanon zusammengemischt ergeben eine unter 0° C und sogar bei —5° C klarbleibende Mischung. —

Die zur Herstellung von wasserhaltigen Brennstofflösungen vorzüglich geeigneten hydroaromatischen Alkohole und Ketone vollbringen die homogene Mischung von Alkoholen und Mineralölen in eleganter und einfacher Weise. Das erscheint besonders wertvoll, wenn man die hohe Zahl von Patenten, die dieses Problem auf andere Weise zu lösen versuchen, berücksichtigt.

D. R. P. 393 627 Dr. Walther Schrauth, Roßlau.

Verfahren zur Herstellung homogener Flüssigkeitsgemische.

Anspruch:

Verfahren zur Herstellung homogener Flüssigkeitsgemische aus Kohlenwasserstoffen und Alkoholen, Ketonen o. dgl., dadurch gekennzeichnet, daß man als Löslichkeitsvermittler hydrierte Phenole, das Zyklohexanon und seine Homologen oder die Zyklohexanole in relativ geringer Menge verwendet.

Der Zusatz von Zyklohexanonen oder Zyklohexanolen bewirkt bei wasserhaltigen Gemischen weitgehende Homogenisierung und macht ihre Verwendung mit großem Nutzen für Treiböle wie auch als Lösungsmittel in der Lackindustrie möglich.

Beispiele: 50 Benzin, 50 Spiritus geben eine milchartige Flüssigkeit, die durch Zusatz von 3—5 Teilen Zyklohexanol sofort zu einer klaren Lösung wird, deren Entmischung erst bei etwa 10° beginnt. 40 Teile Tetrahydronaphthalin und 60 Teile Spiritus, oder 50 Dekahydronaphthalin und 50 Spiritus bilden milchige Emulsionen, die durch 5 Teile Zyklohexanol in echte Lösungen mit einem Entmischungspunkt unter —5° übergeführt werden. Wenn statt Zyklohexanol 5 Teile eines durch Hydrierung des Rohkresols erhaltenen Methyl-Zyklohexanolgemisches oder 5 Teile Zyklohexanon gewonnen werden, so liegt der Kältepunkt der erhaltenen klaren Flüssigkeiten sogar bei etwa —20°.

D.R.P. 402617 Dr. Walther Schrauth, Roßlau.

Motorenbetriebsstoff.

Anspruch:

Motorenbetriebsstoff, bestehend aus den durch Wasserabspaltung aus hydrierten Phenolen erhältlichen, im wesentlichen Tetrahydrobenzol bzw. seine Homologen enthaltenden Kohlenwasserstoffgemischen.

Um die sauren Steinkohlenteerdestillate, insbesondere die Phenole, die zur Verwendung für Explosionsmotore nicht geeignet sind, in brauchbare Betriebsstoffe umzuwandeln, unterwirft man sie einer Hydrierung mit darauffolgender Wasserabspaltung. Auf diese Weise entstehen aus diesen Hydrierungsprodukten in überwiegender Menge Zyklohexene, denen aber auch infolge der leichten Polymerisierbarkeit dieser ungesättigten Verbindungen in Mengen bis zu 25 % höhersiedende Polymerisationsprodukte beigemischt sein können. Da diese letzteren aber im Motor ebenfalls restlos verbrannt werden, ist eine Verwendung dieser Produkte für Explosionsmotore ohne weiteres möglich.

Phenol wird in üblicher Weise hydriert und das entstandene Zyklohexanol durch Destillation über Phosphorpentoxyd, Kaliumbisulfat, geglühtes Magnesiumsulfat u. dgl. bzw. Erhitzen auf über 100° liegende Temperaturen weiter behandelt. Man erhält 75% Zyklohexan, 25% Polymerisationsprodukte, die zwischen 100 und 200° C sieden.

Aus Rohkresol erhält man in gleicher Weise ein Methylzyklohexangemisch, das zu 80% von 90—120° siedet, zu 100% zwischen 90 und 210°.

D.R.P. 350429 Chemische Fabrik Griesheim-Elektron.
12 o. 1
ab 11. 10. 1913
ausgeg. 20. 3. 1922

Verfahren zum Hydrogenieren von ungesättigten Kohlenwasserstoffen.

Anspruch:

1. Verfahren zum Hydrogenieren von ungesättigten Kohlenwasserstoffen durch Leiten eines Gemisches dieser Kohlenwasserstoffe mit Wasserstoff über

unedle Metallkatalysatoren, z. B. solche aus Nickel, dadurch gekennzeichnet, daß man von vornherein die Gesamtmenge des zu hydrierenden Gases in theoretischer oder nahezu theoretischer Mischung mit Wasserstoff anwendet und die Mischung außerdem mit Methan, Aethan, Aethylen oder Homologen und Analogen dieser Kohlenwasserstoffe oder Gemischen solcher Zusatzgase verdünnt.

2. Verfahren zur Herstellung von technisch reinem Aethan nach Anspruch 1, dadurch gekennzeichnet, daß man das Azetylen-Wasserstoff-Gemisch mit Aethan so weit verdünnt, daß der Azetylengehalt des Gesamtgemisches unter 30 Vol% liegt.

3. Verfahren zur Gewinnung eines technisch reinen Aethylen-Aethangemisches nach Anspruch 1, dadurch gekennzeichnet, daß man das Azetylen-Wasserstoffgemisch mit Aethan oder Aethylen oder beiden so verdünnt, daß der Azetylengehalt des Gases weniger als 35 Vol% beträgt.

4. Verfahren nach Anspruch 2 und 3, dadurch gekennzeichnet, daß etwas weniger Wasserstoff angewendet wird, als dem theoretischen Verhältnis entspricht.

Als ungesättigte Kohlenwasserstoffe kommen hier nur Aethylen und Azetylen in Betracht.

D.R.P. 370 974 Chemische Fabrik Griesheim-Elektron.

Verfahren zur Herstellung der Hydrierungsprodukte von Naphthalin und seinen Derivaten.

Verfahren zur Herstellung der Hydrierungsprodukte von Naphthalin und seinen Derivaten, dadurch gekennzeichnet, daß man auf ein Gemisch von Alkalimetall mit einer Lösung von Naphthalin oder Derivaten in einem indifferenten Verdünnungsmittel Wasser allmählich einwirken läßt.

Z. B. wird ein Gemisch von 128 Teilen Naphthalin, 1000 Teilen Solventnaphtha und 184 Teilen Natriummetall (auf ca. 145°) zum Sieden erhitzt. Unter sehr gutem Rühren werden nun langsam 152 Teile Wasser in die siedende Mischung getropft. Nach Auswaschen erfolgt fraktionierte Destillation, bei welcher das gebildete Tetrahydronaphthalin bei 204—206° übergeht. in einer Ausbeute von 90% der Theorie.

D.R.P. 300 052 Karl Wimmer, Bremen.

Verfahren zur Hydrierung von Naphthalin (s. a. **Ber.** 49. 252).

Verfahren zur Hydrierung von Naphthalin im Autoklaven unter Druck mittels Katalysator, der aus erhitztem Öl (einem gesättigten Glyzerid) und Nickelformiat unter Durchleiten eines Wasserstoffstroms dargestellt wurde. Z. B. bei 15 Atm. und 180°

557 749 Frz. Chemical Research Syndicate, Ltd.

Kontinuierliches Verfahren zur Umwandlung aromatischer Verbindungen — mit geschlossener Kette — in Motorbrennstoffe.

Die Erfindung besteht darin: In einem fortlaufenden Verfahren werden vorwiegend aromatische Kohlenwasserstoffe, Benzol, Toluol etc. im Dampfzustande hydriert, wobei man sie mit nicht aromatischen Kohlenwasserstoffen mischt und der Wirkung von Eisenoxydul bei Temperaturen unter 550° C in Gegenwart von Wasserdampf aussetzt. Wasserdampf darf nur in solchem Verhältnis zum Kohlenwasserstoff angewandt werden, daß das Eisen im Oxydulzustand bleibt.

Praktisch wird dem Dampf des Benzols oder seiner Homologen ein Paraffin-Kohlenwasserstoffgas oder Aethylen und Homologe sowie überhitzter Wasserdampf beigemischt und über Eisenoxydul oder dgl. bei 550—700° C geleitet. Dabei vollziehen sich eine Anzahl von Reaktionen mit dem Endresultat, daß sich ein Motorbrennstoff bildet. Das Verfahren eignet sich besonders für Steinkohlenteerdestillate, die diese Mischung von Paraffinen mit aromatischen Kohlenwasserstoffen bereits enthalten. Der Prozeß spielt sich in einem 6 m langen, 10 cm weiten Rohre ab, das FeO enthält. Je höher der Siedepunkt des passierenden Öldestillats ist, desto mehr Wasserdampf gibt man. Nach 24 Stunden soll eine Probe des Oxyduls aus der Röhre weder freien Kohlenstoff noch Eisenoxyd enthalten. Auch muß vermieden werden, daß das FeO zu Eisenmetall reduziert wird, weil sich in Gegenwart von Eisen Koks aus den Öldämpfen absetzt.

D.R.P. 413091 Maschinenbau-Anstalt Humboldt, Köln-Kalk.
23b. 4

Verfahren zur Herstellung eines flüssigen Brennstoffes.

Anspruch:

Verfahren zur Herstellung eines flüssigen Brennstoffes, dadurch gekennzeichnet, daß die Mischungen von Alkohol und Furfurol in Gegenwart von Kondensationsmitteln, wie Säuren, sauren Salzen oder von Alkalien, Erdalkalien oder alkalisch reagierenden Verbindungen, gegebenenfalls unter Zusatz von Wasserstoff in Gegenwart geeigneter Katalysatoren, einer Destillation, unterworfen werden.

Beispiel 1. Ein Gemisch von 92 Teilen Alkohol und 48 Teilen Furfurol wird unter Luftabschluß in Gegenwart von 0,5—1 Teil Aluminiumchlorid oder Zinkchlorid einer Destillation unterworfen. Es bildet sich dabei ein zwischen 80—160° siedender Brennstoff. Ausbeute: 125 Teile. Etwa 15 Teile harzigen Rückstandes bleiben in der Destillierblase.

Beispiel 2. 90 Teile Alkohol, 50 Teile Furfurol werden in Gegenwart von 0,5—1 Teil Ätzkali überdestilliert. Hierbei bildet sich eine zwischen 80—170° siedende Flüssigkeit, welche sich in hervorragender Weise als Kraftstoff eignet. Ausbeute: 120 Teile Brennstoff, 18—20 Teile zähflüssigen Harzes. Die Reaktion ist auch in Gegenwart von Wasserstoff unter Zusatz eines Katalysators ausführbar.

Beispiel 3. 100 Teile Alkohol werden mit 150 Teilen Rohfurfurol in Gegenwart von 2—3 Teilen Bisulfat destilliert. Ausbeute 115 g wasserklaren Brennstoff, 32 g festes Harz. An Stelle von Bisulfat können geringe Mengen von Säure zugesetzt werden. Zusatz von $HgSO_4$, $FeCl_3$ oder anderen Reaktionsbeschleunigern ist hierbei zulässig.

D. R. P. 403 192 Carl H. Borrmann, Essen.
ab 15. 6. 1922
ausgeg. 25. 9. 1924

Verfahren zur Herstellung aromatischer Kohlenwasserstoffe aus Phenolen und Wasserstoff.

Anspruch:

Verfahren zur Herstellung aromatischer Kohlenwasserstoffe aus Phenolen und Wasserstoff, dadurch gekennzeichnet, daß die Phenole durch eine oder mehrere in einem von oben beheizten Ofen angeordnete, aufrechtstehende Rohrschlangen in der Weise im Gegenstrome zu den Heizgasen geführt werden, daß sie im unteren Teil der Schlangen vorgewärmt und verdampft und im oberen Teile nach Beimischen von Wasserstoff reduziert werden, wonach die aus den Schlangen austretenden Dämpfe gegebenenfalls unmittelbar in Kolonnen fraktioniert, kondensiert und schließlich in Ölwäschern absorbiert werden. —

Die bei der Tieftemperaturverkokung bei 500—600° oft bis zu 50% im Urteer enthaltenen Phenole werden in bekannter Weise bei 750° in Benzolkohlenwasserstoffe verwandelt. Die Temperatur ist auf ±5° genau innezuhalten.

Das Schlangensystem 1 (s. Zeichnung, Abb. 135, Anh.) ist in einem Ofen aufrechtstehend eingebaut und wird von unten bei 2 mit der zu verdampfenden Flüssigkeit beschickt, während die Heizgase ca. 800—900° warm oben bei 4 eintreten und unten bei 5 den Ofen verlassen, nachdem sie vorher noch den Wasserstoff bei 6 mit ihrer Abhitze von ca. 350° vorgewärmt haben.

Im oberen Teile der Rohrschlange bei 3 werden die Phenoldämpfe mit Wasserstoff gemischt. Durch den häufigen Richtungswechsel tritt eine gute Durchmischung ein und infolge des langen Weges und dadurch bedingter Dauer der Reaktion kann die Ausbeute bis auf 92% gebracht werden. Das bei 7 austretende Dampfgemisch passiert den Flüssigkeitsabscheider 8 und die Kolonnenapparate 9, 10 mit den Rückflußkühlern 11, 12. Bei 14 läuft Schwerbenzol, bei 15 Leichtbenzol in die Vorlagen. Die Restgase werden durch den Ölwäscher 20 geführt. Das Waschöl muß nach seinem Austritt bei 22 wieder vom Leichtbenzol durch Destillation befreit werden. Die unkondensierbaren bei 23 entweichenden Gase können als Heizgase für den Ofen 24 dienen.

D. R. P. 422 035 Firma Oberschlesische Kokswerke und Chemische Fabriken, Akt.-Ges., Berlin und Dr. A. Supan, Hindenburg (Oberschlesien).
ab 16. 7. 1921
ausgeg. 23. 11. 1915

Verfahren zur Herstellung von Kohlenwasserstoffen oder niederen Phenolen aus Urteerphenolen.

Anspruch:

Verfahren zur Herstellung von Kohlenwasserstoffen oder niederen Phenolen aus Urteerphenolen oder diese enthaltenden Ölen, dadurch gekennzeichnet, daß man die Ausgangsstoffe mit Wasserdampf bei höheren Temperaturen über solche Stoffe, z. B. Eisen oder Koks destilliert, die imstande sind, aus Wasserdampf Wasserstoff abzuspalten. —

Bei hohen Temperaturen erhält man leichtsiedende Benzole.

Bei niederen Temperaturen erhält man in der Hauptsache höhersiedende Abkömmlinge. Regelt man die Umsetzung so, daß nur eine unvollkommene Zersetzung eintritt, so kann man aus den höheren Phenolen mit guter Ausbeute Karbolsäure erzeugen, indem dann nur Abspaltung der Seitenketten eintritt, während die Hydroxylgruppe nicht angegriffen wird.

Beispiel. 100 Teile Urteerphenole werden mit überhitztem Wasserdampf über auf 650° erhitzte Eisendrehspäne destilliert. Das Destillat besteht zum größten Teil aus Kohlenwasserstoffen. Die Ausbeute an neutralen Ölen beträgt etwa 60—65%. Der Gehalt des Destillates an Phenolen war auf 7% gesunken. Diese bestehen zum größten Teil aus Karbolsäure.

225 885 Brit. G. L. Stadnikoff, Moskau.
7. 12. 1923 Deutschland
8. 12. 1924 England
4. 2. 1926

Reduktion organischer Verbindungen.

Sauerstoffhaltige organische Verbindungen werden durch metallisierten Kohlenstoff reduziert. Z. B. wird Kresol in einem Wasserstoffstrom destilliert und die Mischung von Gas und Dampf durch ein Eisenrohr geleitet, das mit metallisierter Kohle gefüllt ist; man erhält diese durch Niederschlag von Kohlenstoff auf gepulvertes Eisen bei 430° C. Das gewonnene Produkt ist Toluol. — Auch nach anderen Verfahren wird metallisierter Kohlenstoff erhalten. Z. B. durch Mischen von Kohle und dgl. mit Metalloxyden und Reduktion, oder aus Metallsalzen organischer Säuren durch Verkohlung usw.

D. R. P. 431 479 Dr. Franz Fischer, Mülheim (Ruhr).
21. 7. 1922
8. 7. 1926

Verfahren zur Herstellung von Kohlenwasserstoffen aus Phenolen.

Anspruch:

Verfahren zur Herstellung von Kohlenwasserstoffen aus Phenolen unter Verwendung metallischer Leitungen oder Behälter, deren Innenflächen mit einem die Kohlenstoffausscheidung verhindernden Überzug versehen sind, dadurch gekennzeichnet, daß die mit organischen Dämpfen oder Gasen in der Hitze in Berührung kommenden Metallteile mit Schwefelmetall z. B. in der Weise überzogen werden, daß zunächst durch die Behälter und Leitungen schwefelhaltige Gase oder Dämpfe hindurchgeführt werden.

Z. B. werden durch ein derart geschwefeltes Eisenrohr, 3 m lang, 28 cm ⌀, 1,8 kg Trikresol im Laufe von ½ Stunde mit etwas mehr als der zur Umwandlung in Benzol theoretisch nötigen Menge bei 750° durchgeleitet. Dabei wurden 82% der Theorie an Benzol gewonnen ohne Abscheidung von Kohlenstoff, welche jedoch in Massen im ungeschwefelten Rohre stattfand, bei nur ca. 30% Ausbeute.

Zur Vergrößerung der Oberfläche können Kontaktsubstanzen eingebracht werden. Es kann mit Über- oder Unterdruck gearbeitet werden.

532 748 Frz. F a r b w e r k e v o r m. M e i s t e r, L u c i u s & B r ü n i n g.
21. 11. 1921 Höchst.

Neuer Brennstoff für Explosionsmotore.

Gegenstand der Erfindung ist: Die Anwendung von Hexahydrobenzol als Ersatz für Petrol-Essenz und seiner Mischung mit anderen Substanzen, da Hexahydrobenzol bei +4° fest wird. Der Schmelzpunkt wird durch ca. 5% Benzol auf —17° erniedrigt.

532 948 Frz. A.-G. f ü r A n i l i n f a b r i k a t i o n, Berlin.

Brennstoff für Explosionsmotore.

Gegenstand der Erfindung ist die Anwendung von Methyl- und Dimethyl-Zyklohexan, die selbst bei Temperaturen von —40° flüssig bleiben.

184 785 Brit. J. D. R i e d e l A.-G., Berlin-Britz.
15. 8. 1921 Deutschland
6. 7. 1922 England
17. 5. 1923 Compl. Acc.

Motorbrennstoff.

A n s p r u c h :

Herstellung eines Motorbrennstoffs, bestehend aus einem Hydronaphthalin, einem aliphatischen unter 100° siedenden Kohlenwasserstoff und Aethylalkohol (methylalkoholhaltig), dadurch gekennzeichnet, daß man eine kleine Menge Aethan oder einen hochsiedenden Alkohol, z. B. Amylalkohol, zusetzt, zu dem Zwecke, eine homogene Mischung herzustellen, die nicht gefriert (im einzelnen wie beschrieben).

Z. B. 30 Teile Tetrahydronaphthalin,
35 „ Leichtpetroleum,
30 „ methylalkoholhaltigen (denaturierten) Spiritus.
5 „ Amylalkohol.

202 805 Brit. J. D. R i e d e l A.-G., Berlin-Britz.
6. 7. 1922
30. 8. 1923

Kraftöle für Maschinen mit innerer Verbrennung.

A n s p r u c h :

1. Kraftöl für Maschinen mit innerer Verbrennung, das aus einer Mischung eines oder mehrerer H y d r o n a p h t h a l i n e mit einem oder mehreren aliphatischen Kohlenwasserstoffen besteht, von denen wenigstens ein Teil unter 100° C siedet.

2. Ein Kraftöl nach 1, dem ein oder mehrere bekannte Kraftöle für Maschinen mit innerer Verbrennung zugesetzt wurden.

Die günstigste Mischung soll 10% unter 100° C siedende und 30 % unter 150° C siedende Bestandteile enthalten.

10. Abschnitt.

Die Urverkokung.

Tieftemperaturverkokung oder kürzer Urverkokung ist bekanntlich ein Verfahren, bei dem die Kohle der trockenen Destillation bei etwa 450—550° unterworfen wird, — im Gegensatz zur Kokerei und Leuchtgasfabrikation, bei welchen Temperaturen von 1000 bis 1200° angewandt werden.

Wenn wir von diesen beiden älteren Verfahren absehen, so unterscheiden wir drei Hauptwege, die von den Kohlen zu flüssigen Brennstoffen führen: die Urverkokung, die direkte Hydrierung der Kohle (Typ: Bergiusverfahren) und die indirekte Hydrierung (Typ: Franz Fischers und I. G.-Verfahren). Die letzteren Verfahren trachten danach, die gesamte Substanz der Kohle in Öle umzuwandeln. Bei der Urteergewinnung entstehen dagegen etwa 70% Halbkoks, für die Verwendung gefunden werden muß, und etwa 8—15% Urteer, der zu Leichtölen bzw. Treibölen, Schmierölen und Paraffin verarbeitet wird. — Anfänglich spielte auch bei der Urverkokung der Teer nur eine sekundäre Rolle. Es handelte sich bei den ältesten Tieftemperaturverfahren, die in England entwickelt wurden, um die Gewinnung von rauchschwachem Koks, da die starken Rauchgase der Kohle auf den britischen Inseln mit ihrem feuchten Klima noch viel lästiger werden als in unseren Industriebezirken. —

Daß die Destillation bei niederer Temperatur zu anderen Teeren führt, als den bei der Kokerei und der Leuchtgasfabrikation gewonnenen, hat Börnstein (Journ. f. Gasbel. 49. 627. 648. 667. 1906) gezeigt. Umfassende Untersuchungen auf diesem Gebiete sind Pictet und Mitarbeitern (Berl. Ber. *44*. 2486; *46*. 3342; *48*. 926, Ch. Zentralbl. 1919. III. 220, Ch. Ztg. 1916. 211), ferner Wheeler u. Burgess (Soc. *1910*, 1917; *1911*, 649; *1913*, 1704, *1914*, 131, 2562) zu verdanken. Franz Fischer und seine Mitarbeiter haben ihre eingehenden Untersuchungen über Urteer fortlaufend in den „Gesammelten Abhandl. z. Kenntnis der Kohle“ veröffentlicht.

Der nach dem Hochtemperaturteerverfahren gewonnene Steinkohlenteer unterscheidet sich von dem Urteer sehr scharf dadurch. daß im letzteren die aromatischen Verbindungen Benzol und Homologe und besonders das Naphthalin völlig fehlen. Der milderen Behandlung entsprechend liegen im Urteer wasserstoffreichere Kohlenwasserstoffe vom Typ der aliphatischen und der Naphthenreihe vor. Nur eine Gruppe von aromatischen Verbindungen ist im Urteer in großen Mengen vertreten, die Phenole, die vermutlich aus den methoxylhaltigen Lignitresten in der Kohle entstanden sind. —

Braunkohlenteer und Braunkohlen urteer sind voneinander nicht in so hohem Grade verschieden wie die entsprechenden Steinkohlenteerprodukte. Das liegt ebensosehr an der Zusammensetzung des Ausgangsmaterials, in welchem aliphatische Kohlenwasserstoffe vorwiegen, wie an den Gewinnungsverfahren, da die bei der Braunkohlenschwelerei herrschenden Temperaturen meistens weit unter denen der Steinkohlenverkokung liegen. — Je tiefer die Schweltemperaturen liegen, desto höher ist der Gehalt des Teers an gesättigten Kohlenwasserstoffen. Nach Scheithauer enthält der Schwelteer etwa 60% paraffinische und 33% olefinische Kohlenwasserstoffe. Aromatische Kohlenwasserstoffe können im Schwelteer nur infolge zu hoher Erhitzung auftreten. —

Die Unterschiede in der Zusammensetzung von Stein- und Braunkohlenurteeren sind aus den nachstehenden Tabellen ersichtlich. — Der höhere Gehalt der Braunkohlenprodukte an Paraffinkohlenwasserstoffen macht sich sowohl durch den höheren Stockpunkt wie das geringere spezif. Gewicht bemerkbar. —

Vergl. Untersuchung von Urteeren aus

	Steinkohle				und	Braunkohle		
	Rheinische	Saar	Oberschles.		Rhein. Union Briketts	Lausitzer Rohkohle	Rositzer Briketts a	Rositzer Briketts b
	%	%	%	%	%	%	%	%
Leichtöl (Treiböl)	17.5	28.—	21.—	22.—	28.—	15.5	41.—	16.2
Schmieröl Ve_{50}^{3-5}	33.1	32.—	30.—	39.—	36.—	23.—	33.—	62.5
Paraffin (Roh*)	1.3	1.5	2.8	1.5	23.*)	16.5	11.—	16.—
Pech (Koks*) .	47.3	34.5	45.—	37.—	7.*)	19.—	7.*)	—
Verluste . . .	1.2	4.—	1.2	0.5	6.—	26.—	8.—	5.3

Nach Wirth. Brennstoff-Chemie S. 349.

Der Stockpunkt der Braunkohlenurteere schwankt etwa zwischen 16° und 35°, während die Steinkohlenurteere nahe von 0° stocken.

Das spezif. Gewicht liegt bei Steinkohlenurteeren um 1.— (bei 25°), bei Braunkohlenurteeren um 0.890 bei 50°.

Bekanntlich ist der hohe Gehalt an Phenolen und Homologen für die Verwendung der Leichtöle und Schmieröle sehr störend. Man begegnet diesem Übelstand unter anderem durch die Verfahren, die der Umwandlung der Phenole in Kohlenwasserstoffe dienen. Dieselben sind in Abteilung 9 C zusammengestellt.

Urteerausbeuten bei verschiedenen Steinkohlen (Fischer. Umwandlung der Kohle in Öle S. 16).

Kohlenart	Urteer wasserfrei %	Gehalt der Urteere an festem Paraffin %	Gehalt der Urteere an Phenolen %
Magerkohle . .	ca. 1.5	—	—
Fettkohle . . .	„ 3.5	1—2	15—20
Gaskohle . . .	„ 8.—	1—2	ca 30
Gasflammkohle .	„ 12.—	1—2	ca 45
Kennelkohle . .	„ 29.—	—	5—10

Mengen an Urteer bei verschiedenen Braunkohlen (ebend. S. 17).

Art der Kohle	Urteer bezogen auf bei 105° getrocknete Kohle	Gehalt der Urteere an festem Paraffin %	Gehalt der Urteere an Phenolen %	Gehalt der Urteere an visk. neutr. Ölen %
Sächs. Schwelkohle . .	24.—	29	15	17
Rhein. Braunkohle . .	7.6	13	36	15
Lignit	2.7	—	57	—

Das Urteerverfahren ist in noch viel stärkerem Maße als andere Prozesse mit wirtschaftlichen Problemen verknüpft Die neueste Entwicklung hat ergeben, daß die Braunkohle, die wegen ihres hohen Wassergehaltes (ca. 50%) wirtschaftlich nicht auf größere Entfernungen verfrachtet werden kann, durch rationelle Verschwelung in einen der Steinkohle nahezu gleichwertigen Brennstoff von ca. 6000 Cal./kg umgewandelt werden kann. Die Rationalisierung der Kohlenwirtschaft bedingt, daß man den Kohlen vor der Verbrennung die wertvollen bituminösen, d. h. teerliefernden Stoffe entzieht und nur den zurückbleibenden Koks oder Halbkoks unter den Kesseln verfeuert. — Entsprechend soll beim Generatorenbetrieb eine Abscheidung des Teeres aus den Vergasungsprodukten stattfinden, soweit sich das mit den Verwendungszwecken der Gase, mit ihrer Temperatur und dem jeweils erforderlichen Heizwert verträgt. Da die Teerausbeute bei dem Tieftemperaturverfahren höher als bei der Kokerei und Leuchtgasfabrikation ist (während die Gasausbeute entsprechend geringer ausfällt), so ist der Gesamtwert der Erzeugnisse bei der Urverkokung entsprechend höher, — wenn der gewonnene Halbkoks sich zur praktischen Verwendung eignet. — Der Halbkoks ist dem Kokereiprodukt gegenüber von geringerer Festigkeit und muß deshalb für Verhüttungszwecke ausscheiden. Er wird jedoch zu einem äußerst wertvollen Material, wenn er sich zu Staub zermahlen läßt, und kann dann in Staubfeuerungen verbrannt oder nach Bergius hydriert werden. Diese Umstände haben zur Folge, daß die Urverkokung mittels Generatoren an d e n Stellen geschehen muß, wo Halbkoks in größtem Umfange zu Kraftzwecken verwendet wird, also in den Kraft- oder Fernkraftwerken.

Andere Möglichkeiten zur Verwertung und Verbesserung des Halbkokses bestehen darin, daß man ihn während seiner Herstellung verdichtet (s. Verfahren v. Franz Fischer, D. R. P. 299 191, S. 411). Man kann ihn auch brikettieren oder dem Generatorbetrieb zuführen.

Das Bestreben, die Urteere als Ersatz für Erdölprodukte (Benzin, Schmieröl, Treiböle) zu verwenden, hat insbesondere in den Ländern ohne nennenswerte Erdölindustrie im Kriege und nach dem Kriege in Verbindung mit der Rationalisierung der Kohlenwirtschaft zu einer ungemein regen Erfindertätigkeit auf diesem Gebiete geführt. Deutschland, Frankreich, England und in geringerem Umfang die Vereinigten Staaten haben — abgesehen von andern Ländern — hier ein Patentschrifttum entwickelt, das vollständig zu berücksichtigen in Verbindung mit den anderen umfangreichen Gebieten des vorliegenden Werkes zur Unmöglichkeit wird. Es würde buchtechnisch die Grenzen des Rahmens überschreiten. Es wird daher hier in erster Linie an Hand der d e u t s c h e n Patentschriften ein Überblick über die geleistete Arbeit gegeben, zumal, da die wichtigeren Verfahren des Auslandes auf diesem Gebiete meist auch unter deutschen Patentschutz gestellt sind. Die zu erwähnenden Verfahren sollen sich nach Angabe der Erfinder in vielen Fällen sowohl zur Verschwelung von Steinkohlen wie auch zur Verarbeitung von Braunkohlen und bituminösen Schiefern eignen. Das deutsche Reichspatentamt, dessen Einteilung wir später folgen, hat nur bezüglich der Schiefer (Gr. 37) eine Trennung vorgenommen. —

Franz Fischer teilt (i. d. „Umwandlung der Kohle in Öle“) die Verfahren und Apparaturen nach folgendem Schema ein und gibt damit auch eine Übersicht über die bisherige Entwicklung der technischen Urteergewinnung:

1. Reine Destillationsapparate mit äußerer Beheizung:
   a) Schachtöfen,
   b) Horizontalretorten,
   c) Kanalöfen,
   d) Rotierende Öfen,
   e) Rotierende Öfen mit Ausfütterung.
2. Innere Beheizung:
   a) Überhitzter Wasserdampf als Heizmittel,
   b) Heißes Generatorgas als Heizmittel,
   c) Heißes Koksofengas als Heizmittel,
   d) Abschwelen mit Rauchgas.
3. Kombinierte Apparate:
   a) Heißgehende Generatoren mit Schweleinsätzen,
   b) Kaltgehende Generatoren mit Schweleinsätzen,
   c) Feuerungsanlagen mit Vorschwelung.

In allerjüngster Zeit hat das Reichspatentamt die Urteerverfahren nach neuen technischen Gesichtspunkten einer Umordnung unterworfen. Es kommt zu einer Einteilung in 15 Untergruppen (Kl. 10a Gr. 23—37). Wir haben das vorliegende Material nach diesen Gruppen geordnet.

Der technische Vorgang wird durch diese Einteilung soweit klargelegt, daß in den meisten Fällen auf eine weitere Beschreibung verzichtet werden konnte. Der Leser findet daher zunächst eine reine Aufzählung der in die betreffenden Gruppen fallenden Verfahren, die nur gelegentlich durch kurze Notizen ergänzt wird. Eine Anzahl dieser Verfahren ist jedoch am Ende der Gruppe ausführlich, zum Teil mit Abbildung, wiedergegeben. Das wird durch die Bemerkung (Ausführlich) jeweils angezeigt.

Einige Verfahren, die sich des elektrischen Stromes bedienen, sind im Abschnitt 6 B, die Verfahren zur Verarbeitung von Ölschiefern (Gr. 37) im Abschnitt 7 B mitgeteilt worden.

Zu den einzelnen Gruppen gehörige ausländische Verfahren findet man jeweils hinter den deutschen Patenten der betreffenden Gruppe. —

Die neue Einteilung des Reichspatentamts.

Urteerverfahren Kl. 10a Gruppe 23—37.

23. Verschwelung in einem von außen beheizten Schachtofen.

24. Verschwelung in einem Schachtofen, in dem das Heizmaterial durch das Gut hindurchgeführt wird.

25. Verkohlungs- und Verschwelungsofen mit inneren Heizvorrichtungen, außer Drehtrommeln.

26. Verkohlung und Verschwelung in Drehtrommeln.

27. Verschwelung und Verkohlung unter Förderung des Gutes.

28. Verschwelung und Verkohlung auf Wagen in Kanalöfen.

29. Verschwelung und Verkohlung mit endlosen Tragmitteln, Bändern, Becherwerken etc. in Trommeln.

30. Verschwelung und Verkohlung in Telleröfen und mechanischen Etagenöfen.

31. Verschwelung und Verkohlung auf Heizflächen, auf denen das Gut mechanisch fortbewegt wird, sowie auf Schüttrampen, Schüttrosten und dgl. außer Teller- und mechanischen Etagenöfen.

32. Verschwelung und Verkohlung bei unmittelbarer Berührung des Gutes mit flüssigem Metall.

33. Verschwelung und Verkohlung unter mechanischer Förderung des Gutes auf andere Weise als nach 26—32, z. B. Schleudern oder Blasen.

34. Verschwelung oder Verkohlung in festen oder rotierenden Retorten ohne inneren Heizkörper.

35. Verschwelung oder Verkohlung unter mechanischer Pressung in festen und rotierenden Retorten.

36. Andere Verfahren zum Verschwelen und Verkohlen (und Öfen dazu) als unter 25—35 gefaßt.

37. Verschwelen bituminöser Schiefer (s. Abschn. 7. B.)

Gruppe 23 und 24. Die Verschwelung in Schachtöfen.

Die Verschwelung der Brennstoffe, insbesondere der Braunkohlen und Ölschiefer, im Schachtofen ist eine verhältnismäßig alte Industrie. Es ist daher natürlich, daß die neueren Verfahren, die die Verschwelung bei tiefen Temperaturen zum Gegenstand haben und vor allem die Steinkohle als Rohmaterial hinzunehmen, in manchen Punkten auf den älteren Verfahren fußen. —

Darum sollen hier einleitend eine Anzahl älterer Verfahren Erwähnung finden, damit ein einigermaßen abgeschlossenes Bild der technischen Entwicklung entsteht. —

Über die Leistungen der Schachtöfen im allgemeinen sagt Fr. Fischer (Umwandlung der Kohle in Öle, S. 67): „Wenn man auf Gewinnung der besonders wertvollen leichtsiedenden Teile, der Benzine etc., Wert legt, dann wird die Destillation der Kohle zweckmäßig durch äußere Beheizung durchgeführt. Die relativ niedrige Temperatur von 400—500° gestattet die Verwendung eiserner oder gußeiserner Schachtwände, die sich durch ihre Gasdichtigkeit und ihre bessere Wärmedurchlässigkeit vor feuerfestem Steinmaterial auszeichnen. Die Geschwindigkeit des Destillationsvorganges hängt ferner von der Dicke der Kohlenschicht ab, die bei der schlechten Wärmeleitung von Kohle und Halbkoks möglichst gering genommen werden muß. Sonst dauert das Abschwelen — unwirtschaftlich lange. — Durch stärkeres Beheizen der Schachtwände würde man die entstandenen Teerdämpfe überhitzen, die Teerausbeute verringern und die Qualität, d. h. den Wasserstoffreichtum vermindern — also ein Produkt erhalten, das sich dem Kokereiteer nähert. Diesen Fehler machen wohl alle diejenigen Verfahren, welche zwar Urteer erzeugen wollen, aber eine besonders große Ammoniakausbeute erhalten. Denn höhere Ammoniakausbeuten sind erst bei Temperaturen von 600—800° erreichbar, während bei normaler Urteergewinnung der Kohlenstickstoff größtenteils im Halbkoks bleibt." Diesen Ausführungen mögen die Bedingungen angereiht werden, die Fr. Frank für die Gewinnung eines guten Urteers in Gaserzeugern aufstellt (Brennst. Chem. *2*. 152).

1. Räumliche Trennung der Schwelarbeit von der Trocknung auf der einen und von der Vergasung auf der anderen Seite.
2. Ausführung der Schwelarbeit durch geregelte Wärmezufuhr und Übertragung.
3. Entfernung des Teers aus der Bildungszone durch reichliche Verdünnung mit Generatorgas oder mit anderen gasförmigen Tragkörpern, die seine Spannung vermindern.
4. Gleichmäßige Kohlenzufuhr zum Entgaserraum.
5. Schaffung reichlicher Entgaserräume und dadurch Reserven an Halbkoks.
6. Zufuhr von gut entgastem Halbkoks zur Vergaserzone.
7. Gleichmäßige Beschüttung derselben.
8. Entnahme der teerhaltigen Gase aus dem Entgaserraume in möglichst staubfreier Form.
9. Richtige Teerabscheidung.

Als Urform für die Verschwelung im Schachtofen, die noch heute in der Braunkohlenindustrie vielfach Anwendung findet, muß der Rolleofen genannt werden, dessen Konstruktion aus den Lehrbüchern Scheithauer-Gräfe (Die Schwelteere 1922), Börnstein (Brennstoffe, Berlin 1926) u. a. als bekannt gelten darf. —

Betreffs einiger älterer Verfahren kann auf einen Aufsatz von Thau (Glückauf *50*. 834. 1914) verwiesen werden, in welchem das Coalite-Verfahren, das Verfahren der Premier Tarless Fuels Ltd. und das Del Monte-Everett-Verfahren geschildert werden.

Dem schon erwähnten Coaliteverfahren entspricht das amerikanische Carbocoalverfahren, bei welchem die Kohle — es handelt sich um eine schlecht bindende zur Verkokung nicht ohne weiteres geeignete Kohle mit ca. 34% flüchtigen Bestandteilen — mittels zweier Förderschnecken, also unter lebhafter Bewegung durch die Retorte bei 450—510° geführt wurde. Der Halbkoks wurde unter Zusatz von 10—12% flüssigem Pech brikettiert. — Das Verfahren erwies sich durch die Notwendigkeit, viel Pech zuzusetzen, als unwirtschaftlich. — Die große Zerreiblichkeit des nach dem Coaliteverfahren gewonnenen Halbkokses suchte die Premier Tarless Fuels Ltd. zu beseitigen, indem sie die Kohle in einer senkrechten Retorte in einer dünnen Lage von 65—75 mm der Destillation bei einem Vakuum von 660 mm unterwarf. Man gewann dabei aus 1 t Kohle etwa 15 l leichte aliphatische Kohlenwasserstoffe. Das Del Monte-Everett-Verfahren der Oil and Carbon Products Co. Ltd. bewegt die Kohle in einer schwach ansteigenden Retorte mittels einer Förderschnecke vorwärts. Im Gegenstrom wird ein Teil des entbundenen Gases unter Druck und nach vorheriger Vorheizung oder Überhitzung in die Retorte gedrückt und diesem Umstand wird die hohe Ausbeute an wasserfreiem Teeröl (bei Durhamkohle 66 l pro t, bei Kannelkohle 281 l pro t) zugeschrieben, das zunächst an der tiefsten Stelle der Retorte, später am Ende des ersten Drittels der Retorte austritt. — Auch das Greene-Laucks-Verfahren, das (nach Wirth, Brennstoff-Chemie, Berlin 1922) in Denver, Kolorado V. St. A. betrieben wird, gehört zu den technisch wichtigen älteren Verfahren. Im Innern einer stehenden Retorte befindet sich eine Transportschnecke, welche die zu verkokende Kohle dauernd in Bewegung hält. Die Destillationsgase werden abgesaugt.

Das Verfahren der Generator A.-G. wurde von der Deutschen Erdöl-A.-G. in Rositz während des Krieges in Betrieb genommen. Es bedingt einen Generator mit besonderen Schwelräumen zur Gewinnung des Teers bei niedrigen Temperaturen. Als Rohstoff wurden Braunkohlenbriketts gewählt, da die mulmige Rohkohle sich wegen Feuchtigkeit und der dadurch eintretenden Verstopfung des Gasdurchganges nicht eignete. —

Der Urteer wurde mit Wasserdampf im Vakuum (nach D. R. P. 307 166 D. E. A. G.) auf Schmieröle destilliert. (Näheres S. Braunkohle *20.* Heft 10 und 11.) Das Verfahren ist übrigens, wie Frank in dem im folgenden zitierten Vortrag bemerkt, erst durch die Techniker der D. E. A.-G. technisch verwendbar geworden. Fritz Frank (Vortrag, Brennkrafttechn. Gesellschaft, Jahrb. 1919, Bd. 2) nennt als Wegmacher des Schwelverfahrens die Retorten von Glover-West, Limberg (S. 399 f), Levis brit. P. 4572 (1913) und Yabs. Die unter Franks Leitung gegen Kriegsende entwickelten Verfahren gingen aus von der Vergaserkonstruktion der Firma Ehrhardt und Sehmer, Saarbrücken, in Verbindung mit dem Retorten-Einbau nach C. Link D. R. P. 317 710.

Wie aus dem auf den folgenden Seiten zusammengestellten Material hervorgeht, besteht eine reiche Fülle von Urteerverfahren, von denen aber nur sehr wenige im Großbetrieb zur Durchführung gelangt sind.

Zur Zeit scheint das Verfahren der Kohlenveredelungs-ges. vielfach sehr günstig beurteilt zu werden, das in der Gruppe 23 S. 390 ausführlich beschrieben wird.

Gruppe 23. Verschwelung in einem von außen beheizten Schachtofen.

306 258 The Bostaph Engineering Co., Detroit.
15. 11. 1916
25. 6. 1918 **Für Trockendestillation der Steinkohle bestimmte Retorte. (Ausführlich.)**

339 743 J. Scherck, Berlin.
27. 10. 1918
4. 8. 1921 **Gewinnung nicht hygroskopischer Flammkohle aus minderwertigen Brennstoffen, wie lignitischen Braunkohlen, Torf und dgl.**

Die leichten Teerdämpfe werden nach oben, die schweren nach unten abgezogen.

367 073 Dr. Leissner.
26. 7. 1921
16. 1. 1923 **Entschwelen von Kohle, Schiefer, Torf auf Tellern und dgl. Vorrichtungen ohne direkte Berührung des Gutes mit den heißen Wänden.**

368 158 R. Siewert, Reval.
12. 12. 1920
1. 2. 1923 **Retortenofen zum Verschwelen von Brennstoffen aller Art, bei denen das Gut zwischen wagerechten, von den Heizgasen in Schlangenlinien durchströmten Rohren niedergeht.**

372 405 F. W a n d s c h m i e d e r, Mecklenburg.
1. 7. 1921
27. 3. 1923 **Verfahren zum Entschwelen von Kohle, Torf und dgl. mit schrägen Gleitplatten.**

376 943 Dr. L e i s s n e r.
27. 10. 1921
7. 6. 1923 **Entschwelen von Kohle, Schiefer, Torf auf Tellern und dgl. Vorrichtungen ohne direkte Berührung des Gutes mit den heißen Wänden, mit einem Schutzgas oder Dampf.** Zusatz zu 367 073 siehe oben.)

420 810 W. P f e i f f e r, Kaaden a. d. Eger.
31. 12. 1922
31. 10. 1925 **Stehender Ofen für Tieftemperaturverkokung.**

Stehender Ofen für Tieftemperaturverkokung, den der Brennstoff von oben nach unten durchläuft, wobei er den zur Verfügung stehenden Raum nicht ganz ausfüllt. Mechanische Bewegung, Heizung mit überhitztem Dampf, Staubabscheider.

430 158 H. C. L u t z, Pittsburgh.
29. 8. 1922
11. 6. 1926 **Stehende Retorte** (entspr. brit. 193 079). (Ausführlich.)

430 365 J. T r a u t m a n n.
6. 10. 1922
26. 7. 1926 **Stehender Schwelofen** (siehe das folgende Verfahren).

432 376 K o h l e n v e r e d e l u n g G. m. b. H., Berlin.
6. 10. 1922
2. 8. 1926 **Verfahren zur Beheizung eines Schwelofens.** (Ausführlich.)

Auslandspatente der Gruppe 23 entsprechend.

519 885 Frz. F o u r s S p é c i a u x A.-G., Belgien. (Ausführlich.)

1 422 706 A. W. H e l m h o l t z, Harrisburg.
18. 9. 1919
Verfahren und Vorrichtung zur Destillation von Kohle. (Ausführl.)

1 432 275 C h a r l e s C. B u s s e y, Brooklyn, übertragen auf S a m. E.
10. 4. 1918 D a r b y, Trustee, New York.
17. 10. 1922
Apparat zur Behandlung von kohlehaltigem Material zur Gewinnung der flüchtigen Kohlenwasserstoffbestandteile daraus.

1 432 276 Charles C. Becssey, Brooklyn, übertragen auf Sam E.
10. 4. 1918 Darby, Trustee, New York.
17. 10. 1922
Verfahren zur Behandlung von kohlehaltigem Material zur Gewinnung der flüchtigen Kohlenwasserstoffbestandteile daraus. Verkokung in vertikaler Retorte.

1 560 311 Julien Pieters, Paris.
23. 7. 1924
3. 11. 1925 **Kontinuierlicher Destillationsofen. Eine stehende Retorte zur Destillation von Lignit, Torf und dgl.**

Deutsche Patente.

306 258 The Bostaph Engineering Company, Detroit.
15. 11. 1916
25. 6. 1918 **Für die Trockendestillation der Steinkohle bestimmte Retorte.**

1. Für die Trockendestillation der Steinkohle bestimmte Retorte mit einem Außenmantel und einem mittleren Kanal mit mehreren radialen, längs verlaufenden Scheidewänden, dadurch gekennzeichnet, daß die von den Scheidewänden gebildeten Kohlenkammern eine etwa 10 cm nicht überschreitede Breite besitzen und mit ihren Innenkanten mit dem mittleren Kanal in Verbindung stehen, wobei ihre langen Außenkanten der Hitze ausgesetzt sind, die längs der Seitenwände nach den Innenkanten der Kohlenkammern fortschreitet.

2. Retorte nach Anspruch 1, dadurch gekennzeichnet, daß der von unten nach oben konisch verlaufende Mantel einen Kern aufweist, dessen mittlerer röhrenförmiger Teil mit radialen bis zum Mantel reichenden Wänden versehen ist, und welcher aus der Retorte als Ganzes entfernt werden kann. —

3. Retorte nach 1. und 2., dadurch gekennzeichnet, daß der Kern eine geringere Länge als der Mantel hat und Löcher zwischen den Scheidewänden, sowie eine nach unten und außen schräg verlaufende Bodenplatte aufweist, wobei der Mantel mit entfernbaren Kopfplatten versehen ist, von denen die am Boden befindliche den Kern unterstützt hält. —

4. Retorte nach 1, dadurch gekennzeichnet, daß die an dem Kern angebrachten radialen Wände bis annähernd an den Mantel reichen und der Kern mit der am Boden befindlichen Kopfplatte entfernt wird. —

Nach Zeichnung 136 (Anhang) und der Beschreibung findet die Verkokung in radialen Kammern statt, die durch ihre geringen Ausmessungen die Wärmeübertragung durch die Kohlensäulen in den radialen Kammern erleichtern, so daß Kohle nicht von Koks umhüllt werden kann. Der Kern der Retorte wird zur Entfernung des Kokses durch eine mechanische Einrichtung heruntergelassen. —

Die Temperatur soll sich von 370—600° erhöhen. Während des Arbeitsvorgangs wird ein Unterdruck aufrecht erhalten. —

430 158 H. E. Lutz, Pittsburgh, Pennsylvanien.
29. 8. 1922
11. 6. 1926 **Stehende Retorte.** (S. brit. Pat. 193 079.)

193 079 Brit. H. E. Lutz, Pittsburgh.
12. 9. 1921
12. 2. 1923 **Retorte.**

Ansprüche:

1. Retorte zur Destillation kohlehaltigen Materials, in der dasselbe in einer Art Tasche festgehalten wird, die von der äußeren und der inneren Wandung einer Retorte gebildet wird und perforiert ist, um die destillierten Produkte frei entweichen zu lassen, wobei die Heizvorrichung die Retorte direkt heizt, aber die „Tasche" indirekt und gleichzeitig von allen Seiten durch die mittels jener Wandungen aufgenommenen Hitze.

Die Abbildung 137 (Anhang) zeigt die Anordnung der Taschen im Querschnitt.

D.R.P. 432 376 Kohlenveredelung G. m. b. H., Berlin.
6. 10. 1922
2. 8. 1926

Verfahren zur Beheizung eines Schwelofen.

Ansprüche:

1. Verfahren zur Beheizung eines Schwelofens, in dem das Schwelgut an einer beheizten Fläche niedergeht, dadurch gekennzeichnet, daß die wirksame Heizfläche durch die strahlende Wärme eines von ihr getrennten und z. B. durch Heizgase erwärmten Heizkörpers (a) auf die gewünschte Temperatur gebracht wird.

2. Ausführungsform des Verfahrens nach 1, dadurch gekennzeichnet, daß die Heizfläche gleichzeitig durch unmittelbare Berührung mit den Heizgasen erwärmt wird.

3. Ausführungsform nach 1 und 2, dadurch gekennzeichnet, daß die Heizflamme zunächst den Strahlungskörper von innen erwärmt und dann durch den Zwischenraum d zwischen Strahlungskörper (a) und der zu beheizenden Fläche (b) geleitet wird.

4. Ausführliche Form des Verfahrens nach 1—3, dadurch gekennzeichnet, daß zur wirksamen Erwärmung der Strahlenkörper eine ein- oder mehrmalige Richtungsänderung erfährt.

5. Ausführungsform des Verfahrens nach 1—4, dadurch gekennzeichnet, daß die wärmeaufnehmende oder -abgebende Oberfläche des Strahlungskörpers oder beide in ihrer Größe einstellbar sind.

Der Betrieb des Ofens gestaltet sich wie folgt: Die Heizgase (aus g [Gas] und l [Luft] brennen stichflammenartig in dem Innenraum f (s. Abb. 138 [Anhang] hinein und vermischen sich hier mit der durch den Rohrstrang k zugeführten Zusatzluft. Dadurch wird zunächst der innere Zylinder a von innen heraus erwärmt. Von f gelangen die Gase durch Schlitze in den Ringraum d und entweichen von dort durch den Abzug m ins Freie oder sie werden in Wärmeaustauschvorrichtungen, z. B. im Vortrockner, weiter ausgenutzt. Auf ihrem Wege dorthin beheizen sie den Zylinder a von außen und gleichzeitig den Außenzylinder b von innen. Durch diese Anordnung wird erreicht, daß die Heizfläche sowohl durch die unmittelbare Berührung mit den Heizgasen als auch durch die strahlende Wärme des als Heizkörper wirkenden Zylinders a erhitzt wird. Um die Beheizung des Innenzylinders möglichst wirksam zu gestalten, sind die Schlitze e hauptsächlich am unteren, d. h. in der Nähe des Brenners gelegenen Ende des Zylinders a angeordnet, so daß die Flamme je nach der Stellung des Schiebers c mehr oder weniger weit in den Rumpf hineinbrennt und die Umkehr im Zylinder und in dem Ringraum d erzwungen wird. S. a. S. 435 f.

Auslandspatente zu Gruppe 23.

1 422 706 Arthur W. Helmholtz, Harrisburg, übertragen an Con-
18. 9. 1919 tinuous Proceß Coke Company, Chikago.

Verfahren und Vorrichtung zur Destillation von Kohle.

Nach diesem Verfahren wird die Kohle zunächst in einer vertikalen Retorte bei relativ niederer Temperatur in Halbkoks überführt und die dabei entstehenden Produkte abgefangen; dann gelangt der Halbkoks in eine horizontale Retorte, wo er gegebenenfalls unter Zufügung von Öl weitere flüchtige Produkte abgibt, während die zurückbleibende Masse durch eine mechanische Vorrichtung zu festem Koks gepreßt wird.

519 885 Frz. Fours Spéciaux A.-G., Belgien.

Verfahren zur trockenen kontinuierlichen, fortschreitenden und fraktionierten Destillation zwecks Erzielung von flüchtigen mehr oder weniger kondensierbaren Stoffen aus mineralischen und organischen Verbindungen. —

Zusammenfassung:

Gegenstand der Erfindung ist ein Verfahren zur trockenen kontinuierlichen, fortschreitenden fraktionierten Destillation in einer von außen im unteren Teile auf eine bestimmte Temperatur beheizten Retorte zwecks Erzielung von flüchtigen mehr oder weniger kondensierbaren Stoffen aus mineralischen und organischen Verbindungen, nach welchem die angewandten Rohstoffe langsam von oben nach unten wandern, derart, daß sich in bestimmten Höhenabschnitten der Retorte Zonen bilden, die bei gleichbleibenden Temperaturen stets gleichbleibende flüchtige Produkte liefern, wobei der Gang der Temperatur sich von oben nach unten ändert, von der Beschickungstemperatur bis zur höchsten für den Vorgang erforderlichen Temperatur und von dieser bis zu einer Temperatur unter 100° C. Hierbei werden die kondensierbaren Destillationsprodukte entsprechend an den Stellen, wo sie sich bilden, erfaßt, sei es mittels seitlicher Leitungen an den betreffenden Regionen des oberen Teils der Retorte, sei es mittels eines perforierten Rohres, das durch einen Exhaustor angesaugt wird und ins Innere der Masse durch die verschiedenen Destillationszonen hindurch gesenkt wird. —

Die Erfindung sieht ferner einen Apparat vor, Abb. 139 (Anhang), der für die Anwendung des obigen Verfahrens ausgearbeitet ist, der aus einer runden leicht konischen vertikalen Retorte besteht, die sich in drei Teile gliedert, und zwar:

1. Der Kopf der Retorte mit der Ladevorrichtung, in diesen versenkt das unten offene perforierte Rohr,

2. der Körper der Retorte, bestehend aus einer feuerfesten Muffe, die von außen auf eine regulierbare Temperatur gebracht wird,

3. Die Basis der Retorte, die nicht geheizt wird, an deren unterem Teil die Entleerung der Destillationsrückstände vorgesehen ist. —

Mittels des unten angebrachten Koksauslasses kann man die Geschwindigkeit regeln, mit welcher das Material den Ofen passiert. Auf diese Weise werden sich Zonen von gleicher Temperatur in den verschiedenen Höhen der Retorte herausbilden, die stets die entsprechenden Produkte abgeben, so daß der Apparat damit die kontinuierliche fraktionierende Destillation bewirkt. — Vermöge des Exhaustors werden die gebildeten flüchtigen Produkte schnell der Nachbarschaft der heißen Wände entzogen und so vor weitergehender Zersetzung bewahrt.

In der Zone 1 trocknet das Material, in der Zone 2 destillieren die leichten Teeröle, in Zone 3 die schweren Teeröle, in Zone 4 destillieren die Ammoniakprodukte, in Zone 5 sind die kondensierbaren Produkte zu Ende. Hier bilden sich Wasserstoff, Methan etc. — Die Temperatur hat hier das Maximum erreicht. Hierauf fällt das heiße Material in ein rotierendes Wasserbad, das dadurch Wasserdampf entwickelt, der im Innern der Retorte aufsteigt, sich am heißen Koks der Zone 5 in Kohlenoxyd und Wasserstoff verwandelt, wodurch die Ausbeute an Ammoniak und Stickstoffverbindungen vergrößert wird.

Ein entstehender Überschuß von Wasserdampf geht in die Abgase, die zur Heizung der Retorte dienen. —

Der Prozeß ermöglicht 1. eine größere Ausbeute an Ammoniak und Teer, 2. der Teer ist von besserer Beschaffenheit als der nach anderen Verfahren erhaltene — er ist insbesondere reicher an leichten Ölen, 3. eine höhere Ausbeute an leichten Kohlenwasserstoffen, dank der Möglichkeit, die Temperatur hoch zu treiben, ohne Zersetzung befürchten zu müssen, 4. eine beträchtliche Vermehrung der Ausbeute an Nebenprodukten und besonders an kondensierbaren durch die Bildung von naszierendem Wasserstoff während der Destillation im Innern der Masse. —

Gruppe 24. Verschwelung in einem Schachtofen, in dem das Heizmittel durch das Gut hindurchgeführt wird.

302 322 — Th. Limberg, Halle.
303 954
322 646 — **Verfahren zur trockenen Destillation, zum Schwelen und Vergasen von Kohle beliebiger Herkunft.** (Ausführlich.)

338 915 — M. Gercke u. Johann Albrecht.
13. 9. 1918
7. 7. 1921 — **Verfahren der Destillation bitumenhaltiger Kohlen oder Schiefer mittels überhitztem Wasserdampf ohne Außenheizung.** (Ausführlich.)

340 553 — Carbozit A.-G., Zürich.
11. 6. 1919
13. 9. 1921 — **Schachtofen mit unten anschließenden Kühlraum zur fortlaufenden Destillation fester Brennstoffe mittels eines kreisenden Stromes heißer Destillationsgase und Verfahren zum Betriebe des Ofens.** —

345 131 A.-G. für Brennstoffvergasung, Berlin.
19. 10. 1919
5. 12. 1931 **Verfahren des Schwelens wasserreicher Brennstoffe mittels des in der Trockenzone aus der Brennstoffeuchtigkeit gewonnenen und dann überhitzten Dampfes.**

347 278 Dr. Ing. R. Drawe, Charlottenburg.
6. 1. 1920
19. 1. 1922 **Verfahren zum stufenweisen Schwelen von Brennstoffen mittels heißer Gase oder überhitzten Dampfes.** — (Ausführlich.)

350 047 Carbozit A.-G., Zürich.
21. 3. 1920
11. 3. 1922 **Gewinnung hochwertiger nicht hygroskopischer Flammkohle aus minderwertigen Brennstoffen.**

350 678 H. Pape, Oker a. Harz.
28. 11. 1919
24. 3. 1922 **Verfahren zum Entschwelen von Kohlen und anderen Teer abgebenden Stoffen durch unmittelbare Einwirkung heißer brennbarer Gase.** —

356 591 Deutsche Erdöl A.-G., Berlin.
7. 2. 1919
22. 7. 1922 **Verfahren der Erzeugung von Tieftemperaturteer und Halbkoks durch Verschwelen bituminöser Stoffe, wie Steinkohle, Braunkohle und dgl. im Kreislauf eines überhitzten Gemisches von Kohlengas und Wasserdampf.**

Der Teer wird oberhalb des Taupunkts des Dampfgemisches abgeschieden.

358 605 M. Gercke u. J. Albrecht, Hamburg.
22. 2. 1919
12. 9. 1922 **Destillation bitumenhaltiger Stein- und Braunkohle oder Schiefer mittels überhitzten Wasserdampfes ohne Außenheizung.** (Ausführlich.) Engl. P. 159 246, 20. 10. 1919, 27. 4. 1921.

362 363 Merz u. Mc. Lellan, London.
6. 11. 1919
27. 10. 1922 **Ununterbrochene Destillation von Kohle bei niederer Temperatur durch Hindurchleiten von überhitztem Dampf oder heißen Gasen durch das Gut ohne Anwendung äußerer Wärme.** Frz. Pat. 575 170, 31. 12. 1923, 25. 7. 1924, siehe 1 423 134. (Ausführlich.)

363 187 Braunkohlenprodukte A.-G. u. Dipl.-Ing. K. Keßler,
20. 7. 1921 Berlin
4. 11. 1922

Schwelofen. —

368 157 K. B e r g f e l d, Berlin-Wilmersdorf.
15. 1. 1922
1. 2. 1923 **Schachtofen mit unten anschließendem Kühlraum zum Verkohlen oder Verschwelen von Brennstoffen durch von außen eingeführte erhitzte Gase oder dgl.**

370 069 Dr. Ing. R. D r a w e, Charlottenburg.
10. 4. 1920
26. 2. 1923 **Verfahren zum Trocknen oder Schwelen von Brennstoffen durch gleichzeitige Innen- und Außenheizung.**

370 438 M. G e r c k e u. J. A l b r e c h t, Hamburg.
6. 7. 1920
3. 3. 1923 **Destillation bitumenhaltiger Stein- und Braunkohlen etc. mittels überhitzten Wasserdampfes ohne Außenheizung (nach 338 915) dadurch gekennzeichnet, daß der überhitzte Wasserdampf teilweise oder ganz durch erhitzte Gase oder Gasgemische ersetzt wird.**

372 244 Dipl.-Ing. F. S e i d e n s c h n u r, Freiburg (Sachsen).
29. 7. 1919
26. 3. 1929 **Verfahren zum Betriebe von Schwelanlagen mit Vortrocknung für nasse Rohbraunkohle zwecks Gewinnung eines hochstockenden, an unzersetzten Bitumen reichen Schwelteers.** — (Ausführlich.)

375 637 H. P a p e, Oker a. Harz.
18. 1. 1922
16. 5. 1923 **Verfahren zum Entschwelen von Kohlen und anderen Teer abgebenden Stoffen durch unmittelbare Einwirkung heißer brennbarer Gase.** (Zusatz zu 350 678.)

376 176 A.-G. für B r e n n s t o f f v e r g a s u n g, Berlin. (O t t o H u b m a n n.)
1. 11. 1921
24. 5. 1923
Schwelen wasserreicher Brennstoffe durch Innenheizung. —

378 681 Dipl.-Ing. F. S e i d e n s c h n u r.
27. 11. 1919
26. 7. 1923 **Vorrichtung zum Trocknen und Schwelen nasser Rohbraunkohle.** (Zusatz zu 372 244.)

Sowohl der Vortrockenraum, wie der Schwelraum sind mit Treppenrosten versehen.

379 408 Dipl.-Ing. F. S e i d e n s c h n u r.
9. 6. 1920
22. 8. 1923 **Vorrichtung zum Trocknen und Schwelen nasser Rohbraunkohle.** (Zusatz zu Vorigem.)

Die zickzackförmig verteilten Roste sind als Fördervorrichtung für das Arbeitsgut z. B. als Kettenroste ausgebildet.

380 438 E. Gustafsson, Stockholm.
6. 11. 1922
7. 9. 1923 **Trockene Destillation organischer Stoffe, Einwirkung indifferenter** Gase auf das Gut, die im Regenerativverfahren erhitzt **wurden.** —

387 444 Jens Rude, Wiesbaden.
29. 10. 1922
3. 1. 1924 **Verfahren zur Gewinnung von hochwertigem Gas, Urteer und Halbkoks.**

Verfahren zur Gewinnung von hochwertigem Gas, Urteer und Halbkoks durch unmittelbare Einwirkung heißer Gase vorzugsweise aus dem Wechselbetrieb von Wassergaserzeugern, dadurch gekennzeichnet, daß während der Heißblaseperiode an Stelle des Heizblasegases ein anderes Gas als Schwelmittel verwendet wird, nachdem dasselbe durch das Heizblasegas auf Schweltemperatur erwärmt worden ist.

389 059 Plausons Forschungsinstitut G. m. b. H., Hamburg.
6. 11. 1921
25. 1. 1924 **Verfahren und Vorrichtung zur Gewinnung von Ölen etc. aus Ölschiefer, Bleicherde, Torf usw.**

Verfahren und Vorrichtung zur Gewinnung von Ölen etc. aus Ölschiefer, Bleicherde, Torf usw. mit überhitztem Wasserdampf und inerten Gasen bei rel. tiefen Temperaturen, indem man das Gas mit großer Geschwindigkeit aus Düsen durch das Gut strömen läßt.

389 866 J. Rude, Wiesbaden.
2. 11. 1922
9. 2. 1924 **Gewinnung von hochwertigem Gas, Urteer, Halbkoks (unter Mitwirkung von Wassergas).** Zusatz zu 387 444).

Das Heißblasegas soll als Schwelmittel durch ein anderes Gas ersetzt werden, das durch die Abwärme der beiden Gase aus dem Wassergaserzeuger auf Schweltemperatur gebracht wird.

390 275 J. Rude, Wiesbaden.
18. 1. 1923
16. 2. 1924 **Gewinnung von hochwertigem Gas, Urteer, Halbkoks (unter Mitwirkung von Wassergas.** (Zusatz zu Vorigem.)

Nur das Heißblasegas wird durch Wärmeaustauschvorrichtung und Erhitzer geleitet, während das Wassergas für sich abgeführt und durch ein brennbares oder inertes Gas oder ein Gemisch beider ersetzt wird.

390 842 E. Hinselmann, Königswinter a. Rhein.
7. 6. 1923
25. 2. 1924 **Verfahren zur Gewinnung von Wertstoffen aus Brennstoffen und Ölschiefer.** —

399 227 S. E. Company in San Franzisko.
12. 4. 1923
30. 7. 1924 **Destillation bituminöser Stoffe.**

401 320 P. Dvorkowitz.
31. 10. 1922
28. 8. 1924 **Erhitzen von Kohle und kohlehaltigen Stoffen im Retortenofen.**
Nebst brit. P. 192 816. (Ausführlich.)

401 363 Metallbank und Metallurg. Gesellschaft A.-G.,
17. 10. 1922 Frankfurt.
3. 9. 1924

Schwelverfahren.

(Erfinder O. Hubmann u. Dr. Ernst Müller.)

Die Teerdämpfe werden während des Kreislaufes einer Überhitzung unterworfen. — (Ausführlich.)

406 409 S. E. Company, San Franzisko.
27. 11. 1923
22. 11. 1924 **Schwelen von Schieferkohle, Braunkohle und dgl.**

Das Schwelgut durchwandert mit dem inerten bzw. Heizgas im Gleichstrom den Schacht von oben nach unten.

410 461 Dr. Ing. R. Drawe, Charlottenburg.
28. 9. 1919
7. 3. 1925 **Anlage zur Urteergewinnung.**

Die Verdampfungs- und Kondensationsanlage (s. D. R. P. 347 278 S. 402) ist hier weiterentwickelt; zwecks besserer Ausnutzung der Wärme des überhitzten Dampfes, der aus der Schwelzone tritt.—

413 373 Deutsche Erdöl-A.-G., Berlin-Schöneberg.
12. 3. 1924
9. 5. 1925 **Verschwelung bituminöser Stoffe.**

Die Gase werden bei Temperaturen unter 450° C an dem Gut vorbei geleitet, über 450° C hindurch. Dadurch wird Beladung des Gases mit Kohlenstaub vermieden.

416 540 Dipl.-Ing. Paul Illig, Stuttgart.
21. 4. 1923
18. 7. 1925 **Betrieb von Schwelvergasern.**

421 908 Merz & Mc Lellan, London.
21. 10. 1921
20. 11. 1925 **Kombinierte Dampfkraft- und Dampfschwelanlage.** —

Kombinierte Dampfkraft- und Dampfschwelanlage, dadurch gekennzeichnet, daß man in dem Kreislauf: Dampfkessel, Kraftmaschine, Abdampf, Wärmeaustauscher den Wärmeaustausch mit dem Betriebswasser und -Dampf des Schwelers stattfinden läßt. —

424 016 — 20. 5. 1923 — 14. 1. 1926
A l l g. V e r g a s u n g s - G e s. m. b. H., Berlin-Halensee.
Schachtofen mit Schwefelaufsatz zur Vergasung und Verschwelung bituminöser Stoffe. (Engl. 236 151, 9. 12. 1924, 24. 6. 1925.)

426 690 — 1. 11. 1921 — 16. 3. 1926
A.-G. f ü r B r e n n s t o f f v e r g a s u n g in Berlin. (Erfinder O. H u b m a n n.)
Schwelverfahren für backende Steinkohle. —

427 323 — 31. 8. 1920 — 29. 3. 1926
Dipl.-Ing. F r i t z S e i d e n s c h n u r, Berlin-Grunewald.
Verarbeitung von Braunkohle unter Nutzbarmachung des in ihr enthaltenen flüchtigen Schwefels. —

429 271 — 11. 12. 1923 — 20. 5. 1926
J e n s R u d e in London.
Verfahren zur Entgasung von Brennstoffen. (Engl. Pat. 244 337.)

429 403 — 11. 2. 1922 — 26. 5. 1926
A.-G. f ü r B r e n n s t o f f v e r g a s u n g in Berlin.
Schachtofen mit unten anschließendem Kühlraum zum fortlaufenden Schwelen fester Brennstoffe mittels eines Gasstromes. —

429 601 — 19. 5. 1923 — 29. 5. 1926
H e n r i D u p u y, Paris.
Anlage zur Destillation fester oder flüssiger Stoffe durch überhitzten Dampf. (U. S. A. Pat. 1 551 814, 14. 5. 1923, 1. 9. 1925.)

431 322 — 3. 6. 1923 — 3. 7. 1926
H. P a p e, Oker a. Harz.
Entschwelen von Kohle.

Klarkohle wird vor der Schwelung nach Korngrößen gesichtet.

433 415 — 1. 8. 1923 — 31. 8. 1926
M. J. T r u m b l e, Los Angeles.
Destillieren von Kohlenwasserstoffdämpfe liefernden Materialien mittels überhitzten Wasserdampfes.

Destillieren von Kohlenwasserstoffdämpfe liefernden Materialien mittels überhitzten Wasserdampfes, dadurch gekennzeichnet, daß der Wasserdampf und die Destillationsdämpfe aus einem zum ununterbrochenen Betrieb eingerichteten Satz von Retorten zu einer Kraftmaschine z. B. Turbine geleitet werden, welche die Energie des Wasserdampfes und der Dämpfe ausnutzt, bevor dieselben kondensiert werden usw. —

(S. frz. Pat. 568 819, engl. 221 052, 239 045.)

434 784 Merz & Mc. Lellan, London u. Edmund G. Weeks,
1. 1. 1924 Dunston.
2. 10. 1926

Schwelverfahren, bei dem als Schwelmittel ein vorgewärmtes Dampfluftgemisch verwendet wird.

435 386 E. R. Sutcliffe, Leigh. England.
1. 8. 1924
26. 10. 1926 **Einrichtung zur ununterbrochenen Destillation kohlehaltiger Stoffe.**

435 567 Deutsche Erdöl-Akt.-Ges., Berlin.
24. 12. 1922
14. 10. 1926 **Schwelerei mit unmittelbarer Innenheizung.**

Verfahren zur Schwelung bituminöser Rohstoffe durch Innenheizung mit einem geregelt warmen Gemisch aus Flammengas und kaltem brennbaren Gas, dadurch gekennzeichnet, daß die Schwelung im Nebenschluß zu einem von der Schwelung unabhängigen brennbaren Hauptgasstrom durchgeführt wird, indem sie in eine von dem genannten Hauptgasstrom abzweigende und in zweckentsprechender Entfernung von der Abzweigstelle wieder in den Hauptgasstrom zurückkehrende Schleife eingeschaltet wird, wobei die Rückführung in den Hauptstrom vor oder hinter der Entnahmestelle erfolgen kann.

Auslandspatente zu Gruppe 24. (Ausführlich.)

1 391 825 C. Mc. Garland.

1 402 413 C. Mc. Garland.

1 460 414 C. Mc. Garland.

1 435 219 H. M. Dow (Chemical Co. Midland.)

1 484 256 J. T. Fenton, Saltlake City.

1 484 257 J. T. Fenton, Saltlake City.

1 484 258 J. T. Fenton, Saltlake City.

1 536 696 G. W. Wallace.

1 568 018 Ch. N. Forest.

171 152 Brit. E. C. Evans, Graig Wen, Glamorgan.

232 358 Brit. F. M. Perkin u. Bettisfield Trust Co., London.

188 019 Brit. Ch. P. Markham und Staveley Coal and Iron Comp. Staveley b. Chesterfield.

221 052 Brit. M. James Trumble, Los Angeles.

239 045 Brit. M. James Trumble, Los Angeles.

568 819 Frz. M. James Trumble, Los Angeles.

532 828 I. R. Garrow, England.

Deutsche Patente zu Gruppe 24.

D. R. P. 302 322 Dipl.-Ing. Th. Limberg, Halle.
3. 11. 1916
14. 12. 1917

Verfahren zur trockenen Destillation, zum Schwelen und Vergasen von Kohle beliebiger Herkunft.

Verfahren zur trockenen Destillation, zum Schwelen und Vergasen von Kohle beliebiger Herkunft, insbesondere von wasserreichen und bituminösen Kohlen, sowie von bituminösen Schiefern und Torf, dadurch gekennzeichnet, daß die Destillation in drei scharf getrennten Phasen durch direkte, die restlose und gleichmäßige Durchdringung jeder Einzelschicht ermöglichenden Einwirkung von neutralen heißen Gasen auf das Destillationsgut durchgeführt wird, und daß die bei Temperaturen bis zu 260°, ferner von 260—400° und über 400° übergehenden Destillationsprodukte unmittelbar im Augenblick ihrer Bildung nach den Einzelstufen getrennt abgeführt werden. —

Während bisher die Höhe der Temperaturen der einzelnen Stufen nicht näher angegeben wurde, erfolgt durch vorliegende Erfindung die Regulierung der Temperatur mittels Heißgasen scharf in den genannten Intervallen — 260°, — 400° und über 400°.

In der (obersten) Trockenzone wird das Material auf 260° erhitzt und Wasserdampf abgeführt. In der zweiten Zone wird ein Teer gewonnen, der aus Bitumen und Harzen entsteht, in der dritten wird ein Teer gewonnen, der aus Zellulose- und Huminsubstanz des Destillationsgutes entsteht.

Der Teer der zweiten Stufe hat bei Verwendung bituminöser Braunkohle einen hohen Gehalt an Paraffin, aus der dritten Stufe erhält man Öle. — Die aus der ersten Stufe entweichenden Wasserdämpfe werden mit Vorteil einem Generator zugeführt.

303 954 Theod. Limberg, Halle a. Saale.
ab 15. 10. 1916
ausj. 20. 11. 1919

Verfahren zum Schwelen, Destillieren und Vergasen von Kohle beliebiger Herkunft.

Verfahren zum Schwelen, Destillieren und Vergasen von Kohle beliebiger Herkunft, insbesondere von wasserreichen und bituminösen Kohlen, sowie von Schiefern und Torf zwecks Gewinnung eines spezifisch leichten Teers mit hohem Gehalt an aliphatischen Kohlenwasserstoffen, dadurch gekennzeichnet, daß die Innenheizung bei Unterdruck und bei einer unterhalb der Dunkelrotglut liegenden Temperatur erfolgt und daß die Destillationsprodukte des von Heißgasen durchspülten Gutes auf der ganzen Länge des Ofens unmittelbar abgezogen und in voneinander getrennten Vorlagen abgeführt werden.

2. Einrichtung zu dem Verfahren nach 1, dadurch gekennzeichnet, daß die Vorrichtung zur Innenheizung sowohl als auch die Abzugsvorrichtung zwischen je 2 Destillationsschichten angeordnet sind.

Durch die der Erfindung zugrunde liegende Anordnung des Abzugs der Heizgase in einzelnen Zonen unter Unterdruck werden die sogenannten Schwitzzonen vermieden, die sich bei anderen Verfahren infolge ungleichförmiger Wärmeverteilung bildeten und die ihrerseits wieder Hohlraumbildungen im Gute zur Folge hatten. —

In der Mitte der Retorte r ist auf Zeichnung 140 (Anhang) eine Innenheizvorrichtung i angebracht, durch welche das Gut in 2 Teile getrennt wird. Die Heizvorrichtung a, die von h aus mit neutralen Heizgasen, insbesondere Wassergas und Generatorgas gespeist wird, ist nach beiden Seiten mit Düsen d versehen, durch welche die Gase in die Glut eindringen. Im Ofen herrscht Unterdruck und eine unter Dunkelrotglut liegende Temperatur. Auf der ganzen Länge des Ofens sind Abzüge a vorgesehen, durch welche die Destillationsprodukte in voneinander getrennte Vorlagen abziehen.

322 646 Dipl.-Ing. T h e o d. L i m b e r g, Halle a. S.
10 a
ab 28. 10. 1917
Ausgabe 9. 7. 1925

Verfahren zum Schwelen, Destillieren und Vergasen von Kohle.
(Zusatz zum Patent 303 954.)

A n s p r ü c h e :

1. Abänderung des Verfahrens nach 303 954 zum Schwelen, Vergasen und Destillieren von Kohle beliebiger Herkunft, insbesondere von wasserreichen bituminösen Kohlen, bituminösen Schiefern, Torf und anderen Stoffen, zwecks Gewinnung eines spezifisch leichten Teers mit hohem Gehalt an aliphatischen Kohlenwasserstoffen, dadurch gekennzeichnet, daß der Abzug der Produkte in einer einzigen Vorlage bzw. Abzugsvorrichtung und ohne Anwendung von Unterdruck erfolgt.

2. Einrichtung nach Anspruch 1, dadurch gekennzeichnet, daß Heizkörper und Produktenabzugsvorrichtung durch die Ofenwand geführt und mit Reinigungsöffnungen versehen sind. —

Im Patent 303 954 waren 5 Merkmale: Innenheizung, Temperatur unterhalb beginnender Dunkelrotglut im Gut, Unterdruck, unmittelbarer Abzug, getrennte Vorlagen hervorgehoben. —

Derselbe Effekt kann nun erreicht werden bei Fortfall der beiden Merkmale „getrennte Vorlagen und Unterdruck“. —

Es hat sich insbesondere gezeigt, daß bei Durchführung des Destillationsprozesses bei getrennten Vorlagen bzw. Abzugsvorrichtungen der Wasserdampf, der bereits vollständig in den obersten Vorlagen abgetrieben ist, in den unteren Vorlagen nicht mehr zur Wirkung — nämlich zur kühlenden und niederschlagenden Wirkung auf die Teernebel und den stets mitgerissenen Kohlenstaub — kommt, so daß also ohne diese der Teer mit Kohlen- und Koksstaubteilchen verunreinigt ist. Bei gemeinsamer Vorlage wirkt aber der Wasserdampf auf alle Teile niederschlagend. Bei getrennten Vorlagen war bei den unteren Vorlagen Unterdruck zur schnellen Entfernung der Teerdämpfe aus der heißesten Zone notwendig, bei einer Sammelvorlage wird die schnelle Entfernung der Teerdämpfe aber durch den Wasserdampf bewirkt. —

Einzelheiten aus Abbildung 141 (Anhang).

D.R.P. 338915 M. Gercke u. J. Albrecht, Hamburg.
13. 9. 1918
7. 7. 1921

Verfahren der Destillation bitumenhaltiger Stein- und Braunkohlen oder Schiefer mittels überhitzten Wasserdampfs ohne Außenheizung.

Ansprüche:

1. Verfahren der Destillation bitumenhaltiger Stein- und Braunkohlen oder Schiefer mittels überhitzten Wasserdampfs ohne Außenheizung, dadurch gekennzeichnet, daß das Gut in ununterbrochenem Gang zwangsläufig durch strömenden überhitzten Dampf von regelbarem Druck und regelbarer Temperatur hindurchgeführt wird.

2. Vorrichtung zur Ausführung des Verfahrens nach 1, gekennzeichnet durch die Anwendung endloser Förderketten mit dampfkolbenartigen, druckausgleichenden Gliedern, die mit Labyrinthdichtung bei Ein- und Austritt gegen den Destillierkessel abgedichtet sind zum ununterbrochenen und zwangsläufigen Fördern des Brennstoffes durch den von dem überhitzten Destillierdampf durchströmten Dampfraum des Destillierkessels.

3. Vorrichtung nach 2, gekennzeichnet durch die Förderung des Destillierdampfes in ununterbrochenem Kreislauf durch den Destillierkessel, den Gaswassersammelkessel und einen Dampfüberhitzer, behufs verstärkter Anreicherung des Destillierdampfes und des Gaswassers mit den abgeschiedenen Nebenprodukten.

In der Abbildung 142 a u. b (Anh.) ist N der Dampfkessel zum Betrieb des Dampfstrahlgebläses O, P ist der Dampfüberhitzer, Q die Feuerung, R Speisewasservorwärmer. A ist der Extraktions- oder Destillierkessel, B der Beschickungs- und C der Entleerungsstutzen. Durch Einsatzrohre D nach Art der Flammrohre bewegen sich zwangsläufig endlose Förderketten E, deren Glieder F, F^1, F^2, F^3 usw. als Dampfkolben ausgebildet und in geeigneter Weise abgedichtet sind. Der entgaste Brennstoff verläßt den Destillierkessel durch C, wird durch das Kettenrad L abgestreift und fällt in den Bunker M. Der Dampf tritt oben bei J ein und bei J_1 beladen mit Gasen und Dämpfen aus. Die flüssigen Teile der Nebenprodukte und das Kondenswasser fließen in der unteren Ecke des Kessels aus den Einsatzrohren D in den Gaswassersammelkessel K. Es wird vorteilhaft bei Temperaturen von 300—400° C gearbeitet.

358605 Max Gercke u. Johann Albrecht, Hamburg.
Zusatz zum vorigen (338915)
ab 22. 2. 1919
Ausgabe 12. 9. 1922

Verfahren zur Destillation bitumenhaltiger Stein- und Braunkohle oder Schiefer mittels überhitzten Wasserdampfes ohne Außenheizung.

Anspruch:

Ausführungsform des Verfahrens der Destillation bitumenhaltiger Stein- und Braunkohlen oder Schiefer mittels überhitzten Wasserdampfes ohne Außenheizung nach Patent 338915, dadurch gekennzeichnt, daß das Destillationsgut vor der Einwirkung überhitzten Dampfes in einem im Kreislauf befindlichen erhitzten Ölbad vorbehandelt wird. —

370 438 M. Gercke, Nürnberg u. Johann Albrecht, Hamburg.
Zusatz zu 338 915
früherer Zusatz 358 605
ab 6. 7. 1920
ausgegeben 3. 3. 1923

Verfahren der Destillation bitumenhaltiger Stein- und Braunkohle oder Schiefer mittels überhitzten Wasserdampfes ohne Außenheizung.

Verfahren der Destillation bitumenhaltiger Stein- und Braunkohle oder Schiefer mittels überhitzten Wasserdampfes ohne Außenheizung nach Patent 338 915, dadurch gekennzeichnet, daß der überhitzte Wasserdampf teilweise oder ganz durch Gase oder Gasgemische ersetzt wird. (Frz. Patent 535 472.)

D.R.P. 347 278 Dr. Ing. R. Drawe, Charlottenburg.
6. 1. 1920
19. 1. 1922

Verfahren zum stufenweisen Schwelen von Brennstoffen mittels heißer Gase oder überhitzten Dampfes. —

Anspruch:

Verfahren zum stufenweisen Schwelen von Brennstoffen mittels heißer Gase oder überhitzten Dampfes, dadurch gekennzeichnet, daß ein einziger Gas- oder Dampfstrom durch die ganze Brennstoffsäule in der Weise hindurchgeführt wird, daß er nach jeder Schwelstufe durch einen Teerabscheider geleitet wird. —

In der Abildung 142 E (Anhang) ist eine Anwendungsart des Verfahrens mit 2 Stufen schematisch dargestellt. Der Brennstoff durchwandert die Schwelzonen b und a und wird in der Zone k auf die gewünschte Endtemperatur abgekühlt. Der Heizgasstrom, z. B. überhitzter Dampf, tritt durch c in den Schweler und gelangt, beladen mit Schwelprodukten, in den Teerscheider T_1. In T_2 wird das aus der Zone b mitgeführte Bitumen ausgeschieden. Bei Anwendung von Dampf als Heizmittel wird er nach Austritt aus T_2 einem Verdampfer V zugeführt, in welchem er kondensiert. Das Kondensat geht in den Teerabscheider B und der in V neuerzeugte Dampf durch g bzw. Ü, wie aus der Zeichnung ersichtlich. —

(1 423 134 entspr. D. R. P.) 362 363 A. C. Michie, Newcastle upon Tyne und E. G. Weeks, Northumberland, England, übertragen auf Charl.) H. Merz und W. Mc Lellan, Westminster.

Tieftemperaturdestillation. —

Die in die Retorte gelangende Kohle wird durch Abgase, Dampf oder dgl. auf 150—250° C vorgewärmt, wodurch ihr die Fähigkeit genommen wird, bei der Destillation oberflächlich zusammenzubacken, wodurch also die Ausbeute an flüchtigen Anteilen erheblich gesteigert wird, da sich die sonst im Innern der Kohlenmasse zurückgehaltenen Stoffe durch Überhitzung zersetzen würden.

372 244 Dipl.-Ing. Fr. Seidenschnur, Freibung i. Sa.
29. 7. 1919
26. 3. 1923 **Verfahren zum Betriebe von Schwelanlagen mit Vortrocknung für nasse Rohbraunkohle, zwecks Gewinnung eines hochstockenden, an unzersetztem Bitumen reichen Schwelteers.**

Verfahren zum Betriebe von Schwelanlagen mit Vortrocknung für nasse Braunkohle, zwecks Gewinung eines hochstockenden, an unzersetzten Bitumen reichen Schwelteers, dadurch gekennzeichnet, daß man einen Teil des erzeugten Grudekokses unter Zusatz der aus dem Vortrockner abgesaugten, mit Wasserdampf beladenen Abgase vergast, das erzeugte Gas in einer unmittelbar an den Generator anschließenden Verbrennungs- bzw. Mischkammer verbrennt, die heißen Verbrennungsgase mit den Abgasen aus dem Vortrockner, in dem die Trocknung der Rohkohle mit heißen Abgasen unter Zusatz eines Teils der entstehenden Wasserdampfmengen vor sich geht, vermischt und diese Abgasmischung in solcher Menge zum Verschwelen der möglichst weitgehend getrockneten Rohbraunkohle verwendet wird, daß auf ein Kilogramm getrockneter Rohbraunkohle mindestens drei Kubikmeter des Abgasgemisches von nicht über 500° C verwendet werden. —

Vgl. Abbildung 143 (Anhang).

401 320 Paul Dvorkovitz, London.
ab 31. 10. 1922
Ausgabe 28. 8. 1925
Verfahren zum Erhitzen von Kohle und kohlehaltigen Stoffen im Retortenofen.

Verfahren zum Erhitzen von Kohle und kohlehaltigen Stoffen im Retortenofen mittels die Retorten von oben nach unten durchströmender Heizgase auf eine im wesentlichen 500° C nicht übersteigende Temperatur zur Gewinnung von Ölen der Paraffinreihe, dadurch gekennzeichnet, daß das Einleiten der Heizgase oben in die geschlossenen Retorten an der Stelle höchster äußerer Erhitzung derselben erfolgt und der nach abwärts gerichtete Zug der entwickelten Dämpfe an jener Stelle auf die sich ausscheidenden schwereren Paraffinöle derart zur Wirkung kommt, daß dieselben sogleich nach ihrem Ausscheiden mit niedergeführt werden. — (S. a. das folgende Verfahren.)

192 816 Brit. Paul Dvorkovitz, London.
17. 11. 1921
15. 2. 1923 **Behandlung von Kohle und dgl. Material zur Gewinnung von entsprechenden Produkten.**

Ansprüche:

1. Verfahren zur Behandlung von Kohle und kohlehaltigem Material zur Gewinnung von Ölen der Paraffinreihe, wonach Kohle oder anderes kohlehaltiges Material in geschlossenen vertikalen oder geneigten Retorten oder entsprechenden Behältern einer Temperatur von nicht über 500° C ausgesetzt wird, welche durch Gase, die in einem abseits stehenden Vorwärmer auf diese Temperatur erhitzt werden, zugeführt wird, wobei diese Gase in der Retorte zum oberen Teil der Beschickung gelangen und derart reguliert werden, daß sich — in Verbindung mit der Beschickung eine Temperatur zwischen etwa 280 und 500° C einstellt, wobei ferner die Öldämpfe der Paraffinreihe aus den Retorten in Kühler gelangen — wie im einzelnen beschrieben wird. —

Es wird in Retorten gearbeitet, die durch heiße Gase von innen geheizt werden, bei Temperaturen von 380—500° C, bei welchen also gesättigte Kohlenwasserstoffe entstehen.

401 363 Metallbank und Metallurgische Gesellschaft A.-G.
ab 17. 10. 1922 in Frankfurt a. M.
ausgegeben 3. 9. 1924

Schwelverfahren.

Ansprüche:

1. Verfahren zum Schwelen von Brennstoffen durch Innenheizung, wobei das Schwelmittel mit den Schwelerzeugnissen ohne Abscheidung von Teer im Kreislaufe durch den Überhitzer und den Schwelraum geleitet wird, dadurch gekennzeichnet, daß die entstandenen Teerdämpfe während des Kreislaufes einer chemischen Zersetzung unterworfen werden. —
2. Ausführungsform des Verfahrens gemäß Anspruch 1, dadurch gekennzeichnet, daß die thermische Zersetzung der mit dem Schwelmittel kreisenden Schwelerzeugnisse durch Einführen hocherhitzter Gase in den Kreislaufstrom bewirkt wird.
3. Verfahren nach 1 und 2 und bei beliebiger anderweitiger Schwelung mit Innenheizung, dadurch gekennzeichnet, daß fremde Teere zwecks thermischer Zersetzung dem hocherhitzten Schwelmittel beigemischt werden. —
4. Verfahren nach 1 bis 3, dadurch gekennzeichnet, daß eine thermische Zersetzung der Teerdämpfe innerhalb der Schwelvorrichtung in Gegenwart von hydrierend wirkenden Katalysatoren durchgeführt wird. —

242 618 Brit. Metallbank und Metallurgische Gesellschaft A.-G.
4. 11. 1924 (Deutschland) in Frankfurt a. M.
22. 10. 1925

Trocknung und Tieftemperaturdestillation von Brennstoffen.

603 194 Frz. Metallbank und Metallurgische Gesellschaft A.-G.
17. 9. 1925 in Frankfurt a. M.
10. 4. 1926

Verfahren zur Destillation von Brennstoffen bei tiefer Temperatur mittels innerer Heizung. —

1 391 825 Claude M. Garland, Chicago.
3. 3. 1919
27. 9. 1921

Apparat zur Verkokung von Kohle, Holz, Schiefer.

Apparat zur Verkokung von Kohle, Holz, Schiefer durch eine Retorte gekennzeichnet, die mit Zwischenwänden versehen ist, so daß die Heizgase stets nur eine schmale Schicht des Materials durchstreichen und so schnell die ganze Masse auf die Destillationstemperatur bringen, die nicht über 1200° F=650° C hinausgehen soll. —

1 402 413 C l a u d e M. G a r l a n d, Chicago.
22. 12. 1917
3. 1. 1922

Apparat zur Verkokung von Kohle.

Das Verfahren arbeitet bei Temperaturen von 427—816° C und erhitzt die Kohle mittels überhitzten Wasserdampfs und Gasen.

1 460 414 C l a u d e M. G a r l a n d, Chicago.
28. 1. 1920
3. 7. 1923

Apparat zur Austreibung der flüchtigen Bestandteile aus Kohle, Schiefer und dgl.

A n s p r u c h :

1. Ein Apparat — vom (in der Patentschrift) beschriebenen Typ, eine Heizkammer, eine Anzahl schmaler Retorten vertikal in der Kammer angeordnet, ein Gasraum, der jede Retorte umgibt, ein oberes Hauptrohr, das mit dem oberen Ende eine Anzahl Retorten kommuniziert, ein unteres Hauptrohr, das mit dem unteren Ende besagter Retorten kommuniziert und eine Brennstoffzuführung, die im unteren Hauptrohr liegt und die den Brennstoff den mit ihm kommunizierenden Retorten zuführt. —

Der Apparat ist für das Tieftemperaturverfahren gedacht. — Um schnell zu koken sind dünne Lagen des Brennstoffs vorgesehen. S. a. Patent 1 391 825.

Durch die vorgesehene Anordnung können die heißen Gase von 4 Seiten an die gußeiserne, schmale Retorte heran, wodurch die Kokung s e h r b e s c h l e u n i g t wird.

Die Retorten werden mit Hilfe eines beweglichen Bodens schnell entleert. —

Beistehende Zeichnung macht die Anordnung und den Gang des Verfahrens ersichtlich.

In Abb. 144 (Anhang), Figur 3 sind „2“ die Retorten, die horizontal in der Kammer montiert sind. 11 ist der bewegliche Boden. — Überhitzter Dampf von 1200° F = 650 C streicht durch die perforierten Seitenwände der Retorten, eingeführt durch die Zutrittsrohre 16 und geht mit den flüchtigen Produkten durch die Rohre 15 in die Kondensation.

1 435 219 H e r b e r t H. D o w, Midland, übertragen an die C h e m i c a l C o m p a n y, Midland.

Verkokungsprozeß.

A n s p r ü c h e :

1. Verfahren zur Behandlung von Kohle und ähnlichem Material in einem Generator, dadurch gekennzeichnet, daß man das Material zuerst soweit erhitzt, daß man die darin enthaltenen leichter flüchtigen Anteile übertreibt, durch das zurückbleibende Material Dampf bläst zur Bildung von Wassergas und das Material kühlt, einen Teil des etwas gekühlten Kokses entfernt, Luft zuläßt, um Generatorgas zu machen und die Temperatur zu erhöhen und dann eine neue Charge des Materials zugibt. —

1 484 256 James T. Fenton, Salt Lake City.
24. 8. 1922
19. 2. 1924

Wechselnd arbeitendes System zur Verkokung von Kohle.

Ansprüche:

10. Ein Apparat zur Destillation von Kohle, gekennzeichnet durch eine geschlossene Retorte, Vorrichtungen zum Einlaß von überhitztem Dampf unter Druck in diese Retorte, aus der eine Reihe von Abscheidern führt, ein Hauptdampfrohr, das aus der Retorte führt und die Separatoren miteinander verbindet, wobei Rohre und Abscheider immer weiter dimensioniert werden, je größer der Abstand von der Retorte ist, wobei die daraus entstehende Druckabnahme eine entsprechende Temperaturabnahme bedingt; endlich ein Hilfsdampfrohr, das aus der Retorte zu den Abscheidern führt. —

15. Rohr für überhitzten Dampf, das in diese Retorte führt, ein Rohr, das die Dämpfe zu einer Reihe von Abscheidern führt, Vorrichtungen, das Kondensat in einen Vorratstank zu befördern und Vorrichtungen, das Kondensat in Form eines Sprühregens in das Rohr für überhitzten Dampf einzuführen und damit in die Retorte zur weiteren Zersetzung.

In die Retorte 1 (siehe Zeichnung 145, Anhang), die mit Kohle beschickt wird, strömt überhitzter Dampf durch die Rohre 20, 22, 18, 10. Die Dämpfe kondensieren sich in den aus der Skizze ersichtlichen Separatoren oder Abscheidern 29, 30, 31. Die Kondensate in diesen Separatoren oder Abscheidern werden durch 52, 53 in den Vorratstank 54 geleitet, aus dem sie durch die Pumpe 56 zum wiederholten Kracken durch die Sprayvorrichtung 61, 62 in die Retorte 1 zurückgelangen.

Die Destillation wird bei einer 350° C nicht überschreitenden Temperatur ausgeführt. — Nach Beendigung der Destillation wird der überhitzte Dampf abgestellt, normaler Dampf durch die Retorte geblasen und der zurückbleibende Koks so auf ca. 450—230° C abgekühlt und aus der Retorte entfernt.

1 484 257 James T. Fenton, Salt Lake City.

Kontinuierliches Verfahren zur Verkokung der Kohle.

1 484 258 James T. Fenton, Salt Lake City.

Verfahren zur Verarbeitung der Kohle.

Anspruch:

24. Ein Verfahren zur Herstellung von Koks aus Kohle, dadurch gekennzeichnet, daß man die Kohle der Einwirkung von überhitztem Dampf bei einer Temperatur von etwa 1000° F = ca. 540° C in einer geschlossenen Retorte und unter solchem Druck unterwirft, daß man dabei alle rauchbildenden Bestandteile entfernt, aber solche Bestandteile zurückbehält, die obwohl bei höherer Temperatur flüchtig, bei der Verbrennung vernichtet werden. —

Das Verfahren erbringt nicht nur ein ausgezeichnetes Gas und Nebenprodukte in großer Ausbeute, sondern auch einen Rückstand in Form von Halbkoks, der als Langflammkoks oder „synthetischer Anthrazit“ bezeichnet werden kann.

Das wesentliche bei diesem, wie beim Verfahren 1 484 256 ist, daß — abgesehen von einer Vorerwärmung mit Abgasen — nicht mit direkter Vergasung, sondern mit überhitztem Dampf gearbeitet wird. Während das erstere Verfahren intermittierend arbeitet, gestattet das vorliegende kontinuierlichen Betrieb.

Eine Modifikation des Verfahrens Abb. 145 zeigt Abb. 146 (Anhang).

Die Kohle gelangt durch die Vorwärmer 63 und 64 unter Wirkung von überhitztem Dampf in die Retorte 76, in welcher Rührvorrichtungen 81 angeordnet sind und weitere Dampfstrahlauslässe, so daß die Kohle verkokt und mittels der Schraube 85 aus der Retorte entfernt wird. Die Gase und Dämpfe gelangen in die Krackkammer 91 und dann in ein System von Kondensatoren, das aus der Zeichnung ersichtlich ist. —

Außer anderen Vorteilen erwähnt die Patentschrift noch die Tatsache, daß unter Druck eingeblasener Dampf, der mit der Kohle oder ihren Dämpfen in Berührung kommt und diese gegen das „Hindernis“ 92 in der Krackkammer treibt. statische Elektrizität erzeugt. Es wurde gefunden, daß Krackvorgänge leichter und vollständiger in Gegenwart solcher statischen Elektrizität verlaufen. Daher wird durch dieses Verfahren eine wirkungsvollere Zersetzung veranlaßt, als man bei dem gleichen Hitzegrad erreicht, der in der üblichen Weise erhalten wurde. —

1 536 696 G. W. Wallace, San Franzisko.
17. 9. 1923
5. 5. 1925

Verkokungsverfahren.

Anspruch:

1. Verfahren zur Tieftemperaturverkokung von Schiefer und dgl., dadurch gekennzeichnet, daß man eine geregelte schnelle Tieftemperatur-Verkokung ausführt, indem man in einer Retorte eine abwärts sich bewegende Zone einrichtet, aufrecht erhält und regelt, in einer Säule des frischen Materials durch einen nach unten gerichteten Abzug von heißen Gasen, wobei diese Gase aus rücklaufenden brennbaren Gasen bestehen, die bei dem Prozeß anfallen und mit zugemischter Luft brennen und daß die Regelung der Fortbewegung jener Zone durch Einstellen des Mengenverhältnisses zwischen Gasen und Luft erfolgt.

1 568 018 Charles N. Forrest, H. P. Heyden, übertragen auf die
15. 6. 1920 Barber Asphalt Company, Philadelphia.
29. 12. 1925

Behandlung von Kohlenwasserstoffen.

Anspruch:

1. Ein kontinuierliches, sich selbst unterhaltendes Verfahren zur destruktiven Destillation und Vergasung von Kohlenwasserstoffen, dadurch gekennzeichnet, daß man kontinuierlich das zu behandelnde Material der Reaktionszone zuführt, verteilt auf Stücke von nicht reaktionsfähigem, feuerbeständigem Material als Träger, daß man das beladene Träger-Material allmählich durch die Reaktionszone führt und daraus entfernt; dadurch, daß man das vorrückende Material in einen bemessenen Gegenstrom des Brennstoffes bringt, so daß in der Reaktionssphäre eine Umwandlungszone für das behandelte Material

entsteht und weiterhin eine Verbrennungszone für den bei dieser Umwandlung resultierenden Koks, wodurch man Hitze für die Umwandlung erzeugt und das Trägermaterial wieder und unbeladen zurückgewinnt. —

In einer hohen, vertikalen Retorte, die unten einen Wasserverschluß hat, wird das zu behandelnde Material Kohle, Teeröl, Mineralöl, Asphalte, Gilsonit usw. auf Ziegelsteinstücke oder dgl. verteilt aufgeschichtet, unten wird seitlich Verbrennungsluft zuführt; die untersten Schichten verbrennen und ihre heißen Verbrennungsgase bringen die darüber liegenden Kohlenwasserstoffschichten auf Krack- und Destillationstemperatur. Die Gase und Dämpfe verlassen oben seitlich die Retorte und gehen in einen Wärmeaustauschapparat, welcher die Verbrennungsluft mit diesen Gasen etc. indirekt vorwärmt. — Die Gase und Dämpfe gehen dann zur Reinigung und Kondensation. —

Das unten abfallende gereinigte, geglühte Träger-Material gelangt in den Betrieb zurück.

171 152 Brit. E. C. Evans, Graig Wen, Glamorgan.
5. 8. 1920
30. 12. 1921 **Destruktive Destillation.**

Kohlehaltige Substanzen werden bei ziemlich niedrigen Temperaturen (750—1500° F = 404—816 ° C) destilliert, wobei ein Rückstand erhalten wird, der einen wesentlichen Gehalt an Verbindungen hat, die beim Durchgang heißer Gase flüchtig sind. Die Charge wird in einer Retorte zunächst mit den heißen Verbrennungsprodukten von Generatorgas behandelt und dann mit einem Teil des in der Retorte selbst erzeugten Gases, das kontinuierlich die Retorte durchstreichen muß. Die Verbrennungsluft kann in neben der Verbrennungskammer liegenden Zügen vorgewärmt werden. — Ein einziger Gasgenerator kann eine Batterie von Retorten versehen, die eine gemeinschaftliche Verbrennungskammer haben. —

Die Temperatur der Heizgase kann durch Beimischung von Dampf, Luft oder unverbranntem Retortengas geregelt werden. —

232 358 Brit. F. M. Perkin u. Bettisfield Trust Co., London.
31. 1. 1924
10. 6. 1925 **Destruktive Destillation.**

Kohle, Torf und dgl. werden durch heiße Abgase und Dampf vorgewärmt.

188 019 Brit. Ch. Markham und The Staveley Coal and Iron Com-
28. 6. 1921 pany Ltd. Staveley bei Chesterfield.
30. 1. 1922

Destillation fester kohlenstoffhaltiger Materialien.

Kohle, Kennelkohle, Ölschiefer werden in einer stehenden Retorte abwärts destilliert, so daß von oben Dampf und Luft einströmen und die flüchtigen Produkte die Retorte unten verlassen, aufsteigen und dann einen Kühler, einen Siphon, eine Reihe wassergekühlter Säulenkühler etc. passieren. Ein Vacuum von 5 Zoll Quecksilber wird unten an der Retorte gehalten, die Temperatur der die Retorte verlassenden Gase soll 200° C nicht übersteigen.

221 052 Brit. Millon J. Trumble, Los Angeles.
12. 7. 1923
4. 9. 1924

Verfahren zur Behandlung kohlehaltiger Materialien.

Anspruch:

1. Verfahren zur Behandlung kohlehaltiger Substanzen mit überhitztem Dampf, dadurch gekennzeichnet, daß Dampf und Destillationsdämpfe aus dem Destillierapparat in einen Motor strömen, der die Energie von Dampf und (oder) Öldämpfen in nutzbare Kraft umwandelt.

Die Anlage dient zur Gewinnung der öligen Produkte aus Schiefern, Torf und ähnlichem Material, wobei die bewegten Teile von einem Motor oder einer Turbine getrieben werden, die mit Wasserdampf und Öldampf gespeist werden. —

239 045 Brit. M. James Trumble, Los Angeles.
2. 9. 1924
3. 9. 1925

Gewinnung leichter Kohlenwasserstoffe wie Gasolin durch Destillation fester bituminöser Substanzen.

Ansprüche:

1. Verfahren zur Gewinnung leichter Kohlenwasserstoffe wie Gasolin aus festem kohlehaltigen Material, dadurch gekennzeichnet, daß man ein Kondensat erhitzt zwecks Gewinnung eines primären Dampfes mit einer Temperatur über dem Siedepunkt des gewünschten Produkts; daß man diesen primären Dampf durch das genannte feste Material schickt, um so dessen Destillation zu bewirken und einen sekundären Dampf zu erzeugen; — daß man aus diesem sekundären Dampf die flüssigen Substanzen mit höherem Siedepunkt, als obiger Definition entspricht, kondensiert und so ein Zusatzkondensat gewinnt, das einen höheren Siedepunkt hat als das gewünschte Produkt und daß man die vom sekundären Dampfgemisch zurückbleibenden Dämpfe kondensiert, um so das gewünschte Produkt zu erhalten.

Kohle, Braunkohle, Ölschiefer, Ölraffinationsrückstände werden destilliert. Aus den Dämpfen werden die hoch siedenden Produkte kondensiert, die nun wieder erhitzt und gekrackt werden. Die dabei erhaltenen Dämpfe werden durch das Rohmaterial geschickt, das dadurch zur Destillation gebracht wird. —

Auf die durch zahlreiche Abbildungen erläuterte Apparatur kann hier nur verwiesen werden. —

568 819 Frz. M. J. Trumble, U. S. A.

Verfahren zur Behandlung von Kohlenwasserstoffen.

Verfahren zur Behandlung von Kohlenwasserstoffen, das wie folgt gekennzeichnet wird:

1. Kohlenwasserstoffmassen werden in einer geschlossenen Retorte mit überhitztem Dampf behandelt, wodurch der Retorteninhalt auf einen den atmosphärischen übersteigenden Druck gebracht wird. Der Wasserdampf und die von ihm mitgerissenen Kohlenwasserstoffdämpfe werden abgelassen und kondensiert.

2. Wasserdampf und die anderen Dämpfe werden einem Motor (Pumpe) zugeführt, um ihre Temperatur und ihren Druck zu regulieren. —

3. Der in der Retorte anfallende heiße Koks wird zur Zersetzung weiter hinzugefügter Kohlenwasserstoffmengen verwandt.

4. Dieser zugefügte Kohlenwasserstoff besteht aus einem pulverisierten festen Brennstoff in einem flüssigen Medium.

5. Dieses Medium ist selbst ein Kohlenwasserstoff.

6. Der zugefügte Kohlenwasserstoff ist ein Schwerpetroleum.

532 828 Frz. James Rankin Garrow, England.

Verfahren zur Verkokung von Kohle, Ölschiefer, Holz, Torf und dgl. bei niederen und mittleren Temperaturen.

Die Erhitzung des in einer Retorte enthaltenen Materials findet nach diesem Verfahren nicht durch von außen zugeführte Wärme, sondern durch die „fühlbare" Wärme der aus einem in der Nähe befindlichen Generator entwickelten Gase statt. Ebenso geschieht auch die Trocknung feuchten Materials vor der Destillation.

Gruppe 25. Verkohlungs- und Verschwelungsöfen mit inneren Heizvorrichtungen, außer Drehtrommeln.

368 159 Nestor Reinicke, Berlin-Friedenau.
27. 10. 1921
1. 2. 1923 **Schwelretorte mit exentrischem (drehbar gelagerten) Heizrohr.**

397 747 G. E. Heyl, München.
19. 8. 1922
27. 6. 1924 **Verfahren und Vorrichtung zur trockenen Destillation von Brennstoffen bei niederer Temperatur. Verkokung in stehenden Röhren mit elektrischen Heizvorrichtungen.**

398 625 G. E. Heyl, München. (Zusatz zum vorigen Verfahren.)
28. 9. 1922
28. 7. 1924 Statt der Rohre sind elektrisch heizbare Flächen angeordnet.

400 373 A. Streppel, Berlin u. Mineralölgewinnung G. m. b.
7. 11. 1922 H., Dahlem.
7. 8. 1924
Schwelofen. —

Der innerhalb des Schwelgutes liegende Heizkörper ist mit Löchern versehen, durch welche die Heizgase unmittelbar in das Schwelgut übertreten.

403 710 A. Streppel, Berlin u. Mineralölgewinnung G. m. b.
29. 3. 1923 H., Dahlem. (Zusatz zum vorigen Verfahren.)
6. 10. 1924
Schwelofen. —

420 811 A. Streppel, Berlin u. Mineralölgewinnung G. m. b.
13. 12. 1924 H., Dahlem. (Zusatz zum vorigen Verfahren.)
30. 10. 1925
Schwelofen. —

426 625 D. W. Groth, Berlin.
15. 4. 1921
13. 3. 1926 **Schwelofen.**

Gruppe 26. Verschwelung und Verkohlung in Drehtrommeln.

299 191 Dr. Franz Fischer, Mülheim a. d. Ruhr.
14. 11. 1916
23. 8. 1919 **Verfahren zur Gewinnung von Ölen und Halbkoks aus Steinkohle in rotierenden Destillationsgefäßen.** —

Durch eine walzenartige Einrichtung wird der in der Hitze plastische Halbkoks dicht gewalzt.

314 337 Fa. Carl Francke, Berlin.
2. 11. 1917
13. 9. 1919

Bearbeitung von Torf, Braunkohle und dgl.

Bearbeitung von Torf, Braunkohle und dgl. nach Patentanspruch, dadurch gekennzeichnet, daß diese Materialien in der gleichen seitliche Gaszu- und Ableitungsrohre benutzenden, zweckmäßig in bekannter Weise mit Leisten versehenen Trommel unter langsamem Drehen zunächst entwässert und dann bei Temperaturen unter 550° destilliert werden.

337 793 Dipl.-Ing. G. Cantieny, Nürnberg.
5. 10. 1920
8. 6. 1921 **Drehtrommel zur Destillation bituminöser Brennstoffe mit Beheizung durch eine Flamme.** —

Der Mantel der Trommel wird mit Sand, geschmolzenen Salzen, vorzugsweise mit Schwefel (Siedepunkt 440° C!) gefüllt. —

347 066 Dr. Ing. E. Roser, Mülheim a. d. Ruhr, Thyssen & Co.
25. 12. 1919
12. 1. 1922 **Drehrohrofen mit Außenbeheizung, Förderschnecke und zentralem Gasabzug zum Entgasen von Kohle und sonstigen bituminösen Stoffen.**

350 572 Deutsche Petroleum A.-G., Berlin, Loma Käcser,
4. 7. 1920 Charlottenburg, E. Bauer, Eislingen a. Fils.
21. 3. 1922

Drehretorte zum ununterbrochenen Schwelen bituminöser und anderer Stoffe mit festliegendem Flammrohr. —
(Frz. Patent 537 192.)

351 280 Maschinenfabrik Augsburg-Nürnberg A.-G.
22. 2. 1921
27. 4. 1922 **Drehtrommelentgaser mit Einsatzrohr zum Vorwärmen des Gutes.**

Trommel und Einsatzrohr sind gegeneinander verschieblich verbunden.

355 386 A. Holzhausen, Graben in Baden.
6. 2. 1921
26. 6. 1922 **Drehtrommel mit gleichachsiger Innentrommel zum Trocknen und Entgasen insbesondere von Brennstoffen.**

360 118 H. Pape, Oker a. Harz.
1. 7. 1921
29. 3. 1922 **Entschwelung von feinkörnigen Stoffen.**

362 252 H. R. Trenkler, Berlin-Steglitz.
2. 9. 1920
26. 10. 1921 **Entgasung wasserreicher Brennstoffe.**

Entgasung wasserreicher Brennstoffe mittels unmittelbarer Beheizung bei der Vortrocknung, mittels Außenbeheizung der Schwelzone. —

362 535 A. Holzhausen, Graben in Baden.
14. 12. 1921
28. 10. 1922 **Drehtrommel für zweistufige Erhitzung des durchzusetzenden Gutes, insbesondere zum Trocknen und Schwelen von Brennstoffen.**

Das Gut wird zunächst nur der strahlenden Wärme eines Heißgaszuführungsrohres, dann der Einwirkung der Heizgase selbst ausgesetzt.

363 265 G. Polysius, Dessau.
2. 2. 1918
6. 11. 1922 **Zur Tieftemperaturverkokung dienende Vorrichtung, die von außen durch eine Feuerung, von innen durch einen im geschlossenen Kreis umlaufenden Gasstrom beheizt wird.** (Ausführlich.)

366 540 G. Polysius, Dessau.
4. 5. 1918 Zusatz zum vorigen Patent.
6. 1. 1923

Wobei der Gasstrom der Retorte selbst entnommen wird. (Ausführlich.)

366 541 G. Polysius, Dessau.
21. 2. 1922 Zusatz zum vorigen Patent.
6. 1. 1923

Der Sammelschacht für den Halbkoks wird als Kühltrommel ausgebildet. (Ausführlich.)

367 536 Meguin A.-G. und Wilhelm Müller, Butzbach, Oberhessen.
5. 9. 1920
26. 1. 1923 **Verfahren und Drehretorte zum Verschwelen bituminöser Stoffe, wie Kohle, Ölschiefer und dgl. bei niederer Temperatur unter gleichzeitiger Verdichtung des Schwelgutes.** (Frz. P. 535 655.) (Ausführlich.)

369 886 A. Aicher, Mülheim a. d. Ruhr.
15. 3. 1921
24. 2. 1923 **Außenbeheizung eiserner Trommelentgaser.**

370 721 E. Raffloer, Duisburg.
18. 11. 1921
6. 3. 1923 **Verfahren und Vorrichtung zur Gewinnung von Urteer und verdichtetem Halbkoks aus Kohle im Drehrohrofen.**

371 588 Huth & Röttger G. m. b. H. u. Dr. Pistorius, Dortmund.
12. 6. 1920
21. 3. 1923 **Von außen beheizter Drehtrommelentgaser mit schraubengangförmigen Führungsrippen an der Drehtrommelwandung zum Entgasen bituminöser Brennstoffe bei niederer Temperatur.**

375 080 Dr.-Ing. H. Koppers, Essen.
19. 4. 1921
8. 5. 1923 **Destillation bituminöser Stoffe zwecks Gewinnung von Urteer.** —

375 461 Dr.-Ing. H. Koppers, Essen.
2. 8. 1921
14. 5. 1923 **Verfahren und Vorrichtung zur Destillation fester Brennstoffe insbesondere bei niederen Temperaturen.** (Ausführlich.)

376 791 Dr.-Ing. H. Koppers, Essen.
8. 1. 1922
5. 6. 1923 (Zusatz zum vorigen Patent.) Ausführlich.

377 402 Thyssen & Co. A.-G., Mülheim, Ruhr.
2. 2. 1919
19. 6. 1923 **Trommelentgaser mit schraubenförmig verlaufenden Führungsrippen für das durchzusetzende Gut.**

378 362 Maschinenfabrik Petry & Hecking G. m. b. H. und
2. 12. 1920 Huth & Röttger G. m. b. H., Dortmund.
13. 7. 1923
Drehofen für die Entgasung von Brennstoffen. —

378 465 Kohlenscheidungs G. m. b. H. in Nürnberg.
2. 11. 1921
14. 7. 1923 **Drehtrommel mit Einsatzrohr zum Entgasen bitumenhaltiger Stoffe.**

Das Einsatzrohr wird zusätzlich durch in die Außentrommel eingeführten überhitzten Wasserdampf beheizt.

379 506 Thyssen & Co. A.-G., Mülheim a. d. Ruhr.
19. 9. 1920
23. 8. 1923 **Trommelentgaser mit schraubengangförmig verlaufenden Führungsrippen für das durchzusetzende Gut.** (Zusatz zu 377 402.)

379 507 T h y s s e n & C o A.-G., Mülheim a. d. Ruhr.
21. 6. 1922
23. 8. 1923 **Drehrohrofen mit schleusenartiger Austragkammer.**

380 035 Dr.-Ing. H. K o p p e r s, Essen a. d. Ruhr.
20. 10. 1921
1. 9. 1923 **Destillation fester Brennstoffe, insbesondere bei niederen Temperaturen.** (Zusatz zu 375 471.) (Ausführlich.)

381 110 A. H o l z h a u s e n, Köln-Deutz.
23. 11. 1921
15. 9. 1923 **Verfahren zum Schwelen von Brennstoffen in liegenden Retorten.**

383 533 C. S c h n e i d e r, Ribnitz, Mecklenburg und J. B e r k m a n n, Göteborg.
25. 5. 1922
15. 10. 1923
Drehbarer Trocken- und Schwelofen.

384 497 K o h l e n s c h e i d u n g - G. m. b. H., Nürnberg.
25. 3. 1923
2. 11. 1923 **Drehtrommelentgaser.**

385 874 Dr.-Ing. E. R o s e r, Essen.
30. 11. 1922
30. 11. 1923 **Drehrohrofenanlage.**

387 065 T h y s s e n & C o., A.-G.
11. 1. 1923
20. 12. 1923 **Einrichtung zum Austragen des Halbkokses bei Drehöfen.**

389 619 A. R ü h r, Nürnberg.
8. 12. 1922
11. 2. 1924 **Drehtrommel mit Einsatzrohr.**

390 042 K o h l e n s c h e i d u n g s - G. m. b. H., Nürnberg.
17. 4. 1921
12. 2. 1923 **Drehofen zur Gewinnung von Urteer und dgl.** (siehe auch engl. Patent 225 513.) (Ausführlich.)

397 680 H a r a l d N i e l s e n, London.
13. 1. 1922
5. 7. 1924 **Trocken- und Schweltrommel.** (Siehe auch engl. Patent 202 738, frz. Patent 545 797.) (Ausführlich.)

403 711 Dr.-Ing. E. R o s e r, Essen.
5. 10. 1923
2. 10. 1924 **Antrieb für Drehrohröfen.**

405 456 Dipl.-Ing. H. Holzwarth, Minneapolis.
9. 4. 1921
31. 10. 1924 **Drehofen.**

Die Abgase der Außenheizung dienen zur unmittelbaren Erhitzung des Schwelgutes in der Trockenzone.

407 542 Meguin A.-G. und W. Müller, Butzbach.
4. 11. 1923
18. 12. 1924 **Verschwelen grubenfeuchter Rohbraunkohle und dgl. im Drehofen.** (Zusatz zu Patent 367 536.)

408 111 Dr. Niels Young, Frankfurt a. M.
2. 11. 1918
12. 1. 1925 **Verfahren und Drehrohrofen zur gleichzeitigen Gewinnung von Urteer, Halbkoks und hochwertigem Gase.** (Ausführlich.)

408 713 Thyssen & Co. A.-G., Mülheim-Ruhr.
24. 11. 1922
23. 1. 1925 **Verfahren und Einrichtung zur Verhinderung des Eindringens von Fremdstoffen, wie Luft und Staub, in den Schwelraum von Drehtrommelentgasern.**—

Schutz durch einen „Schleier“ von gesätigtem Wasserdampf.

409 188 Dr.-Ing. Niels Young, Frankfurt a. M.
28. 12. 1920
3. 2. 1925 **Drehrohrofen mit von den Heizgasen durchzogenen Rohren und mit Eintrags- und Austragsschnecke.** (Zusatz zu 408 111.)

409 189 Dr.-Ing. Niels Young, Frankfurt a. M.
7. 8. 1921
6. 2. 1925 **Drehrohrofen zur gleichzeitigen Gewinnung von Urteer, Halbkoks und hochwertigem Gas.** (Zusatz zu 408 111.)

409 190 Dr.-Ing. Niels Young, Frankfurt a. M.
6. 3. 1921
5. 2. 1925 **Drehrohrofen zur gleichzeitigen Gewinnung von Urteer, Halbkoks und Brenngas mit Einsatzrohr oder -rohren zur Entnahme der Schwelgase an ihrer Entstehungsstelle.** (Zusatz zu 408 111.)

409 191 Dr.-Ing. Niels Young, Frankfurt a. M.
13. 8. 1921
6. 2. 1925 **Gleichzeitige Gewinnung von Urteer, Halbkoks und hochwertigem Gas.** (Zusatz zu 408 111.) —

Zusatz von Kalk zur Absorption von CO_2. —

410 052 Dr.-Ing. Niels Young, Frankfurt a. M.
7. 10. 1919
20. 2. 1925 **Gleichzeitige Gewinnug von Urteer, Halbkoks und hochwertigem Gas.** (Zusatz zu 408 111.)

Mehrere Rohre mit gemeinsamem Ein- und Auslaufkopf. (Siehe auch 422 493.)

413 717 Th. W. St. Hutchins, Davenham, England.
25. 4. 1923
14. 5. 1925 **Eintragevorrichtung für Drehretorten.**

414 185 Dr.-Ing. Niels Young, Frankfurt a. M.
18. 2. 1920
25. 5. 1925 **Vorrichtung zur gleichzeitigen Gewinnung von Urteer, Halbkoks und hochwertigem Gas.** (Zusatz zu 408 111.)

417 688 E. Weiss, Budapest.
21. 1. 1921
14. 8. 1925 **Verschwelen von festen Brennstoffen im Drehrohrofen.**

Die heißen Verbrennungsgase werden mit an der Verbrennung nicht teilnehmenden kälteren Gasen gemischt. —

417 815 Dr.-Ing. E. Roser, Mülheim.
17. 2. 1924
19. 8. 1925 **Drehrohrofen.** (Zusatz zu 347 066.)

420 284 G. Polysius, Dessau.
29. 10. 1924
19. 10. 1925 **Schweldrehofen.**

422 493 Dr.-Ing. Niels Young, Frankfurt a. M.
8. 6. 1920
1. 12. 1925 **Einrichtung zur Verhinderung von Verstopfungen der Drehtrommel bei dem Verfahren gemäß 408 111.** (Zusatz zu 408 111.)

Einrichtung zum Abkratzen der Trommelwand.

424 724 Gelsenkirchener Bergwerks A.-G., Abt. Schalke und
18. 10. 1924 Dr. F. Caspari, Gelsenkirchen.
1. 2. 1926

Verfahren und Vorrichtung zur Gewinnung der leicht siedenden Kohlenwasserstoffe aus Schwelgasen.

Anspruch:

1. Verfahren und Vorrichtung zur Gewinnung der leicht siedenden Kohlenwasserstoffe aus Schwelgasen, die beim Schwelen von Brennstoffen mittels indirekter Beheizung entstehen und außerhalb des Schwelraumes einem Krackprozeß unterworfen werden, dadurch gekennzeichnet, daß das Kracken der Schwelgase mittels der zum Beheizen der Schwelvorrichtung verwendeten Heizgase erfolgt.

2. Schwelanlage mit Krackvorrichtung, dadurch gekenzeichnet, daß eine von außen und innen beheizte Drehtrommel mit Längskammern versehen ist, in denen die Schwelgase mittels indirekter Beheizung erzeugt werden und ein als Krackvorrichtung dienendes Röhrensystem außerhalb des Schwelraumes, aber innerhalb der Ofenfeuerung angeordnet ist. (5 Ansprüche).

427 235 Harald Nielsen, London u. Bryan Laing, Hatfield.
14. 10. 1923
26. 3. 1926 **Drehtrommel mit Ringkammern am Auslaßende.**

429 099 Harald Nielsen, London u. Bryan Laing, Hatfield.
14. 10. 1923
18. 5. 1926 **Drehtrommel.**

430 159 K. Matthaei, Dortmund.
8. 5. 1924
11. 6. 1926 **Verschwelung von Kohle, Schiefer, Holz und dgl.**

430 369 Firma Alacskai Köszenbanya és Villamossági
13. 2. 1924 Részvénytársaság, Budapest.
15. 6. 1926
Drehbare Schweltrommel.

430 950 Dipl.-Ing. G. Cantieny, Berlin.
21. 10. 1920
29. 6. 1926 **Trommelentgaser mit Außenbeheizung.**

431 110 Dipl.-Ing. G. Cantieny, Berlin.
5. 10. 1920
30. 6. 1926 **Einrichtung zum Verschwelen bituminöser Brennstoffe bei tiefen Temperaturen in der Drehtrommel.**

435 264 Kohlenscheidungs-G. m. b. H., Berlin.
25. 3. 1923
11. 10. 1926 **Drehtrommel-Entgaser.** (Zusatz zu 430 950, Cantieny.)

435 573 E. K. Starkmann, Berlin-Schmargendorf.
1. 1. 1921
14. 10. 1926 **Verfahren der Beheizung ummantelter Drehrohröfen zum Entgasen oder Schwelen von Brennstoffen bei bestimmter niederer Temperatur.** (Brit. Patent 217 554, Cl. B. Winner.)

Patente zu Gruppe 26.

363 265 Firma G. Polysius, Dessau.
ab 2. 2. 1918
Ausgabe 6. 11. 1922
Zur Tieftemperaturteerverkokung dienende Vorrichtung, die von außen durch eine Feuerung, von innen durch einen im geschlossenen Kreis umlaufenden Gasstrom beheizt wird.

Ansprüche:

1. Zur Tieftemperaturverkokung dienende Vorrichtung, die von außen durch eine Feuerung, von innen durch einen im geschlossenen Kreis umlaufenden Gasstrom beheizt wird, gekennzeichnet durch Verwendung einer für andere Zwecke bekannten drehbaren Retorte, die den erzeugten Halbkoks in

einem an sich für andere Zwecke ebenfalls bekannten Sammelschacht entladet, wobei das Gas vor dem Wiedereintritt in die Retorte durch den Koks gedrückt wird. —

2. Vorrichtung nach Anspruch 1, dadurch gekennzeichnet, daß der Retortenauslauf einen geringeren Querschnitt als die Retorte hat und mit einer Hubvorrichtung ausgerüstet ist, die eine Änderung der Stauhöhe in der Retorte ermöglicht. —

Nach Abb. 147 (Anhang) wird das Gasgemisch durch den Exhaustor 7 aus der drehbaren Retorte 4 angesaugt, durch den Kondensator gekühlt und weiter durch den Koks im Schacht 5 wieder in die Retorte zurückgedrückt.

366 540 Fa. G. Polysius, Dessau.
ab 4. 5. 1918
Ausgeg. 6. 1. 1923

Anlage zur Erzeugung von Tieftemperaturteer in einer Retorte. die von innen durch einen im geschlossenen Kreis umlaufenden, der Retorte selbst entnommenen Gasstrom, von außen durch eine Feuerung beheizt wird. (Zusatz zu 363 265.)

Anspruch:

Anlage zur Erzeugung von Tieftemperaturteer in einer Retorte, die von innen durch einen im geschlossenen Kreis umlaufenden, der Retorte selbst entnommenen Gasstom von außen durch eine Feuerung beheizt wird, nach 363 265, dadurch gekennzeichnet, daß im Koksschacht 5 ein Trichter und unterhalb dieses ein Ableitungsrohr 6 derart angeordnet sind, daß der Trichterinhalt dem durch den heißen Koks von unten her strömenden Gas den unmittelbaren Weg nach dem Innern der Retorte versperrt, während das Rohr 6 dieses Gas nach dem Gaserhitzer leitet.

In der Zeichnung 148 (Anhang) sind der Kondensator und die Kohleneinführung (siehe Zeichnung zu 363 265) fortgelassen. — 14 ist das Ventil in einem von der vom Ventilator nach dem Koksschacht führenden Leitung abgezweigten Rohr, das im Gaserhitzer in einer Düse 1 endigt. Darin werden unter Zusatz von mehr oder weniger atmosphärischer Luft die Gase verbrannt, so daß hocherhitzte Verbrennungsgase entstehen, welche die Überhitzerrohre 2 umspülen, und so daß durch die Leitung 6 eingeführte Gas auf hohe Temperatur bringen.

366 541 Fa. G. Polysius, Dessau.
ab 21. 2. 1922
Ausgeg. 6. 1. 1922

Zur Tieftemperaturverkokung dienende Vorrichtung, die von außen durch eine Feuerung, von innen durch einen im geschlossenen Kreise umlaufenden Gasstrom beheizt wird. (Zus. zu 363 265.)

Zur Tieftemperaturverkokung dienende Vorrichtung, die von außen durch eine Feuerung von innen durch einen im geschlossenen Kreise umlaufenden Gasstrom beheizt wird, dadurch gekennzeichnet, daß der Sammelschacht, in welchen die drehbare Retorte den erzeugten Halbkoks entladet, als Kühltrommel ausgebildet ist. —

535 944 Frz. G. P o l y s i u s, Deutschland.

Verfahren und Apparat zur Tieftemperaturverkokung.

Z u s a m m e n f a s s u n g :

1. Verfahren zur Tieftemperaturverkokung in einer von außen geheizten Drehtrommel, dadurch gekennzeichnet, daß die Retorte auch gleichzeitig von innen durch einen zirkulierenden Gasstrom geheizt wird, der aus der Retorte selbst stammt. Dieser Gasstrom führt die Destillationsprodukte zu einer Kondensationsvorrichtung und gelangt nach dieser Abkühlung unter Druck in den glühenden Koks, der gerade aus der Retorte kommt, kühlt diesen ab und gibt die hierbei aufgenommene Wärme an das Innere der Retorte ab.

2. Apparat zur Ausführung dieses Verfahrens, gekennzeichnet durch die Verbindung der Drehtrommel mit einem Koksschacht.

3. Ausführungsformen dieses Aparats, wonach a) ein Ventil an dem in den Koksschacht mündenden Rohr angebracht ist, um das für den Gaskreislauf nicht mehr erforderliche Gas zu entfernen; b) die Mündung der Retorte mit einem Apparat versehen ist, der den glühenden Koks durch den Hals der Retorte in den Schacht befördert.

4. Eine Abänderung des Verfahrens nach 1. (siehe D. R, P. 363 265.)

D. R. P. 367 536 M e g u i n A.-G. und W i l h e l m M ü l l e r, Butzbach.
ab 5. 9. 1920
Ausg. 26. 1. 1923

Verfahren und Drehretorte zum Verschwelen bituminöser Stoffe, wie Kohle, Ölschiefer und dgl. bei niedriger Temperatur unter gleichzeitiger Verdichtung des Schwelgutes.

A n s p r ü c h e :

1. Verfahren und Drehretorte zum Verschwelen bituminöser Stoffe, wie Kohle, Ölschiefer und dgl. bei niedriger Temperatur unter gleichzeitiger Verdichtung des Schwelgutes, dadurch gekennzeichnet, daß das Gut während der Entgasungszeit durch schnelle Drehung der Retorte der Einwirkung der Fliehkraft ausgesetzt und dadurch verdichtet wird.

2. Ausführungsform des Verfahrens nach 1, dadurch gekennzeichnet, daß die Drehretorte während des Beschickungs- und Entleerungsvorganges mit geringerer Geschwindigkeit umläuft, wie während der Entgasungszeit. —

3. Ausführungsform des Verfahrens nach Anspruch 1, dadurch gekennzeichnet, daß die durch die Fliehkraft eintretende Verdichtungsarbeit durch leichte R ü t t e l bewegungen der Retorte unterstützt wird. —

4. Drehbare liegende Entgasungstrommel zur Ausführung des Verfahrens nach 1, dadurch gekennzeichnet, daß die Trommel in der ganzen Länge mit einer Beschickungsschnecke versehen ist, die das Gut gleichmäßig über den Entgasungsraum verteilt.

5. Ausführungsform der Entgasungstrommel nach Anspruch 4, dadurch gekennzeichnet, daß mehrere Reihen von Heizbrennern über den ganzen Umfang der Retorte verteilt sind.

6. Drehbare Entgasungstrommel zur Ausführung des Verfahrens nach Anspruch 1, dadurch gekennzeichnet, daß die Trommel s e n k r e c h t stehend gelagert und mit einer in das Kopfende hineinragenden kegelförmigen Ver-

teilerhaube ausgestattet ist, die das einfallende Gut gegen die umlaufende Trommelwandung drängt und in Zusammenwirkung mit der Fliehkraft eine ringförmige Verteilung des Gutes bewirkt. —

Die Erfindung ist in erster Linie auf die Verbesserung der Härte des zurückbleibenden Kokses gerichtet. — Die Abbildungen zeigen horizontale, schräge und vertikale Anordnung der Drehtrommel. — S. Abb. 149 (Anhang).

535 655 Frz. Meguin A.-G. und M. W. Müller, Deutschland.

Verfahren und Apparat zur Destillation von bituminösen Stoffen wie Steinkohle, Ölschiefer und dgl. bei niedriger Temperatur

Aus der französischen Patentschrift sei noch folgendes erwähnt:

5. Die Oberfläche der Trommel ist mit schraubenförmigen Scheidewänden netzartig versehen, zwischen denen die Kohle während der Destillation festgehalten wird. Außerdem dienen diese Scheidewände als Wärmeübertrager und zur Entfernung der Destillationsrückstände aus der Drehtrommel, wenn diese sich langsamer dreht.

6. Die Welle der Förderschraube kann zur Einleitung von Wasserdampf dienen —

7. Die Drehtrommel kann von zylindrischer, konischer oder anderer Form sein und kann horizontal oder schräg gelagert sein, wobei sich im letzteren Falle das Material selbsttätig durch die Retorte bewegt und daher die Anbringung der Förderschraube erübrigt. —

10. Der Verteilungskonus wird kombiniert mit einem Rohr, durch welches die Destillationsgase entweichen. S. Abb. 149.

375 461 Dr.-Ing. Heinrich Koppers, Essen-Ruhr.
ab 2. 8. 1826
Ausgeg. 14. 5. 1923

Verfahren und Vorrichtung zur Destillation fester Brennstoffe, insbesondere bei niederen Temperaturen.

Das Wesentliche wird aus dem folgenden Verfahren ersichtlich.

376 791 Dr.-Ing. Heinrich Koppers, Essen.
ab 8. 1. 1922
Ausg. 5. 6. 1923
Zusatz 7 375 461

Verfahren und Vorrichtung zur Destillation fester Brennstoffe. (Zusatz zu 375 461.)

Zwecks schneller und gleichmäßiger Wärmeübertragung werden Stahlkugeln im Kreislauf durch die Anlage geschickt, die in dem Ofen t auf entsprechende Temperatur gebracht werden. S. Abb. 150 (Anhang).

380 035 Dr.-Ing. Heinrich Koppers, Essen.
ab 20. 10. 1921
Ausgeg. 1. 9. 1923

Vorrichtung zur Destillation fester Brennstoffe, insbesondere bei niederen Temperaturen.

Vorrichtung zur Destillation fester Brennstoffe insbesondere bei niederen Temperaturen, nach Patent 375 461 dadurch gekennzeichnet, daß eine beiderseits offene Drehtrommel in einem allseitig geschlossenen Gehäuse gelagert ist, durch dessen eine Stirnwand die Zuläufe für das Destillationsgut und die als Wärmeträger dienenden Festkörper in die Trommel hineinragen. — S. Abb. 151 (Anhang).

225 513 Brit. Kohlenscheidungsgesellschaft m. b. H., Berlin.
28. 11. 1923 (Deutschland)
12. 8. 1924 (England)
9. 4. 1925 Cpl. Acc
entspr. D. R. P. 390 042

Verfahren zur Destillation bituminöser Stoffe bei tiefen Temperaturen.

Ansprüche:

1. Verfahren zur Destillation bituminöser Stoffe bei tiefen Temperaturen bei welchem das Material plötzlich — ohne Vorwärmung oder aber mit Vorwärmung in nur geringem Ausmaß — auf eine Temperatur erhitzt wird, welche die normale Destillationstemperatur von 500° C weit überschreitet, so daß es möglichst schnell auf die Destillationstemperatur gebracht wird und unmittelbar, nachdem es diese Temperatur erreicht hat, aus der Hochtemperaturzone weiter bewegt wird, um nun weiter bei der normalen Tieftemperatur behandelt zu werden. —

Eine horizontale Retorte mit großer Förderschraube, unter dem ersten Drittel der Schraube, unterhalb der Retortenwandung liegt der Rost. Das Material gelangt zunächst in diesen heißesten Teil, um dann von der Schraube sofort weiter bewegt zu werden. — Man erhält durch diese Anordnung aus einer Kohle, die bei gleichmäßiger Behandlung bei 500—550° C 9—9,5 % Teer ergab, nunmehr 11,3% wasserfreien Teer. — Und zwar bestand die Mehrausbeute vorwiegend aus schweren Ölen.

408 111 Dr. Niels Young, Frankfurt a. M.
2. 11. 1918
12. 1. 1925

Verfahren der gleichzeitigen Gewinnung von Urteer, Halbkoks und eines hochwertigen Gases und Drehrohrofen zur Ausführung des Verfahrens.

Ansprüche:

1. Verfahren der gleichzeitigen Gewinnung von Urteer, Halbkoks und eines hochwertigen Gases, dadurch gekennzeichnet, daß die Kohle in einem Drehrohrofen kontinuierlich entgast wird.

2. Drehrohrofen zur Ausführung des Verfahrens nach Anspruch 1, gekennzeichnet durch eine ausgemauerte Trommel (a^1), die der Erzeugung oder Zuführung eines Stromes heißer Gase dient, und ein gleichartiges Innenrohr (b^1), in dem die Verkokung der Kohle vor sich geht unter Hindurchführung der aus der äußeren Trommel entweichenden Gase.

Es wird die Rohkohle in zwei konzentrisch angeordnete Drehtrommeln überführt. In der äußeren, die auch von außen beheizt wird, findet Verkokung unter Luftzutritt statt. Die Heizgase erwärmen auch die innere Trommel und erzeugen hier Urteer, weitere hochwertige Gase und Halbkoks. S. Abb. 152.

545 797 Frz. Harald Nielsen, England.
entspr. D. R. P. 397 680

Verbesserte Einrichtungen und Apparate für die Destillation oder Röstung, insbesondere für die Destillation kohlehaltigen Materials bei mittleren oder tiefen Temperaturen.

Resumé:

Die vorliegende Erfindung betrifft 1. eine Retorte zum Rösten oder Destillieren kohlehaltigen oder anderen Materials bei mittlerer oder tiefer Temperatur, die zwei oder eine größere Anzahl röhrenförmiger Vorrichtungen enthält, die konzentrisch ineinander gebaut sind und durch welche das Rohmaterial fortlaufend von einem Ende zum anderen dieser röhrenförmigen Vorrichtungen bewegt werden kann, derart, daß die Richtung der Bewegung umgekehrt werden kann, wenn das Material von einer Röhre in die andere übergeht.

Die Retorte ist ferner dadurch gekennzeichnet, daß

a) die Röhren drehbar eingerichtet sind, dergestalt, daß das kontinuierlich fortzubewegende Rohmaterial vom äußersten Ende der Röhre zum inneren Ende der Röhre sich in entgegengesetzter Linie wie das Heizmaterial bewegt, —

b) das Rohmaterial vom äußeren zum inneren Rohr mittels eines Vorsprungs oder Anschlags überführt wird,

c) die Fortbewegung des Materials auch durch eine geeignet angeordnete Schraube oder Schnecke bewirkt werden kann,

d) das äußere Rohr drehbar oder auf Rollen oder dgl. angeordnet ist,

e) Vorrichtungen angebracht sind, um die entwickelten Gase an einer oder mehreren Stellen aus der Retorte zu ziehen, und sie durch eine Anzahl parallel zur Retorte angeordneter Rohre in ein Gassammelrohr zu überführen, das sie durch die Achse der drehenden Retorte in eine Absetzkammer führt.

2. Ein Verfahren zur Destillation kohlehaltiger Rohstoffe bei mittleren oder tiefen Temperaturen in einer nach vorstehender Beschreibung angeordneten Retorte, darin bestehend, daß man das Rohmaterial mit Umkehrung der Bewegungsrichtung vom Anfang bis zum Ende der Röhrenanordnung führt und es in direkte Berührung mit einem Heizmittel bringt, das vorzugsweise aus Generatorgas besteht, das ohne Verbrennung aus einem anhängenden Generator tritt und in der Retorte die fühlbare oder mechanische Wärme des Generatorgases zur Destillation oder Verkokung des bearbeiteten Materials ausnutzt. S. Abb. 153 (Anhang).

202 738 Brit. Harald Nielsen, London und Bryan Laing, Hatfield.
25. 5. 1922
27. 8. 1923

Verfahren und Apparat zur Destillation oder Hitzebehandlung von kohlehaltigem Material und dgl.

Das Material wird durch eine Retorte mit nicht gleichförmiger Geschwindigkeit geschickt, so daß es in Zonen verschiedener Hitzegrade längere oder kürzere Zeit festgehalten wird, was durch Anordnung von bestimmten Hinderniskörpern von dreieckigem Querschnitt, oder schrägen Seitenflächen quer durch die Retorte geschieht.

1 538 490 J. W. H. Randall, New York.
13. 5. 1920
19. 5. 1925 **Rotierende Retorte.**

217 554 Brit. Clarence Bell Winner, Canton, Ohio, U. S. A.
11. 6. 1923 (U. S. A.)
17. 3. 1924 (England)
11. 6. 1925 Compl. Acc.

Verfahren zur Gewinnung von Kohlenwasserstoffen aus festen Brennstoffen.

Ansprüche:

Verfahren, Kohlenwasserstoffe aus festen Brennstoffen zu gewinnen, dadurch gekennzeichnet, daß man den Brennstoff gleichmäßig in einem rotierenden Behälter auf eine bestimmte Temperatur erhitzt, die über der Dampfentbindungstemperatur und unter der Temperatur liegt, bei welcher sich der Kohlenwasserstoff verflüchtigt und daß man darauf den Brennstoff in einen geschlossenen Behälter füllt und genügend Hitze von außen zuführt, um den Prozeß zu vollenden.

Gruppe 27. Verschwelung und Verkohlung unter Förderung des Gutes.

338 190 Karl Prinz zu Löwenstein, Arnold Irinyi, Hamburg.
29. 10. 1918 und Theodor Kayser, Berlin.
14. 6. 1921

Einrichtung zur Halbverkokung von Kohlen, Schiefern oder anderen bituminösen Stoffen.

Anspruch:

Einrichtung zur Halbverkokung von Kohlen, Schiefern oder anderen bituminösen Stoffen unter Benutzung einer in einem von außen heizbaren Trog arbeitenden, innen beheizten Schnecke für die Fortbewegung des Verkokungsmaterials, dad. gek., daß die Förderschnecke sowohl hinsichtlich ihrer Achse wie hinsichtlich ihrer Gänge hohl ausgebildet ist, sodaß alle Teile des Verkokungsgutes in schmalen Schichten ununterbrochen und allseitig gleichmäßig an Heizwandungen vorbeigeführt werden. S. Abb. 154 (Anhang).

356 820 Karl Prinz zu Löwenstein, Arnold Irinyi, Hamburg
4. 8. 1920 und Theodor Kayser, Berlin.
31. 7. 1922

Vorrichtung zum Schwelen von Kohlen, Schiefern und anderen bitumenhaltigen Stoffen mit einer innen beheizten Förderschnecke für das Gut.

359 495 Ch. H. Smith, Short Hills, Essex, New Jersey, V. St. A.
17. 2. 1920
23. 9. 1922 **Liegende Retorten mit einer oder mehreren Schaufelwellen.**
(Siehe 1 413 799.)

376 944 George Bloesy, Berlin-Wilmersdorf.
18. 8. 1921
11. 6. 1923 **Liegende Retorte mit umlaufenden Mischflügeln.**

381 914 A. Junkereit, Essen.
25. 7. 1922
26. 9. 1923 **Liegende Retorte.**

383 532 Ch. H. Smith, Short Hills, Essex, New Jersey, V. St. A.
20. 3. 1920
15. 10. 1923 **Retortenofen.** (Siehe 1 413 799.)

384 350 Ch. H. Smith, Short Hills, Essex, New Jersey, V. St. A.
19. 2. 1920
29. 10. 1923 **Liegende Retorte mit zwei oder mehreren Schaufelwellen.**

392 688 Gustav de Grahl, Berlin-Schöneberg.
6. 3. 1923
22. 9. 1924 **Retorte zur Erzeugung leicht mahlbaren Halbkokses.**

411 101 Ch. Vernon Mc Intire, New York.
26. 5. 1923
24. 3. 1925 **Wagerechter Retortenofen.**

419 283 Frank C. Greene, Denver und Irving, F. Laucks, Seatle.
20. 1. 1923 Colorado. V. St. A.
23. 9. 1925

Verkoken von Kohle.

Ansprüche:

1. Verfahren zum Verkoken von Kohle und ähnlichem Material, bei welchem das Material mittels einer von innen beheizten Schnecke oder dgl. durch eine von außen beheizte Retorte hindurch befördert wird, dad. gek., daß in der Zone, wo die plastische Masse sich in Koks verwandelt, die Innenbeheizung der Schnecke im Verhältnis zur Außenbeheizung der Retortenwandung so reguliert wird, daß das durch die Retorte hindurchgehende Material stärker an der Retortenwandung anhaften wird als an der Förderschnecke.

Nach 2 kann eine Vorkehrung getroffen werden, um die zum Innenbeheizen der Schnecke bestimmte Vorrichtung achsial in derselben einstellen zu können. Abb. 155 (Anhang).

Auslandspatente zu Gruppe 27.

206 178 Brit. Th. Malcolm Davidson, Park Cottage, Middlesex, England.
1. 5. 1922
1. 11. 1923 **Destruktive Destillation von Kohlen und ähnlichen Stoffen.** —

Ansprüche:

1. Vorrichtungen zur Ausführung der destruktiven Destillation von Kohle und dgl. in vertikalen oder geneigten Retorten, wobei die Oberflächen der

Retorten oder ein Teil derselben, welche mit der Kohle oder dgl. in Berührung stehen, beweglich angeordnet sind und eine bestimmte hin- und hergehende Bewegung erhalten, wodurch die Kohle gezwungen ist, die Länge der Retorte zu passieren und sich in dichter Form abzusetzen. —

1 413 799 Charles Howard Smith, übertragen an die International Coal Produkts Corporation, Richmond,
16. 2. 1918
25. 4. 1922 Virginia.

Vergasung von Kohle und Gewinnung der Nebenprodukte.

Anspruch:

1. Verfahren zur getrennten Gewinnung von Ammoniak und Teer bei der Destillation von Schwelkohle und der Erzeugung von Wassergas etc. daraus, darin bestehend, daß man fein zerkleinerte Kohle einer teilweisen Destillation bei Temperaturen unterhalb derjenigen, bei welcher größere Mengen von Ammoniak entweichen, unterwirft, wobei die Kohle in dauernder Bewegung gehalten wird und die Dämpfe, Gase und Teerprodukte, die dabei entstehen, abgezogen werden, daß man den einheitlichen Kohlenrückstand dieser teilweisen Destillation (Halbkoks) in einem besonderen Nebenproduktgaserzeuger bei beträchtlich höherer Temperatur weiter behandelt und das Ammoniak, welches aus dem genannten Generator gleichzeitig mit Generatorgas und Wassergas entweicht, besonders auffängt. —

Nach Anspruch 3 erfolgt die erste Destillation bei 427—510° C, (800—950° F).
D. R. Patente: Gr. 27, 359 495, 383 532, 384 350, Gr. 35, 379 310.

Gruppe 28. Verschwelen und Verkoken auf Wagen in Kanalöfen.

334 755 Gewerkschaft ver. Constantin der Große in
8. 5. 1919 Bochum.
1. 10. 1921

Destillationsofen für die Koks- und Gasbereitung.

346 240 O. Heilmann, Lintfort, Kr. Mörs.
26. 10. 1920
18. 11. 1922 **Kanalofen mit fahrbaren Retorten zum ununterbrochenen Verkoken bitumenhaltiger Brennstoffe.**

347 964 O. Heilmann, Lintfort, Kr. Mörs.
1. 3. 1921
28. 12. 1922 (Zusatz zu 346 240.)

364 879 O. Heilmann in Zaborze, O.-S.
21. 1. 1922
28. 12. 1922 (Zusatz zu 346 240.)

393 242 Gewerkschaft ver. Constantin der Große in
8. 5. 1923 Bochum.
7. 4. 1924

Destillationsofen für Koks und Gasbereitung. (Zusatz zu 334 755.)

404 695 Dr. Franz Fischer, Mülheim a. d. Ruhr.
29. 9. 1923
22. 10. 1924 **Kanalofen zur Tieftemperaturverkokung oder Verschwelung.**

Kanalofen zur Tieftemperaturverkokung oder Verschwelung, dadurch gekennzeichnet, daß sich im Innern des Kanalofens ein besonderer Heizkanal befindet, welchen die mit dem Destillationsgut beschickten Wagen in der Weise umschließen, daß die Destillationserzeugnisse nicht mit dem Mauerwerke des Heizkanals in Berührung kommen. —

413 374 O. Dobbelstein, Essen u. H. Heß, Duisburg.
3. 2. 1924
5. 5. 1925 **Ringherd zum Schwelen, Trocknen und dgl.**

Gruppe 29. Verschwelen und Verkohlen mit endlosen Tragmitteln, Bändern, Becherwerken etc. in Trommeln.

337 792 Dipl.-Ing. G. Cantieny, Nürnberg.
18. 6. 1920
7. 6. 1921 **Vorrichtung zum ununterbrochenen Extrahieren und Destillieren bitumenhaltiger Brennstoffe.**

Das Gut wird in dünner langgestreckter Schicht auf einem Kettenrost oder dgl. durch den Arbeitsraum gefördert, wobei die Wärmezufuhr zu den einzelnen Stellen des Rostes beliebig verschieden eingestellt werden kann.

351 279 Dr. Fritz Caspari, Corbach.
31. 12. 1920
4. 4. 1922 **Schwelvorrichtung mit endlosem Förderband für das Schwelgut und Innenheizung.**

369 629 Dr. E. Carthaus, K. von Rittersberg und A. Abraham, Berlin.
29. 4. 1916
22. 2. 1923

Verfahren und Vorrichtung zur Trockendestillation bituminöser Stoffe.

369 767 D. E. Carthaus, K. von Rittersberg und A. Abraham, Berlin.
3. 5. 1917
23. 2. 1923

Verfahren und Vorrichtung zur Trockendestillation bituminöser Stoffe.

372 257 Heinrich Schlapper, Düsseldorf.
23. 2. 1922
26. 3. 1920 **Schwelofen mit wagerechtem Herd und einem darüber verlaufenden endlosen Förderband mit Wendeschaufeln für das Schwelgut. —**

408 593 E. Piron, New York u. Virginius Z. Caracristiin,
28. 10. 1922 Brouxville, V. St. A.
10. 1. 1995

Vorrichtung zur trockenen Destillation fester Brennstoffe.

410 862 E. Piron, New York u. Virginius Z. Caracristiin,
13. 4. 1923 Brouxville, V. St. A.
31. 3. 1925

Vorrichtung zur trockenen Destillation fester Brennstoffe.

417 211 Franz Leitner, Halle.
24. 10. 1923
8. 8. 1925 **Verschwelen bituminöser Stoffe.**
(Förderorgane.) Eimer am endlosen Band.

428 536 Dr. Otto Leissner, Chemnitz.
25. 6. 1924
7. 5. 1926 **Schwelvorrichtung.**
Eimer oder dgl. am endlosen Band.

430 881 Syndikat für Gasforschung, Berlin und Estnische
2. 2. 1923 Steinöl A.-G., Reval.
24. 6. 1926

Verfahren und Ofen zur Verschwelung von bituminösen Brennstoffen.

(Kettenrost.)

Gruppe 30. Verschwelen und Verkohlen in Telleröfen und mechanischen Etagenöfen.

346 884 Ludwig Honigmann, Aachen.
27. 2. 1920
9. 1. 1922 **Ringförmiger Tellerofen für stetigen Betrieb.**

348 765 Hans Wulf und Hugo Herbers, Remscheid.
9. 11. 1920
16. 2. 1922 **Stehende Retorte mit übereinanderliegenden beheizten Böden, über die das Destillationsgut mittels umlaufender Schieber durch die Retorte hindurchgeführt wird.**

350 691 Ludwig Schindelbeck, Rommerode, Bez. Kassel.
4. 1. 1921
25. 3. 1922 **Schwelofen nach Art der Etagenröstöfen zur Erzeugung von Urgas, Urteer, Ölen und Halbkoks.**

351 461 Ludwig Schindelbeck, Rommerode, Bez. Kassel.
4. 1. 1921
7. 4. 1922 **Einrichtung zum Abführen der Schwelgase bei mechanischen Schwelöfen.**

Durch Schlitze in der Hohlwelle.

370 514 Z e c h e d e W e n d e l und Dipl.-Ing. H. S c h w e n k e , Herringen.
12. 9. 1920
3. 3. 1923 **Verfahren und Vorrichtung zur Nutzbarmachung nichtbackender Schlammkohlen und dgl. für Kohlenstaubfeuerungen.**

Mechanische Vortrocknung unter lebhafter Bewegung des Gutes.

377 025 T r e n t P r o c e s t C o r p o r a t i o n , Washington.
7. 1. 1922
8. 6. 1923 **Schwelofen.** (Siehe engl. Patent 174 336.)

378 804 K a r l P r i n z z u L ö w e n s t e i n , Berlin.
13. 10. 1920
2. 8. 1923 **Vorrichtung zum Schwelen von Kohlen, Schiefern oder anderen bitumenhaltigen Stoffen.**

383 531 P. F r e y g a n g , Dresden.
27. 8. 1920
20. 10. 1923 **Schwelofen mit übereinanderliegenden hohlen Böden, die von den Heizgasen durchströmt werden und mit Fördereinrichtungen für das niedergehende Schwelgut. —**

385 367 K a r l P r i n z z u L ö w e n s t e i n , Berlin.
1. 12. 1922
22. 11. 1923 **Schwelvorrichtung.** (Zusatz zu 378 804.)

390 082 K a r l P r i n z z u L ö w e n s t e i n , Berlin.
1. 10. 1922
12. 2. 1924 **Schwelvorrichtung.** (Zusatz zu 378 804.)

394 114 L. H. B o n n a r d , London.
3. 12. 1922
12. 4. 1924 **Tellerretorte. —**

403 857 Dr.-Ing. F r i t z L a n d s b e r g , Berlin-Wilmersdorf.
21. 12. 1921
9. 10. 1924 **Schwelofen.**

411 100 B e n n o M a r c u s , Berlin.
19. 10. 1922
10. 3. 1925 **Etagenschwelofen.**

421 118 Dr. G. V e r v u e r t und G. R i e b e r , Gelsenkirchen.
20. 11. 1923
6. 11. 1925 **Schwelofen** (s. brit. 225 168).

425 168 L u d w i g H o n i g m a n n , Bad Tölz.
13. 11. 1924
12. 2. 1926 **Verfahren zum Austragen des Gutes aus Drehringtelleröfen.**

Das (staubförmige) Gut wird mit Hilfe des Betriebsgases abgesaugt.

426 088 Hans Wiedemann, Berlin.
19. 2. 1924
1. 3. 1926 **Schwelanlage für feinkörnige Güter.**

427 154 Ludwig Honigmann, Bad Tölz.
5. 4. 1924
25. 3. 1926 **Drehringtellerofen für stetigen Betrieb.**

429 920 Ludwig Honigmann, Bad Tölz.
25. 9. 1920
7. 6. 1926 **Kreisringförmiger Tellerofen mit Oberheizung.**

433 416 Ludwig Honigmann, Bad Tölz.
13. 11. 1924
30. 8. 1926 **Drehringtellerofen.**

434 087 Ludwig Honigmann, Bad Tölz.
4. 6. 1925
26. 10. 1926 **Verfahren und Vorrichtung zum Austragen des Gutes aus Drehringtelleröfen.** (Zusatz zu 425 168.)

Der Gasstrom reißt das auszutragende Ofengut mit.

434 785 Trocknungs-, Verschwelungs- und Vergasungs-
4. 6. 1925 G. m. b. H., Berlin.
28. 10. 1926

Drehringtellerofen.

Auslandspatente zu Gruppe 30.

174 336 Trent Prozess Corporation, Washington.
20. 1. 1921 (U. S. A.)
3. 1. 1922
22. 3. 1923 (Complett)

Apparat zur Destillation von Stoffen, die Öl erzeugen.

Anspruch:

1. Apparat, in welchem die Wandungen jedes stehenden Rostes nach innen und die des beweglichen Rostes nach außen konvergieren. —

2. Apparat nach 1 mit Vorrichtungen, die der rotierende Rost trägt, um das Material durchzukrücken, bestehend aus hohlen Rührstangen, welche, indem sie das Material durchkrücken die Wirkung der Heizgase erhöhen.

Die Zeichnung stellt eine Retorte 1 dar, die durch Heizgase 5, 5^1, 5^2 geheizt wird. In ihrer Mitte befindet sich eine drehbare Säule, die unten in den Lagern 7 rotiert und die oben durch eine Sanddichtung 8 verschlossen ist. —

Die Destillation vollzieht sich bei 350—450° C. Abb. 156 (Anhang).

225 168 Brit. Dr. G o t t f r. V e r v u e r t und G e o r g R i e b e r, Gelsenkirchen.
19. 11. 1923 (Deutschland)
14. 6. 1924 (England)
Compl. not. Accepted

Öfen mit langsamer Verbrennung.

In diesen Öfen wird das Material — Kohle etc. von oben nach unten auf einem Zickzackwege von der Mitte zur Peripherie und umgekehrt abwärts bewegt. Die Heizung erfolgt durch heiße Gase im Gegenstrom.

1 460 024 K a r l P r i n z z u L ö w e n s t e i n, Berlin.
22. 8. 1922
26. 6. 1923 **Apparat zur Herstellung von Halbkoks aus Kohle, Schiefer oder anderen bituminösen Substanzen.**

Eine durch eine flache mit Dampfaustritt versehene Kuppel — abgeschlossene rotierende S c h e i b e, unter deren am Rande gelegenen Teilen ein entsprechend ringförmiger Heizkanal angeordnet ist, wird mit Material beschickt und in einem derartigen Tempo gedreht, daß während eines Umlaufs die Entkohlung bis zum Halbkoks fortgeschritten ist. —

Gruppe 31. Verschwelen und Verkohlen auf Heizflächen, auf denen das Gut mechanisch fortbewegt wird, sowie auf Schüttrampen, Schüttrosten und dgl. außer Teller- und mechanische Etagenöfen.

346 117 H u g o L e n t z, Mauer b. Wien.
16. 7. 1920
5. 12. 1922 **Ofen zur Halbverkokung von Brennstoffen.**

Ofen zur Halbverkokung von Brennstoffen, dadurch gekennzeichnet, daß die Heizflächen nach Art eines Treppenrostes hintereinander liegen und durch Klappen oder Schieber gegeneinander begrenzt sind, die zur Fortbewegung und zum Wenden des Gutes beim Übergang von einer Stufe zur anderen dienen. S. Abb. 157 zu frz. 539 912.

356 691 H u g o L e n t z, Mauer b. Wien.
17. 9. 1920
5. 1. 1923 **Ofen zur Halbverkokung von Brennstoffen.** (Zusatz zu 346 117.)

362 875 H u g o L e n t z, Berlin.
15. 5. 1921
2. 11. 1922 **Schwelofen mit nach Art eines Treppenrostes hintereinanderliegenden geneigten Flächen.**

368 086 H u g o L e n t z, Berlin.
12. 5. 1921
31. 1. 1923 **Ofen zur Halbverkokung von Brennstoffen.** (Siehe frz. 539 912.)

373 576 E. B a r s, London.
24. 3. 1922
13. 4. 1923 **Vorrichtung zum Fördern von Stoffen über den Boden einer Kammer, z. B. eines Schwelofens.** (U. S. A. Pat. 1 482 342, 19. 12. 1921, 29. 1. 1924.)

374 420 H. L e n t z, Mauer b. Wien.
28. 8. 1920
23. 4. 1923 **Anlage zur ununterbrochenen Erzeugung und Vergasung oder Verbrennung von Halbkoks.**

374 918 The Industrial Proceß Engineering Co., St. Louis.
24. 3. 1921
3. 5. 1923 **Verfahren zum Destillieren von Ölschiefern und dgl. in pulverförmigem Zustande in geneigten Retorten mit ebener, beheizter Bodenfläche.**

377 519 E d g a r K u r z, Frankfurt a. M.
8. 2. 1921
21. 6. 1923 **Um ihre Längsachse schwingende Retorte.**

Um ihre Längsachse schwingende Retorte zum Schwelen etc., dadurch gekennzeichnet, daß der vom Arbeitsgut berührte Teil der Wandung aus trogartig gegeneinander geneigten ebenen oder gewölbten Platten besteht. —

387 451 W. B l i e m e i s t e r, Frankfurt a. M.
12. 12. 1920
28. 12. 1923 **Schwelvorrichtung.**

409 342 M a x K l ö t z e r, Dresden.
1. 4. 1923
6. 2. 1925 **Ofen zur Verarbeitung bitumenhaltiger Stoffe.**

422 391 M a x K l ö t z e r, Dresden.
28. 6. 1921
30. 11. 1925 **Verfahren und Ofen zur Verarbeitung bitumenhaltiger Stoffe.**

Verfahren und Ofen zur Verarbeitung bitumenhaltiger Stoffe, dadurch gekennzeichnet, daß das Gut in dünner Schütthöhe unter ständigem Durchrütteln durch einen kanalartigen Ofenraum bewegt wird. —

Gruppe 32. Verschwelen und Verkohlen bei unmittelbarer Berührung des Gutes mit flüssigem Metall.

386 803 T h e r m a l I n d u s t r i a l a n d C h e m i c a l (T. I. C.) R e-
11. 11. 1922 s e a r c h C o m p a n y ltd. u. J o h n S t a n l e y M o r g a n,
15. 12. 1923 London.

Verfahren und Vorrichtung zum Austragen des Rückstandes von mittels eines schmelzflüssigen Metallbades behandelten Stoffen.

Verfahren und Vorrichtung zum Austragen der Rückstände von mittels eines schmelzflüssigen Metallbades behandelten Stoffen, u. a. dadurch gekennzeichnet, daß der entgaste Rückstand von der Oberfläche des Metalls mittels der gasförmigen Destillationserzeugnisse abgeblasen wird. —

Gruppe 33. Verschwelen und Verkohlen unter mechan. Förderung des Gutes auf andere Weise als nach 26—32. Z. B. Schleudern oder Blasen.

332 109 — Gustav de Grahl, Berlin-Schöneberg.
13. 3. 1919
22. 1. 1921 **Verfahren und Vorrichtung zur Gewinnung von Tieftemperaturteer.** (Ausführlich.)

341 788 — Samuel Mc Ewen, London.
16. 6. 1920
8. 10. 1921 **Verfahren zur Verkokung von Staubkohle und Verbrennen des anfallenden Kohlenstaubes in einer Feuerung.**

344 704 — Samuel Mc Ewen, London.
16. 6. 1920
29. 11. 1921 **Verfahren zum Verkoken von Staubkohle.**
(frz. 517 273) s. f. S.

357 214 — Trent Process Corporation, Washington.
17. 8. 1922
Verfahren zur Erzeugung von dichtem Koks aus fein verteilten Rohstoffen, insbesondere aus Staubkohle.

358 306 — G. Polysius, Dessau.
28. 2. 1920
7. 9. 1922 **Verfahren der Tieftemperaturverkokung** (mittels der Abgase von Drehöfen unterhalb 700° C).

411 153 — Soc. Lyonnaise des Eaux et de l'Eclairage Soc. Anon., Paris.
3. 10. 1922
24. 3. 1925
Verfahren zur Entgasung und Verkokung von Kohle und anderen Brennstoffen bei Gegenwart wasserstoffhaltiger Gase.

332 109 — Gustav de Grahl, Berlin-Schöneberg.
19. 3. 1919
22. 1. 1921 **Verfahren und Vorrichtung zur Gewinnung von Tieftemperaturteer.**

Verfahren und Vorrichtung zur Gewinnung von Tieftemperaturteer durch Erhitzen des zu entgasenden durch von außen beheizte Schwelrohre geführten Gutes (Kohle, Torf oder dgl.) und Absaugen des durch die Erhitzung gewonnenen Gases, dadurch gekennzeichnet, daß durch ein und dieselbe Saug- bzw. Druckwirkung das zu entgasende Gut auf schraubenförmigen Heizflächen entlang durch ein oder mehrere hintereinander geschaltete Schwelrohre ununterbrochen hindurchbewegt und das entweichende Gas mit den festen Rückständen in einen Raum geführt wird, in dem die Trennung des Gases von den festen Rückständen stattfindet.

Nach 2 kann das Gut wiederholt auch unter Anlagerung von Wasserstoff durch die Schwelrohre geführt werden. — S. Abb. 158 (Anhang).

517 273 Frz. S. Mc Ewen, England.

Verfahren und Apparat zur destruktiven Verkokung oder Destillation.

Nach diesem Verfahren wird mittels eines entsprechenden Apparates fein pulverisierte oder Staubkohle mit heißen Verbrennungsgasen behandelt, wobei die flüchtigen, bei der Temperatur vergasenden Teile entweder kontinuierlich oder periodisch aus dem Gasstrom abgeführt werden.

Gruppe 34. Verschwelen oder Verkoken in festen oder rotierenden Retorten ohne inneren Heizkörper.

362 874 A. Junkereit, Essen.
29. 1. 1921
2. 11. 1922 **Beheizung von Schwelretorten mittels eines Gemisches von heißen Feuerungsgasen und kälteren Rauchgasen.**

414 489 Maurice Deraux, Paris.
14. 2. 1924
4. 6. 1925 **Konverterartiger Destillationsofen.**

Gruppe 35. Verschwelen oder Verkohlen unter mechanischer Pressung in festen und rotierenden Retorten.

378 531 Huth & Röttger G. m. b. H., Dortmund.
8. 5. 1920
18. 7. 1923 **Vorrichtung zur Erzeugung eines festen Halbkokses.**

Gruppe 36. Andere Verfahren zum Verschwelen und Verkohlen (und Öfen dazu) als unter Gruppe 25—35 gefaßt.

345 959 Heinrich Freise, Bochum.
19. 3. 1921
22. 12. 1921 **Schwelvorrichtung mit Innenheizung.**

347 805 Masch. Fabrik Augsburg-Nürnberg A.-G.
15. 11. 1921
8. 6. 1925 **Verfahren zur Extraktion und Destillation bitumenhaltiger Brennstoffe.** (Ausführlich.) Dieses zur Kl 12o₁ gehörige Verfahren sei hier eingeschaltet.

368 087 A.-G. für Brennstoffvergasung, Berlin.
1. 11. 1921
29. 1. 1923 **Verfahren zum Vorbereiten backender Steinkohle für das Schwelen.**

Verfahren zum Vorbereiten backender Steinkohle für das Schwelen, dadurch gekennzeichnet, daß das Gut vor dem Schwelen mit einem warmen Luftstrome von 50—100° C behandelt wird. —

374 220 Fr. Ch. Blythe, England.
9. 1. 1921
20. 4. 1923 **Verfahren der trockenen Destillation bitumenhaltiger Kohlen.**

Kohle wird mit schweren Kohlenwasserstoffen gemischt, unter Druck erhitzt und destilliert. (Ausführlich.)

378 530 Sudenburger Maschinenfabrik und Eisengießerei A.-G., Magdeburg, Zweigniederl. vorm F. H. Meyer. Hannover-Hainholz.
13. 1. 1922
18. 7. 1923

Verfahren zur ununterbrochenen trockenen Destillation organischer Stoffe.

Verfahren zur ununterbrochenen trockenen Destillation organischer Stoffe auf exothermischem Wege, indem die Stoffe (Torf, Braunkohle etc.) ohne Vortrocknung zur Verarbeitung kommen und nur zur Einleitung des Verfahrens die erste Beschickung unter Wärmezufuhr verkohlt wird.

387 576 Carl Still, Recklinghausen.
3. 8. 1920
29. 12. 1923 **Verfahren der Beheizung von Tieftemperatur-Retorten, durch welche die Kohle stetig hindurch gefördert wird.** (Ausführlich.)

387 955 Heinrich Freise, Bochum.
11. 11. 1922
9. 1. 1924 **Schwelvorrichtung.** (Zusatz zu 345 959.)

389 620 George Pearce Lewis, London.
10. 3. 1922
4. 2. 1924 **Aufarbeitung fester Brennstoffe.**

Lignite und dgl. werden durch Mahlen und Mischen mit flüssigen Kohlenwasserstoffen in flüssige Form gebracht unter Druck auf ca. 500° C erhitzt und verdampft. (Ausführlich.) (Frz. Patent 548 126, 175 670.)

398 007 Zeche Mathias Stinnes und Dr. A. Weindel, Essen.
15. 6. 1923
1. 7. 1924 **Verfahren zum Vorbereiten stark backender Steinkohlen für das Verschwelen — durch Aufwirbeln und Einwirkung von Luft.**

399 032 Thomas G. Ironside, Edinburgh.
31. 12. 1921
18. 7. 1924 **Destillieren von Ölschiefer, Kohle und dgl. — Mischung mit Wärmeträgern wie Sand, Magnetit etc.**

403 505 Dr. Fritz Caspari, Gelsenkirchen.
25. 10. 1923
2. 10. 1924 **Verschwelen von Steinkohle, Braunkohle usw.**

Das Gut in Staubform wird vermittels eines elektrischen Feldes gleichmäßig über die heißen Wände des Apparates verteilt.

414 783 Dr.-Ing. H. Koppers, Essen.
15. 11. 1921
8. 6. 1925 **Ofen zum Entgasen nicht kokbarer bitumenhaltiger Stoffe bei niedriger Temperatur.** (Ausführlich.)

417 212 Dr. Fritz Caspari, Gelsenkirchen.
28. 9. 1923
8. 8. 1925 **Tieftemperaturverschwelung minderwertiger Brennstoffe.**

Es werden teerige Stoffe in das Schwelgut (Braunkohle, Torf und dgl.) eingeführt, so das sich praktisch staubfreie, hochkonzentrierte an O_2 und CO_2 arme Gase ergeben — und der Schwelrückstand brikettierfähig gemacht wird. Die Gase lassen sich auf Leichtöle, Benzine etc. verarbeiten. —

421 902 Allg. Elektrizitäts-Gesellschaft, Berlin, Erfinder
8. 1. 1921 Friedrich Reinhardt.
7. 11. 1925

Verfahren zur Nutzbarmachung der Abgase von Gaskraftmaschinen zur Destillation von Brennstoffen.

Verfahren zur Nutzbarmachung der Abgase von Gaskraftmaschinen zur Destillation von Brennstoffen, dadurch gekennzeichnet, daß die Abgase einer Schwelgaskraftmaschine zur Außenbeheizung einer Retorte benutzt werden, in der das Schwelgas erzeugt wird.

421 617 Chemische Fabrik Griesheim-Elektron.
14. 2. 1922
14. 11. 1925 **Gewinnung niedrig siedender Teere durch Schwelung von Braunkohle.** (Ausführlich.)

425 316 Dr.-Ing. R. Drawe, Charlottenburg.
15. 11. 1921
18. 2. 1926 **Trocknen und Schwelen von Brennstoffen.**

428 203 Fanny Zuyderhoudt geb. Enthoven und Yvonne
26. 9. 1924 in Brüssel.
27. 4. 1926

Retortenofen zur ununterbrochenen Erzeugung von Niedertemperaturkoks. (Franz. Patent 580 355, 11. 3. 1924 bzw. 5. 11. 1924, engl. Patent 229 880, 23. 3. 1924.)

428 537 Kohlenveredlung G. m. b. H.
27. 2. 1924
5. 5. 1926 **Verfahren zur Vermeidung des Festsetzens des in einem Ofen zu veredelnden festen Brennstoffes.**

Der Ofen oder die den Weg des Gutes durch den Ofen begrenzenden Wandungen oder das Gut selbst werden Erschütterungen, Schwingungen oder dgl. ausgesetzt, die durch Luftstöße, Gasexplosionen oder unmittelbare elektromagnetische Beeinflussungen der Wandungen hervorgerufen werden. — (Vgl. D. R. P. 432 267 S. 390 und Anm. 92 011 s. f. S.)

430 160 Ernst Chur in Köln.
4. 1. 1925
16. 6. 1926 **Verfahren und Vorrichtung zum Schwelen von Brennstoffen.**

Der Brennstoff wird durch eine Schnecke im Schacht — der nach oben immer heißer wird — hochgedrückt. —

432 251 Dr.-Ing. Rudolf Drawe, Charlottenburg.
23. 4. 1925
29. 7. 1926 **Trocknen und Schwelen von Brennstoffen.** (Zusatz zu 425 316.)

432 356 Karl Jacobs in Hamburg.
29. 7. 1919
2. 8. 1926 **Herstellung eines langflammigen Brennstoffes unter gleichzeitiger Gewinnung von Tieftemperaturteer aus minderwertigen Braunkohlen.**

Das Rohgut wird bis zum Eintritt der exothermischen Reaktion erhitzt, worauf man diese sich auswirken läßt, gegebenenfalls auch noch weiter bis auf 350° C erhitzt.. Nach Anspruch 2 leitet man während der exothermischen Reaktion überhitzten Dampf in einer Menge von nicht mehr als 10% vom Gewicht des Schwelgutes ein. (Engl. Patent 157 794, 28. 7. 1919.)

436 515 Carl Erhard, Schwäbisch Hall
13. 12. 1924
4. 11. 1926 **Schwel- und Generatoranlage zur Erzeugung von Urteer.**

436 919 Kohlenscheidungs-Gesellschaft m. b. H., Berlin.
25. 11. 1923
11. 11. 1926 **Verschwelung bitumenhaltiger Stoffe**

Verschwelung bitumenhaltiger Stoffe in Stufen, z. B. in einer Drehtrommel, in der das Gut zwangläufig gefördert wird, um die mit dem Erweichen und Backen verbundenen Gefahren zu vermeiden und indem die Temperatur bis zum beginnenden Wiedererstarren gesteigert wird — und in einem anschließenden zweiten Apparat, z. B. einem Schacht, in dem das Gut möglichst wenig bewegt wird und in welchem das Fertigschwelen bei erhöhter Temperatur und mit wieder erhärtetem spröden Material stattfindet. (Siehe auch engl. Patent 225 172, 225 509, 232 456, 11. 7. 1924, 10. 1. 1925; siehe auch U. S. A. Patent 1 495 573, 1 547 027.) (Ausführlich.)

Anmeldung K. 92 011 Kohlenveredelung G. m. b. H., Berlin.
10a 36
v. 11. 12. 1924
Schwelofen.

Schwelofen mit eisernen Wandteilen, die mit einem chemisch widerstandsfähigen Metallüberzug, z. B. Aluminium, seinen Verbindungen oder Legierungen überzogen werden. —

Auslandspatente zu Gruppe 36.

225 505 Brit. Soc. Anon. des Petroles Houilles et Dérivés. (Ausführlich.)

164 104 St. R. Illingworth. (Ausführlich.)

171 075 Trent Process Corporation. (Ausführlich.)

169 580 Ch. W. Tozer, London. (Ausführlich.)

574 340 Frz. Th. M. Davidson. (Ausführlich.)

520 822 Chr. Dalley. (Ausführlich.)

547 508 Soc. de Fours à Coke et d'Entreprises Industrielles. (Ausführlich.)

172 302 Brit. Felix Frank, San Franzisko.
1. 12. 1920 (U. S. A.)
29. 11. 1921 (England)
30. 4. 1923 (Complete)
Behandlung von kohlehaltigen Materialien und dgl.

213 049 W. E. Davies, Westminster, London.
78. 1. 1923
27. 3. 1924 **Verkokung von Brennstoffen wie Kohle, Braunkohle und dgl.** bei Temperaturen von 500—1000° C. Bezugnahme auf 127 940 und 165 825. (Siehe auch 213 363.)

226 809 A. Besta, Duisburg.
24. 12. 1923 (Deutschland)
19. 12. 1924 (England)
18. 2. 1925
Tieftemperaturdestillation.

241 067 Institut National des Mines, Belgien.
24. 1. 1925
Tieftemperaturverkokung.

242 435 J. Neath, Steines und W. Chaney, London.
8. 10. 1924
Tieftemperaturverkokung.

242 621/2 International Combustion Engineering Corporation, New York.
6. 11. 1924 (U. S. A.)
26. 10. 1925
Verkokung von Kohle.

244 837 S. R. Illingworth, Carboniation Co. Ltd., Manchester.
Zusatz zu 245 190
v. 25. 9. 1924
Retortenofen.

588 457 H. Bonnerie, Frankreich.
15. 1. 1924
Tieftemperaturdestillationsofen für Kohle, Holz etc.

589 523 C a t l i n S h a l e P r o d u c t s C o m p a n y. U. S. A.
19. 9. 1924
30. 5. 1925 **Verfahren und Apparate zur Destillation kohlenstoffhaltiger Produkte— Tieftemperaturverfahren.** (Engl. Patent 238 723.)

595 762 I n t e r n a t i o n a l C o m b u s t i o n E n g i n e e r i n g C o r p o r a t i o n, U. S. A.
20. 3. 1925
9. 10. 1925
Verfahren zur Verkokung von Kohle und dgl.

Die Verbesserung, auf die die Erfindung hinausgeht, besteht darin, daß man in die Verkokungsretorte Generatorgase einführt, die eine beträchtliche Wärmemenge aus ihrem Bildungsprozeß mitbringen, die zur Verkokung hinreicht. Ein dazu geeigneter Apparat ist in die Erfindung einbezogen. —

599 583 S o c. A n o n. d e s A n c i e n s E t a b l i s s e m e n t s P a u l W i r t h, Luxemburg.
22. 5. 1925
15. 6. 1926
Bewegliche Retorte für die Tieftemperaturverkokung.

1 509 275 G e o r g e W. W a l l a c e, East St. Louis, Illinois, übertragen auf die E c o n o m i c C a r b o n i z a t i o n C o m p a n y.
3. 1. 1921
23. 9. 1924
Vertikal-Retorte.

1 506 667 R o b e r t M. C a t l i n, übertragen auf C a t l i n S h a l e P r o d u c t s C o m p a n y, New York.
17. 8. 1921
23. 9. 1924
Verfahren und Apparat zur Destillation von kohlehaltigem Material.

1 522 421 E l m e r J. C r o s s e n, Joliet, Illinois.
16. 5. 1917
6. 1. 1925 **Apparat zur destruktiven Destillation von Kohle und dgl.**

A n s p r u c h :

1. Ein Apparat zur destruktiven Destillation von Kohle und dgl. in Verbindung damit eine größere Anzahl Öfen, Verbrennungskammern, die an der längsseitigen Mauer jedes Ofens angeordnet sind, Vorrichtungen zur Zuführung von brennbarem Gas zur Entzündung in diesen Kammern und Vorrichtungen, durch welche der Weg des Gasstromes in diesen Kammern hinsichtlich der Länge verändert werden kann. —

1 547 331 S o m a K a c z e r, Berlin.
19. 7. 1921
28. 7. 1925 **Retorte zur Destillation bituminöser Stoffe.**

1 548 307 A l b e r t G e i g e r, Vancouver, Kanada.
28. 6. 1922
4. 8. 1925 **Retorte zur Destillation bituminöser Stoffe.**

Patente zu Gruppe 36. (Ausführlich.)

347 805 Maschinenfabrik Augsburg - Nürnberg A. - G.,
ab 23. 9. 1919 Nürnberg.
Ausgeg. 25. 1. 1922

Verfahren zum Extrahieren und Destillieren bitumenhaltiger Brennstoffe.

Anspruch:

Verfahren zum Extrahieren und Destillieren bitumenhaltiger Brennstoffe, dadurch gekennzeichnet, daß zwecks möglichst vollständiger Gewinnung der in ihnen enthaltenen leichten Kohlenwasserstoffe die Brennstoffe in ununterbrochenem Arbeitsgange zunächst durch ein im Kreislauf bewegtes mit ihren löslichen Bestandteilen angereichertes heißes Lösungsmittel, wie Benzol, geführt und darauf der Einwirkung überhitzten Wasserdampfes unterworfen werden.

Das Verfahren gliedert sich in folgende 3 Vorgänge:

1. Auslaugen der löslichen Bestandteile aus dem vom Wasser befreiten Brennstoff durch ein Lösungsmittel z. B. Benzol.

2. Austreiben des hygroskopischen Wassers und der leichtesten Kohlenwasserstoffe aus dem Brennstoff durch die Einwirkung der so gewonnenen Lösung in der Hitze.

3. Behandeln des auf diese Weise vorbehandelten Brennstoffes zur Gewinnung von Urteer (Kohlenöl) und der im Brennstoff noch festgehaltenen Reste des Lösungsmittels mittels überhitzten Wasserdampfes. —

In der Abb. 159 (Anhang) ist eine zur Ausübung der Erfindung geeignete Anlage systematisch dargestellt.

a ist der Destillationskanal, dem bei b der zu verarbeitende Brennstoff mit Hilfe einer schleusenartigen Aufgabevorrichtung laufend zugeführt wird. Der Brennstoff fällt auf das im Innern des Kessels umlaufende Fördermittel d, durchläuft den Kessel in der Längsrichtung und wird durch den Auslaß e mit Hilfe der Schleuse f nach erfolgter Behandlung wieder ausgeschieden.

Der untere Teil des Kessels ist mit dem Extraktionsmittel gefüllt. Dieses wird durch die Pumpe h in dauerndem Umlauf gehalten, indem es bei i abgesaugt und bei k dem Kessel wieder zugeführt wird; zur Erzielung der nötigen Temperatur wird es hierbei durch die Heizvorrichtung l geleitet. Genügend angereichertes Bad wird bei m abgelassen und regeneriert; frisches Lösungsmittel kann durch die Pumpe n bei o neu in den Kreislauf eingeführt werden. Der überhitzte Dampf wird durch p, ein Rohr, das mit Öffnungen q versehen ist, in den oberen Kesselteil möglichst nahe an den zu verarbeitenden Brennstoff herangeführt. Durch das Rohr r entströmen dem Kessel die gas- und dampfförmigen Destillationsprodukte und der Wasserdampf. Sie werden in einer Reihe weiterer Apparate kondensiert und gewonnen. Der bei e ausgeschiedene Koks enthält keinerlei flüchtige Bestandteile mehr.

374 220 F. Charles Blythe in Hunts, England.
ab 9. 1. 1921
Ausgeg. 20. 4. 1923

Verfahren der trockenen Destillation bitumenhaltiger Kohle.

Ansprüche:

1. Verfahren der trockenen Destillation bitumenhaltiger Kohle bei niederen Temperaturen in Gegenwart zusätzlicher Mengen von Kohlenwasserstoffen,

dadurch gekennzeichnet, daß die Kohle mit schweren Kohlenwasserstoffen gemischt und unter Druck destilliert wird.

2. Eine Ausführungsform des Verfahrens nach 1, dadurch gekennzeichnet, daß nach Zugabe der Zusatzöle zunächst unter Druck erhitzt und die Destillation dann bei Atmosphärendruck oder mit Unterdruck durchgeführt wird. —

Nach der Patentschrift will man durch den Druck hier eine bessere Durchdringung des Rohgutes mit den zugesetzten Schwerölen erreichen und dadurch bei Verdampfung der zugesetzten Schweröle die erwünschten höhermolekularen Destillate aus dem Rohgut heraus und unzersetzt in die Vorlage bringen. —

387 576 Firma Carl Still, Recklinghausen.
10a 36

Verfahren der Beheizung von der Tieftemperaturverkokung dienenden Retorten, durch welche die Kohle stetig hindurch gefördert wird.

Verfahren der Beheizung von der Tieftemperaturverkokung dienenden Retorten, durch welche die Kohle stetig hindurch gefördert wird, 1. dadurch gekennzeichnet, daß die Retorten freiliegend innerhalb einer Koksofenkammer eingebaut werden, so daß ihre Beheizung nur unmittelbar durch die Wärmeausstrahlung der Kammerwände erfolgt — ferner dadurch, daß 2. zur Regelung der Heizwirkung — durch Wärmeentziehung ein einstellbarer Strom von Luft oder Gasen z. B. Rauchgasen durch die Ofenkammern hindurchgeführt wird. —

389 620 George P. Lewis, London.
10. 3. 1922
4. 2. 1924 **Verfahren zur Aufarbeitung fester Brennstoffe.**

(Siehe das nächste Patent.)

548 126 Frz. George P. Lewis, London.

Verfahren zur Verkokung von Steinkohle und ähnlichen Produkten.

Zusammenfassung:

Destillationsprozeß für feste kohlehaltige Stoffe mit nachstehenden Besonderheiten:

1. Die kohlehaltigen Stoffe werden (in Pulverform mit einem flüssigen Kohlenwasserstoff gemischt) in flüssiger Form der Einwirkung von Druck und Wärme unterworfen, dann in eine Kammer überführt, wo der größte Teil in Dampf verwandelt wird, während der nicht verdampfte Anteil als flüssiger Brennstoff oder zu anderen Zwecken verwendet wird.

2. Die flüssige Masse wird durch von außen geheizte Röhren von möglichst kleinem Querschnitt geführt und dabei einem Druck bis zu 25 Atm. bei einer 500° C nicht überschreitenden Temperatur ausgesetzt. —

3. Die gepulverte kohlehaltige Masse wird mit einem Kohlenwasserstoff gemischt, mit dem sie eine Paste bildet, die zu Pulver zermahlen und durch Zufügung eines geeigneten Kohlenwasserstofföles in ölige Massen verwandelt wird.

4. Die gebildeten Dämpfe werden in einem Kondensator in permanente Gase und niedrigsiedende Bestandteile getrennt.

5. Nachdem der größte Teil der Flüssigkeit verdampft ist, wird die Temperatur der Kammer so weit gesteigert, bis der Rückstand in eine pastose Masse übergegangen ist.

6. Diese Masse wird brikettiert.

7. Diese Briketts werden in einer Retorte auf Gas, Ammoniak und Kohlenwasserstoff destilliert. —

8. Vor der Verkokung kann man dem Rohmaterial Borverbindungen zusetzen. —

Die Erfindung hat besonders Kohlen jüngeren Ursprungs, wie Braunkohlen, Lignite und Torf zum Gegenstand. — Zweckmäßig hält man die Kammer auf so hoher Temperatur, daß die größtmöglichste Menge von Motorbrennstoffen Solventnaphtha, Heiz- und Schmierölen gebildet wird. Während der pechartige Rückstand als Bindemittel für Briketts oder für Straßenasphalt verwendet werden kann.

Wesentlich ist, daß die Verkokung einer öligen Masse — aus der das Wasser vorher in geeigneter Weise entfernt wurde — im Gegensatz zur trokkenen Verkokung — stattfindet. —

Die Zusätze von Borverbindungen sollen zur Verhinderung der Verstopfung der Rohre (zur Vermeidung des Anbackens) dienen. —

175 670 Brit. George Pearce Lewis, London.
31. 8. 1920
22. 12. 1920 Compl. left.
28. 2. 1922 „ Acc.

Verfahren zum Verkoken von Kohle und dgl.

Anspruch:

1. Destillationsverfahren, nach welchem festes kohlehaltiges Material nach Umwandlung in eine bewegliche Flüssigkeit Hitze und Druck ausgesetzt wird und dann in eine Kammer eingeführt wird, in welcher der größere Teil der Flüssigkeit verdampft wird, während der nicht verdampfte Anteil als flüssiger Brennnstoff oder zu anderen Zwecken verwendet wird.

Nach Anspruch 2 wird die Flüssigkeit beim Druchgang durch Rohre enger Bohrung einem Druck bis zu 25 Atm. bei einer Temperatur unter 500° C ausgesetzt. —

Nach 3. wird das pulverförmige kohlehaltige Material mit einem geeigneten Kohlenwasserstoff gemengt und zu feinem Pulver kolloidal zermahlen und dann durch Zufügung desselben oder eines geeigneten anderen Kohlenwasserstoffes in eine Flüssigkeit verwandelt.

Nach Anspruch 7 werden dem Rohmaterial vor der Verkokung Borverbindungen zugesetzt (zur Vermeidung des Anbackens).

Die Erfindung bezieht sich besonders auf Heizstoffe jüngerer Herkunft — wie Lignite, Braunkohle und Torf. —

414 783 Dr.-Ing. H. Koppers, Essen.
15. 11. 1921
8. 6. 1925 **Ofen zum Entgasen nicht kokbarer bitumenhaltiger Stoffe bei niedriger Temperatur.**

Ansprüche:

1. Ofen zum Entgasen nicht kokbarer bitumenhaltiger Stoffe bei niedriger Temperatur mit einer Kammer von rechteckigem Querschnitt, in der die Aus-

gangsstoffe durch jalousieartige Einsätze gezwungen werden, sich in dünner Schicht nach unten zu bewegen, gekennzeichnet durch einen senkrechten Schacht 21, in dem die Heizstoffe aufsteigend verbrennen und einen oberen wagerechten Kanal 22, der die Verbrennungsgase auf die Länge der Heizwand 11 verteilt. S. Abb. 160 (Anhang).

2. Ofen nach 1, gekennzeichnet durch von dem Kanal 22 in die Heizwand 11 hineinragende düsenförmige Röhren 23, die die Gase in das Innere der Heizwand hineinführen.

3. Ofenanlage, bei der zwei oder mehr Öfen nach 1 und 2 zu einer Ofenbatterie nach Art der Koksöfen vereinigt sind, dadurch gekennzeichnet, daß in jeder Destillationskammer 10 symmetrisch zueinander zwei jalousieartige Einsätze 12 angebracht sind, zwischen denen der Gasabzug liegt, so daß sich seitlich nebeneinander immer eine Heizwand, ein Schicht des zu entgasenden Stoffes, ein jalousieartiger Einsatz, eine Schicht, eine Heizwand usw. folgen.

4. Ofen nach 1—3, gekennzeichnet durch von einem Antrieb 19 ständig wagerecht hin und her bewegte Kratzer 17, die sich reihenartig über die ganze Höhe der Jalousiewände erstrecken und mit Zungen in die Jalousieöffnungen fassen.

5. Ofen nach 1 und 4, dadurch gekennzeichnet, daß zu einem über die ganze Länge der Kammer sich erstreckenden Gestänge 18 in Abständen Gruppen von Kratzern 17 angebracht sind, um den erforderlichen Hub des Antriebes 19 herabzusetzen.

6. Ofen nach 1 und 3, dadurch gekennzeichnet, daß die Jalousieeinsätze in an sich bekannter Weise in Rüttelbewegung gesetzt werden können, um Verstopfungen zu beseitigen. —

Die Beheizung geht auf folgende Weise vor sich. Im Rekuperator 20 werden die Verbrennungsstoffe, Gas und Luft vorgewärmt, um in den Schacht 21 einzutreten und emporzubrennen. Hierdurch erhält die Flamme den Anstoß für die weitere Strömung. Die in den Kanal 22 eintretenden Gase werden zunächst über dessen Länge verteilt, um dann durch die düsenförmigen Röhren 23 in das Innere der Heizwand 11 einzutreten. In dieser Heizwand steigen die Gase allmählich in zahlreichen Wirbeln nach unten, wobei sie ihre Wärme abgeben. Hierbei stellen sich erfahrungsgemäß in allen Schichten gleiche Wärmegrade ein. Die Röhren 23 dienen dazu, eine übermäßige Beheizung des oberen Teiles der Heizwand zu vermeiden. Bei dem Austritt aus den Röhren 23 strömt nämlich das heiße Gas zunächst nach oben, um sich mit den kälteren Gasmengen zu vermischen, so daß die Temperaturhitze nicht an der Heizwand selbst zur Auswirkung gelangt.

D. R. P. 421617 Firma Chemische Fabrik Griesheim-Elektron
14. 11. 1925 in Griesheim a. M.*)

Verfahren zur Gewinnung niedrig siedender Teere durch Schwelung von Braunkohle.

Es ist festgestellt worden, daß bei langsamer Schwelung, vorzugsweise in röhrenförmigen stehenden oder geneigten Retorten, und bei Entnahme der

*) Von dem Patentsucher sind als die Erfinder angegeben worden: Dr. Philipp Siedler in Griesheim a. M. und Dr. Karl Heinz Küster in Frankfurt a. M.

flüchtigen Destillationserzeugnisse am unteren Ende der Retorten, Erzeugnisse entstehen, welche in drei Eigenschaften in wesentlichem Gegensatz zu den bisher erzeugten Teeren der Braunkohlendestillation stehen:

1. enthalten sie 95 Prozent und mehr Bestandteile, die bis zu einer Temperatur von 200° C flüchtig sind;
2. ergeben sie bei der Destillation einen Rückstand von nur wenigen Prozenten des Teergewichtes;
3. weisen sie bei der Destillation nur sehr geringen Gasverlust auf.
4. Je nach der Geschwindigkeit der Teerbildung sind sie mehr oder weniger phenolfrei.

Beispiel.

400 kg Knorpelkohle werden in einer stehenden eisernen Retorte im Laufe von 17 Stunden unter gleichmäßiger Steigerung der Temperatur auf 500° C erhitzt, wobei die entstehenden Flüssigkeiten, Dämpfe und Gase am unteren Ende der Retorte abgeführt werden. Die Destillationserzeugnisse werden in Wasser und Teer geschieden. Es ergeben sich, auf trockene Kohle bezogen, 6,5 Prozent Teer. Bei der Destillation gehen 96,5 Prozent des Teeres bis zu einer Temperatur von 200° C in die Vorlage über. Es entstehen außerdem 0,5 Prozent Gewichtsverluste durch Gasbildung und 3 Prozent Koks.

Das unerwartete Ergebnis, daß bei möglichst vollkommener Vortrocknung in bisher unbekanntem Grade phenolarmer, ja sogar phenolfreier Teer entsteht, ist, wie eingehende Versuche wahrscheinlich gemacht haben, darauf zurückzuführen, daß der Wasserdampfgehalt der Gase während der Destillation für die Phenolbildung die ausschlaggebende Rolle spielt. Bei der Destillation stufenweise entwässerter Braunkohle mit Wassergehalten von 50 Prozent bis auf 0 Prozent herunter hat sich nämlich gezeigt, daß der Phenolgehalt des Teeres proportional dem Wassergehalt der verwendeten Kohle ebenfalls sich von etwa 50 Prozent auf 0 Prozent erniedrigen läßt, wie folgende Tabelle zeigt:

Wassergehalt der Braunkohle:	Phenolgehalt des Teeres:
45,0 Prozent	50,0 Prozent
30,0 „	28,0 „
17,5 „	12,0 „
10,2 „	5,0 „
0,0 „	0,0 „

Diese Erscheinung läßt sich wahrscheinlich darauf zurückführen, daß die Phenolbildung nicht auf eine Oxydation, sondern auf eine Verseifung von Methoxylgruppen, die in den Ligninstoffen enthalten sind, zurückzuführen ist.

Die Entwässerung der Kohle vor der Teerdestillation kann entweder in besonderen Apparaten vorgenommen werden oder aber in der Retorte für die Verschwelung selbst. Vorbedingung für die Bildung phenolarmer bis phenolfreier Teere ist, daß man die Erhitzung der Retorte so langsam und gleichmäßig durchführt, daß bei Beginn der eigentlichen Teerdestillation eine Kohle vorliegt, die hinreichend wasserfrei ist oder zur Wasserbildung führende Bestandteile nicht mehr abgibt.

Der Erfindungsgedanke liegt außerdem darin, daß die Bildung verschieden heißer Zonen dadurch vermieden wird, daß die Temperatur der Retorten äußerst langsam und gleichmäßig ohne Bevorzugung eines bestimmten Retortenteils gesteigert wird, so daß es nicht zu einer Ausbildung verschieden heißer Zonen kommen kann.

Patent-Anspruch:

Verfahren zur Gewinnung niedrig siedender, phenolarmer oder phenolfreier Teere durch Schwelung von Braunkohle, dadurch gekennzeichnet, daß die Schwelung einer Ofenbeschickung, die dabei ihren Ort nicht ändert, vorzugsweise in röhrenförmigen, stehenden oder geneigten Retorten, bei so langsam gesteigerter Temperatur und gleichmäßiger Erwärmung erfolgt, daß bei Beginn der eigentlichen Teerdestillation die Kohle für den angegebenen Zweck hinreichend wasserfrei ist oder zur Wasserbildung führende Bestandteile nicht mehr abgibt, und sowohl in dieser Stufe, als auch bei der weiteren langsamen Erwärmung die Bildung verschieden heißer Schichten vermieden wird, wobei die durch die Erwärmung erzeugten Abgänge am unteren Ende der Retorte abgeführt werden.

225 509 Brit. Kohlenscheidung-Gesellschaft m. b. H., Berlin.
28. 11. 1923 (Deutschland)
6. 8. 1924 (England)
7. 5. 1925 (Cpl. Acc.)

Tieftemperaturdestillation von Kohle.

Ansprüche:

1. Verfahren zur Verbesserung des aus Tieftemperaturteeranlagen erhaltenen Teeres, dadurch gekennzeichnet, daß die in diesen Anlagen bei einer nahe bei 500° C liegenden Temperatur gewonnenen Dämpfe unmittelbar nach ihrer Entstehung durch ein auf etwa 700° C erhitztes Koksfilter geschickt werden, wodurch die ungesättigten Verbindungen, welche der Harzbildung unterliegen können, gespalten werden und gleichzeitig nicht öliger Rückstand und Staub abfiltriert wird. —

2. Apparat zur Verbesserung des aus Tieftemperaturanlagen erhaltenen Teers, indem man die Dämpfe des Teers auf eine hohe Temperatur z. B. 700° C dadurch erhitzt, daß man sie durch ein mit Halbkoks oder dgl. gefülltes heißes Filter schickt, daß man das Filter direkt mit dem Tieftemperaturverkokungsapparat verbindet und dieses Filter mit dem den Apparat verlassenden Halbkoks füllt, wobei die Füllung in dem Maße, wie die Anlage arbeitet, kontinuierlich erneuert wird. —

Eine liegende rotierende Trommel wird seitlich mit dem Material beschickt, das als Halbkoks am anderen Ende die Trommel verläßt und in ein Koksfilter fällt, das besonders geheizt ist und durch das der Gasstrom aus der Retorte von oben nach unten zieht und es unten seitlich verläßt. —

1 495 573 Georg Cantieny, Berlin, übertragen auf Kohlenscheidungs-G. m. b. H., Nürnberg.
2. 3. 1922
27. 5. 1924

Apparat zur Destillation von Kohle und anderen bituminösen Brennstoffen.

1 547 027 Georg Cantieny, Berlin, übertragen auf Kohlenscheidungs-Gesellschaft m. b. H., Berlin.
15. 5. 1924
21. 7. 1925

Verfahren zur Tieftemperaturdestillation von Kohle.

Anspruch:

1. Verfahren, das Festbacken von bituminösen Stoffen bei der Tieftemperaturdestillation in der Retorte zu verhindern, darin bestehend, daß man die Masse während der Destillation in Gegenwart von Koks in Bewegung erhält. Nach Anspruch 3 kann dieser Koks von der vorangehenden Charge herrühren.

225 505 Brit. Société Anonyme des Pétroles, Houilles et Dérivés, Paris und E. B. G. Bascou, Paris.
28. 11. 1923 (Frankreich)
5. 6. 1924 (England)
5. 3. 1925 (Cpl. Acc.)

Gewinnung von Koks und Halbkoks.

Ansprüche:

1. Verfahren zur Gewinnung von Koks, Halbkoks oder metallurgischem Koks, bei dem eine asphalthaltige Lösung von natürlichem oder zusammengesetztem Petroleum oder dgl., die fein gepulverte bituminöse Kohle suspendiert enthält, gegen Ende der Destillation im Koksofen, Trichter oder entsprechend auf den glühenden Koks gespritzt wird. —

2. Im Verfahren nach 1 geschieht die Einführung mittels eines oder mehrerer Injektoren oder Spritzvorrichtungen, die als bewegendes Fluidum nichtkondensierbares komprimiertes Gas benutzen, das aus der Destillation eines Teils der bei einer früheren Operation eingeführten Kohlenwasserstoffe herrührt, nachdem ein Teil der Wärme dieser Gase bei ihrem Durchgang durch einen Wärmeaustauscher wiedergewonnen wurde. —

3. Verfahren nach 2, wobei das bewegende Gas ersetzt wird oder gemischt wird mit Gas, das aus der Verkokung der Kohle herrührt.

4. Verfahren nach 1, bei welchem die Wärme aus dem Gas, das man in den Koksofen gegen Ende der Destillation auf den glühenden Koks bei etwa 600° C geblasen hat, durch Leitung des aus dem Ofen kommenden Gases über Wärmeaustauscher wiedergewonnen wird und bei welchem das kalte Gas zum Speisen der Ofenbrenner benutzt wird.

Aus der Abbildung 161 (Anhang) ist ersichtlich, wie im Röhrenkessel 1 die heißen Gase in der Schlange 3 das zum Koksofen gehende Petroleumgemisch vorwärmen, das dann durch die Sprühvorrichtungen 8 auf den Koks gespritzt wird.

Das Verfahren ermöglicht:

1. die Wiedergewinnung von etwa $^2/_3$ der im Koks gegen Ende der Destillation aufgespeicherten Wärme,
2. die Verdampfung und Destillation von Petroleumrückständen und dgl.
3. die Umwandlung der verkokten Produkte in einen festen und für die Aufschichtung im Hochofen günstigen Zustand,
4. die Möglichkeit, Kohlen verschiedener Herkunft zu behandeln und eine gewisse Härte des Kokses unabhängig von der Auswahl der Kohle und der Art des Ofens zu erreichen.

164 104 Brit. St. R. Illingworth, Treforest, Glamorgan.
28. 2. 1921
30. 5. 1921

Verbesserung beim Verkokungsprozeß.

Ein Verfahren in zwei Stufen; zuerst bei 500° C ohne Zutritt von Luft, um die nicht koksbildenden Zelluloseanteile zu zerstören, während 5% von den harzartigen in der Substanz verbleiben. — In der zweiten Stufe wird auf 900—1000° C erhitzt und das entwickelte Gas zur Erhitzung der nächsten Charge auf die erste Stufe verwendet. (Früher Pat. **101 539 u. 125 379.**

171 075 Brit. Trent Prozess Corporation, Washington.
4. 11. 1920
13. 4. 1921

Destillation und Kracken von Ölen.

Leichtere Öle werden durch Erhitzen einer Mischung von Kohlenwasserstofföl und fein zerkleinerter Kohle, Anthrazit, Lignit oder Koks bei nicht über 350° C und Kondensation der Dämpfe erhalten. Dabei soll eine Spaltung stattfinden, mit oder ohne Destillation der flüchtigen Anteile der Kohle. In dem in Abb. 162 (Anhang) dargestellten Apparat wird eine Mischung von 1 kg Öl mit 2 kg Kohle durch den Trichter in die Retorte 10 befördert, die durch Gas auf 300—350° C erhitzt wird, und zwar durch einen Brenner, der die hohle, besonders weite Achse der Retorte heizt.

Anspruch:

Verfahren zur Behandlung von Kohlenwasserstoffölen, bei welchem das Öl in dünner Schicht über fein verteilte Kohle von relativ hohem Gehalt an flüchtigen Stoffen z. B. Kohle oder Lignit fließt und die Mischung einer Temperatur von höchstens 350° C ausgesetzt wird.

169 580 Brit. Ch. W. Toyer, London.
30. 7. 1920
6. 10. 1921

Urteerverkokung und -vergasung.

Kohle und dgl. wird bei 400—600° C verkokt bei 70—150 mm Quecksilbervakuum. Die Gase werden dann auf 4—5 Atmosphären komprimiert und plötzlich entspannt zur Erniedrigung der Temperatur und Absonderung von gasförmigen Kohlenwasserstoffen als Flüssigkeiten. Ammoniak gelangt in den Skrubber und restliche Kohlenwasserstoffe werden im Ölwäscher absorbiert. — Ein Teil des gereinigten und gekühlten Gases geht in den unteren Teil der Retorte zwecks Regulierung der Temperatur zurück, um die leichteren Kohlenwasserstoffe vor Zersetzung zu schützen.

Derartige Retorten werden im B. P. 168 229 beschrieben.

574 340 Frz. Thomas M. Davidson, England.
29. 10. 1923
9. 7. 1924

Destruktive Destillation von Steinkohle und dgl.

Resumé:

Die Verbesserungen zeigen im Wesentlichen ein Verfahren zur destruktiven Destillation von Steinkohle usw., das darin besteht, die kohlehaltige Substanz einer Wärmebehandlung zu unterziehen, die von 300—400° C beim Eintritt in die Retorte auf 650—700° C beim Austritt steigt, wobei die im Laufe der Destillation entwickelten Gase und Dämpfe gezwungen werden, ihren Weg in der Retorte gemäß der Richtung zu nehmen, in welcher die kohlehaltige Substanz vorwärtsbewegt wird, so daß sie, bevor sie abgesaugt werden, die Zone, in welcher die höchste Temperatur herrscht, durchstreichen.

(U. S. A. Patent 1 552 471.)

520 822 Frz. Chr. Dalley, England.

Verbesserte Verfahren zur Destillation oder zum Kracken von Kohlenwasserstoffen.

Gegenstand der Erfindung ist 1. ein Verfahren zur Destillation oder zum Kracken von Kohlenwasserstoffen und Ölen, dadurch gekennzeichnet, daß diese im Innern einer Retorte eines Ofens oder ähnlichen Apparates mit einer Charge festen Brennstoffs in Berührung kommen, dessen Verbrennung durch Zuleitung von Luft, die man regulieren kann, geregelt wird, wobei Dämpfe und Gas kondensiert und wiedergewonnen werden.

2. Ein Apparat zur Ausführung dieses Verfahrens unter 1, bestehend in einer aufrechtstehenden Retorte, die an ihrem unteren Teile sich verengt, in welchem auch die Luft regulierbar zugelassen wird. — Der feste Brennstoff wird durch ein oben angeordnets Rohr eingeführt; auch der flüssige Brennstoff gelangt durch dieses Rohr in die Retorte. —

Durch ein unten befindliches mit Wasser gefülltes Becken wird der hydraulische Abschluß bewirkt und der Abbrand oder Koks herausgezogen. —

Hierbei entstehen natürlich Gemische der Kohlendestillate mit Öldestillaten.

547 508 Frz. Société de Fours à Coke et d'Entreprises Industrielles.

Wärmespeichernder Ofen zur Destillation von Brennstoffen in zwei Phasen.

Wärmespeichernder Ofen zur Destillation von Brennstoffen in zwei Phasen, der hauptsächlich unter technisch wirtschaftlichen Bedingungen herstellen soll:

1. Metallurgischen Koks mit bestimmten Kohlensorten besonders Lothringer und Saarkohle mit oder ohne vorherige Zugabe anderen brennbaren oder nicht brennbaren Materials.

2. Destillationsprodukte von Brennmaterial aller Art z. B. Braunkohlen, Torf, Schiefer etc. in hoher Ausbeute. —

Die besonderen Kennzeichen dieses Ofens sind:

a) Er besteht aus zwei Gruppen von Retorten von denen jede nacheinander zuerst bei niedriger, dann bei hoher Temperatur destilliert, so daß jede Retorte frische Kohle erhält und ein Produkt ausstößt, dessen Destillation beendet ist.

b) Wenn die eine Gruppe bei tiefer Temperatur destilliert, arbeitet die andere bei hoher und umgekehrt. —

c) Die Heizung der bei hoher Temperatur destillierenden Gruppe vollzieht sich durch frisches Gas, diejenige der Tieftemperaturgruppe geschieht durch die Heizgase, die schon zur Heizung der ersten Gruppe dienten.

d) Die Heizung wird nach Belieben mittels verstellbaren Schiebern, Luft- und Rauchzügen, die die Zirkulation der Gase regeln, eingestellt. Ein Wärmespeicher, der zwischen beiden Systemen liegt, erlaubt einerseits die Temperatur der Heizgase, die von der hochdestillierenden Gruppe kommen, soweit zu senken, daß sie in der Tieftemperaturgruppe gebraucht werden können, andererseits die Verbrennungsluft für die Hochtemperaturgruppe entsprechend vorzuwärmen. —

Diese Vorrichtung reduziert die Kosten für die Destillationswärme auf ein Minimum und erlaubt andererseits den gewünschten Ausgleich zwischen beiden Gruppen der Destillationsretorten aufrecht zu erhalten.

S. Abb. 163.

III. Teil.

Raffination, Flüssige Kohlenwasserstoffe, Alkohole und dgl. aus Gasen.

11. Abschnitt.

Die Raffination der leichten, insbesondere der nach dem Krackverfahren gewonnenen Kohlenwasserstoffe.

Das alte Verfahren der Raffination mit Schwefelsäure und Lauge ist auch heute noch überall da verbreitet, wo keine Krackdestillate zur Reinigung gelangen. Das Krackverfahren hat die Notwendigkeit zu mancherlei Änderungen auf dem Gebiete der Raffination ergeben, ebenso auch der hohe Schwefelgehalt vieler in den letzten Dezennien erschlossenen Rohöle.

Es wird deshalb in diesem Abschnitt zunächst über die neuesten amerikanischen und anderen Verfahren zur Reinigung der Krackdestillate berichtet und hierauf als Anhang eine Übersicht über die sonstigen Verfahren zur Mineralölraffination an Hand der deutschen Patente seit 1921 in knapper Form gegeben. Da vielfach die Destillation der leichten Kohlenwasserstofföle erst nach der Raffination erfolgt, so findet man hier auch Raffinationsverfahren, die sich auf schwere Öle beziehen.

Die Krackprodukte unterscheiden sich von den im üblichen Destillationsgang erhaltenen Gasolinen durch ihren Gehalt an ungesättigten Verbindungen, an Olefinen und Diolefinen, sowie auch durch höheren Gehalt an Schwefel- und Stickstoffverbindungen. —

Während die Olefine geruch- und farblose Flüssigkeiten darstellen (ebenso wie die entsprechenden Paraffine oder Naphthene), zeigen die Diolefine mit konjugierten Doppelbindungen einen scharfen unangenehmen Geruch und sind wohl zum Teil die Ursache für den Geruch des gekrackten Gasolins. Dieser Geruch verschärft sich infolge von Oxydationserscheinungen beim längeren Stehen der unraffinierten Produkte. Aber auch Stickstoffverbindungen (Ammoniak, Pyridin-, Chinolinderivate) Sauerstoffverbindungen (Naphthensäuren, Ketone, Aldehyde, Phenole usw.) und vor allem die Schwefelverbindungen tragen zum Geruch der Krackbenzine bei.

Bei der Behandlung der Krackdestillate mit S c h w e f e l s ä u r e reagieren die paraffinischen Kohlenwasserstoffe praktisch so gut wie gar nicht.

Die Olefine (mit einer Doppelbindung) dagegen zeigen nach Untersuchungen von B r o o k s und H u m p h r e y s (J. of Amer. Chem. Soc. *40.* 848) das folgende bemerkenswerte Verhalten:

Es bilden sich Mono- und Dialkylester der Schwefelsäure

$$\begin{array}{l} R_1 - CH \\ \quad \| \\ R_2 - CH \end{array} + \begin{array}{l} HO \\ HO \end{array}\!\!>\!SO_2 = \begin{array}{l} R_1 - CH_2 \\ \quad | \\ R_2 - CH - O - SO_2 . OH \end{array}$$

Monoalkylester

Die Monoalkylester sind löslich in Wasser aber unlöslich in Petroleumdestillaten. Mit einem weiteren Molekül Olefin entstehen Dialkylester:

$$\begin{array}{l} R_1 - CH_2 \\ \quad | \\ R_2 - CH - O - SO_2OH \end{array} + \begin{array}{l} CH - R_1 \\ \| \\ CH - R_2 \end{array} = \begin{array}{l} R_1 - CH_2 \qquad\qquad\qquad\quad CH_2 - R_1 \\ \quad | \qquad\qquad\qquad\qquad\qquad\; | \\ R_2 - CH - O - SO_2 - O - CH - R_2 \end{array}$$

Diese Dialkylester sind nun aber in Petroleumdestillaten löslich und werden auch bei der Alkalibehandlung nicht entfernt.

Bei der Redestillation zersetzen sie sich unter Bildung von SO_2. Das wird vermieden, wenn man mit trocknem Dampf (nicht mit überhitztem) also bei möglichst niedriger Temperatur arbeitet. Dabei tritt teilweise Hydrolyse in Monoalkylester oder Schwefelsäure ein, was natürlich zu Korrosionen der Apparate führt. Durch Zugabe von etwas Lauge in die Kessel läßt sich diesem Übelstand abhelfen.

Nach Brooks und Humphreys bilden sich auch sekundäre und tertinäre Alkohole bei der Einwirkung von H_2SO_4 auf Olefine, die aber nicht durch Hydrolyse der Alkylester entstehen, denn diese sind noch bei 90° beständig. Sie sollen vielmehr durch Hydrolyse intermediär gebildeter Ester der Ortho-Schwefelsäure $[S = O\ (OH)_4]$ entstehen.

Die Bildung von Polymeren aus den M o n o - O l e f i n e n durch $H_2\,SO_4$ liefert keine asphaltartigen Produkte, sondern vorwiegend Dipolymere, aber auch dreifach und höher kombinierte Produkte. Das sind aber nach der Destillation wasserhelle Flüssigkeiten, die im Destillate löslich sind und nicht in den Säureteer gehen. Sie erhöhen das spez.Gewicht der Raffinate im Betriebe nur wenig, (um so mehr aber bei einer Behandlung mit überschüssiger Schwefelsäure im Laboratorium).

Die Hauptquelle für die Säureteerbildung der Krackdestillate liegt in denDiolefinen. Sie oxydieren leicht unter Bildung stark riechender Produkte und bilden beim Stehen gummiartige Substanzen. Sie werden durch die Säurebehandlung restlos entfernt.

Bezüglich der Schwefelverbindungen in den Destillaten hat N. A. Anfilogoff (J. Instit. Petr. Techn. 3 (1917) 243, nach Leslie, Motor fuels S. 408) festgestellt, daß die Thiophene leicht in konz. H_2SO_4 löslich sind. Die Merkaptane (Thioalkohole) sind schwerer zu entfernen. Sie reagieren dagegen mit gemischten Metalloxyden z. B. Eisen und Kupferoxyd. Die Thioäther sind am schwersten zu beseitigen. Sie werden mit Zink und Natronlauge zu Merkaptanen reduziert und diese wieder mit Metalloxyden gefällt. Diese Abscheidungsverfahren werden jedoch von Thole (Ibid. 246—247) praktisch nicht für notwendig gehalten. Diesem gelang es, den Schwefelgehalt eines persischen Öles von 0,11 % durch Schütteln mit Soda auf 0,09 und durch weitere Behandlung mit konz. H_2SO_4 auf 0,03 % herabzudrücken.

Die Entschwefelung mit Metalloxyden, ursprünglich als Frash-Prozeß*) bekannt, ist vielfach mit Erfolg durchgeführt worden, wie aus den im folgenden zitierten Patenten und Publikationen hervorgeht. — Bemerkenswert ist die Mitteilung von B. T. Brooks (J. Frankl. Inst. 1915, 658 nach Leslie, Motor fuels), daß Behandlung mit metallischem Natrium auf Geruch und Schwefelgehalt von Krack-Gasolinen von besonders günstigem Einfluß ist.

Über systematische Reinigung von Krackdestillaten sei auf einen Vortrag von Morrell (Brennst. Ch. 1925, 297) verwiesen.

Wir lassen nun eine Zusammenstellung der mannigfachen auf diesem Gebiete seit 1921 bekanntgewordenen Verfahren folgen, wobei wir versucht haben, die Übersicht durch Einteilung in Untergruppen nach chemischen und physikalischen Gesichtspunkten zu erleichtern. —

Die Raffination der Krackdestillate kann bezwecken:

1. die Entfernung des Schwefels,
2. die Entfernung ungesättigter Anteile,
3. die Entfernung gummiartiger Polymerisationsprodukte,
4. allgemein die Aufhellung bzw. Entfärbung und Geruchsverbesserung der Produkte.

Das Ziel der Verfahren geht häufig nicht auf die Erreichung sämtlicher genannten Zwecke. So hat man besonders die Entfernung der ungesättigten Anteile (Olefine) neuerdings als überflüssig erkannt, weil es sich herausgestellt hat, daß

*) Nach dem Frash-Verfahren wurde das Destillat über fein gemahlenem Kupferoxyd im Kessel mit Rührwerk redestilliert. (Leslie a. a. O.)

gerade die ungesättigten Anteile von günstigem Einfluß auf das Verhalten im Motor sind (klopfhindernde Wirkung). Zudem sind davon häufig nicht unbeträchtliche Mengen vorhanden, so daß mit deren Entfernung oder Sättigung erhebliche Verluste oder Aufwendungen verbunden wären. —

Man kann die Verfahren nun wie folgt einteilen, wobei allerdings zu bemerken ist, daß mitunter die Bedingungen der einen Gruppe auch auf andere übergreifen:

1. Chemische Verfahren.
   a) Alkalien. Alkaliplumbite.
   b) Metalloxyde u. Seifen.
   c) Säuren.

2. Physikalische Verfahren.
   a) Filtration.
   b) Lösungsmittel.
   c) Druck.

1. Chemische Verfahren.

a) Alkalien. Diese stehen wohl auch hinsichtlich ihrer technischen Bedeutung an erster Stelle. Und zwar sind es besonders die in obengenanntem Vortrag von Morrell besprochenen Verfahren mittels Alkaliplumbiten, in Amerika als „Doctor treatment" bekannt, zur Entfernung des Schwefels*). — Morrell selbst hat diese Methoden in den Patenten 1 568 904 und 1 569 870—872 (der Universal Oil Products Cy.) weiter entwickelt. Im erstgenannten Verfahren benutzt er schweflige Säure zum Niederschlagen der mit Plumbit gebildeten Harze. In den anderen Verfahren werden Reste von Schwefelverbindungen mit Lösungen löslicher Metallsulfide niedergeschlagen. — Egloff (von derselben Univ. O. Cy) reinigt nach 1 575 905 leichte Kohlenwasserstoffe mit Na-Plumbit etc. — J. B. Rather (Standard Oil Cy.) — 1 580 531 — löst vor der Plumbitbehandlung Schwefelwasserstoff im Öl. Ähnlich lösen Oberfell u. Gen. (Chestnut Smith Corpor.) elementaren Schwefel im Öl (1 574 507). Fleming (1 325 668 u. 1 394 987) läßt die Krackdämpfe durch Düsen in die Plumbitlösung strömen. Ohne Blei, nur mittels alkaligetränkter Baumwollabfälle unter Druck reinigt James Smith (frz. 533 350) Benzine. — The Canadian

---

*) Unter „Doctor treatment" versteht man die Behandlung der schwefelhaltigen Destillate mit Natriumplumbit, bzw. Bleioxyd und Natronlauge. Nach dem Doctor test wird dann festgestellt, ob die Destillate „sweet" (süß) oder „sour" (sauer) sind. Im ersten Falle ist der Doctor test negativ im zweiten positiv. (D. h. eine klare Lösung von Natriumplumbit wird mit einer Spur Schwefelblumen und dem Destillat geschüttelt. Sind noch schwefelwasserstoffabspaltende Verbindungen vorhanden, so verfärbt sich die Lösung, im anderen Falle bleibt sie unverändert.) S. a. Holde, Kohlenwasserstofföle und -Fette. Berlin 1924. S. 789.

Finance and Trading Cy. (frz. 521 630) arbeitet in ähnlicher Weise mit Kalk.

b) Metalloxyde. (231461 brit.) Benzonaftène, Mailand, reinigt schwerere Prod. allgemein mit Metalloxyden. — Mit Kupferoxyd unterhalb des Siedepunktes raffiniert Davis (Standard Oil Cy., 1,551 806). P. C. Lemale (frz. 589 095) leitet die Dämpfe über CuO. — Lindsay u. Davidson (brit. 232 347) binden mit eingeblasenem Eisenstaub den Schwefel aus den Öldämpfen. — P. v. Dittmar (1 448 643) und W. Dederich (frz. 560 447) setzen zu dem Destillat Metallseifen und gegebenenfalls auch Natriummetall zwecks Entschwefelung. Sehr viele Stoffe umfaßt das Verfahren von R. Cross (brit. 227 084, 227 085), nach welchem die Kohlenwasserstoffe durch adsorbierendes Material, wie Hydrosilikat und dgl. filtrieren, das mit einem sich leicht mit Schwefel verbindenden Metall oder dessen Salzen oder Alkalien usw. getränkt ist. — V. L. Oil Processes Ltd. (595 598, 595 600 frz.) benutzen Eisen- oder Bleihydroxyd, Bauxit etc. zur Absorption von durch Einwirkung von Ammoniak auf das Öl entstandenen Schwefelverbindungen. Die Gelsenkirchener Bergwerks A.-G. (Dr. Hock) raffiniert mit Eisenhydroxyd und aktiver Kohle. — D. R. P. 402 481. —

c) Säuren etc. Mit wasserhaltiger Schwefelsäure raffiniert Brooks (1 563 012) olefinhaltige Öle. Gleichfalls mit verdünnter H_2SO_4 und Ton raffiniert die Union Oil Company (574 596 frz.) Gasolin-Krackdestillate. Egloff u. Benner (1 535 653) behandeln mit Salzsäure und Fullererde während der Destillation. Hütz (frz. 602 327) führt während der Destillation heiße Gase und Schwefelsäure in den Kessel. Brooks u. Parker behandeln mit Hypochloritlösung (Wirkung der unterchlorigen Säure) und $AlCl_3$ (1 528 398). Auch Dunstan (204 078 brit. und D. R. P. 403 133) verwandelt ungesättigte Destillate und Chlorwasser oder HClO in Chlorhydrine, die bei der Alkalibehandlung die entsprechenden Äther ergeben sollen. Mit Alkalihypochloriten entschwefeln ferner Thole und Card Krackbenzine (419 225). Halogen nebst Wasserstoff in Gegenwart von Katalysatoren läßt die V. L. Oil Company auf die Öldämpfe wirken (frz. 577 969) s. a. vorstehende f. 595 598/600).

Trockenes Salzsäuregas lassen Goldschmidt und Neuss mit den Dämpfen der Cracking-Naphtha über Katalysatoren (Fe etc.) streichen (D. R. P. 402 991).

Mit Metallhalogeniden raffinieren die Riebeck-Montanwerke A.-G., und zwar nach D. R. P. 421 858 mit Zinntetrachlorid, nach

426 157 mit Titanhalogeniden oder nach 427 285 mit Antimonhalogeniden. Mit Eisenchlorid in der Wärme reinigt v. Wegener (I. G. Farbenindustrie) nach D. R. P. 433 855 die Krackbenzine.*)

2. *Physikalische Verfahren.*

a) Filtration oder Adsorption. (Derartige Verfahren auch unter 1). Dunstan und Thole (1 457 656) mischen mit Fullererde. Die Standard Oil Co. (F. H. Smith und G. J. Ziser 1 507 692) läßt zur Abscheidung gummiartiger Stoffe das Öl „altern" und behandelt dann mit Ton etc. K. Cox und Mc Dermoth destillieren aus gleichem Anlaß in Gegenwart von Bauxit usw. (brit. 246 210) ebenso Blaikie (frz. 522 353). Remery und Dunstan (brit. 236 263) verwenden ebenfalls Bauxit und nach 246 937 brit. Schwefelquecksilber.

b) Lösungsmittel. Zu diesen rechnet die flüssige schweflige Säure. Nach 1 526 665 hat Edeleanu mit Hess das erstere Verfahren weiterentwickelt. Erwähnt sei, daß auch die Tetralin Ges. nach D. R. P. 310 781 Dekahydronaphthalin mit SO_2 reinigt (ebenso die Elberfelder nach D. R. P. 274 920 das Zyclohexan). Mit Chlorhydrin entfernt Plauson (brit. 193 521) ungesättigte Körper. (Das Verfahren der Standard Oil Co. 1 387 868 mit Isopropylalkohol scheint nur für Schmieröle zu gelten.) Dagegen befreit Eichwald, Hamburg, (1 550 523) mexikanisches Rohöl mit Furfurol fast völlig vom Schwefel. Mit Emulsionen bekannter Entschweflungsmittel, Metallen etc. entschwefelt A. M. Massenet (D. R. P. 421 263) Öle, Kohlenwasserstoffe und Teere.

c) Druckverfahren. Unter Druckerhitzung, bei welcher z. B. auch die Gefäßwände als Katalysatoren wirken, reinigt das Schlesische Kohlenforschungsinstitut d. Kaiser Wilhelm Ges. (brit. 226 188) Benzin u. dgl., ebenso B. T. Brooks (Mathiesen Alkali Works 1 550 673). Die färbenden Verbindungen polymerisieren sich und bleiben bei der Destillation zurück. Die V. L. Oil Pr. Ltd. (brit. 223 066) bringt das mit Druckwärme behandelte Öl in eine Filterkammer, die ein polymerisierendes Agens enthält.

Patente zum Abschnitt 11.

1 568 904 J. C. Morrell, Chicago, übertr. auf Universal Oil Products Co., Chicago.
27. 4. 1923
5. 1. 1926

Raffination von Kohlenwasserstoffölen.

Destillate, insbesondere Krackdestillate, z. B. Gasolin, werden der Wirkung von Schwefelsäure und darauf von kaustischer Soda, die Bleiglätte ent-

*) S. a. Nachträge zu S. 454.

hält, und hiernach der Wirkung von wässriger, schwefliger Säure unterworfen. Die letztere hat eine niederschlagende Wirkung auf die mit Natriumplumbit gebildeten Harze. In manchen Fällen soll vor der Zufügung von schwefliger Säure mit Schwefelwasserstoffwasser gemischt werden.

1 569 870 72 J. C. Morrel, Chicago, übertr. auf Universal Oil Products Co., Chicago.
28. 8. 1922
19. 1. 1926

Raffination von Ölen.

Insbesondere hoch schwefelhaltige gekrackte Öle werden dadurch vom Schwefel befreit, daß sie nach der Behandlung mit Schwefelsäure — Wasser — Alkali Natriumplumbit gründlich von Spuren von Natriumplumbit durch Auswaschen befreit werden. Es bilden sich nach der Patentschrift im Öl lösliche Bleiverbindungen, die durch Zufügen von Kalzium-, Magnesium- oder Aluminiumsulfidlösung als Schwefelblei zersetzt werden. 4—20 Pfund Schwefelmetall auf 100 brls. Öl. — Das Bleisulfid setzt sich ab und das Öl wird nun mit Wasser gewaschen und — am besten mit Dampf — destilliert. Das Öl hat dann guten Geruch und ist frei von gelöstem Schwefel. Der Schwefelgehalt ist stark erniedrigt.

1 569 871
31. 8. 1922
19. 1. 1926

ders. Erf. Nach diesem Verfahren wird nicht ausgeflockt, sondern nach der Behandlung des Öls mit Metallsulfiden und Absetzen des Niederschlages durch Zusatz geringer Mengen von verdünnter Schwefelsäure oder Salzsäure, $^1/_{10}$—1% vom Öl, eine Ausflockung bewirkt. Die verdünnten Säuren werden mit Wasser ausgewaschen.

1 569 872
31. 8. 1922
19. 1. 1926

ders. Erf. Nach diesem Verfahren wird nicht ausgeflockt, sondern nach Fällung des Niederschlages wird dieser entfernt und das Öl nur durch Waschen mit Wasser gereinigt.

1 575 905 G. Egloff, Universal Oil Products Company, Chicago.
31. 12. 1920
9. 3. 1926

Verfahren zum Mischen und Reinigen leichter Kohlenwasserstoffe.

Die in den nichtkondensierbaren Gasen enthaltenden leichten gasolinartigen Kohlenwasserstoffe werden in etwas schwereren Ölen absorbiert und durch eine Lösung von Ätznatron und Bleiglätte (Natriumplumbit) gereinigt.

1 580 531 J. B. Rather, Standard Oil Company, Chicago.
9. 5. 1923
13. 4. 1926

Entschweflung von Petrolölen.

Schwefelwasserstoffgas wird in Öl gelöst und dieses darauf mit einer Mischung von kaustischer Soda und Bleioxyd (oder Natriumplumbit) behandelt, wodurch Bleisulfid im Öl suspendiert erhalten wird, das die Reaktion zwischen den schwefelhaltigen Stoffen im Öl und der Bleilösung derart fördert, daß das Öl dem „Doctor-Test“ entspricht und nicht mehr korrodierend wirkt.

1 574 507 G. G. Oberfell, Ballard, Alden, Utsinger, Lentz
22. 4. 1921 und Chesbunt und Smith Corporation, Tulsa,
23. 2. 1926 Oklahoma.

Verfahren und Apparat zur kontinuierlichen Behandlung von Natur-Gas-Gasolin.

Ansprüche:

1. Verfahren zur Behandlung von Naturgasgasolin, dadurch gekennzeichnet, daß man darin elementaren Schwefel löst, und darauf das Gasolin durch eine Natriumhydroxydlösung schickt, ohne es zu destillieren.

Nach Anspruch 2 enthält die Natriumhydroxydlösung Bleiglätte gelöst. Ein Raffinationsverfahren, nebst der zugehörigen Apparatur.

1 325 668 R. Fleming Company, New Jersey.
25. 3. 1918
23. 12. 1919

Kondensation und Behandlung von Destillaten.

Anspruch:

3. Verfahren zur Kondensation und weiteren Behandlung von Ölkrackkesseldämpfen, dadurch gekennzeichnet, daß man solche hoch erhitzten Dämpfe unter Krackdruck durch eine Flüssigkeit leitet, die schwefelabsorbierende Agentien enthält, wobei man durch diese Waschflüssigkeit einen Gegendruck ausübt, der genügt, um Expansion und Verlust an permanenten Gasen zu verhindern, wobei man die kondensierbaren Dämpfe kondensiert und entschwefelt.

Es werden die Krackdämpfe aus einer Düse unter 75—100 Pfd. Druck in eine wässrige Lösung gelassen, die Bleioxyd und Alkalien enthält, wobei die Dämpfe gleichzeitig kondensiert und entschwefelt werden.

1 394 987 Richard Fleming, übertragen auf „Richard Fleming
23. 3. 1918 Company", New Jersey.
geteilt 6. 12. 1919
erteilt 25. 10. 1921

Apparat zur Kondensation und Behandlung von Destillaten.

Anspruch:

1. Ein Krackdruckkessel mit einem Rohr für die austretenden Dämpfe, Vorrichtungen in diesem Rohr, um die Dämpfe in großer Geschwindigkeit, aber unter gleichbleibendem Druck, abzulassen, und Vorrichtungen zur Zuführung einer kondensierenden Flüssigkeit, in genügender Menge, um die entweichenden expandierenden Dämpfe zu umhüllen und zu kondensieren.

Die aus dem Druckkessel strömenden Gase und Dämpfe entweichen durch eine Düse in ein Gefäß, das mit Wasser oder einer wässrigen Lösung von Chemikalien gefüllt ist, so daß hier die indirekte Wasserkühlung fortfällt und gegebenenfalls auch ein Waschen der Destillate mit der Kondensation verbunden wird.

Der Apparat ist in geeigneter Weise ausgebildet, um die Gase entweichen zu lassen, und Wasser- und Ölschichten voneinander zu trennen.

533 350 Frz. James Smith, England.

Verfahren zur Reinigung von Mineralölen.

Verfahren zur Reinigung von Mineralölen, bestehend 1. darin, daß man ein Absorptionsmittel (z. B. Baumwollabfälle) mit Alkali (1—5%, je nach der Art des Öles) sättigt, und das Öl in einem heizbaren Druckgefäß damit behandelt, indem man 2. das Druckgefäß unter Druck von 7,03 kg pro qcm auf 110° C (bei Ölen von 0,750 spez. Gew. und bei schwereren entsprechend höher) erhitzt. —

Man zieht dann die gereinigten Öle ab.

521 630 Frz. The Canadian American Finance and Trading Company.

Verfahren, Kohlenwasserstoffe aus den Reaktionsprodukten ab zusondern.

Resumé:

Die Erfindung betrifft: Ein Verfahren zur Abscheidung eines Kohlenwasserstoffes, der einen flüchtigen und einen schädlichen Bestandteil enthält, dadurch gekennzeichnet, daß man den schädlichen Bestandteil (z. B. Schwefel) chemisch bindet und den flüchtigen Bestandteil möglichst schnell verdampft, ein Verfahren, daß weiter durch einen oder mehrere der folgenden Punkte gekennzeichnet wird:

1. Man bewirkt mit dem schädlichen Bestandteil eine chemische Reaktion, man verdampft den flüchtigen Anteil durch die unmittelbare Wirkung eines Heizmediums unter Druck und hoher Temperatur wie im frz. P. 521 629 (s. S. 49).
2. Schwefel wird durch Kalk gebunden — und der flüchtige Teil, wie beschrieben, verdampft.
3. Mischung des betr. schwefelhaltigen Kohlenwasserstoffs mit Dampf und Kalk und Verdampfung des flüchtigen Teils unter Dampfdruck etc., wie beschrieben.
4. Man kann auch erst den Kohlenwasserstoff mit Dampf gemischt zur Entspannung bringen und in der Entspannungskammer wird der Schwefel mit Kalk entfernt.

Das Verfahren entspricht dem unter 521 629 beschriebenen, dadurch verbessert, daß man Kalk zur Entfernung des Schwefels in geeigneter Weise in Reaktion bringt. Die schematische Zeichnung ist der dort angegebenen entsprechend.

231 461 Brit. Benzonaftene, Mailand.
28. 3. 1924 Italien
10. 3. 1925 England

Destillation von Kohlenwasserstoffen.

Bei den Verfahren 231 157 und 231 459 werden Kohlenwasserstoffe erhalten, die zur weiteren Reinigung mit Schwefelsäure und Alkalien, die schwereren Produkte mit Metalloxyden etc. weiterbehandelt werden.

1 551 806 R. F. Davis, El Segundo, übertragen auf Standard Oil Company, San Franzisko.
15. 8. 1922
1. 9. 1925

Verfahren zur Behandlung von Petroleumölen.

Anspruch:

4. Ein Verfahren zur Behandlung von Petrolölen zur Entfernung der metalllösenden Bestandteile aus dem Öl, dadurch gekennzeichnet, daß man das Öl der Wirkung von Kupferoxyd unterwirft bei unterhalb des Öl-Siedepunktes liegender Temperatur und unter dem Einfluß des Lichts, so daß sich öllösliche Verbindungen mit Kupferoxyd bilden, und daß man hierauf das gereinigte Öl von der Beimischung trennt.

Das Verfahren wird besonders für gekrackte Öle angewendet und das gereinigte Öl dann abdestilliert.

589 095 Frz. Paul Charles Lemale, Frankreich.
19. 1. 1924
22. 5. 1925

Destillation und Entschwefelung von Petroleum.

Die Dämpfe passieren Kupferoxyd und/oder werden mittels einer Turbine mit Kaliumpermanganat, Schwefelsäure oder einem anderen leicht regenerierbaren Absorptionsmittel behandelt.

232 347 Brit. W. B. Lindsay und W. B. Davidson.
13. 1. 1924
23. 4. 1925

Destillation und Reinigung von Ölen. (Teerölen etc.)

Feste Brennstoffe werden ohne Sauerstoffüberschuß in geeigneten Generatoren verbrannt. Die heißen Verbrennungsgase werden mit kühleren Gasen verdünnt, in das zu destillierende Öl gemischt, das vorher „getoppt" wird (d. h. durch Destillation von den Benzin- und Petrolfraktionen befreit wird). Nun wird feinverteiltes Eisen eingeblasen, um den Schwefel aus den Dämpfen zu binden. Die restierenden Dämpfe werden mit schweren Ölen gewaschen zwecks Gewinnung leichter Produkte (durch Redestillation).

1 448 643 Peter von Ditmar, Hamburg
6. 2. 1923
13. 3. 1923

Verfahren zur Behandlung von Kohlenwasserstoffen, vornehmlich von Rohpetroleum.

Anspruch:

Ein Verfahren zur Entschwefelung von Kohlenwasserstoffölen, dadurch gekennzeichnet, daß die Kohlenwasserstofföle mit einer Metallseife der höheren Fettsäuren erhitzt werden (im geschlossenen Gefäß), wobei die befreiten Fettsäuren abgezogen werden können, wenn sich eine Schicht gebildet hat, und daß man eine geringe Menge metallischen Natriums zufügt, während die Reaktion stattfindet.

560 447 Frz. W. D e d e r i c h, England.

Verbesserungen in der Verarbeitung von Kohlenwasserstoffen, insbesondere von Rohölen.

Verbesserungen in der Verarbeitung von Kohlenwasserstoffen, insbesondere von Rohölen, die darin bestehen, 1. daß man Rohpetroleum während der Destillation eine M e t a l l s e i f e zusetzt, 2. daß man schwefelhaltige Kohlenwasserstoffe mit Metallseife erhitzt, wodurch dann Metallsulfide niedergeschlagen und höhere Fettsäuren aus den Seifen freigemacht werden, die wiedergewonnen werden können, 3. daß man nach 1 oder 2 behandelten Ölen, sobald der Entschwefelungsprozeß nachläßt, eine kleine Menge eines Katalysators, z. B. Natriummetall — oder einer „wasserstoffhaltigen Substanz", z. B. H_2O zugibt.

227 084 Brit. R. C r o s s, Kansas, City.
31. 12. 1923 U. S. A.
27. 10. 1924 England
25. 2. 1925

Reinigung von Ölen.

Leichte Kohlenwasserstoffe werden in flüssiger oder Dampfform durch ein Filtermaterial aus hochadsorbierenden anorganischen Stoffen, das mit einem sich leicht mit Schwefel verbindenden Metall oder dessen Salzen getränkt ist, filtriert. Solche Materialien sind:

a) basisch: Ätznatron etc., Erdalkalien, Magnesiumverbindungen;

b) Metalle: Kupfer, Eisen, Blei, Mangan, Zink, Antimon;

als Absorber: Aluminiumhydrosilikate, Zeolithe, Bentonit, Fullererde, Permutit und dgl. mehr und die Öle, die sich durch Behandlung von Natriumaluminiumsilikat oder Kupferaluminiumsilikat mit Schwefelsäure bilden.

Gebrauchtes Material wird bei 250—1200° F = 125—650° C regeneriert.

227 085 Brit. R o y C r o s s, Kansas City, Missouri.
31. 12. 1923 U. S. A.
27. 10. 1924 England
31. 12. 1925 Compl. Acc.

Material zum Raffinieren von Kohlenwasserstoffölen.

A n s p r u c h :

1. Aluminiumhydrosilikat mit Metallsalz in kolloider Form wird entsprechend dem vorigen Verfahren angewandt.

575 598 Frz. V. L. O i l P r o z e s s e s L t d., England.
8. 1. 1924
1. 8. 1924

Behandlung von Mineralölen (zur Entfernung von Verunreinigungen).

Die Öle werden mit Ammoniak mit oder ohne Katalysator behandelt. Dabei werden Schwefelwasserstoffverbindungen und Schwefel wiederholt mit Natriumplunbit oder Natriumstaumat gefällt. Der entstehende Niederschlag wird vom Öl abfiltriert.

Auch die Öldämpfe können mit Ammoniak wiederholt entweder durch geeignete Lösungen oder über feste Reagentien wie Eisenhydroxyd, Bleihydroxyd, Bauxit geleitet wird, die durch die Einwirkung von Ammoniak entstandene Schwefelverbindungen absorbieren. Apparaturen zu den verschiedenen Ausführungen werden beschrieben und abgebildet.

575 600 Frz. V. L. Oil Prozesses Ltd., England.
8. 1. 1924
1. 8. 1924

Kracken von Ölen oder Petrolen.

Resumé:

1. Verfahren zum Kracken von Ölen oder Petrolen, bei welchem der Öl- oder Petroldampf durch ein permanentes Gas in eine Krackretorte mitgerissen wird, und bei welchem man in diese Krackretorte mit dem Öl- oder Petroleumdampf führenden Gase eine geringe Menge Wasserstoff oder Ammoniak oder ein Gemisch dieser beiden, einführt.

2. Abänderung des Verfahren nach 1, wonach das Gas, welchem Wasserstoff oder Ammoniak etc. zugesetzt wird, aus permanenten Gasen entsteht, die sich in der Krackretorte bilden und in die Destillierblase zurückgeführt werden.

Der Wasserstoff dient zur Erhöhung des Sättigungsgrades der gekrackten Kohlenwasserstoffe in Gegenwart von Katalysatoren, der Zusatz von Ammoniak zur Neutralisierung etwaiger saurer Produkte, die durch Oxdyation gebildet wurden — und wohl auch zur Entfernung von Verunreinigungen im Sinne des Verfahrens 575 598.

D. R. P. 402 481 Gelsenkirchener Bergwerks-A.-G. und Dr. H.
23 b. 4 Hock, Gelsenkirchen.

Verfahren zur Gewinnung von Treibmittel für Explosionsmotoren.

Ansprüche:

1. Verfahren zur Gewinnung von Treibmitteln für Explosionsmotoren, aus dem bei der Verschwelung von Steinkohle anfallenden Leichtöl, dadurch gekennzeichnet, daß das Leichtöl mit einem Gemenge von Eisenhydroxyd und aktiver Kohle behandelt wird.

2. Verfahren nach Anspruch 1, dadurch gekennzeichnet, daß an Stelle von Eisenhydroxyd ähnliche Hydroxyde und an Stelle von aktiver Kohle Holzkohle verwendet wird.

3. Verfahren nach Anspruch 1 und 2, dadurch gekennzeichnet, daß die genannten Reinigungsmittel in beliebiger Kombination verwendet werden können.

4. Verfahren nach Anspruch 1—3, dadurch gekennzeichnet, daß die Behandlung bei gewöhnlicher, erniedrigter oder erhöhter Temperatur durchgeführt werden kann.

5. Verfahren nach 1—4, dadurch gekennzeichnet, daß Reinigungsmittel und rohes Leichtöl im Gegenstrom zueinander geführt werden kann. Infolge des hohen Gehalts an Schwefel und an ungesättigten Verbindungen versagt die Schwefelsäureraffination bei den

durch Verschwelung der Steinkohle entstehenden Leichtölen. Diese unangenehmen Eigenschaften werden durch die Behandlung nach Anspruch 1—5 weitgehend beseitigt.

Der Geruch wird angenehm benzolähnlich, die noch in geringer Menge verbleibenden Schwefelverbindungen wirken auf Metalle nicht mehr korrodierend; nach monatelangem Stehen dunkeln die Öle allerdings etwas, bleiben dabei aber vollkommen durchsichtig; die Auspuffgase sind nicht lästiger als bei Verwendung von Petroleumbenzin.

Beispiel: Leichtöl wird mit 0,5% Eisenhydroxyd und 1% aktiver Kohle 2 Stunden lang gerührt. Nach kurzem Absitzen wird die geklärte Flüssigkeit in eine Blase abgelassen und das wasserhell übergehende Leichtöl abdestilliert. Die verbrauchten Reinigungsmittel können z. B. durch Behandeln mit direktem Dampf regeneriert werden.

1 563 012 B. T. Brooks, übertragen auf Carbide und Carbon
1. 5. 1918 Chemicals Corporation, New York.
24. 11. 1925

Verfahren, Motorbrennstoffe zu machen und Petroleumprodukte zu raffinieren.

Anspruch:

1. Verfahren zur Herstellung von Motorbrennstoffen, dadurch gekennzeichnet, daß man ein Petroleumprodukt unter Bedingungen spaltet, die ein an Olefinen reiches Material ergeben, daß man dieses Material der Wirkung von stark wasserhaltiger Schwefelsäure von weniger als 66° Bé aussetzt, daß man das Öl von den damit nicht mischbaren Substanzen trennt, das getrennte Öl mit Alkali behandelt, abdestilliert und sammelt.

Neutralisiert wird mit Natronkalk.

574 596 Frz. Union Oil Company of California, U. S. A.
17. 12. 1923
16. 7. 1924

Verfahren zur Entfärbung der Petroleumdestillate.

Die Entfärbung geschieht mit Schwefelsäure und Ton. Es kommen $^1/_{40}$ bis $^1/_5$ Gewichtsteile Schwefelsäure von 50—98% und $^1/_{10}$ bis 2 Gewichtsteile Ton auf 270 Gewichtsteile Destillat, insbesondere Krackdestillat. — Z. B. Gasolin.

1 535 653 G. Egloff und H. P. Benner, übertragen auf die Universal Oil Products Company, Chicago.
20. 8. 1920
28. 4. 1925

Behandlung von Kohlenwasserstofföl.

Anspruch:

Verfahren zur Raffination von Krackpetroleum, indem man solche Öle destilliert, während sie der Einwirkung von Chlorwassserstoffsäure und feinverteilter Fullererde unterliegen. Auf diese Weise werden aus gelbbraunen Krackölen wasserweißes Petroleum und Gasolin von gutem Geruch gewonnen.

Z. B. nimmt man auf 1000 ccm Destillat 500 ccm Fullererde und 50 ccm Salzsäure.

602 327 frz. Hugo Hütz, Deutschland (München).
21. 8. 1925
17. 3. 1926

Destillation bituminöser Stoffe, wie Steinkohlen, Braunkohlen, Torf, Mineralöl, Teer, Ölschiefer und Teeröl.

Resumé:

Destillation der oben genannten Stoffe, dadurch gekennzeichnet, daß man beim Erhitzen oder bei der Destillation, bei der Einführung indifferenter, heißer Gase wie zum Beispiel Wasserstoff, Leuchtgas, Wasesrgas, gleichzeitig noch Schwefelsäure einführt, und zwar in die oben genanten Stoffe oder die daraus entwickelten Dämpfe.

Die so erhaltenen Produkte sind frei von Schwefel, heller in der Farbe, was durch die Kombination von Schwefelsäure mit indifferenten Gasen bewirkt werden soll.

1 528 398 B. T. Brooks und H. O. Parker, übertragen auf die „Mathieson Alkali Works inc., New York.
18. 12. 1922
3. 3. 1925

Raffinieren von Krackgasolin.

Anspruch:

1. Gekrackte Kohlenwasserstoffdestillate werden mit Hypochloritlösung behandelt und darauf in Gegenwart einer Spur Aluminiumchlorid destilliert.

Nach Anspruch 2 vor der Behandlung nach 1 Behandlung mit kaustischer Alkalilösung.

577 969 Frz. V. L. Oil Prozeß Co. (nach Petroleum 1926. 20. 6.):
29. 2. 1924

Reinigung von Ölen und Benzin.

Man läßt die Dämpfe der zu reinigenden Flüssigkeiten mit Wasserstoff, der mit Cl oder Br — bei Gegenwart neutraler Katalysatoren wie Floridin, Bauxit, Tonerde, Tierkohle — beladen ist, bei 180—190° reagieren.

204 078 Brit. Alb. E. Dunstan, Sunbury on Thames.
22. 4. 1922
24. 9. 1923

Behandlung von flüssigen Kohlenwasserstoffen.

Ansprüche:

1. Verfahren zur Behandlung flüssiger aliphatischer Kohlenwasserstoffe, die ungesättigte Bestandteile enthalten, darin bestehend, daß man die Kohlenwasserstoffe in flüssigem Zustand mit Chlorwasser oder einer wässrigen Lösung von unterchloriger Säure behandelt, wodurch die ungesättigten Bestandteile in Chlorhydrine und ähnliche Stoffe übergehen, und daß man hierauf mit Alkali behandelt, um Chlorhydrine und ähnliche Stoffe in Äther zu verwandeln.

Nach 2 wird ein Motorbrennstoff nach obigem Verfahren gewonnen.

Gekrackte Öle sollen durch diese Behandlung — anstatt der Raffination mit Schwefelsäure — gereinigt werden, wobei der Verlust durch die Absorption der ungesättigten Verbindungen vermieden wird.

Außerdem werden Schwefel- und Stickstoffverbindungen oxydiert und dadurch der Geruch verbessert. Die wässrige unterchlorige Säure wird in einer Stärke von 35.5 g Chlor im Liter angewandt. Z. B. absorbierte ein Gasolin 14% Chlor.

D. R. P. 403 133 Dr. A. E. Dunstan, Sunbury on Thames.
11. 4. 1922
20. 9. 1924

Raffination flüssiger Kohlenwasserstoffe.

Raffination flüssiger Kohlenwasserstoffe mit Natriumhypochlorit und darauffolgende Reinigung mit Alkalilauge. Zweckmäßig soll auch vor der Behandlung mit Hypochlorit — gelaugt werden.

D. R. P. 419 225 F. B. Thole u. S. J. Card.
9. 1. 1925
21. 9. 1925

Verfahren zur Raffination flüssiger Kohlenwasserstoffe. Entschwefelung von Kohlenwasserstoffen.

Entschwefelung von Kohlenwasserstoffen durch Kalium- oder Natriumhypochloridlösung, die einen geringen Überschuß von freiem Alkali enthält unter Einleitung von Kohlendioxyd in dem Maße, daß der Überschuß nur sehr gering ist.

D. R. P. 402 991 Dr. Hans Goldschmidt, Berlin und Oskar Neuss, Charlottenburg-Westend.
ab 14. 3. 1920
ausgeg. 19. 9. 1924

Verfahren zur Gewinnung von benzinartigen Kohlenwasserstoffgemischen.

Anspruch:

Verfahren zur Gewinnung von benzinartigen Kohlenwasserstoffgemischen, dadurch gekennzeichnet, daß man niedermolekulare, im besonderen durch pyrogene Spaltung erhaltene, ungesättigte Kohlenwasserstoffe mit trockenem Chlorwasserstoff bei Temperaturen, die eine Zersetzung der Kohlenwasserstoffe und die Bildung wesentlicher Mengen von Chlorverbindungen ausschließen über Eisen oder ähnlich wirkende Metalle leitet.

Beispiel: Über metallisches Eisen mit großer Oberfläche, z. B. Drehspäne, Drahtnetz o. dgl., das in einem Rohre ausgebreitet und elektrisch auf 270° bis 350° erhitzt ist, werden gleichzeitig die Dämpfe von sogen. Cracking-Naphtha und Salzsäuregas in mäßigem Strome geleitet.

Die im vorliegenden Falle verwendete Cracking-Naphtha von 60—150° siedend, zeigte eine Jod-Addition von etwa 7,873 Jod auf 100 ccm Cracking-Naphtha. Salzsäuregas wird zweckmäßig im Überschuß über die Öldämpfe eingeführt. Die überschüssigen HCl-Gase werden wieder in den Kreislauf zurückgeführt. Das Endprodukt ist nach Rektifikation eine farblose, physikalisch die Eigenschaften der Benzine zeigende Flüssigkeit und wird in einer Ausbeute von 85—90% des Ausgangsmaterials erhalten.

D.R.P. 421 858 Hugo Stinnes — Riebeck Montan und Öl
4. 12. 1924 werke A.-G., Halle a. S.
19. 11. 1925

Verfahren zur Raffination von Mineralölen.

Mineralöle werden mit 6—12% eines Pulvers, welches zu einem Drittel, gegebenenfalls auch zur Hälfte aus Zinntetrachlorid und Tonsil (Bleicherde) besteht, behandelt. Dadurch wird der Asphaltgehalt praktisch völlig beseitigt.

D.R.P. 426 157 Riebeck'sche Montanwerke A.-G., Halle a. S.
29. 1. 1925
5. 3. 1926 **Verfahren zur Raffination von Mineralölen.**
Zus. zu 421 858.

Es gelingt auch mit Titanhalogeniden, die nicht in verteilter oder verdünnter Form angewendet zu werden brauchen (wie im Hauptpatent) Raffinate von heller Farbe und angenehmem Geruch zu erhalten. Es können auch Titanhalogenide in Verdünnung mit an der Reaktion nicht teilnehmenden organischen Lösungsmitteln zur Anwendung gebracht werden.

D.R.P. 427 285 Riebeck'sche Montanwerke A.-G., Halle a. S.
22. 3. 1925
27. 6. 1926 **Verfahren zur Raffination von Mineralölen.**
Zus. zu 421 858.

Auch Antimonhalogenide z. B. $SbCl_5$ wirken entsprechend und müssen nach beendeter Reaktion zur Entfernung gebildeter Säure und zum Bleichen mit basischen Materialien behandelt werden.

2. Physikalische Raffinationsverfahren.

1 457 656 Albert Ernest Dunstan und F. B. Thole, Sunbury on
5. 9. 1922 Thames, England.
5. 6. 1923

Verfahren zum Entschwefeln von Petroleum und Petroleumdestillaten.

Anspruch:

2. Ein Verfahren zur Entschwefelung von Petroleum und Petroleumdestillaten in flüssiger Phase, bestehend in der Behandlung von Petroleum und Petroleumdestillat in flüssigem Zustande mit einer relativ großen Menge von ausgeglühtem, adsorptionsfähigen, entwässerten, anorganischen Gel, wobei dasselbe noch von dem Ausglühen her heiß ist.

Als Gel kommt z. B. Fullererde oder Eisen- oder Aluminiumhydroxyd zur Anwendung bei 150° C Mischungstemperatur.

1 507 692 Francis H. Smith und George I. Ziser, übertragen auf
31. 7. 1922 Standard Oil Company von San Franzisko.
9. 9. 1924

Verfahren zur Reinigung leichter Petroleumöle.

Ein Verfahren, das darin besteht, daß man Öle, die mit der Zeit nachdunkeln, so lange altern läßt, bis der höchste Farbton erreicht ist, und sie dann mit neutralisierenden und adsorptiven Mitteln (z. B. Ton 2000 Pfund auf 10 000—800 000 Gallonen Destillat) behandelt.

Das Altern dauert bei gewöhnlichem Motorbrennstoff etwa zwei Wochen.

246 210 Brit. K. Cox, London und Mc Dermoth, Manchester.
21. 10. 1924

Reinigung von Kohlenwasserstoffölen.

Benzol, Petroleum oder andere leichte Kohlenwasserstoffe werden zwecks Entfernung gummiförmiger Bestandteile durch Destillation in Gegenwart fester adsorbierender Substanzen von gummiartigen Stoffen befreit. Solche Adsorbenten sind: Bauxit, Kaolin, Seifenstein, Erden, Tone usw., die nach Gebrauch durch Glühen oder Säurebehandlung regeneriert werden.

522 353 Frz. J. P. Blaikie, Webster, England.

Verfahren zur Raffination von Schieferölen.

Verfahren zur Raffination von Schieferölen, die man in Dampfform durch ein oder mehrere Filtersäulen mit Fullererde, Bauxit, oder dgl. streichen läßt.

236 263 Brit. F. G. P. Remery u. A. E. Dunstan.
29. 3. 1924

Entschwefeln und Entfärben von Mineralöl.

Um die zur Entfärbung eines Öles geeignetste Bauxit-Art zu ermitteln mißt man die Temperaturen, die beim Befeuchten mit den verschiedenen Arten mit dem Öl entstehen. Dem stärksten Temperaturanstieg entspricht die stärkste Entschwefelung und Entfärbung.

E. P. 246 937 Remery u. Dunstan, Sunbury on Thames.
13. 11. 1924
4. 3. 1926

Reinigung von flüssigen Stoffen.

Reinigung von flüssigen Stoffen insbesondere Mineralölen und Destillaten, Kohlenteer-, Schieferöldestillation durch frisch gefälltes Schwefelquecksilber (HgS) bei erhöhter (gegebenenfalls Verdampfungs-) Temperatur.

1 526 665 L. Edeleanu und W. Hess, Berlin (Charlottenburg bzw.
21. 6. 1922 Lichterfelde).
17. 2. 1925

Verfahren zur Reinigung von Kohlenwasserstoffen.

Anspruch:

1. Verfahren zur Trennung von Kohlenwasserstoffen in einen in flüssiger schwefliger Säure löslichen und in einen darin schwer- oder unlöslichen Teil, durch Zerlegung des Materials in Anteile zur aufeinanderfolgenden Behandlung, dadurch gekennzeichnet, daß man flüssige schweflige Säure, die schon in Berührung mit einem Teil des Ausgangsmaterials gewesen ist und nicht nur Bestandteile der erstgenannten, sondern auch solche der zweitgenannten Art enthält, bei einer sehr unter ihrem Verdampfungspunkt gelegenen Tem-

peratur wieder in Berührung mit einem anderen Teil des Ausgangsmaterials bringt, das frischer ist als jenes, mit dem die Säure bereits in Kontakt gewesen ist, wodurch ungesättigte Verbindungen der erstgenannten Anteile aus diesem frischeren Teil entfernt werden, ohne daraus solche des zweitgenannten Anteils zu entfernen.

D.R.P. 310781 Tetralin G. m. b. H.

Verfahren zur Reinigung des Dekahydronaphthalins.

Verfahren zur Reinigung des Dekahydronaphthalins mit Hilfe von schwefliger Säure, in welcher die niedrigerhydrierten Verbindungen löslich sind.

193521 Brit. Dr. H. Plauson, Hamburg.
29. 11. 1921
28. 2. 1923

Verfahren zur Raffination von Mineralölen, Petroleum, Benzin und anderen Kohlenwasserstoffen.

Ansprüche:

1. Verfahren zur Raffination von Kohlenwasserstoffen, bestehend in der Behandlung der Kohlenwasserstoffe mit einem gechlorten Alkohol.

Nach 2 werden ungesättigte Körper mit Chlorhydrin entfernt. Es kann Mono- und Dichlorhydrin angewendet werden.

1387868 C. L. Robinson, Staten Island, übertragen auf Standard
13. 3. 1920 Oil Company, New Jersey.
16. 8. 1921

Reinigung von Kohlenwasserstoffölen.

Anspruch:

Verfahren zur Herstellung eines raffinierten Kohlenwasserstofföls, dadurch gekennzeichnet, daß man eine Schmierölfraktion nacheinander mit konzentrierter und rauchender H_2SO_4 behandelt; daß man das behandelte Öl aus dem Agitator entfernt und neutralisiert und es mit 20% einer 45proz. wässrigen Isopropylalkohollösung behandelt, bei 140° absitzen läßt und die alkoholische Lösung entfernt.

1550523 Egon Eichwald, Hamburg.
2. 6. 1923
18. 8. 1925 **Verfahren zur Reinigung von Ölen und dgl.**

Furfurol (1 Gewichtsteil) wird mit Öl (4 Gewichtsteilen) gemischt. Z. B. wurde so der S-Gehalt von mexican. Rohöl von 2,1% auf 0,3% reduziert.

D.R.P. 421263 A. A. M. Massenet, Paris.
28. 6. 1922
9. 11. 1925

Verfahren zum Entschwefeln von Ölen, Kohlenwasserstoffen und Teeren.

Ansprüche:

1. Verfahren zum Entschwefeln von Ölen, Kohlenwasserstoffen und Teeren durch innige Mischung mit einer kleinen Menge von entschwefelnden Stoffen,

wie Metallen, — Verbindungen, Legierungen oder Amalgamen und durch Destillation dadurch gekennzeichnet, daß man zur Entschwefelung Produkte verwendet, die die erwähnten entschwefelnden Stoffe z. B. Natrium in emulgierbarer Form, z. B. mit Ölen, Teeren, Petroleum usw. gegebenenfalls in einer Menge von etwa 50% emulgiert enthalten.

Nach 2 kann die Metallemulsion durch Verrühren geschmolzenen oder fein pulverisierten Metalles mit festen Kohlenwasserstoffen z. B. Naphthalin oder einem schweren oder fetten Öl erfolgen. —

Mit der Emulsion wird das zu entschwefelnde Öl verrührt und gegebenenfalls nachher destilliert.

226 188 Brit. Schlesisches Kohlenforschungsinstitut der
11. 12. 1923 Kaiser-Wilhelm-Gesellschaft, Breslau.
27. 11. 1924

Reinigung von Ölen.

Rohöle, Handelsbenzin, Petroleum und dgl. werden gereinigt und licht- und luftbeständig gemacht, indem man sie auf 150—400° C mit oder ohne Druck von 20—75 Atm. eines Gases, z. B. Luft, erhitzt.

Als Katalysatoren kann man Wasser, Säuren, Alkalien oder Metalle, z. B. auch die Gefäßwände, wirken lassen.

1 550 673 B. T. Brooks, Sound Beach, übertragen auf „Mathieson
17. 2. 1923 Alkali Works, New York.
25. 8. 1925

Behandlung gekrackter Öle.

Anspruch:

1. Verfahren zur Behandlung leichter Kohlenwasserstoffe, die vom Spalten schwerer Petrolöle herrühren, dadurch gekennzeichnet, daß man solche leichten Öle allein und in flüssiger Phase auf hohe Temperatur unter jener, bei welcher eine merkliche Spaltung beginnt, unter hohem Druck erhitzt und danach das behandelte Öl destilliert, wobei man aber die der Destillation voraufgehende Behandlung so lange fortsetzt, bis die vorhandenen flüchtigen färbenden Stoffe in solche, die bei der anschließenden Destillation nicht flüchtig sind, übergeführt werden.

Bei 275—360° C werden gelbfarbige Kracköle unter hohem Druck behandelt.

Z. B. rohes, durch Spalten in der Dampfphase erhaltenes Druckdestillat, das 65% Gasolin (bis 225° übergehend) enthielt, von etwa 41° Bé (0,825) und sehr dunkelbrauner Farbe. Das Gasolindestillat war auch bei wiederholten Destillationen gelb gefärbt. — Nun wurde das rohe Druckdestillat 4¾ Stunden lang bei langsam steigenden Drucken und Temperaturen bis 340° C und 380 Pfund erhitzt, dabei 3 Stunden stehen gelassen und gekühlt. Bei der Destillation des Produktes wurden 56% Gasolin bis 225°C erhalten, bis 190° farblos von 190—225° sehr schwach gelb.

223 066 Brit. V. L. Oil Processes Ltd., O. D. Lucas und E. L. Lomax, London.
14. 11. 1923
16. 10. 1924

Verfahren zur Raffination von Kohlenwasserstoffen.

Ansprüche:

1. Verfahren zur Raffination von leichten Kohlenwasserstoffen, nach welchem der Kohlenwasserstoff unter einem die Verdampfung verhindernden Drucke auf eine Temperatur (nicht höher als 250° C) über dem Siedepunkt seines höchstsiedenden Anteils erhitzt wird und dann als Dampf in eine geheizte Filterkammer expandiert, die ein polymerisierendes Agens enthält, welches Polymerisation und Trennung vom Dampfe unerwünschter Bestandteile bewirkt.

Nach 2 mischt man dem in die Filterkammer tretenden Dampfe eine geringe Menge inerten Gases, z. B. Wasserstoff oder Kohlendioxyd, bei.

Nach 3 soll der Behandlung eine Reinigung mit schwacher Säure und Alkali vorangehen.

Durch dieses Verfahren wird die Raffination gekrackter Leichtöle mit konc. Schwefelsäure und die dadurch entstandenen Verluste vermieden.

Die Vorraffination kann mit 2% 65proz. Säure, „Kammersäure", und 5% 10 proz. kaustischer Soda erfolgen.

Übersicht über die sonstigen Raffinationsverfahren nach den D. R. Patenten von 1921—1926.

K. Kubierschky, D. R. P. 333 294. 2. 12. 1917, 23. 2. 1921.
Zerlegung von Ölgemischen durch Alkohol

H. Rebs, D. R. P. 348 089, 24. 4. 1917, 28. 1. 1922.
Reinigung von Erdöl mit Azeton.

C. Ehlers, 348 342, 10. 6. 1920, 4. 2. 1922.
Raffination mit Aminen z. B. Toluidin etc.

Plausons Forschungsinstitut, 352 189, 11. 3. 1920, 22. 4. 1922.
Raffination mit Kaliumbisulfat oder Pyrosulfat etc. bei 110—250 C.

Deutsche Erdöl A.-G., 352 917, 18. 2. 1921, 5. 5. 1922.
Raffination mit Ameisensäure oder Homologen.

Deutsche Erdöl A.-G., 357 768, 19. 3. 1921, 31. 8. 1922.
Raffination mit Alkoholen.

Mineralölwerke Albrecht & Co., 360 274, 4. 12. 1918, 30. 9. 1922.
Raffination durch Laugen in geschlossenen Gefäßen bei Tempa- raturen über 100° C.

Plausons Forschungsinstitut, 362 459, 20. 11. 1921, 27. 10. 1922.
Raffination mit chlorierten Alkoholen (entspr. Dichlorhydrin) s. brit. 193 521 S. 466).

Plausons Forschungsinstitut, 362 460, 24. 11. 1921, 28. 10. 1922. (Zusatz zu 352 189.)
Die Dämpfe der Rohmaterialien treten mit den genannten Sulfaten in Reaktion.

Allgem. Ges f. chemische Ind. m. b. H., 372 724, 27. 2. 1921, 31. 3. 1923.
Geruchlosmachung durch Behandlung mit flüssiger, schwefeliger Säure

The Oil Refining Improvements Cy, Glasgow, 374042, 4. 3. 1920, 19. 4. 1923.

Entfernung von Schwefelverbindungen aus Ölen indem man die Dämpfe über Al_2O_3 oder MgO leitet.

Dr. H. Hütz, München, 374 928, 15. 12. 1920, 3. 5. 1923.

Raffination von Mineralölen, Urteeren bei 100—200° C mit Natrium.

Dr. R. Pschorr, Berlin, 380 059, 4. 6. 1921, 1. 9. 1923.

Entschwefelung von Kohlenwasserstoffen, auch Urteeren und dgl. durch Behandlung mit Ferrosulfid und dgl. Sulfiden, gegebenenfalls bei erhöhter Temperatur und Gegenwart von Wasserdampf.

Dr. H. Hütz (Zus. z. 374 928 s. oben). 385 761, 1. 12. 1922, 29. 11. 1923.

Vorbehandlung mit Metalloxyden unter Mischung z. B. durch Einblasen von Luft.

E. E. C. G. Beyer, P. v. Ditmar, Hamburg, 387592, 30. 10. 1921, 29. 12. 1923.

Entschwefelung von Kohlenwasserstoffen mit Metallseifen der höheren Fettsäuren, wobei sich beim Erhitzen Metallsulfide bilden.

Dr. H. Hütz, 387 593, 9. 8. 1922, 29. 12. 1923 (Zus. z. 347 928).

An Stelle der Alkalimetalle werden die Amalgame verwandt.

Dr. H. Hütz, 391 624, 28. 12. 1922, 8. 3. 1924.

Gewinnung von Nebenprodukten aus den Rückständen nach 374 928 z. B. organischen Säuren und Phenolen.

Dr. H. Hütz, 392 142, 28. 12. 1922, 17. 3. 1924.

Weitere Ausbildung der Gewinnung von Nebenprodukten durch Anwendung von Azeton oder anderen organischen Lösungsmitteln.

Dr. Escherich, Br. Pretzsch u. O. Danguillier, München, 392 206, 17. 12. 1922, 18. 3. 1924.

Entschwefelung von Schieferölen bzw. Teer durch Erhitzung unter 100 Atm. Druck.

Oelwerke Stern-Sonneborn u. Dr. E. Eichwald, 399 628, 25. 2. 1923, 28. 11. 1925.

Reinigung von Ölen mit Furfurol, oder dessen Derivaten.

Dr. H. Hütz (Zus. zu 374 928), 412 671, 28. 11. 1923.

Raffination mit Alkalimetallen in Gegenwart von organischen sauerstoffhaltigen neutralen Lösungsmitteln, wie Alkohole, Azetone, Aldehyde.

Dr. H. Hütz (Zus. zu 374 928), 412 671, 28. 11. 1923, 14. 12. 1938.

Einleitung von Wasserstoff bei Temperaturen von 100—300 C.

403 134 Dr. Fritz Schwarz, Zehlendorf.
8. 1. 1922
23. 9. 1924

Verfahren zur Reinigung von Roherdölen.

Maschinenöldestillate werden mit Salzen z. B. Natriumbenzoat kräftig gemischt und hierauf mit Alkalilauge behandelt.

403 135 Dr. Fritz Schwarz, Zehlendorf.
2. 12. 1922 (Zusatz zu vorigem Verfahren.)
23. 9. 1924

Reinigung von Roherdölen.

Reinigung von Roherdölen nach 403 134 gekennzeichnet durch die Verwendung von Seifen und so großer Alkalimengen, daß ein seifenfreies gereinigtes Öl erzielt wird.

408 883 Dr. J. Tausz, Karlsruhe.
17. 7. 1923
27. 1. 1923

Raffination von Ölen.

Entfernung der färbenden, verharzenden, Bodensatz bildenden, unangenehm riechenden Bestandteile von Erdöl, Braun- und Steinkohlenteerölen, gekenzeichnet dadurch, daß diese Stoffe wie Pyrrole, Furane u. a. durch fraktion. Destillation ausgeschieden werden.

421 558 Oberschles. Kokswerke u. Chem. Fabriken A.-G.
1. 1. 1922 Friedr. Russig u. Dr. A. Supan, Hindenburg O.-S.
16. 11. 1925

Veredelung von Krackdestillaten.

Veredelung von Krackdestillaten durch Raffination mit mäßig konzentr. Schwefelsäure. Zweckmäßig von 1,53 spez. Gewicht.

428 812 Grigori Petroff, Moskau.
13. 5. 1922
11. 5. 1926

Reinigung von Naphtha u. dgl.

Man oxydiert die Öle mit Luftsauerstoff und behandelt mit 65—75 prozentiger Schwefelsäure nach, gegebenenfalls unter Erwärmung und Anwendung von hohem Druck.

430 974 J. D. Riedel A.-G., Berlin.
15. 5. 1925
25. 6. 1926

Raffination leicht siedender Kohlenwasserstoffe durch Lösung derselben in hydrierten Naphthalinen und darauffolgendem Destillationsprozeß.

432 580 Allg. Ges. f. Chem. Industrie, Berl.-Schöneberg.
27. 9. 1925
9. 8. 1926

Verbesserung in der Ausführung des Edeleanuverfahrens.

Verbesserung in der Ausführung des Edeleanuverfahrens durch Vorbehandlung der Chargen mit gasförmiger, schwefliger Säure vor dem Einbringen in den Reaktionsapparat zum Ausgleich der entstehenden Verluste.

433 754 Union Oil Company of California, Los Angeles.
23. 12. 1923
11. 9. 1925

Entfärben von Erdöldestillaten.

Entfärben von Erdöldestillaten durch Behandlung mit Schwefelsäure und Ton, dadurch gekennzeichnet, daß man die Behandlung des Öles mit Ton bei Gegenwart der gesamten Schwefelsäuremenge in der Weise vornimmt, daß auf je 270 Gewichtsteile Destillat $\frac{1}{40}$ — $\frac{1}{5}$ Gewichtsteile Schwefelsäure von 50—98 Prozent und $\frac{1}{10}$ —2 Gewichtsteile Ton zur Einwirkung gebracht werden. — Durch die gleichzeitige Behandlung mit Ton und Schwefelsäure in der angegebenen rel. geringen Menge soll ein besonderer Reinigungseffekt erzielt werden.

436 944 Benzol-Verband G. m. b. H. in Bochum.
2. 2. 1926
10. 11. 1926

Reinigung von Benzol, Benzin und ähnlichen Kraftstoffen.

Man bringt den Kraftstoff bei gewöhnlicher oder erhöhter Temperatur mit den Amalgamen der Schwermetalle in Berührung, insbesondere mit amalgam. Kupfer.

438 754 Leprince & Sieveke A.-G., Herford.
22. 6. 192-
24. 12. 1926

Reinigen von Kohlenwasserstoffen.

Reinigen von Kohlenwasserstoffen indem man Bleicherde vorteilhaft in Mengen von nur wenigen Prozenten zufügt,

12. Abschnitt.

Flüssige Brennstoffe aus Gasen, Alkohol aus Äthylen und ähnliche Verfahren*).

Seit mehreren Jahrzehnten wird von Petroleumchemikern darauf hingewiesen, daß die Verwendung der Kohlenwasserstofföle zu Verbrennungszwecken Verschwendung eines edlen Rohstoffes bedeute und daß es gelingen müsse, aus dem Erdöl in ähnlicher Weise wie aus dem Steinkohlenteer wertvolle Stoffe zu gewinnen, die als Ausgangsmaterial für Farbstoffe, pharmazeutische Präparate, Kunstharze und die zahlreichen Zwischenprodukte der aliphatischen und aromatischen Reihe dienen könnten. Erst neuerdings hat wieder L. Singer (Chem. Umschau 1926. 13), ferner B. T. Brooks (Ch. Ztg. 1926. 507), J. F. Norris (J. Ind. Eng. Chem. *18* 1019; Ch. Ztg. 1927. 312) auf diese Zusammenhänge aufmerksam gemacht. Die Paraffinkohlenwasserstoffe, aus denen das Erdöl zum überwiegenden Teile besteht, haben den zahlreichen energischen Angriffen der Chemiker lange widerstanden. Erst in den letzten Jahren mit der Entwicklung der Krackprozesse beginnen sich hier neue Wege zu eröffnen. Die ungesättigten Verbindungen, die Olefine, Diolefine, die beim Kracken in gasförmiger oder flüssiger Form anfallen, lassen sich nach längst bekannten Reaktionen in Alkohole, Äther und andere aliphatische Verbindungen überführen. — Die Diolefine können als Grundlage für harz- und kautschukartige Stoffe in Betracht kommen. — Endlich hat auch die Oxydation der Kohlenwasserstoffe zu Säuren und anderen Verbindungen geführt.

Hier sind in erster Linie die Verfahren von Belang, die — neben den leichten Kohlenwasserstoffölen, die aus Erdöl und Kohle durch trockene oder durch Krackdestillation usw. entstehen, zu neuen Treibstoffen führen.

---

*) Dieser Abschnitt lag anfänglich nicht im Plane meines Werkes. Beim Durchsehen der Literatur konnte ich mich aber dem engen Zusammenhange nicht verschließen, in dem gewisse Kohlenwasserstoffreaktionen und ihre technische Auswertung mit dem Thema stehen, und so ist der Abschnitt gewissermaßen als Nachtrag aufzufassen, der gegebenenfalls in späteren Auflagen weiter ausgebaut werden soll.

Wir haben neben Alkoholen und Äthern aus der Krackindustrie auch über ähnliche Verfahren zu berichten, die aus den Kokereigasen, also aus den Steinkohlen über das Äthylen die Gewinnung von Alkohol und Äther gestatten.

Auf diesem Gebiete hat in letzter Zeit besonders das Verfahren der Compagnie de Bethunes zu praktischen Erfolgen geführt. —

Diese Gesellschaft gewinnt Alkohol und Äther aus den äthylenhaltigen Gasen der Kokerei auf dem altbekannten Wege über Schwefelsäure-Äthylschwefelsäure. — frz. 572 765, 590 723, brit. 229 272. Auf demselben Prinzip sind mehrere Verfahren aufgebaut. Carleton Ellis 1 464 152/153, 1 412 233 hat besonders Äthyl- und Isopropylalkohol aus den Krackgasen über H_2SO_4 erhalten und entsprechend auch Äther und Azeton gewonnen. Damiens u. Mitarb. absorbieren und polymerisieren Äthylen in H_2SO_4 in Gegenwart von Quecksilbersulfat etc. als Katalysator (frz. 556 163). Dieselben gewinnen nach 535 210 mit unterchloriger Säure aus äthylenhaltigen Industriegasen Glykolmonochlorhydrin.*) Ramage erhält mittels Schwefelsäure ein Gemisch von Alkoholen (1 407 770), New Jersey Testing Laboratories (160 185 brit.) erhalten hauptsächlich sekundäre Alkohole. Aus Naturgas gewinnt A. J. Paris jr. (brit. 195 107) in ähnlicher Weise Alkohole aus dem Gemisch von Petroleumgasen mit Motorauspuffgasen. —

Auch Wells (1 418 414) gewinnt Alkohol aus wiederholt gekrackten olefinhaltigen Kohlenwasserstoffen mit H_2SO_4. — Die Roechlingschen Eisen- u. Stahlwerke (brit. 238 900) stellen Olefinhydrate, d. h. also Alkohole, durch Erhitzung von Olefinen mit angesäuertem Wasser unter Druck dar.

Azetylen und flüssige Kohlenwasserstoffe aus Gasmischungen stellt F. Gros (frz. 574 657) durch unvollständige Verbrennung von Methan her.

Äthylengase gewinnt aus Teer Suida (brit. 225 546) und Carpmael (brit. 237 415). Auf kompliziertem elektr. Wege soll (frz. 593 626) nach Laillet und Gustiniani aus Methan Azetylen und Benzol entstehen, während Riddick (1 496 742) Äthylengas durch Eintauchen des elektr. Lichtbogens in Petroleum erzeugt. — Ein Verfahren zur Reinigung von Äthylen aus Koksofengasen der Air Liquide A. G. etc. sei zum Schluß erwähnt (frz. 585 996).

*) S. a. Nachtrag „Glykol".

572 765 Frz. Compagnie de Béthune Frankreich.
11. 1. 1923
12. 6. 1924 **Gewinnung von Nebenprodukten bei der Steinkohlendestillation.**

Resumé:

1. Verfahren zur Gewinnung von Nebenprodukten bei der Steinkohlendestillation, dadurch gekennzeichnet, daß man die zu behandelnden Gase komprimiert, um daraus die Nebenprodukte, und zwar besonders Ammoniak, Benzol, Alkohol oder eine dieser Verbindungen zu gewinnen.

Nach 2 wird das Verfahren durch einen Gaskreislauf gekennzeichnet, bei welchem die abgekühlten komprimierten Gase eine Serie von Wasserwäschern zur Gewinnung von Ammoniak und zur Beseitigung der Anteile an Schwefelverbindungen und CO_2 und schließlich einen Kalkwasserwäscher durchstreichen.

Teerwäscher extrahieren das Benzol. In einem Oberflächenwärmeaustauscher verflüssigt sich Äthylen, das dann wieder verdampft wird und mit Schwefelsäure in entsprechendem Apparat Äthylschwefelsäure bzw. Alkohol liefert.

590 723 Frz. Compagnie de Béthune, Frankreich.
12. 2. 1924
22. 6. 1925 **Apparat und Verfahren zur Gewinnung von Alkohol oder Äther aus Äthylen.**

Verfahren zur Fabrikation von Alkohol oder Äther, das von Äthylen oder äthylenhaltigen Gasen ausgeht. Äthylen wird in Schwefelsäure zu Äthylschwefelsäure absorbiert — unter Druck und Rühren — und diese wird dann mit Wasserdampf behandelt, so daß sich Alkohol oder Äther bilden, was Gegenstand einer weiteren Anmeldung, P. V. 183 892 ist.

Im vorliegenden Patent wird besonders der Kreislauf der Säure und die Reinigung der Kohlenwasserstoffe behandelt, s. a. Patent 552 651.

229 272 Brit. Compagnie de Béthune, Bully-les-Mines, Frankreich.
30. 12. 1924 Frankreich
11. 5. 1925 England
16. 4. 1926

Gewinnung von Alkohol-, Äther- und Ammoniumsulfat.

Äthylschwefelsäure wird in Alkohol oder Äther mittels Wasserdampf umgewandelt, der gleichzeitig zur Destillation des Produktes dient. Das geschieht im unteren Teil einer Dephlegmatorkolonne, die mit feinverteiltem Material beschickt ist, auf welches die Säure tropft. Auf Verfahren 197 315 wird Bezug genommen.

1 412 233 Carleton Ellis, Montclair, übertragen an New Jersey
10. 5. 1919 Testing Laboratories.
11. 4. 1922

Brennstoff und Verfahren zu dessen Gewinnung.

Ansprüche:

Verfahren zur Gewinnung von Brennstoff aus feuchten Alkoholen, die bei der Hydrolyse einer schwefelsauren Lösung von Kesselgasen entstehen, dadurch gekennzeichnet, daß man Benzol zufügt, Wasser und verdünnten Isopropylalkohol abscheidet und eine größere Menge Gasolin zu der Benzol-Propylalkoholmischung hinzufügt.

2. Dadurch gekennzeichnet, daß man gekracktes Gasolin oder die Gase daraus in Schwefelsäure löst.

3. Dadurch gekennzeichnet, daß man einen zusammengesetzten Brennstoff aus obigen Alkoholen macht, indem man das darin enthaltene Wasser durch Zufügung von flüchtigen Kohlenwasserstoffen zur Abscheidung bringt.

4., 5. und6. Einen zusammengesetzten Brennstoff aus Isopropylalkohol, Benzol und einem Kohlenwasserstofföl, bzw. Gasolin, bzw. einer Mischung von ca. 100 Teilen Isopropylalkohol, ca. 20 Teilen Benzol und ca. 200 Teilen Gasolin.

Als Beispiele werden folgende Mischungen angeführt:

A.	Isopropylalkohol	100 Teile	B.	Isopropylalkohol	100 Teile
	Benzol	20 „		Regenerierte Olefine[1])	10 „
	Gasolin	200 „		Benzol	50 „
C.	Propylalkohol	100 „	D.	Mischung von Propyl- und Butylalkohol 2:1	100 „
	Azeton	100 „		Gasolin	200 „
	Benzol	100 „		Aethylazetat	25 „
E.	Äthylalkohol[2])	100 „	F.	Äthylalkohol[2])	100 „
	Propylalkohol	30 „		Isopropylalkohol	10 „
	Benzol	30 „		Azetone[3])	50 „
	Azeton	30 „		Äthylalkohol[4])	50 „
	Gasolin	300 „		Kerosin	100 „
				Gasolin	100 „

1 464 152 Carleton Ellis, Montclair. New Jersey, übertragen auf
5. 6. 1918 Seth B. Hunt, Handelsgesellschaft Mount
7. 8. 1923 Kisco, New York.

Verfahren zur Nutzbarmachung gasförmiger ungesättiger Kohlenwasserstoffe.

Anspruch:

Verfahren zur Gewinnung leichter, flüchtiger Öle, darin bestehend, daß man gas- oder dampfförmige Kohlenwasserstoffe, die ungesättigte Bestandteile enthalten, mit großen Mengen feinverteilter Schwefelsäure in Berührung bringt, wodurch sich Polymerisation zu leichten flüchtigen Ölen vollzieht.

Nach diesem Verfahren werden Krackgase und Dämpfe mit mehr oder weniger konzentrierter Schwefelsäure in geeigneter Weise in Verteilungstürmen bei günstiger Temperatur in Berührung gebracht und zu leichten, flüchtigen Ölen, teils Kohlenwasserstoffen, teils alkoholischer Natur polymerisiert und nach Zersetzung der Schwefelsäureverbindung in Freiheit gesetzt. —

---

[1]) Regener. Olefine aus der schwefelsauren Lösung von Krackgasen etc.

[2]) Äthylalkohol aus Äthylschwefelsäure.

[3]) Azetone durch Oxydation von Isopropylalkohol mit Chromsäure etc.

[4]) Der aus Schwefelsäure abgeschieden und in Azetaldehyd oder dessen Polymere übergeführt wurde.

1 464 153 Carleton Ellis, Montclair, New Jersey. Übertragen auf Seth
14. 4. 1919 B. Hunt, Handelsgesellschaft, Mount Kisco, New York.
7. 8. 1923

Verfahren zur Gewinnung brauchbarer Stoffe aus Neben-Produktkesselgasen und Gasen von Krackverfahren. —

Anspruch:

1. Ein Verfahren zur Nutzbarmachung von olefinhaltigen Kohlenwasserstoffgasen zur Herstellung brauchbarer Stoffe, mit ziemlich dem ganzen Olefingehalt, nach welchem diese Gase beim Abkühlen mit Schwefelsäure behandelt werden, deren Stärke schrittweise während der Reaktion in dem Maße verringert wird, daß Schwefelsäure von 1,8 spezif. Gewicht bis in eine reaktionsfähige Säure von nicht über 1,4 spezif. Gewicht umgewandelt wird, und nachdem man die rückständigen Gase mit wasserhaltiger Schwefelsäure von 1,8 bei über 60° C behandelt hat und die Reaktion so lange fortführt, bis man Äthyl-Schwefelsäure von nicht über 1,4 spezif. Gewicht erhält.

(Wasserhaltige H_2SO_4: von 1,84 auf 1,80 verdünnt.)

535 210 Frz. A. L. J. Damiens, M. C. J. de Loisy, O. J. G. Piette.
21. 10. 1920

Verfahren zur Fixierung von Äthylen und anderen ungesättigten Kohlenwasserstoffen aus Industriegasen.

Verfahren zur Fixierung von Äthylen und anderen ungesättigten Kohlenwasserstoffen aus Industriegasen, durch nachfolgende Maßnahmen gekennzeichnet:

1. Die Bildung einer leicht flüchtigen Verbindung mit Hilfe eines geeigneten Reagens — das sich mit dem zu extrahierenden Gase verbindet, ohne die anderen anzugreifen. —

2. Absorption der so gebildeten Verbindungen in einem geeigneten Mittel, das selbst keine erhebliche Dampfspannung hat und aus dem sie durch einfache physikalische oder chemische Operation gewonnen werden können. —

Als Beispiel wird angeführt: Mit unterchloriger Säure entsteht aus Äthylen Glycolmonochlorhydrin, das bei 130° siedet, aber leicht von dem Gas mit fortgerissen wird. Das Gas überführt das Chlorhydrin in das Waschöl, aus dem es leicht durch fraktionierte Destillation gewonnen werden kann. —

556 163 Frz. A. A. L. J. Damiens, M. de Loisy und O. Piette.

Verfahren zur Herstellung flüssiger Kohlenwasserstoffe unter Verwendung von Äthylen.

Es werden aus Äthylen und Schwefelsäure bei Temperaturen von 15° in Gegenwart von Quecksilbersulfat und Kupfersulfat als Katalysatoren Verbindungen erhalten, aus denen man durch Eingießen der sauren Lösung in Wasser flüssige Kohlenwasserstoffe gewinnt, die zwischen 100 und 300° sieden und entsprechend leicht verbrennen — also Motorkohlenwasserstoffe darstellen. —

Insbesondere soll das Kupferoxyd zur Schwefelsäure vor der Absorption des Äthylens zugesetzt werden, das Gemisch wird dann auf 150° C erhitzt — erkalten gelassen, Quecksilbersulfat zugesetzt und dann werden Äthylen und gasförmige Beimischungen durchgeleitet. —

1 407 770 A. S. Ramage, übertragen auf Bostaph Engineering
6. 4. 1917 Corporation, Detroit.
28. 2. 1922

Verfahren zur Behandlung von Kohlenwasserstoffölen.

Anspruch:

1. Verfahren zur Behandlung von Kohlenwasserstoffölen, die reich an Olefinen sind, darin bestehend, daß man starke Schwefelsäure auf sie wirken läßt und zwar in so großer Menge, daß die Hauptmenge der Olefine in hochsiedende Körper umgewandelt wird unter gleichzeitiger Bildung von Schwefelsäure-Derivaten der Olefine — und daß man eine Absonderung dieser Produkte durch Lösung und Hydrolyse bewirkt und die flüchtigen Produkte der Hydrolyse abdestilliert und sammelt. —

Es werden olefinhaltige Kohlenwasserstoffgemische, wie sie z. B. bei dem durch Nr. 1 224 787 geschützten Verfahren des gleichen Erfinders entstehen, mit einer Menge Schwefelsäure von 66° Bé behandelt, die etwa dem halben Gewicht der vorhandenen Olefine entspricht. — Dabei wird wie üblich gerührt und gekühlt. Es scheiden sich teerige Niederschläge mit hydrolysierbaren Olefinderivaten ab, die durch Wasser mit Zusatz von Soda hydrolysiert werden und ein Gemisch von Alkoholen und höhersiedenden Produkten aromatischer Art ergeben, und zwar gehen von 78—225° C ca. 45% über. —

160 185 Brit. New Jersey Testing Laboratories. Mont Clair.
22. 4. 1919
11. 5. 1921

Behandlung von Petrolölen, die Olefine enthalten.

Die vom Burton- oder ähnlichen Verfahren stammenden Destillate werden mit Schwefelsäure von 1,57—1,84 bei 10—20° C (nicht höher) behandelt. Die in der Säuremischung enthaltenen Alkylsulfate liefern nach der Hydrolyse monohydrische, hauptsächlich sekundäre Alkohole. —

195 107 Brit. A. J. Paris jr., Charleston, West-Virginia. U. S. A.
24. 9. 1921
26. 3. 1923

Behandlung von Kohlenwasserstoffen mit heißen Gasen.

Anspruch:

1. Verfahren zur Behandlung von Kohlenwasserstoffen, dadurch gekennzeichnet, daß man flüssige Kohlenwasserstoffe oder Naturgas oder Ölgas in die Auspuffgase einer Maschine mit innerer Verbrennung (Motor) einführt, wodurch die Gase sich spalten, depolymerisieren oder anderweitig die Zusammensetzung der eingeführten Kohlenwasserstoffe ändern, wobei die Hitze der Gase durch den eingeführten Kohlenwasserstoff absorbiert wird und wonach die kondensierbaren Produkte kondensiert und getrennt werden

Zweck des Verfahrens ist, Petroleumderivate und ähnliche Produkte zu erzeugen, die, mit Schwefelsäure behandelt, Alkohole und dergl. liefern. —

Zum Beispiel wurden 50 Kubikfuß Naturgas mit 500 Kubikfuß Luft gemischt und in den Auspuff 1 Gallone Petroleum gegeben — bei über 700° F (370° C), wodurch das Petroleum ganz oder teilweise gespalten wurde und die zu verflüssigenden Produkte — außer Wasser — Essigsäure, gespaltene Kohlenwasserstoffe und restierende unveränderte Kohlenwasserstoffe aufgefangen. —

1 418 414 Alfred A. Wells, Montclair, New Jersey, übertragen auf Seth
9. 10. 1916 B. Hunt, Trustee of Mount Kisco, New York. —
6. 6. 1922

Verfahren zur Herstellung von ungesättigten Kohlenwasserstoffen.

Anspruch:

1. Verfahren zum Kracken von Kohlenwasserstoffölen unter hohem Druck, bis zur Bildung von Kesselrückständen von teeriger Beschaffenheit, Abdestillieren dieser Rückstände und nochmaliges Kracken des Destillates unter geringerem Druck, wobei Material erhalten wird, das reich an ungesättigten Kohlenwasserstoffen ist und geeignet zur Extraktion mit Schwefelsäure ohne allzu erhebliche Temperaturerhöhung.

Nach Anspruch 2 wird zunächst bei einem Druck von 75 Pfund und beim zweitenmal 30—60 Pfund auf den Quadratzoll gekrackt. Aus dem Schwefelsäureextrakt werden in bekannter Weise Alkohole gewonnen.

238 900 Brit. Roechlingsche Eisen- und Stahlwerke Aktiengesell-
23. 8. 1924 Deutschland schaft, Völklingen an der Saar.
24. 8. 1925 England
24. 12. 1925

Hydratisierung von Olefinen.

Ansprüche:

1. Verfahren zur Herstellung von Olefinhydraten, das in der Erhitzung der Olefine mit Wasser unter hohem Druck besteht.

2. im Verfahren nach 1 unter Verwendung von angesäuertem Wasser. —

Die Olefine werden in Autoklaven oder Röhrensystemen bei Drucken von 70—200 Atm. und Temperaturen von 150—250° C unter gleichbleibendem Druck mit schwach saurem Wasser erhitzt.

574 657 Frz. Ferdinand Gros, Frankreich.
7. 3. 1923
17. 7. 1924

Azetylen und flüssige Kohlenwasserstoffe aus Gasmischungen, insbesondere aus methanhaltigen.

Durch unvollständige Verbrennung von Methan gewinnt man Azetylen ($2\,CH_4 + 1{,}5\,O_2 + 6\,N_2 = C_2H_2 + 3\,H_2O + 6\,N_2$), trennt es vom Stickstoff und anderen Verbrennungsgasen, indem man es unter Druck von kaltem Azeton absorbieren läßt.

Der bei der Vergasung von Steinkohle und anderen Brennstoffen entstehende Wasserstoff wird durch Verflüssigung der anderen Bestandteile des Destillats isoliert und soll dann mit dem aus der Azetonlösung entwickelten Azetylen zu gesättigten flüssigen Kohlenwasserstoffen mittels Druckkatalyse kombiniert werden.

225 546 Brit. H. Suida, Mödling, Österreich.
22. 11. 1924
conv. 30. 11. 1923

Verfahren zum Spalten von Teer.

An Äthylen reiche Gase werden gewonnen, wenn man Rohteer der destruktiven Destillation bei Gegenwart von Dampf bei 600—800° C unterwirft. Gleiche Gewichtsteile von Teer aus einem Braunkohlengenerator und Wasserdampf werden in einem langen Rohr erhitzt und liefern ein Gas, das 30—35% Olefine enthält und einen öligen Rückstand.

237 415 Brit. Wilfred Carpmael, London.
26. 6. 1924
30. 7. 1925

Gewinnung äthylenreicher Gase.

Teeröle vom Sdp. 250° C und darüber werden in Gegenwart von Dampf der destruktiven Destillation bei 800—900° C unterworfen.

593 626 Frz. Ch. Laillet und J. D. Gustiniani.
16. 1. 1925
28. 8. 1925

Synthetische Darstellung petroleumartiger Kohlenwasserstoffe.

Die Erfindung betrifft ein Verfahren, nach welchem Methan in Azetylen übergeführt wird, darauf sollen sich die Gruppen C_2H_2 in CH-Gruppen, also in benzolartige Kohlenwasserstoffe und leichte petroleumähnliche Kohlenwasserstoffe spalten. Ebenso sollen Schweröle durch Spaltung und Addition in leichte Kohlenwasserstoffe umgewandelt werden.

Zur Ausführung des Verfahrens bedient man sich einer elektro-magnetischen Vorrichtung, bestehend aus einem Drehfeld, das sich in einer halbmetallischen sehr porösen Masse bewegt, die von kapillaren Kanälen durchzogen wird, die die gleichfalls in dieser Masse angeordneten Reaktionskamern verbinden. Unter konstantem Vakuum passieren die Gase, Methan, Wasserstoff usw., die Kanäle und Reaktionskammern, wo sie in Gegenwart von sehr fein verteilten Metallen oder deren Oxyden folgenden Einflüssen unterliegen: 1. den Kraftlinien des magnetischen Feldes, 2. den Induktionsströmen und 3. den Hochfrequenzströmen. die bei der Entladung von Kondensatoren entstehen, die in die Sekundärspule eines statischen Transformators eingeschaltet sind. Als Metalle dienen Eisen, Nickel, Thorium, Wolfram, Kadmium, Zinn, Silizium, Natrium, Kalium, Phosphor, Germanium usw. usw. und ihre Verbindungen. —

Leider sind keinerlei praktische Ausführungsbeispiele der sehr interessanten Erfindung gegeben. —

1 496 742 J. H. Riddick, Lynchburg, Virginia.
19. 4. 1919
3. 6. 1924

Verfahren zur Behandlung von Kohlenwasserstoffen.

Anspruch:

1. Verfahren zur Behandlung von Petroleum zur Gewinnung von Äthylengas daraus, darin bestehend, daß man Petroleum dem elektrischen Lichtbogen, der in Petroleum eingetaucht wird, unterwirft und durch mechanische Operationen mit den Elektroden, die den Lichtbogen bilden, verhindert, daß sich bei der Reaktion gebildeter Kohlenstoff auf den Elektroden ansammelt, daß man dabei den Bogen instand hält und eine kontinuierliche Dissoziation erzielt zur Bildung und Freimachung von Äthylengas. —

585 996 Frz. L'Air Liquide, A.-G., pour l'Etude des Procédés
20. 10. 1923 Georges Claude.
12. 3. 1925

Verfahren zur vorgängigen Reinigung von Äthylen und zur damit verbundenen Beseitigung gewisser Verunreinigungen bei der Abscheidung der Koksofengase und ähnlicher Gase auf flüssigem Wege.

Nachträge.

Zu S. 11. Kracken von Petroleumölen (Brstf.-Ch. 8. 25. Ref. nach Leslie und Potthoff, J. of Ind. Eng. Chem. 18. 776. 1926).

Eine Anzahl für den Krackprozeß wichtiger Faktoren, wie Einfluß der Temperatur und des Druckes auf die Reaktionsgeschwindigkeit, der Einfluß des gebildeten Gasolins auf den weiteren Krackverlauf und endlich die thermo-chemischen Reaktionsvorgänge sind u. a. Gegenstand einer umfangreichen Arbeit.

Die günstigste Kracktemperatur wurde bei ca. 426° C ermittelt. Der Krackprozeß wird durch die metallische Gefäßwand katalytisch günstig beeinflußt. Die Gasolinbildung ist mit wenig Ausnahmen Funktion der Zeit und läßt sich kinetisch als eine Reaktion erster Ordnung durch die Gleichung $K = \frac{x}{A . t}$ ausdrücken, wobei x der Prozentgehalt an gebildetem Gasolin, $A = (100 - x\ ) \cdot t$ die Zeit in Minuten und K eine Reaktionskonstante bedeuten. Letztere konnte namentlich bei sclwerem Heizöl ziemlich exakt zu 0,0037—0,00385 ermittelt werden. Der angewandte Druck ist von untergeordnetem Einfluß (?). Höchstens werde die Olefinbildung durch den Druck beeinflußt. Auf den Siedepunkt der entstehenden Gasoline hat der Druck ebenfalls keinen Einfluß. — Ein strittiger Punkt, der in der Praxis verschieden gehandhabt wird, ist die kontinuierliche Entfernung oder Nichtentfernung der erzeugten Gasoline. Verff. konnten feststellen, daß der Krackprozeß weder von einer Anreicherung, noch von einer Entfernung der gebildeten Gasoline irgendwie beeinflußt wird. Diese Fragen wurden an drei verschiedenen Ölsorten studiert.

1. einem fraktionierten Gasöl (Rückstandsöl), das besonders die schwer siedenden Bestandteile eines Midkontinentpetroleums von 37° Bé enthielt;
2. einem schweren Heizöl (Gasöl aus dem gleichen Rohöl, aus dem die Fraktionen bis 228° C entfernt waren);

3. einem Öl, das aus einem kokshaltigen (also bereits gekrackten) Rückstandsöl des Dubbs-Prozesses destilliert war.

Bei der letzgenannten Ölsorte verläuft der Krackprozeß nur halb so schnell als bei den übrigen Ölsorten. Die entstehenden Gasoline sind jedoch in der Hauptsache zyklischer Natur und besitzen demzufolge wertvolle „antiklopfende“ Eigenschaften. Endlich wurde in einer besonderen Apparatur festgestellt, daß der Prozeß endotherm verläuft und die erforderliche Wärme ca. 500 Kalorien pro Gramm erzeugten Gasolins beträgt.

Zu S. 235.

1 594 666 Paul Danckwardt, Denver.
6. 10. 1924
3. 8. 1926

Niedrigsiedende aus hochsiedenden Kohlenwasserstoff.

Man leitet die beim Kracken der hochsiedenden Kohlenwasserstoffe entstehenden Dämpfe u. Gase durch eine Mischung von geschmolzenem Ätznatron und Nickel.

Zu S. 312.

Das Verfahren von Makhonin Frz. P. 584 222 v. 1. 8. 24 wird in Chal. et Industrie 1925 S. 80 gekennzeichnet, worauf hiermit verwiesen sei.

Vgl. a. Petrol. 22. 378.

Zu S. 313.

Antiklopftreibmittel: Über den neuen Kraftstoff Gasin berichtet G. Grote (Chemiker-Ztg. 50. 289. 603).

Die Ursache des Klopfens oder Klingelns der Motoren wird von den Erfindern Tern und Hloch auf die elektrische Leitfähigkeit des zur Verbrennung gelangenden Kraftstoffs zurückgeführt. Bei Herstellung des Gasins kommen gewisse Körper zur Verwendung, durch welche größte Leitfähigkeit erzielt, gleichzeitig durch Sauerstoffabspaltung eine Steigerung der Explosivkraft erreicht, ferner eine Nachraffination bewirkt werden soll, durch welche die leicht verharzenden Verbindungen usw. entfernt werden. Mitgeteilte Untersuchungsergebnisse deuten auf eine Überlegenheit des Gasins gegenüber Stellin und Dapolin.

Zu S. 320.

251 969 Brit. I. G. Farbenindustrie, Frankfurt a. M.
27. 4. 1926 Prior. 8. 5. 1925
14. 7. 1926 (Ausgeg.)

Motortreibmittel.

Gasolin mit wasserfreiem Methanol. Höhere Alkohole, Ketone, Kohlenwasserstoffe der Benzolreihe können ebenfalls zugesetzt werden.

252 018 Brit. I. G. Farbenindustrie, Frankfurt a. M.
10. 5. 1926 Prior. 8. 5. 1925
14. 7. 1926 (Ausgeg.)

Motortreibmittel.

Der im Hauptpat. 226 731 angegebenen Mischung werden lösliche organische Metallverbindungen oder solche eines metallähnlichen Elements zugefügt. Z. B. Borsäureester, Kieselsäureester $(Si(C_2H_5)_4$, Trikresylphosphat, Zinkoleat usw., sowie auch andere organische Chlor, Sauerstoff oder Stickstoff enthaltende Verbindungen, z. B. höhere Alkohole, Ketone, Nitroverbindungen usw.

252 019 Brit. I. G. Farbenindustrie, Frankfurt a. M.

Motortreibmittel,

welches aus Gasolin usw., Eisencarbonyl und einer darin löslichen Stickstoff oder Sauerstoff oder beide enthaltenden organischen Verbindung (Methyl-, Äthyl- oder Isobutylalkohol, Ketone, Nitrobenzole und dgl.) zusammengesetzt ist. Z. 1926, III, 486.

Zu S. 321. Nichtklopfender Brennstoff.

1 593 040 Gulf Ref. Cy, Stevens p. Marley Gruse.
23. 12. 1925
20. 7. 1926

$AlCl_3$-Schlämme werden mit Gasolin extrahiert und ergeben einen nicht klopfenden Brennstoff.

Zu S. 344.

235 828 Brit. Dr. M. Melamid.
5. 9. 1924
5. 1. 1926

Gewinnung flüssiger Produkte aus Braunkohle oder Ligniten.

Die Brennstoffe werden in Gegenwart von Wasserstoff oder eines anderen die Dehydrierung verhindernden Gases in Gegenwart von Zinn oder entsprechenden katalytisch wirkenden Legierungen bei entsprechenden Temperaturen behandelt, wobei das Rohgut am besten in Form einer Paste angewandt wird.

Zu S. 454. Raffination mit Alkalien und dgl.

1 592 329 J. C. Black, Destrehan, Louisiana, W. D. Rial u. R. T. Howes.
1. 6. 1925
13. 7. 1926

Behandeln von Petroleumprodukten.

Man reinigt saure synthetische oder gekrackte Petroleumprodukte vom Siedepunkt des Gasolins mit einer verhältnismäßig schwachen alkalischen Lösung, um die Produkte teilweise zu neutralisieren, entfernt die schwach alkalische Lösung, mischt mit den so behandelten Produkten eine verhältnismäßig konz. alkalische Lösung und unterwirft das Gemisch einer 350° F nicht übersteigenden Temperatur, wobei man eine wesentliche Verdampfung der Produkte verhindert. Die gummiartigen Bestandteile fallen beim Kühlen der alkalischen Lösung aus, worauf man die Trennung vornimmt. Dann werden die Produkte mit einem schweren Kohlenwasserstoff gemischt und destilliert. (Ch. Z. 1926. II. 1713.)

Zu S. 454. Raffination mit Bleioxyd.

1 594 083 Standard Oil Co., Whiting, Gerald L. Wendt.
16. 7. 1924
27. 7. 1926

Entfernung von Schwefel und Schwefelverbindungen aus Kohlenwasserstoffdestillaten.

Man behandelt die Öle mit einer Bleioxyd enthaltenden Ätznatronlösung von 10—20° Bé und destilliert dann bei nicht über 400° F.

Zu S. 473.

Glykol wird durch Chlorieren von Erdgas (Brooks u. Humphreys 1,215 903) aus dem entstandenen Äthylendichlorid (nach Rodebust 1,402 317, 1,454 604) gewonnen und daraus Glykoldinitrat für die Dynamitfabrikation bereitet. (Chem. Met. Eng. Mai 1927.)

Patentverzeichnis.

Abschnitt 1.

Abschnitt 2 A.

Abschnitt 2 B.

Abschnitt 3 A.

Abschnitt 3 B.

Abschnitt 4 A.

Abschnitt 4 B.

Abschnitt 5 A.

Abschnitt 5 B.

Abschnitt 6 A.

Abschnitt 6 B.

Abschnitt 6 C.

Abschnitt 7 A und B.

*) Z. = Zusatz.

Abschnitt 10.

Die hierhergehörigen D. R. Patente sind in 14 Gruppen (No. 23—36) nach der Patentnummer geordnet auf S. 387—447 aufzufinden.

Hier sind nur die dort mit „ausführlich“ bezeichneten Deutschen Patente sowie die Auslandspatente verzeichnet.

Ausführlich wiedergegebene Deutsche Patente Abschnitt 10.

		Seite		Seite		Seite
Gruppe 23:	306 258	389	430 158	389	432 376	390
Gruppe 24:	302 322	399	358 605	401	372 244	403
	303 954	399	370 438	402	404 320	403
	322 646	400	347 278	402	401 363	404
	338 915	401	362 363	402	—	
Gruppe 25:	—		—		—	
Gruppe 26:	363 265	417	375 461	420	397 680	422
	366 540	418	376 791	420	408 111	421
	366 541	418	380 035	420	424 724	416
	367 536	419	390 042	421	—	
Gruppe 27:	419 283	424	—		—	
Gruppe 28—32:	—		—		—	
Gruppe 33:	332 109	432	—		—	
Gruppe 34 u. 35:	—		—		—	
Gruppe 36:	347 805	439	389 620	440	421 617	442
	374 220	439	414 783	441	428 537	435
	387 576	440	—		—	

Auslandspatente Abschnitt 10.

	U. S. A.	Seite	Brit.	Seite	Franz.	Seite
Gruppe 23:	1 422 706	391	193 079	390	519 885	391
	1 432 275	388	—		—	
	1 432 276	389	—		—	
	1 560 311	389	—		—	
Gruppe 24:	1 391 825	404	171 152	408	532 828	410
	1 402 413	405	188 019	408	568 819	409
	1 423 134	402	192 816	403	603 194	404
	1 435 219	405	221 052	409	—	
	1 460 414	405	232 358	408	—	
	1 484 256	406	239 045	409	—	
	1 484 257	406	242 618	404	—	
	1 484 258	406	—		—	
	1 536 696	407	—		—	
	1 568 018	407	—		—	
Gruppe 25:	—		—		—	
Gruppe 26:	1 538 490	423	202 738	422	535 655	420
	—		217 554	423	535 944	419
	—		225 513	421	545 797	422
Gruppe 27:	1 413 799	425	206 178	424	—	
Gruppe 28 u. 29:	—		—		—	
Gruppe 30:	1 460 024	430	174 336	429	—	
	—		225 168	430	—	

Auslandspatente Abschnitt 10. (Fortsetzung)

	U. S. A.	Seite	Brit.	Seite	Franz.	Seite
Gruppe 31 u. 32:	—		—		—	
Gruppe 33:	—		—		517 273	433
Gruppe 34 u. 35:	—		—		—	
Gruppe 36:	1 495 573	444	164 104	446	520 822	447
	1 506 667	438	169 580	446	547 508	447
	1 509 275	438	171 075	446	548 126	440
	1 522 421	438	172 302	437	574 340	447
	1 547 027	445	175 670	441	588 457	437
	1 547 331	438	213 049	437	589 523	438
	1 548 307	438	225 505	445	595 762	438
	—		225 509	444	599 583	438
	—		226 809	437	—	
	—		241 067	437	—	
	—		242 435	437	—	
	—		242 621	437	—	
	—		242 622	437	—	
	—		244 837	437	—	

Abschnitt 11.

U. S. A.	Seite
1 325 668	456
1 387 868	466
1 394 987	456
1 448 643	458
1 457 656	464
1 507 692	464
1 526 665	465
1 528 398	462
1 535 653	461
1 550 523	466
1 550 673	467
1 551 806	458
1 563 012	461
1 568 904	454
1 569 870	455

U. S. A.	Seite
1 569 871	455
1 569 872	455
1 574 507	456
1 575 905	455
1 580 531	455
1 592 329	Nchtrg.
1 594 083	„
Brit.	
193 521	466
204 078	468
223 066	468
226 188	467
227 084	459
227 085	459
231 461	457

Brit.	Seite
232 347	458
236 263	465
246 210	465
246 937	465
Franz.	
521 630	457
522 353	465
533 350	457
560 447	459
574 596	461
575 598	459
575 600	460
577 969	462
589 095	458
602 327	462

D. R. P.	Seite
310 781	466
402 991	463
403 133	463
419 225	463
421 263	466
421 858	464
426 157	464
427 285	464

Weitere D. R. Patente s. S. 468—471 nach Reihenfolge der Patentnummern.

Abschnitt 12.

U. S. A.	Seite
1 407 770	477
1 412 233	474
1 418 414	478
1 464 152	475
1 464 153	476
1 496 742	480

Brit.	Seite
160 185	477
195 107	477
225 546	479
229 272	474
237 415	479
238 900	478

Franz.	Seite
535 210	476
556 163	476
572 765	474
574 657	478
585 996	480
590 723	474
593 526	479

Namenregister.

C.

D.

E.

F.

G.

H.

I.

J.

K.

L.

M.

N.

O.

P.

R.

S.

T.

U.

Sachregister.

C.

D.

E.

F.

G.

H.

I.

J.

K.

L.

M.

N.

*) Diese und viele andere Krackverfahren sind aus dem Namenregister zu ersehen.

O.

P.

Q.

R.

V.

W.

X.

Z.

Abbildungen.*)

*) Die mit *) versehenen Abbildungen stehen im Text, die andern nach Reihenfolge der Nummern im Anhang.

**) Standard Oil Co.

Abbildungen

zu

Naphtali
Leichte Kohlenwasserstofföle

Verlag von M. Krayn, Berlin W.

PHOTOLITH. D. LITH. ANST. V. BOGDAN GISEVIUS, BERLIN W. BÜLOWSTR. 66

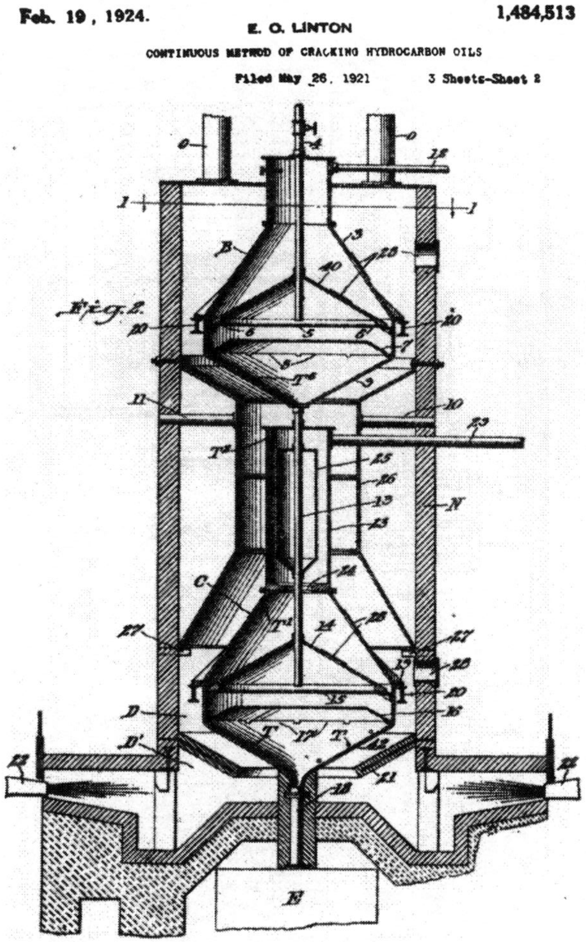
Feb. 19, 1924.
E. O. LINTON
1,484,513
CONTINUOUS METHOD OF CRACKING HYDROCARBON OILS
Filed May 26, 1921
3 Sheets-Sheet 2
Fig. 2.

Abb. 2

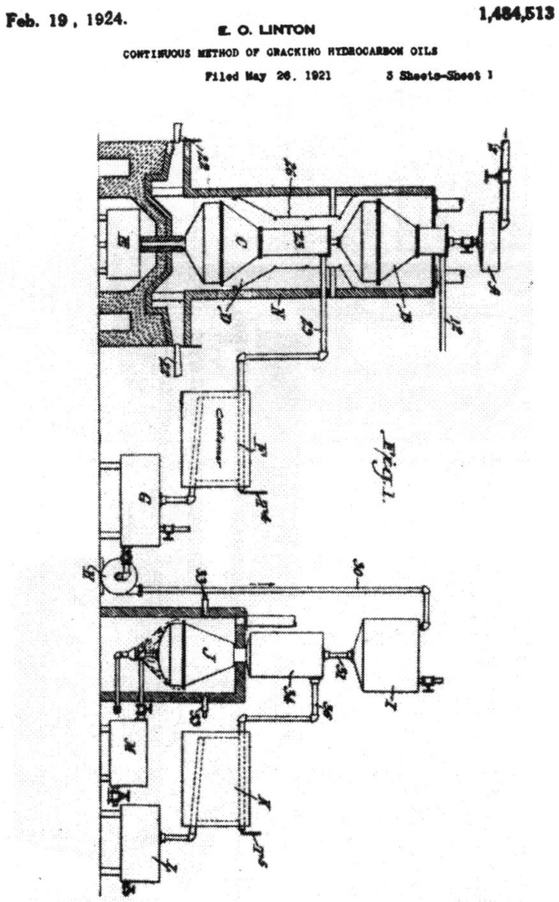
Feb. 19, 1924.
E. O. LINTON
1,484,513
CONTINUOUS METHOD OF CRACKING HYDROCARBON OILS
Filed May 26, 1921
3 Sheets-Sheet 1
Fig. 1.
Condenser

Abb. 1

1,407,619.

C. M. ALEXANDER.
MANUFACTURE OF MOTOR FUEL.
APPLICATION FILED NOV. 30, 1917.

Patented Feb. 21, 1922.

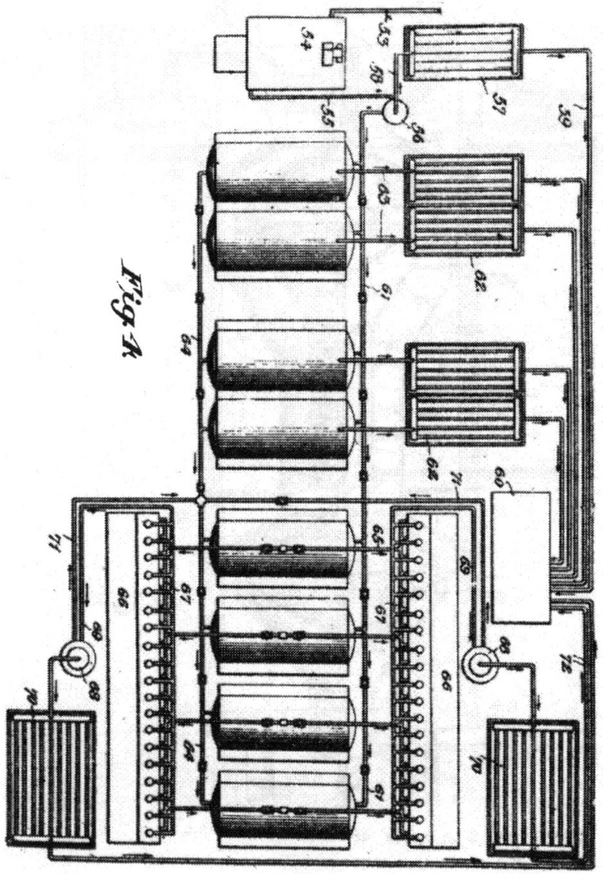

Abb. 5

1,407,619.

C. M. ALEXANDER.
MANUFACTURE OF MOTOR FUEL.
APPLICATION FILED NOV. 30, 1917.

Patented Feb. 21, 1922.

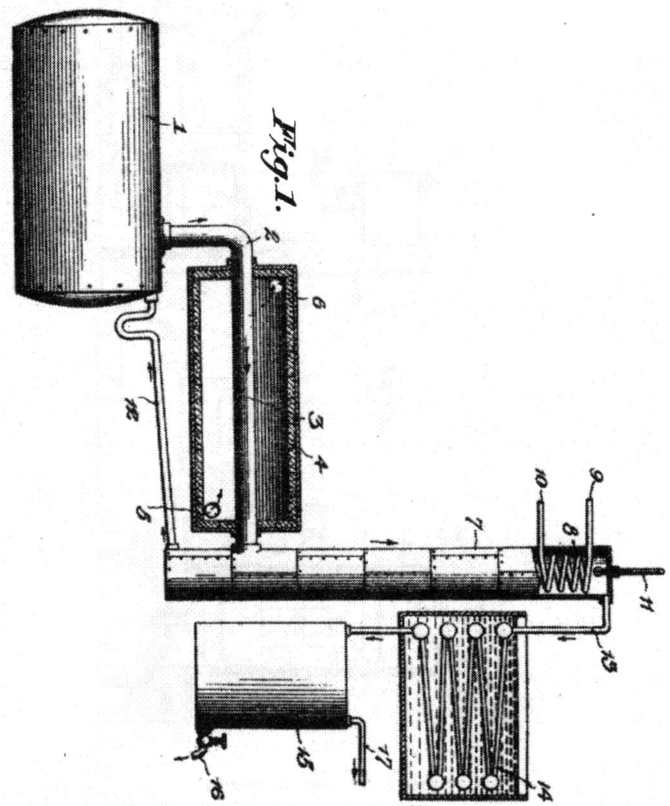

Abb. 4

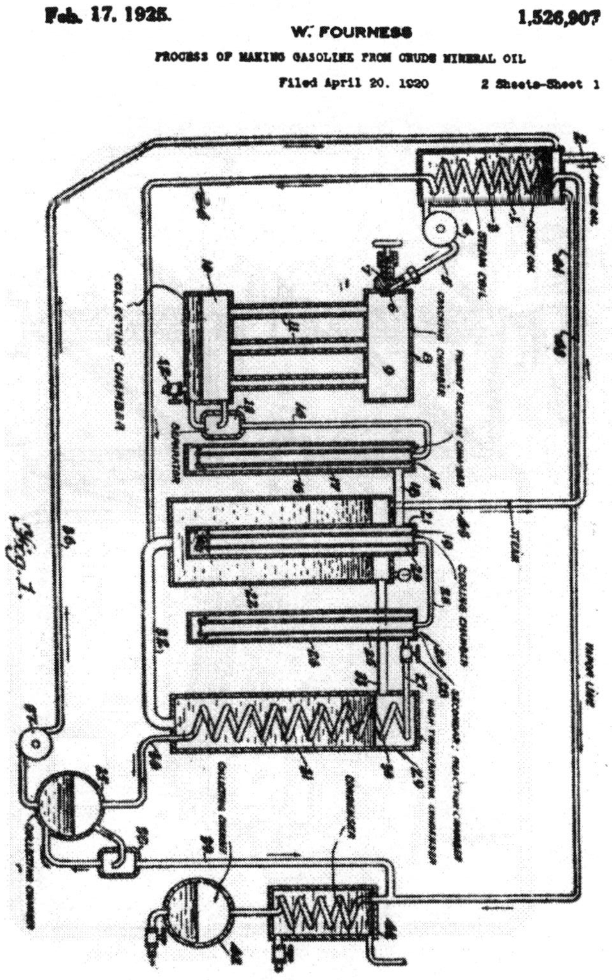
Feb. 17. 1925.
W. FOURNESS
1,526,907
PROCESS OF MAKING GASOLINE FROM CRUDE MINERAL OIL
Filed April 20. 1920
2 Sheets-Sheet 1
COLLECTING CHAMBER
Fig. 1.

Abb. 8

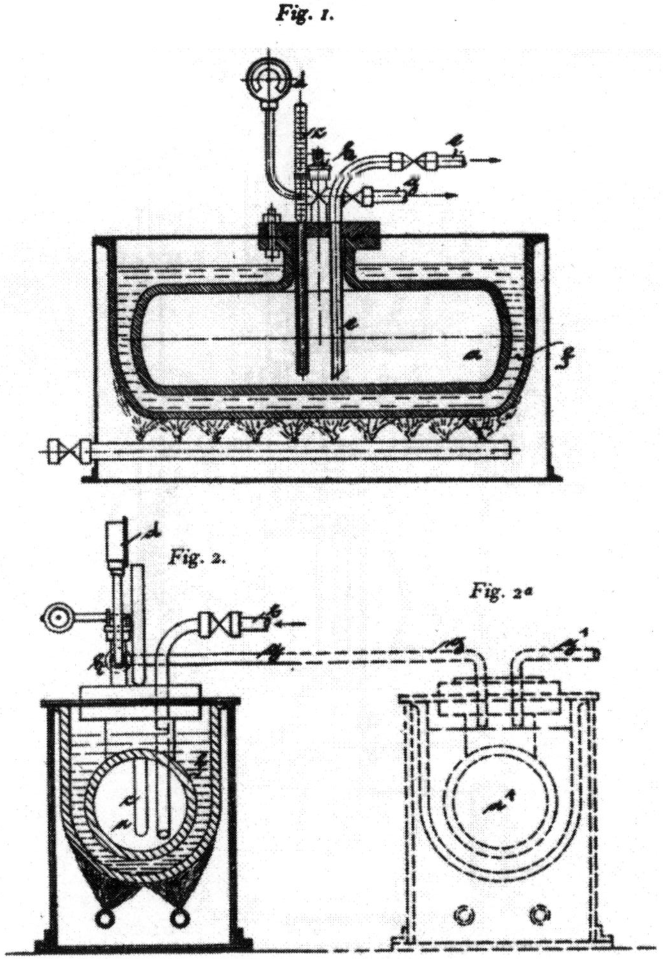
Fig. 1.
Fig. 2.
Fig. 2a

Abb. 7

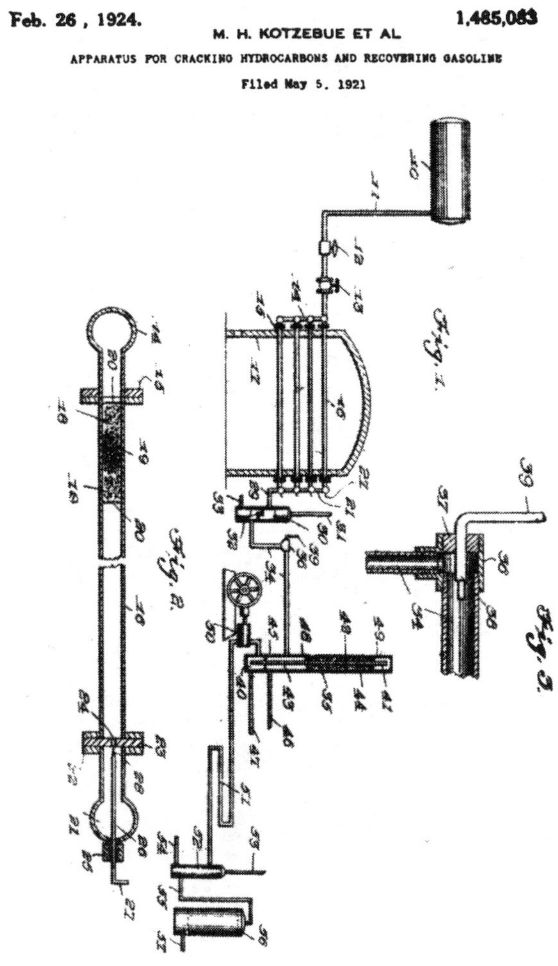
Feb. 26, 1924.
M. H. KOTZEBUE ET AL
1,485,083
APPARATUS FOR CRACKING HYDROCARBONS AND RECOVERING GASOLINE
Filed May 5, 1921
Fig. 1.
Fig. 2.
Fig. 3.

Abb. 9

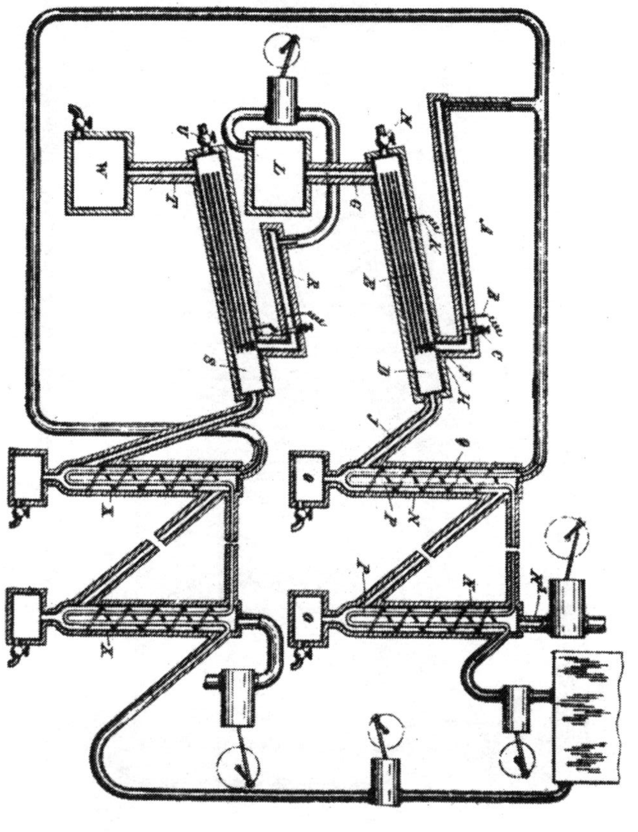

Abb. 10

Feb. 19, 1924. V. L. EMERSON 1,484,014

PROCESS FOR CONVERSION OF HYDROCARBON OILS AND SIMILAR SUBSTANCES

Filed Nov. 3, 1919

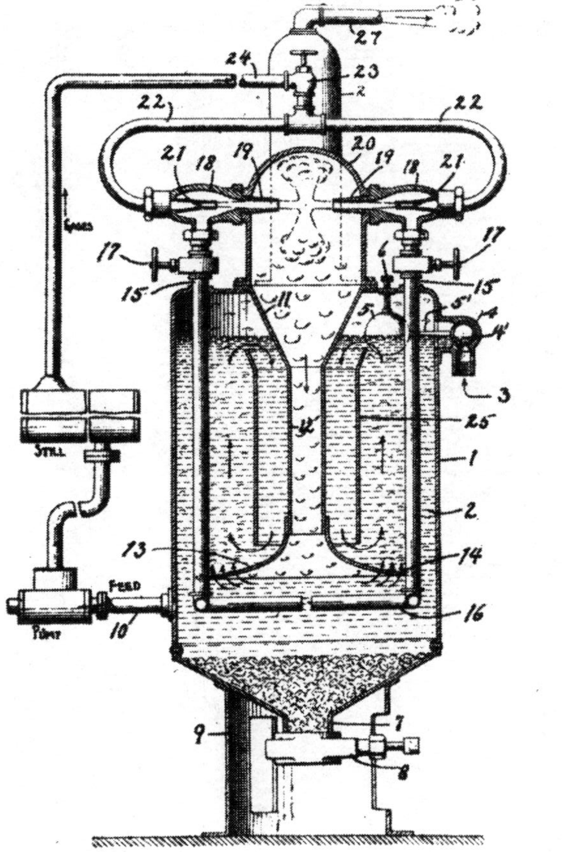

Abb. 14

S. L. GARTLAN.

APPARATUS FOR THE TREATMENT OF PETROLEUM OILS.

APPLICATION FILED MAR. 17, 1919. RENEWED JAN. 28, 1922.

1,430,978. Patented Oct. 3, 1922.

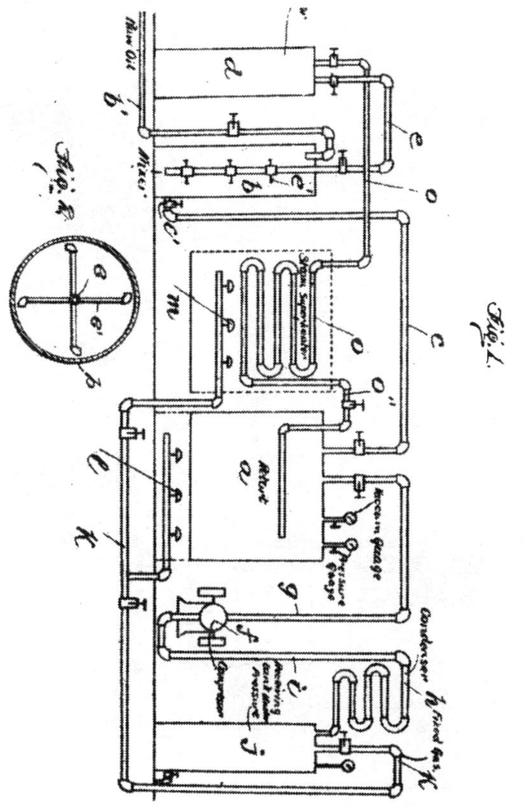

Abb. 12

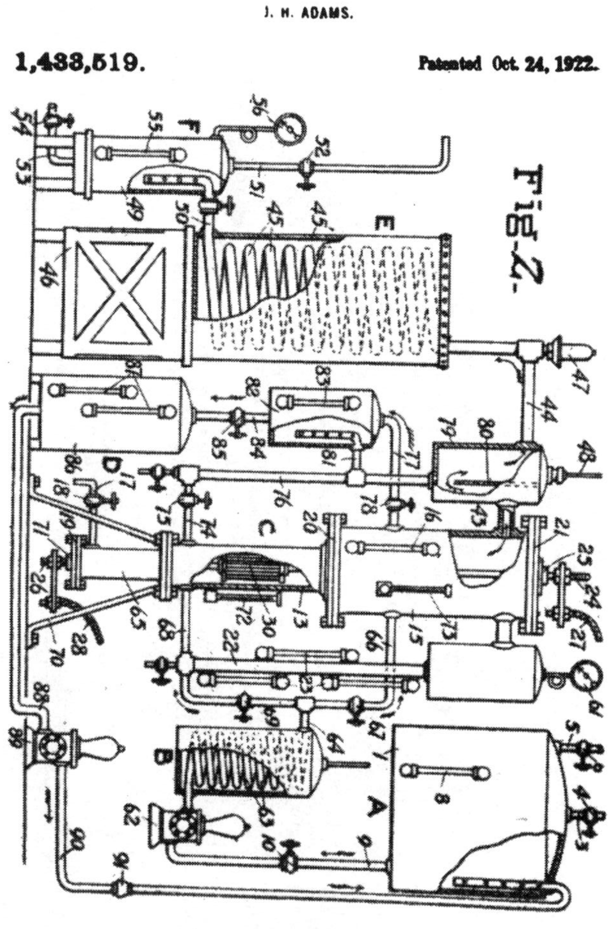

Abb. 17

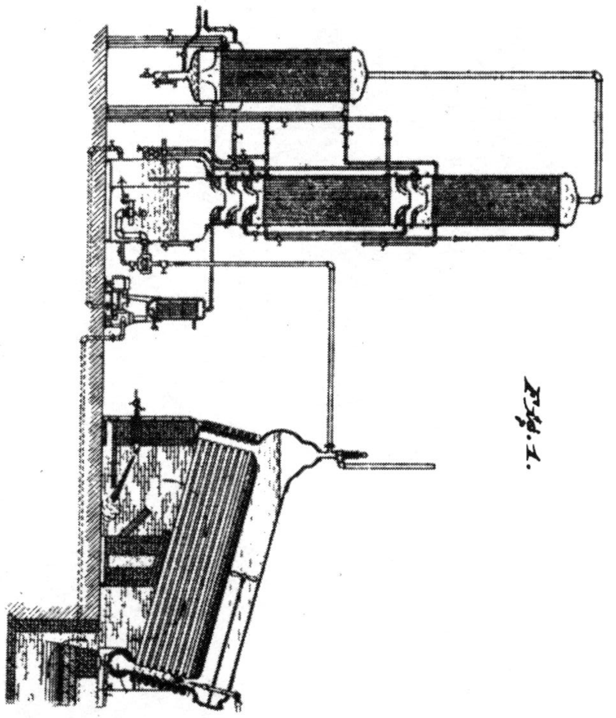

Abb. 15

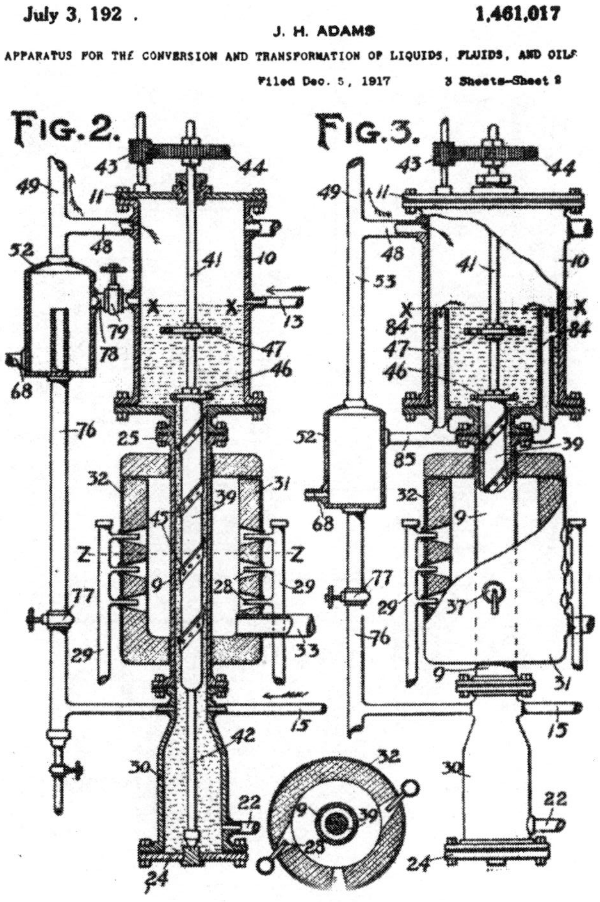
July 3, 192 .
J. H. ADAMS
1,461,017
APPARATUS FOR THE CONVERSION AND TRANSFORMATION OF LIQUIDS, FLUIDS, AND OILS
Filed Dec. 5, 1917
3 Sheets-Sheet 2
FIG. 2.
FIG. 3.

Abb. 19

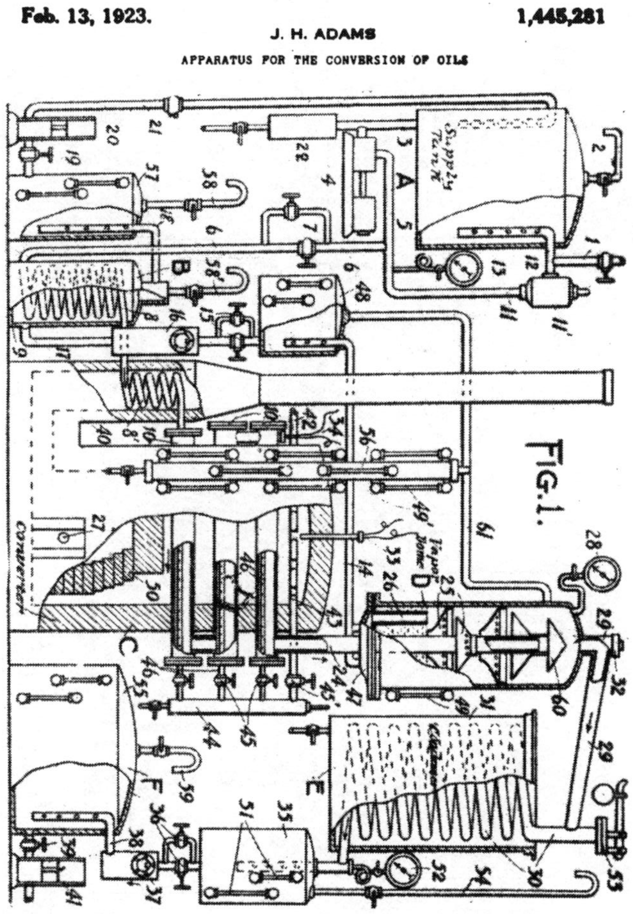
Feb. 13, 1923.
J. H. ADAMS
1,445,281
APPARATUS FOR THE CONVERSION OF OILS
FIG. 1.
Supply Tank
Vapor Dome
Converter

Abb. 18

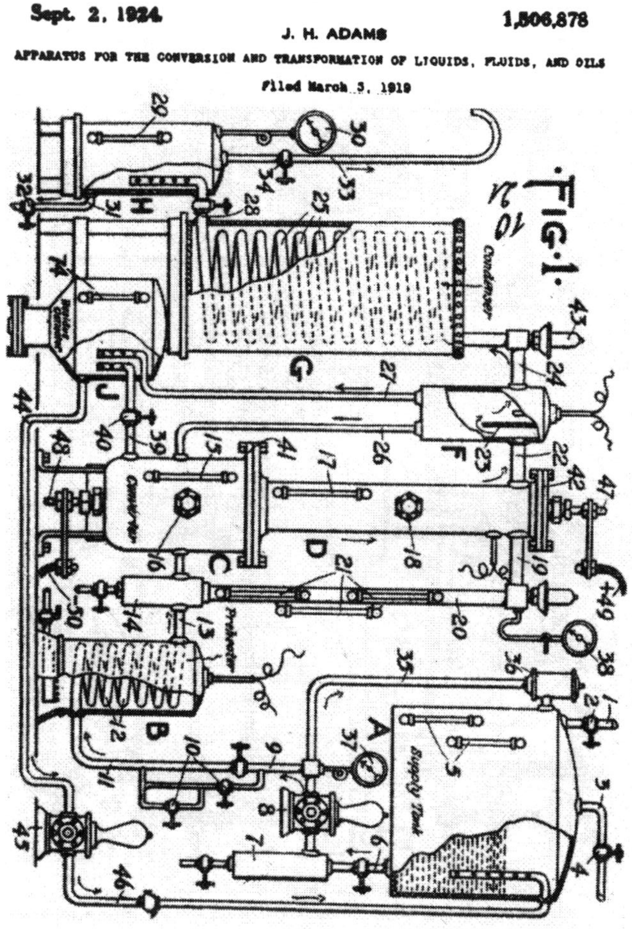
Sept. 2, 1924.
1,506,878
J. H. ADAMS
APPARATUS FOR THE CONVERSION AND TRANSFORMATION OF LIQUIDS, FLUIDS, AND OILS
Filed March 3, 1919
FIG·1·
Condenser
Converter
Preheater
Supply Tank

Abb. 21

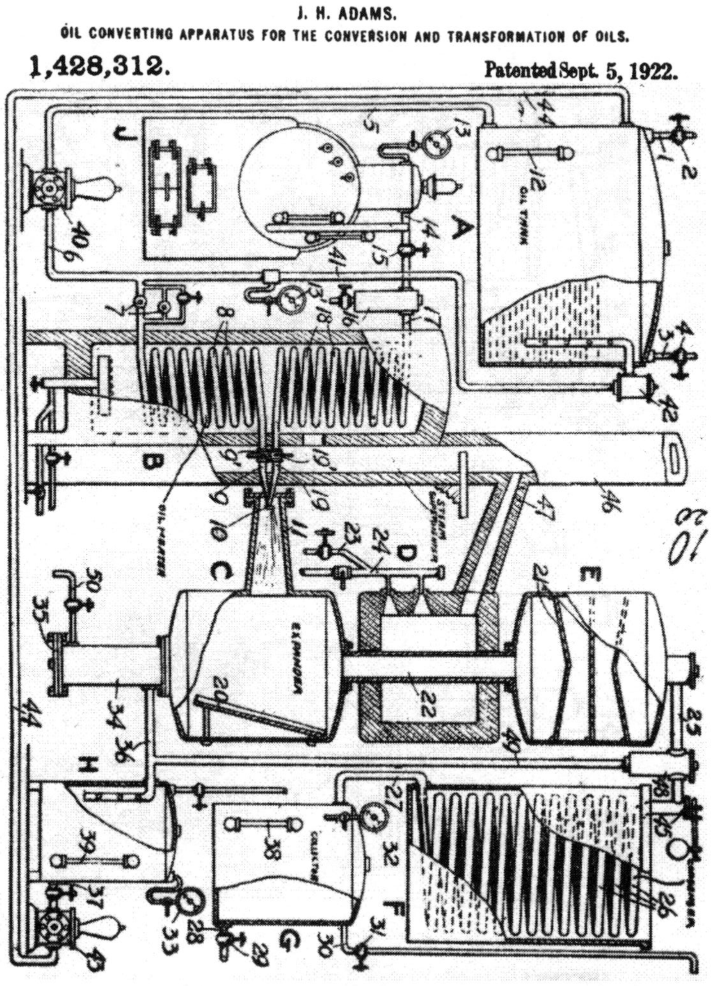
J. H. ADAMS.
OIL CONVERTING APPARATUS FOR THE CONVERSION AND TRANSFORMATION OF OILS.
1,428,312.
Patented Sept. 5, 1922.
OIL TANK
STEAM SUPERHEATER
OIL HEATER
EXPANDER
COLLECTOR
CONDENSER

Abb. 20

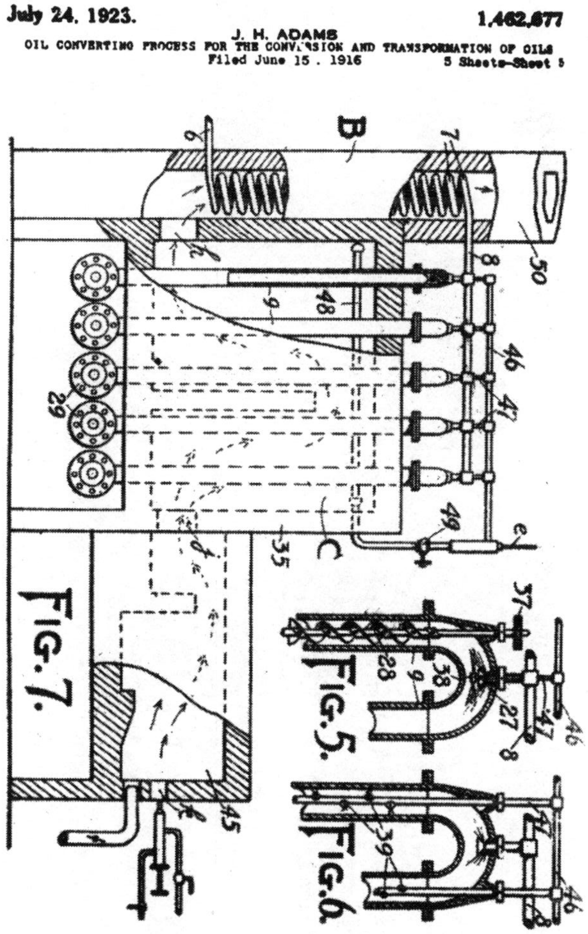
July 24, 1923.
J. H. ADAMS
1,462,677
OIL CONVERTING PROCESS FOR THE CONVERSION AND TRANSFORMATION OF OILS
Filed June 15, 1916
5 Sheets-Sheet 5
FIG. 7.
FIG. 5.
FIG. 6.

Abb. 23

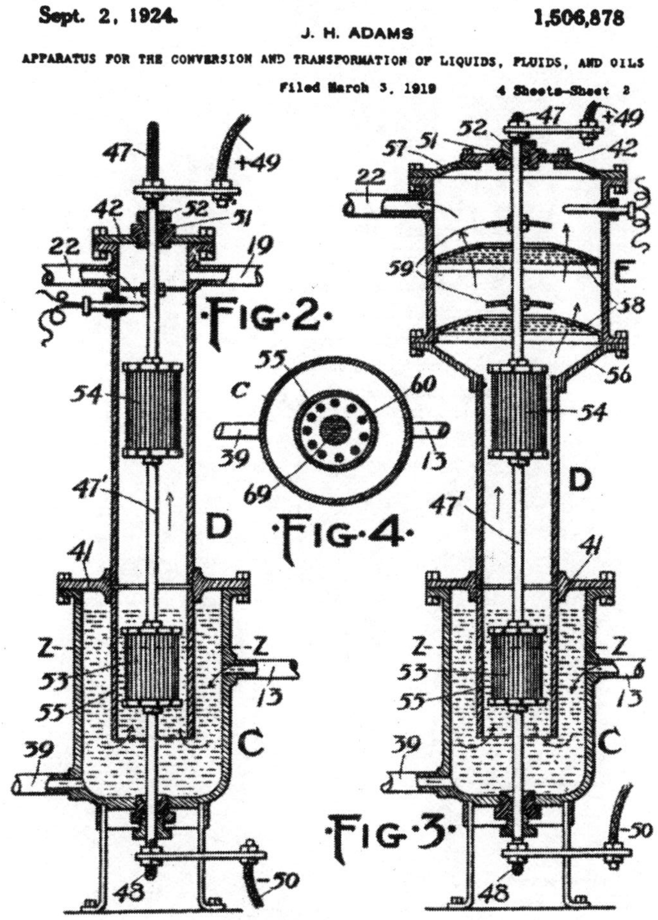
Sept. 2, 1924.
J. H. ADAMS
1,506,878
APPARATUS FOR THE CONVERSION AND TRANSFORMATION OF LIQUIDS, FLUIDS, AND OILS
Filed March 3, 1919
4 Sheets-Sheet 2
FIG. 2.
FIG. 4.
FIG. 3.

Abb. 22

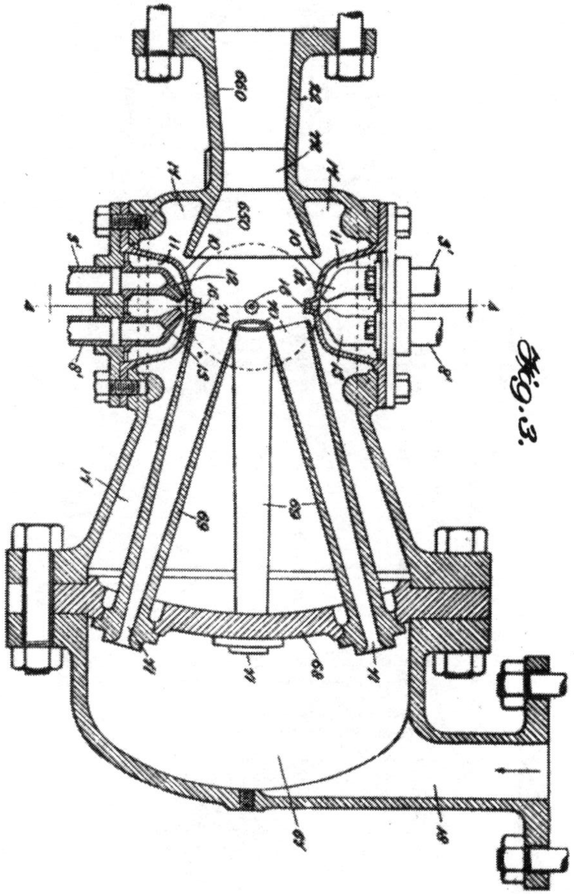
Fig. 3.

Abb. 26

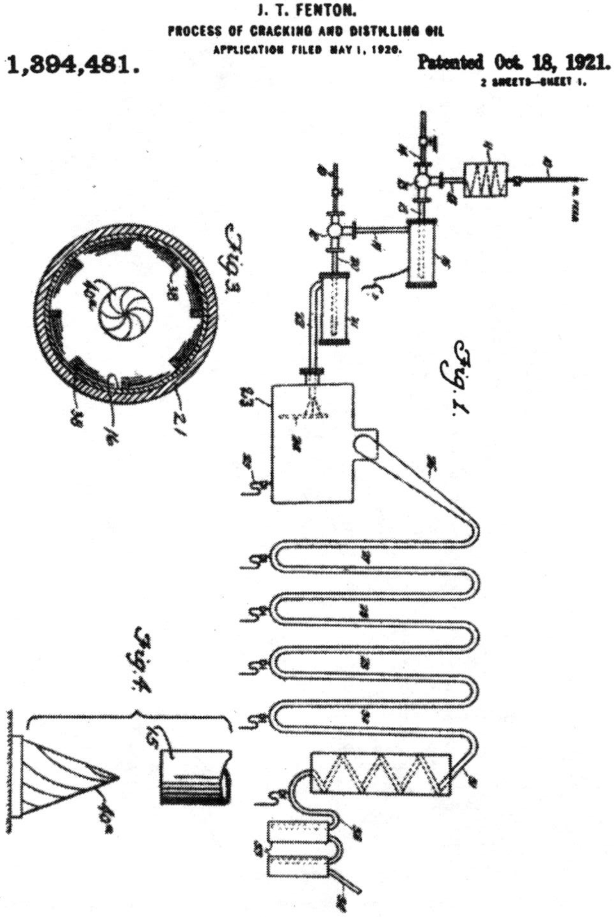
J. T. FENTON.
PROCESS OF CRACKING AND DISTILLING OIL
APPLICATION FILED MAY 1, 1920.
1,394,481.
Patented Oct. 18, 1921.
2 SHEETS—SHEET 1.
Fig. 1.
Fig. 3.
Fig. 4.

Abb. 24

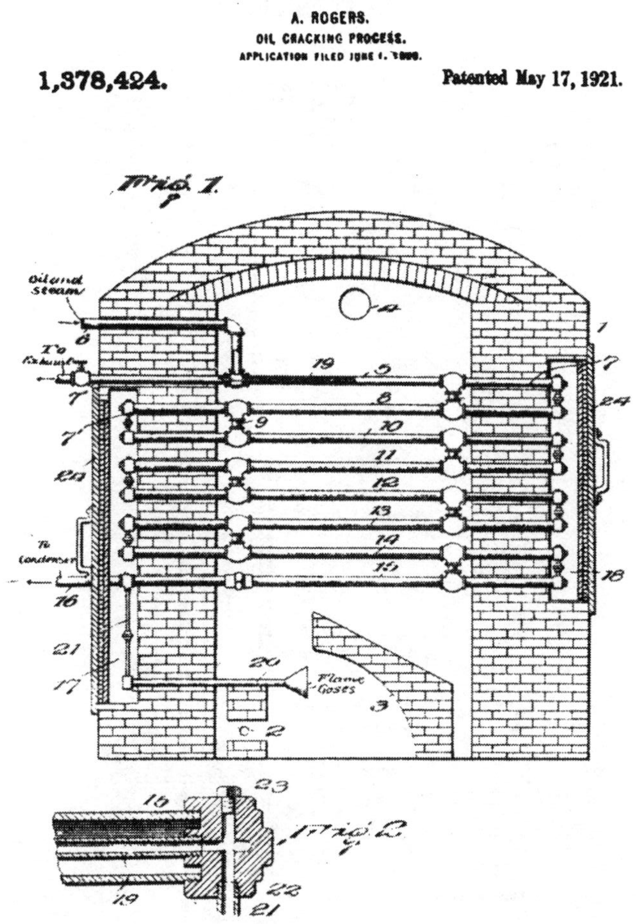
A. ROGERS.
OIL CRACKING PROCESS.
1,378,424.
Patented May 17, 1921.
Fig. 1.
Oil and steam
To Exhauster
To condenser
Flame Gases
Fig. 2

Abb. 28

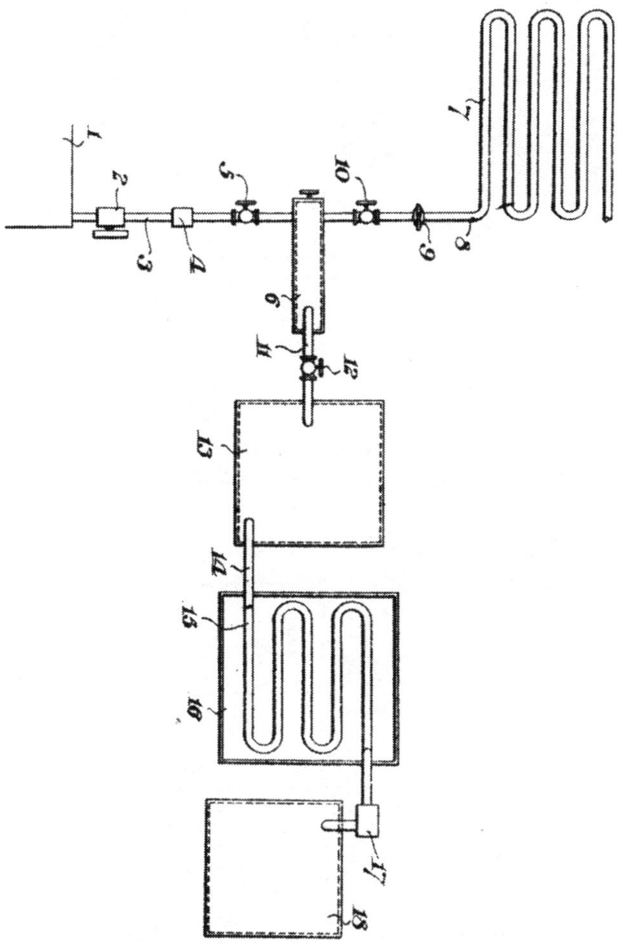

Abb. 27

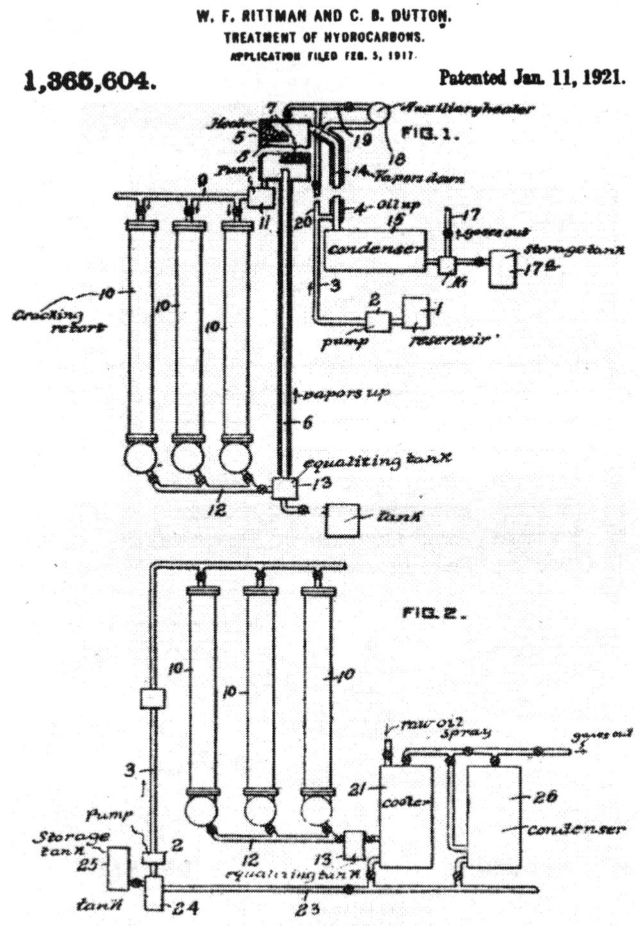
W. F. RITTMAN AND C. B. DUTTON.
TREATMENT OF HYDROCARBONS.
APPLICATION FILED FEB. 5, 1917.
1,365,604.
Patented Jan. 11, 1921.
FIG. 1.
Heater
Pump
Auxiliary heater
Vapors down
Oil up
condenser
gases out
Storage tank
Cracking retort
pump
reservoir
vapors up
equalizing tank
tank
FIG. 2.
raw oil
spray
gases out
cooler
condenser
Pump
Storage tank
tank
equalizing tank

Abb. 30

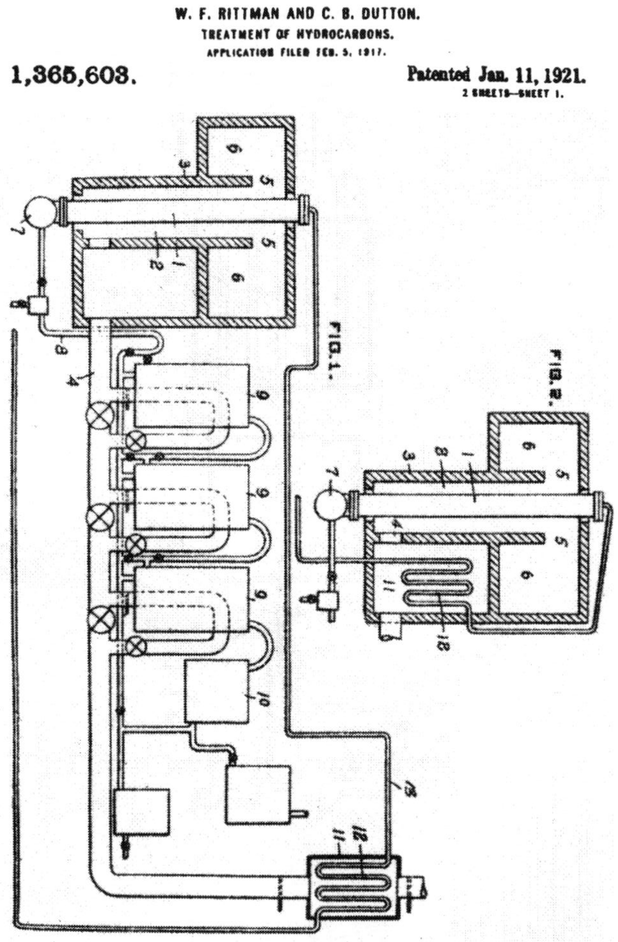
W. F. RITTMAN AND C. B. DUTTON.
TREATMENT OF HYDROCARBONS.
APPLICATION FILED FEB. 5, 1917.
1,365,603.
Patented Jan. 11, 1921.
2 SHEETS—SHEET 1.
FIG. 1.
FIG. 2.

Abb. 29

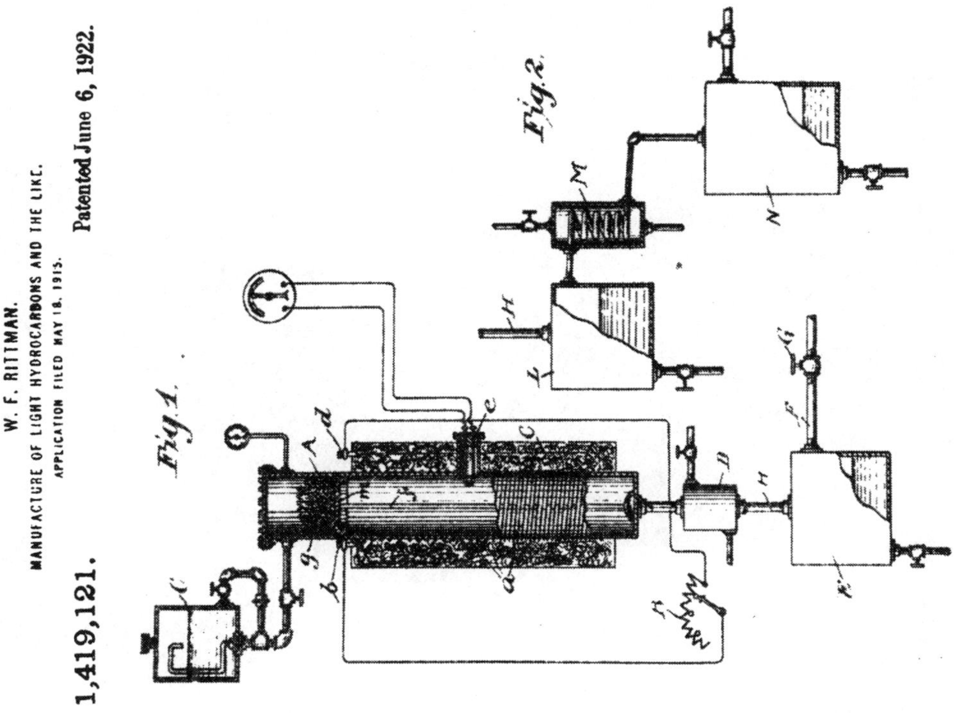

Abb. 31

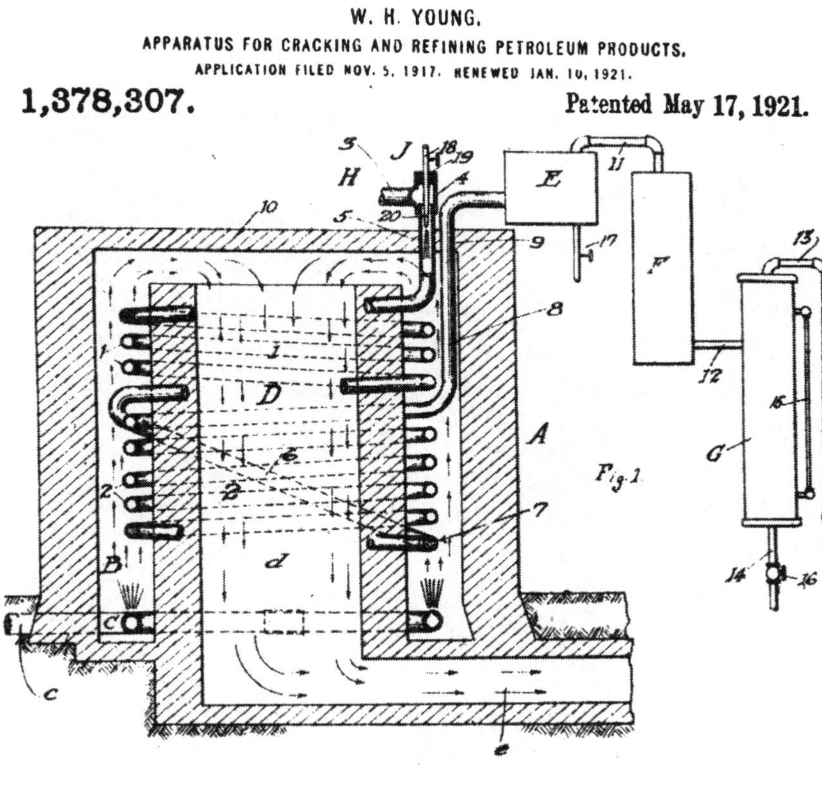

Abb. 32 E

W. J. KNOX.
METHOD AND APPARATUS FOR TREATING OR CONVERTING COMPOUNDS PREFERABLY OF A HYDROCARBON NATURE.
APPLICATION FILED MAR. 24, 1919.

1,428,641. Patented Sept. 12, 1922.
4 SHEETS—SHEET 1.

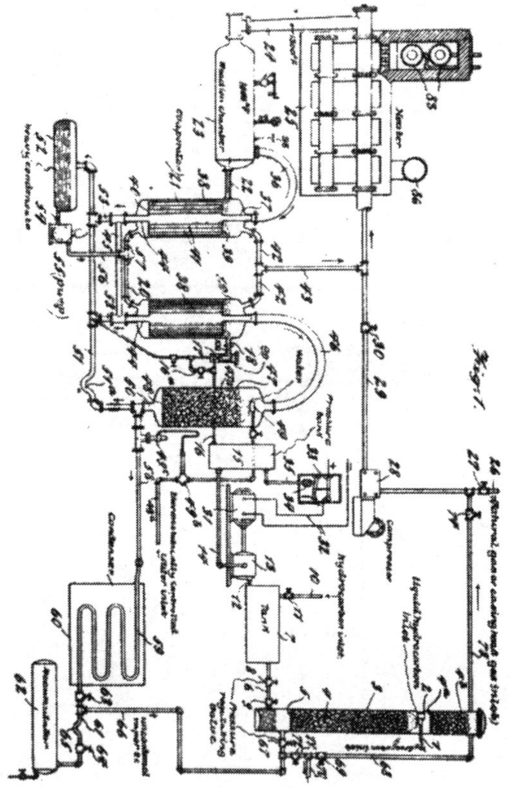

Abb. 35

D. W. HOGE.
METHOD OF AND APPARATUS FOR TREATING PETROLEUM.
APPLICATION FILED AUG. 25, 1919.

1.382,727. Patented June 28, 1921.

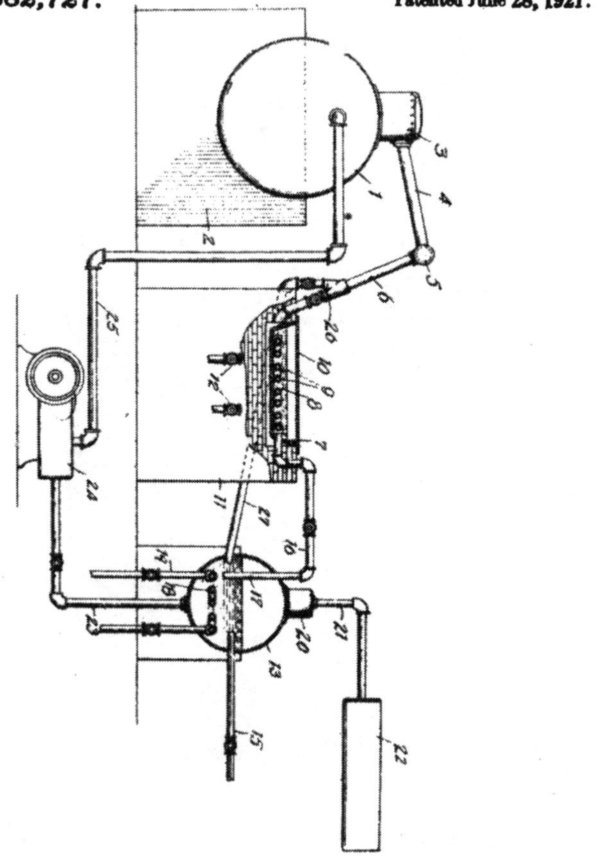

Abb. 33

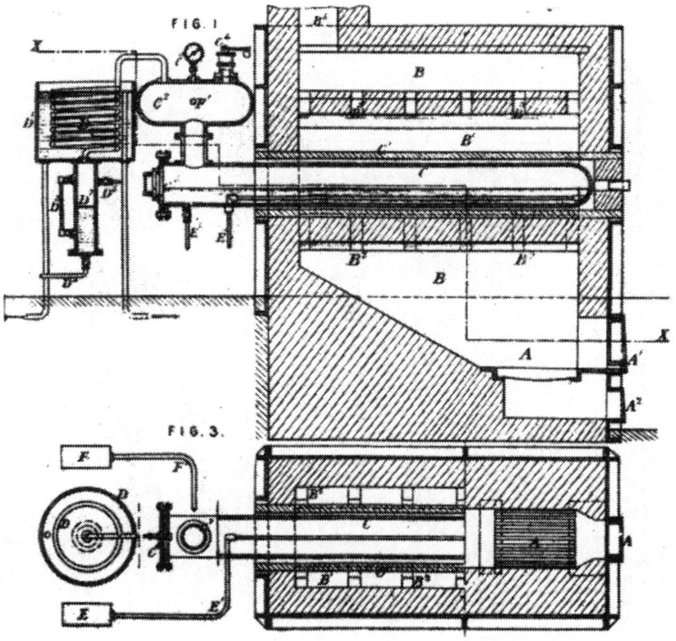

Abb. 36

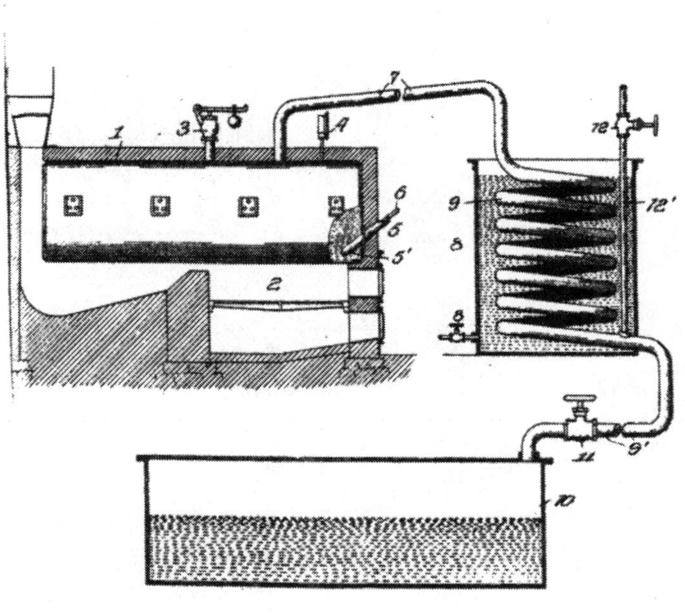

Abb. 37

F. B. LEWIS AND T. S. COOKE.
ART OF DISTILLING PETROLEUM OILS.

1,392,584. Patented Oct. 4, 1921.

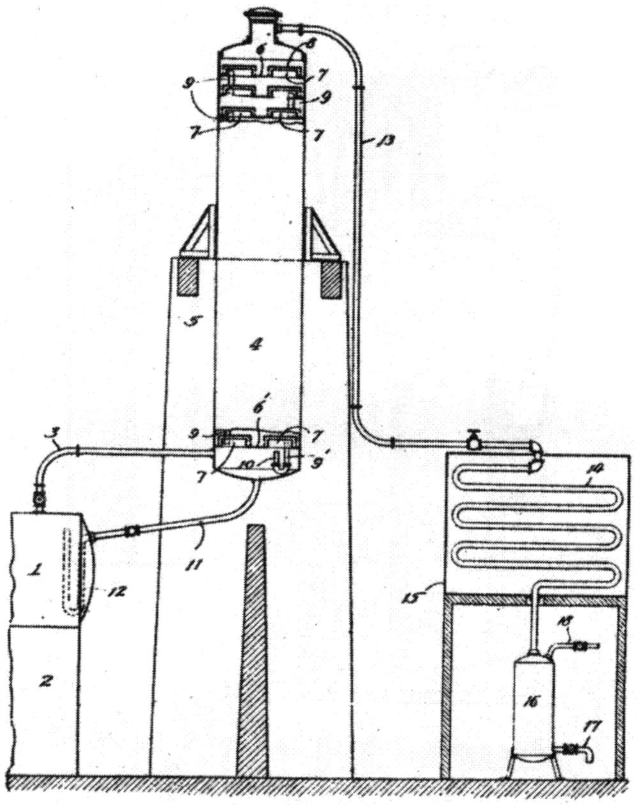

Abb. 40

E. M. CLARK.
ART OF PRESSURE DISTILLATION.
APPLICATION FILED MAR. 31, 1919.

1,405,286. Patented Jan. 31, 1922.

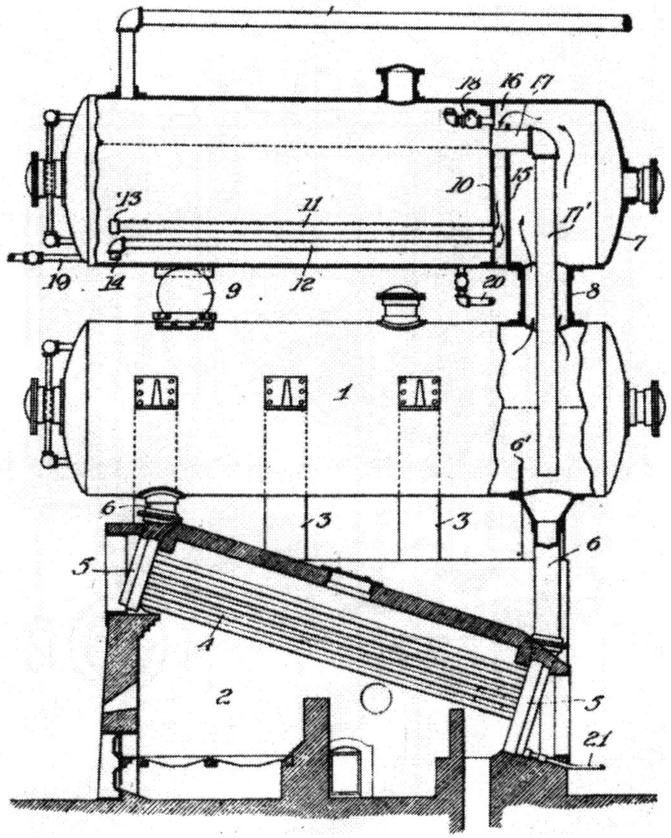

Abb. 39

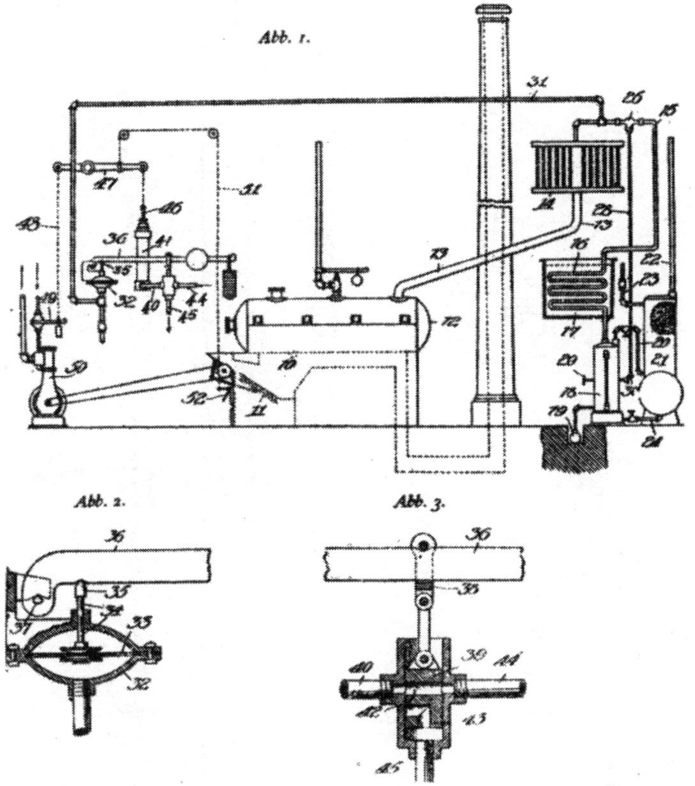

Abb. 42

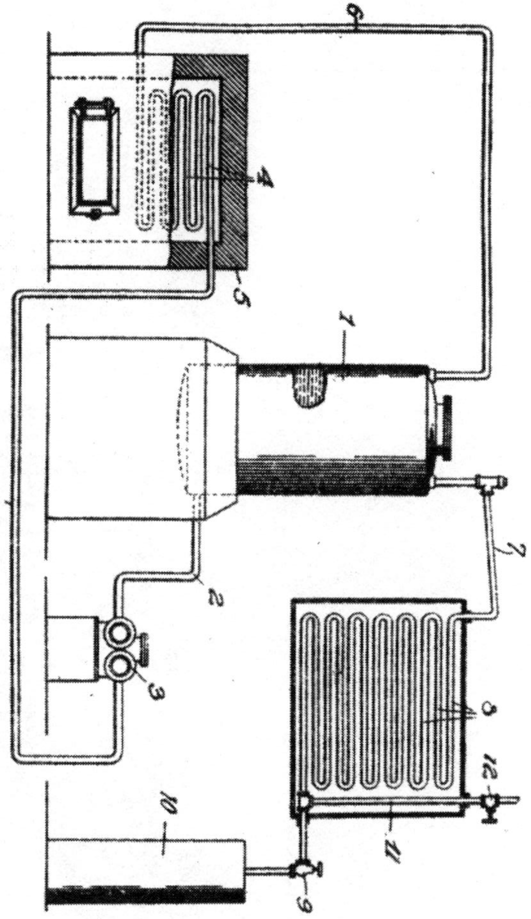

Abb. 41

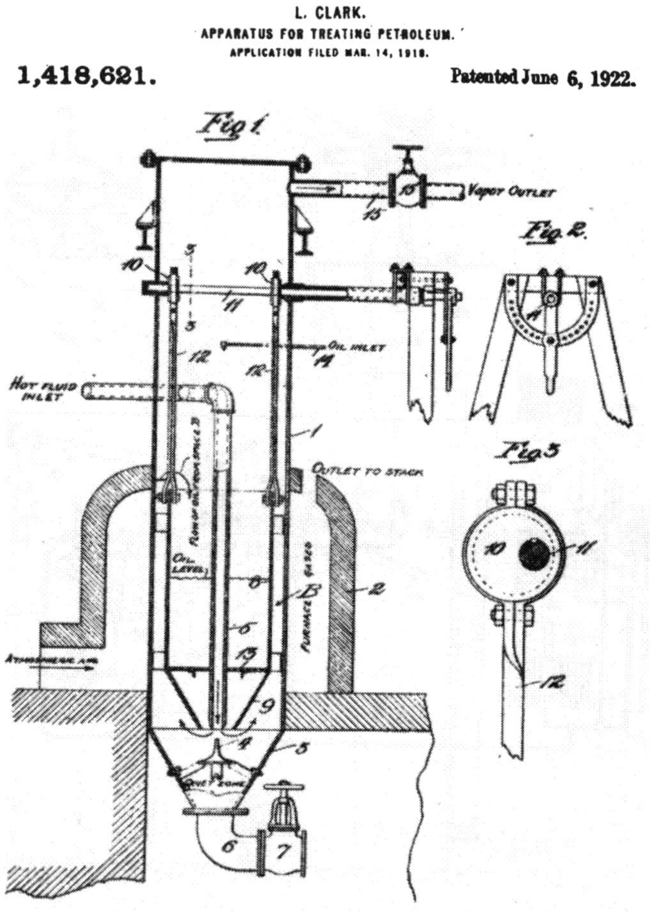
L. CLARK.
APPARATUS FOR TREATING PETROLEUM.
APPLICATION FILED MAR. 14, 1919.
1,418,621.
Patented June 6, 1922.
Fig 1.
Vapor Outlet
Fig 2.
Oil inlet
Hot fluid inlet
Outlet to stack
Fig 3
Oil Level
Furnace gases

Abb. 44

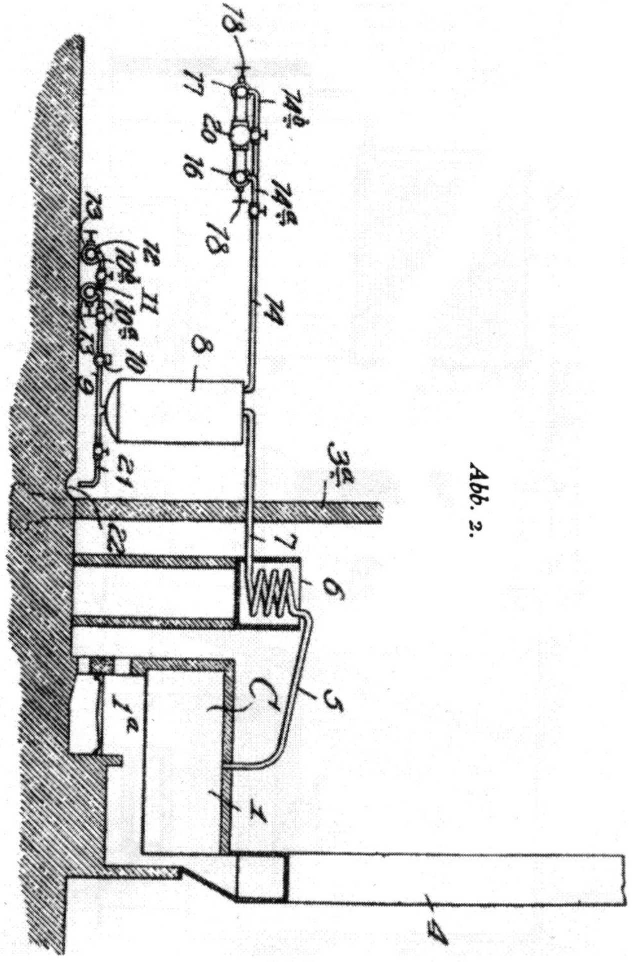
Abb. 2.

Abb. 43

J. W. COAST, Jr.
ART OF CRACKING HYDROCARBONS
APPLICATION FILED SEPT. 27, 1917.

1,388,629. Patented Aug. 23, 1921.

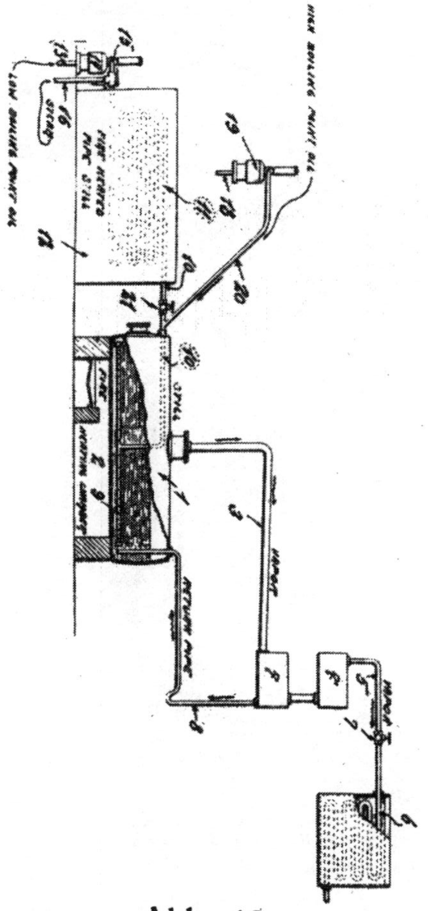

Abb. 46

J. S. COSDEN & J. W. COAST, Jr.
ART OF CRACKING PETROLEUM HYDROCARBONS.
APPLICATION FILED DEC. 26, 1916.

1,261,215. Patented Apr. 2, 1918.

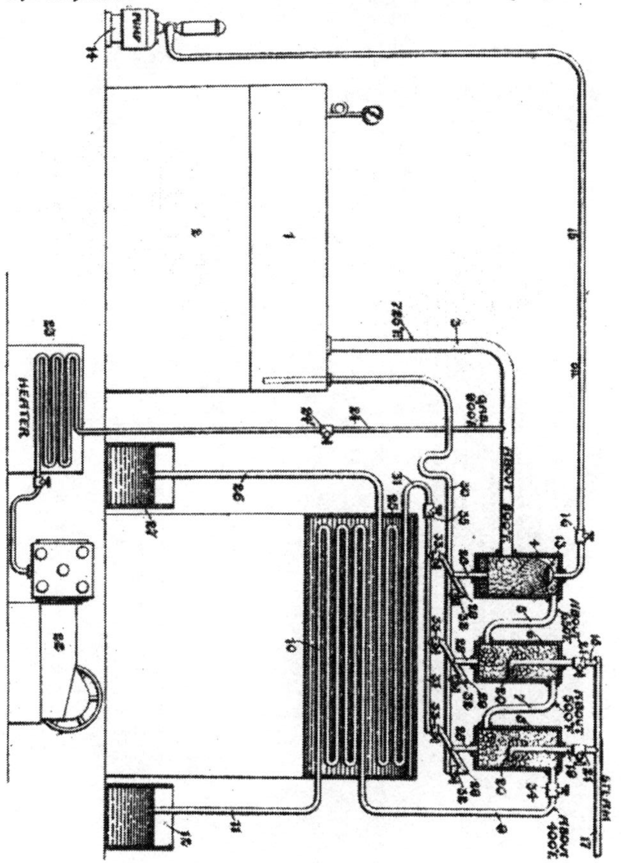

Abb. 45

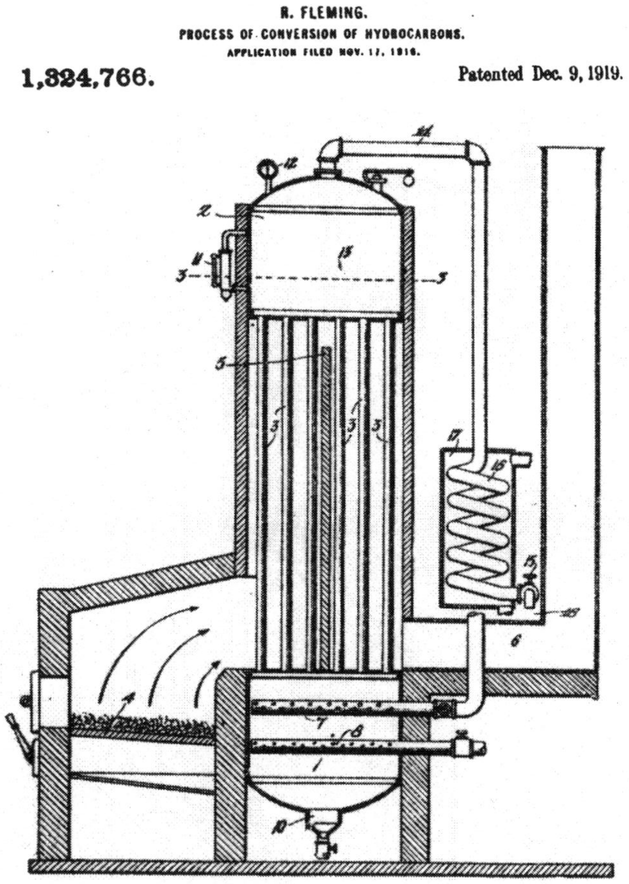
R. FLEMING.
PROCESS OF CONVERSION OF HYDROCARBONS.
APPLICATION FILED NOV. 17, 1916.
1,324,766.
Patented Dec. 9, 1919.

Abb. 49

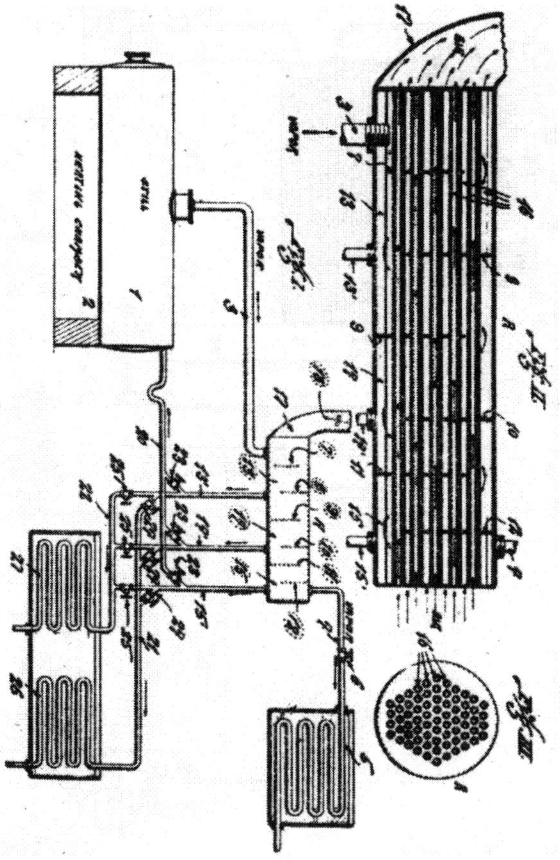

Abb. 48

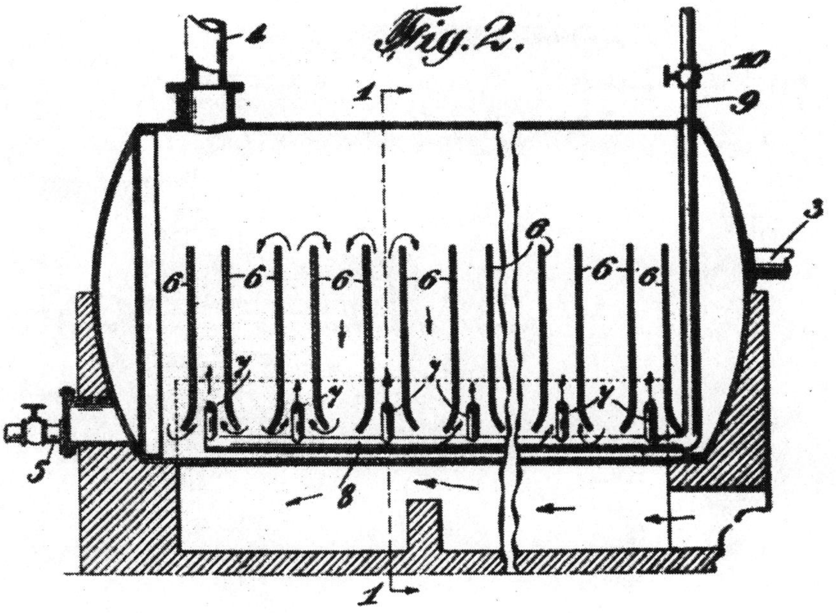

Abb. 50

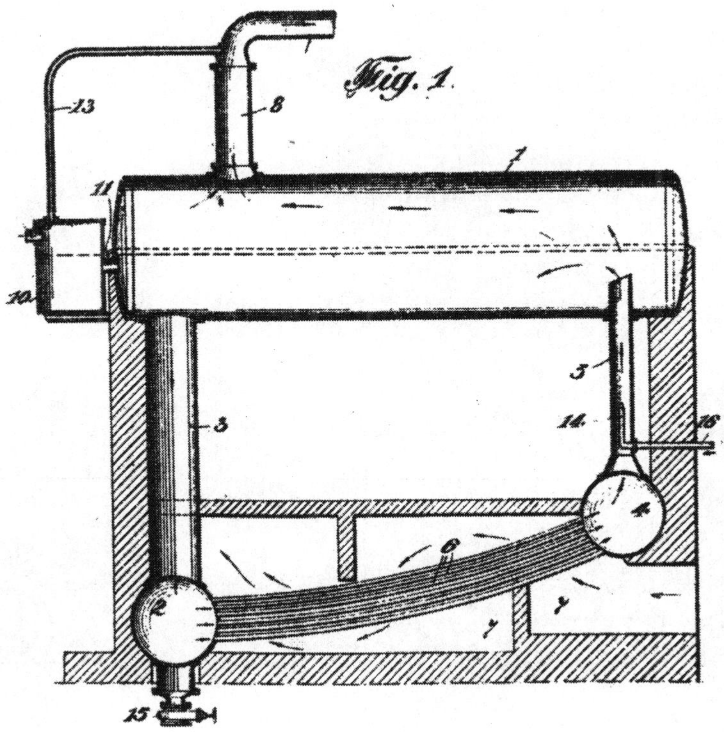

Abb. 51

R. D. GEORGE.
PROCESS FOR CRACKING OILS.
APPLICATION FILED SEPT. 14, 1921.

1,420,832. Patented June 27, 1922.
2 SHEETS—SHEET 1.

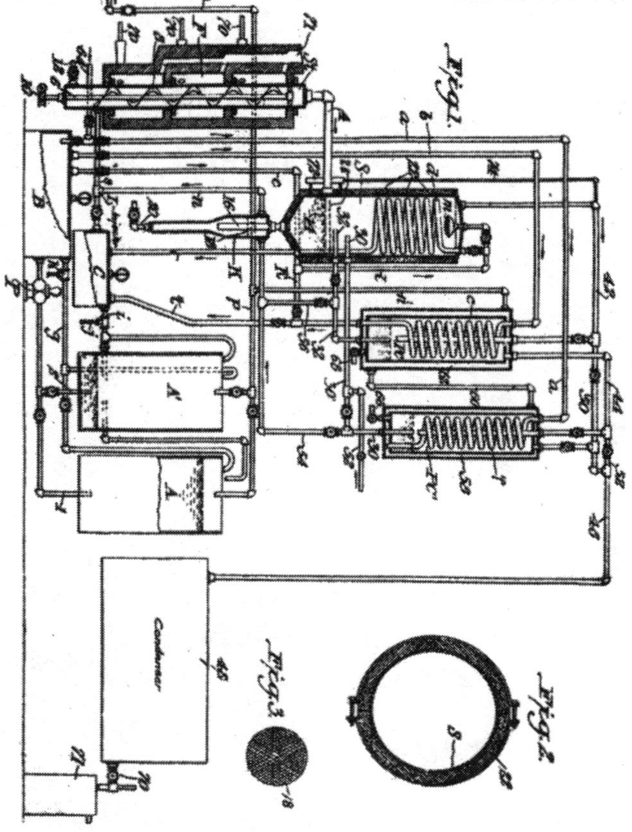

Abb. 54

F. T. MANLEY.
APPARATUS FOR CRACKING HYDROCARBON OILS.
APPLICATION FILED OCT 10, 1917.

1,428,338. Patented Sept. 5, 1922.

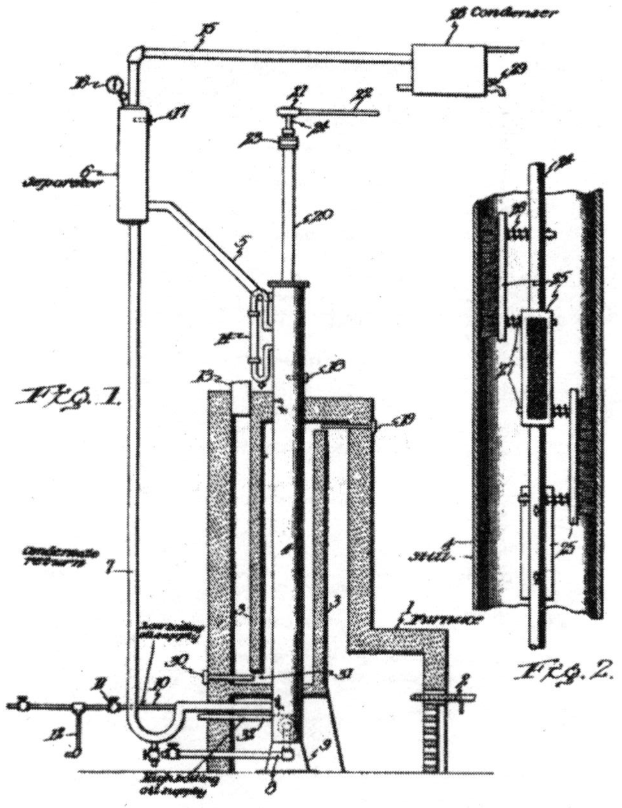

Abb. 53

March 4, 1924. W. F. MUEHL 1,485.565

APPARATUS FOR CONVERTING HEAVY HYDROCARBONS INTO LIGHTER HYDROCARBONS

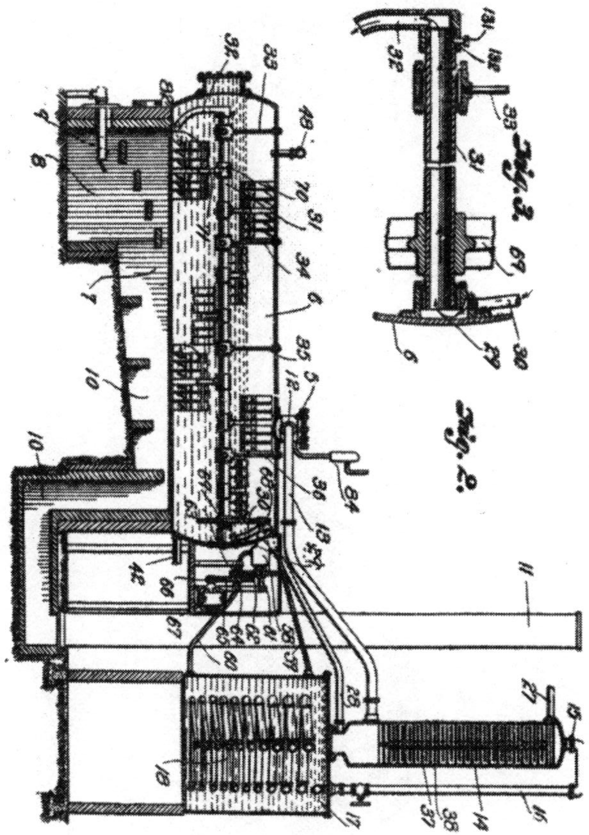

Abb. 56

March 4, 1924. W. F. MUEHL 1,485,565

APPARATUS FOR CONVERTI.'G HSAVY HYDROCARBONS INTO LIGHTER HYDROCARBONS

Filed March 17, 1921 3 Sheets-Sheet.1

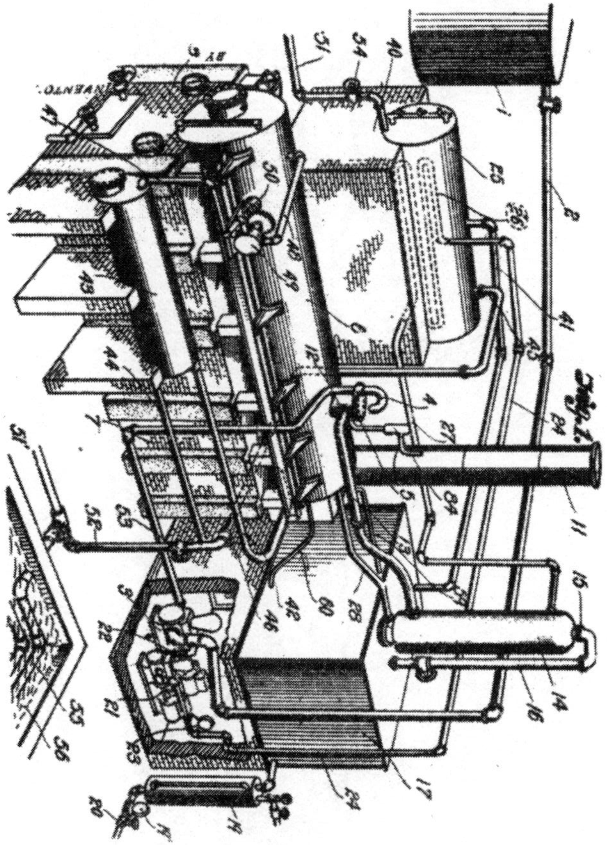

Abb. 55

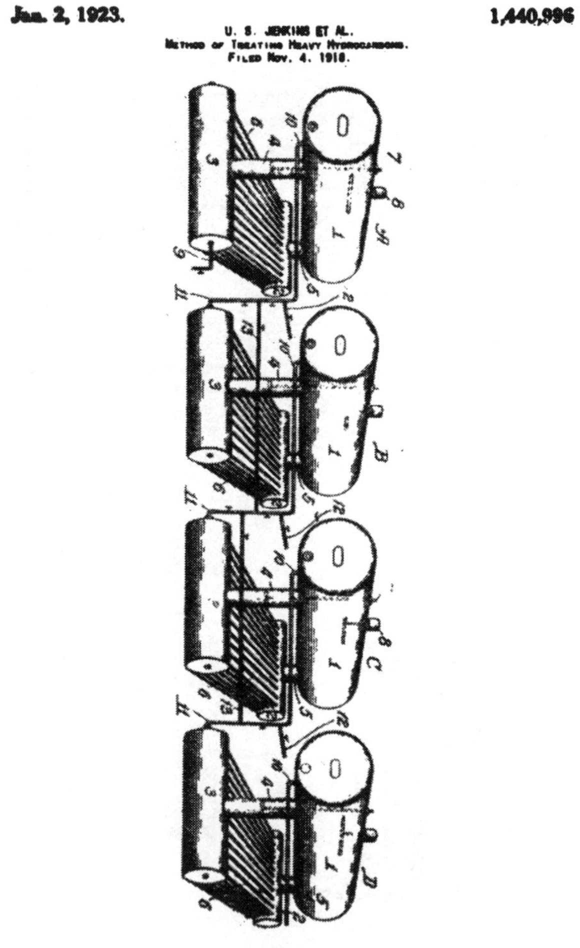
Jan. 2, 1923.
U. S. JENKINS ET AL.
Method of Treating Heavy Hydrocarbons.
Filed Nov. 4. 1918.
1,440,996

Abb. 58

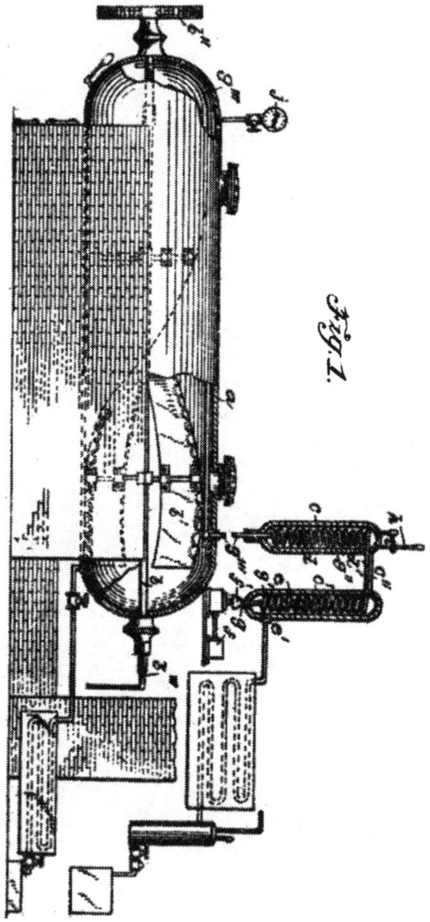
Fig. 1.

Abb. 57

July 14, 1925. 1,546,055

W. E. WILSON ET AL

APPARATUS FOR TREATING HYDROCARBONS

Filed Feb. 1, 1922 3 Sheets-Sheet 1

Fig. 1.

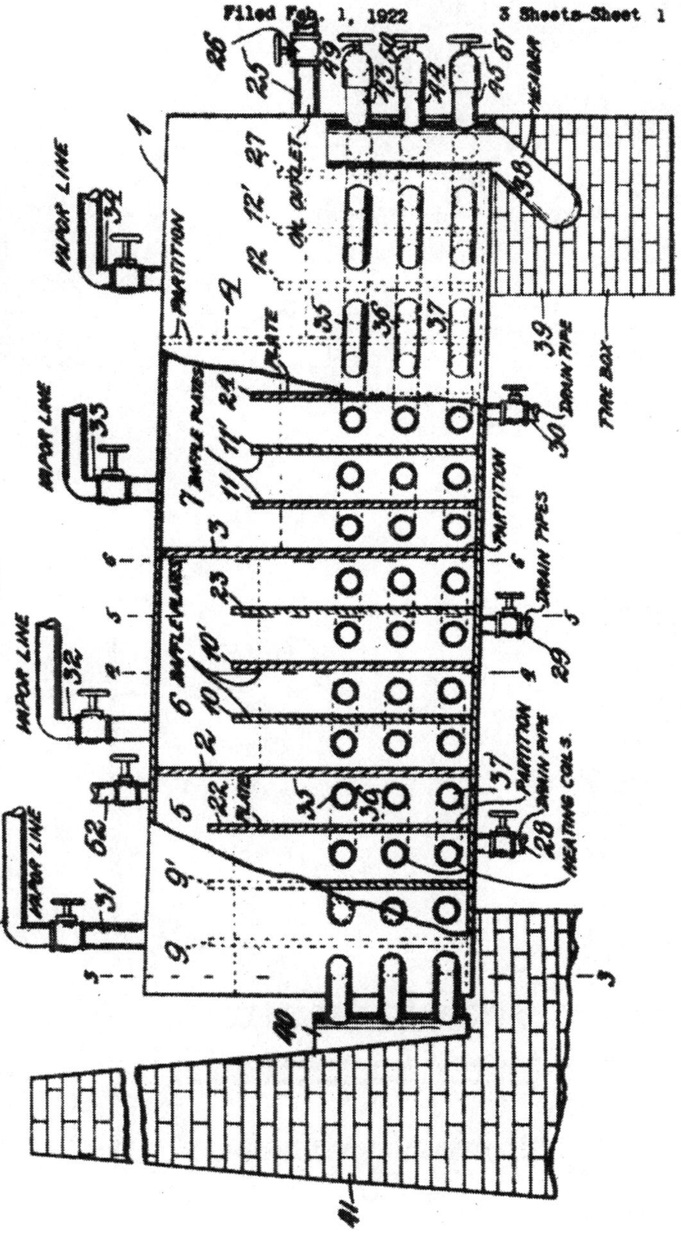

Abb. 59

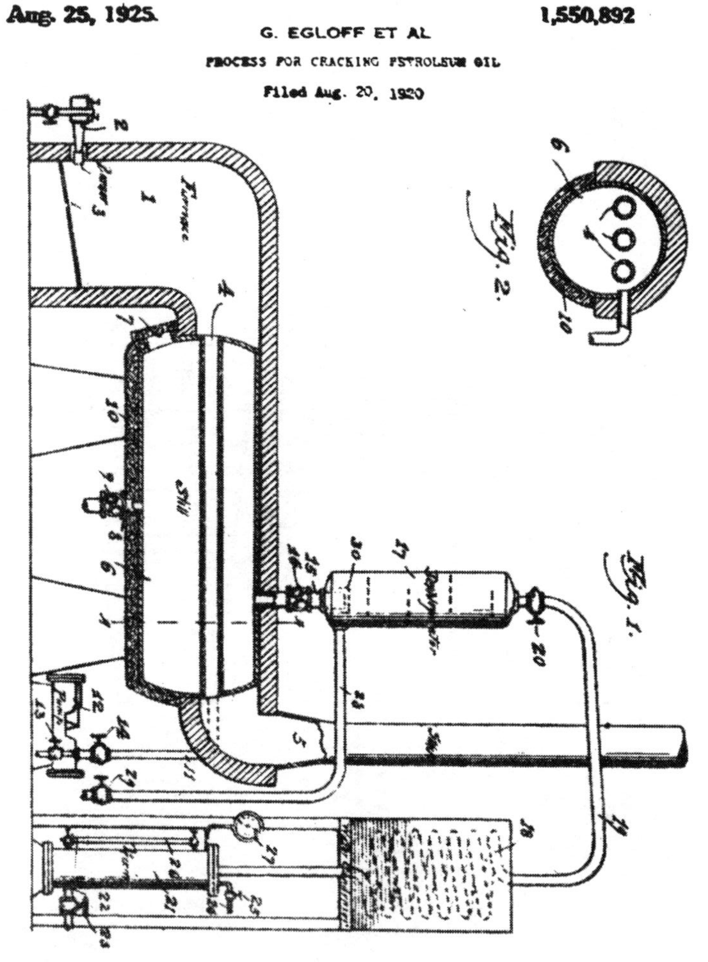
Aug. 25, 1925.
G. EGLOFF ET AL
1,550,892
PROCESS FOR CRACKING PETROLEUM OIL
Filed Aug. 20, 1920
Furnace
Still
Pump
Fig. 1.
Fig. 2.

Abb. 62

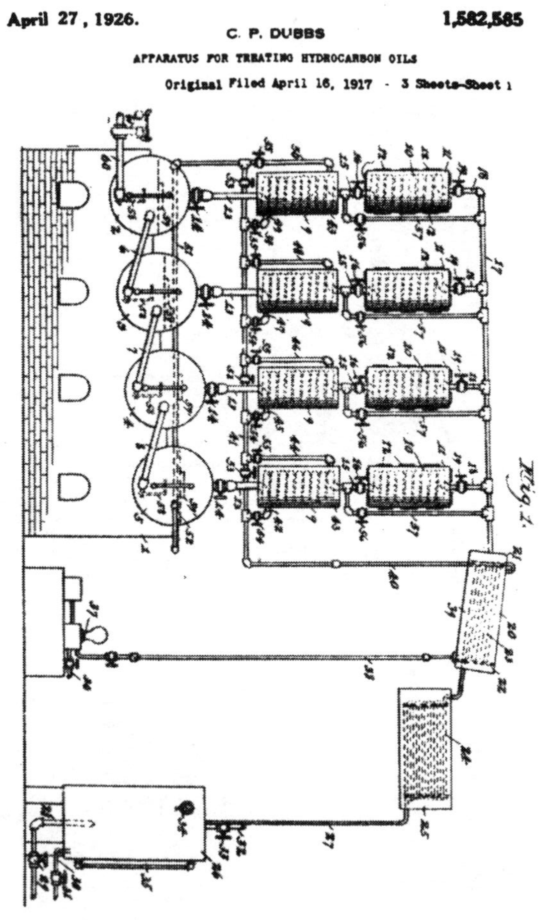
April 27, 1926.
C. P. DUBBS
1,582,585
APPARATUS FOR TREATING HYDROCARBON OILS
Original Filed April 16, 1917 - 3 Sheets-Sheet 1
Fig. 1.

Abb. 61

TESTELIN UND RENARD

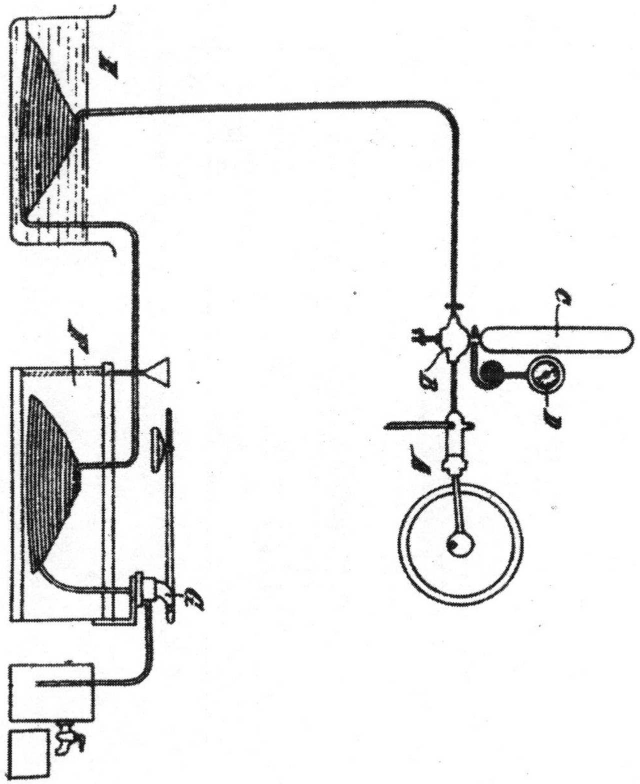

Abb. 64

1,366,643. Patented Jan. 25, 1921.

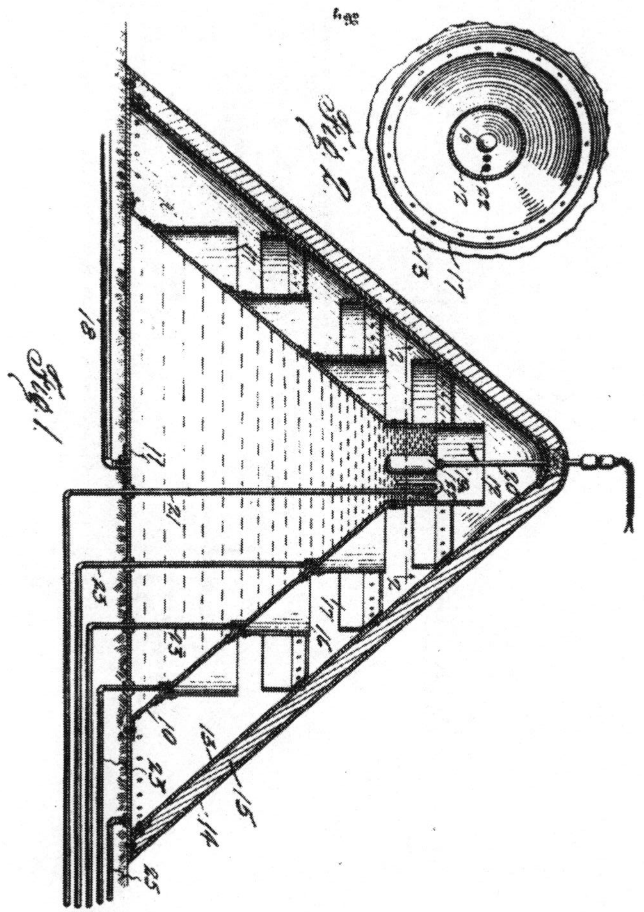

Abb. 63

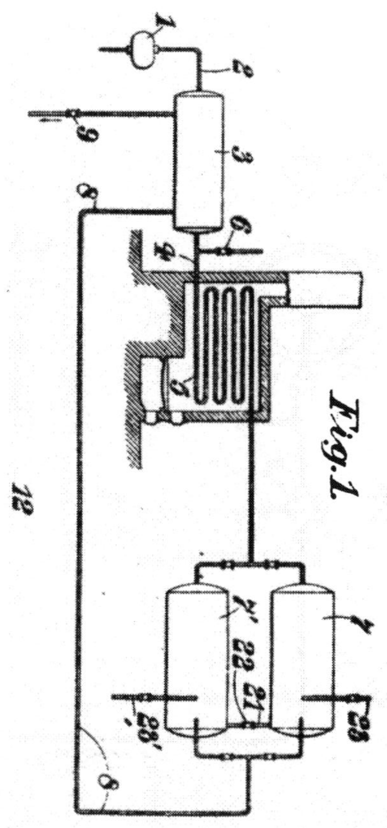

STANDART-OIL-CO. (S.114)

Abb. 67

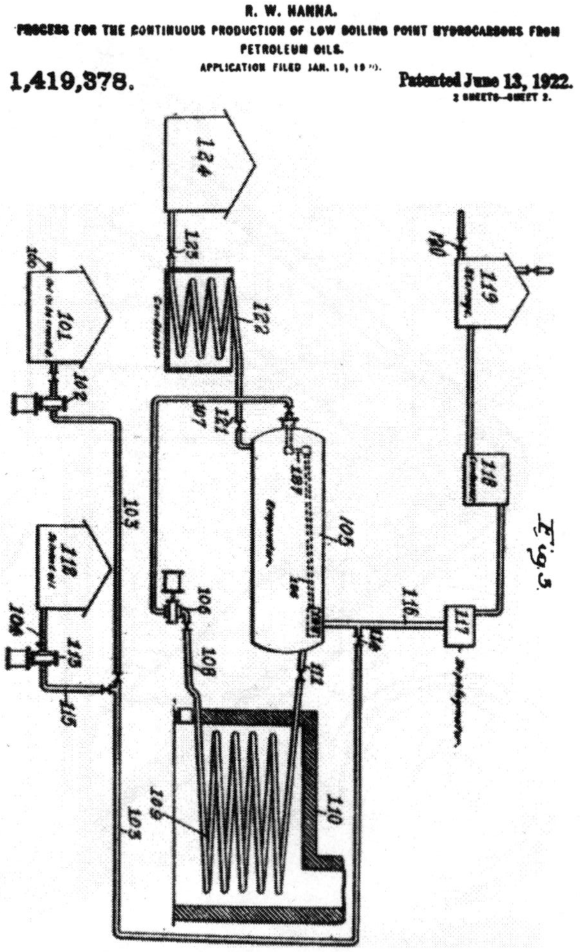

Abb. 66

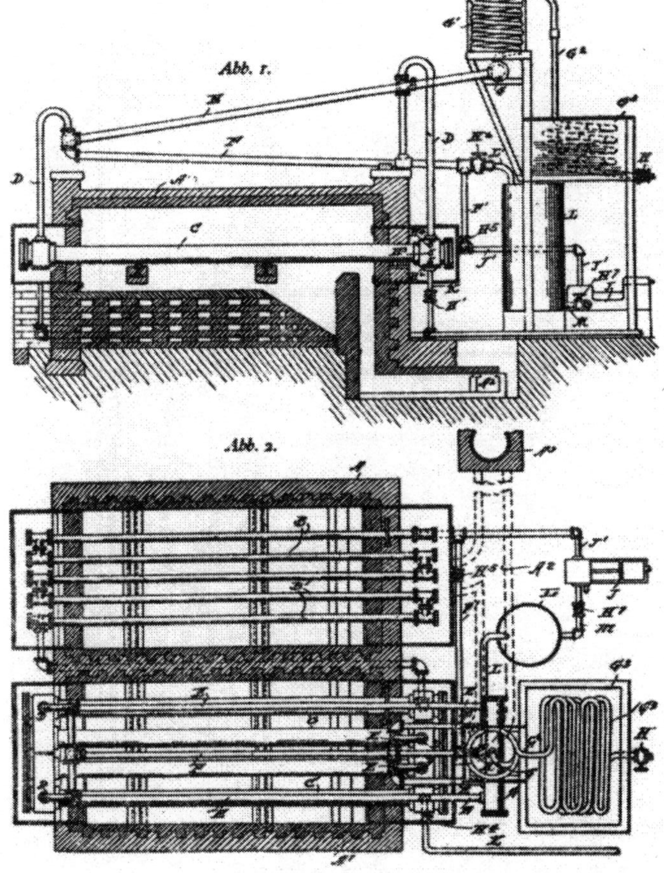
Abb. 1.
Abb. 2.

Abb. 69

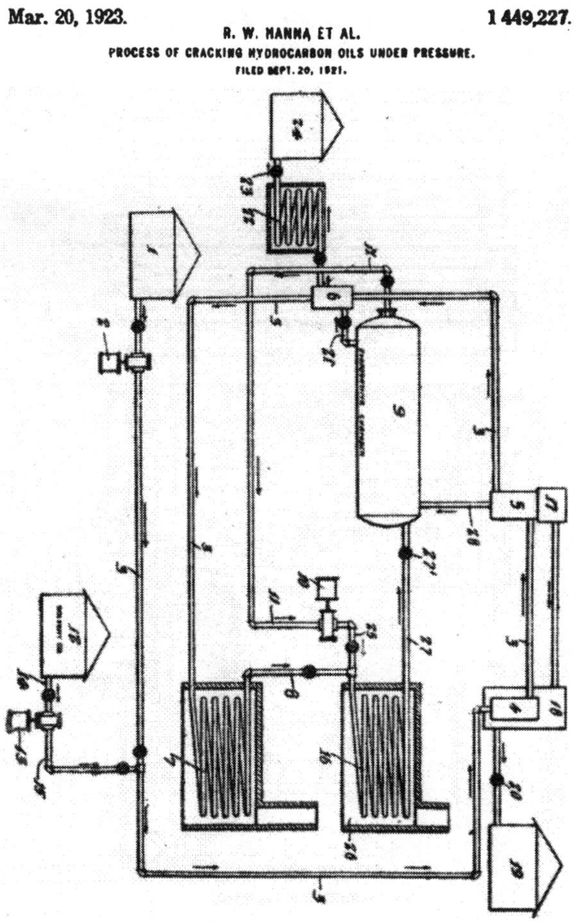
Mar. 20, 1923.
1 449,227.
R. W. HANNA ET AL.
PROCESS OF CRACKING HYDROCARBON OILS UNDER PRESSURE.
FILED SEPT. 20, 1921.

Abb. 68

Jan. 6, 1925. C. P. DUBBS 1,522,425

PROCESS OF TREATING OILS

Filed Dec. 12, 1923

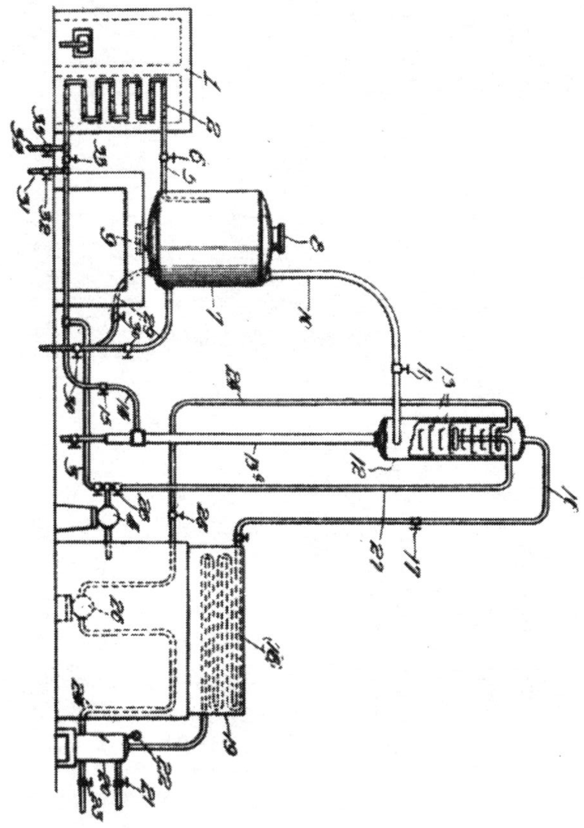

Abb. 70

June 9, 1925. G. EGLOFF ET AL 1,540,934

APPARATUS FOR CRACKING OIL

Filed Feb. 10, 1921

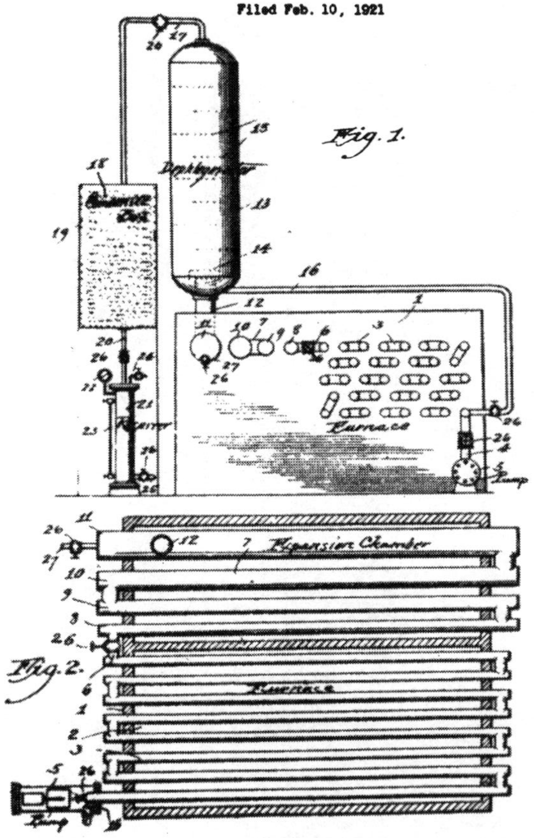

Abb. 69a

June 30, 1925. 1,543,832

C. P. DUBBS

PROCESS FOR TREATING HYDROCARBON OILS

Filed June 3, 1922 5 Sheets-Sheet 3

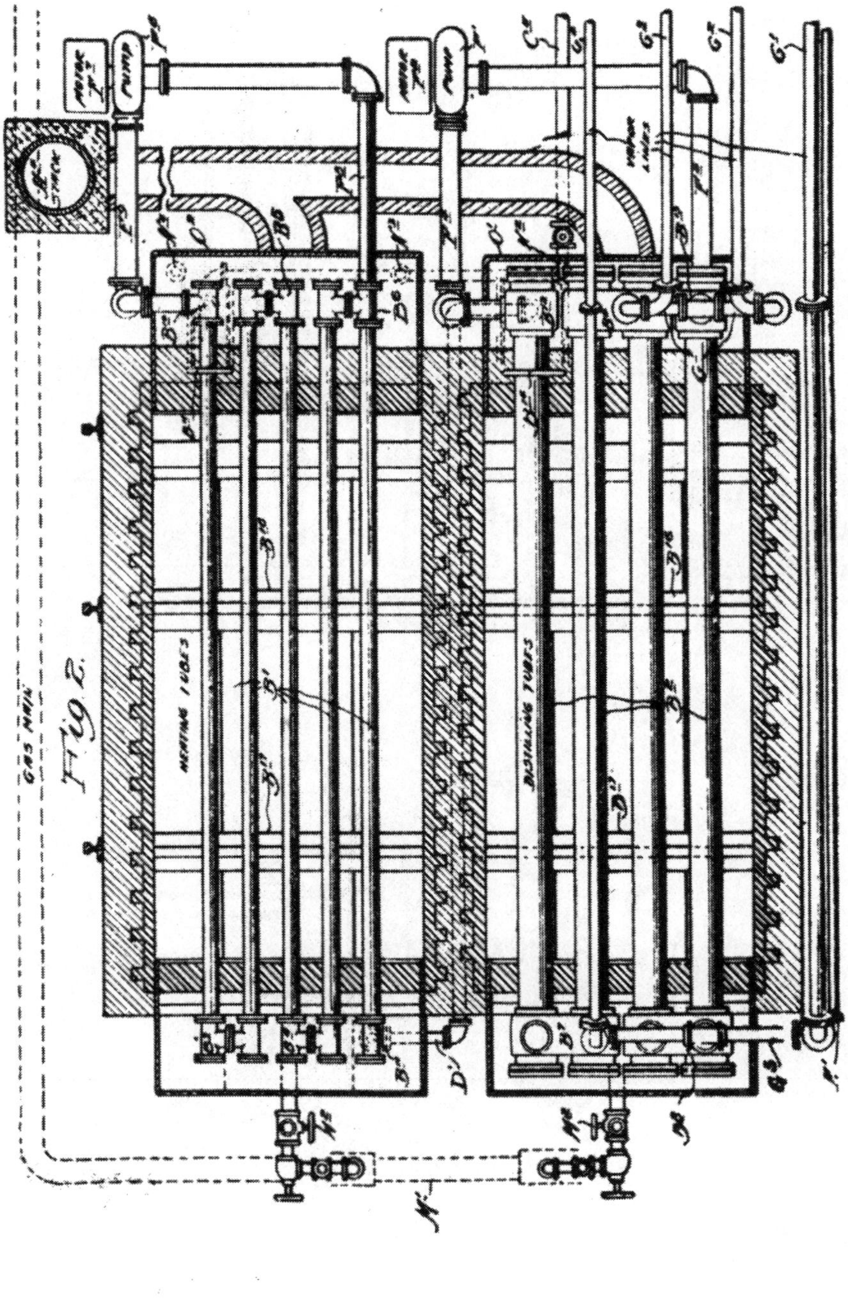

Abb. 72

Zu der Patentschrift **429052**
Kl. **23b** Gr. 5

Abb. 1.

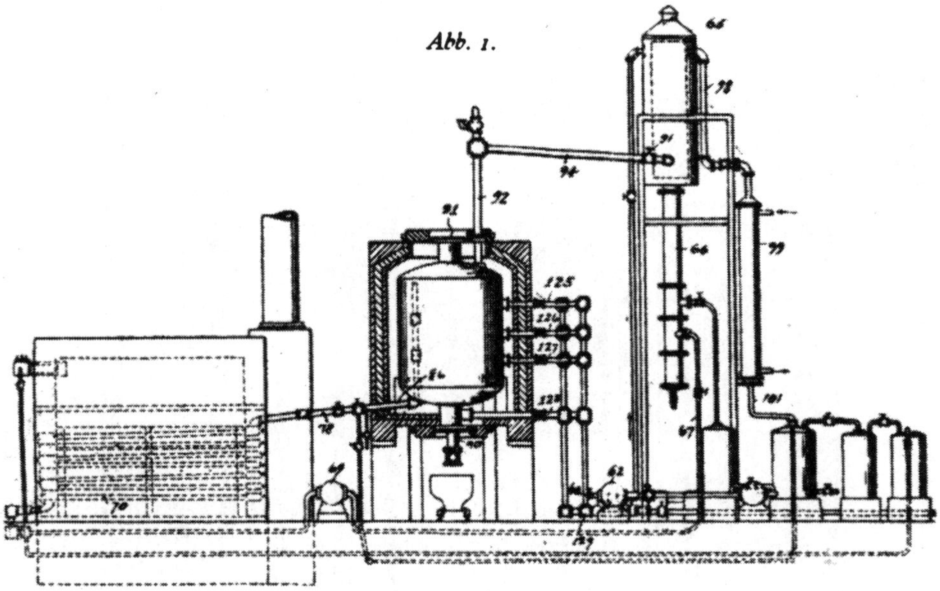

Abb. 2.

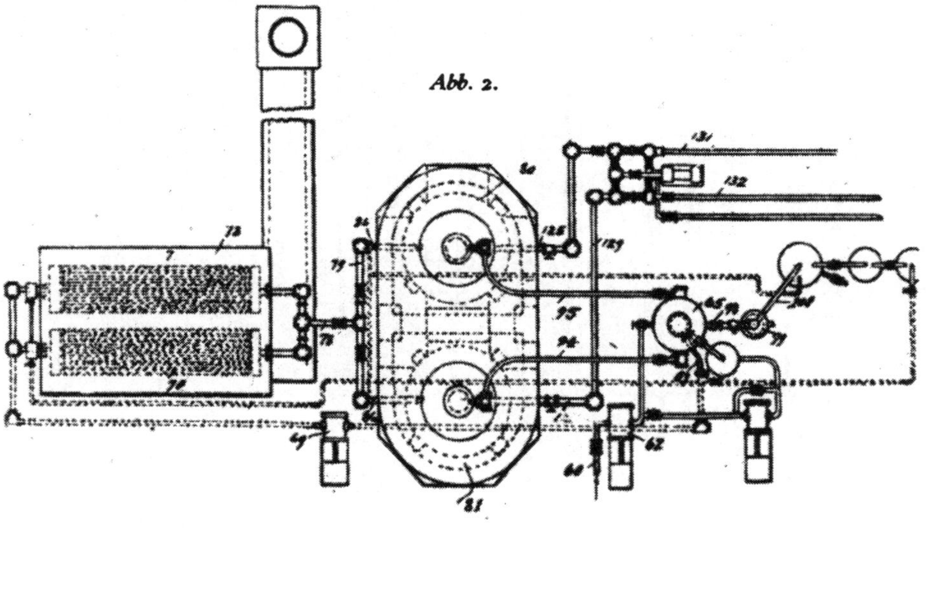

Abb. 74

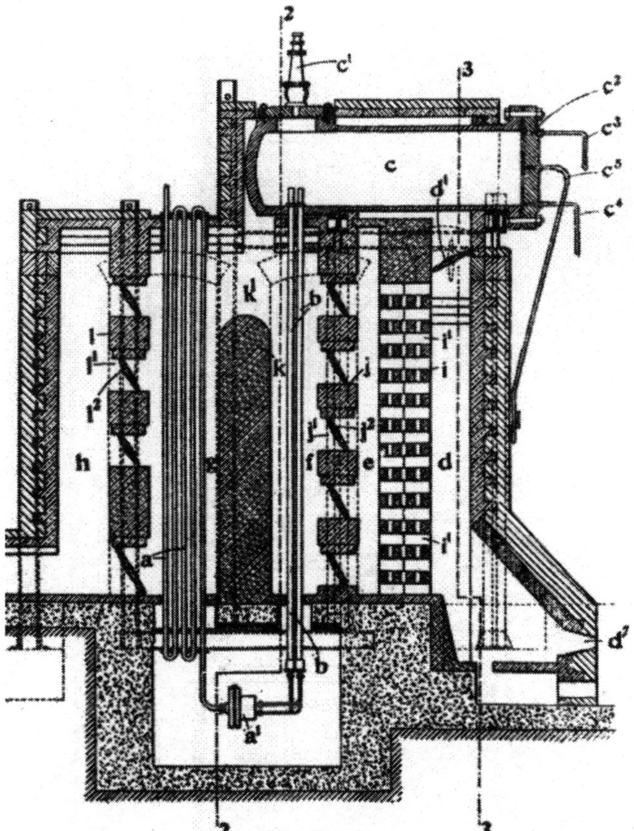

Abb. 77

July 27, 1926. C. P. DUBBS 1,594,093

PROCESS FOR CRACKING HYDROCARBON OIL

Filed Oct. 21, 1922

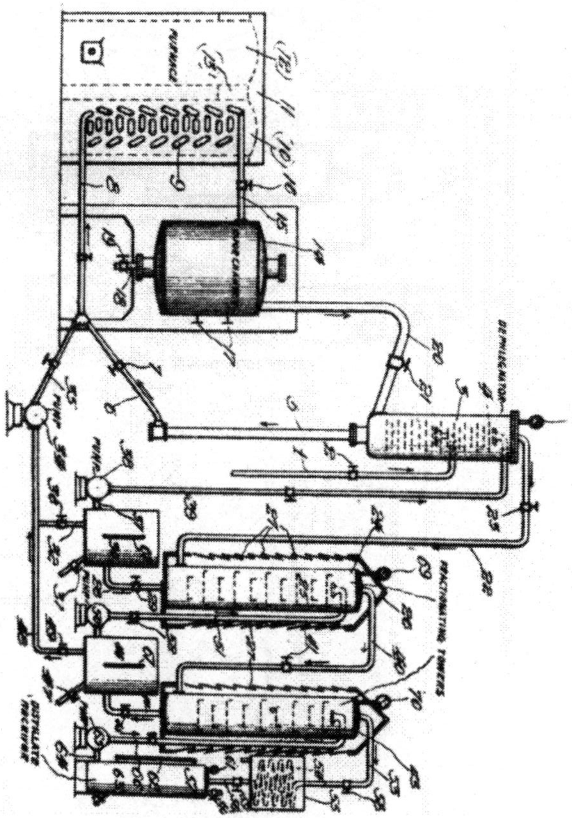

Abb. 74a

GROSS. S. 139

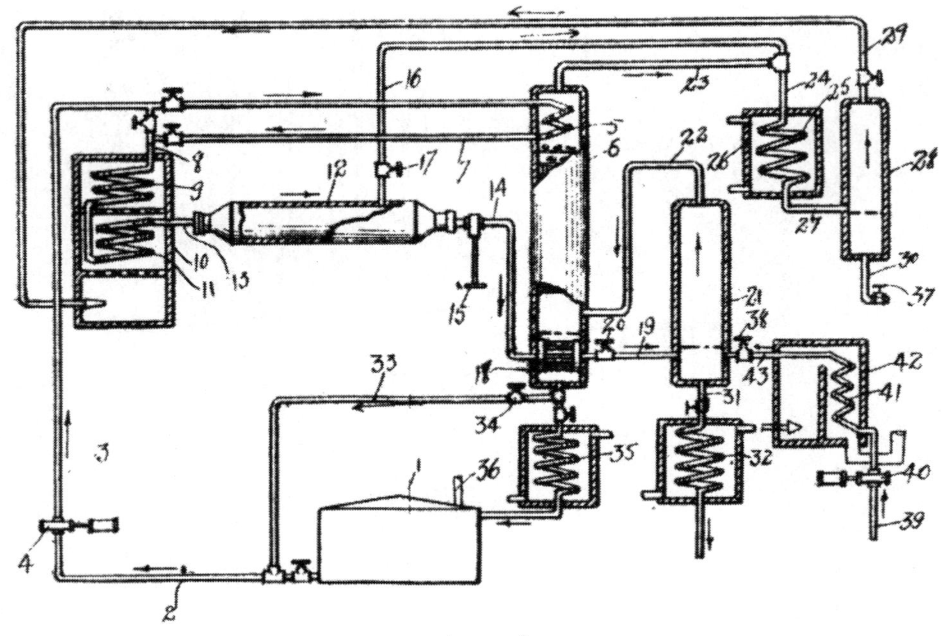

Abb. 78

GÖMÖRY S. 141

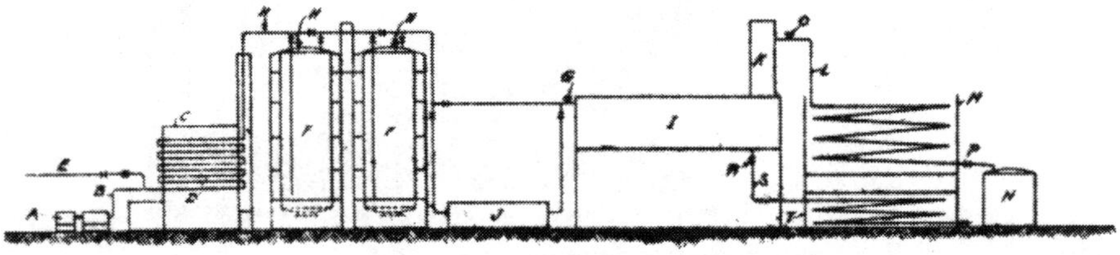

Abb. 79

TEXAS COMPANY S.143

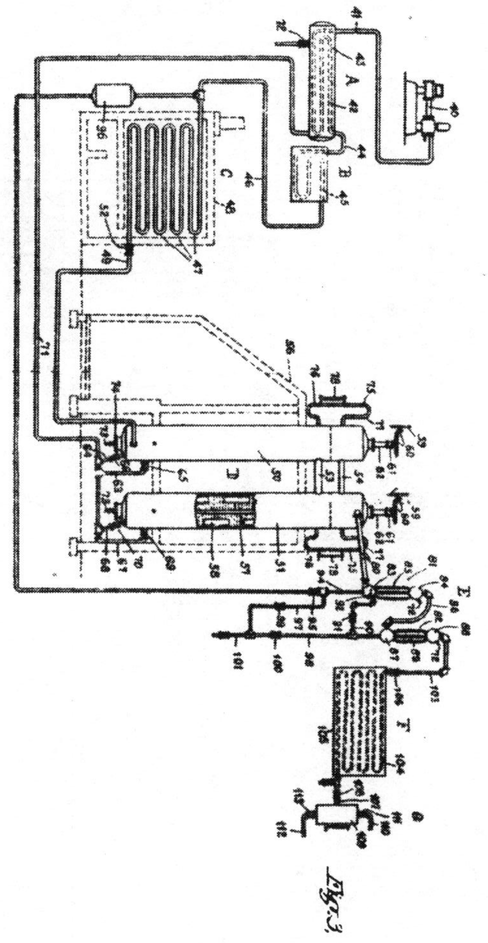

Abb. 80b

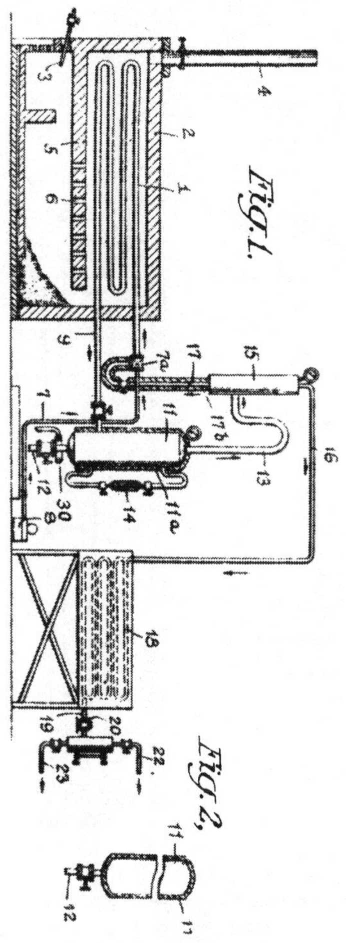

Abb. 80a

Zu der Patentschrift 357770
Kl. 23b Gr. 5

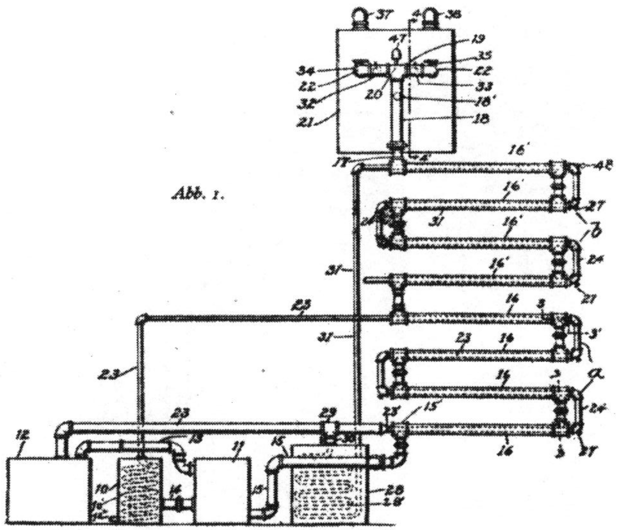

Abb. 83

April 20, 1926. F. E. WELLMAN 1,581,886
APPARATUS FOR CRACKING HYDROCARBONS
Original Filed April 21, 1920

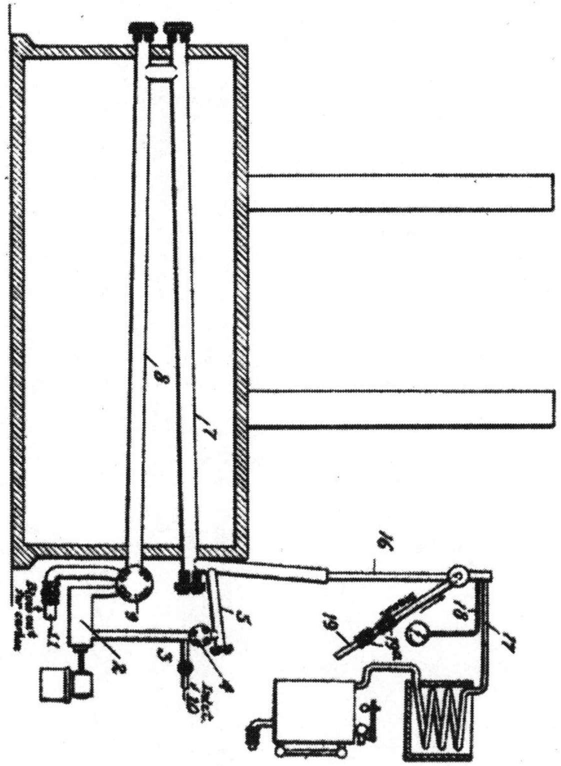

Abb. 81

March , 1926. J. E. BELL 1,575,031

METHOD AND APPARATUS FOR CRACKING OILS UNDER PRESSURE

Filed April 1, 1924 4 Sheets-Sheet 4

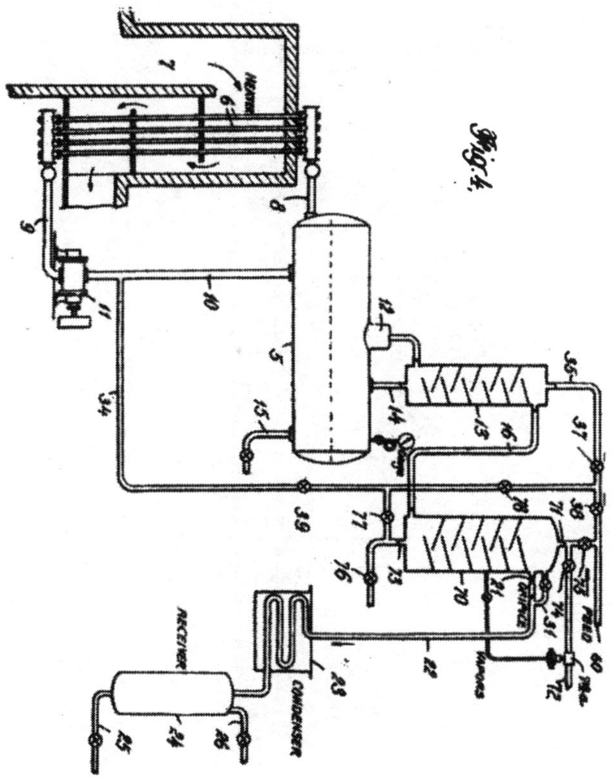

Abb. 85

R. B. DAY.

APPARATUS FOR TREATING HYDROCARBON OILS.

APPLICATION FILED DEC. 15, 1920.

1,437,933. Patented Dec. 5, 1922.

2 SHEETS—SHEET 2.

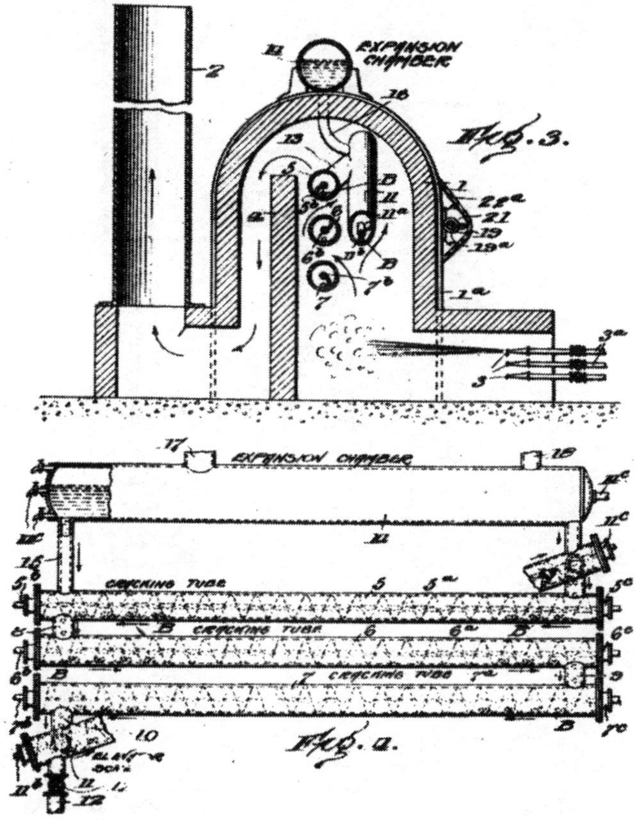

Abb. 84

May 4, 1926. D. PYZEL 1,583,746

APPARATUS FOR REFINING OILS

Filed Oct. 26, 1921

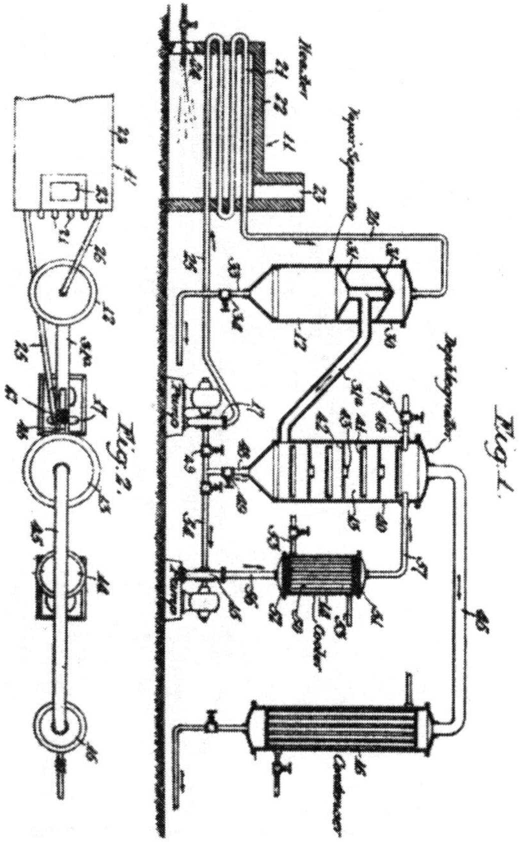

Abb. 87

March 23, 1926. E. W. ISOM 1,578,035

ART OF CRACKING HYDROCARBON OILS

Filed June 19, 1925 2 Sheets-Sheet 1

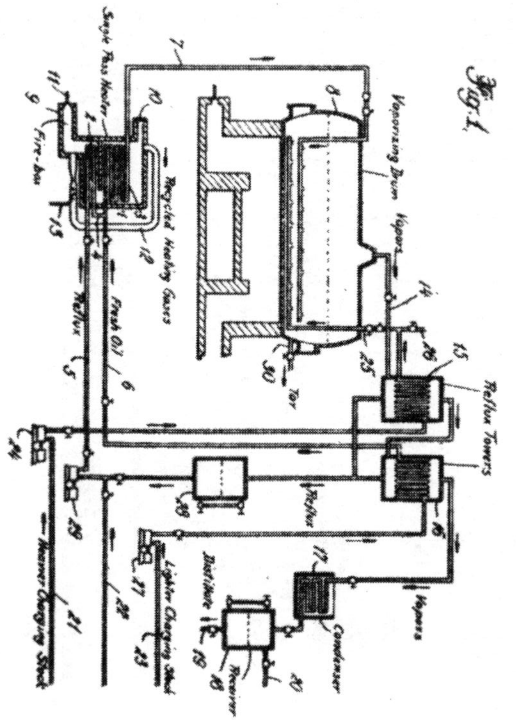

Abb. 86

A. S. RAMAGE.
MOTOR FUEL.
APPLICATION FILED OCT. 27, 1921.

1,409,404. **Patented Mar. 14, 1922.**
2 SHEETS—SHEET 1.

Fig. 1.

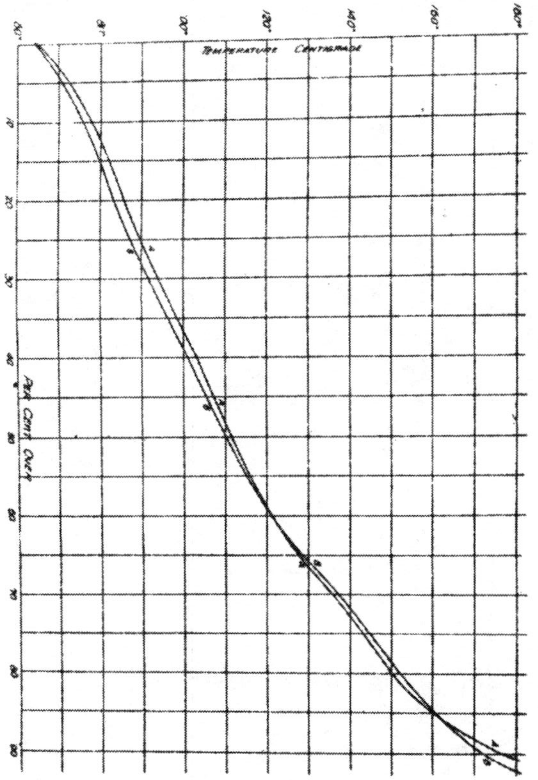

Abb. 92

Zu der Patentschrift 417138
Kl. 23b Gr. 5

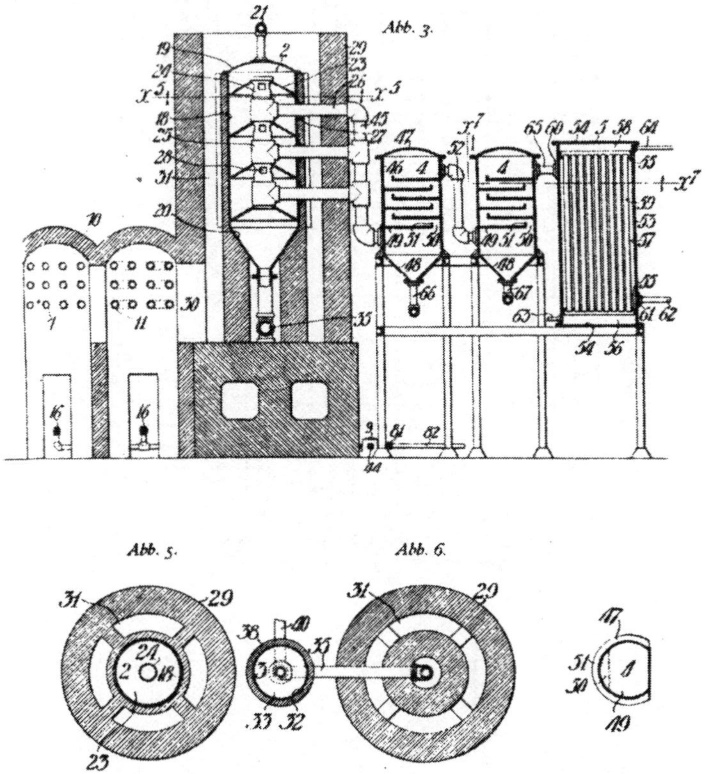

Abb. 88

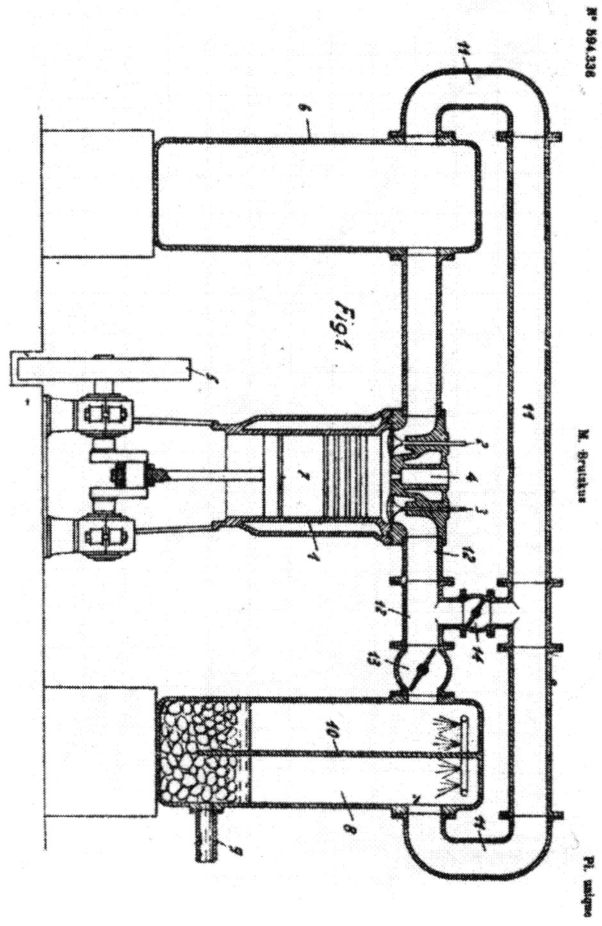
Nº 594.336
M. Brutzkus
Pl. unique
Fig.1.

Abb. 95

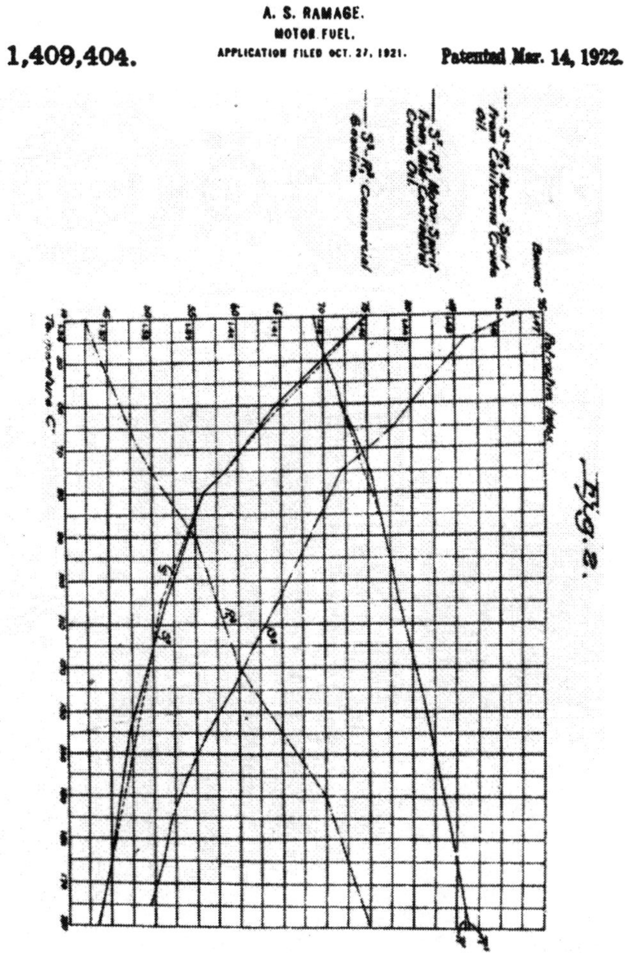
1,409,404.
A. S. RAMAGE.
MOTOR FUEL.
APPLICATION FILED OCT. 27, 1921.
Patented Mar. 14, 1922.
Fig. 2.
Temperature C°

Abb. 93

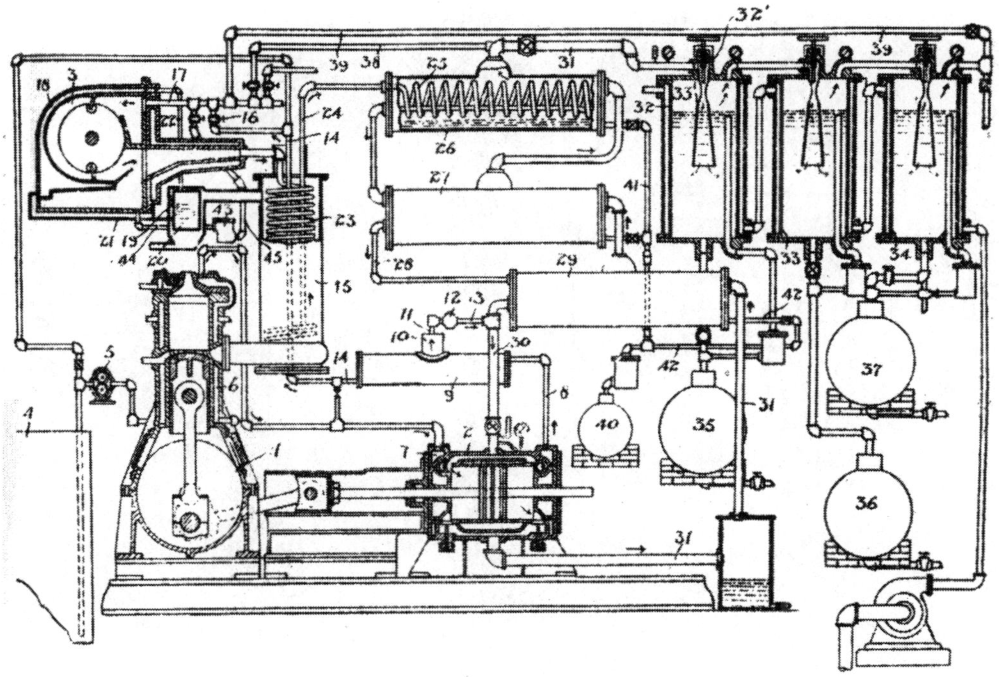

Abb. 96

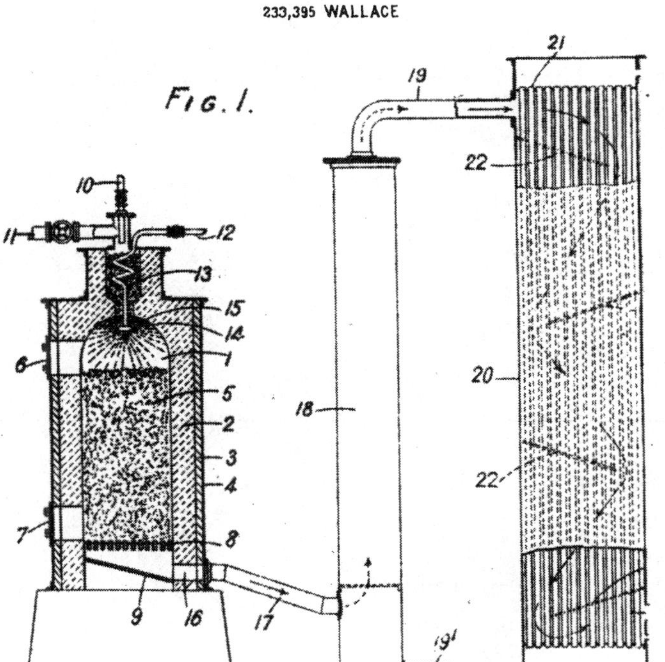

Abb. 98

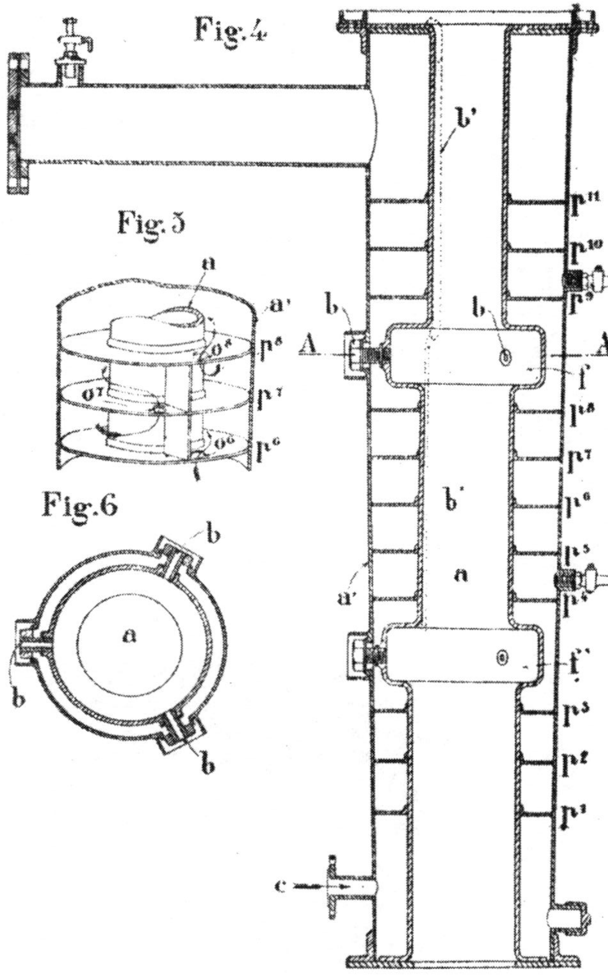

Abb. 102

SEIGLE S. 208

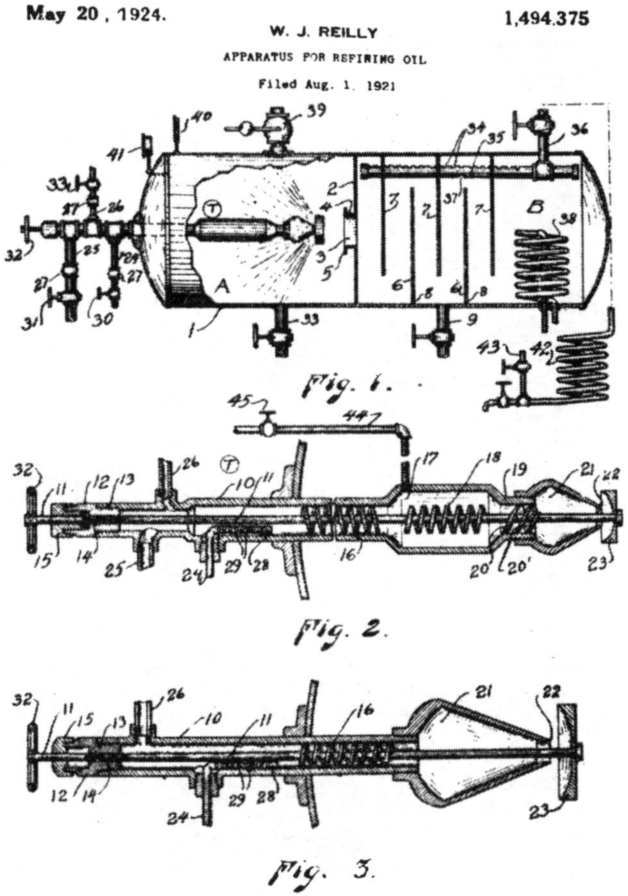

Abb. 99

Feb. 5, 1924. A. McD. McAFEE 1,482,438

PROCESS OF CONVERTING OILS

Filed March 29, 1922

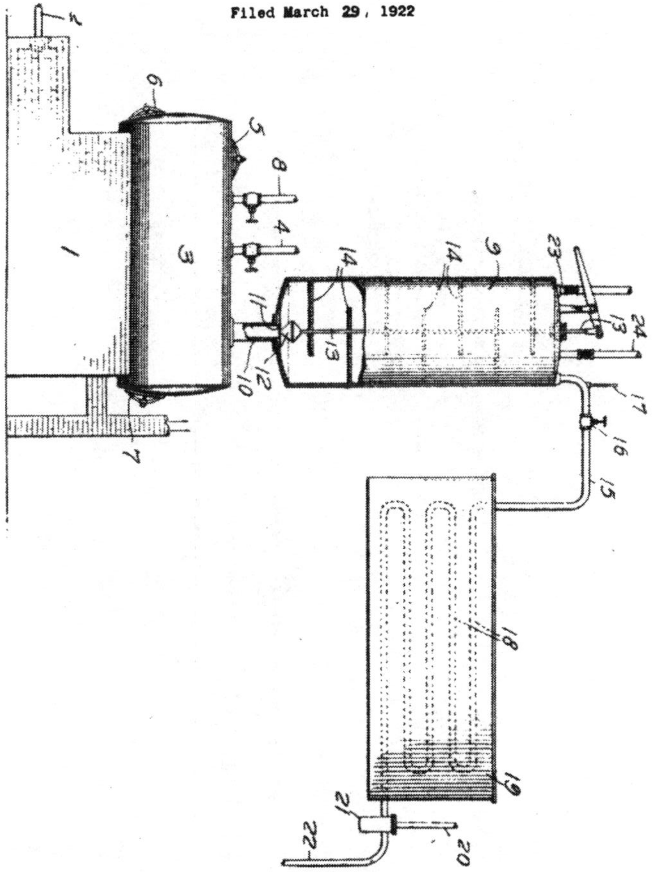

Abb. 107

Nov. 6, 1923. G. L. PRICHARD ET AL 1,473,316

PROCESS OF PRODUCING LOW BOILING OILS

Filed Nov. 19, 1921 3 Sheets-Sheet 1

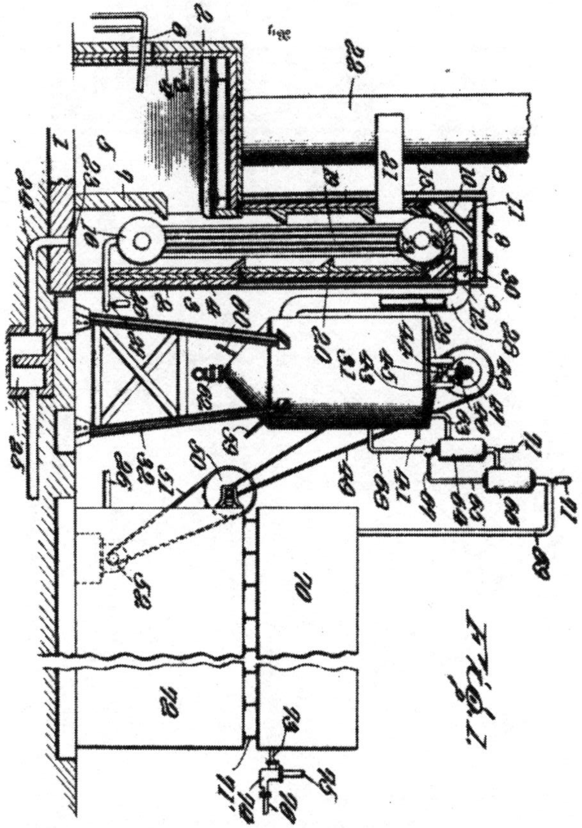

Abb. 106

P. DANCKWARDT.
PROCESS FOR THE PRODUCTION OF GASOLENE FROM CRUDE OIL.
APPLICATION FILED AUG. 27, 1917.

1,373,653 Patented Apr. 5, 1921.
2 SHEETS—SHEET 1.

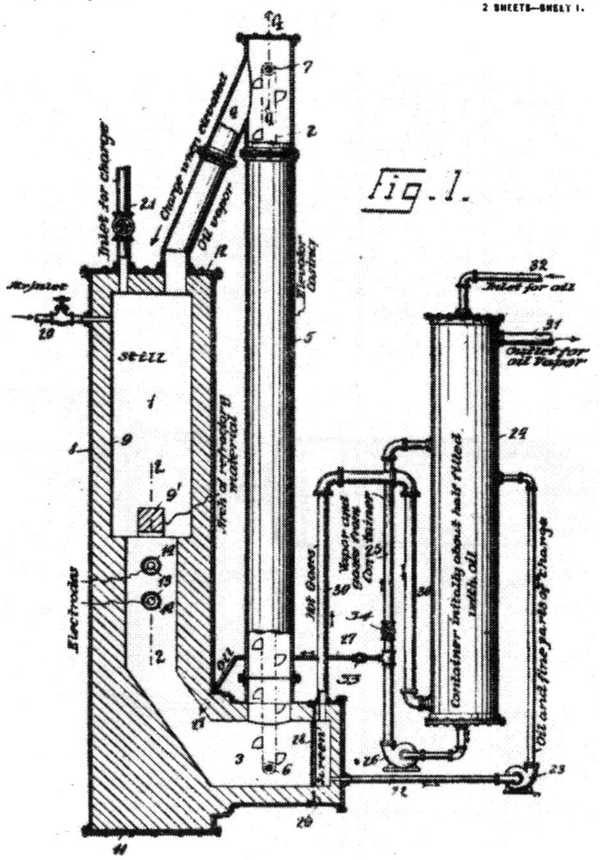

Abb. 108

March 23, 1926. 1,578,049
A. McD. McAFEE
PROCESS OF DISTILLING OILS WITH VOLATILE CATALYSTS
Filed Jan. 20, 1922 2 Sheets-Sheet 2

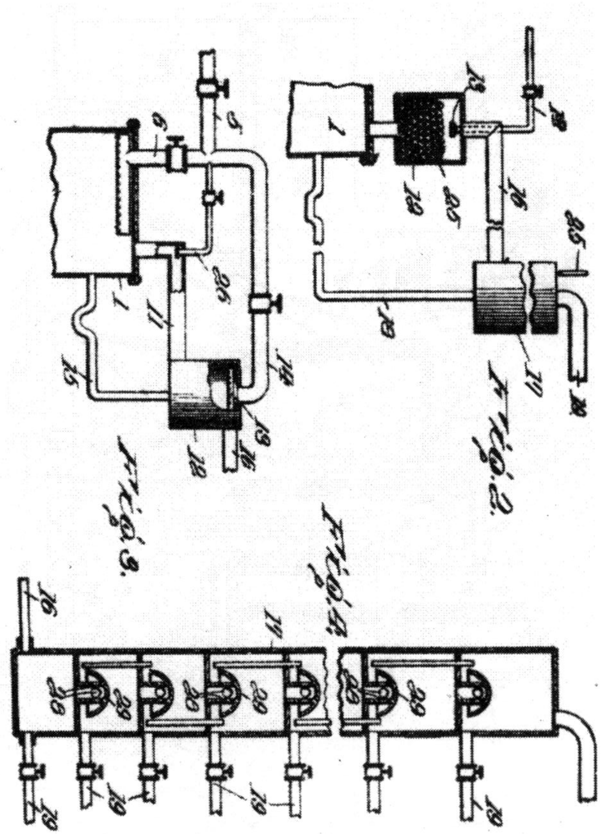

Abb. 107a

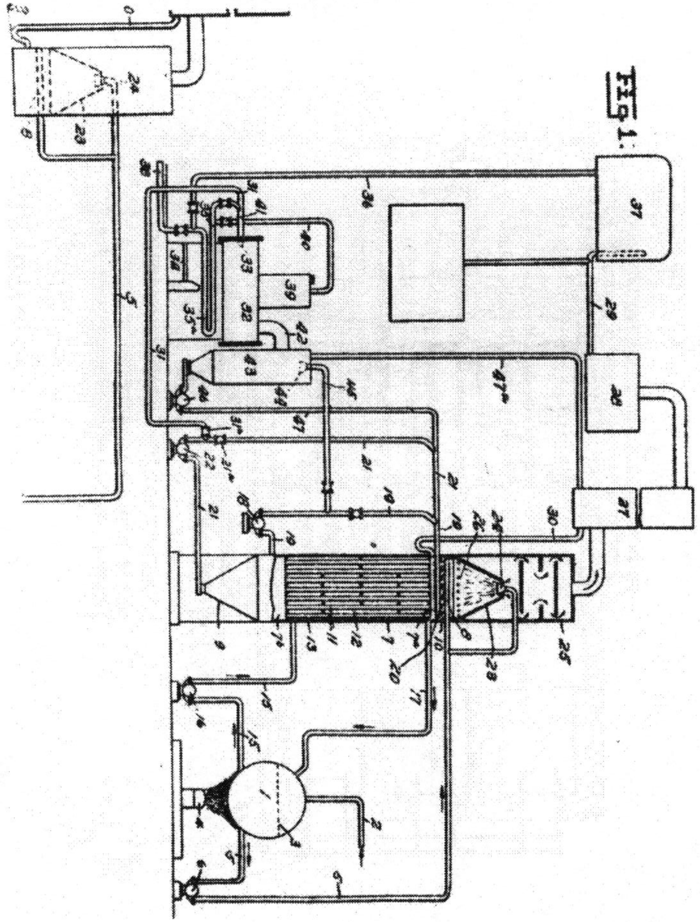

Abb. 110

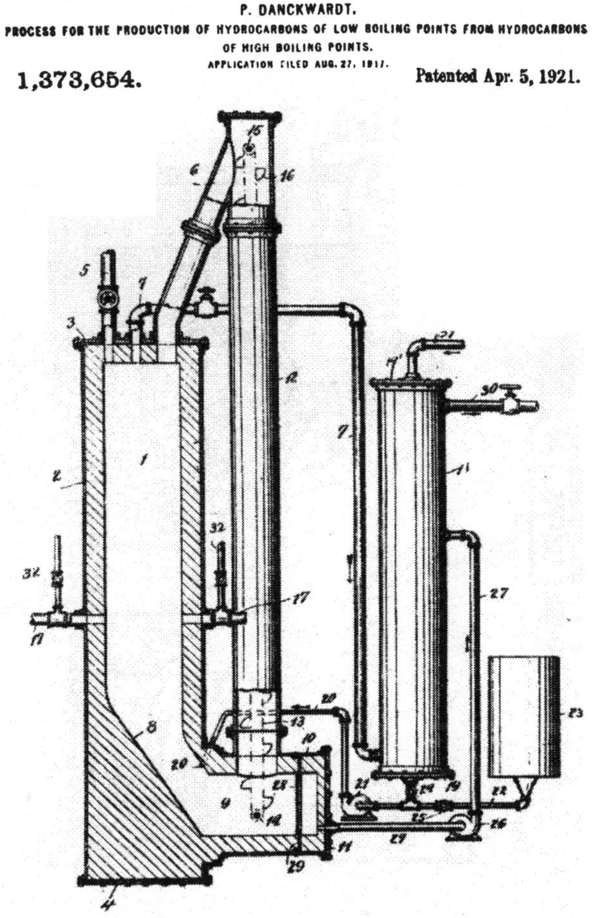

Abb. 109

KITTREDGE. S. 251

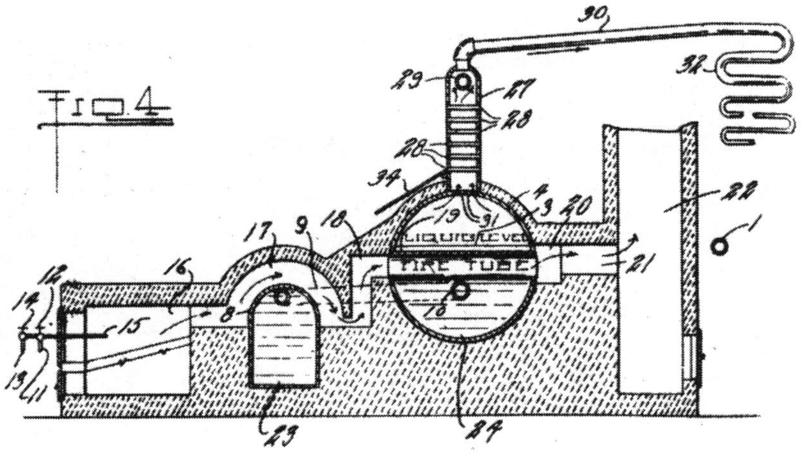

Abb. 112

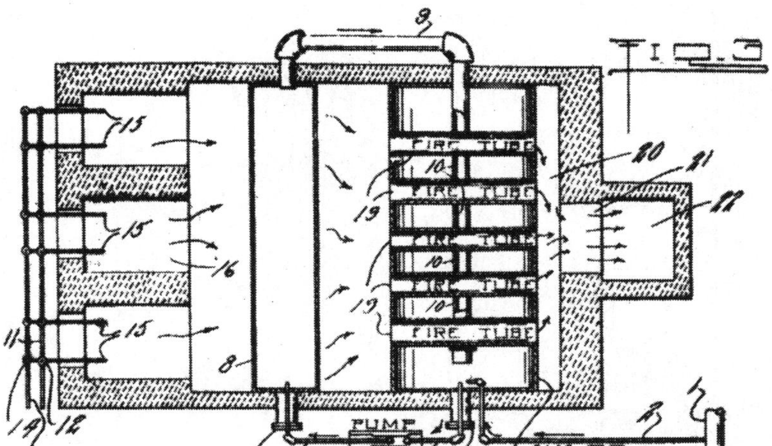

Abb. 112a

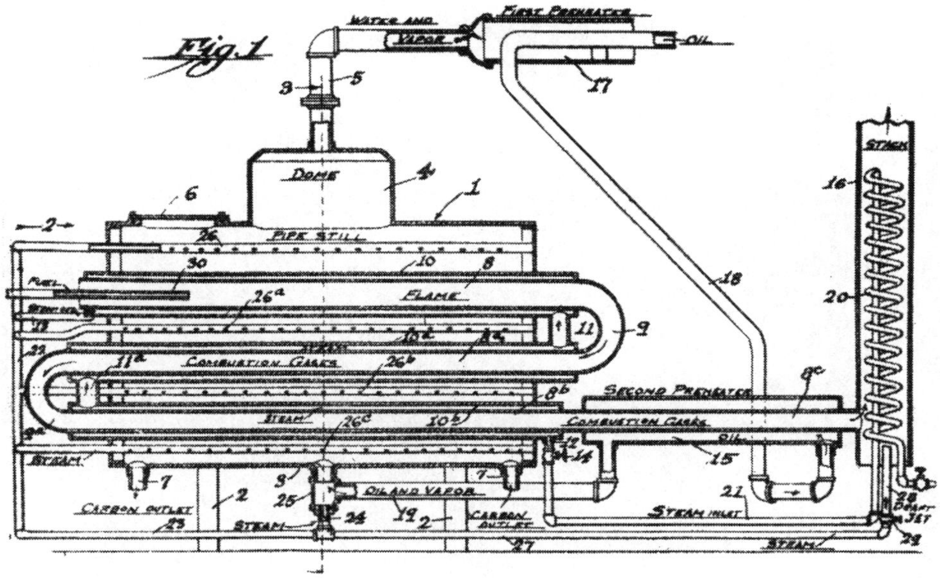

Abb. 113

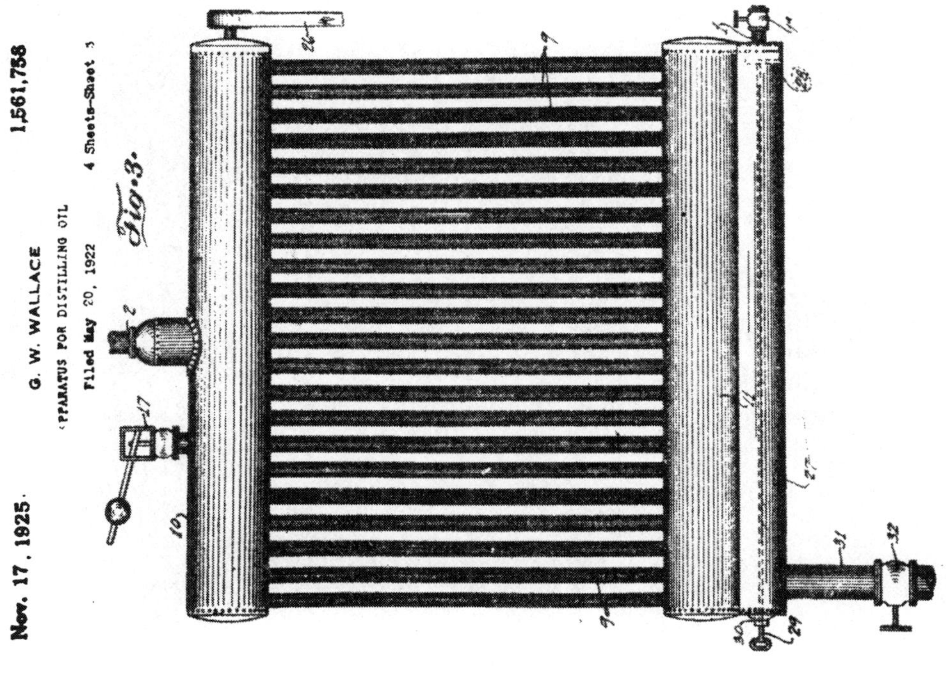

Abb. 114

Zu der Patentschrift 306282

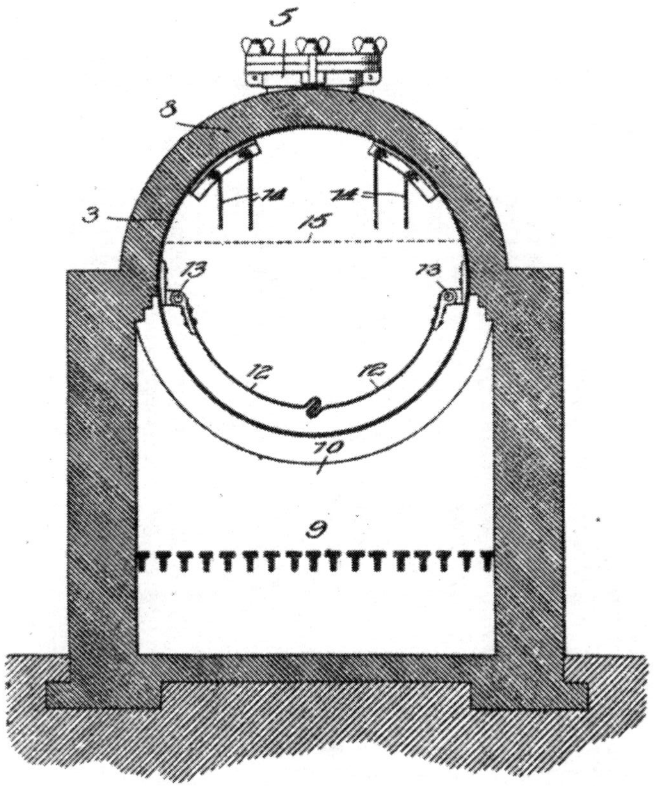

Abb. 116

A. D. SMITH.
APPARATUS FOR DISTILLING PETROLEUM OILS.
APPLICATION FILED MAR. 13, 1917.

1,374,402. Patented Apr. 12, 1921.

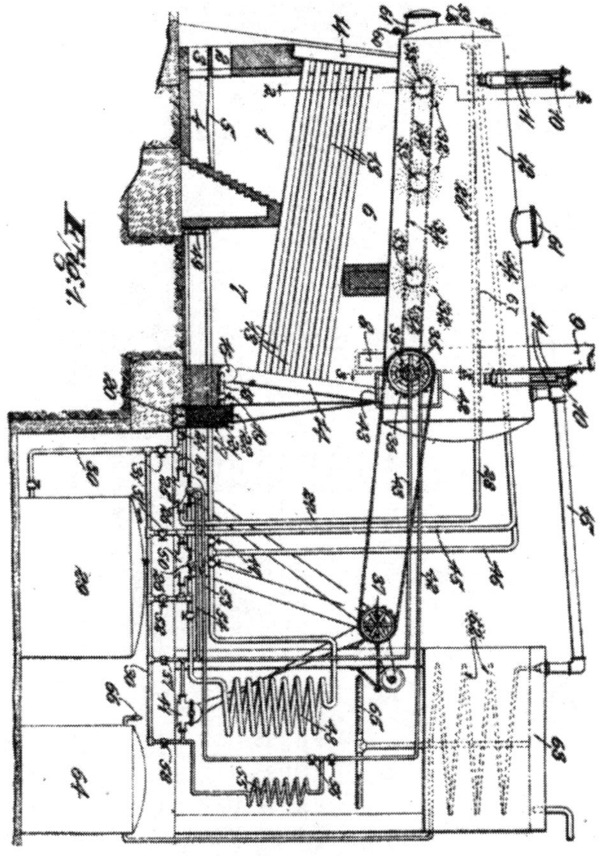

Abb. 115

Zu der Patentschrift **420192** Kl. 23b Gr. 5

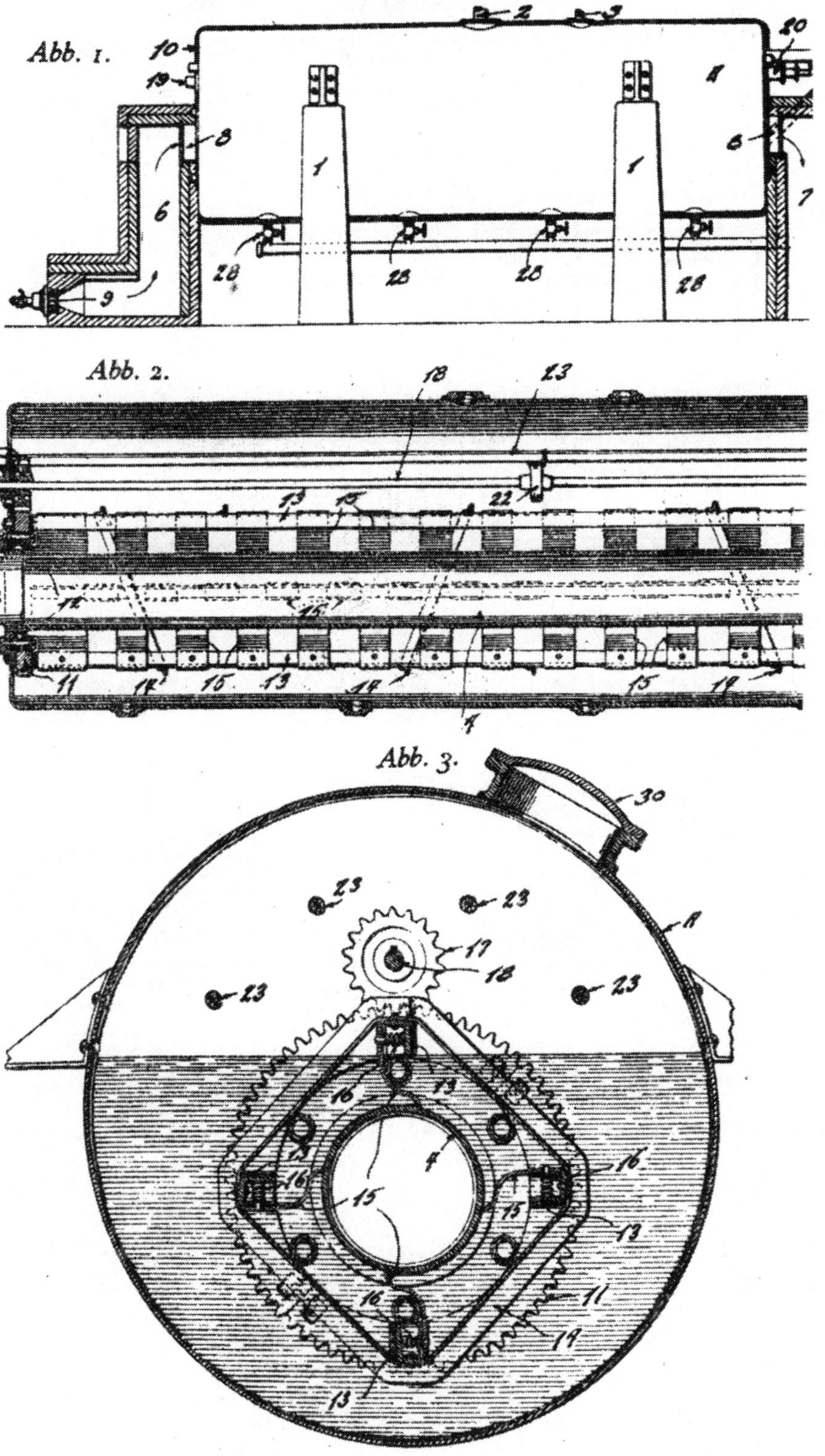

Abb. 117

E. V. STONE.
APPARATUS FOR TREATING MINERAL OILS.
APPLICATION FILED MAY 27, 1920.

1,403,457. Patented Jan. 10, 1922.

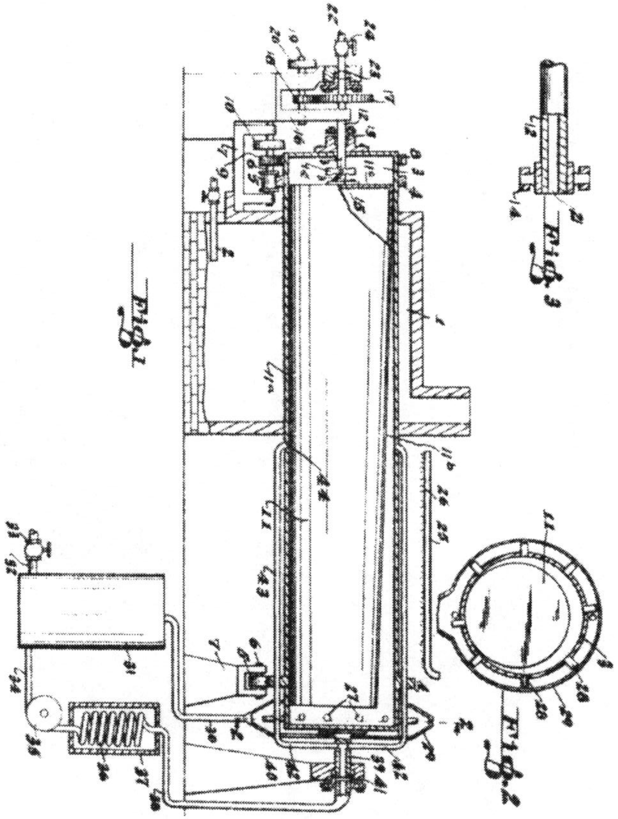

Abb. 119

zu der Patentschrift 395972
Kl. 23b Gr. 5

Abb. 1. Abb. 2.

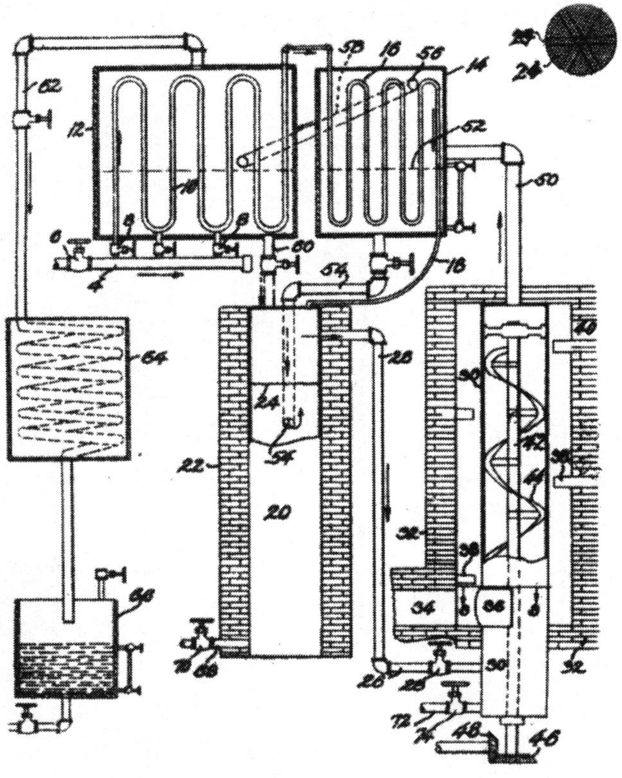

Abb. 118

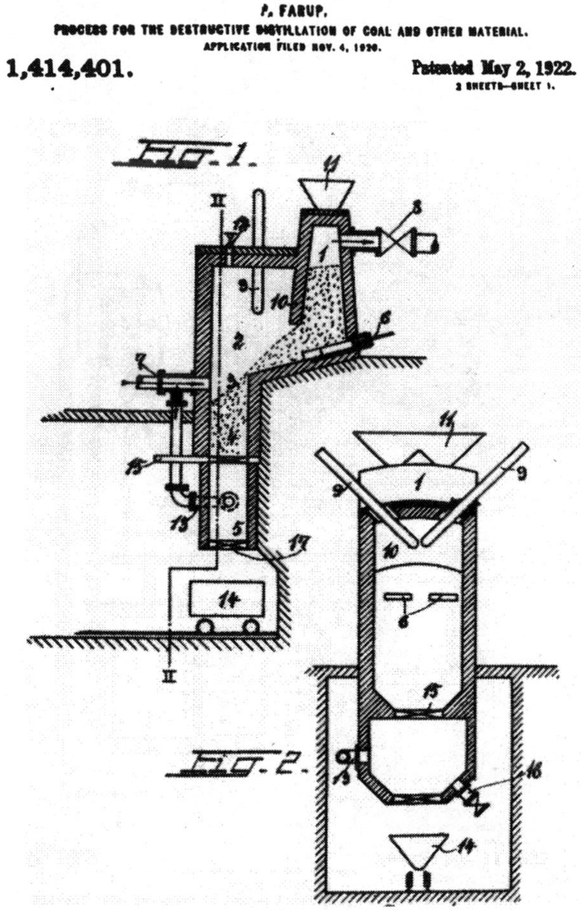

Abb. 122

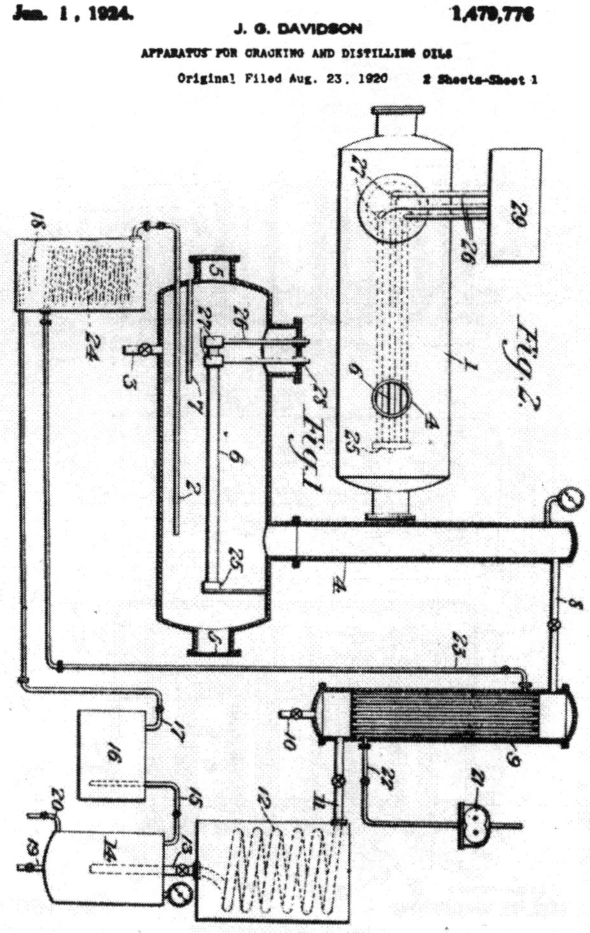

Abb. 121

J. L. MURRIE.
PROCESS FOR CRACKING HYDROCARBON OILS DISTILLED FROM CRUDE PETROLEUM, SHALE OIL, AND OIL OBTAINED FROM GILSONITE OR SIMILAR HYDROCARBON BEARING MATERIALS, AND APPARATUS THEREFOR.
APPLICATION FILED AUG. 28, 1922.

1,435,652. Patented Nov. 14, 1922.
2 SHEETS—SHEET 1.

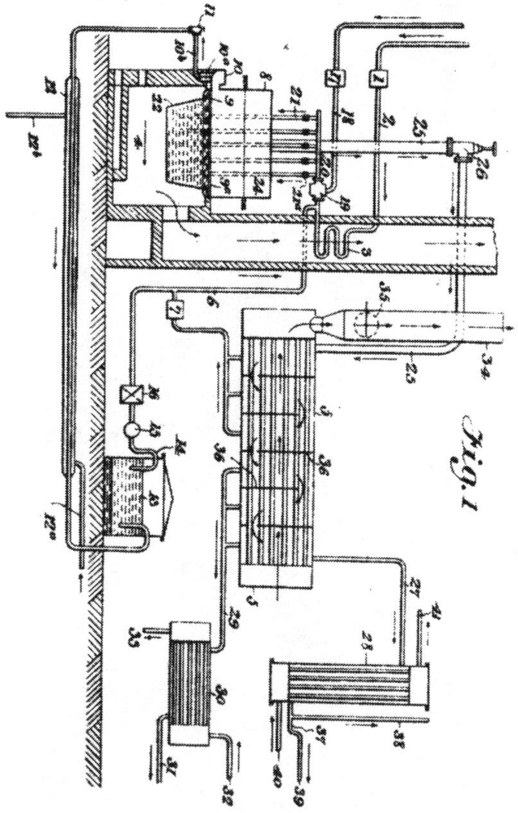

Abb. 124

J. NELSON.
PROCESS FOR THE CRACKING OF HYDROCARBON OILS AND THE LIKE.
APPLICATION FILED OCT. 27, 1919.

1,391,568. Patented Sept. 20, 1921.
3 SHEETS—SHEET 2.

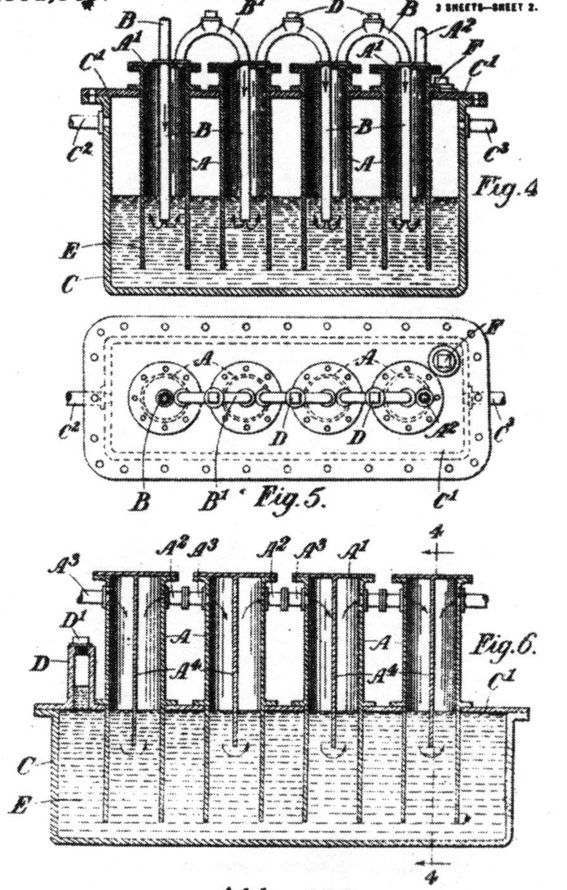

Abb. 123

Zu der Patentschrift **426881**

Kl. **23b** Gr. 5

Abb. 1.

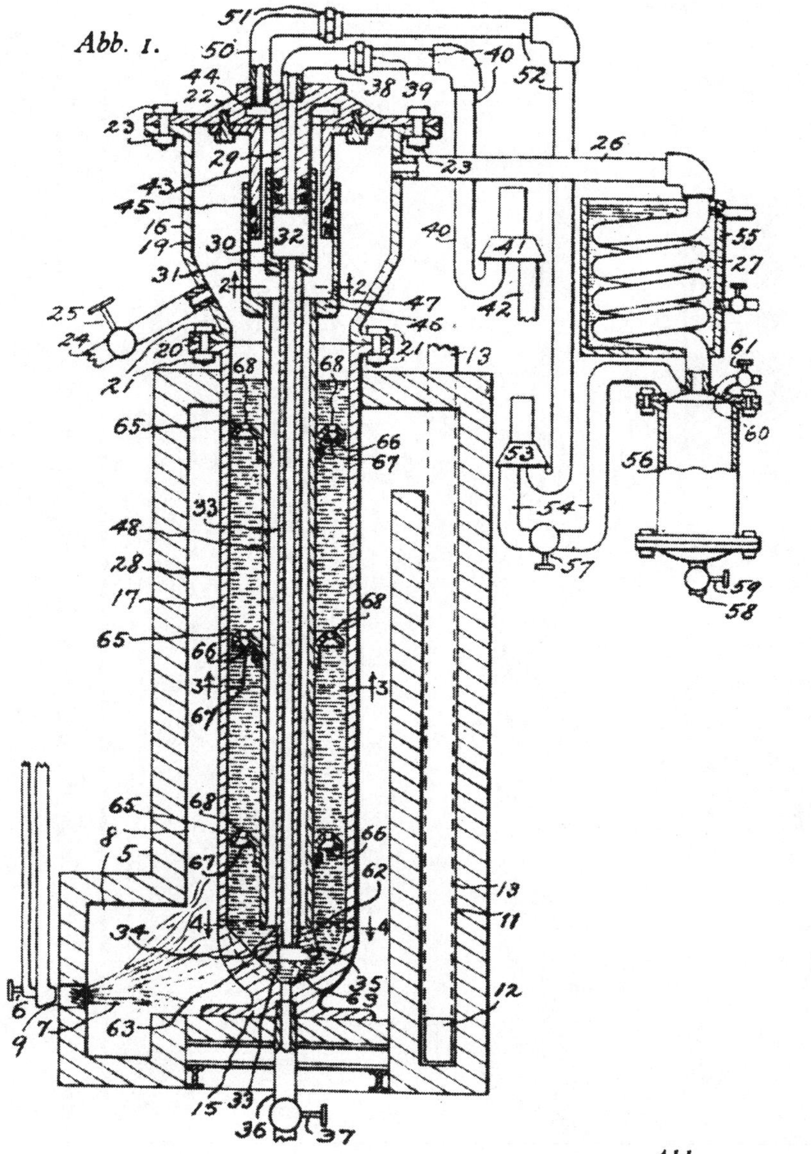

Abb. 2.

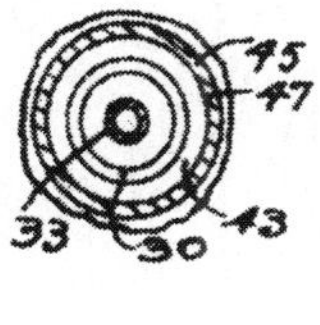

Abb. 3.

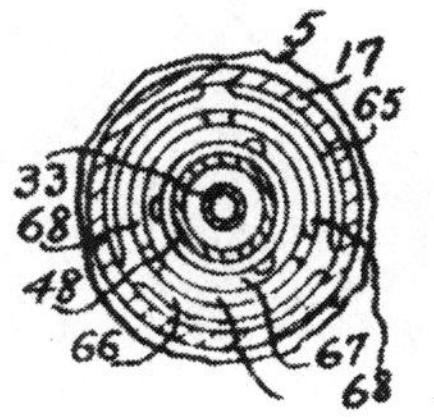

Abb. 4.

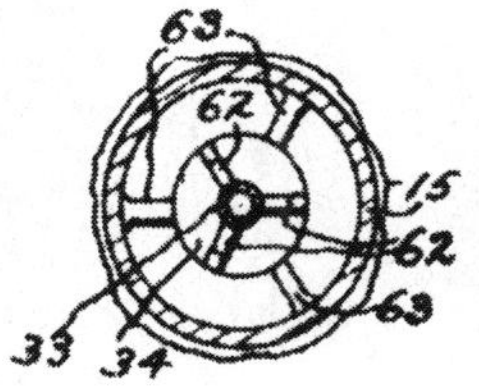

Abb. 125

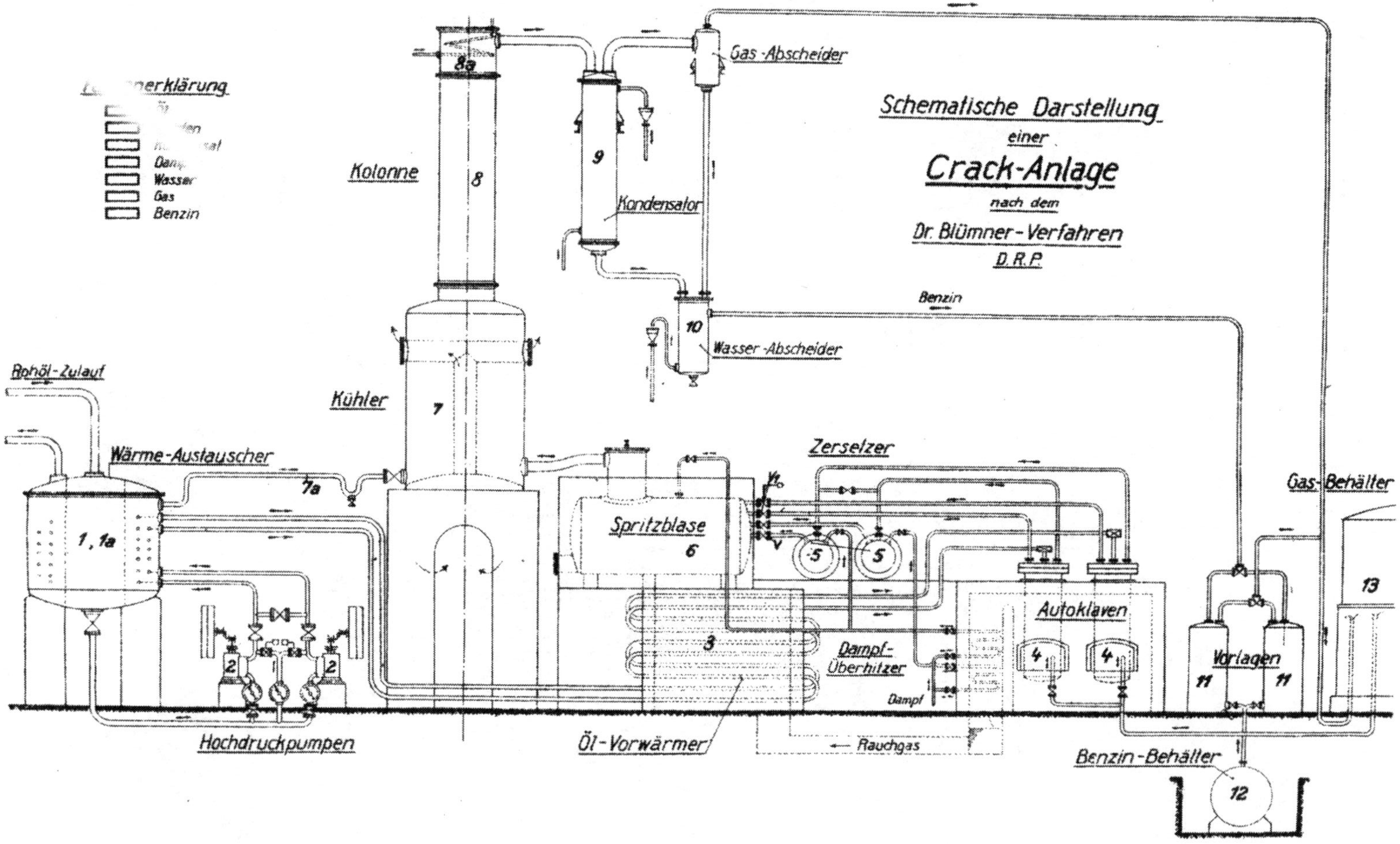
Schematische Darstellung
einer
Crack-Anlage
nach dem
Dr. Blümner-Verfahren
D.R.P.
Dampf
Wasser
Gas
Benzin
Kolonne
8
8a
9
Kondensator
Gas-Abscheider
10
Wasser-Abscheider
Benzin
Rohöl-Zulauf
Kühler
7
7a
Wärme-Austauscher
1, 1a
2
Hochdruckpumpen
Spritzblase
6
3
Öl-Vorwärmer
Zerselzer
5
Dampf-Überhitzer
Dampf
Rauchgas
Autoklaven
4
Vorlagen
11
Gas-Behälter
13
Benzin-Behälter
12

Abb. 126a

June 23, 1925. M. F. DE BAJLIGETHY 1,542,864

STILL

Filed July 5, 1924

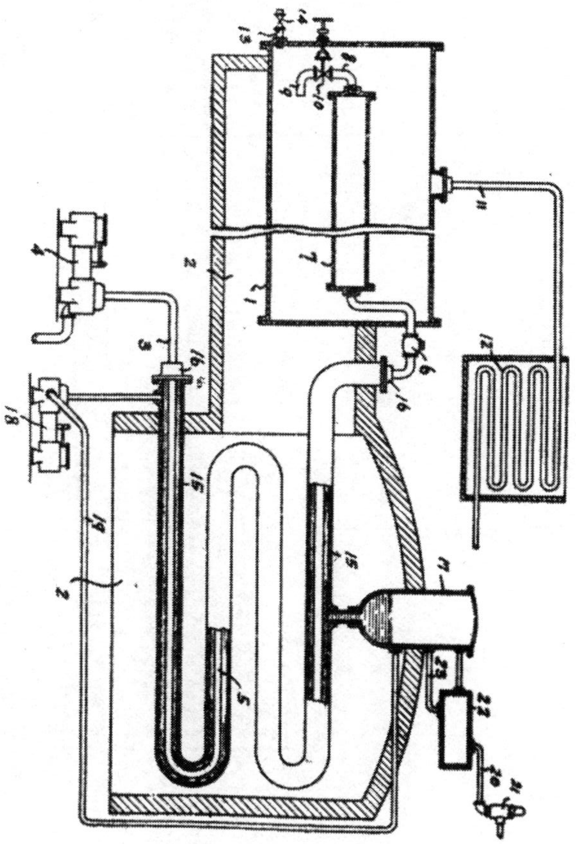

Abb. 127

Zu der Patentschrift 384106 Kl. 12o Gr. 1 ALLG. VERGAS - GES. S. 290

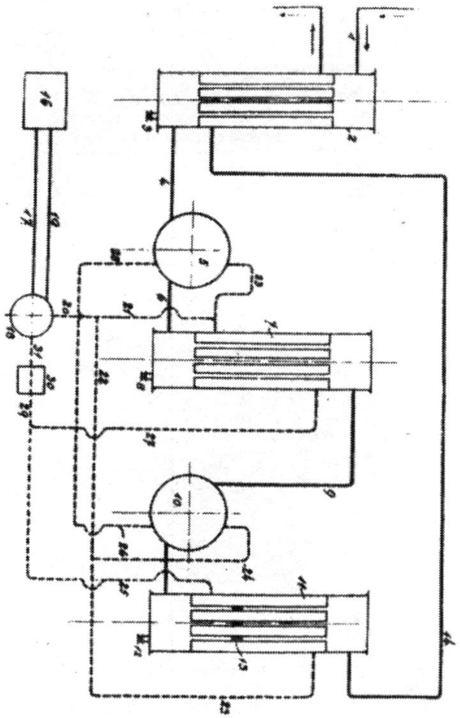

Abb. 128

198,705 COMPLETE SPECIFICATION

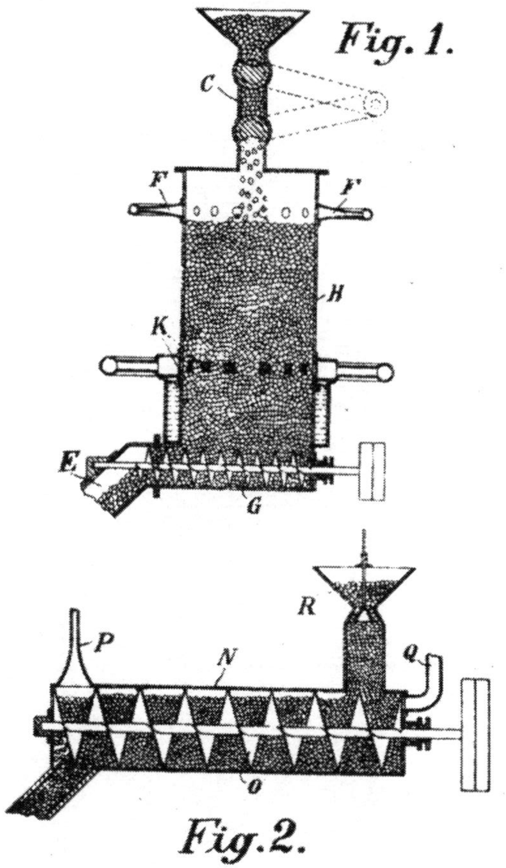

Abb. 130

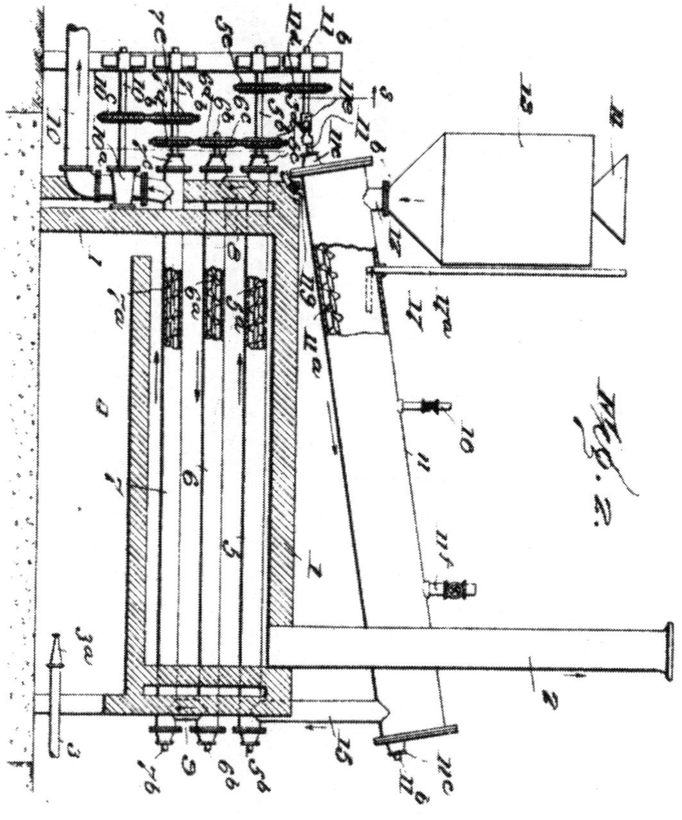

Abb. 129

Oct. 13, 1925. F. LAMPLOUGH 1,557,478

APPARATUS FOR TREATMENT OF HYDROCARBON OIL VAPORS

Filed Nov. 22, 1923

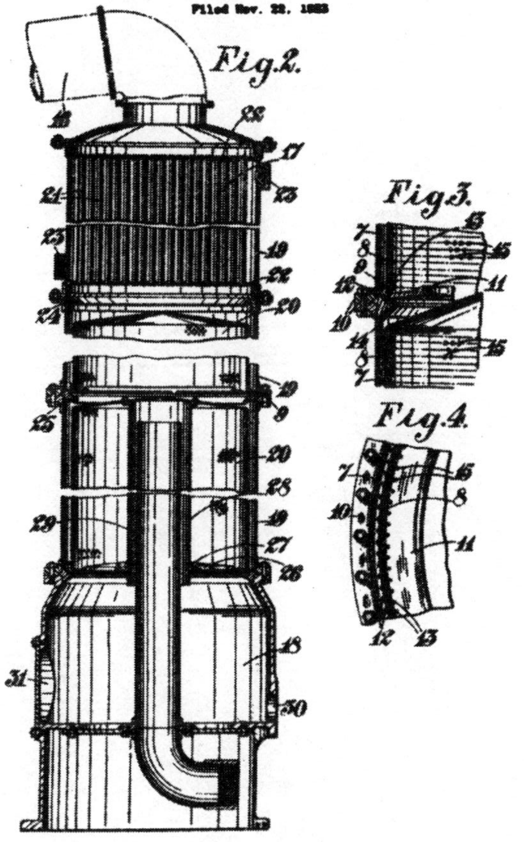

Abb. 132

May 26, 1925. H. ROSENTHAL 1,538,95

METHOD OF DISTILLING SHALE AND SIMILAR BITUMINOUS FUELS

Original Filed March 24, 1922

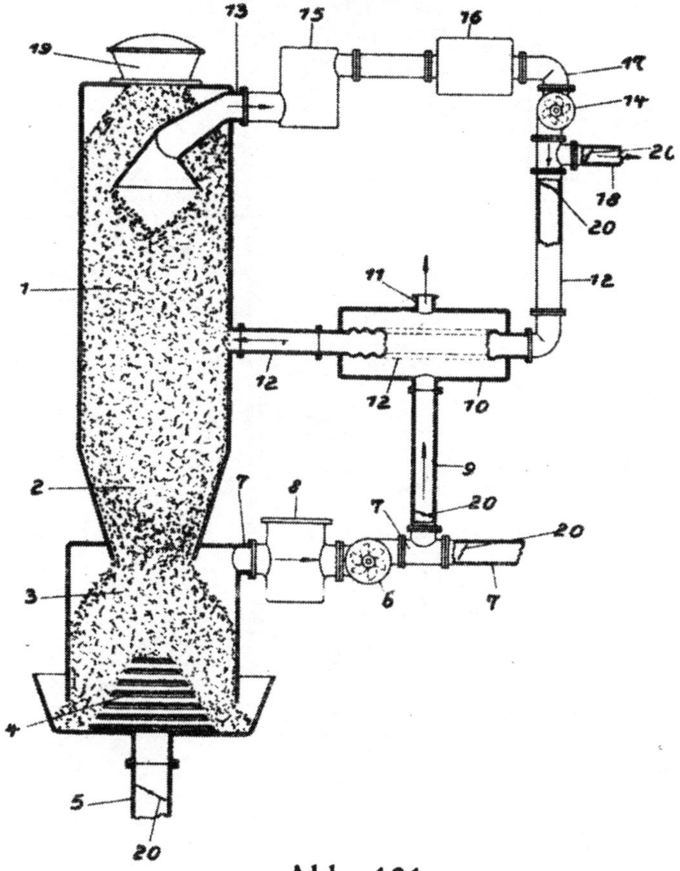

Abb. 131

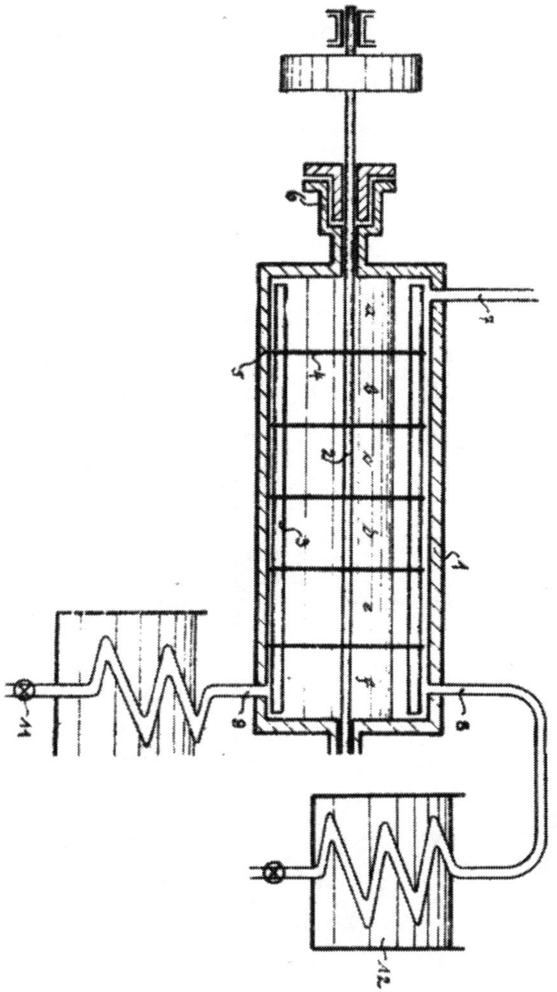

Abb. 133

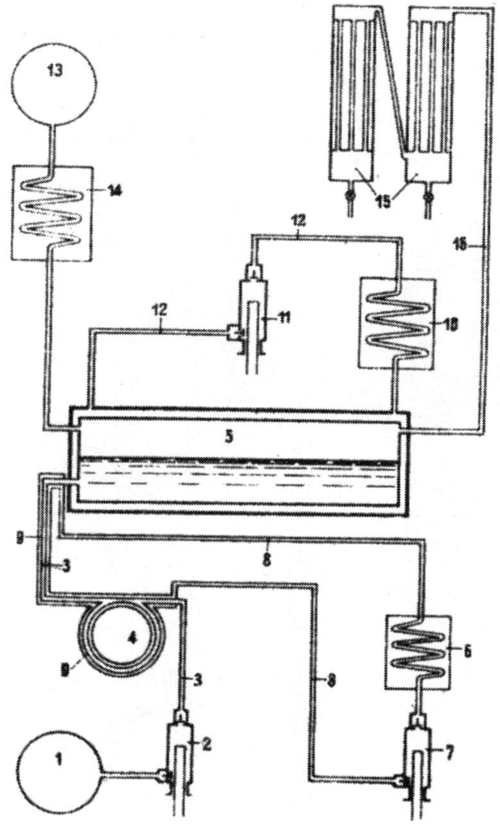

Abb. 134

BORMANN S. 376

Zu der Patentschrift **403192**
Kl. 12o Gr. 1

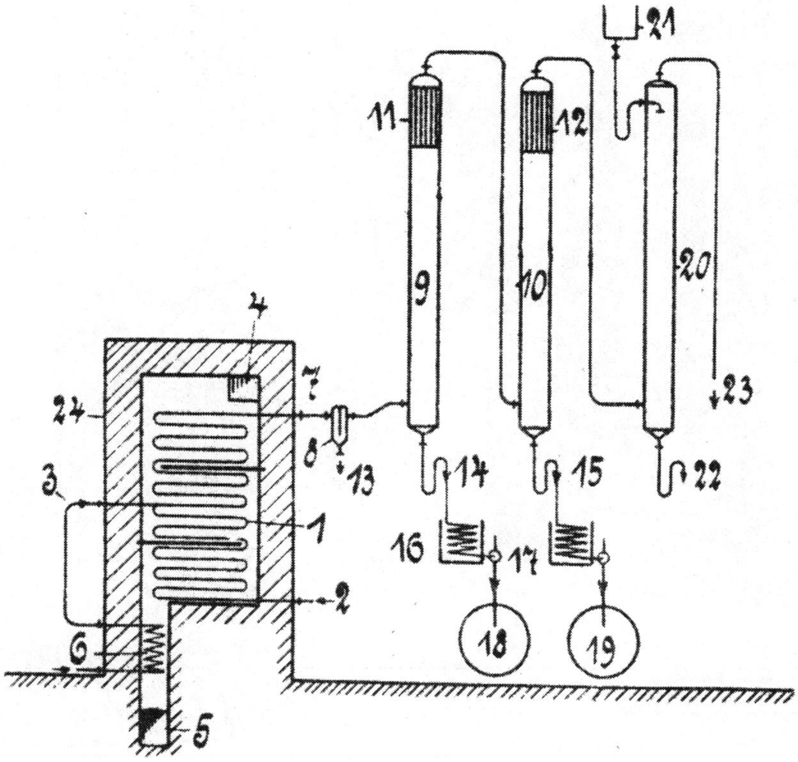

Abb. 135

Zu der Patentschrift **306258**

Fig. 1. Fig. 2.

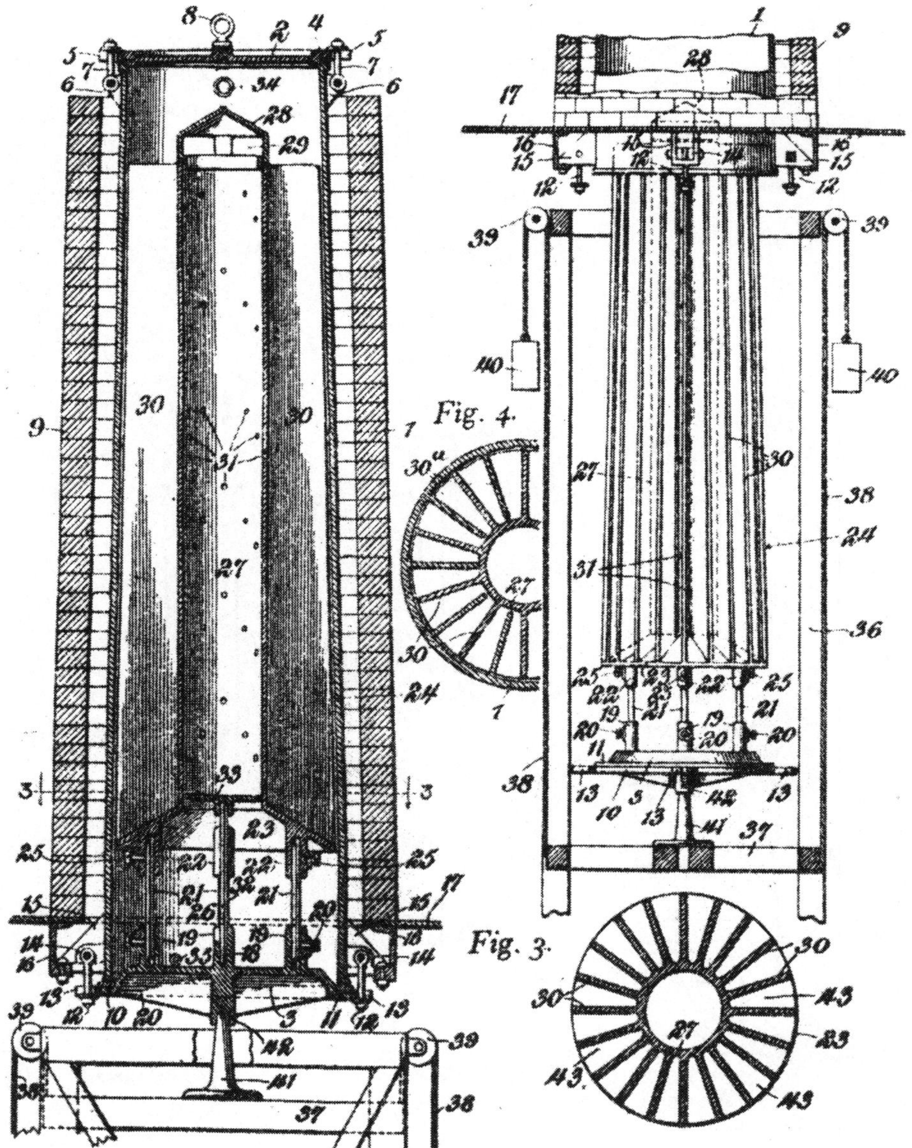

Fig. 4. Fig. 3.

Abb. 136

Zu der Patentschrift 432376
Kl. 10a Gr. 23

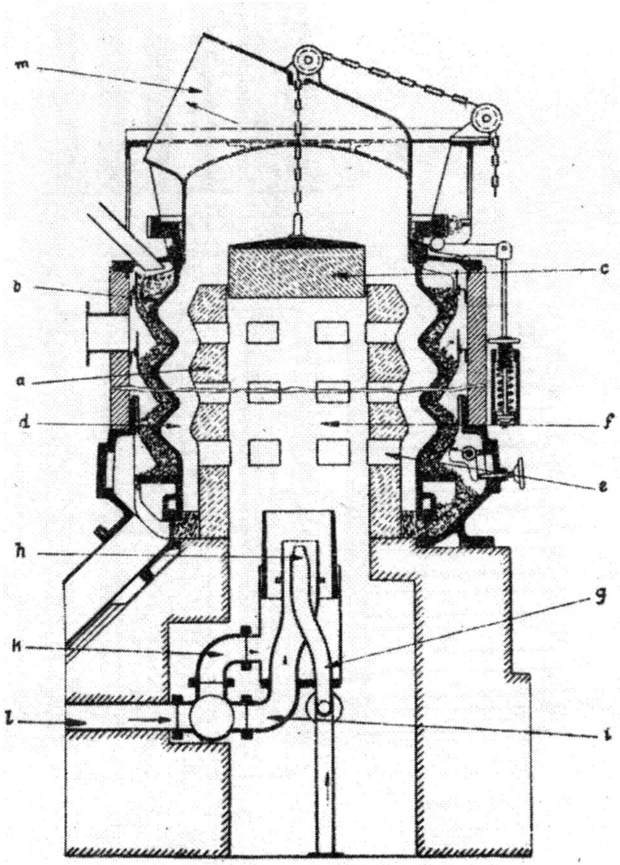

Abb. 138

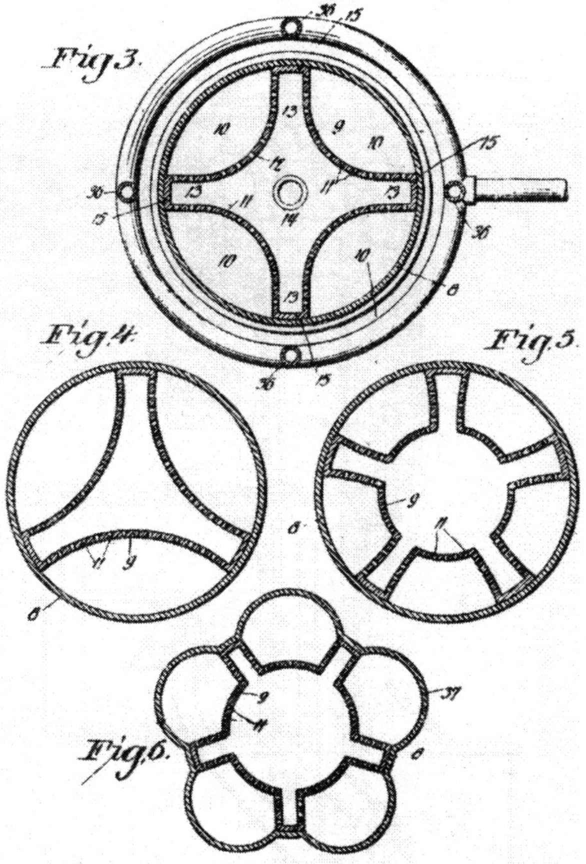

Abb. 137

Zu der Patentschrift 303954

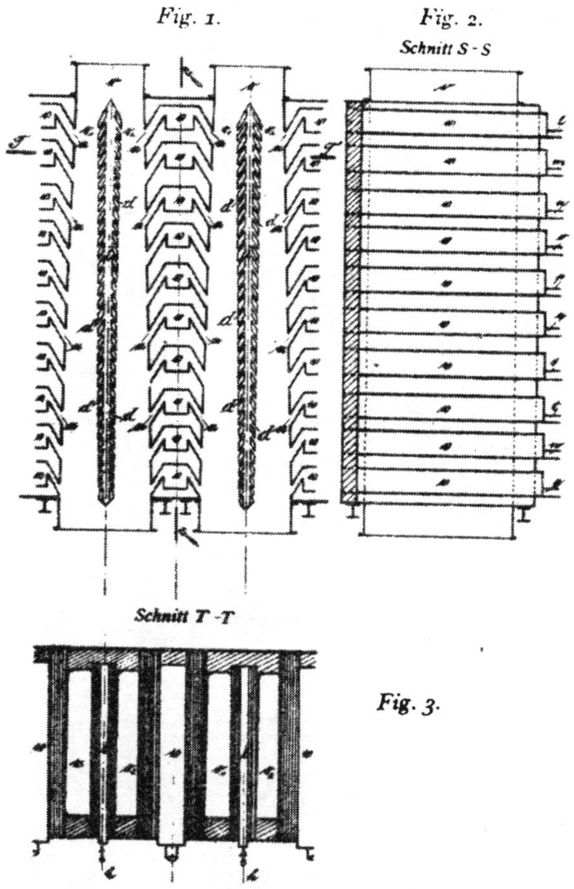

Abb. 140

N° 519.885 Société Anonyme « Fours Spéciaux » Pl. unique

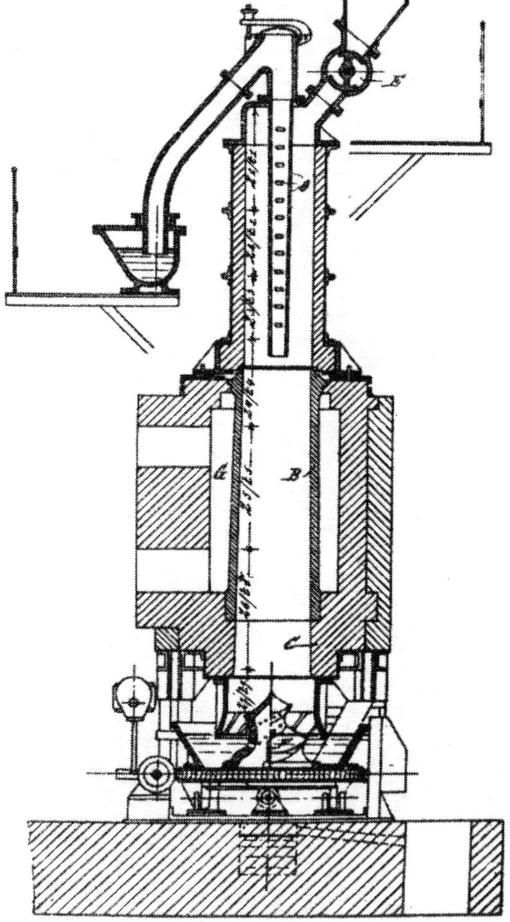

Abb. 139

Zu der Patentschrift **322646**

LIMBERG S.400

Fig. 1.

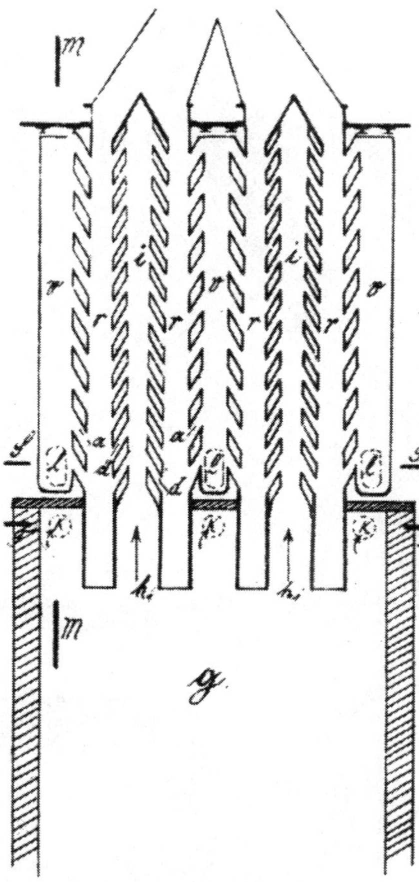

Fig. 2.

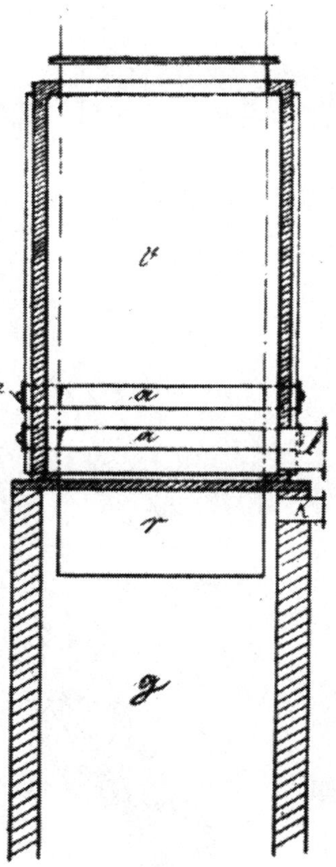

Abb. 141

Fig. 3.

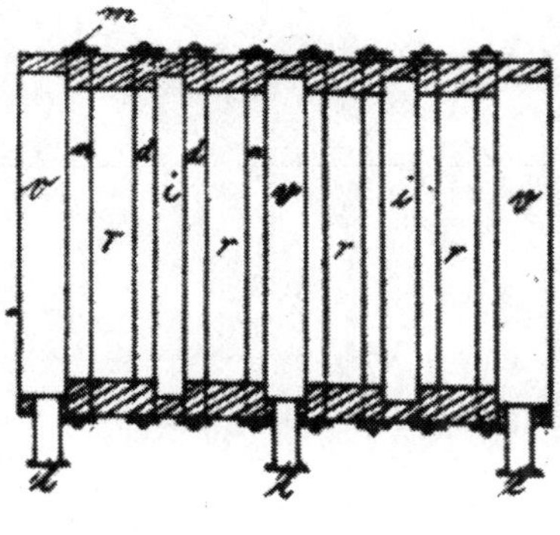

Fig. 4.

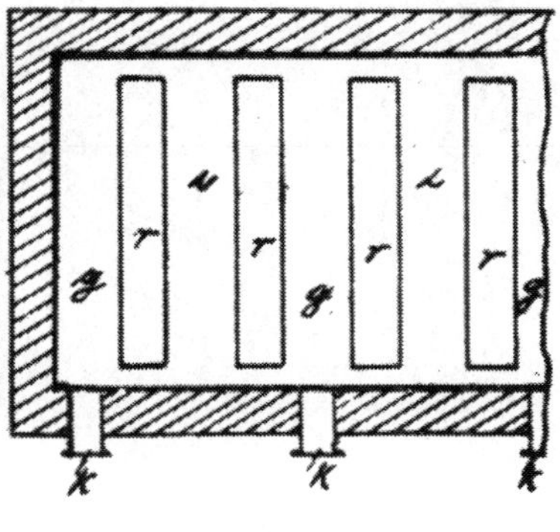

Zu der Patentschrift 338915
Kl. 10a Gr. 30

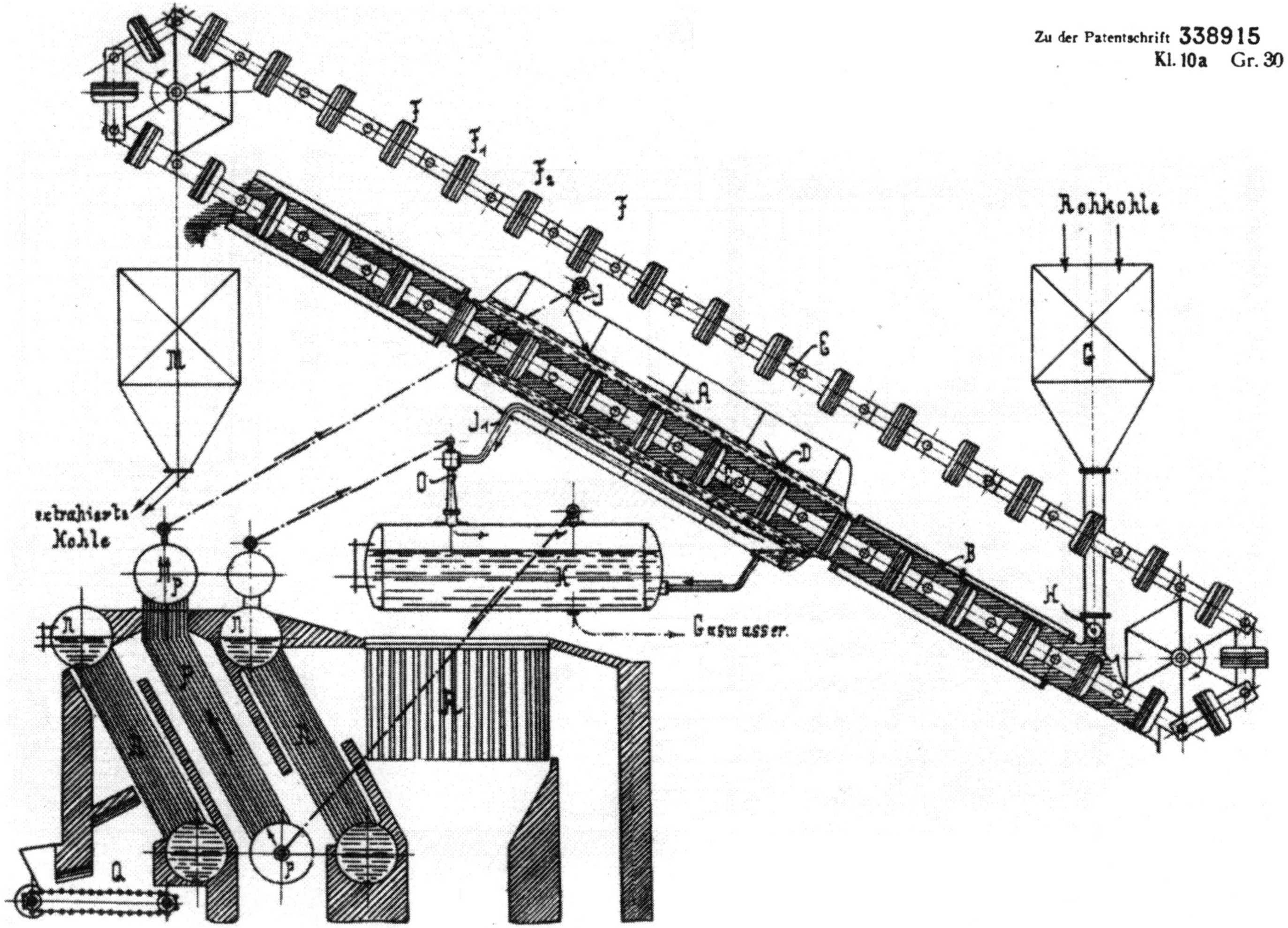

Abb. 142 a

Abb. 142 b

SEIDENSCHNUR

Zu der Patentschrift **372244**
Kl. 10a Gr. 30

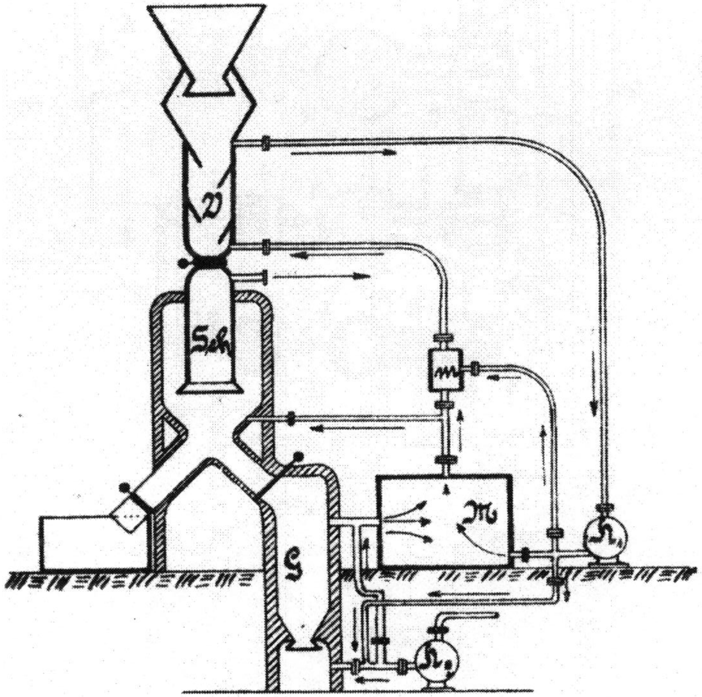

Abb. 143

DRAWE

Zu der Patentschrift **347278**
Kl. 10a Gr. 21

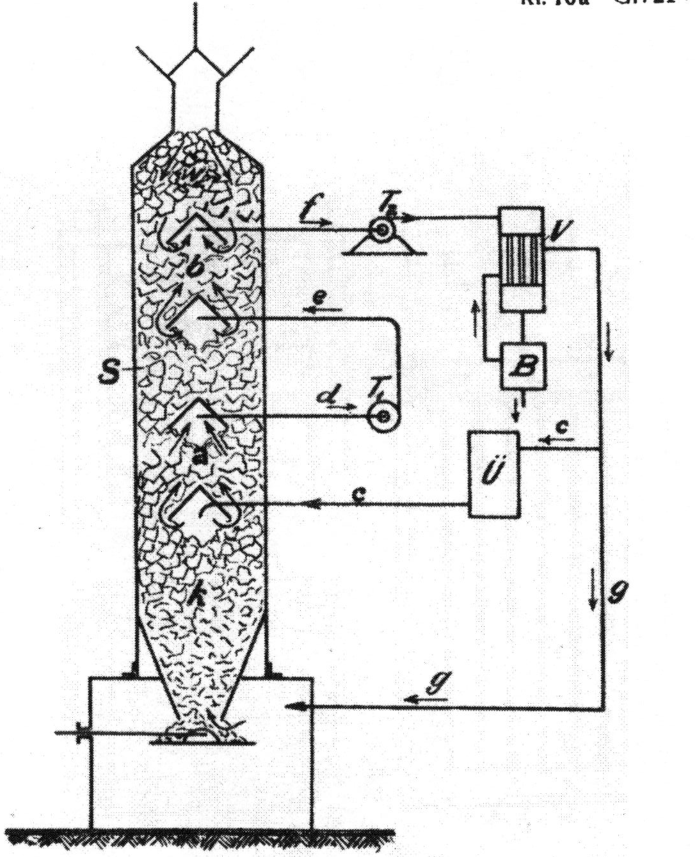

Abb. 142e

Feb. 19, 1924. 1,484,258

J. T. FENTON

PROCESS FOR THE TREATMENT OF COAL

Filed Aug. 24. 1922 2 Sheets-Sheet 1

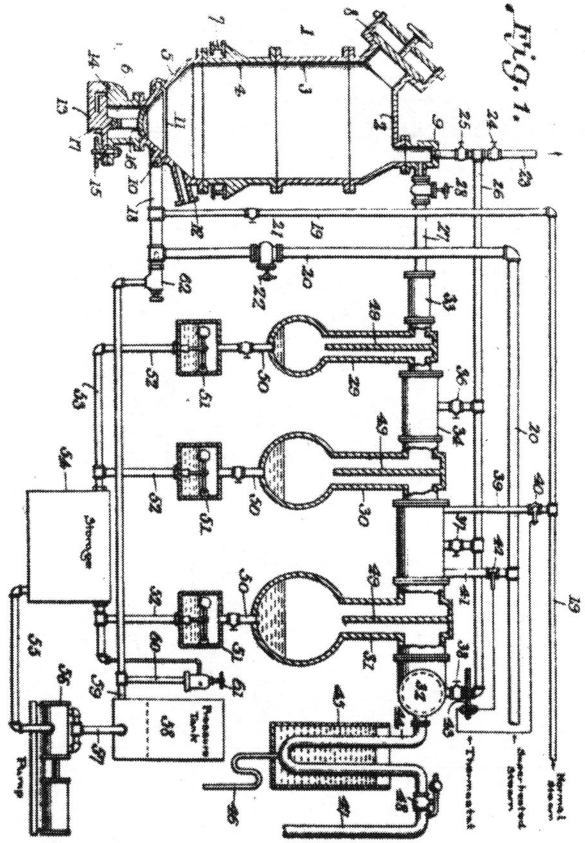

Abb. 145

July 3, 1923. 1,460,414

C. M. GARLAND

APPARATUS FOR DEVOLATILIZING COAL, SHALE. ETC

Filed Jan. 28, 1920

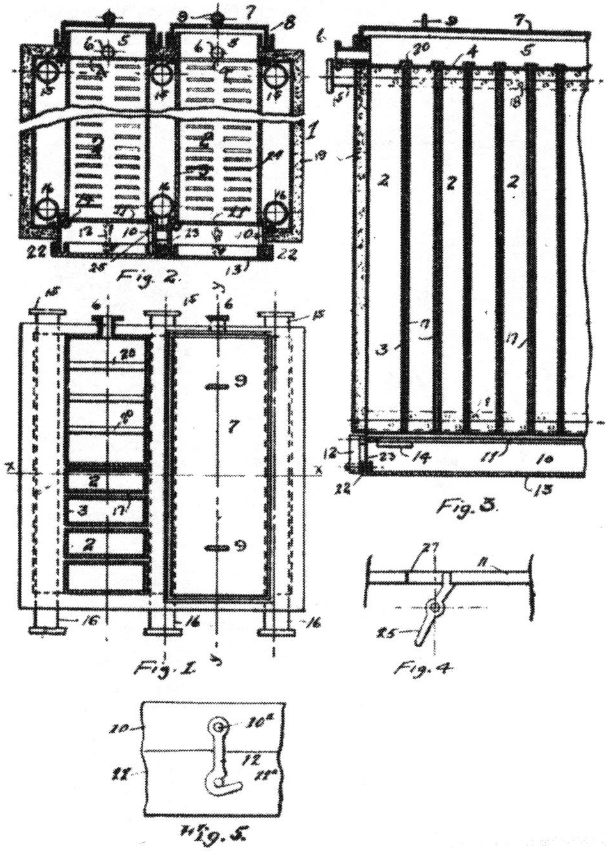

Abb. 144

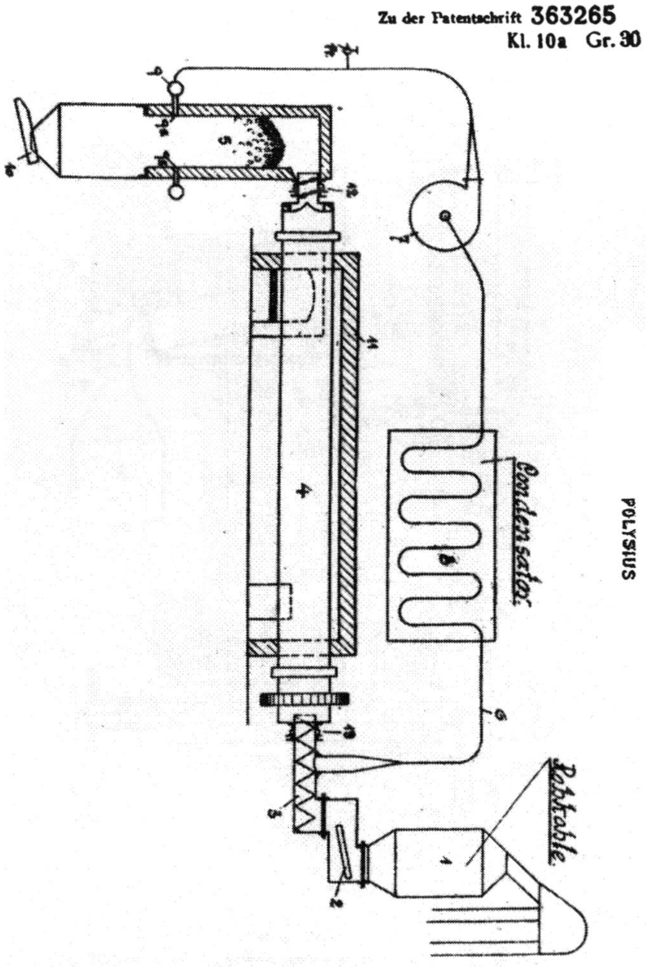

Abb. 147

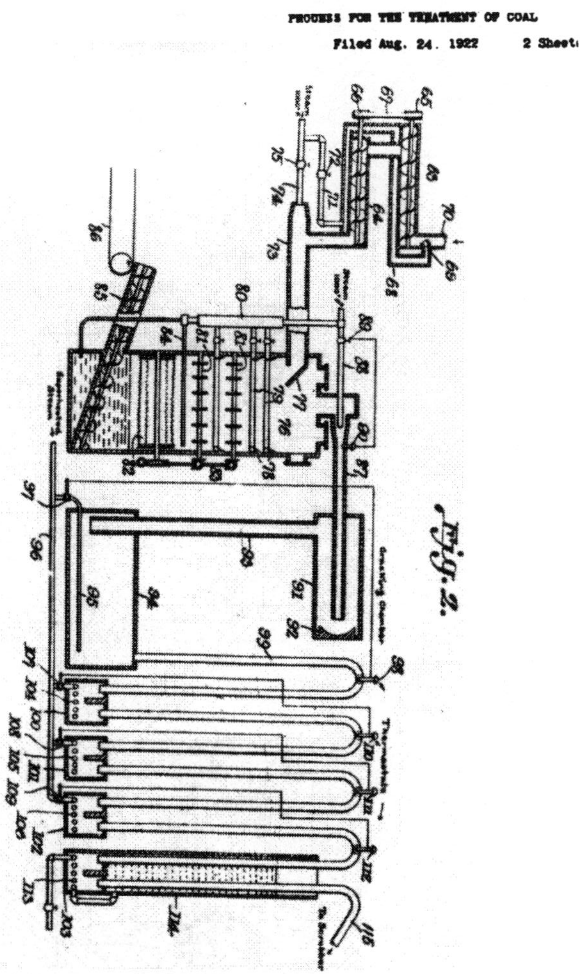

Abb. 146

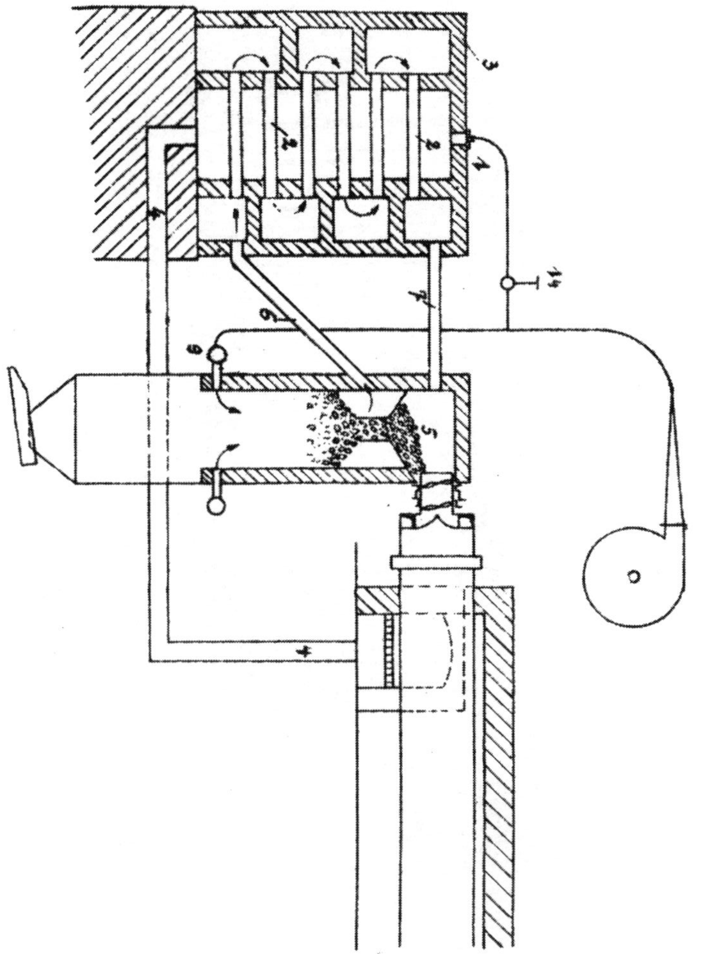

Abb. 148

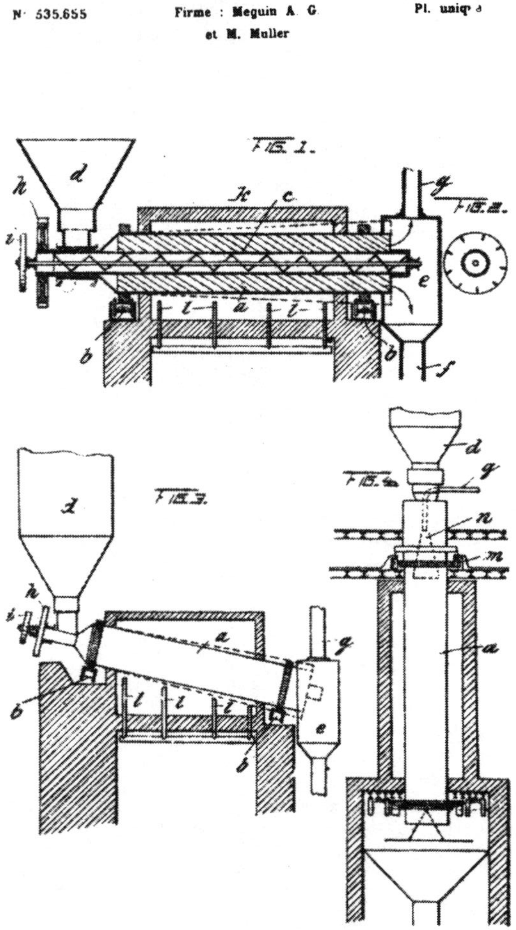

Abb. 149

KOPPERS

Zu der Patentschrift 376791
Kl. 10a Gr. 30

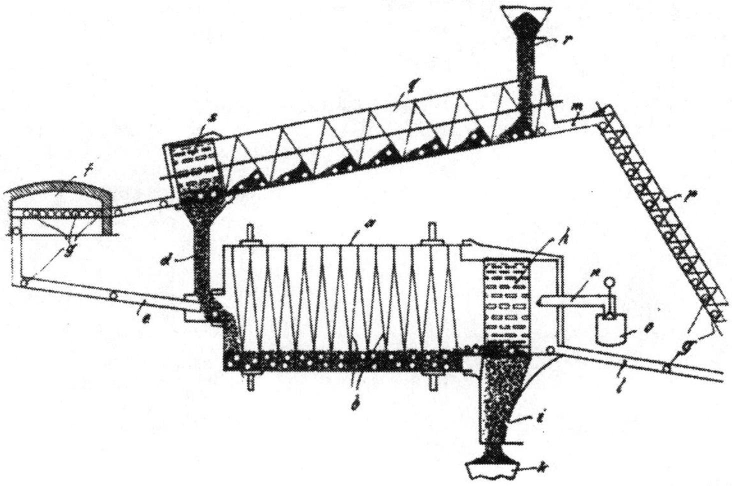

Abb. 150

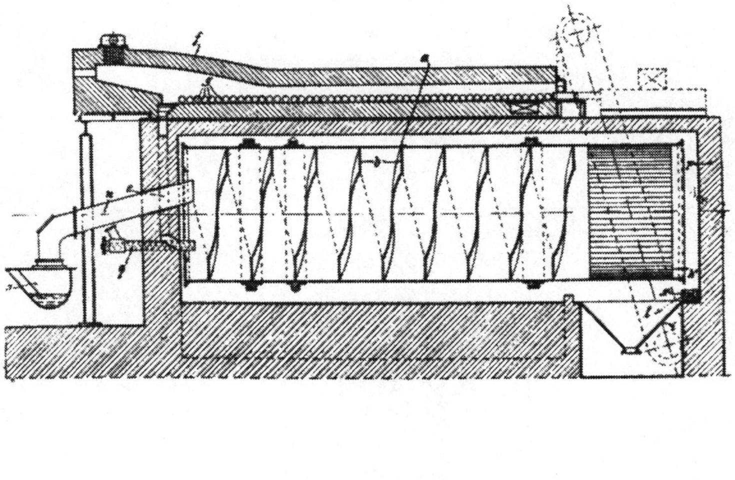

Abb. 151

Abb. 1.

Abb. 2.

Abb. 3.

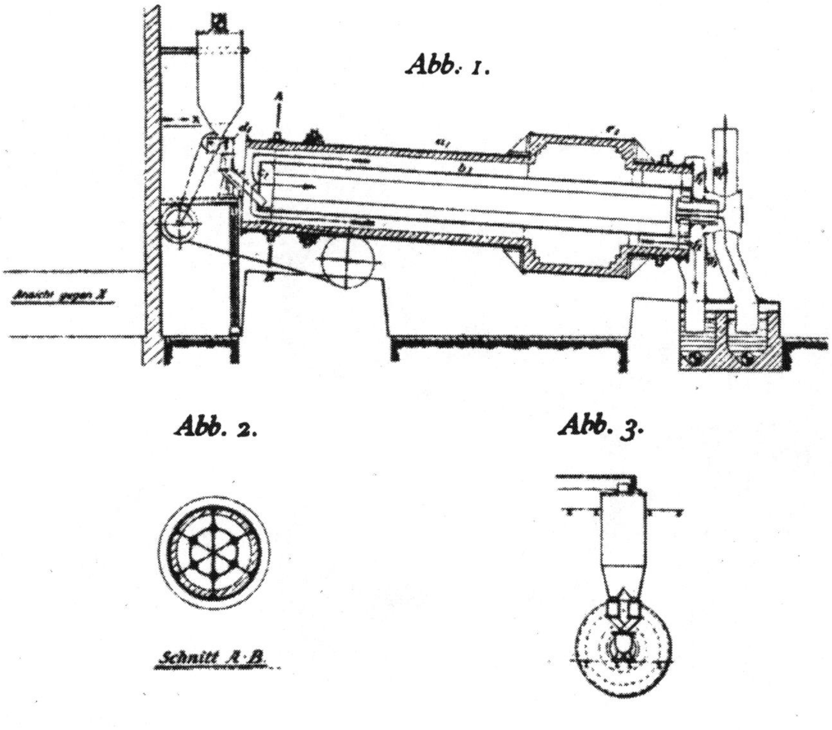

Abb. 152

Abb. 1.

Abb. 2.

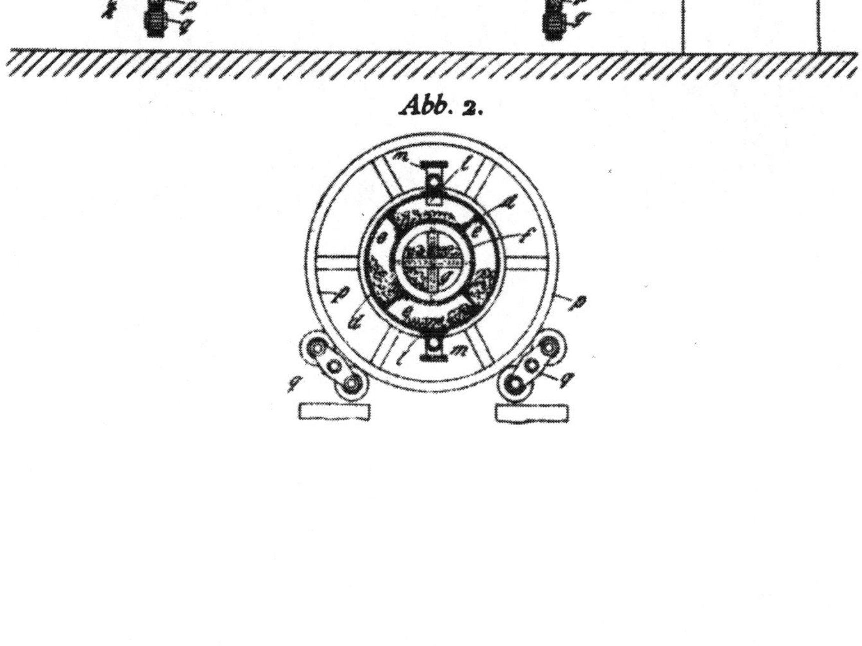

Abb. 153

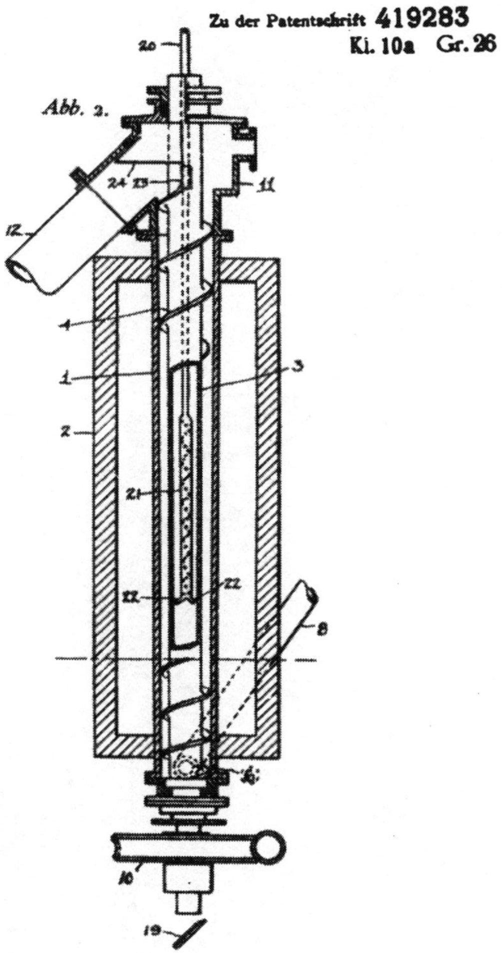

Abb. 155

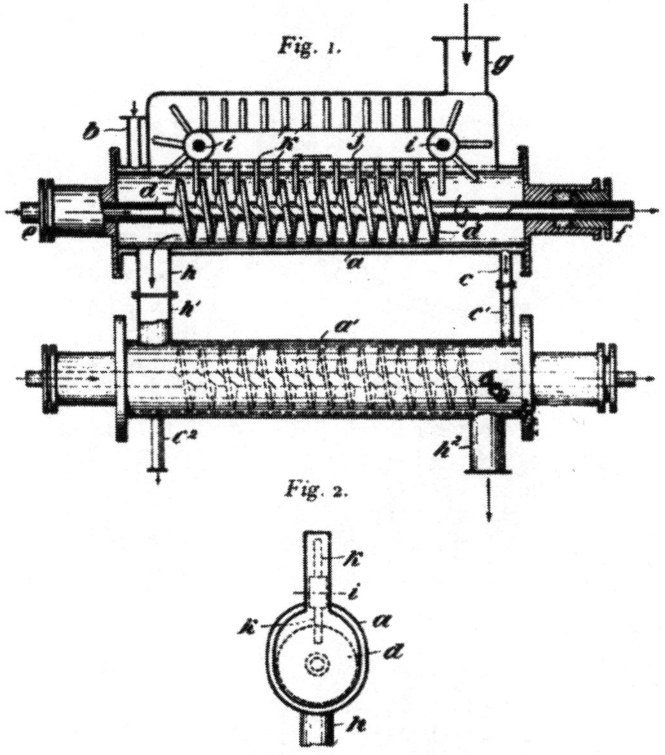

Abb. 154

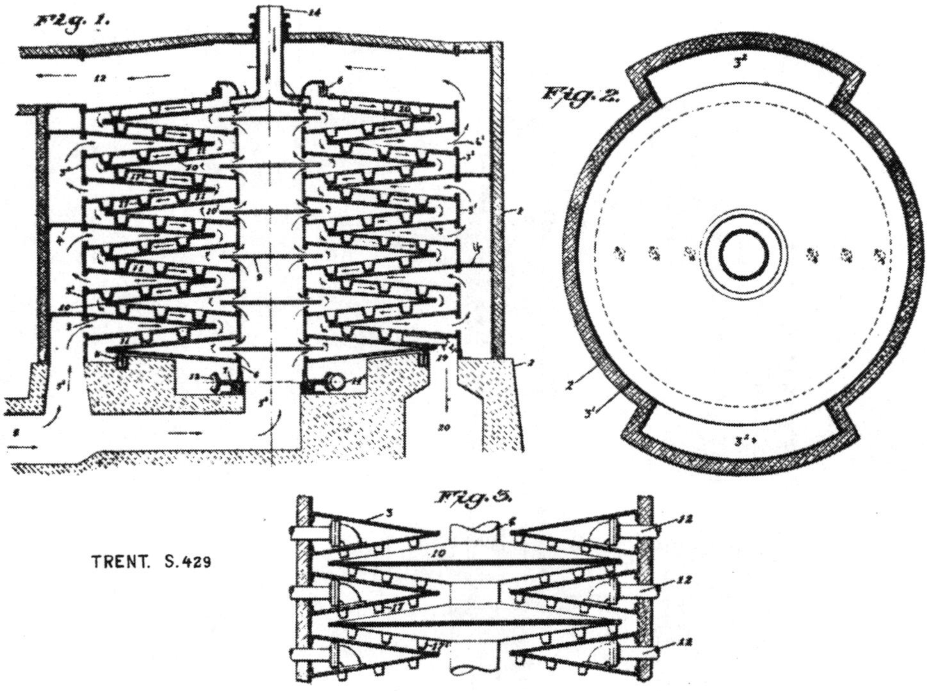

TRENT. S.429

Abb. 156

N° 539912 M Lentz 2 planches. — Pl. II

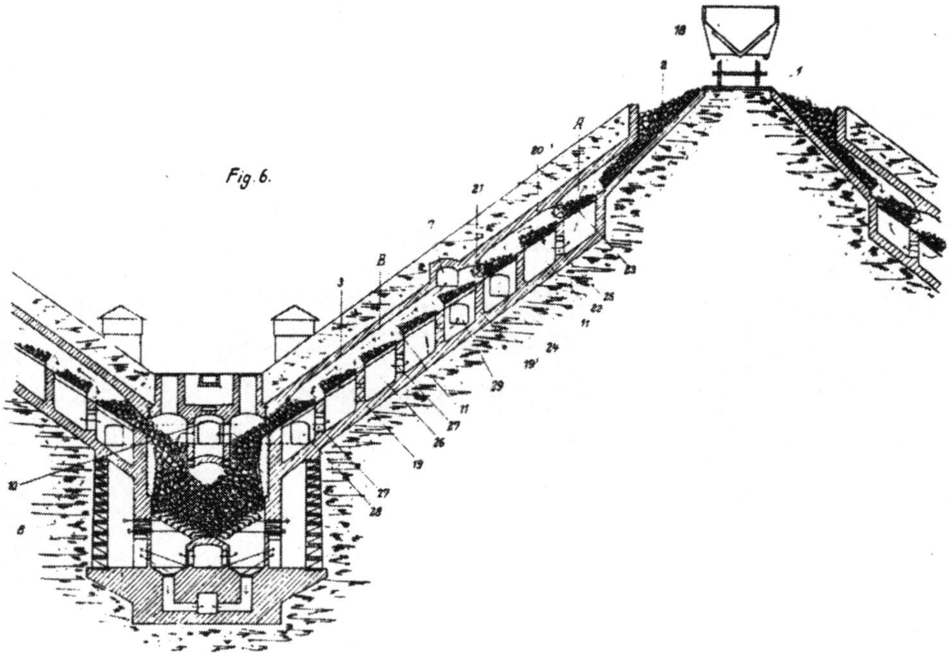

Abb. 157

Zu der Patentschrift **347805**
Kl. 12o Gr. 1

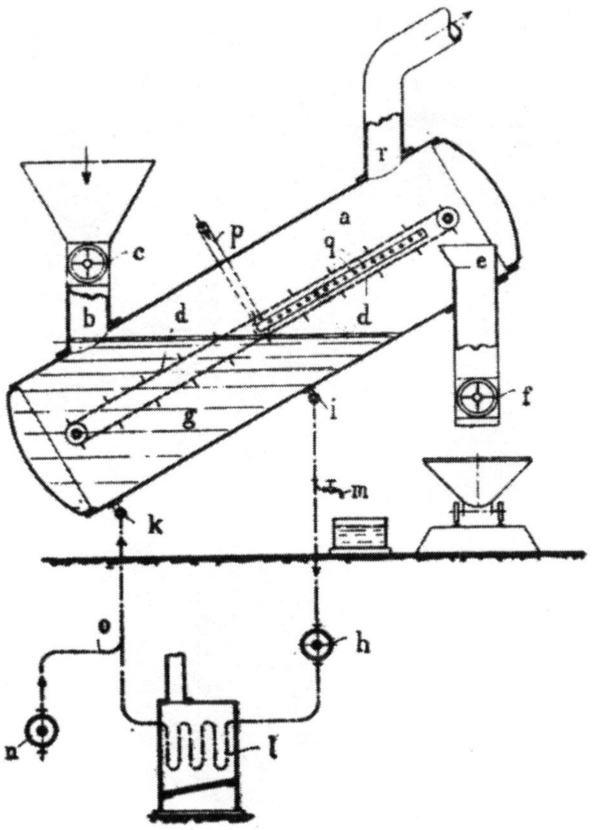

Abb. 159

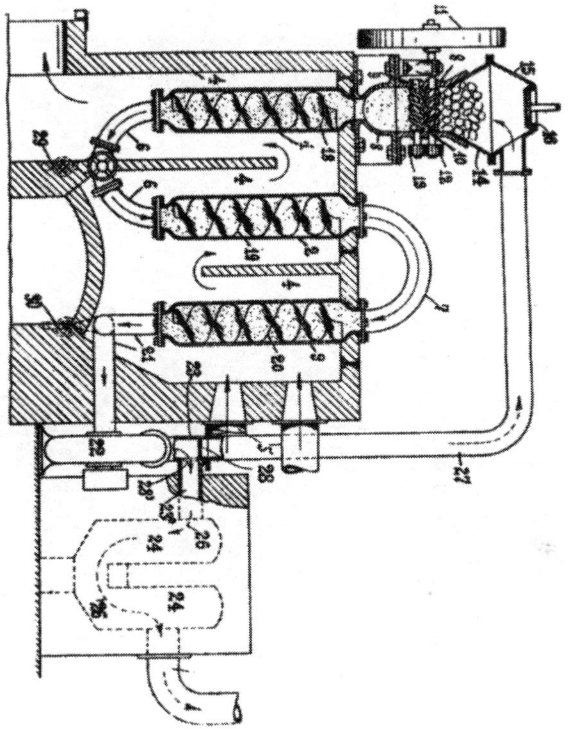

Abb. 158

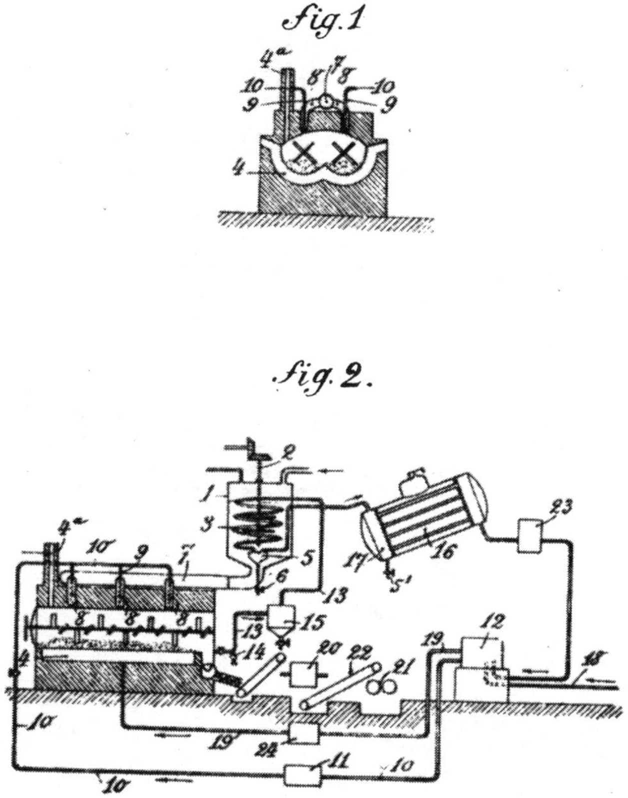

Abb. 161

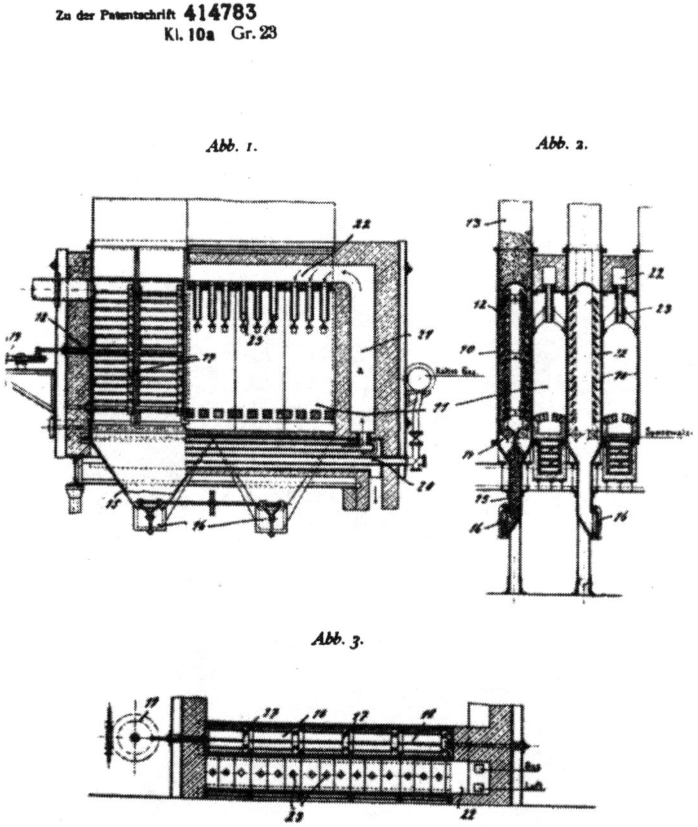

Abb. 160

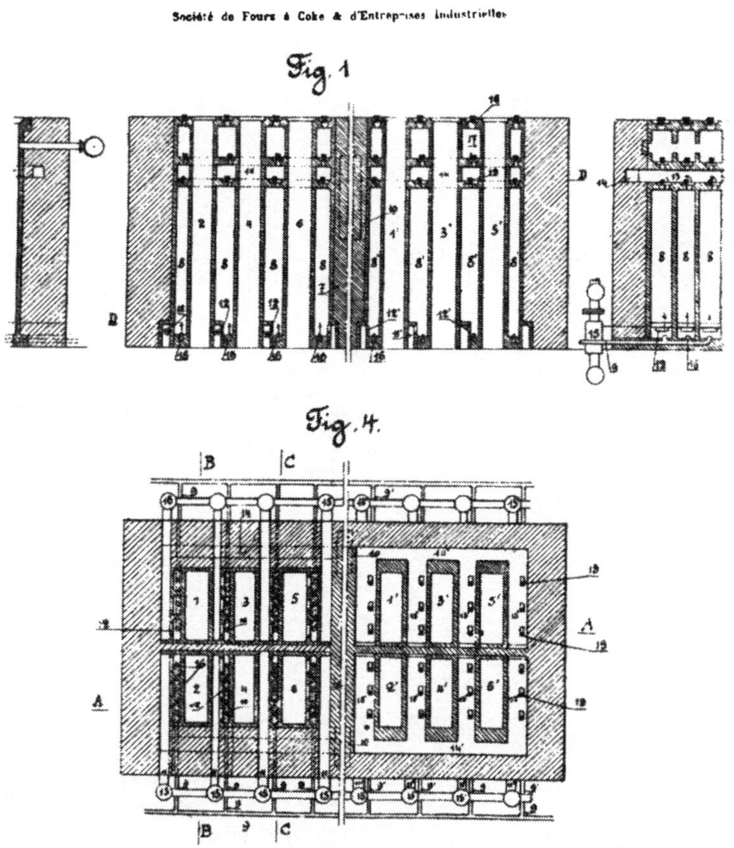

Abb. 163

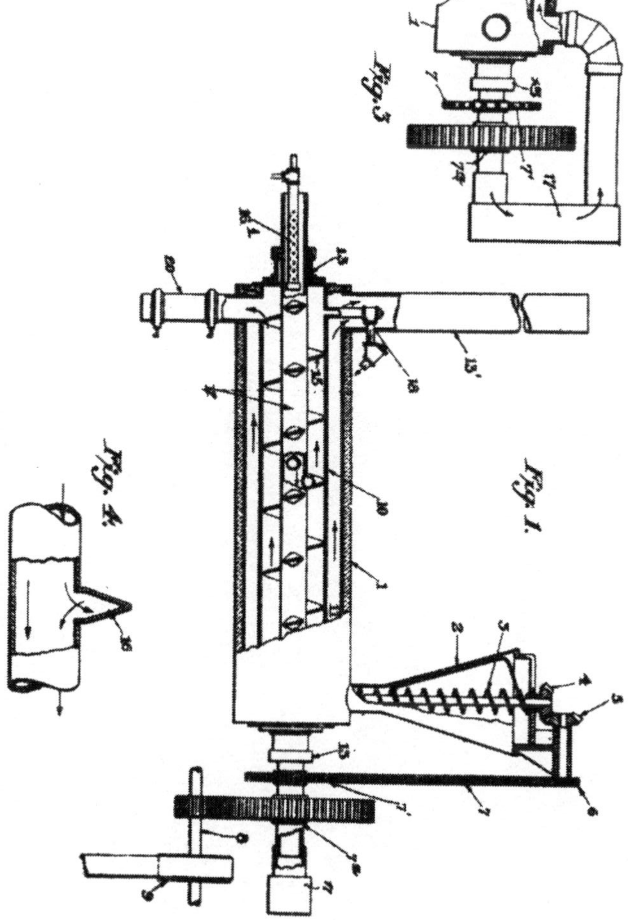

Abb. 162

Kolibri 360 GmbH
Ferdinand-Jühlke-Straße 7
99095 Erfurt, Deutschland
produktsicherheit@kolibri360.de